U0096021

“十四五”时期国家重点出版物出版专项规划项目

21世纪理论物理及其交叉学科前沿丛书

非线性局域波及其应用

杨战营　赵立臣　刘　冲　杨文力　著

科学出版社

北　京

内 容 简 介

本书系统介绍了作者及国内外同行近年来在非线性局域波精确求解方法、动力学特性、相互作用特性、物理机制与应用等方面的相关研究成果。本书共分 9 章，以可积性、精确解和物理机制为主线，分别介绍了多种求解局域波的理论方法；怪波和呼吸子的基本结构、产生机制以及激发方式；调制不稳定性与基本局域波激发之间定量关系以及局域波可控激发条件；玻色–爱因斯坦凝聚体中孤子的干涉、隧穿、内态转换、交流振荡等动力学行为；几类光学系统中局域波调控；铁磁链中局域波激发及其所对应的磁矩分布特征；量子化超流涡丝中几种基本非线性激发动力学过程。

本书将数学方法与物理分析相结合，推导详细，便于初学者阅读。本书可作为研究生教材，也可作为从事孤子与可积系统方向的高年级本科生、研究生及相关研究领域科技工作者的参考书。

图书在版编目(CIP)数据

非线性局域波及其应用 / 杨战营等著. —北京：科学出版社, 2024.1
（21 世纪理论物理及其交叉学科前沿丛书）
ISBN 978-7-03-077724-9

Ⅰ. ①非… Ⅱ. ①杨… Ⅲ. ①非线性波–研究 Ⅳ. ①O534

中国国家版本馆 CIP 数据核字(2023) 第 254943 号

责任编辑：刘凤娟 郭学雯 田轶静 / 责任校对：彭珍珍
责任印制：张 伟 / 封面设计：无极书装

科学出版社 出版
北京东黄城根北街 16 号
邮政编码：100717
http://www.sciencep.com
北京九州迅驰传媒文化有限公司 印刷
科学出版社发行 各地新华书店经销
*
2024 年 1 月第 一 版 开本：720×1000 1/16
2024 年 1 月第一次印刷 印张：35 1/2
字数：696 000

定价：198.00 元

(如有印装质量问题，我社负责调换)

序

一般而言，真实的自然法则是非线性的。研究这种非线性的数学结构并揭示各种非线性现象的特征规律是当今科学研究最重要的主题之一，并催生了一门全新的交叉学科——非线性科学。经过长时间发展，非线性科学逐渐成为数学物理研究的前沿领域之一。

作为非线性科学研究的重要分支，孤子、怪波等非线性局域波长期得到学界的高度关注。理论上，精确求解一大类非线性可积系统可以得到描述非线性局域波的严格解，应用散射反演法可以得到解的存在性理论证明，应用 Riemann-Hilbert 问题分解速降法可以得到渐近解的精确表达式。这类解不但在理论上具有优美的数学结构，而且通常代表着非线性物理系统中真实存在的基本激发元。已有的研究表明这类非线性激发元广泛存在于光学、玻色–爱因斯坦凝聚、等离子体、铁磁链、金融等多种物理系统，并在极端事件预测、精密测量、负质量观测、模拟黑洞辐射等方面具有重要的应用价值。

非线性可积系统研究是探寻物理模型的精确解，是数学物理的交叉领域。可积系统研究为物理学新现象、新概念、新机制提供基准，并在物理学发展过程中起到了关键的基础支撑和重要的推动作用。著名物理学家海森伯曾言，物理学发展在很大程度上依赖于非线性数学理论和求解非线性方程方法的发展。从 20 世纪 70 年代开始，非线性可积系统的精确求解是数学和物理学长久以来的挑战。国际国内相继涌现出一大批优秀的数学家和理论物理学家，极大地促进了数学、物理、计算机等学科的蓬勃发展。

近年来，由于计算机技术和解析推导方法的不断发展，新型非线性局域波不断被发现，极大地促进了相关应用的同时，迫切需要通过数学物理的视角，探究可积模型下各种非线性局域波特征，揭示局域结构的激发机制。十余年来，西北大学理论物理团队以可积性、精确解和物理机制为主线，在寻找新型局域波结构、不同类型局域波的产生机制与激发条件、局域波的相互作用特性以及局域波的操控和应用等方面进行了系统深入的研究。这些研究成果充分展示了数学与物理研究相结合的研究特点，并将继续催生若干新的研究课题。他们系统地梳理了这些研究成果并整理成书。该书很好地结合了数学方法和物理研究两个方面的进展。我相信这本书对国内非线性科学研究领域已有专著具有很好的推动作用，并将进一步促进国内非线性局域波动力学的研究。

郭柏灵

中国科学院院士

北京应用物理与计算数学研究所

前　　言

非线性系统的复杂程度是线性系统无法比拟的，它的复杂性与多样性，以及产生的各种非平庸、非微扰整体现象，激发了人们浓厚的研究兴趣，使其逐渐成为当前物理以及数学学科的前沿领域之一。非线性局域波是指非线性物理系统中具有特定动力学性质的激发元，分别具有不同的分布和演化特性。它们广泛存在于非线性光学、玻色–爱因斯坦凝聚体、等离子体、超流、铁磁链、金融等多种非线性物理系统中。依照其性质不同，常见的局域波可分为：孤子、怪波、呼吸子等。其中研究最为广泛也最为人熟知的便是孤子，由于它具有稳定传输的特性，在应用方面促进了光孤子通信、光频梳等技术的发展，在理论方面也催生了一系列显式求解非线性偏微分方程的方法，为局域波及其相关领域的理论研究提供了极大的便利。作为另一种典型的局域波，怪波最早特指发生在海洋中的极端波动现象。起初人们认为它是海怪或者某种神秘力量，直到 1995 年科学家对海洋的水波振幅观测数据才清晰地表明怪波是流体系统中的自然现象。至今，它的研究范围已经扩大到多种非线性系统中，具有高振幅和来去无踪两大特性。特别是 2007 年在光纤中对怪波的观测，开启了“光怪波物理”这一新的非线性科学研究方向，促使其在超连续谱和高强度脉冲激发等方面的应用。怪波的出现以及由此掀起的研究热潮也引发了我们如下的思考：① 在什么样的物理系统中存在怪波；② 如何发展求解怪波及其他局域波解方法；③ 怪波有什么样的结构和性质；④ 如何理解怪波产生机制，给出怪波预测以及抑制方案；⑤ 怪波与其他局域波之间的相互作用特性是怎样的；⑥ 不同局域波的演化特性是什么，它们之间是否存在联系；⑦ 不同局域波对应的物理机制及激发条件是怎样的；⑧ 如何实现局域波在精密测量、高脉冲等方面物理系统中的应用。

经过十多年的努力，西北大学理论物理团队对 1+1 维非线性薛定谔系统中局域波动力学进行了长期相对系统且深入的研究，并把主要的研究成果汇总到本书之中。本书将紧紧围绕以下主线进行讲述：可积性、精确解、物理机制。其中，“可积性”指的是主要研究模型是可积模型，包括非线性薛定谔系统及其推广形式，这些模型为非线性光学系统和玻色–爱因斯坦凝聚体等系统提供了准确的描述；“精确解”指的是我们给出了包含平面波背景上多种局域波的精确解，这极大地方便了对局域波物理特性和相互作用规律的研究；“物理机制”则是指在研究局域波现象的同时更加关注其背后的产生机制，建立一套有效分析和解释不同局域波激发的方法。在这条主线的基础上，我们定量刻画了孤子干涉、隧穿、抖动等波动性质，给出了四花瓣怪波等多种新型局域波结构，建立并发展了调制不稳定性与多种局域波之间的定量关系，并以此给出了它们可控的激发条件，为实验上实现不同局域波的可控激发提供理论依据。同时，我们将局域波理论推广到铁磁链、超流等物理系统，为这些系统中局域波所对应物理量的观测和操控奠定了理论基础。

本书共分为九章，第 1 章主要介绍了 1 + 1 维非线性物理系统中的三类非线性局域波 (即孤子、怪波、呼吸子) 以及它们的研究现状，同时对类非线性薛定谔系统进行了系统的介绍，包括其标准形式以及高阶、耦合等形式；第 2 章对我们运用的理论研究方法进行了详细系统的阐述，包括求解各类模型的方法以及对平面波扰动线性稳定性的分析；第 3 章讲述了怪波的基本结构、产生机制以及激发方式；第 4 章对呼吸子的研究进行了介绍，主要集中在 super-regular 呼吸子和类棋盘呼吸子的物理特性和激发机制；第 5 章讲述了调制不稳定性与基本局域波激发之间的定量关系，进而得到基本局域波的观测相图与激发条件；第 6 章展示了不同系统中各类局域波之间的相互作用规律；第 7 章对玻色–爱因斯坦凝聚体中孤子的波动性质进行了介绍，包括孤子的干涉、隧穿、内态转换、交流振荡等动力学行为；第 8 章基于对几类光学系统非自治方程的精确求解，实现了对非线性光学局域波的操控；第 9 章将局域波的研究应用于铁磁链与量子涡旋丝系统，主要研究了具有扭转相互作用自旋链中非零背景上的非线性局域波激发及其所对应的磁矩分布特征，量子化超流涡丝中几种基本的非线性激发动力学过程及环状结构的产生机制。

本书是在国家自然科学基金委员会“彭桓武高能基础理论研究中心”项目 (NSFC12047502，12247103)、国家自然科学基金委员会西部理论物理交流平台、国家杰出青年科学基金 (量子可积系统的研究，11425522)、国家优秀青年科学基金 (可积系统与非线性局域波动力学，12022513)、重点项目 (经典和量子可积性若干前沿问题探索，12235007)、面上项目 (偶极超冷原子体系中物质波动力学及其相关问题研究，11875220；物质波孤子干涉与隧穿的定量性质及其应用研究，11775176；非线性物理系统中怪波特性和物理机制以及相关问题研究，11475135) 和青年基金 (玻色–爱因斯坦凝聚体中的怪波及其量子操控研究，11405129；光学局域波态转换和超周期呼吸子特性及其物理机制研究，11705145)、陕西省基础研究定向委托项目以及西北大学研究生精品教材建设项目的资助下完成的，在此谨向国家自然科学基金委员会，特别是数理科学部“理论物理专款”和西北大学的长期支持表示感谢。作者感谢郭柏灵先生、楼森岳教授、刘杰教授和屈长征教授的长期交流、支持和帮助，感谢李禄教授和凌黎明教授对理论方法方面的悉心指导，感谢姚献坤博士、时振华博士、段亮博士、任杨博士、刘祥树博士、秦艳红博士、高鹏博士、齐建文、李浩提供了必要的写作素材，感谢孟令正、吴玉涵、李欣同学在书稿整理与绘图方面给予帮助，感谢彭娉博士、刘美坤、许文昊、徐翰翔、马笑霄在研究过程中给予的启发和灵感，感谢杨毅欣、陈少春、关淑文、李岩、吕李政、熊伟、车文娟、郑艺丹、李佳东、毛柠、金新伟等同学在校对书稿时提出宝贵意见。感谢《21 世纪理论物理及其交叉学科前沿丛书》编委会的大力支持与帮助；本书在编写和出版过程中还得到了科学出版社的钱俊编辑与刘凤娟编辑的大力支持和帮助，对此表示诚挚的感谢。我们在学习和研究的过程中，曾得到很多师长、朋友和同学的真诚关怀、热心指导和无私帮助，在这里未能一一致谢，感谢所有帮助我们的人。

书中不当之处在所难免，恳请读者批评、指正。

杨战营　赵立臣　刘　冲　杨文力

2022 年 8 月于西安

目　录

序
前言
第 1 章　非线性局域波基本概念 …… 1
1.1　非线性局域波简介 …… 1
1.1.1　孤子 …… 1
1.1.2　怪波 …… 7
1.1.3　呼吸子 …… 12
1.2　非线性薛定谔系统 …… 14
1.2.1　标准非线性薛定谔系统 …… 14
1.2.2　高阶非线性薛定谔系统 …… 15
1.2.3　耦合非线性薛定谔系统 …… 17
1.2.4　非自治非线性薛定谔系统 …… 18
参考文献 …… 19
第 2 章　理论研究方法 …… 33
2.1　已有求解方法简介 …… 33
2.2　达布变换 …… 36
2.2.1　AKNS 系统 …… 38
2.2.2　规范变换 …… 41
2.2.3　AKNS 系统的达布变换 …… 42
2.2.4　非线性薛定谔方程的求解 …… 49
2.2.5　多分量耦合非线性薛定谔系统求解 …… 58
2.3　对称变换与解耦变换 …… 67
2.3.1　Manakov 模型的对称变换 …… 68
2.3.2　单粒子转换效应下二分量耦合方程的解耦变换 …… 70
2.3.3　对–转换效应下耦合非线性薛定谔方程的解耦变换 …… 71
2.4　相似变换 …… 72
2.4.1　单分量非线性薛定谔系统 …… 73
2.4.2　多分量耦合非线性薛定谔系统 …… 78
2.5　线性稳定性分析 …… 80

2.5.1 调制不稳定性简介 ······ 80
2.5.2 单分量非线性薛定谔系统 ······ 82
2.5.3 多分量耦合非线性薛定谔系统 ······ 84
参考文献 ······ 86
第 3 章 怪波动力学 ······ 97
3.1 怪波的基本结构类型 ······ 97
3.1.1 眼状怪波 ······ 97
3.1.2 反眼状怪波和四花瓣怪波 ······ 100
3.1.3 三种怪波结构间的转换与结构相图 ······ 105
3.1.4 N 组分非线性薛定谔系统中基本怪波通解 ······ 110
3.2 怪波时空结构的产生机制 ······ 111
3.2.1 怪波的产生机制 ······ 111
3.2.2 怪波时空结构形成机制 ······ 113
3.3 周期背景上的怪波激发 ······ 121
3.3.1 双平面波背景上的怪波 ······ 121
3.3.2 椭圆函数背景上的怪波 ······ 127
3.4 高阶怪波的激发方式 ······ 146
3.4.1 呼吸子碰撞激发高阶怪波 ······ 146
3.4.2 局域扰动激发高阶怪波 ······ 148
参考文献 ······ 154
第 4 章 呼吸子动力学 ······ 158
4.1 呼吸子类型及其机制 ······ 158
4.1.1 零背景上呼吸子 ······ 158
4.1.2 Akhmediev 呼吸子 ······ 159
4.1.3 Kuznetsov-Ma 呼吸子 ······ 163
4.2 super-regular 呼吸子及其物理本质 ······ 167
4.2.1 标准非线性薛定谔系统中 super-regular 呼吸子 ······ 167
4.2.2 高阶效应诱发 super-regular 呼吸子特性 ······ 174
4.2.3 耦合效应诱发 super-regular 呼吸子特性 ······ 188
4.2.4 无穷阶非线性薛定谔方程中 super-regular 呼吸子 ······ 201
4.2.5 WKI 系统中 super-regular 呼吸子 ······ 215
4.3 类棋盘呼吸子干涉斑图 ······ 225
4.3.1 呼吸子相干条件 ······ 225
4.3.2 干涉斑图的激发和机制 ······ 228
参考文献 ······ 232

第 5 章　基本局域波的观测相图和激发方式 ······ 234
5.1　调制不稳定性与多种基本局域波的关系 ······ 234
5.2　基本局域波之间的态转换 ······ 244
5.2.1　怪波与呼吸子的态转换 ······ 244
5.2.2　怪波与孤子的态转换 ······ 245
5.2.3　呼吸子与其他波的态转换 ······ 252
5.3　基本局域波的观测相图 ······ 258
5.3.1　高阶模型中调制不稳定性与非线性波激发的关系 ······ 258
5.3.2　扰动能量在波激发中的作用 ······ 271
5.3.3　相对相位在波激发中的作用 ······ 275
5.3.4　基本局域波的观测相图 ······ 294
5.4　不可积模型中非线性波的可控激发 ······ 303
5.4.1　改进的线性稳定性分析与扰动动力学预测 ······ 303
5.4.2　六类非线性波的可控激发 ······ 313
参考文献 ······ 321
第 6 章　不同种类局域波的相互作用 ······ 324
6.1　怪波与呼吸子相互作用 ······ 325
6.2　高阶效应诱发的孤子与呼吸子或怪波相互作用 ······ 331
6.3　矢量孤子与呼吸子或怪波相互作用 ······ 337
6.4　对粒子转换效应诱发的局域波相互作用 ······ 342
参考文献 ······ 346
第 7 章　玻色–爱因斯坦凝聚中孤子的波动性质及其应用 ······ 348
7.1　玻色–爱因斯坦凝聚体中模型的推导 ······ 348
7.2　标量亮孤子的干涉和隧穿动力学 ······ 353
7.2.1　理论模型和双亮孤子解 ······ 353
7.2.2　标量亮孤子的干涉动力学 ······ 356
7.2.3　亮孤子间的隧穿动力学 ······ 360
7.3　两组分物质波孤子的干涉动力学 ······ 369
7.3.1　理论模型 ······ 370
7.3.2　吸引相互作用下亮–暗孤子的波动性质 ······ 371
7.3.3　排斥相互作用下暗–亮孤子的波动性质 ······ 384
7.4　矢量孤子的抖动效应 ······ 393
7.4.1　两组分 BEC 中矢量孤子的抖动效应 ······ 393
7.4.2　多组分 BEC 中矢量孤子的抖动效应 ······ 396
7.5　矢量孤子的内态转换动力学 ······ 402

7.5.1 含时线性耦合效应诱发的内态转换动力学 ······ 403
7.5.2 干涉效应诱发的内态转换动力学 ······ 413
7.6 正负有效质量转换的自旋孤子 ······ 424
7.6.1 两组分 BEC 中的自旋孤子 ······ 424
7.6.2 恒力驱动的自旋孤子的交流振荡 ······ 427
7.6.3 正负质量转换机制 ······ 428
7.6.4 准粒子模型 ······ 429
7.6.5 三维情形的交流振荡 ······ 433
参考文献 ······ 435
第 8 章 非线性光学局域波的操控 ······ 438
8.1 光学非自治模型和局域波精确解 ······ 438
8.2 波导管中孤子的操控 ······ 450
8.2.1 梯度折射率波导管中空间光孤子 ······ 450
8.2.2 一种长周期光栅波导管中蛇形光孤子 ······ 455
8.3 波导管中怪波的操控 ······ 458
8.4 单模光纤系统中孤子的操控 ······ 465
8.4.1 无啁啾孤子 ······ 466
8.4.2 啁啾孤子 ······ 468
8.5 双模光纤系统中怪波转换为孤子的操控 ······ 471
8.5.1 平面波上半有理解 ······ 472
8.5.2 非对称孤子及其频谱 ······ 479
参考文献 ······ 486
第 9 章 铁磁链系统局域波与超流涡丝的非线性激发动力学 ······ 489
9.1 具有扭转相互作用的铁磁自旋链理论模型和解析解构造 ······ 489
9.1.1 具有扭转相互作用的铁磁自旋链理论模型 ······ 493
9.1.2 自旋波背景上局域波解析解的构造 ······ 498
9.2 孤子的激发及其对应的磁矩分布特征 ······ 503
9.2.1 反暗孤子及其对应的磁矩分布特征 ······ 505
9.2.2 W 形孤子及其对应的磁矩分布特征 ······ 507
9.2.3 多峰孤子及其对应的磁矩分布特征 ······ 509
9.3 呼吸子和怪波的激发及其对应的磁矩分布特征 ······ 511
9.3.1 Akhmediev 呼吸子及其对应的磁矩分布特征 ······ 511
9.3.2 Kuznetsov-Ma 呼吸子及其对应的磁矩分布特征 ······ 513
9.3.3 怪波及其对应的磁矩分布特征 ······ 514
9.4 量子化超流涡丝的理论模型和研究进展 ······ 517

9.4.1 超流体现象及描述涡丝运动的基本方程 517
9.4.2 局域诱导近似理论 519
9.4.3 量子化超流体涡丝研究进展 521
9.5 呼吸子对应的量子化超流涡丝及其表征 522
9.5.1 Hasimoto 变换和逆变换 522
9.5.2 Akhmediev 呼吸子对应的量子化涡丝结构及其特征 526
9.5.3 Kuznetsov-Ma 呼吸子对应的量子化涡丝结构及其特征 527
9.5.4 super-regular 呼吸子对应的量子化涡丝结构及其特征 532
9.6 轴向流动效应诱导的量子化涡旋孤子特征 535
9.6.1 多峰孤子对应的量子化涡丝结构及其特征 537
9.6.2 W 形孤子对应的量子化涡丝结构及其特征 539
9.6.3 反暗孤子对应的量子化涡丝结构及其特征 541
参考文献 542
主要参考书目 547
索引 548

第 1 章　非线性局域波基本概念

本章主要介绍几种常见的非线性局域波的概念和研究现状，并简要介绍了类非线性薛定谔系统的物理背景及其应用。

1.1　非线性局域波简介

非线性局域波是指非线性物理系统中具有特定动力学性质的激发元。依照其性质不同，常见的局域波可分为：孤子、怪波、呼吸子等。它们广泛存在于非线性光学、玻色–爱因斯坦凝聚、等离子体、超流、铁磁链等多种非线性物理系统中。

1.1.1　孤子

自 19 世纪 60 年代以来，非线性科学的研究取得了惊人的进展，进而形成研究非线性普遍规律的科学——非线性动力学。孤子 (soliton) 作为非线性科学分支之一，因具有良好的性质和广泛的用途得到了物理学家的广泛关注[1–8]。于是，在不同物理系统中研究孤子的存在性、稳定性以及动力学性质就具有十分重要的理论意义和应用价值。

孤子又名孤立子，它的发现可追溯到 1834 年，英国科学家、造船工程师罗素 (John Scott Russell) 在勘察爱丁堡到格拉斯哥的运河河道时，观察到一只运行船头激起的一个滚圆、光滑且轮廓分明的大水包，其保持原有的形状且速度不变地向前传播。罗素认识到这是一种非常奇特的自然现象，这是因为普通的水波是由水面的振动形成的，水波的一半高于水面，一半低于水面，而且在传播一小段距离后会消失；但是，他所观察到的水波却有圆而光滑的波形，完全在水面上移动，衰减得很缓慢。后来罗素进行了水槽实验，果然再现了在运河上看到的孤波现象。于是他把这种始终保持在水面上、向前平移的孤立水峰称为“孤立波”。但限于当时的数学理论和科学水平，人们在理论上没有给予这种现象一个很好的解释。

直到 61 年后的 1895 年，荷兰科学家 Korteweg 和他的学生 de Vries 研究了浅水波运动，在长波近似和小振幅近似下建立了单向运动的浅水波方程：

$$\frac{\partial \eta}{\partial T} = \frac{3}{2}\sqrt{\frac{g}{l}}\frac{\partial}{\partial X}\left(\frac{1}{2}\eta^2 + \frac{2}{3}\alpha\eta + \frac{1}{3}\sigma\frac{\partial^2 \eta}{\partial X^2}\right) \tag{1.1.1}$$

这里，$\eta(X,T)$ 是波峰高度；X 是水面上沿波传播方向上的坐标；T 是时间；l 是静水深度；g 是重力加速度；σ 是与液体的特性 (密度、表面张力等) 有关的常数；α 是与物理有关的实参数。经标度和平移变换

$$t=\frac{1}{2}\sqrt{\frac{g}{l\sigma}}T,\quad x=-\frac{X}{\sqrt{\sigma}},\quad u=\frac{1}{2}\eta+\frac{1}{3}\alpha$$

就得到了著名的 Korteweg-de Vries (KdV) 方程：

$$\frac{\partial u}{\partial t}+6u\frac{\partial u}{\partial x}+\frac{\partial^3 u}{\partial x^3}=0 \tag{1.1.2}$$

通过对此模型的深入研究，他们得到了与罗素描述一致的图像，即具有形状不变的孤立波解

$$u(x,t)=\frac{v}{2}\mathrm{sech}^2\left[\frac{\sqrt{v}}{2}(x-vt+x_0)\right] \tag{1.1.3}$$

其中，v 为孤立波的传输速度；x_0 为孤立波的初始位置。上述精确解时空分布如图 1.1 所示，这种解描述了一种稳定传播的局域波，即著名的 sech 型孤子解。然而，这样的孤立波是否稳定，两个这样的孤立波碰撞后是否变形？这一直是科学家们感兴趣但又无法证实的问题。另外，由于 KdV 模型为非线性偏微分方程，不满足线性叠加原理，有学者认为碰撞后的两个孤立波的形状很有可能会“崩溃”，所以，在当时很长一段时间，孤立波的研究处于搁浅状态。

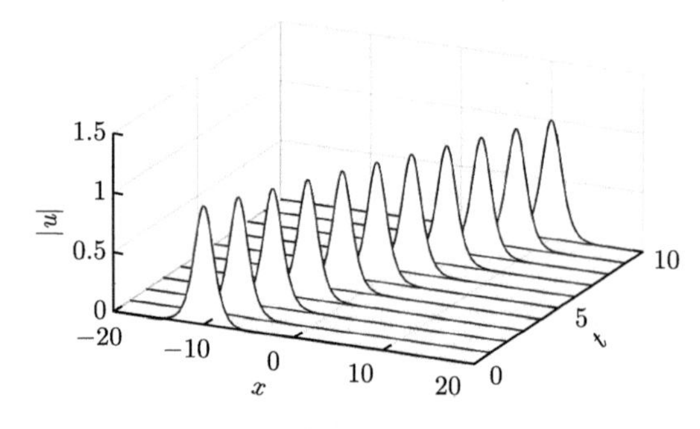

图 1.1　当 $v=2$, $x_0=-10$ 时，(1.1.3) 式孤子波解对应的孤子演化

直到 1965 年，美国科学家 Zabusky 等用数值模拟方法详细地考察了等离子体中孤立波相互间的非线性碰撞过程 [9]。计算表明，两个孤立波碰撞后仍以它们碰撞前的同一速度和形状离开，孤立波这种经过碰撞而不改变波形和速度的非常稳定的奇特性质，正像物理上的粒子一样，因此孤立波通常被称作“孤子”。众所周知，非线性色散方程存在一系列孤子解，非线性与色散是孤立波存在的必要条件，两者共同作用形成稳定的孤立波 (图 1.2)。以非线性薛定谔方程的包络形

孤子为例，它具有局域性、粒子性和波动性三大特征。其局域性指孤子的能量集中在空间有限区域，不会随时间的增加而扩散到无限区域中去。其粒子性表现在：当两个孤子相碰时，它们以与经典粒子一样的规律运动，碰撞后，各自保持自己原有的形状和速度继续运动 (最多只有一个相移)，表明其仍十分稳定。孤子的波动性表明孤子是一个孤立的行波，并且当两个孤子碰撞时在一定条件下可出现干涉图案。

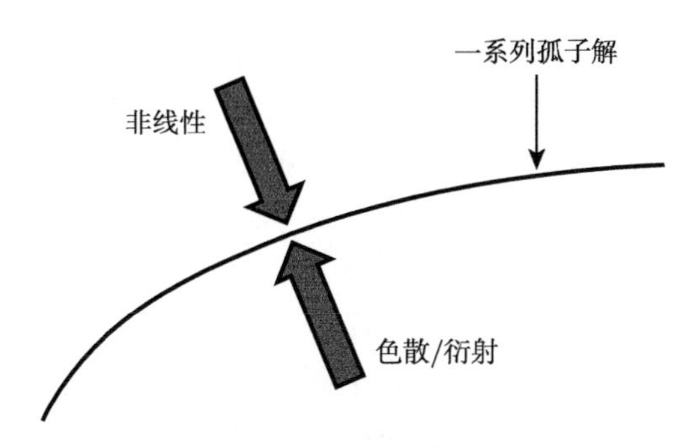

图 1.2 孤子形成示意图 [10]

目前，孤子作为一种重要的非线性现象，在物理学的许多分支都已得到了广泛的研究，包括流体力学、等离子体物理、凝聚态物理、非线性光学以及其他复杂的非线性系统 [4, 11–30]。在流体力学领域，1984 年，Wu 等以适当的频率和振幅参数驱动充水的水槽时，首次观测到了非传播流体孤子 [11]。1990 年，Denardo 等在狭长的浅水槽中发现了扭结孤子，这种孤子可用含有二次谐波项的阻尼非线性薛定谔方程来描述 [12]。近几年来的研究表明，在流体力学中，耗散流体中可以产生非传播流体力学孤子，并且黏性流体管道中的孤子还可以产生色散冲击波。例如，1996 年在沿垂直方向振荡的耗散流体表面上发现了高度局域的类孤子结构；同年，在垂直振动的沙粒层中激发出了局部化振荡结构，研究表明，迟滞和耗散在振荡形成中起着至关重要的协同作用。在等离子体物理领域，近年来，随着石墨烯材料的深入研究，人们可以实现通过探针电场控制石墨烯表面的孤子行为。下文中，我们将重点简述非线性光学和玻色–爱因斯坦凝聚领域中的基本孤子现象。

非线性光学系统中的孤子 在非线性光学中，当局域光束在非线性介质中传输时，如果光场引发的非线性效应可以抵消其色散效应或衍射效应，就会分别形成时间光孤子 (temporal optical soliton) 或空间光孤子 (spatial optical soliton)。

时间光孤子 时间光孤子的提出时间较早，1973 年，Hasegawa 和 Tappert 就预言光脉冲在光纤的传播过程中，当线性色散效应和非线性自相位调制效应相互抵消达到平衡时，在光纤中就可形成无色散展宽的时间光孤子 [31]。1980 年，

Mollenauer 等首次在实验中观测到时间光孤子[32]。随后 Mollenauer 提出将光纤中的孤子作为传递信息的载体，用以构建新的光纤通信方案，即光孤子通信。这引起了人们的极大兴趣，由此掀起了孤子通信的研究热潮。理论方面，描述光脉冲在光纤中传输演化的方程可由麦克斯韦方程组推导而来[3]；对于皮秒脉冲和飞秒脉冲在均匀和非均匀光纤中的传输，可以用非线性薛定谔方程、高阶非线性薛定谔方程以及含频率啁啾和损耗/增益项的非线性薛定谔方程描述，这极大地促进了人们对于时间光孤子的研究[33–38]。近几年来，时间光孤子的应用研究取得了很大进展。在光纤中，超短脉冲受四波混频、受激拉曼散射、交叉相位调制、高阶色散等效应影响，其光谱将会展宽，对于足够强的光脉冲，其频谱宽度可以超过 100 THz，实现超连续谱产生[39]。时间光孤子还可以用来模拟一种新奇的宇宙现象——视界 (event horizon)，其对应的光学表象为，能量较大的孤子脉冲与能量较小的探测光相互作用时，由于光孤子周围折射率的改变而使得探测光无法逃离或者无法进入孤子脉冲内部的现象[40]。近期研究表明，利用等离激元诱导透明效应不仅可有效地消除超颖材料中的辐射阻尼，而且通过在暗振子中嵌入非线性元件可使体系的克尔 (Kerr) 非线性效应大为增强，从而可产生低功率的等离极化激元孤子[41]。考虑实际非均匀光纤中的群速度分布和自相位调制对光孤子形成的影响，得到了变系数高阶非线性薛定谔方程的新奇孤子解[42,43]。另外，时间光孤子在光通信、信息处理、光量子计算等领域也具有极其重要的应用。

空间光孤子 另一种重要的光孤子——空间光孤子在过去几十年也得到了广泛的研究[44–55]。当光束在非线性介质中传播时，介质的自聚焦效应刚好抵消光束的衍射效应，就会在介质内无衍射地向前传播，形成空间光孤子[56]。空间光孤子最初在克尔介质或类克尔介质中观察到[56]。在克尔介质中，折射率的改变与入射光强成正比，因此形成空间光孤子所需的功率密度很高，不利于应用。然而，这种困难在光折变晶体得到了解决，对于光折变晶体，材料折射率的变化量依赖于入射光强与材料自身暗辐射强度之比，通过调节光强比，在低入射功率下就可以获得大的折射率改变，从而容易形成空间光孤子。最近 20 年的研究开始关注产生于非线性光学晶格的空间孤子——晶格孤子 (lattice soliton)，这样可以更灵活地控制空间光孤子的各种性质。杨建科等研究了光晶格介质中的基本孤子和涡旋孤子以及它们的稳定性[44,57,58]。不同于均匀介质，光学晶格具有能带结构，可以激发出带隙孤子[59]。通常，对晶格孤子的实验研究主要集中于各种离散的波导阵列，如 AlGaAs 阵列、光纤阵列以及铌酸锂波导阵列等[60]。在这样的光学系统中，衍射是通过相邻波导之间的模场耦合来产生的，描述晶格孤子动力学的理论模型是离散的非线性薛定谔方程。近期的研究包含了光诱导光晶格中离散孤子链的离散衍射和形成[61]、非局域非线性介质中的空间光孤子以及呼吸子特性[45,46,62]、非局域非线性介质以及融合耦合器的孤子结构和稳定性[50,52,63]。特别是最近的研究

发现了莫尔 (Moiré) 晶格中一种新的波包局域机制，并利用该机制产生了功率阈值极低的晶格孤子 [64,65]。

耗散孤子 以上介绍的光孤子都是在保守系统下产生的，而在耗散系统，损耗和增益的引入将使光孤子的产生机制发生根本性改变。在耗散系统中，色散或衍射、非线性效应、增益和损耗共同作用形成耗散孤子 (dissipative soliton)。不同于保守系统，耗散系统在特定参数下往往具有离散的孤子特解，如图 1.3 所示，这种耗散孤子形成稳定的吸引子。被动锁模激光器是一种典型的耗散光学系统，可以用三次–五次金兹堡–朗道 (cubic-quintic Ginzburg-Landau，CQGL) 方程来描述其动态过程，所产生的耗散孤子根据不同系统参数具有多种强度分布，包括双曲正割形、钟形和矩形等。基于 CQGL 方程，Akhmediev 等在文章中阐述了耗散孤子概念的来源 [10,66]，理论上研究了耗散孤子的产生机制和演化过程, 得到了诸如耗散孤子谐振之类十分有意义的研究成果。通过被动锁模还可以产生在空间和时间上都呈局域分布的孤子——时空孤子。由于多模光纤具有较大的模场面积，实验上通常在多模光纤中来产生时空孤子。最近，Wise 等在多模光纤激光器中实现了时空孤子锁模 [67]。值得注意的是，CQGL 方程在散焦情形下也能发生孤子现象，超快光学领域甚至常用“耗散孤子”一词来特指正常色散下产生的光孤子。2006 年，首次在全正色散的掺镱光纤激光器中实现了耗散孤子脉冲的输出 [68]。同时，在净色散为正的光纤激光器中也可以产生耗散孤子脉冲 [69]。最近，这种正常色散下产生的耗散孤子光谱通常呈矩形，具有较高的脉冲能量，单脉冲能量可达几百纳焦。值得注意的是，在正色散光纤激光器中引入保偏光纤，基于色散、非线性和双折射效应的相位匹配理论，通过控制脉冲在腔内近似线性传输可获得近零啁啾的锁模孤子 [70]。近几年来，随着超快测量技术的发展，特别是色散傅里叶变换技术和时间透镜技术的应用，超短脉冲频谱和时域分布的实时测量得以实现，基于该实时测量技术，人们深入研究了锁模激光中耗散孤子的动力学过程 [71,72]。最近，锁模激光中耗散孤子分子的动力学过程引起了科学家的极大关注，相关研

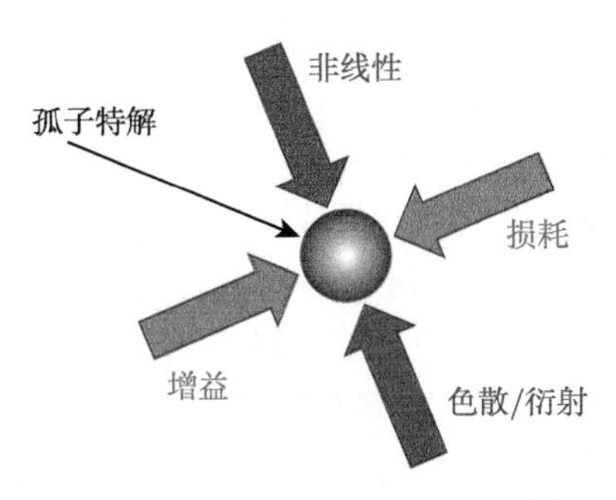

图 1.3 耗散孤子形成示意图 [10]

究已对孤子分子产生过程中脉冲间距和相位的演化进行了精准的测量 [73,74]，这些工作极大地加深了人们对复杂非线性系统的认识。

另一种重要的耗散孤子是时间腔孤子 (temporal cavity soliton)，这种孤子通常产生于光纤被动腔和光学微腔，这两种光学被动腔都是通过腔外泵浦来驱动的。描述光学被动腔的理论是 Lugiato-Lefever 方程，该方程相比非线性薛定谔方程增加了损耗项、驱动项和相位失谐项，并且在适当的参数空间下可以生成耗散孤子 [75]。光纤被动腔结构简单，实验上比较容易搭建，该系统中的时间腔孤子可以用于数字信号处理 [76]。然而，光学微腔因具有易集成化的巨大潜力，近几年来受到科学家的高度重视，成为非线性光学领域的研究热点。2013 年，通过将泵浦激光频率调至有效失谐区域，首次在光学微腔中观测到时间耗散孤子 [77]。2015 年，在正常色散微腔中实现了锁模暗脉冲输出，这增加了微腔设计的自由度，并使克尔光频梳扩展到可见光波段中成为可能 [78]。光学微腔因其尺度很小，光脉冲的自由光谱宽度可达几十 GHz 甚至 THz 量级，所以光学微腔是一种重要的光频梳产生方案。最近几年，基于耗散腔孤子人们发展了各种优化光频梳产生的技术，比如，通过腔孤子切连科夫 (Cherenkov) 辐射来展宽光频梳的波长跨度、通过双向运转孤子来同时产生两组重复频率不同的频率梳、通过将微腔与多模系统融合产生极高模式效率的激光腔孤子微梳等。随着微腔制作工艺和微腔孤子的发展，相关光频梳技术已在光通信、光钟、测距、光谱学等方面产生了极其重要的应用 [79,80]。

玻色–爱因斯坦凝聚体中的孤子　玻色–爱因斯坦凝聚体 (Bose-Einstein condensate, BEC) 由于原子间存在相互作用和高度可控性成为研究孤子激发动力学的理想平台之一 [4]。1999 年 Burger 等和 2000 年盖瑟斯堡美国国家标准与技术研究院 (NIST) 实验小组利用操控相位的方法在排斥相互作用 BEC 中成功激发了暗孤子 [81,82]。2002 年，吴飙等提议了利用相位印刷术可以可控地激发暗孤子的方法 [83]。2008 年，Becker 等在铷原子 BEC 中用相位刻印的方法创造了可存在 2.8 s 的暗孤子 [84]。Stellmer 等用相位刻印的方法在准一维 BEC 中直接观察了两个暗孤子的正碰过程 [85]，为研究物质波暗孤子的碰撞提供了实验技术支撑。2002 年，Khaykovich 小组在吸引相互作用 BEC 中实验实现了单个亮孤子的形成 [86]，Strecker 等进一步观测到了亮孤子阵列 [87]。2005 年，刘伍明等提议了利用调控原子间散射长度和外势阱实现亮孤子放大的方法 [88]。2013 年，Marchant 等在实验中实现了亮孤子的可控生成，并观察了亮孤子的反射 [89]。组分间的非线性耦合使得多组分 BEC 可以激发种类更多的孤子结构，如两组分体系中的亮–亮孤子 [90–92]、暗–亮孤子 [93,94] 、暗–暗孤子 [95,96]、暗–反暗孤子 [97,98]、磁孤子 [99–101] 和自旋孤子 [102,103] 等。玻色凝聚体系还存在多种不同的高维局域波激发，如涡旋 [104,105]，拓扑扭结 [106–108] 等。人们还预言了稳定旋转的二维和三维量子液滴 [109]，在里德伯 (Rydberg) 缀饰自旋轨道耦合玻色气体中可以存在具有手征性的超固态 [110]。

这些孤子、涡旋等局域波的理论和实验研究将推动 BEC 体系中非线性局域波的干涉、隧穿、拓扑性质、精密测量、模拟黑洞动力学等方面的研究。

目前，对孤子的研究不只局限于以上四个领域，孤子的相关研究已涉及量子力学、声学等领域[111]，产生孤子的原理也不仅仅局限于色散或衍射和非线性之间的平衡。在同一领域内对孤子的研究内容也很丰富，主要包括孤子相互作用、孤子行为控制、孤子引发的特殊非线性现象、孤子辐射问题等。近几年来，还有一些新型孤子，比如拓扑孤子、磁孤子、极子孤子、孤子超晶格等也得到了广泛的研究[112–115]，此处不再作一一赘述。

1.1.2 怪波

怪波现象，是指真实存在于自然界中具有奇怪特征的极端波动现象，其奇怪之处主要表现为：① 具有高的振幅能量 (一般高于背景振幅 2 倍以上)；② 具有“来无影去无踪”的特点[116,117]。由于怪波现象最早发现于海洋并在航海历史上造成众多毁灭性的海难，所以起初人们认为它是海怪或者某种神秘力量。不过，1995 年对海洋表面波振幅的观测数据清晰地表明，怪波是流体系统中客观存在的自然现象。最初，对怪波现象的研究工作主要集中于水流体系统[118–120]。然而，海洋系统本身极为复杂且不具备良好的可控性，这为怪波现象的研究带来极大阻碍。不过值得指出的是，在一批先驱科学家的不懈努力下，怪波现象已被证实为一种由非线性效应引起的极端自然现象[120]。特别是 Zakharov[120] 研究发现，怪波现象的出现源于非线性系统中广泛存在的调制不稳定性 (详见下文理论方法介绍部分)。借助实验可控系统 (如非线性光纤、玻色–爱因斯坦凝聚体、等离子体等) 的研究，科学家发现平面波背景上局域波的动力学特征能够很好地描述自然界中实际存在的“怪波现象”[116,117,121]。至此，非线性理论解释方案的初步建立使得怪波成为非线性局域波研究的重要热点问题之一。

怪波的实验观测 2007 年，里程碑式的研究结果——“光怪波”的实验证实将怪波现象研究带入人们可控的非线性光学领域，并真正意义上开启了一个新的非线性科学研究方向——“光怪波物理”。Solli 等率先类比了海洋怪波和非线性光纤中的怪波现象[122]，报道了光纤中超连续光谱的长波长区，光强分布的长尾直方图 (“L 型”非高斯分布，图 1.4)。由图 1.4(a) 可见，该光学极端现象在时间–波长平面上具有很高的强度，其出现和消失也无迹可寻，因此该特征类似于海洋怪波。进一步地，Solli 等通过对光怪波事件进行统计分析发现其分布特征为“L 型”长尾分布，而非传统的高斯分布，当增大入射脉冲的光强时亦不改变其分布特征[122] (图 1.4(b))。此外，他们通过数值模拟验证了光怪波现象的特征，其数值结果与实验结果符合得很好 (图 1.4(c))。需要注意的是，这样的类比不是臆想的巧合，而是严格基于以下两个物理事实。① 高度偏态分布 (“L 型”分布) 通常被认为可以定义极端怪波现象，并预示高振幅事件虽然远离中值但依然具有不可忽略的概率可被观测。② 光纤中的超连续光谱激发源于调制不稳定性，而后者作为能够指数放大光学噪声扰动的非线性过程，已在之前的研究中被提议为海洋怪波的一种激发机制。依照上述两个物理事实，光怪波在不同光学系统中的实验验证以及相应的细致的机制分析等研究工作随之迅速地扩展开来。Solli 等和 Dudley 等基于受激超连续光谱产生对上述光怪波现象进行了有效控制。紧接着，Erkintalo 等对光怪波的统计解释做了详细的数值研究，并研究了飞秒超连续光谱激发条件下的光怪波特征 [123]。Bonatto 等通过对输出光强的统计，证实了光注入半导体激光器中光怪波现象的存在 [124]。Pierangeli 等利用光折变铁电体观测了空间光怪波现象 [125]。鉴于光怪波性质的特殊性，Genty 等通过数值分析揭示了光学湍流可以作为光怪波激发的物理机制之一 [126] 。

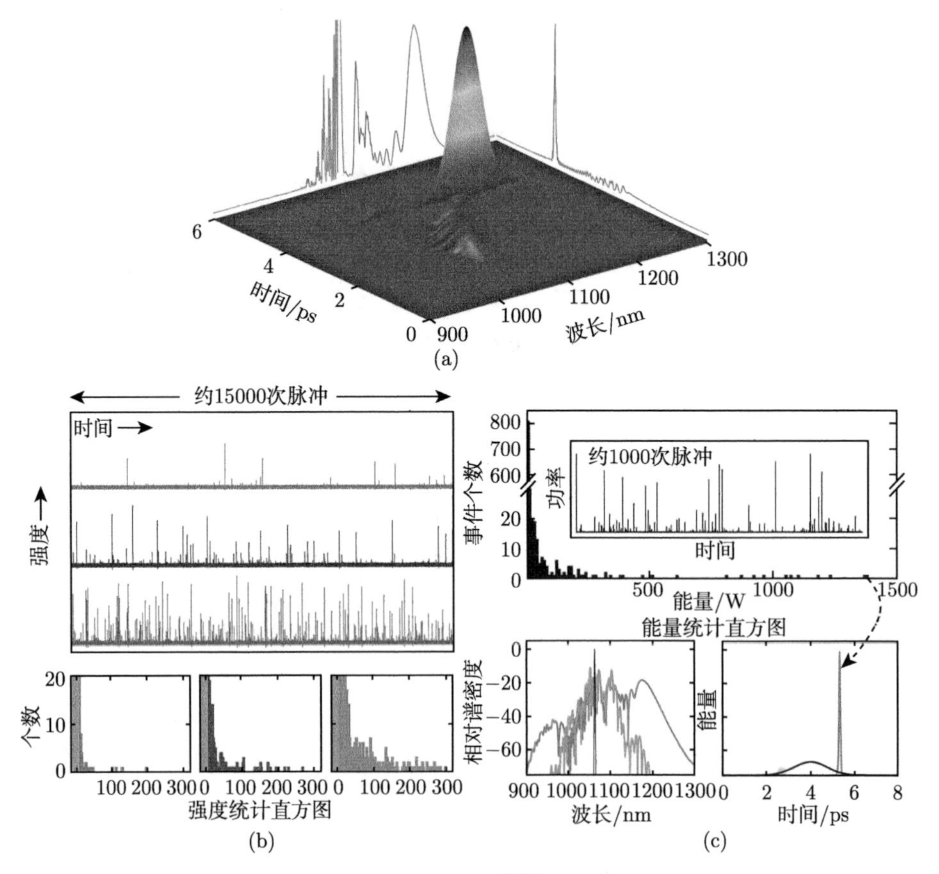

图 1.4　“光怪波现象”在光纤实验中的首次实现 [122]。(a) 光怪波在时间–波长平面上的分布特征；(b) 描述光怪波特性的“L 型”长尾统计分布图；(c)“光怪波现象”的数值模拟结果 (彩图见封底二维码)

需要指出的是，上述研究的理论内容绝大多数是基于统计的方法，证实了多种非线性光学系统中的怪波现象，提出了定性的产生机制、预测以及抑制方案。然而，这样较为单一的研究方法和方式对精确地科学认知怪波现象是不够的。幸运的是，2008 年底，Akhmediev 等开始系统地提出了怪波现象另一种描述——精确解析的解释方案[116,117]。研究表明，非线性波动方程 (起初主要关于标准的非线性薛定谔方程) 的一系列平面波 (非零) 背景上的局域波精确解的动力学性质，能够很好地描述怪波现象的本质[116,117]。这是由于这些平面波背景上的具有呼吸特性的局域波，其本身就是调制不稳定性的一种精确表述形式。鉴于标准非线性薛定谔可广泛地运用于不同的非线性物理系统，特别是水流体系统和非线性光纤系统，怪波现象的科学研究进入了全面系统的精确研究阶段。

自 2010 年始，上述平面波背景上的局域波在单模光纤中得到了完美的证实 (图 1.5)。实验的最主要环节是涉及了一个多频的光场在光纤的注入过程。首先，Kibler 等利用相应的频域分辨光开关 (frequency-resolved optical gating) 技术证实了 Peregrine 怪波的存在性，经过对比发现，实验观测的 Peregrine 怪波的强度和相位信息与数值模拟以及解析结果的预期几近完美地吻合[127]。需要注意的是，上述实验结果是人们通过设置实验参数逼近 Akhmediev 呼吸子的周期极限得到的[128]。Dudley 等实现了 Akhmediev 呼吸子的特征观测[129]。之后，Hammani 等[130] 通过更加细致的实验观察揭示了 Akhmediev 呼吸子增长和衰减的谱演化规律。Kuznetsov-Ma 呼吸子在传输方向上激发也得到实验证实[131]，其光强增大和衰减的规律与解析结果一致。

此外，人们利用光频梳的光谱整形合成的初始条件激发了呼吸子的相互碰撞[132]。这个重要的实验结果证实了呼吸子的碰撞是如何激发更高的光强输出。实质上，呼吸子碰撞的动力学是高阶调制不稳定性的表现[133]，即在调制不稳定频宽范围内多重不稳定模的同时激发导致了 Akhmediev 呼吸子的非线性叠加。除了这些光学系统的实验，人们还开展了基于水箱、等离子体的多种实验观测，成功观测到了多种解析解预言的怪波行为。

上面这些基于解析解的实验观测结果有力地驱动了基于非线性偏微分方程的有理解 (怪波解) 的构造及其动力学分析的研究工作。下面我们介绍怪波解的研究进展。

怪波解 1+1 维非线性薛定谔方程存在着一系列局域在平面波背景上的局域波解，最著名的有 Kuznetsov-Ma 呼吸子解[134,135]、Peregrine 怪波解[136]、Akhmediev 呼吸子解[137] 以及相应的非线性叠加态[116,117] (高阶局域波解) (图 1.5)。1983 年，Peregrine 发现了一类时空双重局域的“单振幅波”[136]。这个特殊的结构就是近期被人们广泛接受的描述“怪波现象”的最基本原型[138]——“Peregrine 怪波解”。该解以其特有的有理分式著名，描述了基于调制不稳定性的单峰弱信号被指数放大的不稳定过程。遗憾的是，即便如此，起初的很长时间该解未受到人们的重视，以致解的特性分析以及实验验证等科学工作直到近几年才被系统清晰地揭示。直到 2008 年，N. Akhmediev 教授率先精确给出一系列局域波的非线性叠加态，并发现呼吸子碰撞的中心位置可以形成一个振幅更大的波峰 [116,117]。这些研究精确地证实了该波峰的解析表达式是一类更高次的有理分式，描述着若干 Peregrine 怪波的非线性叠加态。因此，目前人们将非线性模型中的高阶有理分式解也叫“高阶怪波解”。最近的研究表明，高阶怪波能够表现出结构的多样性 [117,139–143]。这里需要指出的是，求解相关物理模型的高阶怪波解已成为精确认知怪波现象的重要方式之一。不过目前穷尽高阶怪波的结构类型揭示其形成规律还是一个极具挑战性的公开命题。

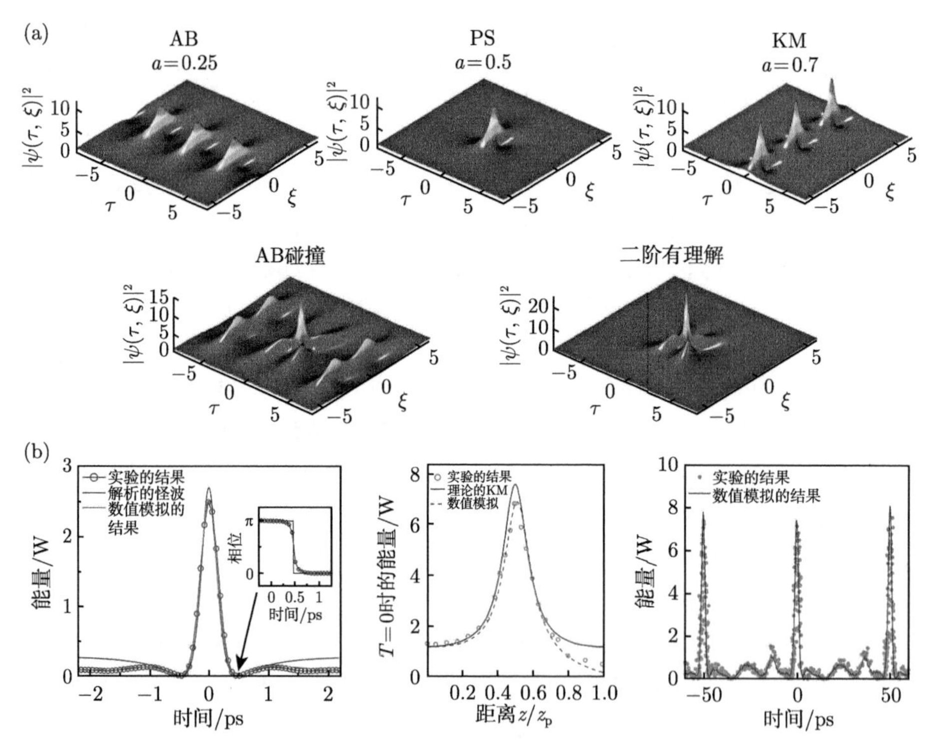

图 1.5　标准非线性薛定谔模型中的几种典型的非零背景上的非线性激发以及相应的光纤实验中的实现 [121]。(a) 不同特征的精确解，从左至右依次为：Akhmediev 呼吸子，Peregrine 怪波，Kuznetsov-Ma 呼吸子，Akhmediev 呼吸子碰撞和单峰二阶怪波；(b) 相应的实验验证，从左到右分别为：Peregrine 怪波，Kuznetsov-Ma 呼吸子，Akhmediev 呼吸子碰撞 (彩图见封底二维码)

基于这些解析解得到的可控非线性光学激发单元,人们也进一步开展了“光怪波物理”应用方面的研究[144–155]。譬如,Fatome 等利用 Akhmediev 呼吸子的特性,在单模光纤的反常色散区设计了具有高质量和高重复率的脉冲序列激发器[144]。Bludov 等利用 Peregrine 怪波在非线性空间波导阵列中理论设计了能量集中器[145]。杨光晔和李禄等利用 Peregrine 怪波成功获取稳定传输的高功率脉冲以及能够稳定传输的具有呼吸特征的孤子[148,149]。张贻齐等利用 Akhmediev 呼吸子预言了光学中的非线性塔尔博特 (Talbot) 效应[150]。Tiofack 等利用周期性色散管理的光纤实验成功得到了“Peregrine 怪波梳”[153]。

另一方面，鉴于标准非线性薛定谔模型的普适性，怪波现象的研究在多种非线性物理系统中迅速扩展开来，包括玻色–爱因斯坦凝聚体[156–166]、等离子体[167]、超流体[168]、大气[169]、铁磁链[170,171]、毛细管[172]、金融系统[173,174]、P-T 对称系统等[175–182]。

这些结果大都是基于解析解展开讨论的，结果表明在特定物理模型下，怪波的结构具有一定的普适性。已有研究结果表明，利用噪声诱发调制不稳定性也能激发出可被解析解描述的怪波结构[121]。如图 1.6 所示，Dudley 等[121] 基于标准的非线性薛定谔模型，利用宽频噪声背景数值研究了随机初态的演化动力学过程。数值结果表明，Kuznetsov-Ma 呼吸子、Akhmediev 呼吸子、Peregrine 怪波甚至是相应的非线性叠加态的动力学，可以通过随机噪声初态诱发的调制不稳定性而成功“映射”在混沌场中。这些结果证明了这一系列的解析解代表着一类普遍存在的具有重要物理意义的非线性激发单元。值得注意的是，这些结果进一步促进了人们对混沌场中怪波现象的理解[183,184]。

怪波的基本结构分类 随着怪波现象在多种非线性物理系统中的成功观测，怪波的基本结构分类已成为怪波物理的关键问题之一[127,185,186]。在标量非线性薛定谔方程中基本的怪波结构表现为“眼状”，即其密度 (振幅) 分布为一个峰且两侧各有一个谷，呈现出类似“眼睛”的结构。与之相比，矢量系统中的怪波结构更加丰富。除了常见的眼状结构，还存在“反眼状”结构和“四花瓣”结构[34,187,188]。反眼状怪波也称暗怪波，最早是通过数值模拟预期其存在的[187]，而后作者团队在两组分非线性薛定谔系统给出了描述该结构的严格解[34]。反眼状怪波，其密度分布时空图样刚好与眼状怪波相反，具有一个谷且其两侧各有一个峰。四花瓣怪波先是在三组分非线性薛定谔系统发现的，而后结合调制不稳定分析又在两组分非线性薛定谔系统中报道[188]。四花瓣怪波则是围绕中心有两个峰两个谷交错排列，因其结构像一朵“带有四个花瓣的花”而得名。后来我们又理论证明了 N- 组分耦合非线性薛定谔体系中基本怪波结构可分为三类：眼状怪波、暗怪波和四花瓣怪波[189]。图 1.7 清晰展示了这三类怪波在时空结构上的显著特征。这些怪波的轨迹性质、相位特征和频谱特征的具体讨论见第 3 章。另外，在某些高阶效应下还有一些其他怪波结构，如扭曲怪波结构 [190]。其他可积模型中怪波结构类型的系统分类还需要进一步研究。

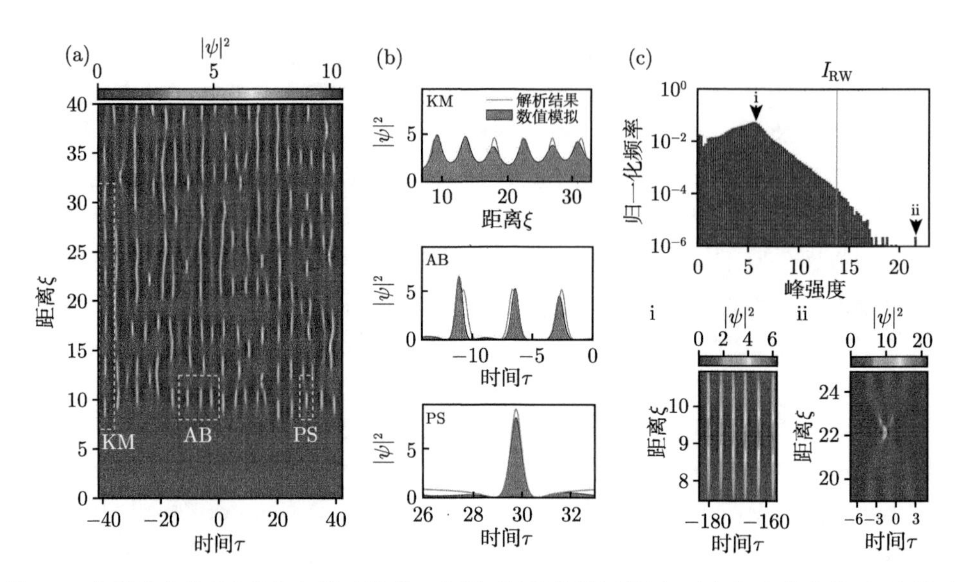

图 1.6　宽频噪声背景上的随机扰动激发。由图可见数值模拟结果 (随机初态激发结果) 与精确的解析解结果符合得很好 [121] (彩图见封底二维码)

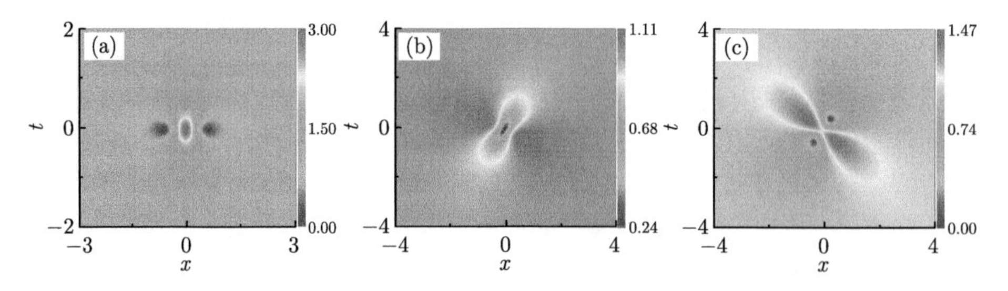

图 1.7　非线性薛定谔系统中怪波的三种时空结构。(a) 眼状怪波的密度分布；(b) 反眼状怪波的密度分布；(c) 四花瓣怪波的密度分布 (彩图见封底二维码)

1.1.3　呼吸子

呼吸子，顾名思义，泛指一类具有周期演化 (或分布) 结构的非线性波。这类非线性波广泛存在于众多非线性物理系统中。对于离散系统，呼吸子表现为具有周期演化行为的局域模。对于连续系统，按照其激发背景的不同，呼吸子可分为零背景呼吸子和平面波背景呼吸子。零背景上的呼吸子本质是“多孤子束缚态”。这种多孤子束缚态又称为“孤子复杂体”。平面波背景上的呼吸子与调制不稳定性紧密相关，其动力学特性描述了诸多重要物理现象，包括怪波现象、Fermi-Pasta-Ulam (FPU) 循环、超连续光谱产生、棋盘干涉斑图等。典型的该类呼吸子包括 Kuznetsov-Ma 呼吸子和 Akhmediev 呼吸子。

1. 离散呼吸子

非线性哈密顿“格子 (离散)”系统的局域波解常常描述了周期性演化的局域波动力学，即离散呼吸子。离散呼吸子广泛存在于多种非线性离散物理系统中，包括非线性光波导阵列、光格子囚禁的玻色–爱因斯坦凝聚体、反磁性层状结构等。离散呼吸子本质上是孤子在离散系统中的周期传输，因此，“离散呼吸子”也常称为“离散孤子”或“非线性格子中的局域模”。这种呼吸子在分布方向上局域 (指数型局域)，在演化方向上具有周期性。一般而言，满足离散呼吸子存在的非线性离散系统具有平移不变性。这种不变性很好地避免了非线性模演化过程中趋于混沌。另一方面，系统中的非线性效应能够很好地避免局域模传输 (或演化) 过程中的非局域扩散。因此，离散呼吸子的存在需要两个条件：一是具有平移不变的离散系统，二是该系统为非线性系统。需要指出的是，这两个因素在实际物理中都是常见的。其中，非线性是自然界的固有属性之一，离散在实际物理系统中处处可见，如晶体结构和分子。通过多种人造系统，人们可以实现具有良好可控性、可操作性的非线性离散系统，包括玻色–爱因斯坦凝聚体、约瑟夫森 (Josephson) 结、光学器件、微型力学器件等。

离散呼吸子研究可追溯到 1969 年。Ovchinnikov 研究了一维耦合非谐振子链的局域激发 [191]。这种局域激发的理论研究热潮始于 1988 年，当时人们研究了著名的 Fermi-Pasta-Ulam 链的局域激发特性 [192,193]。之后，Campbell 和 Peyrard 将这类局域激发首次命名为离散呼吸子。1998 年始，基于理论研究的离散呼吸子实验观测在多种非线性离散系统中实现 [194]。

2. 零背景呼吸子

零背景呼吸子，又称“Satsuma-Yajima 呼吸子”，或“孤子复杂体”，其首次发现可追溯到 1974 年，Satsuma 和 Yajima 在研究非线性薛定谔模型的多孤子 (高阶孤子) 传输动力学时，发现了这一类高阶孤子束缚态 [195]。与传统的多孤子碰撞过程不同，这种多孤子束缚态的演化表现出显著的振荡“呼吸”行为。零背景呼吸子于 1980 年首次在光学中实验实现 [32]，2013 年实现于水流体 [196]。另一方面由于这类孤子束缚态可以类比研究分子间的相互作用等行为，所以也称为“孤子分子”。近年来，孤子分子已在光学、流体物理、生物物理中被广泛研究 [73,74,197]。

3. 平面波背景呼吸子

平面波背景上呼吸子是一类在平面波背景上激发的周期结构。从历史来看，这类呼吸子的最早研究可追溯到 20 世纪 70 年代末，Kuznetsov 和 Ma 在研究标准的非线性薛定谔方程的非线性激发时，分别独立给出了横向分布局域纵向传输周期性呼吸的局域波解 [134,135]。这类解的特征与之前人们广泛报道的“孤子”截然不同，它与平面波背景之间具有稳定的周期性能量交换，其峰值高度以指数放大又以指数衰减，如此周而复始，因此人们称之为“Kuznetsov-Ma 呼吸子”(图 1.5)。当背景振幅为零时，Kuznetsov-Ma 呼吸子退化为标准的基本亮孤子。从此角度而言，Kuznetsov-Ma 呼吸子又称为 Kuznetsov-Ma 孤子。在此之后的 1986 年，Akhmediev 发现了一类与 Kuznetsov-Ma 呼吸子特征恰好相反的呼吸子，即纵向局域而横向呼吸的“Akhmediev 呼吸子”[137] (图 1.5)。这类解实质上是平面波背景上的周期解。值得注意的是，Akhmediev 呼吸子精确揭示了诸多重要的非线性物理现象，如调制不稳定性、Fermi-Pasta-Ulam 循环、超连续光谱产生、非线性相移。重要的是基于标准非线性薛定谔描述的物理系统，近期的实验研究成功验证了 Akhmediev 呼吸子理论。Kuznetsov-Ma 呼吸子和 Akhmediev 呼吸子是特殊方向上的呼吸子，具有任意方向周期性的一般呼吸子解由 Tajiri 和 Watanabe 给出，即 Tajiri-Watanabe 呼吸子 [198]。Tajiri-Watanabe 呼吸子包含了以上特例。有趣的是，上述典型的平面波背景上的局域波并不是孤立存在的，当呼吸子的周期增至无穷大时，它们都将退化为 Peregrine 怪波。

近些年，呼吸子受到了人们越来越多的关注，这些研究主要集中在光学系统中呼吸子的表现形式和激发机制上面 [199–205]。从物理的角度上来看，这些呈现出不稳定的振幅演化过程的局域波解描述了平面波背景上不同形式扰动的调制不稳定性特征 [206]，并与著名的 Fermi-Pasta-Ulam 循环 [207–209] 紧密相关。其中，Peregrine 怪波解和 Akhmediev 呼吸子解分别解析地描述了单峰和周期小振幅扰动的调制不稳定性；Kuznetsov-Ma 呼吸子解可表征强调制的平面波的不稳定性；相应的局域波非线性叠加态对应于“高阶调制不稳定性”[133,210]。基于这些平面波背景上局域波的特征以及其描述的调制不稳定性的物理本质，人们也将这样的一组解析解当作描述怪波现象的有效的理论原型。

1.2 非线性薛定谔系统

1.2.1 标准非线性薛定谔系统

理论上，非线性局域波动力学性质由非线性偏微分方程来描述。可积的非线性偏微分方程存在描述多种局域波精确解，这些精确解为非线性局域波性质的研究提供了严格的数学描述。在此之中，非线性薛定谔方程及其推广形式扮演着极其重要的角色。无量纲情形下，1+1 维标准的非线性薛定谔方程具有如下形式：

$$\mathrm{i}\frac{\partial\psi}{\partial t}+\frac{1}{2}\frac{\partial^2\psi}{\partial x^2}+\sigma|\psi|^2\psi=0 \tag{1.2.1}$$

其中 ψ 为描述非线性局域波的波函数，t 为演化时间，x 为横向分布变量。$\partial^2\psi/\partial x^2$ 为群速度色散 (衍射) 项，$|\psi|^2\psi$ 为三阶非线性项。$\sigma=+1$ 表示反常色散 (自聚焦) 系统；$\sigma=-1$ 表示正常色散 (自散焦) 系统。

标准非线性薛定谔方程的研究可追溯到 1967 年，Benney 和 Newell 推导得到非线性薛定谔方程。1968 年，Zakharov 在研究深水波的调制不稳定性时也推导出了非线性薛定谔模型。1973 年，Hasegawa 和 Tappert 在研究光纤中光脉冲传输的演化方程时得到相同的模型。目前，已有的研究结果表明标准非线性薛定谔方程具有普适性，即它可以描述多种不同非线性物理系统的局域波激发动力学，包括非线性光学、玻色–爱因斯坦凝聚体、等离子体、超流、铁磁系统、大气以及金融系统等。注意，在不同系统中，波函数的自变量往往不同，但通过研究具有相同形式的主方程可以为理解不同系统中的局域激发提供重要的普适结果。另一方面，考虑实际非线性物理系统的复杂性，则推广已有的标准非线性薛定谔是极其必要和重要的。沿此方向，非线性薛定谔模型的推广主要为：① 高阶非线性薛定谔模型；② 非线性薛定谔耦合模型；③ 非自治非线性薛定谔模型。

1.2.2 高阶非线性薛定谔系统

标准非线性薛定谔方程是类非线性薛定谔模型的最低阶最简单情形。考虑一般物理情形，高阶效应如高阶色散、自陡峭和自频移等往往是不可忽略的。这类模型被统称为高阶非线性薛定谔模型。可积的高阶非线性薛定谔模型可分为三类，即 Hirota 高阶推广、Sasa-Satsuma 高阶推广以及自陡峭非线性薛定谔系统的推广。

1. Hirota 高阶推广

其中无穷阶的 Hirota 高阶推广可写为

$$\mathrm{i}\psi_\xi+\sum_{n=1}^{\infty}[\alpha_{2n}K_{2n}(\psi)-\mathrm{i}\alpha_{2n+1}K_{2n+1}(\psi)]=0 \tag{1.2.2}$$

这里，$\psi(\tau,\xi)$ 是复波场，ξ 和 τ 分别为纵向和横向变量，下标 ξ 表示求导；$\alpha_n(n=2,3,4,5,\cdots,\infty)$ 代表不同阶色散和非线性项的任意实数 [211]。(1.2.2) 式是非线性薛定谔方程到重要的无穷阶可积推广。特别地，$K_2(\psi)$ 是非线性薛定谔方程的二阶项：

$$K_2(\psi)=\psi_{\tau\tau}+2|\psi|^2\psi \tag{1.2.3}$$

$K_3(\psi)$ 是具有三阶色散的非线性薛定谔方程三阶项，下标 τ 表示求导，即标准的 Hirota 项:

$$K_3(\psi) = \psi_{\tau\tau\tau} + 6|\psi|^2\psi_\tau \tag{1.2.4}$$

$K_4(\psi)$ 是具有四阶色散的非线性薛定谔方程四阶项:

$$K_4(\psi) = \psi_{\tau\tau\tau\tau} + 6\psi_\tau^2\psi^* + 4|\psi_\tau|^2\psi + 8|\psi|^2\psi_{\tau\tau} + 2\psi^2\psi_{\tau\tau}^* + 6|\psi|^4\psi \tag{1.2.5}$$

$K_5(\psi)$ 是具有五阶色散的非线性薛定谔方程五阶项:

$$K_5(\psi) = \psi_{\tau\tau\tau\tau\tau} + 10|\psi|^2\psi_{\tau\tau\tau} + 10(|\psi_\tau|^2\psi)_\tau + 20\psi^*\psi_\tau\psi_{\tau\tau} + 30|\psi|^4\psi_\tau \tag{1.2.6}$$

其他高阶项由文献 [14] 中公式给出。在物理上，无限项非线性薛定谔方程 (1.2.2) 式通常被认为是一种改进模型，用于更精确地描述海洋和光纤中的非线性波传播 [3,212]。事实上，它被认为是用于光纤中脉冲传播的更一般化方程的特殊可积情况。另一方面，最近的研究证明，高阶非线性薛定谔方程在水波的动力学描述中具有实际意义，也就是说与标准非线性薛定谔模型相比，该模型能够更精确地拟合真实的实验数据 [196]。需要注意，只包含奇数阶次项时，无穷阶 Hirota 模型退化为无穷阶复数 mKdV 模型，其中最低阶的非线性模型即标准的复数 mKdV 模型：

$$\frac{\partial\psi}{\partial\xi} + \frac{\partial^3\psi}{\partial\tau^3} - 6|\psi|^2\frac{\partial\psi}{\partial\tau} = 0 \tag{1.2.7}$$

这类模型的研究为高阶效应诱发的局域波性质提供理论基础。

2. 自陡峭非线性薛定谔系统的推广

自陡峭高阶非线性薛定谔推广的最简单形式，即 Chen-Lee-Liu(CLL) 模型：

$$\mathrm{i}\frac{\partial\psi}{\partial z} + \sigma\frac{\partial^2\psi}{\partial t^2} + \mathrm{i}|\psi|^2\frac{\partial\psi}{\partial t} = 0 \tag{1.2.8}$$

其中，$\psi(z,t)$ 为波的复包络；z 为传播变量；t 为延迟时间。系数 σ 定义了色散的符号；当 $\sigma=+1$ 时，色散项表示反常色散；反之为正常色散。(1.2.8) 式将标准非线性薛定谔方程中的三次自相位调制项 $|\psi|^2\psi$ 替换为自陡峭项 $\mathrm{i}|\psi|^2\psi_t$。近期的光学实验通过操控二次和三次非线性的相互作用，实现了 CLL 模型的光脉冲传输 [213]。

另一方面，考虑自陡峭项的不同形式，我们有

$$\mathrm{i}\frac{\partial\psi}{\partial z} + \sigma\frac{\partial^2\psi}{\partial t^2} + \mathrm{i}\frac{\partial}{\partial t}(|\psi|^2\psi) = 0 \tag{1.2.9}$$

即 Kaup-Newell(KN) 方程。值得注意的是，KN 模型可描述磁化等离子体中的阿尔文 (Alfvén) 波。

上述 CLL 模型和 KN 模型是包含自陡峭效应的最简单模型，更为复杂的自陡峭型非线性薛定谔高阶推广模型还包括：

$$\mathrm{i}\psi_z + \frac{1}{2}\psi_{tt} + \sigma|\psi|^2\psi + \kappa(\mathrm{i}\sigma|\psi|^2\psi_t - \psi_{zt}) = 0 \tag{1.2.10}$$

式中，下标 z, t 表示求导，这个方程即 Fokas-Lenells(FL) 方程。与 CLL 模型相比，FL 模型还包含了时空关联项 $\kappa\psi_{zt}$。需要强调的一点是，这三种包含了自陡峭效应的可积模型 (CLL 模型、KN 模型以及 FL 模型) 都属于相同的 Wadati-Konno-Ichikawa 可积系统。相应的理论研究方法因此具有相似性。

1.2.3 耦合非线性薛定谔系统

非线性薛定谔耦合模型描述了复杂实际物理系统中的多波相互作用效应。该耦合模型可大致分为两类：多分量耦合非线性薛定谔系统和非线性薛定谔–麦克斯韦–布洛赫 (Schrödinger-Maxwell-Bloch) 系统。其中最简单的两分量耦合非线性薛定谔模型的无量纲情形可表示为

$$\mathrm{i}\frac{\partial\psi_1}{\partial t} = -\frac{1}{2}\frac{\partial^2\psi_1}{\partial x^2} + (g_1|\psi_1|^2 + g_2|\psi_2|^2)\psi_1 \tag{1.2.11}$$

$$\mathrm{i}\frac{\partial\psi_2}{\partial t} = -\frac{1}{2}\frac{\partial^2\psi_2}{\partial x^2} + (g_2|\psi_1|^2 + g_3|\psi_2|^2)\psi_2 \tag{1.2.12}$$

其中，ψ_1 和 ψ_2 是两个组分的波函数；参数 g_1 和 g_3 分别表示光场中的自相位调制或 BEC 原子间的种内相互作用；g_2 描述了光场中的交叉相位调制或原子间的种间相互作用。需要注意的是，由于大多数情形下非线性项的强度不同，矢量非线性薛定谔方程往往是不可积的。在特殊情形下 $g_1 = g_2 = g_3 = g$，该方程约化为可积的 Manakov 模型：

$$\mathrm{i}\frac{\partial\psi_1}{\partial t} = -\frac{1}{2}\frac{\partial^2\psi_1}{\partial x^2} + (g|\psi_1|^2 + g|\psi_2|^2)\psi_1 \tag{1.2.13}$$

$$\mathrm{i}\frac{\partial\psi_2}{\partial t} = -\frac{1}{2}\frac{\partial^2\psi_2}{\partial x^2} + (g|\psi_1|^2 + g|\psi_2|^2)\psi_2 \tag{1.2.14}$$

另一方面，考虑单粒子转换效应，两分量耦合非线性薛定谔系统可推广为

$$\mathrm{i}\frac{\partial\psi_1}{\partial t} + \frac{1}{2}\frac{\partial^2\psi_1}{\partial x^2} + (|\psi_1|^2 + |\psi_2|^2)\psi_1 + \varOmega\psi_2 = 0 \tag{1.2.15}$$

$$\mathrm{i}\frac{\partial\psi_2}{\partial t} + \frac{1}{2}\frac{\partial^2\psi_2}{\partial x^2} + (|\psi_1|^2 + |\psi_2|^2)\psi_2 + \varOmega\psi_1 = 0 \tag{1.2.16}$$

其中，$\Omega\psi_1$ 和 $\Omega\psi_2$ 为单粒子转换项。考虑冷原子体中的对–转换效应 (或光学中的四波混频效应)，两分量耦合非线性薛定谔系统可推广为

$$\begin{aligned} &\mathrm{i}\frac{\partial\psi_1}{\partial t}+\frac{1}{2}\frac{\partial^2\psi_1}{\partial x^2}+(|\psi_1|^2+|\psi_2|^2)\psi_1+\psi_1^*\psi_2^2=0 \\ &\mathrm{i}\frac{\partial\psi_2}{\partial t}+\frac{1}{2}\frac{\partial^2\psi_2}{\partial x^2}+(|\psi_1|^2+|\psi_2|^2)\psi_2+\psi_2^*\psi_1^2=0 \end{aligned} \tag{1.2.17}$$

其中，$\psi_1^*\psi_2^2$ 和 $\psi_2^*\psi_1^2$ 为对转换或四波混频项。

非线性薛定谔–麦克斯韦–布洛赫模型是一类描述光与物质相互作用的非线性模型，其形式为

$$\begin{aligned} &\psi_z=\mathrm{i}\left(\frac{1}{2}\psi_{tt}+|\psi|^2\psi\right)+2P \\ &P_t=2\mathrm{i}\omega P+\frac{2}{\sigma}\psi\eta \\ &\eta_t=-(\psi P^*+P\psi^*) \end{aligned} \tag{1.2.18}$$

这里，ψ 表示慢变电场的复包络；下标 z, t 表示求导；P 描述了共振介质的极化强度；η 表示粒子数反转。

1.2.4 非自治非线性薛定谔系统

对于非自治模型描述的物理系统，其相应的物理参数不再是常量，而是可以随时空变化的变量 (如色散、非线性、增益以及外势等参量依赖于纵向传输变量 z，或横向分布变量 t，或两者兼有)。非自治非线性薛定谔方程具有如下形式：

$$\mathrm{i}\frac{\partial u}{\partial z}+D(z,t)\frac{\partial^2 u}{\partial t^2}+R(z,t)|u|^2u+V(z,t)u+\mathrm{i}G(z,t)u=0 \tag{1.2.19}$$

其中，$u(z,t)$ 表示慢变场；z 和 t 分别表示纵向传输方向和横向分布方向；$D(z,t)$ 是色散或衍射系数；$R(z,t)$ 为非线性系数；$V(z,t)$ 表示非线性物理系统的外势调制；$G(z,t)$ 为系统的增益或损耗。首先，需要指出的是，这里的调制系数是关于 z 和 t 的函数，因此 (1.2.19) 式描述了光场在 z 和 t 方向都具有可控性的动力学演化性质。再者，该模型具有一般普适性，这意味着可以描述多种不同的实际非线性物理系统中的局域波动力学。具体如下：

(1) 若 $D(z,t)=D(z)$，$R(z,t)=R(z)$，$G(z,t)=G(z)$，$V(z,t)=M(z)t^2$，(1.2.19) 式描述了光脉冲在非均匀单模光纤中的传输，相关研究可参考文献 [214]～[216] 以及第 8 章相关内容。相应的调制系数 $D(z)$ 和 $R(z)$ 分别为色散和非线性管理项，$V(z,t)=M(z)t^2$ 表示非均匀的自相位调制。

(2) 若将变量 $t \to x$，且 $D(z,x) = 1/2$，$R(z,x) = R(z)$，$G(z,x) = G(z)$，$V(z,x) = F(z)x^2$，则此时 (1.2.19) 式描述了光束在非线性平面波导中的动力学演化，对应的折射率为 $n = n_0 + n_1 F(z)x^2 + n_2 R(z) I(z,x)$，其中 $R(z)$ 为非均匀克尔非线性项，$F(z)$ 为横向线性折射率随传输距离的演化函数，其值正负分别对应于梯度折射率作为自聚焦和自散焦效应的线性透镜。另一方面，若 $D(z,x) = 1/2$，$R(z,x) = R(x)$，$V(z,x) = V(x)$，$G(z,x) = 0$，则 (1.2.19) 式描述了光束在具有横向周期格子的非线性平面光波导的动力学，其中 $R(x)$ 和 $V(x)$ 皆为周期函数。

(3) 若将变量 $t \to x$，$z \to t$，且 $D(t,x) = 1/2$，则 (1.2.19) 式退化为 $1+1$ 维的 Gross-Pitaevskii 方程，用以描述雪茄型玻色–爱因斯坦凝聚体的动力学。其中非线性项 $R(t,x)$ 表示由原子碰撞所决定的散射长度，其正负分别描述吸引和排斥的相互作用。实验上散射长度可以由费希巴赫共振 (Feshbach resonance) 管理技术进行精确操控。

参 考 文 献

[1] Akhmediev N, Ankiewicz A. Solitons: Nonlinear Pulses and Beams[M]. London: Chapman & Hall, 1997.

[2] Kivshar Y S, Agrawal G P. Optical Solitons: from Fibers to Photonic Crystals[M]. New York: Academic Press, 2003.

[3] Agrawal G P. Nonlinear Fiber Optics[M]. San Diego: Academic Press, 2007.

[4] Kevrekidis P G, Frantzeskakis D, Carretero-Gonzalez R. Emergent Nonlinear Phenomena in Bose-Einstein Condensates: Theory and Experiment[M]. Berline: Springer Science & Business Media, 2007.

[5] Infeld E, Rowlands G. Nonlinear Waves, Solitons and Chaos[M]. Cambridge: Cambridge University Press, 2000.

[6] Yang J. Nonlinear Waves in Integrable and Nonintegrable Systems[M]. Philadelphia: SIAM, 2010.

[7] Liu W M, Kengne E. Schrödinger Equations in Nonlinear Systems[M]. Singapore: Springer, 2019.

[8] 陈险峰, 郭旗, 佘卫龙, 等. 非线性光学研究前沿 [M]. 上海: 上海交通大学出版社, 2014.

[9] Zabusky N J, Kruskal M D. Interaction of “solitons” in a collisionless plasma and the recurrence of initial states[J]. Physical Review Letters, 1965, 15(6): 240.

[10] Grelu P, Akhmediev N. Dissipative solitons for mode-locked lasers[J]. Nature Photonics, 2012, 6(2): 84-92.

[11] Wu J, Keolian R, Rudnick I. Observation of a nonpropagating hydrodynamic soliton[J]. Physical Review Letters, 1984, 52(16): 1421.

[12] Denardo B, Wright W, Putterman S, et al. Observation of a kink soliton on the surface of a liquid[J]. Physical Review Letters, 1990, 64(13): 1518.

[13] Mollenauer L F, Stolen R H. The soliton laser[J]. Optics Letters, 1984, 9(1): 13-15.

[14] Huang G X, Shi Z P, Dai X X, et al. Soliton excitations in the compressible Heisenberg spin chain: a general approach[J]. Communications in Theoretical Physics, 1992, 17(1): 7.

[15] Lou S Y, Ni G J, Huang G X. The soliton-like solutions of ϕ^6 and $\phi^4+\phi^3$ models with and without dissipation[J]. Communications in Theoretical Physics, 1992, 17(1): 67.

[16] Dong L, Huang C. Double-hump solitons in fractional dimensions with a PT-symmetric potential[J]. Optics Express, 2018, 26(8): 10509-10518.

[17] Zeng J, Lan Y. Two-dimensional solitons in PT linear lattice potentials[J]. Physical Review E, 2012, 85(4): 047601.

[18] Li M, Xu T. Dark and antidark soliton interactions in the nonlocal nonlinear Schrödinger equation with the self-induced parity-time-symmetric potential[J]. Physical Review E, 2015, 91(3): 033202.

[19] Feng B F, Luo X D, Ablowitz M J, et al. General soliton solution to a nonlocal nonlinear Schrödinger equation with zero and nonzero boundary conditions[J]. Nonlinearity, 2018, 31(12): 5385.

[20] Wen X Y, Yan Z, Yang Y. Dynamics of higher-order rational solitons for the nonlocal nonlinear Schrödinger equation with the self-induced parity-time-symmetric potential[J]. Chaos: An Interdisciplinary Journal of Nonlinear Science, 2016, 26(6): 063123.

[21] Yan Z Y, Wen Z, Konotop V V. Solitons in a nonlinear Schrödinger equation with PT-symmetric potentials and inhomogeneous nonlinearity: Stability and excitation of nonlinear modes[J]. Physical Review A, 2015, 92(2): 023821.

[22] Duan W S, Parkes J. Dust size distribution for dust acoustic waves in a magnetized dusty plasma[J]. Physical Review E, 2003, 68(6): 067402.

[23] Han J N, Li S C, Yang X X, et al. Head-on collision of ion-acoustic solitary waves in an unmagnetized electron-positron-ion plasma[J]. The European Physical Journal D, 2008, 47(2): 197-201.

[24] Cheng X P, Lou S Y, Chen C, et al. Interactions between solitons and other nonlinear Schrödinger waves[J]. Physical Review E, 2014, 89(4): 043202.

[25] Liu W J, Tian B, Zhang H Q, et al. Soliton interaction in the higher-order nonlinear Schrödinger equation investigated with Hirota's bilinear method[J]. Physical Review E, 2008, 77(6): 066605.

[26] Zhang D J, Chen D Y. The N-soliton solutions of the sine-Gordon equation with self-consistent sources[J]. Physica A: Statistical Mechanics and its Applications, 2003, 321(3-4): 467-481.

[27] Li Z D, Li Q Y, Li L, et al. Soliton solution for the spin current in a ferromagnetic nanowire[J]. Physical Review E, 2007, 76(2): 026605.

[28] Feng B F. General N-soliton solution to a vector nonlinear Schrödinger equation[J]. Journal of Physics A: Mathematical and Theoretical, 2014, 47(35): 355203.

[29] Wang L, Zhang J H, Wang Z Q, et al. Breather-to-soliton transitions, nonlinear wave interactions, and modulational instability in a higher-order generalized nonlinear Schrödinger equation[J]. Physical Review E, 2016, 93(1): 012214.

[30] Wang W, Yao R X, Lou S Y. Abundant traveling wave structures of (1+1)-dimensional Sawada-Kotera equation: Few cycle solitons and soliton molecules[J]. Chinese Physics Letters, 2020, 37(10): 100501.

[31] Hasegawa A, Tappert F. Transmission of stationary nonlinear optical pulses in dispersive dielectric fibers. I. Anomalous dispersion[J]. Applied Physics Letters, 1973, 23(3): 142-144.

[32] Mollenauer L F, Stolen R H, Gordon J P. Experimental observation of picosecond pulse narrowing and solitons in optical fibers[J]. Physical Review Letters, 1980, 45(13): 1095.

[33] Feng B F, Malomed B A. Antisymmetric solitons and their interactions in strongly dispersion-managed fiber-optic systems[J]. Optics Communications, 2004, 229(1-6): 173-185.

[34] Zhao L C, Liu J. Localized nonlinear waves in a two-mode nonlinear fiber[J]. Journal of the Optical Society of America B, 2012, 29(11): 3119-3127.

[35] Liu C, Yang Z Y, Zhao L C, et al. State transition induced by higher-order effects and background frequency[J]. Physical Review E, 2015, 91(2): 022904.

[36] Liu C, Yang Z Y, Zhao L C, et al. Symmetric and asymmetric optical multipeak solitons on a continuous wave background in the femtosecond regime[J]. Physical Review E, 2016, 94(4): 042221.

[37] Liu W, Pang L, Yan H, et al. High-order solitons transmission in hollow-core photonic crystal fibers[J]. EPL (Europhysics Letters), 2017, 116(6): 64002.

[38] Peng J, Sorokina M, Sugavanam S, et al. Real-time observation of dissipative soliton formation in nonlinear polarization rotation mode-locked fibre lasers[J]. Communications Physics, 2018, 1(1): 1-8.

[39] Dudley J M, Genty G, Coen S. Supercontinuum generation in photonic crystal fiber[J]. Reviews of Modern Physics, 2006, 78(4): 1135.

[40] Philbin T G, Kuklewicz C, Robertson S, et al. Fiber-optical analog of the event horizon[J]. Science, 2008, 319(5868): 1367-1370.

[41] Bai Z, Huang G, Liu L, et al. Giant Kerr nonlinearity and low-power gigahertz solitons via plasmon-induced transparency[J]. Scientific Reports, 2015, 5(1): 13780.

[42] Liu W, Zhang Y, Luan Z, et al. Dromion-like soliton interactions for nonlinear Schrödinger equation with variable coefficients in inhomogeneous optical fibers[J]. Nonlinear Dynamics, 2019, 96(1): 729-736.

[43] Liu X, Triki H, Zhou Q, et al. Generation and control of multiple solitons under the influence of parameters[J]. Nonlinear Dynamics, 2019, 95(1): 143-150.

[44] Yang J K, Musslimani Z H. Fundamental and vortex solitons in a two-dimensional optical lattice[J]. Optics Letters, 2003, 28(21): 2094-2096.

[45] Guo Q, Luo B, Yi F, et al. Large phase shift of nonlocal optical spatial solitons[J]. Physical Review E, 2004, 69(1): 016602.

[46] Deng D, Guo Q. Ince-Gaussian solitons in strongly nonlocal nonlinear media[J]. Optics Letters, 2007, 32(21): 3206-3208.

[47] Ye F, Kartashov Y V, Torner L. Stabilization of dipole solitons in nonlocal nonlinear media[J]. Physical Review A, 2008, 77(4): 043821.

[48] Dong L, Ye F. Stability of multipole-mode solitons in thermal nonlinear media[J]. Physical Review A, 2010, 81(1): 013815.

[49] Ye F, Kartashov Y V, Hu B, et al. Twin-vortex solitons in nonlocal nonlinear media[J]. Optics Letters, 2010, 35(5): 628-630.

[50] Jia J, Lin J. Solitons in nonlocal nonlinear kerr media with exponential response function[J]. Optics Express, 2012, 20(7): 7469-7479.

[51] Zhang Y, Belić M, Wu Z, et al. Soliton pair generation in the interactions of Airy and nonlinear accelerating beams[J]. Optics Letters, 2013, 38(22): 4585-4588.

[52] Lin J, Chen W, Jia J. Abundant soliton solutions of general nonlocal nonlinear Schrödinger system with external field[J]. Journal of the Optical Society of America A, 2014, 31(1): 188-195.

[53] Liang G, Hong W, Guo Q. Spatial solitons with complicated structure in nonlocal nonlinear media[J]. Optics Express, 2016, 24(25): 28784-28793.

[54] Dai C Q, Wang Y Y. Spatiotemporal localizations in (3+1)-dimensional PT-symmetric and strongly nonlocal nonlinear media[J]. Nonlinear Dynamics, 2016, 83(4): 2453-2459.

[55] Zeng J, Malomed B A. Localized dark solitons and vortices in defocusing media with spatially inhomogeneous nonlinearity[J]. Physical Review E, 2017, 95(5): 052214.

[56] Aitchison J S, Weiner A M, Silberberg Y, et al. Observation of spatial optical solitons in a nonlinear glass waveguide[J]. Optics Letters, 1990, 15(9): 471-473.

[57] Yang J, Musslimani Z H. Fundamental and vortex solitons in a two-dimensional optical lattice[J]. Optics Letters, 2003, 28(21): 2094-2096.

[58] Yang J. Stability of vortex solitons in a photorefractive optical lattice[J]. New Journal of Physics, 2004, 6(1): 47.

[59] Mandelik D, Morandotti R, Aitchison J S, et al. Gap solitons in waveguide arrays[J]. Physical Review Letters, 2004, 92(9): 093904.

[60] Christodoulides D N, Lederer F, Silberberg Y. Discretizing light behaviour in linear and nonlinear waveguide lattices[J]. Nature, 2003, 424(6950): 817-823.

[61] Chen Z, Martin H, Eugenieva E D, et al. Anisotropic enhancement of discrete diffraction and formation of two-dimensional discrete-soliton trains[J]. Physical Review Letters, 2004, 92(14): 143902.

[62] 张霞萍, 郭旗, 胡巍. 强非局域非线性介质中的光束传输的空间光孤子 [J]. 物理学报, 2005, 54(11):5189-5193.

[63] Dang Y L, Li H J, Lin J. Soliton solutions in nonlocal nonlinear coupler[J]. Nonlinear Dynamics, 2017, 88(1): 489-501.

[64] Fu Q, Wang P, Huang C, et al. Optical soliton formation controlled by angle twisting in photonic moiré lattices[J]. Nature Photonics, 2020, 14(11): 663-668.

[65] Wang P, Zheng Y, Chen X, et al. Localization and delocalization of light in photonic moiré lattices[J]. Nature, 2020, 577(7788): 42-46.

[66] Ankiewicz A, Akhmediev N. Dissipative Solitons: From Optics to Biology and Medicine[M]. New York: Springer Science & Business Media, 2008.

[67] Wright L G, Christodoulides D N, Wise F W. Spatiotemporal mode-locking in multimode fiber lasers[J]. Science, 2017, 358(6359): 94-97.

[68] Chong A, Buckley J, Renninger W, et al. All-normal-dispersion femtosecond fiber laser[J]. Optics Express, 2006, 14(21): 10095-10100.

[69] Zhao L M, Tang D Y, Wu J. Gain-guided soliton in a positive group-dispersion fiber laser[J]. Optics Letters, 2006, 31(12): 1788-1790.

[70] Mao D, He Z, Zhang Y, et al. Phase-matching-induced near-chirp-free solitons in normal-dispersion fiber lasers[J]. Light-Science Applications, 2022, 11: 25.

[71] Mahjoubfar A, Churkin D V, Barland S, et al. Time stretch and its applications[J]. Nature Photonics, 2017, 11(6): 341-351.

[72] Ryczkowski P, Närhi M, Billet C, et al. Real-time full-field characterization of transient dissipative soliton dynamics in a mode-locked laser[J]. Nature Photonics, 2018, 12(4): 221-227.

[73] Liu X, Yao X, Cui Y. Real-time observation of the buildup of soliton molecules[J]. Physical Review Letters, 2018, 121(2): 023905.

[74] Herink G, Kurtz F, Jalali B, et al. Real-time spectral interferometry probes the internal dynamics of femtosecond soliton molecules[J]. Science, 2017, 356(6333): 50-54.

[75] Chembo Y K, Menyuk C R. Spatiotemporal Lugiato-Lefever formalism for Kerr-comb generation in whispering-gallery-mode resonators[J]. Physical Review A, 2013, 87(5): 053852.

[76] Anderson M, Leo F, Coen S, et al. Observations of spatiotemporal instabilities of temporal cavity solitons[J]. Optica, 2016, 3(10): 1071-1074.

[77] Herr T, Brasch V, Jost J D, et al. Temporal solitons in optical microresonators[J]. Nature Photonics, 2015, 8(2): 145-152.

[78] Xue X, Xuan Y, Liu Y, et al. Mode-locked dark pulse Kerr combs in normal-dispersion microresonators[J]. Nature Photonics, 2015, 9: 594-600.

[79] Riemensberger J, Lukashchuk A, Karpov M, et al. Massively parallel coherent laser ranging using a soliton microcomb[J]. Nature, 2020, 581(7807): 164-170.

[80] Suh M G, Vahala K J. Soliton microcomb range measurement[J]. Science, 2018, 359(6378): 884-887.

[81] Burger S, Bongs K, Dettmer S, et al. Dark solitons in Bose-Einstein condensates[J]. Physics Review Letters, 1999, 83(25): 5198.

[82] Denschlag J, Simsarian J E, Feder D L, et al. Generating solitons by phase engineering of a Bose-Einstein condensate[J]. Science, 2000(5450), 287: 97.

[83] Wu B, Liu J, Niu Q. Controlled generation of dark solitons with phase imprinting[J]. Physics Review Letters, 2002, 88: 034101.

[84] Becker C, Stellmer S, Soltan-Panahi P, et al. Oscillations and interactions of dark and dark-bright solitons in Bose-Einstein condensates[J]. Nature Physics, 2008, 4(6): 496-501.

[85] Stellmer S, Becker C, Soltan-Panahi P, et al. Collisions of dark solitons in elongated Bose-Einstein condensates[J]. Physics Review Letters, 2008, 101(12): 120406.

[86] Khaykovich L, Schreck F, Ferrari G, et al. Formation of a matter-wave bright soliton[J]. Science, 2002, 296(23): 1290-1293.

[87] Strecker K E, Partridge G B, Truscott A G, et al. Formation and propagation of matter wave soliton trains[J]. Nature, 2002, 417(6885): 150-153.

[88] Liang Z X, Zhang Z D, Liu W M. Dynamics of a bright soliton in Bose-Einstein condensates with time-dependent atomic scattering length in an expulsive parabolic potential[J]. Physics Review Letters, 2005, 94: 050402.

[89] Marchant A L, Billam T P, Wiles T P, et al. Controlled formation and reflection of a bright solitary matter-wave[J]. Nature Communications, 2013, 4(1): 1865.

[90] Zhang X F, Hu X H, Liu X X, et al. Vector solitons in two-component Bose-Einstein condensates with tunable interactions and harmonic potential[J]. Physical Review A, 2009, 79(3): 033630.

[91] Wang D S, Hu X H, Liu W M. Localized nonlinear matter waves in two-component Bose-Einstein condensates with time-and space-modulated nonlinearities[J]. Physical Review A, 2010, 82(2): 023612.

[92] Zhao L C, He S L. Matter wave solitons in coupled system with external potentials[J]. Physics Letters A, 2011, 375(33): 3017-3020.

[93] Busch T, Anglin J R. Dark-bright solitons in inhomogeneous Bose-Einstein condensates[J]. Physical Review Letters, 2001, 87(1): 010401.

[94] Liu X X, Pu H, Xiong B, et al. Formation and transformation of vector solitons in two-species Bose-Einstein condensates with a tunable interaction[J]. Physical Review A, 2009, 79(1): 013423.

[95] Ohberg P, Santos L. Dark solitons in a two-component Bose-Einstein condensate[J]. Physical Review Letters, 2001, 86(14): 2918.

[96] Hoefer M A, Chang J J, Hamner C, et al. Dark-dark solitons and modulational instability in miscible two-component Bose-Einstein condensates[J]. Physics Review A, 2011, 84(4): 041605 (R).

[97] Danaila I, Khamehchi M A, Gokhroo V, et al. Vector dark-antidark solitary waves in multicomponent Bose-Einstein condensates[J]. Physical Review A, 2016, 94(5): 053617.

[98] Katsimiga G C, Mistakidis S I, Bersano T M, et al. Observation and analysis of multiple dark-antidark solitons in two-component Bose-Einstein condensates[J]. Physical Review A, 2020, 102(2): 023301.

[99] Qu C, Pitaevskii L P, Stringari S. Magnetic solitons in a binary Bose-Einstein condensate[J]. Physical Review Letters, 2016, 116(16): 160402.

[100] Farolfi A, Trypogeorgos D, Mordini C, et al. Observation of magnetic solitons in two-component Bose-Einstein condensates[J]. Physical Review Letters, 2020, 125(3): 030401.

[101] Chai X, Lao D, Fujimoto K, et al. Magnetic solitons in a spin-1 Bose-Einstein condensate[J]. Physical Review Letters, 2020, 125(3): 030402.

[102] Zhao L C, Wang W, Tang Q, et al. Spin soliton with a negative-positive mass transition[J]. Physical Review A, 2020, 101(4): 043621.

[103] Meng L Z, Guan S W, Zhao L C. Negative mass effects of a spin soliton in Bose-Einstein condensates [J]. Physical Review A, 2022, 105: 013303.

[104] Navarro I M, Guilleumas M, Mayol R, et al. Bound states of dark solitons and vortices in trapped multidimensional Bose-Einstein condensates[J]. Physical Review A, 2018, 98: 043612.

[105] Mithun T, Porsezian K, Dey B. Vortex dynamics in cubic-quintic Bose-Einstein condensates[J]. Physical Review E, 2013, 88: 012904.

[106] Maucher F, Gardiner S A, Hughes I G. Excitation of knotted vortex lines in matter waves[J]. New Journals of Physics, 2016, 18:063016.

[107] Bai W K, Yang T, Liu W M. Topological transition from superfluid vortex rings to isolated knots and links[J]. Physical Review A, 2020, 102: 063318.

[108] Zou S, Bai W K, Yang T, et al. Formation of vortex rings and hopfions in trapped Bose-Einstein condensates[J]. Physics of Fluids, 2021, 33: 027105.

[109] Dong L W, Kartashov Y V. Rotating multidimensional quantum droplets[J]. Physical Review Letters, 2021, 126: 244101.

[110] Han W, Zhang X F, Wang D S, et al. Chiral supersolid in spin-orbit-coupled Bose gases with soft-core long-range interactions[J]. Physical Review Letters, 2018, 121: 030404.

[111] Goldstone J, Wilczek F. Fractional quantum numbers on solitons[J]. Physical Review Letters, 1981, 47(14): 986.

[112] Zhang Y, Li B, Zheng Q S, et al. Programmable and robust static topological solitons in mechanical metamaterials[J]. Nature Communications, 2019, 10(1): 1-8.

[113] Sich M, Fras F, Chana J K, et al. Effects of spin-dependent interactions on polarization of bright polariton solitons[J]. Physical Review Letters, 2014, 112(4): 046403.

[114] Sun Y, Yoon Y, Steger M, et al. Direct measurement of polariton-polariton interaction strength[J]. Nature Physics, 2017, 13(9): 870-875.

[115] Ni G X, Wang H, Jiang B Y, et al. Soliton superlattices in twisted hexagonal boron nitride[J]. Nature Communications, 2019, 10(1): 1-6.

[116] Akhmediev N, Soto-Crespo J M, Ankiewicz A. Extreme waves that appear from nowhere: on the nature of rogue waves[J]. Physics Letters A, 2009, 373(25): 2137-2145.

[117] Akhmediev N, Ankiewicz A, Taki M. Waves that appear from nowhere and disappear without a trace[J]. Physics Letters A, 2009, 373(6): 675-678.

[118] Osborne A. Nonlinear Ocean Waves & the Inverse Scattering Transform[M]. New York: Academic Press, 2010.

[119] Pelinovsky E, Kharif C. Extreme Ocean Waves[M]. Berlin: Springer, 2008.

[120] Zakharov V, Gelash A. Freak waves as a result of modulation instability[J]. Procedia IUTAM, 2013, 9: 165-175.

[121] Dudley J M, Dias F, Erkintalo M, et al. Instabilities, breathers and rogue waves in optics[J]. Nature Photonics, 2014, 8(10): 755-764.

[122] Solli D R, Ropers C, Koonath P, et al. Optical rogue waves[J]. Nature, 2007, 450(7172): 1054-1057.

[123] Erkintalo M, Genty G, Dudley J M. On the statistical interpretation of optical rogue waves[J]. The European Physical Journal Special Topics, 2010, 185(1): 135-144.

[124] Bonatto C, Feyereisen M, Barland S, et al. Deterministic optical rogue waves[J]. Physical Review Letters, 2011, 107(5): 053901.

[125] Pierangeli D, DI Mei F, Conti C, et al. Spatial rogue waves in photorefractive ferroelectrics[J]. Physical Review Letters, 2015, 115(9): 093901.

[126] Genty G, de Sterke C M, Bang O, et al. Collisions and turbulence in optical rogue wave formation[J]. Physics Letters A, 2010, 374(7): 989-996.

[127] Kibler B, Fatome J, Finot C, et al. The Peregrine soliton in nonlinear fibre optics[J].Nature Physics, 2010, 6(10): 790-795.

[128] Hammani K, Kibler B, Finot C, et al. Peregrine soliton generation and breakup in standard telecommunications fiber[J]. Optics Letters, 2011, 36(2): 112-114.

[129] Dudley J M, Genty G, Dias F, et al. Modulation instability, Akhmediev breathers and continuous wave supercontinuum generation[J]. Optics Express, 2009, 17(24): 21497-21508.

[130] Hammani K, Wetzel B, Kibler B, et al. Spectral dynamics of modulation instability described using Akhmediev breather theory[J]. Optics Letters, 2011, 36(11): 2140-2142.

[131] Kibler B, Fatome J, Finot C, et al. Observation of Kuznetsov-Ma soliton dynamics in optical fibre[J]. Scientific Reports, 2012, 2: 463.

[132] Frisquet B, Kibler B, Millot G. Collision of Akhmediev breathers in nonlinear fiber optics[J]. Physical Review X, 2013, 3(4): 041032.

[133] Erkintalo M, Hammani K, Kibler B, et al. Higher-order modulation instability in nonlinear fiber optics[J]. Physical Review Letters, 2011, 107(25): 253901.

[134] Kuznetsov E A. Solitons in a parametrically unstable plasma[C]//Akademiia Nauk SSSR Doklady, 1977, 236: 575-577.

[135] Ma Y C. The perturbed plane-wave solutions of the cubic Schrödinger equation[J]. Studies in Applied Mathematics, 1979, 60(1): 43-58.

[136] Peregrine D H. Water waves, nonlinear Schrödinger equations and their solutions[J]. The Journal of the Australian Mathematical Society. Series B. Applied Mathematics, 1983, 25(01): 16-43.

[137] Akhmediev N, Korneev V I. Modulation instability and periodic solutions of the nonlinear Schrödinger equation[J]. Theoretical and Mathematical Physics, 1986, 69(2): 1089-1093.

[138] Shrira V I, Geogjaev V V. What makes the Peregrine soliton so special as a prototype of freak waves?[J]. Journal of Engineering Mathematics, 2010, 67(1-2): 11-22.

[139] Ankiewicz A, Kedziora D J, Akhmediev N. Rogue wave triplets[J]. Physics Letters A, 2011, 375(28-29): 2782-2785.

[140] Kedziora D J, Ankiewicz A, Akhmediev N. Triangular rogue wave cascades[J]. Physical Review E, 2012, 86(5): 056602.

[141] Kedziora D J, Ankiewicz A, Akhmediev N. Classifying the hierarchy of nonlinear-Schrödinger-equation rogue-wave solutions[J]. Physical Review E, 2013, 88(1): 013207.

[142] He J S, Zhang H R, Wang L H, et al. Generating mechanism for higher-order rogue waves[J]. Physical Review E, 2013, 87(5): 052914.

[143] Ling L, Guo B, Zhao L C. High-order rogue waves in vector nonlinear Schrödinger equations[J]. Physical Review E, 2014, 89(4): 041201.

[144] Fatome J, Kibler B, Finot C. High-quality optical pulse train generator based on solitons on finite background[J]. Optics Letters, 2013, 38(10): 1663-1665.

[145] Bludov Y V, Konotop V V, Akhmediev N. Rogue waves as spatial energy concentrators in arrays of nonlinear waveguides[J]. Optics Letters, 2009, 34(19): 3015-3017.

[146] Zhao L C, Liu J. Localized nonlinear waves in a two-mode nonlinear fiber[J]. Journal of the Optical Society of America B, 2012, 29(11): 3119-3127.

[147] Yang G, Li L, Jia S. Peregrine rogue waves induced by the interaction between a continuous wave and a soliton[J]. Physical Review E, 2012, 85(4): 046608.

[148] Yang G, Li L, Jia S, et al. Control of high power pulse extracted from the maximally compressed pulse in a nonlinear optical fiber[J]. Romanian Reports in Physics, 2013, 65(3): 902-914.

[149] Yang G, Wang Y, Qin Z, et al. Breatherlike solitons extracted from the Peregrine rogue wave[J]. Physical Review E, 2014, 90(6): 062909.

[150] Zhang Y, Belić M R, Zheng H, et al. Nonlinear Talbot effect of rogue waves[J]. Physical Review E, 2014, 89(3): 032902.

[151] Baronio F, Chen S, Grelu P, et al. Baseband modulation instability as the origin of rogue waves[J]. Physical Review A, 2015, 91(3): 033804.

[152] Zhao L C, Liu C, Yang Z Y. The rogue waves with quintic nonlinearity and nonlinear dispersion effects in nonlinear optical fibers[J]. Communications in Nonlinear Science and Numerical Simulation, 2015, 20(1): 9-13.

[153] Tiofack C G L, Coulibaly S, Taki M, et al. Comb generation using multiple compression npoints of Peregrine rogue waves in periodically modulated nonlinear Schrödinger equations[J]. Physical Review A, 2015, 92(4): 043837.

[154] Ling L, Feng B F, Zhu Z. Multi-soliton, multi-breather and higher order rogue wave solutions to the complex short pulse equation[J]. Physica D: Nonlinear Phenomena, 2016, 327: 13-29.

[155] Chen J, Pelinovsky D E, White R E. Rogue waves on the double-periodic background in the focusing nonlinear Schrödinger equation[J]. Physical Review E, 2019, 100(5): 052219.

[156] Bludov Y V, Konotop V V, Akhmediev N. Vector rogue waves in binary mixtures of Bose-Einstein condensates[J]. The European Physical Journal Special Topics, 2010, 185(1): 169-180.

[157] Guo B L, Ling L M. Rogue wave, breathers and bright-dark-rogue solutions for the coupled Schrödinger equations[J]. Chinese Physics Letters, 2011, 28(11): 110202-110202.

[158] Ling L, Zhao L C. Simple determinant representation for rogue waves of the nonlinear Schrödinger equation[J]. Physical Review E, 2013, 88(4): 043201.

[159] Wen L, Li L, Li Z D, et al. Matter rogue wave in Bose-Einstein condensates with attractive atomic interaction[J]. The European Physical Journal D, 2011, 64(2-3): 473-478.

[160] Zhao L C. Dynamics of nonautonomous rogue waves in Bose-Einstein condensate[J]. Annals of Physics, 2013, 329: 73-79.

[161] Liu C, Yang Z Y, Zhao L C, et al. Long-lived rogue waves and inelastic interaction in binary mixtures of Bose-Einstein condensates[J]. Chinese Physics Letters, 2013, 30(4): 040304.

[162] Zhao L C, Liu J. Rogue-wave solutions of a three-component coupled nonlinear Schrödinger equation[J]. Physical Review E, 2013, 87(1): 013201.

[163] Zhao L C, Ling L, Yang Z Y, et al. Pair-tunneling induced localized waves in a vector nonlinear Schrödinger equation[J]. Communications in Nonlinear Science and Numerical Simulation, 2015, 23(1): 21-27.

[164] Qin Z, Mu G. Matter rogue waves in an $F=1$ spinor Bose-Einstein condensate[J]. Physical Review E, 2012, 86(3): 036601.

[165] Ling L, Zhao L C, Yang Z Y, et al. Generation mechanisms of fundamental rogue wave spatial-temporal structure[J]. Physical Review E, 2017, 96(2): 022211.

[166] Zhao L C, Duan L, Gao P, et al. Vector rogue waves on a double-plane wave background[J]. Europhysics Letters, 2019, 125(4): 40003.

[167] Moslem W M. Langmuir rogue waves in electron-positron plasmas[J]. Physics of Plasmas (1994-present), 2011, 18(3): 032301.

[168] Ganshin A N, Efimov V B, Kolmakov G V, et al. Observation of an inverse energy cascade in developed acoustic turbulence in superfluid helium[J]. Physical Review Letters, 2008, 101(6): 065303.

[169] Stenflo L, Marklund M. Rogue waves in the atmosphere[J]. Journal of Plasma Physics, 2010, 76(3-4): 293-295.

[170] Zhao F, Li Z D, Li Q Y, et al. Magnetic rogue wave in a perpendicular anisotropic ferromagnetic nanowire with spin-transfer torque[J]. Annals of Physics, 2012, 327(9): 2085-2095.

[171] Li Z D, Li Q Y, Xu T F, et al. Breathers and rogue waves excited by all-magnonic spin-transfer torque[J]. Physical Review E, 2016, 94(4): 042220.

[172] Shats M, Punzmann H, Xia H. Capillary rogue waves[J]. Physical Review Letters, 2010, 104(10): 104503.

[173] Yan Z. Financial rogue waves[J]. Communications in Theoretical Physics, 2010, 54(5): 947.

[174] Yan Z. Vector financial rogue waves[J]. Physics Letters A, 2011, 375(48): 4274-4279.

[175] Konotop V V, Yang J, Zezyulin D A. Nonlinear waves in PT-symmetric systems[J]. Review of Modern Physics, 2016, 88(3): 035002.

[176] He J, Xu S, Porsezian K. Rogue waves of the Fokas-Lenells equation[J]. Journal of the Physical Society of Japan, 2012, 81(12): 124007.

[177] Wang L H, Porsezian K, He J S. Breather and rogue wave solutions of a generalized nonlinear Schrödinger equation[J]. Physical Review E, 2013, 87(5): 053202.

[178] Chen S, Song L Y. Rogue waves in coupled Hirota systems[J]. Physical Review E, 2013, 87(3): 032910.

[179] He J, Xu S, Porsezian K, et al. Rogue wave triggered at a critical frequency of a nonlinear resonant medium[J]. Physical Review E, 2016, 93(6): 062201.

[180] Chen J, Chen Y, Feng B F, et al. Rational solutions to two-and one-dimensional multicomponent Yajima-Oikawa systems[J]. Physics Letters A, 2015, 379(24-25): 1510-1519.

[181] Wang X, Li Y, Huang F, et al. Rogue wave solutions of AB system[J]. Communications in Nonlinear Science and Numerical Simulation, 2015, 20(2): 434-442.

[182] Lou S, Lin J. Rogue waves in nonintegrable KdV-type systems[J]. Chinese Physics Letters, 2018, 35(5): 050202.

[183] Walczak P, Randoux S, Suret P. Optical rogue waves in integrable turbulence[J]. Physical Review Letters, 2015, 114(14): 143903.

[184] Soto-Crespo J M, Devine N, Akhmediev N. Integrable turbulence and rogue waves: Breathers or solitons[J]. Physical Review Letters, 2016, 116(10): 103901.

[185] Chabchoub A, Hoffmann N P, Akhmediev N. Rogue wave observation in a water wave tank[J]. Physical Review Letters, 2011, 106(20): 204502.

[186] Bailung H, Sharma S K, Nakamura Y. Observation of Peregrine solitons in a multicomponent plasma with negative ions[J]. Physical Review Letters, 2011, 107(25): 255005.

[187] Bludov Y V, Konotop V V, Akhmediev N. Vector rogue waves in binary mixtures of Bose-Einstein condensates[J]. The European Physical Journal Special Topics, 2010, 185(1): 169-180.

[188] Zhao L C, Xin G G, Yang Z Y. Rogue-wave pattern transition induced by relative frequency[J]. Physical Review E, 2014, 90(2): 022918.

[189] Ling L, Zhao L C, Yang Z Y, et al. Generation mechanisms of fundamental rogue wave spatial-temporal structure[J]. Physical Review E, 2017, 96(2): 022211.

[190] Chen S. Twisted rogue-wave pairs in the Sasa-Satsuma equation[J]. Physical Review E, 2013, 88(2): 023202.

[191] Ovchinnikov A A, Ovchinnikova M Y. Contribution to the theory of elementary electron transfer reactions in polar liquids[J]. JETP, 1969, 29: 688.

[192] Sievers A J, Takeno S. Intrinsic localized modes in anharmonic crystals[J]. Physical Review Letters, 1988, 61(8): 970.

[193] Takeno S, Kisoda K, Sievers A J. Intrinsic localized vibrational modes in anharmonic crystalsStationary modes[J]. Progress of Theoretical Physics Supplement, 1988, 94: 242-269.

[194] Tsironis G P. If “discrete breathers” is the answer, what is the question?[J]. Chaos: An Interdisciplinary Journal of Nonlinear Science, 2003, 13(2): 657-666.

[195] Satsuma J, Yajima N B. Initial value problems of one-dimensional self-modulation of nonlinear waves in dispersive media[J]. Progress of Theoretical Physics Supplement, 1974, 55: 284-306.

[196] Chabchoub A, Hoffmann N, Onorato M, et al. Hydrodynamic supercontinuum[J]. Physical Review Letters, 2013, 111(5): 054104.

[197] Peng J, Boscolo S, Zhao Z, et al. Breathing dissipative solitons in mode-locked fiber lasers[J]. Science Advances, 2019, 5(11): eaax1110.

[198] Tajiri M, Watanabe Y. Breather solutions to the focusing nonlinear Schrödinger equation[J]. Physical Review E Statistical Physics Plasmas Fluids & Related Interdisciplinary Topics, 1998, 57(3):3510-3519.

[199] Dai C, Wang Y, Zhang X. Controllable Akhmediev breather and Kuznetsov-Ma soliton trains in PT-symmetric coupled waveguides[J]. Optics Express, 2014, 22(24): 29862-29867.

[200] Guo R, Hao H Q. Breathers and multi-soliton solutions for the higher-order generalized nonlinear Schrödinger equation[J]. Communications in Nonlinear Science and Numerical Simulation, 2013, 18(9): 2426-2435.

[201] Liu C, Yang Z Y, Zhao L C, et al. Vector breathers and the inelastic interaction in a three-mode nonlinear optical fiber[J]. Physical Review A, 2014, 89(5): 055803.

[202] Liu C, Akhmediev N. Super-regular breathers in nonlinear systems with self-steepening effect[J]. Physical Review E, 2019, 100(6): 062201.

[203] Xu G, Gelash A, Chabchoub A, et al. Breather wave molecules[J]. Physical Review Letters, 2019, 122(8): 084101.

[204] Xu G, Hammani K, Chabchoub A, et al. Phase evolution of Peregrine-like breathers in optics and hydrodynamics[J]. Physical Review E, 2019, 99(1): 012207.

[205] Xu G, Chabchoub A, Pelinovsky D E, et al. Observation of modulation instability and rogue breathers on stationary periodic waves[J]. Physical Review Research, 2020, 2(3): 033528.

[206] Zakharov V E, Gelash A A. Nonlinear stage of modulation instability[J]. Physical Review Letters, 2013, 111(5): 054101.

[207] Akhmediev N. Nonlinear physics: Déjàvu in optics[J]. Nature, 2001, 413(6853): 267-268.

[208] van Simaeys G, Emplit P, Haelterman M. Experimental demonstration of the Fermi-Pasta-Ulam recurrence in a modulationally unstable optical wave[J]. Physical Review Letters, 2001, 87(3): 033902.

[209] Mussot A, Kudlinski A, Droques M, et al. Fermi-Pasta-Ulam recurrence in nonlinear fiber optics: The role of reversible and irreversible losses[J]. Physical Review X, 2014, 4(1): 011054.

[210] Zong F D, Yan Y S, Shen S T. Higher-order modes of modulation instability in Bose-Einstein condensates with a time-dependent three-dimensional parabolic potential[J]. Journal of the Physical Society of Japan, 2014, 83(10): 104002.

[211] Ankiewicz A, Kedziora D J, Chowdury A, et al. Infinite hierarchy of nonlinear Schrödinger equations and their solutions[J]. Physical Review E, 2016, 93(1): 012206.

[212] Dysthe K B. Note on a modification to the nonlinear Schrödinger equation for application to deep water waves[J]. Proceedings of the Royal Society of London. A. Mathematical and Physical Sciences, 1979, 369(1736): 105-114.

[213] Moses J, Wise F W. Controllable self-steepening of ultrashort pulses in quadratic nonlinear media[J]. Physical Review Letters, 2006, 97(7): 073903.

[214] Turitsyn S K, Bale B G, Fedoruk M P. Dispersion-managed solitons in fibre systems and lasers[J]. Physics Reports, 2012, 521(4): 135-203.

[215] Li L, Li Z, Li S, et al. Modulation instability and solitons on a cw background in inhomogeneous optical fiber media[J]. Optics Communications, 2004, 234(1): 169-176.

[216] Yang R, Li L, Hao R, et al. Combined solitary wave solutions for the inhomogeneous higher-order nonlinear Schrödinger equation[J]. Physical Review E, 2005, 71(3): 036616.

第 2 章　理论研究方法

非线性可积系统研究是探寻物理模型的精确解，是数学物理的交叉领域。可积系统研究为物理学新现象、新概念、新机制提供基准，并在物理学发展过程中起到了关键的基础支撑和重要的推动作用。如何通过合适的数学物理方法获得局域波的精确解，就成为非线性科学理论研究中的重点和难点之一。目前构造精确解的方法主要包括：反散射法[1]、达布 (Darboux) 变换[2–4]、Hirota 双线性[5–7]、Bäcklund 变换[8]、潘勒韦 (Painlevé) 分析以及相似变换[9] 等。每种方法都有其特定的优势，我们主要介绍达布变换方法和相似变换方法。另外，平面波背景上的局域波动力学研究一方面有赖于精确解，另一方面需要适当的方法分析其动力学性质，出于这种原因，我们在本章末介绍相关的调制不稳定性分析方法以及最新研究进展。

2.1　已有求解方法简介

非线性偏微分方程在非线性科学的研究中有非常重要的作用，因此如何求解非线性偏微分方程一直是科学家十分关注的问题。一般来说，不同的非线性偏微分方程具有不同的特点，因此尚未有人给出统一的求解方法。不过，经过众多科学家的不懈努力，已有多种手段可用来构造偏微分方程的解析解。我国数学家和物理学家在非局部对称群分析法、齐次平衡法、反散射方法、广义达布变换、二元达布变换与双线性方法等方面做了许多杰出的工作。

非局部对称群分析法　非局域对称群概念最早是由 Vinogradov 和 Krasilshchik 提出来的，1984 年，他们利用微分覆盖的理论去寻找方程的非局域对称群，应用这种方法求得了伯格斯 (Burgers) 方程的非局域对称群，并且指出在其他偏微分方程模型中也存在这种区别于广义对称的对称群[10]。在 1997 年，楼森岳和胡星标通过方程的达布变换得到其非局域对称，并进一步从种子非局域对称出发构造出该方程所允许的无穷多非局域对称，最终获得与这个方程相关的一系列可积梯队，他们将这种方法应用于 KdV 方程和 Kadomtsev-Petviashivili(KP) 方程，构造出无穷多高维可积模型, 并且指出这种方法对于非线性薛定谔方程等孤立子系统普遍适用[11,12]。在 2012 年，楼森岳、陈勇构造出依赖方程本征函数的非局域对称，并将这种非局域对称局域化，进一步利用这个结果得到该方程具有物理意义的精确解，他们基于这种方法研究了 KdV 方程，得到了包括椭圆函数波与孤立波相互作用解在内的有物理意义的精确解，并分析了这些解的动力学行为[13]。同年，楼森岳、陈勇基于 Lie-Bäcklund 变换构造了势 KdV 方程的非局域对称，进而得到与这种非局域对称相关的精确解，并分析了这些解所包含的物理意义，加深了对该方程可积性的理解[14]。在 2014 年，楼森岳等又将这种方法推广到非线性薛定谔方程，得到了该方程的非局域对称，进而利用这个结果对方程进行对称约化，最终得到由雅可比椭圆函数所表示的椭圆周期波相互作用解，并分析了其渐近行为[15]。同年，楼森岳等将这种方法推广到 2+1 维可积系统中，构造出 KP 方程的非局域对称，并且将所得的非局域对称局域化，利用这个局域化后的结果对 KP 方程进行对称约化，得到有利于求解的常微分方程，从而构造出孤立波相互作用解，并分析了所得精确解的物理意义[16]。任博和林机等将非局域对称方法推广到不完全可积的 2+1 维方程，获得了广义三次 KP 方程和 Konopelchenko-Dubrovsky 方程的孤子与周期波相互作用解[17,18]。屈长征利用广义条件对称计算了 $N+1$ 维色散方程的精确解[19]。在 2013 年，陈勇基于方程 Lax 对 (Lax pair)、伪势、Lie-Bäcklund 变换等构造了该方法的势系统，利用 Lie 点对称理论求得这个系统的 Lie 点对称，也就是原方程的非局域对称，并且利用计算机将这种方法程序化。他们利用这种方法得到了 Boussinesq 方程、耦合 KdV 方程、KP 方程、Lowitz-Kaup-Newell-Segur 方程和势 KdV 方程的非局域对称。在 2013 年，楼森岳利用方程的 Lie-Bäcklund 变换构造了留数对称，这也是一种非局域对称。他们利用这种方法得到了玻色化超对称 KdV 方程的非局域对称，进而将方程对称约化后得到精确解，并指出这种方法可以应用在费米子系统模型中[20]。

齐次平衡法　1996 年，王明亮与李志斌提出了齐次平衡法，他们应用这种方法成功地构造了大批非线性偏微分方程的精确解[21]。在 1998 年，范恩贵和张鸿庆又对这一方法进行了改进，并应用改进后的方法得到了更多类型的精确解，同时找到了给出 Bäcklund 变换的另外一种途径[22]。受此齐次平衡法的启发，不少学者提出了许多构造非线性偏微分方程的精确解的方法，如 sine-cosine 法[23]、拟设法[24]、tanh 函数法[25]、改进的 tanh 函数法[26]、双曲函数法[27]、椭圆函数法[28]、里卡蒂 (Riccati) 方程法[29] 等。这些方法都是把要研究的非线性偏微分方程通过变换转化为常微分方程，然后应用齐次平衡法平衡方程中的最高阶导数项和最高阶非线性项，计算出平衡常数，从而得到方程解的表达形式，通过此方法可以获得非线性偏微分方程的丰富的精确解。随着计算机技术的进步，这种研究方法得到了飞跃的发展，成为当前求解非线性偏微分方程精确解的重要研究方法。

反散射方法　1967 年，Gardner 等发现 KdV 方程和 mKdV 方程通过一维线性薛定谔方程相联系，利用线性薛定谔方程的特征值问题及其反问题，可以导出 KdV 方程的解所满足的一个线性积分方程，从而得到 KdV 方程的任意数目孤子相互作用的显式解，这是最初的反散射方法[30]。由于求解过程用到傅里叶(Fourier) 变换及逆变换，所以该方法也称为非线性傅里叶变换法。1968 年，Lax 推广了最初的反散射方法，并引入 Lax 对的概念。他指出，用反散射方法求解满足 Lax 可积性的方程，应首先找到该方程的 Lax 表示[31]。1972 年，苏联学者 Zakharov 和 Shabat 利用反散射方法求解非线性薛定谔方程，表明反散射变换不是 KdV 方程特有的性质[32]。1972 年，Wadati 用反散射方法求解了 mKdV 方程[33]。1973 年，Ablowitz，Newell，Kaup 和 Segur (AKNS) 用反散射方法求解大量不同类型的数学物理方程[34]。1975 年，Wahlquist 和 Estabrook 提出了含有两个非线性偏微分方程的延拓结构法[35]。该方法的一个重要应用是借助 Lie 代数得到方程的 Lax 对，这为用反散射方法求解非线性偏微分方程提供了条件。曹策问教授已经在散射方法和可积方程族方面做了大量的研究工作。

达布变换 达布变换是构造非线性数学物理方程精确解的有效方法，目前分为经典达布变换、广义达布变换和二元达布变换。

(1) 经典达布变换。

数学家达布在研究施图姆–刘维尔 (Sturm-Liouville) 方程的特征值问题时，提出了达布变换方法[36]。在求解非线性发展方程精确解的过程中，人们经常用到的是达布变换的矩阵形式，且基于经典的 Dressing 方法。1979 年，Matveev 给出了 KP 方程和户田晶格方程的达布变换[37,38]。1982 年，Sall 给出了 sin-Gordon 方程的达布变换[39]。后来，谷超豪等给出了 AKNS 系统和 KdV 族的达布变换并获得了高维时空的孤子解[40]。1995 年，刘青平利用达布变换研究了超对称 KdV 方程[41]。后来，马文秀给出了 $2n$ 维 Lax 可积系统的达布变换[42]。林机和李翊神等给出了能量谱关联的 Lax 对的两种达布变换，求得了在不同外势下定态能量谱相关的薛定谔方程多定态波函数解析解以及流体物理的 Wu-Zhang 方程和二分量 Camassa-holm 方程的多孤子解[43,44]。目前，研究非线性发展方程的经典达布变换及其性质是非线性科学的热门领域。

(2) 广义达布变换。

在构造非线性发展方程的高阶怪波解时，要求达布变换的迭代在同一谱参量下进行。为了克服这一局限性，在 2012 年，郭柏灵等提出了广义达布变换理论[45]。广义达布变换成为构造非线性发展方程高阶怪波解的有效工具，引起了许多数学物理学家的关注，并相继被应用到许多数学物理方程解的构造中。后来，又有学者研究了耦合的 Dispersionless 演化方程、广义的非线性薛定谔方程和复 KdV 方程的 N 阶怪波解[46,47]。复脉冲方程和矢量非线性薛定谔方程的高阶怪波解由凌黎明和冯宝峰等构造出来，并且给出了非线性薛定谔方程怪波解的行列式表示[48,49]。文献 [50] 和 [51] 分别构造了耦合 Hirota 方程、Kundu-Eckhaus 方程和三波共振方程的高阶怪波解。

(3) 二元达布变换。

二元达布变换受到了很多学者的青睐，并在非线性发展方程求解方面取得了丰富的研究成果。张鸿庆等利用二元达布变换构造了 mKP 方程的多种精确波解 [52]。2015 年，贺劲松等将二元达布变换理论推广应用到 AKNS 系统 [53]。朱佐农等将二元达布变换推广应用到非局域方程中 [54]。理论上，任意可积方程的二元达布变换都可以被构造出来，因此，二元达布变换的应用范围较经典、广义达布变换更广泛。

双线性方法 双线性方法是由日本学者 Hirota 提出的，1971 年，Hirota 构造了非线性演化方程的多孤子解 [55]。这种方法不依赖方程的 Lax 对，通过变量变换引入双线性导数，将原方程化为双线性形式，从而构造出方程的多孤子解。这种方法称为 Hirota 双线性方法。1974 年，Hirota 提出双线性 Bäcklund 变换 [56]。双线性方法引出 20 世纪 80 年代由日本京都数学所 M.Sato 等学者发展起来的著名的 Sato KP 理论，揭示了可积系统及其双线性形式深刻的数学结构 [57]。1979 年，Matveev 和 Satsuma 分别把孤子解表示成朗斯基 (Wronski) 行列式形式 [58,59]。1983 年，Freeman 和 Nimmo 提出了以 Hirota 双线性方法为基础的朗斯基行列式技巧，证明可积方程具有朗斯基行列式解 [60]。由于孤子解除了能以朗斯基行列式形式表示之外，还可以通过 Pfaffian 表示 [61]，因此，Hirota 和 Ohta 建立了一种产生耦合可积系统的方法 [62]。KdV 方程和 Boussinesq 方程的拟周期波解相继被构造出来 [63]。后来，Gilson、Lambert 等发现了贝尔 (Bell) 多项式和可积方程双线性化之间的关系，提出了一种系统地构造可积方程双线性 Bäcklund 变换、达布变换、Lax 对的方法 [64,65]。胡星标、张大军等学者进一步发展了 Hirota 双线性方法，在加速收敛算法 [66,67]、周期波解 [68]、正交多项式 [69]、离散可积系统的双线性化 [70]、解的分类与约化 [71,72]、椭圆孤子解 [73] 等方面作出了贡献。杨建科利用双线性方法研究了非线性薛定谔方程的怪波解 [74]。

需要指出的是，每种方法在求精确解时都有其特定的优势。由于本书理论结果主要运用达布变换和相似变换方法，所以下面将介绍利用这两种方法求解的主要步骤。

2.2 达布变换

达布变换起源甚早。19 世纪末，法国数学家达布 (G. Darboux) 曾研究如下 Sturm-Liouville 本征问题 (即一维定态薛定谔方程)：

$$-\phi_{xx} - u(x)\phi = \lambda\phi \tag{2.2.1}$$

这里，下标 x 表示求导；$u(x)$ 为位势函数；$\phi = \phi(x)$ 表示在外势下运动粒子的波函数，为该 Sturm-Liouville 本征值问题的本征函数；λ 为常数，是该本征方程的本征值，也称为谱参量。达布发现，若两个函数 $u(x)$ 和 ϕ 满足 (2.2.1) 式，对任意给定的谱参量 $\lambda=\lambda_0$，则取函数 $f(x)=\phi(x,\lambda_0)\neq 0$，那么由

$$u'=u+2(\ln f)_{xx} \tag{2.2.2}$$

$$\phi'=\phi_x(x,\lambda)-\frac{f_x}{f}\phi(x,\lambda) \tag{2.2.3}$$

所定义的函数 u' 和 ϕ' 一定满足与 (2.2.1) 式同样形式的方程，即

$$-\phi'_{xx}-u'(x)\phi'=\lambda\phi' \tag{2.2.4}$$

这样，借助于 $f(x)=\phi(x,\lambda_0)$ 所做的变换 (2.2.2) 式和 (2.2.3) 式，将满足 (2.2.1) 式的一组函数 (u,ϕ) 变换为满足同一个方程的另一组函数 (u',ϕ')。这意味着取定初值解 $u(x)$ 和 ϕ，就可以通过变换 (2.2.2) 式和 (2.2.3) 式得到 (2.2.1) 式的一些新的严格解。这种变换叫作初等达布变换，记作 $(u,\phi)\rightarrow(u',\phi')$，但仅在 $f\neq 0$ 处有效。后续的研究证明，这个变换可以继续下去，得到一系列 (u',ϕ'): $(u,\phi)\rightarrow(u',\phi')\rightarrow(u'',\phi'')\rightarrow\cdots$。变换 (2.2.2) 式、(2.2.3) 式称为一维定态薛定谔方程的初等达布变换。

解出一维定态薛定谔方程 (2.2.1) 式，远未体现出达布变换的价值，在很长一段时间内，达布变换法并没有得到人们足够的关注和研究。1967 年，人们将非线性方程 KdV 模型初值问题和 $1+1$ 维线性薛定谔方程的反散射问题建立起联系之后，达布变换方引起非线性局域波领域 (最初主要是孤子) 研究者的重视和关注，并迅速发展。特别是后来人们在寻找非线性偏微分方程的局域波解时，将达布变换和非线性系统的 Lax 对联系起来，进一步体现出它的重要价值。1968 年，P.D.Lax 提出，对一个非线性偏微分方程 $u_t=K(x,t,u,u_x,u_t,\cdots)$，式中下标 t 表示求导，如果存在依赖于 u 的线性算子 L 和 M，使得该非线性方程转换为一对线性方程组

$$L\varPhi=\lambda\varPhi,\qquad \varPhi_t=M\varPhi \tag{2.2.5}$$

且其相容性条件为

$$L_t=[M,L]=ML-LM \tag{2.2.6}$$

则称线性方程组 (2.2.5) 为该非线性偏微分方程的 Lax 表示，L 和 M 叫作原方程的 Lax 对。具有这种性质的非线性偏微分方程称为 Lax 可积。目前，达布变换广泛用于求解 Lax 可积的非线性系统[31]。从更广泛意义上来说，该方法是一种特殊的规范变换。它的基本思想是利用非线性方程的一个平庸或简单的种子解 (零解、平面波解以及最近报道的椭圆函数种子解[75,76]) 及其线性 Lax 对的解，用代数运算和微分运算来获得非线性方程的新解，并且这个变换过程可以持续进行下去。

下面我们首先介绍从 AKNS 系统导出可积非线性方程的一般步骤，然后构造 AKNS 系统的达布变换，并以标准的 $1+1$ 维非线性薛定谔方程为例，简述由达布变换求解局域波精确解的过程，同时给出具体的达布变换关系。

2.2.1 AKNS 系统

1972 年，苏联学者 V. E. Zakharov、A. B. Shabat 首先将 Lax 对的思想应用在求解标准非线性薛定谔方程上。M. J. Ablowitz、D. J. Kaup、A. C. Newell、H. Segur 等针对 1+1 维非线性偏微分方程，引入了更为一般的 Lax 对，囊括了大量的 1+1 维非线性偏微分方程，现在通常称之为 AKNS 系统。为简单且不失一般性，我们将以 2×2 AKNS 系统 (即具有 2×2 矩阵形式的 AKNS 系统) 为例，导出相应可积的非线性方程。

2×2 AKNS 系统可写为线性微分方程组

$$\begin{cases}\boldsymbol{\Phi}_x = U\boldsymbol{\Phi} & \text{(2.2.7a)}\\ \boldsymbol{\Phi}_t = V\boldsymbol{\Phi} & \text{(2.2.7b)}\end{cases}$$

其中，$\boldsymbol{\Phi}=(\phi,\varphi)^{\mathrm{T}}$ 是 x，t 的 2 维矢量函数；上标 T 表示转置符号 (后同)；U，V 是 2×2 矩阵，其各元素包含有谱参量 λ 及以 x、t 为自变量的 2 维矢量函数 $u(x,t)$ 及其各阶导数。为了使 (2.2.7) 式中的两个方程同时有解，$\boldsymbol{\Phi}$ 必须满足相容性条件 $\boldsymbol{\Phi}_{xt}=\boldsymbol{\Phi}_{tx}$。由此，得

$$\boldsymbol{\Phi}_{xt}=U_t\boldsymbol{\Phi}+U\boldsymbol{\Phi}_t=U_t\boldsymbol{\Phi}+UV\boldsymbol{\Phi}=\boldsymbol{\Phi}_{tx}=V_x\boldsymbol{\Phi}+V\boldsymbol{\Phi}_x=V_x\boldsymbol{\Phi}+VU\boldsymbol{\Phi}$$

即

$$U_t-V_x+[U,V]=0 \tag{2.2.8}$$

这个方程称为零曲率方程，其中 $[U,V]=UV-VU$。

适当选取 U、V，可以导出许多可积的非线性方程。下面给出一些具体的例子。

若取

$$U=\begin{pmatrix}-\mathrm{i}\lambda & u\\ v & \mathrm{i}\lambda\end{pmatrix},\quad V=\begin{pmatrix}A & B\\ C & -A\end{pmatrix} \tag{2.2.9}$$

其中，u、v 是 x、t 的复值或实值函数；复参量 λ 即为谱参量；A、B、C 是含有谱参量 λ 及函数 u、v 及其各阶导数的函数。这时，零曲率方程可以写成

$$\begin{aligned}A_x&=uC-vB\\ B_x&=u_t-2\mathrm{i}\lambda B-2uA\\ C_x&=v_t+2\mathrm{i}\lambda C+2vA\end{aligned} \tag{2.2.10}$$

为了具体起见，取 A、B、C 为 λ 的多项式

$$A=\sum_{j=0}^{n}a_j\lambda^j$$
$$B=\sum_{j=0}^{n}b_j\lambda^j \tag{2.2.11}$$
$$C=\sum_{j=0}^{n}c_j\lambda^j$$

将 (2.2.11) 式代入 (2.2.10) 式，比较 λ 的各次幂，得到

$$\begin{aligned}&b_n=c_n=0,a_{nx}=0,\\&b_{j+1x}+2\mathrm{i}b_j+2ua_{j+1}=0\\&c_{j+1x}-2\mathrm{i}c_j-2va_{j+1}=0\\&a_{jx}=uc_j-vb_j,\quad(0\leqslant j\leqslant n-1)\end{aligned}\tag{2.2.12}$$

及

$$u_t=b_{0x}+2a_0u,\quad v_t=c_{0x}-2a_0v \tag{2.2.13}$$

这时 (2.2.12) 式可以看成是 A、B、C 的系数所应该满足的微分方程，而 (2.2.13) 式是 u、v 所满足的发展方程。(2.2.12) 式中，a_j、b_j、c_j 可以通过代数运算及求导、积分逐次得到，在下面可以看到，它们实际上是 u、v 的微分多项式，即是 u、v 及其关于 x 的导数的多项式。这些多项式的系数由 t 的一些任意函数构成。从 (2.2.12) 式中解出 a_j、b_j、c_j 后，(2.2.13) 式就成为 u、v 所满足的非线性发展方程。

对 $n=3$，有

$$\begin{aligned}&a_{3x}=0,\quad b_3=c_3=0\\&b_{j+1x}+2\mathrm{i}b_j+2ua_{j+1}=0\\&c_{j+1x}-2\mathrm{i}c_j-2va_{j+1}=0\\&a_{jx}=uc_j-vb_j,\quad j=2,1,0\end{aligned}\tag{2.2.14}$$

由 $a_{3x}=0$ 得

$$a_3=\alpha_3(t),\quad b_2=\alpha_3(t)\mathrm{i}u,\quad c_2=\alpha_3(t)\mathrm{i}v \tag{2.2.15}$$

由 $a_{2x}=0$ 得

$$a_2=\alpha_2(t)$$

$$
\begin{aligned}
b_1 &= -\frac{1}{2}\alpha_3(t)u_x + \alpha_2(t)\mathrm{i}u \\
c_1 &= \frac{1}{2}\alpha_3(t)v_x + \alpha_2(t)\mathrm{i}v \\
a_1 &= \frac{1}{2}\alpha_3(t)uv + \alpha_1(t) \\
b_0 &= \frac{1}{4}\mathrm{i}\alpha_3(t)(-u_{xx} + 2u^2v) - \frac{1}{2}\alpha_2(t)u_x + \alpha_1(t)\mathrm{i}u \\
c_0 &= \frac{1}{4}\mathrm{i}\alpha_3(t)(-v_{xx} + 2uv^2) + \frac{1}{2}\alpha_2(t)v_x + \alpha_1(t)\mathrm{i}v \\
a_0 &= -\frac{1}{4}\mathrm{i}\alpha_3(t)(uv_x - vu_x) + \frac{1}{2}\alpha_2 uv + \alpha_0(t)
\end{aligned} \tag{2.2.16}
$$

这里，$\alpha_0(t)$、$\alpha_1(t)$、$\alpha_2(t)$、$\alpha_3(t)$ 是 t 的任意函数，它们是由 (2.2.14) 式为求 a_0、a_1、a_2、a_3 所作的积分而出现的积分常数。此时

$$
\begin{aligned}
A &= \alpha_3(t)\lambda^3 + \alpha_2(t)\lambda^2 + \left[\frac{1}{2}\alpha_3(t)uv + \alpha_1(t)\right]\lambda \\
&\quad - \frac{1}{4}\mathrm{i}\alpha_3(t)(uv_x - vu_x) + \frac{1}{2}\alpha_2(t)uv + \alpha_0(t) \\
B &= \mathrm{i}\alpha_3(t)u\lambda^2 + \left[-\frac{1}{2}\alpha_3(t)u_x + \mathrm{i}\alpha_2(t)u\right]\lambda \\
&\quad + \frac{1}{4}\mathrm{i}\alpha_3(t)(-u_{xx} + 2u^2v) - \frac{1}{2}\alpha_2(t)u_x + \mathrm{i}\alpha_1(t)u \\
C &= \mathrm{i}\alpha_3(t)v\lambda^2 + \left[\frac{1}{2}\alpha_3(t)v_t + \mathrm{i}\alpha_2(t)v\right]\lambda \\
&\quad + \frac{1}{4}\mathrm{i}\alpha_3(t)(-v_{xx} + 2v^2u) + \frac{1}{2}\alpha_2(t)v_x + \mathrm{i}\alpha_1(t)v
\end{aligned} \tag{2.2.17}
$$

及

$$
\begin{aligned}
u_t &= -\frac{1}{4}\mathrm{i}\alpha_3(t)(u_{xxx} - 6uvu_x) - \frac{1}{2}\alpha_2(t)(u_{xx} - 2u^2v) + \mathrm{i}\alpha_1(t)u_x + 2\alpha_0(t)u \\
v_t &= -\frac{1}{4}\mathrm{i}\alpha_3(t)(v_{xxx} - 6uvv_x) + \frac{1}{2}\alpha_2(t)(v_{xx} - 2uv^2) + \mathrm{i}\alpha_1(t)v_x - 2\alpha_0(t)v
\end{aligned} \tag{2.2.18}
$$

以上是 u、v 联立的非线性偏微分方程。适当选取 u、v 可以将上述方程约化为一个方程。

下面是几个最常见的例子。

例 1 非线性薛定谔方程

对于 $n=2$，取 $v=\mp u^*$，$\alpha_1(t)=\alpha_0(t)=0$，$\alpha_2(t)=-\mathrm{i}$，得

$$
\mathrm{i}u_t + \frac{1}{2}u_{xx} \pm |u|^2u = 0 \tag{2.2.19}
$$

例 2 KdV 方程

对于 $n=3$，取 $v=-1$，$\alpha_2(t)=\alpha_1(t)=\alpha_0(t)=0$，$\alpha_3(t)=-4\mathrm{i}$，得

$$u_t+6uu_x+u_{xxx}=0 \tag{2.2.20}$$

例 3 广义 KdV 方程 (mKdV 方程)

对于 $n=3$，取 $v=-u$，$\alpha_2(t)=\alpha_1(t)=\alpha_0(t)=0$，$\alpha_3(t)=-4\mathrm{i}$，得

$$u_t+6u^2u_x+u_{xxx}=0 \tag{2.2.21}$$

例 4 Hirota 方程

对于 $n=3$，取 $v=-u^*$，$\alpha_1(t)=\alpha_0(t)=0$，$\alpha_2(t)=-\mathrm{i}$，$\alpha_3(t)=4\mathrm{i}\beta$，得

$$\mathrm{i}u_t+\frac{1}{2}u_{xx}+|u|^2u-\mathrm{i}\beta(u_{xxx}+6|u|^2u)=0 \tag{2.2.22}$$

2.2.2 规范变换

如果存在一个变换

$$\boldsymbol{\Phi}^{[1]}=T\boldsymbol{\Phi} \tag{2.2.23}$$

其中，T 是非奇异变换矩阵，将谱问题

$$\boldsymbol{\Phi}_x=U\boldsymbol{\Phi} \tag{2.2.24}$$

变为新的谱问题

$$\boldsymbol{\Phi}_x^{[1]}=U^{[1]}\boldsymbol{\Phi}^{[1]} \tag{2.2.25}$$

则称变换 (2.2.23) 式为规范变换。

由 $\boldsymbol{\Phi}_x^{[1]}=T_x\boldsymbol{\Phi}+T\boldsymbol{\Phi}_x=T_x\boldsymbol{\Phi}+TU\boldsymbol{\Phi}=U^{[1]}\boldsymbol{\Phi}^{[1]}=U^{[1]}T\boldsymbol{\Phi}$ 可得

$$T_x+TU=U^{[1]}T \tag{2.2.26}$$

即

$$U^{[1]}=T_xT^{-1}+TUT^{-1} \tag{2.2.27}$$

变换 (2.2.23) 式也可将

$$\boldsymbol{\Phi}_t=V\boldsymbol{\Phi} \tag{2.2.28}$$

变到

$$\boldsymbol{\Phi}_t^{[1]}=V^{[1]}\boldsymbol{\Phi}^{[1]} \tag{2.2.29}$$

同理可得

$$V^{[1]}=T_tT^{-1}+TVT^{-1} \tag{2.2.30}$$

我们还需要证明，规范变换前后的谱问题等价。若要有解，则规范变换后，$\boldsymbol{\Phi}_t^{[1]}$ 仍然满足相容性条件 $\boldsymbol{\Phi}_{xt}^{[1]}=\boldsymbol{\Phi}_{tx}^{[1]}$，可得零曲率方程 $U_t^{[1]}-V_x^{[1]}+U^{[1]}V^{[1]}-V^{[1]}U^{[1]}=0$。应用等式 $TT^{-1}=I$ 对时间 t 求导可得 $(T^{-1})_t=-T^{-1}T_tT^{-1}$，容易得到

$$U_t^{[1]}=T_tUT^{-1}+TU_tT^{-1}+TU(T^{-1})_t+T_{xt}T^{-1}+T_x(T^{-1})_t$$

$$V_x^{[1]}=T_xVT^{-1}+TV_xT^{-1}+TV(T^{-1})_x+T_{tx}T^{-1}+T_t(T^{-1})_x$$

$$U^{[1]}V^{[1]}=TUVT^{-1}+T_xVT^{-1}-TU(T^{-1})_t-T_x(T^{-1})_t$$

$$V^{[1]}U^{[1]}=TVUT^{-1}+T_tUT^{-1}-TV(T^{-1})_x-T_t(T^{-1})_x$$

即是说

$$U_t^{[1]}-V_x^{[1]}+U^{[1]}V^{[1]}-V^{[1]}U^{[1]}=T(U_t-V_x+UV-VU)T^{-1} \tag{2.2.31}$$

由于 T 的非奇异性，故零曲率方程 $U_t-V_x+UV-VU=0$ 与 $U_t^{[1]}-V_x^{[1]}+U^{[1]}V^{[1]}-V^{[1]}U^{[1]}=0$ 是等价的，这意味着它们所对应的非线性方程在规范变换下也是等价的。

2.2.3 AKNS 系统的达布变换

前文给出了从 AKNS 系统导出不同可积方程的一般方法，现在我们将用达布方法求解这些非线性方程。这里我们以 AKNS 谱问题为例，具体介绍如何寻找达布变换。其他谱问题的达布变换也可通过类似的方法导出。考虑 AKNS 系统的谱问题

$$\boldsymbol{\Phi}_x=U\boldsymbol{\Phi},\quad U=\lambda\begin{pmatrix}-\mathrm{i} & 0\\ 0 & \mathrm{i}\end{pmatrix}+\begin{pmatrix}0 & u\\ v & 0\end{pmatrix} \tag{2.2.32}$$

其中，$\boldsymbol{\Phi}=(\phi,\varphi)^{\mathrm{T}}$。为构造 AKNS 系统的达布变换，我们希望找到谱问题 (2.2.32) 式的规范变换

$$\boldsymbol{\Phi}^{[1]}=T\boldsymbol{\Phi} \tag{2.2.33}$$

在这个规范变换下，谱问题 (2.2.32) 式变为一个具有相同形式的新的谱问题

$$\boldsymbol{\Phi}_x^{[1]}=U^{[1]}\boldsymbol{\Phi}^{[1]},\quad U^{[1]}=\lambda\begin{pmatrix}-\mathrm{i} & 0\\ 0 & \mathrm{i}\end{pmatrix}+\begin{pmatrix}0 & u^{[1]}\\ v^{[1]} & 0\end{pmatrix} \tag{2.2.34}$$

这里，$U^{[1]}$ 与 U 具有相同的形式，仅是将 U 中的 u，v 用 $u^{[1]}$，$v^{[1]}$ 代替。

通常取 T 为参数 λ 的多项式，这里我们选取如下形式：

$$T=\lambda T_1+T_0,\quad T_1=\begin{pmatrix}a_1 & b_1\\ c_1 & d_1\end{pmatrix},\quad T_0=\begin{pmatrix}a & b\\ c & d\end{pmatrix} \tag{2.2.35}$$

由 (2.2.26) 式可得

$$
\begin{aligned}
&\begin{pmatrix} a_{1x} & b_{1x} \\ c_{1x} & d_{1x} \end{pmatrix}\lambda+\begin{pmatrix} a_x & b_x \\ c_x & d_x \end{pmatrix} \\
=&-\mathrm{i}\lambda^2\begin{pmatrix} a_1 & b_1 \\ -c_1 & -d_1 \end{pmatrix}-\mathrm{i}\lambda\begin{pmatrix} a & b \\ -c & -d \end{pmatrix} \\
&+\begin{pmatrix} u^{[1]}c_1 & u^{[1]}d_1 \\ v^{[1]}a_1 & v^{[1]}b_1 \end{pmatrix}\lambda+\begin{pmatrix} u^{[1]}c & u^{[1]}d \\ v^{[1]}a & v^{[1]}b \end{pmatrix}-\left[-\mathrm{i}\lambda^2\begin{pmatrix} a_1 & -b_1 \\ c_1 & -d_1 \end{pmatrix}\right. \\
&\left.-\mathrm{i}\lambda\begin{pmatrix} a & -b \\ c & -d \end{pmatrix}+\begin{pmatrix} vb_1 & ua_1 \\ vd_1 & uc_1 \end{pmatrix}\lambda+\begin{pmatrix} vb & ua \\ vd & uc \end{pmatrix}\right]
\end{aligned} \tag{2.2.36}
$$

比较 λ^j 的系数。从 λ^2 的系数可得 $b_1=c_1=0$。从 λ 的系数得

$$
a_{1x}=0,\quad d_{1x}=0,\quad -2\mathrm{i}b+u^{[1]}d_1-ua_1=0,\quad 2\mathrm{i}c+v^{[1]}a_1-vd_1=0 \tag{2.2.37}
$$

这说明 a_1、d_1 可取为常数。再从常数项得

$$
\begin{aligned}
&a_x=u^{[1]}c-vb,\quad b_x=u^{[1]}d-ua \\
&c_x=v^{[1]}a-vd,\quad d_x=v^{[1]}b-uc
\end{aligned} \tag{2.2.38}
$$

根据上述分析，我们知道 a_1, d_1 可取为常数，不失一般性，我们这里取 $a_1=d_1=1$, 此时 $T_1=\begin{pmatrix} 1 & 0 \\ 0 & 1 \end{pmatrix}$，令 $S=-T_0$，则

$$
T=\lambda I-S \tag{2.2.39}
$$

其中，I 是 2×2 的单位矩阵；S 是非奇异矩阵。

从 (2.2.26) 式得

$$
\begin{aligned}
&-S_x+(\lambda I-S)\left[-\mathrm{i}\lambda\sigma_3+\begin{pmatrix} 0 & u \\ v & 0 \end{pmatrix}\right] \\
=&\left[-\mathrm{i}\lambda\sigma_3+\begin{pmatrix} 0 & u^{[1]} \\ v^{[1]} & 0 \end{pmatrix}\right](\lambda I-S)
\end{aligned} \tag{2.2.40}
$$

这里，$\sigma_3=\begin{pmatrix} 1 & 0 \\ 0 & -1 \end{pmatrix}$，比较 λ 各次幂的系数。从 λ 的系数，得

$$
\begin{pmatrix} 0 & u^{[1]} \\ v^{[1]} & 0 \end{pmatrix}=\begin{pmatrix} 0 & u \\ v & 0 \end{pmatrix}+\mathrm{i}[S,\sigma_3] \tag{2.2.41}
$$

设 $S=\begin{pmatrix} s_{11} & s_{12} \\ s_{21} & s_{22} \end{pmatrix}$，即有

$$u^{[1]}=u-2\mathrm{i}s_{12},\quad v^{[1]}=v+2\mathrm{i}s_{21} \tag{2.2.42}$$

从常数项，得

$$-S_x-S\begin{pmatrix} 0 & u \\ v & 0 \end{pmatrix}=-\begin{pmatrix} 0 & u^{[1]} \\ v^{[1]} & 0 \end{pmatrix}S \tag{2.2.43}$$

根据 (2.2.41) 式，有

$$-S_x-S\begin{pmatrix} 0 & u \\ v & 0 \end{pmatrix}=-\begin{pmatrix} 0 & u \\ v & 0 \end{pmatrix}S-\mathrm{i}(S\sigma_3S-\sigma_3S^2) \tag{2.2.44}$$

现在我们要用 (2.2.32) 式的特征函数表示 S。

记谱问题 (2.2.32) 式在谱参量 $\lambda=\lambda_1,\lambda_2$ 时的本征函数分别为 $\boldsymbol{\Phi}_1(\lambda_1)=(\phi_1(\lambda_1),\varphi_1(\lambda_1))^{\mathrm{T}}$，$\boldsymbol{\Phi}_2(\lambda_2)=(\phi_2(\lambda_2),\varphi_2(\lambda_2))^{\mathrm{T}}$，相应的 U 矩阵记为 U_1，U_2。并记 $H=(\boldsymbol{\Phi}_1(\lambda_1),\boldsymbol{\Phi}_2(\lambda_2))$，则有

$$\begin{aligned}
\boldsymbol{H}_x&=(\boldsymbol{\Phi}_1(\lambda_1)_x,\boldsymbol{\Phi}_2(\lambda_2)_x)=(U_1\boldsymbol{\Phi}_1(\lambda_1),U_2\boldsymbol{\Phi}_2(\lambda_2))\\
&=\left(-\mathrm{i}\lambda_1\sigma_3\boldsymbol{\Phi}_1(\lambda_1)+\begin{pmatrix} 0 & u \\ v & 0 \end{pmatrix}\boldsymbol{\Phi}_1(\lambda_1),-\mathrm{i}\lambda_2\sigma_3\boldsymbol{\Phi}_2(\lambda_2)+\begin{pmatrix} 0 & u \\ v & 0 \end{pmatrix}\boldsymbol{\Phi}_2(\lambda_2)\right)\\
&=(-\mathrm{i}\lambda_1\sigma_3\boldsymbol{\Phi}_1(\lambda_1),-\mathrm{i}\lambda_2\sigma_3\boldsymbol{\Phi}_2(\lambda_2))+\begin{pmatrix} 0 & u \\ v & 0 \end{pmatrix}(\boldsymbol{\Phi}_1(\lambda_1),\boldsymbol{\Phi}_2(\lambda_2))\\
&=-\mathrm{i}\sigma_3(\lambda_1\boldsymbol{\Phi}_1(\lambda_1),\lambda_2\boldsymbol{\Phi}_2(\lambda_2))+\begin{pmatrix} 0 & u \\ v & 0 \end{pmatrix}H\\
&=-\mathrm{i}\sigma_3(\boldsymbol{\Phi}_1(\lambda_1),\boldsymbol{\Phi}_2(\lambda_2))\begin{pmatrix} \lambda_1 & 0 \\ 0 & \lambda_2 \end{pmatrix}+\begin{pmatrix} 0 & u \\ v & 0 \end{pmatrix}H\\
&=-\mathrm{i}\sigma_3H\varLambda+\begin{pmatrix} 0 & u \\ v & 0 \end{pmatrix}H
\end{aligned} \tag{2.2.45}$$

其中，$\varLambda=\mathrm{diag}(\lambda_1,\lambda_2)$。

令

$$S=H\varLambda H^{-1} \tag{2.2.46}$$

将上式对 x 微分，利用 (2.2.45) 式，以及由 $HH^{-1}=I$ 可得 $H_x^{-1}=-H^{-1}H_xH^{-1}$，我们有

$$S_x=H_x\varLambda H^{-1}-H\varLambda H^{-1}H_xH^{-1}$$

$$
\begin{aligned}
&= -\mathrm{i}\sigma_3 H\Lambda H^{-1} H\Lambda H^{-1} + \begin{pmatrix} 0 & u \\ v & 0 \end{pmatrix} H\Lambda H^{-1} \\
&\quad - S\left[-\mathrm{i}\sigma_3 H\Lambda + \begin{pmatrix} 0 & u \\ v & 0 \end{pmatrix} H\right] H^{-1} \\
&= -\mathrm{i}\sigma_3 S^2 + \begin{pmatrix} 0 & u \\ v & 0 \end{pmatrix} S + \mathrm{i}S\sigma_3 S - S\begin{pmatrix} 0 & u \\ v & 0 \end{pmatrix}
\end{aligned} \tag{2.2.47}
$$

这说明由 (2.2.46) 式所定义的 S 满足 (2.2.44) 式。

我们已经证明了达布变换对 x 部分的不变性，现在还要证明该变换对 t 部分同样具有不变性。取 (2.2.18) 式中 $\alpha_3(t) = \alpha_1(t) = \alpha_0(t) = 0$，$\alpha_2(t) = -\mathrm{i}$，方程 (2.2.18) 变为如下形式：

$$
u_t - \mathrm{i}\left(\frac{1}{2}u_{xx} - u^2 v\right) = 0, \quad v_t + \mathrm{i}\left(\frac{1}{2}v_{xx} - uv^2\right) = 0 \tag{2.2.48}
$$

其 Lax 对为 (2.2.32) 式与

$$
\boldsymbol{\Phi}_t = \left(-\mathrm{i}\lambda^2\sigma_3 + \lambda V_1 + \frac{1}{2}V_0\right)\boldsymbol{\Phi} = V\boldsymbol{\Phi} \tag{2.2.49}
$$

其中，

$$
V_1 = \begin{pmatrix} 0 & u \\ v & 0 \end{pmatrix}, \quad V_0 = \begin{pmatrix} -\mathrm{i}uv & \mathrm{i}u_x \\ -\mathrm{i}v_x & \mathrm{i}uv \end{pmatrix} \tag{2.2.50}
$$

在规范变换后，$\boldsymbol{\Phi} \to \boldsymbol{\Phi}^{[1]}$, 且

$$
\boldsymbol{\Phi}_t^{[1]} = V^{[1]}\boldsymbol{\Phi}^{[1]} = \left(-\mathrm{i}\lambda^2\sigma_3 + \lambda V_1^{[1]} + \frac{1}{2}V_0^{[1]}\right)\boldsymbol{\Phi}^{[1]} \tag{2.2.51}
$$

其中，$V_1^{[1]}$、$V_0^{[1]}$ 分别是将 V_1、V_0 中 u、v、u_x、v_x 改为 $u^{[1]}$、$v^{[1]}$、$u_x^{[1]}$、$v_x^{[1]}$。类似于 (2.2.45) 式，H 需要满足

$$
H_t = -\mathrm{i}\sigma_3 H\Lambda^2 + V_1 H\Lambda + \frac{1}{2}V_0 H \tag{2.2.52}
$$

由 $\boldsymbol{\Phi}_t^{[1]} = T_t\boldsymbol{\Phi} + T\boldsymbol{\Phi}_t = T_t\boldsymbol{\Phi} + TV\boldsymbol{\Phi} = V^{[1]}\boldsymbol{\Phi}^{[1]} = V^{[1]}T\boldsymbol{\Phi}$ 可得

$$
V^{[1]}T = T_t + TV \tag{2.2.53}
$$

从 (2.2.53) 式得

$$
-S_t + (\lambda I - S)\left(-\mathrm{i}\lambda^2\sigma_3 + \lambda V_1 + \frac{1}{2}V_0\right)
$$

$$= \left(-\mathrm{i}\lambda^2\sigma_3 + \lambda V_1^{[1]} + \frac{1}{2}V_0^{[1]}\right)(\lambda I - S) \tag{2.2.54}$$

只要证明上式恒成立，即可证明变换对 t 方向的不变形，比较上式等号两边 λ 的各次幂系数，得

$$\lambda^2: \qquad \mathrm{i}S\sigma_3 + V_1 = \mathrm{i}\sigma_3 S + V_1^{[1]} \tag{2.2.55}$$

这就是 (2.2.41) 式，自然成立。

$$\lambda: \qquad \frac{1}{2}V_0 - SV_1 = \frac{1}{2}V_0^{[1]} - V_1^{[1]}S \tag{2.2.56}$$

$$\lambda^0: \qquad -S_t - \frac{1}{2}SV_0 = -\frac{1}{2}V_0^{[1]}S \tag{2.2.57}$$

由 (2.2.44) 式知 $S_x = V_1^{[1]}S - SV_1$，(2.2.56) 式可表示成

$$V_0^{[1]} = V_0 + 2V_1^{[1]}S - 2SV_1 = V_0 + 2S_x \tag{2.2.58}$$

其非对角部分即 $\mathrm{i}u_x^{[1]} = \mathrm{i}u_x + 2s_{12x}$，$-\mathrm{i}v_x^{[1]} = -\mathrm{i}v_x + 2s_{21x}$，由 (2.2.42) 式知，这两式两边相等。其对角部分为

$$-\mathrm{i}u^{[1]}v^{[1]} = -\mathrm{i}uv + 2s_{11x}, \quad \mathrm{i}u^{[1]}v^{[1]} = \mathrm{i}uv + 2s_{22x} \tag{2.2.59}$$

由 (2.2.44) 式得，$s_{11x} = -s_{22x} = us_{21} - vs_{12} - 2\mathrm{i}s_{12}s_{21}$，因此 (2.2.59) 式中的两式完全相同。这样，我们只需证明 $-\mathrm{i}u^{[1]}v^{[1]} = -\mathrm{i}uv + 2s_{11x}$。利用 (2.2.42) 式，左边为

$$-\mathrm{i}u^{[1]}v^{[1]} = -\mathrm{i}uv + 2us_{21} - 2vs_{12} - 4\mathrm{i}s_{12}s_{21}$$

右边

$$-\mathrm{i}uv + 2s_{11x} = -\mathrm{i}uv + 2(us_{21} - vs_{12} - 2\mathrm{i}s_{12}s_{21}) = -\mathrm{i}uv + 2us_{21} - 2vs_{12} - 4\mathrm{i}s_{12}s_{21}$$

左右两边相等。接下来只要证 (2.2.57) 式成立，这要用到 (2.2.52) 式。由 S 定义 $S = H\Lambda H^{-1}$，有

$$\begin{aligned} S_t &= H_t\Lambda H^{-1} - H\Lambda H^{-1}H_tH^{-1} \\ &= \left(-\mathrm{i}\sigma_3 H\Lambda^2 + V_1H\Lambda + \frac{1}{2}V_0H\right)\Lambda H^{-1} \\ &\quad - S\left(-\mathrm{i}\sigma_3 H\Lambda^2 + V_1H\Lambda + \frac{1}{2}V_0H\right)H^{-1} \\ &= -\mathrm{i}\sigma_3S^3 + V_1S^2 + \frac{1}{2}V_0S + \mathrm{i}S\sigma_3S^2 - SV_1S - \frac{1}{2}SV_0 \end{aligned} \tag{2.2.60}$$

而 (2.2.57) 式可改写为 (用到 (2.2.56) 式及 (2.2.41) 式)

$$\begin{aligned} S_t &= -\frac{1}{2}SV_0 + \frac{1}{2}V_0^{[1]}S = -\frac{1}{2}SV_0 + \frac{1}{2}V_0S - SV_1S + V_1^{[1]}S^2 \\ &= -\frac{1}{2}SV_0 + \frac{1}{2}V_0S - SV_1S + V_1S^2 + \mathrm{i}S\sigma_3S^2 - \mathrm{i}\sigma_3S^3 \end{aligned} \tag{2.2.61}$$

和 (2.2.60) 式相同，这就证明了 (2.2.57) 式成立。

对方程 (2.2.42) 再取其他参数的情形，可类似地证明。

在实际应用中，还要求变换后 v 和 u 满足某种关系，这称为“达布变换的约化”。例如在求非线性薛定谔方程之解时，要求 $v=-u^*$；在达布变换之后还要满足 $v^{[1]}=-u^{[1]*}$。当 $v=-u^*$ 时，谱问题 (2.2.32) 式在谱参量 $\lambda=\lambda_1$ 时的本征函数 $\boldsymbol{\Phi}_1(\lambda_1)=(\phi(\lambda_1),\varphi(\lambda_1))^{\mathrm{T}}$ 满足

$$\begin{pmatrix} \phi(\lambda_1)_x \\ \varphi(\lambda_1)_x \end{pmatrix} = \begin{pmatrix} -\mathrm{i}\lambda_1 & u \\ -u^* & i\lambda_1 \end{pmatrix} \begin{pmatrix} \phi(\lambda_1) \\ \varphi(\lambda_1) \end{pmatrix} \tag{2.2.62}$$

即

$$\begin{aligned} \phi(\lambda_1)_x &= -\mathrm{i}\lambda_1\phi(\lambda_1) + u\varphi(\lambda_1) \\ \varphi(\lambda_1)_x &= -u^*\phi_1(\lambda_1) + \mathrm{i}\lambda_1\varphi(\lambda_1) \end{aligned} \tag{2.2.63}$$

对上式两侧取复共轭有

$$\begin{aligned} \phi^*(\lambda_1^*)_x &= \mathrm{i}\lambda_1^*\phi^*(\lambda_1^*) + u^*\varphi(\lambda_1^*) \\ \varphi^*(\lambda_1^*)_x &= -u\phi^*(\lambda_1^*) - \mathrm{i}\lambda_1^*\varphi(\lambda_1^*) \end{aligned} \tag{2.2.64}$$

即

$$\begin{aligned} \varphi^*(\lambda_1^*)_x &= -\mathrm{i}\lambda_1^*\varphi^*(\lambda_1^*) - u\phi^*(\lambda_1^*) \\ \phi^*(\lambda_1^*)_x &= u^*\varphi^*(\lambda_1^*) + \mathrm{i}\lambda_1^*\phi^*(\lambda_1^*) \end{aligned} \tag{2.2.65}$$

由此可知 $(-\varphi^*,\phi^*)^{\mathrm{T}}$ 是谱问题 (2.2.32) 式在谱参量 $\lambda=\lambda_1^*$ 时的解。基于 $H=(\boldsymbol{\Phi}_1(\lambda_1),\boldsymbol{\Phi}_2(\lambda_2))^{\mathrm{T}}$, 在此处我们可将 λ_2 记作 λ_1^*，此时 H 可表示为

$$H = \begin{pmatrix} \phi & -\varphi^* \\ \varphi & \phi^* \end{pmatrix} \tag{2.2.66}$$

则有 $\det H=\varDelta=|\phi|^2+|\varphi|^2$。这时 (2.2.46) 式的具体形式为

$$S = \frac{1}{\varDelta}\begin{pmatrix} \lambda_1|\phi|^2 + \lambda_1^*|\varphi|^2 & (\lambda_1-\lambda_1^*)\phi\varphi^* \\ (\lambda_1-\lambda_1^*)\varphi\phi^* & \lambda_1^*|\phi|^2 + \lambda_1|\varphi|^2 \end{pmatrix} \tag{2.2.67}$$

进而，依据 (2.2.42) 式，可得

$$
\begin{aligned}
u^{[1]} &= u - 2\mathrm{i}\frac{(\lambda_1-\lambda_1^*)\phi\varphi^*}{|\phi|^2+|\varphi|^2} \\
v^{[1]} &= v + 2\mathrm{i}\frac{(\lambda_1-\lambda_1^*)\varphi\phi^*}{|\phi|^2+|\varphi|^2}
\end{aligned} \tag{2.2.68}
$$

因此变换后有 $v^{[1]}=-u^{[1]*}$。(2.2.68) 式就是在 u 和 v 为初始的“种子解”时，通过达布构造的非线性方程 (2.2.48) 解的具体形式。继而由 (2.2.39) 式和 (2.2.67) 式我们可以得到达布矩阵

$$
T^{[1]}=\lambda I-S^{[1]},\qquad S^{[1]}=H^{[1]}\varLambda_1 H^{[1]^{-1}} \tag{2.2.69}
$$

其中，

$$
H^{[1]}=\begin{pmatrix} \phi & -\varphi^* \\ \varphi & \phi^* \end{pmatrix},\qquad \varLambda_1=\mathrm{diag}(\lambda_1,\lambda_1^*)
$$

在这个规范变换下，谱问题 (2.2.32) 式变为一个具有相同形式的新的谱问题，满足

$$
\begin{aligned}
&\boldsymbol{\varPhi}_x^{[1]}=U^{[1]}\boldsymbol{\varPhi}^{[1]},\qquad U^{[1]}=\lambda_2\begin{pmatrix} -\mathrm{i} & 0 \\ 0 & \mathrm{i} \end{pmatrix}+\begin{pmatrix} 0 & u^{[1]} \\ -u^{[1]*} & 0 \end{pmatrix} \\
&\boldsymbol{\varPhi}^{[1]}=T^{[1]}\boldsymbol{\varPhi},\qquad u^{[1]}=u-2\mathrm{i}S_{12}^{[1]}
\end{aligned} \tag{2.2.70}
$$

其中，$S_{12}^{[j]}$ 表示 $S^{[j]}$ 矩阵第 1 行第 2 列的矩阵元 (后面相同的标记方法表示的意义一样，不再重复说明)。为了得到二次达布变换的形式，我们要用到 $\boldsymbol{\varPhi}_2^{[1]}$，即

$$
\boldsymbol{\varPhi}_2^{[1]}=T^{[1]}|_{\lambda=\lambda_2}\boldsymbol{\varPhi}_2 \tag{2.2.71}
$$

用数学归纳法我们可以进一步建立下面的变换：

$$
T^{[2]}=\lambda I-S^{[2]} \tag{2.2.72}
$$

其中，

$$
\begin{aligned}
&S^{[2]}=H^{[2]}\varLambda_2 H^{[2]^{-1}} \\
&H^{[2]}=\begin{pmatrix} \phi^{[1]} & -\varphi^{[1]^*} \\ \varphi^{[1]} & \phi^{[1]^*} \end{pmatrix},\qquad \varLambda_2=\mathrm{diag}(\lambda_2,\lambda_2^*)
\end{aligned} \tag{2.2.73}
$$

且有 $\boldsymbol{\varPhi}_3^{[2]}=T^{[2]}|_{\lambda=\lambda_3}\boldsymbol{\varPhi}_3^{[1]}=(T^{[2]}T^{[1]})|_{\lambda=\lambda_3}\boldsymbol{\varPhi}_3$ 满足下面的谱问题：

$$
\boldsymbol{\varPhi}_x^{[2]}=U^{[2]}\boldsymbol{\varPhi}^{[2]},\qquad U^{[2]}=\lambda_3\begin{pmatrix} -\mathrm{i} & 0 \\ 0 & \mathrm{i} \end{pmatrix}+\begin{pmatrix} 0 & u^{[2]} \\ -u^{[2]^*} & 0 \end{pmatrix}
$$

$$u^{[2]} = u^{[1]} - 2\mathrm{i}S_{12}^{[2]} \tag{2.2.74}$$

综上, 如果我们有 n 个不同的谱参量 $\lambda_1, \lambda_2, \cdots, \lambda_n \in \mathbb{C}$ 和对应的本征函数 $\boldsymbol{\Phi}_1, \boldsymbol{\Phi}_2, \cdots, \boldsymbol{\Phi}_n$，那么 n 步达布变换可表示为

$$\begin{aligned} \boldsymbol{\Phi}^{[n-1]} &= (T^{[n-1]}T^{[n-2]}\cdots T^{[1]})|_{\lambda=\lambda_n}\boldsymbol{\Phi} \\ u^{[n-1]} &= u - 2\mathrm{i}\sum_{j=1}^{n-1} S_{12}^{[j]} \end{aligned} \tag{2.2.75}$$

这里，

$$T^{[j]} = \lambda I - S^{[j]}, \quad S^{[j]} = H^{[j]}\Lambda_j H^{[j]^{-1}}$$

$$H^{[j]} = \begin{pmatrix} \phi^{[j-1]} & -\varphi^{[j-1]^*} \\ \varphi^{[j-1]} & \phi^{[j-1]^*} \end{pmatrix}, \quad \Lambda_j = \mathrm{diag}(\lambda_j, \lambda_j^*)$$

2.2.4 非线性薛定谔方程的求解

标准的 $1+1$ 维单分量 (标量) 非线性薛定谔方程可写为

$$\mathrm{i}\frac{\partial u}{\partial t} + \frac{1}{2}\frac{\partial^2 u}{\partial x^2} + |u|^2 u = 0 \tag{2.2.76}$$

其中，$u(x,t)$ 表示复包络，x 和 t 分别为分布方向和演化时间。这里我们考虑自聚焦的非线性项，从而可以得到描述多种不同非线性局域波动力学的精确解。在前面两部分我们已经给出了该方程的 Lax 对及其达布变换。我们这里重新写出其 Lax 对和达布变换形式

$$\begin{cases} \boldsymbol{\Phi}_x = U\boldsymbol{\Phi} & (2.2.77\mathrm{a}) \\ \boldsymbol{\Phi}_t = V\boldsymbol{\Phi} & (2.2.77\mathrm{b}) \end{cases}$$

其中，$\boldsymbol{\Phi} = (\phi, \varphi)^{\mathrm{T}}$，

$$U = \lambda\begin{pmatrix} -\mathrm{i} & 0 \\ 0 & \mathrm{i} \end{pmatrix} + \begin{pmatrix} 0 & u \\ -u^* & 0 \end{pmatrix} \tag{2.2.78}$$

$$V = \lambda^2\begin{pmatrix} -\mathrm{i} & 0 \\ 0 & \mathrm{i} \end{pmatrix} + \lambda\begin{pmatrix} 0 & u \\ -u^* & 0 \end{pmatrix} + \frac{1}{2}\begin{pmatrix} \mathrm{i}|u|^2 & \mathrm{i}u_x \\ \mathrm{i}u_x^* & -\mathrm{i}|u|^2 \end{pmatrix} \tag{2.2.79}$$

这里，λ 为谱参量。

其具体的达布变换形式为

$$u^{[1]}(x,t) = u^{[0]}(x,t) - \frac{2\mathrm{i}(\lambda - \lambda^*)\phi(x,t)\varphi^*(x,t)}{|\phi(x,t)|^2 + |\varphi(x,t)|^2} \tag{2.2.80}$$

这里，$\phi(x,t)$ 和 $\varphi(x,t)$ 为相应的 Lax 对 (2.2.77) 式在 $u(x,t)=u^{[0]}(x,t)$ 时的解，其中 $u^{[0]}(x,t)$ 即为所谓的初始“种子解”。因此，接下来的主要问题就是，选取适当形式的“种子解”，求解 $\phi(x,t)$ 和 $\varphi(x,t)$ 的解析表达式。

1) 零背景上局域波解

首先，我们考虑最简单的平庸种子解 ($u^{[0]}(x,t)=0$) 来构造非线性薛定谔方程局域波解。当 $u^{[0]}(x,t)=0$ 时，相应的 Lax 对写为

$$\begin{cases}\boldsymbol{\Phi}_x=U\boldsymbol{\Phi} & (2.2.81\text{a})\\ \boldsymbol{\Phi}_t=V\boldsymbol{\Phi} & (2.2.81\text{b})\end{cases}$$

其中，

$$U=\lambda\begin{pmatrix}-\mathrm{i} & 0\\ 0 & \mathrm{i}\end{pmatrix},\quad V=\lambda^2\begin{pmatrix}-\mathrm{i} & 0\\ 0 & \mathrm{i}\end{pmatrix}$$

求解上式易得 (2.2.81) 式的本征矢量为

$$\boldsymbol{\Phi}=\begin{pmatrix}\phi\\ \varphi\end{pmatrix}=\begin{pmatrix}\exp[-\mathrm{i}(\lambda_1x+\lambda_1^2t)+d_1+\mathrm{i}\delta_1]\\ \exp[\mathrm{i}(\lambda_1x+\lambda_1^2t)+d_1+\mathrm{i}\delta_1]\end{pmatrix} \tag{2.2.82}$$

这里，$\lambda_1=ia_1-q_1/2$，其中 q_1 为任意实数，a_1 为非零实数。将 ϕ 和 φ 代入达布变换表达式 (2.2.80)，我们得到零背景上局域波解：

$$u^{[1]}(x,t)=2a_1\mathrm{sech}[2a_1(x-q_1t+d_1)]\exp\left[\mathrm{i}\left(q_1x+2a_1^2t-\frac{1}{2}q_1^2t+2\delta_1\right)\right] \tag{2.2.83}$$

该解描述了标准的亮孤子动力学 (图 2.1 (a))。其中，a_1 为孤子的振幅参数，$|u|_{\max}=2a_1$；q_1 表示孤子的速度；d_1 和 δ_1 为引入的自由实参数，分别用来调节孤子的初始位置和相位。

为了进一步观察两个亮孤子的相互作用过程，我们需要得到双孤子解。此时，通过规范变换 (2.2.69) 式，新的谱问题为

$$\begin{cases}\boldsymbol{\Phi}_x^{[1]}=U^{[1]}\boldsymbol{\Phi}^{[1]} & (2.2.84\text{a})\\ \boldsymbol{\Phi}_t^{[1]}=V^{[1]}\boldsymbol{\Phi}^{[1]} & (2.2.84\text{b})\end{cases}$$

其中，

$$U^{[1]}=\lambda\begin{pmatrix}-\mathrm{i} & 0\\ 0 & \mathrm{i}\end{pmatrix}+\begin{pmatrix}0 & u^{[1]}\\ -u^{[1]^*} & 0\end{pmatrix}$$

$$V^{[1]}=\lambda^2\begin{pmatrix}-\mathrm{i} & 0\\ 0 & \mathrm{i}\end{pmatrix}+\lambda\begin{pmatrix}0 & u^{[1]}\\ -u^{[1]^*} & 0\end{pmatrix}+\frac{1}{2}\begin{pmatrix}\mathrm{i}|u^{[1]}|^2 & \mathrm{i}u_x^{[1]}\\ \mathrm{i}u_x^{[1]^*} & -\mathrm{i}|u^{[1]}|^2\end{pmatrix}$$

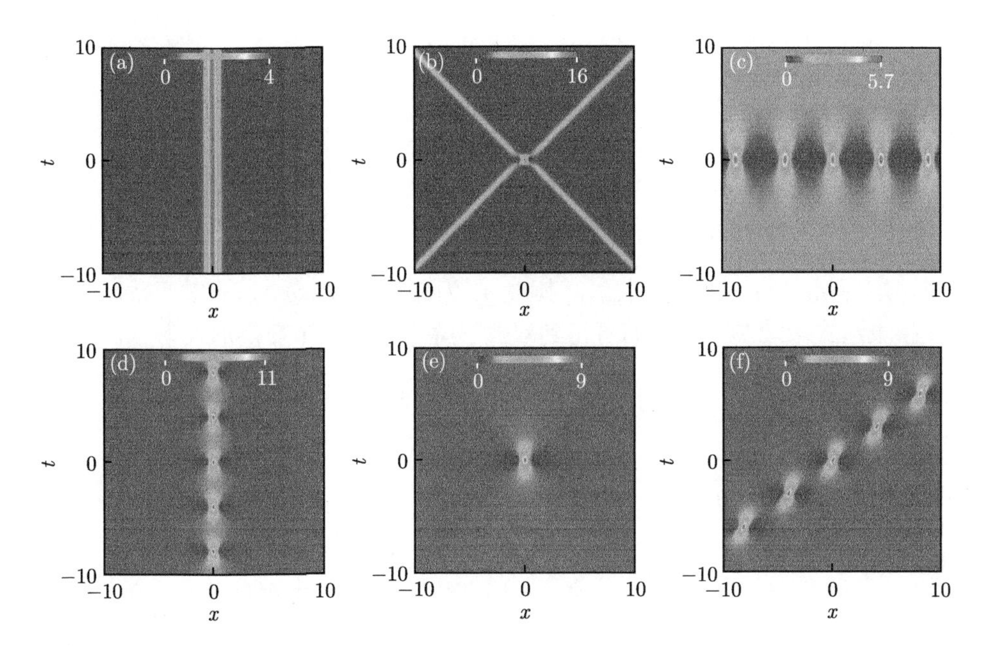

图 2.1 (a) 标准的亮孤子动力学，对应的参数为 $q_1 = 0, a_1 = 1, d_1 = 0, \delta_1 = 0$；(b) 双孤子动力学，对应的参数为 $q_1 = 1, q_2 = -1, a_1 = 1, a_2 = 1, d_1 = 0, d_2 = 0, \delta_1 = 0, \delta_2 = 0$；(c) Akhmediev 呼吸子动力学，对应的参数为 $q = 0, q_1 = 0, a = 1, \alpha_1 = 0.7$；(d) Kuznetsov-Ma 呼吸子动力学，对应的参数为 $q = 0, q_1 = 0, a = 1, a_1 = 1.2$；(e) Peregrine 怪波动力学，对应的参数为 $q = 0, q_1 = 0, a = 1, a_1 = 1.0001$；(f) 一般呼吸子动力学，对应的参数为 $q = 0, q_1 = 0.5, a = 1, a_1 = 1$ (彩图见封底二维码)

这里，$u^{[1]}$ 为单亮孤子解 (2.2.83) 式。要得到双亮孤子解，我们首先需得到 (2.2.84) 式的本征函数，这就可以应用 2.2.2 节介绍的规范变换 (2.2.23) 式的方法。此时，规范变换矩阵 (2.2.69) 式的具体形式为

$$\begin{aligned} T^{[1]} &= \lambda_2 I - S^{[1]} \\ &= \begin{pmatrix} \lambda_2 & 0 \\ 0 & \lambda_2 \end{pmatrix} - \frac{1}{\varDelta} \begin{pmatrix} \lambda_1|\phi_1|^2 + \lambda_1^*|\varphi_1|^2 & (\lambda_1 - \lambda_1^*)\phi_1\varphi_1^* \\ (\lambda_1 - \lambda_1^*)\varphi_1\phi_1^* & \lambda_1^*|\phi_1|^2 + \lambda_1|\varphi_1|^2 \end{pmatrix} \end{aligned} \tag{2.2.85}$$

继而我们可以计算本征函数

$$\boldsymbol{\varPhi}_2^{[1]} = \begin{pmatrix} \phi^{[1]} \\ \varphi^{[1]} \end{pmatrix} = T^{[1]}\boldsymbol{\varPhi} \tag{2.2.86}$$

得其具体形式如下：

$$\phi^{[1]} = [(\lambda_2 - \lambda_1)|\phi_1|^2 + (\lambda_2 - \lambda_1^*)|\varphi_1|^2]\phi_2 + (\lambda_1^* - \lambda_1)\phi_1\varphi_1\varphi_2 \tag{2.2.87}$$

$$\varphi^{[1]} = [(\lambda_2 - \lambda_1)|\varphi_1|^2 + (\lambda_2 - \lambda_1^*)|\phi_1|^2]\varphi_2 + (\lambda_1^* - \lambda_1)\phi_1^*\varphi_1\phi_2 \tag{2.2.88}$$

其中，

$$\begin{pmatrix} \phi_j \\ \varphi_j \end{pmatrix} = \begin{pmatrix} \exp[-\mathrm{i}(\lambda_j x + \lambda_j^2 t) + d_j + \mathrm{i}\delta_j] \\ \exp[\mathrm{i}(\lambda_j x + \lambda_j^2 t) + d_j + \mathrm{i}\delta_j] \end{pmatrix} \tag{2.2.89}$$

这里，$\lambda_j = ia_j - q_j/2\ (j=1,2)$，其中 q_j 为任意实数，a_j 为非零实数。代入达布变换表达式 (2.2.74) 式我们可得到双孤子解具体的达布变换形式为

$$u^{[2]}(x,t) = u^{[1]}(x,t) - \frac{2\mathrm{i}(\lambda_2 - \lambda_2^*)\phi^{[1]}(x,t)(\varphi^{[1]})^*(x,t)}{|\phi^{[1]}(x,t)|^2 + |\varphi^{[1]}(x,t)|^2} \tag{2.2.90}$$

化简后其双孤子解的形式如下：

$$u^{[2]}(x,t) = 4\frac{\eta_1 \mathrm{e}^{\mathrm{i}\beta_2}\cosh\alpha_1 + \eta_2 \mathrm{e}^{\mathrm{i}\beta_1}\cosh\alpha_2 + \mathrm{i}\eta_3(\mathrm{e}^{\mathrm{i}\beta_2}\sinh\alpha_1 - \mathrm{e}^{\mathrm{i}\beta_1}\sinh\alpha_2)}{\eta_1\cosh(\alpha_1+\alpha_2) + \eta_4\cosh(\alpha_1-\alpha_2) + \eta_5\cos(\beta_1-\beta_2)} \tag{2.2.91}$$

这里，

$$\alpha_1 = 2a_1(x - q_1 t) + d_1, \quad \beta_1 = q_1 x - 2\left[\left(\frac{q_1}{2}\right)^2 - a_1^2\right]t + \delta_1$$

$$\alpha_2 = 2a_2(x - q_2 t) + d_2, \quad \beta_2 = q_2 x - 2\left[\left(\frac{q_2}{2}\right)^2 - a_2^2\right]t + \delta_2$$

$$\eta_1 = \left[\left(\frac{q_2}{2} - \frac{q_1}{2}\right)^2 + (a_2^2 - a_1^2)\right]a_2, \quad \eta_2 = \left[\left(\frac{q_2}{2} - \frac{q_1}{2}\right)^2 - (a_2^2 - a_1^2)\right]a_1$$

$$\eta_3 = (q_2 - q_1)a_1 a_2, \quad \eta_4 = \left[\left(\frac{q_2}{2} - \frac{q_1}{2}\right)^2 + (a_2^2 + a_1^2)\right], \quad \eta_5 = -4a_1 a_2$$

其中，q_1 和 q_2 分别表示两个孤子的速度；a_1 和 a_2 与两个孤子的振幅有关；δ_1 和 δ_2 可以用来调节两个孤子的初始相位；d_1 和 d_2 用来改变两个孤子的初始位置。图 2.1 (b) 展示了经典的双孤子碰撞过程。不同的参数设置会使得两个孤子的动力学过程发生变化。后面的章节我们将对它们的相互作用进行详细的分析。

2) 非零背景上局域波解

接下来，我们研究平面波背景上局域波动力学。为此，我们取如下一般形式的平面波种子解：

$$u^{[0]}(x,t) = a\exp[\mathrm{i}\theta(x,t)] \tag{2.2.92}$$

其中，

$$\theta(x,t) = qx + (a^2 - q^2/2)t$$

这里，a 和 q 分别为平面波背景振幅和频率。当 $a=0$ 时，平面波种子解 (2.2.92) 式退化为平庸解 ($u^{[0]}=0$)。我们求解相应的 Lax 对 (2.2.93) 式且利用达布变换 (2.2.80) 式就可以得到标准的亮孤子解。这里，我们从平面波种子解 (2.2.92) 式出发，构造平面波背景上的局域波解。其难点在于，在平面波种子解 (2.2.92) 式的条件下，如何得到 $\phi(x,t)$ 和 $\varphi(x,t)$ 的解析表达式。接下来，我们首先将相应的 Lax 对变换为常数形式，通过对常数化后 Lax 对的解的构造得到原始偏微分方程的解。

考虑平面波种子解 (2.2.92) 式，此时的 Lax 对写为

$$\begin{cases}\boldsymbol{\Phi}_x = U\boldsymbol{\Phi} & (2.2.93\text{a})\\ \boldsymbol{\Phi}_t = V\boldsymbol{\Phi} & (2.2.93\text{b})\end{cases}$$

其中，$\boldsymbol{\Phi}=(\phi,\varphi)^{\mathrm{T}}$，

$$U=\lambda\begin{pmatrix}-\mathrm{i} & 0\\ 0 & \mathrm{i}\end{pmatrix}+\begin{pmatrix}0 & a\mathrm{e}^{\mathrm{i}\theta}\\ -a\mathrm{e}^{-\mathrm{i}\theta} & 0\end{pmatrix} \tag{2.2.94}$$

$$V=\lambda^2\begin{pmatrix}-\mathrm{i} & 0\\ 0 & \mathrm{i}\end{pmatrix}+\lambda\begin{pmatrix}0 & \mathrm{e}^{\mathrm{i}\theta}\\ -\mathrm{e}^{-\mathrm{i}\theta} & 0\end{pmatrix}+\frac{1}{2}\begin{pmatrix}\mathrm{i}a^2 & -q\mathrm{e}^{\mathrm{i}\theta}\\ q\mathrm{e}^{-\mathrm{i}\theta} & -\mathrm{i}a^2\end{pmatrix} \tag{2.2.95}$$

首先，我们引入矩阵 P 将矩阵 U 和 V 转化为常数矩阵 $\tilde{U}$ 和 $\tilde{V}$，变换后的 Lax 对具有如下形式：

$$\begin{cases}(P\boldsymbol{\Phi})_x = \tilde{U}(P\boldsymbol{\Phi}) & (2.2.96\text{a})\\ (P\boldsymbol{\Phi})_t = \tilde{V}(P\boldsymbol{\Phi}) & (2.2.96\text{b})\end{cases}$$

其中，常数矩阵 $\tilde{U}$ 和 $\tilde{V}$ 为

$$\tilde{U}=PUP^{-1}+P_tP^{-1} \tag{2.2.97}$$

$$\tilde{V}=PVP^{-1}+P_xP^{-1} \tag{2.2.98}$$

这里，我们选取矩阵 P 为

$$P=\begin{pmatrix}\mathrm{e}^{-\frac{\mathrm{i}}{2}\theta} & 0\\ 0 & \mathrm{e}^{\frac{\mathrm{i}}{2}\theta}\end{pmatrix} \tag{2.2.99}$$

因此，$\tilde{U}$ 和 $\tilde{V}$ 的具体表达式分别为

$$\tilde{U}=\begin{pmatrix}-\mathrm{i}\lambda-\dfrac{\mathrm{i}}{2}q & a\\ -a & \mathrm{i}\lambda+\dfrac{\mathrm{i}}{2}q\end{pmatrix} \tag{2.2.100}$$

$$\tilde{V}=\begin{pmatrix} -\mathrm{i}\lambda^2+\dfrac{\mathrm{i}}{4}q^2 & -\dfrac{1}{2}aq+a\lambda \\ \dfrac{1}{2}aq-a\lambda & \mathrm{i}\lambda^2-\dfrac{\mathrm{i}}{4}q^2 \end{pmatrix} \tag{2.2.101}$$

这里，我们可以方便地验证 $\tilde{U}$ 和 $\tilde{V}$ 满足可积条件 $[\tilde{U},\tilde{V}]=0$。

接下来，我们将求解变换后的常系数偏微分方程组 (2.2.96) 式。一般而言，传统的方式是对矩阵 $\tilde{U}$ 和 $\tilde{V}$ 进行对角化，得到对角矩阵继而求解。常数矩阵 $\tilde{U}$ 本征值满足的方程可直接由 $\det[\tilde{U}-\tau \mathrm{I}]=0$ 给出，其具体形式如下：

$$\tau^2+a^2+(\lambda+q/2)^2=0 \tag{2.2.102}$$

上式方程具有两个根：$\tau_{1,2}=\pm\mathrm{i}\sqrt{a^2+(\lambda+q/2)^2}$。

我们引入变换矩阵 D 将常数矩阵 $\tilde{U}$ 和 $\tilde{V}$ 分别转化为对角矩阵 $\tilde{U}_d$ 和 $\tilde{V}_d$

$$D^{-1}\tilde{U}D=\tilde{U}_d \tag{2.2.103}$$

$$D^{-1}\tilde{V}D=\tilde{V}_d \tag{2.2.104}$$

相应的变换后的 Lax 对为

$$\begin{cases} \boldsymbol{\Phi}_{0x}=\tilde{U}_d\boldsymbol{\Phi}_0 & (2.2.105\text{a}) \\ \boldsymbol{\Phi}_{0t}=\tilde{V}_d\boldsymbol{\Phi}_0 & (2.2.105\text{b}) \end{cases}$$

其中，$\boldsymbol{\Phi}_0=D^{-1}P\boldsymbol{\Phi}$, 对角矩阵 $\tilde{U}_d$ 和 $\tilde{V}_d$ 分别为

$$\tilde{U}_d=\begin{pmatrix} \tau_1 & 0 \\ 0 & \tau_2 \end{pmatrix} \tag{2.2.106}$$

$$\tilde{V}_d=\begin{pmatrix} \mathrm{i}\tau_1^2+b_1\tau_1+b_0 & 0 \\ 0 & \mathrm{i}\tau_2^2+b_1\tau_2+b_0 \end{pmatrix} \tag{2.2.107}$$

其中，$b_1=\lambda-\dfrac{1}{2}q$，$b_0=\mathrm{i}a^2+\mathrm{i}\left(\lambda+\dfrac{1}{2}q\right)^2$。需要指出的是，变换矩阵 D 的选取不是唯一的，我们选取变换矩阵 D 的具体表达式为

$$D=\begin{pmatrix} \sqrt{-\mathrm{i}(\lambda+q/2)+\tau_1} & \sqrt{-\mathrm{i}(\lambda+q/2)+\tau_2} \\ -\sqrt{-\mathrm{i}(\lambda+q/2)-\tau_1} & -\sqrt{-\mathrm{i}(\lambda+q/2)-\tau_2} \end{pmatrix} \tag{2.2.108}$$

通过求解偏微分方程组 (2.2.105) 式，我们易得矩阵 $\boldsymbol{\Phi}_0$ 的矩阵元 ϕ_{01} 和 φ_{01} 的精确表达式

$$\phi_{01}(x,t)=A_1\exp[\tau_1x+\mathrm{i}\tau_1^2t+b_1\tau_1t+b_0\cdot t] \tag{2.2.109}$$

$$\varphi_{01}(x,t)=A_2\exp[\tau_2 x+\mathrm{i}\tau_2^2 t+b_1\tau_2 t+b_0\cdot t] \tag{2.2.110}$$

由 $\boldsymbol{\Phi}=P^{-1}D\boldsymbol{\Phi}_0$ ，可得原始 Lax 对 (2.2.93) 式的解

$$\begin{aligned}\phi(x,t)=&\left\{-\left[\lambda+q/2+\sqrt{a^2+(\lambda+q/2)^2}\right]\phi_{01}(x,t)+\mathrm{i}a\varphi_{01}(x,t)\right\}\\&\times\exp[\mathrm{i}\theta(x,t)/2]\end{aligned} \tag{2.2.111}$$

$$\begin{aligned}\varphi(x,t)=&\left\{-\left[\lambda+q/2+\sqrt{a^2+(\lambda+q/2)^2}\right]\varphi_{01}(x,t)+\mathrm{i}a\phi_{01}(x,t)\right\}\\&\times\exp[-\mathrm{i}\theta(x,t)/2]\end{aligned} \tag{2.2.112}$$

将 (2.2.111) 式和 (2.2.112) 式代入 (2.2.80) 式并化简，可得到平面波背景 (2.2.92) 式上一般形式的一阶局域波精确解的解析表达式，如下：

$$u(x,t)=\left[2a_1\frac{\chi\cos\phi-\varsigma_2\cosh\varphi-\mathrm{i}(\chi-2a^2)\sin\phi+\mathrm{i}\varsigma_1\sinh\varphi}{\chi\cosh\varphi-\varsigma_2\cos\phi}+a\right]\mathrm{e}^{\mathrm{i}\theta} \tag{2.2.113}$$

这里，

$$\begin{aligned}&\varphi=2\eta_{\mathrm{i}}(x+V_1t),\quad \phi=2\eta_{\mathrm{r}}(x+V_2t)\\&\chi=(\chi_1^2+\chi_2^2+a^2),\quad \varsigma_2=2\chi_2 a,\quad \varsigma_1=2\chi_1 a\end{aligned}$$

其中，

$$\begin{aligned}&V_1=v_1+a_1\eta_{\mathrm{r}}/\eta_{\mathrm{i}},\quad V_2=v_1-a_1\eta_{\mathrm{i}}/\eta_{\mathrm{r}},\quad v_1=-(q_1+q)/2\\&\chi_1=\eta_{\mathrm{r}}+(q-q_1)/2,\quad \chi_2=\eta_{\mathrm{i}}+a_1\\&\eta_{\mathrm{r}}+\mathrm{i}\eta_{\mathrm{i}}=[a^2-a_1^2+(q-q_1)^2/4+\mathrm{i}a_1(q-q_1)]^{1/2}\end{aligned}$$

上述平面波背景上局域波精确解含有多个物理参数，可以描述多种局域波动力学，包括 Kuznetsov-Ma 呼吸子、Akhmediev 呼吸子、一般呼吸子以及 Peregrine 怪波。接下来，我们将简述不同物理参数条件下不同类型局域波的特征。

1) Akhmediev 呼吸子

当 $0<a_1<a$ 且 $q=q_1$，局域波解 (2.2.113) 式描述 Akhmediev 呼吸子，其精确解表达式为

$$u(x,t)=\left\{\frac{2\eta^2\cosh(\kappa t)+\mathrm{i}2\eta a_1\sinh(\kappa t)}{a\cosh(\kappa t)-a_1\cos[2\eta(x-qt)]}-a\right\}\mathrm{e}^{\mathrm{i}\theta} \tag{2.2.114}$$

其中，$\kappa=2\eta a_1$，$\eta=\sqrt{a^2-a_1^2}$。如图 2.1(c) 所示，Akhmediev 呼吸子在 x 方向 (横向) 呈周期性分布，在 t 方向 (纵向) 局域化。其横向分布周期为 $D_x=\pi/\eta=$

$\pi/\sqrt{a^2-a_1^2}$，最大峰值为 $|u|_{\max}=a+2a_1$。因此，当 $a_1\to a$ 时，Akhmediev 呼吸子的周期 D_x 越大，最大峰值 $|u|_{\max}\to 3a$。反之，当 $a_1\to 0$ 时，Akhmediev 呼吸子的周期 D_x 越小，最大峰值 $|u|_{\max}\to a$；当 $a_1=0$ 时，Akhmediev 呼吸子将退化为平面波 $a\mathrm{e}^{\mathrm{i}\theta}$。

2) Kuznetsov-Ma 呼吸子

当 $a_1>a$ 且 $q=q_1$ 时，局域波解 (2.2.113) 式描述 Kuznetsov-Ma 呼吸子，其精确解表达式为

$$u(x,t)=\left\{\frac{2\eta'^2\cos(\kappa' t)+\mathrm{i}2\eta' a_1\sin(\kappa' t)}{a_1\cosh[2\eta'(x-qt)]-a\cos(\kappa' t)}-a\right\}\mathrm{e}^{\mathrm{i}\theta} \tag{2.2.115}$$

其中，$\eta'=\sqrt{a_1^2-a^2}$，$\kappa'=2\eta' a_1$。如图 2.1(d) 所示，Kuznetsov-Ma 呼吸子在 t 方向 (纵向) 呈周期性分布，在 x 方向 (横向) 局域化。Kuznetsov-Ma 呼吸子的纵向呼吸周期为 $D_z=\pi/(\eta' a_1)$，最大峰值为 $|u|_{\max}=a+2a_1$。当 $a_1\to a$ 时，Kuznetsov-Ma 呼吸子的周期 D_t 增大，最大峰值减小为 $|u|_{\max}\to 3a$。另一方面，对于给定参数 a_1，当背景波振幅 a 减小，即 $a\to 0$ 时，Kuznetsov-Ma 呼吸子的周期 D_z 增大，最大峰值 $|u|_{\max}\to 2a_1$。特别地，当 $a=0$ 时，Kuznetsov-Ma 呼吸子退化为标准的亮孤子 (周期 $D_z=\infty$，最大峰值 $|u|_{\max}=2a_1$)，其精确解表达式为

$$u(x,t)=2a_1\mathrm{sech}[2a_1(x-q_1t)]\exp\left[\mathrm{i}\left(q_1x+2a_1^2t-\frac{1}{2}q_1^2t\right)\right] \tag{2.2.116}$$

注意，此时由 Kuznetsov-Ma 呼吸子退化而来的亮孤子的表达式 (2.2.116) 式与上文中我们通过零种子解得到的局域波解表达式 (2.2.83) 式一致。这表明利用平面波种子解构造的局域波解包含了由零背景构造的亮孤子解。

3) 一般呼吸子

除上述参数条件外，局域波解 (2.2.113) 式还描述了一般呼吸子。一般呼吸子是指沿某一方向局域，但在传输方向 t 以及分布方向 x 上皆有周期性的呼吸子 (图 2.1(f))。历史上，关于 Akhmediev 呼吸子、Kuznetsov-Ma 呼吸子以及 Peregrine 怪波的研究颇多，相较而言，一般呼吸子的研究偏少。不过，近期的研究取得重要进展，首先是 Zakharov 和 Gelash 在理论上揭示了一般呼吸子碰撞性质可以用来描述调制不稳定性的非线性演化阶段。之后 Kibler 和 Chabchoub[77] 分别在光纤和水槽系统中对理论预言进行了实验验证。

4) Peregrine 怪波

当 $a_1=a$ 且 $q=q_1$ 时，局域波解 (2.2.113) 式描述 Peregrine 怪波，其精确解表达式为

$$u(x,t)=\left[\frac{4+8\mathrm{i}a^2t}{1+4a^4t^2+4a^2(x-qt)^2}-1\right]u_0 \tag{2.2.117}$$

局域波解为有理函数形式，描述了一个最大峰值为 $|u|_{\max} = 3a$ 的局域波。由图 2.1(e) 可见，此时的局域波在平面波背景上呈现双重局域化，即在 t 和 x 方向上都局域。该局域波特征恰好可以用来较好地描述实际物理环境下的怪波现象，因此，Peregrine 怪波解是描述怪波现象的最基本原型。

另外，为了通过达布变换及其多次迭代得到基本怪波解以及高阶怪波解，我们取第 N 阶怪波对应 Lax 对中的谱参量形式为 $\lambda = \mathrm{i}ah - q/2$ $(h = 1 + f^2)$，其中 a 为背景振幅，q 为背景频率，f 为无穷小量。研究发现 N 阶怪波解对应的谱参量是简并的，即 $\lambda_1 = \lambda_2 = \cdots = \lambda_N$。接下来，利用常数矩阵 $\tilde{U}$ 的本征值满足方程 $\det(\tilde{U} - \tau I) = 0$ (即 (2.2.102) 式) 得到两个本征值，分别记作 τ_1 和 τ_2，每个本征值对应一组本征向量，两组向量组合在一起就构成了变换矩阵 D

$$D = \begin{pmatrix} \mathrm{i}C_{11} & -\mathrm{i}C_{12} \\ C_{12} & -C_{11} \end{pmatrix} \tag{2.2.118}$$

其中，

$$C_{11} = \frac{\sqrt{h - \sqrt{h^2 - 1}}}{\sqrt{h^2 - 1}}, \quad C_{12} = \frac{\sqrt{h + \sqrt{h^2 - 1}}}{\sqrt{h^2 - 1}}$$

将 D 矩阵分别代入 (2.2.103) 式和 (2.2.104) 式，可以求得对角矩阵

$$\tilde{U}_d = \begin{pmatrix} \tau_1 & 0 \\ 0 & \tau_2 \end{pmatrix}, \quad \tilde{V}_d = \left(\lambda_1 - \frac{q}{2}\right) \begin{pmatrix} \tau_1 & 0 \\ 0 & \tau_2 \end{pmatrix} \tag{2.2.119}$$

其中，

$$\tau_1 = s\sqrt{h^2 - 1}, \quad \tau_2 = -s\sqrt{h^2 - 1} \tag{2.2.120}$$

通过求解偏微分方程组 (2.2.105) 式，我们易得矩阵 $\boldsymbol{\Phi}_0$ 的表达式为

$$\boldsymbol{\Phi}_0 = \begin{pmatrix} \mathrm{e}^{\tau_1[x + (\lambda_1 - \frac{q}{2})t]} \\ \mathrm{e}^{\tau_2[x + (\lambda_1 - \frac{q}{2})t]} \end{pmatrix} \tag{2.2.121}$$

考虑上述变换 (2.2.96) 式可以得到原始 Lax 对 (2.2.93) 式的解，$\boldsymbol{\Phi}$ 的具体表达式如下：

$$\boldsymbol{\Phi} = \begin{pmatrix} \mathrm{i}(C_{11}\mathrm{e}^{A_1} - C_{12}\mathrm{e}^{-A_1})\mathrm{e}^{-\frac{\mathrm{i}\theta}{2}} \\ (C_{12}\mathrm{e}^{A_1} - C_{11}\mathrm{e}^{-A_1})\mathrm{e}^{\frac{\mathrm{i}\theta}{2}} \end{pmatrix} \tag{2.2.122}$$

$$A_1 = \sqrt{h^2 - 1}[(a' + \mathrm{i}b')f^2 + (a'' + \mathrm{i}b'')f^4 + \mathrm{i}ht + x] \tag{2.2.123}$$

这里的参数 a', b' 和 a'', b'' 均为实参量，用来调节高阶怪波的结构。为了构造高阶怪波解，我们将 $\boldsymbol{\Phi}(f)$ 高阶展开：

$$\boldsymbol{\Phi}(f) = \boldsymbol{\Phi}^{[0]} + \boldsymbol{\Phi}^{[1]}f^2 + \boldsymbol{\Phi}^{[2]}f^4 + \cdots + \boldsymbol{\Phi}^{[N]}f^{2N} + \cdots \tag{2.2.124}$$

$$\boldsymbol{\Phi}^{[N]} = \frac{1}{N!}\frac{\partial^N}{\partial(f^2)^N}\boldsymbol{\Phi}(f)|_{f=0} \quad (N=0,1,2,\cdots) \tag{2.2.125}$$

基于此，一阶怪波取 f^0 前的系数 $\boldsymbol{\Phi}^{[0]}$，二阶怪波则取 f^2 前的系数 $\boldsymbol{\Phi}^{[1]}$，以此类推。之后将 $\boldsymbol{\Phi}^{[N]}$ 代入达布变换形式 (2.2.80) 式并化简，即得到平面波背景 u_0 上的一阶怪波精确解的解析表达式 (2.2.117) $\left(u(x,t)=\left[\dfrac{4+8\mathrm{i}a^2t}{1+4a^4t^2+4a^2(x-qt)^2}-1\right]u^{[0]}\right)$，如图 2.1(e) 所示。

2.2.5 多分量耦合非线性薛定谔系统求解

本节将进一步地简述达布变换在求解多分量非线性薛定谔方程时的主要步骤。我们考虑在两组分无量纲形式的非线性薛定谔方程，形式如下：

$$\mathrm{i}\frac{\partial\psi_1}{\partial t} = -\frac{\partial^2\psi_1}{\partial x^2} + 2(g_1|\psi_1|^2 + g_2|\psi_2|^2)\psi_1 \tag{2.2.126a}$$

$$\mathrm{i}\frac{\partial\psi_2}{\partial t} = -\frac{\partial^2\psi_2}{\partial x^2} + 2(g_2|\psi_1|^2 + g_3|\psi_2|^2)\psi_2 \tag{2.2.126b}$$

其中，ψ_1 和 ψ_2 是两个组分的波函数；g_1 和 g_3 分别表示组分 ψ_1 和组分 ψ_2 的种内原子间相互作用；g_2 表示两组分的种间原子相互作用。当 $g_1 = g_2 = g_3 = g$ 时，该方程将变为著名的 Manakov 模型，用经典逆散射方法、Bäcklund 变换法、Hirota 双线性法也可以得到各种类型的孤子解，如亮–亮孤子、暗–亮孤子、暗–暗孤子等。但是，当 $g_1 \neq g_2 \neq g_3$ 时，该模型不可积。这里，接下来我们只讨论可积情形下 Manakov 模型的几类局域波解。

为了求解该耦合模型下的局域波解，我们首先需要进行达布变换。(2.2.126) 式对应的 Lax 对形式如下：

$$\boldsymbol{\Phi}_x = U\boldsymbol{\Phi} \tag{2.2.127a}$$

$$\boldsymbol{\Phi}_t = V\boldsymbol{\Phi} \tag{2.2.127b}$$

其中，$\boldsymbol{\Phi} = (\varPhi_1, \varPhi_2, \varPhi_3)^{\mathrm{T}}$，

$$U = \begin{pmatrix} -\mathrm{i}\frac{2}{3}\lambda & \sqrt{g}\psi_1 & \sqrt{g}\psi_2 \\ -\sqrt{g}\psi_1^* & \frac{\mathrm{i}}{3}\lambda & 0 \\ -\sqrt{g}\psi_2^* & 0 & \frac{\mathrm{i}}{3}\lambda \end{pmatrix}$$

$$V = U\lambda + \begin{pmatrix} J_1 & \mathrm{i}\sqrt{g}\psi_{1x} & \mathrm{i}\sqrt{g}\psi_{2x} \\ \mathrm{i}\sqrt{g}\psi_{1x}^* & J_2 & -\mathrm{i}g\psi_2\psi_1^* \\ \mathrm{i}\sqrt{g}\psi_{2t}^* & -\mathrm{i}g\psi_2^*\psi_1 & J_3 \end{pmatrix}$$

这里，* 代表复共轭；λ 为谱参量 (一般为复常数)，以及

$$J_1 = \mathrm{i}g|\psi_1|^2 + \mathrm{i}g|\psi_2|^2$$

$$J_2 = -\mathrm{i}g|\psi_1|^2$$

$$J_3 = -\mathrm{i}g|\psi_2|^2$$

对应的达布变换形式为

$$\boldsymbol{\Phi}^{[1]} = T^{[1]}\boldsymbol{\Phi}, \quad T^{[1]} = I - \frac{\lambda_1 - \lambda_1^*}{\lambda - \lambda_1^*}P^{[1]} \tag{2.2.128a}$$

$$\psi_1^{[1]} = \psi_1^{[0]} + \frac{1}{\sqrt{g}}\mathrm{i}(\lambda_1^* - \lambda_1)P_{12}^{[1]} \tag{2.2.128b}$$

$$\psi_2^{[1]} = \psi_2^{[0]} + \frac{1}{\sqrt{g}}\mathrm{i}(\lambda_1^* - \lambda_1)P_{13}^{[1]} \tag{2.2.128c}$$

这里，$P^{[1]} = \dfrac{\boldsymbol{\Phi}_1\boldsymbol{\Phi}_1^\dagger}{\boldsymbol{\Phi}_1^\dagger\boldsymbol{\Phi}_1}$，$\boldsymbol{\Phi}_1$ 是 $\lambda = \lambda_1$ 时线性方程组 (2.2.127) 式的解。$\dagger$ 表示矩阵的转置复共轭，其中 $P_{1j}^{[1]}$ 表示矩阵 $P^{[1]}$ 在第一行第 j 列的元素，并且 $\psi_1^{[0]}$ 和 $\psi_2^{[0]}$ 即为所谓的初始“种子解”。因此，接下来的主要问题就是选取恰当形式的“种子解”，求解关于 $\boldsymbol{\Phi}$ 的解析表达式。

1) 零背景上局域波解

首先，我们考虑最简单的平庸种子解 $\psi_1^{[0]} = \psi_2^{[0]} = 0$ 来构造模型 (2.2.126) 式的亮–亮孤子解。注意到当孤子的密度不随时间变化时，非线性薛定谔方程可以映射到不含时量子阱的线性薛定谔方程。此时，非线性薛定谔方程可以和线性薛定谔方程的本征问题建立联系[78–80]。这样，孤子解可以与量子阱中本征态建立对应关系[78,80]。从一维量子阱中本征态的一般性质可知[81]，亮孤子是基态，暗孤子是第一激发态[82]。由此可知，目前已报道的亮–亮孤子在有效量子阱中每个组分所对应的本征态都是基态[83–86]，即每个组分都处于同一种空间分布模式，可将这类亮–亮孤子称为**简并亮孤子**。特别地，本节进一步发展已有的求解方法，得到了一种新型的矢量亮孤子。对于这类矢量孤子，每个组分中的孤子在有效量子阱对应于不同的本征态，即每个组分中的孤子处于不同的空间模式。这里，把具有这种性质的矢量亮孤子称为**非简并亮孤子**。在本节，不仅呈现简并亮孤子解的构造方法，还将具体地给出构造非简并亮孤子解的达布变换过程。

当种子解 $\psi_1^{[0]} = \psi_2^{[0]} = 0$ 时，线性谱问题 (2.2.127) 式中的矩阵 U 和 V 表示为

$$\boldsymbol{\Phi}_x=\begin{pmatrix}-\mathrm{i}\dfrac{2}{3}\lambda & 0 & 0\\ 0 & \dfrac{\mathrm{i}}{3}\lambda & 0\\ 0 & 0 & \dfrac{\mathrm{i}}{3}\lambda\end{pmatrix}\boldsymbol{\Phi},\quad \boldsymbol{\Phi}_t=\lambda\begin{pmatrix}-\mathrm{i}\dfrac{2}{3}\lambda & 0 & 0\\ 0 & \dfrac{\mathrm{i}}{3}\lambda & 0\\ 0 & 0 & \dfrac{\mathrm{i}}{3}\lambda\end{pmatrix}\boldsymbol{\Phi} \tag{2.2.129}$$

易得，在谱参量 $\lambda=\lambda_j(j=1,2,\cdots,N)$ 时，(2.2.129) 式的特解 $\boldsymbol{\Phi}=\boldsymbol{\Phi}_j$ 为

$$\boldsymbol{\Phi}_j=\begin{pmatrix}\Phi_{1j}\\ \Phi_{2j}\\ \Phi_{3j}\end{pmatrix}=\begin{pmatrix}\mathrm{e}^{-2\theta_j}\\ \beta_j\mathrm{e}^{\theta_j}\\ \gamma_j\mathrm{e}^{\theta_j}\end{pmatrix},\quad \theta_j=\frac{\mathrm{i}}{3}\lambda_j x+\frac{\mathrm{i}}{3}\lambda_j^2 t,\quad \lambda_j=a_j+b_j \tag{2.2.130}$$

其中，系数 β_j 和 γ_j 可取任意复常数。

简并亮孤子解 取 $\lambda=\lambda_1$，将 $\boldsymbol{\Phi}_1$ 代入达布变换形式 (2.2.128) 可得到简并亮孤子解的一般形式 (为了简单而不失一般性，取 $g=1$)。通过化简，其具体表达式写为

$$\psi_1^{[1]}=c_1\operatorname{sech}[b_1(x+2at)-d]\mathrm{e}^{-\mathrm{i}[ax+(a^2-b^2)]t} \tag{2.2.131a}$$

$$\psi_2^{[1]}=c_2\operatorname{sech}[b_1(x+2at)-d]\mathrm{e}^{-\mathrm{i}[ax+(a^2-b^2)]t} \tag{2.2.131b}$$

其中，$c_1=\dfrac{b_1\beta_1^*}{\sqrt{|\beta_1|^2+|\gamma_1|^2}}$, $c_2=\dfrac{b_1\gamma_1^*}{\sqrt{|\beta_1|^2+|\gamma_1|^2}}$, $d=\dfrac{1}{2}\ln(|\beta_1|^2+|\gamma_1|^2)$。

从解的表达式 (2.2.131) 可知，两个分量中亮孤子的本征态分布都不存在节点，均属于基态束缚态，故为简并亮孤子。在这里，我们给出了它们的密度分布，如图 2.2 所示。其中，蓝色的实线和红色的虚线分别对应第一组分和第二组分。

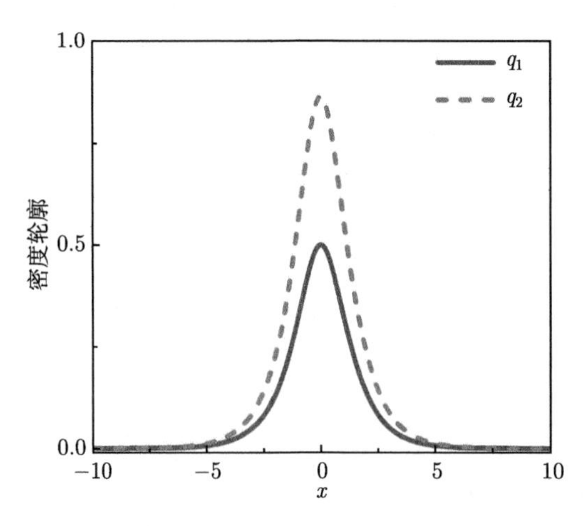

图 2.2 两组分耦合非线性薛定谔系统中简并亮孤子的密度分布图。参数设置：$a_1=0,b_1=1,\beta_1=0.5,\gamma_2=\sqrt{3}/2$

非简并亮孤子解 要得到一个非简并亮孤子解，则需要基于特解 (2.2.130) 式做两次达布变换，并且在每次达布变换过程中要对 Lax 方程的特解和孤子的速度进行某些约束。为了构造非简并亮孤子解，在做第一步达布变换的过程中必须对特解 $\boldsymbol{\Phi}_1$ 进行约束使得 $\Phi_{21}=0$ (或 $\Phi_{31}=0$)，这意味着各自对应的系数 $\beta_1=0$ (或 $\gamma_1=0$)，同时谱参量取 $\lambda_1=a_1+\mathrm{i}b_1$。而在构造简并亮孤子时是不存在这些约束条件的。需要说明的是，此时解 (2.2.128) 式退化为一个标量亮孤子解，而非矢量孤子解。要得到一个非简并亮孤子解，必须基于此约束，对解 (2.2.128) 式再做一次迭代。达布矩阵为

$$T^{[1]}=I-\frac{\lambda_1-\lambda_1^*}{\lambda_j-\lambda_1^*}P^{[1]} \tag{2.2.132}$$

其中，I 是单位矩阵。通过规范变换

$$\boldsymbol{\Phi}^{[1]}=T^{[1]}\boldsymbol{\Phi}_2 \tag{2.2.133}$$

使 $\boldsymbol{\Phi}^{[1]}$ 满足与 Lax 方程 (2.2.129) 式类似的形式，其中 (2.2.133) 式中 $\boldsymbol{\Phi}_2$ 和 $T^{[1]}$ 分别对应于 (2.2.130) 式和 (2.2.132) 式中取 $\lambda_j=\lambda_2$ 的情形，即得

$$\boldsymbol{\Phi}_x^{[1]}=U^{[1]}\boldsymbol{\Phi}^{[1]} \tag{2.2.134a}$$

$$\boldsymbol{\Phi}_t^{[1]}=V^{[1]}\boldsymbol{\Phi}^{[1]} \tag{2.2.134b}$$

其中，$U^{[1]},V^{[1]}$ 将 U,V 中 ψ_1 和 ψ_2 分别替换为 (2.2.128b) 式和 (2.2.128c) 式，且必须要求在这次迭代过程中谱参量 $\lambda_2=a_1+\mathrm{i}b_2$。同时，要使规范变换 (2.2.133) 式中特解 $\boldsymbol{\Phi}_2$ 满足约束条件 $\Phi_{32}=0$ (或 $\Phi_{22}=0$)，也就是让其相应的系数 $\gamma_2=0$ (或 $\beta_2=0$)。然后做达布变换才可以构造出一个非简并亮孤子的精确解:

$$\psi_1^{[2]}=\psi_1^{[1]}+\mathrm{i}(\lambda_2^*-\lambda_2)P_{12}^{[2]} \tag{2.2.135a}$$

$$\psi_2^{[2]}=\psi_2^{[1]}+\mathrm{i}(\lambda_2^*-\lambda_2)P_{13}^{[2]} \tag{2.2.135b}$$

其中，$P^{[2]}=\dfrac{\boldsymbol{\Phi}^{[1]}\boldsymbol{\Phi}^{[1]\dagger}}{\boldsymbol{\Phi}^{[1]\dagger}\boldsymbol{\Phi}^{[1]}}$。通过细致的化简，非简并亮孤子的精确解 (2.2.135) 式重新表示写成

$$\psi_1^{[2]}=-2\mathrm{i}b_1\beta_1^*\frac{N_1}{M_1}\mathrm{e}^{-\mathrm{i}[a_1x+(a_1^2-b_1^2)t]} \tag{2.2.136a}$$

$$\psi_2^{[2]}=-2\mathrm{i}b_2\gamma_2^*\frac{N_2}{M_1}\mathrm{e}^{-\mathrm{i}[a_1x+(a_1^2-b_2^2)t]} \tag{2.2.136b}$$

其中，

$$N_1=\left(\frac{b_1-b_2}{b_1+b_2}+|\gamma_2|^2\mathrm{e}^{-2b_2(x+2a_1t)}\right)\mathrm{e}^{-b_1(x+2a_1t)}$$

$$N_2 = \left(\frac{b_2 - b_1}{b_1 + b_2} + |\beta_1|^2 \mathrm{e}^{-2b_1(x+2a_1t)}\right) \mathrm{e}^{-b_2(x+2a_1t)}$$

$$M_1 = |\beta_1|^2 \mathrm{e}^{-2b_1(x+2a_1t)} + |\gamma_2|^2 \mathrm{e}^{-2b_2(x+2a_1t)} + |\beta_1\gamma_2|^2 \mathrm{e}^{-2(b_1+b_2)(x+2a_1t)} + \frac{(b_1 - b_2)^2}{(b_1 + b_2)^2}$$

上式中，a_1, b_1 和 b_2 都是实参数 $(b_1 \neq b_2)$。孤子的速度 $v_1 = -2a_1$。参数 b_1, b_2 与两个峰的宽度相关。依据 (2.2.136) 式可知孤子剖面在位置变换 $|\beta_1| \to |\beta_1|\mathrm{e}^{b_1\delta}$，$|\gamma_2| \to |\gamma_2|\mathrm{e}^{b_2\delta}$ 下保持不变，δ 是任意一个实常数。这些参数对孤子的剖面都有重要的影响。

注意到解 (2.2.136) 式的两个组分中亮孤子总是处于不同的空间模式，见图 2.3。在前面我们提到，非线性薛定谔方程中的孤子解可以与具有确定量子势阱的线性薛定谔方程中的本征态问题建立联系 [78,81]，这里也可以讨论上述孤子解 (2.2.136) 式与有效量子阱中本征态之间的关系。当 $b_1 < b_2$ 时，ψ_1 组分中亮孤子的本征态总有一个节点，而 ψ_2 组分中亮孤子的本征态没有节点；而当 $b_1 > b_2$ 时，ψ_1 组分中亮孤子的本征态无节点，而 ψ_2 组分中亮孤子的本征态总有一个节点。从量子阱中本征态的节点特性出发 [81]，具有一个节点的本征态对应于有效量子阱的第一激发态。因此，两组分中亮孤子分别对应于有效量子阱的基态和第一激发态。显然，两个组分中的孤子处于不同空间模式。所以，矢量孤子解 (2.2.136) 式为非简并亮孤子解。

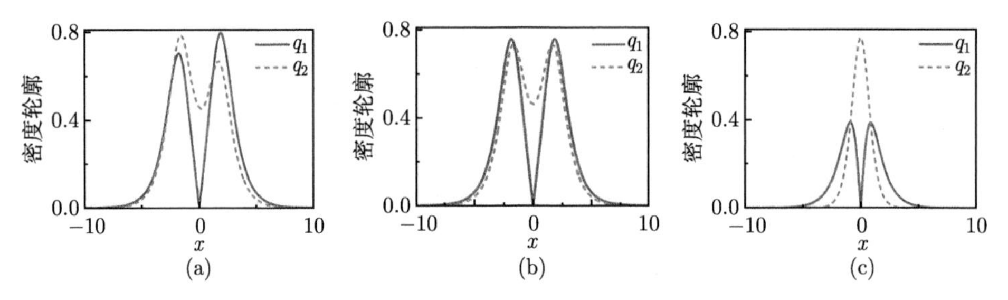

图 2.3 两组分耦合非线性薛定谔系统中非简并亮孤子的三种不同密度分布图。(a) 非对称双峰–双峰亮孤子；(b) 对称双峰–双峰亮孤子；(c) 对称单峰–双峰亮孤子。参数设置：(a) $a_1 = 0, b_1 = 1, b_2 = 1.1, \beta_1 = \gamma_2 = 1, \delta = -2.8$；(b) $a_1 = 0, b_1 = 1, b_2 = 1.1, \beta_1 = \gamma_2 = \sqrt{(b_1 - b_2)/(b_1 + b_2)}, \delta = 0$；(c) $a_1 = 0, b_1 = 1, b_2 = 2b_1, \beta_1 = \gamma_2 = 1/\sqrt{3}, \delta = 0$

对于不同的参数设置，非简并亮孤子的剖面结构主要分为三种不同类型：① 不对称的双峰–双峰亮孤子；② 对称的双峰–双峰亮孤子；③ 对称的单峰–双峰亮孤子。对于非简并亮孤子的通解 (2.2.136) 式，两个组分中亮孤子的密度分布通常都呈现非对称结构，剖面结构见图 2.3(a)。可以看到 ψ_1 组分中双峰亮孤子具有一个节点，而 ψ_2 组分中双峰亮孤子没有节点。基于有效量子双势阱中节点特性，可以知道 ψ_1 和 ψ_2 组分中双峰亮孤子分别对应于有效双势阱中第一激发态和基态。特别地，当 Lax 方程特解的系数满足如下条件

$$\beta_1 = \gamma_2 = \sqrt{\frac{b_1 - b_2}{b_1 + b_2}} \tag{2.2.137}$$

时，解 (2.2.136) 式变为对称的非简并亮孤子解，其密度演化和剖面结构见图 2.3(b)。另外，如果参数选择满足

$$\beta_1 = \gamma_2 = \frac{\sqrt{3}}{3} \tag{2.2.138}$$

则解 (2.2.136) 式约化为

$$\psi_1 = \sqrt{3} b_1 \operatorname{sech}[b_1(x + 2a_1 t)] \tanh[b_1(x + 2a_1 t)] \mathrm{e}^{-\mathrm{i}[a_1 x + (a_1^2 - b_1^2)t - \frac{\pi}{2}]} \tag{2.2.139a}$$

$$\psi_2 = \sqrt{3} b_1 \operatorname{sech}^2[b_1(x + 2a_1 t)] \mathrm{e}^{-\mathrm{i}[a_1 x + (a_1^2 - 4b_1^2)t + \frac{\pi}{2}]} \tag{2.2.139b}$$

显然，ψ_1 组分的本征函数有一个节点，对应于量子阱中第一激发态；而 ψ_2 组分的本征函数无节点，孤子解对应于量子阱中的基态。此时，ψ_1 组分为对称的双峰亮孤子，振幅为 $\dfrac{\sqrt{3}}{2} b_1$；而 ψ_2 组分中出现了单峰亮孤子，振幅为 $\sqrt{3} b_1$，这类孤子为对称的单峰–双峰亮孤子，其密度剖面结构见图 2.3(c)。

2) 非零背景上局域波解

在零背景上不可能得到亮–暗孤子、Akhmediev 呼吸子以及怪波等非线性波的精确解。所以，我们从如下非平庸背景解出发：

$$\psi_1^{[0]} = s_1 \exp[\mathrm{i}\theta_1[x,t]] = s_1 \exp\left\{\mathrm{i}k_1 x + \mathrm{i}[2g(s_1^2 + s_2^2) - \mathrm{i}k_1^2]t\right\} \tag{2.2.140a}$$

$$\psi_2^{[0]} = s_2 \exp[\mathrm{i}\theta_2[x,t]] = s_2 \exp\left\{\mathrm{i}k_2 x + \mathrm{i}[2g(s_1^2 + s_2^2) - \mathrm{i}k_2^2]t\right\} \tag{2.2.140b}$$

这里，s_1 和 s_2 是任意的实常数，代表局域波存在的背景场振幅；k_1、k_2 分别是两组分的波矢。从这个非平庸的种子解做达布变换可得到更一般的非线性波解。与标量情形是类似的，将种子解 (2.2.140) 式代入 (2.2.127) 式，将 Lax 对中的矩阵 U 和 V 变换为常数矩阵，并给出相应本征值 τ 的方程：

$$\tau^3 + a_1 \tau + b_1 = 0 \tag{2.2.141}$$

其中，

$$a_1 = bc - ab - ac + g(s_1^2 + s_2^2), \quad b_1 = abc - g(s_1^2 c - s_2^2 b)$$

$$a = 2\mathrm{i}\frac{\lambda}{3} + \frac{\mathrm{i}}{3}(k_1 + k_2), \quad b = \mathrm{i}\frac{\lambda}{3} + \frac{\mathrm{i}}{3}(2k_1 - k_2) \quad c = \mathrm{i}\frac{\lambda}{3} + \frac{\mathrm{i}}{3}(2k_2 - k_1)$$

可以看到，该方程是一个三次方程，故一般有三个根。但是三个根可以有下面三种情形，每种情形对应着不同的非线性波激发。具体如下。

情形 1：当三个根都不相同时，可以得到亮–暗孤子和 Akhmediev 呼吸子的相互作用图景，以及呼吸子之间的相互作用；

情形 2：当三个解中有二重根存在时，可以得到亮–暗孤子与怪波的相互作用图景，以及 Akhmedeiv 呼吸子与怪波的相互作用情景；

情形 3：当三个根都相等时，可得到纯有理形式的解，则对应只有怪波存在的情形。

由于对应的重根要求具体的参数设置，比如对于怪波和其他非线性波的情景，则只要求特殊的谱参数即可，即对激发信号的形式有要求；而对于只有怪波的情景，则不只对激发信号有要求，对相关的背景场的性质也有一定的要求。这一特点是耦合系统中独有的，它们显著区别于之前广泛研究的标量怪波。应当指出的是，有关该系统的研究已经有了。但是，这里不同于他们的是：我们研究所有可能存在的情形，而且给出了各种可能的非线性局域波。发现了一些新的怪波结构，诸如暗怪波、双重怪波等。下面，我们具体给出三种情形下的非线性波。

情形 1：无重根

当 τ_j $(j=1,2,3)$ 都不同时，将矩阵 U 写成对角化形式，解出 Lax 对的解 $\boldsymbol{\Phi}=(\Phi_1,\Phi_2,\Phi_3)^{\mathrm{T}}$ 为

$$\Phi_1=(\phi_1+\phi_2+\phi_3)\times\exp\left[\frac{1}{3}(\theta_1+\theta_2)\right] \tag{2.2.142}$$

$$\Phi_2=\sqrt{g}s_1\left(-\frac{\phi_1}{\tau_1-b}-\frac{\phi_2}{\tau_2-b}-\frac{\phi_3}{\tau_3-b}\right)\times\exp\left[\frac{1}{3}(\theta_2-2\theta_1)\right] \tag{2.2.143}$$

$$\Phi_3=\sqrt{g}s_2\left(-\frac{\phi_1}{\tau_1-c}-\frac{\phi_2}{\tau_2-c}-\frac{\phi_3}{\tau_3-c}\right)\times\exp\left[\frac{1}{3}(\theta_1-2\theta_2)\right] \tag{2.2.144}$$

其中，

$$\phi_1=A_1\exp[\tau_1x+\mathrm{i}\tau_1^2t+2(\lambda-k_1-k_2)\tau_1t/3+F(t)]$$
$$\phi_2=A_2\exp[\tau_2x+\mathrm{i}\tau_2^2t+2(\lambda-k_1-k_2)\tau_2t/3+F(t)]$$
$$\phi_3=A_3\exp[\tau_3x+\mathrm{i}\tau_3^2t+2(\lambda-k_1-k_2)\tau_3t/3+F(t)]$$

这里，$\lambda=a_0+\mathrm{i}b_0$, $F(t)=2\mathrm{i}/\{9[\lambda^2+(k_1+k_2)\lambda+k_1^2+k_2^2-k_1k_2+3g(s_1^2+s_2^2)]t\}$。这些表达式中的参数 a_0, b_0, $A_j(j=1,2,3)$, s_1 和 s_2 是与非线性波的初始位置、速度、形状等相关的实参数。此时，将 (2.2.142) 式 ∼ (2.2.144) 式代入下面的达布变换可以得到相关的非线性波解：

$$\psi_1=\psi_1^{[0]}-\frac{1}{\sqrt{g}}\frac{\mathrm{i}(\lambda-\lambda^*)\Phi_1\Phi_2^*}{|\Phi_1|^2+|\Phi_2|^2+|\Phi_3|^2} \tag{2.2.145a}$$

$$\psi_2 = \psi_2^{[0]} - \frac{1}{\sqrt{g}} \frac{\mathrm{i}(\lambda - \lambda^*)\Phi_1 \Phi_3^*}{|\Phi_1|^2 + |\Phi_2|^2 + |\Phi_3|^2} \tag{2.2.145b}$$

这是一个关于孤子和呼吸子的通解形式。它可以在具体条件下，用来描述亮–暗孤子、呼吸子-呼吸子、亮–暗孤子/呼吸子等。基于这个较一般的通解形式，我们可以方便地研究在不同的背景上的非线性波动力学。可以发现，在非零背景上的局域波种类远多于之前分析的零背景上的情况。

情形 2：二重根

当 τ 有一对重根时，即 $\tau_1 = -2\tau_2$ 和 $\tau_2 = \tau_3$，Lax 对中谱参量 λ 的选取将有特定的要求。物理上，即对激发信号的形式提出了一定的要求。这一点与标量怪波的研究类似，因为标量怪波也只是对激发信号提出了要求。这里的要求体现在下面关于 λ 的方程：

$$\begin{aligned}&[3(k_1+k_2)^2+4(C-A)]\lambda^4+[4(k_1+k_2)^3+(k_1+k_2)(8C-6A)-4B]\lambda^3\\&+[4(k_1+k_2)^2C+4C^2/3-A^2-6(k_1+k_2)B]\lambda^2\\&+[4(k_1+k_2)C^2/3-2AB]\lambda+\frac{4C^3}{27}-B^2=0\end{aligned} \tag{2.2.146}$$

其中，

$$\begin{aligned}A&=2(2k_1-k_2)(2k_2-k_1)+(k_1+k_2)^2+9g(s_1^2+s_2^2)\\B&=(k_1+k_2)(2k_1-k_2)(2k_2-k_1)+9g[s_1^2(2k_2-k_1)+s_2^2(2k_1-k_2)]\\C&=(k_1+k_2)^2-(2k_1-k_2)(2k_2-k_1)+9g(s_1^2+s_2^2)\end{aligned}$$

在这些条件下，相关的本征值解为

$$\tau_1 = -2\tau_2 \tag{2.2.147}$$

$$\tau_2 = \tau_3 = \frac{H_1(\lambda)}{H_2(\lambda)} \tag{2.2.148}$$

其中，

$$\begin{aligned}H_1(\lambda)=\mathrm{i}\{&2\lambda^3+3(k_1+k_2)\lambda^2\\&+[2(2k_1-k_2)(2k_2-k_1)+(k_1+k_2)^2+9g(s_1^2+s_2^2)]\lambda\\&+9gs_2^2(2k_1-k_2)+9gs_1^2(2k_2-k_1)+(k_1+k_2)(2k_1-k_2)(2k_2-k_1)\}\end{aligned}$$

$$H_2(\lambda)=6\lambda^2+6(k_1+k_2)\lambda+2(k_1+k_2)^2-2(2k_1-k_2)(2k_2-k_1)+18g(s_1^2+s_2^2)$$

这样我们就可以解得 Lax 对的特解 $\boldsymbol{\Phi} = (\Phi_1, \Phi_2, \Phi_3)^{\mathrm{T}}$ 为

$$\Phi_1 = [\phi_1 + \phi_2 + \phi_3] \times \exp\left[\frac{\mathrm{i}}{3}(\theta_1 + \theta_2)\right] \tag{2.2.149}$$

$$\begin{aligned}\Phi_2 = & -\sqrt{g}s_1\left[\frac{1}{\tau_1 - \mathrm{i}\lambda/3 - \mathrm{i}(2k_1 - k_2)/3}\phi_1 + \frac{1}{\tau_2 - \mathrm{i}\lambda/3 - \mathrm{i}(2k_1 - k_2)/3}\phi_2\right. \\ & \left. + \frac{1 - \dfrac{1}{\tau_2 - \mathrm{i}\lambda/3 - \mathrm{i}(2k_1 - k_2)/3}}{\tau_2 - \mathrm{i}\lambda/3 - \mathrm{i}(2k_1 - k_2)/3}\phi_3\right] \times \exp\left[\frac{\mathrm{i}}{3}(\theta_2 - 2\theta_1)\right] \end{aligned} \tag{2.2.150}$$

$$\begin{aligned}\Phi_3 = & -\sqrt{g}s_2\left[\frac{1}{\tau_1 - \mathrm{i}\lambda/3 - \mathrm{i}(2k_2 - k_1)/3}\phi_1 + \frac{1}{\tau_2 - \mathrm{i}\lambda/3 - \mathrm{i}(2k_2 - k_1)/3}\phi_2\right. \\ & \left. + \frac{1 - \dfrac{1}{\tau_2 - \mathrm{i}\lambda/3 - \mathrm{i}(2k_2 - k_1)/3}}{\tau_2 - \mathrm{i}\lambda/3 - \mathrm{i}(2k_2 - k_1)/3}\phi_3\right] \times \exp\left[\frac{\mathrm{i}}{3}(\theta_1 - 2\theta_2)\right] \end{aligned} \tag{2.2.151}$$

以及

$$\begin{aligned}\phi_1 &= A_1 \exp[\tau_1 x + \mathrm{i}\tau_1^2 t + 2(\lambda - k_1 - k_2)\tau_1 t/3] \\ \phi_2 &= [A_3 x + 2\mathrm{i}A_3\tau_2 t + 2/3A_3(\lambda - k_1 - k_2)t + A_2] \\ &\quad \times \exp[\tau_2 x + \mathrm{i}\tau_2^2 t + 2(\lambda - k_1 - k_2)\tau_2 t/3] \\ \phi_3 &= A_3 \exp[\tau_2 x + \mathrm{i}\tau_2^2 t + 2(\lambda - k_1 - k_2)\tau_2 t/3]\end{aligned}$$

因此，将 (2.2.149) 式 ~ (2.2.151) 式代入前面的达布变换 (2.2.145) 式可以给出对应的非线性波解。可以看到这个解含有指数表达式和有理数表达式，它可以被看成半有理数形式。对应的解描述了有怪波出现，且伴随着有其他非线性局域波，诸如孤子、呼吸子之类。

在任意的非零背景上，只要满足我们对谱参量 λ 提出的要求，就可以得到包含怪波和其他非线性波的初始激发信号。这样，就可以观察怪波跟各种非线性波的相互作用了。相比于第一种情形，可以知道，前面所说的呼吸子在该条件下成为怪波。即怪波是前面呼吸子的极限情形。这一点与标量怪波是呼吸子的极限情形是类似的。

情形 3：三重根

当 τ_j 是三重根时，我们可以得到只包含有理数形式的解，则它只有怪波解。有意思的是，只有在对两个组分背景信息提出一定要求之后，我们才能得到三重根。具体的要求为

$$s_1^2 = s_2^2 \tag{2.2.152}$$

$$|k_1 - k_2| = \sqrt{g}s_1 \tag{2.2.153}$$

这意味着组分中的振幅、频率之差与非线性系数要按这个关系设置才能得到三重根，即才能得到怪波解。除此之外，决定怪波初始激发信号的参数 λ 也要满足下

面的方程：

$$\lambda=-\frac{k_1+k_2}{2}+\mathrm{i}\frac{3\sqrt{3}}{2}\sqrt{g}s_1 \tag{2.2.154}$$

在这些条件下，我们可以给出一般的怪波解为

$$\psi_1=\left[1+\frac{3\sqrt{3g}s_1W_1}{1+|u|^2+|v|^2}\right]s_1\mathrm{e}^{\mathrm{i}\theta_1} \tag{2.2.155}$$

$$\psi_2=\left[1+\frac{3\sqrt{3g}s_1W_2}{1+|u|^2+|v|^2}\right]s_2\mathrm{e}^{\mathrm{i}\theta_2} \tag{2.2.156}$$

其中, $u=\sqrt{g}s_1W_1$，以及 $v=\sqrt{g}s_2W_2$。$W_{1,2}$ 的具体表达式为

$$W_{1,2}=\frac{1}{K_{1,2}}+\frac{1}{K_{1,2}^2}+\frac{P_{1,2}}{Q}$$

这里,

$$K_1=\frac{\mathrm{i}(k_1-k_2)}{2}-\frac{\sqrt{3g}s_1}{2}$$
$$K_2=\frac{\mathrm{i}(k_2-k_1)}{2}-\frac{\sqrt{3g}s_1}{2}$$

以及

$$\begin{aligned}Q=&\frac{1}{2}A_3x^2+(A_2+A_3)x+\frac{2}{9}(\lambda-k_1-k_2)^2A_3t^2+\frac{2}{3}(\lambda-k_1-k_2)(A_2+A_3)t\\&+\mathrm{i}A_3t+\frac{2}{3}(\lambda-k_1-k_2)A_3xt+A_1+A_2+A_3\\P_{1,2}=&\frac{A_3}{K_{1,2}^3}-\frac{1}{K_{1,2}^2}M\\M=&\frac{1}{2}A_3x^2+A_2x+\frac{2}{9}(\lambda-k_1-k_2)^2A_3t^2+\frac{2}{3}(\lambda-k_1-k_2)A_2t+\mathrm{i}A_3t\\&+\frac{2}{3}(\lambda-k_1-k_2)A_3xt+A_1\end{aligned}$$

可以看到，得到非线性波解的确只包含有理数形式，所以为怪波解。

2.3 对称变换与解耦变换

2.2 节介绍了谱问题的规范变换以及达布变换的构造。本节将介绍矢量非线性薛定谔方程的对称变换和解耦变换。

2.3.1 Manakov 模型的对称变换

实际的物理系统往往涉及多个组分，诸如非线性多模光纤、包含多个精细结构的玻色凝聚体。目前，对非线性系统动力学的研究已经扩展到多组分的耦合系统。矢量非线性薛定谔方程可以很好地描述非线性多模光纤、多分量玻色–爱因斯坦凝聚和其他非线性耦合系统中局域波的演化。具有任意分量数 N 自聚焦的矢量非线性薛定谔方程可表示为

$$\mathrm{i}\boldsymbol{\Psi}_t + \frac{1}{2}\boldsymbol{\Psi}_{xx} + \boldsymbol{\Psi}^{\dagger}\boldsymbol{\Psi}\boldsymbol{\Psi} = 0 \tag{2.3.1}$$

其中，

$$\boldsymbol{\Psi} = (\psi_1, \psi_2, \cdots, \psi_N)^{\mathrm{T}} \tag{2.3.2}$$

这里，† 表示转置复共轭；T 表示矩阵转置。该模型可方便地讨论 $N = 1$ 时的标量非线性薛定谔方程和 $N > 1$ 时矢量非线性薛定谔方程中局域波的动力学行为。如果存在一个变换矩阵 u, 可以使

$$\widetilde{\boldsymbol{\Psi}} = u\boldsymbol{\Psi} \tag{2.3.3}$$

其中，

$$\widetilde{\boldsymbol{\Psi}} = (\widetilde{\psi}_1, \widetilde{\psi}_2, \cdots, \widetilde{\psi}_N)^{\mathrm{T}} \tag{2.3.4}$$

满足

$$\mathrm{i}\widetilde{\boldsymbol{\Psi}}_t + \frac{1}{2}\widetilde{\boldsymbol{\Psi}}_{xx} + \widetilde{\boldsymbol{\Psi}}\widetilde{\boldsymbol{\Psi}}^{\dagger}\widetilde{\boldsymbol{\Psi}} = 0 \tag{2.3.5}$$

则称变换 (2.3.3) 式为 Manakov 模型的对称变换。由于 N 组分的 Manakov 模型具有 $SU(N)$ 对称性，那么意味着 $SU(N)$ 矩阵就是 Manakov 模型的对称变换矩阵。如两组分的 Manakov 模型，它满足 $SU(2)$ 对称性，则 $SU(2)$ 群就是它的对称变换矩阵群。下面我们将以两组分的 Manakov 模型为例，写出二维 $SU(2)$ 群的一般形式。

二维 $SU(2)$ 群是幺模幺正群，即由全部行列式为 1 的 2×2 复幺正矩阵构成的群。群的乘法定义为矩阵的乘法。

对一般二阶复矩阵：

$$u = \begin{pmatrix} a & b \\ c & d \end{pmatrix} \tag{2.3.6}$$

其中，$a, b, c, d \in \mathbb{C}$ 为复数，因此有 8 个参数。

由 $SU(2)$ 群的群元的约束条件

$$\det u = 1, \quad u^{\dagger}u = uu^{\dagger} = I_{2\times 2} \tag{2.3.7}$$

可得出约束方程。

由 $\det u = 1$ 得

$$ad - bc = 1 \tag{2.3.8}$$

由 $u^\dagger u = I_{2\times 2}$ 得

$$|a|^2 + |c|^2 = 1 \tag{2.3.9}$$

$$|b|^2 + |d|^2 = 1 \tag{2.3.10}$$

$$a^* b + c^* d = 0 \tag{2.3.11}$$

$$b^* a + d^* c = 0 \tag{2.3.12}$$

由上式容易看出 (2.3.11) 式和 (2.3.12) 式是等价的，因此 (2.3.8) 式 ~ (2.3.12) 式约束着矩阵元，这四个方程中 (2.3.8) 式和 (2.3.11) 式是复数方程，(2.3.9) 式和 (2.3.10) 式是实数方程，因此是六个方程。但这六个方程并不是线性无关的。

由 (2.3.11) 式可得

$$c = -\frac{ab^*}{d^*} \quad \left(a = -\frac{cd^*}{b^*}\right)$$

由 (2.3.10) 式可得

$$b = \frac{1 - |d|^2}{b^*} \quad \left(d = \frac{1 - |b|^2}{d^*}\right)$$

因此有

$$bc = \frac{(|d|^2 - 1)a}{d^*} \quad \left(ad = -\frac{(1 - |b|^2)c}{b^*}\right) \tag{2.3.13}$$

将上式代入 (2.3.8) 式可得

$$a = d^* \tag{2.3.14}$$

$$c = -b^* \tag{2.3.15}$$

由 (2.3.10) 式、(2.3.14) 式和 (2.3.15) 式就可得出 (2.3.8) 式。因此实际约束方程就是五个，所以 $SU(2)$ 矩阵由三个独立参数来确定，则一般形式可以写成

$$u(a, b) = \begin{pmatrix} a & b \\ -b^* & a^* \end{pmatrix} \tag{2.3.16}$$

(2.3.16) 式的约束条件为 $u^\dagger u = 1$。将两个复数用模和辐角表示，令

$$a = m\mathrm{e}^{-\mathrm{i}\xi}, \quad b = -n\mathrm{e}^{-\mathrm{i}\zeta} \quad (0 \leqslant \xi, \zeta \leqslant 2\pi, m, n > 0)$$

且由约束条件 $m^2+n^2=1$, 可取

$$m=\cos\eta,\quad n=\sin\eta\quad \left(0\leqslant\eta\leqslant\frac{\pi}{2}\right)$$

这样可得出由 ξ、ζ、η 三个实参量表示 $SU(2)$ 矩阵的一般形式是

$$u(\xi,\zeta,\eta)=\begin{pmatrix}\mathrm{e}^{-\mathrm{i}\xi}\cos\eta & -\mathrm{e}^{-\mathrm{i}\zeta}\sin\eta\\ \mathrm{e}^{\mathrm{i}\zeta}\sin\eta & \mathrm{e}^{\mathrm{i}\xi}\cos\eta\end{pmatrix}\tag{2.3.17}$$

因此通过二维 $SU(2)$ 群表示形式 (2.3.17) 式，我们可以得到 $\widetilde{\boldsymbol{\Psi}}$ 的一般形式为

$$\widetilde{\boldsymbol{\Psi}}=u\boldsymbol{\Psi}=\begin{pmatrix}\mathrm{e}^{-\mathrm{i}\xi}\psi_1\cos\eta-\mathrm{e}^{-\mathrm{i}\zeta}\psi_2\sin\eta\\ \mathrm{e}^{\mathrm{i}\xi}\psi_2\cos\eta+\mathrm{e}^{\mathrm{i}\zeta}\psi_1\sin\eta\end{pmatrix}\tag{2.3.18}$$

即得

$$\widetilde{\psi}_1=\mathrm{e}^{-\mathrm{i}\xi}\psi_1\cos\eta-\mathrm{e}^{-\mathrm{i}\zeta}\psi_2\sin\eta\tag{2.3.19}$$

$$\widetilde{\psi}_2=\mathrm{e}^{\mathrm{i}\xi}\psi_2\cos\eta+\mathrm{e}^{\mathrm{i}\zeta}\psi_1\sin\eta\tag{2.3.20}$$

显然，不同的 $SU(2)$ 矩阵的选择使得其动力学行为也不同。类似地，N 组分的 Manakov 模型具有 $SU(M)(M\leqslant N)$ 对称性，对此模型做如上所示的对称变换，可观察到丰富的抖动效应，读者可参考文献 [87] 推导。

2.3.2 单粒子转换效应下二分量耦合方程的解耦变换

带单粒子转换效应的耦合非线性薛定谔模型可表示为

$$\mathrm{i}\psi_{1,t}+\frac{1}{2}\psi_{1,xx}+(|\psi_1|^2+|\psi_2|^2)\psi_1+\varOmega\psi_2=0\tag{2.3.21}$$

$$\mathrm{i}\psi_{2,t}+\frac{1}{2}\psi_{2,xx}+(|\psi_1|^2+|\psi_2|^2)\psi_2+\varOmega\psi_1=0\tag{2.3.22}$$

令

$$q_1=\frac{1}{\sqrt{2}}(\psi_1+\psi_2)\tag{2.3.23}$$

$$q_2=\frac{1}{\sqrt{2}}(\psi_1-\psi_2)\tag{2.3.24}$$

结合 (2.3.21) 式 ~ (2.3.24) 式可得

$$\mathrm{i}q_{1,t}+\frac{1}{2}q_{1,xx}+(|q_1|^2+|q_2|^2)q_1+\varOmega q_1=0\tag{2.3.25}$$

$$\mathrm{i}q_{2,t}+\frac{1}{2}q_{2,xx}+(|q_1|^2+|q_2|^2)q_2-\varOmega q_2=0\tag{2.3.26}$$

此时，我们可对 (2.3.25) 式和 (2.3.26) 式分别进行一个能量平移的操作，其具体形式如下：

$$\widetilde{q}_1 = q_1 \mathrm{e}^{-\mathrm{i}\Omega t} \tag{2.3.27}$$

$$\widetilde{q}_2 = q_2 \mathrm{e}^{\mathrm{i}\Omega t} \tag{2.3.28}$$

接着将 (2.3.27) 式和 (2.3.28) 式代入 (2.3.25) 式和 (2.3.26) 式可得

$$\mathrm{i}\widetilde{q}_{1,t} + \frac{1}{2}\widetilde{q}_{1,xx} + (|\widetilde{q}_1|^2 + |\widetilde{q}_2|^2)\widetilde{q}_1 = 0 \tag{2.3.29}$$

$$\mathrm{i}\widetilde{q}_{2,t} + \frac{1}{2}\widetilde{q}_{2,xx} + (|\widetilde{q}_1|^2 + |\widetilde{q}_2|^2)\widetilde{q}_2 = 0 \tag{2.3.30}$$

这样我们就将带单粒子转换项的耦合非线性薛定谔方程转换成了 Manakov 模型，因此带单粒子转换项的耦合非线性薛定谔方程的精确解可用任意 Manakov 模型的解去构造，即

$$\psi_1 = \frac{\widetilde{q}_1 \mathrm{e}^{\mathrm{i}\Omega t} + \widetilde{q}_2 \mathrm{e}^{-\mathrm{i}\Omega t}}{\sqrt{2}} \tag{2.3.31}$$

$$\psi_2 = \frac{\widetilde{q}_1 \mathrm{e}^{\mathrm{i}\Omega t} - \widetilde{q}_2 \mathrm{e}^{-\mathrm{i}\Omega t}}{\sqrt{2}} \tag{2.3.32}$$

据我们所知，目前还没有其他解析求解的方法来得到带单粒子转换项的非线性薛定谔系统的精确解。由上述推导可知，通过 (2.3.23) 式和 (2.3.24) 式中的解耦变换，以及 (2.3.27) 式和 (2.3.28) 式中的能量平移操作，我们就可以用人们熟知的 Manakov 模型中的任意精确解来获得带单粒子转换项的非线性薛定谔系统的精确解，这使我们能够解析地描述该系统下的粒子转换所引起的动力学过程。如最近在具有线性耦合效应的两组分玻色–爱因斯坦凝聚体中 [88]，通过上面的这种解耦变换，得到一个标准的约瑟夫森振荡，并且无论非线性相互作用强度有多大，振荡都具有确定的周期。这一特性与之前报道的非线性耦合系统中的非线性约瑟夫森振荡形成了鲜明的对比，该结果对可控量子态的制备有一定的指导意义。

2.3.3 对–转换效应下耦合非线性薛定谔方程的解耦变换

带有对–转换效应的耦合非线性薛定谔模型可表示为

$$\begin{aligned} &\mathrm{i}\psi_{1,t} + \frac{1}{2}\psi_{1,xx} + (|\psi_1|^2 + 2|\psi_2|^2)\psi_1 + \psi_1^*\psi_2^2 = 0 \\ &\mathrm{i}\psi_{2,t} + \frac{1}{2}\psi_{2,xx} + (2|\psi_1|^2 + |\psi_2|^2)\psi_1 + \psi_2^*\psi_1^2 = 0 \end{aligned} \tag{2.3.33}$$

对应下面的矩阵非线性薛定谔模型：

$$\mathrm{i}\Psi_t + \frac{1}{2}\Psi_{xx} + \Psi\Psi^\dagger\Psi = 0 \tag{2.3.34}$$

其中，

$$\Psi=\begin{pmatrix}\psi_1 & \psi_2\\ \psi_2 & \psi_1\end{pmatrix} \tag{2.3.35}$$

通过一个相似变换矩阵 P 可将 Ψ 变换成一个对角矩阵 $Q=P^{-1}\Psi P$，

易得 P 可表示为

$$P=\begin{pmatrix}-1 & 1\\ 1 & 1\end{pmatrix} \tag{2.3.36}$$

因此有

$$Q=P^{-1}\Psi P=\begin{pmatrix}\psi_1-\psi_2 & 0\\ 0 & \psi_1+\psi_2\end{pmatrix} \tag{2.3.37}$$

令 $q_1=\psi_1-\psi_2$ 和 $q_2=\psi_1+\psi_2$，然后将 Q 代入 (2.3.34) 式即得

$$\mathrm{i}q_{1,t}+\frac{1}{2}q_{1,xx}+|q_1|^2q_1=0 \tag{2.3.38}$$

$$\mathrm{i}q_{2,t}+\frac{1}{2}q_{2,xx}+|q_2|^2q_2=0 \tag{2.3.39}$$

显然，(2.3.38) 式和 (2.3.39) 式是两个标量的非线性薛定谔方程，这说明变换 (2.3.36) 式将带有对–转换项的耦合非线性薛定谔方程 (2.3.33) 式解耦。因此，(2.3.33) 式的精确解可以通过 (2.3.38) 式和 (2.3.39) 式去构造，即

$$\psi_1=\frac{q_2+q_1}{2} \tag{2.3.40}$$

$$\psi_2=\frac{q_2-q_1}{2} \tag{2.3.41}$$

由此可知，带有对转换项的耦合非线性薛定谔方程的解可以直接由标量非线性薛定谔方程的任意两个解 q_1 和 q_2 的线性叠加得到。显然这种构造解的方式与文献 [89] 中展示的达布变换的方法完全不同。上面通过用解耦变换实现解耦得到精确解的方法为我们提供了一种新的手段去讨论局域波的动力学性质，例如，我们可通过 (2.3.40) 式和 (2.3.41) 式去讨论两个非线性局域波的线性叠加在带有对转效应的耦合非线性薛定谔系统下的动力学现象，像新奇局域波结构的激发、线性干涉效应 [89–92] 等。

2.4 相似变换

随着现代非线性科学的不断发展，相应的非线性物理实验中的操作手段也越来越成熟。在非线性光学中，影响局域波动力学性质的主要物理参量，如色散、克尔 (Kerr) 非线性 (即自相位调制) 以及增益 (或损耗) 等均可在实验中精确操

控[93]。这种对色散和非线性的有效操控称为色散和非线性管理[93]。此外，玻色–爱因斯坦凝聚体中的散射长度也可以在实验上由费希巴赫共振管理技术进行精确操控[94]。这些实验事实中相应的非线性局域波的动力学需要由推广的“非自治”(nonautonomous) 模型[95–98] 来描述。

非自治非线性模型最早由 Serkin 等[95–98] 在研究孤子管理问题时提出。他们发现非自治非线性模型可以很好地描述物理参数可变的实际物理系统中的局域波动力学，并实现了相应系统中局域波动力学的精确操控。自此，非自治局域波管理的研究已经成为非线性局域波研究中必不可少的课题之一[99–120]。非自治局域波的研究的难点在于一般的非自治系统是不可积的，因此，如何得到方程的可积性条件就成了首要问题。

接下来我们将介绍局域波精确解构造的另一种常用方法——相似变换方法。对于非自治模型描述的物理系统，其相应的物理参数不再是常量，而是可以随时空变化的变量 (如色散、非线性、增益以及外势等参量依赖于纵向传输变量 z，或横向分布变量 t，或两者兼有)。因此从理论角度而言，该方法对实验中的局域波操控和管理有着较为重要的意义。接下来，我们从推广的 1+1 维非自治非线性薛定谔方程出发，简述通过相似变换得到局域波精确解的主要过程。

2.4.1 单分量非线性薛定谔系统

一个推广的非自治非线性薛定谔方程可以表示成以下形式：

$$\begin{aligned}&\mathrm{i}\frac{\partial v(x,t)}{\partial t}+f(t)\frac{\partial^2 v(x,t)}{\partial x^2}+G(t)|v(x,t)|^2v(x,t)\\&+[V_0(t)+V_1(t)x+V_2(t)x^2]v(x,t)+\mathrm{i}\gamma(t)v(x,t)=0\end{aligned}\tag{2.4.1}$$

其中，$f(t), G(t)$ 分别为色散和非线性参数；V_0, V_1, V_2, γ 为关于时间 t 的函数，这里 V_0, V_1, V_2 为外势，γ 为增益或损耗。通过变换 $v(x,t)=u(x,t)\mathrm{e}^{-\int\gamma(t)\mathrm{d}t}$，我们可以把 (2.4.1) 式转换成以下形式：

$$\begin{aligned}&\mathrm{i}\frac{\partial u(x,t)}{\partial t}+f(t)\frac{\partial^2 u(x,t)}{\partial x^2}+g(t)|u(x,t)|^2u(x,t)\\&+[V_0(t)+V_1(t)x+V_2(t)x^2]u(x,t)=0\end{aligned}\tag{2.4.2}$$

其中，$g(t)=G(t)\mathrm{e}^{-2\int\gamma(t)\mathrm{d}t}$。我们在这一部分中的重点是找到一个变换，可以将上述方程转换成下面所示的标准非线性薛定谔方程：

$$\mathrm{i}\frac{\partial}{\partial T}Q(X,T)+\varepsilon\frac{\partial^2}{\partial X^2}Q(X,T)+\delta|Q(X,T)|^2Q(X,T)=0\tag{2.4.3}$$

其中，ε 和 δ 是实常数。当 $\delta\varepsilon>0$ 时，(2.4.3) 式描述自聚焦效应，方程有亮孤子解。当 $\delta\varepsilon<0$ 时，描述自散焦效应，方程有暗孤子解。

假设变换形式为

$$u(x,t)=Q(p(x,t),q(t))\mathrm{e}^{\mathrm{i}a(x,t)+c(t)} \tag{2.4.4}$$

其中，$p(x,t),q(t),a(x,t)$ 和 $c(t)$ 为待定函数；$u(x,t)$ 和 $Q(X,T)$ 分别是 (2.4.2) 式和 (2.4.3) 式的解。

将 (2.4.4) 式代入 (2.4.2) 式中，其中 (2.4.2) 式对 t 求偏导的部分为

$$u_t=Q_p p_t\mathrm{e}^{\mathrm{i}a+c}+Q_q q_t\mathrm{e}^{\mathrm{i}a+c}+\mathrm{i}Qa_t\mathrm{e}^{\mathrm{i}a+c}+Qc_t\mathrm{e}^{\mathrm{i}a+c}$$

对 x 求二次偏导的部分为

$$u_{xx}=Q_{pp}p_x^2\mathrm{e}^{\mathrm{i}a+c}+Q_p p_{xx}\mathrm{e}^{\mathrm{i}a+c}+2\mathrm{i}Q_p p_x a_x\mathrm{e}^{\mathrm{i}a+c}+\mathrm{i}a_{xx}Q\mathrm{e}^{\mathrm{i}a+c}-a_x^2Q\mathrm{e}^{\mathrm{i}a+c}$$

(2.4.2) 式的第三项为

$$g|u|^2u=g|Q|^2Q\mathrm{e}^{\mathrm{i}a+3c}$$

将上面三个式子代入 (2.4.2) 式得

$$\begin{aligned}&\mathrm{i}Q_p p_t\mathrm{e}^{\mathrm{i}a+c}+\mathrm{i}Q_q q_t\mathrm{e}^{\mathrm{i}a+c}-Qa_t\mathrm{e}^{\mathrm{i}a+c}+\mathrm{i}Qc_t\mathrm{e}^{\mathrm{i}a+c}+fQ_{pp}p_x^2\mathrm{e}^{\mathrm{i}a+c}\\&+fQ_p p_{xx}\mathrm{e}^{\mathrm{i}a+c}+\mathrm{i}fa_{xx}Q\mathrm{e}^{\mathrm{i}a+c}\\&+2\mathrm{i}fQ_p p_x a_x\mathrm{e}^{\mathrm{i}a+c}-fa_x^2Q\mathrm{e}^{\mathrm{i}a+c}+g|Q|^2Q\mathrm{e}^{\mathrm{i}a+3c}\\&+[V_0(t)+V_1(t)x+V_2(t)x^2]Q\mathrm{e}^{\mathrm{i}a+c}=0\end{aligned}$$

令 $p(x,t)=X,q(t)=T$ 得

$$\begin{aligned}&\mathrm{i}Q_X p_t\mathrm{e}^{\mathrm{i}a+c}+\mathrm{i}Q_T q_t\mathrm{e}^{\mathrm{i}a+c}-Qa_t\mathrm{e}^{\mathrm{i}a+c}+\mathrm{i}Qc_t\mathrm{e}^{\mathrm{i}a+c}\\&+fQ_{XX}p_x^2\mathrm{e}^{\mathrm{i}a+c}+fQ_X p_{xx}\mathrm{e}^{\mathrm{i}a+c}+\mathrm{i}fa_{xx}Q\mathrm{e}^{\mathrm{i}a+c}\\&+2\mathrm{i}fQ_X p_x a_x\mathrm{e}^{\mathrm{i}a+c}-fa_x^2Q\mathrm{e}^{\mathrm{i}a+c}+g|Q|^2Q\mathrm{e}^{\mathrm{i}a+3c}\\&+[V_0(t)+V_1(t)x+V_2(t)x^2]Q\mathrm{e}^{\mathrm{i}a+c}=0\end{aligned}$$

整理得

$$\begin{aligned}&\mathrm{i}Q_T q_t+fp_x^2Q_{XX}+g\mathrm{e}^{2c}|Q|^2Q+\mathrm{i}[Q(c_t+fa_{xx})+Q_X(p_t+2fp_x a_x)]\\&+fp_{xx}Q_X-(a_t+fa_x^2-V_0-V_1x-V_2x^2)Q=0\end{aligned} \tag{2.4.5}$$

将 (2.4.5) 式和 (2.4.3) 式相比较，得

$$c_t+fa_{xx}=0 \tag{2.4.6}$$

$$p_t + 2fp_x a_x = 0 \tag{2.4.7}$$

$$a_t + fa_x^2 - V_0 - V_1 x - V_2 x^2 = 0 \tag{2.4.8}$$

$$p_{xx} = 0 \tag{2.4.9}$$

$$\frac{g\mathrm{e}^{2c}}{q_t} = \delta \tag{2.4.10}$$

$$\frac{f\mathrm{e}^{4c}}{q_t} = \varepsilon \tag{2.4.11}$$

下面我们主要求解以上 6 个关系式 ((2.4.6) 式 ~ (2.4.11) 式)。由 (2.4.6) 式可得

$$a_{xx} = -\frac{c_t}{f} \tag{2.4.12}$$

那么 a 对 x 的一阶导数为

$$a_x = -\frac{c_t}{f}x + h_1(t) \tag{2.4.13}$$

于是函数 $a(x,t)$ 为

$$a(x,t) = -\frac{c_t}{2f}x^2 + h_1(t)x + h_2(t) \tag{2.4.14}$$

其中，$h_1(t)$ 和 $h_2(t)$ 为待定函数。由 (2.4.9) 式可得 $p_x = c_1(t)$，因此我们可设 $p(x,t) = c_1(t)x + c_2(t)$，于是有

$$p_t = c_{1t}x + c_{2t}, \quad p_x = c_1(t) \tag{2.4.15}$$

根据 (2.4.7) 式可得

$$p_t = -2fp_x a_x \tag{2.4.16}$$

将 (2.4.15) 式代入 (2.4.16) 式可得

$$c_{1t}x + c_{2t} = 2c_1 c_t x - 2fh_1 c_1$$

比较上式两边有

$$c_{1t} = 2c_1 c_t$$

$$c_{2t} = -2fh_1 c_1$$

求解以上两式可得

$$c_1 = c_3\mathrm{e}^{2c} \tag{2.4.17}$$

$$c_2 = -\int 2c_3 fh_1 \mathrm{e}^{2c}\mathrm{d}t \tag{2.4.18}$$

其中，c_3 为任意常数，不失一般性，c_3 可取 1。将 (2.4.17) 式和 (2.4.18) 式代入设定的 $p(x,t)=c_1(t)x+c_2(t)$ 中得

$$p(x,t)=\mathrm{e}^{2c}x-\int 2fh_1\mathrm{e}^{2c}\mathrm{d}t \tag{2.4.19}$$

由 (2.4.14) 式可知

$$a_t=-\frac{c_{tt}f-c_tf_t}{2f^2}x^2+h_{1t}x+h_{2t} \tag{2.4.20}$$

$$a_x=-\frac{c_t}{f}x+h_1 \tag{2.4.21}$$

将上述 a_t 和 a_x 表达式代入 (2.4.8) 式并整理关于 x 的项，令其系数为 0，得

$$-c_{tt}f+c_tf_t+2fc_t^2-2V_2f^2=0 \tag{2.4.22}$$

$$-2c_th_1+h_{1t}-V_1=0 \tag{2.4.23}$$

$$fh_1^2+h_{2t}-V_0=0 \tag{2.4.24}$$

用常数变易法解 (2.4.23) 式，首先令 $-2c_th_1+h_{1t}=0$, 则有

$$\ln h_1=2c+c_1'$$

进一步，

$$h_1=c_1'\mathrm{e}^{2c}$$

其中，c_1' 是与 t 有关的函数，上式两边对 t 求导，

$$h_{1t}=c_{1t}'\mathrm{e}^{2c}+2c_1'\mathrm{e}^{2c}c_t \tag{2.4.25}$$

将 h_1 和 h_{1t} 表达式代入 (2.4.23) 式中，得

$$c_{1t}'\mathrm{e}^{2c}+2c_1'\mathrm{e}^{2c}c_t-2c_1'\mathrm{e}^{2c}c_t-V_1=0 \tag{2.4.26}$$

进一步有

$$(c_1'\mathrm{e}^{2c})_t-V_1=0$$

最后得

$$c_1'=\int V_1t\mathrm{e}^{-2c(t)}\mathrm{d}t+c_4 \tag{2.4.27}$$

c_4 为常数，将 c_1' 代入 $h_1=c_1'\mathrm{e}^{2c}$ 中得

$$h_1(t)=h(t)\mathrm{e}^{2c(t)} \tag{2.4.28}$$

其中，$h(t)=\int V_1 t\mathrm{e}^{-2c(t)}\mathrm{d}t+c_4$。将 (2.4.28) 式代入 (2.4.24) 式可得

$$h_2(t)=\int[V_0-f(t)h^2(t)\mathrm{e}^{4c(t)}]\mathrm{d}t+c_5 \tag{2.4.29}$$

这里，c_5 为常数。由 (2.4.19) 式可知 $p_x=\mathrm{e}^{2c}$。用 (2.4.10) 式和 (2.4.11) 式有

$$\mathrm{e}^{2c}=\frac{\varepsilon g}{\delta f} \tag{2.4.30}$$

于是

$$c(t)=\frac{1}{2}\ln\frac{\varepsilon g}{\delta f} \tag{2.4.31}$$

将 $c(t)$ 代入 (2.4.10) 式中可得

$$q_t=\frac{1}{\delta}g\frac{\varepsilon g}{\delta f}=\frac{\varepsilon}{\delta^2}\frac{g^2}{f}$$

于是

$$q(t)=\frac{\varepsilon}{\delta^2}\int\frac{g^2}{f}\mathrm{d}t+c_6 \tag{2.4.32}$$

上式中，c_6 为常数，通常我们选择 c_6 使 $q(0)=0$。最后得到 $c(t),q(t)$ 为

$$c(t)=\frac{1}{2}\ln\frac{\varepsilon g(t)}{\delta f(t)} \tag{2.4.33}$$

$$q(t)=\frac{\varepsilon}{\delta^2}\int\frac{g^2(t)}{f(t)}\mathrm{d}t+c_6 \tag{2.4.34}$$

将 (2.4.34) 式代入 (2.4.28) 式中得

$$\begin{aligned}h_1(t)&=\left(\int V_1 t\mathrm{e}^{-2c(t)}\mathrm{d}t+c_4\right)\mathrm{e}^{2c(t)}\\&=\left(\int V_1\frac{\delta f}{\varepsilon g}\mathrm{d}t+c_4\right)\frac{\varepsilon g}{\delta f}\\&=\left(\int V_1\frac{f}{g}\mathrm{d}t+c_4'\right)\frac{g}{f}\\&=z(t)\frac{g}{f}\end{aligned} \tag{2.4.35}$$

其中，$z(t)=\int V_1\frac{f}{g}\mathrm{d}t+c_4'$。将 (2.4.34) 式代入 (2.4.29) 式中得 h_2 为

$$h_2(t)=\int[V_0-f(t)h^2(t)\mathrm{e}^{4c(t)}]\mathrm{d}t+c_5$$

$$= \int [V_0 - f(t)(h\mathrm{e}^{2c})^2]\mathrm{d}t + c_5$$

$$= -\int \left[\frac{g^2}{f}z^2 - V_0\right]\mathrm{d}t + c_5 \tag{2.4.36}$$

将 (2.4.34) 式、(2.4.35) 式和 (2.4.36) 式代入 (2.4.14) 式中得

$$a(x,t) = \frac{1}{4f(t)}\frac{\mathrm{d}}{\mathrm{d}t}\left(\ln\frac{f(t)}{g(t)}\right)x^2 + \frac{g(t)}{f(t)}z(t)x \tag{2.4.37}$$

$$-\int\left(\frac{g^2(t)}{f(t)}z^2(t) - V_0(t)\right)\mathrm{d}t + c_5 \tag{2.4.38}$$

将 (2.4.34) 式和 (2.4.35) 式代入 (2.4.19) 式中得

$$p(x,t) = \frac{\varepsilon g(t)}{\delta f(t)}x - \frac{2\varepsilon}{\delta}\int\frac{g^2(t)}{f(t)}z(t)\mathrm{d}t \tag{2.4.39}$$

至此，我们得到了 $p(x,t), q(t), a(x,t)$ 和 $c(t)$ 的表达式, 并由此完全确定了非自治非线性薛定谔方程与标准非线性薛定谔方程之间的相似变换 (2.4.4) 式。

2.4.2　多分量耦合非线性薛定谔系统

前面我们已经给出了标量非自治系统和非线性薛定谔方程之间的相似变换。这里，我们将进一步展示多分量耦合非自治非线性薛定谔系统到 Manakov 模型间的相似变换。从数学的角度来讲，非自治多分量非线性薛定谔系统的相似变换与标量情形下的相似变换没有本质区别。为了更好地符合物理情形，我们以描述两组分玻色–爱因斯坦凝聚体动力学的两组分 Gross-Pitaevskii 方程为例，简单展示由该模型至标准的 Manakov 模型的相似变换。

首先考虑二组分玻色–爱因斯坦凝聚中时间依赖的谐振势 $M(t)x^2$。此外，原子在 nK ~ mK 温度区，地球引力场的影响是不可忽略的，特别是在有磁阱的情况下。为了描述重力场或其他线性势，我们引入一个任意时间线性势 $f(t)x$ 来研究它们的影响。而原子在凝聚和热云之间的转换所带来的影响可通过在 Gross-Pitaevskii 方程中添加复杂的势来描述，标记为 $\mathrm{i}G_j(t)$。此时，Gross-Pitaevskii 方程的形式为

$$\mathrm{i}\frac{\partial\psi}{\partial t} + \frac{\partial^2\psi}{\partial x^2} + V_1(x,t)\psi + [R_{11}|\psi|^2 + R_{12}|\phi|^2]\psi = 0 \tag{2.4.40}$$

$$\mathrm{i}\frac{\partial\phi}{\partial t} + \frac{\partial^2\phi}{\partial x^2} + V_2(x,t)\phi + [R_{21}|\psi|^2 + R_{22}|\phi|^2]\phi = 0 \tag{2.4.41}$$

这里，$V_j(x,t) = M(t)x^2 + f(t)x + \mathrm{i}G_j(t)\ (j=1,2)$。

接下来，我们将利用相似变换将 (2.4.40) 式和 (2.4.41) 式转换为 Manakov 模型

$$\mathrm{i}Q_{1,T}+Q_{1,XX}+2\sigma(|Q_1|^2+|Q_2|^2)Q_1=0 \tag{2.4.42}$$

$$\mathrm{i}Q_{2,T}+Q_{2,XX}+2\sigma(|Q_1|^2+|Q_2|^2)Q_2=0 \tag{2.4.43}$$

假设 (2.4.40) 式和 (2.4.41) 式有如下形式的解：

$$\psi=Q_1(X(x,t),T(t))\exp\left[\mathrm{i}a(x,t)+\int(h(t)-G_1(t))\mathrm{d}t\right]$$

$$\phi=Q_2(X(x,t),T(t))\exp\left[\mathrm{i}a(x,t)+\int(h(t)-G_2(t))\mathrm{d}t\right]$$

其中，$Q_1(X(x,t),T(t))$ 和 $Q_2(X(x,t),T(t))$ 满足 (2.4.42) 式和 (2.4.43) 式。按照 2.4.1 节中相似变换步骤，求解相应偏微分方程组，易得

$$a(x,t)=-\frac{h(t)}{2}x^2+h_1(t)x+h_2(t)$$

$$X(x,t)=x\exp\left[\int 2h(t)\mathrm{d}t\right]-2\int h_1(t)\exp\left[\int 2h(t)\mathrm{d}t\right]\mathrm{d}t$$

$$T(t)=\int\exp\left[\int 4h(t)\mathrm{d}t\right]\mathrm{d}t$$

$$R_{11}=R_{21}=2\sigma\exp\left[\int(2h(t)+2G_1(t))\mathrm{d}t\right]$$

$$R_{22}=R_{12}=2\sigma\exp\left[\int(2h(t)+2G_2(t))\mathrm{d}t\right]$$

这里，$h(t)$，$h_1(t)$ 和 $h_2(t)$ 满足如下的关系：

$$M(t)=-\frac{1}{2}\frac{\mathrm{d}h(t)}{\mathrm{d}t}+h(t)^2$$

$$f(t)=\frac{\mathrm{d}h_1(t)}{\mathrm{d}t}-2h_1(t)h(t)$$

$$\frac{\mathrm{d}h_2(t)}{\mathrm{d}t}=-h_1(t)^2$$

至此，我们便得到了多分量耦合非自治系统的解。通过改变非线性薛定谔方程中对应的解以及外势的形式，就可以实现对耦合非自治系统中非线性波动力学特性的调节。

2.5　线性稳定性分析

线性稳定性分析是一种定量分析调制不稳定性动力学的有效方法，并且对非线性系统中局域波激发的研究具有重要推动作用。相比于其他分析连续波上扰动动力学的方法，线性稳定性分析具有明显的优势，那就是对扰动线性演化阶段的准确预测和在不可积模型中的有效性，同时它也是本书主要使用的方法之一。本节我们将首先介绍调制不稳定性及其研究进展，然后在不同模型中讨论线性稳定性分析方法的具体计算步骤以及分析结果。

2.5.1　调制不稳定性简介

调制不稳定性是自然界中最普遍的不稳定性类型之一，可以描述连续波背景上的扰动随波动的演化而增长的特征 [121]，它在许多物理系统中都有体现，如流体力学、非线性光学、等离子体等 [122–124]。关于调制不稳定性的最早报道是在深水波系统中给出的，那时它被称为 Benjamin-Feir 不稳定性 [125]。到了 20 世纪 80 年代，A. Hasegawa 等预测了在非线性光纤中调制不稳定性的存在 [126,127]，随后 K. Tai 等利用系统中的自发噪声首次实现了对光纤中调制不稳定性的实验观测 [128]。相关研究已经表明，调制不稳定性诱发的幅值增长不仅体现在时域上，也体现在频域上。在具有反常色散的非线性光纤系统中，入射光光强在频谱上的分布会在特定频率位置处出现最快的增长。为了更形象地理解调制不稳定性，我们将一个周期扰动的调制不稳定性动力学展示在图 2.4(a) 中，可以发现这一扰动在连续波上先增长，到达最高峰处之后再衰减。它在频域上的强度演化图展示在图 2.4(b) 中，中心频率处是连续波背景对应的频率成分，初始扰动的两个频率成分对应于中心频率两侧的两个对称边带。这两个边带先增加后衰减，它们的增长衰减也影响着其他边带的增长和衰减，与此同时中心频率成分会先衰减后增长。正因如此，调制不稳定性的过程也可以看作泵浦能量 (即连续波能量) 与边带能量 (即扰动能量) 来回转化的过程。

由调制不稳定性诱发的扰动动力学过程可以分为两个演化阶段，即线性阶段和非线性阶段。线性演化阶段通常是指扰动的初始增长阶段，这时扰动幅度相对于连续波背景比较小，模型中非线性项可以近似看作线性项，同时扰动的动力学特征可以利用线性稳定性分析预测；随着扰动的增长，扰动幅度会达到可以与背景幅度相比拟的水平，此时扰动的演化就进入了非线性阶段，这一阶段中模型的非线性项无法再近似成线性项，演化的结果也会变得复杂多样且难以预测。人们最初对调制不稳定性的研究主要集中在其线性阶段，即扰动的增长特性上，但是近些年非线性阶段的演化特征也受到了越来越多的关注 [129]。目前，对扰动的非线性演化阶段有两种主流的描述理论，它们分别对应于不同扰动的非线性动力学。

第一种是连续波上的自发振荡现象，也叫作自调制过程，它是具有局域性的扰动的普遍性质，表现为时空平面的“楔形”区域内无休止的振荡过程，人们已经利用反散射变换对可积模型中自发振荡的演化特征作出了准确预测 [130]；第二种描述模型是 super-regular 呼吸子 [131]，它由两个与 Akhmediev 呼吸子接近的 Tajiri-Watanabe 呼吸子叠加而成，描述的是一个既有周期性又有局域性的扰动的动力学过程。在非线性光纤中，这两种非线性动力学现象均已经被观察到 [132,133]，同时对它们的研究也已经扩展到其他物理系统中 [134,135]。

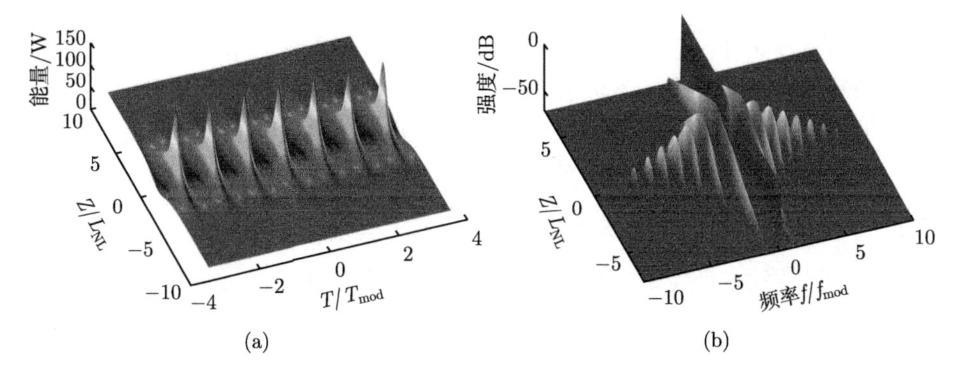

图 2.4 调制不稳定性影响下周期扰动的典型演化过程，图 (a) 和 (b) 分别是在时域和频域上的强度演化图 [129] (彩图见封底二维码)

近些年，调制不稳定性在弱光信号的放大、材料的吸收和损耗补偿、参量放大、超连续光谱的产生、频率梳的产生、脉冲链的产生等方面已经产生了重要的应用 [136–140]。同时，在非线性物理研究中，典型的非线性波如呼吸子、怪波等的产生和激发可用调制不稳定性解释。通过制备满足这种理论分析所得激发条件的初态，已经成功在实验上激发出 Akhmediev 呼吸子、怪波和 Kuznetsov-Ma 呼吸子等典型的非线性波 [141–143]。文献 [144] 系统地建立了标准非线性薛定谔系统中调制不稳定性的分布与平面波背景上的基本非线性波的定量对应关系，并指出怪波来自平面波背景上调制不稳定区的共振扰动，这更深层次地揭示了怪波的产生机制。之后，Sasa-Satsuma 系统中反暗孤子、周期波、W 形孤子链等非线性波与调制不稳定性之间的对应关系也得到确立。在另一种描述飞秒光脉冲传输的 Hirota 模型中，文献 [145] 和 [146] 也确定了调制不稳定性与多种非线性激发的对应关系，并且实现了数种非线性波之间的转换。之后，文献 [147] 给出在平面波背景上激发基本类型非线性波的一组完备参数，即背景频率、扰动频率、扰动能量和相对相位，不仅建立了形状传输不稳定的呼吸子、怪波等非线性波与调制不稳定性的联系，而且把形状传输稳定的孤子、周期波也纳入其框架。上述研究多是借助线性稳定性分析揭示系统的调制不稳定性，并借此建立起非线性波激发与调制不稳定性的对应关系。

对于连续波上具有不同激发频率的扰动，人们已经运用线性稳定性分析方法给出了它在线性演化阶段的增长率，并发现其中最大增益频率与实验结果相吻合 [148]。因此，对于预测由调制不稳定性诱发的扰动增长特性和条件，线性稳定性分析是极为有效的，目前它已经在各种各样的物理系统中被广泛使用 [149–153]。与此同时，一个连续波上局域扰动可以诱发调制不稳定性在非线性阶段的普遍现象——自发振荡，线性稳定性分析可以准确给出自发振荡过程的边界速度，也可以预测调制不稳定性诱导出来强度峰的相对位置，并且给出 Peregrine 怪波和呼吸子的定量激发条件。总之，线性稳定性分析的这些定量应用证明了它对于连续波上扰动动力学预测和非线性波激发的有效性，这并不需要模型的可积性作为保障。接下来，我们将分别在单分量和多分量的非线性薛定谔系统中介绍线性稳定性分析方法的具体计算步骤，并对分析结果进行简要讨论。

2.5.2　单分量非线性薛定谔系统

由于标准非线性薛定谔方程所描述的物理系统甚为广泛，所以我们以此为例，

$$\mathrm{i}\frac{\partial u}{\partial t}+\frac{1}{2}\frac{\partial^2 u}{\partial x^2}+|u|^2u=0 \tag{2.5.1}$$

线性稳定性分析方法的步骤如下所述。

容易验证，(2.5.1) 式有一个平面波解，

$$u_0(x,t)=a\ \exp(\mathrm{i}\theta),\quad \theta=kx+(a^2-k^2/2)t \tag{2.5.2}$$

考虑在平面波解的基础上加一个小振幅的周期扰动

$$u_p(x,t)=[a+p(x,t)]\exp[\mathrm{i}\theta(x,t)] \tag{2.5.3}$$

其中，$p(x,t)$ 是满足特定线性方程的微扰。扰动平面波解 (2.5.3) 式为标准平面波背景 (2.5.2) 式加上扰动项 $p(x,t)$。线性化的主要思想就是，由于扰动项 $p(x,t)$ 为微扰，所以关于 $p(x,t)$ 的非线性项可以直接略去，从而直接将复杂的非线性问题转换为易处理的线性问题。

将扰动平面波解 (2.5.3) 式代入非线性薛定谔方程 (2.5.1) 式得如下关系:

$$a^2p+ap^2+a^2p^*+2app^*+p^2p^*+\mathrm{i}p_t+\mathrm{i}kp_x+\frac{1}{2}p_{xx}=0$$

其中，p^* 为 p 的复共轭；下标为相应扰动函数的偏导。由于 $p(x,t)$ 是弱扰动，所以 $p(x,t)$ 非线性项的影响可以忽略，从而得到扰动 $p(x,t)$ 满足的线性方程如下：

$$a^2p+a^2p^*+\mathrm{i}p_t+\mathrm{i}qp_x+\frac{1}{2}p_{xx}=0 \tag{2.5.4}$$

通常情况下，扰动项 $p(x,t)$ 可展开为

$$p(x,t)=f_{+}\mathrm{e}^{\mathrm{i}(Kx+\Omega t)}+f_{-}\mathrm{e}^{-\mathrm{i}(Kx+\Omega t)} \tag{2.5.5}$$

这里，K 和 Ω 分别表示扰动的波数和频率；f_{+},f_{-} 为扰动小振幅。将 (2.5.5) 式代入线性关系 (2.5.4) 式，并分离 $\mathrm{e}^{\mathrm{i}(Kx+\Omega t)}$ 和 $\mathrm{e}^{-\mathrm{i}(Kx+\Omega t)}$ 项，可得

$$\begin{cases}(a^2-K^2/2-Kk-\Omega)f_{+}+a^2f_{-}=0 & \text{(2.5.6a)}\\ (a^2-K^2/2+Kk+\Omega)f_{-}+a^2f_{+}=0 & \text{(2.5.6b)}\end{cases}$$

而 f_{+} 和 f_{-} 有非零解的条件是其系数行列式等于零，即

$$\begin{vmatrix} a^2-K^2/2-Kk-\Omega & a^2 \\ a^2 & a^2-K^2/2+Kk+\Omega \end{vmatrix}=0 \tag{2.5.7}$$

求解该方程可以得到扰动 $p(x,t)$ 的扰动频率 Ω 和 K 之间的色散关系：

$$\Omega=-Kk\pm|K|\sqrt{K^2/4-a^2} \tag{2.5.8}$$

从 (2.5.8) 式可以看出，对于 $|K|\geqslant 2a$，频率 Ω 都是实数，此时平面波 (2.5.2) 式在微扰下是稳定的。而 Ω 在 $|K|<2a$ 时变为复数，此时初始的小扰动信号将会以指数形式 $\exp(Gz)$ 增长放大。由色散关系 (2.5.8) 式可知，调制不稳定性存在于 $-2a<K<2a$ 的扰动波数区域。为了描述调制不稳定性的强弱，我们定义调制不稳定性增长率为

$$G=|\mathrm{Im}\{\Omega\}|=|K|\sqrt{a^2-K^2/4} \tag{2.5.9}$$

图 2.5 展示了标准的非线性薛定谔系统调制不稳定性增长率分布。其中，图 2.5(a) 为增长率 G 在 (k,K) 平面上的分布特征，图 2.5(b) 为增长率 G 在 (a,K) 平面上的分布特征。另外需要注意的是，分析系统调制不稳定性的方法——线性稳定性分析为了能够将扰动满足的方程线性化，要求扰动的振幅远小于平面波背景的振幅，因此该方法不适用于大振幅扰动的演化特征分析。对于小扰动，初始扰动振幅较小，随着演化呈现指数形式的增长；当扰动振幅和背景振幅大小相当的时候，扰动将进入非线性演化阶段，此时线性稳定性分析方法不再适用，系统非线性将对扰动演化起到主导作用使得扰动不能持续增长。虽然线性稳定性分析方法只能反映弱扰动的增长特征，但是它也反映了系统中连续波背景上扰动演化的稳定性特征，可以很好地揭示怪波和呼吸子的动力学行为。

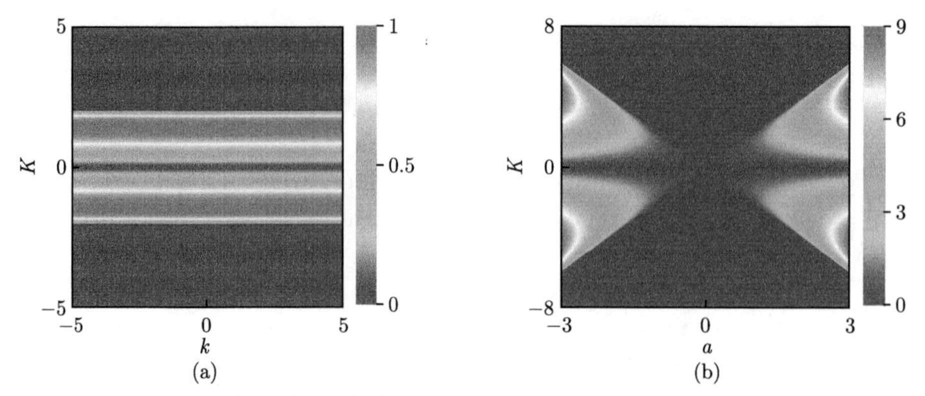

图 2.5 标准的非线性薛定谔系统在色散关系 (2.5.8) 式下的调制不稳定性增长率分布。(a) 增长率 G 在 (k, K) 平面上的分布特征，参数设置为：$a=1$；(b) 增长率 G 在 (a, K) 平面上的分布特征，参数设置为：$k=0$ (彩图见封底二维码)

2.5.3 多分量耦合非线性薛定谔系统

在无量纲情形下，两组分耦合非线性薛定谔模型 (即 Manakov 模型) 有如下表达式：

$$\begin{aligned}&\mathrm{i}\frac{\partial u_1}{\partial t}+\frac{1}{2}\frac{\partial^2 u_1}{\partial x^2}+\left(|u_1|^2+|u_2|^2\right)u_1=0\\&\mathrm{i}\frac{\partial u_2}{\partial t}+\frac{1}{2}\frac{\partial^2 u_2}{\partial x^2}+\left(|u_1|^2+|u_2|^2\right)u_2=0\end{aligned}\tag{2.5.10}$$

这里，$u_1(x,t)$、$u_2(x,t)$ 分别表示光电场包络的复振幅；x 和 t 分别是分布和演化方向的坐标。对于 Manakov 模型，标准的线性稳定性分析步骤如下。

首先引入耦合非线性薛定谔方程 (2.5.10) 一般形式的平面波背景解

$$u_{j0}=a_j\exp[\mathrm{i}\theta_j]=a_j\exp[\mathrm{i}(k_jx+v_jt)]\quad(j=1,2)\tag{2.5.11}$$

其中，

$$v_j=(a_1^2+a_2^2)-k_j^2/2\tag{2.5.12}$$

a_j 和 k_j 分别表示背景场的振幅和波数。考虑上述背景波解的扰动形式

$$u_{jp}(x,t)=[a_j+p_j(x,t)]\exp[\mathrm{i}\theta_j(x,t)]\tag{2.5.13}$$

其中，$p_j(x,t)$ 表示微扰且满足一个线性方程。将扰动平面波解 (2.5.13) 式代入 (2.5.10) 式并进行标准的线性化，忽略高阶项后可得如下线性关系：

$$a_1^2p_1+a_1^2p_1^*+a_1a_2(p_2+p_2^*)+\mathrm{i}p_{1t}+\mathrm{i}k_1p_{1x}+\frac{1}{2}p_{1xx}=0\tag{2.5.14}$$

$$a_2^2p_2+a_2^2p_2^*+a_1a_2(p_1+p_1^*)+\mathrm{i}p_{2t}+\mathrm{i}k_2p_{2x}+\frac{1}{2}p_{2xx}=0 \tag{2.5.15}$$

其中，p_j^* 为 p_j 的复共轭；下标为相应的偏导。通常情况下，扰动项 $p_j(x,t)$ 可做如下展开：

$$p_j(x,t)=f_{j,+}\mathrm{e}^{\mathrm{i}(Kx+\Omega t)}+f_{j,-}\mathrm{e}^{-\mathrm{i}(Kx+\Omega t)} \tag{2.5.16}$$

将 (2.5.16) 式代入线性关系 (2.5.14) 式和 (2.5.15) 式并分离 $\mathrm{e}^{\mathrm{i}(Kx+\Omega t)}$ 和 $\mathrm{e}^{-\mathrm{i}(Kx+\Omega t)}$ 项，可得如下线性方程组：

$$\begin{cases}(a_1^2-K^2/2-Kk_1-\Omega)f_{1,+}+a_1^2f_{1,-}+a_1a_2f_{2,+}+a_1a_2f_{2,-}=0 & \text{(2.5.17a)}\\(a_1^2-K^2/2+Kk_1+\Omega)f_{1,-}+a_1^2f_{1,+}+a_1a_2f_{2,+}+a_1a_2f_{2,-}=0 & \text{(2.5.17b)}\\(a_2^2-K^2/2-Kk_2-\Omega)f_{2,+}+a_2^2f_{2,-}+a_1a_2f_{1,+}+a_1a_2f_{1,-}=0 & \text{(2.5.17c)}\\(a_2^2-K^2/2+Kk_2+\Omega)f_{2,+}+a_2^2f_{2,-}+a_1a_2f_{1,+}+a_1a_2f_{1,-}=0 & \text{(2.5.17d)}\end{cases}$$

类似于标量非线性薛定谔方程，该耦合模型有非零解的条件是系数行列式等于零，可得

$$\begin{vmatrix}m_{11} & m_{12} & m_{13} & m_{14}\\m_{21} & m_{22} & m_{23} & m_{24}\\m_{31} & m_{32} & m_{33} & m_{34}\\m_{41} & m_{42} & m_{43} & m_{44}\end{vmatrix}=0 \tag{2.5.18}$$

其中，

$$\begin{aligned}&m_{11}=a_1^2-K^2/2-Kk_1-\omega,\quad m_{21}=a_1^2-K^2/2+Kk_1+\Omega\\&m_{31}=a_2^2-K^2/2-Kk_2-\omega,\quad m_{41}=a_2^2-K^2/2+Kk_2+\Omega\\&m_{12}=m_{22}=a_1^2,\quad m_{32}=m_{42}=a_2^2\\&m_{13}=m_{14}=m_{23}=m_{24}=m_{33}=m_{34}=m_{43}=m_{44}=a_1a_2\end{aligned} \tag{2.5.19}$$

由此可见，(2.5.18) 式是关于 Ω 的四次方程，由此可以解得扰动 $p_j(x,t)$ 的扰动频率 Ω 和 K 之间的色散关系。若 Ω 中的任意一个根具有非零的虚部，即 $\mathrm{Im}\{\Omega\}\neq 0$，则意味着扰动振幅将以指数放大。由此，调制不稳定性增长率定义为 $G=|\mathrm{Im}\{\Omega\}|$，用来表征相应的调制不稳定性的强弱。一般情况下，我们可以解得 (2.5.18) 式的四个不同的根，这四个根会两两形成一个分支，每一个分支对应一种增益值分布。

图 2.6 所示为增长率 G 的两种分布情况，分别对应于方程根的两个分支。显而易见，它们之间有着很大的不同，将产生不同的怪波结构和呼吸子结构。例如，在探究调制不稳定性与怪波之间关系的时候，不同的增益值分布会对应于不同类型怪波在参数空间的分布，它们与由解析怪波解给出的参数范围吻合得很好，这

部分内容将在第 3 章进行详细说明。在分析平面波上扰动增长情况的时候，如何对这两种分布进行选择，这仍然是一个亟待解决的问题。

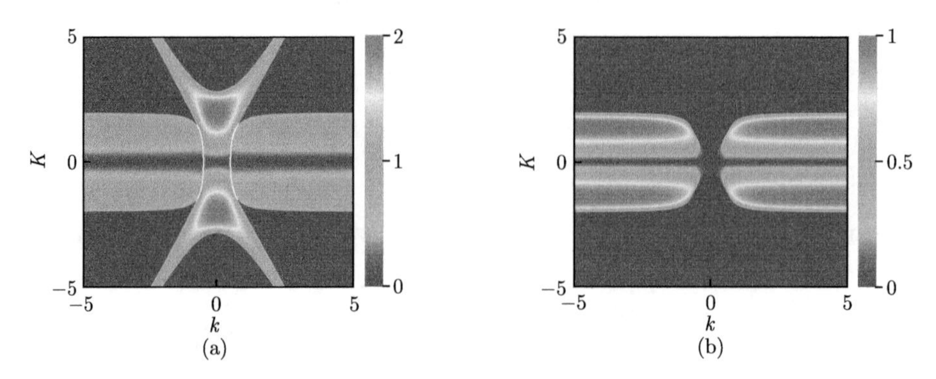

图 2.6 耦合非线性薛定谔系统的两支调制不稳定增益分布。(a) 增长率 G 分支一在 (k, K) 平面上的分布特征，; (b) 增长率 G 分支二在 (k, K) 平面上的分布特征，参数设置为：$a_1 = a_2 = 1, k_1 = -k_2 = k$ (彩图见封底二维码)

值得注意的是，这里增长率 G 是物理参量 a_1, a_2, k_1, k_2 和 K 的函数。若矢量背景波的背景波数 $k_1 = k_2$，即相对背景波数为零 $(k_1 - k_2 = 0)$，那么调制不稳定性将约化为相应的标量非线性薛定谔模型情况，且组分 u_1 中的非线性波振幅结构仅与 u_2 中的非线性波振幅结构成比例地放大或缩小，即 $\dfrac{|u_1|}{|u_2|} = \dfrac{a_1}{a_2}$。因此，这种情况实质上是对标量非线性薛定谔模型不稳定性的矢量推广。而相对波矢无法通过伽利略变换抹除，它具有实际的非平凡的物理意义。因此相对波数非零的情形值得我们考虑，即 $k_1 - k_2 \neq 0$。事实上，最近的研究表明，考虑不同组分间的相对波矢变化，可以激发具有不同结构的怪波以及呼吸子 [154–158]。为了分析简单起见，我们考虑矢量背景波场具有相等的背景振幅 $(a_1 = a_2 = a)$，通过选取不同的相对波矢得到相应的色散关系，继而得到调制不稳定性增长率在不同初始条件下的分布特征。

参 考 文 献

[1] Ablowitz M J, Segur H. Solitons and the Inverse Scattering Transform[M]. USA, Philadelphia: SIAM, 1981.

[2] Matveev V B, Salli M A. Darboux Transformations and Solitons, Springer Series in Nonlinear Dynamics [M]. Berlin: Springer Press, 1991.

[3] Liu Q P, Manas M. Darboux transformation for the Manin-Radul supersymmetric KdV equation[J]. Physics Letters B, 1997, 394(3-4): 337-342.

[4] Guo B L, Ling L, Liu Q P. Nonlinear Schrödinger equation: generalized Darboux transformation and rogue wave solutions[J]. Physical Review E, 2012, 85(2): 026607.

[5] Hirota R. Direct Methods in Soliton Theory[M]. Berlin: Springer Berlin Heidelberg, 1980: 157-176.

[6] Guo B L, Pan X N. Soliton solution for a class of the system of LS nonlinear wave interaction[J]. Chinese Physics Letters, 1990, 7(6): 241-244.

[7] Hu X B, Tam H W. Application of Hirota's bilinear formalism to a two-dimensional lattice by Leznov[J]. Physics Letters A, 2000, 276(1-4): 65-72.

[8] Rogers C, Shadwick W F. Bäcklund Transformations and Their Applications[M]. New York: Academic Press, 1982.

[9] Sulem C, Sulem P L. The Nonlinear Schrödinger Equation: Self-focusing and Wave Collapse[M]. New York: Springer Science & Business Media, 2007.

[10] Krasilshchik I S, Vinogradov A M. Nonlocal symmetries and the theory of coverings: An addendum to AM vinogradov's "local symmetries and conservation laws" [J]. Acta Applicandae Mathematica, 1984, 2(1): 79-96.

[11] Lou S Y, Hu X B. Infinitely many Lax pairs and symmetry constraints of the KP equation[J]. Journal of Mathematical Physics, 1997, 38(12): 6401-6427.

[12] Lou S Y, Hu X B. Non-local symmetries via Darboux transformations[J]. Journal of Physics A: Mathematical, Nuclear and General, 1997, 30(5): L95-L100.

[13] Hu X R, Lou S Y, Chen Y. Explicit solutions from eigenfunction symmetry of the Korteweg-de Vries equation[J]. Physical Review E, 2012, 85(5): 056607.

[14] Lou S Y, Hu X, Chen Y. Nonlocal symmetries related to Bäcklund transformation and their applications[J]. Journal of Physics A: Mathematical and Theoretical, 2012, 45(15): 155209.

[15] Cheng X P, Lou S Y, Chen C, et al. Interactions between solitons and other nonlinear Schrödinger waves[J]. Physical Review E, 2014, 89(4): 043202.

[16] Cheng X P, Chen C L, Lou S Y. Interactions among different types of nonlinear waves described by the Kadomtsev-Petviashvili equation[J]. Wave Motion, 2014, 51(8): 1298-1308.

[17] Ren B, Cheng X P, Lin J. The (2+1)-dimensional Konopelchenko-Dubrovsky equation: nonlocal symmetries and interaction solutions[J]. Nonlinear Dynamics, 2016, 86(3): 1855-1862.

[18] Ren B, Lin J, Lou Z M. Lumps and their interaction solutions of a (2+1)-dimensional generalized potential Kadomtsev-Petviashvili equation[J]. Journal of Applied Analysis Computation, 2020, 10(3): 935-945.

[19] Qu C Z, Ji L N, Dou J B. Exact solutions and generalized conditional symmetries to $(n+1)$-dimensional nonlinear diffusion equations with source term[J]. Physics Letters A, 2005, 343(1-3): 139-147.

[20] Gao X N, Lou S Y, Tang X Y. Bosonization, singularity analysis, nonlocal symmetry reductions and exact solutions of supersymmetric KdV equation[J]. Journal of High Energy Physics, 2013, 2013(5): 1-29.

[21] Wang M L, Zhou Y B, Li Z B. Application of homegenous balance method to exact solutions of nonlinear equations in mathematical physics[J]. Physics Letters A, 1996, 216: 67.

[22] Fan E G, Zhang H. A note on the homogeneous balance method[J]. Physics Letters A, 1998, 246(5): 403-406.

[23] Wazwaz A M. The tanh-coth and the sine-cosine methods for kinks, solitons, and periodic solutions for the Pochhammer-Chree equations[J]. Applied Mathematics and Computation, 2008, 195(1): 24-33.

[24] Yan Z. New exact solution structures and nonlinear dispersion in the coupled nonlinear wave systems[J]. Physics Letters A, 2007, 361(3): 194-200.

[25] Wazwaz A M. Abundant solitons solutions for several forms of the fifth-order KdV equation by using the tanh method[J]. Applied Mathematics and Computation, 2006, 182(1): 283-300.

[26] Wazwaz A M. The extended tanh method for new solitons solutions for many forms of the fifth-order KdV equations[J]. Applied Mathematics and Computation, 2007, 184(2): 1002-1014.

[27] Gao Y T, Tian B. Generalized hyperbolic-function method with computerized symbolic computation to construct the solitonic solutions to nonlinear equations of mathematical physics[J]. Computer Physics Communications, 2001, 133(2-3): 158-164.

[28] Liu S, Fu Z, Liu S, et al. Jacobi elliptic function expansion method and periodic wave solutions of nonlinear wave equations[J]. Physics Letters A, 2001, 289(1-2): 69-74.

[29] Huang D J, Zhang H Q. Variable-coefficient projective Riccati equation method and its application to a new (2+1)-dimensional simplified generalized Broer-Kaup system[J]. Chaos, Solitons & Fractals, 2005, 23(2): 601-607.

[30] Gardner C S, Greene J M, Kruskal M D, et al. Method for solving the Korteweg-de Vries equation[J]. Physical Review Letters, 1967, 19(19): 1095.

[31] Lax P D. Integrals of nonlinear equations of evolution and solitary waves[J]. Communications on Pure and Applied Mathematics, 1968, 21(5): 467-490.

[32] Zakharov V E, Shabat A B. Exact theory of two-dimensional self-focusing and onedimensional self-modulation of waves in nonlinear media[J]. Sov. Phys. JETP, 1972,37: 823-828.

[33] Wadati M. The modified Korteweg-de Vries equation[J]. Journal of the Physical Society of Japan, 1973, 34(5): 1289-1296.

[34] Ablowitz M J, Kaup D J, Newell A C, et al. Nonlinear-evolution equations of physical significance[J]. Physical Review Letters, 1973, 31(2): 125.

[35] Wahlquist H D, Estabrook F B. Prolongation structures of nonlinear evolution equations[J]. Journal of Mathematical Physics, 1975, 16(1): 1-7.

[36] Darboux G. On a proposition relative to linear equations[J]. arXiv Preprint Physics/9908003, 1999.

[37] Matveev V B. Darboux transformation and explicit solutions of the Kadomtcev-Petviaschvily equation, depending on functional parameters[J]. Letters in Mathematical Physics, 1979, 3(3): 213-216.

[38] Matveev V B, Salle M A. Differential-difference evolution equations. II (Darboux transformation for the Toda lattice)[J]. Letters in Mathematical Physics, 1979, 3(5): 425-429.

[39] Sall M A. Darboux transformations for non-Abelian and nonlocal equations of the Toda chain type[J]. Theoretical and Mathematical Physics, 1982, 53: 1092-1099.

[40] Gu C H, Zhou Z X. On Darboux transformations for soliton equations in high-dimensional spacetime[J]. Letters in Mathematical Physics, 1994, 32(1): 1-10.

[41] Liu Q P. Darboux transformations for supersymmetric Korteweg-de Vries equations[J]. Letters in Mathematical Physics, 1995, 35(2): 115-122.

[42] Ma W X. Darboux transformations for a Lax integrable system in 2n dimensions[J]. Letters in Mathematical Physics, 1997, 39(1): 33-49.

[43] Lin J, Li Y S, Qian X M. The Darboux transformation of the Schrödinger equation with an energy-dependent potential[J]. Physics Letters A, 2007, 362(2-3): 212-214.

[44] Lin J, Ren B, Li H, et al. Soliton solutions for two nonlinear partial differential equations using a Darboux transformation of the Lax pairs[J]. Physical Review E, 2008, 77(3): 036605.

[45] Guo B L, Ling L, Liu Q P. Nonlinear Schrödinger equation: Generalized Darboux transformation and rogue wave solutions[J]. Physical Review E, 2012, 85(2): 026607.

[46] Zha Q L. On Nth-order rogue wave solution to nonlinear coupled dispersionless evolution equations[J]. Physics Letters A, 2012, 376(45): 3121-3128.

[47] Zha Q L. On Nth-order rogue wave solution to the generalized nonlinear Schrödinger equation[J]. Physics Letters A, 2013, 377(12): 855-859.

[48] Ling L, Feng B F, Zhu Z. Multi-soliton, multi-breather and higher order rogue wave solutions to the complex short pulse equation[J]. Physica D: Nonlinear Phenomena, 2016, 327: 13-29.

[49] Ling L, Guo B, Zhao L C. High-order rogue waves in vector nonlinear Schrödinger equations[J]. Physical Review E, 2014, 89(4): 041201.

[50] Wang X, Li Y, Chen Y. Generalized Darboux transformation and localized waves in coupled Hirota equations[J]. Wave Motion, 2014, 51(7): 1149-1160.

[51] Wang X, Cao J, Chen Y. Higher-order rogue wave solutions of the three-wave resonant interaction equation via the generalized Darboux transformation[J]. Physica Scripta, 2015, 90(10): 105201.

[52] Tian S, Wang Z, Zhang H. Some types of solutions and generalized binary Darboux transformation for the mKP equation with self-consistent sources[J]. Journal of mathematical analysis and applications, 2010, 366(2): 646-662.

[53] Yu J, Han J, He J. Determinant representation of binary Darboux transformation for the AKNS equation[J]. Zeitschrift für Naturforschung A, 2015, 70(12): 1039-1048.

[54] Song C Q, Xiao D M, Zhu Z N. Solitons and dynamics for a general integrable nonlocal coupled nonlinear Schrödinger equation[J]. Communications in Nonlinear Science and Numerical Simulation, 2017, 45: 13-28.

[55] Hirota R. Exact solution of the Korteweg—de Vries equation for multiple collisions of solitons[J]. Physical Review Letters, 1971, 27(18): 1192.

[56] Hirota R. A new form of Bäcklund transformations and its relation to the inverse scattering problem[J]. Progress of Theoretical Physics, 1974 (52): 1498-1512.

[57] Miwa T, Jimbo M, Date E. Solitons: Differential Equations, Symmetries and Infinite Dimensional Algebras[M]. Cambridge: Cambridge University Press, 2000.

[58] Matveev V B. Darboux transformation and explicit solutions of the Kadomtsev-Petviashvili equation, depending on functional parameters[J]. Letters in Mathematical. Physics, 1979 (3): 213-216.

[59] Satsuma J. A Wronskian representation of N-soliton solutions of nonlinear evolution equations[J]. Journal of the Physical Society of Japan, 1979, 46: 359-360.

[60] Freeman N C, Nimmo J J C. Soliton solutions of the KdV and KP equations: The Wronskian technique[J]. Physics Letters A, 1983, 95: 1-3.

[61] Hirota R. Soliton solutions to the BKP equations. I. The Pfaffian technique[J]. Journal of the Physical Society of Japan, 1989, 58(7): 2285-2296.

[62] Hirota R, Ohta Y. Hierarchies of coupled soliton equations. I[J]. Journal of the Physical Society of Japan, 1991, 60: 798-809.

[63] Nakamura A. A direct method of calculating periodic wave solutions to nonlinear evolution equations. I. Exact two-periodic wave solution[J]. Journal of the Physical Society of Japan, 1979, 47(5): 1701-1705.

[64] Lambert F, Springael J. Construction of Bäcklund transformations with binary Bell polynomials[J]. Journal of the Physical Society of Japan, 1997, 66(8): 2211-2213.

[65] Lambert F, Springael J. Soliton equations and simple combinatorics[J]. Acta Applicandae Mathematicae, 2008, 102(2-3): 147-178.

[66] He Y, Hu X B, Sun J Q, et al. Convergence acceleration algorithm via an equation related to the lattice Boussinesq equation[J]. SIAM Journal on Scientific Computing, 2011, 33(3): 1234-1245.

[67] Brezinski C, He Y,Hu X B, et al. Multistep ε-algorithm, Shanks' transformation, and the Lotka-Volterra system by Hirota's method[J].Mathematical Components, 2012, 81(279): 1527-1549.

[68] Zhang Y N, Hu X B, Sun J Q. A numerical study of the 3-periodic wave solutions to KdV-type equations[J]. Journal of Computational Physics, 355 (2018), 566–581.

[69] Chang X K, He Y, Hu X B, et al. Partial-skew-orthogonal polynomials and related integrable lattices with Pfaffian tau-functions[J]. Communications in Mathematical Physics, 2018, 364(3): 1069–1119.

[70] Hietarinta J, Zhang D J. Soliton solutions for ABS lattice equations: II: Casoratians and bilinearization[J]. Journal of Physics A: Math. Theore, 2009, 42(40): 404006.

[71] Zhang D J, Zhao S L, Sun Y Y, et al. Solutions to the modified Korteweg-de Vries equation (review)[J]. Reviews in Mathematical Physics, 2014, 26(7): 1430006.

[72] Chen K, Deng X, Lou S Y, et al. Solutions of nonlocal equations reduced from the AKNS hierarchy[J]. Studies in Applied Mathematics, 2018, 141(1): 113-141.

[73] Li X, Zhang D J. Elliptic soliton solutions: functions, vertex operators and bilinear identities[J]. Journal of Nonlinear Science, 2022, 32(5): 53.

[74] Yang B, Yang J. Rogue wave patterns in the nonlinear Schrödinger equation[J]. Physica D: Nonlinear Phenomena, 2021, 419: 132850.

[75] Kedziora D J, Ankiewicz A, Akhmediev N. Rogue waves and solitons on a cnoidal background[J]. The European Physical Journal Special Topics, 2014, 223(1): 43-62.

[76] Cheng X P, Lou S Y, Chen C, et al. Interactions between solitons and other nonlinear Schrödinger waves[J]. Physical Review E, 2014, 89(4): 043202.

[77] Kibler B, Chabchoub A, Gelash A, et al. Superregular breathers in optics and hydrodynamics: Omnipresent modulation instability beyond simple periodicity[J]. Physical Review X, 2015, 5(4): 041026.

[78] Zhao L C, Yang Z Y, Yang W L. Solitons in nonlinear systems and eigen-states in quantum wells[J]. Chinese Physics B, 2019, 28(1): 010501.

[79] Nogami Y, Warke C. Soliton solutions of multicomponent nonlinear Schrödinger equation[J]. Physics Letters A, 1976, 59(4): 251-253.

[80] Akhmediev N, Ankiewicz A. Partially coherent solitons on a finite background[J]. Physical Review Letters, 1999, 82(13): 2661-2664.

[81] Landau L D, Lifshitz E M. Quantum Mechanics[M]. Oxford: Pergamon Press, 1977.

[82] Becker C, Stellmer S, Soltan-Panahi P, et al. Oscillations and interactions of dark and dark-bright solitons in Bose-Einstein condensates[J]. Nature Physics, 2008, 4(6): 496-501.

[83] Zhang X F, Hu X H, Liu X X, et al. Vector solitons in two-component Bose-Einstein condensates with tunable interactions and harmonic potential[J]. Physical Review A, 2009, 79(3): 033630.

[84] Liu X X, Pu H, Xiong B, et al. Formation and transformation of vector solitons in two-species Bose-Einstein condensates with a tunable interaction[J]. Physical Review A, 2009, 79(1): 013423.

[85] Zhang X F, Zhang P, He W Q, et al. Stability properties of vector solitons in two-component Bose-Einstein condensates with tunable interactions[J]. Chinese Physics B, 2011, 20(2): 020307.

[86] Zhao L C, He S L. Matter wave solitons in coupled system with external potentials[J]. Physics Letters A, 2011, 375(33): 3017-3020.

[87] Zhao L C. Beating effects of vector solitons in Bose-Einstein condensates[J]. Physical Review E, 2018, 97(6): 062201.

[88] Zhao L C, Xin G G, Yang Z Y. Transition dynamics of a bright soliton in a binary Bose-Einstein condensate[J]. Journal of the Optical Society of America B, 2017, 34(12): 2569-2577.

[89] Ling L, Zhao L C. Integrable pair-transition-coupled nonlinear Schrödinger equations[J]. Physical Review E, 2015, 92(2): 022924.

[90] Zhao L C, Ling L, Yang Z Y, et al. Pair-tunneling induced localized waves in a vector nonlinear Schrödinger equation[J]. Communications in Nonlinear Science and Numerical Simulation, 2015, 23(1-3): 21-27.

[91] Qin Y H, Zhao L C, Yang Z Y, et al. Several localized waves induced by linear interference between a nonlinear plane wave and bright solitons[J]. Chaos: An Interdisciplinary Journal of Nonlinear Science, 2018, 28(1): 013111.

[92] Meng L Z, Qin Y H, Zhao L C, et al. Domain walls and their interactions in a two-component Bose-Einstein condensate[J]. Chinese Physics B, 2019, 28(6): 060502.

[93] Turitsyn S K, Bale B G, Fedoruk M P. Dispersion-managed solitons in fibre systems and lasers[J]. Physics Reports, 2012, 521(4): 135-203.

[94] Kartashov Y V, Malomed B A, Torner L. Solitons in nonlinear lattices[J]. Reviews of Modern Physics, 2011, 83(1): 247.

[95] Serkin V N, Hasegawa A, Belyaeva T L. Solitary waves in nonautonomous nonlinear and dispersive systems: Nonautonomous solitons[J]. Journal of Modern Optics, 2010, 57(14-15): 1456-1472.

[96] Serkin V N, Hasegawa A, Belyaeva T L. Nonautonomous solitons in external potentials[J]. Physical Review Letters, 2007, 98(7): 074102.

[97] Serkin V N, Hasegawa A. Novel soliton solutions of the nonlinear Schrödinger equation model[J]. Physical Review Letters, 2000, 85(21): 4502.

[98] Serkin V N, Hasegawa A, Belyaeva T L. Nonautonomous matter-wave solitons near the Feshbach resonance[J]. Physical Review A, 2010, 81(2): 023610.

[99] Ponomarenko S A, Agrawal G P. Do solitonlike self-similar waves exist in nonlinear optical media?[J]. Physical Review Letters, 2006, 97(1): 013901.

[100] Ponomarenko S A, Agrawal G P. Optical similaritons in nonlinear waveguides[J]. Optics Letters, 2007, 32(12): 1659-1661.

[101] Ponomarenko S A, Agrawal G P. Interactions of chirped and chirp-free similaritons in optical fiber amplifiers[J]. Optics Express, 2007, 15(6): 2963-2973.

[102] Belmonte-Beitia J, Pérez-Garćia V M, Vekslerchik V, et al. Localized nonlinear waves in systems with time-and space-modulated nonlinearities[J]. Physical Review Letters, 2008, 100(16): 164102.

[103] Liang Z X, Zhang Z D, Liu W M. Dynamics of a bright soliton in Bose-Einstein condensates with time-dependent atomic scattering length in an expulsive parabolic potential[J]. Physical Review Letters, 2005, 94(5): 050402.

[104] Liang Z X, Zhang Z D, Liu W M. Bright solitons managed by Feshbach Resonance in Bose-Einstein condensates[J]. Modern Physics Letters A, 2006, 21(05): 383-397.

[105] Luo H G, Zhao D, He X G. Exactly controllable transmission of nonautonomous optical solitons[J]. Physical Review A, 2009, 79(6): 063802.

[106] He X G, Zhao D, Li L, et al. Engineering integrable nonautonomous nonlinear Schrödinger equations[J]. Physical Review E, 2009, 79(5): 056610.

[107] Sun Z Y, Gao Y T, Liu Y, et al. Soliton management for a variable-coefficient modified Korteweg-de Vries equation[J]. Physical Review E, 2011, 84(2): 026606.

[108] Tian B, Gao Y T. Symbolic-computation study of the perturbed nonlinear Schrödinger model in inhomogeneous optical fibers[J]. Physics Letters A, 2005, 342(3): 228-236.

[109] Yan Z, Zhang X F, Liu W M. Nonautonomous matter waves in a waveguide[J]. Physical Review A, 2011, 84(2): 023627.

[110] Li L, Li Z, Li S, et al. Modulation instability and solitons on a cw background in inhomogeneous optical fiber media[J]. Optics Communications, 2004, 234(1): 169-176.

[111] Zhang J F, Wu L, Li L. Self-similar parabolic pulses in optical fiber amplifiers with gain dispersion and gain saturation[J]. Physical Review A, 2008, 78(5): 055801.

[112] Zhong W P, Xie R H, Belíc M, et al. Exact spatial soliton solutions of the twodimensional generalized nonlinear Schrödinger equation with distributed coefficients[J]. Physical Review A, 2008, 78(2): 023821;

[113] Dai C Q, Wang X G, Zhou G Q. Stable light-bullet solutions in the harmonic and paritytime-symmetric potentials[J]. Physical Review A, 2014, 89(1): 013834.

[114] Yang Z Y, Zhao L C, Zhang T, et al. Snakelike nonautonomous solitons in a graded-index grating waveguide[J]. Physical Review A, 2010, 81(4): 043826.

[115] Zhao L C, Yang Z Y, Ling L M, et al. Precisely controllable bright nonautonomous solitons in Bose-Einstein condensate[J]. Physics Letters A, 2011, 375(17): 1839-1842.

[116] Yang Z Y, Zhao L C, Zhang T, et al. Dynamics of a nonautonomous soliton in a generalized nonlinear Schrödinger equation[J]. Physical Review E, 2011, 83(6): 066602.

[117] Yang Z Y, Zhao L C, Zhang T, et al. The dynamics of nonautonomous soliton inside planar graded-index waveguide with distributed coefficients[J]. Optics Communications, 2010, 283(19): 3768-3772.

[118] Yang Z Y, Zhao L C, Zhang T, et al. Bright chirp-free and chirped nonautonomous solitons under dispersion and nonlinearity management[J]. Journal of the Optical Society of America B, 2011, 28(2): 236-240.

[119] Liu C, Yang Z Y, Yang W L, et al. Nonautonomous dark solitons and rogue waves in a graded-index grating waveguide[J]. Communications in Theoretical Physics, 2013, 59(3): 311.

[120] Liu C, Yang Z Y, Zhang M, et al. Dynamics of nonautonomous dark solitons[J]. Communications in Theoretical Physics, 2013, 59(6): 703.

[121] Dudley J M, Dias F, Erkintalo M, et al. Instabilities, breathers and rogue waves in optics[J]. Nature Photonics, 2014, 8(10): 755-764.

[122] Whitham G B. Non-linear dispersive waves[J]. Proceedings of the Royal Society of London. Series A. Mathematical and Physical Sciences, 1965, 283(1393): 238-261.

[123] Ostrovskii L A. Electromagnetic waves in nonlinear media with dispersion (Propagation of quasi-monochromatic electromagnetic waves in nonlinear dispersing medium)[J]. Soviet Physics-Technical Physics, 1964, 8: 679-681.

[124] Taniuti T, Washimi H. Self-trapping and instability of hydromagnetic waves along the magnetic field in a cold plasma[J]. Physical Review Letters, 1968, 21(4): 209.

[125] Benjamin T B, Feir J E. The disintegration of wave trains on deep water Part 1. Theory[J]. Journal of Fluid Mechanics, 1967, 27(3): 417-430.

[126] Hasegawa A, Brinkman W. Tunable coherent IR and FIR sources utilizing modulational instability[J]. IEEE Journal of Quantum Electronics, 1980, 16(7): 694-697.

[127] Hasegawa A. Generation of a train of soliton pulses by induced modulational instability in optical fibers[J]. Optics Letters, 1984, 9(7): 288-290.

[128] Tai K, Hasegawa A, Tomita A. Observation of modulational instability in optical fibers[J]. Physical Review Letters, 1986, 56(2): 135.

[129] Wetzel B, Erkintalo M, Genty G, et al. New analysis of an old instability[J]. SPIE Newsroom, 2011, 10(2.1201104): 003697.

[130] Biondini G, Mantzavinos D. Universal nature of the nonlinear stage of modulational instability[J]. Physical Review Letters, 2016, 116(4): 043902.

[131] Zakharov V E, Gelash A A. Nonlinear stage of modulation instability[J]. Physical Review Letters, 2013, 111(5): 054101.

[132] Kibler B, Chabchoub A, Gelash A, et al. Superregular breathers in optics and hydrodynamics: Omnipresent modulation instability beyond simple periodicity[J]. Physical Review X, 2015, 5(4): 041026.

[133] Kraych A E, Suret P, El G, et al. Nonlinear evolution of the locally induced modulational instability in fiber optics[J]. Physical Review Letters, 2019, 122(5): 054101.

[134] Biondini G, Li S, Mantzavinos D, et al. Universal behavior of modulationally unstable media[J]. SIAM Review, 2018, 60(4): 888-908.

[135] Liu C, Akhmediev N. Super-regular breathers in nonlinear systems with self-steepening effect[J]. Physical Review E, 2019, 100(6): 062201.

[136] Abou'ou M N Z, Dinda P T, Ngabireng C M, et al. Impact of the material absorption on the modulational instability spectra of wave propagation in high-index glass fibers[J]. Journal of the Optical Society of America B, 2011, 28(6): 1518-1528.

[137] Trillo S, Wabnitz S, Stegeman G I, et al. Parametric amplification and modulational instabilities in dispersive nonlinear directional couplers with relaxing nonlinearity[J]. Journal of the Optical Society of America B, 1989, 6(5): 889-900.

[138] Newbury N R, Washburn B R, Corwin K L, et al. Noise amplification during supercontinuum generation in microstructure fiber[J]. Optics Letters, 2003, 28(11): 944-946.

[139] Hansson T, Modotto D, Wabnitz S. Dynamics of the modulational instability in microresonator frequency combs[J]. Physical Review A, 2013, 88(2): 023819.

[140] Sylvestre T, Coen S, Emplit P, et al. Self-induced modulational instability laser revisited: normal dispersion and dark-pulse train generation[J]. Optics Letters, 2002, 27(7): 482-484.

[141] Kibler B, Fatome J, Finot C, et al. The Peregrine soliton in nonlinear fibre optics[J]. Nature Physics, 2010, 6(10): 790-795.

[142] Dudley J M, Genty G, Dias F, et al. Modulation instability, Akhmediev Breathers and continuous wave supercontinuum generation[J]. Optics Express, 2009, 17(24): 21497-21508.

[143] Kibler B, Fatome J, Finot C, et al. Observation of Kuznetsov-Ma soliton dynamics in optical fibre[J]. Scientific Reports, 2012, 2(1): 1-5.

[144] Zhao L C, Ling L. Quantitative relations between modulational instability and several well-known nonlinear excitations[J]. Journal of the Optical Society of America B, 2016, 33(5): 850-856.

[145] Liu C, Yang Z Y, Zhao L C, et al. State transition induced by higher-order effects and background frequency[J]. Physical Review E, 2015, 91(2): 022904.

[146] Liu C, Yang Z Y, Zhao L C, et al. Symmetric and asymmetric optical multipeak solitons on a continuous wave background in the femtosecond regime[J]. Physical Review E, 2016, 94(4): 042221.

[147] Duan L, Liu C, Zhao L C, et al. Quantitative relations between fundamental nonlinear waves and modulation instability[J]. Acta Physica Sinica, 2020, 69(1): 010501.

[148] Bendahmane A, Mussot A, Kudlinski A, et al. Optimal frequency conversion in the nonlinear stage of modulation instability[J]. Optics Express, 2015, 23(24): 30861-30871.

[149] Cavalcanti S B, Cressoni J C, da Cruz H R, et al. Modulation instability in the region of minimum group-velocity dispersion of single-mode optical fibers via an extended nonlinear Schrödinger equation[J]. Physical Review A, 1991, 43(11): 6162.

[150] Baronio F, Conforti M, Degasperis A, et al. Vector rogue waves and baseband modulation instability in the defocusing regime[J]. Physical Review Letters, 2014, 113(3): 034101.

[151] Frisquet B, Kibler B, Fatome J, et al. Polarization modulation instability in a Manakov fiber system[J]. Physical Review A, 2015, 92(5): 053854.

[152] Everitt P J, Sooriyabandara M A, Guasoni M, et al. Observation of a modulational instability in Bose-Einstein condensates[J]. Physical Review A, 2017, 96(4): 041601.

[153] Mosca S, Parisi M, Ricciardi I, et al. Modulation instability induced frequency comb generation in a continuously pumped optical parametric oscillator[J]. Physical Review Letters, 2018, 121(9): 093903.

[154] Baronio F, Conforti M, Degasperis A, et al. Vector rogue waves and baseband modulation instability in the defocusing regime[J]. Physical Review Letters, 2014, 113(3): 034101.

[155] Zhao L C, Liu J. Localized nonlinear waves in a two-mode nonlinear fiber[J]. Journal of the Optical Society of America B, 2012, 29(11): 3119-3127.

[156] Zhao L C, Liu J. Rogue-wave solutions of a three-component coupled nonlinear Schrödinger equation[J]. Physical Review E, 2013, 87(1): 013201.

[157] Zhao L C, Xin G G, Yang Z Y. Rogue-wave pattern transition induced by relative frequency[J]. Physical Review E, 2014, 90(2): 022918.

[158] Liu C, Yang Z Y, Zhao L C, et al. Vector breathers and the inelastic interaction in a three-mode nonlinear optical fiber[J]. Physical Review A, 2014, 89(5): 055803.

第 3 章　怪波动力学

本章基于标量和矢量非线性薛定谔方程有理解讨论怪波的结构类型及其形成机制。在两组分耦合体系中，我们将给出不同基本怪波结构间的转换关系和结构相图。不同种类怪波的轨迹、动量谱和相位特征均被清晰地表征，对这些物理性质的定量刻画将加深学界对怪波动力学特征的认识。进一步揭示怪波源于调制不稳定区的共振扰动，并解释怪波时空结构的形成机制。基于共振线上的调制不稳定分析，可以判断非线性系统中是否存在怪波，预言怪波的结构类型。基于规范变换和改进的达布变换方法，探究周期背景上的怪波激发，如双平面波背景和椭圆函数背景。最后，讨论实现高阶怪波激发的方式。相关结果将加深我们对非线性薛定谔系统中怪波的认识和理解，为怪波的可控激发、预测预防提供一些思路。

3.1　怪波的基本结构类型

目前在许多不同的物理系统中已经观察到了怪波，包括标量怪波和矢量怪波 [1–6]。在标量非线性薛定谔体系中常见的怪波结构是基于有理解描述的眼状怪波，之所以称为眼状怪波，是因为其密度分布为一个峰且两侧各有一个谷，呈现出了类似“眼睛”的结构。值得注意的是，不只是利用严格解的初态可以看到该结构，任意一个弱局域扰动或随机扰动都会看到这种眼状结构。因此怪波的时空结构具有较好的普遍性。后面关于怪波时空结构的机制讨论清晰地表明，背景平面波上弱扰动的激发谱决定了基本怪波的时空结构，为该特点提供了较好的解释。而耦合非线性薛定谔体系中基本怪波结构可分为三类：眼状怪波、暗怪波和四花瓣怪波。反眼状怪波也称“暗怪波”，其时空图样刚好与眼状怪波相反，具有一个谷且其两侧各有一个峰。四花瓣怪波则是围绕中心有两个峰两个谷交错排列，因其结构像一朵“带有四个花瓣的花”而得名。下面，我们将会对这三类怪波的存在条件以及物理特性进行详细的分析。

3.1.1　眼状怪波

标量非线性薛定谔方程可描述非线性光纤、玻色–爱因斯坦凝聚、等离子体、金融系统等多种复杂系统中局域波的演化动力学 [7–10]，可写为

$$\mathrm{i}\psi_t + \frac{1}{2}\psi_{xx} + |\psi|^2\psi = 0 \tag{3.1.1}$$

利用第 2 章讲述的达布变换，可以得到眼状怪波的解析表达式为

$$\psi = a\mathrm{e}^{\mathrm{i}a^2 t}\left(\frac{4+\mathrm{i}8a^2 t}{1+4a^4t^2+4a^2x^2}-1\right) \tag{3.1.2}$$

其中，a 是平面波背景振幅。眼状怪波的密度分布如图 3.1(a) 所示。我们可以看到眼状怪波是在平面波背景上呈双局域化的结构，即在分布方向 x 和演化方向 t 都局域。在 $t=0$ 时，波包达到最大峰值 $|\psi|_{\max}=3a$，在峰的两侧各有一个谷。在 $t=0$ 之前和之后的很长时间内，峰值和谷值都接近背景振幅，不容易通过怪波密度演化看到。但是解析分析表明，该眼状怪波一直具有一峰两谷的结构。因此，我们可以通过峰和谷中心位置的运动来描述怪波的轨迹。显然，峰和谷的中心分别对应怪波解密度分布 (3.1.2) 式的三个极值点。可得峰的中心位置的运动方程为

$$X_{\mathrm{h}} = 0 \tag{3.1.3}$$

两个谷的中心运动轨迹为

$$X_{\mathrm{v}} = \pm\frac{1}{2}\sqrt{3+12t^2} \tag{3.1.4}$$

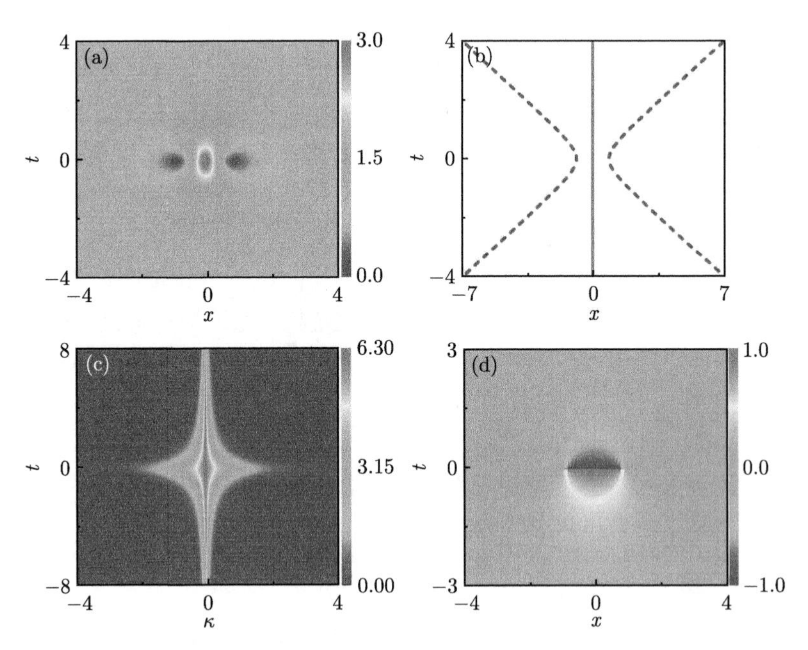

图 3.1　标量非线性薛定谔系统中的眼状怪波；(a) 怪波的强度分布 $|\psi|$；(b) 怪波的轨迹特征；(c) 怪波的谱动力学特征；(d) 怪波的相位演化 (单位为 π)；参数设置为：$a=1, k=0$ (彩图见封底二维码)

由此我们可得到怪波的轨迹，如图 3.1(b) 所示。两个谷的演化轨迹看起来像“X”形，如图中两条蓝色虚线所示，而怪波峰的轨迹是一条直线，它穿过“X”的中心，而且这条直线是“X”的一个对称轴，如图中红色实线所示。我们可进一步将两个谷的中心距离定义为怪波的宽度，也就是轨迹图中两条蓝色虚线之间的距离。由此，怪波宽度随时间的演化可表示为

$$W = \sqrt{3 + 12t^2} \tag{3.1.5}$$

很明显，在峰出现时 $(t = 0, x = 0)$，怪波的宽度被压缩，在其出现前后变宽。由此我们刻画了“来无影、去无踪”怪波的踪迹。相关的轨迹和宽度演化特点可以用来实现对怪波的短时预测 [11]。由于怪波没有空间周期性，那么它的动量谱一定是动量的连续函数。频谱分析对怪波预测和激发的研究具有重要意义。我们通过下面的傅里叶变换对上面讨论的怪波进行频谱分析：

$$F(\kappa, t) = \frac{1}{\sqrt{2\pi}} \int_{-\infty}^{\infty} \psi(x, t) \exp(-\mathrm{i}\kappa x) \mathrm{d}x \tag{3.1.6}$$

怪波的谱强度可由如下解析表达式描述：

$$|F(\kappa, t)|^2 = 2\pi \exp(-|\kappa|\sqrt{a^2 + 4a^6t^2}/a^2) \tag{3.1.7}$$

由上式可知，频谱会随着时间的演化而发生改变，其谱动力学特征如图 3.1(c) 所示。我们可以知道，频谱的宽度是从 $t \to -\infty$ 时的零值开始演化，到了 $t = 0$ 时急剧展宽，对应怪波达到最大峰值。该特点可以通过波的不确定关系方便地理解。值得注意的是，在任何特定的 t 点上，动量谱都是三角形的。由于怪波谱的三角特征在其演化的早期阶段就已经表现出来了，这就提高了对怪波早期探测的可能性 [12]。因此，怪波“预警谱”特征的研究可能成为未来一个重要的研究领域。

上面关于怪波轨迹和动量谱特征已经有很多文献进行了讨论。调制不稳定可以解释怪波的峰值增长阶段，但是为什么怪波达到峰值后迅速降低峰值？为什么存在一定的峰值最大值？进一步，我们对怪波的相位进行刻画，其相位演化如图 3.1(d) 所示。从图中我们可以看到，怪波的相位随着时间的演化发生了很明显的变化。在怪波出现之前的很长时间内，怪波的相位几乎保持在均匀分布的状态。怪波峰值附近的相位从零开始慢慢增加到 π。特别地，当怪波出现最大峰值的时候，怪波的相位发生突变，由 π 变为 $-\pi$，或者怪波的局域相位连续演化，则背景平面的相位将发生一个 2π 的相位突变。这说明怪波最大峰值出现的时刻是其相位发生翻转的临界时刻。我们知道相位的空间梯度对应流的方向，这个相位突变恰好使得流的方向反转，这为理解怪波的峰值降低过程提供了一个可能的方式。

通过上述对怪波结构的描述我们可以知道，在怪波最大峰值出现时，其轨迹、频谱以及相位的演化都会表现出鲜明的特征，这些独特的性质加深了我们对怪波

动力学的认识和理解。前面的讨论都是基于有理解展开的,我们预期这些特征具有较好的普适性,将广泛存在于更加复杂的怪波激发过程。因此对这些特征的深度分析和刻画有望实现对怪波的预测和预防。相应的讨论可以推广到高阶怪波[13–16]。

3.1.2 反眼状怪波和四花瓣怪波

在矢量系统中怪波的基本时空结构更加丰富，除了前面讨论的眼状结构，还存在反眼状结构和四花瓣结构[17–20]。反眼状怪波也称暗怪波，最早是通过数值模拟预期其存在的[17]，而后我们在两组分非线性薛定谔系统基于严格解给出了该结构[18]。四花瓣怪波先是在三组分非线性薛定谔系统发现的[19]，而后结合调制不稳定分析又在两组分非线性薛定谔系统中报道[20]。因此我们选择两组分非线性薛定谔系统来讨论怪波的时空结构、动力学轨迹、动量谱特征以及相位演化。两组分耦合非线性薛定谔方程可写为

$$\mathrm{i}\frac{\partial\psi_1}{\partial t}+\frac{1}{2}\frac{\partial^2\psi_1}{\partial x^2}+(|\psi_1|^2+|\psi_2|^2)\psi_1=0 \tag{3.1.8}$$

$$\mathrm{i}\frac{\partial\psi_2}{\partial t}+\frac{1}{2}\frac{\partial^2\psi_2}{\partial x^2}+(|\psi_1|^2+|\psi_2|^2)\psi_2=0 \tag{3.1.9}$$

这里，$\psi_1(x,t)$ 和 $\psi_2(x,t)$ 分别表示两个组分的波函数，其中 t 为演化方向，x 为分布方向。在两组分非线性薛定谔方程中怪波的通解写成如下形式[21]：

$$\psi_j(x,t)=a_j\left\{1+\frac{2\mathrm{i}(\chi_\mathrm{R}+b_j)(x+\chi_\mathrm{R}t)-2\mathrm{i}\chi_\mathrm{I}^2t-1}{A_j\left[(x+\chi_\mathrm{R}t)^2+\chi_\mathrm{I}^2t^2+\dfrac{1}{4\chi_\mathrm{I}^2}\right]}\right\}\mathrm{e}^{\mathrm{i}\theta_j},\quad j=1,2 \tag{3.1.10}$$

上式中，$A_j=(\chi_\mathrm{R}+b_j)^2+\chi_\mathrm{I}^2$, $\theta_j=b_jx+\left(|a|^2-\dfrac{1}{2}b_j^2\right)t$, $|a|^2=a_1^2+a_2^2$, $j=1,2$。a_j 和 b_j 分别是第 j 组分的背景的振幅和波矢。$\chi_\mathrm{R}=\mathrm{Re}[\chi]$,$\chi_\mathrm{I}=\mathrm{Im}[\chi]$。$\chi$ 是方程 $1+\dfrac{a_1^2}{(\chi+b_1)^2}+\dfrac{a_2^2}{(\chi+b_2)^2}=0$ 的一个根，且 χ 的选择需要满足 $\mathrm{Im}(\chi)>0$。可以求得这个方程有两对互为复共轭的根。通过不同的参数选择,该通解可包含三种矢量怪波结构,有眼状–眼状怪波、眼状–反眼状怪波和眼状–四花瓣怪波。眼状–眼状怪波已经被广泛报道[22,23]。调制不稳定分析表明，组分间的相对波矢对增益谱的影响不能通过伽利略变换予以消除，因此需要在种子平面波解中引入相对波矢才能得到暗怪波[20]。通过分析怪波解时空分布的极值点，我们发现表达式 $\dfrac{(\chi_\mathrm{R}+b_j)^2}{\chi_\mathrm{I}^2}$ 的值可以作为非线性薛定谔系统中怪波类型的一个判据。当 $\dfrac{(\chi_\mathrm{R}+b_j)^2}{\chi_\mathrm{I}^2}\leqslant\dfrac{1}{3}$ 时，我们在时空分布上就可以得到一个众所周知的眼状怪波；当 $\dfrac{(\chi_\mathrm{R}+b_j)^2}{\chi_\mathrm{I}^2}\geqslant 3$ 时，

该解的密度分布在时空上是一个反眼状怪波的结构；当 $\dfrac{1}{3} < \dfrac{(\chi_{\rm R}+b_j)^2}{\chi_{\rm I}^2} < 3$ 时，该解的密度在时空分布上呈现一个四花瓣结构的怪波。每种怪波的结构都会随着 $\dfrac{(\chi_{\rm R}+b_j)^2}{\chi_{\rm I}^2}$ 值的变化而改变。根据这个判据我们就可以依据研究的目标去选择参数，准确地得到我们所需要的怪波解。

下面，我们将依据怪波分类的判据 $\dfrac{(\chi_{\rm R}+b_j)^2}{\chi_{\rm I}^2}$，选取不同的参数，分别对三种矢量怪波进行分析。三种矢量怪波的密度分布如图 3.2 所示，从左到右的三列图像是三种不同参数下的情况，第一行对应第一组分的密度分布，第二行对应第二组分的密度分布。第一种情况的参数为 $a_1=1, b_1=0, a_2=1, b_2=0, \chi_{\rm R}=0, \chi_{\rm I}=\sqrt{2}$，由此计算可得 $\dfrac{(\chi_{\rm R}+b_1)^2}{\chi_{\rm I}^2}=\dfrac{(\chi_{\rm R}+b_2)^2}{\chi_{\rm I}^2}=0<\dfrac{1}{3}$，所以第一组分和第二组分均呈现的是眼状怪波，这与图 3.2(a1)，(b1) 的结果相符合。第二种情况的参数为 $a_1=1, b_1=0, a_2=1, b_2=2, \chi_{\rm R}=-0.0694, \chi_{\rm I}=0.93$，由此计算可得 $\dfrac{(\chi_{\rm R}+b_1)^2}{\chi_{\rm I}^2}=0.0056<\dfrac{1}{3}$、$\dfrac{(\chi_{\rm R}+b_2)^2}{\chi_{\rm I}^2}=4.31>3$，所以第一组分和第二组分分别呈现的是眼状怪波和反眼状怪波，这与图 3.2(a2)，(b2) 的结果吻合得很好。第三种情况的参数为 $a_1=1, b_1=-0.6, a_2=1, b_2=0.5, \chi_{\rm R}=0.312, \chi_{\rm I}=0.875$，由此计算可得 $\dfrac{(\chi_{\rm R}+b_1)^2}{\chi_{\rm I}^2}=0.12<\dfrac{1}{3}$、$\dfrac{1}{3}<\dfrac{(\chi_{\rm R}+b_2)^2}{\chi_{\rm I}^2}=0.86<3$，所以第一组分和第二组分分别呈现的是眼状怪波和四花瓣怪波，这与图 3.2(a2)，(b2) 的结果吻合得很好。我们可以看到，在这三种矢量怪波中，第一组分都是众所周知的基本怪波结构，即眼状怪波，它们的速度各不相同。第二组分怪波的时空分布就截然不同了，展示出三种不同种类的怪波。显而易见，图 3.2(b1) 是眼状怪波，其密度分布为一个峰且其两侧各有一个谷。在图 3.2(b2) 中，我们可以看到其时空图样和图 3.2(a1) 恰好相反，其结构为一个谷且其两侧各有一个峰，具有这种结构的怪波即为反眼状怪波 [18]。该结构也存在于耦合的 Hirota 模型 [24] 和散焦的耦合非线性薛定谔系统中 [25]。在图 3.2(b3) 中，我们可以看到这一怪波的时空结构围绕中心有两个峰两个谷，因其结构像一个花瓣，因此得名“四花瓣”怪波 [19]。该结构在三波共振系统也被报道 [26,27]。

由图 3.2 我们已经知道了这三类怪波在时空结构上的显著特征。为进一步了解它们的动力学性质，我们将进一步表征矢量系统中这三类怪波的轨迹特征，以助于理解在多分量非线性物理系统中怪波的复杂动力学。由于在这三类矢量怪波中第一组分所对应的都是眼状怪波，第二组分分别对应三类不同的怪波结构，因此，在下面的分析中我们只讨论第二组分中怪波的物理特性。为了更清晰地理解不同类型怪波解 (3.1.18) 式的性质，我们分别刻画了这三类怪波峰和谷的演化轨迹。通过对每一类怪波解在分布方向 x 求极值，我们便可以方便地得到三类怪波

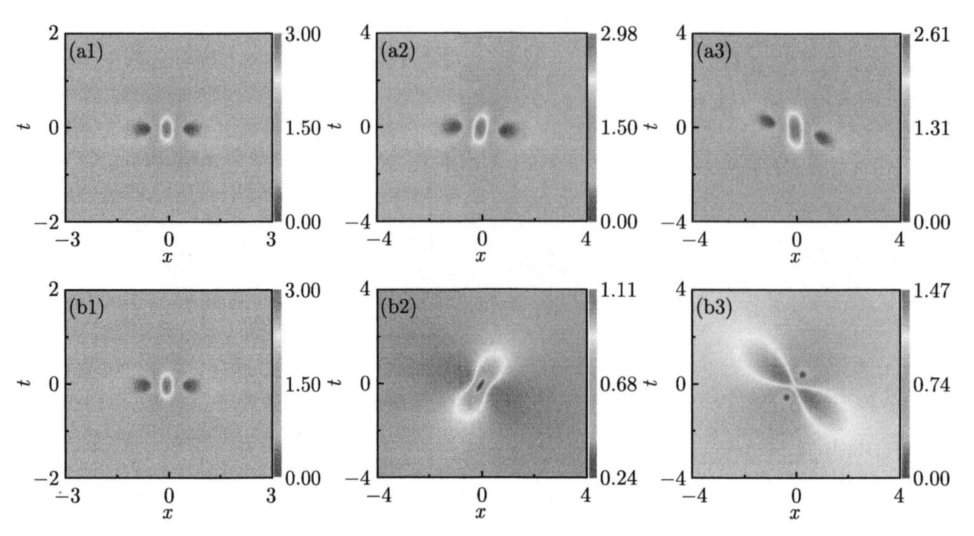

图 3.2　两组分非线性薛定谔系统中三种矢量怪波的时空结构。(a1) 和 (b1) 为眼状–眼状怪波的密度分布，(a1) 为第一组分，(b1) 为第二组分，参数设置为：$a_1=1, b_1=0, a_2=1, b_2=0, \chi_{\rm R}=0, \chi_{\rm I}=\sqrt{2}$。(a2) 和 (b2) 为眼状–反眼状怪波的密度分布，(a2) 为第一组分，(b2) 为第二组分，参数设置为：$a_1=1, b_1=0, a_2=1, b_2=2, \chi_{\rm R}=-0.0694, \chi_{\rm I}=0.93$。(a3) 和 (b3) 为眼状–四花瓣怪波的密度分布，(a3) 为第一组分，(b3) 为第二组分，参数设置为：$a_1=1, b_1=-0.6, a_2=1, b_2=0.5, \chi_{\rm R}=0.312, \chi_{\rm I}=0.875$ (彩图见封底二维码)

各自的演化过程，如图 3.3 所示。演化轨迹图 3.3(a1)~(a3) 分别与密度分布图 3.2(b1)~(b3) 一一对应，它们分别表征了眼状怪波、反眼状怪波和四花瓣怪波的轨迹演化动力学。图中，实线表示峰的演化，虚线表示谷的演化。从图 3.3中我们可以看到，在矢量系统中眼状怪波依然保持“X”形轨迹，中心实线 (峰的轨迹) 穿过虚线“X” (谷的轨迹)，这与标量系统中怪波演化轨迹是相同的 (图 3.1(b))。在反眼状怪波的轨迹图 3.3(a2) 中，其演化轨迹也保持“X”形，但此时反眼状怪波的两个峰的演化轨迹呈倾斜的“X”形 (红色实线)，而它的一个谷的轨迹为一条直线 (蓝色虚线)，穿过了这个倾斜“X”的中心，且这条直线是“X”的对称轴。我们再来看四花瓣怪波的演化轨迹，如图 3.3(a3) 所示。显然，四花瓣怪波的轨迹与眼状和反眼状怪波的演化轨迹截然不同。从图 3.3(a3) 中我们可以看到四花瓣怪波的两个谷的演化依然呈现“X”形 (虚线)，这与眼状怪波谷的演化类似，但是，其峰的演化过程不再是一条完整的直线 (实线)，第一个峰演化到“X”的中心位置处时 ($t=0$)，这条直线发生了抖动，穿过“X”的中心后，又变成了直线。这个抖动的位置可以理解为第二个峰演化轨迹的起始点。

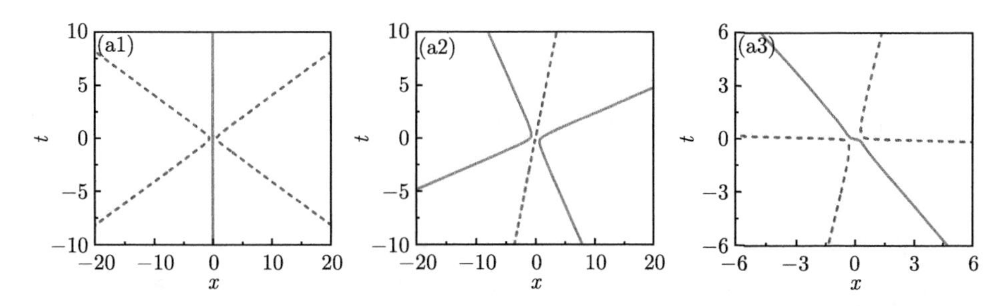

图 3.3 三种基本怪波的演化轨迹。(a1) 眼状怪波的轨迹；(a2) 反眼状怪波的轨迹；(a3) 四花瓣怪波的轨迹；实线为怪波峰的演化轨迹；虚线为怪波谷的演化轨迹；参数设置与图 3.2 一样

综上，通过表征三种不同类型怪波的演化轨迹有助于我们对矢量系统中怪波复杂动力学的理解。3.1.1 节中我们通过刻画眼状怪波的频谱演化知道其具有特殊的三角形频谱，其频谱测量可以用于怪波预警。近年来，在非线性光纤中已经成功地应用强度和相位频谱整形技术产生怪波结构。因此，频谱分析对于怪波预测和激发的相关研究具有重要意义。接下来，我们将应用傅里叶变换的方法对矢量系统中三种基本的怪波进行频谱分析：

$$F_{1,2}(\kappa,t)=\frac{1}{\sqrt{2\pi}}\int_{-\infty}^{+\infty}\psi_{1,2}(x,t)\exp(-\mathrm{i}\kappa x)\mathrm{d}x \tag{3.1.11}$$

矢量怪波的精确解 (3.1.18) 式可以看作恒定背景上加一个信号的形式。常数背景是无穷大的，因此它的积分为 $\delta(\kappa-\kappa_0)$，因此我们可以消去 δ 函数得到怪波信号的频谱。通过计算得到三种基本怪波的频谱演化特征如图 3.4 所示。频谱图 3.4(a1)~(a3) 分别与密度分布图 3.2(b1)~(b3) 一一对应，它们分别表征了眼状怪波、反眼状怪波和四花瓣怪波的频谱演化动力学。显然，图 3.4(a1) 中眼状怪波的频谱仍是典型的对称三角形频谱。特别地，在图 3.4(a3) 中四花瓣怪波具有明显不对称的频谱分布。我们可以看到，在 $t=0$ 之前保持着三角形频谱特征；当演化到 $t=0$ 时，与背景频率相比，其频谱在正频区出现了一个谷，而在负频区出现了一个峰；在 $t=0$ 之后频谱又趋于三角形分布。由此可见，四花瓣怪波的频谱分布上存在一个不连续点，且在该点两侧的谱分布是不对称的。这与眼状怪波频谱图 3.4(a1) 有很大的不同。图 3.4(a2) 中反眼状怪波频谱演化分布也是不对称的，$t=0$ 时在正频区也出现了一个较低的谷值，但这个谷值明显要比四花瓣怪波频谱中出现的谷值浅很多。这样我们就知道了三种基本怪波结构的频谱演化特征。显然，眼状怪波和四花瓣怪波不对称的频谱动力学显著区别于标量系统中眼状怪波，这对研究复杂非线性系统中其他不对称频谱的局域波动力学具有很好的借鉴意义。基于标量非线性薛定谔中怪波频谱和 Akhmedeiv 呼吸子的关系，我们预期与暗怪波或四花瓣怪波对应的 Akhmediev 呼吸子具有不对称的频谱特征。

再者，基于 Sasa-Satsuma 模型中怪波的不对称频谱，自然可以预期相应的呼吸子也具有非对称的频谱特征。这些非对称特点可以由傅里叶分析技术予以刻画，但是其背后的产生机制还需要进一步探究。

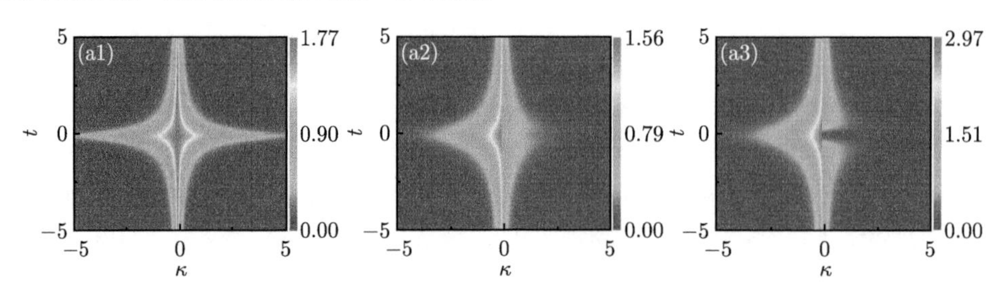

图 3.4　三种基本怪波的频谱演化。(a1) 眼状怪波的频谱分布；(a2) 反眼状怪波的频谱分布；(a3) 四花瓣怪波的频谱分布；参数设置与图 3.2 一样 (彩图见封底二维码)

由于相位特征在局域波的动力学演化过程中具有非常重要的意义，为了更精确地认识和深入地研究三种基本怪波的动力学性质，我们进一步给出怪波的相位演化特征，见图 3.5。相位图 3.5(a1)~(a3) 分别与密度分布图 3.2 (b1)~(b3) 一一对应，它们分别表征了眼状怪波、反眼状怪波和四花瓣怪波的相位演化过程。图 3.5(a1) 中眼状怪波的相位演化和标量怪波的相位类似 (图 3.1 (d))，相位值变化过程为 $0 \to \pi \to -\pi \to 0$。特别地，可以看到图 3.5(a2) 中反眼状怪波的相位演化与眼状怪波完全不同，相位演化在空间呈现不对称特点。由于暗怪波的密度最低值大于零，此时相位跃变量不再是 π，而是 0.336π。且此时不存在类似于 $\pi \to -\pi$ 不经过零的相位突变。再观察四花瓣怪波的相位演化，如图 3.5(a3) 所示，可以看到其相位演化过程与反眼状怪波完全不同，两峰两谷的对称中心点 $x = 0, t = 0$ 是相位从 $-\pi$ 跃变成 π 的临界点。相位时空分布上的极值点 (极大和极小) 恰好对应四花瓣怪波两个峰值出现的位置。这些相位特点只是被粗略地展示，其背后的物理机制还有待进一步探究。特别地，相位突变性质跟怪波峰值的减小过程密切相关。因此解释相位突变产生的原因对理解怪波峰值规律以及整体动力学过程具有重要意义。

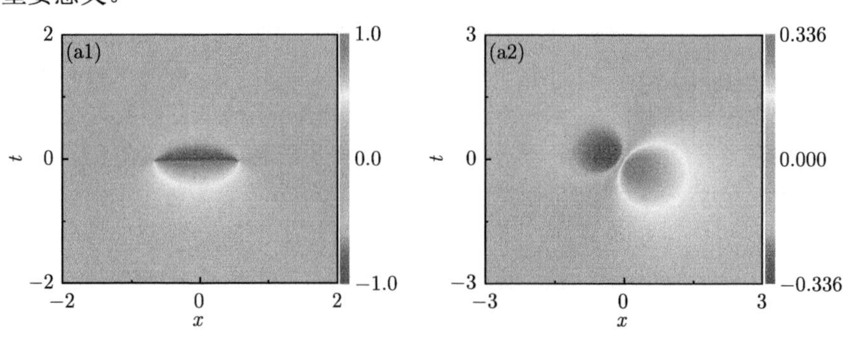

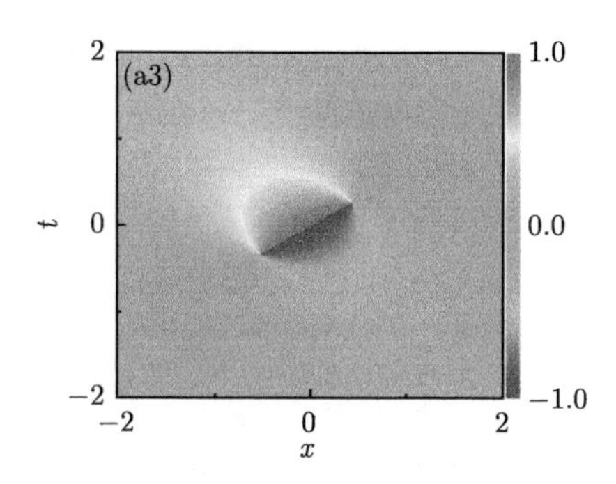

图 3.5 三种基本怪波的相位演化。(a1) 眼状怪波的相位分布；(a2) 反眼状怪波的相位分布；(a3) 四花瓣怪波的相位分布；单位为 π；参数设置与图 3.2 一样 (彩图见封底二维码)

3.1.3 三种怪波结构间的转换与结构相图

本节进一步探究不同怪波结构之间的转换关系。我们的结果表明，两种组分之间的相对波矢可以引起不同怪波结构的转变。这定性地证明了不同的调制不稳定性增益分布可以引起不同的怪波激发图样。基于系统的极值分析技术，我们进一步给出不同类型怪波结构的相图。这些结果有助于理解这些不同类型的矢量怪波模式之间的关系，对 3.2 节系统阐明怪波时空结构的形成机制提供了一些有价值的线索。

具有任意相对波矢的单怪波解 仍考虑无量纲形式的耦合非线性薛定谔方程，$\mathrm{i}\dfrac{\partial\psi_1}{\partial t}+\dfrac{\partial^2\psi_1}{\partial x^2}+2(|\psi_1|^2+|\psi_2|^2)\psi_1=0$ 和 $\mathrm{i}\dfrac{\partial\psi_2}{\partial t}+\dfrac{\partial^2\psi_2}{\partial x^2}+2(|\psi_1|^2+|\psi_2|^2)\psi_2=0$。对于两组分系统，组分间的相对波矢是不能通过伽利略变换抹掉的，因此相对波矢具有重要的物理效应。为了便于讨论背景场对怪波动力学的影响，我们考虑一般的连续波背景的形式：

$$\psi_{10}=s_1\exp[\mathrm{i}(2s_1^2+2s_2^2)t] \tag{3.1.12}$$

$$\psi_{20}=s_2\exp[\mathrm{i}kx+\mathrm{i}(2s_1^2+2s_2^2-k^2)t] \tag{3.1.13}$$

其中，s_1 和 s_2 分别为两个模式的背景振幅；参数 k 来表示两个平面波背景之间的相对波矢。两个组分波矢均进行一定约束的情况，我们已在耦合模型中推导了一个双怪波和四个基本怪波的结构 [18,28]。然而，约束条件会极大地限制怪波的图样类型。为了方便地研究基本怪波图样的类型，我们释放这种约束条件并给出一个更一般的单怪波解 [20]。对于任意相对频率 k，单个怪波的有理解形式可以写为

$$\psi_1=\left[1-\frac{\mathrm{i}(\lambda-\lambda^*)\Phi_1\Phi_2^*/s_1}{|\Phi_1|^2+|\Phi_2|^2+|\Phi_3|^2}\right]\psi_{10} \tag{3.1.14}$$

$$\psi_2 = \left[1 - \frac{\mathrm{i}(\lambda - \lambda^*)\Phi_1\Phi_3^*/s_2}{|\Phi_1|^2 + |\Phi_2|^2 + |\Phi_3|^2}\right]\psi_{20} \tag{3.1.15}$$

$*$ 表示复共轭，其中，

$$\begin{aligned}
\Phi_1(x,t) &= -\frac{1}{3}A_3K(x,t)\\
\Phi_2(x,t) &= \frac{\mathrm{i}A_3As_1}{\lambda - k + 3\mathrm{i}\tau}\left[\frac{9\mathrm{i}}{\lambda - k + 3\mathrm{i}\tau} + K(x,t)\right]\\
\Phi_3(x,t) &= \frac{\mathrm{i}A_3As_2}{\lambda + 2k + 3\mathrm{i}\tau}\left[\frac{9\mathrm{i}}{\lambda + 2k + 3\mathrm{i}\tau} + K(x,t)\right]
\end{aligned}$$

上式中，$K(x,t) = 2kt - 2\lambda t - 6\mathrm{i}t\tau - 3x - 3$，

$$\tau = \frac{\mathrm{i}[2\lambda^3 + (9s_1^2 + 9s_2^2 - 3k^2)\lambda + 3k\lambda^2] - \mathrm{i}(2k^3 - 18ks_1^2 + 9ks_2^2)}{2(3\lambda^2 + 3k^2 + 3\lambda k + 9s_1^2 + 9s_2^2)}$$

对单个怪波，谱参数 λ 的选择通过方程 $\lambda = 27k^2\lambda^4 + 54k(k^2 - s_1^2 + s_2^2)\lambda^3 + 27[k^4 + 2k^2(s_1^2 + 2k^2(s_1^2 + 4s_2^2) + (s_1^2 + s_2^2)^2)]\lambda^2 + 54k[k^2(4s_1^2 + s_2^2) - 4s_1^4 + s_1^2s_2^2 + 5s_2^4]\lambda + 4(k^2 + 3s_1^2 + 3s_2^2)^3 - (2k^3 - 18ks_1^2 + 9s_2^2)^2 = 0$ 来确定。四个基本参数 s_1，s_2，A_3 和 k 共同决定了怪波的动力学，即通过控制变量的方法可以观察到这些参数对怪波动力学的影响。有趣的是，我们发现在其他参数不变的情况下，相对波矢对怪波时空结构具有至关重要的作用。例如，我们固定参数 $s_1 = s_2 = s$ 时满足 $\lambda = \dfrac{\sqrt{k^6 - 4k^2[5k^2s^2 - 2\sqrt{-s^2(k^2 - s^2)^3} + 2s^4]} - k^3}{2k^2}$ 来观察它对怪波动力学的影响。我们发现通过改变相对波矢可以观察到不同怪波模式之间的转变过程。

相对波矢诱导怪波图样的转换 为了探究这个转换过程，我们观察一个相对波矢从低变到高时的怪波结构。当 $k < 0$ 时怪波结构的演化特征与 $k > 0$ 时相似，仅在时间方向上速度是相反的。怪波结构主要是由 k 的绝对值决定的。当 $k < 1s$ 时两个分量中怪波都呈眼状形。作为一个例子，我们在图 3.6 (a) 展示了 $k = 0.999s$ 时怪波在 ψ_2 分量上的演化结构。应该指出的是，当 $k = 1s$ 时解 (3.1.14) 式和 (3.1.15) 式不能描述怪波的动力学特征，需要重新求解。在这种情况下每个分量中有两个眼状怪波或不同图样的结构。当 k 比 s 略大时，组分 ψ_1 中的怪波图样仍然是一个眼状结构 (这里我们不再展示)，但是另一组分 ψ_2 中的怪波图样开始发生变化。也就是说，眼状怪波的峰在时空分布上会分裂为两个。如图 3.6 (b) 展示了 $k = 1.01s$ 时的情况，我们可以看到出现两个相连的峰。而当 k 值增加到显著大于 s 时，这两个峰可以相互分离。如图 3.6 (c) 所示，我们可以看到当 $k = 1.1s$ 时两个峰之间的距离拉得很远，可以看作彼此孤立。这一结构与在三组分情况下发现的四花瓣怪波非常相似[19]。由此，我们通过让相对波矢 k 比背

景振幅 s 大一些的方式，展示了在组分 ψ_2 中一个对称的眼状怪波转变为四花瓣怪波的过程。

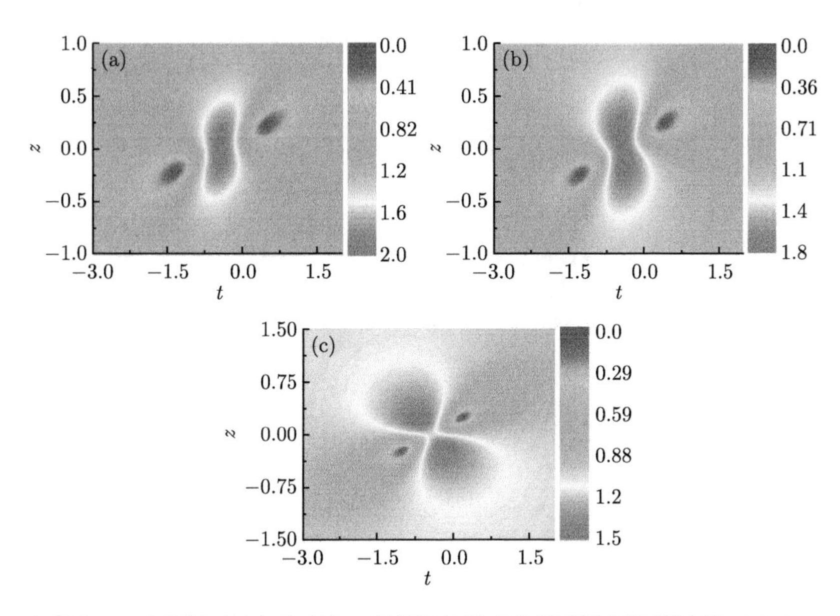

图 3.6 在组分 ψ_2 中随相对波矢的变化，眼状怪波转变为四花瓣怪波的过程。(a) $k = 0.999s$；(b) $k = 1.01s$；(c) $k = 1.1s$；其他参数为 $s_1 = 1$, $s_2 = 1$, $A_3 = 3$(彩图见封底二维码)

下面我们通过进一步增加相对波矢，观察在分量 ψ_2 中四花瓣怪波向反眼状怪波的转变过程。当 $k = 1.3s$ 时，与图 3.6(c) 中四花瓣怪波相比，两个峰距离更远而两个谷开始相互靠近，见图 3.7(a)；当 $k = 1.5s$ 时，如图 3.7(b) 所示，两个谷靠得更近且倾向于融合；当 k 继续增大，如 $k = 1.8s$ 时两个谷融合为一个谷，此时怪波的结构具有与文献 [18] 中报道的反眼状结构一样，见图 3.7 (c)。在分量 ψ_1 中的怪波图样只是改变了大小，在整个转换过程中眼状的特征基本保持不变。至此，我们通过让 k 显著大于背景振幅 s，实现了四花瓣怪波向反眼状怪波的转变过程。

为什么会在耦合非线性系统中发现这些不同的模式？其产生的机制是什么？众所周知，调制不稳定性可以看作非线性系统中产生怪波的一种机制。因此，相对波矢在耦合系统的调制不稳定性中起着重要的作用。我们对平面波背景 (ψ_{10} 和 ψ_{20}) 进行线性稳定性分析，换句话说，我们在平面波背景上加一个小振幅傅里叶模式，即 $\psi_1 = \psi_{10}\{1 + f_+ \exp[\mathrm{i}k'(x - \Omega t)] + f_-^* \exp[-\mathrm{i}k'(x - \Omega^* t)]\}$ 和 $\psi_2 = \psi_{20}\{1 + g_+ \exp[\mathrm{i}k'(x - \Omega t)] + g_-^* \exp[-\mathrm{i}k'(x - \Omega^* t)]\}$ 。这里 f_+, f_-, g_+, g_- 是傅里叶模式的小振幅，k' 为扰动波矢，$\Omega' = k'\Omega$ 是扰动能量。将其代入原动力学方

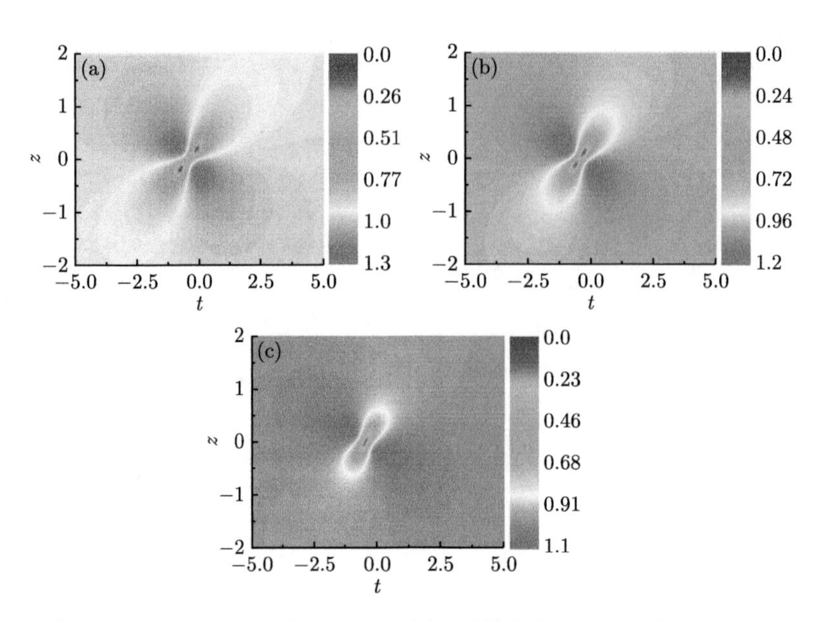

图 3.7　在组分 ψ_2 中随相对波矢的变化，从四花瓣怪波转变为反眼状怪波的过程。(a) $k=1.3s$; (b) $k=1.5s$; (c) $k=1.8s$; 其他参数为 $s_1=1$, $s_2=1$, $A_3=3$(彩图见封底二维码)

程做线性化后，可得到如下色散关系：

$$
\begin{aligned}
&-2k'^2(2s_1^2+2k^2-2k\Omega+2s_2^2+\Omega^2)+4s_1^2(\Omega-2k)^2+k'^4\\
&+\Omega^2(4k^2-4k\Omega+4s_2^2+\Omega^2)=0
\end{aligned}
\tag{3.1.16}
$$

我们在图 3.8 中展示了不同相对波矢 k 下调制不稳定增益 $\mathrm{Im}(\Omega)$ 的分布，这里 $s_1=s_2=s$。

调制不稳定性增益谱图 (图 3.8) 中 (a)~(c) 分别对应于前面所展示过的耦合非线性系统中的眼状怪波、四花瓣怪波 (图 3.6 (c)) 和反眼状怪波 (图 3.7 (c))。结果表明，不同的调制不稳定性增益谱特征对应不同的怪波模态。这在一定程度上意味着不同的怪波类型可能来自不同的调制不稳定性增益谱。我们定性地证明了不同调制不稳定性增益分布特性会导致不同的怪波激发模式。最近对 Sasa-Satsuma 方程有理解的研究表明，有理解的动力学性质可以很好地理解其调制不稳定性质。当背景频率处于调制不稳定区时，有理解对应于怪波动力学行为[29]；当背景频率处于调制稳定区时，有理解则对应 W 形孤子行为[29]。特别地，处于稳定区与不稳定区的临界点时，共振弱扰动可以产生两个 W 形孤子[30]。因为调制不稳定性是定性的分析，则它们之间的精确联系仍然未知。我们将在后面关于怪波机制的讨论中尝试给出一些回答。

怪波结构的相图　最近的研究发现，基带调制不稳定性或调制不稳定性中共

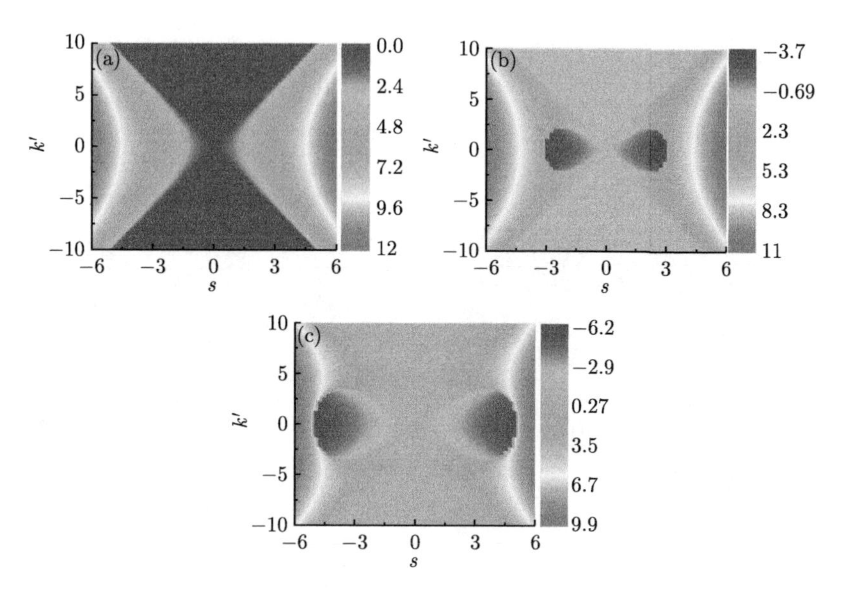

图 3.8 具有相对波矢的耦合系统中调制不稳定性频谱分布。(a) $k = 0s$; (b) $k = 1.1s$; (c) $k = 1.8s$ (彩图见封底二维码)

振扰动在有理解激发中起着重要的作用 [31,32]。通过傅里叶分析，我们可以看到，每个扰动都与它所存在的平面波背景共振。这与调制不稳定性区的共振扰动诱导有理解激发的事实是一致的 [32]。由第 2 章的分析可知，矢量非线性薛定谔方程中调制不稳定性增长率会出现两种不同的分布，它们对应着求解增长率时四阶方程根的两个分支 (这里暂时叫作 MI 分支，即调制不稳定性分支)。在这里，我们知道 χ 是四阶代数方程的根，它的不同取值也对应着在同一背景上由两种不同的有理解所描述的怪波结构，这与第 2 章提到的两个 MI 分支不谋而合。也就是说，两个基本的局域波结构可以来自某一特定背景上两个 MI 分支。我们已经利用该特点研究了单平面波背景上不同怪波的非线性叠加 [33]。因此，我们根据其中一个 MI 分支绘制了不同基本怪波图样的形成条件 (另一个 MI 分支可以做同样处理)。通过分析时空分布平面上有理解的极值点，我们根据一个 MI 分支总结了产生这些不同基本怪波图样的条件 (图 3.9)。应该注意的是，两个平面波上有理解的扰动由条件 $1 + \Sigma_{j=1}^{2} \dfrac{a_j^2}{(\chi + k_j)^2} = 0$ 联系起来。

因此，我们分别绘制了两个平面波上的局域波结构相图图 3.9(a) 和 (b)(为了计算简便，此处我们应用 3.1.2 节中较简单的矢量怪波通解 (3.1.10) 式，其中 $b_j = k_j$)。相图是在一个双参数空间中绘制的，我们给定 $a_1 = 1$ 和 $k_1 = 0$。由结构相图我们可以清晰地看到，至少其中一个组分的密度分布总是一个眼状怪波，而另一个组分可以是眼状怪波或者四花瓣怪波。四花瓣怪波可以存在的参数域远小于眼状怪波和反眼状怪波的参数域。这很好地解释了为什么在双组分情况中以前没有观察到四花瓣怪波[18]。一方面，通过相图 3.9很好地解释了为什么我们在图 3.6 和图 3.7 中可以通过调节相对波矢实现其中一个组分中怪波结构之间的转换[20]。

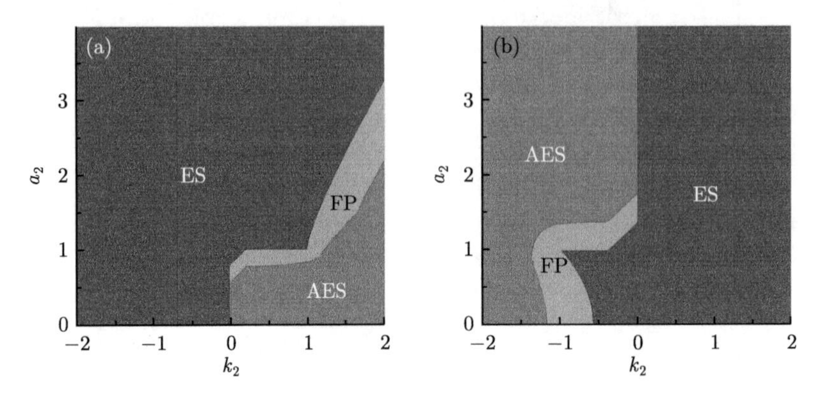

图 3.9　(a) 第一组分平面波背景 $a_1\mathrm{e}^{\mathrm{i}(k_1x-k_1^2t/2+\phi t)}$ 上局域波结构类型；(b) 第二组分平面波背景 $a_2\mathrm{e}^{\mathrm{i}(k_2x-k_2^2t/2+\phi t)}$ 上局域波结构类型；“ES”“AES”“FP” 分别表示局域的眼状、反眼状和四花瓣结构 (彩图见封底二维码)

3.1.4　N 组分非线性薛定谔系统中基本怪波通解

在怪波激发模型中，非线性薛定谔方程是许多不同物理系统中广泛应用的最有代表性的模型之一。许多怪波实验表明，非线性薛定谔方程的有理解确实很好地描述了怪波现象。任意 N 组分的自聚焦耦合非线性薛定谔方程如下：

$$\mathrm{i}\boldsymbol{\Psi}_t+\frac{1}{2}\boldsymbol{\Psi}_{xx}+\boldsymbol{\Psi}^{\dagger}\boldsymbol{\Psi}\boldsymbol{\Psi}=0 \tag{3.1.17}$$

其中，$\boldsymbol{\Psi}=(\psi_1,\psi_2,\cdots,\psi_N)^{\mathrm{T}}$，T 和 † 分别表示矩阵的转置和厄米共轭。这个矢量非线性薛定谔方程可用于描述多模非线性光纤中光脉冲的传输、多组分玻色–爱因斯坦凝聚体的演化以及其他非线性耦合系统。在 $N=1$ 时，这个模型将约化为标量非线性薛定谔方程 (3.1.1) 式，此时只存在眼状怪波。在 $N>1$ 的耦合系统中，眼状、反眼状和四花瓣三种结构的怪波都可以存在，并且在不同结构之间可以相互转换。这使我们能够讨论怪波的一般性质。凌黎明等已经给出了 N 组分耦合非线性薛定谔系统中三种基本怪波结构的通解[21]，具体形式如下：

$$\psi_j=a_1\left\{1+\frac{2\mathrm{i}(\chi_{\mathrm{R}}+b_j)(x+\chi_{\mathrm{R}}t)-2\mathrm{i}\chi_{\mathrm{I}}^2t-1}{A_j\left[(x+\chi_{\mathrm{R}}t)^2+\chi_{\mathrm{I}}^2t^2+\dfrac{1}{4\chi_{\mathrm{I}}^2}\right]}\right\}\mathrm{e}^{\mathrm{i}\theta_j},\quad j=1,2,\cdots,N \tag{3.1.18}$$

其中，$A_j = (\chi_{\mathrm{R}} + b_j)^2 + \chi_{\mathrm{I}}^2$, $\theta_j = b_j x + \left(|a|^2 - \dfrac{1}{2}b_j^2\right)t$, $|a|^2 = a_1^2 + a_2^2$。a_j 和 b_j 分别是第 j 组分的背景的振幅和波矢。$\chi_{\mathrm{R}} = \mathrm{Re}(\chi)$，$\chi_{\mathrm{I}} = \mathrm{Im}(\chi)$。$\chi$ 是下面这个方程的一个根：

$$1 + \sum_{j=1}^{N} \frac{a_j^2}{(\chi + b_j)^2} = 0 \tag{3.1.19}$$

且 χ 的选择需要满足 $\mathrm{Im}(\chi) > 0$。可以看出上面的这个方程有两对互为复共轭的根。通过分析怪波解时空分布的极值点，我们发现表达式 $\dfrac{(\chi_{\mathrm{R}} + b_j)^2}{\chi_{\mathrm{I}}^2}$ 的值可以作为非线性薛定谔系统中怪波类型的一个判据。当 $\dfrac{(\chi_{\mathrm{R}} + b_j)^2}{\chi_{\mathrm{I}}^2} \leqslant \dfrac{1}{3}$ 时，我们在时空分布上就可以得到一个众所周知的基本怪波的结构；当 $\dfrac{(\chi_{\mathrm{R}} + b_j)^2}{\chi_{\mathrm{I}}^2} \geqslant 3$ 时，在时空分布上可得到的是一个反眼状怪波的结构；当 $\dfrac{1}{3} < \dfrac{(\chi_{\mathrm{R}} + b_j)^2}{\chi_{\mathrm{I}}^2} < 3$ 时，所在的解在时空分布上呈现一个四花瓣结构的怪波。每种怪波的结构都会随着 $\dfrac{(\chi_{\mathrm{R}} + b_j)^2}{\chi_{\mathrm{I}}^2}$ 值的变化而变化。显然，我们由判据 $\dfrac{(\chi_{\mathrm{R}} + b_j)^2}{\chi_{\mathrm{I}}^2}$ 可以知道，χ 直接决定了怪波的结构。由该判据我们不难发现，在 $N = 1$ 时的标量系统中只有眼状怪波这一种结构。在 $N \geqslant 2$ 的耦合系统中基本怪波只有三种结构。这里我们还需要指出的是，对于 N 组分非线性薛定谔方程描述的系统，每个组分中基本怪波的数量最多为 N 个。此外，可以通过简单的调制不稳定分析结果来预估基本怪波的精确数量和结构 (这一部分的分析将在 3.2 节中进行详细的分析)。前面我们在 3.1.2 节中在 $N = 2$ 时应用该通解对两组分非线性薛定谔系统中这三种基本怪波的物理特征进行了详细的分析。对于 $N > 2$ 组分的情况，读者可直接应用通解 (3.1.18) 式进行讨论。

3.2 怪波时空结构的产生机制

3.2.1 怪波的产生机制

在第 2 章介绍标量非线性薛定谔方程中非零背景上局域波解的构造时，我们提到怪波解对应于常数矩阵 $\widetilde{U}$ 的本征值满足方程具有重根的情形，即需要考虑 $\tau_1 = \tau_2$ 的简并情况。该数学要求意味着怪波解跟某种共振有关。但是这种“谱简并”起初并不能清晰表明具体哪些物理量之间存在着共振。本节通过仔细分析怪波解和调制不稳定，清晰揭示了数学求解过程中的“谱简并”意味着种子平面波解的波矢和能量与弱扰动的波矢和能量分别发生了共振。以此我们解释了怪波的产生机制。

为了便于下面的讨论，我们在这里重新给出其具体形式：

$$\psi_{\rm rw} = a\mathrm{e}^{\mathrm{i}(qx+\omega t)}\left[1 - \frac{4+\mathrm{i}8a^2t}{1+4a^4t^2+4a^2(x-qt)^2}\right] \tag{3.2.1}$$

对 N 阶怪波解可由参考文献 [13] 中的达布变换方法求解。从一阶怪波解的求解过程，我们发现怪波的谱参量已经由背景振幅和波矢唯一确定了，这一性质与呼吸子完全不同。而且怪波解恰好对应常数化 Lax 对的本征值简并情形，这意味着怪波对应着某些物理量之间的共振。

相关研究已经证实，调制不稳定性可以用来理解连续波背景上的非线性波的动力学，如怪波、Akhmediev 呼吸子、Kuznetsov-Ma 呼吸子甚至是高阶怪波的动力学特征。那么我们如何理解怪波与调制不稳定性之间的联系呢？调制不稳定性反映的是连续波背景上的扰动随着演化的增长特征。显然，上面给出的怪波解 (3.2.1) 式可以写成

$$\psi_{\rm rw} = (a+\psi_{\rm rwp})\mathrm{e}^{\mathrm{i}(qx+\omega t)} \tag{3.2.2}$$

$$\psi_{\rm rwp} = -a\frac{4+\mathrm{i}8a^2t}{1+4a^4t^2+4a^2(x-qt)^2} \tag{3.2.3}$$

为了分析怪波的扰动性质，对 $\psi_{\rm rwp}$ 做傅里叶变换 $F(Q,t)=\int_{-\infty}^{\infty}\psi_{\rm rwp}\exp(-\mathrm{i}Qx)\mathrm{d}x$，然后就可以得到怪波在去掉平面波背景后扰动部分的频谱 (波矢) 演化。我们发现怪波的主导扰动波矢 $Q=0$。这提示我们重点关注扰动波矢 $Q=0$ 的情形。基于调制不稳定分析，可得色散关系为 $\varOmega=-Qq\pm|Q|\sqrt{\dfrac{Q^2}{4}-a^2}$。扰动演化能量 $\varOmega$ 的虚部来自于根式 $\sqrt{\dfrac{Q^2}{4}-a^2}$。特别地，当扰动波矢 $Q=0$ 时，根式 $\sqrt{Q^2-4a^2}$ 仍然是个虚数，而根式前的系数 $Q=0$ 导致 $\varOmega$ 的虚部为零。局域扰动的数值演化动力学和怪波解均可表明，在 $Q=0$ 的色散关系并不能真实反映系统的调制不稳定性特征。因此，对于 $Q=0$ 时的调制不稳定特征需要修正。对于 $Q=0$，其扰动可以写为如下形式：

$$\psi(x,t) = [a+\epsilon\tilde{p}(t)]\mathrm{e}^{\mathrm{i}\theta(x,t)} \tag{3.2.4}$$

这里，ϵ 为实常数并且 $\epsilon \ll 1$。由于扰动频率为零，所以 $\tilde{p}(t)$ 不含有变量 t。将 (3.2.4) 式代入非线性薛定谔方程 (3.1.1) 式中，得到 $\tilde{p}$ 满足的偏微分方程为

$$\epsilon(i\tilde{p}_t + a^2\tilde{p} + a^2\tilde{p}^*) + a\epsilon^2\tilde{p}(\tilde{p}+2\tilde{p}^*) + \epsilon^3\tilde{p}^2\tilde{p}^* = 0 \tag{3.2.5}$$

ϵ 是个小量，在 (3.2.5) 式中略去 ϵ 的二次及三次项，将方程线性化后得到

$$\mathrm{i}\tilde{p}_t + a^2\tilde{p} + a^2\tilde{p}^* = 0 \tag{3.2.6}$$

直接求解 (3.2.6) 式，得到

$$\tilde{p} = 1 + 2\mathrm{i}a^2 t \tag{3.2.7}$$

将上式代入扰动的平面波形式 (3.2.4) 式并取模方，得到 $|\psi(x,t)|^2 = (a+\epsilon)^2 + 4\epsilon^2 a^2 t^2$。显然此时光场强度 $|\psi|^2$ 随着 t 从零演化逐渐增大，也就是说平面波背景上的零频扰动也是不稳定的。实际的扰动波矢为 $q \pm Q$，$Q = 0$ 意味着扰动信号的波矢与背景的相等，因此 $Q = 0$ 的扰动模式称为共振扰动。怪波解 (3.2.1) 式是一个有理函数，上述关于共振线上调制不稳定性分析的结果显示，共振扰动随着传输呈有理形式的增长 [32]，这进一步证实了怪波来自于平面波背景上调制不稳定区的共振激发模式。另一方面，通过区分 Kuznetsov-Ma 呼吸子和怪波的区别，我们可以看到，怪波对应的主导扰动能量也恰好等于背景平面波的能量。因此怪波对应着扰动的波矢和能量与平面波背景的双重共振，该双重共振性质恰好对应着怪波的时空双重局域特点。另外，Baronio 等提议“基带调制不稳定性”是怪波激发的充分条件 [25,31]，这里的“基带”也是围绕“零频”(或零波矢) 定义的。他们的零频其实对应着此处的共振观点。近期我们仔细研究了调制不稳定与稳定区临界点上的弱扰动演化动力学 [34]，结果表明共振结合调制不稳定就可以激发怪波。这意味着“基带”的观点有些多余，且“零频”的概念没有扰动波矢与背景波矢共振的图像清晰。

3.2.2 怪波时空结构形成机制

怪波产生于调制不稳定性，这是一个定性理解。近期研究进一步表明，具有基带调制不稳定性或共振扰动的调制不稳定性在怪波激发中起着至关重要的作用 [25,31,32]。然而怪波不同结构的产生机制尚不清楚。本节通过分析非线性薛定谔方程的解析解，讨论了 N 分量耦合系统中基本怪波结构的机制和对应调制不稳定性的分布形式。我们发现，平面波背景上共振扰动的演化能量和增益值对应怪波时空结构的决定因子。基于该激发机制，可以预言 N 分量耦合系统最多可以具有 N 个不同的基本模式，且它们都归属前面讨论的三大类基本结构。我们提出了一种简单的方法来预测非线性可积系统可能存在基本怪波的结构和数目。

我们采用了下面的具有任意分量数 N 的聚焦矢量非线性薛定谔方程：$\mathrm{i}\boldsymbol{q}_t + \frac{1}{2}\boldsymbol{q}_{xx} + \boldsymbol{q}\boldsymbol{q}^\dagger\boldsymbol{q} = 0$，其中 $\boldsymbol{q} = (q_1, q_2, \cdots, q_N)^{\mathrm{T}}$，T 和 † 分别表示矩阵的转置和厄米共轭。为了理解基本怪波结构的形成机制，则推导出一个简单形式去描述它的

动力学是有意义的。具有任意分量数的上述矢量非线性薛定谔方程的基本怪波通解可以写成下面的形式：

$$q_j = a_j \left\{ 1 + \frac{2\mathrm{i}(\chi_{\mathrm{R}} + b_j)(x + \chi_{\mathrm{R}} t) - 2\mathrm{i}\chi_{\mathrm{I}}^2 t - 1}{A_j \left[(x + \chi_{\mathrm{R}} t)^2 + \chi_{\mathrm{I}}^2 t^2 + \dfrac{1}{4\chi_{\mathrm{I}}^2} \right]} \right\} \mathrm{e}^{\theta_j} \tag{3.2.8}$$

其中，$A_j = (\chi_{\mathrm{R}} + b_j)^2 + \chi_{\mathrm{I}}^2$, $\theta_j = \mathrm{i}\left[b_j x + \left(|a|^2 - \frac{1}{2} b_j^2 \right) t \right]$ $\left(|a|^2 = \sum_{j=1}^N a_j^2 \right)$, $j = 1, 2, \cdots, N$, a_j 和 b_j 分别是背景的振幅和波, $\chi_{\mathrm{R}} = \mathrm{Re}(\chi)$, $\chi_{\mathrm{I}} = \mathrm{Im}(\chi)$。$\chi$ 是下面方程的根：

$$1 + \sum_{j=1}^{N} \frac{a_j^2}{(\chi + b_j)^2} = 0 \tag{3.2.9}$$

且 χ 的选择需要满足 $\mathrm{Im}(\chi) > 0$。可以看出上面的这个方程有两对互为复共轭的根。这些基本怪波的非线性叠加可能对应于具有更复杂的高阶怪波或多重怪波 [14,28,35]。3.1 节的怪波结构分析表明，χ 可作为怪波结构因子来分析怪波的时空结构类型。我们已经看到 N 组分非线性薛定谔系统只存在三大类怪波结构：眼状、反眼状和四花瓣。但是形成不同怪波模式的基本机制仍然是模糊的。以前的研究表明调制不稳定性可以用来理解怪波激发 [25,31,32]。然而，调制不稳定性和怪波结构之间的关系仍然是模糊的。3.1 节关于怪波结构跟调制不稳定分布特征的关联以及共振扰动的观点，提示我们仔细分析共振线上的调制不稳定谱有望揭示怪波时空结构的产生原因。我们重新研究了标准的调制不稳定性分析，得到了调制不稳定性色散关系的一种简单形式。这使我们能够获得怪波模式和调制不稳定性之间的定量关系 [21]。对 N 分量平面波背景进行线性稳定性分析：

$$q_j^{[0]} = a_j \exp \theta_j \tag{3.2.10}$$

在平面波解上加入傅里叶模式的弱扰动可以得到扰动的线性稳定性。我们用了下面的方式对种子解加入扰动：

$$q_j = q_j^{[0]} [1 + p_j(x, t)]$$

保留 $p_j(x, t)$ 的线性项，线性化的扰动方程变成

$$\mathrm{i}(p_{j,t} + b_j p_{j,x}) + \frac{1}{2} p_{j,xx} + \sum_{j=1}^{N} (p_j + p_j^*) = 0 \tag{3.2.11}$$

$j = 1, 2, \cdots, N$, 其中上标 * 表示复共轭。扰动 $p_j(x, t)$ 在 x 方向的周期为 $2L$,

$-L < x < L$。因此，p_j 的傅里叶展开为

$$p_j(x,t) = \frac{1}{2L}\sum_{k=-\infty}^{+\infty}\widehat{p_{j,k}}\mathrm{e}^{\mathrm{i}\mu_k x}$$

其中，$\mu_k = 2\pi k/(2L)$, $\widehat{p_{j,k}} = \int_{-L}^{L} p_{j,k}\mathrm{e}^{\mathrm{i}\mu_k x}\mathrm{d}x$。由于偏微分方程是线性的，我们可以考虑

$$p_{j,k} = \widehat{p_{j,k}}\mathrm{e}^{-\mathrm{i}\mu_k x} + \widehat{p_{j,k}}\mathrm{e}^{\mathrm{i}\mu_k x} \tag{3.2.12}$$

当 $k=0$, $p_{j,k} = \widehat{p_{j,0}(t)}$。通过以上分析，我们可以得到周期性扰动的调制不稳定性分析。我们给出了 $k \neq 0$ 的判断标准。基于上述 (3.2.11) 式和 (3.2.12) 式，我们能设置

$$\widehat{p_{j,k}} = \mathrm{e}^{\mathrm{i}\mu_k \varOmega_k t}p_{j,k}, \quad \widehat{p_{j,-k}} = \mathrm{e}^{-\mathrm{i}\mu_k \varOmega_k^* t}p_{j,k}^*$$

其中，$\varOmega_k$ 是一个复数。然后我们获得下面的方程：

$$KY = 0 \tag{3.2.13}$$

其中，

$$\begin{aligned}
K =& \mathrm{diag}\left[\left(-\varOmega_k - b_1 - \frac{1}{2}\mu_k\right)\mu_k, \left(-\Omega_k + b_1 - \frac{1}{2}\mu_k\right)\mu_k,\right. \\
&\left.\cdots, \left(-\Omega_k - b_N - \frac{1}{2}\mu_k\right)\mu_k, \left(-\Omega_k + b_N - \frac{1}{2}\mu_k\right)\mu_k\right] \\
&+ H(a_1^2, a_1^2, \cdots, a_N^2, a_N^2) \\
&H = (1,1,\cdots,1,1)^{\mathrm{T}}, \quad Y = (p_{1,k}, p_{1,-k}, \cdots, p_{N,k}, p_{N,-k})^{\mathrm{T}}
\end{aligned}$$

矩阵 K 的行列式是

$$\det K = \mu_k^{2N}\sum_{j=1}^{N}\left[\frac{1}{4}\mu_k^2 - (\varOmega_k + b_j)^2\right]^2 \times \left[1 + \sum_{j=1}^{N}\frac{a_j^2}{(\varOmega_k + b_j)^2 - \frac{1}{4}\mu_k^2}\right]$$

为了让矢量 Y 有非零解，行列式 $\det K$ 必须等于零，即线性化扰动的线性关系：

$$1 + \sum_{j=1}^{k}\frac{a_j^2}{(\varOmega_k + b_j)^2 - \dfrac{1}{4}\mu_k^2} = 0 \tag{3.2.14}$$

对于 $k=0$, 我们获得

$$\frac{\mathrm{d}}{\mathrm{d}t}\mathrm{Re}(\widehat{p_{j,0}})=0$$
$$\frac{\mathrm{d}}{\mathrm{d}t}\mathrm{Im}(\widehat{p_{j,0}})=2\sum_{j=1}Na_j^2\mathrm{Re}(\widehat{p_{j,0}})$$

很明显，$\widehat{p_{j,0}}=\alpha_j+\mathrm{i}\beta_j t$，其中 α_j 和 β_j 是一些待定实参数。因此我们知道这种扰动是不稳定的。避免这种不稳定的通常方法是选择 $\int_{-L}^{L}p_j(x,0)\mathrm{d}x=0$。

在这节中，为了研究局域扰动，我们用取极限的方法，$\mu_k\to 0$, 即 $L\to\infty$。则上述傅里叶级数变为傅里叶变换。然而，为了建立与怪波解的关系，我们仍然使用傅里叶级数表示。我们已经证明，怪波来自调制不稳定区的共振扰动 [32]。共振微扰还意味着采用扰动波矢 $\mu_k\to 0$ 的极限可以来简化色散关系。最终简化的色散关系是

$$1+\sum_{j=1}^{N}\frac{a_j^2}{(\Omega_k+b_j)^2}=0 \tag{3.2.15}$$

该方程恰好与怪波结构因子 χ 满足的方程 (3.2.9) 完全一致。

$\mathrm{Im}[\Omega_k]$ 表示扰动的增长速率，$\mathrm{Re}[\Omega_k]$ 表示扰动的演化能量。可以看出参数 χ 和 Ω_k 满足 (3.2.9) 式或 (3.2.15) 式。由扰动 Ω_k 的色散形式可以直接知道一些背景的 χ_R 和 χ_I，即 $\chi=\Omega_k$。这是方程式的对应关系，它不同于怪波存在条件和基带调制不稳定性的不等式对应 [25]。$\dfrac{\chi_\mathrm{I}^2}{(\chi_\mathrm{R}+b_j)^2}$ 的值可以方便地对非线性薛定谔方程所描述系统中的怪波模式作出判断。显然，如果 $\mathrm{Im}[\Omega_k]=0$，就不会存在调制不稳定性，并且对应的关系 $\chi=0$ 使得怪波解失去意义。这个特性与前人研究的怪波调制不稳定性机制非常吻合 [25,32]。通过这样一种方式，平面波背景上的线性稳定性分析可以为我们提供怪波模式的直接信息。

这使我们能够解释为什么标量非线性薛定谔方程总是允许基本怪波的眼状模式。对于标量非线性薛定谔方程，只有一个分量，其背景振幅用 a 表示，波矢用 b 表示，色散关系表示为 $\Omega_k=-b+a\mathrm{i}=\chi$。$\dfrac{\chi_\mathrm{I}^2}{(\chi_\mathrm{R}+b)^2}=0$ 永远小于 $\dfrac{1}{3}$, 这意味着标量非线性薛定谔方程的基本怪波总是眼状结构。类似的计算可以用来解释为什么矢量怪波存在反眼状怪波和四花瓣怪波 [19,20,26,27]。以前的研究表明，怪波只存在于 $\mathrm{Im}[\Omega]\neq 0$ 的情况。但是怪波模式必须在数值或实验上观察。在这里，我们报道了在非线性薛定谔方程描述的系统中的某些背景上，参数 $\mathrm{Re}[\Omega_k]$ 和 $\mathrm{Im}[\Omega_k]$ 可以直接提供基本怪波模式类型。即在一定平面波背景上的共振扰动的演化能量值和增益速度决定了基本怪波的结构。这些结果允许人们在平面波背景上通过线性稳定性分析预测怪波模式甚至数量而无须求解矢量非线性薛定谔方程。

基于色散形式预测怪波模式 怪波和调制不稳定性之间的定量关系为基于线性稳定性分析预测怪波模式提供了可能性。上述 (3.2.9) 式有 N 对共轭复数根 (对应 N 支调制不稳定谱)，这意味着有 N 个不同的基本怪波模式。每支调制不稳定谱对应一个基本怪波结构。下面我们以五个分量的情况为例来展示该特点。假设所有五个分量的平面波背景振幅都是 $a_j=1$，波矢分别为 $b_1=-2$, $b_2=1$, $b_3=0$, $b_4=1$, $b_5=2$。对于这些背景，我们可以直接计算色散关系，得到 Ω_k 色散关系的五个分支，即 $\Omega_k(1)\approx 1.76+0.68\mathrm{i}$，$\Omega_k(2)\approx 0.9+0.79\mathrm{i}$，$\Omega_k(3)\approx 0.79\mathrm{i}$，$\Omega_k(4)\approx -0.90+0.79\mathrm{i}$，$\Omega_k(5)\approx -1.76+0.68\mathrm{i}$。$\Omega_k$ 的实部和虚部与基本怪波的一般形式结合来判断怪波图样。我们知道在这种情况下有五种结构。从上述怪波图样的分类条件可以知道每个怪波的时空结构。对于五组分耦合的情况，在第三组分中有一个眼状、两个反眼状和两个四花瓣状怪波图 3.10(a)。

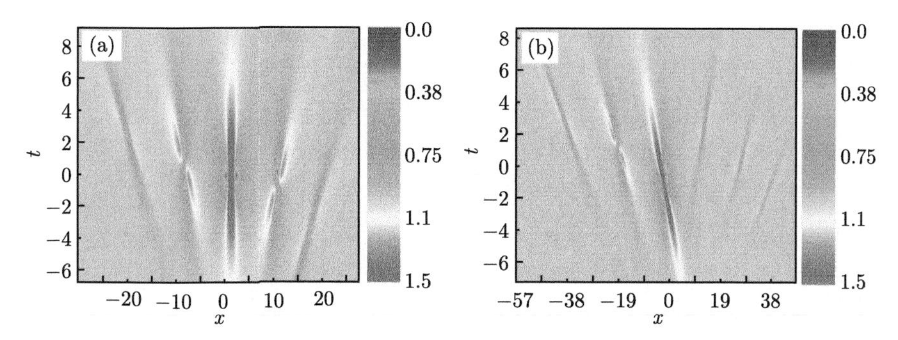

图 3.10 在第三组分的怪波模式：(a) 五组分情况；(b) 六组分耦合情况。可以看到 (a) 中有两个反眼状怪波，两个四花瓣怪波，一个眼状怪波；(b) 中有四个反眼状怪波，一个眼状怪波，一个四花瓣怪波。反眼状怪波彼此有点不同。这些结果与被调制不稳定性分析的模式预测吻合较好。参数设置为：(a) $a_j=1,b_1=-2,b_2=-1,b_3=0,b_4=1,b_5=2,x_1=-20,x_2=-10,x_3=0,x_4=10,x_5=20,t_j=0,(j=1,2,3,4,5)$; (b) $a_j=1,b_1=-3,b_2=-2,b_3=-1,b_4=1,b_5=2,b_6=3,x_1=-37.5,x_2=-22.5,x_3=-7.5,x_4=7.5,x_5=22.5,x_6=37.5,t_j=0(j=1,2,3,4,5,6)$(彩图见封底二维码)

这些结果表明，色散关系确实可以用来预测怪波结构。需要指出的是，属于同一类型基本怪波结构的多个怪波仍然可以相互区别。这可以通过对它们的直接分析得到验证。对于其他更多分量的情况，类似的过程也能被实现 (图 3.10 (b) 对于六组分的情况)。上面的结果可以很好地解释为什么近年来在两组分和三组分耦合系统中能获得双怪波和三重怪波 [18, 19, 22]，即两个或三个怪波来自调制不稳定性色散形式的两个或三个分支。基于怪波和呼吸子的对应关系，我们可以直接预期呼吸子的类型和激发条件等性质。接下来，我们提出一个具有任意 N 分量的矢量非线性薛定谔方程的多重怪波解，可以方便地观察非线性薛定谔方程描述的系统中基本怪波及其非线性叠加的动力学。

多分量耦合非线性薛定谔方程的多重怪波　我们给出了在 N 分量情况下基本怪波及其非线性叠加的一般公式。为了获得矢量非线性薛定谔方程的一般多重怪波解，我们选择一个一般的平面波解 (3.2.10) 式。我们利用文献 [28] 中提出的形式级数技术通过广义达布变换得到下面的 M 重怪波解：

$$q_m = a_m \left[\frac{\det(F^{[m]})}{\det(F)}\right] \mathrm{e}^{\theta_m} \tag{3.2.16}$$

其中，

$$\begin{aligned}
&F = (F_k, j)_{1\leqslant k,j\leqslant M}, \quad F^{[m]} = (F^{[m]}_{k,j})_{1\leqslant k,j\leqslant M}\\
&F_{k,j} = \frac{1}{\chi_k^* - \chi_j}\left[X_j X_k^* - \frac{i(X_j + X_k^*)}{\chi_k^* - \chi_j} - \frac{2}{(\chi_k^* - \chi_j)^2}\right]\\
&F^{[m]}_{k,j} = \frac{1}{\chi_k^* - \chi_j}\left[\left(\mathrm{i}X_j - \frac{1}{\chi_j + b_m}\right)\left(-\mathrm{i}X_k^* + \frac{1}{\chi_k^* + b_m}\right)\right.\\
&\qquad\left. + \frac{-\mathrm{i}(X_j + X_k^*) + \dfrac{1}{\chi_k^* + b_m} + \dfrac{1}{\chi_j + b_m}}{\chi_k^* - \chi_j} - \frac{2}{(\chi_k^* - \chi_j)^2}\right]
\end{aligned}$$

式中，$M \leqslant N$, $X_j = x - x_j + \chi_j(t - t_j) - \dfrac{1}{2\mathrm{Re}(\chi_j)}$, x_j 和 t_j 是实常数，并且 χ_j 满足方程

$$1 + \sum_{m=1}^{N} \frac{a_m^2}{(\chi_j + b_m)^2} = 0 \tag{3.2.17}$$

并且 $\mathrm{Im}(\chi_j) > 0$。容易看出，如果有 N 个不同的 b_m 和非零 a_m，则上式具有 N 对共轭复根。N 对共轭复根对应调制不稳定性色散形式的 N 个分支。这意味着 N 种不同的怪波模式对应于调制不稳定性色散关系的 N 个分支。需要强调的是，在 N 组分情况下，基本怪波的最大数量为 N，对于某些退化情况，该数量可以是其他小于 N 的整数，即 M 重怪波 ($M \leqslant N$)。它是 M 个不同基本怪波的非线性叠加，不同于由相同的基本怪波非线性迭代得到的高阶怪波解。通过对相关参数的高阶展开，可以进一步精确地构造一般的高阶怪波解。

时空分布平面上的矢量怪波数量与标量系统中的不同。我们已经证明了两个或四个基本怪波可以出现在时空平面上，对比标量非线性薛定谔方程的 n 阶怪波只有 $n(n+1)/2$ 个眼状或其叠加形式。那么，矢量怪波在时空分布上可以存在多少个不同的数量？通过以上怪波解，可以证明 N 组分非线性薛定谔方程最多有 N 个基本怪波。例如，对于六组分耦合情况，在第三组分有一个眼状、一个四花瓣和四个反眼状怪波 (图 3.10(b))。特别地，这里的六个怪波与高阶怪波不同，属于多怪波。标量非线性薛定谔方程的三阶怪波也允许有六个怪波，但六个怪波的基

本结构元都是眼状怪波。此外，六个怪波比高阶标量怪波具有更大的自由度；每个怪波的位置可以单独更改。因此，我们为了区分高阶怪波，称这些怪波为多重怪波。

在 N 分量耦合系统中，调制不稳定性分析可以用来预测怪波模式，这在上述讨论中得到了精确解的支持。然而，从许多不同的初始扰动条件也可以观察到怪波。在 $N=3$ 组分情况下，通过数值模拟具有参数偏差的精确解给出的初始条件的演化过程，证明三个基本怪波来自调制不稳定性色散形式的三个分支。调制不稳定性的三个分支意味着在这种情况下有三个不同的怪波模式。该模式可以用线性调制不稳定性色散形式进行预测。数值模拟表明，怪波模式对弱参数的推导具有较强的鲁棒性。例如，我们选择调制不稳定性色散形式的一个分支，其中三个基本的怪波模式分别出现在三组分的情况。当 $a_j=1(j=1,2,3), b_1=1, b_2=0, b_3=1$ 时，在 q_1 组分中会出现一个反眼状怪波，在 q_2 组分中会出现一个四花瓣怪波，在 q_3 组分中会出现一个眼状怪波。当精确解 (3.1.18) 式的参数为 $\chi=\chi_1\equiv(1+\mathrm{i})\sqrt{2}/2$ 作为理想初始条件时，$t=-3$ 的数值演化展示在图 3.11 的左栏。我们在图 3.11 的右栏展示了由精确解给出的初始条件的数值演化，参数偏差 $\chi=\chi_1+\mathrm{rand}(1)/80$，其中 rand(1) 是模小于 1 的随机复数。结果表明，怪波模式对参数偏差具有较好的鲁棒性。

此外，我们在高斯白噪声条件下对理想初始数据进行数值演化，以测试怪波信号的鲁棒性。我们使用 MATLAB 中信噪比为 100 的 awgn 函数来实现噪声，初始数据由 $t=-3$ 时的精确解给出 (图 3.11)。如图 3.12 所示，怪波对弱噪声仍有较强的鲁棒性。此外，背景中还含有调制不稳定性，使得弱扰动演化为振幅较大的波。这解释了大振幅周期波在 $t=6$ 时出现。但这并不影响怪波的时空结构。也就是说，即使有小的误差，精确的怪波解对于实验中准备初始数据仍是有用的。最近实验中观察到暗怪波 (反眼状怪波) 结构，并且在 Manakov 系统中证明矢量系统中的调制不稳定性。这些结果在具有两种或两种以上模态的非线性光纤系统中有很大的可能性被检验。

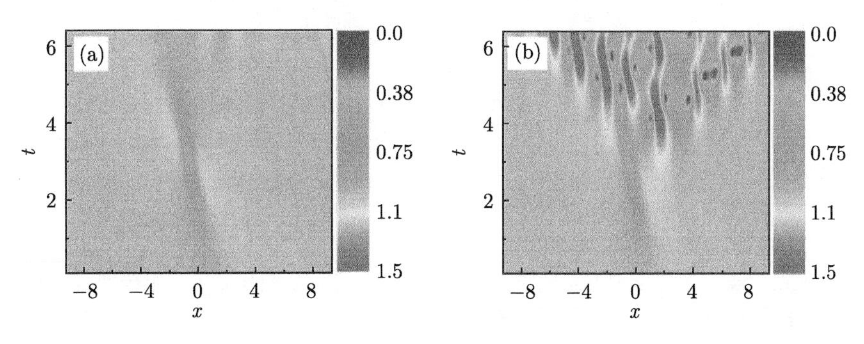

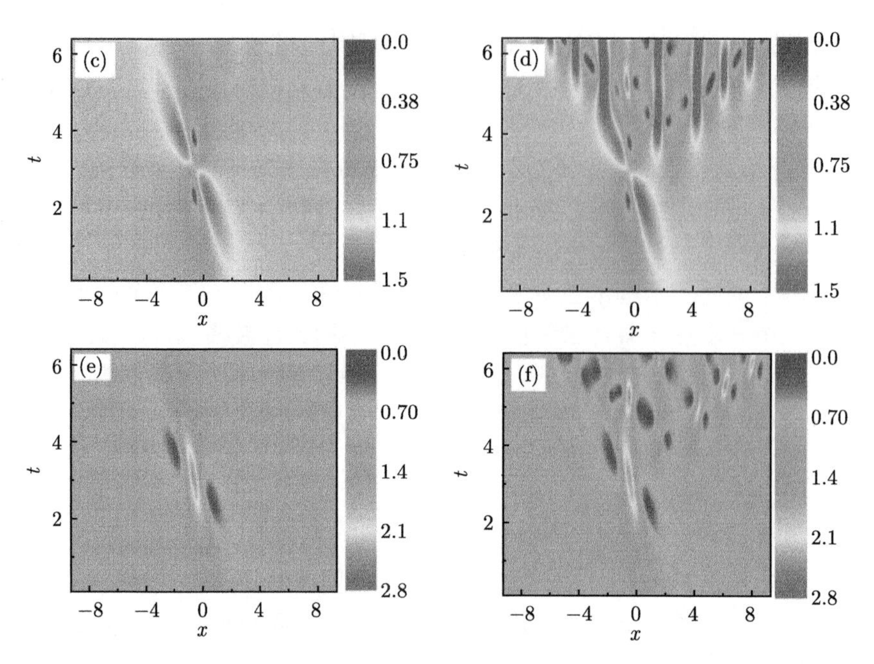

图 3.11　三组分情况下怪波对参数偏差的数值稳定性试验。由 $t = -3$ 处的精确解给出的理想初始条件的数值演化展示在左栏中。带有参数偏差的结果展示在右栏中。第 j 行图片表示 $|q_j|(j = 1, 2, 3)$ 的密度图, (a), (b): $|q_1|$; (c), (d): $|q_2|$; (e), (f): $|q_3|$。结果表明怪波在参数偏差下是稳定的 (彩图见封底二维码)

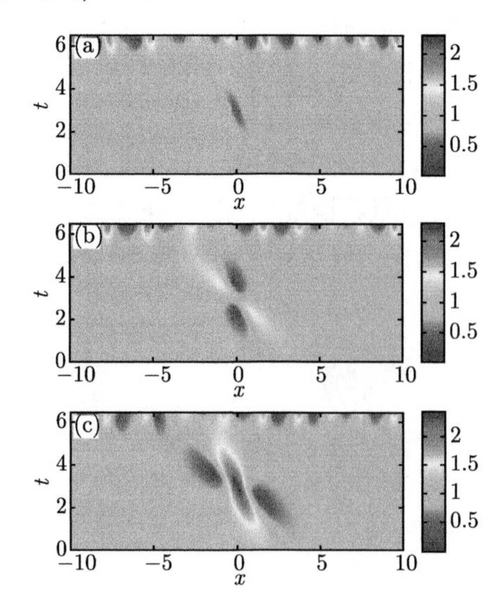

图 3.12　高斯白噪声条件下理想初始条件的数值演化。这三个图代表了三组分非线性薛定谔方程的三个不同组分 $|q_1|, |q_2|, |q_3|$ 的密度图。结果表明，怪波信号对噪声具有较强的鲁棒性 (彩图见封底二维码)

3.3 周期背景上的怪波激发

之前大多数有理解描述的都是一个平面波背景上激发的怪波。然而在复杂系统中，怪波通常不在一个简单的平面波背景上。因为标量系统通常没有平面波叠加背景，我们重新研究矢量系统中的有理解来探索多重平面波背景上的怪波激发问题。我们注意到耦合非线性薛定谔方程可以存在双平面波背景，这使得用有理解来详细研究双平面波背景上的怪波成为可能。本节我们主要介绍两种相对简单的周期背景上的怪波激发，分别是双平面波背景和椭圆函数背景。下面先讨论两组分耦合系统中双平面波背景上的怪波动力学。

3.3.1 双平面波背景上的怪波

我们通过达布变换和规范变换方法，在两组分系统中得到了双平面波背景上的怪波解析解[36]。结果表明，怪波结构仍然可以由双平面波背景的共振扰动演化而来。我们得到的矢量有理解可以分解为各自处于一个单平面波背景上的两个解。这样我们便可以研究几种熟知的基本结构的怪波 (眼状、反眼状以及四花瓣结构)。分析表明，两个平面波背景上的局域波是相关联的，叠加模式不能任意选择。在双平面波背景上不能获得两个反眼状怪波或两个四花瓣怪波的叠加模式。我们用结构相图清楚地说明了它们可能允许的叠加方式。此外，我们还在双平面波背景上研究了高阶矢量有理解。

我们从熟悉双分量耦合非线性薛定谔方程出发，其无量纲形式为

$$\mathrm{i}q_{1,t}+\frac{1}{2}q_{1,xx}+\frac{1}{2}(|q_1|^2+|q_2|^2)q_1=0 \tag{3.3.1}$$

$$\mathrm{i}q_{2,t}+\frac{1}{2}q_{2,xx}+\frac{1}{2}(|q_1|^2+|q_2|^2)q_2=0 \tag{3.3.2}$$

除了熟悉的矢量单平面波背景，耦合非线性薛定谔方程在双平面波背景上也存在解。双平面波背景解可以写成下面的形式：

$$\begin{aligned}q_{10}&=a_1\mathrm{e}^{\mathrm{i}(k_1x-k_1^2t/2+\phi t)}+a_2\mathrm{e}^{\mathrm{i}(k_2x-k_2^2t/2+\phi t)}\\q_{20}&=a_1\mathrm{e}^{\mathrm{i}(k_1x-k_1^2t/2+\phi t)}-a_2\mathrm{e}^{\mathrm{i}(k_2x-k_2^2t/2+\phi t)}\end{aligned} \tag{3.3.3}$$

其中，$\phi=a_1^2+a_2^2$ 表示非线性效应引起的相位演化因子；a_j 和 k_j 分别表示两个平面波背景的振幅和波矢。当 $k_1=k_2$ 时，双平面波背景约化为单平面波背景。当 $k_1=-k_2=k$，$a_1=a_2$ 时，双平面波背景将退化为余弦或正弦波背景。这种周期背景类似于带有对转换效应的双组分玻色–爱因斯坦凝聚体中的条纹背景。据我们所知，条纹相位背景第一次是在无转换效应的两组分玻色–爱因斯坦凝聚

体中获得的。如果 $|k_1| \neq |k_2|$, 那么 (3.3.3) 式通常描述一个运动的条纹背景，也就是说，背景密度也依赖于时间。这些特性使我们能够同时研究单平面波背景和双平面波背景上的矢量有理解。由于 $k_1 = k_2$ 时，双平面波背景退化为单平面波背景 (这种情况已被广泛研究)，所以我们主要讨论 $k_1 \neq k_2$ 时双平面波背景上有理解的激发模式。首先，让我们讨论双平面波背景上的基本矢量有理解，这是描述双平面波背景上的类怪波动力学的第一步。

我们得到的双平面波背景上耦合非线性薛定谔方程的基本有理解形式为

$$q_{1F} = H_1(x,t) + H_2(x,t) \tag{3.3.4}$$

$$q_{2F} = H_1(x,t) - H_2(x,t) \tag{3.3.5}$$

这里，

$$H_j = a_j \mathrm{e}^{\theta_j} + a_j \frac{2\mathrm{i}(\chi_\mathrm{R} + k_j)(x + \chi_\mathrm{R} t) - 2\mathrm{i}\chi_\mathrm{I}^2 t - 1}{A_j \left[(x+\chi_\mathrm{R} t)^2 + \chi_\mathrm{I}^2 t^2 + \frac{1}{4\chi_\mathrm{I}^2}\right]} \mathrm{e}^{\theta_j}, \quad i = 1,2$$

其中，$A_j = (\chi_\mathrm{R} + k_j)^2 + \chi_\mathrm{I}^2$, $\theta_j = \mathrm{i}\left[k_j x + (a_1^2 + a_2^2 - k_j^2/2)t\right]$, $\chi_\mathrm{R} = \mathrm{Re}(\chi), \chi_\mathrm{I} = \mathrm{Im}(\chi)$，$\chi$ 是方程 $1 + \sum_{j=1}^{2} \dfrac{a_j^2}{(\chi + k_j)^2} = 0$ 的根。这个有理解使我们能够研究双平面波背景上的类怪波动力学。

双平面波背景上的有理解与单平面波背景上的有理解不同，其推导比以前报道的要复杂得多。作为一个例子，我们在图 3.13 中展示了一种情况。图 3.13 的结果说明，这些背景在空间和时间具有振荡行为。这里的有理解所描述的局域波结构与以前报道的不同。图 3.13 这两个有理解叠加的最大振幅约是背景振幅的 1.8 倍 (图 3.13 (c) 和 (d))。在单位尺度上，可见局部峰值的持续时间 (背景以上可见振幅峰值的持续时间) 约为 0.7，高峰值的空间宽度约为 0.8。局域波峰的持续时间和空间宽度取决于背景振幅，因此可以通过增加背景振幅降低它们。这些特征与怪波现象的标志性特征一致。但是双平面波背景上的局域波峰值远小于背景密度相同的标量有理解，其峰值总是背景振幅的 3 倍。此外，双平面波背景上的局域波峰取决于相对波矢 $k_2 - k_1$ 以及两个背景振幅的比值 a_2/a_1 。类似于我们熟悉的标量非线性薛定谔基本有理解，当波矢 $k_1 = k_2$，背景振幅 $a_1 = a_2$ 时，双平面波背景上的基本有理解的最高振幅可以是背景振幅的 3 倍。

最高峰值的持续时间与相同背景振幅的标量情况相同。而 $k_1 \neq k_2$ 的情况，最高峰值将低于标量有理解。此外，有理解描述的波的最大振幅也取决于峰值所在的局部背景振幅值，因为当 $k_1 \neq k_2$ 时背景具有条纹。接下来，我们将基于得到的有理解来讨论可能出现的时空模式。

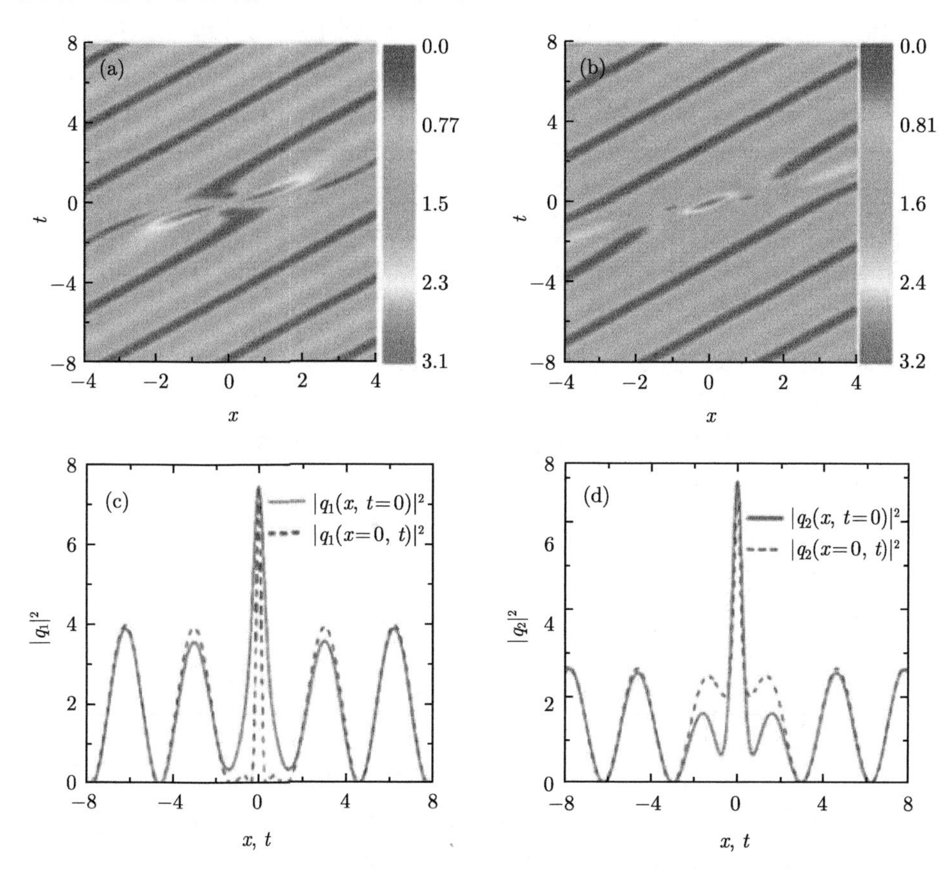

图 3.13 双平面波背景上基本有理解的动力学。(a) 为 q_1 分量的局域波模式；(b) 为 q_2 分量的局域波模式；(c) 和 (d) 分别为两分量中怪波的剖面结构 (由时间和空间方向上 $|q_{1,2}|^2$ 表示)。根据相图 3.9可以看出，每个分量中的局域波模式是两个平面波背景上一个眼状和一个反眼状怪波线性叠加的结果。参数为 $a_1 = a_2 = 1, k_1 = 0, k_2 = 2$(彩图见封底二维码)

我们得到的矢量有理解可以分解为分别位于两个平面波背景上的两个有理解。对每个平面波背景上的有理解已经进行了详细的讨论。它们主要具有三种独特的基本时空结构，主要包括眼状、反眼状和四花瓣怪波。这样我们便可以研究这三种基本怪波中两种怪波的线性叠加。结果表明，描述怪波结构的有理解依赖于平面波的特性 [20]。在矢量非线性薛定谔方程中由有理解和 MI 特性所描述的反眼状结构已经在双模非线性光纤中观察到。因此，有必要弄清楚在哪些条件下可以观察到两种基本怪波的叠加以进行可能的实验观察。

最近的研究发现，基带调制不稳定性或调制不稳定性中共振扰动在有理解激发中起着重要的作用[31,32]。通过傅里叶分析，我们可以看到，每个扰动都与它所存在的平面波背景共振。这与调制不稳定性区的共振扰动诱导有理解激发的事实是一致的[32]。此外，最近还发现了基本有理解形成不同时空结构的根本机制，其结果表明，弱扰动的色散关系中虚部和实部在决定有理解描述的时空结构中均起着重要作用。由于 χ 是四阶代数方程的一个根，所以，存在着两个不同 MI 分支[20]，这是不同于标量非线性薛定谔方程中一个 MI 分支的。这一特征表明，在相同的背景上有两种不同的有理解描述的怪波结构。也就是说，两个基本的局域波结构可以来自某一特定背景上 MI 色散关系的两个分支。这便为研究单平面波背景上不同局域波的非线性叠加提供了可能。

结果表明，在至少一个平面波背景上总是存在眼状怪波。四花瓣怪波可以存在的参数域远小于眼状怪波和反眼状怪波的参数域。这很好地解释了为什么在双组分情况中以前没有观察到四花瓣怪波[18,23]。从结构相图 (图 3.9) 可以看出，可以得到眼状怪波与眼状或反眼状或四花瓣之间的叠加。但在双分量情况下，不能得到反眼状与反眼状或四花瓣之间的叠加。此外，有理解的最大振幅取决于线性叠加所选择怪波的类型，它们随背景之间的相对波矢或两个平面波振幅的比值而变化。结果表明，当相对波矢为零，背景振幅相等时，两个眼状波叠加的峰值最高。对于其他复杂的情况也可以进行类似的讨论，如不可积情况、散焦–散焦和聚焦–散焦混合的多组分情况。

相图可以用来说明基本有理解的不同叠加方式的确切条件。例如图 3.13，根据图 3.9 中相同的 MI 分支，取 $a_1 = a_2 = 1, k_1 = 0, k_2 = 2$。基于相图，我们可以直接知道图 3.13 中的有理解表示眼状和反眼状怪波线性叠加的结果。如果我们想研究眼状和四花瓣模式的叠加，可以选择背景条件为 $a_2 = 1.5$，$k_2 = 1.5$。两个分量中的动力学过程如图 3.14 (a) 和 (b) 所示，它们的形状如图 3.14(c) 和 (d) 所示。在单位尺度中，可见波峰的持续时间约为 0.5，峰值的空间宽度约为 0.6。由于背景振幅较大，所以其持续时间小于图 3.13中的持续时间。而图 3.14(d) 则清楚地表明，有理解的最大振幅也取决于峰值所在的局域背景振幅。局部波峰在 q_2 分量中几乎不可见，因为它所处位置的背景振幅很小。但分量 q_1 中的有理解的振幅峰值要高得多，大约是背景振幅的 2 倍。该峰值小于背景幅值相同时的标量基波有理解对应的峰值。

许多标量高阶有理解也成功地在水箱中激发，主要包括二阶至五阶怪波。这些结果表明，解析高阶有理解在物理上是有意义的，而且在实验上也是可实现的。因此，我们进一步研究了双平面波背景上高阶矢量有理解的动力学。可以继续推导双平面波背景上的多重有理解和高阶有理解。这些高阶解的简洁形式为：$q_{1-h} = H_{1-h}(x,t) + H_{2-h}(x,t), q_{2-h} = H_{1-h}(x,t) - H_{2-h}(x,t)$ ，其中 H_{j-h} 表示对应平面波背景上的高阶怪波解。由于这些高阶有理解的相关表达式过于复杂，

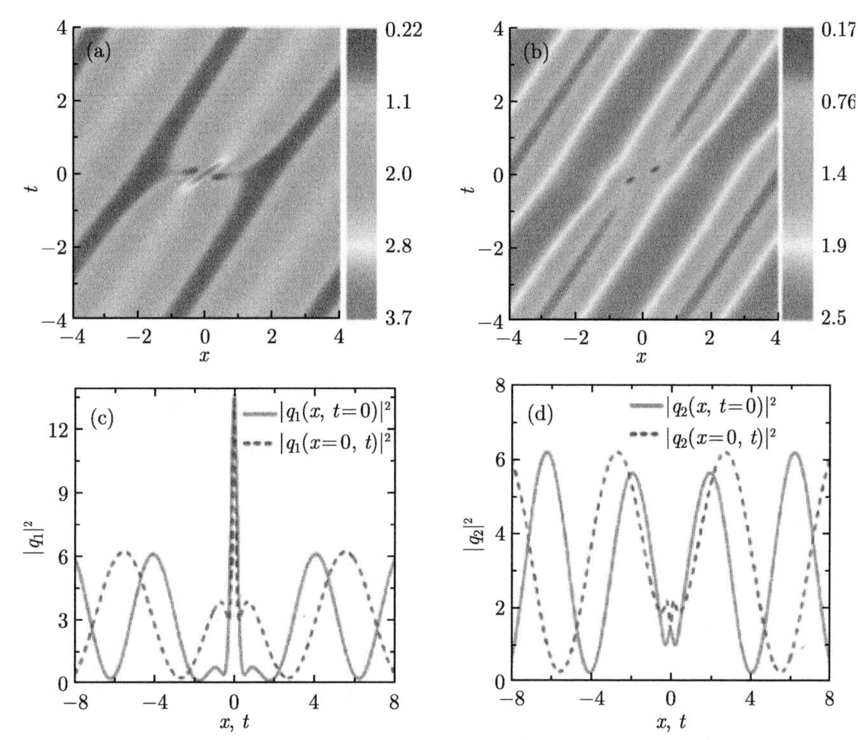

图 3.14 双平面波背景上有理解动力学。(a) 为 q_1 分量的局域波结构；(b) 为 q_2 分量的局域波结构；(c) 和 (d) 分别为两分量中怪波的时空结构分布。根据图 3.9 中的相图可以看出，每个分量中的局部波模式是一个眼状和一个反眼状怪波分别在两个平面波线性叠加的结果。特别地，它还清楚地表明，有理解的最大振幅取决于最高峰所在的局部背景振幅值。参数为 $a_1 = 1, a_2 = 1.5, k_1 = 0, k_2 = 1.5$ (彩图见封底二维码)

我们不具体地展示它们。作为例子，我们给出一些情形来说明双平面波背景上的高阶有理解存在非常丰富的波形。图 3.15 中展示了背景上四个各具特点的局部波。

图 3.16 中显示了双平面波背景上六个不同特点的局域波。因为多重有理解或高阶有理解是基本有理解的非线性叠加，所以，我们不必再给出它们的截面图。这些结果表明，调制不稳定区高阶共振的扰动可以在双平面波背景上激发高阶有理解。

我们还模拟了这些解析解数值描述的动力学过程。模拟结果表明，上述动力学过程对数值误差或微小偏差具有较强的鲁棒性。作为例子，我们在图 3.17 中展示了图 3.13 动力学过程的鲁棒性。这些结果有助于多平面波背景下有理解的实验观测。此外，多分量耦合非线性薛定谔方程也具有相似的对称性，此结果可用于推广构造多重平面波背景上更多不同的非线性波。

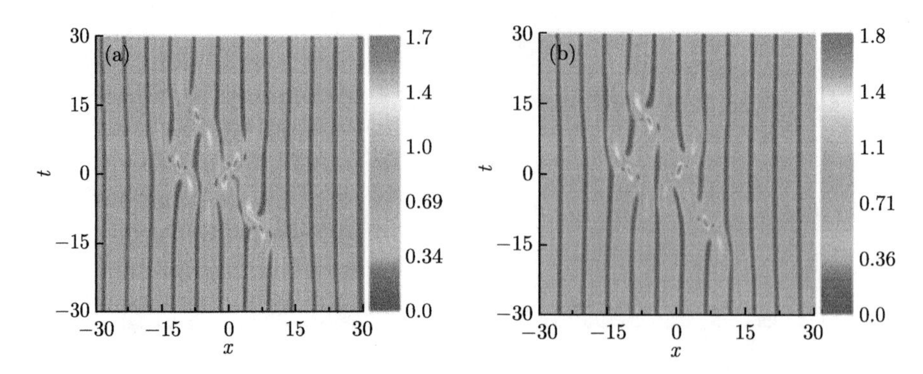

图 3.15　双平面波背景上有四个局域结构的一种情形。(a) 和 (b) 分别为 q_1 和 q_2 分量中波的演化动力学。结果表明，双平面波背景上也可以存在多有理解。背景参数为 $a_1 = a_2 = 1/2, k_1 = 3/5, k_2 = -3/5$ (彩图见封底二维码)

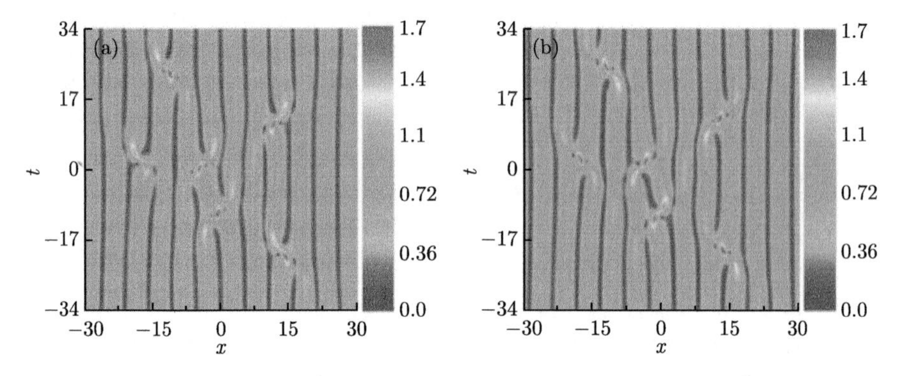

图 3.16　双平面波背景上六个局域波结构的一种情形。(a) 和 (b) 分别是 q_1 分量和 q_2 分量的局域波。结果表明，在双平面波背景下也存在多有理解。背景参数为 $a_1 = a_2 = 1/2, k_1 = 3/5, k_2 = -3/5$ (彩图见封底二维码)

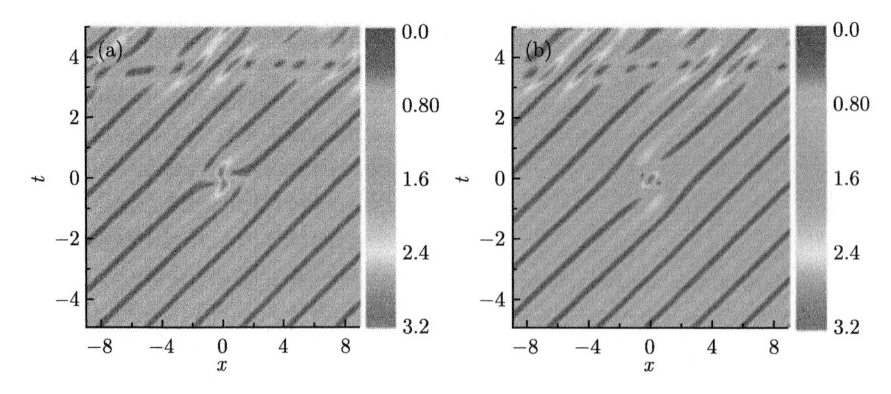

图 3.17　$t = -5$ 时精确有理解给出的初始条件的数值模拟。可以看出，动力学过程与图 3.13中精确解所描述的过程一致。背景参数与图 3.13 相同 (彩图见封底二维码)

3.3.2 椭圆函数背景上的怪波

前面我们讨论的怪波都是平面波背景或其组合形式上的怪波。但是非线性系统中有着其他可能的激发模式，如椭圆函数解。它们也可以提供怪波或呼吸子的激发背景[37]。本节主要讨论椭圆函数背景上的怪波激发。类似的讨论可以推广至呼吸子等其他局域波研究。我们选择标准非线性薛定谔方程 $\mathrm{i}\psi_t+\dfrac{1}{2}\psi_{xx}+|\psi|^2\psi=0$ 来展示如何利用达布变换求解椭圆函数背景上的怪波解[38]。标准非线性薛定谔方程的 Lax 对可以写成如下形式：

$$\begin{aligned}\boldsymbol{\Phi}_x&=U(Q;\lambda)\boldsymbol{\Phi},\quad U(Q;\lambda)=-\mathrm{i}\lambda\sigma_3+\mathrm{i}Q\\ \boldsymbol{\Phi}_t&=V(Q;\lambda)\boldsymbol{\Phi},\quad V(Q;\lambda)=-\mathrm{i}\lambda^2\sigma_3+\mathrm{i}\lambda Q+V_0,\quad V_0=\frac{1}{2}\sigma_3(\mathrm{i}Q^2-Q_x)\end{aligned}\tag{3.3.6}$$

其中，

$$\sigma_3=\begin{pmatrix}1&0\\0&-1\end{pmatrix},\quad Q=\begin{pmatrix}0&\psi\\ \psi^*&0\end{pmatrix}$$

换句话说，兼容性条件 $\boldsymbol{\Phi}_{xt}=\boldsymbol{\Phi}_{tx}$ 或零曲率条件 $U_t-V_x+[U,V]=0$ 满足上述非线性薛定谔方程。很容易看出势函数 U 和 V 的对称性：即 $U^\dagger(Q;\lambda^*)=-U(Q;\lambda)$ 和 $V^\dagger(Q;\lambda^*)=-V(Q;\lambda)$，这里的 † 表示厄米共轭。

Lax 对的基本解矩阵 基于上述对称性，若 $\Phi(x,t;\lambda)$ 是 Lax 对 (3.3.6) 式的矩阵解，即

$$\Phi(x,t;\lambda)=\begin{pmatrix}\phi_1(x,t;\lambda)&\phi_2(x,t;\lambda)\\ \varphi_1(x,t;\lambda)&\varphi_2(x,t;\lambda)\end{pmatrix}$$

其中，$[\phi_j,\varphi_j]^{\mathrm{T}}$ 是 Lax 对 (3.3.6) 式中两个线性无关的矢量解。那么 $\Psi=\Phi^\dagger(x,t;\lambda^*)$ 是共轭 Lax 对的矩阵解

$$\begin{aligned}-\Psi_x&=\Psi U(Q;\lambda)\\ -\Psi_t&=\Psi V(Q;\lambda)\end{aligned}\tag{3.3.7}$$

作为一般的对称情况，若 $\Phi(x,t;\lambda)$ 满足 Lax 对 (3.3.6) 式，那么 $(\mathrm{i}\sigma_2)\Phi(x,t;\lambda)^{\mathrm{T}}(-\mathrm{i}\sigma_2)$ 满足共轭 Lax 对 (3.3.7) 式，其中 σ_2 是泡利矩阵

$$\sigma_2=\begin{pmatrix}0&-\mathrm{i}\\ \mathrm{i}&0\end{pmatrix}$$

我们定义一个新的矩阵 $L(x,t;\lambda)=-\dfrac{1}{2}\Phi(x,t;\lambda)\sigma_3(\mathrm{i}\sigma_2)\Phi(x,t;\lambda)^{\mathrm{T}}(-\mathrm{i}\sigma_2)$，满足如下静态零曲率方程：

$$L_x=[U,L]$$

$$L_t = [V, L] \tag{3.3.8}$$

需要强调的是，上述静态零曲率条件也满足上面非线性薛定谔方程中给出的 Lax 对相容性条件和雅可比恒等式。

利用上述静态零曲率方程 (3.3.8) 能够构造线性化非线性薛定谔方程的解：

$$\mathrm{i}p_t + \frac{1}{2}p_{xx} + 2|\psi|^2 p + \psi^2 p^* = 0 \tag{3.3.9}$$

这里，$p(x,t)$ 是扰动函数。为了给出静态零曲率方程的精确解，我们将矩阵 $L(x,t;\lambda)$ 重新写为如下形式：

$$L(x,t;\lambda) = \begin{pmatrix} -\mathrm{i}f(x,t;\lambda) & g(x,t;\lambda) \\ h(x,t;\lambda) & \mathrm{i}f(x,t;\lambda) \end{pmatrix} \tag{3.3.10}$$

这里，

$$\begin{aligned} f(x,t;\lambda) &= -\frac{\mathrm{i}}{2}\left[\phi_1(x,t;\lambda)\varphi_2(x,t;\lambda) + \varphi_1(x,t;\lambda)\phi_2(x,t;\lambda)\right] \\ g(x,t;\lambda) &= \phi_1(x,t;\lambda)\phi_2(x,t;\lambda), \quad h(x,t;\lambda) = -\varphi_1(x,t;\lambda)\varphi_2(x,t;\lambda) \end{aligned} \tag{3.3.11}$$

那么我们将静态零曲率方程 (3.3.8) 式可以进一步写为

$$\begin{aligned} f_x &= \psi^* g - \psi h, \quad g_x = -2(\psi f + \mathrm{i}\lambda g), \quad h_x = 2(\psi^* f + \mathrm{i}\lambda h) \\ f_t &= \left(\lambda\psi^* - \frac{\mathrm{i}}{2}\psi_x^*\right) g - \left(\psi\lambda + \frac{\mathrm{i}}{2}\psi_x\right) h \\ g_t &= -2\left[\left(\lambda\psi + \frac{\mathrm{i}}{2}\psi_x\right) f + \left(\mathrm{i}\lambda^2 - \frac{i}{2}|\psi|^2\right) g\right] \\ h_t &= 2\left[\left(\lambda\psi^* - \frac{\mathrm{i}}{2}\psi_x^*\right) f + \left(\mathrm{i}\lambda^2 - \frac{\mathrm{i}}{2}|\psi|^2\right) h\right] \end{aligned} \tag{3.3.12}$$

通过上述方程，我们得到

$$-\frac{\mathrm{i}}{2}\left[\frac{1}{2}g_{xx} + \psi(\psi^* g - \psi h)\right] = \frac{1}{2}(\mathrm{i}\psi_x + 2\lambda\psi)f + \mathrm{i}\lambda^2 g$$

我们发现

$$\mathrm{i}g_t + \frac{1}{2}g_{xx} + 2|\psi|^2 g - \psi^2 h = 0 \tag{3.3.13}$$

同理，我们得到

$$-\mathrm{i}h_t + \frac{1}{2}h_{xx} + 2|\psi|^2 h - \psi^{*2} g = 0 \tag{3.3.14}$$

若 $h=-g^*$，则上式变为线性化的非线性薛定谔方程，即 (3.3.9) 式。但是，在一般情况下，上述情形中 $h\neq -g^*$。为了满足这一要求，我们利用对称性构造解的组合。由于 $[\phi_j(\lambda),\varphi_j(\lambda)]^{\mathrm{T}}(j=1,2)$，是 Lax 对 (3.3.6) 式的解，那么 $[-\varphi_j^*(\lambda),\phi_j^*(\lambda)]^{\mathrm{T}}$ 是 Lax 对 (3.3.6) 式中将 λ 替换为 λ^* 的解。因此，我们发现函数

$$g(\lambda^*)=\varphi_1^*(x,t;\lambda)\varphi_2^*(x,t;\lambda)$$

和

$$h(\lambda^*)=-\phi_1^*(x,t;\lambda)\phi_2^*(x,t;\lambda)$$

分别满足线性化方程 (3.3.13) 式和 (3.3.14) 式。我们可以得出线性化的非线性薛定谔方程 (3.3.9) 式的精确解为 $p=\phi_1(x,t;\lambda)\phi_2(x,t;\lambda)+\varphi_1^*(x,t;\lambda)\varphi_2^*(x,t;\lambda)$。该解可用于分析背景解的谱稳定性。

从静态零曲率方程出发，我们将解矩阵 L 设为关于 λ 多项式 (详见参考文献 [39])。对于亏格为 1 的解，我们假设矩阵 L 是关于 λ 二次项的形式，

$$L=L_0(x,t)\lambda^2+L_1(x,t)\lambda+L_2 \tag{3.3.15}$$

将 (3.3.15) 式代入 (3.3.8) 式并且比较系数，我们首先得到关于 x 的方程如下：

$$\begin{aligned}&\sigma_3L_0^{\mathrm{off}}=0\\&L_{0,x}+2\mathrm{i}\sigma_3L_1^{\mathrm{off}}-\mathrm{i}[Q,L_0]=0\\&L_{1,x}+2\mathrm{i}\sigma_3L_2^{\mathrm{off}}-\mathrm{i}[Q,L_1]=0,\\&L_{2,x}-\mathrm{i}[Q,L_2]=0\end{aligned} \tag{3.3.16}$$

可以推断出 $L=-\mathrm{i}\sigma_3\alpha_0\lambda^2+(-\mathrm{i}\sigma_3\alpha_1+\mathrm{i}\alpha_0Q)\lambda+\alpha_0V_0+\mathrm{i}\alpha_1Q+\alpha_2(-\mathrm{i}\sigma_3)$；同理可得，关于 t 的方程为

$$\begin{aligned}&\sigma_3L_0^{\mathrm{off}}=0\\&2\mathrm{i}\sigma_3L_1^{\mathrm{off}}-\mathrm{i}[Q,L_0]=0\\&L_{0,t}+2\mathrm{i}\sigma_3L_2^{\mathrm{off}}-\mathrm{i}[Q,L_1]-[V_0,L_0]=0\\&L_{1,t}-\mathrm{i}[Q,L_2]-[V_0,L_1]=0\\&L_{2,t}-[V_0,L_2]=0\end{aligned} \tag{3.3.17}$$

我们可以得到 $\alpha_{0,t}=\alpha_{1,t}=\alpha_{2,t}=0$，以及

$$Q_t-2\mathrm{i}\alpha_2\sigma_3Q+\alpha_1Q_x=0 \tag{3.3.18}$$

另一方面，假设矩阵解 $L(x,t;\lambda)$ 可以写成如下形式：

$$L(x,t;\lambda)=\exp\left[\int_{(x_0,t_0)}^{(x,t_0)}U(x',t';\lambda)\mathrm{d}x'+\int_{(x,t_0)}^{(x,t)}V(x',t';\lambda)\mathrm{d}t'\right]M(\lambda)$$
$$\times\exp\left[-\int_{(x_0,t_0)}^{(x,t_0)}U(x',t';\lambda)\mathrm{d}x'-\int_{(x,t_0)}^{(x,t)}V(x',t';\lambda)\mathrm{d}t'\right]$$

如果这里的常数矩阵 M 是非奇异的，则上式 $L(x,t;\lambda)$ 非简并。因此，结合假设 (3.3.15) 式，我们取 $\alpha_0=1$，矩阵 $L(x,t;\lambda)$ 的行列式可以写为如下形式：

$$\det L(x,t;\lambda)=f(x,t;\lambda)^2-g(x,t;\lambda)h(x,t;\lambda)=P(\lambda)$$
$$P(\lambda):=\prod_{j=1}^{4}(\lambda-\lambda_j)=\lambda^4-s_1\lambda^3+s_2\lambda^2-s_3\lambda+s_4 \tag{3.3.19}$$

这里，λ_j 是描述亏格为 1 多项式的零点。由对称关系和常微分方程的存在唯一性可得，该解满足 $L(x,t;\lambda)=-L^{\dagger}(x,t;\lambda^*)$。而且，通过行列式关系 (3.3.19) 式我们得到 $\prod_{j=1}^{4}(\lambda-\lambda_j)=\prod_{j=1}^{4}(\lambda-\lambda_j^*)$。此时，我们可以假设 $\lambda_j=\lambda_{j+2}^*, j=1,2$。因此，函数 $f(x,t;\lambda),g(x,t;\lambda)$ 以及 $h(x,t;\lambda)$ 可以写成如下形式：

$$f(x,t;\lambda)=\lambda^2+\alpha_1\lambda+\left(\alpha_2-\frac{1}{2}|\psi|^2\right)$$
$$g(x,t;\lambda)=-h^*(x,t;\lambda^*)=\mathrm{i}\lambda\psi-\frac{1}{2}\psi_x+\mathrm{i}\alpha_1\psi=\mathrm{i}\psi(\lambda-\mu) \tag{3.3.20}$$

对于 $g(x,t;\lambda)$ 的表达式中我们引入 $\mu(x,t):=-\frac{\mathrm{i}}{2}(\ln\psi)_x-\alpha_1$。接下来我们给出系数 $s_{1\leqslant j\leqslant 4}$ 与函数 $\psi(x,t),\mu(x,t)$，$\nu=|\psi|^2$ 及 α_2 之间的关系。通过比较 (3.3.19) 式我们发现

$$2\alpha_1=-s_1,\quad \alpha_1^2+2\alpha_2=s_2$$
$$2\alpha_1\left(\alpha_2-\frac{1}{2}\nu\right)-\nu(\mu+\mu^*)=-s_3,\quad \left(\alpha_2-\frac{1}{2}\nu\right)^2+\nu\mu\mu^*=s_4 \tag{3.3.21}$$

另外，根据上式后两个方程我们可以得到关于 μ, μ^* 和 ν 之间的代数关系：

$$\mu+\mu^*=\frac{s_1}{2}-\frac{q}{\nu},\quad \mu\mu^*=-\frac{1}{\nu}(\nu^2-2p\nu+p^2-4s_4) \tag{3.3.22}$$

这里，$q=\frac{s_1}{2}\left(s_2-\frac{s_1^2}{4}\right)-s_3$，$p=s_2-\frac{s_1^2}{4}$，那么 μ 和 μ^* 可以直接求解为

$$\mu=\frac{s_1}{4}-\frac{q+\mathrm{i}\sqrt{-R(\nu)}}{2\nu},\quad \mu^*=\frac{s_1}{4}-\frac{q-\mathrm{i}\sqrt{-R(\nu)}}{2\nu} \tag{3.3.23}$$

其中，

$$R(\nu)=\nu^3+(s_1^2/4-2p)\nu^2-(s_1q+4s_4)\nu+q^2 \tag{3.3.24}$$

若存在根 ν_1 使得 $R(\nu_1)=0$，则多项式 (3.3.19) 式中的 $\det L(x,t;\lambda)$ 可以分解为

$$[\lambda^2+(\alpha_1+\mathrm{i}\sqrt{\nu_1})\lambda+(\alpha_2-\nu_1/2)-\mathrm{i}\sqrt{\nu_1}\mu][\lambda^2+(\alpha_1-\mathrm{i}\sqrt{\nu_1})\lambda+(\alpha_2-\nu_1/2)+\mathrm{i}\sqrt{\nu_1}\mu] \tag{3.3.25}$$

基于上述根与 (3.3.19) 式和 (3.3.25) 式系数之间的关系，我们可以得到

$$\alpha_1+\mathrm{i}\sqrt{\nu_1}=-\lambda_1-\lambda_3,\quad \alpha_1-\mathrm{i}\sqrt{\nu_1}=-\lambda_2-\lambda_4$$

进一步地，我们得到关系式

$$\nu_1=-\frac{1}{4}(\lambda_1+\lambda_3-\lambda_2-\lambda_4)^2 \tag{3.3.26}$$

同理，我们可得到其余两个根 ν_2，ν_3 的表达式

$$\nu_2=-\frac{1}{4}(\lambda_1+\lambda_4-\lambda_2-\lambda_3)^2,\quad \nu_3=-\frac{1}{4}(\lambda_1+\lambda_2-\lambda_3-\lambda_4)^2 \tag{3.3.27}$$

在这里,我们参考了文献 [40] 中的有效积分技术。接下来,我们将关注参数 ν_1,ν_2,ν_3 对解 ψ 动力学的决定性作用。由于上述 ν_k $(k=1,2,3)$ 和 λ_j $(j=1,2,3,4)$ 之间的关系，则参数 λ_j 也同样决定解的动力学。

下面，我们推导关于 $\mu(x,t)$ 的 Dubrovin 型方程。因为 $g_x=-2(\psi f+\mathrm{i}\lambda g)$ 和 $g=\mathrm{i}\psi(\lambda-\mu)$(即 (3.3.12) 式和 (3.3.20) 式)，通过令 $\lambda=\mu$ 可以得到如下形式：

$$\mu_x=-2\mathrm{i}f(\mu)=-2\mathrm{i}\sqrt{P(\mu)} \tag{3.3.28}$$

以及

$$\mu_t=-2\mathrm{i}\left[\mu+\frac{\mathrm{i}}{2}(\ln\psi)_x\right]\sqrt{P(\mu)}=-\mathrm{i}s_1\sqrt{P(\mu)} \tag{3.3.29}$$

此外，通过 (3.3.18) 式和 (3.3.23) 式以及关系式 $\mu-\mu^*=-\dfrac{\mathrm{i}}{2}\dfrac{\nu_x}{\nu}$ 可得

$$\nu_t=\frac{s_1}{2}\nu_x=s_1\sqrt{-R(\nu)} \tag{3.3.30}$$

引入符号 $\lambda_{1,3}=\alpha\pm\mathrm{i}\gamma$ 和 $\lambda_{2,4}=\beta\pm\mathrm{i}\delta$，然后从 (3.3.26) 式和 (3.3.27) 式可以得到

$$\nu_1=-(\alpha-\beta)^2,\quad \nu_2=(\gamma-\delta)^2,\quad \nu_3=(\gamma+\delta)^2 \tag{3.3.31}$$

显然上式满足 $\nu_1 \leqslant 0 \leqslant \nu_2 < \nu_3$。通过微分方程 (3.3.30) 式的简单数学分析，我们发现在区间 $[\nu_2, \nu_3]$ 上周期函数 ν 可由如下椭圆函数描述：

$$\nu\left(x+\frac{s_1}{2}t\right)=\nu_3+(\nu_2-\nu_3)\mathrm{sn}^2\left[\sqrt{\nu_3-\nu_1}\left(x+\frac{s_1}{2}t\right)|m\right] \tag{3.3.32}$$

这里，$m=(\nu_3-\nu_2)/(\nu_3-\nu_1)$。而且，从 (3.3.18) 式，(3.3.23) 式和 (3.3.30) 式我们可以得到

$$\psi_x=2\mathrm{i}(\mu-s_1/2)\psi=-\mathrm{i}\left(\frac{s_1}{2}+\frac{2q+\mathrm{i}\nu_x}{2\nu}\right)\psi,\quad \psi_t=\mathrm{i}(s_2-s_1^2/4)\psi+\frac{s_1}{2}\psi_x \tag{3.3.33}$$

当 $\nu_2>0$ 时，函数 $\psi(x,t)$ 可以精确积分为

$$\psi=\sqrt{\nu\left(x+\frac{s_1}{2}t\right)}\exp\left[-\frac{\mathrm{i}}{2}s_1(x+s_1t)-\mathrm{i}q\int_0^{x+\frac{s_1}{2}t}\frac{\mathrm{d}s}{\nu(s)}+\mathrm{i}s_2t\right] \tag{3.3.34}$$

当 $\nu_2=0$ 时，由于 (3.3.33) 式中在 $\sqrt{\nu_3-\nu_1}(x+s_1t)=0 \bmod 2K$ 处有一个奇点 ($K\equiv K(m)$ 是第一类完全椭圆积分)，则函数 $\psi(x,t)$ 可以表示为

$$\psi=(\gamma+\delta)\mathrm{cn}\left[(\alpha-\beta)\left(x+\frac{s_1}{2}t\right)|m\right]\exp\left[-\frac{\mathrm{i}}{2}s_1(x+s_1t)+\mathrm{i}s_2t\right] \tag{3.3.35}$$

接下来我们继续寻找 Lax 对相应的解。首先，我们引入一个符号 $y^2=\det L(x,t;\lambda)$，即 $\det[\mathrm{i}yI-L(x,t;\lambda)]=0$。因此，矩阵 $\mathrm{i}yI-L(x,t;\lambda)$ 的核是 $\boldsymbol{K}_1(x,t;\lambda)=(1,r_1(x,t;\lambda))^{\mathrm{T}}$ 和 $\boldsymbol{K}_2(x,t;\lambda)=(1,r_2(x,t;\lambda))^{\mathrm{T}}$，其中，

$$r_1(x,t;\lambda)=\mathrm{i}\frac{f(x,t;\lambda)+y}{g(x,t;\lambda)}=\mathrm{i}\frac{h(x,t;\lambda)}{f(x,t;\lambda)-y}$$
$$r_2(x,t;\lambda)=\mathrm{i}\frac{f(x,t;\lambda)-y}{g(x,t;\lambda)}=\mathrm{i}\frac{h(x,t;\lambda)}{f(x,t;\lambda)+y}$$

假设 Lax 对 (3.3.6) 式存在一个基本解矩阵：$\widehat{\Phi}(x,t;\lambda)$ 初始值为 $\widehat{\Phi}(0,0;\lambda)=I$，并且矩阵解 $\widehat{\Phi}(x,t;\lambda)L(0,0;\lambda)$ 也是 Lax 对 (3.3.6) 式的矩阵解，另外，我们知道 $L(x,t;\lambda)\widehat{\Phi}(x,t;\lambda)$ 同样是 Lax 对的矩阵解。利用常微分方程的唯一性和存在性，我们可以得到 $\widehat{\Phi}(x,t;\lambda)L(0,0;\lambda)=L(x,t;\lambda)\widehat{\Phi}(x,t;\lambda)$。接着我们考虑解的形式为 $\Phi(x,t;\lambda)\equiv(\boldsymbol{\Psi}_1(x,t;\lambda),\boldsymbol{\Psi}_2(x,t;\lambda))$。由于 Lax 对是线性的，我们可以将矢量 $\boldsymbol{\Psi}_1(0,0;\lambda),\boldsymbol{\Psi}_2(0,0;\lambda)$ 的第一个分量归一化为 1，然后将它们的第二个分量分别设为 $\varphi_1(0,0;\lambda)$ 和 $\varphi_2(0,0;\lambda)$，也就是说

$$\Phi(x,t;\lambda)=\widehat{\Phi}(x,t;\lambda)(\boldsymbol{K}_1(0,0;\lambda),\boldsymbol{K}_2(0,0;\lambda))$$

基于此，我们得到 $[\mathrm{i}yI-L(x,t;\lambda)]\Phi(x,t;\lambda)=0$，而 $r_j(x,t;\lambda)=\dfrac{\varphi_j(x,t;\lambda)}{\phi_j(x,t;\lambda)},j=1,2$。

因此，函数 $f(x,t;\lambda)$ 和 $g(x,t;\lambda)$ 已知，则 $\varphi_j(x,t;\lambda),j=1,2$ 可以精确得到。左边未知变量的 Lax 对是 $\phi_j(x,t;\lambda),j=1,2$。事实上，基于之前已知的变量，$\phi_j(x,t;\lambda),j=1,2$ 可以从积分中推导：

$$\phi_{1,x}=(-\mathrm{i}\lambda+\mathrm{i}\psi r_1)\phi_1,\quad \phi_{1,t}=\left[-\mathrm{i}\lambda^2+\frac{\mathrm{i}}{2}\nu+\left(\mathrm{i}\lambda\psi-\frac{1}{2}\psi_x\right)r_1\right]\phi_1 \quad (3.3.36)$$

将 (3.3.20) 式代入 (3.3.36) 式，可得

$$\phi_1(x,t;\lambda)=\sqrt{\frac{\nu(x)-\beta_1}{\nu(0)-\beta_1}}\exp(\theta_1),\quad \theta_1=\mathrm{i}\int_0^x\frac{C_1\mathrm{d}s}{\nu(s)-\beta_1}+\mathrm{i}\lambda x+\mathrm{i}\left(\frac{s_2}{2}+y\right)t \quad (3.3.37)$$

这里，$\beta_1=2\left(\lambda^2+\dfrac{s_2}{2}-y\right),C_1=2\lambda\beta_1-s_3$。使用类似的积分，我们可以得到

$$\phi_2(x,t;\lambda)=\sqrt{\frac{\nu(x)-\beta_2}{\nu(0)-\beta_2}}\exp(\theta_2),\quad \theta_2=\mathrm{i}\int_0^x\frac{C_2\mathrm{d}s}{\nu(s)-\beta_2}+\mathrm{i}\lambda x+\mathrm{i}\left(\frac{s_2}{2}-y\right)t \quad (3.3.38)$$

其中，$\beta_2=2\left(\lambda^2+\dfrac{s_2}{2}+y\right)$ 及 $C_2=2\lambda\beta_2-s_3$，我们也可以得到 $\varphi_j=\phi_jr_j,j=1,2$。因此，具有椭圆势函数的 Lax 对解是唯一确定的。

为了寻找具有更好对称性的基本解矩阵，我们给出 $\varphi_j,j=1,2$ 的积分表达式：

$$\begin{aligned}\varphi_1(x,t;\lambda)&=D_1\sqrt{\frac{\nu(x)-\beta_2}{\nu(0)-\beta_2}}\exp(-\theta_2)\\ \varphi_2(x,t;\lambda)&=D_2\sqrt{\frac{\nu(x)-\beta_1}{\nu(0)-\beta_1}}\exp(-\theta_1)\end{aligned} \quad (3.3.39)$$

这里，

$$D_1=\mathrm{i}r_1(0,0;\lambda)=\mathrm{i}\sqrt{\frac{f(0,0;\lambda)+y}{f(0,0;\lambda)-y}\frac{h(0,0;\lambda)}{g(0,0;\lambda)}}=\mathrm{i}\sqrt{\frac{\nu(0)-\beta_2}{\nu(0)-\beta_1}}$$

以及 $D_2=\mathrm{i}\sqrt{\dfrac{\nu(0)-\beta_1}{\nu(0)-\beta_2}}$。通过忽略矢量解的常数因子，我们得到如下定理:

定理 1 对于椭圆函数形式的解 ψ(3.3.34) 式或 (3.3.35) 式，相应的 Lax 对 (3.3.6) 式的一个基本解矩阵可以表示为

$$\Phi(x,t;\lambda)=\begin{pmatrix}\sqrt{\nu(x)-\beta_1}\mathrm{e}^{\theta_1} & \sqrt{\nu(x)-\beta_2}\mathrm{e}^{\theta_2}\\ \mathrm{i}\sqrt{\nu(x)-\beta_2}\mathrm{e}^{-\theta_2} & \mathrm{i}\sqrt{\nu(x)-\beta_1}\mathrm{e}^{-\theta_1}\end{pmatrix} \quad (3.3.40)$$

这里，θ_1 和 θ_2 如 (3.3.37) 式和 (3.3.38) 式所示。

基本解 (3.3.40) 式可以在 $(x,t)=(0,0)$ 处归一化

$$\Phi^{\mathrm{N}}(x,t;\lambda)=\Phi(x,t;\lambda)\Phi^{-1}(0,0;\lambda) \tag{3.3.41}$$

其中，上标 N 表示对 $\Phi(x,t;\lambda)$ 归一化，对应于 $\Phi^{\mathrm{N}}(0,0;\lambda)=I$。接下来，我们将通过达布变换来构造椭圆函数背景上的怪波解。对于构造怪波及高阶怪波解的形式，通常用雅可比 cn, sn 和 dn 函数来表示。

椭圆函数背景上怪波解　我们考虑怪波解的形式，它位于分支点。在这种情况下，上述两个矢量解 (3.3.40) 式合并成一个矢量解形式。因此，我们需要寻找另一个线性无关矢量的解。在这里，我们想利用极限技术来处理这个问题。假设我们在分支点 λ_1 处展开参数 $y(\lambda)$：$\lambda=\lambda_1+\epsilon_1^2$，这里 ϵ_1 是一个小的参数，然后我们有下面的展开：

$$y(\lambda)=\epsilon_1 y_1\sqrt{\left(1+\frac{\epsilon_1^2}{\lambda_1-\lambda_2}\right)\left(1+\frac{\epsilon_1^2}{\lambda_1-\lambda_3}\right)\left(1+\frac{\epsilon_1^2}{\lambda_1-\lambda_4}\right)}=y_1\epsilon_1\sum_{j=0}^{\infty}y_1^{[j]}\epsilon_1^{2j} \tag{3.3.42}$$

其中，

$$y_1=\sqrt{(\lambda_1-\lambda_2)(\lambda_1-\lambda_3)(\lambda_1-\lambda_4)},\quad y_1^{[j]}\equiv\left(\sum_{c_2+c_3+c_4=j}\prod_{m=2}^{4}\frac{\binom{\frac{1}{2}}{c_m}}{(\lambda_1-\lambda_m)^{c_m}}\right)$$

式中，$\binom{\frac{1}{2}}{c_m}=\dfrac{\left(\frac{1}{2}\right)!}{c_m!\left(\frac{1}{2}-c_m\right)!}$。这里分数阶乘 $f!$ 的意思是 $f!=\Gamma(f+1)$ (Γ 为 gamma 函数)。因此

$$\beta_1(\lambda)=2(\lambda_1+\epsilon_1^2)^2+s_2-2y(\lambda)=2\lambda_1^2+s_2+2\left[\epsilon_1^2(2\lambda_1+\epsilon_1^2)-y_1\epsilon_1\sum_{j=0}^{\infty}y_1^{[j]}\epsilon_1^{2j}\right] \tag{3.3.43}$$

并且

$$\begin{aligned}C_1(\lambda)&=2\lambda\beta_1(\lambda)-s_3\\&=2\lambda_1^3+s_2\lambda_1-s_3\\&\quad+2\left\{\epsilon_1^2[(3\lambda_1^2+s_2/2)+3\lambda_1\epsilon_1^2+\epsilon_1^4]-y_1\epsilon_1\left[\lambda_1 y_1^{[0]}+\sum_{j=1}^{\infty}(\lambda_1 y_1^{[j]}+y_1^{[j-1]})\right]\epsilon_1^{2j}\right\}\end{aligned}$$

此外，矢量解中的元素可以按如下形式展开:

$$\begin{aligned}(\nu(x)-\beta_1(\lambda))^{\pm 1/2}&=[W_1(x)]^{\pm 1/2}[1+K_1(\epsilon_1)]^{\pm 1/2}\\&=[W_1(x)]^{\pm 1/2}\sum_{m=0}^{\infty}\sum_{j=0}^{m}\begin{pmatrix}\pm\frac{1}{2}\\ m\end{pmatrix}\begin{pmatrix}m\\ j\end{pmatrix}K_1^{m-j}K_2^{j}\\&=[W_1(x)]^{\pm 1/2}\sum_{m=0}^{\infty}\sum_{j=0}^{\infty}\begin{pmatrix}\pm\frac{1}{2}\\ m+j\end{pmatrix}\begin{pmatrix}m+j\\ j\end{pmatrix}K_1^{m}K_2^{j}\end{aligned}\tag{3.3.44}$$

其中,

$$W_1(x)=\nu(x)-(2\lambda_1^2+s_2),\quad K_1(\epsilon_1)=\frac{-2\epsilon_1^2(2\lambda_1+\epsilon_1^2)}{W_1(x)},\quad K_2(\epsilon_1)=\frac{2y_1\epsilon_1\Sigma_{j=0}^{\infty}y_1^{[j]}\epsilon_1^{2j}}{W_1(x)}$$

我们需要组合公式:

$$\begin{aligned}&\sum_{l=0}^{\infty}\begin{pmatrix}\pm\frac{1}{2}\\ l+j\end{pmatrix}\begin{pmatrix}l+j\\ j\end{pmatrix}K_1^{l}\\&=\sum_{l=0}^{\infty}\begin{pmatrix}\pm\frac{1}{2}\\ l+j\end{pmatrix}\begin{pmatrix}l+j\\ j\end{pmatrix}\left(\frac{-2}{W_1(x)}\right)^{l}\epsilon_1^{2l}(2\lambda_1+\epsilon_1^2)^{l}\\&=\sum_{l=0,}^{\infty}\sum_{k=0}^{l}\begin{pmatrix}\pm\frac{1}{2}\\ l+j\end{pmatrix}\begin{pmatrix}l+j\\ j\end{pmatrix}\begin{pmatrix}l\\ k\end{pmatrix}\left(\frac{-2}{W_1(x)}\right)^{l}(2\lambda_1)^{l-k}\epsilon_1^{2(k+l)}\\&=\sum_{k=0,}^{\infty}\sum_{l=2k}^{\infty}\begin{pmatrix}\pm\frac{1}{2}\\ l-k+j\end{pmatrix}\begin{pmatrix}l-k+j\\ j\end{pmatrix}\begin{pmatrix}l-k\\ k\end{pmatrix}\left(\frac{-2}{W_1(x)}\right)^{l-k}(2\lambda_1)^{l-2k}\epsilon_1^{2l}\\&=\sum_{l=0,}^{\infty}\sum_{k=0}^{[l/2]}\begin{pmatrix}\pm\frac{1}{2}\\ l-k+j\end{pmatrix}\begin{pmatrix}l-k+j\\ j\end{pmatrix}\begin{pmatrix}l-k\\ k\end{pmatrix}\left(\frac{-2}{W_1(x)}\right)^{l-k}(2\lambda_1)^{l-2k}\epsilon_1^{2l}\end{aligned}$$

并且

$$\begin{aligned}K_2^{j}&=\left(\frac{2y_1}{W_1(x)}\right)^{j}\epsilon_1^{j}\left(\sum_{l=0}^{\infty}y_1^{[l]}\epsilon_1^{2l}\right)^{j}\\&=\left(\frac{2y_1}{W_1(x)}\right)^{j}\epsilon_1^{j}\sum_{n=0}^{\infty}j!\left(\sum_{\Sigma_{m=0}^{n}ms_m=n}^{\Sigma_{m=0}^{n}s_m=j}\prod_{m=0}^{n}\frac{(y_1^{[m]})^{s_m}}{s_m!}\right)\epsilon_1^{2n}\end{aligned}$$

接着我们引入如下符号:

$$G_{l,j}^{\pm} = \sum_{k=0}^{[l/2]} \begin{pmatrix} \pm\frac{1}{2} \\ l-k+j \end{pmatrix} \begin{pmatrix} l-k+j \\ j \end{pmatrix} \begin{pmatrix} l-k \\ k \end{pmatrix} \left(\frac{-2}{W_1(x)} \right)^{l-k} (2\lambda_1)^{l-2k}$$

并且

$$H_{n,j} = j! \left(\sum_{\Sigma_{m=0}^{n} m s_m = n}^{\Sigma_{m=0}^{n} s_m = j} \prod_{m=0}^{n} \frac{(y_1^{[m]})^{s_m}}{s_m!} \right)$$

然后我们得到

$$\begin{aligned}
&(\nu(x) - \beta_1(\lambda))^{\pm 1/2} \\
&= [W_1(x)]^{\pm 1/2} \sum_{j=0}^{\infty} \left(\frac{2y_1}{W_1(x)} \right)^j \epsilon_1^j \sum_{k=0}^{\infty} \left(\sum_{l+n=k} G_{l,j}^{\pm} H_{n,j} \right) \epsilon_1^{2k} \\
&= [W_1(x)]^{\pm 1/2} \sum_{k=0}^{\infty} \sum_{j=0}^{\infty} \left(\frac{2y_1}{W_1(x)} \right)^j \left(\sum_{l+n=k} G_{l,j}^{\pm} H_{n,j} \right) \epsilon_1^{2k+j} \\
&= [W_1(x)]^{\pm 1/2} \sum_{k=0}^{\infty} \sum_{j=2k}^{\infty} \left(\frac{2y_1}{W_1(x)} \right)^{j-2k} \left(\sum_{l+n=k} G_{l,j-2k}^{\pm} H_{n,j-2k} \right) \epsilon_1^j \\
&= [W_1(x)]^{\pm 1/2} \sum_{j=0}^{\infty} \left[\sum_{k=0}^{[j/2]} \left(\frac{2y_1}{W_1(x)} \right)^{j-2k} \left(\sum_{l+n=k} G_{l,j-2k}^{\pm} H_{n,j-2k} \right) \right] \epsilon_1^j \\
&= [W_1(x)]^{\pm 1/2} \sum_{j=0}^{\infty} \nu_{1\pm}^{[j]} \epsilon_1^j
\end{aligned} \tag{3.3.45}$$

其中，$\nu_{1\pm}^{[j]} = \left[\sum_{k=0}^{[j/2]} \left(\frac{2y_1}{W_1(x)} \right)^{j-2k} \left(\sum_{l+n=k} G_{l,j-2k}^{\pm} H_{n,j-2k} \right) \right]$，这里 $[\cdots]$ 表示 floor 函数，以类似的方式，我们得到了 $1/[\nu(x) - \beta_1(\lambda)]$ 的展开：

$$[\nu(x) - \beta_1(\lambda)]^{-1} = [W_1(x)]^{-1} \sum_{j=0}^{\infty} R_j \epsilon_1^j \tag{3.3.46}$$

这里我们定义了

$$R_j \equiv \sum_{k=0}^{[j/2]} \left(\frac{2y_1}{W_1(x)} \right)^{j-2k} \left(\sum_{l+n=k} G_{l,j-2k}^{'} H_{n,j-2k} \right) \tag{3.3.47}$$

$$G_{l,j}^{'} \equiv \sum_{k=0}^{[l/2]} (-1)^{l-k+j} \begin{pmatrix} l-k+j \\ j \end{pmatrix} \begin{pmatrix} l-k \\ k \end{pmatrix} \left(\frac{-2}{W_1(x)} \right)^{l-k} (2\lambda_1)^{l-2k} \tag{3.3.48}$$

根据 (3.3.44) 式和 (3.3.46) 式可得

$$\begin{aligned}\frac{C_1}{\nu(x)-\beta_1(\lambda)}&=\frac{C_1}{W_1(x)}\sum_{j=0}^{\infty}R_j\epsilon_1^j\\&=\frac{1}{W_1(x)}\sum_{j=0}^{\infty}\Bigg[(2\lambda_1^3+s_2\lambda_1-s_3)R_j-2\lambda_1y_1y_1^{[0]}R_{j-1}\chi_{[j\geqslant1]}\\&\quad+2\left(3\lambda_1^2+\frac{s_2}{2}\right)R_{j-2}\chi_{[j\geqslant2]}\\&\quad-2y_1\left(\sum_{l=0}^{[(j-3)/2]}(\lambda_1y_1^{[l+1]}+y_1^{[l]})R_{j-3-2l}\right)\chi_{[j\geqslant3]}\\&\quad+6\lambda_1R_{j-4}\chi_{[j\geqslant4]}+2\lambda_1R_{j-6}\chi_{[j\geqslant6]}\Bigg]\epsilon_1^j\\&\equiv\sum_{j=0}^{\infty}I_j(x)\epsilon_1^j\end{aligned}\tag{3.3.49}$$

其中,

$$\chi_{[j\geqslant s]}=\begin{cases}0, & j<s\\ 1, & j\geqslant s\end{cases}$$

则我们得到了相位因子的展开式

$$\begin{aligned}\theta_1(\lambda)&=\mathrm{i}\int_0^x\frac{C_1\mathrm{d}s}{\nu(s)-\beta_1}+\mathrm{i}\lambda x+\mathrm{i}\left(\frac{s_2}{2}+y\right)t\\&=\mathrm{i}\Bigg\{\int_0^x I_0(s)\mathrm{d}s+\lambda_1x+\frac{s_2}{2}t+\sum_{j=1}^{\infty}\left[\int_0^x I_j(s)\mathrm{d}s\right]\epsilon_1^j\\&\quad+x\epsilon_1^2+y_1\sum_{l=0}^{\infty}y_1^{[l]}t\epsilon_1^{2l+1}\Bigg\}\\&\equiv\sum_{l=0}^{\infty}\Theta_1^{[l]}\epsilon_1^l\end{aligned}\tag{3.3.50}$$

通过舒尔 (Schur) 多项式，我们有

$$\exp[\theta_1]=\exp[\Theta_1^{[0]}]\sum_{l=0}^{\infty}E_1^{[l]}\epsilon_1^l$$

其中,

$$E_1^{[l]}=\sum_{\Sigma_{k=1}^m kc_k=l}\left(\Pi_{j=1}^m\frac{(\Theta_1^{[j]})^{c_j}}{c_j!}\right)$$

总之，我们得到了矢量解的第一个分量的展开式:

$$\sqrt{\nu(x)-\beta_1(\lambda)}\exp(\theta_1)=\sqrt{W_1(x)}\exp\left[\Theta_1^{[0]}\right]\sum_{l=0}^{\infty}\phi_1^{[l]}\epsilon_1^l,\quad \phi_1^{[l]}=\sum_{j=0}^{l}E_1^{[j]}\nu_{1+}^{[l-j]}$$

为了推导第二分量的展开式，我们需要展开以下表达式:

$$\begin{aligned}r_1&=\frac{\mathrm{i}h}{f-y}=\frac{2\psi^*\lambda-\mathrm{i}\psi_x^*}{\nu(x)-\beta_1(\lambda)}\\&=\frac{2\nu(x)\lambda_1-\mathrm{i}(\nu_x(x)/2+\mathrm{i}q)+2\nu(x)\epsilon_1^2}{\sqrt{\nu(x)}[\nu(x)-\beta_1(\lambda)]}\exp\left[\mathrm{i}q\int_0^x\frac{\mathrm{d}s}{\nu(s)}-\mathrm{i}s_2t\right]\end{aligned}$$

由 $r_1=\dfrac{\varphi_1}{\phi_1}$，矢量解的第二个分量可以展开为

$$\begin{aligned}&\frac{2\nu(x)\lambda_1-\mathrm{i}(\nu_x(x)/2+\mathrm{i}q)+2\nu(x)\epsilon_1^2}{\sqrt{\nu(x)}}\frac{\exp(\theta_1)}{\sqrt{\nu(x)-\beta_1(x)}}\exp\left[\mathrm{i}q\int_0^x\frac{\mathrm{d}s}{\nu(s)}-\mathrm{i}s_2t\right]\\&=\exp\left[\mathrm{i}q\int_0^x\frac{\mathrm{d}s}{\nu(s)}-\mathrm{i}s_2t\right]\frac{\sqrt{\nu(x)}\exp[\Theta_1^{[0]}]}{\sqrt{W_1(x)}}\sum_{l=0}^{\infty}\varphi_1^{[l]}\epsilon_1^l\end{aligned}$$

其中，

$$\varphi_1^{[l]}=\frac{2\nu(x)\lambda_1-\mathrm{i}(\nu_x(x)/2+\mathrm{i}q)}{\nu(x)}\sum_{j=0}^{l}E_1^{[j]}\nu_{1-}^{[l-j]}+2\chi_{[l\geqslant 2]}\sum_{j=0}^{l-2}E_1^{[j]}\nu_{1-}^{l-2-j}$$

同理，我们可以得到在 $\lambda=\lambda_2$ 处的展开式

$$\sqrt{\nu(x)-\beta_1(\lambda)}\exp(\theta_1)=\sqrt{W_1(x)}\exp\left[\Theta_2^{[0]}\right]\sum_{l=0}^{\infty}\phi_2^{[l]}\epsilon_2^l$$

$$r_1\sqrt{\nu(x)-\beta_1(\lambda)}\exp(\theta_1)=\exp\left[\mathrm{i}q\int_0^x\frac{\mathrm{d}s}{\nu(s)}-\mathrm{i}s_2t\right]\frac{\sqrt{\nu(x)}\exp[\Theta_2^{[0]}]}{\sqrt{W_1(x)}}\sum_{l=0}^{\infty}\varphi_2^{[l]}\epsilon_2^l$$

其中，$\Theta_2^{[l]}$，$\phi_2^{[l]}$ 和 $\varphi_2^{[l]}$ 分别是 $\Theta_1^{[l]}$，ϕ_1^l 和 $\varphi_1^{[l]}$ 通过交换变量 λ_1 到 λ_2 得到的。函数 $\phi_l^{[k]}$ 和 $\varphi_l^{[k]}(k=1,2;\ l\in\mathbb{Z}^+)$ 是 cn, sn 和 dn 的有理函数，为 $E(u)$ 的第二类椭圆积分。综上所述，我们可以得到怪波的如下定理。

定理 2　通过高阶达布变换可以得到一般的怪波公式为

$$\psi_{n_1,n_2}=\sqrt{\nu(x)}\left[\frac{\det K_n}{\det M_n}\right]\exp\left[-\mathrm{i}q\int_0^x\frac{\mathrm{d}s}{\nu(s)}+\mathrm{i}s_2t\right]\tag{3.3.51}$$

这里，

$$M_n=\nu(x)X_n^{\dagger}D_nX_n+Y_n^{\dagger}D_nY_n,\quad K_n=M_n-2X_{n,1}^{\dagger}Y_{n,1}$$

$$X_{n,1}=[\boldsymbol{X}_1^{[1]},\boldsymbol{X}_1^{[2]}],\quad Y_{n,1}=[\boldsymbol{Y}_1^{[1]},\boldsymbol{Y}_1^{[2]}]$$

以及

$$D_n=\begin{bmatrix} D^{[1,1]} & D^{[1,2]} \\ D^{[2,1]} & D^{[2,2]} \end{bmatrix},\quad D^{[c,k]}=\left[\binom{l+j-2}{l-1}\frac{(-1)^{j-1}}{(\lambda_k-\lambda_c^*)^{l+j-1}}\right]_{1\leqslant l\leqslant n_c,0\leqslant j\leqslant n_k}$$

$$X_n=\begin{bmatrix} X^{[1]} & 0 \\ 0 & X^{[2]} \end{bmatrix},\quad Y_n=\begin{bmatrix} Y^{[1]} & 0 \\ 0 & Y^{[2]} \end{bmatrix}$$

以及 $c,k=1,2,n_1+n_2=n$, 与

$$X^{[c]}=\begin{bmatrix} \varphi_c^{[1]} & \varphi_c^{[3]} & \varphi_c^{[5]} & \cdots & \varphi_c^{[2n_c-1]} \\ 0 & \varphi_c^{[1]} & \varphi_c^{[3]} & \cdots & \varphi_c^{[2n_c-3]} \\ \vdots & \vdots & \vdots & & \vdots \\ 0 & 0 & 0 & \cdots & \varphi_c^{[1]} \end{bmatrix}$$

$$Y^{[c]}=[\nu(x)-(2\lambda_c^2+s_2)]\begin{bmatrix} \phi_c^{[1]} & \phi_c^{[3]} & \phi_c^{[5]} & \cdots & \phi_c^{[2n_c-1]} \\ 0 & \phi_c^{[1]} & \phi_c^{[3]} & \cdots & \phi_c^{[2n_c-3]} \\ \vdots & \vdots & \vdots & & \vdots \\ 0 & 0 & 0 & \cdots & \phi_c^{[1]} \end{bmatrix}$$

这里，$\boldsymbol{X}_1^{[c]}$ 和 $\boldsymbol{Y}_1^{[c]}$ 分别表示矩阵 $X^{[c]}$ 和 $Y^{[c]}$ 的第一列。

高阶怪波的一般表达式非常复杂。但是 $(x,t)=(0,0)$ 点处的极值可通过行列式获得。由于非线性薛定谔系统具有伸缩对称性，所以我们将背景的振幅设为 1，即 $\nu_3=1$ 并且不失一般性。这样，点 $(x,t)=(0,0)$ 处的向量基本解可以写为

$$\begin{bmatrix} \phi_1(0,0;\lambda) \\ \varphi_1(0,0;\lambda) \end{bmatrix}=\begin{bmatrix} \sqrt{\nu_3-2(\lambda^2+s_2/2-y)} \\ \mathrm{i}\sqrt{\nu_3-2(\lambda^2+s_2/2+y)} \end{bmatrix}\tag{3.3.52}$$

这里，$\lambda=\lambda_j+\epsilon_j^2$，则 $y(-\epsilon_j)=-y(\epsilon_j),j=1,2$。将上式展开为

$$\begin{bmatrix} \phi_1(0,0;\lambda) \\ \varphi_1(0,0;\lambda) \end{bmatrix}=\sum_{j=0}^{\infty}\begin{bmatrix} \phi_1^{[j]}(0,0;\lambda_l) \\ \mathrm{i}(-1)^l\phi_1^{[j]}(0,0;\lambda_l) \end{bmatrix}\epsilon_l^j,\quad l=1,2$$

此外，我们还有

$$\psi_n(0,0)=\frac{\det(M_n'-\mathrm{i}X_{n,1}^{'\dagger}X_{n,1}')}{\det M_n'}\tag{3.3.53}$$

这里，

$$M_n'=X_n^{'\dagger}D_n'X_n'$$

$$X'_{1,n}=[\phi_1^{[1]}(\lambda_1),\phi_1^{[3]}(\lambda_1),\cdots,\phi_1^{[2n_1-1]}(\lambda_1),\phi_1^{[1]}(\lambda_2),\phi_1^{[3]}(\lambda_2),\cdots,\phi_1^{[2n_2-1]}(\lambda_2)]$$

以及

$$X'_n=\begin{bmatrix} X'^{[1]} & 0 \\ 0 & X'^{[2]} \end{bmatrix},\quad X'^{[j]}=\begin{bmatrix} \phi_1^{[1]}(\lambda_j) & \phi_1^{[3]}(\lambda_j) & \cdots & \phi_1^{[2n_1-1]}(\lambda_j) \\ 0 & \phi_1^{[1]}(\lambda_j) & \cdots & \phi_1^{[2n_1-3]}(\lambda_j) \\ 0 & 0 & \cdots & \phi_1^{[1]}(\lambda_j) \end{bmatrix},\quad j=1,2$$

根据柯西行列式的公式并采取特殊限制，我们发现

$$\psi_n(0,0)=\frac{\det \hat{D}_n}{\det D_n}=1+2[n_1\mathrm{Im}(\lambda_1)+n_2\mathrm{Im}(\lambda_2)],\tag{3.3.54}$$

这里，

$$\hat{D}_n=\begin{bmatrix} \hat{D}^{[1,1]} & \hat{D}^{[1,2]} \\ \hat{D}^{[2,1]} & \hat{D}^{[2,2]} \end{bmatrix},\quad \hat{D}^{[c,k]}=\left[\binom{l+j-2}{l-1}\frac{(-1)^{j-1}}{(\lambda_k-\lambda_c^*)^{l+j-1}}-\mathrm{i}\delta_{1,1}\right]_{1\leqslant l\leqslant n_c,0\leqslant j\leqslant n_k}$$

以及 $1\leqslant c,k\leqslant 2$, 当 $l=j=1$ 时，$\delta_{1,1}=1$，否则 $\delta_{1,1}=0$。(3.3.54) 式表示在奇异代数曲线的情况下，极大峰值仍然有效。同时，通过 (3.3.53) 式的参数选择，给出了构造具有极大振幅的高阶怪波解的充分条件。

我们在此强调先前给出的高阶怪波不具有自由参数。实际上，由于基本解可能包含许多自由参数，所以很容易像文献 [13] 那样将自由参数代入怪波的公式中。

现在我们考虑怪波的几个准确例子。首先是一阶怪波。令参数 $\lambda_1=b+c\mathrm{i}$, $\lambda_2=-b+d\mathrm{i}$, $\lambda_3=\lambda_1^*$, $\lambda_4=\lambda_2^*$。通过上面的表达式，我们可以得到

$$\varphi_1=\sqrt{u_1(x)}p(x)\exp[\theta_1(x,t)],\quad \theta_1(x,t)=\mathrm{i}\int_0^x\frac{\mathrm{d}s}{u_1(s)}+\mathrm{i}\lambda_1x+\mathrm{i}\frac{s_2}{2}t$$

$$\phi_1=\sqrt{\nu(x)}\sqrt{u_1(x)}\frac{\{\lambda_1^2+[s_2-\nu(x)]/2\}p(x)+1}{\lambda_1\nu(x)+[2q+\mathrm{i}\nu_x(x)]/4}\exp[\theta_1(x,t)+\mathrm{i}\theta_0(x,t)]\tag{3.3.55}$$

这里，

$$\theta_0=q\int_0^x\frac{\mathrm{d}s}{\nu(s)}-s_2t,\quad p(x)=\frac{1}{u_1(x)}+\mathrm{i}t+J(x)+k_1,\quad u_1(x)=\nu(x)-(2\lambda_1^2+s_2)$$

令

$$C_1=2\lambda_1(2\lambda_1^2+s_2)-s_3,\quad k_1\in\mathbb{C}$$

并得到积分表达式如下：

$$\begin{aligned} J(x)&=-4\mathrm{i}\lambda_1\int_0^x\frac{\mathrm{d}s}{u_1(s)}-2\mathrm{i}C_1\int_0^x\frac{\mathrm{d}s}{u_1^2(s)}\\ &=A_1\left(\frac{E}{K}\alpha x+Z(\alpha x)\right)+A_2x+A_3\frac{\mathrm{sn}(\alpha x)\mathrm{cn}(\alpha x)\mathrm{dn}(\alpha x)}{u_1(x)} \end{aligned}$$

其中，

$$\alpha = \sqrt{4b^2+(c+d)^2}, \quad A_1 = \frac{-\alpha}{2cA_0}, \quad A_2 = \frac{1}{2c}$$
$$A_3 = \frac{2\alpha d}{A_0}, \quad A_0 = (\lambda_1-\lambda_2)(\lambda_1-\lambda_2^*)$$

这样，我们得到怪波解为

$$\psi_1 = \sqrt{\nu(x)} \times \mathrm{e}^{-\mathrm{i}\theta_0(x,t)} \left(1 - \frac{\mathrm{iIm}(\lambda_1)\{4\lambda_1\nu(x)+[2q+\mathrm{i}\nu_x(x)]\}(\{\lambda_1^{*2}+[s_2-\nu(x)]/2\}|p(x)|^2+p(x))}{|\lambda_1\nu(x)+[2q+\mathrm{i}\nu_x(x)]/4|^2|p(x)|^2+\nu(x)|\{\lambda_1^2+[s_2-\nu(x)]/2\}p(x)+1|^2}\right) \tag{3.3.56}$$

由于 k_1 受到背景周期性调制的作用，所以此参量不仅决定怪波的局域性，而且影响其形状与动力学。如果我们把参数 λ_1 变为 $\lambda_2 = -b + \mathrm{i}d$，那么就能得到另一组参数，它们是 $A_1 = \dfrac{-\alpha}{2dA_0}$，$A_2 = \dfrac{1}{2d}$，$A_3 = \dfrac{2\alpha}{A_0}$，$A_0 = (\lambda_2-\lambda_1)(\lambda_2-\lambda_1^*)$，由此可以给出 ϕ_2, φ_2 的表达式。参数将确定由不同分支点产生的另一族怪波解。

根据定理 2，我们可以得到双怪波解，具体形式如下：

$$\psi_2 = \sqrt{\nu(x)}\frac{\det K_2}{\det M_2}\exp\left[-\mathrm{i}q\int_0^x \frac{\mathrm{d}s}{\nu(s)} + \mathrm{i}s_2 t\right] \tag{3.3.57}$$

其中，

$$M_2 = \begin{bmatrix} \dfrac{|\varphi_1|^2+|\phi_1|^2}{\lambda_1-\lambda_1^*} & \dfrac{\varphi_1^*\varphi_2+\phi_1^*\phi_2}{\lambda_2-\lambda_2^*} \\ \dfrac{\varphi_1\varphi_2^*+\phi_1\phi_2^*}{\lambda_1-\lambda_2^*} & \dfrac{|\varphi_2|^2+|\phi_2|^2}{\lambda_2-\lambda_2^*} \end{bmatrix}, \quad K_2 = M_2 - \frac{2\mathrm{e}^{\mathrm{i}\theta_0(x,t)}}{\sqrt{\nu(x)}}\begin{bmatrix}\phi_1^* \\ \phi_2^*\end{bmatrix}\begin{bmatrix}\varphi_1, \varphi_2\end{bmatrix}$$

式中，参数 ϕ_1，φ_1 由 (3.3.55) 式给出。

dn 解背景上怪波与双怪波 由于非线性薛定谔方程的伸缩对称性，所以可以给定背景振幅。令 $b=0, c=\dfrac{1}{2}(1+\kappa)$，$d=\dfrac{1}{2}(1-\kappa)$，$|\kappa|<1, \nu_1=0$，$\nu_2=\kappa^2$，$\nu_3=1$。此外，我们取 $m=1-\kappa^2$，$q=-s_3=0$，$s_2=\dfrac{1}{2}(1+\kappa^2)$。可得下面的椭圆函数解：

$$\psi = \mathrm{dn}(x|1-\kappa^2)\mathrm{e}^{\frac{\mathrm{i}}{2}(1+\kappa^2)t}$$

给定背景解之后，通过选择不同的分支点，(3.3.56) 式可以给出两族不同怪波解。当 $\kappa \to 1$ 时，$\psi \to \exp(\mathrm{i}t)$。所以，当 $1-\kappa^2$ 小到接近 0 时，这里的怪波将类似于经典的平面波背景上的怪波。由于存在两类怪波，可以看出，当其中一类接近经典怪波时，另一类将不同于经典怪波，这一类处于较低的分支点。当 $1-\kappa^2$ 足够小时，这些怪波将消失而成为平面波。另一方面，当 $\kappa \to 0$ 时，$\psi \to \mathrm{sech}(x)\mathrm{e}^{\mathrm{i}t/2}$。这时仍然存在两种怪波。结果表明，怪波在中心区域似乎是一个二阶孤子 (两个孤子的特殊极限)。此时，两类怪波结构类似。

如令 $\kappa=\dfrac{1}{3},\lambda_1=\dfrac{2}{3}\mathrm{i},k_1=0$, 代入 (3.3.56) 式，可得到 dn 背景上的怪波解 (图 3.18(a))。此怪波的最大振幅为 7/3，其中心部分看起来类似二阶孤子。在另一部分，仍然像 dn 孤子。若令 $k_1=2$，怪波的形状将会变化 (图 3.18(b))。此怪波的最大振幅约为 1.89，小于 7/3，同时，峰值出现的地方偏离了 $x=0$ 这条线。

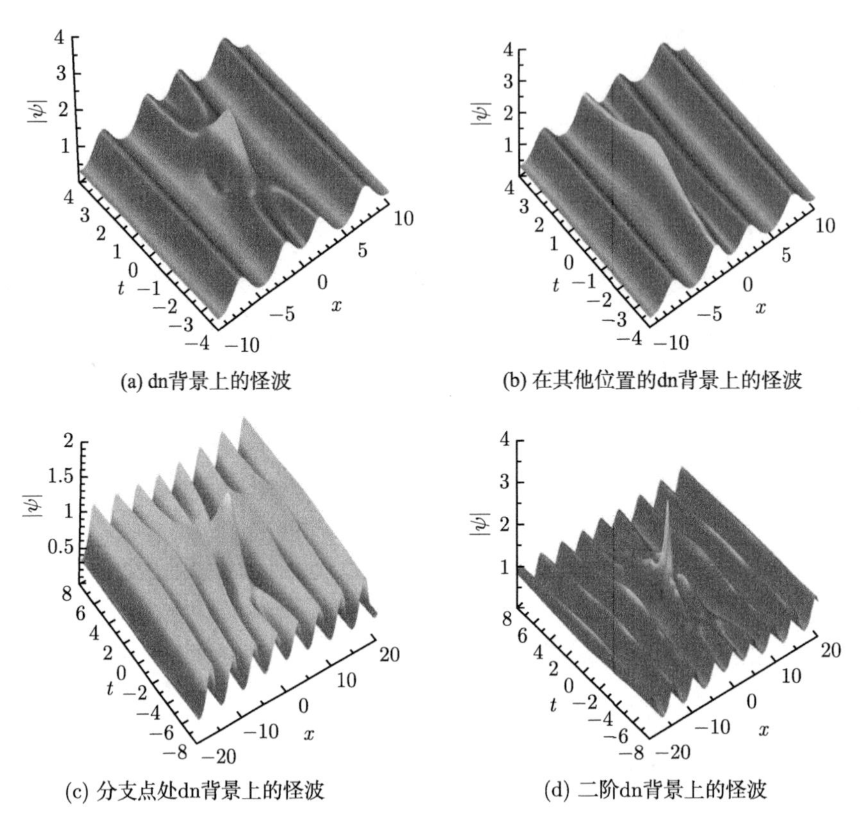

(a) dn背景上的怪波　(b) 在其他位置的dn背景上的怪波

(c) 分支点处dn背景上的怪波　(d) 二阶dn背景上的怪波

图 3.18　dn 背景上的怪波解。(a)$\lambda_1=\dfrac{2}{3}\mathrm{i},k_1=0$ 的 dn 怪波；(b) $\lambda_1=\dfrac{2}{3}\mathrm{i},k_1=2$ 的 dn 怪波；(c) $\lambda_2=\dfrac{1}{3}\mathrm{i},k_1=0$ 的 dn 怪波；(d) 双 dn 怪波 (彩图见封底二维码)

重新取一组参数 $\kappa=\dfrac{1}{3},\lambda_2=\dfrac{1}{3}\mathrm{i},k_1=0$, 再代入 (3.3.56) 式，得到另一类怪波，其最大值约为 5/3 (图 3.18(c))。文献 [37] 中，作者指出，由于积分的奇异性，此处存在一个技术性的问题。在后续的工作中，他们考虑了不同的表示形式以避免奇异积分。在不考虑奇异积分的情况下，(3.3.56) 式适用于所有分支点。按照类似上述方法，改变 k_1 的值，怪波的形状也相应变化。此处不再以图展示。

两个怪波同时存在的情况则十分有趣。这一点可由双怪波解 (3.3.57) 式来实现。令 $\kappa=\dfrac{1}{3},\lambda_1=\dfrac{2}{3}\mathrm{i},\lambda_2=\dfrac{1}{3}\mathrm{i},\ k_1=k_2=0$, 代入 (3.3.57) 式，便可得到原点处

最大值为 3 的两个怪波 (图 3.18(d))。如此取参数时，两个怪波都达到最大值。改变 k_1, k_2 时，我们得到位于不同位置处的两种怪波。

cn 解背景上怪波与双怪波 同理，令 $c=d=1/2, \nu_1=-4b^2, \nu_2=0, \nu_3=1$，以及 $m=1/(1+4b^2), q=-s_3=0, s_2=\dfrac{1}{2}-2b^2$，可以得到下面 cn 椭圆函数背景解：

$$\psi = \mathrm{cn}(\sqrt{1+4b^2}x|m)\mathrm{e}^{\mathrm{i}(\frac{1}{2}-2b^2)t}$$

给定背景解后可由 (3.3.56) 式得到两类怪波。这种情况下，我们发现这两种来自上复平面不同分支点的怪波分别向左右移动。令 $b=\dfrac{1}{2}, \lambda_1=-\dfrac{1}{2}+\dfrac{\mathrm{i}}{2}, k_1=0$，我们画出 cn 函数背景上的怪波图样。原点处的最大值为 2 (图 3.19(a))。当然，我们也可以令 $\lambda_2=\dfrac{1}{2}+\dfrac{\mathrm{i}}{2}, k_2=0$, 此时得到另外一种怪波。原点处最大值仍然为 2 (图 3.19(b))。对于这两个怪波，若取 $b=\dfrac{1}{2}, \lambda_1=-\dfrac{1}{2}+\dfrac{\mathrm{i}}{2}, \lambda_2=\dfrac{1}{2}+\dfrac{\mathrm{i}}{2}\ k_1=k_2=0$, 我们发现这时两个怪波在原点处的最大值等于 3(图 3.19(c))。改变 k_1, k_2，两个怪波的位置随之改变。

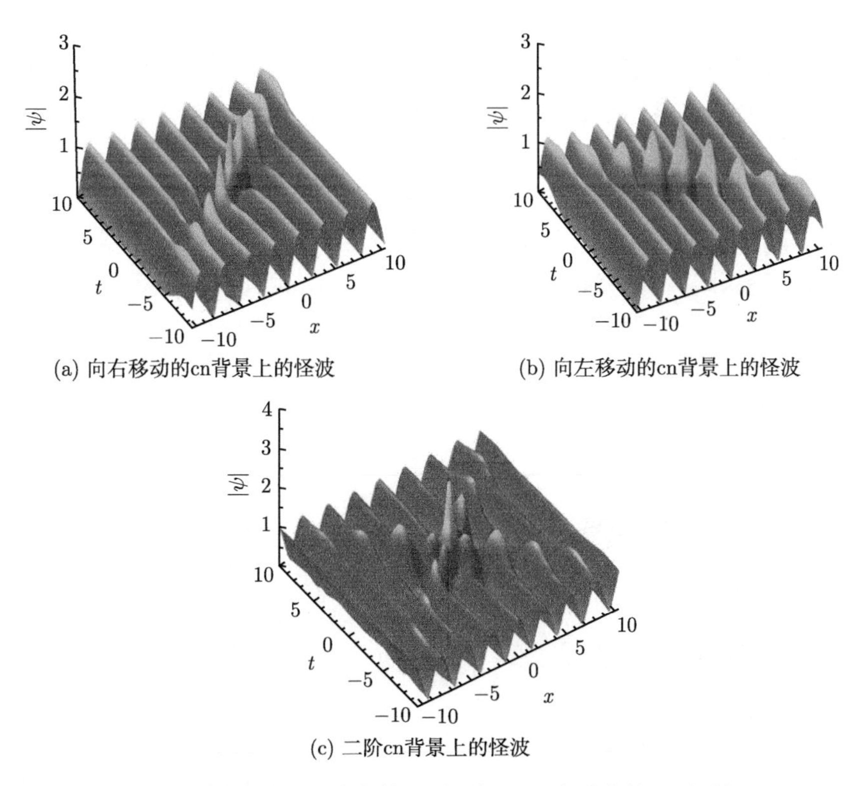

(a) 向右移动的cn背景上的怪波

(b) 向左移动的cn背景上的怪波

(c) 二阶cn背景上的怪波

图 3.19 cn 背景上的怪波解。(a) 正速度的 cn 怪波；(b) 负速度的 cn 怪波；(c) 双 dn 怪波 (彩图见封底二维码)

椭圆函数解背景上怪波与双怪波　同理，取 $b \neq 0, c = \frac{1}{2}(1+\kappa), d = \frac{1}{2}(1-\kappa), (\kappa \neq 0)$, 并令 $\nu_1 = -4b^2, \nu_2 = \kappa^2, \nu_3 = 1$。此外，再令 $m = (1-\kappa^2)/(1+4b^2), q = -s_3 = -2b\kappa, s_2 = -2b^2 + \frac{1}{2}(1+\kappa^2)$。根据这些参量，我们得到

$$
\begin{aligned}
\psi = & \sqrt{1-(1-\kappa^2)\mathrm{sn}^2(\sqrt{1+4b^2}x|m)} \\
& \times \exp\left\{\mathrm{i}s_2 t - \frac{2b\kappa\mathrm{i}}{\sqrt{1+4b^2}}\Pi[\mathrm{am}(\sqrt{1+4b^2}x|m); 1-\kappa^2|m]\right\}
\end{aligned}
$$

式中的 am 为雅可比椭圆函数中的 am 函数。给定背景解后可由 (3.3.56) 式得到源于两个分支点的两类怪波。这种情况下，我们得到两个不对称对的怪波。

令 $b = \frac{\sqrt{5}}{4}$，$\kappa = \frac{1}{3}$，$\lambda_1 = -\frac{\sqrt{5}}{4} + \frac{\mathrm{i}}{3}$, $k_1 = 0$, 代入 (3.3.56) 式，得到非平凡相位背景上的怪波 (图 3.20(a))。原点处的最大值为 5/3。

类似地，将 $b = \frac{\sqrt{5}}{4}$，$\kappa = \frac{1}{3}$，$\lambda_2 = \frac{\sqrt{5}}{4} + \frac{2\mathrm{i}}{3}$, $k_1 = 0$ 代入 (3.3.56) 式，得到另一种类型的怪波 (图 3.20(b))。此时原点处的最大值为 7/3。

若将 $b = \frac{\sqrt{5}}{4}$，$\kappa = \frac{1}{3}$，$\lambda_1 = -\frac{\sqrt{5}}{4} + \frac{\mathrm{i}}{3}$，$\lambda_2 = \frac{\sqrt{5}}{4} + \frac{2\mathrm{i}}{3}$，$k_1 = k_2 = 0$ 代入 (3.3.56) 式，得到两个怪波，它们最大振幅为 3 (图 3.20(c))。在前文里我们给出了一般高阶怪波的普遍形式。实际上，由于 y_1 表达式中包含复根，所以可将 y_1 融合进 ϵ_j 使表达式更为凝练。另一方面，由于这些因子的一般表达式过于复杂，所以我们只给出两个在 cn 背景上的二阶怪波。为了更系统地处理一般高阶怪波动力学，我们尝试在其他工作中展示它们。

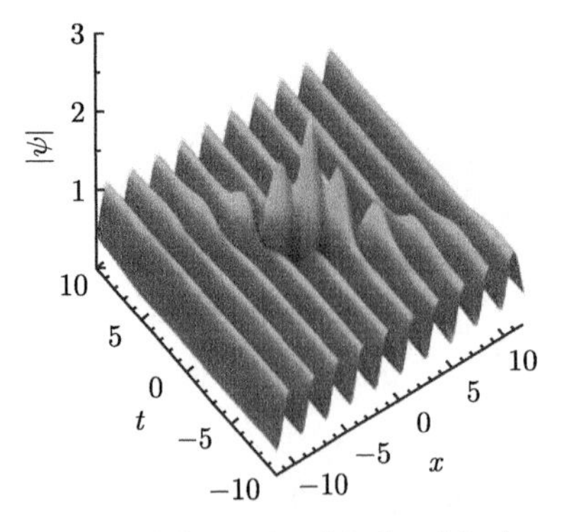

(a) 分支点一非平庸相位下的怪波

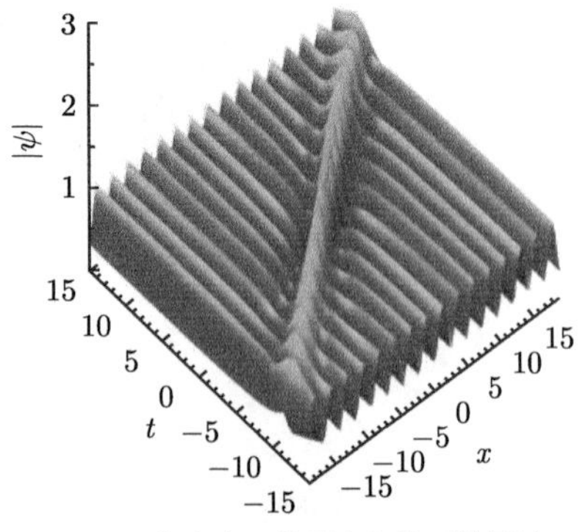

(b) 分支点二非平庸相位下的怪波

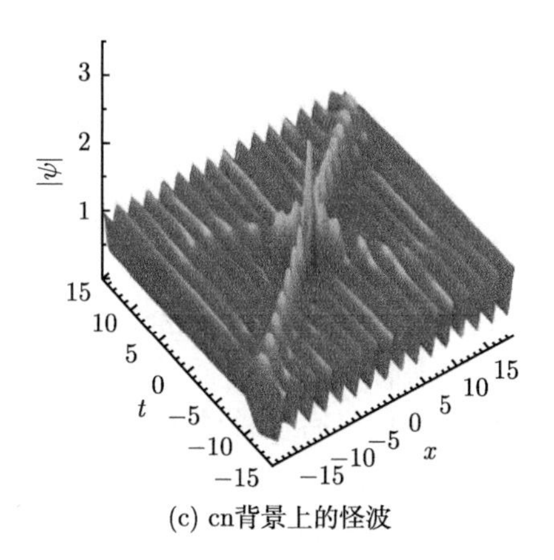

(c) cn背景上的怪波

图 3.20　一般椭圆函数解背景上的怪波解。(a) 和 (b) 不同分支点产生的非平庸相位怪波；(c) 双怪波 (彩图见封底二维码)

通过计算机绘图，我们可以展示基本二阶怪波的图样 (图 3.21)。这两幅图用不同的坐标相当清楚地展示了怪波的动力学。左图中可以看到四个孤子在原点发生碰撞，此处最大振幅为 5。当 x 和 t 足够大时，怪波趋于背景解 $\mathrm{cn}\left(2x\middle|\frac{1}{2}\right)\mathrm{e}^{-\mathrm{i}t}$，这一点从图上无法直接观测到。右图则更为细节地体现了接近原点 $(x,t)=(0,0)$ 处动力学，表现出比平面波背景更为复杂的剖面。

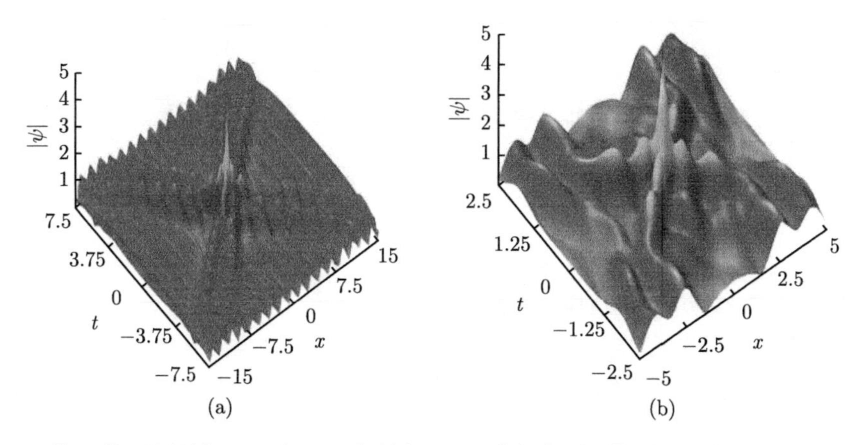

图 3.21　第二种二阶怪波。(a) 和 (b) 分别表示同一个解在不同作图范围下的密度分布图 (彩图见封底二维码)

我们利用达布变换及其更一般的形式，系统地构造出椭圆函数背景上聚焦的非线性薛定谔方程下的怪波解。从理论上讲，本工作中发现的怪波可以在物理实验中观察到，如振荡背景下的非线性光纤系统和玻色–爱因斯坦凝聚中存在孤子链背景的怪波。对调制背景下多分量非线性薛定谔方程解的一般化也将是一个有趣的问题，并已有一些相关的实验和理论工作。

3.4　高阶怪波的激发方式

基本怪波可由两种方式激发，一种是利用呼吸子激发逼近怪波条件，一种是利用弱局域扰动逼近共振扰动条件。另一方面，运用多重达布变换我们也可以得到平面波背景上的高阶怪波，它们具有多种结构，例如高幅度的聚合结构和形如多个基本怪波构成的分散结构，如图 3.22 所示。在这些结构之中，我们更加关注的是高阶怪波的聚合结构，因为它们相比于基本怪波具有更强的局域性和高幅值特性。人们已经发现它的最大幅值 $|\psi_m|$ 与背景振幅比与阶数 j 存在定量关系：$\dfrac{|\psi_m|}{|\psi_{bg}|}=2j+1$，这意味着随着怪波阶数的增加，其聚合结构的最大幅值也相应地增加。通过与两个呼吸子叠加之后的截面进行对比，这种聚合结构已经被证明与两个呼吸子叠加之后的结构具有很大的相似性。因此可以用诱发呼吸子叠加或高阶呼吸子的方式去激发聚合的高阶怪波[41]。目前实验上对高阶怪波的观察基本是通过呼吸子的碰撞实现的[42]。本节基于一个弱高斯可以激发基本怪波的结果[32]，提议了一种利用多高斯扰动产生高阶怪波的方法[43]。在介绍该方法之前，我们先简单回顾一下呼吸子碰撞激发怪波的方法。

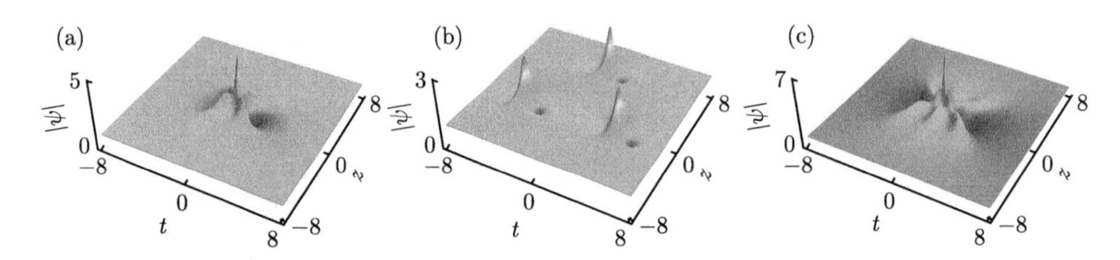

图 3.22　非线性薛定谔模型中的二阶和三阶怪波。(a) 聚合二阶怪波；(b) “三胞胎”二阶怪波；(c) 聚合三阶怪波 (彩图见封底二维码)

3.4.1　呼吸子碰撞激发高阶怪波

第一种实现用非理想初态去激发高阶怪波的方法是利用呼吸子间的碰撞。

之前我们提到过，通过进行多次达布变换，可以得到多个呼吸子叠加之后的严格解，并且它的最大幅值以及最大压缩位置处的截面可以与高阶怪波的相当接近。这促使人们想要用呼吸子间的碰撞去激发高阶怪波，这一想法最早在文献 [41] 中被提出，并且已经在光纤系统中被实现[42]。实现这种呼吸子碰撞的最简单方式是使用平面波上的双频扰动去激发两个 Akhmediev 呼吸子，进而调节扰动的参

量使它们进行碰撞。例如，对于非线性薛定谔模型

$$\mathrm{i}\frac{\partial\psi}{\partial\xi}+\frac{1}{2}\frac{\partial^2\psi}{\partial\tau^2}+|\psi|^2\psi=0 \tag{3.4.1}$$

其中，ψ 代表光场的慢变复包络；τ 和 ξ 分别为延迟时间和演化距离。一般情况下，光纤中激发高阶怪波的初始条件可以表示为 $\psi(\xi_0,\tau)=\psi_0(1+\delta_1\mathrm{e}^{\mathrm{i}\omega_1\tau}+\delta_2\mathrm{e}^{-\mathrm{i}\omega_2\tau})$。其中 ψ_0 为初始平面波背景，δ_1 和 δ_2 分别为两个周期扰动的相对幅度，一般取较小的实数值，ω_1 和 ω_2 分别为它们的频率。通过调节两个谱边带的初始不对称性，就可以发现两个 Akhmediev 呼吸子充分碰撞的条件。为了使两个呼吸子的碰撞达到高阶怪波所需最大压缩的情况，需要将两个周期扰动的频率设置为 2 倍关系，也就是说 $\omega_1=2\omega_2$ 或 $\omega_2=2\omega_1$，同时，将 δ_1 设为小于 1 的固定值，再用数值模拟去寻找可以激发高阶怪波结构的 δ_2 的值。图 3.23(a) 和 (b) 分别展示了非线性薛定谔模型中两个单频扰动的数值演化，即只保留 ω_1 或 ω_2 两个成分之一。在第一个增长和恢复的循环中，它们均可以激发出单 Akhmediev 呼吸子，呼吸子

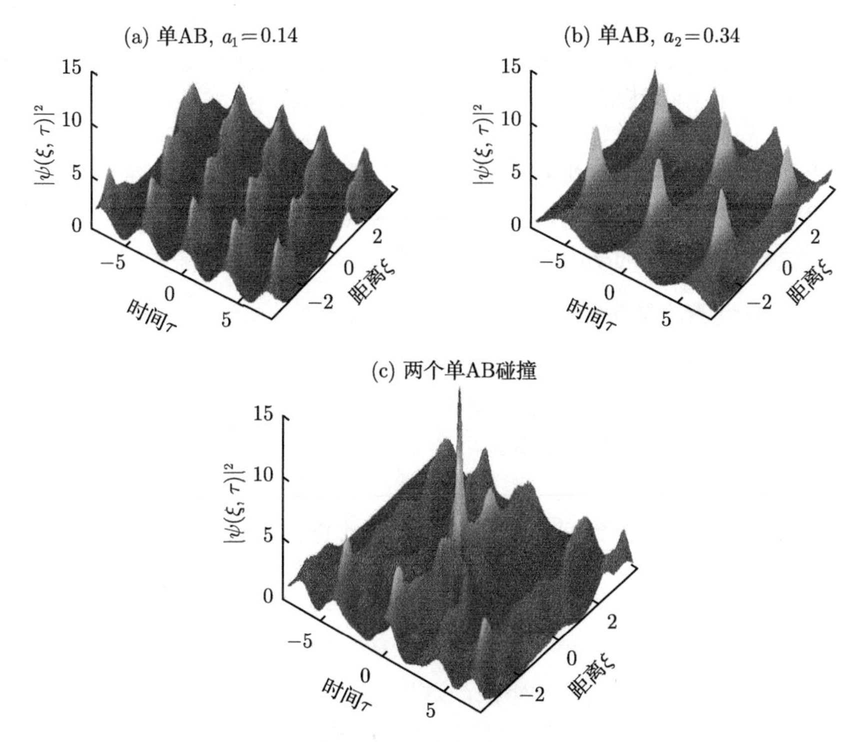

图 3.23 (a)、(b) 带有不同频率的单频扰动的演化图像，在第一个增长和恢复的循环内，带有不同频率的单 Akhmediev 呼吸子被激发出来；(c) 双频扰动的演化图像，两个单 Akhmediev 呼吸子之间的碰撞激发出了高强度峰，这一结构与聚合二阶怪波有极大的相似性 [42] (彩图见封底二维码)

的频率与被保留的初始边带频率保持一致。图 3.23 (a) 展示了两个边带均被保留的情况，可以观察到高强度峰出现在碰撞的点上，且最大峰值的功率是初始功率的 14.5 倍。

图 3.24 展示的即为在真实光纤中激发的高阶怪波与非线性薛定谔模型中理论和数值结果的对比，其中，图 (a) 为最大峰值位置处的时域截面，图 (b) 为该位置处的频域截面，均展示出了与理论和数值较好的吻合。

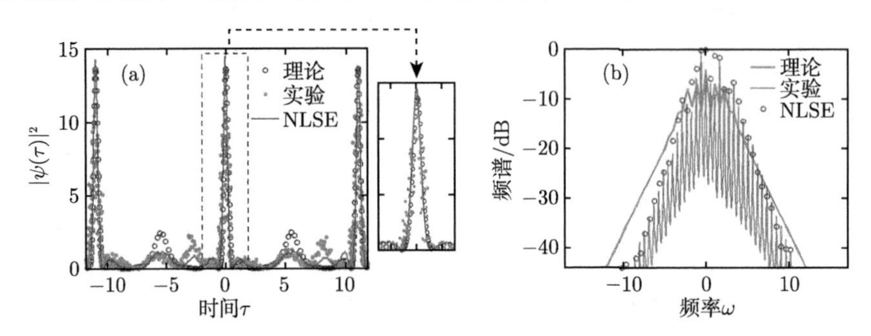

图 3.24　(a) 在非线性光纤系统实验中的呼吸子碰撞截面 (红色实心圆点) 与严格解高阶解提供的理想初态 (蓝色实线) 和非理想初态在非线性薛定谔模型中数值结果 (黑色空心圆点) 之间的比较；(b) 与图 (a) 相对应的频谱特征 [42] (彩图见封底二维码)

尽管如此，被使用的理想初态具有的数学表达式一般较为复杂，使得在实验上用理想初态的方式去激发高阶怪波具有较大的难度。这促使人们研究新的方法，以便用更容易实验实现的初态去激发高阶怪波。

3.4.2　局域扰动激发高阶怪波

除了前面提到的两种方法 (利用严格解所得初始条件和呼吸子间的碰撞) 之外，还存在另一种方法去激发高阶怪波，也就是利用平面波背景上的多个局域扰动 [43]。下面我们以非线性光纤系统中的多高斯扰动为例，去展示这种方法的有效性。

对于非线性薛定谔模型 (3.4.1) 式，这里我们使用的初始条件为

$$\psi_n(0,\tau)=1+\sum_{j\geqslant 1}^{n}a_j\exp[-(\tau-\delta_j)^2/w_j^2] \tag{3.4.2}$$

它由平面波背景和多个高斯扰动组成。这里，n 代表高斯扰动的个数，a_j，δ_j 和 w_j 分别代表第 j 个扰动的幅度、时间偏移量和宽度。对于 $n=1$ 的情形，数值结果已经表明可以激发一个基本怪波 [32]。现在我们考虑两个扰动的情况，即 $n=2$。为了激发一个二阶怪波，我们把参数设置为 $a_{1,2}=0.1$，$\delta_1=-\delta_2=1.629$ 和 $w_{1,2}=2.5$。它的初始幅值截面展示在图 3.25(b) 的插图中，并且由数值模拟得到

的幅值演化图如图 3.25(a) 所示。我们可以看到一个带有最大自压缩的波被激发出来，它的结构与聚合二阶怪波极为相似，并且在图 3.25(b) 中展示的数值结果与解析结果吻合得很好，这暗示了被激发出来的波就是一个二阶怪波。同时，我们也研究了扰动宽度对波特征的影响。对于具有最大自压缩的情况，图 3.25(c) 展示了所激发波的最大幅值 $|\psi_m|$ 和激发它所需的扰动偏移量 δ 随扰动宽度 w 的变化，它们均呈现出单调递增的趋势。有趣的是，波的最大幅值可以不停地增长，甚至超过 5 (这是严格解所描述的二阶怪波的最大幅值)。这意味着用这种方法，我们可以激发出比严格解所描述的二阶怪波幅值更高的二阶怪波。当 $|\delta_{1,2}| \neq \delta$ 时，激发出的波逐渐偏离聚合怪波的结构，而是向三胞胎怪波形式趋近。这种三胞胎怪波是严格的二阶怪波解所描述的另一种结构，它的形态可以随着不同的 $|\delta_{1,2}|$ 所改变。为了检验这种高幅度波激发的鲁棒性，我们选取和图 3.25(a) 同样的参数，然后只是在 $1.4 \sim 1.8$ 范围内改变扰动偏移量 $|\delta_{1,2}|$ 的值。图 3.26 (a) 和 (b) 分别展示了在不同 $|\delta_{1,2}|$ 的情况下波在最大压缩位置处的截面和最大幅度。由此可见，

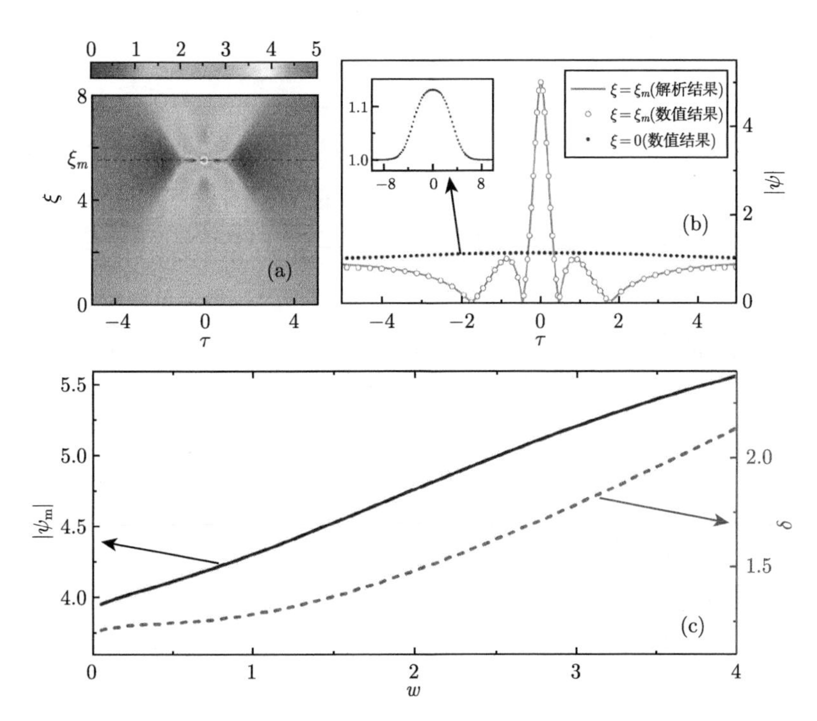

图 3.25 (a) 初始条件 (3.4.2) 式在 $n = 2$, $a_{1,2} = 0.1$，$\delta_1 = -\delta_2 = 1.629$ 和 $w_{1,2} = 2.5$ 时的幅值演化图，黑色虚线代表最大脉冲压缩距离 ξ_m；(b) 严格二阶怪波解 (红色实线) 和图 (a) 中的数值结果 (红色空心圆点) 在 $\xi = \xi_m$ 处的幅度截面，黑色实心圆点代表初始的幅度截面；(c) 扰动宽度 w 对二阶怪波的最大幅值 $|\psi_m|$(黑色实线) 和所需扰动偏移量 δ (蓝色虚线) 的影响 [43] (彩图见封底二维码)

被激发的波在 $|\delta_{1,2}| = 1.629$ 的情况下具有最大自压缩，且最大幅度可以达到 5。随着 $|\delta_{1,2}|$ 逐渐远离 1.629，波的最大幅值也逐渐减小。尽管如此，当 $|\delta_{1,2}|$ 偏离 1.629 较小的时候，仍然可以激发出高幅度的波。

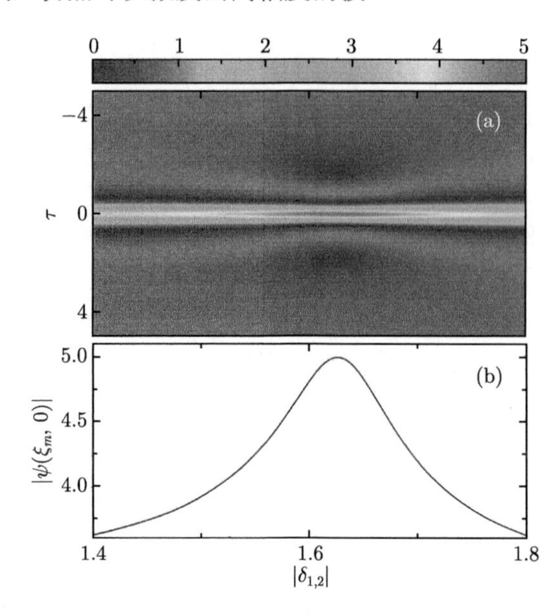

图 3.26 扰动偏移量 $|\delta_{1,2}|$ 对于 (a) 最大压缩位置处的截面和 (b) 波最大幅值的影响。其他参数与图 3.25(a) 中的相同。当 $|\delta_{1,2}| = 1.629$ 时，波具有最大自压缩并且它的最大幅值为 5[43] (彩图见封底二维码)

不同结构二阶怪波的激发和转换 除了聚合形式以外，二阶怪波还存在着"三胞胎"的形式，那么我们就会自然地想到，运用多高斯扰动是否可以激发三胞胎怪波？如果可以，在三胞胎怪波和聚合二阶怪波之间存在怎样的转换关系？通过数值测试我们发现，初始扰动的时间偏移量 $|\delta_{1,2}|$ 对怪波的结构有着明显的影响。首先，我们保持其他参数与图 3.25(a) 相同，将时间偏移量改为 $|\delta_{1,2}| = 1.2$，得到的幅度演化图如图 3.27 (a) 所示。这个怪波具有三个按照倒三角形排布的峰，与精确二阶怪波解给出的三胞胎结构相同，先出现的单个峰的峰值幅度大于后出现的两个峰。接着我们将时间偏移量增大到 $|\delta_{1,2}| = 1.529$，如图 3.27 (b) 所示，三个峰在逐渐靠拢，且它们之间的峰值幅度差变得更大。当我们将其继续增大到 $|\delta_{1,2}| = 1.629 = \delta$ 时，如图 3.27 (c) 所示，三个峰已经融合成一个具有更大压缩程度的峰，意味着聚合怪波形成了。因此，由三胞胎怪波到聚合怪波的转换过程就可以看作三个峰在逐渐融合成一个更高峰的过程。

另一方面，如图 3.28 所示，如果我们继续增大时间偏移量，这个高峰将逐渐分裂成正三角分布的三个峰，最后当扰动偏离量很大时就会形成两个分立的峰。

这个过程也可以看作一个聚合怪波转换为三胞胎怪波的过程。

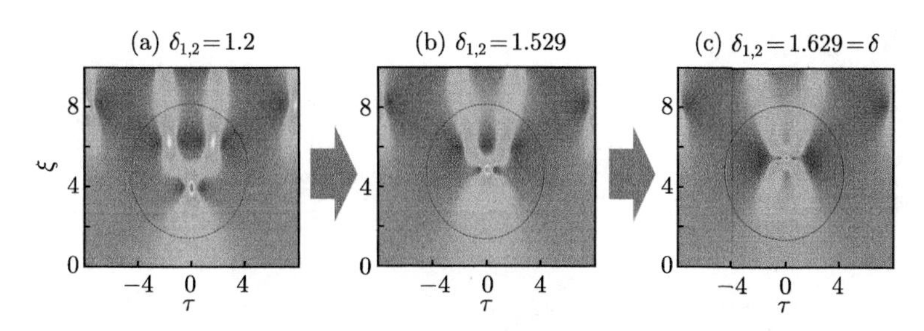

图 3.27 运用初始条件 (3.4.2) 式激发高阶怪波的幅度演化图。时间偏移量为 (a) $|\delta_{1,2}|=1.2$；(b) $|\delta_{1,2}|=1.529$；(c) $|\delta_{1,2}|=1.629=\delta$。怪波经历了从倒三角形的三胞胎形式到聚合形式的转换过程。其他参数为 $n=2$，$a_{1,2}=0.1$，$w_{1,2}=2.5$ (彩图见封底二维码)

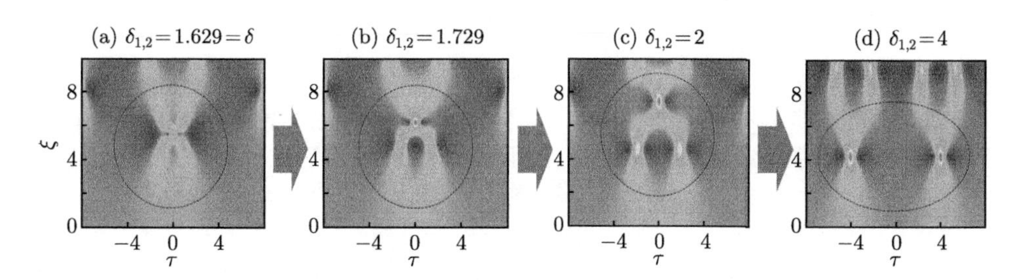

图 3.28 运用初始条件 (3.4.2) 式激发高阶怪波的幅度演化图。时间偏移量为 (a) $|\delta_{1,2}|=1.629=\delta$；(b) $|\delta_{1,2}|=1.729$；(c) $|\delta_{1,2}|=2$；(d) $|\delta_{1,2}|=4$。怪波经历了从聚合形式到正三角形的三胞胎形式的转换过程。其他参数为 $n=2$，$a_{1,2}=0.1$，$w_{1,2}=2.5$ (彩图见封底二维码)

通过以上结果，我们可以发现对于初始条件 (3.4.2) 式，可以通过调节不同的初始时间偏移量和扰动宽度去激发不同的怪波结构。不同的怪波结构在初始时间偏移量和扰动宽度空间的分布相图如图 3.29 (e) 所示，其中不同怪波的示例图如图 (a)~(d) 所示。在诱发最大压缩的时间偏移量 $|\delta_{1,2}|$ 附近 (见图 3.29 (e) 中黄色部分)，激发的怪波均为聚合二阶怪波，其幅度演化图如图 3.29 (c) 所示；对于比 $|\delta_{1,2}|$ 小的时间偏移量 (见图 3.29 (e) 中绿色部分)，激发的怪波均为倒三角分布的三胞胎怪波，其幅度演化图如图 3.29 (d) 所示；对于比 $|\delta_{1,2}|$ 较大一些的时间偏移量 (见图 3.29 (e) 中蓝色部分)，激发的怪波均为正三角分布的三胞胎怪波，其幅度演化图如图 3.29 (b) 所示；对于更大的时间偏移量 (见图 3.29 (e) 中灰色部分)，激发的怪波均为分离较远的一阶怪波，其幅度演化图如图 3.29 (a) 所示。此处讨论的只是两个高斯扰动的情况 (即 $n=2$)，激发的主要是二阶怪波。而对于 $n>2$ 的情况将会激发出更为高阶的怪波，人们已经发现它们具有更为丰富的结构和分布特征，这意味着我们通过调节扰动的数量可以激发出更为丰富多样的

怪波结构。

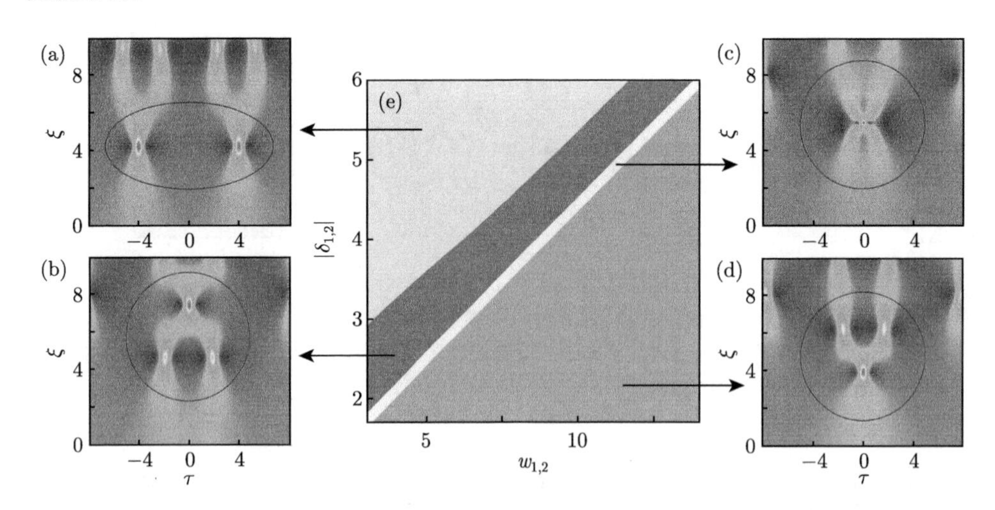

图 3.29　(a)~(d) 运用初始条件 (3.4.2) 式激发高阶怪波的幅度演化图；(e) 演化结果在时间偏移量为 $|\delta_{1,2}|$ 和宽度 $w_{1,2}$ 空间中的相图，其中灰色部分代表两个分离较远的怪波，蓝色部分为正三角分布的三胞胎怪波，黄色部分为聚合二阶怪波，绿色部分为倒三角分布的三胞胎怪波。其他参数为 $n=2$，$a_{1,2}=0.1$ (彩图见封底二维码)

更高阶怪波的激发　运用这一方法也可以对更高阶的怪波进行激发。通过数值模拟可以发现，所激发怪波的阶数总是与初始扰动的个数保持一致。例如，对于初始条件 (3.4.2) 式，我们选取 $n=3$，$a_{1,3}=0.0735$，$a_2=0.1$，$w_{1,2,3}=3$，$\delta_1=-\delta_3=3.38$ 和 $\delta_2=0$。图 3.30(b) 中的插图展示了它的幅值分布。图 3.30(a) 展示了它的幅值演化图，呈现出了一个三阶怪波的结构。图 3.30(b) 对比了严格解所描述的三阶怪波和这里我们激发的波在最大压缩位置 ξ_m 处的截面，它们吻合得很好，这说明我们激发的波是一个三阶怪波。此外，当我们选取一个较大的扰动宽度 w 时，所激发的三阶怪波的最大幅值也会增加。当 w 远小于两侧扰动的时间偏移量 $|\delta_{1,3}|$ 时，三个初始高斯扰动会看起来是分立的，所激发的波仍然会保持三阶怪波的图样。我们可以猜想，使用大于三个高斯扰动时可以激发出相应阶数的高阶怪波。但是想要找到激发更高阶怪波的初始参数，也会随着 n 的增加而变得越来越困难。

高阶怪波激发的实验可行性　下面我们讨论一下这种方法去激发高阶怪波的实验可行性。考虑到光纤的能量损耗，带有量纲的模型写为 $\mathrm{i}\dfrac{\partial A}{\partial z}-\dfrac{\beta_2}{2}\dfrac{\partial^2 A}{\partial t^2}+\gamma|A|^2A+\mathrm{i}\alpha A=0$，其中，$A$ 代表光场的慢变复包络；β_2，γ 和 α 分别代表群速度色散、自相位调制和光纤损耗的系数；t 和 z 分别代表有量纲的延迟时间和演化距离。在我们所讨论的系统中，参数被设置为 $\beta_2=-22\ \mathrm{ps^2\cdot km^{-1}}$，$\gamma=1.3\ \mathrm{W^{-1}\cdot km^{-1}}$，

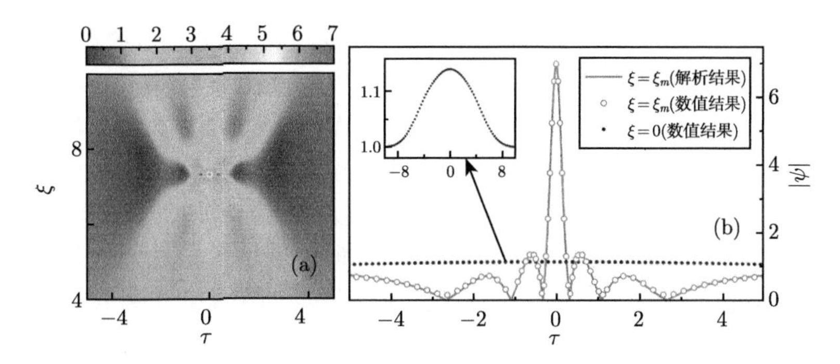

图 3.30 (a) 初始条件 (3.4.2) 式在 $n=3, a_{1,3}=0.0735, a_2=0.1, w_{1,2,3}=3, \delta_1=-\delta_3=3.38$ 和 $\delta_2=0$ 时的幅度演化图；(b) 严格二阶怪波解 (红色实线) 和图 (a) 中的数值结果 (红色空心圆点) 在最大压缩位置处的幅度截面，黑色实心圆点代表初始的幅度截面 [43] (彩图见封底二维码)

和 $\alpha = 4.2\times10^{-3}\ \cdot\text{km}^{-1}$。在有量纲模型和无量纲模型之间存在一个变换关系，也就是 $A=\psi\sqrt{P_0}$, $z=\xi L_{\text{NL}}$ 和 $t=\tau T_0$。当我们把初始泵浦功率 P_0 设置为 0.1 W 的时候，非线性长度为 $L_{\text{NL}}=1/(\gamma P_0)=7.692$ km，且时间单位为 $T_0=\sqrt{|\beta_2|L_{\text{NL}}}=13.01$ ps。这时的初始条件仍然是几个高斯扰动与平面波背景的线性叠加，具体表达式为

$$A_n(0,t)=\sqrt{P_0}\left\{1+\sum_{j\geqslant1}^{n}a_j\exp[-(t-\delta_j)^2/w_j^2]\right\} \tag{3.4.3}$$

我们选取的参数为 $n=3$, $a_{1,3}=0.321$, $a_2=0.4$, $w_{1,2,3}=26.02$ ps, $\delta_1=-\delta_3=35.12$ ps 和 $\delta_2=0$ ps。这组参数在数值模拟中找到，它可以诱导最大自压缩的出现。图 3.31(a) 展示了它的功率演化图。可以发现一个带有很大强度的波被激发了出来，它具有三阶怪波的典型结构。图 3.31(b) 展示了它在最大压缩距离处的截面，脉冲的最大功率达到了 6.38 W，这是初始平面波的 63.8 倍。脉冲的半峰全宽被压缩至 2.44 ps，这远小于初始扰动的宽度 (也就是 94 ps)。我们可以把最大脉冲压缩的出现理解为调制不稳定性和多扰动间吸引作用的共同结果。这可以用于激发带有高强度的短脉冲。

除了光纤损耗的影响之外，我们也需要讨论随机噪声对于高阶怪波激发的影响。我们可以在初始条件 (3.4.3) 式上施加随机噪声，这时的初始条件可以写为 $A_{\text{noise}}(0,t)=A_n(0,t)(1+a_{\text{noise}}\,\text{Random}[-1,1])$，其中 a_{noise} 是随机噪声的相对幅度，函数 $\text{Random}[a,b]$ 可以在每一个数值时间点处产生一个在 a 和 b 之间的随机数。我们设置的初始参数与图 3.31(a) 中相同。为了分析噪声幅度的影响，我们做了 7500 组数值模拟去测试幅度在 0% 到 1.5% 之间的噪声对最大压缩功率 $|A_m|^2$ 的影响。图 3.31(c) 展示了这些结果，当 a_{noise} 接近于 0 时，$|A_m|^2$ 的值聚集在无

噪声时的最大幅值 63.8 P_0 附近。随着 $a_{\rm noise}$ 的增加，越来越多的点偏离 63.8 P_0 所代表的直线 (即图 3.31(c) 中的黑色虚线)。然而，在大幅度噪声之下，所激发的波在最大压缩位置的最小幅值仍然高于 15 W，这是初始平面波功率的 15 倍。这意味着波的最大自压缩几乎不被小幅度噪声所影响，并且在高幅度噪声之下高斯扰动仍然可以激发高强度波。在有噪声的情况下，所激发的波在时域的对称性被打破。这种对称性破缺与前面提到的最大幅值的减小都是由噪声诱导扰动相位差的变化所导致的。数值模拟结果表明扰动幅度 a_j 的增加可以在一定程度上抑制噪声的影响。

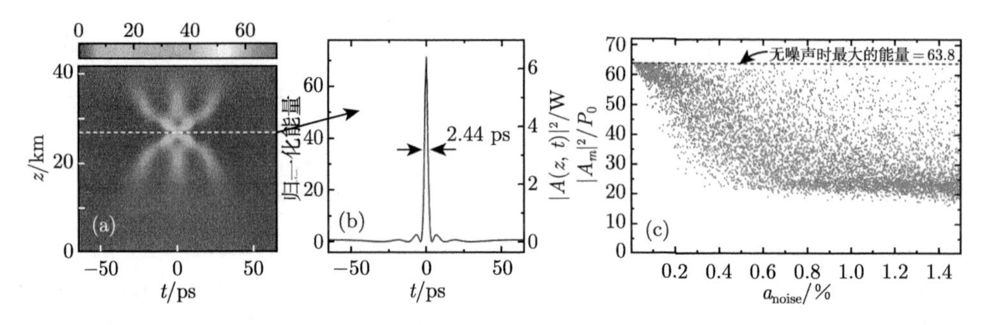

图 3.31　(a) 初始条件 (3.4.3) 式在 $n=3$, $a_{1,3}=0.321$, $a_2=0.4$, $w_{1,2,3}=26.02$ ps, $\delta_1=-\delta_3=35.12$ ps 和 $\delta_2=0$ ps 时的功率演化图。色度代表了归一化后的功率 $|A(z,t)|^2/[P_0\exp(-\alpha z)]$。最大自压缩发生在 $z_m=26.9$ km 处。(b) 在 $z=z_m$ 处的功率截面。左侧和右侧的纵坐标轴分别带有不同的单位：平面波背景的功率和瓦 (W)。所激发的波具有最大功率 6.38 W，且它的半峰全宽为 2.44 ps。(c) 红色圆点代表了波在不同噪声幅度 $a_{\rm noise}$ 下的最大功率值 $|A_m|^2$。初始条件除了引入噪声之外，与图 (a) 相同。黑色虚线代表当 $a_{\rm noise}=0$ 时的最大功率 ($\sim 63.8\ P_0$)[43] (彩图见封底二维码)

参 考 文 献

[1] Onorato M, Residori S, Bortolozzo U, et al. Rogue waves and their generating mechanisms in different physical contexts[J]. Physics Reports, 2013, 528(2): 47-89.

[2] Kibler B, Fatome J, Finot C, et al. The Peregrine soliton in nonlinear fibre optics[J]. Nature Physics, 2010, 6(10): 790-795.

[3] Chabchoub A, Hoffmann N P, Akhmediev N. Rogue wave observation in a water wave tank[J]. Physical Review Letters, 2011, 106(20): 204502.

[4] Bailung H, Sharma S K, Nakamura Y. Observation of Peregrine solitons in a multicomponent plasma with negative ions[J]. Physical Review Letters, 2011, 107(25): 255005.

[5] Frisquet B, Kibler B, Morin P, et al. Optical dark rogue wave[J]. Scientific Reports, 2016, 6(1): 1-9.

[6] Frisquet B, Kibler B, Fatome J, et al. Polarization modulation instability in a Manakov fiber system[J]. Physical Review A, 2015, 92(5): 053854.

[7] Ruban V, Kodama Y, Ruderman M, et al. Rogue waves-towards a unifying concept?: Discussions and debates[J]. The European Physical Journal Special Topics, 2010, 185(1): 5-15.

[8] Akhmediev N, Pelinovsky E. Editorial-introductory remarks on "discussion & debate: Rogue waves-towards a unifying concept?" [J]. The European Physical Journal Special Topics, 2010, 185(1): 1-4.

[9] Kharif C, Pelinovsky E. Physical mechanisms of the rogue wave phenomenon[J]. European Journal of Mechanics-B/Fluids, 2003, 22(6): 603-634.

[10] Pelinovsky R, Kharif C. Extreme Ocean Waves[M]. Berlin: Springer, 2008.

[11] Ling L, Zhao L C. Simple determinant representation for rogue waves of the nonlinear Schrödinger equation[J]. Physical Review E, 2013, 88(4): 043201.

[12] Akhmediev N, Ankiewicz A, Soto-Crespo J M, et al. Rogue wave early warning through spectral measurements?[J]. Physics Letters A, 2011, 375(3): 541-544.

[13] Guo B, Ling L, Liu Q P. Nonlinear Schrödinger equation: generalized Darboux transformation and rogue wave solutions[J]. Physical Review E, 2012, 85(2): 026607.

[14] He J S, Zhang H R, Wang L H, et al. Generating mechanism for higher-order rogue waves[J]. Physical Review E, 2013, 87(5): 052914.

[15] Gaillard P. Tenth Peregrine breather solution to the NLS equation[J]. Annals of Physics, 2015, 355: 293-298.

[16] Kedziora D J, Ankiewicz A, Akhmediev N. Classifying the hierarchy of nonlinear-Schrödinger-equation rogue-wave solutions[J]. Physical Review E, 2013, 88(1): 013207.

[17] Bludov Y V, Konotop V V, Akhmediev N. Vector rogue waves in binary mixtures of Bose-Einstein condensates[J]. The European Physical Journal Special Topics, 2010, 185(1): 169-180.

[18] Zhao L C, Liu J. Localized nonlinear waves in a two-mode nonlinear fiber[J]. Journal of the Optical Society of America B, 2012, 29(11): 3119-3127.

[19] Zhao L C, Liu J. Rogue-wave solutions of a three-component coupled nonlinear Schrödinger equation[J]. Physical Review E, 2013, 87(1): 013201.

[20] Zhao L C, Xin G G, Yang Z Y. Rogue-wave pattern transition induced by relative frequency[J]. Physical Review E, 2014, 90(2): 022918.

[21] Ling L, Zhao L C, Yang Z Y, et al. Generation mechanisms of fundamental rogue wave spatial-temporal structure[J]. Physical Review E, 2017, 96(2): 022211.

[22] Guo B L, Ling L M. Rogue wave, breathers and bright-dark-rogue solutions for the coupled Schrödinger equations[J]. Chinese Physics Letters, 2011, 28(11): 110202-110202.

[23] Baronio F, Degasperis A, Conforti M, et al. Solutions of the vector nonlinear Schrödinger equations: evidence for deterministic rogue waves[J]. Physical Review Letters, 2012, 109(4): 044102.

[24] Chen S, Song L Y. Rogue waves in coupled Hirota systems[J]. Physical Review E, 2013, 87(3): 032910.

[25] Baronio F, Conforti M, Degasperis A, et al. Vector rogue waves and baseband modulation instability in the defocusing regime[J]. Physical Review Letters, 2014, 113(3): 034101.

[26] Chen S, Cai X M, Grelu P, et al. Complementary optical rogue waves in parametric three-wave mixing[J]. Optics Express, 2016, 24(6): 5886-5895.

[27] Baronio F, Conforti M, Degasperis A, et al. Rogue waves emerging from the resonant interaction of three waves[J]. Physical Review Letters, 2013, 111(11): 114101.

[28] Ling L, Guo B, Zhao L C. High-order rogue waves in vector nonlinear Schrödinger equations[J]. Physical Review E, 2014, 89(4): 041201.

[29] Zhao L C, Li S C, Ling L. Rational W-shaped solitons on a continuous-wave background in the Sasa-Satsuma equation[J]. Physical Review E, 2014, 89(2): 023210.

[30] Zhao L C, Li S C, Ling L. W-shaped solitons generated from a weak modulation in the Sasa-Satsuma equation[J]. Physical Review E, 2016, 93(3): 032215.

[31] Baronio F, Chen S, Grelu P, et al. Baseband modulation instability as the origin of rogue waves[J]. Physical Review A, 2015, 91(3): 033804.

[32] Zhao L C, Ling L. Quantitative relations between modulational instability and several well-known nonlinear excitations[J]. Journal of the Optical Society of America B, 2016, 33(5): 850-856.

[33] Zhao L C, Guo B, Ling L. High-order rogue wave solutions for the coupled nonlinear Schrödinger equations-II[J]. Journal of Mathematical Physics, 2016, 57(4): 043508.

[34] Gao P, Duan L, Zhao L C, et al. Dynamics of perturbations at the critical points between modulation instability and stability regimes[J]. Chaos: An Interdisciplinary Journal of Nonlinear Science, 2019, 29(8): 083112.

[35] He J, Xu S, Porsezian K, et al. Rogue wave triggered at a critical frequency of a nonlinear resonant medium[J]. Physical Review E, 2016, 93(6): 062201.

[36] Zhao L C, Duan L, Gao P, et al. Vector rogue waves on a double-plane wave background[J]. EPL (Europhysics Letters), 2019, 125(4): 40003.

[37] Chen J, Pelinovsky D E. Rogue periodic waves of the focusing nonlinear Schrödinger equation[J]. Proceedings of the Royal Society A: Mathematical, Physical and Engineering Sciences, 2018, 474(2210): 20170814.

[38] Feng B, Ling L, Takahashi D. Multi-breather and high-order rogue waves for the nonlinear Schrödinger equation on the elliptic function background[J]. Studies in Applied Mathematics, 2020, 144:46-101.

[39] Tracy E R, Chen H H, Lee Y C. Study of quasiperiodic solutions of the nonlinear Schrödinger equation and the nonlinear modulational instability[J]. Physical Review Letters, 1984, 53(3): 218.

[40] Kamchatnov A M. New approach to periodic solutions of integrable equations and nonlinear theory of modulational instability[J]. Physics Reports, 1997, 286(4): 199-270.

[41] Akhmediev N , Soto-Crespo J, Ankiewicz A. How to excite a rogue wave[J]. Physical Review A, 2009, 80(4):82.

[42] Frisquet B, Kibler B, Millot G. Collision of Akhmediev breathers in nonlinear fiber optics[J]. Physical Review X, 2013, 3(4): 041032.

[43] Gao P, Zhao L C, Yang Z Y, et al. High-order rogue waves excited from multi-Gaussian perturbations on a continuous wave[J]. Optics Letters, 2020, 45(8): 2399-2402.

第 4 章　呼吸子动力学

呼吸子泛指广泛存在于众多非线性物理系统中的一类具有周期演化 (或分布) 结构的非线性波。对于离散非线性物理系统，呼吸子表现为具有周期演化行为的局域模。这种局域模本质上是孤子在离散系统中的周期传输。对于连续非线性物理系统，按照其激发背景的不同呼吸子可分为零背景上呼吸子和平面波背景上呼吸子。本章将介绍零背景上呼吸子的基本特性，重点讨论平面波背景上 Akhmediev 呼吸子、Kuznetsov-Ma 呼吸子与 super-regular 呼吸子精确解的构造、物理机制、相干条件与干涉斑图的激发等。

4.1　呼吸子类型及其机制

4.1.1　零背景上呼吸子

零背景上的呼吸子实质上是由平行传输的多个亮孤子构成的。这种平行演化的孤子也称为“孤子复杂体”、“束缚态多孤子”。物理上而言，这种呼吸子的周期性源于多个孤子之间的相互作用。这种相互作用普遍存在于各个非线性系统。以下，我们以最简单的非线性薛定谔模型为例，阐明该类型呼吸子的动力学特性和激发条件。标准的非线性薛定谔模型可写为

$$\mathrm{i}\psi_t + \frac{1}{2}\psi_{xx} + |\psi|^2\psi = 0 \tag{4.1.1}$$

上式标准 N 阶亮孤子解的构造方法已在第 2 章作了详细介绍。这里我们考虑最简单的情形，即速度为零的双亮孤子构成的呼吸子，其精确解可写为

$$\psi = \frac{4\mathrm{i}(w_2^2-w_1^2)\left[w_1\mathrm{e}^{2\mathrm{i}w_1^2t}\cosh(2w_2x)+w_2\mathrm{e}^{-2\mathrm{i}w_2^2t}\cosh(2w_1x)\right]}{(w_1-w_2)^2\cosh[2(w_1+w_2)x]+(w_1+w_2)^2\cosh[2(w_1-w_2)x]+4w_1w_2\cos[2(w_1^2-w_2^2)t]} \tag{4.1.2}$$

其中，w_1, w_2 为实参数。由上式可知，该参数不仅描述了两个亮孤子的宽度和振幅，而且决定了相应呼吸子的“呼吸周期”。的确，由 (4.1.2) 式的周期项可知呼吸子演化周期为

$$T = \frac{\pi}{w_1^2 - w_2^2} \tag{4.1.3}$$

图 4.1(a) 展示了该呼吸子的振幅演化特征。由图可见，该呼吸子沿 t 方向呈现周期性演化。其呼吸周期可由 (4.1.3) 式精确描述。沿此思路，人们可易得更高阶孤子构成的呼吸子。图 4.1(b)(c) 分别展示三阶孤子和四阶孤子构成的呼吸子演化。对于 N 阶孤子构成的呼吸子 (具有 N 个自由参量 $w_1, w_2, w_3, \cdots, w_N$)，调节这些自由参量可以产生丰富的"呼吸结构"。

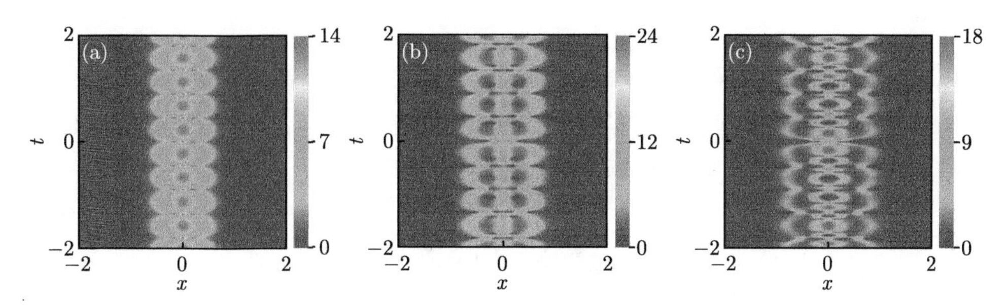

图 4.1 亮孤子形成的束缚态呼吸子动力学演化。(a) 两个亮孤子形成的束缚态呼吸子；(b) 三个亮孤子形成的束缚态呼吸子；(c) 四个亮孤子形成的束缚态呼吸子。参数为：$w_1 = 3, w_2 = 4, w_3 = 5, w = 6$ (彩图见封底二维码)

然而需要指出的是，如何设置相对简单的初始条件来激发这类呼吸子，这是一个具有重要实际物理意义的问题。有趣的是，当 (4.1.2) 式的周期满足特定的比例关系

$$w_2 = 3w_1 \tag{4.1.4}$$

时，双孤子呼吸子 (4.1.2) 式在半周期传输位置 $t = T/2$ 处具有如下形式：

$$\psi_{T/2} = 4w_1 \text{sech}(2w_1 x)(-1)^{5/8} \tag{4.1.5}$$

其振幅为

$$|\psi_{T/2}| = 4|w_1|\text{sech}(2w_1 x) \tag{4.1.6}$$

显然，(4.1.6) 式为 2 倍的单孤子振幅。因此，该呼吸子可由整数倍的单孤子初态实现。这里需要注意，(4.1.5) 式的常数项不影响呼吸子的动力学，可以忽略。

4.1.2 Akhmediev 呼吸子

1985 年，N.Akhmediev 等在研究可积的标量非线性薛定谔方程时构造了一组精确的周期解。该周期解严格描述了平面波背景上弱谐波调制激发的振幅增长和衰减的单次循环过程，即著名的 Akhmediev 呼吸子 (Akhmediev breather，AB)。Akhmediev 呼吸子又被称为"基本的调制不稳定性模型"。值得注意的是，Akhmediev 呼吸子物理不止于此。近期研究揭示其丰富的物理：① 通过高阶 Akhmediev

呼吸子引入“高阶调制不稳定性”新概念；② 由其周期极限得到描述怪波现象的怪波解，揭开怪波物理的精确研究；③ 由其相位演化得到非线性相移，归类于“非线性贝尔相位”；④ 基于 Akhmediev 呼吸子的频域性质精确解释了著名的 Fermi-Pasta-Ulam 循环现象。以下，我们首先阐明 Akhmediev 呼吸子和调制不稳定性的精确关系，之后说明 Akhmediev 呼吸子如何精确描述了 Fermi-Pasta-Ulam 循环现象。

1. Akhmediev 呼吸子与调制不稳定性

以标准的非线性薛定谔方程为例，我们简单解释 Akhmediev 呼吸子和调制不稳定性的精确关系。非线性薛定谔方程形式如下：

$$\mathrm{i}\psi_t + \frac{1}{2}\psi_{xx} + |\psi|^2\psi = 0 \tag{4.1.7}$$

其中，参数 t 和 x 分别表示无量纲化之后的时间和空间；ψ 表示波函数。(4.1.7) 式中的 Akhmediev 呼吸子精确解有如下形式：

$$\psi_{\mathrm{ab}} = \left\{a - \frac{2(a^2-b^2)\cosh(b\sigma t) + \mathrm{i}b\sigma\sinh(b\sigma t)}{a\cosh(b\sigma t) - b\cos[\sigma(x-kt)]}\right\}\mathrm{e}^{\mathrm{i}\theta} \tag{4.1.8}$$

其中，

$$\sigma = \pm 2\sqrt{a^2-b^2}, \qquad \theta = kx + (a^2 - k^2/2)t \tag{4.1.9}$$

这里，b 是一个与呼吸子幅度有关的实参量，满足 $b < a$；a 和 k 分别表示平面波的振幅和波数。这个解描述了一个在演化方向 t 局域且在分布方向 x 周期排列的 Akhmediev 呼吸子，其横向分布频率为

$$K_{\mathrm{ab}} = \sigma = \pm 2\sqrt{a^2-b^2} \tag{4.1.10}$$

相应的周期为

$$T_x = \frac{2\pi}{|\sigma|} = \frac{\pi}{\sqrt{a^2-b^2}} \tag{4.1.11}$$

Akhmediev 呼吸子描述了平面波背景上的一个周期扰动先逐渐增大，达到最大幅值，最后再逐渐衰减的调制不稳定性演化过程。由该精确解的周期项可知，Akhmediev 呼吸子的初始扰动频率为 $K_{\mathrm{ab}} = \sigma$；同时，由该精确解的双曲余弦/正弦项可得，对应的指数增长率为

$$G_{\mathrm{ab}} = |b\sigma| \tag{4.1.12}$$

进一步，发现扰动频率和增长率之间存在这样的关系：

$$G_{\mathrm{ab}} = |K_{\mathrm{ab}}|\sqrt{a^2 - \frac{K_{\mathrm{ab}}^2}{4}} \tag{4.1.13}$$

这一关系与由线性稳定性分析得到的增长率关系式完全一致。因此，该表达式严格表明 Akhmediev 呼吸子是描述调制不稳定性动力学的精确模型。

2. Akhmediev 呼吸子光谱及其解释

接下来阐明 Akhmediev 呼吸子光谱特性及其描述的 Fermi-Pasta-Ulam (FPU) 循环。后者是物理科学的著名悖论之一 (注：目前又称 Fermi-Pasta-Ulam-Tsingou 循环，用以承认 Mary Tsingou 女士对该问题的贡献)。起初是 Fermi、Pasta 和 Ulam 于 1955 年研究带有修正的弱非线性力的一维弹簧振子系统，以期验证非线性系统的能量均分定理 (“热化”)。然而期待的系统热化在有限时间内没有出现，反之观察到一种回归到初始状态的多次往复循环现象。这种违背费米 (Fermi) 统计理论的循环现象因此又称 FPU 悖论。研究发现 FPU 循环普遍存在于各个非线性物理系统，并与调制不稳定性紧密相关。特别地，人们发现 Akhmediev 呼吸子的频域演化严格描述了 FPU 一次循环。即，初始模式 (连续波) 的能量经过非线性相互作用传递至高阶模式，而后又回归到初始模式的演化过程。值得强调的是，通过对 Akhmediev 呼吸子精确解进行傅里叶变换，人们可以严格得到 FPU 一次循环的任意阶模式的精确演化。实验上，基于 Akhmediev 呼吸子的 FPU 循环首次观测于非线性光学平台。下面以标准非线性薛定谔方程的 Akhmediev 呼吸子解为例，简述其性质。

首先，对 Akhmediev 呼吸子解 (4.1.8) 式进行变量代换：$\xi = x - kt$, 则有

$$\psi = a + \frac{\mathcal{B}}{b\cos(\sigma\xi) - a\cosh(b\sigma t)} \tag{4.1.14}$$

其中，

$$\mathcal{B} = 2(a^2 - b^2)\cosh(b\sigma t) + \mathrm{i}b\sigma\sinh(b\sigma t) \tag{4.1.15}$$

这里需注意，将纯线性传播相关的相位因子 $\mathrm{e}^{\mathrm{i}\theta}$ 去除，以突出非线性演化的具体贡献。由于 $\psi(-\xi) = \psi(\xi)$，可以展开成傅里叶余弦级数，其傅里叶展开形式如下：

$$\psi = \sum_{n=0}^{\infty} A_n(t)\cos(n\sigma\xi) \tag{4.1.16}$$

$A_n(t)$ 表达式如下：

$$A_n(t) = \frac{\sigma}{2\pi}\int_0^{2\pi/\sigma} \psi\cos(n\sigma\xi)\mathrm{d}\xi \tag{4.1.17}$$

其中，$A_0(t)$ 表示中心 (“泵浦”) 模式；$A_n(t), |n| \geqslant 1$ 表示高阶模式 (谐波)。注意到 $A_n(t)$ 积分表达式中，非平庸积分部分可表达为

$$\mathcal{I} = \frac{\sigma}{2\pi}\int_0^{2\pi/\sigma} \frac{\mathcal{B}\cos(n\sigma\xi)}{b\cos(\sigma\xi) - a\cosh(b\sigma t)}\mathrm{d}\xi$$

$$=\frac{\sigma}{2\pi}\int_{0}^{2\pi/\sigma}\frac{\mathcal{B}[\cos(n\sigma\xi)+\mathrm{i}\sin(n\sigma\xi)]}{b\cos(\sigma\xi)-a\cosh(b\sigma t)}\mathrm{d}\xi \tag{4.1.18}$$

进行变量代换: $\mathcal{Z}=\mathrm{e}^{\mathrm{i}\sigma\xi}$，由此得到

$$\begin{aligned}\mathcal{I}&=\frac{1}{\mathrm{i}\pi}\int_{C}\frac{\mathcal{B}\mathcal{Z}^{n}}{b\mathcal{Z}^{2}-2a\cosh(b\sigma t)\mathcal{Z}+b}\mathrm{d}\mathcal{Z}\\&=\frac{1}{\mathrm{i}\pi}\int_{C}\frac{\mathcal{B}\mathcal{Z}^{n}}{b(\mathcal{Z}-\mathcal{Z}_{1})(\mathcal{Z}-\mathcal{Z}_{2})}\mathrm{d}\mathcal{Z}\end{aligned} \tag{4.1.19}$$

其中，C 是围绕零点的单位圆。并且分母中二项式的根的形式是

$$\mathcal{Z}_{1}=\frac{a\cosh(b\sigma t)-\sqrt{a^{2}\cosh^{2}(b\sigma t)-b^{2}}}{b} \tag{4.1.20}$$

$$\mathcal{Z}_{2}=\frac{a\cosh(b\sigma t)+\sqrt{a^{2}\cosh^{2}(b\sigma t)-b^{2}}}{b} \tag{4.1.21}$$

其中，一个根 $\mathcal{Z}_1$ 在单位圆内，另一根在单位圆外。

应用留数定理计算此积分。

(1) 当 $n\geqslant 0$ 时, $\mathcal{Z}=\mathcal{Z}_1$ 是一阶奇点，积分结果为

$$\mathcal{I}=\frac{2\pi\mathrm{i}}{\mathrm{i}\pi}\frac{\mathcal{B}\mathcal{Z}^{n}}{b(\mathcal{Z}-\mathcal{Z}_{1})(\mathcal{Z}-\mathcal{Z}_{2})}(\mathcal{Z}-\mathcal{Z}_{1})\Big|_{\mathcal{Z}=\mathcal{Z}_{1}}=\frac{-\mathcal{B}\mathcal{Z}_{1}^{n}}{\sqrt{a^{2}\cosh^{2}(b\sigma t)-b^{2}}} \tag{4.1.22}$$

(2) 由 $\psi(-\xi)\cos(-n\sigma\xi)=\psi(\xi)\cos(n\sigma\xi)$ 可知, 当 $n\leqslant -1$ 时,

$$\mathcal{I}=\frac{-\mathcal{B}\mathcal{Z}_{1}^{-n}}{\sqrt{a^{2}\cosh^{2}(b\sigma t)-b^{2}}} \tag{4.1.23}$$

则中心模式 (泵浦) 光谱 A_0 为

$$A_{0}(t)=a-\frac{\mathcal{B}}{\sqrt{a^{2}\cosh^{2}(b\sigma t)-b^{2}}} \tag{4.1.24}$$

各级边带表达式如下:

$$A_{n}(t)=\frac{-\mathcal{B}\mathcal{Z}_{1}^{|n|}}{\sqrt{a^{2}\cosh^{2}(b\sigma t)-b^{2}}} \tag{4.1.25}$$

其中，A_0 描述中心泵浦光随 t 的演化过程；$A_n(n\neq 0)$ 是各级边带。$|A_n|^2$ 代表着各级边带的能量，总量守恒，因此

$$\sum_{n=0}^{\infty}|A_{n}|^{2}=a^{2} \tag{4.1.26}$$

这里只需进行 A_n/a 操作得到归一化的 A_n。图 4.2 展示了 0 级到 $n=\pm 3$ 级谱带随时间 t 的变化。可以看到，正负极对应边带会完美重合在一起。在负无穷远处中心泵浦携带着总能量 a^2，在向 $t=0$ 演化过程中将自身的能量分配给各级能量。在 $t=0$ 处中心泵浦能量达到最低点，而各级边带达到能量最高值。向正无穷演化过程中各级边带又将自身的能量归还给泵浦，在正无穷处泵浦携带总能量而各级边带能量为 0。该动力学过程精确严格地描述了 FPU 循环过程。

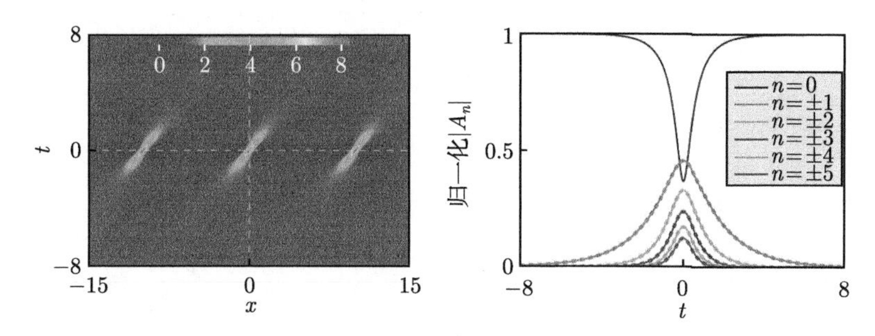

图 4.2 左图为 Akhmediev 呼吸子振幅 $|\psi|^2$ 的密度分布，右图为其对应的频谱图。参数：$a=1, b=\sqrt{0.9}, k=1$ (彩图见封底二维码)

另一个需要指出的是，Akhmediev 呼吸子光谱描述的 FPU 循环的初末态具有非平庸相移。考虑 $t\to\pm\infty$ 情形下的呼吸子精确解，易得 Akhmediev 呼吸子初末态的非线性相移精确表达式：

$$\Delta\phi = 2\arccos(2b^2/a^2-1) \tag{4.1.27}$$

可以看到，该表达式由参数 b 和 a 决定。因此，不同周期的 Akhmediev 呼吸子具有不同的非线性相移。需要指出的，该相移也可以由 Akhmediev 呼吸子中心泵浦表达式求出。鉴于 Akhmediev 呼吸子谱理论精确描述了 FPU 循环，非线性相移已成为 FPU 循环的典型特征。

4.1.3 Kuznetsov-Ma 呼吸子

4.1.2 节，介绍了 Akhmediev 呼吸子及其机制。本节，介绍 Kuznetsov-Ma(K-M) 呼吸子及其机制 [1]。与 Akhmediev 呼吸子动力学不同，Kuznetsov-Ma 呼吸子描述了局域的周期振荡动力学。另一方面，与 Akhmediev 呼吸子精确描述了周期扰动诱发的调制不稳定性不同，调制不稳定性并不能很好地解释 Kuznetsov-Ma 呼吸子的动力学过程。其主要原因在于调制不稳定性通常并不适用于解释平面波背景上的强扰动激发。这里主要关注如何通过一些根本的物理机制来理解 Kuznetsov-Ma 呼吸子的动力学过程。结果显示，Kuznetsov-Ma 呼吸子的动力学过程包括至少两种相互独立的机制：调制不稳定性和干涉效应。对于弱扰动情形下的 Kuznetsov-Ma 呼吸子，非线性干涉可以解释其振荡周期，而调制不稳定性则解释其幅度振荡。对于强扰动情形下的 Kuznetsov-Ma 呼吸子，其振荡周期和幅度振荡均可由亮孤子和平面波的线性干涉来解释。这里强弱扰动由亮孤子幅度与平面波幅度的比值来判定：$p/s \ll 1$ 或 $p/s \gg 1$。对于中间情形，这两种效应均需考虑。图 4.3 形象地描述了 Kuznetsov-Ma 呼吸子形成机制。

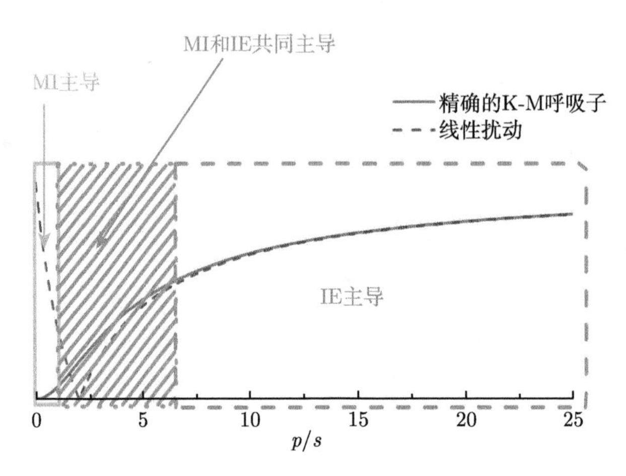

图 4.3 对 Kuznetsov-Ma 呼吸子机制的定性描述。调制不稳定性 (MI) 在弱扰动 Kuznetsov-Ma 呼吸子中起主导作用，干涉效应 (IE) 则在强扰动 Kuznetsov-Ma 呼吸子中起主要作用。弱扰动和强扰动由比值 $p/s \ll 1$ 和 $p/s \gg 1$ 分别区分 (p 和 s 分别代表扰动振幅和背景振幅)。对中间情形 (p 与 s 相当)，这两种效应都发挥着重要作用。非线性干涉效应可以解释强扰动和中间情形的呼吸周期 (彩图见封底二维码)

为简单且不失一般性，考虑标准非线性薛定谔模型的 Kuznetsov-Ma 呼吸子精确解，其形式如下：

$$\psi = \left[s - \frac{2(b^2 - s^2)\cos(\xi t) + \mathrm{i}\xi\sin(\xi t)}{b\cosh(2x\sqrt{b^2 - s^2}) - s\cos(\xi t)}\right]\mathrm{e}^{\mathrm{i}s^2 t} \tag{4.1.28}$$

这里，$\xi = 2b\sqrt{b^2 - s^2}$；参量 $b \geqslant s$ 决定非线性波的初始形状；s 为局域波的背景振幅。

这个解主要有两项：第一项是平面波背景，另一项则是亮孤子相关项。因为第二项通常依赖平面波背景，所以 Kuznetsov-Ma 呼吸子可看成亮孤子同平面波背景的非线性叠加。当考虑

$$t = \frac{\pi + 2n\pi}{4b\sqrt{b^2 - s^2}}$$

n 为整数时，Kuznetsov-Ma 呼吸子解退化为如下形式：

$$\psi = s\mathrm{e}^{\mathrm{i}\phi} - \mathrm{i}2\sqrt{b^2 - s^2}\ \mathrm{sech}(2\sqrt{b^2 - s^2}x)\ \mathrm{e}^{\mathrm{i}\phi} \tag{4.1.29}$$

这里，$\phi = s^2 \dfrac{\pi}{4b\sqrt{b^2 - s^2}}$。此时该解可以看作平面波背景同亮孤子的线性叠加。因此可以通过增大亮孤子的振幅 $2\sqrt{b^2 - s^2}$，从而研究平面波背景上强扰动的演化。

即使对于非线性叠加，当孤子振幅比背景振幅大得多时，Kuznetsov-Ma 呼吸子也倾向于一种线性叠加。这为分析平面波背景上较大振幅的孤子型扰动提供了一个方法。由上述的线性形式 (4.1.29) 式，引入平面波和亮孤子线性叠加的一般形式：

$$\psi' = s\mathrm{e}^{\mathrm{i}s^2 t} - \mathrm{i}p\mathrm{sech}(px)\mathrm{e}^{\mathrm{i}p^2 t/2} \tag{4.1.30}$$

这里，p 表示孤子振幅，它对应于 Kuznetsov-Ma 呼吸子解中孤子扰动项的振幅 $2\sqrt{b^2 - s^2}$，可以看出这是平面波背景上强亮孤子型扰动的近似解。作为一个近似解，线性干涉效应可以解释平面波背景上强局域扰动振荡。这里，将线性叠加统称为线性干涉效应。此外，还需注意的是，线性叠加并不适用于弱扰动情形和过渡情形 (即扰动振幅 p 与背景振幅 s 相当)。在这两种情况下，叠加形式为非线性。非线性叠加可用于描述非线性干涉过程。接下来，证明干涉效应可以准确地解释强扰动下 Kuznetsov-Ma 呼吸子的动力学过程。从孤子振荡幅度和振荡周期两个方面分别解释 Kuznetsov-Ma 呼吸子的动力学过程。首先，计算出 Kuznetsov-Ma 呼吸子波函数模方最大值为

$$P_{\max} = (s + 2b)^2$$

最小值为

$$P_{\min} = (s - 2b)^2$$

为了描述振荡幅度，定义参数

$$\eta = \frac{|P_{\min} - s^2|}{P_{\max} - s^2}$$

同时，Kuznetsov-Ma 呼吸子的呼吸周期为

$$T = \frac{2\pi}{2b\sqrt{b^2 - s^2}}$$

接着计算得到，引入的线性形式 ψ' 的波函数模方最大值为

$$P'_{\max} = (s + p)^2$$

最小值为

$$P'_{\min} = (s - p)^2$$

同样地，定义特征参量

$$\eta' = \frac{|P'_{\min} - s^2|}{P'_{\max} - s^2}$$

表征亮孤子与平面波之间线性干涉诱发的呼吸子幅度振荡；相应的呼吸振荡周期为

$$T' = \frac{2\pi}{|p^2/2 - s^2|}$$

从相应的表达式可以看到，亮孤子振幅 p 同平面波背景 s 的比值在决定孤子扰动强弱中扮演重要的角色。图 4.4 展示了 η 和 η' 与比率 p/s 的关系。如图所示，对于弱扰动而言，线性干涉效应曲线与 Kuznetsov-Ma 呼吸子曲线完全不同 ($p/s \ll 1$)。也就是说，幅度增大远远超过干涉效应的预期。这种情况下，Akhmediev 呼吸子和怪波的增大确实是由调制不稳定性诱导的。但是在强扰动 ($p/s \gg 1$) 下，线性干涉效应曲线与 Kuznetsov-Ma 呼吸子曲线却完全一致。

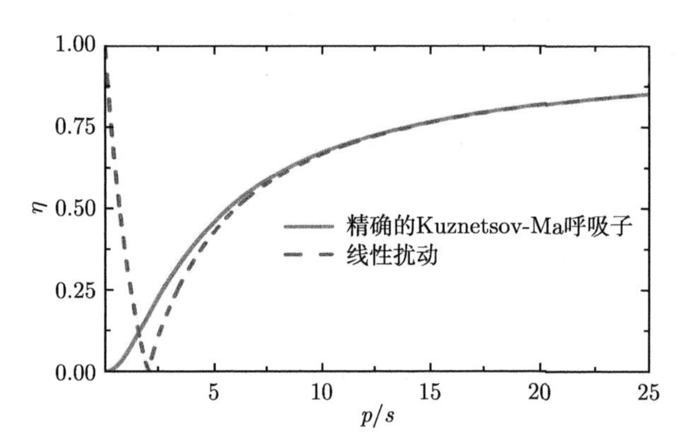

图 4.4 表征振荡幅度的参数 η 随 p/s 的变化 (孤子扰动振幅与背景振幅的比率)。红色实线与蓝色虚线分别对应 Kuznetsov-Ma 呼吸子和线性干涉效应的情况。说明在弱扰动和中间情形下，Kuznetsov-Ma 呼吸子的幅度振荡行为与线性干涉效应不吻合，但是与线性干涉效应对强孤子扰动的预测十分吻合

图 4.5 展示振荡周期同比率 p/s 之间的关系，可以看出线性干涉效应仍然可以描述强扰动下的 Kuznetsov-Ma 呼吸子。需要指出的是，线性干涉效应无法描述弱扰动和中间情形 (扰动振幅 p 与背景振幅 s 相当) 下 Kuznetsov-Ma 呼吸子的特性。

上述结果表明，强扰动下 Kuznetsov-Ma 呼吸子的动力学可由亮孤子同平面波背景之间的线性干涉效应解释。为此在图 4.6 中给出均等的大比值 p/s 下 Kuznetsov-Ma 呼吸子与线性干涉效应的演化图样。如图所示，在强扰动下，两者的峰值同步演化。线性干涉效应可解释强孤子型扰动下 Kuznetsov-Ma 呼吸子的动力学。而对于弱扰动，线性干涉则不适用，局域弱扰动诱发的振幅增长可由线

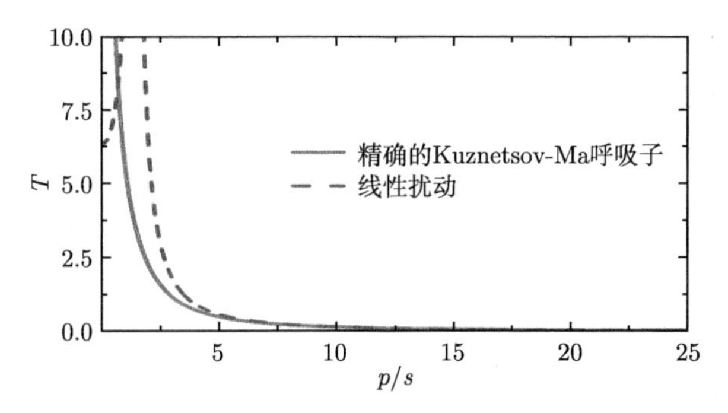

图 4.5 振荡周期 T 与 p/s 的关系 (即孤子扰动振幅与背景振幅的比值)。红色实线和蓝色虚线分别对应 Kuznetsov-Ma 呼吸子和线性干涉效应。结果表明：在弱孤子扰动和中间情形下，Kuznetsov-Ma 呼吸子的幅度振荡行为与线性干涉效应不一致，但是与强扰动下线性干涉效应的预测十分吻合

性稳定性分析解释，因此可由线性稳定性分析解决此问题。然而，调制不稳定性不能解释 Kuznetsov-Ma 呼吸子的振荡行为，且面对 Kuznetsov-Ma 呼吸子振荡周期同样并不适用。振荡周期的问题可由平面波背景同弱扰动之间的非线性干涉效应来解释。非线性干涉效应是指平面波同孤子型扰动的非线性叠加形式，在非线性情形下，振荡周期由有效能量 (背景与扰动的主导能量之间的演化能量差) 决定。这样，振荡周期便可由 Kuznetsov-Ma 呼吸子的精确解预测。

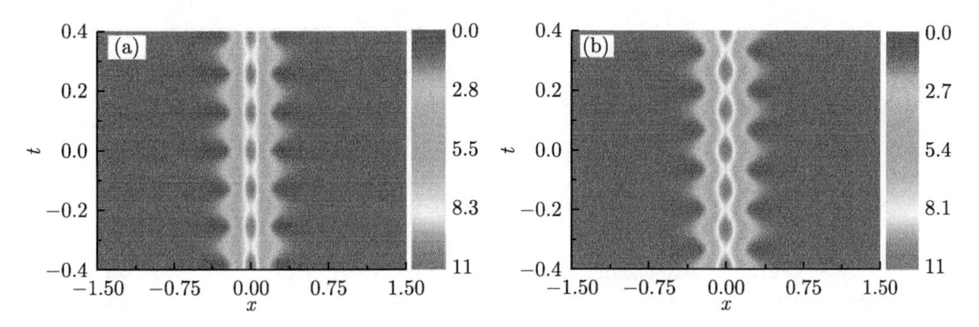

图 4.6 Kuznetsov-Ma 呼吸子与 (a) 线性干涉效应；(b) 相等的强扰动 $p/s = 4\sqrt{6}$ 下的分布演化图。结果表明较大的孤子扰动幅度下，两者的演化过程十分同步，说明线性干涉效应可以解释强扰动情形时 Kuznetsov-Ma 呼吸子的动力学过程。其中平面波背景幅度为 $s = 1$ (彩图见封底二维码)

4.2 super-regular 呼吸子及其物理本质

4.2.1 标准非线性薛定谔系统中 super-regular 呼吸子

super-regular 呼吸子描述了一类特殊的呼吸子碰撞结构。这种碰撞往往在其

中心位置处形成具有小振幅的局域波结构。如果以此为初态，那么后续的非线性演化过程可以描述局域扰动诱发的调制不稳定性 [2]。理论上，super-regular 呼吸子由非线性波动方程的高阶呼吸子解来描述。具体而言，一对准 Akhmediev 呼吸子的相消干涉可形成 super-regular 呼吸子。下面我们首先以标准非线性薛定谔方程为例，详细介绍 super-regular 呼吸子物理。标准的非线性薛定谔方程如下：

$$\mathrm{i}u_t + \frac{1}{2}u_{xx} + |u|^2u = 0 \tag{4.2.1}$$

这里，$u(t,x)$ 为复包络；t 和 x 分别为演化时间和横向分布。(4.2.1) 式被证明是可积的，其 Lax 对为

$$\begin{aligned}\boldsymbol{\Phi}_x &= U\boldsymbol{\Phi}\\ \boldsymbol{\Phi}_t &= V\boldsymbol{\Phi}\end{aligned} \tag{4.2.2}$$

其中，$\boldsymbol{\Phi} = (\Phi_1, \Phi_2)^{\mathsf{T}}$，矩阵 U 和 V 表示为

$$U = \lambda\begin{pmatrix}\mathrm{i} & 0\\ 0 & -\mathrm{i}\end{pmatrix} + \begin{pmatrix}0 & \mathrm{i}u^*\\ \mathrm{i}q & 0\end{pmatrix} \tag{4.2.3}$$

$$V = \lambda^2\begin{pmatrix}\mathrm{i} & 0\\ 0 & -\mathrm{i}\end{pmatrix} + \lambda\begin{pmatrix}0 & \mathrm{i}u^*\\ \mathrm{i}u & 0\end{pmatrix} + \frac{1}{2}\begin{pmatrix}-\mathrm{i}uu^* & u_x^*\\ -u_x & \mathrm{i}uu^*\end{pmatrix} \tag{4.2.4}$$

上式中，λ 为谱参量 (一般为复常数)。由如下零曲率方程 (可积条件) 可直接推导出 (4.2.1) 式：

$$U_t - V_x + [U,\ V] = 0$$

为了求解 (4.2.1) 式满足的非线性局域波精确解，需选取适当形式的“种子解”。考虑到平面波背景上非线性波的多样性，取如下一般形式的平面波种子解：

$$u_0(t,x) = a\exp[\mathrm{i}\theta(t,x)] \tag{4.2.5}$$

其中，

$$\theta(t,x) = qx + \left(a^2 - \frac{1}{2}q^2\right)t \tag{4.2.6}$$

这里，a 和 q 分别表示背景振幅和背景频率。显然，当 $a=0$ 时平面波种子解 (4.2.5) 式退化为平庸解 (即 $u_0=0$)，此时求解 (4.2.1) 式就可以得到标准的亮孤子解。这里从平面波种子解 (4.2.5) 式出发，构造平面波背景上的局域波解。因此，

需要将相应的 Lax 对变换为常数形式，通过对常数 Lax 对解的构造，继而得到初始偏微分方程的解。具体步骤如下所述。

首先，引入矩阵 S 将矩阵 U 和 V 转化为常数矩阵 $\widetilde{U}$ 和 $\widetilde{V}$，变换后的 Lax 对具有如下形式：

$$\begin{aligned}(S\boldsymbol{\Phi})_x &= \widetilde{U}(S\boldsymbol{\Phi})\\ (S\boldsymbol{\Phi})_t &= \widetilde{V}(S\boldsymbol{\Phi})\end{aligned} \tag{4.2.7}$$

其中，常数矩阵 $\widetilde{U}$ 和 $\widetilde{V}$ 为

$$\begin{aligned}\widetilde{U} &= SUS^{-1} + S_xS^{-1}\\ \widetilde{V} &= SVS^{-1} + S_tS^{-1}\end{aligned}$$

这里，S^{-1} 表示 S 矩阵的逆矩阵。为了使矩阵 U 和 V 转化为常数矩阵，因此取矩阵 S 的形式如下：

$$S = \begin{pmatrix} \mathrm{e}^{\frac{\mathrm{i}}{2}\theta} & 0 \\ 0 & \mathrm{e}^{\frac{\mathrm{i}}{2}\theta} \end{pmatrix} \tag{4.2.8}$$

根据上述变换关系，可得常数矩阵具体形式为

$$\widetilde{U} = \begin{pmatrix} \mathrm{i}\lambda + \dfrac{\mathrm{i}}{2}q & \mathrm{i}a \\ \mathrm{i}a & -\mathrm{i}\lambda - \dfrac{\mathrm{i}}{2}q \end{pmatrix} \tag{4.2.9}$$

$$\widetilde{V} = \begin{pmatrix} \mathrm{i}\lambda^2 - \dfrac{\mathrm{i}}{4}q^2 & \mathrm{i}a\lambda - \dfrac{\mathrm{i}}{2}aq \\ \mathrm{i}a\lambda - \dfrac{\mathrm{i}}{2}aq & -\mathrm{i}\lambda^2 + \dfrac{\mathrm{i}}{4}q^2 \end{pmatrix} \tag{4.2.10}$$

这里可以方便验证变换之后的常数矩阵 $\widetilde{U}$ 和 $\widetilde{V}$ 满足可积条件 $[\widetilde{U}, \widetilde{V}] = 0$。

接下来，将求解变换后的常系数偏微分方程组 (4.2.7) 式。一般而言，传统的方式是对矩阵 $\widetilde{U}$ 和 $\widetilde{V}$ 进行对角化，得到对角矩阵继而求解。不过需要强调的是，考虑矩阵 $\widetilde{U}$ 本征值方程是否具有重根，我们需要将 $\widetilde{U}$ 变换为相应的对角矩阵或若尔当 (Jordan) 矩阵。此时，通过引入变换矩阵 D 将常数矩阵 $\widetilde{U}$ 和 $\widetilde{V}$ 分别转化为对角矩阵 $\widetilde{U}_d$ 和 $\widetilde{V}_d$：

$$\begin{aligned}D^{-1}\widetilde{U}D &= \widetilde{U}_d\\ D^{-1}\widetilde{V}D &= \widetilde{V}_d\end{aligned} \tag{4.2.11}$$

则可得变换后的 Lax 对如下所示：

$$\begin{aligned}\boldsymbol{\Phi}_{0x}&=\widetilde{U}_d\boldsymbol{\Phi}_0\\ \boldsymbol{\Phi}_{0t}&=\widetilde{V}_d\boldsymbol{\Phi}_0\end{aligned}\tag{4.2.12}$$

上式中对角矩阵 $\widetilde{U}_d$ 和 $\widetilde{V}_d$ 分别为

$$\widetilde{U}_d=\begin{pmatrix}\tau_1 & 0\\ 0 & \tau_2\end{pmatrix}\tag{4.2.13}$$

$$\widetilde{V}_d=\begin{pmatrix}\left(\lambda-\dfrac{1}{2}q\right)\tau_1 & 0\\ 0 & \left(\lambda-\dfrac{1}{2}q\right)\tau_2\end{pmatrix}\tag{4.2.14}$$

其中，本征值 τ_1 和 τ_2 可直接由常数矩阵 $\widetilde{U}$ 的本征值方程满足的行列式 $\det(\widetilde{U}-\tau I)=0$ 给出，其具体形式为

$$\tau^2+a^2+\frac{1}{4}(q+2\lambda)^2=0\tag{4.2.15}$$

可得

$$\begin{aligned}\tau_1&=\frac{1}{2}\sqrt{-q^2-4a^2-4q\lambda-4\lambda^2}\\ \tau_2&=-\frac{1}{2}\sqrt{-q^2-4a^2-4q\lambda-4\lambda^2}\end{aligned}$$

需要注意，变换矩阵 D 由 $\widetilde{U}$ 的本征值对应的本征矢组成，也就是说变换矩阵 D 并不是唯一的。一方面，不同形式矩阵 D 决定所求非线性波中心位置是否处于 $(t,x)=(0,0)$ 点处；另一方面，不同形式矩阵 D 会影响非线性波在 $t=0$ 处的振幅分布。为了使局域波的中心位置恰好处于 $(0,0)$ 处，选取变换矩阵 D 的具体表达式为

$$D=\begin{pmatrix}-\left(\lambda+\dfrac{q}{2}\right)+\mathrm{i}\tau_1 & \mathrm{i}a\\ -a & -\mathrm{i}\left(\lambda+\dfrac{q}{2}\right)+\tau_2\end{pmatrix}\tag{4.2.16}$$

通过求解 (4.2.12) 式，可以得到 $\boldsymbol{\Phi_0}$ 的矩阵元 Φ_{01} 和 Φ_{02} 的精确表达式

$$\Phi_{01}=\exp\left[\tau_1x+\left(\lambda-\frac{1}{2}q\right)\tau_1t\right]\tag{4.2.17}$$

$$\Phi_{02}=\exp\left[\tau_2x+\left(\lambda-\frac{1}{2}q\right)\tau_2t\right]\tag{4.2.18}$$

考虑上述变换 (4.2.7) 式，可得原始 Lax 对 (4.2.2) 式的解

$$\Phi_1 = \left[-\left(\frac{k}{2}+\lambda-\mathrm{i}\tau_1\right)\Phi_{01} - a\Phi_{02}\right]\mathrm{e}^{-\frac{\mathrm{i}}{2}\theta} \tag{4.2.19}$$

$$\Phi_2 = \left[\left(\frac{k}{2}+\lambda-\mathrm{i}\tau_1\right)\Phi_{02} - a\Phi_{01}\right]\mathrm{e}^{-\frac{\mathrm{i}}{2}\theta} \tag{4.2.20}$$

最后，将上式代入下面具体的达布变换形式，即可得非线性薛定谔系统中基本非线性局域波通解：

$$u(t,x) = u_0 + 2(\lambda^* - \lambda)\frac{\Phi_1^*\Phi_2}{|\Phi_1|^2+|\Phi_2|^2} \tag{4.2.21}$$

上式中不同谱参量的选取可以得到多种非线性局域波 (如呼吸子、怪波等)。由谱参量满足的本征值方程 (4.2.15) 式可得，$\mathrm{Im}[\tau]=0$ 或 $\mathrm{Re}[\tau]=0$ 时，该解描述了 Kuznetsov-Ma 呼吸子或 Akhmediev 呼吸子动力学；当本征值 $\tau=0$ 时，相应解描述的是 Peregrine 怪波的动力学。对于后者，谱参量满足如下形式：

$$\lambda = \mathrm{i}a - \frac{1}{2}q \tag{4.2.22}$$

为了获得 super-regular 呼吸子解并直观地提取物理信息，利用茹科夫斯基 (Joukowsky) 变换对谱参量 (4.2.22) 式的虚部进行参数化，得

$$\lambda = \mathrm{i}\frac{a}{2}\left(\zeta+\frac{1}{\zeta}\right) - \frac{1}{2}q \equiv \mu + \mathrm{i}\nu \tag{4.2.23}$$

这里，$\zeta = r\exp(\mathrm{i}\alpha)$，其中 r 和 α 表示在 $r \geqslant 1,\ \alpha\in(-\pi/2,\pi/2)$ 区域内极坐标的半径和角度。则 μ 和 ν 的具体表达式为

$$\mu = -\frac{1}{2}a\left(r-\frac{1}{r}\right)\sin\alpha - \frac{1}{2}q,\quad \nu = \frac{1}{2}a\left(r+\frac{1}{r}\right)\cos\alpha$$

进一步，将谱参量 $\lambda\equiv\mu+\mathrm{i}\nu$ 和本征值 $\tau\equiv\tau_{\mathrm{r}}+\mathrm{i}\tau_{\mathrm{i}}$ 代入非线性局域波表达式 (4.2.21) 式进行化简后可得

$$u_1(t,x) = u_0\left[1 - \frac{G(t,x)+\mathrm{i}H(t,x)}{D(t,x)}\right] \tag{4.2.24}$$

上述表达式中分子 G、H 和分母 D 均为实函数，且满足

$$G = 4\nu(\nu-\tau_{\mathrm{r}})\cosh\gamma - \frac{2\nu}{a}(a^2+A)\sin\kappa$$

$$H = \frac{2\nu}{a}(a^2-A)\cos\kappa + 2\nu[k+2(\tau_{\mathrm{i}}+\mu)]\sinh\gamma$$

$$D = (a^2 + A)\cosh\gamma - 2a(\nu - \tau_{\rm r})\sin\kappa$$

这里，$A = [k + 2(\tau_{\rm i} + \mu)]^2/4 + (\nu - \tau_{\rm r})^2$, 以及

$$\gamma = 2\tau_{\rm r}(x - V_{\rm g}t) + s_1, \quad \kappa = 2\tau_{\rm i}(x - V_{\rm p}t) + \theta_1 \tag{4.2.25}$$

其中，$V_{\rm g}$, $V_{\rm p}$ 分别表示群速度和相速度，

$$V_{\rm g} = \frac{q}{2} - \mu + \frac{\tau_{\rm i}}{\tau_{\rm r}}\nu, \quad V_{\rm p} = \frac{q}{2} - \mu - \frac{\tau_{\rm r}}{\tau_{\rm i}}\nu \tag{4.2.26}$$

上述表达式取决于平面波参数 (a, q)，极坐标谱参量 (r, α) 和时移 s_1 及相位 θ_1。一阶解中时移 s_1 和相位参数 θ_1 对局域波的影响可忽略 (即 $s_1 = \theta_1 = 0$)，但对于高阶解来说，相参数 θ_j 和 s_j $(j \geqslant 2)$ 在多个非线性波的碰撞结构中起关键作用。

解析解 (4.2.24) 式是由双曲函数 $\cosh\gamma$ 和三角函数 $\cos\kappa$ 在平面波背景 u_0 上非线性叠加而成的，而这样的非线性叠加能够展示出不同非线性模式的结构特性。一般而言，该解析解描述了平面波背景上的以群速度 $V_{\rm g}$ 和相速度 $V_{\rm p}$ 传播的局域波。在谱参量取特殊值的情况下，该解可以约化为 Akhmediev 呼吸子 $(r = 1, \alpha \neq 0)$；Kuznetsov-Ma 呼吸子 $(r \neq 1, \alpha = 0)$；Peregrine 怪波 $(r = 1, \alpha = 0)$，以及一种特殊的准 Akhmediev 呼吸子解 $(r = 1 + \varepsilon(\varepsilon \ll 1), \alpha \neq 0)$。这种准 Akhmediev 呼吸子是一般呼吸子中的一类特殊情形 (图 4.7 (a) 和 (b))，可看成是一般呼吸子与 Akhmediev 呼吸子的中间态。super-regular 呼吸子模式不是一个基本的非线性波结构，而是由两个准 Akhmediev 呼吸子非线性叠加形成。接下来，我们将简述 super-regular 呼吸子精确解的构造。非线性波相互作用通常表现出诸多非平庸特性，是非线性波理论中不可或缺的一部分。super-regular 呼吸子体现了非线性波相互作用在调制不稳定性理论中的最新进展。在标准非线性薛定谔方程的框架下，super-regular 呼吸子对应两组谱参量。如上所述，该谱参量均须通过茹科夫斯基变换重新参数化，因此会引入 $\alpha_1, \alpha_2, \gamma_1, \gamma_2$。当考虑 $\alpha_1 = -\alpha_2 = \alpha, \gamma_1 = \gamma_2 = r$ 时，相应的谱参量具有如下形式：

$$\lambda_1 = \mu_1 + {\rm i}\nu_1 \tag{4.2.27}$$

$$\lambda_2 = \mu_2 + {\rm i}\nu_2 \tag{4.2.28}$$

其中，

$$\mu_1 = -\frac{1}{2}a\left(r - \frac{1}{r}\right)\sin\alpha - \frac{1}{2}q \tag{4.2.29}$$

$$\mu_2 = +\frac{1}{2}a\left(r - \frac{1}{r}\right)\sin\alpha - \frac{1}{2}q \tag{4.2.30}$$

$$\nu_1 = \nu_2 = \frac{1}{2}a\left(r + \frac{1}{r}\right)\cos\alpha \tag{4.2.31}$$

这里，任一谱参量对应单一的准 Akhmediev 呼吸子解。这两个准 Akhmediev 呼吸子在特殊相参数条件下的非线性叠加将形成 super-regular 呼吸子。下文中，将先构造满足如上谱参量表达式的二阶呼吸子解, 通过对满足准 Akhmediev 呼吸子条件的基本呼吸子解 (4.2.24) 式进行迭代得到 super-regular 呼吸子模式 (即两个准 Akhmediev 呼吸子解)，从而分析其具体的动力学行为。

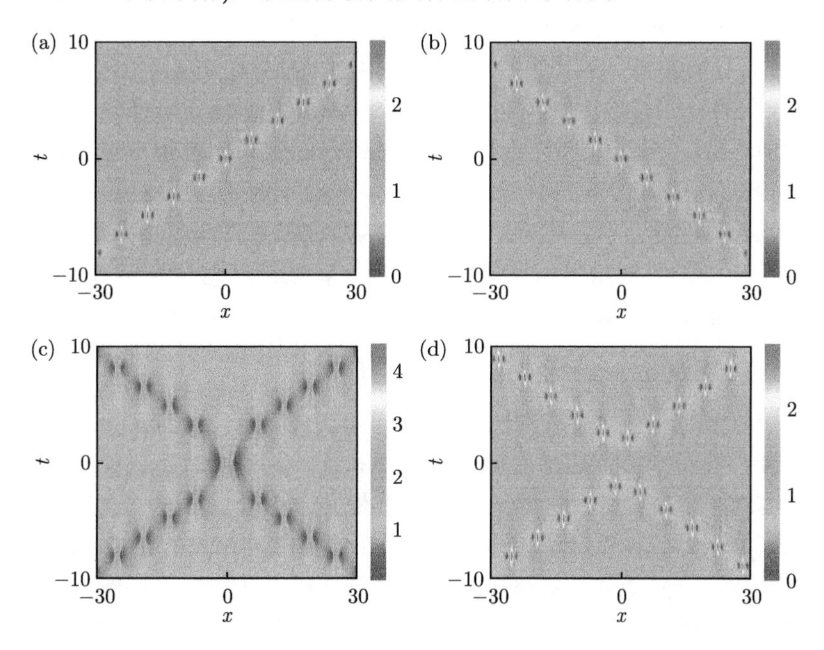

图 4.7 不同非线性模式的密度分布图。(a), (b) 为一阶准 Akhmediev 呼吸子，即 $r = 1.15$,$\alpha = \pi/6$ 和 $\alpha = -\pi/6$。(c), (d) 分别对应不同相位参数情况下两个准 Akhmediev 呼吸子相互作用图样 ($r_1 = r_2 = 1.15$)：(c) 类似于非线性薛定谔方程下二阶怪波结构，相位满足 $\theta_1 = \theta_2 = 0$; (d) 为 super-regular 呼吸子结构，相位满足 $\theta_1 = 0$, $\theta_2 = \pi$。其他参数为 $a = 1$,$q = 0$,$s_1 = s_2 = 0$ (彩图见封底二维码)

首先需要应用第 2 章中的规范变换矩阵 T 进行第二次达布变换，矩阵 T 可以表示为

$$T^{[1]} = (\lambda_2 - \lambda_1^*)I + (\lambda_1^* - \lambda_1)\frac{\boldsymbol{\Phi}_1\boldsymbol{\Phi}_1^\dagger}{\boldsymbol{\Phi}_1^\dagger\boldsymbol{\Phi}_1}$$

这里，$\boldsymbol{\Phi}_1 = (\Phi_1(\lambda_1), \Phi_2(\lambda_1))^\mathsf{T}$ 对应于 (4.2.19) 式和 (4.2.20) 式；I 表示 2×2 的单位矩阵。为了得到二次达布变换形式，我们需要用到 $\boldsymbol{\Phi}_2^{[1]}$，即

$$\boldsymbol{\Phi}_2^{[1]} = T^{[1]}\boldsymbol{\Phi}_2 \tag{4.2.32}$$

则 $\boldsymbol{\Phi}_2^{[1]} = ((\boldsymbol{\Phi}_2^{[1]})_{11}, (\boldsymbol{\Phi}_2^{[1]})_{21})^{\mathsf{T}}$ 代入达布变换式可得二阶呼吸子解具体形式为

$$u^{[2]}(t,x) = u_1(t,x) + 2(\lambda_2^* - \lambda_2)\frac{(\boldsymbol{\Phi}_2^{[1]})_{11}^*(\boldsymbol{\Phi}_2^{[1]})_{21}}{|(\boldsymbol{\Phi}_2^{[1]})_{11}|^2 + |(\boldsymbol{\Phi}_2^{[1]})_{21}|^2} \tag{4.2.33}$$

这里，u_1 表示平面波背景上的基本呼吸子解，即 (4.2.21) 式。

同理，对照上述基本解的参数可知，双呼吸子解表达式取决于平面波参数 (a, q)、极坐标谱参量 (r_j, α_j)、时移 s_j 和相位参量 θ_j $(j = 1, 2)$。

上述双呼吸子解中的参数 s_j 和 θ_j 是决定两个准 Akhmediev 呼吸子碰撞特性的相参数，它们会影响非线性波在碰撞位置的振幅分布。更具体来说，s_j 只影响波在 (x, t) 平面上的碰撞位置，因此，一般令 $s_{1,2} = 0$ 来迫使碰撞发生在中心位置 $(x, t) = (0, 0)$ 处，参数 $\theta_{1,2}$ 决定了碰撞位置附近波包络的复杂程度。特别地，当 $\theta_1 = \theta_2 = 0$ 时，两个准 Akhmediev 呼吸子的相互作用在中心位置 $(x, t) = (0, 0)$ 处出现类似非线性薛定谔方程中二阶怪波的结构 (图 4.7(c))；而当 $\theta_1 + \theta_2 = \pi$ 时，$(x, t) = (0, 0)$ 处的类高阶怪波结构消失，取而代之的是两个准 Akhmediev 呼吸子的准湮灭相互作用现象 (图 4.7(d))，这就是标准的 super-regular 呼吸子结构。

4.2.2 高阶效应诱发 super-regular 呼吸子特性

4.2.1 节已经介绍了标准非线性薛定谔模型中 super-regular 呼吸子特性以及其物理意义。然而，为了描述更普适的物理系统，需要构造超越标准非线性薛定谔方程的物理模型。更详细地说，标准非线性薛定谔模型描述了具有二阶色散和自相位调制的光纤中皮秒级脉冲传输。而对于超短脉冲在光学系统中的传输问题，考虑三阶色散、自陡峭和自频移等效应会强烈地影响非线性波特性，就需要构造高阶非线性薛定谔模型来描述。另一方面，最近研究表明，在高阶效应影响下，基本呼吸子可以态转换为其他不同类型的非线性波。因此，可以预期，在高阶效应影响下 super-regular 呼吸子也可能呈现出与标准非线性薛定谔模型中不同的动力学行为 [3–5]。

1. 复 mKdV 模型中非线性波解的构造及动力学性质

为了研究高阶效应诱发的基本非线性波和 super-regular 模式特性，考虑复数 mKdV 模型：

$$u_z + u_{ttt} - 6|u|^2 u_t = 0 \tag{4.2.34}$$

其中，u 为光电场复包络；z 为传输距离；t 为持续时间。(4.2.34) 式所示的复 mKdV 模型包含了三阶色散和非线性色散两个高阶项。这两个高阶项相互平衡，诱发孤子和其他局域波。事实上，复数 mKdV 模型是忽略掉二阶色散和克尔非线性项的 Hirota 模型。

由于 super-regular 模式是由多个基本的准 Akhmediev 呼吸子非线性叠加形成的，在研究 super-regular 模式特性之前，需要先探究 (4.2.34) 式中平面波背景上基本非线性波的性质。为了得到复 mKdV 模中平面波背景上一阶非线性波解析表达式，考虑如下 Lax 对：

$$\begin{cases} \boldsymbol{\Phi}_t = U\boldsymbol{\Phi} & \text{(4.2.35a)} \\ \boldsymbol{\Phi}_z = V\boldsymbol{\Phi} & \text{(4.2.35b)} \end{cases}$$

其中，$\boldsymbol{\Phi} = (\Phi_1, \Phi_2)^{\mathrm{T}}$，矩阵 U 和 V 为

$$U = \lambda \begin{pmatrix} -\mathrm{i} & 0 \\ 0 & \mathrm{i} \end{pmatrix} + \begin{pmatrix} 0 & u \\ -u^* & 0 \end{pmatrix} \tag{4.2.36}$$

$$\begin{aligned} V = {} & \lambda^3 \begin{pmatrix} -4\mathrm{i} & 0 \\ 0 & 4\mathrm{i} \end{pmatrix} + \lambda^2 \begin{pmatrix} 0 & 4u \\ -4u^* & 0 \end{pmatrix} + \lambda \begin{pmatrix} 2\mathrm{i}uu^* & 2\mathrm{i}u_t \\ 2\mathrm{i}u_t^* & -2\mathrm{i}uu^* \end{pmatrix} \\ & + \frac{1}{2} \begin{pmatrix} uu_t^* - u_t u^* & -u_{tt} - 2u^2 u^* \\ u_{tt}^* + 2u^{*2} u & -uu_t^* + u_t u^* \end{pmatrix} \end{aligned} \tag{4.2.37}$$

(4.2.36) 式的复常数 λ 为谱参量，通常将其设为 $\lambda = a_1 + b_1\mathrm{i}$ 的形式，a_1 为任意实数，b_1 非零实数。而在这里，利用可积条件——零曲率方程

$$U_z - V_t + [U,\ V] = 0$$

也能够导出 (4.2.34) 式。

为了求解 (4.2.34) 式，需选取合适的“种子解”，考虑到平面波背景上非线性波的多样性，在本节所有研究中，选取的“种子解”均为平面波解。在本章中，它的具体表现形式为

$$u_0 = a \exp(\mathrm{i}\theta) \tag{4.2.38}$$

其中，

$$\theta = qt + (q^3 - 6qa^2)z \tag{4.2.39}$$

式中，a 和 q 分别表示背景振幅和背景频率。当 (4.2.39) 式的背景振幅 $a = 0$ 时，“种子解”便退化为平庸的零背景解。

首先将“种子解”(4.2.39) 式代入 Lax 对 (4.2.36) 式中，再将其变换为常数形式，通过相关常数 Lax 对解的构造，得到原始偏微分方程的解。引入变换矩阵 S 来将矩阵 U 和 V 常数化，变换后的常数矩阵为

$$\tilde{U} = SUS^{-1} + S_t S^{-1}$$

$$\tilde{V} = SVS^{-1} + S_z S^{-1} \tag{4.2.40}$$

其中，S^{-1} 为 S 矩阵的逆矩阵。选取 S 矩阵为

$$S = \begin{pmatrix} e^{-\frac{i}{2}\theta} & 0 \\ 0 & e^{\frac{i}{2}\theta} \end{pmatrix} \tag{4.2.41}$$

根据上述变换关系，可得常数矩阵具体形式为

$$\tilde{U} = \begin{pmatrix} -\dfrac{1}{2}i(q+2\lambda) & a \\ -a & \dfrac{1}{2}i(q+2\lambda) \end{pmatrix} \tag{4.2.42}$$

$$\tilde{V} = \begin{pmatrix} -\dfrac{1}{2}i[q^3+8\lambda^3-2a^2(q+2\lambda)] & a(-2a^2+q^2-2q\lambda+4\lambda^2) \\ a(2a^2-q^2+2q\lambda-4\lambda^2) & \dfrac{1}{2}i[q^3+8\lambda^3-2a^2(q+2\lambda)] \end{pmatrix} \tag{4.2.43}$$

此时，依旧可以验证常数矩阵 U，V 满足可积条件 $[U, V] = 0$。

然后，便可以求解变换后的常微分方程。此时，通过引入变换矩阵 D，将常数矩阵 $\tilde{U}$，$\tilde{V}$ 对角化，其形式如下：

$$\begin{aligned} D^{-1}\tilde{U}D &= \tilde{U}_d \\ D^{-1}\tilde{V}D &= \tilde{V}_d \end{aligned} \tag{4.2.44}$$

则可得变换后的 Lax 对如下所示：

$$\begin{aligned} \boldsymbol{\Phi}_{0t} &= \tilde{U}_d\boldsymbol{\Phi}_0 \\ \boldsymbol{\Phi}_{0z} &= \tilde{V}_d\boldsymbol{\Phi}_0 \end{aligned} \tag{4.2.45}$$

上式中对角矩阵 $\tilde{U}_d$ 和 $\tilde{V}_d$ 分别为

$$\tilde{U}_d = \begin{pmatrix} \tau_1 & 0 \\ 0 & \tau_2 \end{pmatrix} \tag{4.2.46}$$

$$\tilde{V}_d = \begin{pmatrix} (q^2-2a^2-2q\lambda+4\lambda^2)\tau_1 & 0 \\ 0 & (q^2-2a^2-2q\lambda+4\lambda^2)\tau_2 \end{pmatrix} \tag{4.2.47}$$

其中，

$$\begin{aligned} \tau_1 &= \frac{1}{2}\sqrt{-q^2-4a^2-4q\lambda-4\lambda^2} \\ \tau_2 &= -\frac{1}{2}\sqrt{-q^2-4a^2-4q\lambda-4\lambda^2} \end{aligned}$$

需要注意，变换矩阵 D 由 $\tilde{U}$ 的本征值对应的本征矢组成，变换矩阵 D 并不唯一。一方面，不同形式矩阵 D 决定所求非线性波中心位置是否处于 $(t,z)=(0,0)$ 点处。另一方面，不同形式矩阵 D 也会影响非线性波在 $z=0$ 处的振幅分布。而后者则会影响呼吸子与其他种类非线性波 (反暗孤子、W 形孤子) 的态转换。在本节中，选取如下 D 矩阵：

$$D=\begin{pmatrix} a & \frac{\mathrm{i}}{2}(q+2\lambda)-\tau_2 \\ \frac{\mathrm{i}}{2}(q+2\lambda)+\tau_1 & a \end{pmatrix} \tag{4.2.48}$$

此时，通过求解 (4.2.45) 式，可以得到 $\boldsymbol{\Phi}_0$ 的两个矩阵元 Φ_{01}，Φ_{02}：

$$\Phi_{01}=\exp\left[\tau_1 t+(q^2-2a^2-2q\lambda+4\lambda^2)\tau_1 z\right] \tag{4.2.49}$$

$$\Phi_{02}=\exp\left[\tau_2 t+(q^2-2a^2-2q\lambda+4\lambda^2)\tau_2 z\right] \tag{4.2.50}$$

通过变换，便可以得到原始 Lax 对的解：

$$\Phi_1=\left\{a\Phi_{01}+\left[\frac{\mathrm{i}}{2}(q+2\lambda)+\tau_1\right]\Phi_{02}\right\}\mathrm{e}^{\frac{\mathrm{i}}{2}\theta} \tag{4.2.51}$$

$$\Phi_2=\left\{a\Phi_{02}+\left[\frac{\mathrm{i}}{2}(q+2\lambda)-\tau_2\right]\Phi_{01}\right\}\mathrm{e}^{-\frac{\mathrm{i}}{2}\theta} \tag{4.2.52}$$

最后，将 (4.2.51) 式代入具体的达布变换形式，

$$u(z,t)=u_0-\frac{2\mathrm{i}(\lambda-\lambda^*)\Phi_1\Phi_2^*}{|\Phi_1|^2+|\Phi_2|^2} \tag{4.2.53}$$

即可得到复 mKdV 模型平面波上基本非线性波通解，需要强调的是，这一通解不仅包含了构造 super-regular 模式的准 Akhmediev 呼吸子解，还包含了多种其他类型的非线性波解 (反暗孤子、多峰孤子、一般呼吸子等)。因此基于这组解，可系统地展示了该模型中基本非线性模式的多样性。

与标准非线性薛定谔模型一致，为构造 super-regular 呼吸子需利用茹科夫斯基变换对谱参量重新参数化，同时要引入自由相位参数。这里，谱参数可写为

$$\lambda=\mathrm{i}\frac{a}{2}\left(\xi+\frac{1}{\xi}\right)-\frac{q}{2} \tag{4.2.54}$$

其中，$\xi=R\mathrm{e}^{\mathrm{i}\alpha}$。这里 R 和 α 分别表示极坐标的半径和角度，且 $R\geqslant 1$，$\alpha\in(-\pi/2,\pi/2)$。

经过细致的化简，就可以得出参数化后复 mKdV 模型中平面波背景上一阶非线性波精确通解，如下所示：

$$u=u_0\left\{1-\frac{2\rho[\cosh(\beta+\mathrm{i}\alpha)-\cos(\gamma+\phi)]}{\chi_1\cosh\beta-\chi_2\cos\gamma}\right\} \tag{4.2.55}$$

其中，

$$
\begin{aligned}
&\beta = 2\eta_r(t - V_{\rm gr}z) + \mu_1, \quad \gamma = 2\eta_{\rm i}(t - V_{\rm ph}z) - \theta_1 \\
&V_{\rm gr} = v_1 + v_2\eta_{\rm i}/\eta_{\rm r}, \quad V_{\rm ph} = v_1 - v_2\eta_{\rm r}/\eta_{\rm i} \\
&v_1 = \rho^2 - 9/(4q_s^2) + 9/(2qq_s) - 3q^2 + 2a^2, \quad v_2 = 3\rho(q_s - q) \\
&\eta_{\rm r} = \frac{a}{2}\left(R - \frac{1}{R}\right)\cos\alpha, \quad \eta_{\rm i} = \frac{a}{2}\left(R + \frac{1}{R}\right)\sin\alpha \\
&q_s = -\frac{2a}{3}\left(R - \frac{1}{R}\right)\sin\alpha, \quad \rho = a\left(R + \frac{1}{R}\right)\cos\alpha \\
&\chi_1 = a\left(R + \frac{1}{R}\right), \quad \chi_2 = 2a\cos\alpha, \quad \tan\phi = \frac{{\rm i} - {\rm i}R^2}{1 + R^2}
\end{aligned}
$$

这里的 $V_{\rm gr}$ 和 $V_{\rm ph}$ 与前文提到的 $V_{\rm g}$ 和 $V_{\rm p}$ 一致，分别代表群速度和相速度参量。很清晰地看到，解 (4.2.55) 式是由双曲函数 $\cosh\beta$ 和三角函数 $\cos\gamma$ 在平面波背景 u_0 上的非线性叠加形成。上述表达式依赖于背景振幅 a，背景频率 q，实参数 θ_1，μ_1，R 和 α。但并非所有的参数都是必不可少的，例如，背景振幅 a 仅仅影响非线性波的振幅和速度，因此不失一般性令 $a = 1$。另外，这里省略了对一阶解中相位参数 θ_1 和 μ_1 的讨论 $(\theta_1 = \mu_1 = 0)$。但需要注意，对于高阶解来说，相参数 θ_j 和 μ_j $(j \geqslant 2)$ 在多个非线性波的碰撞结构中起关键作用。

一旦上述参数固定，就只余三个独立变量 R, α 和 q，而这些参数在研究基本非线性波性质中起着关键作用。更具体地来说，通解 (4.2.55) 式描述了在平面波背景上以群速度 $V_{\rm gr}$、相速度 $V_{\rm ph}$、横向分布宽度 $\varDelta_t \sim 1/(2\eta_{\rm r}) = [a(R-1/R)\cos\alpha]^{-1}$ 传输的非线性波。其纵向振荡周期和横向振荡周期分别为 $D_z = \pi/(\eta_{\rm i}V_{\rm ph})$，$D_t = \pi/\eta_{\rm i}$。因此，在取背景振幅 $a = 1$ 的时候，非线性波特性 $(\varDelta_t$，$V_{\rm gr}$，$V_{\rm ph}$，D_z，$D_t)$ 是由参数 R，α 和 q 决定的。

首先注意到通过改变 q 使得群速度与相速度满足 $V_{\rm gr} \neq V_{\rm ph}$ 或是 $V_{\rm gr} = V_{\rm ph}$，由 (4.2.55) 式所描述的平面波背景上的非线性波 $(R > 1$，$\alpha \neq 0)$ 会展示出不同的特征。由速度匹配条件 $V_{\rm gr} = V_{\rm ph}$，可以得出背景频率 $q = q_s = \dfrac{2a}{3}(R-1/R)\sin\alpha$，其中 q_s 就被称为临界频率。当考虑 $q \neq q_s$ 和 $q = q_s$ 两种情况，可得到两大类不同非线性波。图 4.8展示了 $\mathrm{Re}(\xi)$-$\mathrm{Im}(\xi)$ 和 $\mathrm{Re}(\lambda)$-$\mathrm{Im}(\lambda)$ 平面中由 (4.2.56) 式所表示的基本非线性模式的相图。由图可见，该基本解包含了多种非线性局域波。如果 $q \neq q_s$，解 (4.2.55) 式描述了在背景 u_0 上展示“呼吸”特性的非线性波，其被称为呼吸子。相反，如果 $q = q_s$，则这些“呼吸”的非线性波沿传播方向展示出非振荡的包络，这意味着它们的呼吸特性完全消失。

当背景频率 $q \neq q_s$ 时，图 4.8(a) 为具有呼吸特性的非线性波的相图。相图中 $R > 1$，$\alpha \neq 0$ 位置所对应的非线性模式即为一般呼吸子和准 Akhmediev 呼

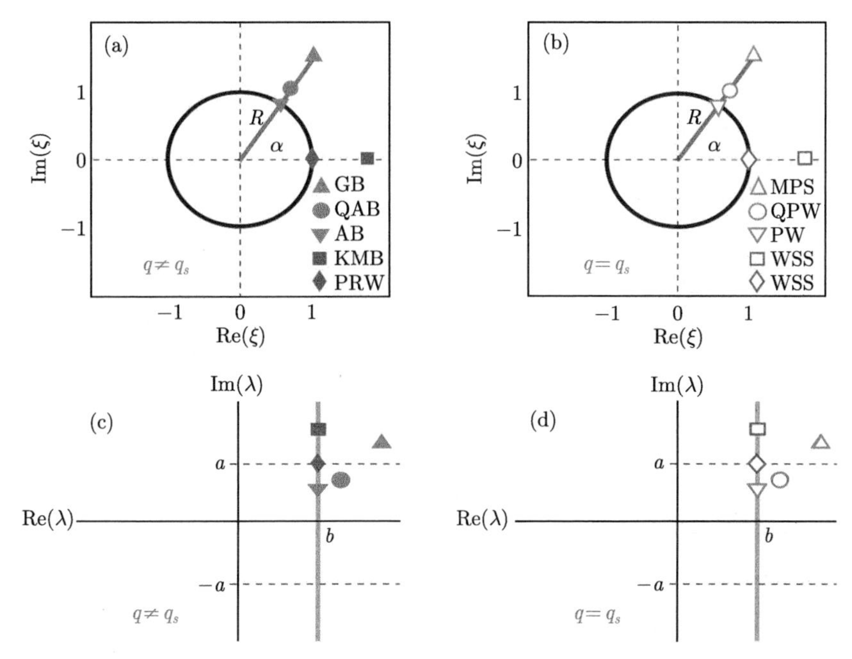

图 4.8 Re(ξ)-Im(ξ) 和 Re(λ)-Im(λ) 平面中由 (4.2.56) 式所表示的基本非线性模式的相图。(a) $q \neq q_s$ 时 Re(ξ)-Im(ξ) 平面上"呼吸"非线性模式的相图,包括"GB"(一般呼吸子)、"QAB"(准 Akhmediev 呼吸子)、"AB" (Akhmediev 呼吸子)、"KMB" (Kuznetsov-Ma 呼吸子) 和"PRW" (Peregrine 怪波);(c) $q \neq q_s$ 时 Re(λ)-Im(λ) 平面上"呼吸"非线性模式的相图;(b) $q = q_s$ 时 Re(ξ)-Im(ξ) 平面上非呼吸非线性模式的相图,包括"MPS"(多峰孤子)、"QPW"(准周期波)、"PW"(周期波) 和"WSS"(W 形孤子);(d) $q = q_s$ 时 Re(λ)-Im(λ) 平面上非呼吸非线性模式的相图;其中 $b = -q/2$ (彩图见封底二维码)

吸子,其密度分布分别展示在图 4.9(a) 和图 4.9 (b) 中。引起此类呼吸特性的本质是 $V_{\text{gr}} \neq V_{\text{ph}}$ 所表征的速度不匹配。其中,准 Akhmediev 呼吸子是满足特殊参数条件 $R = 1 + \varepsilon$,$\alpha \neq 0$,$\varepsilon \ll 1$ 时的一般呼吸子,其主要特征是在分布方向上的横断面具有很大的尺度。当 $\varepsilon = 0$ 时,可得 $R = 1$,$\Delta_t = \infty$,在此极限情形下,一般呼吸子会转换为如图 4.9(c) 所示的标准 Akhmediev 呼吸子。由此可以得出,准 Akhmediev 呼吸子是一般呼吸子和 Akhmediev 呼吸子之间一类有趣的中间态。图 4.9(a)~(c) 就很好地展示了在取相同 α 值时,$R \to 1$ 的过程中,一般呼吸子到标准 Akhmediev 呼吸子的态转换过程。这三类呼吸子对应在相图 4.8(a) 中的实线上。

当背景频率 $q = q_s$ 时,图 4.8(b) 为具有非呼吸特性的非线性波 (包含局域非线性波和周期波) 相图。相图中 $R > 1$,$\alpha \neq 0$ 位置所对应的非线性模式表现出有趣的多峰孤子结构,其密度分布展示在图 4.9(d) 中,该性质源于 $q = q_s$ 条件下 $V_{\text{gr}} = V_{\text{ph}}$ 带来的速度匹配。还需要指出,此类多峰孤子与图 4.9(a) 中呼吸子的

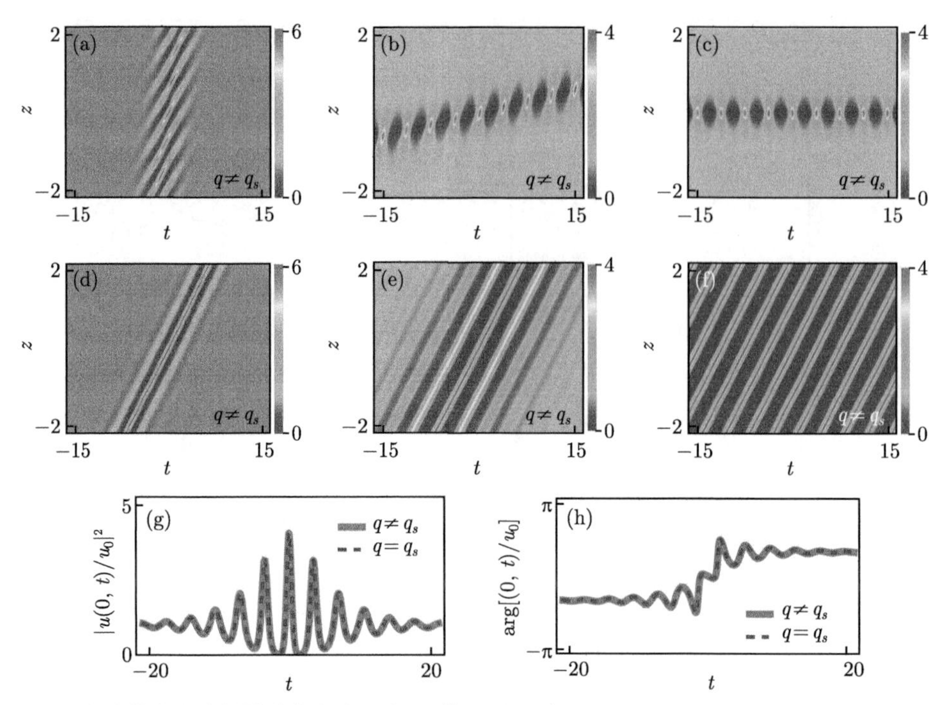

图 4.9　多种基本非线性模式的密度分布 $|u|^2$。(a) 一般呼吸子 ($R = 2.55$，$q \neq q_s$)；(b) 准 Akhmediev 呼吸子 ($R = 1.2$，$q \neq q_s$)；(c)Akhmediev 呼吸子 ($R = 1$，$q \neq q_s$)；(d) 多峰孤子 ($R = 2.55$，$q = q_s$)；(e) 准周期波 ($R = 1.2$，$q = q_s$)；(f) 周期波 ($R = 1$，$q = q_s$)；(g) 和 (h) 展示了图 (b) 和 (e) 中强度和相位的剖面 $u(0, t)/u_0$；其他参数：$\alpha = -\pi/3$ (彩图见封底二维码)

情况类似，半径 R 越小则横向尺度 Δ_t 越大，局域性越弱。而当 $R \to 1$ 时，如图 4.9(d)~(f) 所示，多峰孤子逐渐转换成周期波，即局域性完全消失。如图 4.9(e) 所示的对应于准 Akhmediev 呼吸子的非呼吸模式称为“准周期波”。而这里的准周期波可看作多峰孤子和周期波的中间态。当 $q = q_s$ 时，具有呼吸特性非线性模式到具有非呼吸特性非线性模式的态转换。

为了更好地理解不同模式之间的态转换，参见图 4.8(c) 和 (d)，我们也讨论了通过使用标准谱参数来呈现所有基本非线性模式的谱参数分布问题。首先，将复的频谱参量参数化为 Re(λ)-Im(λ) 平面中标准谱参数相图，这些结果将给出不同非线性模式之间态转换的全面相图。注意，虽然在分别取 $q \neq q_s$ 和 $q = q_s$ 的参数条件下，不同非线性模式所表现的动力学完全不同，但有趣的是，对于确定的 R 和 α 而言，表征不同非线性模式性质和特征的参量 Δ_t，D_t 和 $u(0, t)/u_0$ 是一致的。图 4.9(g) 和 (h) 说明了准 Akhmediev 模式和准周期模式 $u(0, t)/u_0$ 的强度分布和相位分布保持一致。

2. 多种不同 super-regular 非线性模式特性

在前文中已经指出，super-regular 呼吸子是由成对具有相反参数 α 的准 Akhmediev 呼吸子非线性叠加形成的。这里我们考虑 super-regular 呼吸子解 (即二阶准 Akhmediev 呼吸子解) 最简单但不失物理性质的情况，即 $R_1 = R_2 = R = 1+\varepsilon(\varepsilon \ll 1)$ 且 $\alpha_1 = -\alpha_2 = \alpha$。

按照 4.2.1 节的计算步骤，可以给出当谱参量 $\lambda_1 = a_1 + b_1\mathrm{i}$ 时平面波背景上的一阶准 Akhmediev 呼吸子解，

$$u_1 = u_0 - \frac{2\mathrm{i}(\lambda_1 - \lambda_1^*)\Phi_1\Phi_2^*}{|\Phi_1|^2 + |\Phi_2|^2} \tag{4.2.56}$$

其中，

$$\begin{aligned}
\Phi_1 &= \left\{a\Phi_{01} + \left[\frac{\mathrm{i}}{2}(q+2\lambda_1) + \tau_1\right]\Phi_{02}\right\}\mathrm{e}^{\frac{\mathrm{i}}{2}\theta} \\
\Phi_2 &= \left\{a\Phi_{02} + \left[\frac{\mathrm{i}}{2}(q+2\lambda_1) - \tau_2\right]\Phi_{01}\right\}\mathrm{e}^{-\frac{\mathrm{i}}{2}\theta} \\
\Phi_{01} &= \exp\left[\tau_1 t + (q^2 - 2a^2 - 2q\lambda_1 + 4\lambda_1^2)\tau_1 z\right] \\
\Phi_{02} &= \exp\left[\tau_2 t + (q^2 - 2a^2 - 2q\lambda_1 + 4\lambda_1^2)\tau_2 z\right]
\end{aligned} \tag{4.2.57}$$

这里，

$$\begin{aligned}
\tau_1 &= \frac{1}{2}\sqrt{-q^2 - 4a^2 - 4q\lambda_1 - 4\lambda_1^2} \\
\tau_2 &= -\frac{1}{2}\sqrt{-q^2 - 4a^2 - 4q\lambda_1 - 4\lambda_1^2}
\end{aligned}$$

接下来，考虑不同的谱参量的值，设 $\lambda_2 = a_2 + b_2\mathrm{i}$，同样有

$$u_2 = u_0 - \frac{2\mathrm{i}(\lambda_2 - \lambda_2^*)\Psi_1\Psi_2^*}{|\Psi_1|^2 + |\Psi_2|^2} \tag{4.2.58}$$

其中，

$$\begin{aligned}
\Psi_1 &= \left\{a\Psi_{01} + \left[\frac{\mathrm{i}}{2}(q+2\lambda_2) + \sigma_1\right]\Psi_{02}\right\}\mathrm{e}^{\frac{\mathrm{i}}{2}\theta} \\
\Psi_2 &= \left\{a\Psi_{02} + \left[\frac{\mathrm{i}}{2}(q+2\lambda_2) - \sigma_2\right]\Psi_{01}\right\}\mathrm{e}^{-\frac{\mathrm{i}}{2}\theta} \\
\Psi_{01} &= \exp\left[\sigma_1 t + (q^2 - 2a^2 - 2q\lambda_2 + 4\lambda_2^2)\sigma_1 z\right] \\
\Psi_{02} &= \exp\left[\sigma_2 t + (q^2 - 2a^2 - 2q\lambda_2 + 4\lambda_2^2)\sigma_2 z\right]
\end{aligned} \tag{4.2.59}$$

这里，

$$\sigma_1 = \frac{1}{2}\sqrt{-q^2 - 4a^2 - 4q\lambda_2 - 4\lambda_2^2}$$

$$\sigma_2 = -\frac{1}{2}\sqrt{-q^2 - 4a^2 - 4q\lambda_2 - 4\lambda_2^2}$$

再迭代一次达布变换，得到

$$\left[\lambda_2 \begin{pmatrix} 1 & 0 \\ 0 & 1 \end{pmatrix} - H\varLambda H^{-1}\right] \begin{pmatrix} \varPsi_1 \\ \varPsi_2 \end{pmatrix} = \begin{pmatrix} \varGamma_1 \\ \varGamma_2 \end{pmatrix} \tag{4.2.60}$$

其中，

$$\varLambda = \begin{pmatrix} \lambda_1 & 0 \\ 0 & \lambda_1^* \end{pmatrix} \tag{4.2.61}$$

$$H = \begin{pmatrix} \varPhi_1 & \varPhi_2^* \\ \varPhi_2 & -\varPhi_1^* \end{pmatrix} \tag{4.2.62}$$

最后，再将其代入具体的达布变换形式，

$$u^{[2]} = u_1 - \frac{2\mathrm{i}(\lambda_2 - \lambda_2^*)\varGamma_1\varGamma_2^*}{|\varGamma_1|^2 + |\varGamma_2|^2} \tag{4.2.63}$$

经过仔细的化简和整理，可以得到平面波背景上 super-regular 呼吸子的通解：

$$u^{[2]} = u_0\left[1 - \frac{2\rho\varrho(\epsilon_1\varDelta_1 + \epsilon_2\varDelta_2)}{a(\rho^2\varDelta_3 + \varrho^2\varDelta_4)}\right] \tag{4.2.64}$$

其中，

$$\begin{aligned}
&\varDelta_1 = \varphi_{1,1}\psi_{1,2} + \varphi_{1,2}\psi_{2,2}, \quad \varDelta_2 = \varphi_{1,2}\psi_{1,1} + \varphi_{2,2}\psi_{1,2} \\
&\varDelta_3 = \varphi_{1,1}\psi_{2,2} - \varphi_{2,1}\psi_{1,2} - \varphi_{1,2}\psi_{2,1} + \varphi_{2,2}\psi_{1,1} \\
&\varDelta_4 = \varphi_{1,1}\psi_{1,1} + \varphi_{1,1}\psi_{2,2} + \varphi_{2,2}\psi_{1,1} + \varphi_{2,2}\psi_{2,2} \\
&\epsilon_1 = \varrho - \mathrm{i}\rho, \quad \epsilon_2 = \varrho + \mathrm{i}\rho, \quad \varrho = a(R - 1/R)\sin\alpha
\end{aligned}$$

这里，

$$\begin{aligned}
&\varphi_{j,j} = \cosh(\beta_1 \pm \mathrm{i}\phi) - \cos(\gamma_1 \pm \alpha), \quad \varphi_{j,3-j} = \cosh(\beta_1 \pm \mathrm{i}\alpha) - \cos(\gamma_1 \pm \phi) \\
&\psi_{j,j} = \cosh(\beta_2 \pm \mathrm{i}\phi) - \cos(\gamma_2 \mp \alpha), \quad \psi_{j,3-j} = \cosh(\beta_2 \mp \mathrm{i}\alpha) - \cos(\gamma_2 \pm \phi) \\
&\beta_j = 2\eta_{\mathrm{r}j}(t - V_{\mathrm{gr}j}z) + \mu_j, \quad \gamma_j = 2\eta_{\mathrm{i}j}(t - V_{\mathrm{ph}j}z) - \theta_j \\
&V_{\mathrm{gr}j} = v_{1j} + v_{2j}\frac{\eta_{\mathrm{i}j}}{\eta_{\mathrm{r}j}}, \quad V_{\mathrm{ph}j} = v_{1j} - v_{2j}\frac{\eta_{\mathrm{r}j}}{\eta_{\mathrm{i}j}} \\
&v_{1j} = \rho^2 - \frac{9}{4}q_{sj}^2 + \frac{9}{2}qq_{sj} - 3q^2 + 2a^2, \quad v_{2j} = 3\rho(q_{sj} - q) \\
&q_{s1} = -q_{s2} = q_s, \quad \eta_{\mathrm{r}1} = \eta_{\mathrm{r}2} = \eta_{\mathrm{r}}, \quad \eta_{\mathrm{i}1} = -\eta_{\mathrm{i}2} = \eta_{\mathrm{i}}
\end{aligned}$$

4.2 节表达式中 $\pm$ 出现时，意味着 $j=1$，取第一种表达式，$j=2$ 取第二种表达式。

上述表达式中 θ_j 和 $\mu_j(j=1,2)$ 是决定两个准 Akhmediev 呼吸子碰撞特性的自由实参数，它们会影响非线性波在碰撞位置的属性。更具体地来说，μ_j 只影响波在 t-z 平面上的碰撞位置，因此不失一般性，可以令 $\mu_{1,2}=0$。这种情况下，呼吸子的碰撞发生于 $z=0$ 处。而相参数 $\theta_{1,2}$ 确定了碰撞位置附近波包络的复杂程度。特别地，当 $\theta_1+\theta_2=\pi$ 的时候，本该出现在 $(t,z)=(0,0)$ 处的高阶怪波消失了，取而代之的是两个准 Akhmediev 呼吸子的准湮灭相互作用现象。这就是标准的 super-regular 呼吸子 (图 4.10(b))。需要注意，标准 super-regular 呼吸子要求相互作用的两个准 Akhmediev 呼吸子的 $V_{\mathrm{gr1}}\neq V_{\mathrm{gr2}}$。

当参数 ε、$\mu_{1,2}(=0)$ 和 $\theta_{1,2}(=\pi/2)$ 确定时，只余下背景频率 q。q 是影响 V_{gr} 和 V_{ph} 的参数，它在 super-regular 模式的特性中扮演了重要的角色。当 $V_{\mathrm{gr}}=V_{\mathrm{ph}}$(即 $q=q_{\mathrm{s}}$) 时，准 Akhmediev 呼吸子将转换为准周期波。另一方面，应该注意标准 super-regular 呼吸子是由群速度不相等 ($V_{\mathrm{gr1}}\neq V_{\mathrm{gr2}}$) 的两个准 Akhmediev 呼吸子形成的。因此，下文将通过 $V_{\mathrm{gr1,2}}$ 和 $V_{\mathrm{ph1,2}}$ 随 q 变化的特征来揭示复 mKdV 模型中不同 super-regular 模式的动力学特性。

图 4.10 展示了随着背景频率 q 改变，群速度 $V_{\mathrm{gr1,2}}$ 和相速度 $V_{\mathrm{ph1,2}}$ 的演化特性。相应地，图 4.10 的插图中展示了不同 super-regular 模式的密度分布。可以看到 $q=0,\pm q_s$ 的交叉点位置对应了 super-regular 模式的非平庸性质，这些新奇的 super-regular 模式在标准非线性薛定谔模型中并不存在。当 $V_{\mathrm{gr1}}\neq V_{\mathrm{gr2}}$，$V_{\mathrm{gr}j}\neq V_{\mathrm{ph}j}(j=1,2)$ 时，即 $q\neq 0,\pm q_s$，图 4.10(b) 展示标准 super-regular 呼吸子。很明显，标准 super-regular 模式描述了两个准 Akhmediev 呼吸子的准湮灭过程以及小振幅局域扰动的放大过程。如图 4.11 (a) 所示，选取 $u(0,t)$ 作为初始状态，则 super-regular 呼吸子描述从局域小振幅扰动演化为一对准 Akhmediev 呼吸子的完整调制不稳定性过程。

相反，如果 $q=0,\pm q_s$，则交叉点处的 super-regular 模式展示出新的结构特征。具体如图 4.10(c) 所示，当 $V_{\mathrm{gr1}}=V_{\mathrm{gr2}}$ 即 $q=0$ 时，super-regular 模式转换为沿 z 传播的小振幅呼吸子复杂体，这是由有相同群速度的两个准 Akhmediev 呼吸子形成的。与在特定位置 $(z=0)$ 处有准湮灭现象的标准 super-regular 呼吸子相比，这类在传输过程中始终保持小振幅的 super-regular 模式称为全抑制 super-regular 模式。众所周知，通常平面波背景上的小振幅扰动由于不稳定性会指数增长。而如图 4.11(b) 所示，这里所得到的全抑制模式描述了一种平面波背景上小振幅扰动非指数方式放大，而沿 z 以小振幅传输的非线性模式。可以推断，这种现象源于 $q=0$ 时调制不稳定性被完全抑制。

另一方面，当 $V_{\mathrm{gr}j}=V_{\mathrm{ph}j}$ 且 $V_{\mathrm{gr}3-j}\neq V_{\mathrm{ph}3-j}$ 时 (即 $q=|q_s|$)，super-regular

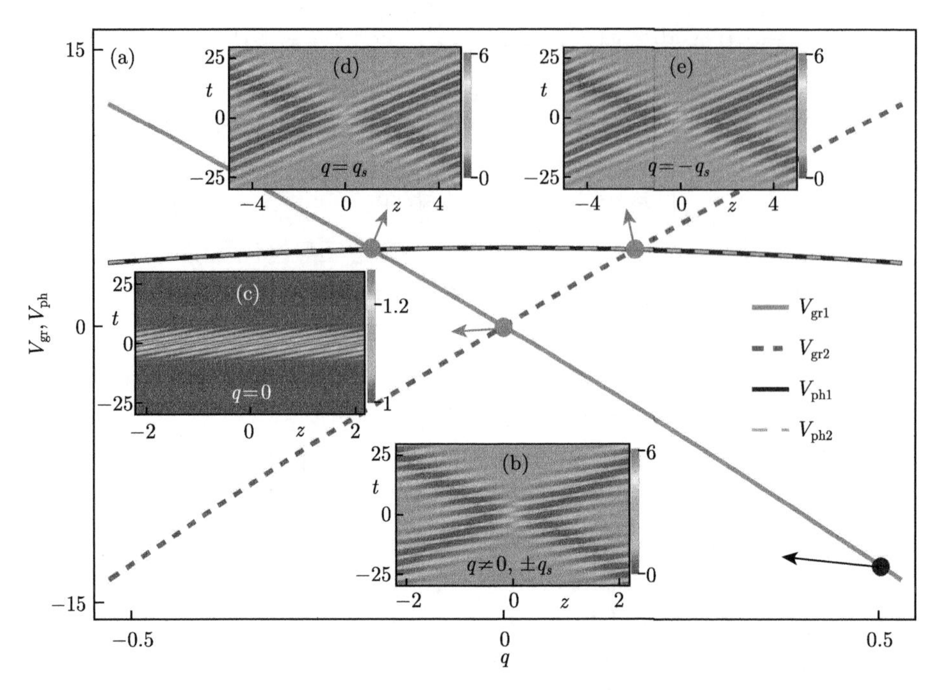

图 4.10　$V_{{\rm gr}j}$ 和 $V_{{\rm ph}j}$ 随着 q 演化的相图以及不同 super-regular 模式的密度分布。(a) 群速度 $V_{{\rm gr}j}$ 和相速度 $V_{{\rm ph}j}$ 随 q 演化，交点 $q=0$，$\pm q_s$ 处展示了在标准非线性薛定谔系统中并不存在的非平庸的 super-regular 模式；(b) 当 $V_{\rm gr1}\neq V_{\rm gr2}$，$V_{{\rm gr}j}\neq V_{{\rm ph}j}$ 情况下标准 super-regular 模式 $(q=0.5)$ 的密度分布图；(c) 当 $V_{\rm gr1}=V_{\rm gr2}$，全抑制 super-regular 模式 $(q=0)$ 的密度分布图；(d) 当 $V_{\rm gr1}=V_{\rm ph1}$ 且 $V_{\rm gr2}\neq V_{\rm ph2}$ 时半转换 super-regular 模式 $(q=q_s)$ 的密度分布图；(e) 当 $V_{\rm gr2}=V_{\rm ph2}$ 且 $V_{\rm gr1}\neq V_{\rm ph1}$ 时半转换 super-regular 模式 $(q=-q_s)$ 的密度分布图；其他参数：$a=1$，$R=1.2$，$\alpha=\pi/4$，$\theta_1=\theta_2=\pi/2$ (彩图见封底二维码)

呼吸子表现出半转换现象。如图 4.10(d) 和 (e) 所示，半转换 super-regular 模式描述了一对准 Akhmediev 呼吸子中的一个被转换为准周期波，而另一个仍然维持呼吸子的性质。应该注意，如图 4.11(c) 和 (d) 所示，在半转换 super-regular 模式中，碰撞位置处准湮灭现象仍然存在。而准周期波在准湮灭碰撞的前后经历了峰值功率重新分布。由于速度关于 q 的对称性，$q=-q_s$ 的半转换 super-regular 模式描述了 $q=q_s$ 的逆过程。

3. 相同初始扰动的非线性演化与增长机制

前文研究了复 mKdV 模型中不同 super-regular 模式 (标准的 super-regular 呼吸子，半转换 super-regular 模式，全抑制 super-regular 模式) 的动力学演化性质，研究结果表明，这些模式在碰撞位置处有着准湮灭的共性。在本节中，我们将注意力集中在 $z=0$ 处的初始小振幅扰动 δu，探究这一小振幅扰动具有什么样

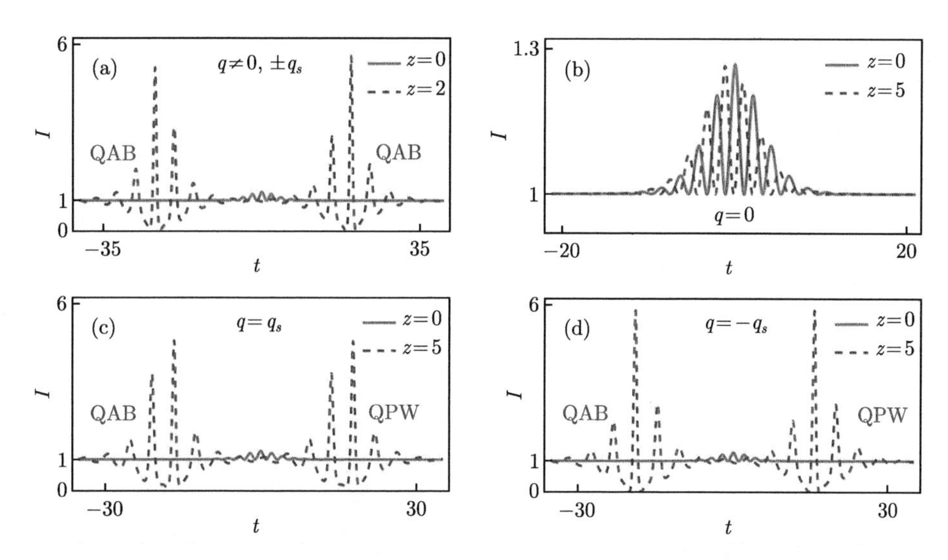

图 4.11 不同 super-regular 模式分布方向的强度剖面图。(a) $q = 0.5$ 时，标准 super-regular 呼吸子在 $z = 0$ 和 $z = 2$ 位置的强度剖面图；(b) $q = 0$ 时，全抑制 super-regular 模式在 $z = 0$ 和 $z = 5$ 位置的强度剖面图；(c) $q = q_s$ 时，半转换 super-regular 模式在 $z = 0$ 和 $z = 5$ 位置的强度剖面图；(d) $q = -q_s$ 时，半转换 super-regular 模式在 $z = 0$ 和 $z = 5$ 位置的强度剖面图；其中“QAB”和“QPW”分别表示准 Akhmediev 呼吸子和准周期波；其他参数：$a = 1$，$R = 1.2$，$\alpha = \pi/4$，$\theta_1 = \theta_2 = \pi/2$

的非线性演化特征 (即 $u = (a + \delta u)\mathrm{e}^{\mathrm{i}\theta}$)。$\delta u$ 的近似解析表达式如下所示：

$$\delta u \approx -\frac{4\mathrm{i}a\varepsilon\cosh(\mathrm{i}\alpha)\cos(2at\sin\alpha)}{\cosh 2a\varepsilon t\cos\alpha} \tag{4.2.65}$$

δu 在分布方向 t 上带有周期性的局域包络，其扰动频率为 $2a\sin\alpha$。它的振幅分布 $|\delta u|^2$ 与 ε 成正比。因此，可令 $\varepsilon \ll 1$ 来使 $|\delta u|^2 \ll a^2$。需要注意，δu 取决于参数 α 和 ε，但与 q 无关。因此，一旦参数 α 和 ε 被固定，就可以给出初始包络 δu。图 4.12展示了近似扰动 (4.2.65) 式与 $z = 0$ 时 super-regular 模式精确解 (4.2.64) 式之间的比较。可以观察到即使在取 $\varepsilon = 0.2$ 时，简化的扰动 δu 也能很好地拟合小振幅局域扰动。然而，随后的非线性演化的多样性取决于 q 的值。即，当 q 变化时，可以从平面波背景上的相同初始扰动获得不同的非线性模式。

图 4.13 展示出了当参数 q 变化时，相同初始扰动 $u(0,t)$ 演化出的不同的 super-regular 模式。具体来说，随着 q 从 $1.5q_s$ 减小到 0，即 $|V_{\mathrm{gr1}} - V_{\mathrm{gr2}}| \to 0$，相同的初始扰动 $u(0,t)$ 可以演化出不同的 super-regular 模式。如图 4.13所示，(a)，(c) 展示了由一对准 Akhmediev 呼吸子非线性叠加形成的标准 super-regular 模式；(b) 展示了由准 Akhmediev 呼吸子和准周期波非线性叠加形成的半转换 super-regular 模式；(d) 展示了非增长的全抑制 super-regular 模式。此外，图

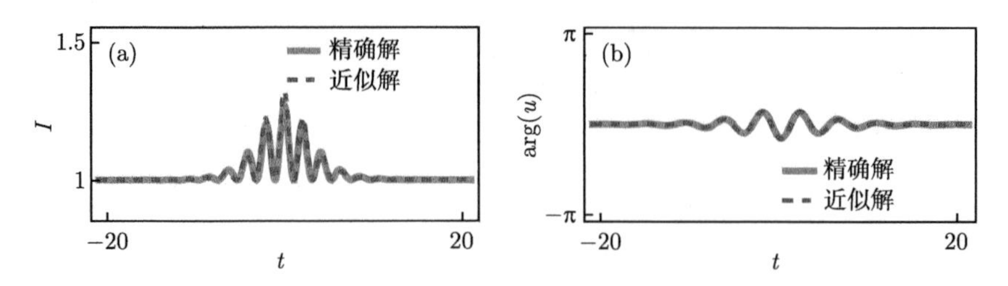

图 4.12　初始小振幅扰动 (a) 强度和 (b) 相位的分布包络，分别为 $z=0$ 时的精确解 (4.2.64) 式和近似解 (4.2.65) 式。其他参数：$a=1$，$R=1.2$，$\alpha=\pi/4$，$\theta_1=\theta_2=\pi/2$

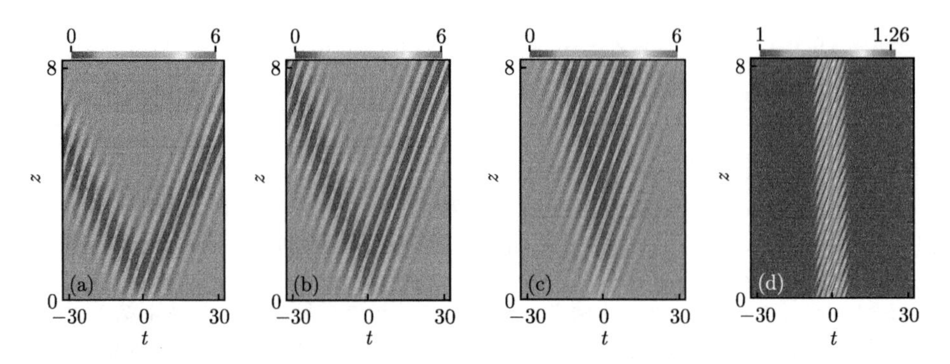

图 4.13　不同 q 值下的平面波背景上的从相同初始扰动演化而来的非线性模式。(a) $q=1.5q_s$；(b) $q=q_s$；(c) $q=0.4q_s$；(d) $q=0$ (彩图见封底二维码)

4.13还表明当 $q\to 0$ 时，初始局域小振幅扰动在演化过程中振幅的增长率逐渐减小。

接下来通过数值模拟确认不同 super-regular 模式的激发稳定性。提取精确解 (4.2.64) 式在 $z=0$ 处的截面，即 $u(t,0)$ 作为初始扰动来进行数值模拟。图 4.14 展示了与图 4.13 对应的标准 super-regular 呼吸子、典型的半转换 super-regular 模式和全抑制 super-regular 模式的数值模拟结果。数值模拟结果与解析结果非常一致，证明了这些从相同的初始扰动演化而来的不同 super-regular 模式在数值上的可激发性。

为了进一步理解影响 super-regular 模式振幅增长率的潜在机制，需要将注意力转向该模型的线性稳定性分析上。通过增加小振幅扰动 p，即 $u_p=[a+p]\mathrm{e}^{\mathrm{i}\theta}$，其中 $p=f_+\mathrm{e}^{\mathrm{i}(Qt+\omega z)}+f_-^*\mathrm{e}^{-\mathrm{i}(Qt+\omega^* z)}$。$f_+$，$f_-^*$ 是小振幅，Q 代表扰动频率，并且假设波数 ω 是复数。将扰动解 u_p 代入 (4.2.34) 式，得到色散关系

$$\omega=6a^2-3q^2-Q^2\pm 3\sqrt{(Q^2-4a^2)q^2} \tag{4.2.66}$$

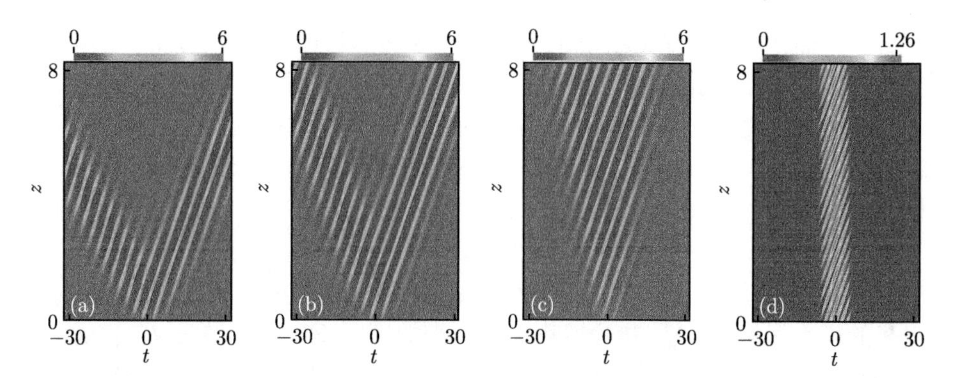

图 4.14 用数值模拟的方法验证不同 super-regular 模式的稳定性，以精确解 (4.2.64) 式在 $z=0$ 处的 $u(0,t)$ 作为初始扰动。(a) $q=1.5q_s$；(b) $q=q_s$；(c) $q=0.4q_s$；(d) $q=0$ (彩图见封底二维码)

如图 4.15 (a) 所示，当 $\mathrm{Im}[\omega]<0$ 时 (即 $|Q|<2a, q\neq 0$)，调制不稳定性存在，且其增长率为 $G=b|\mathrm{Im}[\omega]|$，这里的 b 是正实数。换言之，小振幅扰动会受到调制不稳定性的影响，并且依靠泵浦波呈指数 $\exp(Gz)$ 增长。如前文所述，当 $q\neq 0$ 时，初始扰动 δu 的振幅呈指数放大，并最终形成标准的 super-regular 模式或半转换 super-regular 模式。此外，应当注意到 super-regular 模式的初态扰动频率 $Q=2a\sin\alpha$ 是被包含在调制不稳定区域 $Q<2a$ 内的，这证实了 super-regular 模式与线性稳定性分析有一定的共性。且更有趣的是，线性稳定性分析的扰动频率条件 $|Q|<2a, q\neq 0$ 与非线性增长的 super-regular 模式的初态扰动频率条件 $Q=2a\sin\alpha, q\neq 0$ 是一致的。

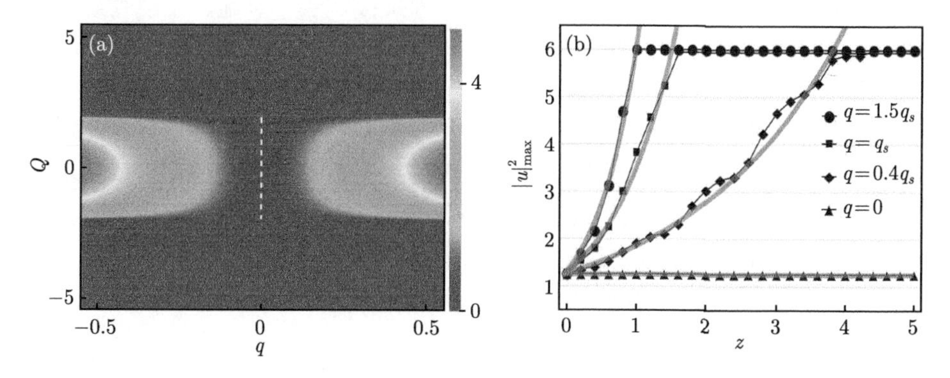

图 4.15 (a) 通过对模型 (4.2.34) 式进行线性稳定性分析所得的调制不稳定性增长率 G 在 (Q,q) 平面上的分布特征，虚线表示临界稳定性条件，$q=0$，其他参数为 $a=1$，$b=1.5$；(b) 精确 super-regular 呼吸子的最大振幅 $|u|^2_{\max}$(黑色虚线) 和线性稳定性分析的调制不稳定性增长率 (蓝色实线) 的对比 (彩图见封底二维码)

另一方面，如图 4.15(a) 所示，当 $|Q| \geqslant 2a$ 或 $|Q| < 2a$ 且 $q = 0$ 时，调制不稳定性不存在。此时调制不稳定性增长率消失，这意味着小振幅扰动不能被放大。此外，前文中已经表明，当 $q = 0$ 时，全抑制 super-regular 模式所展示的动力学也对应了调制不稳定增长率被完全抑制的过程。需要强调的是，线性稳定性分析的临界稳定条件 $|Q| < 2a$，$q = 0$ 与全抑制 super-regular 模式的条件 $Q = 2a\sin\alpha$，$q = 0$ 是一致的。

如图 4.15(b) 所示，我们进一步比较和分析精确解 (4.2.64) 式中 super-regular 呼吸子的最大振幅 $|u|^2_{\max}$ 和线性稳定性分析的调制不稳定性增长率 (4.2.66) 式。当 q 从 $1.5q_s$ 减小到 0 时，意味着 $|V_{\mathrm{gr1}} - V_{\mathrm{gr2}}| \to 0$ 和 $G \to 0$，精确解中 super-regular 呼吸子振幅放大过程和线性稳定性分析的结果一致。而在 $q = 0.4q_s$ 的情况下最大振幅的波动源于以较小的群速度差传播的两个波相互作用时的“振荡结构”。这也表明线性稳定性分析的调制不稳定性增长率与 super-regular 模式的群速度差正相关，即 $G \sim |V_{\mathrm{gr1}} - V_{\mathrm{gr2}}|$。这些结果证实了 super-regular 呼吸子描述了一类局域扰动诱发调制不稳定性的完整非线性演化，其理论完全包含线性稳定性分析的结果。

4.2.3 耦合效应诱发 super-regular 呼吸子特性

这一节将研究掺杂光纤中由两能级掺杂离子的共振相互作用触发的极化子 super-regular 呼吸子的性质[6-8]。需要指出，这里描述极化子的耦合模型与矢量非线性薛定谔系统不同[9,10]。首先，利用达布变换和茹科夫斯基变换，构造出该模型中光电场分量 (E) 及物质波分量 $(P、\eta)$ 中的 super-regular 呼吸子解。研究明确地证明，在该模型中光电场分量的 super-regular 呼吸子总为亮结构，其描述了由局域小振幅扰动引起的调制不稳定性的非线性阶段。进一步地，发现物质波分量 super-regular 呼吸子表现出更复杂的动力学行为，这在标准的标量 super-regular 呼吸子理论中是不存在的。值得注意的是，尽管该模型中 super-regular 模式的动力学十分复杂，但这些 super-regular 呼吸子与调制不稳定性之间存在确切关系。更具体地说，super-regular 呼吸子群速度差的绝对值与调制不稳定性线性增长率成正比。特别地，这里展示了物质波分量暗 super-regular 呼吸子的小振幅扰动是如何引起完全指数衰减的有趣调制不稳定性过程。这些结果将加强人们对复杂耦合光物质相互作用系统中 super-regular 模式和调制不稳定性的理解。

1. 三个组分基本呼吸子解的构造及分类

掺铒光纤系统中非线性波传输的非线性薛定谔-MB 模型具有如下的形式：

$$E_z = \mathrm{i}\left(\frac{1}{2}E_{tt} + |E|^2E\right) + 2P$$

$$P_t = 2\mathrm{i}\omega P + \frac{2}{\sigma}E\eta \qquad (4.2.67)$$
$$\eta_t = -(EP^* + PE^*)$$

其中，E 是缓慢变化的光电场复包络；$P(z,t) = v_1 v_2^*$ 是共振介质的极化强度；$\eta = |v_1|^2 - |v_2|^2$ 表示反转粒子数；v_1 和 v_2 表示共振原子两能级波函数；ω 是载波频率；$*$ 表示复共轭。

此外，根据物质波函数之间的关系，P (与非对角元素有关的参数，表示了共振介质的极化强度) 和 η (表示上下能级的反转粒子数) 必须满足概率守恒。相应的关系可以被写为：$4\eta^2 + 4\sigma|P|^2 = 1$，即 $k = 1/\sqrt{(q-2\omega)^2 + 4a^2}$，该参数关系适用于本节所有的分析。

为了构造一般的非线性波解，选择如下的平面波背景：

$$E_0 = a\mathrm{e}^{\mathrm{i}\theta}, \quad P_0 = \mathrm{i}kE_0, \quad \eta_0 = \omega k - qk/2 \qquad (4.2.68)$$

其中，$\theta = qt + \nu z$，$\nu = a^2 + 2k - q^2/2$；a 和 q 表示平面波 E_0 的振幅和频率；k 为实参数，它与 P_0 和 η_0 组分的背景振幅有关。

接下来，利用达布变换和茹科夫斯基变换方法构造平面波背景上呼吸子精确解。非线性薛定谔-MB 模型 (4.2.67) 式被证明是可积的，且有相应的 Lax 对：

$$\begin{cases} \boldsymbol{\Phi}_t = U\boldsymbol{\Phi} & (4.2.69\text{a}) \\ \boldsymbol{\Phi}_z = V\boldsymbol{\Phi} & (4.2.69\text{b}) \end{cases}$$

其中，$\boldsymbol{\Phi} = (\boldsymbol{\Phi}_1, \boldsymbol{\Phi}_2)^{\mathrm{T}}$，矩阵 U 和 V 为

$$U = \lambda\begin{pmatrix} -\mathrm{i} & 0 \\ 0 & \mathrm{i} \end{pmatrix} + \begin{pmatrix} 0 & E \\ -E^* & 0 \end{pmatrix} \qquad (4.2.70)$$

$$V = \lambda^2\begin{pmatrix} -\mathrm{i} & 0 \\ 0 & \mathrm{i} \end{pmatrix} + \lambda\begin{pmatrix} 0 & E \\ -E^* & 0 \end{pmatrix} + \frac{1}{2}\begin{pmatrix} \mathrm{i}EE^* & \mathrm{i}E_t \\ \mathrm{i}E_t^* & -\mathrm{i}uu^* \end{pmatrix}$$
$$+\frac{I}{\lambda+\omega}\begin{pmatrix} \eta & -P \\ -P^* & -\eta \end{pmatrix} \qquad (4.2.71)$$

式中，λ 为谱参量，谱参量是一个复常数，其通常被设为 $\lambda = a_1 + b_1\mathrm{i}$ 的形式，其中 a_1 为任意的实数，而 b_1 为一个非零实数。

与求解标准非线性薛定谔方程的方法一致，首先引入变换矩阵 S，将矩阵 U 和 V 常数化。之后再引入变换矩阵 D，给出对角化后矩阵 $\tilde{U}_d$ 和 $\tilde{V}_d$ 的形式。通过求解变换后的 Lax 对，可以得到 $\boldsymbol{\Phi}_0$ 的两个矩阵元 Φ_{01}，Φ_{02}：

$$\Phi_{01} = \exp\left[\tau_1 t + \frac{2k - (q-2\lambda)(\lambda+\omega)}{2(\lambda+\omega)}\tau_1 z\right] \qquad (4.2.72)$$

$$\Phi_{02} = \exp\left[\tau_2 t + \frac{2k - (q - 2\lambda)(\lambda + \omega)}{2(\lambda + \omega)}\tau_2 z\right] \tag{4.2.73}$$

$$\tau_1 = \frac{1}{2}\left(\mathrm{i}q - \sqrt{-4a^2 - q^2 - 4q\lambda - 4\lambda^2}\right)$$

$$\tau_2 = \frac{1}{2}\left(\mathrm{i}q + \sqrt{-4a^2 - q^2 - 4q\lambda - 4\lambda^2}\right)$$

进而得到原始 Lax 对 (4.2.69) 式的解：

$$\Phi_1 = \left\{a\Phi_{01} - \left[\frac{\mathrm{i}}{2}(q + 2\lambda) + \tau_1\right]\Phi_{02}\right\}\mathrm{e}^{\frac{\mathrm{i}}{2}\theta} \tag{4.2.74}$$

$$\Phi_2 = \left\{\left[\frac{\mathrm{i}}{2}(q + 2\lambda) - \tau_2\right]\Phi_{01} - a\Phi_{02}\right\}\mathrm{e}^{-\frac{\mathrm{i}}{2}\theta} \tag{4.2.75}$$

接下来，将得到的解代入具体的达布变换形式，

$$E(z,t) = E_0 - \frac{2\mathrm{i}(\lambda - \lambda^*)\Phi_1\Phi_2^*}{|\Phi_1|^2 + |\Phi_2|^2} \tag{4.2.76}$$

$$P(z,t) = \frac{2\eta_0\Pi_{11}\Pi_{12} - P_0^*\Pi_{12}\Pi_{12} + P_0\Pi_{11}\Pi_{11}}{\Pi_{11}\Pi_{22} - \Pi_{12}\Pi_{21}} \tag{4.2.77}$$

$$\eta(z,t) = \frac{\eta_0(\Pi_{11}\Pi_{22} + \Pi_{12}\Pi_{21}) - P_0^*\Pi_{12}\Pi_{22} + P_0\Pi_{11}\Pi_{21}}{\Pi_{11}\Pi_{22} - \Pi_{12}\Pi_{21}} \tag{4.2.78}$$

其中，

$$\Pi_{11} = \begin{vmatrix} 1 & 0 & -\omega \\ \Phi_1 & \Phi_2 & \lambda\Phi_1 \\ -\Phi_2^* & \Phi_1^* & -\lambda^*\Phi_2^* \end{vmatrix}, \quad \Pi_{12} = \begin{vmatrix} 0 & 1 & 0 \\ \Phi_1 & \Phi_2 & \lambda\Phi_1 \\ -\Phi_2^* & \Phi_1^* & -\lambda^*\Phi_2^* \end{vmatrix}$$

$$\Pi_{21} = \begin{vmatrix} 1 & 0 & 0 \\ \Phi_1 & \Phi_2 & \lambda\Phi_2 \\ -\Phi_2^* & \Phi_1^* & -\lambda^*\Phi_1^* \end{vmatrix}, \quad \Pi_{22} = \begin{vmatrix} 0 & 1 & -\omega \\ \Phi_1 & \Phi_2 & \lambda\Phi_2 \\ -\Phi_2^* & \Phi_1^* & -\lambda^*\Phi_1^* \end{vmatrix}$$

而谱参量 λ 则由如下的茹科夫斯基变换给出：

$$\lambda = -\frac{\mathrm{i}a}{2}\left(\Theta + \frac{1}{\Theta}\right) - \frac{q}{2}, \quad \Theta = R\mathrm{e}^{\mathrm{i}\alpha} \tag{4.2.79}$$

其中，$R \geqslant 1$，$\alpha \in (-\pi/2, \pi/2)$ 是极坐标的半径和角度。经过整理和化简，可以给出平面波背景上一阶通解 E_1，P_1，η_1。

$$E_1 = \mathrm{e}^{\mathrm{i}\theta}\left(a + \frac{2\rho\varphi_{12}}{\varphi_{11} + \varphi_{22}}\right)$$

$$P_1 = \mathrm{i}k\mathrm{e}^{\mathrm{i}\theta}\left\{\frac{-(\wp_1\varphi_{11} - \wp_2\varphi_{22})[2\mathrm{i}\rho(q - 2\omega)\varphi_{12} + a(\wp_1\varphi_{11} - \wp_2\varphi_{22})] - 4a\rho^2\varphi_{12}^2}{(\varphi_{11} + \varphi_{22})^2(\rho^2 + s_2^2)}\right\}$$

$$\eta_1 = -k\left\{\frac{q-2\omega}{2} + \frac{2[a\rho(s_2\varpi_1 - \mathrm{i}\rho\varpi_2) - 2\varphi_{11}\varphi_{22}\rho^2(q-2\omega)]}{(\varphi_{11}+\varphi_{22})^2(\rho^2+s_2^2)}\right\} \tag{4.2.80}$$

其中，

$$\begin{aligned}
\varpi_j &= (\varphi_{12}\pm\varphi_{21})(\varphi_{11}\pm\varphi_{22})\\
\varphi_{jj} &= \pm\psi_1\sinh\sigma_1 + \psi_2\cosh\sigma_1 - \cos(\sigma_2\mp\alpha)\\
\varphi_{j3-j} &= \cosh(\sigma_1\mp\mathrm{i}\alpha)\mp\mathrm{i}\psi_1\sin\sigma_2 - \psi_2\cos\sigma_2\\
\sigma_1 &= \eta_{\mathrm{r}1}(t - V_{\mathrm{gr}1}z) + \mu_1, \quad \sigma_2 = \eta_{\mathrm{i}1}(t - V_{\mathrm{ph}1}z) - \theta_1\\
V_{\mathrm{gr}1} &= \upsilon_1 + \upsilon_2\frac{\eta_{\mathrm{i}1}}{\eta_{\mathrm{r}1}}, \quad V_{\mathrm{ph}1} = \upsilon_1 - \upsilon_2\frac{\eta_{\mathrm{r}1}}{\eta_{\mathrm{i}1}}\\
\upsilon_1 &= -\frac{2ks_1}{\rho^2+s_1^2} - \frac{\varrho}{2} + q, \quad \upsilon_2 = -\frac{2k\rho}{\rho^2+s_1^2} + \frac{\rho}{2}\\
\wp_j &= \rho\mp\mathrm{i}s_2, \quad s_1 = \varrho - q + 2\omega, \quad s_2 = \varrho + q - 2\omega\\
\rho &= -a(R+1/R)\cos\alpha, \quad \varrho = a(R-1/R)\sin\alpha\\
\eta_{\mathrm{r}1} &= a(R-1/R)\cos\alpha, \quad \eta_{\mathrm{i}1} = a(R+1/R)\sin\alpha\\
\psi_1 &= (1/R-R)/2, \quad j = 1,2
\end{aligned}$$

显而易见，解析解所包含的非线性波的性质主要由背景振幅 a，背景频率 q，极角 α，极径 R，ω 以及相位参数 θ_1 决定。其中，相位参数 θ_1 决定呼吸子的中心位置。不失一般性，令 $\theta_1 = 0$。

基于上述精确解，可利用黑塞 (Hessian) 矩阵来得到呼吸子的基本结构分类。原则上，需要对非线性薛定谔-MB 模型的所有组分进行这样的计算。然而，考虑到光场分量 E 中所有呼吸子都是亮的结构，可只考虑两个物质波分量。另一方面，由于物质波分量 P 和 η 在振幅分布上是时空平衡的，那么不失一般性可以只分析其中的 η 分量。

呼吸子的中心位置 $\eta_1(\sigma_1,\sigma_2) = \eta_1(0,0)$ 是一个临界点，它的值由如下式子给出：

$$\eta_1(0,0) = \frac{k}{2}\left[\frac{4a\rho\varDelta - \varpi(\varDelta^2-\rho^2)}{\varDelta^2+\rho^2}\right], \quad \varDelta = \varrho - q + 2\omega, \quad \varpi = q - 2\omega \tag{4.2.81}$$

而 η_1 组分中呼吸子的结构特性由以下黑塞矩阵决定：

$$H_\eta = \begin{bmatrix}(\eta_1)_{\sigma_1\sigma_1} & (\eta_1)_{\sigma_1\sigma_2}\\ (\eta_1)_{\sigma_2\sigma_1} & (\eta_1)_{\sigma_2\sigma_2}\end{bmatrix} \tag{4.2.82}$$

矩阵元分别为

$$(\eta_1)_{\sigma_1\sigma_2} = (\eta_1)_{\sigma_2\sigma_1} = \frac{2k\rho^2}{(\rho^2+\varDelta^2)r^2}(\varLambda_1 - \delta\varpi)$$

$$(\eta_1)_{\sigma_1\sigma_1} = \frac{-2k\rho}{(\rho^2+\Delta^2)r^2}\left\{2a\rho\delta + \Delta\Lambda_2 + (R^2-1)^2\rho\varpi\right\}$$
$$(\eta_1)_{\sigma_2\sigma_2} = \frac{2k\rho}{(\rho^2+\Delta^2)r^2}\left\{2a\rho\delta - \Delta\Lambda_2 - 4R^2\sin^2\alpha\rho\varpi\right\}$$

其中，

$$r = 1 + R^2 - 2R\cos\alpha, \quad \Lambda_1 = a[(R^2-1)^2 - 4R^2\sin^2\alpha]$$
$$\Lambda_2 = a[(R^2-1)^2 + 4R^2\sin^2\alpha], \quad \delta = 2R(R^2-1)\sin\alpha$$

基于黑塞矩阵判据，对 η_1 组分中呼吸子的结构进行明确的分类。如果 H_η 是一个负定矩阵，即矩阵的特征值都是负的，那么中心位置 $\eta_1(0,0)$ 处是极大值，这个呼吸子就是经典的一峰两谷的亮呼吸子。如果 H_η 是一个正定矩阵，也就是矩阵特征值均为正值，中心位置 $\eta_1(0,0)$ 则是极小值，这个呼吸子就是“暗”的。如果 H_η 是一个不定矩阵，即特征值有正有负，那么中心位置 $\eta_1(0,0)$ 是一个鞍点，该呼吸子则为“四花瓣”结构。在取不同背景频率 q 时，图 4.16展示了 $|E_1|$，$|P_1|$，η_1 三个组分中所包含的基本呼吸子的相图，而不同呼吸子的密度分布展示在图 4.17中。

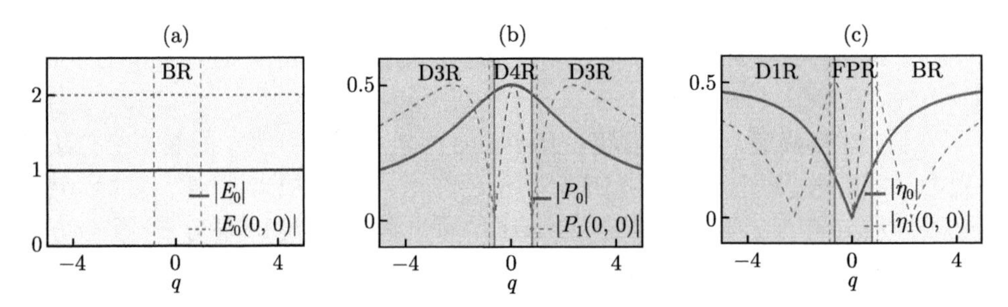

图 4.16　$|E_1|$，$|P_1|$，η_1 三个组分中所包含的基本呼吸子的相图。(a) $|E_1|$ 分量中均为亮结构的呼吸子，用 “BR”(亮区域) 表示；(b) $|P_1|$ 分量中包含暗三谷呼吸子和暗四谷呼吸子，分别存在于 “D3R” (暗三谷区域) 和 “D4R”(暗四谷区域)；(c) η_1 分量中包含暗单谷呼吸子、四花瓣呼吸子和亮呼吸子，分别存在于 “D1R”、“FPR” (四花瓣区域) 和 “BR”；其他参数取 $a=1$，$\omega=0$，$R=1.05$，$\alpha=\pi/3$，以及 $\theta_1=\theta_2=0$

如图 4.16(a) 所示，黑色实线所代表的 $|E_1|$ 始终小于黑色虚线所代表的 $\eta_1(0,0)$，则表示在光电场分量 E 中呼吸子始终是亮的结构。为了清晰展示其特征，在图 4.17中分别画出取不同 q 值时 $|E_1|$ 分量中亮呼吸子的密度分布。与此不同，物质波分量 P 和 η 中呼吸子具有更丰富的结构。具体而言，P 分量中呼吸子均为暗结构，包括暗三谷呼吸子、暗单谷呼吸子和暗四谷呼吸子，其中，暗四谷呼吸子是四花瓣结构的一种特殊形式；η 分量则包含了暗单谷呼吸子、亮呼吸子以及

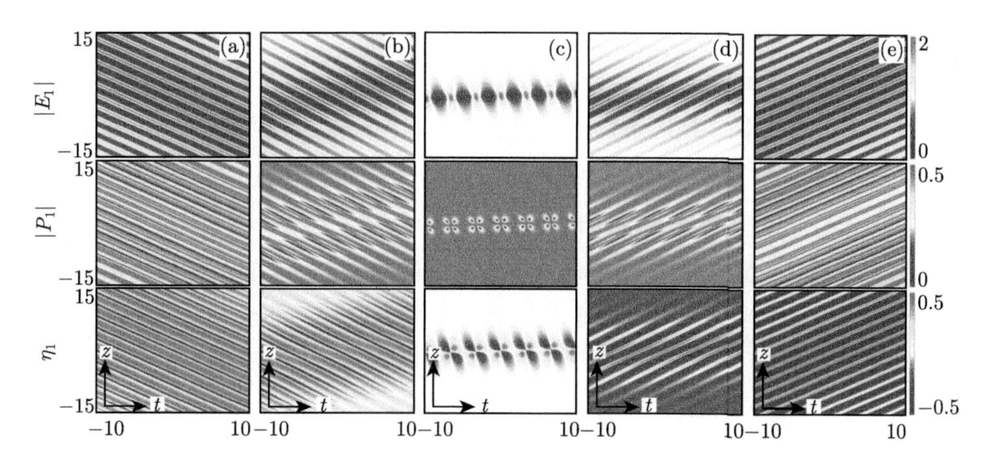

图 4.17 $|E_1|$，$|P_1|$，η_1 三个组分中所包含的基本呼吸子的密度分布图。(a)~(e) 背景频率 q 的值分别为 -0.83，-0.65，0，0.78，0.97；其他参数取 $a = 1$，$\omega = 0$，$R = 1.05$，$\alpha = \pi/3$ 以及 $\theta_1 = \theta_2 = 0$ (彩图见封底二维码)

经典的两峰两谷四花瓣结构。P 和 η 组分在取不同 q 值时呼吸子的振幅密度分布图也被展示在图 4.17中。

通过对解析结果的进一步精确分析，可讨论 P 和 η 组分中呼吸子的动力学特性。如图 4.17(c) 所示，在背景频率 q 满足 $q \in (q_1, q_2)$ 时，P 和 η 组分就可以激发出四花瓣结构的呼吸子。其中，

$$
\begin{aligned}
&q_1 = X_1 - X_2, \quad q_2 = X_1 + X_2 \\
&X_1 = 2\omega + \rho(x - a)/(2x) \\
&X_2 = \rho(\varrho^2 - 4ax)^{\frac{1}{2}}/(2x) \quad x = \rho - a
\end{aligned}
$$

应该强调，虽然此时 P 和 η 中都是四花瓣呼吸子，但其拓扑结构是不同的。具体而言，η 组分中四花瓣结构由两个峰和两个谷组成，而 P 组分中四花瓣结构是由四个谷组成的。

如图 4.17(b) 和 (d) 所示，在 $q < q_1$ 和 $q > q_2$ 的情况下，η 分量中呼吸子分别呈现出暗结构和亮结构。另一方面，由于 P 分量和 η 分量之间的互补关系 $(4\eta^2 + 4|P|^2 = 1)$，可以很容易地获得 P 分量的互补呼吸子结构。

此外，在满足条件 $V_{\mathrm{gr1}} = V_{\mathrm{ph1}}$ 时，也就是取 $q = q_s$ 的情况下，基本呼吸子可以转换为非呼吸的模式。而这里的 q_s 是 $[\rho^2 + (\varrho - \varpi)^2](4a^2 + \varpi^2)^{\frac{1}{2}} = 4$ 的解。这种匹配关系最早在高阶非线性薛定谔模型和非线性薛定谔-MB 模型中给出 [11,12]。图 4.17(a) 和 (e) 展示了三个组分中非呼吸模式的动力学特性，这些波就是所谓的准周期波，它们由准 Akhmediev 呼吸子转变而来。已经证明，虽然它们处在一

个非零背景上，但这些稳定的非呼吸模式可以抵抗背景波带来的扰动。综上所示，通过对非线性薛定谔-MB 系统中基本呼吸子的结构特征进行全面的分析，得到其完整的分布相图如图 4.16所示，更重要的是，这种分类也适用于基本呼吸子非线性叠加情况。

2. super-regular 呼吸子解的构造

已经知道基本呼吸子 (取准 Akhmediev 呼吸子的形式) 的非线性叠加可以产生 super-regular 呼吸子。而 4.2.3 节中第 1 部分内容，已经给出了该模型中一阶基本呼吸子的解 (4.2.80) 式。接下来，考虑不同谱参量的值，设 $\lambda_2 = a_2 + b_2\mathrm{i}$，同样有

$$E_2 = E_0 - \frac{2\mathrm{i}(\lambda_2 - \lambda_2^*)\Psi_1\Psi_2^*}{|\Psi_1|^2 + |\Psi_2|^2} \tag{4.2.83}$$

$$P_2 = \frac{2\eta_0 F_{11}F_{12} - P_0^* F_{12}F_{12} + P_0 F_{11}F_{11}}{F_{11}F_{22} - F_{12}F_{21}} \tag{4.2.84}$$

$$\eta_2 = \frac{\eta_0(F_{11}F_{22} + F_{12}F_{21}) - P_0^* F_{12}F_{22} + P_0 F_{11}F_{21}}{F_{11}F_{22} - F_{12}F_{21}} \tag{4.2.85}$$

式中，参数 F_{11}、F_{12}、F_{21} 及 F_{22} 分别如下：

$$F_{11} = \begin{vmatrix} 1 & 0 & -\omega \\ \Psi_1 & \Psi_2 & \lambda_2\Psi_1 \\ -\Psi_2^* & \Psi_1^* & -\lambda_2^*\Psi_2^* \end{vmatrix}, \quad F_{12} = \begin{vmatrix} 0 & 1 & 0 \\ \Psi_1 & \Psi_2 & \lambda_2\Psi_1 \\ -\Psi_2^* & \Psi_1^* & -\lambda_2^*\Psi_2^* \end{vmatrix}$$

$$F_{21} = \begin{vmatrix} 1 & 0 & 0 \\ \Psi_1 & \Psi_2 & \lambda_2\Psi_2 \\ -\Psi_2^* & \Psi_1^* & -\lambda_2^*\Psi_1^* \end{vmatrix}, \quad F_{22} = \begin{vmatrix} 0 & 1 & -\omega \\ \Psi_1 & \Psi_2 & \lambda_2\Psi_2 \\ -\Psi_2^* & \Psi_1^* & -\lambda_2^*\Psi_1^* \end{vmatrix}$$

而

$$\Psi_1 = \left\{a\Psi_{01} - \left[\frac{\mathrm{i}}{2}(q + 2\lambda_2) + \sigma_1\right]\Psi_{02}\right\}\mathrm{e}^{\frac{\mathrm{i}}{2}\theta} \tag{4.2.86}$$

$$\Psi_2 = \left\{\left[\frac{\mathrm{i}}{2}(q + 2\lambda_2) - \sigma_2\right]\Psi_{01} - a\Psi_{02}\right\}\mathrm{e}^{-\frac{\mathrm{i}}{2}\theta} \tag{4.2.87}$$

$$\Psi_{01} = \exp\left[\sigma_1 t + \frac{2k - (q - 2\lambda_2)(\lambda_2 + \omega)}{2(\lambda_2 + \omega)}\sigma_1 z\right] \tag{4.2.88}$$

$$\Psi_{02} = \exp\left[\sigma_2 t + \frac{2k - (q - 2\lambda_2)(\lambda_2 + \omega)}{2(\lambda_2 + \omega)}\sigma_2 z\right] \tag{4.2.89}$$

其中，

$$\sigma_1 = \frac{1}{2}\left(\mathrm{i}q - \sqrt{-4a^2 - q^2 - 4q\lambda_2 - 4\lambda_2^2}\right)$$

$$\sigma_2 = \frac{1}{2}\left(\mathrm{i}q + \sqrt{-4a^2 - q^2 - 4q\lambda_2 - 4\lambda_2^2}\right)$$

再迭代一次达布变换，得到

$$\left[\lambda_2\begin{pmatrix}1 & 0\\ 0 & 1\end{pmatrix} - H\Lambda H^{-1}\right]\begin{pmatrix}\Psi_1\\ \Psi_2\end{pmatrix} = \begin{pmatrix}\Gamma_1\\ \Gamma_2\end{pmatrix} \tag{4.2.90}$$

其中，

$$\Lambda = \begin{pmatrix}\lambda_1 & 0\\ 0 & \lambda_1^*\end{pmatrix} \tag{4.2.91}$$

$$H = \begin{pmatrix}\Phi_1 & \Phi_2^*\\ \Phi_2 & -\Phi_1^*\end{pmatrix} \tag{4.2.92}$$

这里，Φ_1 和 Φ_2 类比 (4.2.74) 式可得。最后，再将其代入具体的达布变换形式，

$$E_2(z,t) = E_1 - \frac{2\mathrm{i}(\lambda_2 - \lambda_2^*)\Lambda_1\Lambda_2^*}{|\Lambda_1|^2 + |\Lambda_2|^2} \tag{4.2.93}$$

$$P_2(z,t) = \frac{2\eta_1\Sigma_{11}\Sigma_{12} - P_1^*\Sigma_{12}\Sigma_{12} + P_1\Sigma_{11}\Sigma_{11}}{\Sigma_{11}\Sigma_{22} - \Sigma_{12}\Sigma_{21}} \tag{4.2.94}$$

$$\eta_2(z,t) = \frac{\eta_1(\Sigma_{11}\Sigma_{22} + \Sigma_{12}\Sigma_{21}) - P_1^*\Sigma_{12}\Sigma_{22} + P_1\Sigma_{11}\Sigma_{21}}{\Sigma_{11}\Sigma_{22} - \Sigma_{12}\Sigma_{21}} \tag{4.2.95}$$

其中，

$$\Sigma_{11} = \begin{vmatrix}1 & 0 & -\omega\\ \Pi_1 & \Pi_2 & \lambda_2\Pi_1\\ -\Pi_2^* & \Pi_1^* & -\lambda_2^*\Pi_2^*\end{vmatrix},\quad \Sigma_{12} = \begin{vmatrix}0 & 1 & 0\\ \Pi_1 & \Pi_2 & \lambda_2\Pi_1\\ -\Pi_2^* & \Pi_1^* & -\lambda_2^*\Pi_2^*\end{vmatrix}$$

$$\Sigma_{21} = \begin{vmatrix}1 & 0 & 0\\ \Pi_1 & \Pi_2 & \lambda_2\Pi_2\\ -\Pi_2^* & \Pi_1^* & -\lambda_2^*\Pi_1^*\end{vmatrix},\quad \Sigma_{22} = \begin{vmatrix}0 & 1 & -\omega\\ \Pi_1 & \Pi_2 & \lambda_2\Pi_2\\ -\Pi_2^* & \Pi_1^* & -\lambda_2^*\Pi_1^*\end{vmatrix}$$

考虑最简单的情况，在对谱参量进行茹科夫斯基变换时，选取 $\alpha_1 = -\alpha_2 = \alpha$，$R_1 = R_2 = R = 1 + \varepsilon$，其中 ε 是一个小量 ($\varepsilon \ll 1$)，便可以给出平面波背景上的 super-regular 模式的通解 E_2，P_2，η_2，如下所示：

$$E_2 = \mathrm{e}^{\mathrm{i}\theta}\left\{a + \frac{2\rho\varrho[(\varrho + \mathrm{i}\rho)(\varphi_{11}\phi_{12} + \varphi_{12}\phi_{22}) + (\varrho - \mathrm{i}\rho)(\varphi_{12}\phi_{11} + \varphi_{22}\phi_{12})]}{[\rho^2(\varphi_{11}\phi_{22} - \varphi_{21}\phi_{12} - \varphi_{12}\phi_{21} + \varphi_{22}\phi_{11}) + \varrho^2(\varphi_{11} + \varphi_{22})(\phi_{11} + \phi_{22})]}\right\}$$

$$P_2 = \mathrm{i}k\mathrm{e}^{\mathrm{i}\theta}\left[\frac{2\Delta_3\Xi_1\Xi_2 + \Delta_1\Xi_2^2 + \Delta_2\Xi_1^2}{(\rho^2\varphi_{12}\varphi_{21} + \delta_1\delta_2)(\Xi_1\Xi_4 - \Xi_2\Xi_3)}\right]$$

$$\eta_2 = \mathrm{i}k\left[\frac{\Delta_3(\Xi_1\Xi_4+\Xi_2\Xi_3)+\Delta_1\Xi_2\Xi_4+\Delta_2\Xi_1\Xi_3}{(\rho^2\varphi_{12}\varphi_{21}+\delta_1\delta_2)(\Xi_1\Xi_4-\Xi_2\Xi_3)}\right] \tag{4.2.96}$$

其中，

$$\begin{aligned}
\Delta_1 &= 2\rho(\omega-q/2)\varphi_{21}\delta_1+a(\delta_1^2-\rho^2\varphi_{21}^2)\\
\Delta_2 &= 2\rho(\omega-q/2)\varphi_{12}\delta_2+a(\delta_2^2-\rho^2\varphi_{12}^2)\\
\Delta_3 &= \mathrm{i}\rho a(\varphi_{12}\delta_1+\varphi_{21}\delta_2)-\mathrm{i}(\omega-q/2)(\delta_1\delta_2-\rho^2\varphi_{12}\varphi_{21})\\
\delta_1 &= (s_1-\mathrm{i}\rho)\varphi_{11}/2+(s_1+\mathrm{i}\rho)\varphi_{22}/2\\
\delta_2 &= (s_1+\mathrm{i}\rho)\varphi_{11}/2+(s_1-\mathrm{i}\rho)\varphi_{22}/2
\end{aligned}$$

$$\begin{aligned}
\Xi_1 &= (\chi_1 s_2-\mathrm{i}\chi_2\rho)/2,\quad \Xi_4=(\chi_1 s_2+\mathrm{i}\chi_2\rho)/2\\
\Xi_2 &= -\mathrm{i}\rho[\varrho^2\phi_{12}(\varphi_{11}+\varphi_{12})^2+\mathrm{i}\rho\varrho(\varphi_{11}+\varphi_{12})(\varphi_{11}\phi_{12}-\varphi_{12}\phi_{11}+\varphi_{12}\phi_{22}-\varphi_{22}\phi_{12})\\
&\quad -\rho^2(-\varphi_{12}^2\phi_{21}+\varphi_{11}\varphi_{12}\phi_{22}-\varphi_{11}\varphi_{22}\phi_{12}+\varphi_{12}\varphi_{22}\phi_{11})]\\
\Xi_3 &= -\mathrm{i}\rho[\varrho^2\phi_{21}(\varphi_{11}+\varphi_{12})^2-\mathrm{i}\rho\varrho(\varphi_{11}+\varphi_{12})(\varphi_{11}\phi_{21}-\varphi_{21}\phi_{11}+\varphi_{21}\phi_{22}-\varphi_{22}\phi_{21})\\
&\quad -\rho^2(-\varphi_{21}^2\phi_{12}+\varphi_{11}\varphi_{21}\phi_{22}-\varphi_{11}\varphi_{22}\phi_{21}+\varphi_{21}\varphi_{22}\phi_{11})]
\end{aligned} \tag{4.2.97}$$

这里，

$$\begin{aligned}
\chi_1 &= (\varphi_{11}+\varphi_{22})[\varrho^2(\phi_{11}+\phi_{22})(\varphi_{11}+\varphi_{22})\\
&\quad +\rho^2(\varphi_{11}\phi_{22}+\varphi_{22}\phi_{11}-\varphi_{12}\phi_{21}-\varphi_{21}\phi_{12})]\\
\chi_2 &= 2\mathrm{i}\rho\varrho(\varphi_{11}+\varphi_{22})(\varphi_{12}\phi_{21}-\varphi_{21}\phi_{12})+\varrho^2(\phi_{11}-\phi_{22})(\varphi_{11}+\varphi_{22})^2\\
&\quad -\rho^2(\varphi_{11}-\varphi_{22})(\varphi_{11}\phi_{22}+\varphi_{22}\phi_{11}-\varphi_{12}\phi_{21}-\varphi_{21}\phi_{12})\\
\phi_{jj} &= \pm\psi_1\sinh\varsigma_1+\psi_2\cosh\varsigma_1-\cos(\varsigma_2\pm\alpha),\\
\phi_{j3-j} &= \cosh(\varsigma_1\pm\mathrm{i}\alpha)\mp\mathrm{i}\psi_1\sin\varsigma_2-\psi_2\cos\varsigma_2\\
\varsigma_1 &= \eta_{\mathrm{r}2}(t-V_{\mathrm{gr}2}z)+\mu_2,\quad \varsigma_2=\eta_{\mathrm{i}2}(t-V_{\mathrm{ph}2}z)-\theta_2
\end{aligned}$$

其中，

$$V_{\mathrm{gr}2}=\nu_1+\nu_2\frac{\eta_{\mathrm{i}2}}{\eta_{\mathrm{r}2}},\quad V_{\mathrm{ph}2}=\nu_1-\nu_2\frac{\eta_{\mathrm{r}2}}{\eta_{\mathrm{i}2}},\quad \nu_1=\frac{2ks_2}{\rho^2+s_2^2}+\frac{\varrho}{2}+q,\quad \nu_2=\frac{2k\rho}{\rho^2+s_2^2}+\frac{\rho}{2}$$

$$\psi_2=(1/R+R)/2,\quad \eta_{\mathrm{r}2}=a(R-1/R)\cos\alpha,\quad \eta_{\mathrm{i}2}=-a(R+1/R)\sin\alpha$$

其他参数与 4.2.3 节中第一部分相同。此时，在取 $\theta_1+\theta_2=\pi$ 时，(4.2.96) 式即为平面波背景上的 super-regular 呼吸子解。而在 $z=0$ 位置处，会形成弱的局域扰动，且扰动幅度与 ε 值成正比。

图 4.18 展示了平面波背景 $|E_0|$, $|P_0|$, η_0 的振幅分布剖面图，以及在 $z=0$ 位置的扰动 (即 $\Delta|E|=|E|_{\max}-|E|_{\min}$, $\Delta|P|=|P|_{\max}-|P|_{\min}$, $\Delta\eta=|\eta_{\max}-\eta_{\min}|$) 的振幅分布剖面图。由图可知，随着 ε 的减小，微扰振幅减小，背景振幅保持不变。特别地，振幅 $|E_0|$ 和 $\Delta|E|$ 在 q 变化时保持不变。由于受 P 和 η 组分之间时空平衡条件的影响，物质波分量的振幅展示出明显不同的分布。相应地，可以很容易地得到 E 分量的扰动表达式 $\Delta|E|=|E|_{\max}-|E|_{\min}$:

$$\Delta E \approx -4\mathrm{i}a\varepsilon\cosh(\mathrm{i}\alpha)\cos(2at\sin\alpha)\sinh(2at\varepsilon\cos\alpha) \tag{4.2.98}$$

这与在标准的非线性薛定谔系统中得到的结果相同。这一结果表明，物质波分量引起的耦合效应对光电场分量中的扰动不产生影响。基于此，选择一个较小的值 ε，以确保微扰振幅较小。但需要注意的是，对于特殊情况 $q=2\omega$，$|P_0|$ 和 $\Delta\eta$ 将达到它们的最大值，而 $|P|$ 和 η_0 将达到最小值。在这种情况下，只有 P 组分是一个小扰动。接下来，在图 4.19中展示了 super-regular 呼吸子的特征。通过对群速度 V_{gr} 和相速度 V_{ph} 的分析，得到了三种典型的 super-regular 呼吸子。

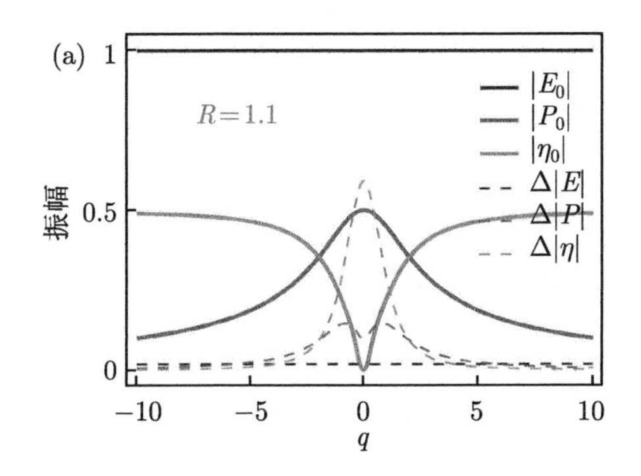

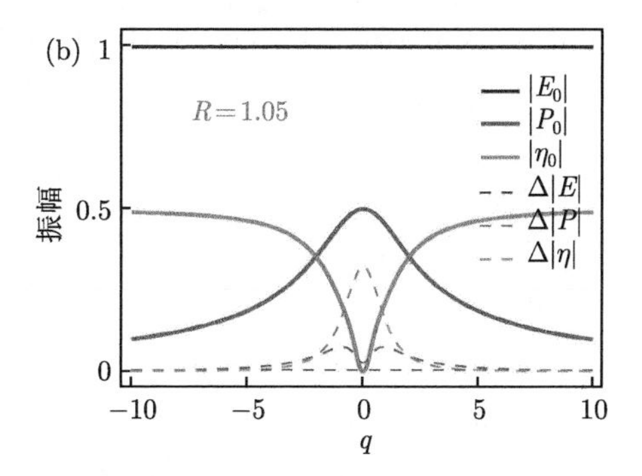

图 4.18 不同 q 值下，平面波背景 ($|E_0|$, $|P_0|$, η_0) 的振幅分布剖面图，以及 super-regular 呼吸子在 $z=0$ 位置处的扰动 ($\Delta|E|$, $\Delta|P|$, $\Delta\eta$) 的振幅分布剖面图。(a) $R=1.1$; (b) $R=1.05$; 其他参数取 $a=1$，$\omega=0$，$\alpha=\pi/3$，$\theta_1=\theta_2=\pi/2$(彩图见封底二维码)

首先，如图 4.19(a) 所示，当 $V_{\mathrm{gr}1}\neq V_{\mathrm{gr}2}$ 且 $V_{\mathrm{gr}j}\neq V_{\mathrm{ph}j}$ 时，可以得到标准的 super-regular 呼吸子，它由两个具有不同群速度的准 Akhmediev 呼吸子形成。有趣的是，物质波组分的 super-regular 模式可以展现出不同的结构。图中在 P 和 η 组分中分别观察到全为暗结构的四花瓣 super-regular 呼吸子以及两谷两峰的四花瓣 super-regular 呼吸子。其次，如图 4.19(b) 所示，当 $V_{\mathrm{gr}j}=V_{\mathrm{ph}j}$，$V_{\mathrm{gr}3-j}\neq V_{\mathrm{ph}3-j}$ 时，在三个组分中观察到 super-regular 呼吸子有趣的半转换态，即 super-regular 呼吸子的一个分量转换为非呼吸的准周期波，而另一个分量仍然保持准 Akhmediev 呼吸子的性质。同时，与标准的 super-regular 呼吸子相比，半转换态中小振幅局域扰动的振幅放大速度稍慢，要经过较长距离后才能演化成准 Akhmediev 呼吸子和准周期波的混合态。最后，当 $V_{\mathrm{gr}1}=V_{\mathrm{gr}2}$ 时，可以在图 4.19(c) 中观察到一类新的 super-regular 模式的束缚态。这种情况下，小振幅局域扰动在平面波背景上形成具有长周期振荡的束缚态，这种振荡来源于两个呼吸子相速度差不为零引起的干涉效应。相速度差越小，振荡周期越长，如果相速度差为零则振荡消失。

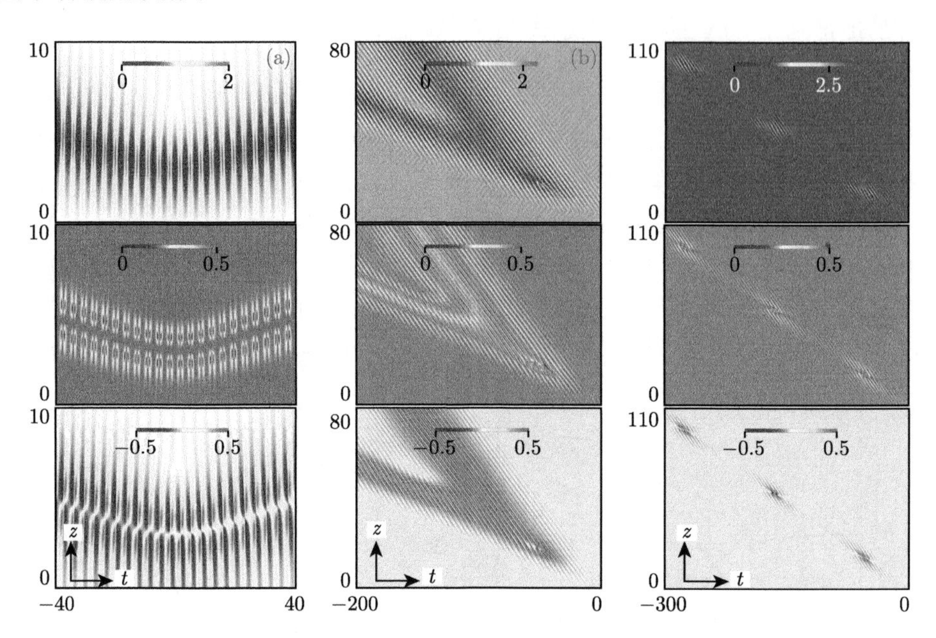

图 4.19　取不同的 q 值时 E，P，η 组分 super-regular 呼吸子的密度分布图。(a) $q=0$ 时为标准的 super-regular 呼吸子；(b)$q=-0.834$ 时为 super-regular 呼吸子的半转换态；(c) $q=-0.906$ 时为 super-regular 束缚态；其他参数取 $a=1$，$\omega=0$，$R=1.05$，$\alpha=\pi/3$，$\theta_1=\theta_2=\pi/2$ (彩图见封底二维码)

3. super-regular 呼吸子与调制不稳定性的精确对应

建立 super-regular 呼吸子和调制不稳定性之间的精确联系是 super-regular 呼吸子理论和解析调制不稳定性描述关键的一步。在标量非线性薛定谔模型中，标量 super-regular 呼吸子群速度的绝对差与线性调制不稳定性增长率成正比。在这里，将探讨这个确切的联系是否适用于复杂的耦合系统的情况。

在本章所研究的非线性薛定谔-MB 系统中，尽管不同的组分中 super-regular 呼吸子的结构不尽相同，但它们具有相同的群速度。因此，对于该模型中不同组分的 super-regular 呼吸子群速度的绝对差值均可以由以下简单表达式给出：

$$\Delta V_{\mathrm{gr}}=|V_{\mathrm{gr}1}-V_{\mathrm{gr}2}| \tag{4.2.99}$$

对于非线性薛定谔-MB 系统的每个组分，ΔV_{gr} 的精确表达式为

$$\Delta V_{\mathrm{gr}}=\left|\varrho-\frac{\rho\eta_{\mathrm{i}}}{\eta_{\mathrm{r}}}+\frac{2k}{\eta_{r}}\left[\frac{\rho\eta_{\mathrm{i}}+\eta_{\mathrm{r}}(\varrho+\varpi)}{\rho^{2}+(\varrho+\varpi)^{2}}\right]+\frac{2k}{\eta_{\mathrm{r}}}\left[\frac{\rho\eta_{\mathrm{i}}+\eta_{\mathrm{r}}(\varrho-\varpi)}{\rho^{2}+(\varrho-\varpi)^{2}}\right]\right| \tag{4.2.100}$$

其中，$\rho=-a(R+1/R)\cos\alpha$，$\varrho=a(R-1/R)\sin\alpha$，$\eta_{\mathrm{r}}=a(R-1/R)\cos\alpha$，$\eta_{\mathrm{i}}=a(R+1/R)\sin\alpha$。考虑 super-regular 呼吸子的条件，$R=1+\varepsilon$，$\varepsilon\ll 1$(这表明 $\varepsilon^{2}\to 0$)，将省略有关 ε^{2} 的项。经过这样的巧妙的近似，(4.2.117) 式可以被写为如下形式：

$$\Delta V_{\mathrm{gr}}=\left|\frac{2a^{2}\sin 2\alpha}{\eta_{\mathrm{r}}}\left(1-\frac{4k}{4a^{2}\cos^{2}\alpha+\varpi^{2}}\right)\right| \tag{4.2.101}$$

显然，当 $\Delta V_{\mathrm{gr}}=0$ 时，这表明 $4a^{2}\cos^{2}\alpha+\varpi^{2}=4k$，就可以得到 super-regular 束缚态。该束缚态为小幅度扰动激发的长周期振荡现象，如图 4.19(c) 所示。

进一步地，本章还精确地研究平面波背景上的小振幅扰动的调制不稳定性和线性稳定性分析的增长率。首先考虑 (4.2.67) 式的一个小振幅扰动的平面波解：

$$\begin{aligned}
&E_{0p}=(a+m_{1})\mathrm{e}^{\mathrm{i}\theta}\\
&P_{0p}=\mathrm{i}k(a+m_{2})\mathrm{e}^{\mathrm{i}\theta}\\
&\eta_{0p}=k(\omega-q/2+m_{3})\\
&m_{1}=u_{1}\cos(Kz-\Omega t)+\mathrm{i}v_{1}\sin(Kz-\Omega t)\\
&m_{2}=u_{2}\cos(Kz-\Omega t)+\mathrm{i}v_{2}\sin(Kz-\Omega t)\\
&m_{3}=u_{3}\cos(Kz-\Omega t)
\end{aligned}$$

这里，扰动解 E_{0p}，P_{0p} 和 η_{0p} 是原始的平面波背景分别加小振幅扰动 m_1，m_2，m_3 而得到的；u_1、u_2、u_3、v_1 和 v_2 是描述扰动振幅的小量；Ω 表示扰动频率；波数 K 假定为复数。

在对模型行进线性稳定性分析的过程中，主要运用了线性化的思想，即将有关微扰项的高次非线性项均略去，而使得非线性问题直接转换为易处理的线性问题。接下来，将 E_{0p}、P_{0p} 和 η_{0p} 代入 (4.2.67) 式，经过线性化的过程，就可以得到 K 和 Ω 之间的离散关系。K 的虚部导致调制不稳定性，调制不稳定性的增长率由 $G=|\mathrm{Im}\{K\}|$ 定义。则可以给出相应的精确表达式：

$$G=\frac{1}{2}\left|\Omega\sqrt{\Omega^{2}-4a^{2}}\left(1-\frac{4k}{4a^{2}-\Omega^{2}+\varpi^{2}}\right)\right| \tag{4.2.102}$$

其中，$|\Omega|<2a$。显然，super-regular 呼吸子的初始扰动频率 $\Omega=2a\sin\alpha$ 落在这个调制不稳定区域 $|\Omega|<2a$。这样的结果表明，super-regular 呼吸子的初始扰

动是调制不稳定区域的一种有效初始状态。将 $\Omega = 2a\sin\alpha$ 代入 (4.2.102) 式，可以很容易地得到 super-regular 呼吸子初始状态的线性调制不稳定性增长率：

$$G_{\text{sr}} = \frac{2a^2\sin 2\alpha[(q-2\omega)^2 + 4a^2\cos^2\alpha - 4k]}{[4a^2\cos^2\alpha + (q-2\omega)^2]} \tag{4.2.103}$$

经过化简可得

$$G_{\text{sr}} = \left|a^2\sin 2\alpha\left(1 - \frac{4k}{4a^2\cos^2\alpha + \varpi^2}\right)\right| \tag{4.2.104}$$

值得注意的是，通过简单比较 G_{sr} 和 ΔV_{gr}，可以发现一个精确的关系式：

$$G_{\text{sr}} = \Delta V_{\text{gr}} \cdot \eta_{\text{r}}/2 \tag{4.2.105}$$

这里，$\eta_{\text{r}} = a(R - 1/R)\cos\alpha$。

结果表明，尽管掺铒光纤系统中掺杂原子的共振相互作用造成了该模型中 super-regular 呼吸子结构的复杂性，但 super-regular 呼吸子的群速度绝对差和线性调制不稳定性增长率仍然正相关。这个关系与非线性薛定谔模型中关系是一致的。显然，对于固定的 R 和 α，当 $G_{\text{sr}} \to 0$ 时就可以对应于 $\Delta V_{\text{gr}} \to 0$。即 $\Delta V_{\text{gr}} = 0$ 条件下的 super-regular 模式束缚态对应于消失的调制不稳定性增长率 $G_{\text{sr}} = 0$。这种精确的联系揭示了许多非线性驱动系统中 super-regular 模式的普遍规律。

4. 暗 super-regular 呼吸子描述的调制不稳定性

标准非线性薛定谔系统中 super-regular 呼吸子描述的调制不稳定性动力学局限于亮呼吸子结构。然而，如上所示，对于耦合系统而言，super-regular 呼吸子中“呼吸单元”也可以是暗结构，这样的动力学结构在标量系统中是不存在的。下文将以非线性薛定谔-MB 系统中 P 组分的暗 super-regular 模式为例，清楚地展示暗 super-regular 呼吸子揭示的调制不稳定性本质。

图 4.20 展示了 E 和 P 两个组分中 super-regular 呼吸子的振幅演化。随 z 增加，利用数值方法，追踪两个组分中 super-regular 呼吸子振幅最大值和最小值来表示演化中其振幅放大和衰减过程。对于光波分量 E，在前 4 个传播距离中，可以看到 super-regular 呼吸子的振幅的最大值和最小值以指数形式增强和减弱，这代表着初始的局域小扰动以指数形式放大和衰减。这一阶段就代表着初始调制不稳定性阶段，其过程与上述线性稳定性分析结果完全吻合。在此之后，光波分量中 super-regular 呼吸子振幅的最大值和最小值分别在 $|E|_{\max} = 2$ 和 $|E|_{\min} = 0$ 附近振荡。这一过程称为调制不稳定性的非线性阶段，它具体的表现形式为两个沿不同方向传播的准 Akhmediev 呼吸子。

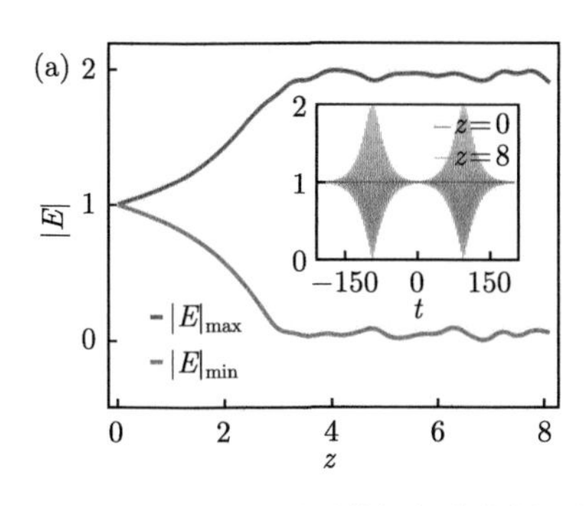

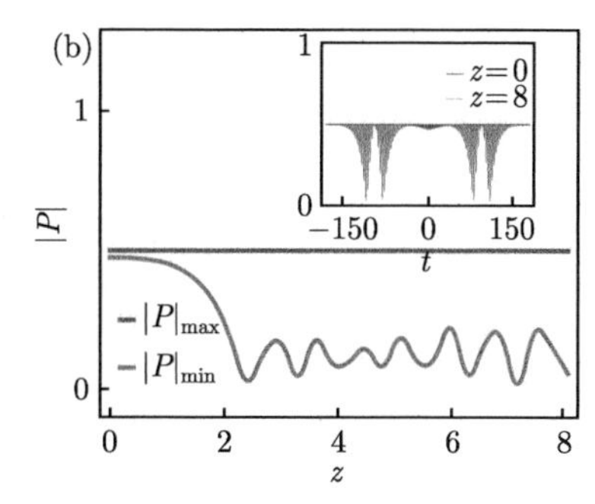

图 4.20 super-regular 呼吸子的振幅变化图，插图为 $z=0$ 处和 $z=8$ 处的剖面图。(a) E 分量中 super-regular 呼吸子的最大振幅和最小振幅变化图；(b) P 分量中 super-regular 呼吸子的最大振幅和最小振幅变化图；参数 $a=1$，$\omega=0$，$\alpha=\pi/3$，$\theta_1=\theta_2=\pi/2$ (彩图见封底二维码)

然而，对于物质波组分 P，发现了一个全新的调制不稳定性演化场景。可以很清楚地看到，P 组分中暗结构的 super-regular 呼吸子的最大振幅随着演化距离的增大并未发生改变，而最小振幅则在前 2 个单位中呈指数形式降低。这说明了物质波组分 P 中初始局域小扰动呈现着完全指数衰减的过程。在初始指数衰减之后，其非线性调制不稳定性阶段展示两个具有暗结构的准 Akhmediev 呼吸子的演化，该结构与光波组分 E 形成鲜明的对比。

4.2.4 无穷阶非线性薛定谔方程中 super-regular 呼吸子

从可积模型的角度讲，上述 super-regular 呼吸子的理论研究具有相似性，即所研究模型的 Lax 对的空间算子都满足线性谱参量。本节中，我们将研究最一般的无穷阶非线性薛定谔方程中的 super-regular 呼吸子，以期得到该呼吸子的普适的物理性质和规律 [13]。我们建立了该呼吸子和调制不稳定性之间的精确联系。这表明 super-regular 呼吸子群速度的绝对差值与线性调制不稳定性增长率完全一致。这种联系适用于一系列具有无穷阶项的非线性薛定谔方程。对于 super-regular 呼吸子群速度相反的一类特殊情况，在传播方向上 super-regular 呼吸子的增长速率与每个准 Akhmediev 呼吸子的增长速率一致。数值模拟结果揭示了由不同非理想的单一和多个初始激发形成的 super-regular 呼吸子具有较强的鲁棒性。我们的结果提供了对于 super-regular 呼吸子所描述的调制不稳定特性的理解，以及有助于在相关非线性系统中对于 super-regular 呼吸子的可控激发。

无量纲情形下，无穷阶非线性薛定谔模型写为 [14]

$$\mathrm{i}u_\xi+\sum_{n=1}^{\infty}[\alpha_{2n}K_{2n}(u)-\mathrm{i}\alpha_{2n+1}K_{2n+1}(u)]=0 \tag{4.2.106}$$

这里，$u(\tau,\xi)$ 是复合场，ξ 和 τ 分别为纵向和横向变量；每一个 $\alpha_n, n=2,3,4,5,\cdots$，

∞ 是代表不同阶离散和非线性项的任意实数。(4.2.106) 式是非线性薛定谔方程到无穷阶的重要可积推广。特别地，$K_2(u)$ 是非线性薛定谔方程的二阶项:

$$K_2(u) = u_{\tau\tau} + 2|u|^2 u$$

$K_3(u)$ 是具有三阶色散的非线性薛定谔方程三阶项:

$$K_3(u) = u_{\tau\tau\tau} + 6|u|^2 u_\tau$$

$K_4(u)$ 是具有四阶色散的非线性薛定谔方程四阶项:

$$K_4(u) = u_{\tau\tau\tau\tau} + 6u_\tau^2 u^* + 4|u_\tau|^2 u + 8|u|^2 u_{\tau\tau} + 2u^2 u_{\tau\tau}^* + 6|u|^4 u$$

$K_5(u)$ 是具有五阶色散的非线性薛定谔方程五阶项:

$$K_5(u) = u_{\tau\tau\tau\tau\tau} + 10|u|^2 u_{\tau\tau\tau} + 10(|u_\tau|^2 u)_\tau + 20u^* u_\tau u_{\tau\tau} + 30|u|^4 u_\tau$$

其他高阶项由文献 [14] 中公式给出。为了确定奇数项和偶数项，以及单独和组合基本项的共同和不同特征，我们将首先考虑前五项，然后将结果扩展到无限的非线性薛定谔方程 (4.2.106) 式。

首先在前五个方程中考虑 super-regular 呼吸子的特性，即高阶非线性薛定谔方程直到五阶项。由达布变换构造 super-regular 呼吸子解析解，而谱参量 λ 是由茹科夫斯基变换进行参数化:

$$\lambda = \mathrm{i}\frac{a}{2}\left(\varDelta + \frac{1}{\varDelta}\right) - \frac{q}{2}, \quad \varDelta = R\mathrm{e}^{\mathrm{i}\phi} \tag{4.2.107}$$

这里，R 和 ϕ 分别表示极坐标的半径和角度，且 $R \geqslant 1$, $\phi \in (-\pi/2, \pi/2)$。与常规的 λ 相比，可以在极坐标 $(\mathrm{Re}[\varDelta] - \mathrm{Im}[\varDelta])$ 平面上建立许多不同非线性模态的简明相图。对于高阶解而言，(4.2.107) 式当 $R \to 1$ 时提供了一种在特定 ξ 处具有局域弱结构的新型呼吸子碰撞，称为 super-regular 呼吸子。为了求解 (4.2.106) 式，考虑到平面波背景上非线性波的多样性，需选取合适的平面波解。在本书中，它的具体表现形式为

$$u_0 = a\mathrm{e}^{\mathrm{i}\theta}, \quad \theta = q\tau + \omega\xi \tag{4.2.108}$$

这里，

$$\omega = \alpha_2\left(2a^2 - q^2\right) + \alpha_3\left(6a^2 q - q^3\right) + \alpha_4\left(6a^4 - 12a^2 q^2 + q^4\right) + \alpha_5\left(30a^4 q - 20a^2 q^3 + q^5\right)$$

式中，a 和 q 分别表示初始平面波背景的振幅和频率。在光纤中，参数 q 表示泵浦波的频率。对于标准的非线性薛定谔方程，改变 q 的值对呼吸子动力学没有本

质的影响，因为它可以通过伽利略变换从解中被除去。然而，如果考虑非线性系统超越最简单非线性薛定谔方程的形式 (此时伽利略变换被打破)，泵浦波频率提供了一个额外的自由度以产生非平庸的呼吸子动力学。

考虑最典型的双呼吸子相互作用构成的 super-regular 呼吸子。具体而言，该呼吸子由一对满足 $R_1 = R_2 = R = 1+\varepsilon$，$\phi_1 = -\phi_2 = \phi$ 的呼吸子组成。因此，该呼吸子的谱参量表达式可写为

$$\lambda_j = \mathrm{i}\frac{1}{2}a\,(R+1/R)\cos\phi \mp \frac{1}{2}\left[a\,(R-1/R)\sin\phi + q\right] \tag{4.2.109}$$

基于这样的谱参量，super-regular 呼吸子解具有如下表达式：

$$u = u_0\left[1 - 4\rho\varrho_1\frac{(\mathrm{i}\varrho_1-\rho)\Xi_1 + (\mathrm{i}\varrho_1+\rho)\Xi_2}{a(\rho^2\Xi_3 + \varrho_1^2\Xi_4)}\right] \tag{4.2.110}$$

这里，

$$\varrho_1 = \frac{a}{2}\,(R-1/R)\sin\phi$$

$$\rho = \frac{a}{2}\,(R+1/R)\cos\phi$$

并且

$$\begin{aligned}
\Xi_1 &= \varphi_{21}\phi_{11} + \varphi_{22}\phi_{21}, \quad \Xi_2 = \varphi_{11}\phi_{21} + \varphi_{21}\phi_{22} \\
\Xi_3 &= \varphi_{11}\phi_{22} - \varphi_{21}\phi_{12} - \varphi_{12}\phi_{21} + \varphi_{22}\phi_{11} \\
\Xi_4 &= (\varphi_{11} + \varphi_{22})(\phi_{11} + \phi_{22})
\end{aligned}$$

ϕ_{jj}，φ_{jj}，ϕ_{j3-j} 和 φ_{j3-j} 是三角函数和双曲函数的线性组合：

$$\begin{aligned}
\phi_{jj} &= \cosh(\Theta_2 \mp \mathrm{i}\psi) - \cos(\Phi_2 \mp \phi) \\
\varphi_{jj} &= \cosh(\Theta_1 \mp \mathrm{i}\psi) - \cos(\Phi_1 \pm \phi) \\
\phi_{j3-j} &= \pm\mathrm{i}\cosh(\Theta_2 \mp \mathrm{i}\phi) \mp \mathrm{i}\cos(\Phi_2 \mp \psi) \\
\varphi_{j3-j} &= \pm\mathrm{i}\cosh(\Theta_1 \pm \mathrm{i}\phi) \mp \mathrm{i}\cos(\Phi_1 \mp \psi)
\end{aligned}$$

其中，

$$\psi = \arctan[(\mathrm{i} - \mathrm{i}R^2)/(1+R^2)]$$

Θ_j 和 Φ_j 是包含局域波结构的群速度和相速度 (即 $V_{\mathrm{gr}j}$ 和 $V_{\mathrm{ph}j}$) 以及重要的自由参数 (μ_j 和 θ_j) 的表达式，具体如下：

$$\Theta_j = 2\eta_{\mathrm{r}}(\tau - V_{\mathrm{gr}j}\xi) + \mu_j, \quad \Phi_j = 2\eta_{\mathrm{i}j}(\tau - V_{\mathrm{ph}j}\xi) - \theta_j \tag{4.2.111}$$

这里，

$$\eta_{i1} = -\eta_{i2} = \eta_i$$

$$\eta_r = \frac{a}{2}(R - 1/R)\cos\phi$$

$$\eta_i = \frac{a}{2}(R + 1/R)\sin\phi$$

以及

$$V_{grj} = v_{1j} + v_{2j}\eta_{ij}/\eta_r$$

$$V_{phj} = v_{1j} - v_{2j}\eta_r/\eta_{ij}$$

并且 v_{1j} 和 v_{2j} 由非线性薛定谔方程决定：

$$v_{1j} = 2\alpha_2(q + \varrho_j) - \alpha_3\chi_{1j} - \alpha_4\chi_{2j} - \alpha_5\chi_{3j} \tag{4.2.112}$$

$$v_{2j} = \rho(2\alpha_2 + \alpha_3\kappa_{1j} + \alpha_4\kappa_{2j} + \alpha_5\kappa_{3j}) \tag{4.2.113}$$

其中，

$$\varrho_2 = -\varrho_1$$

$$\begin{aligned}
\chi_{1j} &= 2a^2 - 3q^2 + 4\rho^2 - 6q\varrho_j - 4\varrho_j^2\\
\chi_{2j} &= 4q^3 - 8a^2q - 4a^2\varrho_j + 12q^2\varrho_j - 24\rho^2\varrho_j + 8\varrho_j^3\\
\chi_{3j} &= 6a^4 - 20a^2q^2 + 8a^2\rho^2 - 20a^2q\varrho_j - 8a^2\varrho_j^2 + 5q^4\\
&\quad +16\rho^4 + 20q^3\varrho_j - 40q^2\rho^2 + 40q^2\varrho_j^2 - 96\rho^2\varrho_j^2\\
&\quad -120q\rho^2\varrho_j + 40q\varrho_j^3 + 16\varrho_j^4,\\
\kappa_{1j} &= 6q + 8\varrho_j\\
\kappa_{2j} &= 4a^2 - 12q^2 + 8\rho^2 - 32q\varrho_j - 24\varrho_j^2\\
\kappa_{3j} &= 20a^2q + 16a^2\varrho_j - 20q^3 - 80q^2\varrho_j + 64\rho^2\varrho_j\\
&\quad +40\rho^2q - 120q\varrho_j^2 - 64\varrho_j^3
\end{aligned}$$

这个二阶解依赖于 a，q，α_2，α_3，α_4，α_5，ε 和 ϕ，以及额外的相位参量 θ_j 和 μ_j $(j = 1, 2)$。后者在 super-regular 呼吸子的形成中扮演着关键作用。如图 4.22所示，我们选择 $\theta_1 + \theta_2 = \pi$ 和 $\mu_{1,2} = 0$，意味着小扰动 δu 出现在 $\xi = 0$ 处，即 $u(0, \tau) = (a + \delta u)e^{i\theta}$。此时，小扰动 δu 可以表示为

$$\delta u \approx -i\left[\frac{4a\varepsilon\cosh(i\phi)}{\cosh(2a\varepsilon\tau\cos\phi)}\right]\cos(2a\tau\sin\phi) \tag{4.2.114}$$

显然 δu 是一个由局域函数和周期调制函数组成的频率为 $2a\sin\phi$，更准确地说，频率为 $a(R+1/R)\sin\phi$ 的纯虚小振幅扰动，相应的扰动宽度为 $1/(2a\varepsilon\cos\phi)$。因此，$\delta u$ 是一个在满足 $\varepsilon\ll 1$ 时具有边界的局域形式。有趣的是，(4.2.114) 式只依赖于参数 a，ε 和 ϕ，与 (4.2.106) 式中的结构参数 α_2，α_3，α_4，α_5 以及背景频率 q 无关，这说明小扰动 δu 在具有不同阶项的非线性薛定谔方程中保持不变，也说明表达式 (4.2.114) 式对整个无限非线性薛定谔方程 (4.2.106) 式有效。因此，super-regular 波的不同非线性阶段可以从具有固定参数 a，R 和 ϕ 的相同初始小扰动 δu 演化。接下来，集中于相同初始状态的不同 super-regular 呼吸子的特性研究。

相比于传统呼吸子解，(4.2.106) 式中 super-regular 呼吸子解涉及了多个参数，因此在对其进行非线性演化的性质分析方面具有一定的难度。这里，考虑主要决定 super-regular 呼吸子物理特性的群速度 $V_{\mathrm{gr}j}$ 和相速度 $V_{\mathrm{ph}j}$ 特性。由上述 super-regular 呼吸子精确解易看出，$V_{\mathrm{gr}j}$ 是从双曲函数 $\cosh\Theta_j$ 中提取而来的，$V_{\mathrm{ph}j}$ 是从三角函数 $\cos\Phi_j$ 中提取的。如果 (4.2.106) 式中不含高阶项 (即 $\alpha_{n>2}=0$)，那么 $V_{\mathrm{gr}j}$ 和 $V_{\mathrm{ph}j}$ 将约化为最简单非线性薛定谔方程的值。

图 4.21 展示了群速度 $V_{\mathrm{gr}j}$ 和相速度 $V_{\mathrm{ph}j}$ 随着频率 q 的演化。$V_{\mathrm{gr}j}$ 和 $V_{\mathrm{ph}j}$ 的复杂性来自于方程中的高阶效应，这将诱发丰富的 super-regular 模式 (图 4.22(b) 和 (c))，同时得到了不同 super-regular 呼吸子态的存在条件。特别地说，定义 super-regular 呼吸子群速度的绝对差值是为了更好地理解其性质，形式如下：

$$\Delta V_{\mathrm{gr}}=|V_{\mathrm{gr}1}-V_{\mathrm{gr}2}| \tag{4.2.115}$$

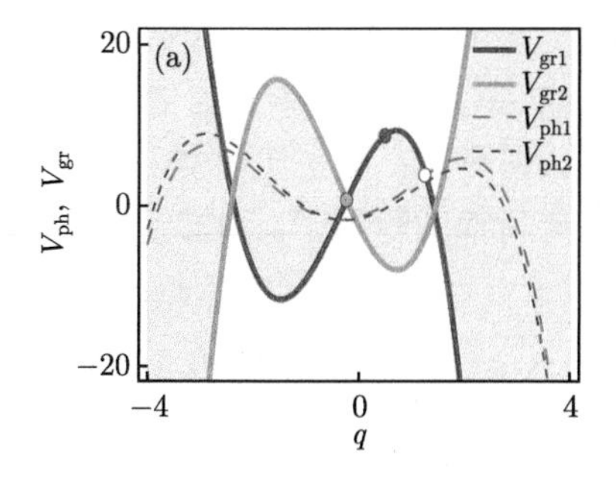

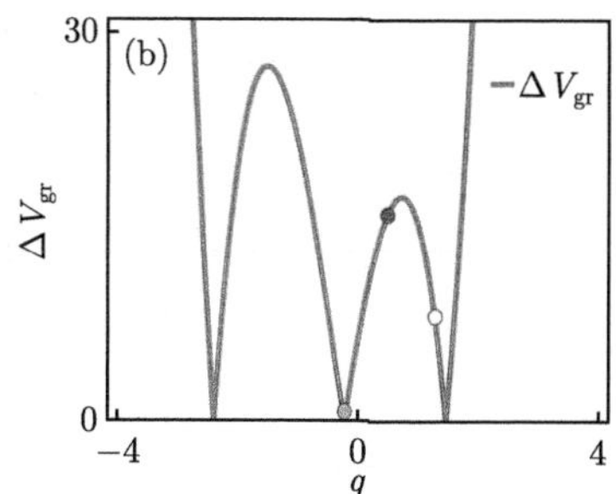

图 4.21 (a) super-regular 呼吸子的群速度 $V_{\mathrm{gr}j}$ 和相速度 $V_{\mathrm{ph}j}$ 随着 q 的演化图 (具体表达式参见附录 A)，黄色区域表示群速度差，$V_{\mathrm{gr}1}-V_{\mathrm{gr}2}$。(b) 群速度绝对差值的演化图，$\Delta V_{\mathrm{gr}}=|V_{\mathrm{gr}1}-V_{\mathrm{gr}2}|$，其中蓝点，白点和绿点分别对应于 $q=0.5\ q_t\ q_s$，这些点满足条件为：$\Delta V_{\mathrm{gr}}\neq 0$，$V_{\mathrm{gr}j}\neq V_{\mathrm{ph}j}$；$\Delta V_{\mathrm{gr}}\neq 0$，$V_{\mathrm{gr}j}=V_{\mathrm{ph}j}$，$V_{gr3-j}\neq V_{ph3-j}$；$\Delta V_{\mathrm{gr}}=0$。它们分别对应于图 4.22 (a)~(c) 中 $\Delta V_{\mathrm{gr}}\to 0$ 时不同的 super-regular 模态。其他参数取 $a=1$，$\alpha_2=0$，$\alpha_3=0.2$，$\alpha_4=0.1$，$\alpha_5=0.05$，$\phi=\pi/4$，$R=1.2$，$\theta_{1,2}=\pi/2$，$\mu_{1,2}=0$ (彩图见封底二维码)

可以很容易地证实，不考虑高阶效应，对给定初态 (即 R 和 α 固定)，标准非线性薛定谔方程的 ΔV_{gr} 保持恒定。此时，super-regular 呼吸子具有相同的结构。也就是说，随着 q 的变化，线性增长率始终保持不变。然而，ΔV_{gr} 在 (4.2.106) 式的前五项中是不平庸的，这可能导致 super-regular 呼吸子许多有趣的性质，在此，给出了 ΔV_{gr} 的一般表达式：

$$\begin{aligned}\Delta V_{\mathrm{gr}}=&4Aa|[\alpha_2+3q\alpha_3+2(a^2B\cos 2\phi+2a^2-3q^2)\alpha_4\\&+10q(a^2B\cos 2\phi+2a^2-q^2)\alpha_5]\sin\phi|\end{aligned}\tag{4.2.116}$$

其中，

$$A=(R^4+1)/(R^3-R)$$

$$B=(R^8+1)/(R^6+R^2)$$

当考虑 super-regular 呼吸子的条件 ($R=1+\varepsilon$，$\varepsilon\ll 1$) 时，可得

$$A=2/(R-1/R),\quad B=1$$

因此，(4.2.116) 式可以修正如下：

$$\begin{aligned}\Delta V_{\mathrm{gr}}=&4Aa|[\alpha_2+3q\alpha_3+2(3a^2-3q^2-2a^2\sin^2\phi)\alpha_4\\&+10q(4a^2-q^2-2a^2\sin^2\phi)\alpha_5]\sin\phi|\end{aligned}\tag{4.2.117}$$

(4.2.117) 式对 ϕ 的整个范围取值都是成立的，如图 4.21 (b) 中取 $\phi=\pi/4$ 时 ΔV_{gr} 的演化。通过对群速度 $V_{\mathrm{gr}j}$、相速度 $V_{\mathrm{ph}j}$ 和群速度的绝对差值 ΔV_{gr} 进行分析，在图 4.22 中 $\Delta V_{\mathrm{gr}}\to 0$ 情况下取固定 R 和 α 的相同初态 (4.2.114) 式时得到三种典型的 super-regular 呼吸子类型。

在图 4.22(a) 中我们首先展示了当 $\Delta V_{\mathrm{gr}}\neq 0$，$V_{\mathrm{gr}j}\neq V_{\mathrm{ph}j}$ 时标准的 super-regular 呼吸子 (对应于图 4.21 中蓝点)。如图所示，在 $\xi=0$ 处小的局域扰动迅速地被放大并且最终形成一对沿着不同方向传播的呼吸子。注意到这种情况下的解是对具有高阶效应的 super-regular 呼吸子进行的一个简单的推广。

如图 4.22(b) 所示，当满足 $\Delta V_{\mathrm{gr}}\neq 0$，$V_{\mathrm{gr}j}=V_{\mathrm{ph}j}$，$V_{\mathrm{gr}3-j}\neq V_{\mathrm{ph}3-j}$ 时，随着 ΔV_{gr} 的减小可以观察到一个有趣的 super-regular 呼吸子半转换态 (对应于图 4.21 中白点)。换句话说，当 $V_{\mathrm{gr}j}=V_{\mathrm{ph}j}$ 时一个呼吸子被转换为非呼吸性波，而当 $V_{\mathrm{gr}3-j}\neq V_{\mathrm{ph}3-j}$ 时另一个呼吸子则保留其作为呼吸子的性质。与图 4.22(a) 中所展示的标准的 super-regular 呼吸波相比，小振幅扰动被缓慢地放大，随后演化成呼吸波和非呼吸波的组合形式。

一旦 $\Delta V_{\mathrm{gr}}=0$，在图 4.22(c) 中观察到一个新的 super-regular 呼吸子的束缚态 (对应于图 4.21 中绿点)。在这种特殊的情况下，小振幅扰动沿着轻微振荡

的 ξ 进行演化，但扰动的放大被完全地抑制。在物理上，这种 super-regular 呼吸子态描述了一种非放大的非线性波动力学，它对应于增长率逐渐衰减为零，即 $G_{\mathrm{sr}}=0$。这表明，对于结构参数固定的高阶非线性薛定谔方程所描述的特殊设计的光学系统来说，可以通过 $\Delta V_{\mathrm{gr}}=0$ 或 $G_{\mathrm{sr}}=0$ 来估计泵浦波的频率 $q=q_s$ 以产生 super-regular 呼吸子束缚态。

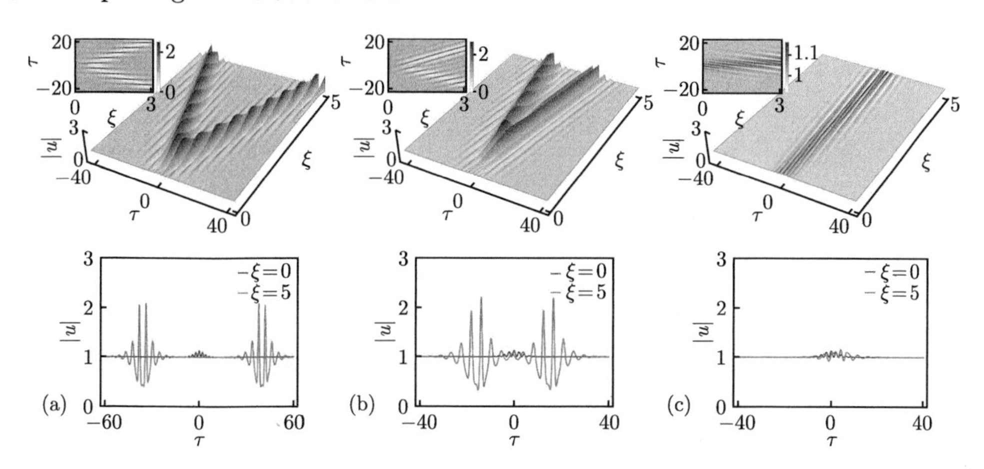

图 4.22 相同初态激发且 $\Delta V_{\mathrm{gr}}\to 0$ 的 super-regular 呼吸子不同模态的振幅 $|u|$ 分布图。这里展示了 (a)$\Delta V_{\mathrm{gr}}\neq 0$, $V_{\mathrm{gr}j}\neq V_{\mathrm{ph}j}$ 的标准 super-regular 呼吸子，取 $q=0.5$ 对应图 4.21中的蓝点；(b) $\Delta V_{\mathrm{gr}}\neq 0$, $V_{\mathrm{gr}j}=V_{\mathrm{ph}j}$, $V_{\mathrm{gr}3-j}\neq V_{\mathrm{ph}3-j}$ $(q=q_t)$ 的 super-regular 呼吸子半转换态，对应图 4.21中的白点；(c) $\Delta V_{\mathrm{gr}}=0$ $(q=q_s)$ 的 super-regular 呼吸子束缚态，对应图 4.21中的绿点；在 $\xi=0$ 处的初始扰动由 (4.2.114) 式描述；其他参数取值与图 4.21 相同 (彩图见封底二维码)

值得注意的是，如图 4.22 中相同扰动 δu 的放大率随着 $\Delta V_{\mathrm{gr}}\to 0$ 而逐渐减小。这可能对应于初始扰动 δu 的调制不稳定性增长率的衰减。另一方面，半转换和束缚态的 super-regular 波是由标准非线性薛定谔方程中所没有的高阶效应引起的，在这里能够很容易地检验这些非平庸的 super-regular 模态是否适用于每个高阶项的情况。但需要特别注意的是四阶项，当 $\alpha_4\neq 0$ 时出现群速度的对称性破缺，这导致具有不同周期性演化的束缚态模式；当 $\alpha_4\to 0$ 时，束缚态 super-regular 波趋于全抑制 super-regular 模态。接下来，通过 super-regular 呼吸子与线性调制不稳定性之间的确切联系给出具体的物理解释。

通过线性稳定性分析，可以精确地研究平面波背景上小振幅扰动的调制不稳定性判据和增长速率。通过在背景 u_0 上加入小振幅扰动的傅里叶模式 p，得到了一个小振幅扰动的平面波解：

$$u_p=[a+p]\mathrm{e}^{\mathrm{i}\theta}$$

其中，

$$p = f_+ \mathrm{e}^{\mathrm{i}(Q\tau+\omega\xi)} + f_-^* \mathrm{e}^{-\mathrm{i}(Q\tau+\omega^*\xi)}$$

这里，f_+ 和 f_-^* 对应于小振幅；Q 为扰动频率；ω 为波数。接下来将扰动平面波解 u_p 代入只含前五项的 (4.2.106) 式中得到 ω 和 Q 之间的色散关系，ω 的虚部导致调制不稳定性的产生，相应的表达式为

$$\begin{aligned}\mathrm{Im}\{\omega\} = & \pm\frac{1}{2}Q\{2\alpha_2 + 6\alpha_3 q - 2\alpha_4(Q^2 - 6a^2 + 6q^2) \\ & -10\alpha_5[q(Q^2 - 6a^2) + 2q^3]\}\sqrt{4a^2 - Q^2}\end{aligned} \tag{4.2.118}$$

这里，扰动频率需要满足 $|Q| < 2a$。有趣的是，(4.2.114) 式中 super-regular 呼吸子的初态小扰动 δu 对应扰动频率为 $Q_{\mathrm{sr}} = 2a\sin\phi$，该频率属于调制不稳定区 $|Q| < 2a$。由此可见，通过线性稳定性分析证实了 δu 是调制不稳定区域内的一个有效初态。

接下来，进一步考虑 super-regular 呼吸子初态小扰动 δu 的线性调制不稳定性增长率，而调制不稳定性增长率表示振幅 $|u_p(\tau,\xi)|$ 的增长率，定义为 $G = |\mathrm{Im}\{\omega\}|$。将 (4.2.114) 式中的初始扰动频率 $Q_{\mathrm{sr}} = 2a\sin\phi$ 代入 (4.2.118) 式，得到 super-regular 呼吸子初态的线性调制不稳定性增长率为

$$\begin{aligned}G_{\mathrm{sr}} = & 2a^2|[\alpha_2 + 3\alpha_3 q + 2(3a^2 - 3q^2 - 2a^2\sin^2\phi)\alpha_4 \\ & +10q(4a^2 - q^2 - 2a^2\sin^2\phi)\alpha_5]\sin 2\phi|\end{aligned} \tag{4.2.119}$$

显然，G_{sr} ((4.2.119) 式) 与 ΔV_{gr} ((4.2.117) 式) 之间的简单比较表现出较好的一致性，如图 4.23(a) 所示。也就是说，G_{sr} 越大，ΔV_{gr} 就越大，若 $\Delta V_{\mathrm{gr}} = 0$，则通过 $G_{\mathrm{sr}} = 0$ 可得 super-regular 呼吸子的束缚态。还需要注意的是，由于存在高阶项 $(\alpha_{j>2})$，峰值增长率和相应的主频率将发生变化。因此，super-regular 呼吸子与线性调制不稳定性之间的关联可精确表示为

$$G_{\mathrm{sr}} = \Delta V_{\mathrm{gr}} \cdot \eta_{\mathrm{r}} \tag{4.2.120}$$

其中，

$$\eta_{\mathrm{r}} = \frac{a}{2}(R - 1/R)\cos\phi$$

这个结果是非常重要的，其原因为：① 上式是一个通过与线性调制不稳定性的比较来描述 super-regular 呼吸子的调制不稳定性质的精确表达式；② 该式具有普遍性，适用于不同阶次非线性薛定谔方程。

显然，当高阶项不存在时 (即 $\alpha_{n>2} = 0$)，(4.2.120) 式包含了通过初态 (4.2.114) 式的直接推导得到 $q = 0$ 的最简单非线性薛定谔方程的情况。换句话说，在最简单非线性薛定谔方程 $(q = 0)$ 情况下的初态 (4.2.114) 式使得系统具有一对群速度

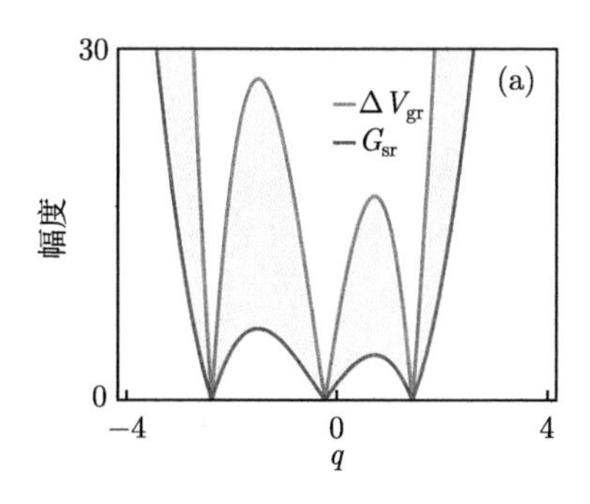

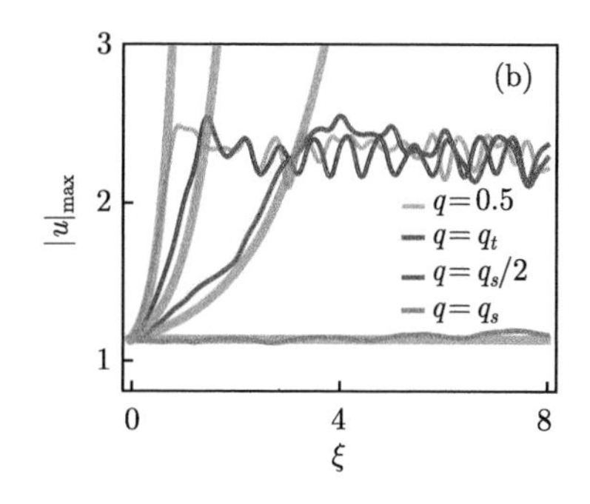

图 4.23 (a)ΔV_{gr}(4.2.117) 式和 G_{sr}(4.2.119) 式随 q 的演化，黄色区域表示 (4.2.120) 式的 η_r 因子；(b) 比较 super-regular 呼吸子精确解的振幅 $|u(\tau,\xi)|_{max}$ 与线性调制不稳定性振幅 (灰色实线) 的放大情况，即 $|a+f\exp(G_{sr}\xi)|$ (这里 $f=\{|u(0,\tau)|-a\}_{max}$) (彩图见封底二维码)

对称的准 Akhmediev 呼吸子，即 $V_{gr1}=-V_{gr2}$ (则 $\Delta V_{gr}=2|V_{gr1}|$)，因此在这种特殊情况下，可以很容易推导得

$$G_{sr}=2\eta_r|V_{gr1}|=\eta_r\Delta V_{gr}=2a^2\alpha_2\sin 2\phi$$

然而，一旦群速度的对称性被打破 ($V_{gr1}\neq -V_{gr2}$)，即使在 $q\neq 0$ 的最简单非线性薛定谔方程情况下，此时群速度也不相等，$V_{grj}=2\alpha_2(q\pm 2aA\sin\phi)$，已有方法将不再有效。事实上，当考虑超越最简单非线性薛定谔方程描述的非线性系统时，super-regular 呼吸子的群速度通常是不相等的，而这些系统所描述的相应动力学更加复杂。因此，如何建立 super-regular 呼吸子与调制不稳定性之间的精确联系，这是我们关注的主要问题。值得注意的是，得到的精确联系 (4.2.120) 式的物理原理相当简单且清晰，即通过两个准 Akhmediev 呼吸子群速度的绝对差值，可以准确地求得 super-regular 呼吸子的增长速率 ($G_{sr}=\eta_r\Delta V_{gr}$)。若 $V_{gr1}=-V_{gr2}$，super-regular 呼吸子增长率和 G_{sr} 与每个沿 z 轴传播的准 Akhmediev 呼吸子一致，即 $G_{sr}=2\eta_r|V_{grj}|$。这种特殊情况涵盖了之前对于最简单非线性薛定谔方程的研究结果。

接下来，比较和分析了由 super-regular 呼吸子精确解中提取 δu 的振幅放大情况以及线性稳定性分析的预测。具体而言，随着 $\Delta V_{gr}\to 0$，将不同的 super-regular 模态的振幅最大值 $|u|_{max}$ 的演化与线性稳定性分析的振幅放大情况进行比较，即，

$$|a+f\exp(G_{sr}\xi)|$$

其中，

$$f=\{|u(0,\tau)|-a\}_{max}$$

如图 4.23(b) 所示，精确的 super-regular 呼吸子解的初始放大阶段的演化与线性稳定性分析相吻合，然而，随后的阶段完全不同。在经历初始放大后，super-regular 呼吸子表现出非线性的振荡，而对于非线性阶段的线性稳定性分析则完全失效。因此，super-regular 呼吸子描述了一个包括线性和非线性阶段的完整调制不稳定性情景。这些结果明确地证实了 super-regular 呼吸子的调制不稳定性质。

上述报道的精确联系表达式 (4.2.120) 是由有限阶次的非线性薛定谔方程推导得到的。在本节中，将讨论 (4.2.165) 式是否适用于无限层级的非线性薛定谔方程 (4.2.106)。理论上来说，可以通过逐步求解无限层级的非线性薛定谔方程得到一般的精确 super-regular 呼吸子解。然而，如何得到无限阶非线性薛定谔方程 (4.2.106) 的完整解，仍然是一个有待解决的问题。这种困难来自于高阶项的复杂性，随着阶数的增加，这种复杂程度会急剧增加。可以利用超几何函数描述任意多呼吸子，从而探究表达式 (4.2.120) 是否对任意多呼吸子成立。

通过对无限阶非线性薛定谔方程 (4.2.106) 做茹科夫斯基变换参数化的谱参量 (4.2.107) 式能够得到呼吸子群速度的一般表达式：

$$V_{\mathrm{gr}j} = v_{1j} + v_{2j}\eta_{\mathrm{i}j}/\eta_{\mathrm{r}} \tag{4.2.121}$$

这里，$v_{1j} = \mathrm{Im}\{\vartheta_j\}$，$v_{2j} = \mathrm{Re}\{\vartheta_j\}$，而

$$\vartheta_j = 2\mathrm{i}\lambda_j \sum_{n=0}^{\infty} \alpha_{2n+2} \frac{(2n+1)!}{(n!)^2} {}_2\mathrm{F}_1\left(1, -n; \frac{3}{2}; 1+\lambda_j^2\right)$$

$$+\mathrm{i}\sum_{n=1}^{\infty} \alpha_{2n+1} \frac{(2n+1)!}{(n!)^2} {}_2\mathrm{F}_1\left(1, -n; \frac{3}{2}; 1+\lambda_j^2\right)$$

式中，${}_2\mathrm{F}_1$ 是超几何函数。$a=1$，$q=0$ 时，有

$$\lambda_j = \mathrm{i}\frac{1}{2}(R+1/R)\cos\phi \mp \frac{1}{2}(R-1/R)\sin\phi$$

$$\eta_{\mathrm{r}} = \frac{1}{2}(R-1/R)\cos\phi$$

$$\eta_{\mathrm{i}j} = \mp\frac{1}{2}(R+1/R)\sin\phi$$

通过 super-regular 呼吸子的满足条件 $R=1+\varepsilon$，$\varepsilon \ll 1$，我们可以得到

$$\lambda_j = \mathrm{i}\cos\phi \mp \frac{1}{2}(R-1/R)\sin\phi$$

$$\eta_{ij} = \mp \sin\phi$$

$$1 + \lambda_j^2 = \sin^2\phi \mp 2\mathrm{i}\eta_{rj}\sin\phi$$

基于此，无穷阶非线性薛定谔方程的群速度绝对差值可写为

$$\Delta V_{gr} = \left|\sum_{n=0}^{\infty} \alpha_{2n+2}\frac{(2n+1)!}{(n!)^2}\,{}_2\mathrm{F}_1\left(1, -n; \frac{3}{2}; \sin^2\phi\right)\right| \times 4A|\sin\phi| \quad (4.2.122)$$

不难看出，(4.2.122) 式中的 ΔV_{gr} 具有无穷阶项，并且上式涵盖了 (4.2.117) 式对应 $q = 0$ 的结果。然而，只有偶数项对 (4.2.122) 式有影响，换句话说，如果只考虑方程 (4.2.106) 式中的奇数项，super-regular 呼吸子将始终呈现出束缚态模式 ($\Delta V_{gr} = 0$)。

接下来，考虑无限非线性薛定谔方程 (4.2.106) 的线性调制不稳定性增长率。这里将平面波背景写为

$$u_0 = \exp\left[\mathrm{i}\left(\sum_{n=1}^{\infty}\frac{(2n)!}{(n!)^2}\alpha_{2n}\right)\xi\right] \quad (4.2.123)$$

通过对上式的标准线性化过程，可以得到平面波解 (4.2.123) 的线性调制不稳定性增长率为

$$G = \left|\sum_{n=0}^{\infty} \alpha_{2n+2}\frac{(2n+1)!}{(n!)^2}\,{}_2\mathrm{F}_1\left(1, -n; \frac{3}{2}; \frac{Q^2}{4}\right)\right| \times \left|Q\sqrt{4-Q^2}\right| \quad (4.2.124)$$

这里，Q 是 $Q \in (-2, 2)$ 范围内的调制不稳定性扰动频率。值得注意的是，由于初始的线性调制不稳定性是由 Akhmediev 呼吸子描述，所以 (4.2.124) 式调制不稳定性的线性增长率也可以通过无限非线性薛定谔方程 (4.2.106) 式一般的精确 Akhmediev 呼吸子解得到。当考虑 super-regular 呼吸子的初始频率为 $Q = Q_{sr} = 2\sin\phi$ 时，(4.2.124) 式可以约化为

$$G_{sr} = \left|\sum_{n=0}^{\infty} \alpha_{2n+2}\frac{(2n+1)!}{(n!)^2}\,{}_2\mathrm{F}_1\left(1, -n; \frac{3}{2}; \sin^2\phi\right)\right| \times 2|\sin 2\phi| \quad (4.2.125)$$

显然，结合 (4.2.122) 式和 (4.2.125) 式可以看到，在无穷阶非线性薛定谔方程下 super-regular 呼吸子与调制不稳定性的精确联系 (4.2.165) 式，即

$$G_{sr} = \Delta V_{gr}\eta_r \quad (4.2.126)$$

依然成立。也就是说，精确的联系 (4.2.120) 式适用于无限阶非线性薛定谔方程。此外，从 (4.2.122) 式和 (4.2.125) 式中可以看出，当只考虑无限阶非线性薛定谔

方程的奇数项时，调制不稳定性被完全地抑制 ($G_{\rm sr}=0$)，束缚 super-regular 呼吸子模态 ($\Delta V_{\rm gr}=0$) 存在，且该结果与 4.2.1 节中一致。事实上，该束缚态表现出小振幅的增长率逐渐消失的全抑制 super-regular 呼吸子模式，最近在最简单的复 KdV 模型中得到了这种特例。

接下来，利用各种非理想的初始扰动来激发 super-regular 呼吸子丰富的动力学行为。为此，理想的初始扰动应该用广义形式代替，表达式如下：

$$\delta u=-{\rm i}\left\{\sum_{j=1}^{n}L_j(\tau-\tau_j)\cos\left[Q_j(\tau-\tau_j)+\sigma_j\right]\right\} \tag{4.2.127}$$

δu 包含了多个具有相应周期性调制频率 Q_j 的局域扰动 $L_j(\tau-\tau_j)$，这里 L_j 表示对应于振幅 ρ、宽度 b 和时移 τ_j 的不同类型局域波函数。这些参数很容易地调节非理想初态来接近理想初态。为了激发 super-regular 呼吸子动力学，调制频率 Q_j 应该接近 super-regular 呼吸子的扰动频率，即

$$Q_j\approx Q_{\rm sr}=2a\sin\phi$$

此外，选择易于实际操作的多种简单的单脉冲形式，包括 sech 型

$$L(\tau)=\rho\,{\rm sech}(b\tau)$$

高斯 (Gaussian) 型

$$L(\tau)=\rho\exp(-\tau^2/b)$$

以及洛伦兹 (Lorentzian) 型

$$L(\tau)=\rho/(1+b\tau^2)^2$$

为了显示 super-regular 呼吸子动力学的普遍性，选择了具有不同剖面的非理想脉冲。如图 4.24 所示，选择了三种不同类型的脉冲作为初态，即 sech 型、Gaussian 型和 Lorentzian 型。不难从图上看出，只有 sech 型与理想的初态形式相吻合，Gaussian 型和 Lorentzian 型的初态都偏离了理想的初态。与理想的初态相比，Gaussian 型表现出更窄且具有更少的峰，而 Lorentzian 型则展示出了更宽且具有更多峰的形式。图 4.25 展示的是图 4.24 中不同初态下的非线性动力学演化图。

重要的是，所有这些非理想的初态都会对非平庸的 super-regular 呼吸子动力学行为产生很大影响。特别是从 sech 型脉冲产生的 super-regular 呼吸子与精确解的时空分布几乎相同 (图 4.25 的第一排)。随着 ξ 的增加，其他类型的初态 (超出精确初态的 Gaussian 型和 Lorentzian 型) 仍然可以产生鲁棒的 super-regular

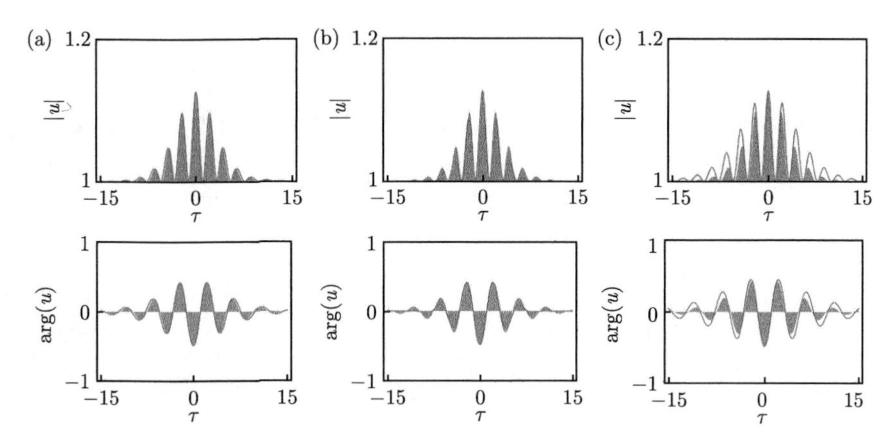

图 4.24 非理想初始脉冲的振幅 $|u(0,\tau)|$ 和相位剖面 $\arg[u(0,\tau)]$(红线) 的分布图，对应于 (a)sech 型脉冲 $L(\tau)=0.52\text{sech}(0.25\tau)$，(b)Gaussian 型脉冲 $L(\tau)=0.52\exp(-\tau^2/25)$，(c)Lorentzian 型脉冲 $L(\tau)=0.52/(1+0.008\tau^2)^2$。其中，灰色区域表示理想初态的振幅和相位分布情况。这里除了 $\alpha_4=0.01$ 和 $\alpha_5=0$ 之外，其他参数取值与图 4.21相同。值得注意的是，Gaussian 型初态和 Lorentzian 型初态略微偏离理想的初态 (彩图见封底二维码)

呼吸子动力学，但与精确的 super-regular 非线性态相比，由其他类型初态所得到的非线性态显示出了细微的差异。具体来说，从小尺寸的 Gaussian 型和大尺寸的 Lorentzian 型扰动演化而来的标准 super-regular 呼吸子显示出复杂的具有更小和更大横向分布的非线性演化特征。特别是，在较大的传播距离 $\xi=15$ 处观察到了准 Akhmediev 呼吸子的非线性递归。这种超出精确初态临界值的现象可归类为高阶调制不稳定性。

对于半转换的情况，注意到非线性阶段递归现象的消失，并且半转换 super-regular 模态比标准的 super-regular 呼吸子具有更强的鲁棒性。此外，小尺寸的 Gaussian 型初态导致 super-regular 呼吸子横向分布范围较小，而大尺寸 Lorentzian 型初态的 super-regular 呼吸子横向分布较大。也可以看出，在半转换的 super-regular 模态，小尺寸和大尺寸的初态分别导致多峰孤子具有较少和较多的峰。

另一方面,对于全抑制束缚态的情况,具有小振幅的 Gaussian 型和 Lorentzian 型初态在前十个传播单元中能够稳定传播，在此之后，小尺寸的 Gaussian 型脉冲变宽且减弱，而大尺寸的 Lorentzian 型脉冲则变窄并增强。然而，我们注意到，因为这些初态都存在于调制不稳定区域内，所以这两种脉冲都不能在一个很大的传播距离上被放大，表现出了小尺寸的 Gaussian 型脉冲被加宽且大尺寸的 Lorentzian 型脉冲在很长一段距离内的小振幅周期性结构。

接下来考虑当具有多个局域扰动的初态时实现 super-regular 呼吸子的多重

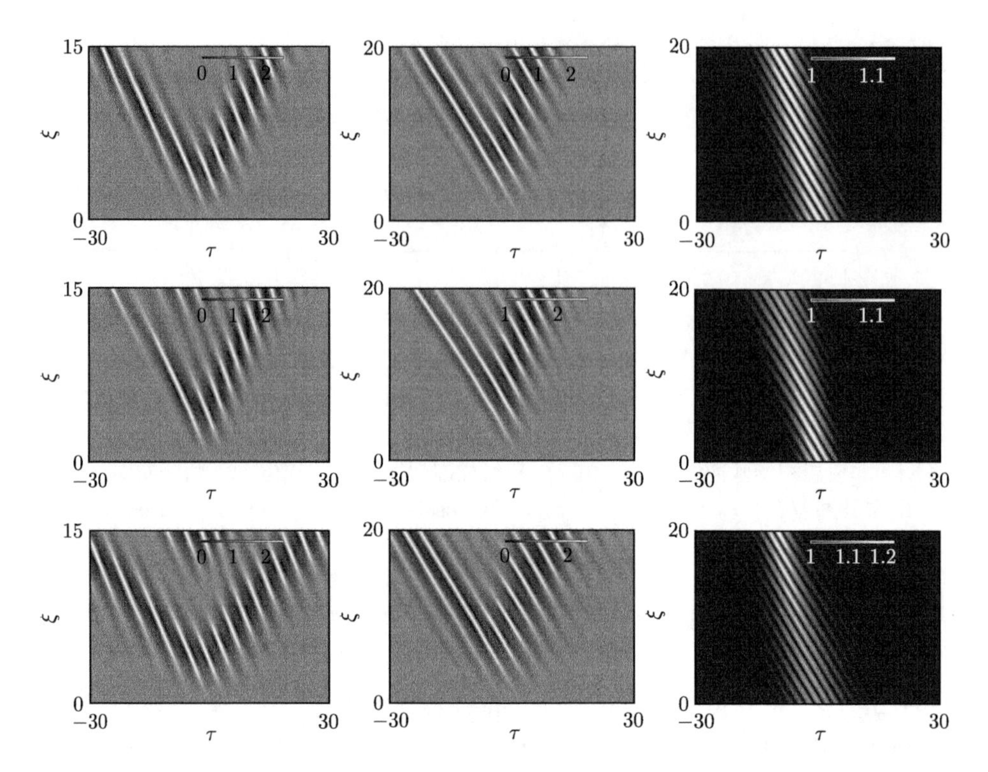

图 4.25　数值模拟不同 super-regular 呼吸子模态 $|u(\xi,\tau)|$：标准 super-regular 呼吸子 (最左列)；半转换 super-regular 呼吸子 (中间列)；全抑制束缚态 super-regular 呼吸子 (最右列)。对应于图 4.32 中不同的非理想初态情况：sech 型 (第一行)；Gaussian 型 (中间行)；Lorentzian 型 (第三行)。尽管 Gaussian 型初态和 Lorentzian 型初态偏离了理想的初态，但在数值上可以观察到不同 super-regular 呼吸子动力学的精确复现 (彩图见封底二维码)

激发。这种多个局域扰动的初态已经在理论和数值上被用来产生高阶怪波。值得注意的是，高阶效应导致 (4.2.106) 式中的 super-regular 呼吸波表现出结构的多样性，因此对于 super-regular 呼吸波多重激发的动力学更加丰富。这里，考虑如下初始扰动：

$$\delta u=-\mathrm{i}\{L_1(\tau-\tau_1)\cos[Q_1(\tau-\tau_1)+\sigma_1]+L_2(\tau)\cos[Q_2(\tau)]\}$$

其中，τ_1 和 σ_1 是相对时移和相位。不失一般性，模拟全抑制 super-regular 束缚态的双重激发。若 τ_1 很大，将观察到任意 σ_1 下的平行双重激发的 super-regular 束缚态 (图 4.26(a))。然而，随着 τ_1 的减小，非线性动力学变得复杂并取决于 τ_1 和 σ_1 的值。当我们固定 $\sigma_1=\pi/2$ 时，随着 τ_1 的减小而出现排斥的且周期的抖动结构 (图 4.26)。值得注意的是，super-regular 束缚态的多重激发出现在增长速率逐渐消失的体系中。因此，尽管 super-regular 呼吸子的束缚态在非零背景下传播，但其相应的动力学行为与经典的亮孤子相似。这可能对于锁模激光器中 super-regular 呼吸子束缚态的稳定激发有用，最近已经证明了各种孤子“分子”以及飞秒孤子“分子”的内部动力学。预期这些结果将证实具有高阶效应的 super-regular 呼吸子动力学的鲁棒性和普遍性，并将大大地拓宽 super-regular 呼吸子在相关非线性物理中的适用性。

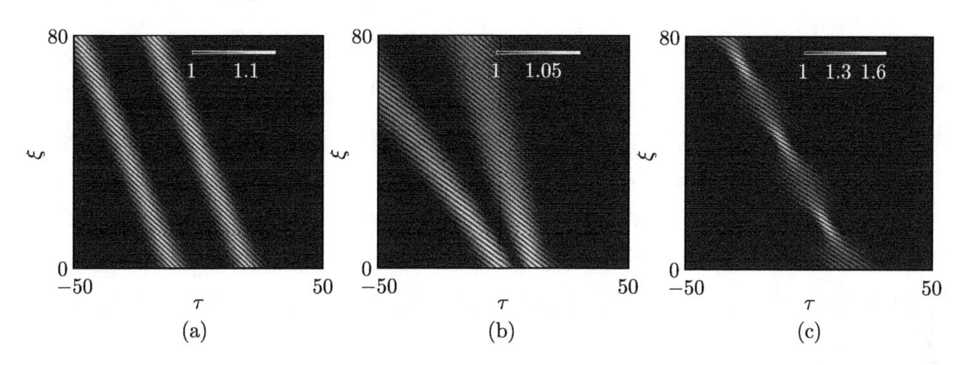

图 4.26 数值模拟 $\sigma_1=\pi/2$ 时随着 τ_1 减小的初始扰动 $\delta u=-\mathrm{i}\{L_1(\tau-\tau_1)\cos[Q_1(\tau-\tau_1)+\sigma_1]+L_2(\tau)\cos[Q_2(\tau)]\}$ 对 Super-regular 呼吸子束缚态双重激发的分布演化图 ((a)~(c) 依次取 $\tau_1=30$，10 和 7)。这里 $L_1=0.52\mathrm{sech}[0.25(\tau-\tau_1)]$，$L_2=0.52\mathrm{sech}(0.25\tau)$ (彩图见封底二维码)

4.2.5 WKI 系统中 super-regular 呼吸子

前文已讨论了标准非线性薛定谔系统、mKdV、非线性薛定谔-MB 以及无穷阶非线性薛定谔模型下的 super-regular 呼吸子特性。理论上，这些可积模型具有相似性，即相应 Lax 对的空间算符只包含线性谱参数。与之相对，可积系统中包含有一大类空间 Lax 算子含有非线性谱参数的模型。需要指出，super-regular 呼吸子在这类模型中是否存在仍是未知。这里，考虑 Wadati-Konno-Ichikawa (WKI) 系统 [15]，其相应的空间 Lax 算子允许二次谱参数。区别于线性谱参数系统，这类系统常常包含一类特殊且重要的高阶非线性项——自陡峭项。鉴于自陡峭效应在描述超短脉冲动力学的重要性，探究自陡峭诱发 super-regular 呼吸子特性就变得越发重要。

在非线性光学中，光脉冲的自陡峭是光脉冲群速度随强度变化的结果。自陡化自然导致不对称光谱。它还导致啁啾或“双色漫步”(two-color walking) 怪波。另一方面，对于自陡峭系统来说，super-regular 呼吸子是一对呼吸子的特殊叠加，它仍然是未知的。这种情形下调制不稳定性增长率的相关问题也需要解决。另一个有待回答的问题是，如何从非理想的初始条件激发 super-regular 呼吸子。一方面，解决后一个问题将为 super-regular 呼吸子的鲁棒性问题提供一个答案。另一方面，它可选择更接近实际实验条件的初始条件。

这里，将在一个具有单一自陡峭项的非线性系统中，通过解析和数值的方法构造 super-regular 呼吸子解来解决这些问题。该系统由 Chen-Lee-Liu(CLL) 方程描述：

$$\mathrm{i}\frac{\partial \psi}{\partial z}+\sigma\frac{\partial^2 \psi}{\partial t^2}+\mathrm{i}|\psi|^2\frac{\partial \psi}{\partial t}=0 \tag{4.2.128}$$

其中，$\psi(z,t)$ 为波的包络；z 为传播变量；t 为延迟时间；系数 σ 定义了色散的符号，当色散是异常时为正 ($\sigma=+1$)，色散是正常时为负 ($\sigma=-1$)。(4.2.128) 式与标准非线性薛定谔方程在左手边的最后一项有所不同，即将三次自相位调制项 $|\psi|^2\psi$ 简单地替换为描述自陡化效果的项 $\mathrm{i}|\psi|^2\psi_t$。

重要的一点是 CLL 方程 (4.2.128) 式是可积的。它属于 WKI 系统。在这种推广方法中，相关 Lax 对的空间算子允许二次谱参数。CLL 方程是包含自陡峭项的最简单方程之一，属于 WKI 系统。另一个类似的情况是 Kaup-Newell 方程，其中自陡峭项的形式是 $\dfrac{\partial}{\partial t}(|\psi|^2\psi)$。后者可以拆分：

$$\frac{\partial}{\partial t}(|\psi|^2\psi)=\psi\frac{\partial}{\partial t}(|\psi|^2)+|\psi|^2\frac{\partial}{\partial t}\psi$$

这意味着还有其他形式的方程有自陡峭项。其中，混合型非线性薛定谔方程、Fokas-Lenells 方程、三次五次非线性薛定谔方程和高阶 CLL 扩展。所有这些方程都是可积的。探究这类自陡峭模型下的 super-regular 呼吸子仍然是一个挑战。这些模型中 super-regular 呼吸子之间的共同特征和差异将丰富我们对自陡化影响的调制不稳定现象的理解。CLL 方程 (4.2.128) 式中自陡峭项的简单性对该模型的 super-regular 呼吸子的研究具有根本的重要性。

一般的呼吸子和特别的 super-regular 呼吸子的产生是由调制不稳定性造成的。周期扰动在标准调制不稳定的情况下扩展到无穷大，而在 super-regular 呼吸子的情况下是局部的。因此从线性稳定性分析开始研究。与标准非线性薛定谔相似，(4.2.128) 式有一个平面波解：

$$\psi_0=a\exp(\mathrm{i}\theta),\quad \theta=qt-(\sigma q^2+a^2q)z \tag{4.2.129}$$

其中，a 和 q 分别为其振幅和频率。加上一个周期扰动

$$\psi_p=[a+f_+\mathrm{e}^{\mathrm{i}(Qt+\omega z)}+f_-^*\mathrm{e}^{-\mathrm{i}(Qt+\omega^* z)}]\mathrm{e}^{\mathrm{i}\theta}$$

其波数 ω、频率 Q 和小振幅 f_+, f_-^*，并将平面波的解线性化，我们得到色散关系

$$\omega=a^2Q+2\sigma qQ\pm Q\sqrt{2a^2\sigma q+Q^2} \tag{4.2.130}$$

在 $\text{Im}\{\omega\} \neq 0$ 情况下，平面波解 (4.2.129) 是调制不稳定的。上式成立的条件为 $|Q| < a\sqrt{-2\sigma q}$ (或 $\sigma q < 0$)。在这个频率范围内的小初始调制呈指数增长。该不稳定性的增长率为 $G = |\text{Im}\{\omega\}|$。当 $|Q| = a\sqrt{-\sigma q}$ 时增长率达到最大值 $G_m = -\sigma q a^2$ 。

注意到，$q(\neq 0)$ 和 σ 需要符号相反，以确保 $\text{Im}\{\omega\} \neq 0$。这意味着平面波在正常色散和异常色散的情况下都可以是调制不稳定的。在不失一般性的情况下，选择 $\sigma = +1$。这两种情况都可以通过改变 q 的符号来解决。

下面构造精确的 super-regular 呼吸解，它可以被认为是调制不稳定性近似的非线性延拓。为了做到这一点，我们首先将 (4.2.128) 式表示为带有 2 个 2×2 矩阵算子的两个线性方程:

$$\boldsymbol{\Phi}_t = U\boldsymbol{\Phi}, \quad \boldsymbol{\Phi}_z = V\boldsymbol{\Phi} \tag{4.2.131}$$

其中，$\boldsymbol{\Phi} = (R, S)^{\text{T}}$ 并且

$$U = \begin{pmatrix} \text{i}\dfrac{\sigma}{4}|\psi|^2 - \text{i}\lambda^2 & \psi\lambda \\ -\sigma\lambda\psi^* & \text{i}\lambda^2 - \text{i}\dfrac{\sigma}{4}|\psi|^2 \end{pmatrix} \tag{4.2.132}$$

$$V = \begin{pmatrix} v_1 & v_2 \\ v_3 & -v_1 \end{pmatrix} \tag{4.2.133}$$

式中，

$$\begin{aligned} v_1 &= -2\text{i}\lambda^4 + \text{i}\sigma|\psi|^2\lambda^2 - \frac{1}{8}\text{i}|\psi|^4 + \frac{\sigma}{4}(\psi\psi_t^* - \psi^*\psi_t) \\ v_2 &= \left(\text{i}\psi_t - \frac{\sigma}{2}|\psi|^2\psi\right)\lambda + 2\lambda^3\psi \\ v_3 &= \left(\text{i}\sigma\psi_t^* + \frac{1}{2}|\psi|^2\psi^*\right)\lambda - 2\sigma\lambda^3\psi^* \end{aligned}$$

这里，λ 是光谱参数。CLL 方程 (4.2.128) 式遵循兼容性条件

$$U_z - V_t + [U,\ V] = 0$$

呼吸子解可以使用达布变换和平面波背景形式的种子解 (4.2.129) 式来构造。通过求解任意复杂谱参数的 Lax 对，可以构造呼吸子解。super-regular 呼吸子解需要两个谱参数。

Lax 对 (4.2.133) 式可以写成以下形式:

$$\tilde{U} = \begin{pmatrix} \text{i}\beta & a\lambda \\ -a\lambda & -\text{i}\beta \end{pmatrix}, \quad \tilde{V} = \begin{pmatrix} -\text{i}\beta\rho & -a\lambda\rho \\ a\lambda\rho & \text{i}\beta\rho \end{pmatrix} \tag{4.2.134}$$

使用对角矩阵 $\boldsymbol{s}=\mathrm{diag}(\mathrm{e}^{-\mathrm{i}\theta/2},\mathrm{e}^{\mathrm{i}\theta/2})$ 和函数

$$\beta(\lambda^2)=\frac{1}{4}a^2-\lambda^2-\frac{1}{2}q$$

$$\rho(\lambda^2)=\frac{1}{2}a^2-2\lambda^2+q$$

因此，线性特征值问题 (4.2.133) 式简化为有两个特征值的式 (4.2.134)，特征值形式为

$$\tau=\pm\mathrm{i}f(\lambda^2),\quad f(\lambda^2)=\sqrt{\beta(\lambda^2)^2+a^2\lambda^2} \tag{4.2.135}$$

这里注意到，如果 $\mathrm{Im}\{\tau^2\}=0$, $\mathrm{Re}\{\tau^2\}\neq0$，则对应的解描述了 Akhmediev 呼吸子或 Kuznetsov-Ma 呼吸子动力学。在退化情况 $\tau=0$ 下，所得解进一步简化为 Peregrine 怪波的有理表达式。在后一种情况下，谱参数满足

$$\lambda^2=\mathrm{i}\frac{a}{2}\sqrt{-2q}-\frac{1}{4}\left(a^2+2q\right) \tag{4.2.136}$$

这是激发 Peregrine 怪波的一个特殊 λ。与之前结果相比，将这个谱参数 ((4.2.136) 式) 表示为二次形式。

构造 super-regular 呼吸子的必要步骤之一是，利用茹科夫斯基变换对谱参数进行参数化。对于 CLL 系统，从二次谱参数 (4.2.136) 式的虚部的变换开始:

$$\lambda^2=\mathrm{i}\frac{a}{4}\left(\xi+\frac{1}{\xi}\right)\sqrt{-2q}-\frac{1}{4}\left(a^2+2q\right)\equiv\mu'+\mathrm{i}\nu' \tag{4.2.137}$$

其中，$\xi=r\exp(\mathrm{i}\alpha)$，$r\geqslant1$、$\alpha\in(-\pi/2,\pi/2)$ 分别表示极坐标的半径和角度。λ^2 的实部 μ' 和虚部 ν' 表达式如下：

$$-\mu'=\frac{a}{4}\left(r-\frac{1}{r}\right)\sqrt{-2q}\sin\alpha+\frac{1}{4}\left(a^2+2q\right) \tag{4.2.138}$$

$$\nu'=\frac{a}{4}\left(r+\frac{1}{r}\right)\sqrt{-2q}\cos\alpha \tag{4.2.139}$$

变换 (4.2.137) 式的便利性在于将谱参数映射到具有两个相反符号的 α 的极坐标平面上。两个这样的呼吸子相互作用将激发一个高阶呼吸子。

首先，考虑一个基本的呼吸子。由 (4.2.137) 式可知，基本 (一阶) 呼吸解对应的二次谱参数为

$$\lambda_1^2=\mathrm{i}\frac{a}{4}\left(\xi_1+\frac{1}{\xi_1}\right)\sqrt{-2q}-\frac{1}{4}\left(a^2+2q\right)$$

其中，$\xi_1=r_1\mathrm{e}^{\mathrm{i}\alpha_1}$。Lax 对 (4.2.133) 式对应的特征函数 (R_1，S_1) 为

$$R_1=\left[(\beta_1+f_1)\mathrm{e}^{\chi_1}+\mathrm{i}a\lambda_1\mathrm{e}^{-\chi_1}\right]\mathrm{e}^{\frac{\mathrm{i}\theta}{2}} \tag{4.2.140}$$

$$S_1=\left[(\beta_1+f_1)\mathrm{e}^{-\chi_1}+ia\lambda_1\mathrm{e}^{\chi_1}\right]\mathrm{e}^{-\frac{\mathrm{i}\theta}{2}} \tag{4.2.141}$$

其中，$\beta_1=\beta(\lambda_1^2)$, $f_1=f(\lambda_1^2)$, 并且

$$\chi_1=\tau_1\left(t-\rho_1 z\right)+\frac{\mathrm{i}\theta_1}{2} \tag{4.2.142}$$

式中，$\tau_1=\mathrm{i}f_1$，$\rho_1=\rho(\lambda_1^2)$。基本的呼吸子解可以通过如下达布转换构造:

$$\psi=\frac{\psi_0\left(\lambda_1|S_1|^2+\lambda_1^*|R_1|^2\right)}{\lambda_1|R_1|^2+\lambda_1^*|S_1|^2}-\frac{2\mathrm{i}\left(\lambda_1^2-\lambda_1^{2*}\right)R_1S_1^*}{\lambda_1|R_1|^2+\lambda_1^*|S_1|^2} \tag{4.2.143}$$

其中，$*$ 表示复共轭；$\lambda_1=\sqrt{\lambda_1^2}$。注意，为方便起见，在一阶呼吸子解中记 $\lambda_1=\lambda\equiv\mu+\mathrm{i}\nu$。经化简，(4.2.143) 式可写为

$$\psi(z,t)=\left[\frac{G(z,t)+\mathrm{i}H(z,t)}{D_1(z,t)+\mathrm{i}D_2(z,t)}-1\right]\psi_0(z,t) \tag{4.2.144}$$

上述表达式中，分子 G，H 和分母 D_1，D_2 是实函数:

$$G=4\nu'K\cosh\boldsymbol{\gamma}_1+\frac{2\nu'}{a}A\cos\boldsymbol{\kappa}_1+2D_1 \tag{4.2.145}$$

$$H=4\nu'K'\sinh\boldsymbol{\gamma}_1+\frac{2\nu'}{a}A'\sin\boldsymbol{\kappa}_1 \tag{4.2.146}$$

$$D_1=\mu A\cosh\boldsymbol{\gamma}_1+2a\mu K\cos\boldsymbol{\kappa}_1 \tag{4.2.147}$$

$$D_2=\nu A'\sinh\boldsymbol{\gamma}_1-2a\nu K'\sin\boldsymbol{\kappa}_1 \tag{4.2.148}$$

其中，

$$\begin{aligned}\boldsymbol{\gamma}_1&=2\gamma(t-V_gz),\quad \boldsymbol{\kappa}_1=2\kappa(t-V_pz)-\theta_1,\\ A&=a^2\left(\nu^2+\mu^2\right)+\left(\delta^2+\eta^2\right),\quad K=\mu\delta-\nu\eta,\\ A'&=a^2\left(\nu^2+\mu^2\right)-\left(\delta^2+\eta^2\right),\quad K'=\nu\delta+\mu\eta.\end{aligned} \tag{4.2.149}$$

这里，V_{g}, V_{p} 分别是群速度和相速度

$$V_{\mathrm{g}}=\frac{a^2}{2}+q-2\mu'+\frac{2}{\gamma}\kappa\nu' \tag{4.2.150}$$

$$V_{\mathrm{p}}=\frac{a^2}{2}+q-2\mu'-\frac{2}{\kappa}\gamma\nu' \tag{4.2.151}$$

其中，

$$\eta=\frac{a^2}{4}-\kappa-\mu'-\frac{q}{2}$$
$$\delta=\gamma-\nu'$$

并且

$$\kappa = \frac{a}{4}\sqrt{-2q}\left(r + \frac{1}{r}\right)\sin\alpha \tag{4.2.152}$$

$$\gamma = \frac{a}{4}\sqrt{-2q}\left(r - \frac{1}{r}\right)\cos\alpha \tag{4.2.153}$$

解 (4.2.144) 式取决于平面波参数 $(a,\ q)$，极坐标谱参数 $(r,\ \alpha)$ 和相位 θ_1。这类解描述了平面波上周期结构增长和衰减的循环。该结构随群速度 V_{g} 和相速度 V_{p} 传播。

在谱参量的特殊值下，解 (4.2.144) 式简化为 Akhmediev 呼吸子 $(r=1,\alpha\neq 0)$，Kuznetsov-Ma 呼吸子 $(r\neq 1,\alpha=0)$ 或 Peregrine 怪波 $(r=1,\alpha=0)$。在其余的情况下，解描述了一般呼吸子 (即 Tajiri-Watanabe 呼吸子)。最简单的 super-regular 呼吸子是两个准 Akhmediev 呼吸子的非线性叠加，其参数为 $r=1+\varepsilon$ $(\varepsilon\ll 1)$, $\alpha\neq 0$。此时，这两个准 Akhmediev 呼吸子有相同的宽度 $[\sim 1/(2\gamma)]$ 和在 t 方向上相同的调制频率 2κ。后者近似为 $2\kappa=a\sqrt{-2q}\sin\alpha$ (在 $\varepsilon\ll 1$ 情况下)，这和 Akhmediev 呼吸子是一样的。然而，由于时间变换 $t\to -t$ 的不对称性，两种准 Akhmediev 呼吸子的最大振幅 $(|\psi|=2\nu'/\mu+a)$ 不完全相等。

图 4.27 显示了当 $a^2/2+q=0$ 时，两个准 Akhmediev 呼吸子以相反的群速度 (V_{g}) 传播的特殊情况。对应的谱参数关于线 $\mathrm{Re}(\lambda)=\mathrm{Im}(\lambda)$ 对称，见图 4.27(d)。准 Akhmediev 呼吸子的每个周期都有一个振幅峰值，且有两个侧孔相对于 t 轴倾斜。从孔到峰的转变可以看作冲击波，如图 4.27(c) 和 (d) 所示。这种效应是由自陡峭引起的，类似于单高斯脉冲或类孤子脉冲的情况。显然，在呼吸子的情况下，冲击波的形成与呼吸子本身的周期性相关。图 4.27中两个准 Akhmediev 呼吸子的另一个显著特征是它们的不对称性。这是原始方程的时间变换 $(t\to -t)$ 不对称的结果。

两个准 Akhmediev 呼吸子之间的非线性相互作用产生了 super-regular 呼吸子。下面，我们给出具有一般行列式形式的双呼吸子解。在特定情况下，当 $r_1=r_2=1+\varepsilon$ 和 $\alpha_1=-\alpha_2=\alpha$ 时，该解描述了 CLL 方程的 super-regular 呼吸动力学。取第二个二次谱参数为

$$\lambda_2^2=\mathrm{i}\frac{a}{4}\left(\xi_2+\frac{1}{\xi_2}\right)\sqrt{-2q}-\frac{1}{4}\left(a^2+2q\right),\quad \xi_2=r_2\mathrm{e}^{\mathrm{i}\alpha_2} \tag{4.2.154}$$

Lax 对 (4.2.133) 式对应的特征函数 $(R_2,\ S_2)$ 为

$$R_2=\left[(\beta_2+f_2)\mathrm{e}^{\chi_2}+\mathrm{i}a\lambda_2\mathrm{e}^{-\chi_2}\right]\mathrm{e}^{\frac{\mathrm{i}\theta}{2}} \tag{4.2.155}$$

$$S_2=\left[(\beta_2+f_2)\mathrm{e}^{-\chi_2}+\mathrm{i}a\lambda_2\mathrm{e}^{\chi_2}\right]\mathrm{e}^{-\frac{\mathrm{i}\theta}{2}} \tag{4.2.156}$$

其中，$\beta_2=\beta(\lambda_2^2)$, $f_2=f(\lambda_2^2)$, 并且

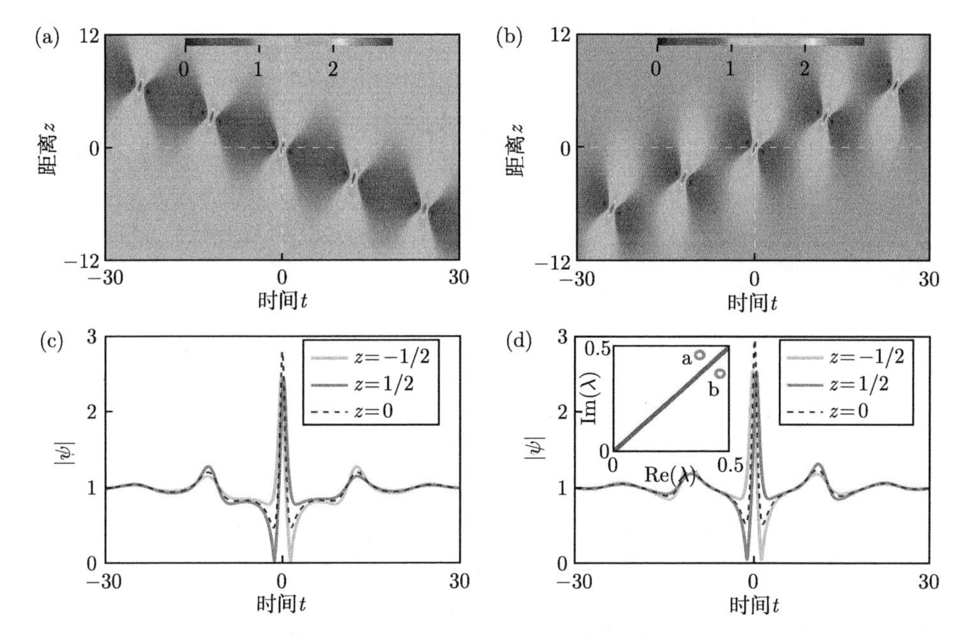

图 4.27 (4.2.144) 式描述的两个准 Akhmediev 呼吸子的振幅分布，其中具有相反的符号 α 值为: (a) $\alpha=\pi/6$; (b) $\alpha=-\pi/6$。截面 (c) 和 (d) 是 (a) 和 (b) 在 $z=-1/2$，$z=0$ 和 $z=1/2$ 三个距离上波函数的特定形状。(d) 中的插图展示在 (a) 和 (b) 函数特殊形状所使用的呼吸子的谱参量在 $(\mathrm{Re}(\lambda),\mathrm{Im}(\lambda))$ 平面上的位置 (红圈)，由 (4.2.137) 式给出。计算中使用的参数为 $a=1$，$q=-0.5$，$r=1.15$，$\theta_1=0$ (彩图见封底二维码)

$$\chi_2=\tau_2\left(t-\rho_2 z\right)+\frac{\mathrm{i}\theta_2}{2} \tag{4.2.157}$$

这里，$\tau_2=\mathrm{i}f_2$，$\rho_2=\rho(\lambda_2^2)$。双呼吸解可以写成如下的行列式形式:

$$\psi=\frac{1}{\Omega_{21}}(\psi_0\Omega_{11}-2i\Omega_{12}) \tag{4.2.158}$$

其中，

$$\Omega_{21}=\begin{vmatrix}\lambda_1^3R_1 & \lambda_1^2\ S_1 & \lambda_1\ R_1 & S_1\\ -(\lambda_1^*)^3\ S_1^* & (\lambda_1^*)^2\ R_1^* & -\lambda_1^*\ S_1^* & R_1^*\\ \lambda_2^3\ R_2 & \lambda_2^2\ S_2 & \lambda_2\ R_2 & S_2\\ -(\lambda_2^*)^3\ S_2^* & (\lambda_2^*)^2\ R_2^* & -\lambda_2^*\ S_2^* & R_2^*\end{vmatrix} \tag{4.2.159}$$

$$\Omega_{11}=\begin{vmatrix}\lambda_1^3\ S_1 & \lambda_1^2\ R_1 & \lambda_1\ S_1 & R_1\\ -(\lambda_1^*)^3\ R_1^* & (\lambda_1^*)^2\ S_1^* & -\lambda_1^*\ R_1^* & S_1^*\\ \lambda_2^3\ S_2 & \lambda_2^2\ R_2 & \lambda_2\ S_2 & R_2\\ -(\lambda_2^*)^3\ R_2^* & (\lambda_2^*)^2\ S_2^* & -\lambda_2^*\ R_2^* & S_2^*\end{vmatrix} \tag{4.2.160}$$

$$
\Omega_{12} = \begin{vmatrix} \lambda_1^4\ R_1 & \lambda_1^2\ R_1 & \lambda_1\ S_1 & R_1 \\ (\lambda_1^*)^4\ S_1^* & (\lambda_1^*)^2\ S_1^* & -\lambda_1^*\ R_1^* & S_1^* \\ \lambda_2^4\ R_2 & \lambda_2^2\ R_2 & \lambda_2\ S_2 & R_2 \\ (\lambda_2^*)^4\ S_2^* & (\lambda_2^*)^2\ S_2^* & -\lambda_2^*\ R_2^* & S_2^* \end{vmatrix} \tag{4.2.161}
$$

(4.2.158) 式描述一般的双呼吸子解，包括呼吸子碰撞和平行呼吸子，后者的形成条件是 $V_{g1} = V_{g2}$。

从图 4.28 中可以看出，相位 θ_1 和 θ_2 在它们的形成中扮演了重要的角色，因为它们改变了准 Akhmediev 呼吸子每个周期的波剖面。在标准的非线性薛定谔系统中，super-regular 呼吸子产生时相位关系为：$\theta_1 + \theta_2 = \pi$。在 $z = 0$ 的线上，相对较小振幅的相互作用形成了特定的对称模式。对于 CLL 方程 (4.2.128) 式中的自陡项，考虑了两种可能：$\{\theta_1, \theta_2\} = \{0, \pi\}$ 和 $\{\theta_1, \theta_2\} = \{\pi, 0\}$。具有上述相位关系的两种模式如图 4.28 所示。其他相位关系则导致呼吸子相互作用在中心位置产生高振幅的波结构。显然这些结果不能描述调制不稳定性过程。

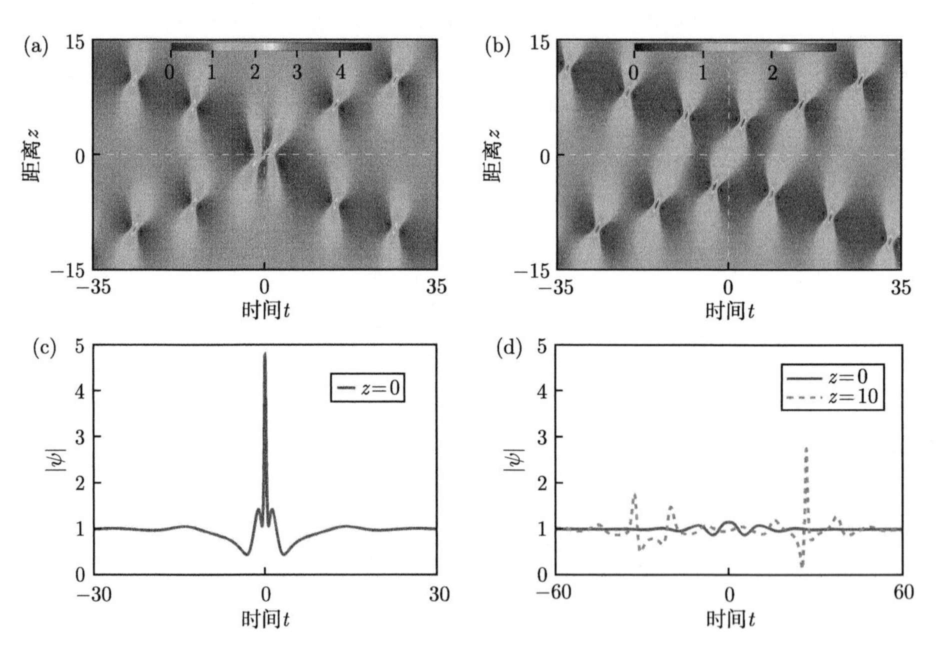

图 4.28　以相反速度传播的两个准 Akhmediev 呼吸子的碰撞。其中 (a) $\theta_j = 0$ 和 (b) $\theta_j = \{0, \pi\}$。截面 (c) 和 (d) 分别为 (a) 和 (b) 不同传输距离 z 处的振幅分布图。其他参数和图 4.27 相同 (彩图见封底二维码)

图 4.28 显示了两个准 Akhmediev 呼吸子相互作用。其中，图 (a) 考虑初始相位相同条件 $\theta_1 = 0$, $\theta_2 = 0$，而图 (b) 考虑初始相位不同条件 $\theta_1 = 0$, $\theta_2 = \pi$。

如图 4.28(c) 所示，第一种情况下，在原点处的场剖面达到最大值。在第二种情况下，中心振幅相对较小，如图 4.28(d) 所示。第一种情况的主要特征是二阶怪波。在第二种情况下，$z=0$ 处波的剖面图可以作为激发 super-regular 呼吸子的初始条件。

图 4.28 中两个分量相位差的选择在某种程度上类似于非线性薛定谔亮孤子碰撞动力学中的相位差选择。然而，呼吸碰撞发生在平面波上，而普通孤子碰撞在零背景上。显然，super-regular 呼吸子需要平面波背景来描述调制不稳定性。

相对而言，CLL 方程 (4.2.128) 式的 super-regular 呼吸子的初始条件 $\psi(0,t)$ 的显式表达是复杂的，这里没有给出。虽然复杂，但仍可作为数值模拟的初始条件。另一种可能是使用相对接近精确表达式的近似值。作为另一个优点，简单的近似初始条件可以用于实验观测。为了证明这种可能性，用分步傅里叶方法数值求解了该问题。使用以下近似作为初始条件，

$$\psi=[a+\rho\,\mathrm{sech}(2\gamma t)\cos(2\kappa t)]\mathrm{e}^{\mathrm{i}\theta} \tag{4.2.162}$$

其中，ρ 是一个小扰动振幅 ($\rho\ll 1$)。取其为实数 ($\rho\in\mathbb{R}$) 以更好地吻合精确的初始条件 (图 4.29(c))。这与标准的非线性薛定谔方程情况不同，即说明在非线性薛定谔方程中，Super-regular 呼吸子往往由纯虚数形式的初始条件激发。另一方面，已有的结果表明实数调制在非线性光学实验中更容易实现。

为进行比较，从 super-regular 呼吸子解 $\psi(0,t)$ 在 $z=0$ 处给出的精确初始条件开始进行类似数值模拟。(4.2.162) 式中扰动的频率 2κ 和宽度 2γ 可以由 (4.2.152) 式和 (4.2.153) 式精确给出。图 4.29展示了分别从精确和非理想初始条件激发的数值模拟结果。值得注意的是，super-regular 呼吸子在每种情况下都能很好地复现。此外，super-regular 呼吸子的群速度与 (4.2.150) 式给出的精确结果一致。即便在非理想初始条件下，调制不稳定模式有更复杂的振荡结构，从图 4.29(d) 中依然可以清楚地看出，红色和蓝色曲线显示的两个剖面的边缘几乎重叠。

Akhmediev 呼吸子与调制不稳定性密切相关。因此，尽管这种联系并不像单个呼吸子的情况那样简单，super-regular 呼吸子也描述了调制不稳定性的发展阶段。这里进一步探究 super-regular 呼吸子和调制不稳定性的精确对应关系。基本的 super-regular 呼吸子由一对初始频率为 2κ 的准 Akhmediev 呼吸子构成。该频率对应的调制不稳定性的增长率如下：

$$G=|qa^2\sin 2\alpha|$$

然而，这个调制不稳定性增长率与每个准 Akhmediev 呼吸子沿 z 的增长率 ($2\gamma|V_{gj}|$) 不相同。这意味着在由 super-regular 呼吸子驱动的调制不稳定性需要

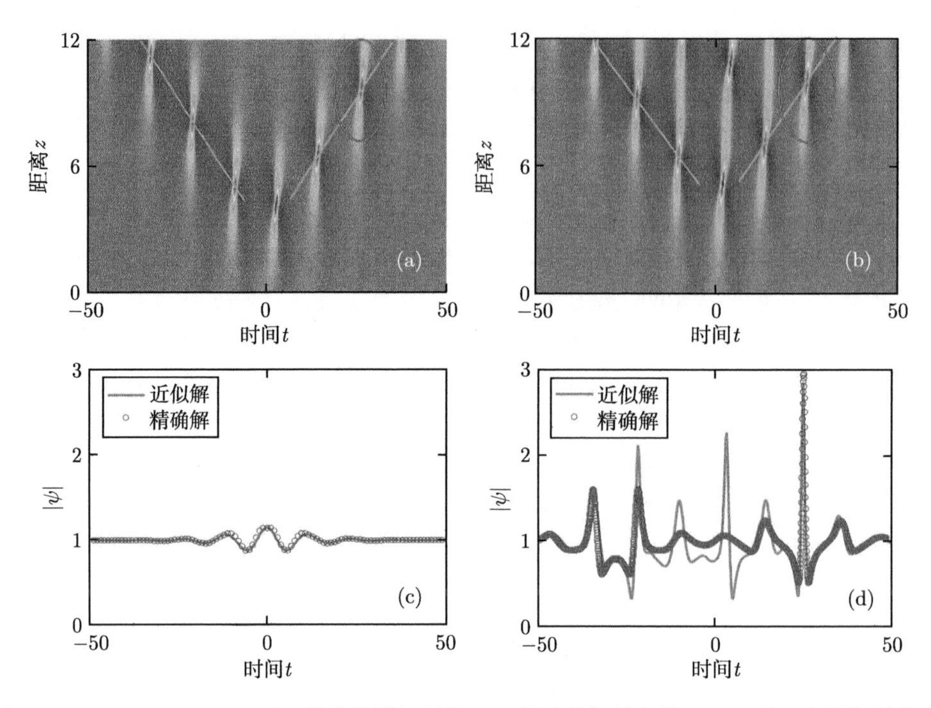

图 4.29　super-regular 呼吸子的数值模拟结果 (a) 精确的初始条件和 (b) 非理想的初始条件 (4.2.162) 式 (此处取 $\rho=0.15$，κ 和 γ 分别由 (4.2.152) 式和 (4.2.153) 式给出)。(c) 对比了 (a) 和 (b) 在 $z=0$ 处的振幅分布。(d) 对比了 (a) 和 (b) 中波场最大振幅位置处 (红色椭圆) 的振幅分布。(a) 和 (b) 中的绿线表示两个呼吸子的群速度，由 (4.2.150) 式给出。参数与图 4.28 相同 (彩图见封底二维码)

新的解释。为此，定义了两个准 Akhmediev 呼吸子群速度差的绝对值：

$$\Delta V_{\mathrm{g}} \equiv |V_{\mathrm{g1}}-V_{\mathrm{g2}}| = 2a\sqrt{-2q}|\sin\alpha|\left(\frac{r^2+1/r^2}{r-1/r}\right) \tag{4.2.163}$$

如果 $r=1+\varepsilon$，其中 $\varepsilon\ll 1$，我们得到

$$\Delta V_{\mathrm{g}} = 4a\sqrt{-2q}|\sin\alpha|\left(\frac{1}{r-1/r}\right) \tag{4.2.164}$$

比较 G 和 ΔV_{g} 的表达式，我们得到

$$G=\gamma\Delta V_{\mathrm{g}} \tag{4.2.165}$$

其中，γ 是在呼吸子解的表达式中定义的参数 (4.2.144) 式。

(4.2.165) 式清楚地展示了 super-regular 呼吸子的调制不稳定性质。即 super-regular 呼吸子的调制不稳定性增长率与群速度差的绝对值一致。这种关系

(4.2.165) 式是具有物理重要性的。它不仅适用于无限阶非线性薛定谔方程和非线性薛定谔-MB 耦合模型，而且也适用于 WKI 系统描述的自陡峭的非线性模型，即 CLL 方程。

在 $V_{g1} = -V_{g2}$ 的特殊情况下，我们易得

$$G = 2\gamma|V_{g1}| = 2\gamma|V_{g2}|$$

即每个准 Akhmediev 呼吸子的增长率与 super-regular 呼吸子相同。这个特殊的关系与之前报道的结果相同。

4.3 类棋盘呼吸子干涉斑图

前几节主要关注呼吸子碰撞形成的 super-regular 呼吸子。本节探究呼吸子碰撞诱发新的干涉斑图。我们知道，当两个孤子碰撞时会产生条纹 (孤子干涉图样)。与之不同，两个呼吸子的碰撞可以产生双重周期的时空新图样，我们称之为类棋盘呼吸子干涉斑图[16]。这是孤子和呼吸子之间的一个重要区别。

4.3.1 呼吸子相干条件

考虑标准的非线性薛定谔模型，其形式如下：

$$\mathrm{i}\frac{\partial\psi}{\partial z} + \frac{1}{2}\frac{\partial^2\psi}{\partial t^2} + |\psi|^2\psi = 0 \tag{4.3.1}$$

这里，$\psi(z,t)$ 是波的包络；z 和 t 分别是传播变量和横向变量。

下面主要考虑最简单的碰撞情况，即两个具有相同振幅和相反的群速度及相速度的呼吸子碰撞。描述该碰撞相应的精确解可以通过达布变换方法进行构造。其中，取一对复共轭的本征值 λ_j (具有相等的实部和符号相反的虚部)。这里，利用茹科夫斯基变换对相应的本征值进行参数化，即

$$\lambda_j = \mathrm{i}(\xi + 1/\xi)/2$$

其中，$\xi = r\mathrm{e}^{\pm\mathrm{i}\alpha}$，则

$$\lambda_j = (\mathrm{i}\nu \mp \mu)/2$$

这里，

$$\nu = \epsilon_+ \cos\alpha, \quad \mu = \epsilon_- \sin\alpha$$

以及

$$\epsilon_\pm = r \pm 1/r$$

$r\ (\geqslant 1)$ 和 α 表示极坐标系下的半径和角度。这种变换为呈现类棋盘式干涉图样的条件时提供了一定的便捷。双呼吸子的解析解可以写为如下形式：

$$\psi(z,t)=\left[1-\frac{G(z,t)+\mathrm{i}H(z,t)}{D(z,t)}\right]\exp(\mathrm{i}z) \tag{4.3.2}$$

式中，G，H，以及 D 都是与两个变量有关的实函数，具体形式如下：

$$\begin{aligned}G=&\nu\mu\{4\nu\mu\left[\cosh(\boldsymbol{\kappa}_1-\boldsymbol{\kappa}_2)+\cos(\boldsymbol{\phi}_1+\boldsymbol{\phi}_2)\right]\\&+\nu A_2\varDelta_1-\mu A_1\varDelta_2\}\end{aligned} \tag{4.3.3}$$

$$\begin{aligned}H=&\nu\mu\left[2\left(r^2-\frac{1}{r^2}\right)\cos 2\alpha\sinh(\boldsymbol{\kappa}_1-\boldsymbol{\kappa}_2)+\gamma B_1\varXi_1\right.\\&\left.-2\left(r^2+\frac{1}{r^2}\right)\sin 2\alpha\sin(\boldsymbol{\phi}_1+\boldsymbol{\phi}_2)+\delta B_1\varXi_2\right]\end{aligned} \tag{4.3.4}$$

$$\begin{aligned}D=&-\frac{1}{2}\gamma^2B_1\cos(\boldsymbol{\phi}_1-\boldsymbol{\phi}_2)-2\sin^2 2\alpha\cos(\boldsymbol{\phi}_1+\boldsymbol{\phi}_2)\\&-\frac{1}{2}\nu^2A_2\sinh\boldsymbol{\kappa}_1\sinh\boldsymbol{\kappa}_2-2\nu\mu\left(\mu\varDelta_2+\nu\varDelta_1\right)\\&+\left(\frac{1}{2}\nu^2B_2+\epsilon_+^2\mu^2\right)\cosh\boldsymbol{\kappa}_1\cosh\boldsymbol{\kappa}_2\end{aligned} \tag{4.3.5}$$

其中，

$$\begin{aligned}\varDelta_1&=\sin\boldsymbol{\phi}_1\sinh\boldsymbol{\kappa}_2-\sin\boldsymbol{\phi}_2\sinh\boldsymbol{\kappa}_1\\\varDelta_2&=\cos\boldsymbol{\phi}_1\cosh\boldsymbol{\kappa}_2+\cos\boldsymbol{\phi}_2\cosh\boldsymbol{\kappa}_1\\\varXi_1&=\cos\boldsymbol{\phi}_1\sinh\boldsymbol{\kappa}_2-\cos\boldsymbol{\phi}_2\sinh\boldsymbol{\kappa}_1\\\varXi_2&=\sin\boldsymbol{\phi}_1\cosh\boldsymbol{\kappa}_2+\sin\boldsymbol{\phi}_2\cosh\boldsymbol{\kappa}_1\end{aligned}$$

以及

$$\begin{aligned}&\gamma=\epsilon_-\cos\alpha,\ \delta=\epsilon_+\sin\alpha\\&A_j=\epsilon_+^2+2\cos 2\alpha\pm 2\\&B_j=r^2+1/r^2\pm 2\cos 2\alpha\\&\boldsymbol{\kappa}_1=\gamma(t-V_{\mathrm{gr}}z),\quad \boldsymbol{\kappa}_2=\gamma(t+V_{\mathrm{gr}}z)\\&\boldsymbol{\phi}_1=\delta(t-V_{\mathrm{ph}}z)+\theta_1\\&\boldsymbol{\phi}_2=-\delta(t+V_{\mathrm{ph}}z)+\theta_2\end{aligned}$$

这里，$V_{\rm gr}$ 和 $V_{\rm ph}$ 分别表示群速度和相速度；而 θ_j 表示任意相位参数，

$$V_{\rm gr} = -(\delta\nu/\gamma + \mu)/2$$
$$V_{\rm ph} = (\gamma\nu/\delta - \mu)/2$$

显然，双呼吸子解 (4.3.2) 式取决于自由参数 r，α 以及相位 θ_j。图 4.30 (a) 中展示了由上述解产生的密度分布图，能够看出，两个呼吸子的碰撞在碰撞区域显示出明显的类棋盘双周期干涉图样。这种图样与先前研究的孤子碰撞完全不同。后者的干涉图样是由平行条纹组成的，即单一周期型干涉条纹。而在理论和实验上已经观察到了呼吸子在碰撞区域的单周期干涉图样。相比之下，呼吸子碰撞可以产生更加复杂的结构，图 4.30 (a) 和 (b) 中所示的图样展示了这些复杂的结构，即图 4.30(a) 为两个呼吸子以有限角度相互传播的对称碰撞结构。对于每个呼吸子来说，在 t 和 z 方向上的宽度为

$$\Delta t \sim 1/|\gamma|, \quad \Delta z \sim 1/|\gamma V_{\rm gr}| \tag{4.3.6}$$

并且沿着 t 和 z 轴呼吸子的周期分别为

$$D_t = 2\pi/|\delta|, \quad D_z = 2\pi/|\delta V_{\rm ph}| \tag{4.3.7}$$

这些值可用于计算各个方向干涉图样中的条纹数目 N_t 和 N_z：

$$\Delta t \sim N_t D_t, \quad \Delta z \sim N_z D_z.$$

对双周期干涉图样来说，N_t 和 N_z 应是足够大的整数。利用 (4.3.6) 式和 (4.3.7) 式可以得到

$$N_t \sim |\tan\alpha| \left(\frac{r+1/r}{r-1/r}\right), \quad N_z \sim |\cot 2\alpha| \left(\frac{r^2-1/r^2}{r^2+1/r^2}\right) \tag{4.3.8}$$

即，对于任意 $r>1$ 情况，当 $|\alpha| \to \pi/2$ (或 $|\tan\alpha|, |\cot 2\alpha| \to \infty$) 且满足 N_t 和 N_z 足够大时出现双周期干涉图样。

一旦 α 固定 (即 $|\alpha| \to \pi/2$)，两种极限情况：① $r \to 1$ 和 ② $r \to \infty$ 可以不考虑。事实上，当 $r \to 1$ 时，则 $N_t \to \infty$，$N_z \to 0$，此时干涉图样仅在 t 方向上有小振幅振荡 (图 4.30(d))。另一方面，当 $r \to \infty$，意味着 $N_t \sim |\tan\alpha|$，$N_z \sim |\cot 2\alpha|$，此时干涉图样被限制在一个振幅很大的无穷小区域内。因此，我们考虑 r 恰当值的干涉图样。例如，图 4.30 (a) 和 (b) 在参数 $r=3$，$\alpha=\pi/2.16$ 情况下所示的双重周期干涉图样。这里，时间周期和空间周期分别为 D_t 和 D_z。这种情况下的一个有趣特征是沿 z 轴在半周期 $kD_z/2$ (其中 k 为奇数) 内具有 π 的周期相移，正是这种相移导致了类棋盘结构的出现。图 4.30 (c) 中的复平面展示了这些图样存在的区域，换句话说，这些双周期干涉图样位于图中对称的灰色三角形区域。在此图中还显示了其他类型的非线性薛定谔方程解的本征值位置。

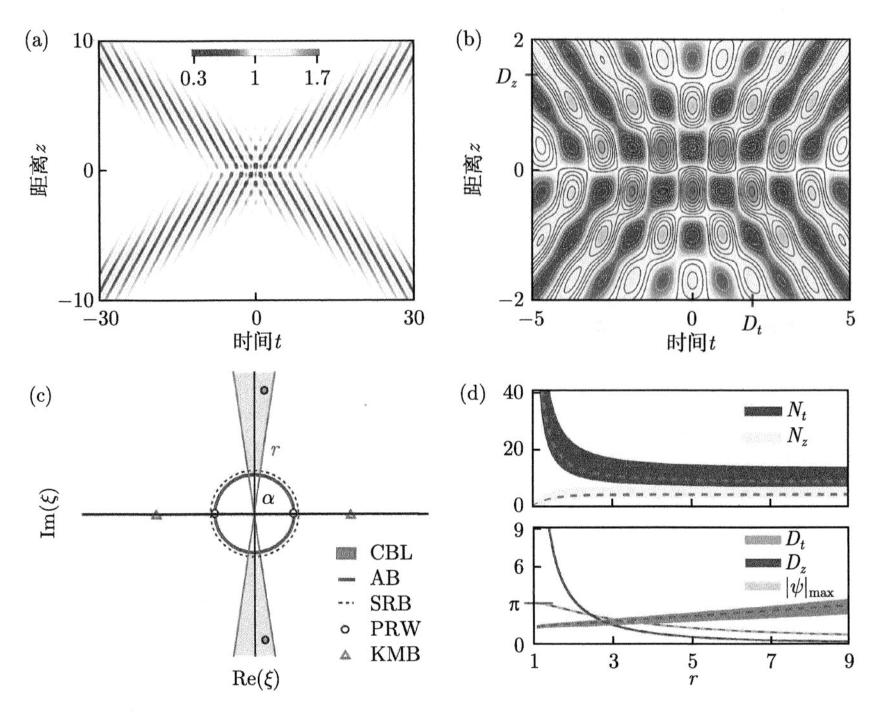

图 4.30 (a) 两个呼吸子碰撞形成的类棋盘式干涉图样，参数为 $r=3$，$\alpha=\pi/2.16$，$\theta_1=\theta_2=\pi/2$；(b) 展示了图 (a) 中心部分的放大图样；(c) 两个碰撞呼吸子的变换本征值 $\xi=r\mathrm{e}^{\pm\mathrm{i}\alpha}$ 的复平面，该平面上的特定点或曲线对应以下情况：“AB” (Akhmediev 呼吸子，$r=1$ 的单位圆)，“SRB” (super-regular 呼吸子，且满足 $r\to1$ 和 $\theta_1+\theta_2=\pi$)，“PRW” (Peregrine 怪波，$r=1$，$\alpha=0$)，以及“KMB” (Kuznetsov-Ma 呼吸子，$r>1$ 且 $\alpha=0$)，其中“CBL” (类棋盘) 图样出现在三角形区域内 $|\alpha|\to\pi/2$ 的所有点并受蓝圈 $r>1$ 之外的红线限制，绿色圆圈对应 (a) 的干涉图样；(d)N_t，N_z，干涉周期 (D_t，D_z) 以及最大振幅 ($|\psi|_{\max}$) 在 $\alpha\in[\pi/2.2,\pi/2.1]$ 范围内随 r 的变化情况，红色虚线对应的是 $\alpha=\pi/2.16$ (彩图见封底二维码)

4.3.2 干涉斑图的激发和机制

利用分步傅里叶变换的方法求解非线性薛定谔方程的线性部分和龙格–库塔 (Runge-Kutta) 法求解非线性部分的方法进行数值模拟。从实验和数值模拟的角度来说，一个重要的问题即是什么类型的初始条件可以产生类棋盘式图样。通常，呼吸子碰撞是由具有复指数型的初始条件激发的。这里，选择 (4.3.2) 式在 $z=0$ 处的精确解作为初始条件 (即，$\psi(z=0,t)$)，其中相位参数 θ_1 和 θ_2 在初态的形成中起关键作用。若 $\theta_1+\theta_2=2k\pi$ (这里 $k=0,\pm1,\pm2\cdots$)，满足实函数 $H=0$，则初态是纯实数；若 $\theta_1+\theta_2=(2k+1)\pi$，满足 $G=0$，那么初始条件的调制部分则是纯虚数。一般情况下，复的初始条件过于复杂则不会产生任何新的现象。我

们考虑 $|\alpha| \to \pi/2$ 或 $\cos^2\alpha \to 0$，解析地得到了这两类初始条件的近似表达式：

$$\psi(0,t)_{\rm i} \approx 1 - {\rm i}\ \rho_{\rm i}\ {\rm sech}\gamma t \cos\delta' \tag{4.3.9}$$

$$\psi(0,t)_{\rm r} \approx 1 - \rho_{\rm r}\ {\rm sech}\gamma t \cos(\delta' + k\pi) \tag{4.3.10}$$

这里，

$$\rho_{\rm i} = 2B_1\cos\alpha/\epsilon_-$$

$$\rho_{\rm r} = 2(A_1 - 4\nu)\cos\alpha/(4\cos\alpha - \epsilon_+)$$

$$\delta' = \delta t + \theta'$$

以及

$$\theta' = (\theta_1 - \theta_2)/2$$

初态近似公式 (4.3.9) 式和 (4.3.10) 式可以作为产生高精度干涉图样的初始条件。这里可见，$\psi(0,t)_{\rm i}$ 和 $\psi(0,t)_{\rm r}$ 都由一个局域函数 ${\rm sech}\gamma t$ 和周期调制 $\cos\delta t$ 构成。近似初始条件及其数值演化图样如图 4.31所示，由图可见，近似初态 (4.3.9) 式得到的数值结果与精确解结果完全吻合。

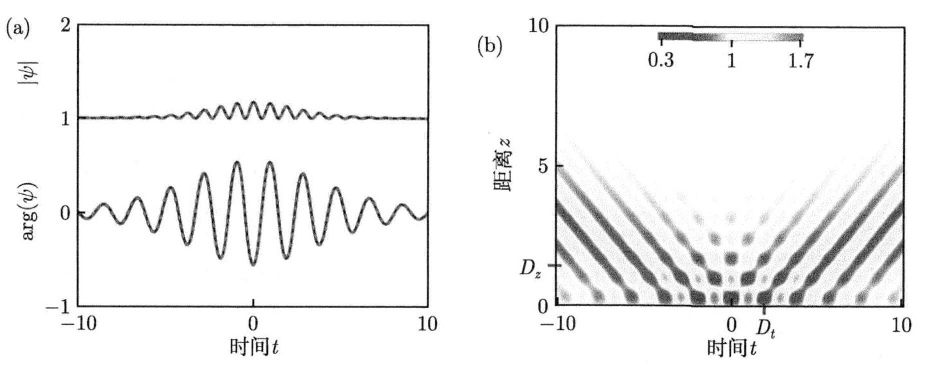

图 4.31 (a) 近似初始条件 (4.3.9) 式 (红色虚线) 和 $z=0$ 处精确解 (4.3.2) 式 (黑色实线) 的振幅和相位剖面图；(b) 对应 (a) 中近似初始条件下的分布演化图；其他参数与图 4.30相同 (彩图见封底二维码)

显然，波函数 $\psi(z,t=0)$ 具有空间周期 $2\pi/|\delta V_{\rm ph}|$，而时空干涉图样的两个周期分别由 D_t 和 D_z 给出。一旦 r 和 α 固定，无论波的形状如何，干涉图样在 t 和 z 方向上的周期不变。这是因为 θ_j 对离散对称谱 λ_j 没有影响，它们只与最大振幅和干涉最大值的位置有关。当 $|\alpha| \to \pi/2$ 时 $|\sin\alpha| \to 1$，则调制频率满足 $|\delta| = (r+1/r)|\sin\alpha| \geqslant 2$，我们在图 4.30 (d) 中可以看出 $D_t = 2\pi/|\delta| \leqslant \pi$。这意味着类棋盘图样发生在调制不稳定性增益曲线之外的高频区域 ($|\delta| < 2$)。

接下来，我们通过 (4.3.9) 式和 (4.3.10) 式考虑更一般的情况：

$$\psi(0,t) = 1 - \sigma\rho_1 \mathrm{sech}(t/b_1)\cos(\delta_1 t)$$

这里，$\sigma = \mathrm{i}$ 或 1；δ_1 表示频率；ρ_1 和 b_1 分别表示振幅和宽度。为了激发如图 4.31所示干涉图样，$\sigma\rho_1$ 可以是纯实也可以是纯虚的，而频率则必须满足 $|\delta_1| \geqslant 2$。这个频率在调制不稳定性增益曲线之外。为了简化，我们取 $\delta_1 = \delta$，允许激发双周期图样的局域化临界宽度为 $b_1 = b_s = 1/|\gamma|$。当 $b_1 \geqslant b_s$ 时，数值模拟清楚地证明了双周期性。而当 $b_1 \to \infty$ 时，周期性图样占据了整个 (z,t) 半平面。相反地，当 $b_1 < b_s$ 时干涉图样减弱且当 b_1 很小时干涉完全消失。

根据 (4.3.9) 式和 (4.3.10) 式，对于任意 b_1 $(\geqslant b_s)$ 来说，纯虚数振幅由 $\rho_1 = \rho_{\mathrm{i}}$ 固定，最大实数振幅为 $\rho_1 = \rho_{\mathrm{r}}$。在每种情况下产生的干涉图样周期 D_t, D_z 通过 (4.3.7) 式确定。当 $b_1 \to \infty$ 时，无论是实数还是虚数，该图样具有相同的最大振幅 $1 - \rho_{\mathrm{r}}$。这两种情况下，当 $b_1 \geqslant b_s$ 时都能激发高频干涉图样。ρ_1 值越大，干涉图样的最大振幅就越大，D_z 就越小。图 4.32 展示了两个不同宽度 b_1 情况下激发干涉图样的例子。从图 (a) 和 (b) 对比可以看出，当 b_1 增大时，干涉图样的尺寸增大而周期 D_t 和 D_z 保持恒定不变。当 $b_1 \to \infty$ 时，干涉图样无限扩展并占据整个时空分布平面。

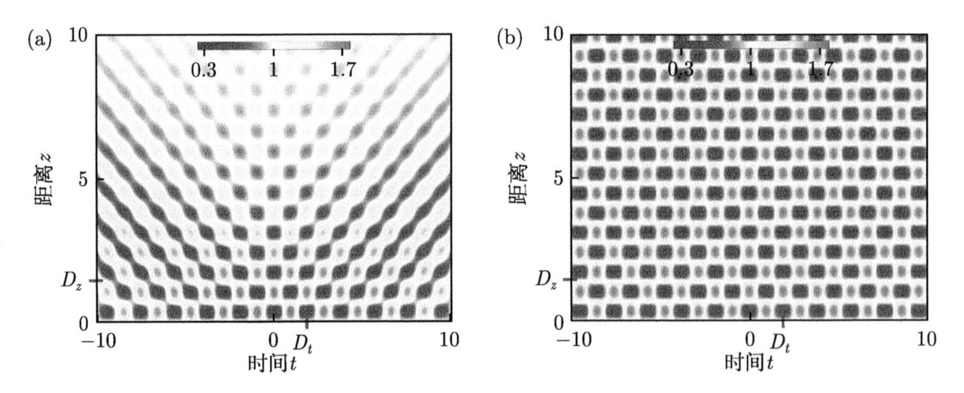

图 4.32 从初始条件 (4.3.9) 式下的类棋盘干涉图样，其中 $b_s = 1/|\gamma|$ 且不同宽度对应 (a)$b_1 = 3b_s$，(b)$b_1 = 30b_s$；另外，其他参数与图 4.31相同 (彩图见封底二维码)

初始条件可以用谱理论 (逆散射变换) 来分析。如图 4.33(a) 所示，对应于呼吸子激发的谱是离散的，当在无限周期解的极限下，谱变为连续的 (有限边带)。后者类似于非线性薛定谔方程双周期 A 型和 B 型的 Akhmediev 呼吸子解。它们可以看作 Akhmediev 呼吸子的一种扰动，将无限维相空间中异宿分离线轨迹的解转换为周期解。这些 A 型和 B 型解位于分离的 Akhmediev 呼吸子的不同侧面。这种转变使其在强度图样上发生了显著的变化，并将条纹图样转化为类棋盘式的结构。此外，将呼吸子的离散本征谱转化为有限边带谱的双周期性解。为了证明这一点，我们数值计算了 A 型解的谱 (图 4.33(b))。由于数值格式的离散性，谱确实是连续的，但在较低的部分具有离散性。

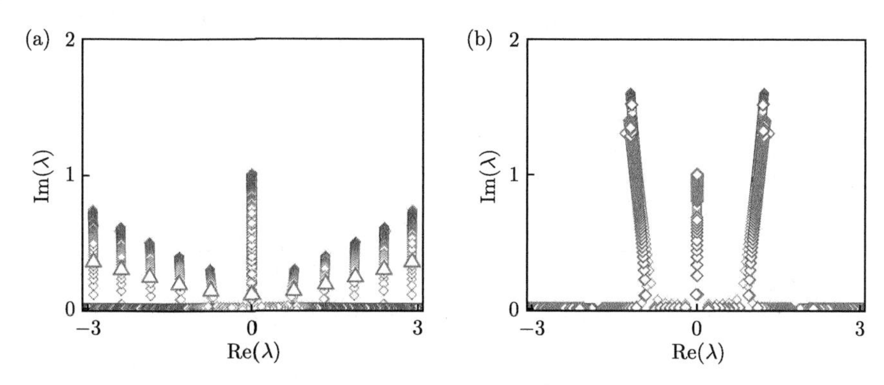

图 4.33 (a) 离散和连续 (有限边带谱) 的本征值 λ 在初态 (4.3.9) 式 $\gamma=b_1^{-1}$ 条件下位于复平面的上半平面位置分布情况，这里选择参数 $r=1,\cdots,6$，$\alpha=\pi/2.16$ 且满足 $b_1=b_s$ (红色三角形) 以及 $b_1\to\infty$ (蓝色方块)，后者产生六种不同的有限边带谱；(b) A 型 Akhmediev 呼吸子解在 $\kappa=0.11$ (红色) 和周期性初始条件 $\psi(0,t)=1-\mathrm{i}2.7\cos(3.3t)$ (蓝色) 两种情况下计算得到的本征值 λ 的分布，可以看出，(b) 中的两个谱是连续的并且是重叠的 (彩图见封底二维码)

A 型和 B 型解产生的初始条件可以用雅可比椭圆函数表示，它们的基本周期可以精确地计算。显然，A 型解描述了横向周期位于 $D_t\in(0,\sqrt{2}\pi)$ 而 B 型解存在于 $D_t\in(\sqrt{2}\pi,\infty)$ 的周期性结构。当周期位于 $D_t\in(0,\pi)$ 范围内时，可以激发类棋盘干涉图样。这意味着周期在 $D_t\in(0,\pi)$ 范围内的 A 型解可以描述由双呼吸子碰撞产生的干涉图样 $(b_1\to\infty)$ 的无限扩展。对两种情况的本征值计算证实了这一点。从图 4.33 可以看出，两个谱几乎重叠。

当使用多个局域化的高频调制作为初始条件时，可以产生更复杂的图样。这类初态可写为

$$\psi(0,t)=1-\sigma\sum_{j=1}^{n}L_j(t-t_j)\cos(\delta_j t+\Theta_j) \tag{4.3.11}$$

这里，$\sigma=\mathrm{i}$ 或 1；t_j 表示时移；δ_j 是频率；Θ_j 表示相移；$L_j(t-t_j)$ 为光滑的局域函数。这可以是 sech 型，Gaussian 型，Lorentzian 型或其他类似的函数。在下面的内容中，采用了 sech 型函数

$$L_j(t-t_j)=\rho_j\mathrm{sech}[(t-t_j)/b_j]$$

当 $n=1$ 时，(4.3.11) 式能够产生如上所示的双呼吸子干涉图样。当 $n\geqslant 2$ 时，图

样对应于多个呼吸子碰撞。事实上，如果选择 t_j 将初始扰动很好地分离，则方程 (4.3.11) 式为模拟 $2n$ 个呼吸子碰撞提供了很好的近似。

图 4.34展示了两个激发的特例，它们是从三个具有相等 b_j ($\geqslant b_s$) 的相同局域包络 ($n=3$) 得到的。图 4.34(a) 中 $b_j=b_s$ 的每一次碰撞都与图 4.31(b) 相类似，碰撞总数为 $n(n+1)/2$。用 D_t 和 D_z 的解析表达式很好地预测了 t 和 z 方向上的周期性。b_j 值越大，每个干涉图样的宽度越大，碰撞区域也越大。如图 4.34(b) 所示的 $b_j=2b_s$ 情况，碰撞的总体几何形状与图 4.34(a) 相同，但高振幅的数量更多。

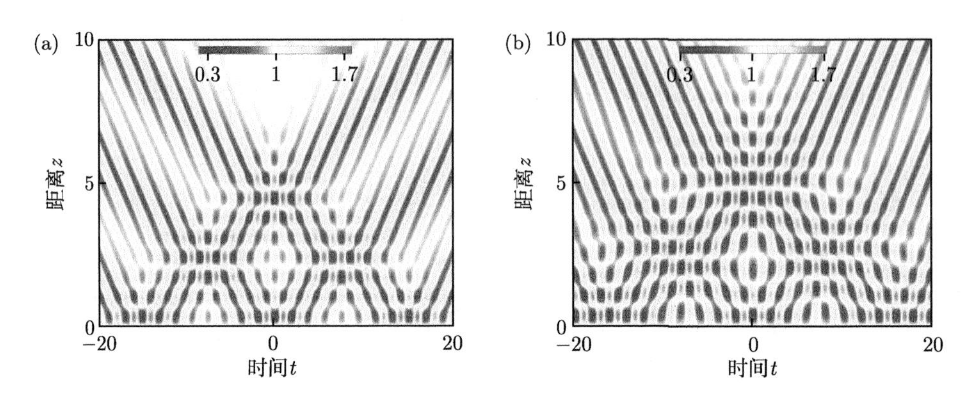

图 4.34 类棋盘干涉图样的多个 ($n=3$) 激发，对应于初始条件 (4.3.11) 式中的不同宽度：(a) $b_j=b_s$；(b) $b_j=2b_s$。这里 $t_j=-15,0,15$，$\Theta_j=0$，$j=1,2,3$。其他参数与图 4.31相同 (彩图见封底二维码)

综上，我们引入了一种新的类棋盘式时空干涉图样。当初始调制的频率超出调制不稳定性范围时，这些干涉图样就会出现。我们证明了它们对应于具有特定的双周期干涉图样的双呼吸子碰撞。当图样扩展至无穷大时，本征值的谱由离散谱转变为有限边带连续谱。当初始条件包含多个分离的局域化的高频调制时，可以激发多个碰撞图样。考虑到非线性薛定谔方程的普适性，这些类似碰撞的双周期干涉图样可以在各种物理系统中被观察，包括光学、流体力学、玻色–爱因斯坦凝聚体以及等离子体等。

参 考 文 献

[1] Zhao L C, Ling L, Yang Z Y. Mechanism of Kuznetsov-Ma breathers [J]. Phys. Rev. E, 2018, 97: 022218.

[2] Gelash A A, Zakharov V E. Superregular solitonic solutions: a novel scenario for the nonlinear stage of modulation instability [J]. Nonlinearity, 2014, 27: R1.

[3] Liu C, Ren Y, Yang Z Y, et al. Superregular breathers in a complex modified Korteweg-de Vries system [J]. Chaos: An Interdisciplinary Journal of Nonlinear Science, 2017, 27: 083120.

[4] Zhang J H, Wang L, Liu C. Superregular breathers, characteristics of nonlinear stage of modulation instability induced by higher-order effects [J]. Proceedings of the Royal Society A: Mathematical, Physical and Engineering Sciences, 2017, 473: 20160681.

[5] Liu C, Wang L, Yang Z Y, et al. Femtosecond optical superregular breathers [J]. arXiv preprint arXiv: 1708.03781, 2017.

[6] Ren Y, Liu C, Yang Z Y, et al. Polariton superregular breathers in a resonant erbium-doped fiber [J]. Phys. Rev. E, 2018, 98: 062223.

[7] Ren Y, Yang Z Y, Liu C, et al. Characteristics of optical multi-peak solitons induced by higher-order effects in an erbium-doped fiber system [J]. The European Physical Journal D, 2016, 70: 1-7.

[8] Ren Y, Wang X, Liu C, et al. Characteristics of fundamental and superregular modes in a multiple self-induced transparency system [J]. Communications in Nonlinear Science and Numerical Simulation, 2018, 63: 161-170.

[9] Liu C, Yang Z Y, Zhao L C, et al. Vector breathers and the inelastic interaction in a three-mode nonlinear optical fiber [J]. Physical Review A, 2014, 89: 055803.

[10] Liu C, Yang Z Y, Zhao L C, et al. Transition, coexistence,and interaction of vector localized waves arising from higher-order effects [J]. Annals of Physics, 2015, 362: 130-138.

[11] Ren Y, Yang Z Y, Liu C, et al. Different types of nonlinear localized and periodic waves in an erbium-doped fiber system [J]. Phys. Letts. A, 2015, 379: 2991-2994.

[12] Liu C, Yang Z Y, Zhao L C, et al. Symmetric and asymmetric optical multi-peak solitons on a continuous wave background in the femtosecond regime [J]. Phys. Rev. E, 2016, 94: 042221.

[13] Liu C, Yang Z Y, Yang W L. Growth rate of modulation instability driven by superregular breathers [J]. Chaos, 2018, 28: 083110.

[14] Ankiewicz A, Kedziora D J, Chowdury A, et al. Infinite hierarchy of nonlinear Schrödinger equations and their solutions [J]. Physical Review E, 2016, 93: 012206.

[15] Liu C, Akhmediev N. Super-regular breathers in nonlinear systems with self-steepening effect [J]. Physical Review E, 2019, 100: 062201.

[16] Liu C, Yang Z Y, Yang W L, et al. Chessboard-like spatio-temporal interference patterns and their excitation [J]. Journal of the Optical Society of America B, 2019, 36: 1294-1299.

第 5 章　基本局域波的观测相图和激发方式

利用第 2 章的方法可以得到多种不同局域波的解析解，但还需要进一步探索非线性波的产生机制和激发条件，以便实现这些非线性波在实验上的可控激发，从而为进一步深入理解非线性系统中的局域波激发现象和它们的实际应用提供依据。第 3 章和第 4 章的结果表明，调制不稳定性可以很好地解释怪波和呼吸子的动力学。本章将首先基于可积系统局域波解析解和调制不稳定分析，给出建立基本局域波与调制不稳定性定量对应关系的方法，并将其应用到多种不同的物理模型。通过定义扰动信号的主导波数、主导频率、扰动能量以及其相对于背景波的相位，给出基本局域波的观测相图。再者，我们将改进和发展线性稳定分析方法，以实现不可积情形下多种扰动形式的动力学预测。这些结果将加深学界对局域波激发机制的理解，并为实验实现不同局域波可控激发提供多种可能的手段。

5.1　调制不稳定性与多种基本局域波的关系

调制不稳定性增益值的分布　首先，将讨论在非线性薛定谔模型中调制不稳定性增益的分布情况。由于在第 2 章已经展示过相关的计算过程，这里只是对其进行简要的回顾。非线性薛定谔模型的无量纲形式如下：

$$\mathrm{i}\psi_z + \frac{1}{2}\psi_{tt} + |\psi|^2\psi = 0 \tag{5.1.1}$$

其中，参数 t 和 z 分别表示无量纲化之后的时间和空间；ψ 表示波函数。(5.1.1) 式存在如下的平面波解：

$$\psi_0(t,z) = a\mathrm{e}^{\mathrm{i}\theta(t,z)} \tag{5.1.2}$$

其中，$\theta(t,z) = \omega t + kz$，这里 a 和 ω 分别表示平面波的振幅和频率，$k = a^2 - \omega^2/2$ 是平面波的波数。考虑在平面波解的基础上加一个小振幅的周期扰动 $p(t,z)$，

$$\psi(t,z) = [a + p(t,z)]\exp[\mathrm{i}\theta(t,z)] \tag{5.1.3}$$

接下来，将它代入非线性薛定谔方程 (5.1.1) 式得到关于 p 的非线性偏微分方程。考虑到条件 $|p| \ll a$，对此方程进行关于 p 的线性化处理，便可以得到

$$a^2p + a^2p^* + \mathrm{i}p_z + \mathrm{i}\omega p_t + \frac{1}{2}p_{tt} = 0 \tag{5.1.4}$$

这里，把扰动项 $p(t,z)$ 写成如下形式：

$$p(t,z)=f_{+}\mathrm{e}^{\mathrm{i}(\Omega t+Kz)}+f_{-}\mathrm{e}^{-\mathrm{i}(\Omega t+Kz)} \tag{5.1.5}$$

这里，K 和 Ω 分别表示扰动相对于平面波背景的波数和频率；f_{+},f_{-} 为扰动小振幅。将它代入线性关系 (5.1.4) 式，并分离 $\mathrm{e}^{\mathrm{i}(\Omega t+Kz)}$ 和 $\mathrm{e}^{-\mathrm{i}(\Omega t+Kz)}$ 项，可得关于 f_{+} 和 f_{-} 的线性齐次方程组。要使这个方程组存在非零解，需要令它的系数行列式等于 0，便可以得到扰动的增益值为

$$G=|\mathrm{Im}[K]|=|\Omega|\sqrt{a^2-\Omega^2/4} \tag{5.1.6}$$

它是依赖于平面波背景振幅 a 和相对扰动频率 Ω 的。之所以称为相对扰动频率，是考虑它描述的是相对扰动 p 的频率，这里没有把背景对频率的贡献考虑进来，而真实扰动 $p\mathrm{e}^{\mathrm{i}\theta(t,z)}$ 的波数为 $\Omega+\omega$，称为绝对扰动频率。

由于非线性薛定谔系统满足伽利略协变性，所以其增益不依赖于背景频率 ω。但是其他非线性系统，例如 Hirota 系统、Sasa-Satsuma 系统、四阶非线性薛定谔系统和五阶非线性薛定谔系统等广义非线性薛定谔系统，由于伽利略协变性被破坏，其调制不稳定性也依赖于背景频率 ω。这里，为了与其他模型中讨论非线性波与调制不稳定的形式一致，我们分别在 (a,Ω) 空间和 (ω,Ω) 空间讨论两者的对应关系，图 5.1 (a) 和 (b) 中分别给出调制不稳定性增益 G 在背景频率 ω 和扰动频率 Ω 参数平面的分布 (此时背景振幅取 $a=1$) 以及在背景振幅 a 和扰动频率 Ω 参数平面的分布 (此时背景频率取 $\omega=0$)。从图中可以看出在 (ω,Ω) 平面，调制不稳定性增益分布为带状结构，其范围为 $-2a<\Omega<2a$ (图中 a 取 1)，由于满足伽利略协变性，所以调制不稳定性增益在不同背景频率 ω 处的分布都相同。而在 (a,Ω) 平面，调制不稳定性增益分布区域为两个对称的三角区域，三角区域的范围仍然为 $-2a<\Omega<2a$，在背景振幅 $a=0$ 处，任意扰动频率都是稳定的。此外，由于 $\Omega=0$ 处所对应的绝对扰动频率与背景频率是相等的 $(\Omega+\omega=\omega)$，所以它被称为共振线。

从上面讨论知道，与系统调制不稳定性有关的三个参数分别是背景频率 ω、扰动频率 Ω 和背景振幅 a。因此要建立非线性波激发与调制不稳定性之间的关系，需要分析不同类型非线性波解的这三个参数的范围，这将在下面的部分进行讨论。

基本非线性波解　在非线性薛定谔模型 (5.1.1) 式中，存在着基本非线性波解，这个解在取不同的参数条件时可以得到我们要研究的各类局域波解，包括 Peregrine 怪波、Akhmediev 呼吸子、Kuznetsov-Ma 呼吸子等。它的具体表达式如下：

$$\psi_{\mathrm{nw}}=a\mathrm{e}^{\mathrm{i}\theta}+\frac{4a\alpha_1\cosh\beta_0-4\mathrm{i}a\sigma\sinh\beta_0-(4a^2+\sigma^2+\alpha_1^2)\cos\gamma_0-\mathrm{i}[4a^2-\sigma^2-\alpha_1^2]\sin\gamma_0}{4a^2\alpha_1\cos\gamma_0-(4a^2+\sigma^2+\alpha_1^2)\cosh\beta_0}2b\mathrm{e}^{\mathrm{i}\theta} \tag{5.1.7}$$

其中，

$$\beta_0=\xi t-V_{\mathrm{H}}z,\quad \gamma_0=\sigma t-V_{\mathrm{T}}z,\quad V_{\mathrm{H}}=\omega\xi-b\sigma,\quad V_{\mathrm{T}}=\omega\sigma+b\xi$$

$$\xi=\left(\sqrt{\chi^2}+\chi\right)^{1/2}/\sqrt{2},\quad \sigma=\pm\left(\sqrt{\chi^2}-\chi\right)^{1/2}/\sqrt{2}$$

$$\chi=4b^2-4a^2,\quad \alpha_1=2b+\xi$$

这个解是双曲函数 $\cosh\beta_0$ 和 $\sinh\beta_0$ 与三角函数 $\cos\gamma_0$ 和 $\sin\gamma_0$ 的组合形式，而 β_0 和 γ_0 是关于变量 t 和 z 的实函数。通常双曲函数决定解的局域性，而三角函数决定解的周期性，分析解 (5.1.7) 式的局域性与周期性就可以判断其在不同参数条件下所对应的非线性波类型。

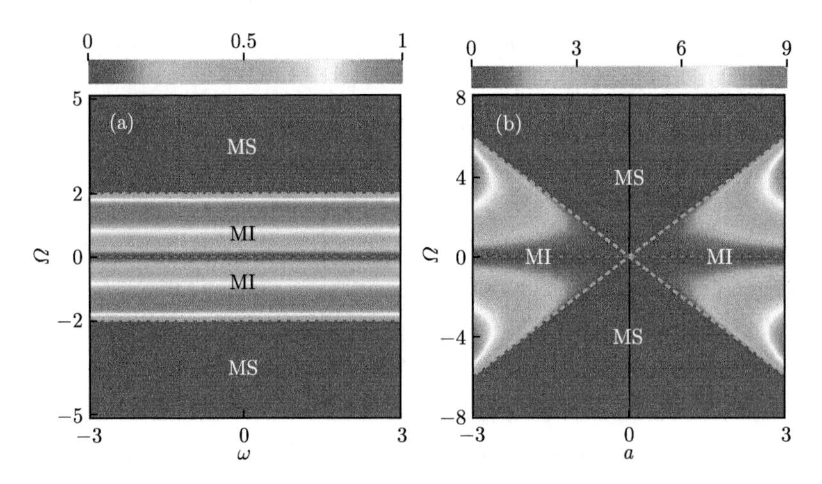

图 5.1 标准非线性薛定谔系统的调制不稳定增益分布和基本非线性波激发的相图。(a) 和 (b) 分别为调制不稳定增益 G 在 (ω,Ω) 平面和 (a,Ω) 平面的分布。“MI”和“MS”分别表示调制不稳定性和调制稳定性，红色虚线是共振线 (彩图见封底二维码)

这个解可以写成如下的形式：

$$\psi(t,z)=a\mathrm{e}^{\mathrm{i}\theta(t,z)}+\psi_{\mathrm{p}}(t,z)\mathrm{e}^{\mathrm{i}\theta(t,z)} \tag{5.1.8}$$

这是平面波 $a\mathrm{e}^{\mathrm{i}\theta}$ 和描述扰动非线性演化动力学的部分 $\psi_{\mathrm{p}}\mathrm{e}^{\mathrm{i}\theta(t,z)}$ 的线性叠加，这种形式与线性稳定性分析中拟设的波函数形式是相同的。也就是说，平面波背景上的解析解和平面波背景上的线性稳定性分析结果反映的都是平面波背景上扰动的演化特征，并且两者具有相同的形式，因此可以通过调制不稳定性来理解平面波背景上非线性波的动力学特征，进而找出它们之间的定量关系。

在线性稳定性分析中，扰动频率 Ω 表示绝对扰动频率与背景频率的差值。因此分析非线性波解的扰动频率时也需要减掉背景频率。背景频率 ω 和背景振幅 a 在解中都有直接体现，而扰动频率 Ω 在解中并没有直接体现，需要对解析解进一步分析。一般选取波函数除去平面波之后的相对扰动部分 ψ_{p} ((5.1.8) 式)，对它做关于 t 的傅里叶变换 $F(\Omega', z) = \int_{-\infty}^{+\infty} \psi_{\mathrm{p}} \mathrm{e}^{-\mathrm{i}\Omega' t}\mathrm{d}t$，然后可以得到非线性波去掉平面波背景后扰动部分在频率空间的演化 [1]。这时，对于不同波的扰动部分，可以根据粒子数密度在频率空间的分布情况去得到它的主扰动频率。同理，可以对 ψ_{p} 做关于 z 的傅里叶变换 $F(t, K') = \int_{-\infty}^{+\infty} \psi_{\mathrm{p}} \mathrm{e}^{-\mathrm{i}K' z}\mathrm{d}z$，再根据能量密度在波数空间的分布情况便可以得到波的主波数。其实，通过这一方法，所得到的主扰动频率或主扰动波数是与解的三角函数中 t 或 z 前面的系数相同的，这也印证了之前所说的三角函数决定解周期性这一结论。因此，一般情况下可以通过解中的系数对扰动的特征进行大致的判断。下面具体分析各个非线性波在参数空间中的对应。

Kuznetsov-Ma 呼吸子对应的参数空间 对于解 (5.1.7) 式来说，当 $|b| > a$ 时，有 $\sigma = 0$，$\xi = 2\sqrt{b^2 - a^2}$，$\beta_0 = \xi t - \omega \xi z$，$\gamma_0 = -b\xi z$，也就是说这个波在分布方向 t 有局域性而没有周期性，只在演化方向 z 有周期性。此时解 (5.1.7) 式对应于 Kuznetsov-Ma 呼吸子，其具体表达式为

$$\psi_{\mathrm{km}} = a\mathrm{e}^{\mathrm{i}\theta} - \frac{2(b^2 - a^2)\cos(2b\sqrt{b^2 - a^2}z) + 2\mathrm{i}b\sqrt{b^2 - a^2}\sin(2b\sqrt{b^2 - a^2}z)}{b\cosh[2\sqrt{b^2 - a^2}(t - \omega z)] - a\cos(2b\sqrt{b^2 - a^2}z)}\mathrm{e}^{\mathrm{i}\theta} \tag{5.1.9}$$

这个解描述了一个在分布方向 t 局域在演化方向 z 周期振荡的 Kuznetsov-Ma 呼吸子，其速度 $v_{\mathrm{km}} = \omega$，振荡周期 $T_z = \pi/(b\sqrt{b^2 - a^2})$。例如，当取 $(a, b, \omega) = (1, 1.4, 0)$ 时，它的幅度演化如图 5.2 (a) 所示，可以清晰地看到它在分布方向 t 上具有局域性、在演化方向 z 上具有周期性。

对于 Kuznetsov-Ma 呼吸子 (5.1.9) 式，为了分析它的主扰动频率，可以对其扰动部分 ψ_{p} 做关于 t 的傅里叶变换。我们仍然取 $(a, b, \omega) = (1, 1.4, 0)$，它在波数空间的幅度演化如图 5.2 (b) 所示，呈现出局域的分布。尽管这种分布在演化方向上是周期性变化的，它的主扰动频率 Ω 仍会始终维持在 0 处，且不随参数取值的变化而变化。因此 Kuznetsov-Ma 呼吸子激发在调制不稳定增益分布平面的共振线 ($\Omega = 0$) 上 $a = 0$ 以外的区域 (图 5.2 (c) 和 (d))。

亮孤子对应的参数空间 当 $a = 0$ 时，Kuznetsov-Ma 呼吸子解将约化为零背景上的亮孤子解，

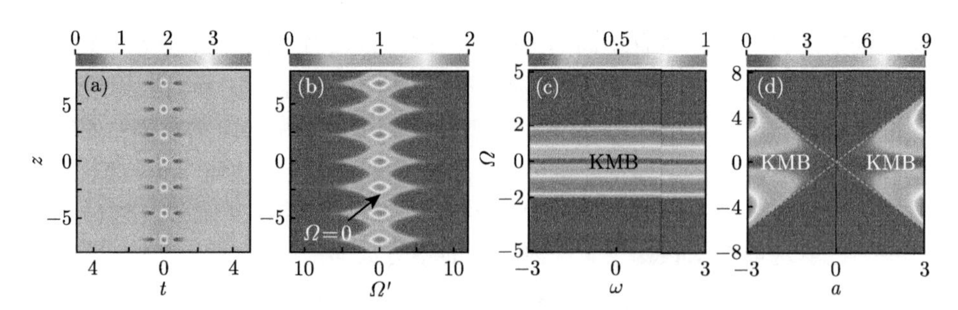

图 5.2　(a) 和 (b) 分别是 Kuznetsov-Ma 呼吸子在坐标和频率空间的幅度演化图，即解 (5.1.9) 式中取 $(a,b,\omega)=(1,1.4,0)$；(c) 和 (d) 是增益值 G 分别在参数 (ω,Ω) 和 (a,Ω) 下的分布，图中 KMB 代表 Kuznetsov-Ma 呼吸子对应的参数空间 (彩图见封底二维码)

$$\psi_{\mathrm{bs}}=0+2b\,\mathrm{sech}[2b(t-\omega z)]\mathrm{e}^{\mathrm{i}[\omega t+(2b^2-\frac{1}{2}\omega^2)z]} \tag{5.1.10}$$

由于平面波背景振幅等于零，平面波消失，此时 ω 不再表示平面波背景的背景频率，而是一个任意的实常数。从孤子解 (5.1.10) 式可以看出，亮孤子的频率等于 ω，它可以取任意值。我们以 $b=1$ 且 $k=2$ 的情况为例，将亮孤子在坐标和频率空间中的幅度演化图分别展示在图 5.3 (a) 和 (b) 之中。可以发现它的主频率始终与 ω 相等。因此亮孤子可以对应于调制不稳定性增益分布平面 (a,Ω) 中直线 $a=0$ 上 (见图 5.3(c) 中黑色实线)。然而需要强调的是，线性稳定性分析方法本身是用来分析平面波背景上弱扰动稳定性特征的，亮孤子并不是平面波背景上的激发而是零背景上的激发，因此线性稳定性分析的结果并不能用来理解亮孤子的稳定性特征，只是亮孤子激发恰好位应于 (a,Ω) 平面中直线 $a=0$ 上。

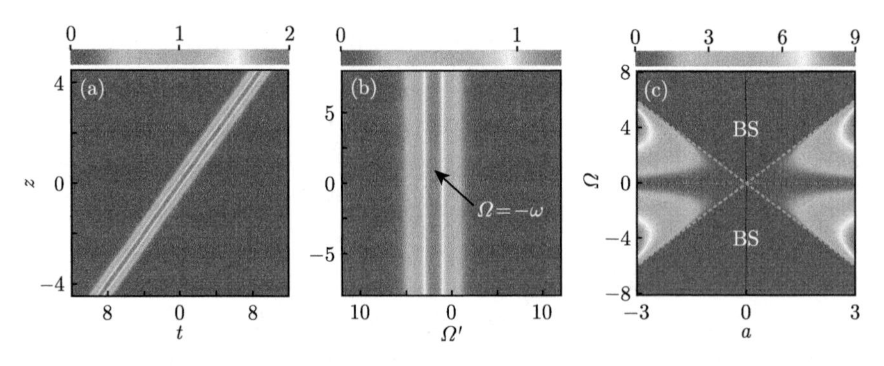

图 5.3　(a) 和 (b) 分别是亮孤子在坐标和频率空间的幅度演化图，即解 (5.1.10) 式中取 $b=1$ 和 $\omega=2$；(c) 是增益值 G 在参数 (a,Ω) 下的分布，图中 BS 代表亮孤子对应的参数空间 (彩图见封底二维码)

Akhmediev 呼吸子对应的参数空间　对于解 (5.1.7) 式来说，当 $|b|<a$ 时，我们有 $\xi=0$，$\sigma=\pm2\sqrt{a^2-b^2}$，$\beta_0=b\sigma z$，$\gamma_0=\sigma t-\omega\sigma z$，这个波只在演化方

向 z 局域，而在分布方向有周期性。此时解 (5.1.7) 式对应于 Akhmediev 呼吸子，其具体表达式为

$$\psi_{\mathrm{ab}}=a\mathrm{e}^{\mathrm{i}\theta}-\frac{2(a^2-b^2)\cosh(b\sigma z)+\mathrm{i}b\sigma\sinh(b\sigma z)}{a\cosh(b\sigma z)-b\cos[\sigma(t-\omega z)]}\mathrm{e}^{\mathrm{i}\theta} \tag{5.1.11}$$

其中，b 是一个与呼吸子幅度有关的实参量，并且 $\sigma=\pm2\sqrt{a^2-b^2}$。这个解描述了一个在演化方向 z 局域且在分布方向 t 周期排列的 Akhmediev 呼吸子，此时波包整体的速度为无穷大，而重复排列的每个基本单元的速度 $v_{\mathrm{ab}}=\omega$。重复排列单元在 t 方向的重复频率由 σ 决定，因此重复的周期为 $T_t=2\pi/|\sigma|=\pi/\sqrt{a^2-b^2}$。当 $(a,b,\omega)=(1,0.5,0)$ 时，它的幅度演化如图 5.4(a) 所示，可以看到它在 t 方向的周期性和 z 方向的局域性。对于 Akhmediev 呼吸子 (5.1.11) 式，对其在分布方向进行傅里叶分析。当 $(a,b,\omega)=(1,0.5,0)$ 时，它在频率空间的幅度演化如图 5.4 (b) 所示，它存在着周期性排列的边带成分，且从最靠近中心的两个边带 $\Omega'=\pm2\sqrt{a^2-b^2}$ 向两侧逐渐递减。因此，其主扰动频率 $\Omega=\sigma=\pm2\sqrt{a^2-b^2}$，这里 $0<|b|<a$，因此 Ω 的取值范围为 $0<|\Omega|<2a$，这恰好对应于线性稳定性分析方法给出的调制不稳定区共振线两侧的区域 (图 5.4(c) 和 (d) 中红色虚线和橙色虚线之间的区域)。另外，Akhmediev 呼吸子在分布方向 t 的周期 $T_t=2\pi/|\sigma|=2\pi/|\Omega|$，也就是说 Akhmediev 呼吸子的周期由初始的扰动频率决定，并且演化过程中扰动频率保持不变。有人已经在一些数值和实验工作中通过在平面波背景上加周期扰动的方法得到了 Akhmediev 呼吸子的激发，并且 Akhmediev 呼吸子的周期就等于初始扰动信号的周期，这些结果说明我们对非线性波扰动频率的分析方法是合理的。对于不同扰动频率，调制不稳定性增益不同，因此对于同样的初始扰动振幅，不同波数的周期扰动激发出 Akhmediev 呼吸子的位置不同。并且我们注意到，当扰动频率 Ω 趋于调制不稳定区的边界 $\pm2a$ 时，Akhmediev 呼吸子的振幅趋于背景振幅。随着扰动频率从 $\pm2a$ 趋于 0 时，Akhmediev 呼吸子的最大振幅逐渐增大，当扰动频率等于零时，Akhmediev 呼吸子将转变为 Peregrine 怪波[2]，此时振幅达到最大，为背景振幅的三倍。也就是说最大峰值和增益出现在共振线 $\Omega=0$ 上。

Peregrine 怪波对应的参数空间 对于解 (5.1.7) 式来说，当 $|b|=a$ 时，σ 和 ξ 都等于零。通过对这个解取极限 $|b|\to a$，可以得到 Peregrine 怪波解:

$$\psi_{\mathrm{rw}}=a\mathrm{e}^{\mathrm{i}\theta}-a\frac{4(1+2\mathrm{i}a^2z)}{1+4a^4z^2+4a^2(t-\omega z)^2}\mathrm{e}^{\mathrm{i}\theta} \tag{5.1.12}$$

这个解描述的是在分布方向 t 和演化方向 z 双重局域的怪波结构，怪波的速度 $v_{\mathrm{rw}}=\omega$。当 $(a,\omega)=(1,0)$ 时，怪波的幅度演化如图 5.5(a) 所示，可以看到它具有双重局域性。

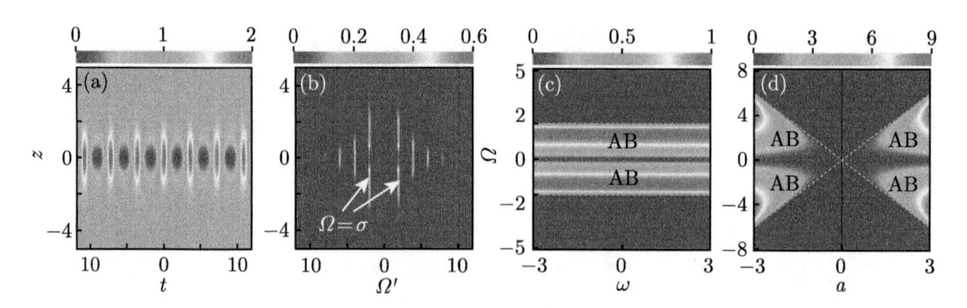

图 5.4　(a) 和 (b) 分别是 Akhmediev 呼吸子在坐标和频率空间的幅度演化图，即解 (5.1.11) 式中取 $(a,b,\omega)=(1,0.5,0)$；(c) 和 (d) 是增益值 G 分别在参数 (ω,Ω) 和 (a,Ω) 下的分布，图中 AB 代表 Akhmediev 呼吸子对应的参数空间 (彩图见封底二维码)

当 $|b|=a$ 时，Kuznetsov-Ma 呼吸子解 (5.1.9) 式和 Akhmediev 呼吸子解 (5.1.11) 式都可以约化为标准的 Peregrine 怪波解 (5.1.12) 式。从 Peregrine 怪波在波数空间的演化图 5.5 (b) 可以知道，它的主扰动频率为零。因此，它激发在共振线上 $a=0$ 以外的区域 (图 5.5(c) 和 (d))。

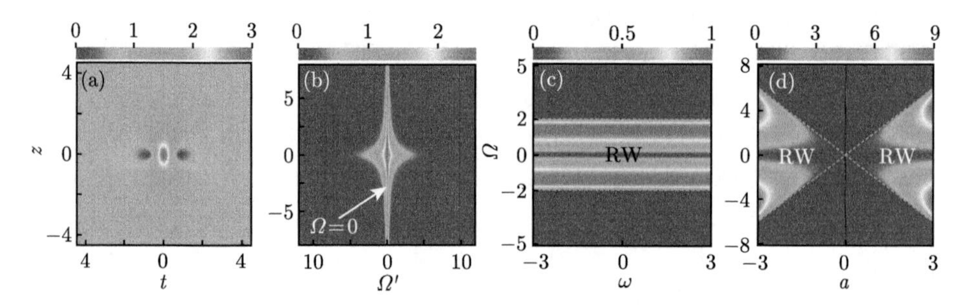

图 5.5　(a) 和 (b) 分别是 Peregrine 怪波在坐标和频率空间的幅度演化图，即解 (5.1.12) 式中取 $(a,\omega)=(1,0)$；(c) 和 (d) 是增益值 G 分别在参数 (ω,Ω) 和 (a,Ω) 下的分布，图中 RW 代表 Peregrine 怪波对应的参数空间 (彩图见封底二维码)

图 5.5(a) 中展示的 Peregrine 怪波具有时间和空间上的双重局域性和高幅值特征，这意味着它的演化过程也可以看作是平面波上的小扰动增长再衰减而得到，这是调制不稳定性的表现。然而在图 5.5(c) 和 (d) 中的结果却显示，怪波所在共振线处的对应增益是 0，也就是并没有调制不稳定性的出现。这说明在这种情况下用之前得到的增益结果并不能真实反映系统的调制不稳定性特征。$\Omega=0$ 时，调制不稳定特征需要单独求解，Forest 等给出了 $\Omega=0$ 时的线性稳定性分析方法去分析系统的稳定性，下面我们对该分析方法作一下简单介绍。对于 $\Omega=0$，其扰动可以写为如下形式：

$$\psi(t,z)=[a+\epsilon\tilde{p}(z)]\mathrm{e}^{\mathrm{i}\theta(t,z)} \tag{5.1.13}$$

这里，ϵ 为实常数并且 $\epsilon \ll 1$。由于扰动频率为零，因此 $\tilde{p}(z)$ 不含有变量 t。将 (5.1.13) 式代入非线性薛定谔方程 (5.1.1) 式中，得到 $\tilde{p}$ 满足的偏微分方程为

$$\epsilon(\mathrm{i}\tilde{p}_z + a^2\tilde{p} + a^2\tilde{p}^*) + a\epsilon^2\tilde{p}(\tilde{p} + 2\tilde{p}^*) + \epsilon^3\tilde{p}^2\tilde{p}^* = 0 \tag{5.1.14}$$

在 (5.1.14) 式中略去 ϵ 的二次及三次项，将方程线性化后得到

$$\mathrm{i}\tilde{p}_z + a^2\tilde{p} + a^2\tilde{p}^* = 0 \tag{5.1.15}$$

直接求解 (5.1.15) 式，得到

$$\tilde{p} = 1 + 2\mathrm{i}a^2 z \tag{5.1.16}$$

将 (5.1.16) 式代入扰动的平面波形式 (5.1.13) 式并取模方，得到 $|\psi(t,z)|^2 = (a+\epsilon)^2 + 4\epsilon^2a^2z^2$。显然此时能量密度 $|\psi|^2$ 随着 z 从零开始逐渐增大，也就是说平面波背景上的零频率扰动也是不稳定的，扰动的增长特征依赖于 $\tilde{p}$ 的虚部，因此零频率扰动的调制不稳定性增益可以定义为

$$G = \frac{\mathrm{d}|\mathrm{Im}(\tilde{p})|}{\mathrm{d}z} = 2a^2 \tag{5.1.17}$$

特别地，实际的扰动频率为 $\omega \pm \Omega$，$\Omega = 0$ 意味着扰动频率与背景频率相等，因此 $\Omega = 0$ 的扰动模式称为共振扰动。至此可以理解零扰动频率情况下出现的调制不稳定性，通过共振扰动可以诱发调制不稳定性，从而激发怪波。

基本局域波对应的参数空间总结 至此已经把非线性薛定谔模型中各个局域波与调制不稳定性的对应关系进行了讨论。在这里，对它们进行一个简要的总结。根据调制不稳定性的增益分布以及各个波对应的参数空间，可以找到各个波在增益分布图上对应的位置，如图 5.6(a) 和 (b) 所示。总的来说，亮孤子对应于稳定区中的直线 $a = 0$，Peregrine 怪波和 Kuznetsov-Ma 呼吸子对应于不稳定区中的直线 $\Omega = 0$，Akhmediev 呼吸子对应于不稳定区中 $\Omega \neq 0$ 的区域。在之后的研究中我们发现，这种对应关系不只适用于非线性薛定谔模型，还适用于许多高阶以及耦合的非线性模型。

Akhmediev 呼吸子和怪波的可控激发 虽然线性稳定性分析方法本身具有一定局限性，使得它并不能完全预测平面波背景上所有非线性激发类型的动力学特征，但是其对于 Peregrine 怪波和 Akhmediev 呼吸子动力学预测是非常准确的，而且线性稳定性方法相比于求解方程解析解来说是非常简单的。因此通过线性稳定性分析方法可以很方便预测不同系统中是否可以激发 Peregrine 怪波和 Akhmediev 呼吸子，并可以给出对应的激发条件。此外，线性稳定性分析方法也不依赖于方程的可积性，因此通过在可积系统中建立呼吸子和怪波激发与调制不稳定性之间的对应关系，也可以用来预测不可积系统中 Peregrine 怪波和 Akhmediev

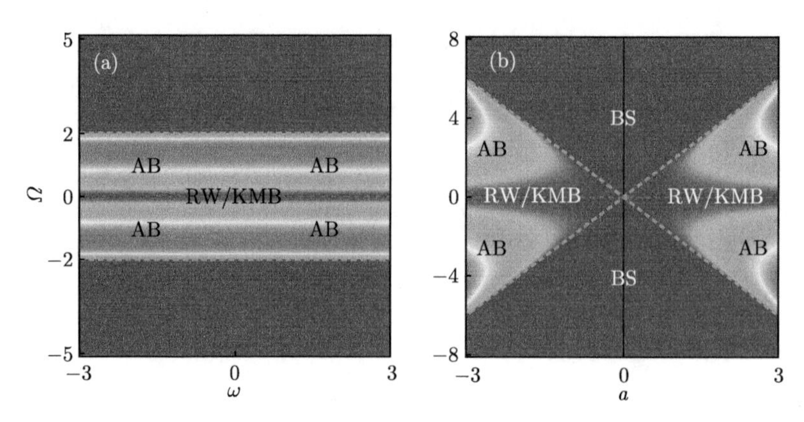

图 5.6 (a) 和 (b) 分别为基本非线性波在 (ω,Ω) 平面和 (a,Ω) 平面的相图。“AB”、“RW”、“KMB”和“BS”分别为 Akhmediev 呼吸子、怪波、Kuznetsov-Ma 呼吸子和亮孤子。不同的色度代表增益值 G 的大小 (彩图见封底二维码)

呼吸子激发，这对 Peregrine 怪波和 Akhmediev 呼吸子激发机制以及其在各个物理系统中实验实现、可控激发和潜在应用是非常重要的。对于非线性薛定谔方程而言，在平面波背景上施加弱的周期扰动，当扰动的频率小于临界频率时就可以激发出 Akhmediev 呼吸子。在非线性光纤系统中使用周期扰动激发的 Akhmediev 呼吸子如图 5.7 所示，扰动的初始频率为最大增益所需的频率，扰动的幅度取不同的值会看到它与严格解对应的波有不同的吻合结果，扰动幅度越小，得到的结果与标准的 Akhmediev 呼吸子吻合得越好。激发 Akhmediev 呼吸子的实验结果也已经在文献 [3] 中展示了出来。当扰动频率趋于零时就可以激发出 Peregrine 怪波。在实验上激发 Peregrine 怪波是通过减小周期扰动的扰动频率使得 Akhmediev 呼吸子接近于 Peregrine 怪波 [2]。由于主频率为 0，局域扰动也被用于激发怪波。最近李禄等通过在平面波背景上加高斯型和双曲正割型的局域扰动作为初态进行数值模拟，也得到了怪波激发 [4]。作为例子，赵立臣等用平面波背景上加一个弱高斯扰动作为初态进行数值模拟 [1]，数值模拟结果展示在图 5.8(a)。从图中可以看到，随着演化在演化距离 $z=3.5$ 处出现了怪波激发。怪波出现之后在 $z=5$ 之后的时刻又有许多其他非线性激发。这是由于高斯型非理想初态与 Peregrine 怪波理想初态有一些小偏差，而这个区域有调制不稳定性，这些小偏差通过调制不稳定性放大就会出现如图中展示的非线性激发结构。当初态与解析怪波解偏差减小时，这些非线性激发相比于怪波激发会逐渐延后，当初态与怪波解析解完全相同时，这些非线性激发将消失。此外，通过改变初态中的参数的值也可以改变怪波激发的位置。随后进一步模拟了用平面波背景上加上两个间隔较远的弱高斯波包作为初态的演化过程，数值模拟的结果展示在图 5.8(b)，可以看到两个弱高斯扰动分别激发出了两个怪波。

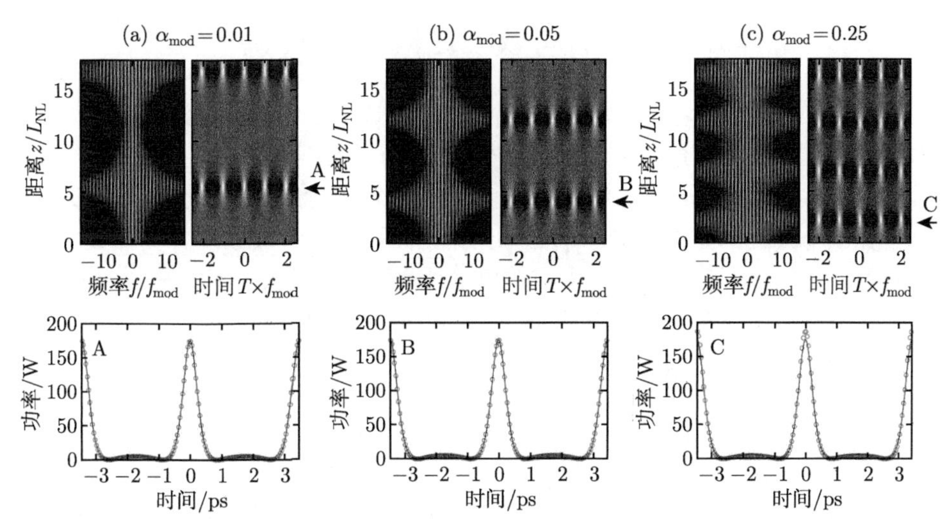

图 5.7 在标准非线性薛定谔模型 (5.1.1) 式中平面波上余弦扰动的数值演化。所在的物理系统为非线性光纤系统，初始条件为 $A(T,Z_0)=\sqrt{P_0}[1+\alpha_{\rm mod}\cos(\omega_{\rm mod}T)]$，其中 $|A|^2$, T 和 Z_0 分别代表光强、延迟时间和初始距离，P_0，$\alpha_{\rm mod}$ 和 $\omega_{\rm mod}$ 分别代表泵浦功率、扰动幅度和扰动频率。这里的扰动频率为最大调制不稳定性增益所需的频率。顶部一排所展示的灰度图是扰动幅度分别为 0.01，0.05 和 0.25 时的光场演化图，底部的图 A，B，C 分别为它们首次到达的最高峰处截面，其中空心圆点代表数值结果，黑色实线代表严格解得到的 Akhmediev 呼吸子的峰值截面 [3]

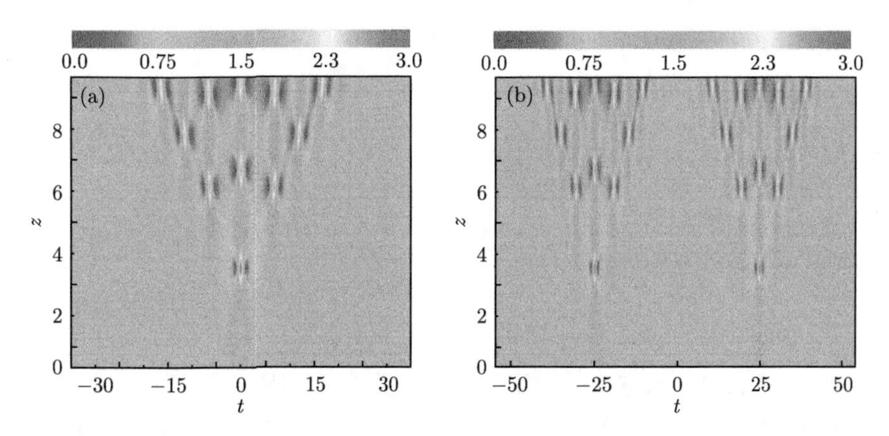

图 5.8 平面波背景上高斯扰动的数值演化。(a) 平面波背景加上弱高斯扰动的数值演化图，初态为 $\psi(t,0)=a{\rm e}^{{\rm i}\theta}[1+\epsilon{\rm e}^{-t^2/c^2+{\rm i}\varphi}]$；(b) 平面波背景加上两个弱高斯扰动的数值演化图，初态形式为 $\psi(t,0)=a{\rm e}^{{\rm i}\theta}[1+\epsilon{\rm e}^{-(t-d)^2/c^2+{\rm i}\varphi}+\epsilon{\rm e}^{-(t+d)^2/c^2+{\rm i}\varphi}]$；参数取值为 $a=1$，$\epsilon=0.1$，$c=2$，$\varphi=0$，$d=25$ [1] (彩图见封底二维码)

5.2　基本局域波之间的态转换

从 5.1 节内容可以看出，对于同一个解，可以选取不同的参数组合去得到不同的非线性波。这意味着通过调节解中的参量，就可以实现各个波之间的态转换，并且其中的某些转换可以通过调制不稳定性与波激发的对应关系去分析。因此，本节将首先从非线性薛定谔模型中的已知结果出发，讨论怪波以及各类呼吸子之间的态转换；之后，由于高阶模型中存在更多种类的非线性波，本书选取 Hirota 模型为例去分析怪波与孤子以及呼吸子与其他类型波之间的态转换。

5.2.1　怪波与呼吸子的态转换

我们已经知道，Peregrine 怪波解 (5.1.12) 式可以由 Kuznetsov-Ma 呼吸子解 (5.1.9) 式和 Akhmediev 呼吸子解 (5.1.11) 式通过取极限 $b \to a$ 得到。因此，通过调节解析解中 b 和 a 的值便可以实现怪波与呼吸子之间的态转换，这种转换关系展示在图 5.9 中。此外，可以通过调制不稳定性增益分布图 5.6 去分析怪波与 Akhmediev 呼吸子之间的转换关系，图中 Akhmediev 呼吸子位于直线 $\Omega = 0$ 之外的不稳定区内，而怪波位于直线 $\Omega = 0$ 上的不稳定区。对于一个 Akhmediev 呼吸子来说，随着其分布方向周期性减弱，扰动的相对频率 Ω 逐渐趋近于 0，它将逐渐转换成怪波。这种从波特征角度分析的转换关系也展示在了图 5.9 中。

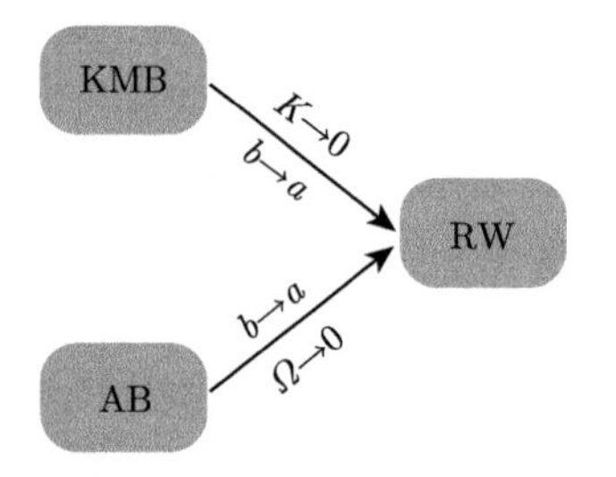

图 5.9　怪波与呼吸子之间的转换关系。“AB”、“RW”和“KMB”分别为 Akhmediev 呼吸子、怪波和 Kuznetsov-Ma 呼吸子

然而，从之前的分析可以看到，Peregrine 怪波和 Kuznetsov-Ma 呼吸子都激发在共振线上，那么是什么参数决定了这两种激发的区别呢？人们通过对 Kuznetsov-Ma 呼吸子解 (5.1.9) 式和 Peregrine 怪波解 (5.1.12) 式的分析发现，Kuznetsov-Ma 呼吸子解和 Peregrine 怪波的演化方向波数是不同的[1]。对 Kuznetsov-Ma 呼吸子和怪波解扰动部分的傅里叶分析表明，Kuznetsov-Ma 呼吸子扰动部分所对应的各级波数为 $2nb\sqrt{b^2-a^2}$ $(n = \pm1, \pm2, \pm3, \cdots)$。其中主波数为 $K = \pm2b\sqrt{b^2-a^2}$，而 Peregrine 怪波的主波数为 $K = 0$。当 b 趋近于 a 的过程中，Kuznetsov-Ma 呼吸子的主波数 K 逐渐趋近于 0，它也将逐渐转换成怪波，这种转换关系同样展示

在了图 5.9 中。另外，需要注意的是，Kuznetsov-Ma 呼吸子是平面波背景上的强扰动。线性稳定性分析对于平面波背景上强扰动动力学的预测是失效的，它只能分析具有不同扰动频率弱扰动的稳定性特征。因此，线性稳定性分析结果不能完全解释 Kuznetsov-Ma 呼吸子演化特征。虽然可以通过传播常数解析 Kuznetsov-Ma 呼吸子和怪波的不同，但是扰动信号的演化波数在初态中并不能直接观测和控制，只能在演化后分析其振荡周期才能进行观测，这对于实现非线性波在实验上可控激发并不具有实际操作意义，仅仅是一个理论解释。最近研究发现，扰动能量可以用来区分 Kuznetsov-Ma 呼吸子和 Peregrine 怪波激发。Peregrine 怪波的扰动能量等于零，而 Kuznetsov-Ma 呼吸子的扰动能量大于零，并且随着扰动能量的减小，Kuznetsov-Ma 呼吸子的振荡周期也逐渐增大，当扰动能量等于零时，振荡周期达到无穷大，此时 Kuznetsov-Ma 呼吸子转化为 Peregrine 怪波 [5]。有关它的具体内容，我们将在 5.3 节中进行讨论。

5.2.2 怪波与孤子的态转换

5.2.1 节对怪波与呼吸子之间的态转换进行了讨论，这些局域波均存在于非线性薛定谔模型之中。但是还有许多种波是不存在于这个模型之中的，例如反暗孤子、W 形孤子和多峰孤子，它们一般存在于带有高阶效应的非线性模型之中。通常情况下，超短脉冲在光纤中传输需要考虑高阶效应的影响，这些高阶效应显著地影响局域波的性质。最近的研究证实了光怪波和呼吸子在高阶效应下呈现出结构的多样性，并且这些特征是无法用标准的非线性薛定谔方程来描述的。为了更加全面地研究非线性波之间的态转换，以一种高阶模型——Horita 模型为例对非线性波之间的态转换进行分析。

Hirota 模型中的增益值分布 超短脉冲在光纤中传输需要考虑高阶效应的影响，这些高阶效应主要包括三阶色散、自陡峭以及延迟的非线性响应。此时，描述局域波动力学的有效物理模型为高阶非线性薛定谔方程。考虑一定参数约束的情况下，我们便可以得到著名的 Hirota 模型：

$$\mathrm{i}u_z + \frac{1}{2}u_{tt} + |u|^2u - \mathrm{i}\beta(u_{ttt} + 6|u|^2u_t) = 0 \tag{5.2.1}$$

其中，β 为一个实常数。由于可积性的保证，该模型已被广泛地解析研究，其中包括了多种孤子以及呼吸子和怪波。下面具体讨论线性稳定性分析过程。首先，选取如下具有一般形式的背景波解：

$$u_0(z,t) = a\exp[\mathrm{i}\theta(z,t)] \tag{5.2.2}$$

其中，

$$\theta(z,t) = \omega t + [a^2 - \omega^2/2 + \beta(6\omega a^2 - \omega^3)]z \tag{5.2.3}$$

这里，a 和 ω 分别表示背景波的振幅和频率。接下来，考虑如下小振幅扰动的非线性背景波：

$$u_{\mathrm{p}}(z,t)=[a+p(z,t)]\exp[\mathrm{i}\theta(z,t)] \tag{5.2.4}$$

其中，$p(t,z)$ 是满足特定线性方程的微扰。将扰动平面波解 (5.2.4) 式代入 (5.2.1) 式进行标准的线性化，易得如下线性关系：

$$\begin{aligned}&2a^2p+12a^2\omega\beta p+2a^2p^*+12a^2\omega\beta p^*+2\mathrm{i}p_z+2\mathrm{i}\omega p_t-12\mathrm{i}a^2\beta p_t\\&+6\mathrm{i}\omega^2\beta p_t+(1+6\omega\beta)p_{tt}-2\mathrm{i}\beta p_{ttt}=0\end{aligned} \tag{5.2.5}$$

其中，p^* 为 p 的复共轭；下标为相应的偏导。通常情况下，扰动项 $p(z,t)$ 可做如下展开：

$$p(z,t)=\eta_{1,s}(z)\mathrm{e}^{\mathrm{i}\Omega t}+\eta_{1,a}(z)\mathrm{e}^{-\mathrm{i}\Omega t} \tag{5.2.6}$$

将 (5.2.6) 式代入线性关系 (5.2.5) 式并对 $\mathrm{e}^{\mathrm{i}\Omega t}$ 和 $\mathrm{e}^{-\mathrm{i}\Omega t}$ 项进行分离，可得

$$\begin{cases}M_1\eta_{1,a}+N\eta_{1,s}^*+2\mathrm{i}\eta_{1,a}'=0 & (5.2.7\mathrm{a})\\ M_2\eta_{1,s}+N\eta_{1,a}^*+2\mathrm{i}\eta_{1,s}'=0 & (5.2.7\mathrm{b})\end{cases}$$

其中，

$$M_1=(2a^2+2\omega\Omega-\Omega^2)+12a^2\beta(\omega-\Omega)+6\omega\Omega\beta(\omega-\Omega)+2\omega\Omega^3\beta \tag{5.2.8}$$

$$M_2=(2a^2-2\omega\Omega-\Omega^2)+12a^2\beta(\omega+\Omega)-6\omega\Omega\beta(\omega+\Omega)-2\omega\Omega^3\beta \tag{5.2.9}$$

$$N=2a^2(1+6\omega\beta) \tag{5.2.10}$$

以及 $'$ 表示关于 z 的导数。式 (5.2.7a) 和 (5.2.7b) 亦可表示为

$$2\boldsymbol{\eta}'=\mathrm{i}M\boldsymbol{\eta} \tag{5.2.11}$$

其中，$\boldsymbol{\eta}=(\eta_{1,s},\eta_{1,a}^*)^{\mathrm{T}}$，矩阵 M 为

$$M=\begin{pmatrix}M_2 & N\\ -N & M_1\end{pmatrix} \tag{5.2.12}$$

对任意实频率 Ω, 扰动项 $\eta(z)$ 为指数 $\exp[\mathrm{i}Kz]$ 的线性组合，其中 K 满足矩阵 M 的特征多项式 $\det(M-KI)=0$，即

$$B(K)=K^2+B_1K+B_0=0 \tag{5.2.13}$$

其中，

$$B_1=4\omega\Omega-24a^2\Omega\beta+12\omega^2\Omega\beta+4\Omega^3\beta \tag{5.2.14}$$

$$B_0 = 4a^2\Omega^2 + 4\omega^2\Omega^2 - \Omega^4 + 24\omega^3\Omega^2\beta - 4\omega\Omega^4\beta + 144a^4\Omega^2\beta^2 + 36\omega^4\Omega^2\beta^2 - 48a^2\Omega^4\beta^2 - 12\omega^2\Omega^4\beta^2 + 4\Omega^6\beta^2 \tag{5.2.15}$$

考虑 $\Omega \to 0$ 时调制不稳定性特征，我们作如下变换：

$$B(\Omega K) = \Omega^2 b(K) \tag{5.2.16}$$

相应的 $b(K)$ 为

$$b(K) = K^2 + b_1 K + b_0 = 0 \tag{5.2.17}$$

其中，

$$b_1 = 4\omega - 24a^2\beta + 12\omega^2\beta + 4\Omega^2\beta \tag{5.2.18}$$

$$b_0 = 4a^2 + 4\omega^2 - \Omega^2 + 24\omega^3\beta - 4\omega\Omega^2\beta + 144a^4\beta^2 + 36\omega^4\beta^2 - 48a^2\Omega^2\beta^2 - 12\omega^2\Omega^2\beta^2 + 4\Omega^4\beta^2 \tag{5.2.19}$$

由 (5.2.17) 式可得如下色散关系：

$$K = -2\omega + 12a^2\beta - 6\omega^2\beta - 2\Omega^2\beta \pm \sqrt{(\Omega^2 - 4a^2)(1 + 6\omega\beta)^2} \tag{5.2.20}$$

如果 $\mathrm{Im}\{K\} \neq 0$，调制不稳定性存在于 $-2a < \Omega < 2a$ 的扰动频率区域。通常，定义调制不稳定性增长率为 $G = |\mathrm{Im}\{K\}|$。如果 $G > 0$, 那么初始的小扰动信号将会以指数形式 $\exp(Gz)$ 增长放大。

通过在第 2 章展示的线性稳定性分析，可以得到 Hirota 模型的调制不稳定性增益为

$$G = \left|\mathrm{Im}\left(\sqrt{(\Omega^2 - 4a^2)\,(1 + 6\omega\beta)^2}\right)\right| \tag{5.2.21}$$

当 $\beta = 1/6$ 且背景幅度 $a = 1$ 时，我们给出的调制不稳定性在背景频率——扰动频率 (ω, Ω) 平面上的分布特征如图 5.10 所示。与标准非线性薛定谔模型 (图 5.6 (a)) 相比，Hirota 模型中高阶效应的引入给调制不稳定性的性质带来了显著改变。我们看到调制不稳定性增长率随着背景频率 ω 改变而呈现出不均匀的分布特征。调制不稳定性的增长率关于直线 $\omega = \omega_{\mathrm{s}} = -1/6\beta$ 对称分布。需要注意的是，这条直线对应着低频率扰动区中增长率为零的区域，因此该区域为“调制稳定区”。我们发现增长率的大小与 $|\omega - \omega_{\mathrm{s}}|$ 的大小密切相关：$|\omega - \omega_{\mathrm{s}}|$ 值越大，增长率越大；$|\omega - \omega_{\mathrm{s}}|$ 值越小，增长率越小。此外，通过对 Hirota 模型中的共振扰动进行分析，我们知道在共振线 $(\Omega = 0)$ 上的稳定区只是一个坐标为 $(\omega_{\mathrm{s}}，0)$ 的点，共振线的其余各处均为不稳定区。考虑到怪波只存在于零频率不稳定扰动区域，因此，下面重点研究怪波在增长率非均匀分布的零频扰动区域会有怎样的物理性质。同样

地，已知呼吸子存在于调制不稳定区，那么呼吸子在 $\omega=\omega_{\rm s}=-1/6\beta$ 处会有怎样的物理性质，这也值得去研究。

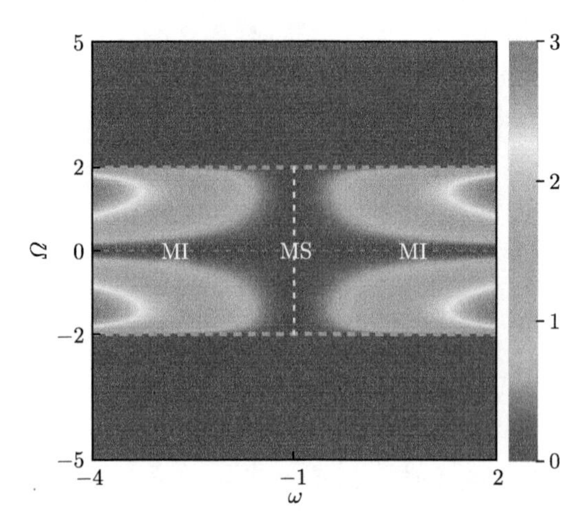

图 5.10　Hirota 系统中调制不稳定增益在背景频率 ω 和扰动频率 Ω 平面的分布。“MI” 和 “MS” 分别表示调制不稳定和调制稳定。在不稳定带 ($|\Omega|<2$) 中存在一条稳定线 ($\omega=\omega_{\rm s}$)，用黄色虚线表示 (彩图见封底二维码)

Hirota 方程相应的 Lax 对为

$$\begin{cases}\boldsymbol{\Phi}_t=U\boldsymbol{\Phi} & (5.2.22\text{a})\\ \boldsymbol{\Phi}_z=V\boldsymbol{\Phi} & (5.2.22\text{b})\end{cases}$$

这里，

$$U=\lambda U_0+U_1 \tag{5.2.23}$$

$$V=\lambda^3V_0+\lambda^2V_1+\lambda V_2+V_3 \tag{5.2.24}$$

其中，矩阵 U_0 和 U_1 为

$$U_0=\begin{pmatrix}-\mathrm{i} & 0\\ 0 & \mathrm{i}\end{pmatrix},\quad U_1=\begin{pmatrix}0 & u\\ -u^* & 0\end{pmatrix} \tag{5.2.25}$$

矩阵 V_0，V_1，V_2，V_3 为

$$V_0=-4\beta U_0,\quad V_1=U_0-4\beta U_1 \tag{5.2.26}$$

$$V_2=\begin{pmatrix}-2\mathrm{i}\beta|u|^2 & u-2\mathrm{i}\beta u_t\\ -u^*-2\mathrm{i}\beta u_t^* & 2\mathrm{i}\beta|u|^2\end{pmatrix} \tag{5.2.27}$$

$$V_3 = \begin{pmatrix} \frac{\mathrm{i}}{2}u^2 + \beta(u^*u_t - uu_t^*) & \frac{\mathrm{i}}{2}u_t + \beta(u_{tt} + 2u^2u) \\ \frac{\mathrm{i}}{2}u_t^* - \beta(u_{tt}^* + 2u^2u^*) & -\frac{\mathrm{i}}{2}u^2 - \beta(u^*u_t - uu_t^*) \end{pmatrix} \tag{5.2.28}$$

$\lambda = \mathrm{i}a_1 - q_1/2$ 为谱参量，这里 a_1 和 q_1 为实常数，其中 $a_1 \neq 0$。上述 Lax 对将非线性求解问题转化为线性方程组的求解问题。由零曲率方程 (可积条件)$U_z - V_t + [U, V] = 0$，可以得到 Hirota 方程 (5.2.1) 式。具体的达布变换形式为

$$u(z,t) = u_0(z,t) - \frac{2\mathrm{i}(\lambda - \lambda^*)\Phi_1(z,t)\Phi_2^*(z,t)}{|\Phi_1(z,t)|^2 + |\Phi_2(z,t)|^2} \tag{5.2.29}$$

这里，$\Phi_1(z,t)$ 和 $\Phi_2(z,t)$ 为相应的 Lax 对 (5.2.22) 式在 $u(z,t) = u_0(z,t)$ 时的解。

接下来，利用第 2 章中求解步骤，首先将矩阵 U 转换为常数矩阵，其相应的本征值方程为

$$\tau^2 + a^2 + (\lambda + \omega/2)^2 = 0 \tag{5.2.30}$$

可以看到，Hirota 系统中得到的本征值方程与标准的非线性薛定谔系统中的本征值方程是一样的。第 2 章已经介绍了平面波背景上局域波的一般构造方法，接下来主要强调针对本章态转换的研究在构造局域波解时需要注意的几点内容。我们已经知道，上式本征值方程的两个根 $\tau_{1,2} = \pm\mathrm{i}\sqrt{a^2 + (\lambda + \omega/2)^2}$ 是否相等将决定最后的局域波类型。具体如下：

(1) 当 $\tau_1 \neq \tau_2$，即 $\lambda \neq \mathrm{i}a - \omega/2$ 时，我们将得到具有一般形式的呼吸子解，进一步我们可以研究呼吸子与其他种类局域波的态转换；

(2) 当考虑一种特殊情况，即 $\tau_1 = \tau_2 = 0$(因此 $\lambda = \mathrm{i}a - \omega/2$) 时，我们最终得到了 Hirota 系统中具有一般形式的怪波解，可以方便研究怪波与孤子间的态转换。

第 2 章我们已经指出，在求解相应 Lax 对过程中相似矩阵 D 的选取不是唯一的。不同形式的矩阵 D 将决定了所求局域波的中心位置是否处于 $(z,t) = (0,0)$ 点处。这里需要着重指出的是，对于怪波解而言，不同形式的矩阵 D 改变了怪波的中心位置，对怪波与孤子的态转换性质却没有影响，即中心位置分布不同的怪波能够转换为一类相同结构的孤子。因此对于这方面的研究介绍，我们将取与第 2 章中矩阵 D 相同的矩阵表达式，即怪波的中心位置位于 $(z,t) = (0,0)$ 处。

然而对于呼吸子解而言，不同形式的矩阵 D 对呼吸子与其他种类非线性波的态转换具有显著影响。因此，我们取如下两种不同的相似矩阵 D：

$$D_1 = \begin{pmatrix} \sqrt{-\mathrm{i}(\lambda + \omega/2) + \tau_1} & \sqrt{-\mathrm{i}(\lambda + \omega/2) + \tau_2} \\ -\sqrt{-\mathrm{i}(\lambda + \omega/2) - \tau_1} & -\sqrt{-\mathrm{i}(\lambda + \omega/2) - \tau_2} \end{pmatrix} \tag{5.2.31}$$

$$D_2 = \begin{pmatrix} 1 & 1 \\ \frac{1}{a}(\mathrm{i}\lambda + \tau_1) & \frac{1}{a}(\mathrm{i}\lambda + \tau_2) \end{pmatrix} \tag{5.2.32}$$

其中，D_1 和 D_2 分别对应下文中的呼吸子解 u_1 和 u_2。我们发现一系列有趣的结果：

(1) 不同 D 矩阵可诱发 Kuznetsov-Ma 呼吸子转换为 W 型孤子或反暗孤子，而标准的 Akhmediev 呼吸子只能转换为周期波；

(2) 对于一般的呼吸子而言，不同 D 矩阵可诱发呼吸子至具有横向振幅对称分布和非对称分布的多峰孤子的态转换。

接下来将详细讨论多种不同种类局域波的态转换问题。首先讨论怪波和孤子间的态转换。经过计算，可以得到一阶怪波解一般且简洁的解析表达式为

$$u_{1\mathrm{rw}}(t,z) = u_0\left[\frac{4 + 8\mathrm{i}a^2(1-\omega/\omega_{\mathrm{s}})\xi}{1 + 4a^4(1-\omega/\omega_{\mathrm{s}})^2\xi^2 + 4a^2(\tau - \upsilon\xi)^2} - 1\right] \tag{5.2.33}$$

其中，$\upsilon = \omega + (2a^2 - \omega^2)/(2\omega_{\mathrm{s}})$，$\xi = z - z_0$，$\tau = t - t_0$，这里 t_0 和 z_0 是用来决定这组解中心位置的任意实数。当 $z_0 = t_0 = 0$ 时，怪波的中心位置处于 $(t,z) = (0,0)$ 点。

有趣的是，根据平面波背景频率 ω 具体的取值，这组解包含了两类动力学演化特性截然不同的局域波。具体为，在 $\omega \neq \omega_{\mathrm{s}}$ 的情况下，这类非线性局域波是在 (t,z) 平面上双重局域化，并且具有一个强度极高的单峰和两个振幅零点，表现为怪波 (图 5.11(b) 和 (c))。如果按照 5.1 节的方法，把怪波对应在 $(\omega, \varOmega)$ 空间的话，它会分布在共振线 ($\varOmega = 0$) 上除稳定点 ($\omega_{\mathrm{s}} = 0$) 以外的其他地方 (图 5.11(a))。考虑上述解的特殊参数情况，即 $a = 1$ 和 $\omega = 0$，上述解 (5.2.33) 式退化为标准的 Hirota 一阶怪波解。然而在 $\omega = \omega_{\mathrm{s}}$ 情况下，此时的表达式表示一种具有孤子演化性质的行波 (图 5.11(d))。需要注意的是，与上述调制不稳定性的分析比较，可以清楚地发现，这类孤子刚好对应着图 5.11(b) 中的调制稳定点 ($\omega_{\mathrm{s}} = 0$)。其相应的表达式如下：

$$u_{\mathrm{s}}(t,z) = a\mathrm{e}^{\mathrm{i}\theta_{\mathrm{s}}}\left[\frac{4}{1 + 4a^2(\tau - \upsilon_{\mathrm{s}}\xi)^2} - 1\right] \tag{5.2.34}$$

其中 $\theta_{\mathrm{s}} = \omega_{\mathrm{s}}\tau - \omega_{\mathrm{s}}^2\xi/3$, $\upsilon_{\mathrm{s}} = (2a^2 + \omega_{\mathrm{s}}^2)/(2\omega_{\mathrm{s}})$。

需要注意的是，(5.2.34) 式所描述的行波所具有的振幅结构性质与常见的经典的孤子有着较大的不同。从图 5.11(d) 中看到，这类孤子是在平面波背景上传输演化的，它具有一个稳定演化的波峰 ($|u_{\mathrm{s}}|_{\mathrm{p}} = 3a$) 和两个振幅为零且同样稳定演化的波谷 ($|u_{\mathrm{s}}|_{\mathrm{v}} = 0$)。因此称之为“W 形孤子”。由于条件 $\omega = \omega_{\mathrm{s}} = -1/(6\beta)$ 的约束，这类 W 形孤子不能存在于标准非线性薛定谔系统。因此可以初步判断这

类波是高阶效应下所特有的局域波类型。李禄等[6] 在研究一般的高阶非线性薛定谔模型时，通过巧妙地设置孤子解的形式 (tanh 和 sech 函数相结合)，精确给出具有相似结构的孤子解。与之不同的是，这里得到的是有理分式的 W 形孤子解。

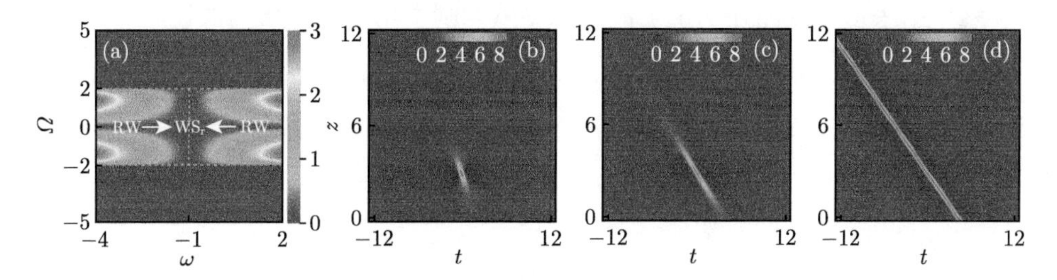

图 5.11 (a) Hirota 系统中调制不稳定增益分布。其中“RW”和“WS$_\mathrm{r}$”分别表示怪波和有理形式的 W 形孤子。一阶怪波至 W 形孤子的态转换 $|u_{1\mathrm{rw}}(t,z)|^2$(精确解 (5.2.33) 式) 展示在 (b)~(d) 中，其中 (b) $\omega=0$，(c) $\omega=\omega_\mathrm{s}/2$，(d) $\omega=\omega_\mathrm{s}$。其他参数设置为：$a=1$，$\beta=0.1$，$z_0=3$，$t_0=0$。此态转换过程严格对应于怪波由调制不稳定区到调制稳定区的趋近过程 (见图 (a) 中白色箭头)(彩图见封底二维码)

图 5.11(b)~(d) 给出了非线性波由调制不稳定区到调制稳定线的态转换特征。这个过程恰好对应于图 5.11(a) 中描述调制不稳定增益分布空间中的箭头。当 $\omega\to\omega_\mathrm{s}$ 时，可以看到怪波的分布结构变得越来越细长，这个过程正好对应着调制不稳定性增长率的变小。当 $\omega=\omega_\mathrm{s}$ 时，怪波转换为一个 W 形的孤子，对应着增长率恰好衰减为零。

态转换性质刻画和物理机制分析 接下来，为了更好地理解上述一阶怪波和 W 形孤子间的态转换性质，定义了局域波分布的长宽比来描述局域波转换过程的局域性变化。从精确解 (5.2.33) 式出发，局域波长宽比表达式可以表示为

$$\frac{\Delta L}{\Delta W}=\frac{1}{\sqrt{3}a}\left|\frac{\omega_\mathrm{s}}{\omega-\omega_\mathrm{s}}\right| \tag{5.2.35}$$

这里，ΔL 表示局域波长度，由背景波上峰值演化的半值距离来定义；ΔW 为相应的宽度，代表着局域波振幅零点间的距离。如图 5.12 所示，可以看到局域波长宽比的曲线是关于 $\omega=\omega_\mathrm{s}$ 对称的。当 $\omega\to\omega_\mathrm{s}$，长宽比 $\Delta L/\Delta W$ 急剧增大；当 $\omega=\omega_\mathrm{s}$，其值趋于无限大。这也意味着，W 形孤子的出现与怪波在传输方向上的退局域化过程紧密相关，并且这种退局域化是由于高阶效应的影响。

为了揭示上述态转换的物理机制，接下来详细分析非线性波的局域化特征和相应的调制不稳定性增长率之间的关系。由图 5.10(a) 可以知道，当扰动频率 Ω 趋近于 0 时，增益值 G 也趋近于 0，因此需要定义零频扰动的增长率大小为 $G_0=\lim\limits_{\Omega\to 0}\dfrac{G}{|\Omega|}$。一个非常有趣的发现是，局域波的局域化特征 (上文中定义的局域波长

宽比 $\Delta L/\Delta W$) 结果是与零频增长率的倒数 $(1/G_0)$ 严格正相关，即 $\Delta L/\Delta W \sim 1/G_0$，如图 5.12 所示。这个结果极大地丰富了对调制不稳定性特征和怪波演化性质关系的理解。同时，也给出了解释怪波与孤子之间关系的一种理论方案。此外，这个结果也从侧面证明了怪波处在零频调制不稳定区的正确性。

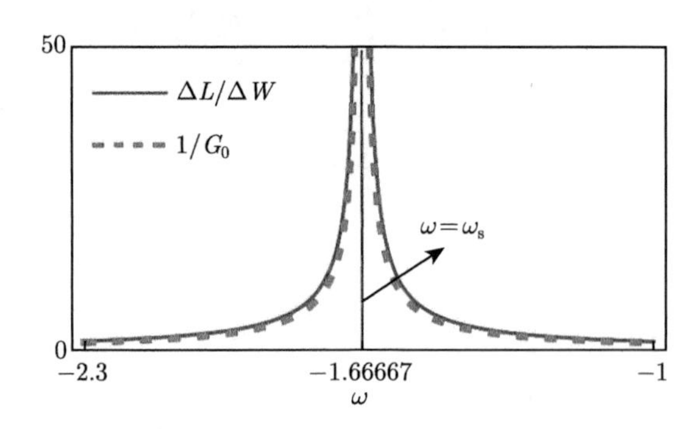

图 5.12 非线性波的局域化特征 $\Delta L/\Delta W$ 的演化分布 (蓝色实线) 和零频调制不稳定性增长率的倒数 $1/G_0$(红色虚线)(彩图见封底二维码)

5.2.3 呼吸子与其他波的态转换

5.2.2 节讨论了高阶效应下光怪波与 W 形孤子间的态转换。考虑到呼吸子与怪波都产生于调制不稳定区，那么，呼吸子是否也存在类似的态转换？其相应的态转换条件是否一致？这里进一步讨论呼吸子与其他非线性波的态转换。

Hirota 模型中的呼吸子解 首先，通过达布变换方法构造了两组具有一般形式的呼吸子解。有趣的是，经过细致的化简整理，这两组呼吸子解可以写成统一的形式，其具体形式如下：

$$u_{1,2}(t,z) = \left[\frac{\varDelta_{1,2}\cosh(\varphi+\delta_{1,2}) + \varXi_{1,2}\cos(\phi+\xi_{1,2})}{\varOmega_{1,2}\cosh(\varphi+\kappa_{1,2}) + \varGamma_{1,2}\cos(\phi+\gamma_{1,2})} + a\right]\mathrm{e}^{\mathrm{i}\theta} \tag{5.2.36}$$

这里，

$$\begin{gathered}
\varphi = 2\eta_{\mathrm{i}}(t+V_1 z), \quad \phi = 2\eta_{\mathrm{r}}(t+V_2 z) \\
V_1 = v_1 + v_2\eta_{\mathrm{r}}/\eta_{\mathrm{i}}, \quad V_2 = v_1 - v_2\eta_{\mathrm{i}}/\eta_{\mathrm{r}} \\
v_1 = \beta(2a^2+4a_1^2-\omega_1^2) - (\omega_1+\omega)(\omega\beta+\alpha/2) \\
v_2 = a_1[\alpha+2\beta(\omega+2\omega_1)], \quad \eta_{\mathrm{r}}+\mathrm{i}\eta_{\mathrm{i}} = \sqrt{\epsilon+\mathrm{i}\epsilon'} \\
\epsilon = a^2 - a_1^2 + (\omega-\omega_1)^2/4, \quad \epsilon' = a_1(\omega-\omega_1)
\end{gathered}$$

和

$$\Delta_1 = -4aa_1\sqrt{\rho+\rho'}, \quad \Delta_2 = -4a^2a_1$$

$$\Xi_1 = 2a_1\sqrt{\chi^2-(2a^2-\chi)^2}, \quad \Xi_2 = 4aa_1\sqrt{2(\mathrm{i}\epsilon'-\epsilon)}$$

$$\Omega_1 = \rho+\rho', \quad \Omega_2 = \sqrt{\rho^2-\rho'^2}$$

$$\Gamma_1 = -2a(\eta_{\mathrm{i}}+a_1), \quad \Gamma_2 = \sqrt{\varrho^2+\varrho'^2}$$

$$\delta_1 = \operatorname{artanh}(-\mathrm{i}\chi_1/\chi_2)$$

$$\delta_2 = \operatorname{artanh}[\mathrm{i}2(\eta_{\mathrm{i}}+\mathrm{i}\eta_{\mathrm{r}})/(\omega-\omega_1-2\mathrm{i}a_1)]$$

$$\xi_1 = -\arctan[\mathrm{i}(2a^2-\chi)/\chi]$$

$$\xi_2 = -\arctan[\mathrm{i}2(\eta_{\mathrm{i}}+\mathrm{i}\eta_{\mathrm{r}})/(\omega-\omega_1-2\mathrm{i}a_1)]$$

$$\kappa_1 = 0, \quad \kappa_2 = \operatorname{artanh}(-\rho'/\rho)$$

$$\gamma_1 = 0, \quad \gamma_2 = -\arctan(\varrho'/\varrho)$$

其中，

$$\rho = \epsilon+2a_1^2+\eta_{\mathrm{i}}^2+\eta_{\mathrm{r}}^2, \quad \rho' = \eta_{\mathrm{r}}(\omega-\omega_1)+2\eta_{\mathrm{i}}a_1$$

$$\varrho = \epsilon+2a_1^2-\eta_{\mathrm{i}}^2-\eta_{\mathrm{r}}^2, \quad \varrho' = \eta_{\mathrm{i}}(\omega_1-\omega)+2\eta_{\mathrm{r}}a_1$$

$$\chi = \chi_1^2+\chi_2^2+a^2, \quad \chi_1 = \eta_{\mathrm{r}}+(\omega-\omega_1)/2$$

$$\chi_2 = \eta_{\mathrm{i}}+a_1$$

上述一般解的表达式具有六个自由参量，分别为：a，ω，a_1，ω_1，α，β。其中，a 和 ω 分别表征平面波背景振幅和频率；a_1 和 ω_1 为两个实常数，分别决定非线性波初态的形状以及速度，不失一般性，我们令 $a_1>0$。由于上述一般解具有较多的自由物理参量，所以在不同参数条件下精确解 (5.2.36) 式描述了多种不同种类的局域波动力学特征，其中包括：① Akhmediev 呼吸子与周期波的态转换；② Kuznetsov-Ma 呼吸子与非零背景上的单峰孤子的态转换；③ 一般呼吸子与非零背景上多峰孤子的态转换。

这里需要指出的是，u_1 表示呼吸子的一个最大峰值在时空分布中心位置 $(t,z) = (0,0)$，而 u_2 则描述了一类最大峰值不出现在中心位置的呼吸子，对于呼吸子来说，由这两类解给出的呼吸子只是中心位置存在不同，对其特征没有本质影响。然而，这两类解的选取对呼吸子与其他种类的非线性波的态转换性质起到至关重要的作用，包括：① Kuznetsov-Ma 呼吸子和不同结构的单峰孤子的态转换；② 一般呼吸子与不同结构的多峰孤子的态转换。

接下来，首先考虑两种特殊的呼吸子 (Akhmediev 呼吸子和 Kuznetsov-Ma 呼吸子) 的态转换特征。随后再详尽地考察一般呼吸子的态转换性质。此外，上述解 u_1 在 $a_1=a$，$\omega=\omega_1$ 的情况下将退化为有理分式解 (5.2.33) 式，其中怪波与 W 形孤子间的态转换已在上文中讨论。

Akhmediev 呼吸子与周期波的态转换 首先考察 Akhmediev 呼吸子与其他种类非线性波的态转换。上述一般解 (5.2.36) 式在具体参数条件 $0<a_1<a$ 且 $\omega=\omega_1$ 下，就退化到一般的 Akhmediev 呼吸子解。经化简，Akhmediev 呼吸子解的一般表达式具有如下的简洁形式：

$$u_{1,2}(t,z)=\left\{\frac{2\eta^2\cosh(\kappa z)+\mathrm{i}2\eta a_1\sinh(\kappa z)}{a\cosh(\kappa z)-\mathrm{e}^{\mathrm{i}\sigma}a_1\cos[2\eta(t+v_1z)-\mu]}-a\right\}\mathrm{e}^{\mathrm{i}\theta} \tag{5.2.37}$$

这里，$v_1=\beta(2a^2+4a_1^2-\omega^2)-2\omega(\omega\beta+1/2)$，$\kappa=2\eta v_2$，$\eta=\pm\sqrt{a^2-a_1^2}$，$v_2=a_1(1-\omega/\omega_{\mathrm{s}})$，$\omega_{\mathrm{s}}=-1/(6\beta)$，$\sigma=\sigma_{1,2}=\{0,\pi\}$，$\mu=\mu_{1,2}=\{0,\arctan(-\eta_{\mathrm{r}}/a_1)\}$。通过分析可以知道，Akhmediev 呼吸子对应于参数空间中共振线之外的调制不稳定区 (图 5.13(a))。

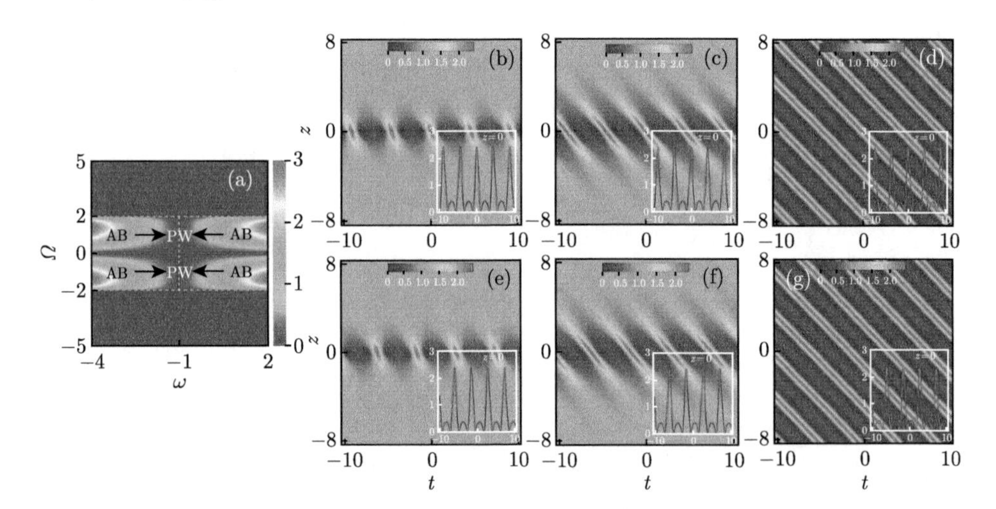

图 5.13 (a) Hirota 系统中调制不稳定增益分布。其中“AB”和“PW”分别表示 Akhmediev 呼吸子和周期波。Akhmediev 呼吸子至周期波的态转换展示在图 (b)~(g) 中 (精确解 (5.2.37) 式)，从左至右依次取 $\omega=0$，$\omega_{\mathrm{s}}/2$，ω_{s}。第一行和第二行分别表示具有不同相位参数 $\sigma=0,\pi$ 的非线性波解。其他参数设置为：$a=1$，$\beta=0.1$，$a_1=0.7$(彩图见封底二维码)

与上述怪波和 W 形孤子态转换的研究方法一致，改变背景波数 $\omega\to\omega_{\mathrm{s}}$，从而使 Akhmediev 呼吸子从任意一个选定的调制不稳定区过渡至调制稳定区。如

图 5.13 所示，可以看到当 $\omega \to \omega_{\rm s}$ 时，Akhmediev 呼吸子的传输方向 z 的局域性逐渐减小，这个变化趋势正好对应了调制不稳定性增长率的逐渐衰减。有趣的是，当增长率衰减至零时，Akhmediev 呼吸子的纵向局域性被彻底破坏，意味着其在调制稳定区域 $\omega = \omega_{\rm s}$ 最终转化为周期波。此时，可以精确地给出相应的周期波解的解析表达式：

$$u_{\rm p\ 1,2}(t,z) = \left[\frac{2\eta^2}{a - {\rm e}^{{\rm i}\sigma} a_1 \cos[2\eta(t+vz)-\mu]} - a\right]{\rm e}^{{\rm i}\theta} \tag{5.2.38}$$

这种周期波便对应于图 5.13(a) 中共振线之外的调制稳定线 ($\omega = \omega_{\rm s}$)。

需要指出的是，上述解的不同的相位参数 ($\sigma = 0, \pi$) 对 Akhmediev 呼吸子与周期波之间的转化没有造成本质上的影响。此外，上述 Akhmediev 呼吸子和转换后的周期波具有一致的横向周期，即 $D_t = \pi/\sqrt{a^2 - a_1^2}$，意味着，高阶效应不会对局域波的横向周期分布产生影响，而只是改变其传播方向的局域性。

Kuznetsov-Ma 呼吸子与单峰孤子的态转换 接下来研究 Kuznetsov-Ma 呼吸子和单峰孤子间的转换。考虑上述一般解 (5.2.36) 式的具体参数条件 $a_1 > a$ 且 $\omega = \omega_1$，Kuznetsov-Ma 呼吸子解具有如下的一般表达式：

$$u_{1,2}(t,z) = \left[\frac{2\eta'^2\cos(\kappa' z) + {\rm i}2\eta' a_1 \sin(\kappa' z)}{{\rm e}^{{\rm i}\sigma} a_1 \cosh[2\eta'(t+v_1 z)+\mu'] - a\cos(\kappa' z)} - a\right]{\rm e}^{{\rm i}\theta} \tag{5.2.39}$$

其中，

$$\eta' = \pm\sqrt{a_1^2 - a^2}, \kappa' = 2\eta' v_2, \sigma = \sigma_{1,2} = \{0, \pi\}, \mu' = \mu'_{1,2} = \{0, {\rm artanh}(-\eta_{\rm i}/a_1)\}$$

由其表达式可得 Kuznetsov-Ma 呼吸子沿其传播方向的呼吸周期为 $D_z = \pi/[\eta' a_1 \alpha(1-\omega/\omega_{\rm s})]$。与上述态转换类似，考虑 Kuznetsov-Ma 呼吸子从任意一个选定的调制不稳定区过渡至调制稳定区，即 $\omega \to \omega_{\rm s}$。如图 5.14 所示，可以看到当 $\omega \to \omega_{\rm s}$ 时，Kuznetsov-Ma 呼吸子的呼吸周期 D_z 逐渐增大，同时每个基本单元的结构也变得细长。这个变化趋势与 Peregrine 怪波态转换的情形是一致的。

值得注意的是，当 $\omega = \omega_{\rm s}$ 时，具有不同相位参数的 Kuznetsov-Ma 呼吸子转化为两种结构截然不同的单峰孤子。与标准的亮孤子或暗孤子的特征截然不同，这两种孤子都是分布在平面波背景上局域的孤立波结构。具体地，当 $\sigma = 0$ 时，Kuznetsov-Ma 呼吸子转化为 W 形孤子；当 $\sigma = \pi$ 时，Kuznetsov-Ma 呼吸子转化为反暗孤子。有趣的是，可以精确地给出描述两种不同结构的单峰孤子的统一的解析表达式，如下：

$$u_{\rm s\ 1,2}(t,z) = \left[\frac{2\eta'^2}{{\rm e}^{{\rm i}\sigma} a_1 \cosh[2\eta'(t+vz)+\mu'] - a} - a\right]{\rm e}^{{\rm i}\theta} \tag{5.2.40}$$

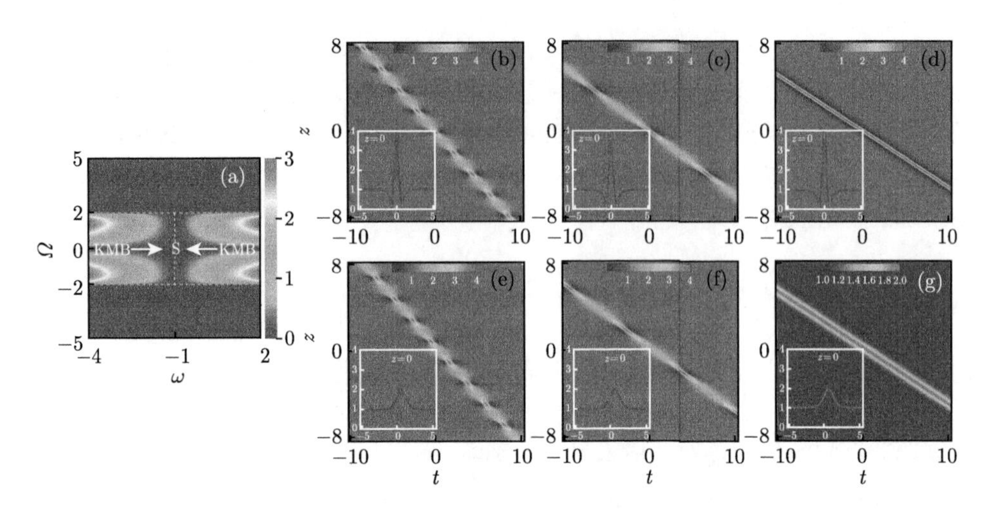

图 5.14　(a) Hirota 系统中调制不稳定增益分布。其中“KMB”和“S”分别表示 Kuznetsov-Ma 呼吸子和孤子 (包括反暗孤子和非有理形式的 W 形孤子)。Kuznetsov-Ma 呼吸子至平面波背景上的单峰孤子的态转换展示在图 (b)~(g) 中 (精确解 (5.2.39) 式)，从左至右依次取 $\omega=0$，$\omega_s/2$，ω_s。第一行和第二行分别表示具有不同相位参数 $\sigma=0$，π 的非线性波解。其他参数设置为：$a=1$，$\beta=0.1$，$a_1=1.5$。由图可见，具有不同相位参数致使 Kuznetsov-Ma 呼吸子转换为结构不同的单峰孤子 (W 形孤子和反暗孤子)。当 Kuznetsov-Ma 呼吸子的中心位置正好是最大峰值出现的位置时 (此时 $\sigma=0$)，呼吸子转换为 W 形孤子。反之，Kuznetsov-Ma 呼吸子转换为反暗孤子 (彩图见封底二维码)

综上所述，Kuznetsov-Ma 呼吸子与平面波背景上的单峰孤子分别对应于共振线上的调制不稳定区和稳定区 (图 5.14(a))。Kuznetsov-Ma 呼吸子在调制稳定区可以转换为单峰孤子。呼吸子的最大峰值是否在中心位置 $(t,z)=(0,0)$，决定了 Kuznetsov-Ma 呼吸子与不同结构单峰孤子 (W 形孤子或反暗孤子) 的态转换。

一般呼吸子与多峰孤子的态转换　在研究了 Akhmediev 呼吸子与周期波以及 Kuznetsov-Ma 呼吸子与两种结构不同的单峰孤子之间的态转换后，自然有一个问题：一般呼吸子会转换成何种类型的非线性波，相应的转换条件又是什么？下文将回答上述疑问。为此，先回归到一般呼吸子解，即约束条件 $\omega\neq\omega_1$ 下的 (5.2.36) 式，并对其表达式进行细致的分析。由精确解 (5.2.36) 式可以看出，一般呼吸子的解析表达式是由双曲函数 $\cosh\varphi$ 和三角函数 $\cos\phi$ 在平面波背景上的非线性叠加构成的。相应的双曲函数 $\cosh\varphi$ 和三角函数 $\cos\phi$ 分别具有速度 V_1 和 V_2。通常，双曲函数表征非线性波的局域性，而三角函数描述非线性波的周期性。我们发现，一般呼吸子与其他非线性波的态转换取决于速度差 V_1-V_2 的取值。

当 $V_1\neq V_2$ 时，即非线性波的局域性和周期性速度不匹配，意味着 $v_2\neq0$，非线性波表现出一般呼吸子的特征 (图 5.15(a) 和 (b))。可以看到，这种呼吸子的结构与标准的 Akhmediev 呼吸子和 Kuznetsov-Ma 呼吸子是显著不同的，即这类呼吸子在横向分布方向和纵向传输方向上都表现出周期性，并沿着某一个特定方向传输。因此称之为一般呼吸子，它们也被称为 Tajiri-Watanabe 呼吸子。文献 [7] 中将 $a_1 < a$ 情形下的一般呼吸子称为准 Akhmediev 呼吸子。这种呼吸子具有很多新奇的特性，特别是其相互作用表现出非平庸的调制不稳定性特征。更重要的是，这些由准 Akhmediev 呼吸子碰撞所表现出的新的调制不稳定性特征已经在单模光纤系统和水流体系统中得到了实验证实。需要强调的是，这里给出的两类一般呼吸子的精确解具有相等大小的振幅和周期，其唯一区别是中心位置的不同。具体而言，u_1 的中心位置在 $(t,z)=(0,0)$ 处，而 u_2 的中心位置不在 $(t,z)=(0,0)$ 处。

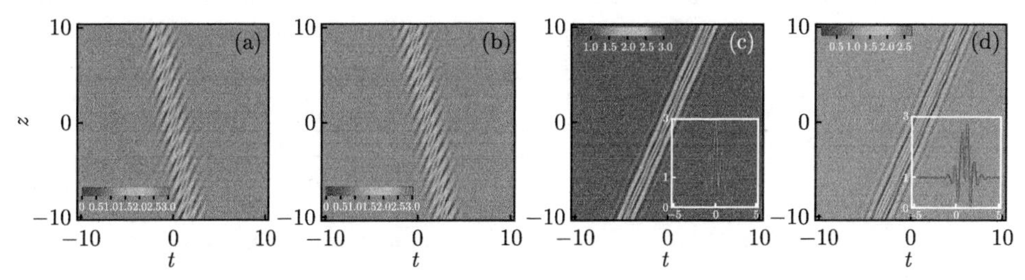

图 5.15 (a) 和 (b) 分别为一般呼吸子的结构特征 $|u_1|$ 和 $|u_2|$，分别表示呼吸子的中心位置在和不在 $(t,z)=(0,0)$ 处。其中 $\omega_1=0.9(-1/4\beta-\omega/2)$。(c) 和 (d) 分别为多峰孤子的结构特征 $|u_1|$ 和 $|u_2|$，分别表示振幅分布对称和非对称的多峰孤子。其中 $\omega_1=-1/4\beta-\omega/2$。它们均由精确解 (5.2.36) 式得到，参数设置为 $a=1$，$a_1=1$，$\beta=0.1$，$\omega=4\omega_{\rm s}$，$\omega_{\rm s}=-1/6\beta$(彩图见封底二维码)

当 $V_1=V_2$ 时，意味着 $1+2\beta(\omega+2\omega_1)=0$，此时非线性波的局域性和周期性速度相匹配，因此就不再呈现出不稳定的呼吸特性，而是呈现出一种局域在平面波背景上的“多峰孤子”结构。图 5.15(c) 和 (d) 给出两种具有不同振幅结构的多峰孤子，分别对应着参数条件 $V_1=V_2$ 下的解析解 u_1 和 u_2。值得注意的是，这类局域在平面波背景上的多峰孤子结构与之前报道的零背景上的多峰孤子以及标准的亮暗孤子是截然不同的。它们在参数空间上的对应与调制不稳定性或稳定性的分布没有必然联系。这两种多峰孤子由中心位置分布不同的两类一般呼吸子转换而来。有趣的是，这两类多峰孤子具有不同的振幅分布结构。详细而言，u_1 中的多峰孤子的振幅横向分布具有对称性，而 u_2 中的多峰孤子的振幅横向分布具有非对称性。需要强调的是，由于这两类多峰孤子存在条件 $1+2\beta(\omega+2\omega_1)=0$ 的限制，我们得到的这种新颖的存在于非零背景上的多峰孤子只限于考虑高阶效应的情况 $(\beta\neq0)$。因此，标准非线性薛定谔系统中不存在这样的局域结构。该局域波的存在反映了高阶效应对局域波性质的巨大影响。另一方面，由图 5.15 可见，对称和非对称多峰孤子的峰数和最大峰值强度均不同。因此，两类多峰孤子间是否存在相关联的物理量？有趣的是，初始参数相同的条件下两类多峰孤子扣

除背景后的能量大小是相等的，即

$$\int_{-\infty}^{+\infty}\left(|u_1|^2-a^2\right)\mathrm{d}t=\int_{-\infty}^{+\infty}\left(|u_2|^2-a^2\right)\mathrm{d}t \tag{5.2.41}$$

事实上，上式也适用于相同初始参数条件下的 W 形孤子和反暗孤子。

为了更清晰地展示高阶效应诱发的平面波背景上多种不同种类的非线性波，我们利用表 5.1，将上述不同种类的局域波及其相应的存在条件简洁明了地呈现出来。

表 5.1 高阶效应诱发的平面波背景上多种不同种类的非线性波和相应的存在条件，其中 $\omega_s=-1/6\beta$。表中的多峰孤子、W 形孤子、反暗孤子、周期波以及有理形式 W 形孤子的激发皆源于高阶效应的影响

非线性波的类型	精确解的存在条件
呼吸子和怪波	$\omega_1\neq(3\omega_s-\omega)/2$
多峰孤子	$\omega_1=(3\omega_s-\omega)/2,\ \omega\neq\omega_s$
W 形孤子/反暗孤子	$\omega_1=(3\omega_s-\omega)/2,\ \omega=\omega_s,\ a^2<a_1^2$
周期波	$\omega_1=(3\omega_s-\omega)/2,\ \omega=\omega_s,\ a^2>a_1^2$
有理形式 W 形孤子	$\omega_1=(3\omega_s-\omega)/2,\ \omega=\omega_s,\ a^2=a_1^2$

5.3 基本局域波的观测相图

在 5.1 节和 5.2 节通过调制不稳定性解释了平面波背景上基本局域波产生机制，并给出了基本局域波在背景频率和扰动频率空间的相图。然而由于线性稳定性分析方法的局限性，其给出的调制不稳定性特征并不能完全解释基本局域波动力学特征，而出现部分非线性波在背景频率和扰动频率空间共存的情况，这种共存情况在带有高阶效应的非线性模型中尤为显著[5,8,9]。因此需要寻找新的物理参数以便能够区分共存的非线性波。本节以具有三阶效应和四阶效应的四阶非线性薛定谔系统为例，讨论平面波背景上基本非线性波激发与调制不稳定性的对应关系及其在高阶模型中的有效性，进而引入扰动能量和相对相位的概念，展示出一个更加全面的非线性波观测相图。

5.3.1 高阶模型中调制不稳定性与非线性波激发的关系

Hirota 模型 5.2 节已经讨论 Hirota 模型中调制不稳定性分布情况，同时也系统给出了 Hirota 系统中非线性波激发在调制不稳定性增益平面的相图。现在为了更清晰地展现调制不稳定性与各个波激发之间关系，把 Hirota 模型中的调制不稳定性分布情况与各个波激发对应的参数空间展示在了图 5.16 中。其中，怪波和 Kuznetsov-Ma 呼吸子激发在共振线上的不稳定区，Akhmediev 呼吸子存在于共振线两侧调制不稳定区，有理 W 形孤子、非有理 W 形孤子和反暗孤子都激发在共振线上的调制稳定区，周期波位于共振线两侧调制稳定线上。特别地，多峰孤子存在于图中橙色“X”形区域，这个区域既有调制不稳定区又有调制稳定区，该结果与线性稳定性分析预测结果矛盾，这是由线性稳定性分析自身局限性导致的。此外，注意到在 Hirota 系统中非线性激发在 (ω, Ω) 空间的相图中，怪波和 Kuznetsov-Ma 呼吸子存在于同一位置，有理 W 形孤子、非有理 W 形孤子和反暗孤子激发在同一区域，多峰孤子和 Akhmediev 呼吸子的激发区域有部分重合。这些结果进一步证实了线性稳定性分析的局限性，说明仅仅通过背景频率 ω 和扰动频率 Ω 这两个参数并不能完全确定非线性波的激发条件。

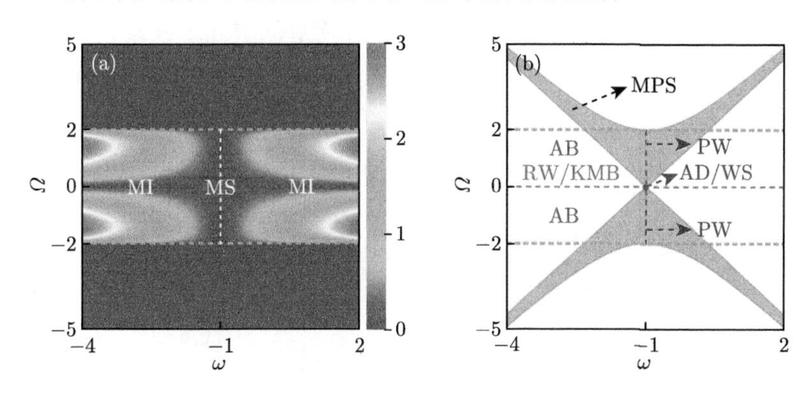

图 5.16 (a) Hirota 模型中调制不稳定增益在背景频率 ω 和扰动频率 Ω 平面的分布，“MI”和“MS”分别表示调制不稳定和调制稳定区域；(b) 各个非线性波对应的参数空间，其中“AB”、“RW”、“KMB”、“MPS”、“AD”、“WS”和“PW”分别代表 Akhmediev 呼吸子、怪波、Kuznetsov-Ma 呼吸子、多峰孤子、反暗孤子、W 形孤子、周期波 (彩图见封底二维码)

Sasa-Satsuma 模型 接下来讨论另一种可以来描述飞秒量级光脉冲传输的 Sasa-Satsuma 模型。其无量纲形式为

$$\mathrm{i}\psi_z + \frac{1}{2}\psi_{tt} + |\psi|^2\psi + \mathrm{i}\epsilon[\psi_{ttt} + 3(|\psi|^2\psi)_t + 3|\psi|^2\psi_t] = 0 \tag{5.3.1}$$

其中，ϵ 为一个实常数。通过线性稳定性分析，可以得到该系统平面波背景的调制不稳定性增益表达式：

$$G = |\mathrm{Im}(K)| = \left|\mathrm{Im}\left(\Omega\sqrt{(3\epsilon a^2)^2 + (\Omega^2/4 - a^2)(1 - 6\epsilon\omega)^2}\right)\right| \tag{5.3.2}$$

其中，a 和 ω 是平面波背景的振幅和频率；Ω 为扰动信号的频率。如果将其展示在 (ω, Ω) 空间中，就可以发现其调制不稳定带中存在一小块调制稳定区域 (图 5.17(a))，并且在这个调制稳定区域的共振线上可以得到有理形式 W 形孤子激发，这个 W 形孤子在弱噪声下仍然可以保持稳定演化。随后在共振线上调制不稳定区与调制稳定区的临界点 (图 5.17(a) 中共振线上黄色圆点) 处得到了一个小信号产生两个 W 形孤子的独特动力学 [8]。在初始阶段一个小信号被调制不稳定放大，随着演化峰值逐渐增大，达到最大峰值后劈裂为两个稳定的 W 形孤子，在 W 形孤子演化过程中呈现出调制稳定的特征。这个动力学过程显著区别于怪波的不稳定特征和 W 形孤子的稳定特征，同时包含了调制不稳定特征和调制稳定性特征。由于临界点处于调制不稳定区和调制稳定区的交界位置，其既不属于调制不稳定区又不属于调制稳定区，但是又同时包含调制不稳定特征和调制稳定特征，所以可以出现从弱信号放大然后劈裂出 W 形孤子的独特动力学行为。随后在标准非线性薛定谔系统和耦合非线性薛定谔系统中通过对系统的色散和非线性进行调制，使得调制不稳定性增益随着演化逐渐减小并过渡到调制稳定区，也得到了弱信号放大后产生的孤子结构 [10,11]。但是两者从弱信号产生稳定孤子的本质是不同的。

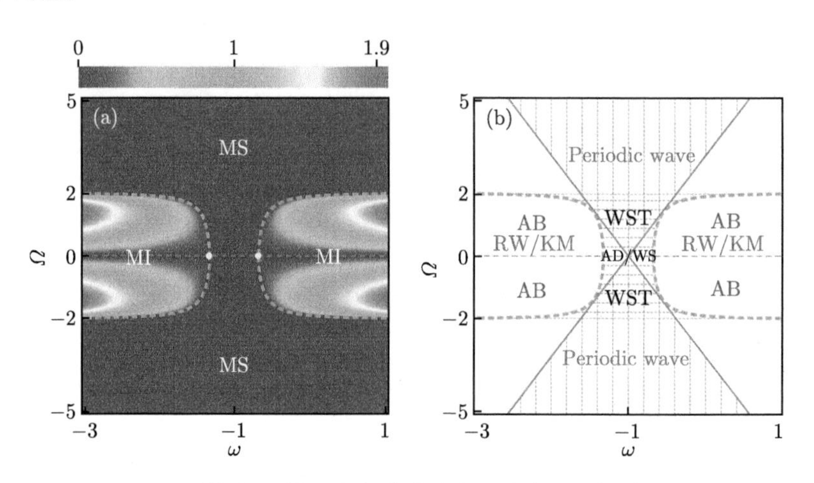

图 5.17　Sasa-Satsuma 系统的调制不稳定增益分布和基本非线性波激发的相图。(a) Sasa-Satsuma 系统中其调制不稳定增益在背景频率 ω 和扰动频率 Ω 平面的分布，“MI” 和 “MS” 分别表示调制不稳定和调制稳定，黄颜色圆点为共振线上临界点；(b) 非线性波在调制不稳定增益分布平面的相图，“AB”、“RW” 和 “KM” 分别为 Akhmediev 呼吸子、怪波和 Kuznetsov-Ma 呼吸子，“WS”、“WST”、“AD” 和 Periodic wave 分别表示 W 形孤子、W 形孤子链、反暗孤子和周期波 (彩图见封底二维码)

在 Sasa-Satsuma 系统中也得到了反暗孤子、周期波、W 形孤子链等非线性激发，并建立了这些非线性激发与调制不稳定性之间的对应关系 [8]，其对应的相图展示在图 5.17(b)。从图中可以看出，怪波仍然来自于调制不稳定区的共振扰动，Kuznetsov-Ma 呼吸子和 Akhmediev 呼吸子也都激发在调制不稳定区，Kuznetsov-Ma 呼吸子也激发在共振线上，而 Akhmediev 呼吸子激发在共振线两侧的调制不稳定区 (图 5.17(a) 中红色虚线和橙色虚线之间的区域)。这些结果与标准非线性薛定谔系统中这几种非线性波在调制不稳定增益分布平面的激发位置是类似的。然而，与标准非线性薛定谔系统不同的是，在 Sasa-Satsuma 系统中其调制不稳定带中存在一个调制稳定区，这也带来了一些新的非线性激发。调制不稳定区与调制稳定区的边界为 $\Omega = \pm(4\omega^2 - 1)/\omega$。W 形孤子和反暗孤子激发在共振线上的调制稳定区 (图 5.17(b) 中两个黄色临界点之间的红色虚线)。W 形孤子链存在于共振线和调制不稳定带边界 ($\Omega = \pm 2a$) 之间的区域，见图 5.17(b) 中水平灰色虚线标记的调制稳定区。周期波位于直线 $\Omega = \pm 2\omega$ (图中灰色实线) 之间的调制稳定区，见图中竖直的灰色虚线标记区域。从图中可以看出，W 形孤子、反暗孤子、W 形孤子链和周期波都位于调制稳定区，它们的动力学也证实其演化是稳定的。显然线性稳定性分析也可以用来预测平面波背景上稳定演化的孤子和周期波激发。需要特别注意的是，与标准非线性薛定谔系统类似，Sasa-Satsuma 系统中 Kuznetsov-Ma 呼吸子和怪波也激发在同样的位置。此外 W 形孤子和反暗孤子存在于相同区域，周期波与 W 形孤子链的激发区域也有部分重合。这些结果也说明，决定系统调制不稳定特征的两个参数背景频率 ω 和扰动频率 Ω 并不能完全决定非线性波的激发，需要引入新的物理参数来区分在背景频率和扰动频率空间共存的非线性波激发。

四阶非线性薛定谔模型的线性稳定性分析 为了更为全面地讨论非线性波共存的问题，我们考虑一个同时具有三阶和四阶效应的非线性薛定谔模型 [5]：

$$\mathrm{i}\psi_z + \frac{1}{2}\psi_{tt} + |\psi|^2\psi + \mathrm{i}\beta H[\psi(t,z)] + \gamma P[\psi(t,z)] = 0 \tag{5.3.3}$$

这里，三阶项 $H[\psi(t,z)] = \psi_{ttt} + 6|\psi|^2\psi_t$，四阶项 $P[\psi(t,z)] = \psi_{tttt} + 8|\psi|^2\psi_{tt} + 6|\psi|^4\psi + 4|\psi_t|^2\psi + 6\psi_t^2\psi^* + 2\psi^2\psi_{tt}^*$。当 $\beta = \gamma = 0$ 时，(5.3.3) 式约化为标准非线性薛定谔方程。当 $\gamma = 0$ 时，(5.3.3) 式变为描述光纤中飞秒脉冲传输的 Hirota 方程。此外，描述光脉冲在光纤中传输的广义脉冲传输方程为

$$\mathrm{i}\psi_z = -\sum_{m-1}^{\infty} \frac{\mathrm{i}^m\beta_m}{m!}\frac{\partial^m\psi}{\partial t^m} - \gamma\left(1 + \mathrm{i}s\frac{\partial}{\partial t}\right)\left(\psi\int_0^{\infty} R(t')|\psi(t-t')|^2\mathrm{d}t'\right)$$

其中，等号右侧第一项为线性色散项；β_m 为第 m 阶色散系数；第二项为非线性项和非线性延迟响应项；s 为自陡峭项系数；γ 为非线性项系数；非线性响应函数 $R(t)$ 同时包含了非线性材料中电子瞬时响应和原子核延迟响应的贡献。通常情况下，对方程中积分项进行级数展开并取第一项就可以得到 $|\psi|^2 - \tau_{\mathrm{R}}\dfrac{\partial}{\partial t}(|\psi|^2)$，$\tau_{\mathrm{R}}$ 为拉曼延迟系数。而在实际情况中，通常需要考虑一些更高阶的效应。通过选取高阶非线性响应函数 $R(t)$，然后展开积分部分，就有可能得到 (5.3.3) 式的形式。此外，(5.3.3) 式也可以在具有 Dzyaloshinskii-Moriya 相互作用的各向异性海森伯铁磁自旋链中被导出。当 $\beta = 0$ 时，(5.3.3) 式可以用来描述没有 Dzyaloshinskii-

Moriya 相互作用的各向异性海森伯铁磁自旋链自旋分布的演化动力学。在海森伯铁磁自旋链中，坐标 x 和 t 分别表示自旋链的空间分布和演化时间，并且 $|\psi|^2$ 表示自旋 S 与其在 z 轴方向投影的差值。

之前研究已经发现，高阶效应可以显著地改变系统的调制不稳定性特征，并能诱导一些新的非线性激发结构，例如在 Sasa-Satsuma 系统和 Hirota 系统可以存在有理 W 形孤子、周期波和多峰孤子等标准非线性薛定谔系统中不存在的非线性波[8,9,12]。在考虑四阶效应后，我们能够得到与具有三阶效应的 Sasa-Satsuma 模型和 Hirota 模型不同的调制不稳定性特征和新奇非线性激发特征。首先分析模型 (5.3.3) 式的调制不稳定性。该模型中的平面波解为

$$\psi(t,z)=a\mathrm{e}^{\mathrm{i}\theta(t,z)} \tag{5.3.4}$$

其中，$\theta(t,z)=\omega t+kz$，这里 a 和 ω 分别表示平面波的振幅和频率，$k=a^2-\dfrac{1}{2}\omega^2+\beta(\omega^3-6a^2\omega)+\gamma(6a^4-12a^2\omega^2+\omega^4)$ 是平面波的传播常数。考虑对平面波解 (5.3.4) 式增加一个小扰动 $p(t,z)$：

$$\psi(t,z)=[a+p(t,z)]\mathrm{e}^{\mathrm{i}\theta(t,z)} \tag{5.3.5}$$

将 (5.3.5) 式代入 (5.3.3) 式，并使扰动 $p(t,z)$ 线性化得到

$$\begin{aligned}&\mathrm{i}p_z+\mathrm{i}[\omega+3\beta(2a^2-\omega^2)+4\omega\gamma(6a^2\omega-\omega^2)]p_t+\left[\frac{1}{2}-3\beta\omega+2\gamma(4a^2-3\omega^2)\right]p_{tt}\\&\quad+2a^2\gamma p_{tt}^*+\mathrm{i}(\beta+4\gamma\omega)p_{ttt}+\gamma p_{tttt}+[a^2-6a^2\beta\omega+12a^2\gamma(a^2-\omega^2)](p+p^*)=0\end{aligned} \tag{5.3.6}$$

考虑一般扰动的最低阶傅里叶模式，取

$$p(t,z)=f_+\mathrm{e}^{\mathrm{i}(\Omega t+Kz)}+f_-\mathrm{e}^{-\mathrm{i}(\Omega t+Kz)} \tag{5.3.7}$$

这里，K 和 Ω 分别表示扰动相对于平面波背景的波数和频率；f_+ 和 f_- 是傅里叶模式的振幅，并且 f_+ 和 f_- 远小于背景振幅 a。将 (5.3.7) 式代入线性化后的 (5.3.6) 式，得到 f_+ 和 f_- 满足的线性方程组为

$$M\begin{pmatrix}f_+\\f_-\end{pmatrix}=0 \tag{5.3.8}$$

其中，

$$M=\begin{pmatrix}M_{11}&M_{12}\\M_{21}&M_{22}\end{pmatrix} \tag{5.3.9}$$

$$M_{11} = 2a^2 - 2\beta[3(2a^2 - \omega\Omega)(\omega + \Omega) - \Omega^3] + 2\gamma[12a^2(a^2 - \omega^2 - 2\omega\Omega) + 4\omega^3\Omega - 8a^2\Omega^2 + 6\omega^2\Omega^2 + 4\omega\Omega^3 + \Omega^4] - 2\Omega - 2\omega\Omega - \Omega^2 \tag{5.3.10}$$

$$M_{12} = M_{21} = 2a^2 - 12a^2\beta\omega + 4a^2\gamma[6(a^2 - \omega^2) - \Omega^2] \tag{5.3.11}$$

$$M_{22} = 2a^2 - 2\beta[3(2a^2 + \omega\Omega)(\omega - \Omega) + \Omega^3] + 2\gamma[12a^2(a^2 - \omega^2 + 2\omega\Omega) - 4\omega^3\Omega - 8a^2\Omega^2 + 6\omega^2\Omega^2 - 4\omega\Omega^3 + \Omega^4] + 2\Omega + 2\omega\Omega - \Omega^2 \tag{5.3.12}$$

而 f_+ 和 f_- 有非零解的条件是其系数行列式等于零，即 $\det M = 0$，求解该方程可以得到扰动波数 K 和扰动频率 Ω 之间的色散关系：

$$K = -\omega\Omega - \beta\Omega(6a^2 - 3\omega^2 - \Omega^2) - 4\gamma\omega\Omega(6a^2 - \omega^2 - \Omega^2) \pm |\Omega|\sqrt{(\Omega^2 - 4a^2)\left[1/2 - 3\beta\omega + \gamma(6a^2 - 6\omega^2 - \Omega^2)\right]^2} \tag{5.3.13}$$

因此可以得到四阶非线性薛定谔系统的调制不稳定性增益为

$$G = |\mathrm{Im}(K)| = \left|\mathrm{Im}\left(\Omega\sqrt{(\Omega^2 - 4a^2)\left[1/2 - 3\beta\omega + \gamma(6a^2 - 6\omega^2 - \Omega^2)\right]^2}\right)\right| \tag{5.3.14}$$

由上式可以得出增益值在背景频率 ω 和扰动频率 Ω 空间的分布情况 (图 5.18)。

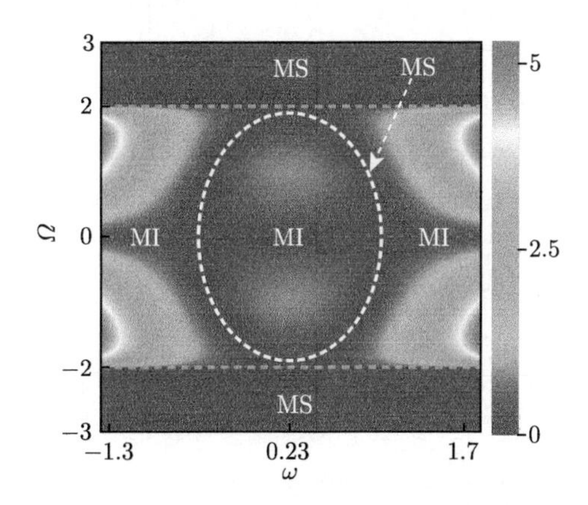

图 5.18 四阶非线性薛定谔系统中调制不稳定增益在背景频率 ω 和扰动频率 Ω 平面的分布，“MI”和“MS”分别表示调制不稳定性和调制稳定性。参数取值为 $a = 1$，$\beta = 1/6$，$\gamma = -(5+\sqrt{5})/48$ [5](彩图见封底二维码)

这时在图中可以看到一个低频率扰动的调制不稳定区 ($|\Omega| < 2a$)，而高波数扰动 ($|\Omega| > 2a$) 都是稳定的。特别地，从 (5.3.14) 式可以看出，当 $1/2 - 3\beta\omega + \gamma(6a^2 - 6\omega^2 - \Omega^2) = 0$ 时，也就是

$$\left(\omega+\frac{\beta}{4\gamma}\right)^2+\frac{\Omega^2}{6}=\alpha \tag{5.3.15}$$

时，调制不稳定增益 $G=0$，这里 $\alpha=\beta^2/16\gamma^2+1/12\gamma+a^2$。当 $\alpha>0$ 时，(5.3.15) 式描述了一个中心在 $(-\beta/4\gamma,0)$ 点处的椭圆形调制稳定区，其中椭圆长半轴等于 $\sqrt{6\alpha}$，并平行于 Ω 坐标轴，短半轴等于 $\sqrt{\alpha}$，位于 ω 坐标轴上。当长半轴大于 $2a$ 时，椭圆只有一部分位于调制不稳定区域 ($|\Omega|<2a$) 内，此时调制不稳定带中包含两条调制稳定的曲线。当长半轴小于 $2a$ 并且大于 0 时，椭圆全部位于调制不稳定区之内 (图 5.18)，此时调制不稳定区包含了一个满足 (5.3.15) 式的调制稳定环。当 $\alpha=0$ 时，椭圆长短半轴都为零，在调制不稳定区仅仅存在一个位于 $(-\beta/4\gamma,0)$ 处的调制稳定点。当 $\alpha<0$ 时，调制不稳定区内不包含调制稳定区。特别地，对于调制波数 $\Omega=0$，上述线性稳定性方法是不适用的，类似于前面介绍的办法，需要单独计算 $\Omega=0$ 处调制不稳定性增益。对于 $\Omega=0$，其扰动可以写为如下形式：

$$\psi(t,z)=[a+\epsilon\tilde{p}(z)]\mathrm{e}^{\mathrm{i}\theta(t,z)} \tag{5.3.16}$$

这里，ϵ 是实常数并且满足 $\epsilon\ll 1$。由于扰动波数为零，所以 $\tilde{p}(z)$ 不含有变量 t。将 (5.3.16) 式代入四阶非线性薛定谔方程 (5.3.3) 式中，并将 ϵ 线性化得到

$$\mathrm{i}\tilde{p}_z+2a^2\left[\frac{1}{2}-3\beta\omega+6\gamma(a^2-\omega^2)\right](\tilde{p}+\tilde{p}^*)=0 \tag{5.3.17}$$

直接求解 (5.3.17) 式，得到

$$\tilde{p}=1+4\mathrm{i}a^2\left[\frac{1}{2}-3\beta\omega+6\gamma(a^2-\omega^2)\right]z \tag{5.3.18}$$

在 $\gamma\neq 0$ 时，上式可以写为

$$\tilde{p}=1+24\mathrm{i}a^2\gamma\left[\alpha-\left(\omega+\frac{\beta}{4\gamma}\right)^2\right]z \tag{5.3.19}$$

因此共振扰动的调制不稳定性增益可以定义为

$$G_0=\frac{\mathrm{d}|\mathrm{Im}(\tilde{p})|}{\mathrm{d}z}=24a^2\left|\gamma\left[\alpha-\left(\omega k+\frac{\beta}{4\gamma}\right)^2\right]\right| \tag{5.3.20}$$

显然在共振扰动模式中，满足

$$\left(\omega+\frac{\beta}{4\gamma}\right)^2=\alpha \tag{5.3.21}$$

的扰动也是稳定的，它恰好对应于椭圆 (5.3.15) 式在 $\Omega=0$ 处的两个点。显然，共振扰动处的调制不稳定性特征就是非共振扰动处的调制不稳定性特征在扰动频率 Ω 趋于零时的结果。

基本非线性波的存在条件 从上述分析可以看到，四阶非线性薛定谔系统中调制不稳定性增益的分布特征，与标准非线性薛定谔系统、Hirota 系统和 Sasa-Satsuma 中分布都是不同的。在标准非线性薛定谔系统中，调制不稳定带中不存在调制稳定区；Hirota 系统中，调制不稳定带内包含了一条调制稳定线；在 Sasa-Satsuma 系统中，调制不稳定带中有一个调制稳定区域；而在四阶非线性薛定谔系统中，在调制不稳定带中存在一个调制稳定环 [1,8,9,12]。通常不同的调制不稳定增益分布会带来不同的非线性激发结构，因此自然可以期望在四阶非线性系统中能够得到与标准非线性薛定谔系统、Hirota 系统和 Sasa-Satsuma 系统中不同的激发特征。接下来，通过达布变换方法可以求解四阶非线性薛定谔方程 (5.3.3) 式平面波背景 (5.3.4) 式上的非线性波解。经过化简，得到四阶非线性薛定谔方程平面波背景上两组非线性波解如下：

$$\psi_{1,2}(t,z)=a\mathrm{e}^{\mathrm{i}\theta}+\psi_{\mathrm{p}_{1,2}}\mathrm{e}^{\mathrm{i}\theta} \tag{5.3.22}$$

这里，ψ_1 和 ψ_2 分别为两个不同的解。其中

$$\psi_{\mathrm{p}_{1,2}}=-8b\frac{\Pi_{1,2}\cosh\beta_0+\Gamma_{1,2}\cos\gamma_0-\Upsilon_{1,2}\sinh\beta_0-\mathrm{i}\Theta_{1,2}\sin\gamma_{1,2}}{\Delta_{1,2}\cosh\beta_0-\Xi_{1,2}\cos\gamma_0-\Lambda_{1,2}\sinh\beta_0+\Sigma_{1,2}\sin\gamma_0} \tag{5.3.23}$$

$$\begin{aligned}
&\beta_0=\xi t-V_{\mathrm{H}}z,\quad \gamma_0=\sigma t-V_{\mathrm{T}}z,\quad V_{\mathrm{H}}=\xi v_1-b\sigma v_2,\quad V_{\mathrm{T}}=\sigma v_1+b\xi v_2\\
&v_1=k+\beta(2a^2+4b^2-3k^2)+4\gamma(2a^2k+4b^2k-k^3)\\
&v_2=1-6\beta k+2\gamma(2a^2+4b^2-6k^2)\\
&\xi=\left(\sqrt{\chi^2}+\chi\right)^{1/2}/\sqrt{2},\quad \sigma=\pm\left(\sqrt{\chi^2}-\chi\right)^{1/2}/\sqrt{2},\quad \chi=4b^2-4a^2\\
&\Pi_1=a(2b+\xi),\quad \Pi_2=2ab,\quad \Gamma_1=-[4a^2+(2b+\xi)^2+\sigma^2],\quad \Gamma_2=2ab\\
&\Upsilon_1=4\mathrm{i}a\sigma,\quad \Upsilon_2=a(\xi+\mathrm{i}\sigma),\quad \Theta_1=4a^2-(2b+\xi)^2-\sigma^2,\quad \Theta_2=a(\xi+\mathrm{i}\sigma)\\
&\Delta_1=4a^2+(2b+\xi)^2+\sigma^2,\quad \Delta_2=4(a^2+b^2)+\xi^2+\sigma^2\\
&\Xi_1=4a(2b+\xi),\quad \Xi_2=\xi^2+\sigma^2-4(a^2+b^2)\\
&\Lambda_1=0,\quad \Lambda_2=4b\xi,\quad \Sigma_1=0,\quad \Sigma_2=4b\sigma
\end{aligned}$$

非线性波解 (5.3.22) 式是平面波 $a\mathrm{e}^{\mathrm{i}\theta}$ 和扰动部分 $\psi_{\mathrm{p}_{1,2}}\mathrm{e}^{\mathrm{i}\theta}$ 的线性叠加。这里 $\psi_{\mathrm{p}_{1,2}}\mathrm{e}^{\mathrm{i}\theta}$ 描述了平面波背景上扰动非线性演化的动力学过程。与非线性薛定谔方程平面波背景上的解类似，这里解 (5.3.22) 式也是双曲函数 $\cosh\beta_0$ 和 $\sinh\beta_0$ 与三角函数

$\cos\gamma_0$ 和 $\sin\gamma_0$ 的组合形式，β_0 和 γ_0 是关于变量 z 和 t 的实函数，双曲函数决定解的局域性而三角函数决定解的周期性，通过分析解 (5.3.22) 式的局域性与周期性就可以判断解在不同参数条件下所对应的非线性波类型。与 5.1 节中非线性薛定谔方程解的分类情况类似，根据参数 b 和背景振幅 a 的大小的不同，四阶非线性薛定谔方程平面波背景上的解 (5.3.22) 式对应于不同的非线性波。接下来，以此建立不同参数下非线性波解与调制不稳定性的对应关系。

调制不稳定性增益分布依赖于背景频率和扰动频率，因此建立非线性波激发与调制不稳定性的对应关系时需要分析不同非线性波的背景频率和扰动频率。根据参数 b 和背景振幅 a 大小的不同，解 (5.3.22) 式主要分为三种情形。具体情形如下：

(1)$b>a$ 情形。此时 $\sigma=0$，$\xi=2\sqrt{b^2-a^2}$，$\beta_0=\xi t-k\xi z$，$\gamma_0=-b\xi z$。当 $v_2\neq 0$ 时，即

$$\left(\omega+\frac{\beta}{4\gamma}\right)^2-\frac{\xi^2}{6}\neq\alpha \tag{5.3.24}$$

演化方向存在周期性，ψ_1 和 ψ_2 均为 Kuznetsov-Ma 呼吸子，两个 Kuznetsov-Ma 呼吸子性质是相同的，仅仅只是在 (t,z) 平面分布位置不同。当 $v_2=0$ 时，即

$$\left(\omega+\frac{\beta}{4\gamma}\right)^2-\frac{\xi^2}{6}=\alpha \tag{5.3.25}$$

Kuznetsov-Ma 呼吸子在演化方向周期性消失，此时 ψ_1 和 ψ_2 分别对应于非有理 W 形孤子和反暗孤子。类似的结果也被报道在文献 [9] 中。

(2)$b<a$ 情形。此时 $\xi=0$，$\sigma=\pm\sqrt{a^2-b^2}$，$\beta_0=b\sigma z$，$\gamma_0=\sigma t-\omega\sigma z$。当 $v_2\neq 0$ 时，即

$$\left(\omega+\frac{\beta}{4\gamma}\right)^2+\frac{\sigma^2}{6}\neq\alpha \tag{5.3.26}$$

演化方向存在局域性，ψ_1 和 ψ_2 均为 Akhmediev 呼吸子。当 $v_2=0$ 时，即

$$\left(\omega+\frac{\beta}{4\gamma}\right)^2+\frac{\sigma^2}{6}=\alpha \tag{5.3.27}$$

Akhmediev 呼吸子在演化方向局域性消失，此时 ψ_1 和 ψ_2 都对应于 W 形孤子链和周期波，并且 ψ_1 和 ψ_2 对应的 W 形孤子链和周期波的结构特征相同，仅仅只是在时域分布位置不同。而 W 形孤子链和周期波是同一个解在不同周期下呈现出的两种不同结构形式 (表 5.2)。

(3)$b=a$ 情形。当 $v_2\neq 0$ 时，即

$$\left(\omega+\frac{\beta}{4\gamma}\right)^2\neq\alpha \tag{5.3.28}$$

时 ψ_1 和 ψ_2 均对应于怪波解。当 $v_2 = 0$ 时，即

$$\left(\omega + \frac{\beta}{4\gamma}\right)^2 = \alpha \tag{5.3.29}$$

时怪波在演化方向局域性消失，此时 ψ_1 和 ψ_2 都对应于有理 W 形孤子，并且 ψ_1 和 ψ_2 对应的两个 W 形孤子结构特征相同。从这些分析中可以看出，平面波背景上两种类型非线性波解 ψ_1 和 ψ_2 在不同参数下共对应了八种基本的非线性波，包括 Kuznetsov-Ma 呼吸子、非有理 W 形孤子、反暗孤子、Akhmediev 呼吸子、W 形孤子链、周期波、怪波和有理 W 形孤子，并且解 ψ_1 和 ψ_2 在大多数参数情形下对应的非线性激发都相同，仅仅在满足条件 (5.3.25) 式时分别对应非有理 W 形孤子和反暗孤子。因此下面讨论中除了非有理 W 形孤子和反暗孤子，其他非线性波都只考虑解 ψ_1 一种情形。根据上面的分析，解 (5.3.22) 式所包含的所有八种基本非线性波类型、表达式和相应参数条件被总结在表 5.2 中。

表 5.2 中给出了基本非线性波参数条件，但是这些参数条件中并没有给出基本非线性波背景频率和扰动频率满足的关系，因此并不能直接和调制不稳定性进行对应；并且激发条件中参数 σ 和 ξ 只是求解过程中引入的数学参数，其对应的物理含义不清晰，因此表 5.2 中参数条件对这些非线性波在实验上激发不具有实际参考意义。为了建立基本非线性波与调制不稳定性对应关系，则需要给出这些非线性波背景频率和扰动频率满足的关系。在前面分析中，我们知道，四阶非线性薛定谔系统中调制不稳定性增益分布特征依赖于参数 α，并且基本非线性波激发条件也依赖于参数 α。为了给出四阶非线性薛定谔系统中平面波背景上所有基本非线性波与调制不稳定性的对应关系，选择 $\sqrt{3}a < \alpha < 2a$ 情形来讨论两者对应关系。此时调制不稳定性增益分布如图 5.18 所示，在调制不稳定带中存在一个调制稳定环，其满足 (5.3.15) 式和 (5.3.21) 式。进一步我们需要分析基本非线性波解去掉平面波背景后扰动频率和背景频率所满足的关系。前面通过对非线性波扰动部分进行傅里叶变换，得到扰动在频率空间的演化特征，而非线性波的扰动频率为频率空间中强度最大值处所对应的频率。并且平面波背景上扰动在演化过程中扰动频率保持不变，也就是说非线性波的扰动频率与初始扰动频率相同，因此只需知道非线性波解在 t 方向的重复频率就可以知道其扰动频率，而不需要进行复杂的傅里叶变换，这个结论可以大大简化分析过程。

分析表 5.2 中基本非线性波解在 t 方向的周期性，发现 Kuznetsov-Ma 呼吸子、非有理 W 形孤子、反暗孤子、怪波和有理 W 形孤子的扰动频率都为零，也就是说它们都存在于共振线上。前面对解 (5.3.22) 式的分析中已经得到 Kuznetsov-Ma 呼吸子存在条件为 (5.3.24) 式，其中参数 ξ 可以取从零到无穷大区间的任意值，因此 Kuznetsov-Ma 呼吸子可以存在于共振线上所有区域 (图 5.19(a) 和 (b))。

非有理 W 形孤子和反暗孤子存在条件为 (5.3.25) 式，显然它们的背景频率满足

表 5.2　四阶非线性薛定谔系统中基本非线性波的类型和参数条件。表中参数为 $\delta = 2\sqrt{b^2-a^2}, \Omega = \pm 2\sqrt{a^2-b^2}, \chi_k = \delta(t+v_k z), \chi_a = \Omega(t+v_a z), \chi_s = \delta(t+v_s z), \chi_p = \Omega(t+v_p z)$，其中 v_k、v_a、v_r、v_s、v_w 和 v_p 分别是 (5.3.23) 式中的 v_1 在相应非线性波的存在条件下的表达式。$\Lambda = \sqrt{s^2}/s(s = b+\sqrt{b^2-a^2}, b > a)$，$\cos\theta_k = bs/(a\sqrt{s^2})$，$\sin\theta_k = ibs - a^2/(a\sqrt{s^2})$，$\cosh\mu_{ab} = b/a$，$\sinh\mu_{ab} = \sqrt{b^2-a^2}/a$，其他参数见 (5.3.23) 式

参数条件	非线性波类型	解析表达式
$\lvert b\rvert > a$, $\left(\omega+\frac{\beta}{4\gamma}\right)^2 - \frac{\xi^2}{6} \neq \alpha$	Kuznetsov-Ma 呼吸子	$\left\{1 - \frac{2b[\Lambda\cos(bv_2\delta z - \theta_k) - \cosh(\chi_k)]}{a\cos(bv_2\delta z) - b\cosh(\chi_k)}\right\} a e^{i\theta}$
$\lvert b\rvert < a$, $\left(\omega+\frac{\beta}{4\gamma}\right)^2 + \frac{\sigma^2}{6} \neq \alpha$	Akhmediev 呼吸子	$\left(a + \frac{(2a^2-2b^2)\cosh(bv_2\sigma z) + i\sigma b\sinh(bv_2\sigma z)}{b\cos(\chi_a) - a\cosh(2bv_2\sigma t)}\right) e^{i\theta}$
$\lvert b\rvert = a$, $\left(\omega+\frac{\beta}{4\gamma}\right)^2 \neq \alpha$	怪波	$\left[\frac{4(2ia^2v_2 z+1)}{1+4a^2(t+v_r z)^2+4a^4v_2^2z^2} - 1\right] a e^{i\theta}$
$\lvert b\rvert > a$, $\left(\omega+\frac{\beta}{4\gamma}\right)^2 - \frac{\xi^2}{6} = \alpha$	非有理 W 形孤子	$\left(\frac{-\delta^2}{2a - 2b\cosh\chi_s} - a\right) e^{i\theta}$
$\lvert b\rvert > a$, $\left(\omega+\frac{\beta}{4\gamma}\right)^2 - \frac{\xi^2}{6} = \alpha$	反暗孤子	$\left[\frac{-\delta^2}{2a + 2b\cosh(\chi_s - \mu_{ad})} - a\right] e^{i\theta}$
$\lvert b\rvert = a$, $\left(\omega+\frac{\beta}{4\gamma}\right) = \alpha$, $\alpha \geqslant 0$	有理 W 形孤子	$\left(\frac{4}{1+4a^2(t+v_w z)^2} - 1\right) a e^{i\theta}$
$\frac{a}{2} < \lvert b\rvert < a$, $\left(\omega+\frac{\beta}{4\gamma}\right)^2 + \frac{\sigma^2}{6} = \alpha$, $\alpha > \frac{a}{2}$	W 形孤子链	$\left(\frac{\sigma^2}{2a - 2b\cos\chi_p} - a\right) e^{i\theta}$
$0 < \lvert b\rvert \leqslant \frac{a}{2}$, $\left(\omega+\frac{\beta}{4\gamma}\right)^2 + \frac{\sigma^2}{6} = \alpha$, $\alpha > 0$	周期波	$\left(\frac{\sigma^2}{2a - 2b\cos\chi_p} - a\right) e^{i\theta}$

$$\omega_s = -\frac{\beta}{4\gamma} \pm \sqrt{\alpha + \frac{\xi^2}{6}} \tag{5.3.30}$$

当 $\xi = 0$ 时，ω_s 恰好为共振线上两个调制稳定点 ((5.3.21) 式)。由于这里 ξ 为大于零的任意值，所以非有理 W 形孤子和反暗孤子存在于共振线上两个调制稳定点之外的调制不稳定区 (图 5.19(b))。怪波激发条件为 (5.3.28) 式，这恰好对应于共振线上两个调制稳定点 (5.3.21) 式之外的调制不稳定区 (图 5.19(a) 中 $\Omega = 0$

处的红色虚线)。有理 W 形孤子激发条件 (5.3.29) 式与共振线上两个调制稳定点的表达式 (5.3.21) 式完全相同，因此有理 W 形孤子激发在共振线上两个调制稳定点处 (图 5.19(b) 中 $\Omega=0$ 处的两个黑点)。从表 5.2 中解析表达式可以看出，Akhmediev 呼吸子、W 形孤子链和周期波的扰动频率 $\Omega=\sigma=\pm2\sqrt{a^2-b^2}$(这里 $b<a$)，并且其中 W 形孤子链和周期波的扰动频率分别位于 $0<|\Omega|<\sqrt{3}a$ 和 $\sqrt{3}a\leqslant|\Omega|<2a$ 范围内。因此 Akhmediev 呼吸子与 W 形孤子链和周期波激发条件 (5.3.26) 式和 (5.3.27) 式可以改写为

$$\left(\omega+\frac{\beta}{4\gamma}\right)^2+\frac{\Omega^2}{6}\neq\alpha \tag{5.3.31}$$

和

$$\left(\omega+\frac{\beta}{4\gamma}\right)^2+\frac{\Omega^2}{6}=\alpha \tag{5.3.32}$$

显然 W 形孤子链和周期波激发条件 (5.3.32) 式与共振线两侧调制稳定环的表达式 (5.3.15) 式完全相同。因此 Akhmediev 呼吸子位于共振线两侧的调制不稳定区，W 形孤子链和周期波激发在共振线两侧调制稳定环上，并且它们的扰动频率分别满足 $0<|\Omega|<\sqrt{3}a$ 和 $\sqrt{3}a\leqslant|\Omega|<2a$ (图 5.19(a) 中环形区域的紫色虚线部分和绿色实线部分)。由于调制稳定环的大小依赖于参数 α，所以调制稳定环上所对应的非线性激发也依赖于参数 α 取值。当椭圆半长轴 $\sqrt{6\alpha}<\sqrt{3}a$ 时，四阶非线性薛定谔系统 (5.3.3) 式中将不存在周期波激发。当 $\alpha=0$ 时，调制稳定环收缩为一个调制稳定点 $(-\beta/4\gamma,0)$，此时周期波和 W 形孤子链都不能存在，而非有理 W 形孤子和反暗孤子存在于这个调制稳定点两侧的调制不稳定区。进一步当 $\alpha<0$ 时，调制不稳定带中不存在调制稳定区，此时位于调制稳定区的几种激发 (包括周期波、W 形孤子链和有理的 W 形孤子) 将都不能存在，而非有理 W 形孤子和反暗孤子可以存在于共振线上任何位置。

特别地，注意到几种稳定非线性波 (周期波、W 形孤子链、有理 W 形孤子) 只能存在于调制稳定环上，这个条件对实验上来说似乎是非常严格的。然而，事实上当背景频率和扰动频率趋近于调制稳定环时，调制不稳定性增益值 G 会迅速减小，此时怪波和 Akhmediev 呼吸子的演化距离迅速增大，使得怪波和 Akhmediev 呼吸子峰值在很长的一段距离内都几乎保持不变，此时怪波和 Akhmediev 呼吸子的动力学行为非常接近于理想的有理 W 形孤子和 W 形孤子链或周期波。从实验角度来说此时怪波和 Akhmediev 呼吸子激发已经可以看作是有理 W 形孤子和 W 形孤子链或周期波激发。因此，尽管调制稳定区的条件 (5.3.15) 式非常严格，但是有理 W 形孤子、W 形孤子链和周期波这几种稳定的非线性波仍然可以在实验上观测到。

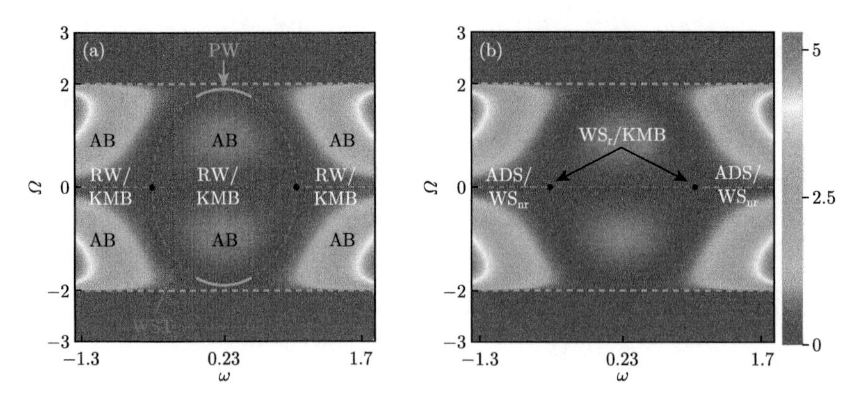

图 5.19　四阶非线性薛定谔系统中基本非线性波在背景频率 ω 和扰动频率 Ω 平面的相图，“AB”、“RW”、“KMB”、“PW”、“WST”、“WS_r”、“WS_{nr}”和“ADS”分别为 Akhmediev 呼吸子、怪波、Kuznetsov-Ma 呼吸子、周期波、W 形孤子链、有理的 W 形孤子、非有理的 W 形孤子和反暗孤子。参数取值为 $a=1$，$\beta=1/6$，$\gamma=-(5+\sqrt{5})/48$ [5] (彩图见封底二维码)

存在于调制不稳定区的孤子　在四阶非线性薛定谔系统中共振线上调制不稳定区仍然出现了怪波和 Kuznetsov-Ma 呼吸子共存情形，这个结果与 5.2 节讨论的非线性薛定谔系统结果相同。与其不同的是，四阶非线性薛定谔系统共振线上调制稳定区出现了有理 W 形孤子和 Kuznetsov-Ma 呼吸子共存情况，特别地，在共振线上调制稳定点两侧调制不稳定区甚至出现了怪波、Kuznetsov-Ma 呼吸子、非有理 W 形孤子和反暗孤子四种非线性波共存情形，这些结果的出现依赖于四阶非线性薛定谔系统调制不稳定区中环形的调制稳定结构。这些非线性波共存进一步说明了背景频率和扰动频率不能完全确定基本非线性波激发条件，仍然需要寻找新的物理参数来区分这些共存的非线性波。另外，比较四阶非线性薛定谔系统和非线性薛定谔系统、Hirota 系统以及 Sasa-Satsuma 系统中非线性激发与调制不稳定性的对应关系[1,8,9]，发现怪波都激发在共振线上调制不稳定区，Akhmediev 呼吸子位于共振线两侧调制不稳定区，有理 W 形孤子存在于共振线上调制稳定区，周期波和 W 形孤子链激发在共振线两侧调制稳定区。然而在 Hirota 系统和 Sasa-Satsuma 系统中激发在共振线上调制稳定区的非有理 W 形孤子和反暗孤子，在四阶非线性薛定谔系统中出现在调制不稳定区 (图 5.19(b))，这个结果与线性稳定性分析的预测相违背。特别地，当四阶非线性薛定谔系统 (5.3.3) 式中四阶效应为零，即 $\gamma=0$ 时，四阶非线性薛定谔系统变为 Hirota 系统，此时这两种孤子都存在于调制稳定区，显然四阶效应对这两种孤子存在于调制稳定区起到了重要作用。为了理解这两种孤子为什么可以存在于调制不稳定区和为什么在具有四阶效应的非线性薛定谔系统中它们可以存在于调制不稳定区的现象，5.3.2 节将详细讨论非有理 W 形孤子和反暗孤子的激发特征。

5.3.2 扰动能量在波激发中的作用

为了进一步理解调制不稳定区反暗孤子和非有理 W 形孤子的激发特征，我们引入有效扰动能量 ε，其定义为

$$\varepsilon=\int_{-\infty}^{\infty}(|\psi|^2-a^2)\mathrm{d}x \tag{5.3.33}$$

这里，有效扰动能量反映的是平面波背景加上扰动后能量相比于未加扰动时平面波背景 ($a\mathrm{e}^{\mathrm{i}\theta}$) 能量多出的部分。有效扰动能量 $\varepsilon>0$ 则说明加上扰动后有额外能量输入；$\varepsilon=0$ 则说明扰动并不带来额外能量，此时扰动演化过程中的能量完全由平面波背景转化而来；$\varepsilon<0$ 则意味着扰动时从背景提取出了一部分能量。为了方便，下面讨论中将有效扰动能量简称为扰动能量。

反暗和非有理 W 形孤子的激发条件 5.3.1 节分析已经证实，反暗孤子和非有理 W 形孤子的激发条件是相同的，都为 (5.3.25) 式，但是两种孤子在相同参数条件下的强度分布是显著不同的 (图 5.20(a) 和 (b))，通过 (5.3.33) 式扰动能量定义，可以计算出反暗孤子和非有理 W 形孤子的扰动能量相等，都为 $\varepsilon_{\mathrm{ab}}=\varepsilon_{\mathrm{w_{nr}}}=\varepsilon_{\mathrm{s}}=2\xi=4\sqrt{b^2-a^2}$。这里 $\varepsilon_{\mathrm{ab}}$ 和 $\varepsilon_{\mathrm{w_{nr}}}$ 分别表示反暗孤子和非有理 W 形孤子的扰动能量，由于两者相等，所以将 $\varepsilon_{\mathrm{ab}}$ 和 $\varepsilon_{\mathrm{w_{nr}}}$ 统一记作 ε_{s}。然后反暗孤子和非有理 W 形孤子的激发条件 (5.3.25) 式可以写作

$$\left(\omega+\frac{\beta}{4\gamma}\right)^2-\frac{\varepsilon_{\mathrm{s}}^2}{24}=\alpha \tag{5.3.34}$$

通过引入扰动能量，给非线性波解 (5.3.22) 式中参数 ξ 赋予了具体物理含义。激发条件 (5.3.34) 式意味着，在四阶非线性薛定谔系统中，当背景频率 ω 和扰动能量 ε 满足条件 (5.3.34) 式时，平面波背景上可以存在两种具有特定分布的孤子 (即反暗孤子和非有理 W 形孤子)。

线性稳定性分析显示，在共振线上存在两个调制稳定点 $\omega=-\beta/4\gamma\pm\sqrt{\alpha}$。将反暗孤子和非有理 W 形孤子激发条件写为背景频率表示形式：

$$\omega_{\mathrm{s}}=-\frac{\beta}{4\gamma}\pm\sqrt{\alpha+\frac{\varepsilon_{\mathrm{s}}^2}{24}} \tag{5.3.35}$$

由于反暗孤子和非有理 W 形孤子的扰动能量 ε_{s} 恒大于零，所以这两个孤子存在于两个调制稳定点两侧的不稳定区。当反暗孤子和非有理 W 形孤子的扰动能量 ε_{s} 趋于零时，它们激发位置接近于线性稳定性分析预测的调制稳定点。而当扰动能量增大时，它们激发的位置将远离调制稳定点。为了更为直观地理解这个结果，图 5.21 中展示了具有不同扰动能量时反暗孤子和非有理 W 形孤子在背景波数 k

和扰动波数 K 空间的激发位置。这说明，反暗孤子和非有理 W 形孤子具有非零扰动能量，使得它们的激发位置偏离线性稳定性分析预测的调制稳定区。

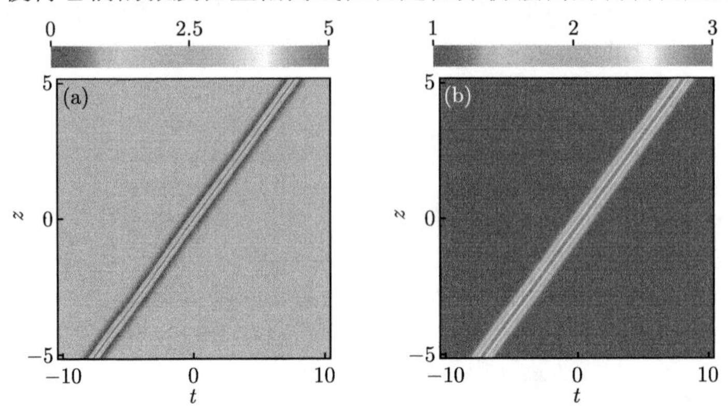

图 5.20　非有理 W 形孤子和反暗孤子强度分布。(a) 非有理 W 形孤子强度分布；(b) 反暗孤子强度分布；图中参数取值为：$a=1$，$\beta=1/12$，$\gamma=-1/36$，$\omega=0$，$b=2$ [5](彩图见封底二维码)

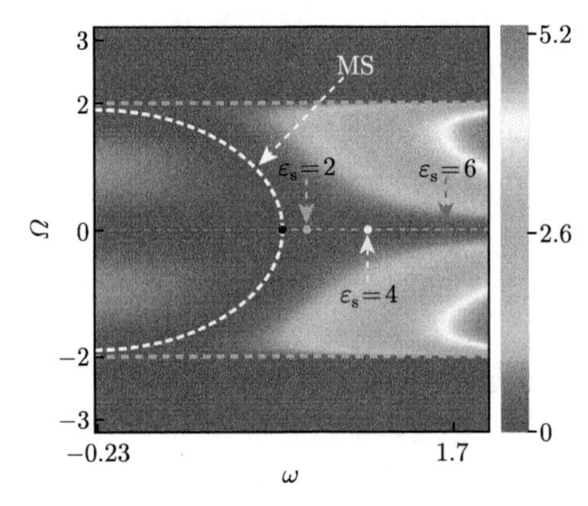

图 5.21　不同扰动能量的反暗孤子和非有理 W 形孤子在调制不稳定增益平面的激发位置。图中紫色、黄色和蓝绿色圆点分别为扰动能量 $\varepsilon_s=6,4,2$ 时，反暗孤子和非有理 W 形孤子的激发位置，黑色圆点为共振线上调制稳定点。参数取值为 $a=1$，$\beta=1/6$，$\gamma=-5+\sqrt{5}/48$ [5] (彩图见封底二维码)

显然，除了背景频率和扰动频率，扰动能量在非线性波激发中也扮演着重要作用。这些结果也意味着扰动能量可能会抑制调制不稳定特征。具有特定扰动能量的反暗孤子和非有理 W 形孤子只能存在于共振线上特定背景频率处 ((5.3.35) 式)，而共振线上不同背景频率处调制不稳定增益是不相等的 ((5.3.20) 式)，因此可以猜测，在共振线上不同背景频率处反暗孤子和非有理 W 形孤子激发是扰动能量和这个背景频率处调制不稳定增益平衡的结果。为了证实这个猜测，进一步分析共振线上调制不稳定增益 G_0 和反暗孤子与非有理 W 形孤子的扰动能量之

间的关系。前面已经给出共振线上调制不稳定增益 $G_0 = 24a^2|\gamma[\alpha-(\omega+\beta/4\gamma)^2]|$。另一方面，将反暗孤子和非有理 W 形孤子的激发条件 (5.3.34) 式重新写为关于扰动能量的形式，得到这两种孤子扰动能量为

$$\varepsilon_{\rm s} = \pm 2\sqrt{6\left[\left(\omega+\frac{\beta}{4\gamma}\right)^2-\alpha\right]} \tag{5.3.36}$$

则孤子扰动能量平方 $\varepsilon_{\rm s}^2 = 24[(\omega+\beta/4\gamma)^2-\alpha]$。另外我们注意到，反暗孤子和非有理 W 形孤子不存在于调制稳定点之间的位置，即 $(\omega+\beta/4\gamma)^2-\alpha \leqslant 0$ 区域。因此只需考虑 $(\omega+\beta/4\gamma)^2-\alpha>0$ 情形，此时调制不稳定增益 G_0 和孤子扰动能量平方 $\varepsilon_{\rm s}^2$ 满足

$$\frac{G_0}{\varepsilon_{\rm s}^2} = a^2|\gamma| \tag{5.3.37}$$

这意味着，反暗孤子和非有理 W 形孤子可以在调制不稳定区激发，这确实是扰动能量和调制不稳定增益平衡的结果。并且两者的平衡依赖于背景振幅 a 和四阶效应系数 γ。这也进一步解释了为什么没有在低于四阶效应的非线性薛定谔系统，例如标准非线性薛定谔系统和包含三阶效应的非线性薛定谔系统中发现反暗孤子和非有理 W 形孤子存在于调制不稳定区的情况。

Kuznetsov-Ma 呼吸子的激发条件 从基本非线性波激发相图 5.19(a) 和 (b) 可以看出，除了反暗孤子和非有理 W 形孤子存在于调制不稳定区这个与线性稳定性分析预测相违背的情况外，还存在另外一种与线性稳定性分析预测不一致的情况，即不稳定的 Kuznetsov-Ma 呼吸子可以在共振线上调制稳定点激发 (图 5.19(b))。这个结果在标准非线性薛定谔系统和具有三阶效应的非线性薛定谔系统中并没有发现，因此这个现象也可能是由四阶效应引起的。根据扰动能量定义 (5.3.33) 式可以计算出 Kuznetsov-Ma 呼吸子扰动能量 $\varepsilon_{\rm km} = 2\xi = 4\sqrt{b^2-a^2}$，显然这个扰动能量值不等于零。注意到 Kuznetsov-Ma 呼吸子扰动能量与反暗孤子和非有理 W 形孤子的扰动能量的表达式相同，但是 Kuznetsov-Ma 呼吸子需要满足条件 (5.3.24) 式，即

$$\left(\omega+\frac{\beta}{4\gamma}\right)^2-\frac{\varepsilon_{\rm km}^2}{24} \neq \alpha \tag{5.3.38}$$

而反暗孤子和非有理 W 形孤子激发条件为 $(k+\beta/4\gamma)^2-\varepsilon_{\rm s}^2/24=\alpha$ (即 (5.3.34) 式)。前面的分析已经证明，反暗孤子和非有理 W 形孤子激发条件意味着扰动能量和调制不稳定增益的平衡，反之，Kuznetsov-Ma 呼吸子激发是扰动能量和调制不稳定增益没有达到平衡的结果。在共振线上调制稳定点处，增益 $G_0=0$，而 Kuznetsov-Ma 呼吸子扰动能量并不能为零，两者不能达到平衡，因此不稳定的

Kuznetsov-Ma 呼吸子可以激发在共振线上调制稳定点处。对于确定的系统参数和背景振幅，共振线上调制不稳定增益完全依赖于背景频率，在一个确定的背景频率处，调制不稳定增益完全确定。因此在特定背景频率处，只有唯一的扰动能量可以和调制不稳定增益平衡，也就是说，在确定的背景频率下只有扰动能量达到一个唯一确定值时 (即 (5.3.36) 式) 可以激发反暗孤子和非有理 W 形孤子，对于其他具有非零扰动能量的扰动信号都将激发出 Kuznetsov-Ma 呼吸子。另外，当扰动能量趋于零时，调制稳定点处 Kuznetsov-Ma 呼吸子将转化为有理 W 形孤子，而调制不稳定区的 Kuznetsov-Ma 呼吸子转化为怪波。显然，在扰动能量趋于零时，Kuznetsov-Ma 呼吸子的动力学行为也与线性稳定性分析的预测趋于一致。

特别地，通过计算发现在四阶非线性薛定谔系统中，除了反暗孤子、非有理 W 形孤子和 Kuznetsov-Ma 呼吸子，其他非线性波 (怪波、有理 W 形孤子、Akhmediev 呼吸子、周期波和 W 形孤子链) 扰动能量都为零。另外，尽管这些非线性波中有理 W 形孤子、周期波和 W 形孤子链都可以具有很大的扰动振幅，但是这些扰动能量为零的非线性激发特征都与线性稳定性分析预期一致，例如，怪波和 Akhmediev 呼吸子位于调制不稳定区，有理 W 形孤子、周期波和 W 形孤子链激发在调制稳定区，并且这些结论在其他系统中 (非线性薛定谔系统、Hirota 系统和 Sasa-Satsuma 系统等) 依然成立。这些结果显示线性稳定性分析不仅能够适用于弱扰动演化动力学特征分析，也适用于扰动能量为零的强扰动演化特征预测，只是对具有非零扰动能量的强扰动演化特征预测时失效。这个结果扩大了线性稳定性分析方法可能的适用范围，因此对于分析很大一类平面波背景上零扰动能量的扰动演化特征都有很大帮助。

引入扰动能量后非线性波的激发条件　由于以上八种基本非线性波激发条件依赖于背景频率 ω、扰动频率 Ω 和扰动能量 ε，这里我们通过这三个参量重新给出这八种基本非线性波激发的参数条件，其结果总结在表 5.3 中。通过引入扰动能量，四阶非线性系统中在背景频率和扰动频率空间共存的许多非线性波都可以被区分。例如，在共振线上调制稳定点处共存的 Kuznetsov-Ma 呼吸子和有理 W 形孤子中，Kuznetsov-Ma 呼吸子具有非零扰动能量，而有理 W 形孤子扰动能量为零；在共振线上调制不稳定区共存的四种非线性波——怪波、Kuznetsov-Ma 呼吸子、反暗孤子和非有理 W 形孤子中，怪波扰动能量为零，Kuznetsov-Ma 呼吸子、反暗孤子和非有理的 W 形孤子的扰动能量非零，并且反暗孤子和非有理的 W 形孤子的扰动能量满足条件 $\varepsilon = \pm 2\sqrt{6[(\Omega+\beta/4\gamma)^2-\alpha]}$，而 Kuznetsov-Ma 呼吸子扰动能量满足条件 $\varepsilon \neq \pm 2\sqrt{6[(\Omega+\beta/4\gamma)^2-\alpha]}$，显然扰动能量可以用来区分怪波、Kuznetsov-Ma 呼吸子和反暗孤子与非有理 W 形孤子。然而由于反暗孤子和非有理 W 形孤子扰动能量相等，这两种非线性波在背景频率、扰动频率和扰动能量参数空间仍然共存。此外，通过扰动能量，前面提到的标准非线性薛定谔系统、Hirota 系统和 Sasa-Satsuma 系统中共存的许多非线性波也可以被区分。例如，在这三个系统中共存在共振线上调制不稳定区的 Kuznetsov-Ma 呼吸子和怪波；Hirota 系统和 Sasa-Satsuma 系统中共存在共振线上调制稳定区的有理 W 形孤子、反暗孤子与非有理 W 形孤子。此外在 Hirota 系统中 Akhmediev 呼吸子和多峰孤子在部分区域共存，Akhmediev 呼吸子扰动能量为零，而多峰孤子扰动能量不为零，因此这两个出现共存的非线性波可以通过扰动能量区分开。

表 5.3 四阶非线性薛定谔系统中基本非线性波依赖于背景频率 ω、扰动频率 Ω 和扰动能量 ε 三个参数的激发条件。参数 $\alpha = \beta^2/16\gamma^2 + 1/12\gamma + a^2$

<table>
<tr><th colspan="3">激发条件</th><th rowspan="2">非线性波类型</th></tr>
<tr><th>扰动频率 Ω</th><th>背景频率 ω</th><th>扰动能量 ε</th></tr>
<tr><td rowspan="5">0</td><td colspan="2">$\left(\omega+\frac{\beta}{4\gamma}\right)^2-\frac{\varepsilon^2}{24}\neq\alpha$</td><td>Kuznetsov-Ma 呼吸子</td></tr>
<tr><td colspan="2" rowspan="2">$\left(\omega+\frac{\beta}{4\gamma}\right)^2-\frac{\varepsilon^2}{24}=\alpha$</td><td>非有理 W 形孤子</td></tr>
<tr><td>反暗孤子</td></tr>
<tr><td>$\left(\omega+\frac{\beta}{4\gamma}\right)^2\neq\alpha$</td><td rowspan="5">0</td><td>怪波</td></tr>
<tr><td>$\left(\omega+\frac{\beta}{4\gamma}\right)=\alpha,\ \alpha\geqslant 0$</td><td>有理 W 形孤子</td></tr>
<tr><td colspan="2">$\left(\omega+\frac{\beta}{4\gamma}\right)^2+\frac{\Omega^2}{6}\neq\alpha$</td><td>Akhmediev 呼吸子</td></tr>
<tr><td colspan="2">$\left(\omega+\frac{\beta}{4\gamma}\right)^2+\frac{\Omega^2}{6}=\alpha,\ \Omega<\sqrt{3}a$</td><td>W 形孤子链</td></tr>
<tr><td colspan="2">$\left(\omega+\frac{\beta}{4\gamma}\right)^2+\frac{\Omega^2}{6}=\alpha,\ \sqrt{3}a\leqslant\Omega<2a$</td><td>周期波</td></tr>
</table>

然而，与四阶非线性薛定谔系统类似，在 Hirota 系统和 Sasa-Satsuma 系统中共存的反暗孤子和非有理 W 形孤子通过扰动能量仍然不能区分；并且在 Sasa-Satsuma 系统中出现共存的周期波和 W 形孤子链也不能通过扰动能量区分，因为这两者扰动能量都为零。显然，引入扰动能量后，原来在背景频率和扰动频率共存在的许多非线性波都可以被区分，但是仍然有个别非线性波在背景频率、扰动频率和扰动能量三个参数的空间共存。因此还需寻找其他物理参数来区分反暗孤子和非有理 W 形孤子，以及周期波和 W 形孤子链。

5.3.3 相对相位在波激发中的作用

为了找到一组能够确定平面波背景上常见的基本非线性波激发条件的完备参数，这里继续寻找新的物理参数来区分在背景频率、扰动频率和扰动能量参数空间共存的几种非线性波。

现在仍然以包含三阶和四阶效应的非线性薛定谔系统 (5.3.3) 式为例，分析平面波背景上基本非线性波激发条件。为了寻找能够区分反暗孤子和非有理 W 形孤子以及周期波和 W 形孤子链的物理参数，这里通过达布变换方法重新构造了四阶非线性薛定谔方程 (5.3.3) 式平面波背景上的解析解。(5.3.3) 式表达式为

$$\mathrm{i}\psi_z + \frac{1}{2}\psi_{tt} + |\psi|^2\psi + \mathrm{i}\beta H[\psi(t,z)] + \gamma P[\psi(t,z)] = 0$$

这里，三阶项 $H[\psi(t,z)] = \psi_{ttt} + 6|\psi|^2\psi_t$，四阶项 $P[\psi(t,z)] = \psi_{tttt} + 8|\psi|^2\psi_{tt} + 6|\psi|^4\psi + 4|\psi_t|^2\psi + 6\psi_t^2\psi^* + 2\psi^2\psi_{tt}^*$。它的 Lax 对可以表示为

$$\begin{aligned} \boldsymbol{\Phi}_t &= U\boldsymbol{\Phi} \\ \boldsymbol{\Phi}_z &= V\boldsymbol{\Phi} \end{aligned} \tag{5.3.39}$$

其中，$\boldsymbol{\Phi} = (\Phi_1, \Phi_2)^{\mathsf{T}}$ 和

$$U = \begin{pmatrix} -\mathrm{i}\lambda & \psi \\ -\psi^* & \mathrm{i}\lambda \end{pmatrix} \tag{5.3.40}$$

$$V = \sum_{j=0}^{4} \lambda^j V_j \tag{5.3.41}$$

这里，

$$V_j = \begin{pmatrix} A_j & B_j \\ -B_j^* & -A_j \end{pmatrix} \tag{5.3.42}$$

$$\begin{aligned} &A_4 = 8\mathrm{i}\gamma, \quad B_4 = 0, \quad A_3 = -4\mathrm{i}\beta, \quad B_3 = -8\gamma\psi \\ &A_2 = -\mathrm{i} - 4\mathrm{i}\gamma|\psi|^2, \quad B_2 = 4\beta\psi - 4\mathrm{i}\gamma\psi_t \\ &A_1 = 2\mathrm{i}\beta|\psi|^2 - 2\gamma(\psi\psi_t^* - \psi_t\psi^*) \\ &B_1 = \psi + 4\gamma|\psi|^2\psi + 2\mathrm{i}\beta\psi_t + 2\gamma\psi_{tt} \\ &A_0 = \frac{1}{2}\mathrm{i}|\psi|^2 + 3\mathrm{i}\gamma|\psi|^4 + \beta(\psi\psi_t^* - \psi_t\psi^*) + \mathrm{i}\gamma(\psi\psi_{tt}^* - |\psi_t|^2 + \psi_{tt}\psi^*) \\ &B_0 = -2\beta|\psi|^2\psi + \frac{1}{2}\mathrm{i}\psi_t + 6\mathrm{i}\gamma|\psi|^2\psi_t - \beta\psi_{tt} + \mathrm{i}\gamma\psi_{ttt} \end{aligned} \tag{5.3.43}$$

(5.3.3) 式的解可由如下形式构造：

$$\psi = \psi_0 - 2\mathrm{i}\frac{(\lambda - \lambda^*)\Phi_1\Phi_2^*}{|\Phi_1|^2 + |\Phi_2|^2} \tag{5.3.44}$$

为了得到平面波上的非线性激发，我们将 (5.3.3) 式的平面波解 $\psi_0 = \mathrm{e}^{\mathrm{i}(kz+\omega t)}$ 作为达布变换的种子解。其中 $\theta = \omega t + kz$，$k = 1 - \dfrac{1}{2}\omega + \beta(\omega^3 - 6\omega) + \gamma(6 - 12\omega^2 + \omega^4)$。将上述平面波解代入 Lax 对 (5.3.39) 式，随即我们可以得到两组本征函数：

$$\begin{pmatrix} \varPhi_1 \\ \varPhi_2 \end{pmatrix} = \begin{pmatrix} \left[\mathrm{i}\lambda - \dfrac{1}{2}(\zeta - \mathrm{i}\sigma) + \dfrac{\mathrm{i}}{2}\omega\right]\phi_1 + \phi_2 \\ \phi_1 + \left[\mathrm{i}\lambda - \dfrac{1}{2}(\zeta - \mathrm{i}\sigma) + \dfrac{\mathrm{i}}{2}\omega\right]\phi_2 \end{pmatrix}$$

其中，$\phi_1 = \mathrm{e}^{\tau_1 t + B\tau_1 z + \frac{1}{2}\mathrm{i}\phi + \frac{1}{2}d}$, $\phi_2 = \mathrm{e}^{\tau_2 t + B\tau_2 z - \frac{1}{2}\mathrm{i}\phi - \frac{1}{2}d}$, $\lambda = -\dfrac{1}{2}\omega + \mathrm{i}b$, $\zeta = \left(\sqrt{\chi^2} + \chi\right)^{1/2}/\sqrt{2}$, $\sigma = \pm\left(\sqrt{\chi^2} - \chi\right)^{1/2}/\sqrt{2}$, $\chi = 4b^2 - 4$, $B = \mathrm{i}b - \omega + \beta(-2 - 4b^2 - 6\mathrm{i}b\omega + 3\omega^2) + \gamma(4\mathrm{i}b + 8\mathrm{i}b^3 - 8\omega - 16b^2\omega - 12\mathrm{i}b\omega^2 + 4\omega^3)$, $\tau_1 = -\tau_2 = \dfrac{1}{2}\sqrt{-4 - 4\lambda^2 - 4\lambda\omega - \omega^2}$。

经过化简，得到解的一般形式为

$$\psi(t,z) = (a + \psi_{\mathrm{p}})\mathrm{e}^{\mathrm{i}\theta} \tag{5.3.45}$$

这里扰动部分

$$\psi_{\mathrm{p}} = -2b\frac{\varPi\cosh(\beta_0 + d) - \varGamma\cos(\gamma_0 - \phi) + 4\mathrm{i}a\sigma\sinh(\beta_0 + d) + \mathrm{i}\varTheta\sin(\gamma - \phi)}{\varGamma\cosh(\beta_0 + d) - \varPi\cos(\gamma_0 - \phi)} \tag{5.3.46}$$

其中，

$$\begin{aligned}
&\beta_0 = \xi t - V_{\mathrm{H}}z, \quad \gamma_0 = \sigma t - V_{\mathrm{T}}z, \quad V_{\mathrm{H}} = \xi v_1 - b\sigma v_2, \quad V_{\mathrm{T}} = \sigma v_1 + b\xi v_2 \\
&v_1 = \omega + \beta(2a^2 + 4b^2 - 3\omega^2) + 4\gamma\omega(2a^2 + 4b^2 - \omega^2) \\
&v_2 = 1 - 6\beta\omega + 2\gamma(2a^2 + 4b^2 - 6\omega^2) \\
&\xi = \left(\sqrt{\chi^2} + \chi\right)^{1/2}/\sqrt{2}, \quad \sigma = \pm\left(\sqrt{\chi^2} - \chi\right)^{1/2}/\sqrt{2}, \quad \chi = 4b^2 - 4a^2 \\
&\varPi = 4a(2b + \xi), \quad \varGamma = 4a^2 + (2b + \xi)^2 + \sigma^2, \quad \varTheta = 4a^2 - (2b + \xi)^2 - \sigma^2
\end{aligned}$$

相比于在前面给出的解 (5.3.22) 式，这个解中双曲函数和三角函数中分别多出了参数 d 和 ϕ。由于参数 d 和 ϕ 不含变量 t 和 z，所以这里解 (5.3.45) 式中所对应的非线性波类型与之前的解 (5.3.22) 式相同。具体类型如下所述。

(1)$|b| > a$ 时，扰动部分为

$$\psi_{\mathrm{p}} = -\frac{\zeta^2\cos(\gamma_0 - \phi) - 2\mathrm{i}b\zeta\sin(\gamma_0 - \phi)}{2b\cosh(\beta_0 + d) - 2\cos(\gamma_0 - \phi)} \tag{5.3.47}$$

其中，$\xi=2\sqrt{b^2-a^2}$，$\beta_0=\xi t-\omega\xi z$，$\gamma_0=-b\xi z$。此时，解 (5.3.45) 式对应于 Kuznetsov-Ma 呼吸子 ($v_2\neq 0$，即条件 (5.3.24) 式) 或反暗孤子和非有理 W 形孤子 ($v_2=0$，即条件 (5.3.25) 式)。显然此时参数 d 决定了这几种非线性波在 (t,z) 平面的位置，而参数 ϕ 与它们初始相对相位有关。

(2)$|b|<a$ 时，扰动部分为

$$\psi_{\mathrm{p}}=\frac{\sigma^2\cosh(\beta_0+d)+2\mathrm{i}b\sigma\sinh(\beta_0+d)}{2b\cos(\gamma_0-\phi)-2\cosh(\beta_0+d)} \tag{5.3.48}$$

其中，$\sigma=\pm\sqrt{a^2-b^2}$，$\beta_0=b\sigma z$，$\gamma_0=\sigma t-\omega\sigma z$。此时，解 (5.3.45) 式对应于 Akhmediev 呼吸子 ($v_2\neq 0$，即条件 (5.3.26) 式) 或周期波和 W 形孤子链 ($v_2=0$，即条件 (5.3.27) 式)。由于这三种非线性波在分布方向 t 周期性排列，参数 ϕ 包含在三角函数中，所以与 Kuznetsov-Ma 呼吸子、反暗孤子和非有理的 W 形孤子中不同，参数 ϕ 决定了这三种非线性波在 t 方向的位置，而此时参数 d 与这三种非线性波相对相位有关。

(3)$|b|=a$ 时，解 (5.3.45) 式对应于怪波 ($v_2\neq 0$，即条件 (5.3.28) 式) 或有理 W 形孤子 ($v_2=0$，即条件 (5.3.29) 式)。此时参数 d 和 ϕ 等价，都有可能决定怪波或有理 W 形孤子在分布方向的位置或初始相对相位。

相对相位对反暗和非有理 W 形孤子的影响　首先分析反暗孤子和非有理 W 形孤子的特征。在前面的讨论中已经证实在四阶效应下由于扰动能量和调制不稳定增益平衡，反暗孤子和非有理 W 形孤子存在于共振线上 (扰动频率 $\varOmega=0$) 调制不稳定区，并且在同一背景频率下它们的扰动能量相等。在背景频率 ω、扰动频率 $\varOmega$ 和扰动能量 ε 三个参数空间中，它们的激发条件相同，即

$$\left(\varOmega+\frac{\beta}{4\gamma}\right)^2-\frac{\varepsilon_{\mathrm{s}}^2}{24}=\alpha \tag{5.3.49}$$

这里，$\alpha=\beta^2/16\gamma^2+1/12\gamma+a^2$，$\varepsilon_{\mathrm{s}}=2\xi=4\sqrt{b^2-a^2}$ 是反暗孤子和非有理 W 形孤子的扰动能量，其定义见 (5.3.33) 式。这里考虑有什么物理参数可以将这两种孤子的激发条件区分开。由于参数 d 仅仅影响反暗孤子和非有理 W 形孤子在 t 坐标的位置，所以在下面讨论中取 $d=0$。引入自由参数 ϕ 后，反暗孤子或非有理 W 形孤子解析表达式为

$$\psi_{\mathrm{s}}=\left[a-\frac{\varepsilon_{\mathrm{s}}^2\cos(\phi)-4\mathrm{i}b\varepsilon_{\mathrm{s}}\sin(\phi)}{8b\cosh(\beta_0)-8a\cos(\phi)}\right]\mathrm{e}^{\mathrm{i}\theta} \tag{5.3.50}$$

其中，$\beta_0=\varepsilon_{\mathrm{s}}(t-v_{\mathrm{s}}z)/2$，$v_{\mathrm{s}}=\omega+\beta(6+\varepsilon_{\mathrm{s}}^2/4-3\omega^2)+\gamma\omega(24+\varepsilon_{\mathrm{s}}^2-4\omega^2)$；参数 b 为实常数并且满足 $|b|>a$。由于扰动能量对两种孤子激发起到决定性作用，并且为了方便讨论，这个解中参数 ξ 被替换为孤子扰动能量 ε_{s}。

孤子解 (5.3.50) 式可以写为

$$\psi_{\rm s}=\left[1+\psi_{\rm p\pm}{\rm e}^{{\rm i}\varphi_\pm}\right]{\rm e}^{{\rm i}\theta} \tag{5.3.51}$$

其中,

$$\psi_{\rm p\pm}=\frac{\varepsilon_{\rm s}\sqrt{\varepsilon_{\rm s}^2\cos^2(\phi)+16b^2\sin^2(\phi)}}{8|b|\cosh(\beta_0)\mp 8a\cos(\phi)} \tag{5.3.52}$$

这里,ψ_+ 和 ψ_- 以及 φ_+ 和 φ_- 分别对应于 $b>0$ 和 $b<0$ 两种情形。由于 $|b|>0$,这里 $\psi_{\rm p\pm}$ 是一个正的实函数。因此参数 $\varphi_\pm$ 是一个相位因子，它表示扰动部分和平面波背景之间的相对相位。显然孤子解 (5.3.50) 式是平面波背景 $a{\rm e}^{{\rm i}\theta}$ 和相对相位为 $\varphi_\pm$ 的扰动部分 $\psi_{\rm p\pm}{\rm e}^{{\rm i}\varphi_\pm}{\rm e}^{{\rm i}\theta}$ 的叠加。当参数 $\phi\in\left[-\frac{\pi}{2}+2n\pi,\frac{\pi}{2}+2n\pi\right]$ 时，

$$\begin{aligned}\varphi_+&=-\varphi'+\pi+2n\pi\in\left[\frac{\pi}{2}+2n\pi,\frac{3\pi}{2}+2n\pi\right]\\ \varphi_-&=\varphi'+2n\pi\in\left[-\frac{\pi}{2}+2n\pi,\frac{\pi}{2}+2n\pi\right]\end{aligned} \tag{5.3.53}$$

其中，参数 $\varphi'=\arctan\left[\frac{4|b|}{\varepsilon_{\rm s}}\tan(\phi)\right]$, $n=0,\pm1,\pm2,\cdots$。而对于 $\phi\in\left[\frac{\pi}{2}+2n\pi,\frac{3\pi}{2}+2n\pi\right]$，相对相位

$$\begin{aligned}\varphi_+&=-\varphi'+2n\pi\in\left[-\frac{\pi}{2}+2n\pi,\frac{\pi}{2}+2n\pi\right]\\ \varphi_-&=\varphi'+\pi+2n\pi\in\left[\frac{\pi}{2}+2n\pi,\frac{3\pi}{2}+2n\pi\right]\end{aligned} \tag{5.3.54}$$

从上述表达式可以看到，孤子解 (5.3.50) 式特征依赖于背景振幅 a、背景频率 ω、扰动能量 $\varepsilon_{\rm s}$ 和相对相位 $\varphi_\pm$。由于无量纲模型中背景振幅是个相对值，所以背景振幅绝对大小不具有实际意义，下面所有讨论中都不考虑背景振幅的影响。而背景频率和扰动能量对反暗孤子和非有理 W 形孤子激发的影响已经详细讨论，这里主要关注相对相位是否能够用来区分反暗孤子和非有理 W 形孤子及其对孤子 (5.3.50) 式结构有什么影响。首先在图 5.22 展示了相对相位分别为 0、$\frac{2}{5}\pi$、$\frac{3}{5}\pi$ 和 π 时孤子解 (5.3.50) 式的强度分布。从图中可以看出，相对相位不同时，孤子解分别对应于不同结构的反暗孤子和非有理 W 形孤子。反暗孤子是平面波背景上凸起的波包状结构，只有一个峰而没有谷；W 形孤子具有一峰两谷结构。因此为了分析不同相对相位值时孤子解 (5.3.50) 式所对应的孤子类型，只需分析孤子强度分布 $|\psi_s|^2$ 极值点个数即可。经过计算发现，孤子 (5.3.50) 式有一个峰 $t_{\rm p}$ 沿着如下直线传播：

$$t_{\mathrm{p}} = -v_{\mathrm{s}} z \tag{5.3.55}$$

并且当相对相位 $\varphi_{\pm} \in \left[\dfrac{\pi}{2} + 2n\pi, \dfrac{3\pi}{2} + 2n\pi\right]$ 时，孤子峰值能量密度

$$|\psi_{\mathrm{s}}|_{\mathrm{p}}^{2} = 1 + \frac{\varepsilon_{\mathrm{s}}^{2} P}{4P - 16} \tag{5.3.56}$$

其中，$P = \sqrt{16 + \varepsilon_{\mathrm{s}}^{2}[\tan^{2}(\varphi_{\pm}) + 1]}$。此外孤子有两个谷

$$t_{\mathrm{v}} = -v_{\mathrm{s}} z \pm \frac{2}{\varepsilon_{\mathrm{s}}} \operatorname{arcosh}\left(\frac{P^{2} - 8}{2aP}\right) \tag{5.3.57}$$

谷值能量密度

$$|\psi_{\mathrm{s}}|_{\mathrm{v}}^{2} = \sin^{2}(\varphi_{\pm}) \tag{5.3.58}$$

此时，解 (5.3.50) 式对应于非有理 W 形孤子。它的宽度 W_{ws} 可以定义为两个波谷之间的距离，可以计算出

$$W_{\mathrm{ws}} = \frac{4}{\varepsilon_{\mathrm{s}}} \operatorname{arcosh}\left(\frac{P^{2} - 8}{2aP}\right) \tag{5.3.59}$$

当相对相位 $\varphi \in \left[-\dfrac{\pi}{2} + 2n\pi, \dfrac{\pi}{2} + 2n\pi\right]$ 时，孤子峰值强度

$$|\psi_{\mathrm{s}}|_{\mathrm{p}}^{2} = 1 + \frac{\varepsilon_{\mathrm{s}}^{2} P}{4P + 16} \tag{5.3.60}$$

并且孤子解 (5.3.50) 式没有波谷。此时解 (5.3.50) 式为反暗孤子。由于反暗孤子没有波谷，所以它的宽度 W_{ad} 可以定义为平面波背景上凸起部分波包的半峰全宽，其具体形式为

$$W_{\mathrm{ab}} = 2\sqrt{2}\left(1 + \frac{4}{P}\right)\sqrt{1 + \frac{8(2\varepsilon_{\mathrm{s}} - 1) - 4P\varepsilon_{\mathrm{s}}}{[4(\varepsilon_{\mathrm{s}} - 1) + P\varepsilon_{\mathrm{s}}]^{2}}} \tag{5.3.61}$$

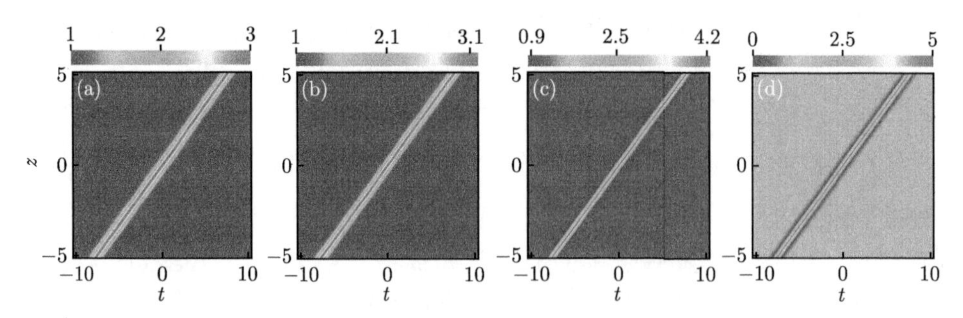

图 5.22　不同相对相位的反暗孤子和非有理 W 形孤子的强度分布。(a) 和 (b) 分别为相对相位为 0 和 $\dfrac{2}{5}\pi$ 时反暗孤子的强度分布；(c) 和 (d) 分别为相对相位为 $\dfrac{3}{5}\pi$ 和 π 时非有理 W 形孤子的强度分布。参数取 $a = 1$，$\beta = 1/12$，$\gamma = -1/36$，$b = -2$(彩图见封底二维码)

从表达式 (5.3.55) 式 ~(5.3.61) 式可以看到，孤子基本结构特征依赖于扰动能量和相对相位。扰动能量对这两种孤子的影响已经详细讨论，这里只考虑相对相位对孤子结构的影响。从上面表达式可以看出，当 $\varphi_+ = \varphi_-$ 时，孤子结构特征完全相同。因此这里将 φ_+ 和 φ_- 统一记作 φ。显然，对于确定的扰动能量 ε_{s}，孤子类型和结构完全由相对相位 φ 决定 [13,14]。

为了直观理解相对相位对孤子结构特征的影响，图 5.23(a) 中在相对相位的半个周期 ($0 \sim \pi$) 范围内展示了扰动能量 $\varepsilon_{\mathrm{s}} = 4\sqrt{3}$ 时孤子类型依赖于相对相位的相图，并展示了孤子峰值和谷值与相对相位的关系。孤子宽度与相对相位的关系展示在图 5.23(b)。从图中可以看出，在 $0 \leqslant \varphi \leqslant \dfrac{\pi}{2}$ 时，解 (5.3.50) 式为反暗孤子，并且孤子的峰值随着相对相位增加而增大，同时孤子宽度逐渐减小 (图 5.23(b) 和 (c))。当相对相位 $\varphi > \dfrac{\pi}{2}$ 时，反暗孤子转化为非有理 W 形孤子，并且随着相对相位增大，孤子峰值继续增大，同时出现波谷，并且谷值随着相对相位增大而减小，而孤子宽度继续减小 (图 5.23(b) 和 (d))。特别地，我们注意到当孤子从反暗孤子转化为非有理 W 形孤子时，孤子宽度并不是连续变化的，这实际上是由两种孤子宽度定义不同导致的。对于反暗孤子，没有波谷，因此它的宽度定义为平面波背景之上波包部分的半峰全宽；而在非有理 W 形孤子峰的两侧各有一个波谷，为了能够更准确地描述非有理 W 形孤子的特征，其宽度定义为两个波谷之间的距离。从图 5.23(b) 可以看出，当非有理 W 形孤子的相对相位趋于 $\dfrac{\pi}{2}$ 时，它的宽度趋于无穷大，而随着相对相位从 $\dfrac{\pi}{2}$ 增大，宽度 W_{ws} 从无穷大迅速减小为有限值随后缓慢减小。也就是说，随着非有理 W 形孤子逐渐接近于反暗孤子时，它的两个波谷逐渐远离并且谷的深度逐渐减小，当它转化为反暗孤子时，两个波谷位于无穷远处，谷的深度为零。从这个角度来说，反暗孤子可

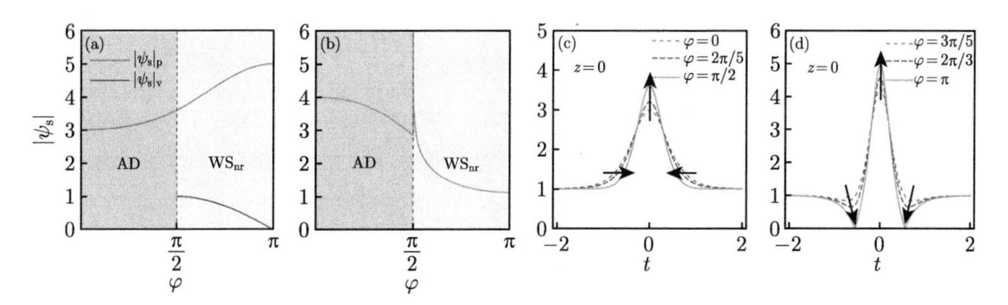

图 5.23　反暗孤子和非有理 W 形孤子的类型和结构特征与相对相位的关系。(a) 反暗孤子和非有理 W 形孤子依赖于相对相位 φ 的相图和其峰值、谷值与随相对相位的变化图，红色实线和蓝色实线分别表示峰值和谷值；(b) 反暗孤子和非有理 W 形孤子宽度与相对相位的关系；(c) 和 (d) 分别为不同相对相位时反暗孤子和非有理 W 形孤子在 $z = 0$ 处的强度分布；参数取 $a = 1$，$\beta = 1/12$，$\gamma = -1/36$，$b = -2$ [13](彩图见封底二维码)

以看作是波谷位于无穷远处的非有理 W 形孤子。特别地，孤子峰值、谷值和宽度都是关于相对相位的偶函数，它们在 $\varphi \in [-\pi, 0]$ 和 $\varphi \in [0, \pi]$ 范围内的分布关于 $\varphi = 0$ 对称，并且峰值、谷值和宽度随着相对相位周期性变化，其变化周期为 2π。因此，知道了孤子峰值、谷值和宽度在 $0 \sim \pi$ 半个周期内的分布，就可以很容易得到在任意相对相位时这些参数的分布情况。这些结果清晰地展示了孤子类型和结构特征与相对相位的关系。类似地，最近关于相对相位对孤子的影响在具有对转换效应的耦合非线性薛定谔系统也已经被讨论[15]。

另外，我们注意到，反暗孤子和非有理 W 形孤子解 (5.3.50) 式的相对相位依赖于参数 ϕ 值和 b 的正负 ((5.3.53) 式和 (5.3.54) 式)。当 $\phi = 0$，$b > 0$ 时，解 (5.3.50) 式对应于非有理 W 形孤子；$b < 0$ 时，解 (5.3.50) 式为反暗孤子。然而在上文中得到的反暗孤子和非有理 W 形孤子解中并没有引入与相对相位有关的参数 ϕ，即 $\phi = 0$，并且对于这两种孤子，参数 b 都大于零。这似乎与上述结果不一致。为了理解这个现象，重新分析之前展示的非有理 W 形孤子和反暗孤子解。它们的解析表达式分别为

$$\psi_{\mathrm{ws}} = \left[\frac{-\delta^2}{2a - 2b\cosh(\chi_{\mathrm{s}})} - a\right] \mathrm{e}^{\mathrm{i}\theta} \tag{5.3.62}$$

和

$$\psi_{\mathrm{ab}} = \left[\frac{-\delta^2}{2a + 2b\cosh(\chi_{\mathrm{s}} - \mu_{\mathrm{ab}})} - a\right] \mathrm{e}^{\mathrm{i}\theta} \tag{5.3.63}$$

解中参数 $b > 0$，$\delta = \varepsilon_{\mathrm{s}}/2 = 2\sqrt{b^2 - a^2}$，参数 μ_{ab} 满足 $\cosh(\mu_{\mathrm{ab}}) = b/a$ 和 $\sinh(\mu_{\mathrm{ab}}) = \sqrt{b^2 - a^2}/a$，$\chi_{\mathrm{s}} = \beta_0$。其他参数与之前非有理 W 形孤子和反暗孤子解 (5.3.50) 式中参数相同。用上述分析方法，这两个解可以分别被写为

$$\psi_{\mathrm{ws}} = [a + \psi_{\text{p-ws}} \mathrm{e}^{\mathrm{i}\pi}] \mathrm{e}^{\mathrm{i}\theta'} \tag{5.3.64}$$

和

$$\psi_{\mathrm{ab}} = [a + \psi_{\text{p-ad}}] \mathrm{e}^{\mathrm{i}\theta'} \tag{5.3.65}$$

其中，$\theta' = \theta + \pi$，扰动部分为

$$\psi_{\text{p-ws}} = \frac{\delta}{2b\cosh(\chi_{\mathrm{s}}) - 2a} \tag{5.3.66}$$

和

$$\psi_{\text{p-ad}} = \frac{\delta}{2b\cosh(\chi_{\mathrm{s}} - \mu_{\mathrm{ab}}) + 2a} \tag{5.3.67}$$

显然，非有理 W 形孤子 (5.3.64) 式和反暗孤子 (5.3.65) 式都有一个为 π 的全局相位，这个全局相位并不影响孤子分布特征。由于这里 $b > 0$，$\psi_{\text{p-ws}}$ 和 $\psi_{\text{p-ad}}$ 都

是正的实函数。因此非有理 W 形孤子 (5.3.64) 式和反暗孤子 (5.3.65) 式中，扰动部分和平面波背景的相对相位分别为 π 和 0，这与本子节中的分析结果一致。

相对相位对周期波和 W 形孤子链的影响 在引入相对相位后，非有理 W 形孤子和反暗孤子的激发可以被区分。接下来讨论相对相位对周期波和 W 形孤子链激发条件的影响。在四阶非线性薛定谔系统中，周期波和 W 形孤子链激发在调制稳定环上，其激发条件为

$$\left(\omega+\frac{\beta}{4\gamma}\right)^2+\frac{\Omega^2}{6}=\alpha \tag{5.3.68}$$

这里，$\Omega=\sigma=2\pm\sqrt{a^2-b^2}$ 为扰动频率。对于周期波和 W 形孤子链，参数 ϕ 仅仅影响它们在分布方向的位置，而不影响它们的激发结构。因此在这里的讨论中令 $\phi=0$，只保留参数 d。周期波和 W 形孤子链表达式为

$$\psi_{\rm wp}=\left[a-\frac{\Omega^2\cosh d+2{\rm i}b\Omega\sinh d}{2a\cosh d-2b\cos\gamma_0}\right]{\rm e}^{{\rm i}\theta} \tag{5.3.69}$$

其中，$\gamma_0=\Omega(t-v_{\rm wp}z)$，扰动频率 $\Omega=\pm2\sqrt{a^2-b^2}\in(-2a,0)\cup(0,2a)$ $(|b|<a)$，$v_{\rm wp}=\omega+\beta(6a^2-\Omega^2-3\omega^2)+4\gamma\omega(6a^2-\Omega^2-\omega^2)$ 表示周期波和 W 形孤子链的速度，d 为任意实常数。解 (5.3.69) 式可以写为

$$\psi_{\rm wp}=\left[a+\psi_{\text{p-wp}}{\rm e}^{{\rm i}\varphi_{\rm wp}}\right]{\rm e}^{{\rm i}\theta} \tag{5.3.70}$$

其中，

$$\psi_{\text{p-wp}}=\frac{|\Omega|\sqrt{\Omega^2+4a^2\sinh^2 d}}{2a\cosh d-2b\cos\gamma_0} \tag{5.3.71}$$

和

$$\varphi_{\rm wp}=\arctan\left[\frac{2b}{\Omega}\tanh d\right]+\pi+2n\pi \tag{5.3.72}$$

这里，$n=0,\pm1,\pm2,\cdots$，$\psi_{\text{p-wp}}$ 是正的实函数，因此 $\varphi_{\rm wp}$ 表示扰动和平面波背景之间的相对相位。由于周期波和 W 形孤子链的扰动频率 $\Omega\in(-2a,0)\cup(0,2a)$，而 d 是一个任意实常数，所以相对相位 $\varphi_{\rm wp}\in\left(\frac{\pi}{2}+2n\pi,\frac{3\pi}{2}+2n\pi\right)$。为了清晰地看出相对相位对解 (5.3.69) 式分布结构的影响，在图 5.24(a)~(c) 中，展示了扰动频率 $\Omega=0.8718$ 及相对相位分别为 $\frac{2}{3}\pi$、$\frac{4}{5}\pi$ 和 π 时解的强度分布。可以看到，相对相位确实会改变解 (5.3.69) 式对应的非线性波类型，并影响非线性波结构。在相对相位为 $\frac{2}{3}\pi$ 时解 (5.3.69) 式对应于周期波，相对相位取 $\frac{4}{5}\pi$ 和 π 时解 (5.3.69) 式为 W 形孤子链，为了方便看出这个相对相位引起孤子类型和结构的变化，这几种非线性波在 $z=0$ 处的能量分布展示在图 5.24(d)。如绪论中所介绍

的，周期波是在平面波背景上一峰一谷交替排列的结构，而 W 形孤子链是以 W 形孤子为基本排列单元的周期性结构，在每个峰两侧各有一个谷，并且在两个 W 形孤子结构之间还有一个极大值点 (图 5.24(d))。因此通过计算解 (5.3.69) 式的能量分布 $|\psi_{\rm wp}|^2$ 在一个周期内极值点个数就可以判断其所对应的非线性波类型。经过计算，发现非线性波 (5.3.69) 式在一个周期内有一个峰沿着直线

$$t_{\rm p}=vz+\frac{2n\pi}{\Omega} \tag{5.3.73}$$

峰值能量密度

$$|\psi_{\rm wp}|_{\rm p}^2=a^2+\frac{\Omega^2 D}{2a-D} \tag{5.3.74}$$

其中，$D=\sqrt{4a^2-\Omega^2\sec^2\varphi}$。此外，当 $\sqrt{3}a/|\sec\varphi|\leqslant|\Omega|<2a/|\sec\varphi|$ 时，在一个周期内，解 (5.3.69) 式有一个谷

$$t_{\rm v}=vz+\frac{\pi+2n\pi}{\Omega} \tag{5.3.75}$$

谷值强度为

$$|\psi_{\rm wp}|_{\rm v}^2=a^2-\frac{\Omega^2 D}{2a-D} \tag{5.3.76}$$

此时，解 (5.3.69) 式对应于周期波。当 $0<|\Omega|<\sqrt{3}a/|\sec\varphi|$ 时，在一个周期内，解 (5.3.69) 式有两个谷分别为

$$t_{\rm v}=vz+\frac{1}{\Omega}\left(\arccos\frac{D^2-2a^2}{aD}+2n\pi\right) \tag{5.3.77}$$

和

$$t_{\rm v}=vz+\frac{1}{\Omega}\left(\arccos\frac{D^2-2a^2}{aD}+\pi+2n\pi\right) \tag{5.3.78}$$

此外还有一个极大值点 $t=vz+(\pi+2n\pi)/\Omega$ 位于两个谷之间。此时，解 (5.3.69) 式为 W 形孤子链，它的每个基本单元都是 W 形孤子结构。谷值强度为

$$|\psi_{\rm wp}|_{\rm v}^2=a^2\sin^2\varphi \tag{5.3.79}$$

这些结果给出了周期波和 W 形孤子链激发条件以及结构特征与相对相位之间的关系。从这些表达式可以看出，周期波峰和谷的位置以及 W 形孤子链峰的位置都只依赖于扰动频率，但是它们的峰值和谷值都由扰动频率和相对相位共同决定；W 形孤子链谷的位置由扰动频率和相对相位共同确定，但是其谷值只依赖于相对相位，而与扰动频率无关。在以前的一些研究中 [5,9,16]，周期波和 W 形孤子链并没有引入与相对相位有关的参数 d，即 $d=0$，也就是相对相位 $\varphi_{\rm wp}=\pi$，这仅仅是我们得

到的解 (5.3.69) 式中一个特殊情形。因此以前研究中得到的 W 形孤子链谷值都为零。通过引入相对相位，周期波和 W 形孤子链的激发条件可以被完全澄清，相对相位也可以区分 Sasa-Satsuma 系统中共存的周期波和 W 形孤子链[8]。

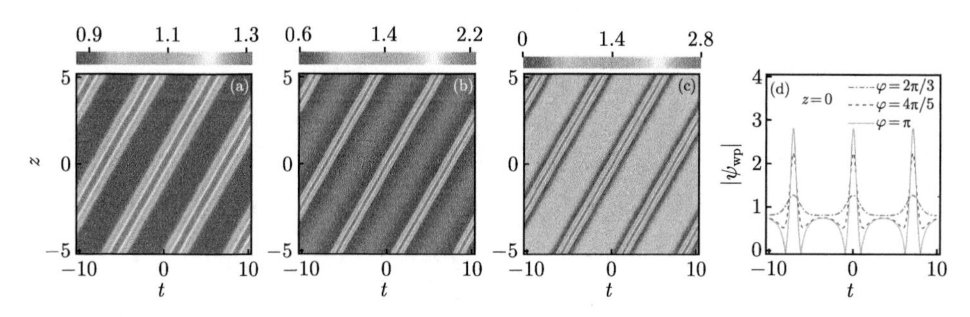

图 5.24 不同相对相位时周期波和 W 形孤子链的能量分布。(a) 相对相位为 $\dfrac{2}{3}\pi$ 时周期波的强能量分布；(b) 和 (c) 分别为相对相位为 $\dfrac{4}{5}\pi$ 和 π 时 W 形孤子链的能量分布；(d) 不同相对相位周期波和 W 形孤子链在 $z=0$ 处的能量分布；参数取 $a=1$，$\beta=1/12$，$\gamma=-1/36$，$b=0.9$(彩图见封底二维码)

相对相位对有理 W 形孤子的影响 另外从前文的分析中我们知道，当扰动频率 Ω 趋于零时，周期波和 W 形孤子链周期趋于无穷大，此时解 (5.3.69) 式转化为有理 W 形孤子

$$\psi_{\mathrm{w}}=\left[1-\frac{4+4\mathrm{i}ad}{1+a^2d^2+4a^2(t-v_{\mathrm{w}}z)^2}\right]a\mathrm{e}^{\mathrm{i}\theta} \tag{5.3.80}$$

其中，$v_{\mathrm{w}}=\omega+3\beta(2a^2-\omega^2)+4\gamma\omega(6a^2-\omega^2)$。有理 W 形孤子解 (5.3.80) 式可以写作

$$\psi_{\mathrm{w}}=\left[a+\psi_{\text{p-w}}\mathrm{e}^{\mathrm{i}\varphi_{\mathrm{w}}}\right]\mathrm{e}^{\mathrm{i}\theta} \tag{5.3.81}$$

这里，

$$\psi_{\text{p-w}}=\frac{4a\sqrt{1+a^2d^2}}{1+a^2d^2+4a^2(t-v_{\mathrm{w}}z)^2} \tag{5.3.82}$$

和

$$\varphi_{\mathrm{w}}=\arctan(ad)+\pi+2n\pi \tag{5.3.83}$$

其中，$n=0,\pm1,\pm2,\cdots$。显然这里 $\psi_{\text{p-w}}$ 是一个正的实函数，因此 $\varphi_{\mathrm{w}}\in\left(\dfrac{\pi}{2}+2n\pi,\dfrac{3\pi}{2}+2n\pi\right)$ 表示扰动部分和平面波背景之间的相对相位。相对相位为 $\dfrac{2}{3}\pi$、$\dfrac{4}{5}\pi$ 和 π 时有理的 W 形孤子的动力学演化过程展示在图 5.25(a)~(c)。从图中可以看出，随着相对相位从 $\dfrac{2}{3}\pi$ 增大到 π，有理的 W 形孤子的峰值增大、谷值减小同时宽

度也减小 (图 5.25(d))。接下来，详细分析相对相位对有理 W 形孤子激发的影响。经过计算得到有理 W 形孤子 (5.3.80) 式峰和谷的轨迹分别为

$$t_{\mathrm{p}} = v_{\mathrm{w}} z \tag{5.3.84}$$

$$t_{\mathrm{v}} = v_{\mathrm{w}} z \pm \frac{\sqrt{3 + 3\tan^2\varphi}}{2a} \tag{5.3.85}$$

峰值和谷值分别为

$$|\psi_{\mathrm{w}}|_{\mathrm{p}}^2 = a^2(9 - 8\sin^2\varphi) \tag{5.3.86}$$

$$|\psi_{\mathrm{w}}|_{\mathrm{v}}^2 = a^2\sin^2\varphi \tag{5.3.87}$$

从这些表达式可以看到，有理 W 形孤子峰值和孤子都依赖于相对相位。之前得到的有理 W 形孤子峰值都是背景振幅的三倍，而谷值恒等于零 [5,9,12,16]，事实上这都是本节中有理 W 形孤子解 (5.3.80) 式在相对相位为 π 时的特殊情形。此外，有理 W 形孤子与相对相位的依赖关系同周期波和 W 形孤子链扰动频率趋于零时的结果一致。显然这三种激发在调制稳定区的非线性波激发特征依赖于扰动频率和相对相位。

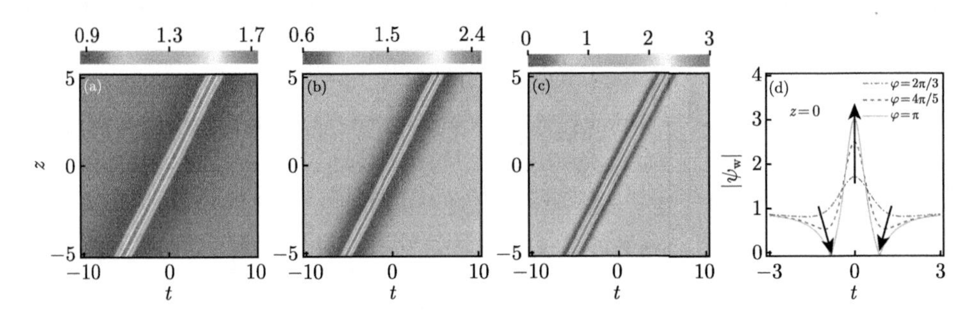

图 5.25 不同相对相位时有理 W 形孤子的能量分布。(a)~(c) 分别为相对相位为 $\frac{2}{3}\pi$，$\frac{4}{5}\pi$ 和 π 时有理 W 形孤子的能量分布；(d) 不同相对相位时有理 W 形孤子在 $z = 0$ 处的能量分布；参数取 $a = 1$，$\beta = 1/12$，$\gamma = -1/36$(彩图见封底二维码)

周期波、W 形孤子链和有理 W 形孤子的激发条件 为了直观地看出周期波、W 形孤子链和有理 W 形孤子激发与扰动频率 Ω 和相对相位 φ 的对应关系。根据上述分析结果，在图 5.26(a) 中展示了这三种非线性波在 (φ, Ω) 平面激发的相图，这里相对相位选取从 $\frac{\pi}{2}$ 到 $\frac{3\pi}{2}$ 的范围。从图中可以看出，周期波、W 形孤子链和有理 W 形孤子激发在相对相位和扰动频率平面有限范围内，在图 5.26(a) 中的灰色区域，这三种非线性波都不能激发。图中红色区域对应于周期波激发，W

形孤子链激发在绿色区域，$\Omega=0$ 的红色虚线对应于有理 W 形孤子激发。其中周期波和 W 形孤子链扰动频率的范围依赖于相对相位。随着相对相位从 $\dfrac{\pi}{2}$ 增大，周期波和 W 形孤子链扰动频率的范围逐渐增大并在相对相位为 π 时达到最大，然后逐渐减小。而在之前得到的非线性波在背景频率和扰动频率空间激发的相图中，周期波的扰动频率范围为 $\sqrt{3}a\sim 2a$，W 形孤子链扰动频率范围为 $0\sim\sqrt{3}a$，这个结果只是本节中周期波与 W 形孤子链相对相位为 π 时的特殊情形。此外，为了进一步理解相对相位和扰动频率对周期波、W 形孤子链和有理 W 形孤子结构特征的影响，我们给出了这三种非线性波峰值和谷值在 (φ,Ω) 平面的分布情况 (图 5.26(b) 和 (c))。从图中可以清晰地看出，对于确定的扰动频率 Ω，相对相位从 $\dfrac{\pi}{2}$ 到 π 逐渐增大，这三种非线性波峰值逐渐增大，谷值逐渐减小。在相对相位从 π 到 $\dfrac{3\pi}{2}$ 变化时，峰值和谷值变化与相对相位从 $\dfrac{\pi}{2}$ 到 π 的变化趋势恰好相反。而对于确定的相对相位 φ，随着扰动频率从高频率区 (远离 $\Omega=0$ 的区域) 趋于低频率区 (接近 $\Omega=0$ 的区域) 时，周期波和 W 形孤子链峰值逐渐增大，谷值逐渐减小。这些结果也进一步证明了相对相位在平面波背景上非线性波激发中所起的重要作用，也说明了在求解时引入相对相位的必要性。

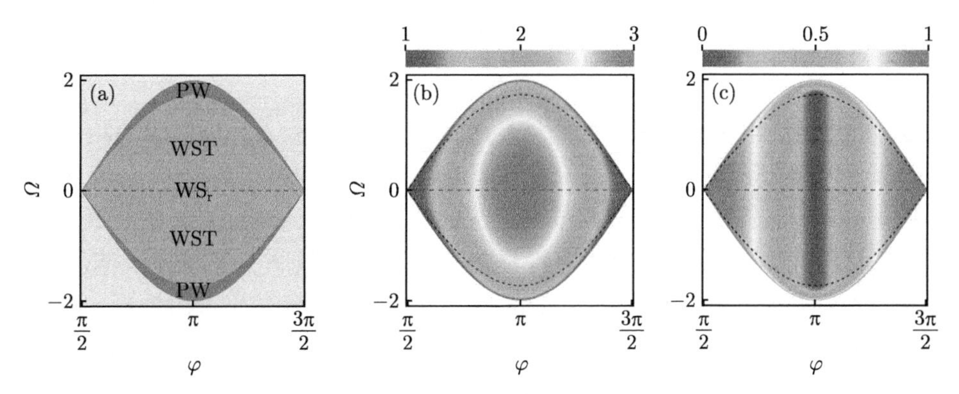

图 5.26 周期波、W 形孤子链和有理 W 形孤子在相对相位 φ 和扰动频率 Ω 平面的相图以及峰值和谷值的分布。(a) 周期波、W 形孤子链和有理 W 形孤子在 (φ,Ω) 平面的相图，“PW”，“WST” 和 “WS$_r$” 分别为周期波、W 形孤子链和有理 W 形孤子；(b) 和 (c) 分别为周期波、W 形孤子链和有理 W 形孤子峰值和谷值能量分布；图中参数 $a=1$(彩图见封底二维码)

呼吸子与怪波激发中的相对相位 上面我们已经证实相对相位在非线性波激发中起着至关重要的作用。在这里我们讨论相对相位对呼吸子和怪波等非线性波激发的影响。我们已经证实参数 b 的正负并不影响非线性波的结构，为了方便且不失一般性，在下面讨论中只考虑 $b<0$ 情形。首先讨论相对相位对 Kuznetsov-Ma 呼吸子动力学特征的影响。Kuznetsov-Ma 呼吸子解析解为

$$\psi_{\mathrm{km}} = \left[1 - \frac{\varepsilon_{\mathrm{km}}^2 \cos(\gamma_0 + \phi) - 4\mathrm{i}b\varepsilon_{\mathrm{km}} \sin(\gamma_0 + \phi)}{8b\cosh(\beta_0) - 8a\cos(\gamma_0 + \phi)}\right] \mathrm{e}^{\mathrm{i}\theta} \tag{5.3.88}$$

其中，$\gamma_0 = bv_2\varepsilon_{\mathrm{km}}/2$，$\beta_0 = \varepsilon_{\mathrm{km}}(t - v_{\mathrm{km}}z)/2$，$\varepsilon_{\mathrm{km}} = 4\sqrt{b^2 - a^2}$ 并满足条件 (5.3.24) 式，ϕ 为任意实常数，$v_{\mathrm{km}} = \omega + \beta(6a^2 + \varepsilon^2/4 - 3\omega^2) + 4\gamma\omega(6a^2 + \varepsilon^2/4 - \omega^2)$，$v_2$ 的具体形式见 (5.3.47) 式。将解 (5.3.88) 式写为如下形式：

$$\psi_{\mathrm{km}} = \left[1 + \psi_{\text{p-km}}\mathrm{e}^{\mathrm{i}\varphi_{\mathrm{km}}}\right] \mathrm{e}^{\mathrm{i}\theta} \tag{5.3.89}$$

其中，

$$\psi_{\text{p-km}} = \frac{\varepsilon_{\mathrm{km}}\sqrt{\varepsilon_{\mathrm{km}}^2 \cos^2(\gamma_0 + \phi) + 16b^2 \sin^2(\gamma_0 + \phi)}}{8|b|\cosh(\beta_0) \mp 8a\cos(\gamma_0 + \phi)} \tag{5.3.90}$$

并且对于 $\gamma_0 + \phi \in \left[-\dfrac{\pi}{2} + 2n\pi, \dfrac{\pi}{2} + 2n\pi\right]$，相对相位

$$\varphi_{\mathrm{km}} = \varphi' + 2n\pi \tag{5.3.91}$$

其中，$\varphi' = \arctan\left[\dfrac{4|b|}{\varepsilon_{\mathrm{km}}}\tan(\gamma_0 + \phi)\right]$。当 $\gamma_0 + \phi \in \left[\dfrac{\pi}{2} + 2n\pi, \dfrac{3\pi}{2} + 2n\pi\right]$ 时，相对相位

$$\varphi_{\mathrm{km}} = \varphi' + \pi + 2n\pi \tag{5.3.92}$$

与孤子和周期波相对相位为常数的情况不同，Kuznetsov-Ma 呼吸子的相对相位 φ_{km} 依赖于传输变量 z。参数 ϕ 只影响初始位置 z_0 处初始相对相位 φ_{z0}。随着演化 Kuznetsov-Ma 呼吸子相对相位 φ_{km} 在 $-\dfrac{\pi}{2} + 2n\pi$ 到 $\dfrac{3\pi}{2} + 2n\pi$ 范围内周期性变化，解 (5.3.90) 式出现周期性的呼吸行为。由于相对相位随着 t 周期性变化，所以初始相对相位仅仅改变 Kuznetsov-Ma 呼吸子最大峰值出现的位置，而不改变 Kuznetsov-Ma 呼吸子动力学特征。当 $v_2 = 0$，即扰动能量满足条件 (5.3.49) 式时，$\gamma_0 = 0$，相对相位不再随着 t 变化，此时 Kuznetsov-Ma 呼吸子 (5.3.90) 式转化为反暗孤子和非有理 W 形孤子 (5.3.50) 式。

接下来，分析相对相位对 Akhmediev 呼吸子的影响。其解析表达式为

$$\psi_{\mathrm{ab}} = \left[a + \frac{K^2\cosh(\beta_0 + d) + 2\mathrm{i}bK\sinh(\beta_0 + d)}{2b\cos\gamma_0 - 2a\cosh(\beta_0 + d)}\right] \mathrm{e}^{\mathrm{i}\theta} \tag{5.3.93}$$

其中，$\beta_0 = bv_2\Omega z$，$\gamma_0 = \Omega(t - v_{\mathrm{ab}}z)$，$v_{\mathrm{ab}} = \omega + \beta(6a^2 - \Omega^2 - 3\omega^2) + 4\gamma\omega(6a^2 - \Omega^2 - \omega^2)$。解 (5.3.93) 式可以改写为

$$\psi_{\mathrm{ab}} = \left[a + \psi_{p\text{-ab}}\mathrm{e}^{\mathrm{i}\varphi_{\mathrm{ab}}}\right] \mathrm{e}^{\mathrm{i}\theta} \tag{5.3.94}$$

这里，

$$\psi_{\text{p-ab}}=\frac{|\varOmega|\sqrt{\varOmega^2+4a^2\sinh(bv_2\varOmega z)}}{2a\cosh(bv_2\varOmega z)-2b\cos[\varOmega(t-v_{\text{ab}}z)]} \tag{5.3.95}$$

$$\varphi_{\text{ab}}=\arctan\left[\frac{2b}{\varOmega}\tanh(bv_2\varOmega z+d)\right]+\pi+2n\pi \tag{5.3.96}$$

显然 Akhmediev 呼吸子相对相位也随着 z 变化。参数 d 仅仅影响初始位置 $z=z_0$ 处的初始相对相位 $\varphi(z_0)$。随着 z 变化相对相位 φ_{ab} 在 $\left(\dfrac{\pi}{2}+2n\pi,\dfrac{3\pi}{2}+2n\pi\right)$ 范围内变化，解 (5.3.93) 式出现增长和衰减行为。由于相对相位随着 z 变化，初始相对相位也只改变 Akhmediev 呼吸子最大峰值出现的位置，并不能改变 Akhmediev 呼吸子的结构。当 $v_2=0$，即扰动频率和背景频率满足条件 (5.3.68) 式时，$\beta_0=0$，相对相位不再依赖于 z，此时 Akhmediev 呼吸子 (5.3.93) 式转化为周期波和 W 形孤子链 (5.3.69) 式。

我们已经知道，扰动能量趋于零时，Kuznetsov-Ma 呼吸子会趋于怪波结构；扰动频率 $\varOmega$ 趋于零时，Akhmediev 呼吸子也会趋于怪波。因此对 Kuznetsov-Ma 呼吸子 (5.3.90) 式和 Akhmediev 呼吸子 (5.3.93) 式分别取 $\varepsilon_{\text{km}}\to 0$ 和 $\varOmega\to 0$ 的极限，得到

$$\psi_{\text{rw}}=\left[a-\frac{4+4\mathrm{i}(2av_2z+\phi)}{1+(2a^2v_2z+\phi)^2+4a^2(t+v_{\text{rw}}z)^2}\right]\mathrm{e}^{\mathrm{i}\theta} \tag{5.3.97}$$

$$\psi_{\text{rw}}=\left[a-\frac{4+4\mathrm{i}(2av_2z+d)}{1+(2a^2v_2z+d)^2+4a^2(t+v_{\text{rw}}z)^2}\right]\mathrm{e}^{\mathrm{i}\theta} \tag{5.3.98}$$

其中，$v_{\text{rw}}=\omega+\beta(6a^2-3\omega^2)+4\gamma\omega(6a^2-\omega^2)$，此时 $v_2=1-6\beta\omega+12\gamma(a^2-\omega^2)$。显然这两个解的形式完全相同，仅仅只是其中任意实常数的表示不同而已。也就是说分别与 Kuznetsov-Ma 呼吸子和 Akhmediev 呼吸子初始相对相位有关的参数 ϕ 和 d，在两种呼吸子趋于怪波后，对怪波结构的影响是完全相同的。因此，只需考虑怪波解 (5.3.98) 式。类似地，怪波解可以写为

$$\psi_{\text{rw}}=\left[a+\psi_{\text{p-rw}}\mathrm{e}^{\mathrm{i}\varphi_{\text{rw}}}\right]\mathrm{e}^{\mathrm{i}\theta} \tag{5.3.99}$$

其中，

$$\psi_{\text{p-rw}}=\frac{4\sqrt{1+(2av_2z+\phi)^2}}{1+(2v_2z+\phi)^2+4(t+v_1z)^2} \tag{5.3.100}$$

$$\varphi_{\text{rw}}=\arctan(2v_2t+\phi)+\pi+2n\pi \tag{5.3.101}$$

显然随着 z 从 $-\infty$ 到 ∞ 变化，怪波相对相位 φ_{rw} 在 $\dfrac{\pi}{2}+2n\pi$ 到 $\dfrac{3\pi}{2}+2n\pi$ 范围内变化。因此参数 d 也不影响怪波结构，而仅仅影响其峰值出现的位置。此外，当 $v_2=0$，即满足条件 (5.3.28) 式时，相对相位 φ_{rw} 不再依赖于参数 z，此时怪波转化为有理 W 形孤子 (5.3.80) 式。

从这些分析中可以看出,随着演化振幅变化的几种非线性波,例如 Kuznetsov-Ma 呼吸子、Akhmediev 呼吸子和怪波,由于其在演化过程中相对相位随着演化距离在不断变化,所以初始相对相位值并不会影响它们的激发特征。而对于反暗孤子、非有理 W 形孤子、周期波、W 形孤子链和有理 W 形孤子等几种稳定传输的非线性波,在演化过程中它们的相对相位不随演化距离变化,其在任意位置的相对相位都等于初始相对相位,因此相对相位会改变它们的激发结构 [13,14]。

不稳定波与稳定波之间的转换关系 之前研究已经证实,平面波背景上稳定演化的非线性波 (孤子和周期波) 都是由不稳定非线性波 (怪波和呼吸子) 在特定条件下转化而来 [9,12]。例如,周期波或 W 形孤子链和有理 W 形孤子分别是由 Akhmediev 呼吸子和怪波从调制不稳定区趋近调制稳定区转换而来;反暗孤子和非有理 W 形孤子由 Kuznetsov-Ma 呼吸子转换而来。然而之前研究中并没有引入与相对相位有关的任意参数,其得到的反暗孤子、非有理 W 形孤子、周期波、W 形孤子链和有理 W 形孤子的相对相位都只是一个特定值 π 或 0,因此之前研究中由呼吸子和怪波转换而来的孤子和周期波都只具有特定结构 [5,9,12,16]。本节给出的孤子和周期解相对相位除了 π 和 0 之外还可以取其他值,不同相对相位对应的孤子分布不同。但是相对相位对呼吸子和怪波的激发结构并没有影响,也就是说不同初始相位的呼吸子或怪波解是等价的。这意味着应该可以从同样的呼吸子和怪波转换出具有不同相对相位的孤子或周期波结构。

由于初始相对相位不改变呼吸子和怪波的激发特征,所以下面分析中呼吸子解和怪波解都不考虑与初始相对相位有关的参数 ϕ 和 d。为了方便且不失一般性,这里只考虑 $b<0$ 情形。Kuznetsov-Ma 呼吸子解如下:

$$\psi_{\mathrm{km}}=\left[1+\psi_{\text{p-km}}\mathrm{e}^{\mathrm{i}\varphi_{\mathrm{km}}}\right]\mathrm{e}^{\mathrm{i}\theta} \tag{5.3.102}$$

其中,

$$\psi_{\text{p-km}}=\frac{\varepsilon_{\mathrm{km}}\sqrt{\varepsilon_{\mathrm{km}}^2\cos^2\gamma_0+16b^2\sin^2\gamma_0}}{8|b|\cosh\beta_0-8a\cos\gamma_0} \tag{5.3.103}$$

对于 $\gamma_0=\dfrac{1}{2}bv_2\varepsilon_{\mathrm{km}}\in\left[-\dfrac{\pi}{2}+2n\pi,\dfrac{\pi}{2}+2n\pi\right]$,相对相位

$$\varphi_{\mathrm{km}}=\varphi'+2n\pi \tag{5.3.104}$$

其中,$\varphi'=\arctan\left[\dfrac{4|b|}{\varepsilon_{\mathrm{km}}}\tan(\gamma_0)\right]$,其他参数取值见 (5.3.88) 式。当 $\gamma_0=\dfrac{1}{2}bv_2\varepsilon_{\mathrm{km}}\in\left[\dfrac{\pi}{2}+2n\pi,\dfrac{3\pi}{2}+2n\pi\right]$ 时,相对相位

$$\varphi_{\mathrm{km}}=\varphi'+\pi+2n\pi \tag{5.3.105}$$

为了方便对比，再次写出 (5.3.51) 式中反暗孤子和非有理 W 形孤子解

$$\psi_{\mathrm{s}} = \left[1 + \psi_{\text{p-s}} \mathrm{e}^{\mathrm{i}\varphi_{\pm}}\right] \mathrm{e}^{\mathrm{i}\theta} \tag{5.3.106}$$

其中，

$$\psi_{\text{p-s}} = \frac{\varepsilon_{\mathrm{s}}\sqrt{\varepsilon_{\mathrm{s}}^2 \cos^2\phi + 16b^2 \sin^2\phi}}{8|b|\cosh\beta_0 - 8a\cos\phi} \tag{5.3.107}$$

当 $\phi \in \left[-\dfrac{\pi}{2} + 2n\pi, \dfrac{\pi}{2} + 2n\pi\right]$ 时，

$$\varphi_{\mathrm{s}} = \varphi' + 2n\pi \in \left[-\frac{\pi}{2} + 2n\pi, \frac{\pi}{2} + 2n\pi\right] \tag{5.3.108}$$

其中，参数 $\varphi' = \arctan\left[\dfrac{4|b|}{\varepsilon_{\mathrm{s}}}\tan(\phi)\right]$，其他参数见 (5.3.51) 式。而对于 $\phi \in \left[\dfrac{\pi}{2} + 2n\pi, \dfrac{3\pi}{2} + 2n\pi\right]$，相对相位

$$\varphi_{\mathrm{s}} = \varphi' + \pi + 2n\pi \in \left[\frac{\pi}{2} + 2n\pi, \frac{3\pi}{2} + 2n\pi\right] \tag{5.3.109}$$

这里，Kuznetsov-Ma 呼吸子扰动能量 $\varepsilon_{\mathrm{km}}$ 与反暗孤子和非有理 W 形孤子扰动能量 ε_{s} 表达式都是 $4\sqrt{b^2 - a^2}$，只是它们分别满足条件 (5.3.38) 式和 (5.3.34) 式。从 (5.3.38) 式和 (5.3.34) 式可以看出，改变背景频率就可以使得 Kuznetsov-Ma 呼吸子转换为具有相同扰动能量的反暗孤子或非有理 W 形孤子，为了方便，将两者扰动能量都记作 ε。比较 Kuznetsov-Ma 呼吸子解 (5.3.102) 式与反暗孤子和非有理 W 形孤子解 (5.3.106) 式的振幅和相位，可以看到，当 $\gamma_0 = \phi$，即 $t_{\mathrm{km}} = [2\arctan(\varepsilon/4b)\tan\varphi_{\mathrm{s}}]/(bv_2\varepsilon)$ 时，Kuznetsov-Ma 呼吸子的分布与反暗孤子或非有理 W 形孤子的分布完全相同。这说明相对相位为 φ_{s} 的反暗孤子或非有理 W 形孤子对应于 Kuznetsov-Ma 呼吸子在 z_{km} 处的分布。

之前研究中[5,9,16]，相对相位为 0 的反暗孤子和相对相位为 π 的非有理 W 形孤子分别对应于 Kuznetsov-Ma 呼吸子峰值位置和两个波峰中间的位置。这里得到的具有任意相对相位的反暗孤子和非有理 W 形孤子，随着相对相位不同，其对应于 Kuznetsov-Ma 呼吸子演化的不同位置，当孤子相对相位取遍所有可能取值时则对应于 Kuznetsov-Ma 呼吸子从 $z = -\infty$ 到 $t = \infty$ 所有位置的分布。图 5.27(a1)~(a3) 展示了相对相位为 0 和 $\dfrac{2}{3}\pi$ 的反暗孤子和非有理 W 形孤子与 Kuznetsov-Ma 呼吸子的对应关系。

接下来分析不同相对相位周期波和 W 形孤子链与 Akhmediev 呼吸子的对应关系。Akhmediev 呼吸子解与周期波和 W 形孤子链解分别为

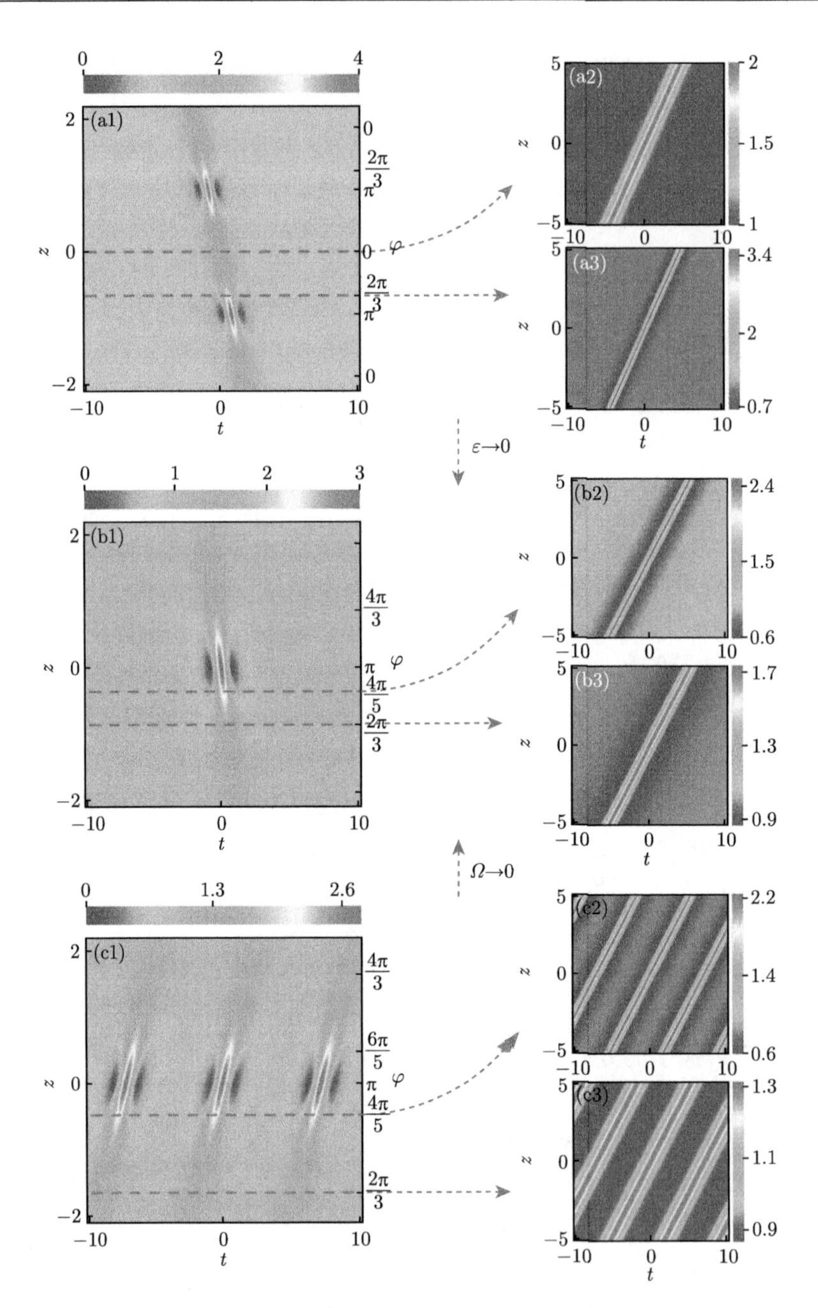

图 5.27　不同相对相位的孤子和周期波与呼吸子和怪波的对应关系。(a) 反暗孤子和非有理 W 形孤子与 Kuznetsov-Ma 呼吸子的对应关系，(a2) 和 (a3) 中孤子的相位分别为 0 和 $2\pi/3$；(b) 不同相对相位有理 W 形孤子与怪波的对应关系，(b2) 和 (b3) 中有理 W 形孤子的相对相位分别为 $4\pi/5$ 和 $2\pi/3$；(c) 周期波和 W 形孤子链与 Akhmediev 呼吸子的对应关系，(c2) 和 (c3) 中 W 形孤子链和周期波的相对相位分别为 $4\pi/5$ 和 $2\pi/3$(彩图见封底二维码)

$$\psi_{\mathrm{ab}}=\left[a+\psi_{\mathrm{p\text{-}ab}}\mathrm{e}^{\mathrm{i}\varphi_{\mathrm{ab}}}\right]\mathrm{e}^{\mathrm{i}\theta} \tag{5.3.110}$$

这里，

$$\psi_{\mathrm{p\text{-}ab}}=\frac{|\Omega|\sqrt{\Omega^2+4a^2\sinh(bv_2\Omega z)}}{2a\cosh(bv_2\Omega z)-2b\cos\gamma_0} \tag{5.3.111}$$

$$\varphi_{\mathrm{ab}}=\arctan\left[\frac{2b}{\Omega}\tanh(bv_2\Omega t+d)\right]+\pi+2n\pi \tag{5.3.112}$$

和

$$\psi_{\mathrm{wp}}=\left[a+\psi_{\mathrm{p\text{-}wp}}\mathrm{e}^{\mathrm{i}\varphi}\right]\mathrm{e}^{\mathrm{i}\theta} \tag{5.3.113}$$

这里，

$$\psi_{\mathrm{p\text{-}wp}}=\frac{|\Omega|\sqrt{\Omega^2+4a^2\sinh^2 d}}{2a\cosh d-2b\cos\gamma_0} \tag{5.3.114}$$

$$\varphi=\arctan\left(\frac{2b}{K}\tanh d\right)+\pi+2n\pi \tag{5.3.115}$$

解中参数分别见 (5.3.93) 式和 (5.3.69) 式。在相同扰动频率下，当背景频率满足条件 (5.3.27) 式时，Akhmediev 呼吸子将转化为周期波或 W 形孤子链。比较 Akhmediev 呼吸子解 (5.3.110) 式和周期波或 W 形孤子链解 (5.3.113) 式的振幅和相对相位，可以看出，相对相位为 φ 的周期波和 W 形孤子链与 Akhmediev 呼吸子在位置

$$z_{\mathrm{ab}}=2\operatorname{artanh}\left(\frac{\Omega}{\sqrt{4-\Omega^2}}\tan\varphi\right)\Big/\left(v_2\Omega\sqrt{4-\Omega^2}\right)$$

处的分布完全相同。也就是说，不同相对相位周期波和 W 形孤子链可以看作是由 Akhmediev 呼吸子不同演化位置转化而来。另外可以看到，相对相位为 φ 的周期波和 W 形孤子链对应于 Akhmediev 呼吸子的位置 z_{ab} 依赖于背景频率和扰动频率。这是由于不同背景频率和扰动频率下调制不稳定增益不同，使得 Akhmediev 呼吸子增长和衰减的快慢不同，从而使其对应于周期波和 W 形孤子链时的位置不同。

对于确定的扰动频率 Ω，周期波和 W 形孤子链的相对相位取遍所有可能值时，对应于 Akhmediev 呼吸子从 $-\infty$ 到 ∞ 之间所有位置。之前报道的 [5,9,16] 相对相位为 π 的周期波和 W 形孤子链对应于 Akhmediev 呼吸子在 $z_{\mathrm{ab}}=0$ 处的截面分布。图 5.27(c1)~(c3) 展示了相对相位为 $2\pi/3$ 和 $4\pi/5$ 的周期波和 W 形孤子链与 Akhmediev 呼吸子的对应关系。

最后我们分析不同相对相位有理 W 形孤子与怪波的对应关系。怪波和有理 W 形孤子解分别为

$$\psi_{\mathrm{rw}}=\left[a+\psi_{\mathrm{p\text{-}rw}}\mathrm{e}^{\mathrm{i}\varphi_{\mathrm{rw}}}\right]\mathrm{e}^{\mathrm{i}\theta} \tag{5.3.116}$$

和

$$\psi_{\mathrm{w}}=\left[a+\psi_{\mathrm{p\text{-}w}}\mathrm{e}^{\mathrm{i}\varphi_{\mathrm{w}}}\right]\mathrm{e}^{\mathrm{i}\theta} \tag{5.3.117}$$

其中，

$$\psi_{\mathrm{p\text{-}rw}}=\frac{4\sqrt{1+(2av_2z+\phi)^2}}{1+(2v_2z+\phi)^2+4(t+v_{\mathrm{rw}}z)} \tag{5.3.118}$$

$$\varphi_{\mathrm{rw}}=\arctan(2v_2z+\phi)+\pi+2n\pi \tag{5.3.119}$$

$$\psi_{\mathrm{p\text{-}w}}=\frac{4a\sqrt{1+a^2d^2}}{1+a^2d^2+4a^2(t-v_{\mathrm{w}}z)^2} \tag{5.3.120}$$

$$\varphi_{\mathrm{w}}=\arctan(ad)+\pi+2n\pi \tag{5.3.121}$$

参数见 (5.3.98) 式和 (5.3.80) 式。比较怪波 (5.3.116) 式和有理 W 形孤子 (5.3.117) 式的振幅和相位，可以看到，相对相位为 φ 的有理 W 形孤子与怪波在位置 $z_{\mathrm{rw}}=\tan\varphi/(2v_2)$ 处的分布完全相同。之前报道的[5,12,16] 有理 W 形孤子相对相位为 π，其对应于怪波在 $z_{\mathrm{rw}}=0$ 时刻的转化。相对相位为 $\dfrac{2}{3}\pi$ 和 $\dfrac{4}{5}\pi$ 的有理 W 形孤子与怪波在不同位置的对应关系展示在图 5.27(b1)~(b3)。这些结果显示所有呼吸子和怪波在演化过程中的任一位置处的截面都对应于某个相对相位值的孤子和周期波。

5.3.4 基本局域波的观测相图

Tajiri-Watanabe 呼吸子和多峰孤子的激发条件　在 5.3.1 节~5.3.3 节中已经发现，背景频率、扰动频率、扰动能量和相对相位这一组参数可以确定平面波背景上基本非线性波的激发条件。然而这四个参数对平面波背景上的 Tajiri-Watanabe 呼吸子和多峰孤子激发条件的影响仍未被讨论。为了能够完整地给出平面波背景上基本非线性波的激发条件，这里仍然以四阶非线性薛定谔系统为例，分析这四个物理参数对 Tajiri-Watanabe 呼吸子和多峰孤子激发条件的影响。为了分析这两种非线性波的激发特征，这里化简得到四阶非线性薛定谔系统平面波背景上非线性波解的统一形式

$$\psi=(a+\psi_{\mathrm{p}})\mathrm{e}^{\mathrm{i}\theta} \tag{5.3.122}$$

扰动部分

$$\psi_{\mathrm{p}}=-2b\frac{\mathit{\Pi}\cosh(\beta_0+d)-\mathit{\Gamma}\cos(\gamma_0-\phi)-\mathrm{i}\mathit{\Upsilon}\sinh(\beta_0+d)-\mathrm{i}\mathit{\Theta}\sin(\gamma-\phi)}{\mathit{\Gamma}\cosh(\beta_0+d)-\mathit{\Pi}\cos(\gamma_0-\phi)} \tag{5.3.123}$$

其中，

$$\beta_0=\xi t-V_{\mathrm{H}}z,\quad \gamma_0=\sigma t-V_{\mathrm{T}}z,\qquad V_{\mathrm{H}}=\xi v_1-b\sigma v_2,\quad V_{\mathrm{T}}=\sigma v_1+b\xi v_2$$

$$
\begin{aligned}
v_1 &= \frac{\omega}{2} - c + \beta[2a^2 + 4b^2 - 3a^2 - (c-\omega)^2] + \gamma[4c(2c^2 - 6b^2 - a^2) \\
&\quad - \omega(3c^2 - 4b^2 - 6a^2 + (c-\omega)^2)] \\
v_2 &= 1 + 2\beta(4c - \omega) - 2\gamma(8c^2 - 4b^2 - 2a^2 + (2c-\omega)^2) \\
\xi &= \left(\sqrt{\chi^2+\mu^2} + \chi\right)^{1/2}/\sqrt{2}, \quad \sigma = \pm\left(\sqrt{\chi^2+\mu^2} - \chi\right)^{1/2}/\sqrt{2} \\
\chi &= 4b^2 - 4a^2 - (2c+\omega)^2, \quad \mu = -4b(2c+\omega), \quad \varUpsilon = 4a\alpha_1, \quad \alpha_1 = \sigma + 2c + \omega \\
\varPi &= 4a(2b+\xi), \quad \varGamma = 4a^2 + (2b+\xi)^2 + \alpha_1^2, \quad \varTheta = 4a^2 - (2b+\xi)^2 - \alpha_1^2
\end{aligned}
$$

当 $c \neq -\dfrac{1}{2}\omega$ 时，参数 ξ 和 σ 都不为零，此时解在分布方向和演化方向同时具有局域性和周期性，局域部分的速度为 $v_1 - bv_2\sigma/\xi$，周期部分速度为 $v_1 + bv_2\xi/\sigma$。当 $v_2 \neq 0$ 时，局域部分和周期部分速度不相等，此时解 (5.3.122) 式为 Tajiri-Watanabe 呼吸子。当 $v_2 = 0$ 时，局域部分和周期部分速度相等，解 (5.3.122) 式在演化过程中不再出现呼吸行为，其对应于多峰孤子。Kuznetsov-Ma 呼吸子、Akhmediev 呼吸子、怪波、反暗孤子、非有理 W 形孤子、周期波、W 形孤子链和有理 W 形孤子的激发与背景频率、扰动频率、扰动能量和相对相位的关系在前面已经被详细讨论。为了能够系统给出平面波背景上常见的基本非线性波的激发条件，在这里我们进一步讨论 Tajiri-Watanabe 呼吸子和多峰孤子的激发与背景频率、扰动频率、扰动能量和相对相位四个参数的关系。

上述分析中我们已经知道，Tajiri-Watanabe 呼吸子和多峰孤子的激发条件分别为 $v_2 \neq 0$ 和 $v_2 = 0$。而 v_2 的值依赖于系统参数 β 和 γ、背景振幅 a、背景频率 ω 和求解过程中引入的参数 c 和 b。由于对确定的物理系统其物理参数是确定的，而在无量纲的模型中背景振幅 a 是一个相对值，所以 Tajiri-Watanabe 呼吸子和多峰孤子的激发条件依赖于背景频率 ω、参数 c 和 b。然而求解过程中引入的参数 c 和 b 的物理意义是不够清晰的，为了给出 Tajiri-Watanabe 呼吸子和多峰孤子依赖于实际物理参数的激发条件，就需要分析参数 c 和 b 的物理含义。

之前的分析已经证实，平面波背景上基本非线性波的激发条件依赖于背景频率、扰动频率、扰动能量和相对相位四个物理参数。因此可以预期 Tajiri-Watanabe 呼吸子和多峰孤子的激发条件也依赖于这几个参数，也就是说，参数 c 和 b 应该与 Tajiri-Watanabe 呼吸子和多峰孤子的扰动频率、扰动能量和相对相位这几个参数有关。接下来首先分析 Tajiri-Watanabe 呼吸子和多峰孤子的扰动频率、扰动能量和相对相位。我们知道，对具有周期性的非线性波而言，其演化过程中周期保持不变，因此在分布方向的频率就等于其扰动频率。从 (5.3.122) 式可以看出，Tajiri-Watanabe 呼吸子和多峰孤子的扰动频率 $\varOmega = \sigma = \pm\left(\sqrt{\chi^2+\mu^2} - \chi\right)^{1/2}/\sqrt{2}$。另外根据扰动能量的定义 (5.3.33) 式，可以计算出 Tajiri-Watanabe 呼吸子和多峰孤

子扰动能量均为 $\varepsilon=2\xi=\left(\sqrt{\chi^2+\mu^2}+\chi\right)^{1/2}/\sqrt{2}$。由此可知，Tajiri-Watanabe 呼吸子和多峰孤子的扰动频率和扰动能量的表达式都包含参数 c、b 和背景频率 ω，因此可以通过扰动频率 Ω 和扰动能量 ε 表示参数 c 和 b。通过计算得到 c、b 与背景频率 ω 以及 Tajiri-Watanabe 呼吸子和多峰孤子的扰动频率 Ω 及扰动能量 ε 的关系为

$$c=-\frac{1}{2}\omega\pm\frac{1}{2}\sqrt{\Delta},\quad b=\pm\frac{1}{2}\sqrt{\frac{\varepsilon^2\sigma^2}{\Delta}} \tag{5.3.124}$$

其中，

$$\Delta=\left[\frac{\sqrt{(\varepsilon^2-4\Omega^2+16a^2)^2+16\varepsilon^2\Omega^2}-(\varepsilon^2-4\Omega^2+16a^2)}{8}\right]^{1/2} \tag{5.3.125}$$

将 (5.3.124) 式代入 v_2 的表达式中，就可以得到 Tajiri-Watanabe 呼吸子和多峰孤子的激发条件分别为

$$1+2\beta\left(\pm\sqrt{\Delta}-3\omega\right)+2\gamma\left(-2\Delta\pm8\omega\sqrt{\Delta}-6\omega^2+6a^2+\frac{1}{4}\varepsilon^2-\Omega^2\right)\neq0 \tag{5.3.126}$$

和

$$1+2\beta\left(\pm\sqrt{\Delta}-3\omega\right)+2\gamma\left(-2\Delta\pm8\omega\sqrt{\Delta}-6\omega^2+6a^2+\frac{1}{4}\varepsilon^2-\Omega^2\right)=0 \tag{5.3.127}$$

显然，Tajiri-Watanabe 呼吸子和多峰孤子的激发条件由背景频率、扰动频率和扰动能量共同决定。另外，Tajiri-Watanabe 呼吸子在演化方向周期性振荡，因此初始相对相位不影响它的激发条件。而多峰孤子可以看作是平面波背景上孤子结构与周期波结构的叠加，因此它的相对相位包含平面波与孤子结构的相对相位、平面波与周期结构的相对相位，以及孤子结构和周期结构之间的相对相位。这几个相对相位对多峰孤子结构的影响在文献 [17] 中已经被详细讨论。孤子结构和平面波背景之间的相对相位决定了多峰孤子局域部分的包络结构；周期结构与平面波背景之间的相对相位决定了周期排列每个单元的结构；孤子结构与周期结构之间的相对相位决定了多峰孤子对称性。需要注意的是，这几个相位都只改变多峰孤子分布结构，而不改变多峰孤子激发类型。也就是说，Tajiri-Watanabe 呼吸子和多峰孤子的激发条件只依赖于背景频率、扰动频率和扰动能量而不依赖于相对相位。特别地，由于 Tajiri-Watanabe 呼吸子和多峰孤子解中 $c\neq-\omega/2$，所以这两种非线性波的扰动能量和扰动频率都不为零。而 5.3.1 节~5.3.3 节中讨论的非线性波中或者是扰动频率为零 (Kuznetsov-Ma 呼吸子、反暗孤子、非有理 W 形孤子)，或者是扰动能量为零 (Akhmediev 呼吸子、周期波和 W 形孤子链)，或者是

扰动能量和扰动频率都为零 (怪波和有理 W 形孤子)。显然，Tajiri-Watanabe 呼吸子和多峰孤子与前面讨论的几种非线性波在背景频率、扰动频率和扰动能量三个参数的空间都不共存。因此平面波背景上常见的基本非线性波的激发条件可以由背景频率 ω、扰动频率 Ω、扰动能量 ε 和相对相位 φ 完全确定。

平面波背景上基本非线性波 (Tajiri-Watanabe 呼吸子、多峰孤子、Kuznetsov-Ma 呼吸子、反暗孤子、非有理 W 形孤子、怪波、有理 W 形孤子、Akhmediev 呼吸子、周期波和 W 形孤子链) 依赖于背景频率 ω、扰动频率 Ω、扰动能量 ε 和相对相位 φ 的激发条件展示在表 5.4。从表中可以看到，一组确定的参数值可以完全决定一种非线性波激发。因此，平面波背景上添加不同的扰动可以激发不同的非线性波。另外需要注意的是，当扰动能量趋于零时，Kuznetsov-Ma 呼吸子的演化周期趋于无穷大，它会趋近于怪波结构。此时在有限的演化距离上 Kuznetsov-Ma 呼吸子完全可以看作是怪波激发，而 Kuznetsov-Ma 呼吸子的相对相位可以取任意值。因此，尽管怪波的相对相位处于 $\pi/2 \sim 3\pi/2$ 的范围，但是在实验上它也可以由相对相位为任意值的小扰动演化得到。此外，Akhmediev 呼吸子在周期趋

表 5.4 基本非线性波的激发条件。ω, Ω, ε 和 φ 分别为背景频率、扰动频率、扰动能量和相对相位。参数 $\alpha = \beta^2/16\gamma^2 + 1/12\gamma + a^2$, $\Delta = \sqrt{[\sqrt{(\varepsilon^2 - 4\Omega^2 + 16a^2)^2 + 16\varepsilon^2\Omega^2} - (\varepsilon^2 - 4\Omega^2 + 16a^2)]/8}$, $\nabla = -2\Delta \pm 8\omega\sqrt{\Delta} - 6\omega^2 + 6a^2 + \varepsilon^2/4 - \Omega^2$

<table>
<tr><th colspan="4">激发条件</th><th rowspan="2">非线性波类型</th></tr>
<tr><th>Ω</th><th>ω</th><th>ε</th><th>φ</th></tr>
<tr><td rowspan="2">0</td><td>$\omega^2 - \alpha \neq 0$</td><td rowspan="2">0</td><td rowspan="2">$\varphi \in \left(\frac{\pi}{2}, \frac{3\pi}{2}\right) + 2n\pi$</td><td>怪波</td></tr>
<tr><td>$\omega^2 - \alpha = 0,\ \alpha \geqslant 0$</td><td>有理 W 形孤子</td></tr>
<tr><td rowspan="3">0</td><td colspan="2">$\omega^2 - \frac{\varepsilon^2}{24} - \alpha \neq 0,\ \varepsilon > 0$</td><td>$\varphi \in \mathbb{R}$</td><td>Kuznetsov-Ma 呼吸子</td></tr>
<tr><td colspan="2">$\omega^2 - \frac{\varepsilon^2}{24} - \alpha = 0,\ \varepsilon > 0$</td><td>$\varphi \in \left(\frac{\pi}{2}, \frac{3\pi}{2}\right] + 2n\pi$</td><td>非有理 W 形孤子</td></tr>
<tr><td colspan="2">$\omega^2 - \frac{\varepsilon^2}{24} - \alpha = 0,\ \varepsilon > 0$</td><td>$\varphi \in \left(-\frac{\pi}{2}, \frac{\pi}{2}\right] + 2n\pi$</td><td>反暗孤子</td></tr>
<tr><td colspan="2">$\omega^2 + \frac{\Omega^2}{6} - \alpha \neq 0,\ \Omega \in (0, 2)$</td><td rowspan="3">0</td><td>$\varphi \in \left(\frac{\pi}{2}, \frac{3\pi}{2}\right) + 2n\pi$</td><td>Akhmediev 呼吸子</td></tr>
<tr><td colspan="2">$\omega^2 + \frac{\Omega^2}{6} - \alpha = 0$</td><td>$0 < \lvert\Omega\rvert < \frac{\sqrt{3}}{\lvert\sec\varphi\rvert}$</td><td>W 形孤子链</td></tr>
<tr><td colspan="2">$\omega^2 + \frac{\Omega^2}{6} - \alpha = 0$</td><td>$\frac{\sqrt{3}}{\lvert\sec\varphi\rvert} < \lvert\Omega\rvert < \frac{2}{\lvert\sec\varphi\rvert}$</td><td>周期波</td></tr>
<tr><td colspan="3">$1 + 2\beta\left(\pm\sqrt{\Delta} - 3\omega\right) + 2\gamma\nabla \neq 0$</td><td rowspan="2">$\varphi \in \mathbb{R}$</td><td>Tajiri-Watanabe 呼吸子</td></tr>
<tr><td colspan="3">$1 + 2\beta\left(\pm\sqrt{\Delta} - 3\omega\right) + 2\gamma\nabla = 0$</td><td>多峰孤子</td></tr>
</table>

于无穷大时，也会趋近于怪波激发，因此怪波也可通过扰动频率趋于零的弱周期扰动激发，Kibler 等激发怪波的实验就是用这种方式得到的怪波结构 [2]。特别地，这些基本非线性波中，随着演化振幅变化的呼吸子和怪波在某些特定条件下都对应于稳定演化的周期结构或是孤子结构。例如 Tajiri-Watanabe 呼吸子和多峰孤子，Kuznetsov-Ma 呼吸子和反暗孤子以及非有理 W 形孤子，怪波和有理 W 形孤子，Akhmediev 呼吸子和周期波以及 W 形孤子链。当这些呼吸子和怪波的背景频率、扰动频率和扰动能量逐渐接近相应的孤子结构和周期波结构的激发条件时，这些呼吸子和怪波可以在很长的演化距离上保持稳定，此时这些呼吸子和怪波结构就可以看作是对应的周期波结构和孤子结构激发。因此背景频率、扰动频率和扰动能量在接近于周期波结构和孤子结构各自的激发条件时，就可以得到相应的周期结构和孤子结构激发。

基本非线性波的观测相图与转换关系 基于背景频率、扰动频率、扰动能量和相对相位四个参数，平面波背景上基本非线性波的激发条件已经被给出。为了清晰地看出这些基本非线性波与这四个物理参数之间的关系，以及这些非线性波之间的转换关系，这里我们给出基本非线性激发在这四个参数空间的相图。决定非线性波激发条件的参数有四个，但是四维参数空间的相图并不能直接呈现出来，而我们注意到，相对相位只影响平面波背景上反暗孤子和非有理 W 形孤子以及周期波和 W 形孤子链的激发条件，并且相对相位对这几个非线性波激发条件的影响是由波包和平面波的叠加特征本身决定的，不依赖于物理系统。因此我们基于背景频率、扰动频率和扰动能量三个参数给出基本非线性波激发的相图，然后再单独给出反暗孤子和非有理 W 形孤子以及周期波和 W 形孤子链在相对相位空间的相图。这样就可以给出平面波背景上基本非线性波激发的整体相图。因为四阶非线性薛定谔系统 (5.3.3) 式，在 $\gamma = 0$ 时约化为 Hirota 系统，在 $\beta = \gamma = 0$ 时约化为标准非线性薛定谔系统，所以在图 5.28(a)~(c) 中分别给出四阶非线性薛定谔系统、Hirota 系统和非线性薛定谔系统中平面波背景上基本非线性波在背景频率、扰动频率和扰动能量空间的相图。在图 5.28(d) 和 (e) 中分别给出了反暗孤子和非有理的 W 形孤子以及周期波和 W 形孤子链在相对相位空间的相图。

如图 5.28(c) 所示，在非线性薛定谔系统中平面波背景上有四种基本非线性激发，分别为：Tajiri-Watanabe 呼吸子、Kuznetsov-Ma 呼吸子、Akhmediev 呼吸子和怪波。其中，Akhmediev 呼吸子和怪波位于扰动能量为零的背景频率和扰动频率平面，怪波激发在 $\Omega = 0$ 的位置，Akhmediev 呼吸子位于 $0 < |\Omega| < 2a$ 范围内；Kuznetsov-Ma 呼吸子在扰动频率 $\Omega = 0$ 而扰动能量 $\varepsilon \neq 0$ 的平面内；扰动能量不为零的其他位置都对应于 Tajiri-Watanabe 呼吸子激发。从相图中也可以看出，当扰动频率趋于零时，Tajiri-Watanabe 呼吸子趋于 Kuznetsov-Ma 呼

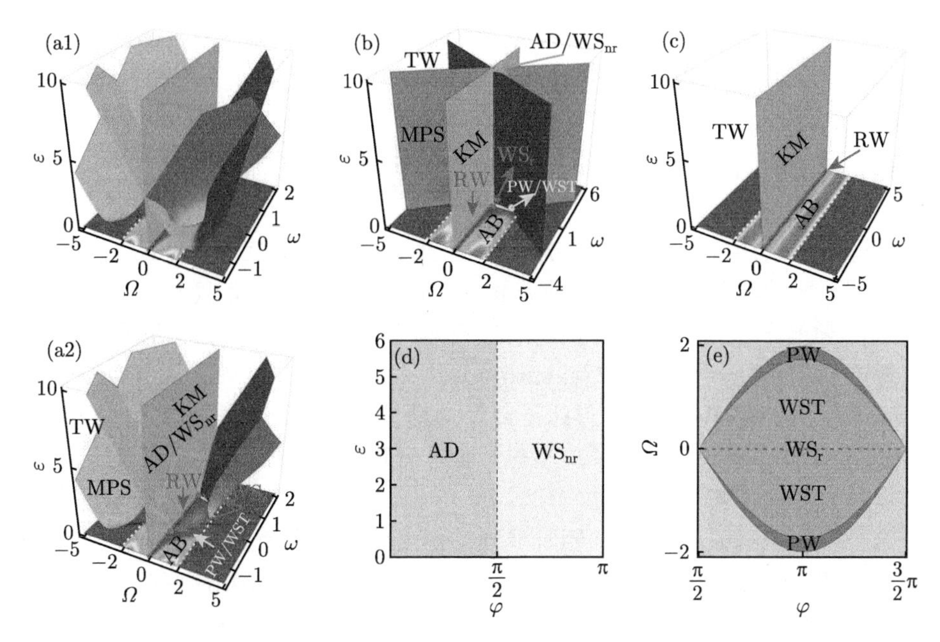

图 5.28 不同系统中平面波背景上基本非线性波在背景频率 ω，扰动频率 Ω，扰动能量 ε 和相对相位 φ 空间的相图。(a) 四阶非线性薛定谔系统，参数取 $\beta = 1/12$，$\gamma = -1/36$，$a = 1$；(b) Hirota 系统，参数取 $\beta = 1/12$，$\gamma = 0$，$a = 1$；(c) 非线性薛定谔系统，参数取 $\beta = 1/12$，$\gamma = 0$，$a = 1$；(d) 反暗孤子和非有理 W 形孤子依赖于相对相位的相图；(e) 周期波、W 形孤子链和有理 W 形孤子在 (φ, Ω) 平面的相图。图中"TW"，"KM"，"AB"，"RW"，"MPS"，"AD"，"WS$_{nr}$"，"PW"，"WST"和"WS$_r$"分别表示 Tajiri-Watanabe 呼吸子、Kuznetsov-Ma 呼吸子、Akhmediev 呼吸子、怪波、多峰孤子、反暗孤子、非有理 W 形孤子、周期波、W 形孤子链和有理 W 形孤子 (彩图见封底二维码)

吸子，Akhmediev 呼吸子趋于怪波；扰动能量趋于零时，Tajiri-Watanabe 呼吸子趋于 Akhmediev 呼吸子或平面波背景，Kuznetsov-Ma 呼吸子趋近于怪波；在扰动能量和扰动频率同时趋于零时，Tajiri-Watanabe 呼吸子趋于怪波。显然，由非线性波激发相图可以很容易看出非线性波激发的参数区域和不同非线性波之间的关系。在 Hirota 系统中，这几种呼吸子和怪波仍然激发在同样的参数区域，只是在每个区域内都存在一些稳定演化的孤子和周期波结构。例如，在扰动能量和扰动频率都不为零的区域内两个蓝绿色曲面上对应于多峰孤子激发；在扰动频率为零而扰动能量不为零的平面中绿色线对应于反暗孤子和非有理 W 形孤子激发；在扰动能量和扰动频率都为零的线上紫色点处为有理 W 形孤子激发；在扰动能量为零，扰动频率在 $0 < |\Omega| < 2a$ 的区域内两个黄色线段上是周期波和 W 形孤子链激发。另外，从相图中也可以看出这几种稳定演化非线性波之间的转换关系，例如，多峰孤子沿着其激发曲面，扰动能量趋于零时则趋近于周期波或 W 形孤

子链，扰动频率趋于零时则接近于反暗孤子或非有理 W 形孤子；反暗孤子和非有理 W 形孤子扰动能量趋于零或周期波和 W 形孤子链扰动频率趋于零时都趋近于有理 W 形孤子。在四阶非线性薛定谔系统中，由于多峰孤子存在的两个曲面结构比较复杂 (图 5.28(a1))，为了清晰地展示出不同非线性波激发的位置，在图 5.28(a2) 中只展示了其中一半曲面结构。另外与 Hirota 系统不同的是，四阶非线性薛定谔系统中反暗孤子和非有理 W 形孤子激发在扰动频率为零，扰动能量不为零平面的两条曲线上；周期波和 W 形孤子链位于扰动能量为零的背景频率和扰动频率平面内的一个椭圆环上；有理 W 形孤子激发在椭圆环上扰动频率为零的两个点处。其他激发与 Hirota 系统都是类似的。从这几个相图中可以看到，反暗孤子和非有理 W 形孤子以及周期波和 W 形孤子链会出现共存。在图 5.28(d) 和 (e) 中分别展示了反暗孤子和非有理 W 形孤子依赖于相对相位的相图，以及周期波、W 形孤子链、有理 W 形孤子在相对相位和扰动频率平面的相图，这个相图在 Hirota 系统和四阶非线性薛定谔系统都是相同的。

从局域波激发的相图中可以看到，孤子和周期波结构是相应呼吸子和怪波在特定条件的结果。随着扰动能量和扰动频率的变化，不同的呼吸子和怪波之间可以相互转换，孤子和周期波结构之间也可以相互转换，特别地，这个转换关系也具有普适性，不依赖于具体物理系统。图 5.29(a) 和 (b) 中，分别给出了呼吸子和怪波之间以及孤子和周期波结构之间的转换关系。这些转换关系清晰地展示了不同基本局域波之间的区别与联系。

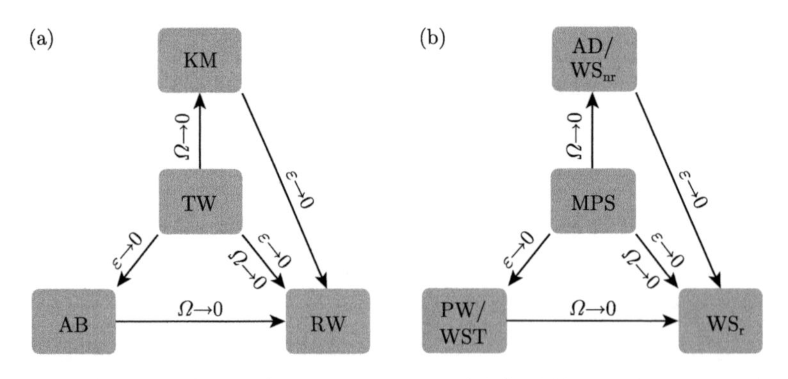

图 5.29　不同非线性波的转换关系。(a) 呼吸子和怪波之间的转换关系；(b) 孤子和周期波之间的转换关系。图中“TW”，“KM”，“AB”，“RW”分别为 Tajiri-Watanabe 呼吸子、Kuznetsov-Ma 呼吸子、Akhmediev 呼吸子和怪波，“MPS”，“AD”，“$\mathrm{WS_{nr}}$”，“PW”，“WST”和“$\mathrm{WS_r}$”分别表示多峰孤子、反暗孤子、非有理 W 形孤子、周期波、W 形孤子链和有理 W 形孤子

四阶非线性薛定谔模型中局域波的可控激发　通过基本局域波与调制不稳定性的对应关系以及它们的观测相图，可以知道激发不同局域波需要的参数条

件。由局域波精确解某一时刻截面给出的理想初态，自然就可以演化出对应的局域波结构。那么对于满足局域波激发条件的非理想初态 (例如具有余弦或高斯函数形式的扰动) 是否能够演化出对应的波结构呢？事实上，人们在数值模拟和实验中已经进行了多次的尝试，并且得到了与严格解所描述的局域波吻合较好的结果，这在标准非线性薛定谔模型 (5.1.1) 式所描述的系统中尤为显著。这里建立的 Kuznetsov-Ma 呼吸子、Akhmediev 呼吸子和怪波与调制不稳定性之间的对应关系也可以推广到其他系统中，比如耦合非线性薛定谔系统和一些具有高阶效应的非线性系统 [12,18–23] 等。在这些系统中的调制不稳定性的分布与标准非线性薛定谔系统中的分布是不同的，除了 Kuznetsov-Ma 呼吸子、Akhmediev 呼吸子和怪波激发之外，在平面波背景上也会存在其他非线性激发，例如反暗孤子、W 形孤子、周期波等。下面以四阶非线性薛定谔模型 (5.3.3) 式为例，去展示对这些非线性波的可控激发。

为了证实我们理论分析的结果，这里通过数值模拟来证明具有不同扰动能量和相对相位的相同形式初态是否能演化出怪波、Kuznetsov-Ma 呼吸子、反暗孤子和非有理 W 形孤子四种结构。前面的分析已经证实了反暗孤子和非有理 W 形孤子可以看作是具有不同相对相位的 sech 函数形式的波包和平面波背景的叠加。最近赵立臣等也已经证实，Kuznetsov-Ma 呼吸子可以看作是由 sech 函数形式的亮孤子和平面波背景干涉形成的 [24]。此外，对于怪波是 Kuznetsov-Ma 呼吸子扰动能量趋于零的极限情形，最近的一些数值结果也证实了高斯形式或是 sech 函数形式的局域扰动可以演化出怪波结构。因此，为了用非理想初态演化出清晰的局域波结构，我们以平面波背景加 sech 函数形式扰动作为初态进行数值模拟，初态形式如下：

$$\psi(t,0) = [a + \alpha\,\mathrm{sech}(mt)\mathrm{e}^{\mathrm{i}\Omega t+\mathrm{i}\varphi}]\mathrm{e}^{\mathrm{i}kz+\mathrm{i}\omega t} \tag{5.3.128}$$

这里，a、ω 和 k 分别表示平面波背景的振幅、频率和波数；系数 α 和 m 分别决定初始扰动部分的振幅和宽度；Ω 和 φ 分别是扰动频率和相对相位。由于我们只模拟共振线上几种局域波，所以这里扰动频率取零，即 $\Omega = 0$。数值模拟中其他参数取 $\beta = 1/2$ 和 $\gamma = -1/36$，背景频率 $\omega = 0$。根据扰动能量的定义 (5.3.33) 式，计算出初态 (5.3.128) 式扰动能量的表达式为 $\varepsilon = 2\alpha(\alpha + \pi\cos\varphi)/m$。给出不同的系数 α、m 和相对相位 φ 就可以得到不同的扰动能量。根据选取的参数值可以计算出，Kuznetsov-Ma 呼吸子的扰动能量 $\varepsilon \neq 4\sqrt{3}$，反暗孤子和非有理 W 形孤子的扰动能量 $\varepsilon = 4\sqrt{3}$，怪波的扰动能量为零。反暗孤子和非有理 W 形孤子对应于不同的相对相位值，因此需要讨论扰动能量和相对相位满足什么条件时可以激发这几种局域波。

基于对四阶非线性薛定谔方程的数值模拟，可以得到初态 (5.3.128) 式在不同参数取值下的演化过程。具有不同扰动能量和相对相位的初态 (5.3.128) 式演化为不同的局域波，其演化动力学展示在图 5.30。从图中可以看出，当扰动能量接近零时，扰动将演化为怪波。扰动能量 $\varepsilon = 8.3 \neq 4\sqrt{3}$ 的扰动部分演化为 Kuznetsov-Ma 呼吸子。当扰动能量 $\varepsilon = 4\sqrt{3}$ 时，相对相位不同的扰动分别演化为具有不同分布结构的反暗孤子和非有理 W 形孤子。另外注意到，除了这些局域波激发外还有一些非线性振荡结构出现，这些结构是非理想初态与理想初态的偏差被调制不稳定性放大而产生的。进一步在对应参数的初态增加 1% 随机噪声，测试这些由非理想初态激发的局域波的稳定性。作为例子，在图 5.31 中，展示了图 5.30(b) 和 (c) 中两种非线性波在随机噪声下的演化动力学 (初态为 $\psi_p(t,0) = \psi(t,0)[1+1\%\text{random}(t)]$)。从图中可以看出，由非理想初态激发的局域波在噪声环境中仍然能稳定演化，只是由非理想初态和理想初态的偏差产生的非线性振荡

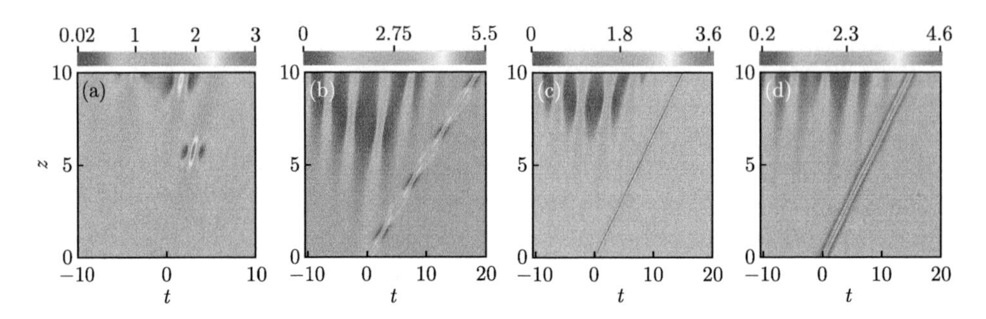

图 5.30　不同参数下初态 $\psi(t,0) = [a + \alpha\,\text{sech}(mt)e^{i\Omega t + i\varphi}]e^{i\theta}$ 的数值模拟结果。(a) $\alpha = 0.59$，$m = 0.333$，扰动演化为怪波；(b) $\alpha = 2.5$，$m = 3.4$，扰动演化为 Kuznetsov-Ma 呼吸子；(c) $\alpha = 3.343$，$m = 3.4$，扰动演化为反暗孤子；(d) $\alpha = 5.25$，$m = 4.1$，扰动演化为非有理 W 形孤子；其他参数为 $a = 1$，$\beta = \dfrac{1}{12}$，$\gamma = -\dfrac{1}{36}$，$\omega = 0$，$\Omega = 0$ [13](彩图见封底二维码)

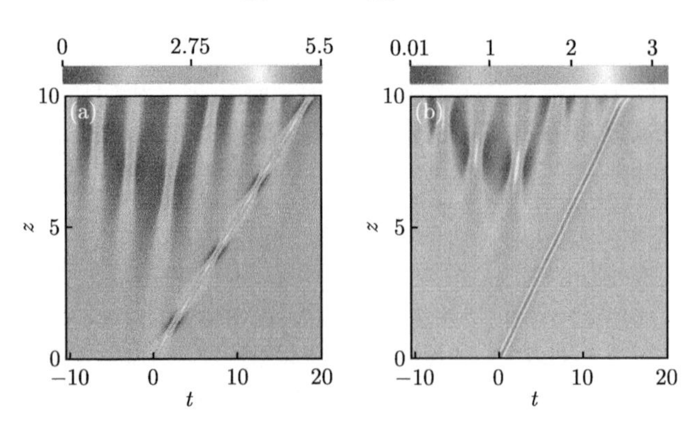

图 5.31　非理想初态在随机噪声下的演化动力学。初态形式为 $\psi(t,0)[1+1\%\text{random}(t)]$，参数与图 5.30 中相同，图片来源自文献 [13](彩图见封底二维码)

结构的激发位置稍微有些提前。这是由引入随机噪声后，非理想初态 (5.3.128) 式与理想初态的偏差变大所导致。这些数值结果显示，平面波背景上同样形式的扰动，满足不同局域波激发条件时就可以演化出对应的局域波。这说明，背景频率、扰动频率、扰动能量和相对相位这组参数确实可以确定平面波背景上基本非线性波的激发条件，并且基于这组参数给出的基本局域波激发条件是合理的。也进一步说明，解析解不仅是非线性方程中的特解，而且描述了非线性系统中一类基本动力学过程。这意味着通过满足相应激发条件，可以利用偏离严格解析解的初态在实验中激发出相关解析解描述的局域波结构。

5.4 不可积模型中非线性波的可控激发

通过 5.3 节的分析可以发现，扰动能量和扰动相位的引入让大家认清了各类非线性波的内在形成机制，并使得多种非线性波的存在条件区别开来，进而促进了它们在四阶非线性薛定谔模型中的数值激发。然而，这种分析方法是建立在非线性波精确解基础之上的，由于在不可积模型中很难找到这些波的精确解，从而无法得到它们的存在条件和激发条件。相比之下，在 5.1 节中讨论的调制不稳定性与波激发的关系理论是基于线性稳定性分析的结果，并不受模型可积性的限制，如果在这一方法基础上进行改进就有可能找到更多类型非线性波在不可积模型中的激发条件。我们知道，这种方法无法应用于 Kuznetsov-Ma 呼吸子、反暗孤子、多峰孤子等非线性波激发，其根本原因是线性稳定性分析的适用范围较小，它只能分析周期扰动在不同频率下的动力学特征，无法对扰动能量等其他参量的影响进行分析，若分析更多扰动参量，就内在地要求扰动具有除周期形式外的其他形式。因此，本节将主要展示对线性稳定性分析方法的改进，使其在分析更多形式扰动动力学特征的同时，可以实现更多类型非线性波的可控激发。

5.4.1 改进的线性稳定性分析与扰动动力学预测

本书中讨论的模型主要为一维模型，为了方便，将改进的线性稳定性分析方法应用于多种不同的一维模型，这里将从一个具有普遍形式的非线性偏微分方程出发，它可以写作

$$\mathrm{i}\partial_z\psi(t,z)+P[\psi(t,z)]=0 \tag{5.4.1}$$

其中，ψ 是一个复变量，在不同的物理系统中代表不同的物理量；t 和 z 分别为分布变量和演化变量；$P[\psi]$ 是一个关于 ψ 的函数，它可以是色散项也可以是非线性项，具体形式根据不同的模型而定。一般情况下，在 (5.4.1) 式中存在连续波解，$\psi_0(t,z)=a_0\exp[\mathrm{i}(\omega_0 t-k_0 z)]$，其中 a_0，ω_0，k_0 分别是连续波的幅度、频率、波数，它们之间存在一定的依赖关系。在连续波上可以施加一个小扰动 $u(t,z)$，它

满足条件 $|u|^2 \ll 1$，这时得到的一个受扰动的连续波解为

$$\psi_{\mathrm{p}}(t,z) = \psi_0(t,z)[1+u(t,z)] \tag{5.4.2}$$

将这个拟设解代入模型 (5.4.1) 式中，可以得到一个关于 $u(t,z)$ 的非线性偏微分方程，再对 $u(t,z)$ 进行线性化处理就可以得到关于它的线性方程，其具体形式可以写为

$$\mathrm{i}\partial_z u + \sum_{j\geqslant 0}\alpha_j \partial_t^j u + \sum_{j\geqslant 0}\zeta_j \partial_t^j u^* = 0 \tag{5.4.3}$$

其中，j 是非负整数。

为了对线性稳定性分析进行改进，这里不再将扰动假设为线性稳定性分析中的两个傅里叶模式，而是假设为两个共轭成分的组合 [25]：

$$u(t,z) = A\mathrm{e}^{p(t,z)} + B\mathrm{e}^{p^*(t,z)} \tag{5.4.4}$$

其中，A 和 B 仍然代表两个成分的幅度。这里关键的一点就是让 $p(t,z)$ 是一个关于坐标变量具有一般形式的复函数，这与线性稳定性分析中的 $\mathrm{i}(\Omega t - Kz)$ 相比是一个极大的扩展。将 (5.4.4) 式代入扰动 $u(t,z)$ 满足的线性方程 (5.4.3) 式中，可以得到一个关于 A 和 B 的方程，这个方程及其进行复共轭操作之后的形式为

$$\begin{cases} \mathrm{i}p_z A\mathrm{e}^p + \mathrm{i}p_z^* B\mathrm{e}^{p^*} + \sum\limits_{j\geqslant 0}\alpha_j A\partial_t^j \mathrm{e}^p + \sum\limits_{j\geqslant 0}\alpha_j B\partial_t^j \mathrm{e}^{p^*} \\ \quad + \sum\limits_{j\geqslant 0}\zeta_j A^*\partial_t^j \mathrm{e}^{p^*} + \sum\limits_{j\geqslant 0}\zeta_j B^*\partial_t^j \mathrm{e}^p = 0 \\ -\mathrm{i}p_z^* A^*\mathrm{e}^{p^*} - \mathrm{i}p_z B^*\mathrm{e}^p + \sum\limits_{j\geqslant 0}\alpha_j^* A^*\partial_t^j \mathrm{e}^{p^*} + \sum\limits_{j\geqslant 0}\alpha_j^* B^*\partial_t^j \mathrm{e}^p \\ \quad + \sum\limits_{j\geqslant 0}\zeta_j^* A\partial_t^j \mathrm{e}^p + \sum\limits_{j\geqslant 0}\zeta_j^* B\partial_t^j \mathrm{e}^{p^*} = 0 \end{cases} \tag{5.4.5}$$

其中，p_z 代表 p 对 z 的偏导。与传统线性稳定性分析类似，上述方程中存在 e^p 和 e^{p^*} 两种传播模式，这里仅考虑方程中第一种传播模式，可以得到一个关于 A 和 B^* 的线性齐次方程组：

$$\begin{bmatrix} \mathrm{i}p_z + \mathrm{e}^{-p}\sum\limits_{j\geqslant 0}\alpha_j\partial_t^j \mathrm{e}^p & \mathrm{e}^{-p}\sum\limits_{j\geqslant 0}\zeta_j\partial_t^j \mathrm{e}^p \\ \mathrm{e}^{-p}\sum\limits_{j\geqslant 0}\zeta_j^*\partial_t^j \mathrm{e}^p & -\mathrm{i}p_z + \mathrm{e}^{-p}\sum\limits_{j\geqslant 0}\alpha_j^*\partial_t^j \mathrm{e}^p \end{bmatrix} \begin{bmatrix} A \\ B^* \end{bmatrix} = M' \begin{bmatrix} A \\ B^* \end{bmatrix} = 0 \tag{5.4.6}$$

其中，M' 是 A 和 B^* 的系数矩阵。为了使上述方程存在非零解，需要系数行列

式 $\det[M']$ 为零，可以解得 p_z 的表达式为

$$p_z = -\mathrm{e}^{-p}\sum_{j\geqslant 0}\mathrm{Im}[\alpha_j]\partial_t^j \mathrm{e}^p \pm \sqrt{\mathrm{e}^{-2p}\sum_{j\geqslant 0}\sum_{l\geqslant 0}(\mathrm{Im}[\alpha_j]\mathrm{Im}[\alpha_l] - \alpha_j\alpha_l^* + \zeta_j\zeta_l^*)\partial_t^j \mathrm{e}^p\, \partial_t^l \mathrm{e}^p} \tag{5.4.7}$$

上述表达式中 $\pm$ 符号由于它是二次方程的解而保留下来，在某些情况下正号和负号可以共存，以描述两个不同的波。

假设 $p = p^{(\mathrm{R})} + \mathrm{i}p^{(\mathrm{I})}$，即 $p^{(\mathrm{R})}$ 和 $p^{(\mathrm{I})}$ 分别为 p 的实部和虚部，这时扰动 (5.4.4) 式可以写作

$$u = \left[(f_+ + f_-)\cos p^{(\mathrm{I})} + \mathrm{i}(f_+ - f_-)\sin p^{(\mathrm{I})}\right]\mathrm{e}^{p^{(\mathrm{R})}} \tag{5.4.8}$$

可以清晰地看到，$p^{(\mathrm{I})}$ 代表 u 的相位，描述扰动的周期性；$p^{(\mathrm{R})}$ 则描述扰动的局域性 (当 $\mathrm{e}^{p^{(\mathrm{R})}}$ 是一个局域函数时)。一个波的周期性和局域性具有相当不同的表现，这将在下文中进行讨论。

这里以非线性光纤系统为例，其中 z 和 t 分别为空间和时间坐标。从数学角度来看，波的周期性源自于相位 $p^{(\mathrm{I})}$ 的变化，表现为由扰动和连续波背景相互作用而形成的条纹。扰动的频率和波数分别可以由相位在时间和空间方向的变化率所代表：

$$\omega = p_t^{(\mathrm{I})}, \quad K = -p_z^{(\mathrm{I})} \tag{5.4.9}$$

因此，根据物理光学中的定义，条纹的相速度可以定义为

$$V_{\mathrm{fr}} = \frac{K}{\omega} = -\frac{p_z^{(\mathrm{I})}}{p_t^{(\mathrm{I})}} \tag{5.4.10}$$

值得注意的是，在非线性光纤模型中波随着空间 z 演化，这与一般的物理系统中随着时间演化的波是不同的，这也正是我们将相速度 V_{fr} 定义为 K/ω 而不是 ω/K 的原因，这种定义方式并不会影响我们分析结果的正确性。另一方面，扰动的局域性表现在连续波背景上的局域包络，这里我们引入两个函数：

$$\eta = p_t^{(\mathrm{R})},\ G = -p_z^{(\mathrm{R})} \tag{5.4.11}$$

它们分别描述了 t 和 z 方向的局域性。当调制不稳定性存在时，$|G|$ 与增益值是等价的，这说明由调制不稳定性诱发的扰动增长可以是波局域性的表现之一。通过类比 (5.4.10) 式，局域包络的相速度表示为

$$V_{\mathrm{en}} = \frac{G}{\eta} = -\frac{p_z^{(\mathrm{R})}}{p_t^{(\mathrm{R})}} \tag{5.4.12}$$

它描述了带有不同局域性 η 成分的传播速度。除了相速度 (5.4.10) 式和 (5.4.12) 式之外，物理光学中也给出了群速度的表达式，条纹和局域包络的群速度分别表示为 $V_{\mathrm{g,fr}}=\partial K/\partial\omega=-p_{zt}^{(\mathrm{I})}/p_{tt}^{(\mathrm{I})}$ 和 $V_{\mathrm{g,en}}=\partial G/\partial\eta=-p_{zt}^{(\mathrm{R})}/p_{tt}^{(\mathrm{R})}$。对于条纹来说，群速度描述了调制包络的传播；由于在我们后面讨论的内容中扰动频率均为常数，即条纹是“单色的”，则没有必要去计算条纹的群速度。对于局域包络来说，群速度衡量了整个局域包络的传播速度，并且在讨论的情况中，局域包络的群速度与相速度结果是极为相似的。也就是说，条纹和局域包络的相速度足以描述它们各自的传播，因此在后文中将不再详细讨论它们的群速度。在一个不稳定的扰动频率下，(5.4.12) 式暗示 V_{en} 与增益值 $|G|$ 之间存在一定的关系，人们已经在多个可积模型中证明了这一关系在 super-regular 呼吸子激发中的适用性 (具体内容见第 4 章)。

下文将运用改进的线性稳定性分析去定量预测连续波上扰动的动力学，它将展示出比传统线性稳定性分析更为全面的视角。由于调制不稳定性和调制稳定性将会导致不同的扰动动力学现象，下文将对这两种情况进行分别讨论。

连续波上稳定扰动的动力学预测 这里将以一个不可积的非线性光纤模型为例去展示改进线性稳定性分析的有效性。最近，Andrea Blanco-Redondo 等在一个带有四阶色散和自相位调制的光纤系统中观察到了纯四阶孤子，这个系统可以由以下不可积模型描述：

$$\mathrm{i}\partial_z\psi+\frac{\beta_4}{24}\partial_t^4\psi+\sigma|\psi|^2\psi=0 \tag{5.4.13}$$

其中，ψ 为光场的慢变复包络；t 和 z 分别为延迟时间和演化距离。如果用 (5.4.1) 式的形式表示它的话，就会有 $P[\psi(t,z)]=\dfrac{\beta_4}{24}\partial_t^4\psi+\sigma|\psi|^2\psi$。在运用改进的线性稳定性分析之前，需要计算模型 (5.4.13) 式中的稳定和不稳定频率条件，这将由线性稳定性分析给出。将受扰动的连续波拟设解 $\psi_{\mathrm{p}}=\psi_0(1+u)$ 代入上述模型中，再对 u 进行线性化处理可以得到

$$\mathrm{i}\partial_z u-\frac{1}{6}\mathrm{i}\beta_4\omega_0^3\partial_t u-\frac{1}{4}\beta_4\omega_0^2\partial_t^2 u+\frac{1}{6}\mathrm{i}\beta_4\omega_0\partial_t^3 u+\frac{1}{24}\beta_4\partial_t^4 u+\sigma a_0^2(u+u^*)=0 \tag{5.4.14}$$

对比 (5.4.3) 式和 (5.4.14) 式可以知道

$$\alpha_0=\zeta_0=\sigma a_0^2,\quad \alpha_1=-\frac{1}{6}\mathrm{i}\beta_4\omega_0^3,\quad \alpha_2=-\frac{1}{4}\beta_4\omega_0^2,\quad \alpha_3=\frac{1}{6}\mathrm{i}\beta_4\omega_0,\quad \alpha_4=\frac{1}{24}\beta_4$$

其余的 α_j 和 ζ_j 均为零。将这些系数代入 (5.4.7) 式并且考虑 $\omega_0=0$ 可以得到

$$p_z=\pm\frac{1}{24}\sqrt{-\beta_4P_4(\beta_4P_4+48\sigma a_0^2)} \tag{5.4.15}$$

其中，$P_4 = p_t^4 + 6p_t^2 p_{tt} + 3p_{tt}^2 + 4p_t p_{ttt} + p_{tttt}$，下标 t 和 z 分别代表对时间和空间变量的偏导。另一方面，对于传统的线性稳定性分析而言，我们可以得到扰动波数为

$$k = \pm\frac{1}{24}\sqrt{\beta_4\omega^4(48\sigma a_0^2 + \beta_4\omega^4)} \tag{5.4.16}$$

由此得到增益值为 $g = |\mathrm{Im}[k]|$。这里取 $\beta_4 = -5$，$\sigma = 1$，$a_0 = 1$，此时调制不稳定性对应的频率范围是 $\omega \neq 0$ 且 $|\omega| < \omega_c$ (其中 $\omega_c = 2\sqrt[4]{3/5} \approx 1.76$)。此外，也可以计算出自发振荡过程中“楔形”区域的边界速度为 $V_{\mathrm{wdg}} = |\mathrm{d}k/\mathrm{d}\omega|_{\min} \approx 7.032$。

在初始距离 $z = 0$ 处考虑一个带有局域性的余弦型扰动，这时初始条件可以表示为

$$\begin{aligned}\psi(t,0) &= \psi_0\big[1 + a\,L(t)\cos(\omega_{\mathrm{p}}t)\big] \\ &= \psi_0\left[1 + \frac{a}{2}\mathrm{e}^{\mathrm{i}\omega_{\mathrm{p}}t + \ln L(t)} + \frac{a}{2}\mathrm{e}^{-\mathrm{i}\omega_{\mathrm{p}}t + \ln L(t)}\right]\end{aligned} \tag{5.4.17}$$

其中，ω_{p} 和 a 分别是扰动的频率和幅度；$L(t)$ 是一个光滑的局域函数，它可以是双曲正割函数、高斯函数、洛伦兹函数，以及其他类似的函数。在 $L(t) = 1$ 或 $\omega_{\mathrm{p}} = 0$ 的极限情况下，这一扰动将会趋近于一个只具有周期性或局域性的扰动。对于只具有周期性的扰动，改进的线性稳定性分析将会退化为传统的线性稳定性分析。通过对比 (5.4.4) 式和 (5.4.17) 式，可以得到 p 和初始条件之间的关系：

$$p(0,t) = \mathrm{i}\omega_{\mathrm{p}}t + \ln L(t)$$

这一关系对于改进线性稳定性分析的应用是极为重要的。由此便可以得到 $p_t(t,0)$，$p_{tt}(t,0)$，$p_{ttt}(t,0)$，$p_{tttt}(t,0)$ 的表达式，然后再结合 p_z 的表达式 (5.4.15) 式，可以推导出 $p_z^{(\mathrm{I})}(t,0)$ 和 $p_z^{(\mathrm{R})}(t,0)$，最后就可以计算出上述六个特征函数去定量分析波的特征。

这里考虑一个高斯型的扰动，也就是局域函数为 $L(t) = \exp(-t^2/\tau^2)$，其中 τ 是高斯扰动的宽度。这时的初始条件变为

$$\psi(t,0) = \psi_0\big[1 + a\cos(\omega_{\mathrm{p}}t)\,\mathrm{e}^{-t^2/\tau^2}\big] \tag{5.4.18}$$

首先将参数设置为 $a = 1$，$\omega_{\mathrm{p}} = 3$，$\tau = 15$，这对应于调制稳定区。通过数值模拟得到它的幅度演化图展示在图 5.32 (a) 中，出现了两个沿着相反方向传播的局域包络。为了更为清晰地看到条纹，图 5.32 (b) 中展示出了图 (a) 在时空平面上某一小区域放大的结果。同时，由 (5.4.10) 式和 (5.4.12) 式可以得到速度 $V_{\mathrm{fr}}(t)$ 和 $V_{\mathrm{en}}(t)$ 对时间 t 的依赖关系，展示在了图 5.32 (c) 中，可以发现这两个速度都是几乎保持不变。由于初始包络主要集中在 $t = 0$ 附近，所以这里取 $V_{\mathrm{fr}}(t)$ 和

$V_{\rm en}(t)$ 在 $t=0$ 处的极限值分别去描述条纹和局域包络的速度，也就是 $V_{\rm fr}(0)$ 和 $V_{\rm en}(0)$。在时空演化平面上，一个速度为 V 的波的传播路径可以看作是它在斜率为 $s=1/V$ 的直线上的运动 (其中横纵坐标分别为 t 和 z)。因此，预测的速度 $V_{\rm fr}(0)$ 和 $V_{\rm en}(0)$ 以不同斜率的直线分别展示在图 5.32 (b) 和 (a) 中，这与数值模拟中条纹和局域包络的演化结果吻合得很好。

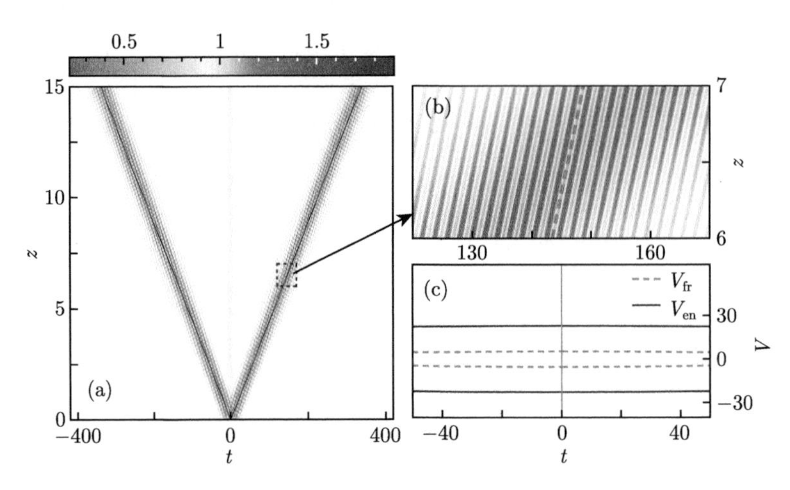

图 5.32　(a) 初始条件 (5.4.18) 式的幅度演化图，参数设置为 $a_0=1$，$a=1$，$\omega_{\rm p}=3$，$\tau=15$，其中黑色实线的斜率为 $s=1/V_{\rm en}(0)$; (b) 是图 (a) 在 $120<t<170$ 和 $6<z<7$ 范围内的局部放大图，其中红色虚线的斜率为 $s=1/V_{\rm fr}(0)$; (c) $V_{\rm en}(t)$ (黑色实线) 和 $V_{\rm fr}(t)$ (红色虚线) 随时间 t 的变化曲线 [25](彩图见封底二维码)

方便起见，在不给定各个系数值的时候可以给出条纹和局域包络的速度表达式：

$$V_{\rm fr0}^{\pm}=V_{\rm fr}(0)=\mp\frac{{\rm Im}[\sqrt{M(2N-M)}]}{24\omega_{\rm p}\tau^4}$$
$$V_{\rm en0}^{\pm}=V_{\rm en}(0)=\pm\frac{\beta_4\omega_{\rm p}(6+\omega_{\rm p}^2\tau^2)(N-M)}{6\tau^2{\rm Im}\left[\sqrt{M(2N-M)}\right]} \tag{5.4.19}$$

其中，$M=-\beta_4(12+12\omega_{\rm p}^2\tau^2+\omega_{\rm p}^4\tau^4)$，$N=24\sigma a_0^2\tau^4$；上标 $\pm$ 来源于 (5.4.7) 式中正号和负号，它们代表了两个不同的波各自的速度。可以发现，图 5.32 (a) 中激发出来的波稳定传播了较长距离，因此可以将它们视为类孤立包络。这时便可以通过结合 (5.4.18) 式和 (5.4.19) 式去构造一个近似解描述它们的演化:

$$\psi_{\rm apx}(t,z)=\psi_0\left[1+\frac{a}{2}L(t-V_{\rm en0}^{+}z)\cos(\omega_{\rm p}t-\omega_{\rm p}V_{\rm fr0}^{+}z)\right.$$
$$\left.+\frac{a}{2}L(t-V_{\rm en0}^{-}z)\cos(\omega_{\rm p}t-\omega_{\rm p}V_{\rm fr0}^{-}z)\right] \tag{5.4.20}$$

将上述近似解结果与图 5.32 (a) 中数值结果进行了对比，在不同时刻的幅度演化对比展示在图 5.33 中。可以发现，这两种结果在 $t=-50$ 时具有很好的吻合，而在另外两种情况下具有一定的偏差，偏差会随着时间的减小而增加。尽管如此，根据幅度截面的形状可知，由近似解给出的波在空间方向的周期性和局域性与数值结果给出的十分接近。

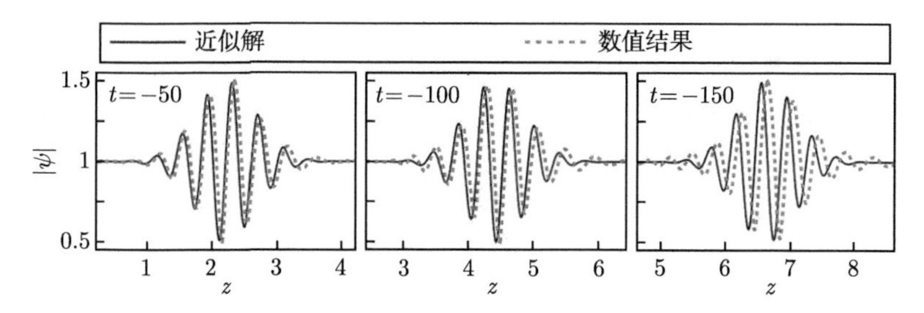

图 5.33 当 $t=-50$(左图)，$t=-100$(中图)，$t=-150$(右图) 时的幅度演化截面，其中黑色实线是近似解 (5.4.20) 式的结果，红色虚线是图 5.32 (a) 中数值结果 [25]

在保持其他参数不变的情况下，扰动宽度调整为 $\tau=4$，此时的幅度演化图和局部放大图分别展示为图 5.34 (a) 和 (b)。这时激发的不再是类孤子包络，而是两个色散波，同时自发振荡 (即自调制过程) 出现在一个时空平面上的楔形区域。上文中已经计算了自发振荡的边界速度为 $V_{\mathrm{wdg}}=7.032$，将它用两条橙色实线标记在图 5.34 (a) 中，这与数值模拟的楔形区域吻合得很好。自发振荡的出现是由初始扰动的高局域性产生的频谱展宽所导致的，相比之下，一个更宽的扰动具有较低的局域性，这就在很长距离上推迟了自发振荡的出现 (例如图 5.32 (a) 的结果)。对于这两个被激发的色散波，它们的速度 $V_{\mathrm{en}}(0)$ 和 $V_{\mathrm{fr}}(0)$ 可以由 (5.4.19) 式计算出来，由它们给出的局域包络和条纹的轨迹标记为图 5.34 (a) 和 (b) 中不同颜色的直线，并且与数值结果吻合得很好。这说明速度在 $t=0$ 时的值仍然可以描述被激发波的主要传播趋势。速度 $V_{\mathrm{en}}(t)$ 和 $V_{\mathrm{fr}}(t)$ 在时间上的分布展示在图 5.34 (c) 中。与类孤立包络 (图 5.32 (c)) 不同的是，色散波的速度具有不均匀的分布。根据数值结果可以定性地推测，当条纹速度的分布越不均匀的时候，色散波在演化过程中就会扩散得越快。所以我们可以根据速度的分布特征，用 $\partial^2 V_{\mathrm{fr}}/\partial t^2$ 在 $t=0$ 处的绝对值去定义速度的不均匀程度 δ。不均匀程度在不同 ω_{p} 和 τ 情况下的值展示在图 5.35 中。随着 τ 的增加，激发出来的波会单调地从色散波转换为类孤立包络。在 τ 趋近于零的特殊情况下，波的色散特性会表现得极为明显，自发振荡过程也会在很短的距离内出现，这将会导致前面的分析几乎失效。

接下来对比局域包络速度在理论预测和数值测量的结果。局域包络速度在数值上的测量是通过右侧包络中心在到达 $t=100$ 时的时间和空间位移比率

$(\Delta t/\Delta z)$ 得到的。当扰动宽度为 $\tau = 5$ 时，这两种结果的对比展示在图 5.35 (b) 中，它们之间较高的吻合程度说明，改进的线性稳定性分析对于速度的预测是可靠的。在其他扰动宽度的设定下也可以得到很好的预测结果，尤其是对于类孤立包络的激发。值得注意的是，在速度表达式 (5.4.19) 式中并没有出现扰动幅度 a，这意味着扰动幅度对激发波的速度并没有影响。尽管对扰动的线性化处理要求扰动的幅度远小于 1，但是对于中等程度的扰动幅度，改进的线性稳定性分析也可以准确预测它们的演化结果。数值模拟结果表明，扰动幅度的合理范围是 $0 < a \leqslant 1$，在这一范围内的结果改进的线性稳定性分析均是适用的。

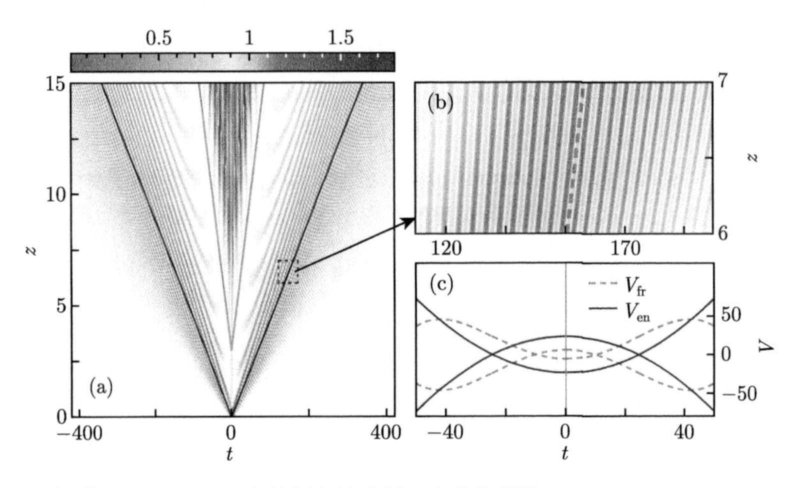

图 5.34 (a) 初始条件 (5.4.18) 式的幅度演化图，参数设置为 $a_0 = 1$，$a = 1$，$\omega_p = 3$，$\tau = 4$，其中黑色实线的斜率为 $s = 1/V_{en}(0)$；(b) 是图 (a) 在 $15 < t < 65$ 和 $1.5 < z < 2$ 范围内的局部放大图，其中红色虚线的斜率为 $s = 1/V_{fr}(0)$；(c) $V_{en}(t)$ (黑色实线) 和 $V_{fr}(t)$ (红色虚线) 随时间 t 的变化曲线 [25](彩图见封底二维码)

连续波上不稳定扰动的动力学预测 上一部分中已经对具有调制稳定性的扰动演化特性进行了研究，下面将目光转向调制不稳定性对应的扰动。现在将扰动频率设置为 $\omega_p = 1.5$，它对应于调制不稳定区。为了使自发振荡的影响最小，初始扰动的宽度将设置得较大，为 $\tau = 30$。其他参数仍然为 $a_0 = 1$，$a = 0.1$，此时幅度演化图展示在图 5.36 (a) 中。一系列的峰出现了并且光滑地分布于时空平面上，这与调制稳定性对应的结果有着明显的不同。通过 (5.4.10) 式可以计算条纹的速度 $V_{fr}(t)$，它在时间坐标上有着几乎为零的分布，由此预测的条纹在时空平面的斜率会趋近于无穷大，表现为一条几乎竖直的直线 (关于它的结果并没有在图中展示出来)。

在图 5.36 (a) 中的局域包络 (由最下面的第一排峰构成) 有着比条纹更为复杂的动力学行为，因此更值得关注。文献 [26] 已经展示过一个定律，它可以用来

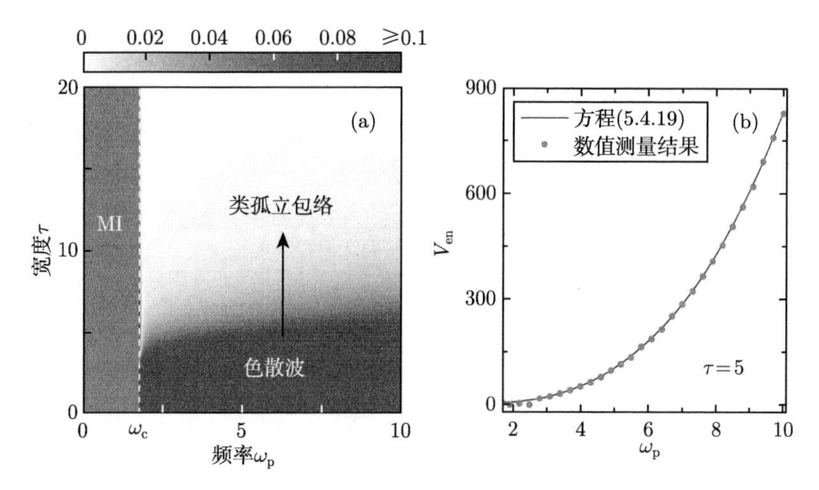

图 5.35 (a) 被激发的波在不同 ω_p 和 τ 条件下的动力学特征，参数设置为 $a_0=1$，$a=1$，灰色区域是调制不稳定性存在的区域，不同的颜色程度代表 $\partial^2 V_{fr}/\partial t^2$ 在 $t=0$ 处的绝对值，它描述了波的色散程度；(b) 在 $\tau=5$ 的情况下局域包络速度随着扰动频率 ω_p 的变化，黑色实线为 (5.4.19) 式给出的结果，红色点代表数值测量的结果 [25](彩图见封底二维码)

预测局域扰动产生的第一排峰的位置，该文章的原始方程是 $gz-t^2/\tau^2=\text{const.}$，这里将它重新写为

$$Z_n(T_n)=Z_0+\frac{T_n^2}{g\tau^2} \tag{5.4.21}$$

其中，n 为整数，用于标记不同的峰，它可以为正、负，也可以为零。在时间坐标中心 $t=0$ 处的峰对应于 $n=0$，n 随着 t 的增大而增大，随着 t 的减小而减小。g 是传统线性稳定性分析给出的增益值，这里可以计算出 $g\approx 0.998$(它对应的常值分布展示在图 5.36 (b) 中)。T_n 和 Z_n 分别是第 n 个峰的时间和空间位置，由初始条件 (5.4.18) 式可以得到 $T_n=2\pi n/\omega_p$。Z_0 代表时间坐标中心处峰的空间位置，由图 5.36 (a) 中的幅度演化图可以测量得到 $Z_0=3.5$，并且它的时间坐标为 $T_0=0$。(5.4.21) 式预测第一排峰会出现在一条二次函数曲线上，这条曲线在图 5.36 (a) 中用红色曲线表示。当 $|t|$ 较小时，它与数值模拟的结果吻合得较好；随着 $|t|$ 的增大，预测和数值结果之间的偏差就变得越来越大。

线性稳定性分析被改进的同时，计算得到的增益值也被改进了 ((5.4.11) 式)。与传统的增益值 g 不同的是，改进之后的增益值 $|G|$ 对时间存在一定的依赖关系，这展示在图 5.36 (b)。这就提醒我们可以将改进的增益值引入 (5.4.21) 式中对其进行改进，由此得到的新的定律为

$$Z_n(T_n)=\frac{|G(0)|}{|G(T_n)|}Z_0+\frac{T_n^2}{|G(T_n)|\tau^2} \tag{5.4.22}$$

其中，$|G(T_n)|$ 是在时间 $t = T_n$ 时改进后的增益值，它的引入使峰的预测位置不再分布在一个二次函数曲线上。由 (5.4.22) 式得到的新的预测曲线在图 5.36 (a) 中用黑色曲线表示，与 (5.4.21) 式的结果对比，它与数值结果更为吻合。

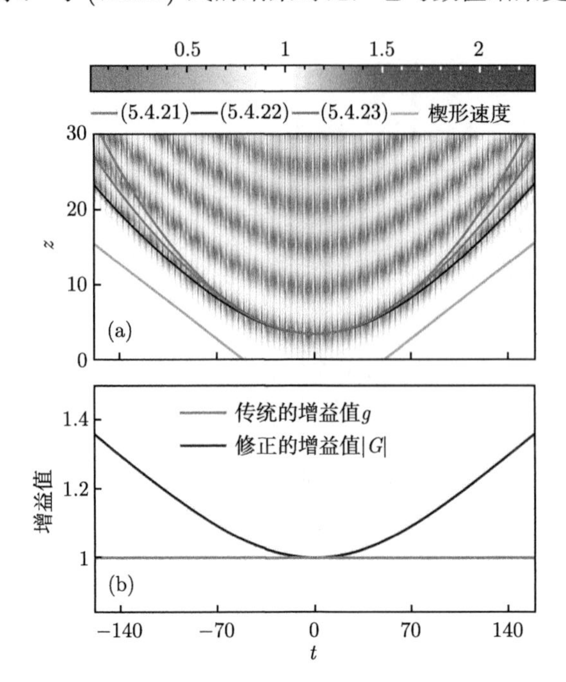

图 5.36 (a) 高斯型初始条件 (5.4.18) 式的幅度演化图，参数设置为 $a_0 = 1$，$a = 0.1$，$\omega_{\rm p} = 1.5$，$\tau = 30$，红色、黑色、绿色曲线分别代表由 (5.4.21) 式 ~(5.4.23) 式给出的第一排峰的位置曲线，橙色直线预测了自调制过程的边界速度；(b) 传统的增益值 (红色直线) 和改进的增益值 (黑色曲线) 随着时间 t 的变化 [25](彩图见封底二维码)

此外，局域包络的速度也可以由速度 $V_{\rm en}(t)$ 所描述，所以可以通过由速度得到的运动学方程去预测峰的位置。具体来说，可以对速度对应的斜率 $s(t) = 1/V_{\rm en}(t)$ 从 $t = T_0$ 积分到 $t = T_n$，以得到每个峰相对于中心峰的位置，这可以表示为

$$Z_n(T_n) = Z_0 + \int_{T_0}^{T_n} \frac{1}{V_{\rm en}(t)}{\rm d}t \tag{5.4.23}$$

它对应的峰位置曲线在图 5.36 (a) 中由绿色曲线表示，它的预测准确程度介于以上两种结果之间，与 (5.4.21) 式相比较好，但是不如 (5.4.22) 式预测准确。

在以上三个预测方程中，(5.4.22) 式与数值模拟的结果最为吻合，这说明对增益值和对线性稳定性分析的改进确实是有必要的。这里需要强调的是，改进的线性稳定性分析可以预测的只是演化出来第一排峰相对于中心峰的位置，图 5.36 (a) 中第一排之后的其他峰是自发振荡过程的一部分，它们均为调制不稳定性非线性阶段的表现。我们知道，自发振荡楔形区域的边界速度为 $V_{\mathrm{wdg}} \approx 7.032$，这在图 5.36 (a) 用橙色直线表示，可以发现它与数值结果中自调制过程的边界速度基本吻合。当 $V_{\mathrm{en}} < V_{\mathrm{wdg}}$ 时，自调制过程将会在一定距离处超过局域包络 [26]，这将为局域包络速度的预测带来困难，尤其是在离时间中心较远的阶段。因此，可以将初始扰动设置得比较宽以减小甚至避免这种影响。事实上，在纯四阶色散模型 (5.4.13) 式中，当 $\beta_4\sigma < 0$ 时连续波上的一个局域初始扰动总是不稳定的。然而，在可观察的不稳定振荡出现之前，连续波背景可以在较长距离内保持稳定，就像图 5.32 (a)、图 5.34 (a)、图 5.36 (a) 中展示的那样。在时空平面上的稳定区域内，这种不稳定性的出现并没有破坏扰动线性化的条件，因此改进的线性稳定性分析仍然是适用的。此外，当初始扰动是一个纯局域扰动 (也就是 $\omega_{\mathrm{p}} = 0$) 时，可以观察到在连续波上的一个与孤子相似的波出现了，它可以稳定传输一段距离，最后会被自调制过程淹没，它的传播速度与改进的线性稳定性分析预测的保持一致。在这种情况下，在我们研究的模型 (5.4.13) 式中预测的局域扰动速度值为零 (见 (5.4.19) 式)，因此这个波将近似表现为一个静止的孤子。

5.4.2 六类非线性波的可控激发

我们知道，想要激发除 Akhmediev 呼吸子和怪波之外的其他波，除了需要分析系统的调制不稳定性增益之外，还需要对更多特征参数进行控制，尤其是它们的周期性和局域性，这超出了传统线性稳定性分析的适用范围。而另一方面，改进的线性稳定性分析方法已经用于预测连续波上扰动的定量动力学，包括它的周期性和局域性，这为真实非线性光纤中波激发的实现提供了可能性。因此这里将把改进的线性稳定性分析方法应用于非线性波的可控激发研究。

非线性波的特征分析 在考虑三阶色散的情况下，具有反常群速度色散的无量纲非线性光纤模型具有以下形式，它可以很好地描述色散位移光纤中光场的传播：

$$\mathrm{i}\psi_z + \frac{1}{2}\psi_{tt} - \frac{\mathrm{i}\beta_3}{6}\psi_{ttt} + |\psi|^2\psi = 0 \tag{5.4.24}$$

其中，$\psi(t,z)$ 表示光场的慢变复包络；z 和 t 分别为演化距离和延迟时间；下标 z 和 t 表示本书中变量对它们的偏导数；β_3 是三阶色散的系数。虽然在一些具有高阶效应的可积模型中已经给出了一些波的激发条件，但在不可积模型中对非线性波进行可控激发仍然存在较大困难，模型 (5.4.24) 式就是一种不可积模型。为了实现非线性波的激发，我们尝试具有以下形式的初始条件：

$$\psi_{\mathrm{p}}(t,0) = [1 + u(t,0)]\psi_0(t,0) = [1 + (a_1\mathrm{e}^{\mathrm{i}\omega_{\mathrm{p}}t} + a_2\mathrm{e}^{-\mathrm{i}\omega_{\mathrm{p}}t})L(t)]\ a_0\mathrm{e}^{\mathrm{i}\omega_0 t} \tag{5.4.25}$$

连续波背景 $\psi_0(t,0)$ 的振幅为 a_0，频率为 ω_0。初始扰动 $u(t,0)$ 具有局域包络 $L(t)$ 和 ω_{p}，$-\omega_{\mathrm{p}}$ 的调制频率 (这里我们假设 $\omega_{\mathrm{p}}>0$)，其幅度为 a_1 和 a_2，扰动的双频形式为其特征的分析提供了便利。此外，$L(t)$ 是一个光滑的局域函数，其在 $|t|\to\infty$ 处的极限值为零。这里考虑 $L(t)=\mathrm{sech}(\eta_{\mathrm{p}}t)$，其中参量 $\eta_{\mathrm{p}}>0$ 衡量了这一函数的局域性。在许多可积模型中的研究表明，与其他类型的包络相比，sech 型初始扰动可以激发更为标准的基本非线性波。

由 5.4.1 节可以得到模型 (5.4.24) 式中 p_z 的表达式为

$$p_z=-\omega_0p_t+\frac{1}{6}\beta_3N\pm\frac{1}{2}\sqrt{M(4a_0^2-M)} \tag{5.4.26}$$

这里，$M=-(p_t^2+p_{tt})(1+\beta_3\omega_0)$，$N=p_t^3+p_{ttt}+3p_tp_{tt}-3\omega_0^2p_t$。由方程 (5.4.25) 可知, 可以得到 $p(t,0)=\mathrm{i}\omega_{\mathrm{p}}t+\ln L(t)=\mathrm{i}\omega_{\mathrm{p}}t+\ln[\mathrm{sech}(\eta_{\mathrm{p}}t)]$。因此可以得到 $p_t=\mathrm{i}\omega_{\mathrm{p}}+L_t/L$，$p_{tt}=(-L_t^2+LL_{tt})/L^2$，$p_{ttt}=(2L_t^3-3LL_tL_{tt}+L^2L_{ttt})/L^3$，再将它们代入 p_z 的表达式求得在初始距离 $z=0$ 处的 p_z。在 5.4.1 节中已经知道，波的频率和传播常数可以分别用相位 $\mathrm{Im}[p]$ 在 t 和 z 方向的变化率来表示，即 $\omega=\mathrm{Im}[p_t]$ 和 $K=-\mathrm{Im}[p_z]$，它们分别衡量了在 t 方向和 z 方向上波的周期性。考虑到波包络的形状与 p 的实部有关，可以用 $\mathrm{Re}[p]$ 的变化率来描述波在 t 和 z 方向上的局域性，即 $\eta=\mathrm{Re}[p_t]$ 和 $G=-\mathrm{Re}[p_z]$。其中周期性表现为背景波与扰动波相互作用形成的干涉条纹，局域化表现为背景波上的一个局域包络。从而可以分别给出条纹和局域包络的速度：$V=K/\omega$ 和 $\Lambda=G/\eta$。

到目前为止，波的周期性、局域性和速度可以由上述六个关于 t 的函数来描述，对于调节波的特征，这种函数相较于常量是不方便的。因此考虑了 η_{p} 和 η 之间的关系：

$$\lim_{t\to\pm\infty}\eta=\mp\eta_{\mathrm{p}} \tag{5.4.27}$$

这表明，当 t 接近于正无穷或负无穷时，用函数 η 的极限可以精确地描述波包络的局域性。因此引入函数 f 的一个下标 ($+$ 或 $-$) 来表示当 $t\to+\infty$ 或 $t\to-\infty$ 时它的极限值：

$$f_\pm=\lim_{t\to\pm\infty}f$$

由此可以很方便地描述上述六种特征，也就是 $\omega_\pm$，$\eta_\pm$，$K_\pm$，$G_\pm$，$V_\pm$ 和 $\Lambda_\pm$。对于初始条件 (5.4.25) 式，通常会有 $\omega_+=\omega_-=\omega_{\mathrm{p}}$ 和 $\eta_+=-\eta_-=-\eta_{\mathrm{p}}$。在模型 (5.4.24) 式中，通常也有 $K_+=K_-$ 和 $G_+=-G_-$，这将导致 $V_+=V_-$，$\Lambda_+=\Lambda_-$(除了下文提到的单峰孤子激发之外)。同时，为了使 $V_\pm$ 和 $\Lambda_\pm$ 更准确地描述整个波的传播，V 和 Λ 在 t 上的分布需要近似不变，这要求初始扰动的包络是弱局域的，即 $\eta_{\mathrm{p}}<1$。与此同时，在 (5.4.26) 式中存在一个重要的问题：p_z 是一个多值复函数，因此在其黎曼曲面上有两个分支。对这一问题的处理方法

是找出分支与激发模式之间的定量关系，再通过调节初始扰动幅度的比例对激发模式进行选择，后文中函数的上标 (I) 和 (II) 将表示两种不同的激发模式 (详细讨论可以参考文献 [27])。

六类非线性波的激发条件 前文已经在一些具有高阶效应的可积模型中对基本非线性波的分类进行了讨论。这里，对其进行微小的调整，将它们分为六种波，其中单峰孤子包含反暗孤子和 W 形孤子两种，这些波的激发条件如表 5.5 所示。它们由 ω_+，K_+，η_+，G_+，V_+，Λ_+ 决定，这六个量可以控制波的类型和特征。稳定周期波和 Akhmediev 呼吸子可以由纯周期初始扰动 (即 $\omega_{\rm p}\neq 0$ 和 $\eta_{\rm p}=0$) 激发，这两种波的激发可以通过 z 方向是否存在局域性来区分。类似地，单峰孤子和 Kuznetsov-Ma 呼吸子可以从纯局部初始扰动 (即 $\omega_{\rm p}=0$ 和 $\eta_{\rm p}\neq 0$) 激发，它们的激发可以通过 z 方向是否存在周期性来区分。多峰孤子和 Tajiri-Watanabe 呼吸子可以从周期且局域的初始扰动 (即 $\omega_{\rm p}\neq 0$ 和 $\eta_{\rm p}\neq 0$) 激发，它们可以通过条纹和局域包络是否具有相同的速度来区分。到目前为止，我们已经给出了六种非线性波的激发条件，那么在下文中我们将在具体的物理模型中讨论这六种波的激发条件，并依此对它们进行可控激发。

表 5.5 六种基本非线性波的激发条件

波的种类	激发条件
稳定周期波 (SPW)	$\omega_+\neq 0,\ \eta_+=0,\ G_+=0$
Akhmediev 呼吸子 (AB)	$\omega_+\neq 0,\ \eta_+=0,\ G_+\neq 0$
单峰孤子 (OPS)	$\omega_+=0,\ \eta_+\neq 0,\ K_+=0$
Kuznetsov-Ma 呼吸子 (KMB)	$\omega_+=0,\ \eta_+\neq 0,\ K_+\neq 0$
多峰孤子 (MPS)	$\omega_+\neq 0,\ \eta_+\neq 0,\ V_+=\Lambda_+$
Tajiri-Watanabe 呼吸子 (TWB)	$\omega_+\neq 0,\ \eta_+\neq 0,\ V_+\neq \Lambda_+$

六种基本非线性波的可控激发 当 $\beta_3=0$ 时，(5.4.24) 式是没有三阶色散的非线性薛定谔模型，它属于可积模型，因此人们给出了这一模型中许多描述基本非线性波的精确解。而在上述提到的六种基本波中，只有 Akhmediev 呼吸子、Kuznetsov-Ma 呼吸子和 Tajiri-Watanabe 呼吸子解存在于标准非线性薛定谔模型中，这表示可以使用不同距离处的复包络截面去激发这些波。与这种激发方式不同的是，这里主要关注的是如何从一般形式的初始条件去控制它们的激发，这种初始条件更容易制备和调节。在对标准非线性薛定谔模型的分析中，我们发现，$K_\pm$ 和 $G_\pm$ 的表达式与波精确解给出的 z 方向描述周期性和局域性的系数是等价的 (在其他一些可积模型中也是如此)。这种等价性可能与我们假设的受扰动连续波解的函数形式有关，它可以看作是非线性薛定谔模型中初始阶段的近似解。考虑到标准非线性薛定谔模型中许多波在实际光纤中已经被激发，我们将重点放在

具有三阶色散的非线性薛定谔模型上，该模型允许更多种类的波出现。不失一般性地，这里我们设定三阶色散系数为 $\beta_3 = 0.1$，背景幅值为 $a_0 = 1$。以 $t \to +\infty$ 时的模式 Ⅱ 为例，讨论三种初始扰动的波激发。首先，使用纯周期初始扰动 (其中 $\omega_{\mathrm{p}} \neq 0$ 和 $\eta_{\mathrm{p}} = 0$) 来激发稳定周期波或 Akhmediev 呼吸子。当 $\eta_{\mathrm{p}} = 0$ 时，基于 (5.4.11) 式可以得到

$$G_{+}^{(\mathrm{II})} = \frac{1}{2}\mathrm{Re}\Big[\sqrt{\omega_{\mathrm{p}}^2(1+\beta_3\omega_0)[4a_0^2 - \omega_{\mathrm{p}}^2(1+\beta_3\omega_0)]}\Big] \tag{5.4.28}$$

如图 5.37 (a) 所示，$|G_{+}^{(\mathrm{II})}|$ 的值分布在 ω_0-ω_{p} 平面上，可以用来区分 Akhmediev 呼吸子和稳定周期波的激发。图中白色 ($|G_{+}^{(\mathrm{II})}| = 0$) 和彩色 ($|G_{+}^{(\mathrm{II})}| \neq 0$) 的区域分别表示稳定周期波和 Akhmediev 呼吸子的激发。将初始参数设置为图 5.37 (a) 中三角形的坐标，即 $(\omega_0, \omega_{\mathrm{p}}) = (4, 4)$。其在数值模拟中幅度演化如图 5.37 (b) 所示，一个标准的稳定周期波出现了，它的条纹速度与 (5.4.10) 式的极限值预测的速度 (红色虚线) 匹配得很好。然后，设置 $(\omega_0, \omega_{\mathrm{p}}) = (4, 1)$，它是图 5.37 (a) 中菱形的坐标。其幅度演化如图 5.37 (c) 所示，正如期盼的那样，一个 Akhmediev 呼吸子出现了，同时在数值模拟中其条纹的速度也与理论预测的结果保持一致。

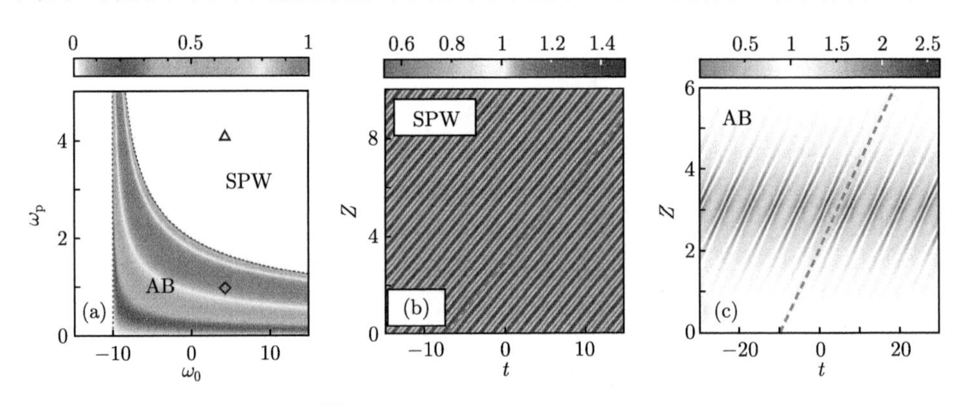

图 5.37 (a) 当 $\eta_{\mathrm{p}} = 0$ 时，$|G_{+}^{(\mathrm{II})}|$ 的值在 ω_0-ω_{p} 平面上的分布情况，其中白色和彩色的区域分别对应稳定周期波 (SPW) 和 Akhmediev 呼吸子 (AB) 的激发；(b) 稳定周期波激发的幅度演化图，初始参数设置为图 (a) 中三角形所处的坐标值；(c) Akhmediev 呼吸子激发的幅度演化图，初始参数设置为图 (a) 中菱形所处的坐标值，其中红色虚线代表理论预测的条纹速度，它们的初始条件为 (5.4.25) 式，其他参数设置为 $\beta_3 = 0.1$，$a_0 = 1$ [27](彩图见封底二维码)

其次，考虑一个纯局域的初始扰动 (其中 $\omega_{\mathrm{p}} = 0$，$\eta_{\mathrm{p}} \neq 0$) 来激发单峰孤子或 Kuznetsov-Ma 呼吸子。当 $\omega_{\mathrm{p}} = 0$ 时，根据 (5.4.9) 式可以得到

$$K_{+}^{(\mathrm{II})} = \frac{1}{2}\mathrm{Im}\Big[\sqrt{-\eta_{\mathrm{p}}^2(1+\beta_3\omega_0)[4a_0^2 + \eta_{\mathrm{p}}^2(1+\beta_3\omega_0)]}\Big] \tag{5.4.29}$$

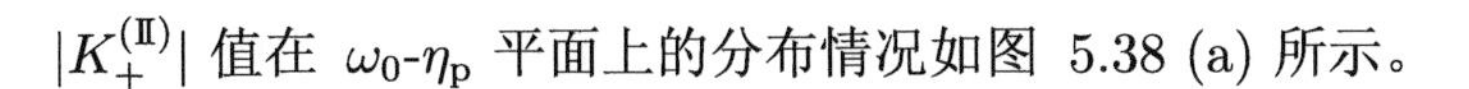

$|K_+^{(\mathrm{II})}|$ 值在 ω_0-η_p 平面上的分布情况如图 5.38 (a) 所示。

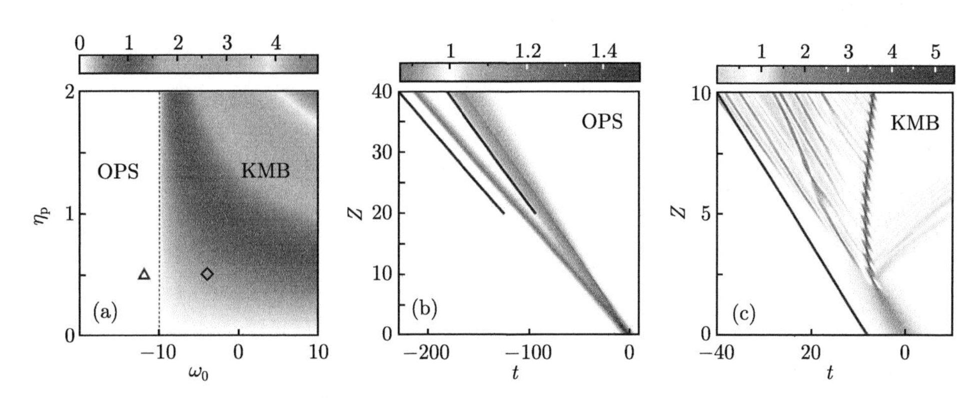

图 5.38 (a) 当 $\omega_\mathrm{p}=0$ 时，$|K_+^{(\mathrm{II})}|$ 的值在 ω_0-η_p 平面上的分布情况，其中白色和彩色的区域分别对应单峰孤子 (OPS) 和 Kuznetsov-Ma 呼吸子 (KMB) 的激发；(b) 单峰孤子激发的幅度演化图，初始参数设置为图 (a) 中三角形所处的坐标值；(c) Kuznetsov-Ma 呼吸子激发的幅度演化图，初始参数设置为图 (a) 中菱形所处的坐标值，其中黑色实线代表理论预测的局域包络速度，它们的初始条件为 (5.4.25) 式，其他参数设置为 $\beta_3=0.1$，$a_0=1$ [27](彩图见封底二维码)

与标准非线性薛定谔模型不同，三阶色散的引入允许单峰孤子的激发，它在图中由白色区域表示 (即 $|K_+^{(\mathrm{II})}|=0$)。彩色区域 ($|K_+^{(\mathrm{II})}|\neq 0$) 则对应于 Kuznetsov-Ma 呼吸子激发。对于纯局域初始扰动，其初始条件 (5.4.25) 式变为

$$\psi_{\mathrm{loc}}(0,t)=[1+(A+B)\mathrm{sech}(\eta_\mathrm{p}t)]\,a_0\mathrm{e}^{\mathrm{i}\omega_0 t} \tag{5.4.30}$$

这说明无法再通过不同的 A 和 B 的组合来选择激发模式，因此将总振幅 $A+B$ 设置为一个适中值 0.5 去尝试激发 Kuznetsov-Ma 呼吸子和单峰孤子。这里将 $(\omega_0,\eta_\mathrm{p})$ 设置为三角形的坐标 $(-12,0.5)$，幅度演化图如图 5.38 (b) 所示。可以发现，初始局域包络分裂成两个具有不同速度的波，左边的波在传播过程中具有稳定的形状，因此将其视为单峰孤子；右边的波随着演化距离的增加而变宽，具有典型的色散冲击波形状。将数值结果与分析结果对比之后可以知道，波的分裂表明在不同模式和时间极限符号上出现了非简并的情况，两个波的速度需要用 $\varLambda_+^{(\mathrm{II})}$ 和 $\varLambda_-^{(\mathrm{II})}$ 进行预测，如图 5.38 (b) 中黑色实线所示，它们与这两波的数值演化有很好的一致性。然后，我们将 $(\omega_0,\eta_\mathrm{p})$ 更改为图 5.38 (a) 中的菱形坐标 $(-4,0.5)$。其幅度演化图如图 5.38 (c) 所示，在 Kuznetsov-Ma 呼吸子出现第二个呼吸周期之前，出现了自发振荡结构，它打破了 Kuznetsov-Ma 呼吸子的激发，因此准确来说，Kuznetsov-Ma 呼吸子的激发并不成功。自发振荡总是对非线性波的激发产生很大的影响，尤其是对 Kuznetsov-Ma 呼吸子激发而言。虽然人们已经做了一

些努力来激发 Kuznetsov-Ma 呼吸子，但是如何用一个具有简单形式的初始扰动去激发具有多个呼吸周期的 Kuznetsov-Ma 呼吸子，仍然是一个有待解决的问题。

最后，根据条纹和局域包络的速度是否相同，可以使用周期且局域的扰动激发多峰孤子或 Tajiri-Watanabe 呼吸子。基于 (5.4.10) 式和 (5.4.12) 式，可以推导出

$$\begin{aligned} V_+^{(\mathrm{II})} &= \omega_0 + \frac{\beta_3}{6}(\omega_\mathrm{p}^2 - 3\eta_\mathrm{p}^2 + 3\omega_0^2) + \frac{\mathrm{Im}\left[\sqrt{-P(4a_0^2+P)}\right]}{2\omega_\mathrm{p}} \\ \Lambda_+^{(\mathrm{II})} &= \omega_0 + \frac{\beta_3}{6}(3\omega_\mathrm{p}^2 - \eta_\mathrm{p}^2 + 3\omega_0^2) - \frac{\mathrm{Re}\left[\sqrt{-P(4a_0^2+P)}\right]}{2\eta_\mathrm{p}} \end{aligned} \tag{5.4.31}$$

其中，$P = (\eta_\mathrm{p} - \mathrm{i}\omega_\mathrm{p})^2(1+\beta_3\omega_0)$。

当 $\omega_0 = 0$ 时，$|V_+^{(\mathrm{II})} - \Lambda_+^{(\mathrm{II})}|$ 在 ω_p-η_p 平面上的分布如图 5.39 (a) 所示。彩色 ($|V_+^{(\mathrm{II})} - \Lambda_+^{(\mathrm{II})}| > 0$) 和白色 ($|V_+^{(\mathrm{II})} - \Lambda_+^{(\mathrm{II})}| = 0$) 的区域分别对应于 Tajiri-Watanabe 呼吸子和多峰孤子的激发。将初始参数 $(\omega_\mathrm{p}, \eta_\mathrm{p})$ 设置为图中三角形的坐标，其幅度演变图如图 5.39 (b) 所示。图中激发的多峰孤子是以负速度传播的，在局域包络上可以观察到许多条纹，可以在长距离内保持稳定。然后，我们将 $(\omega_\mathrm{p}, \eta_\mathrm{p})$ 更改为图 5.39 (a) 中菱形的坐标，幅度演化图如图 5.39 (c) 所示。在自发振荡出现之前会激发出一个 Tajiri-Watanabe 呼吸子，它以恒定的速度传播。与多峰孤子相比，Tajiri-Watanabe 呼吸子的局域包络和条纹速度有着明显的不同，这与前面的理论预测是非常吻合的。

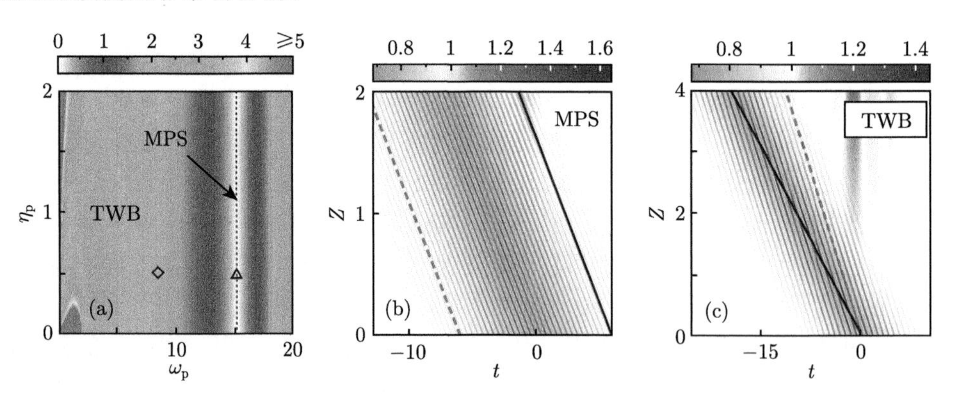

图 5.39 (a) 当 $\omega_0 = 0$ 时，$|V_+^{(\mathrm{II})} - \Lambda_+^{(\mathrm{II})}|$ 的值在 ω_p-η_p 平面上的分布情况，其中白色和彩色的区域分别对应多峰孤子 (MPS) 和 Tajiri-Watanabe 呼吸子 (TWB) 的激发；(b) 多峰孤子激发的幅度演化图，初始参数设置为图 (a) 中三角形所处的坐标值；(c) Tajiri-Watanabe 呼吸子激发的幅度演化图，初始参数设置为图 (a) 中菱形所处的坐标值，其中黑色实线和红色虚线分别代表理论预测的局域包络和条纹速度，它们的初始条件为 (5.4.25) 式，其他参数设置为 $\beta_3 = 0.1$，$a_0 = 1$ [27](彩图见封底二维码)

连续波上孤子激发的实验可行性 这里重点研究激发多峰和单峰孤子的实验可行性。通过考虑 $A=\sqrt{P_0}\psi, T=\sqrt{|\beta^{(2)}|/(\gamma P_0)}t$，$Z=(\gamma P_0)^{-1}z$，可以将模型 (5.4.24) 式转换为一个有量纲模型。当考虑光纤损耗时，该模型为

$$\mathrm{i}A_Z-\frac{\beta^{(2)}}{2}A_{TT}-\frac{\mathrm{i}\beta^{(3)}}{6}A_{TTT}+\gamma|A|^2A+\mathrm{i}\frac{\alpha}{2}A=0 \tag{5.4.32}$$

它描述了真实光纤中光波的演化。在这里 P_0，γ，$\beta^{(2)}$，$\beta^{(3)}$ 和 α 分别是输入功率、克尔非线性、群速度色散、三阶色散和光纤损耗的系数。这里使用参考文献 [28] 中使用的色散位移光纤的实验参数，参数为 $\beta^{(2)}=-0.86\,\mathrm{ps}^2\cdot\mathrm{km}^{-1}$，$\beta^{(3)}=0.12\,\mathrm{ps}^3\cdot\mathrm{km}^{-1}$，$\gamma=2.4\,\mathrm{W}^{-1}\cdot\mathrm{km}^{-1}$，$\alpha=0.2\,\mathrm{dB}\cdot\mathrm{km}^{-1}$。三阶色散的无量纲系数为 $\beta_3=\sqrt{\gamma P_0/|\beta^{(2)}|^3}\beta^{(3)}=0.0737$。将输入功率 P_0 从 0.63 W，更改为 0.1 W，以削弱对称性破缺现象。初始条件仍然是由具有双频载波的 sech 型扰动和连续波构成，

$$A_{\mathrm{p}}(0,T)=\sqrt{P_0}\mathrm{e}^{\mathrm{i}\Omega_0T}[1+(A_1\mathrm{e}^{\mathrm{i}\Omega_{\mathrm{p}}T}+A_2\mathrm{e}^{-\mathrm{i}\Omega_{\mathrm{p}}T})\mathrm{sech}(T/T_{\mathrm{p}})] \tag{5.4.33}$$

连续波的相位由频率 Ω_0 周期性地调制。扰动相对于背景的周期性和局域性分别由频率 Ω_{p} 和半宽 T_{p} 决定。当考虑随机噪声对波激发的影响时，初始条件变为

$$A_{\mathrm{noise}}(0,T)=A_{\mathrm{p}}(0,T)(1+a_{\mathrm{noise}}\mathrm{Random}[-1,1]) \tag{5.4.34}$$

其中，a_{noise} 是随机噪声的相对振幅，而函数 $\mathrm{Random}[a,b]$ 可以在每个数值时间点上产生一个介于 a 和 b 之间的随机值。

对于多峰孤子的激发，根据前文的分析可以设置背景频率 $f_0=\Omega_0/(2\pi)=-840.769\,\mathrm{GHz}$、扰动频率 $f_{\mathrm{p}}=\Omega_{\mathrm{p}}/(2\pi)=555.988\,\mathrm{GHz}$、半宽 $T_{\mathrm{p}}=3.786\,\mathrm{ps}$、扰动振幅 $A_1=0.03$ 和 $A_2=0.3$。当 $a_{\mathrm{noise}}=0.001$ 时，将脉冲包络功率的演化展示在图 5.40 (a) 中，它的色度表示归一化功率 $|A(T,Z)|^2/[P_0\exp(-\alpha Z)]$。可以看到，一个稳定传播的多峰孤子被激发了出来。当噪声幅度增加时，将其在初始距离和末态距离处的功率截面在图 5.40 (b) 和 (c) 中进行了比较，它们之间较好的一致性表明，多峰孤子对于较大幅度的噪声也可以在一定程度上保持稳定。下面讨论了单峰孤子的激发。由于初始扰动是纯局域的，所以可以将初始条件写为

$$A_{\mathrm{loc}}(0,T)=\sqrt{P_0}\mathrm{e}^{\mathrm{i}\Omega_0T}[1+A_{12}\mathrm{sech}(T/T_{\mathrm{p}})] \tag{5.4.35}$$

设置参数为 $f_0=\Omega_0/(2\pi)=-1140.8\,\mathrm{GHz}$，$T_{\mathrm{p}}=3.786\,\mathrm{ps}$，$A_{12}=0.5$。这一参数设置位于单峰孤子和 Kuznetsov-Ma 呼吸子激发区域之间的临界线上 (图 5.38

(a))，避免了由波特征量的非简并引起的初始扰动分裂。当 $a_{\text{noise}} = 0.001$ 时，其功率演化图如图 5.40 (d) 所示，单峰孤子以恒定速度稳定传播。图 5.40 (e) 和 (f) 比较了不同噪声下的初态和末态的功率截面。当 $a_{\text{noise}} = 0.01$ 时，单峰孤子上会出现小的波动，且最终曲线与初始曲线仍然吻合完好；当 $a_{\text{noise}} = 0.05$ 时，虽然末态截面的波动被放大了，但孤子的轮廓仍然保持得较好。以上结果表明，在噪声的影响下，单峰孤子也表现出了很好的鲁棒性。

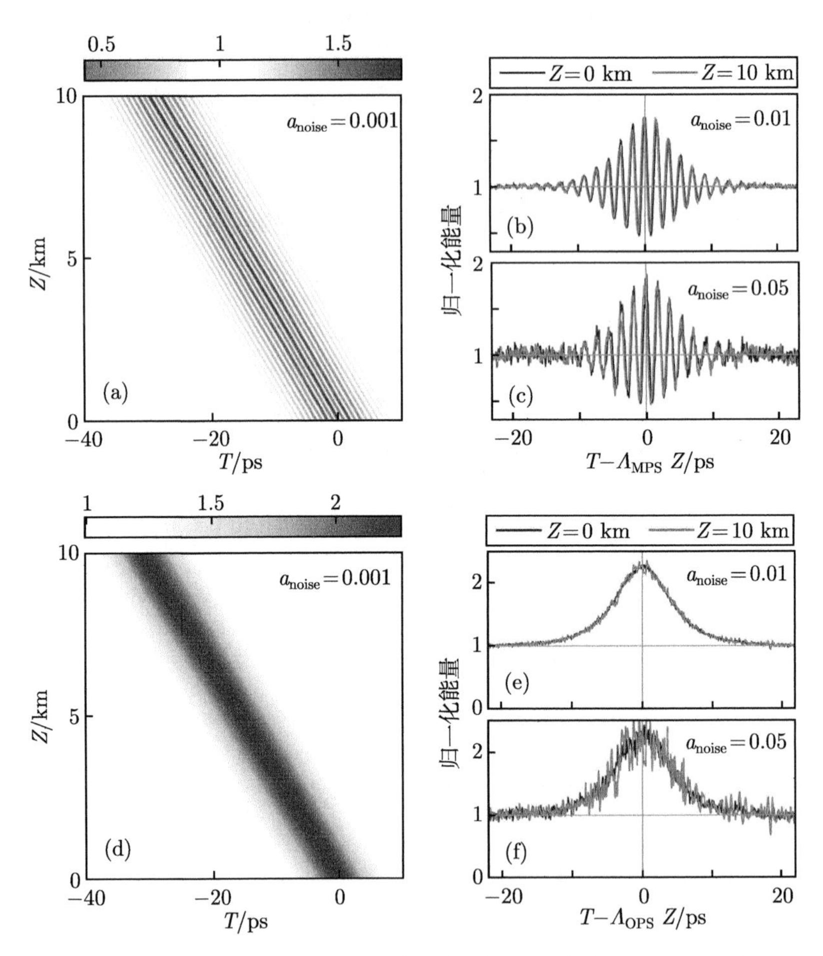

图 5.40 (a) 当 $a_{\text{noise}} = 0.001$ 时多峰孤子的功率演化图；(b) 当 $a_{\text{noise}} = 0.01$ 时，$Z = 0\,\text{km}$(黑色线) 和 $Z = 10\,\text{km}$(红色线) 处的功率分布截面；(c) 除了 $a_{\text{noise}} = 0.05$ 之外，与图 (b) 相同；(d) 当 $a_{\text{noise}} = 0.001$ 时单峰孤子的功率演化图；(e) 当 $a_{\text{noise}} = 0.01$ 时，$Z = 0\,\text{km}$(黑色线) 和 $Z = 10\,\text{km}$(红色线) 处的功率分布截面；(f) 除了 $a_{\text{noise}} = 0.05$ 之外，与图 (e) 相同；此处提到的功率均为归一化功率 $|A(T,Z)|^2/[P_0\exp(-\alpha Z)]$，图中 Λ_{MPS} 和 Λ_{OPS} 分别是多峰孤子和单峰孤子的局域包络速度 [27](彩图见封底二维码)

对于调制不稳定性增益分布图中多种共存的非线性波，5.3 节是通过引入扰动能量和扰动相位对它们进行区分，但是这种方法很难应用于不可积模型。在本节中，通过考虑扰动的局域性，实现了对共存非线性波的区分，更重要的是可以给出它们在不同模型中的激发条件，并没有受到模型可积性的束缚。尽管如此，这两种区分非线性波的方法并非毫无关联。例如，Kuznetsov-Ma 呼吸子和怪波分别对应于扰动能量等于零和不等于零的情况，而在这里，区分这两种波激发的参量是 t 方向的局域性系数 η_+ (即怪波 $\eta_+ \to 0$ 而 Kuznetsov-Ma 呼吸子 $\eta_+ \neq 0$)，也就是说扰动部分能量与扰动的局域性之间是存在某种联系的。经过在四阶非线性薛定谔模型中的分析，得到了它们之间定量关系是 $\varepsilon = 2|\eta_+|$，这说明它们在对应关系理论中具有一定的等价关系。通过 5.3 节和本节内容可以知道，这两个参量在波激发过程中均起着重要的作用，但是为什么它们之间存在这样的定量关系，以及它们之中哪个量更为本质，仍然是有待研究的问题。

参 考 文 献

[1] Zhao L C, Ling L. Quantitative relations between modulational instability and several well-known nonlinear excitations[J]. Journal of the Optical Society of America B, 2016, 33(5): 850-856.

[2] Kibler B, Fatome J, Finot C, et al. The Peregrine soliton in nonlinear fibre optics[J]. Nature Physics, 2010, 6(10): 790.

[3] Dudley J M, Genty G, Dias F, et al. Modulation instability, Akhmediev breathers and continuous wave supercontinuum generation[J]. Optics Express, 2009, 17(24): 21497-21508.

[4] Yang G, Li L, Jia S T, et al. High power pulses extracted from the Peregrine rogue wave[J]. Romanian Reports in Physics, 2013, 65(2): 391-400.

[5] Duan L, Zhao L C, Xu W H, et al. Soliton excitations on a continuous-wave background in the modulational instability regime with fourth-order effects[J]. Physical Review E, 2017, 95(4): 042212.

[6] Li Z, Li L, Tian H, et al. New types of solitary wave solutions for the higher order nonlinear Schrödinger equation[J]. Physical Review Letters, 2000, 84(18): 4096-4099.

[7] Zakharov V E, Gelash A A. Nonlinear stage of modulation instability[J]. Physical Review Letters, 2013, 111(5): 054101.

[8] Zhao L C, Li S C, Ling L. W-shaped solitons generated from a weak modulation in the Sasa-Satsuma equation[J]. Physical Review E, 2016, 93(3): 032215.

[9] Liu C, Yang Z Y, Zhao L C, et al. Symmetric and asymmetric optical multipeak solitons on a continuous wave background in the femtosecond regime[J]. Physical Review E, 2016, 94(4): 042221.

[10] Duan L, Yang Z Y, Zhao L C, et al. Stable supercontinuum pulse generated by modulation instability in a dispersion-managed fiber[J]. Journal of Modern Optics, 2016, 63(14): 1397-1402.

[11] Liu X S, Zhao L C, Duan L, et al. Asymmetric W-shaped and M-shaped soliton pulse generated from a weak modulation in an exponential dispersion decreasing fiber[J]. Chinese Physics B, 2017, 26(12): 120503.

[12] Liu C, Yang Z Y, Zhao L C, et al. State transition induced by higher-order effects and background frequency[J]. Physical Review E, 2015, 91(2): 022904.

[13] Duan L, Yang Z Y, Gao P, et al. Excitation conditions of several fundamental nonlinear waves on continuous-wave background[J]. Physical Review E, 2019, 99(1): 012216.

[14] Duan L, Liu C, Zhao L C, et al. Quantitative relations between fundamental nonlinear waves and modulation instability. Acta Physica Sinica, 2020, 69(1): 010501.

[15] Qin Y H, Zhao L C, Yang Z Y, et al. Several localized waves induced by linear interference between a nonlinear plane wave and bright solitons[J]. Chaos: An Interdisciplinary Journal of Nonlinear Science, 2018, 28(1): 013111.

[16] Ren Y, Yang Z Y, Liu C, et al. Different types of nonlinear localized and periodic waves in an erbium-doped fiber system[J]. Physics Letters A, 2015, 379(45-46): 2991-2994.

[17] Liu X S, Zhao L C, Duan L, et al., Interaction between breathers and rogue waves in a nonlinear optical fiber[J], Chinese Physics Letters, 2018, 35: 020501.

[18] Zhao L C, Liu J. Localized nonlinear waves in a two-mode nonlinear fiber[J]. Journal of the Optical Society of America B, 2012, 29(11): 3119-3127.

[19] Zhao L C, Liu J. Rogue-wave solutions of a three-component coupled nonlinear Schrödinger equation[J]. Physical Review E, 2013, 87(1): 013201.

[20] Liu C, Yang Z Y, Zhao L C, et al. Vector breathers and the inelastic interaction in a three-mode nonlinear optical fiber[J]. Physical Review A, 2014, 89(5): 055803.

[21] Zhao L C, Yang Z Y, Ling L. Localized waves on continuous wave background in a two-mode nonlinear fiber with high-order effects[J]. Journal of the Physical Society of Japan, 2014, 83(10): 104401.

[22] Zhao L C, Li S C, Ling L. Rational W-shaped solitons on a continuous-wave background in the Sasa-Satsuma equation[J]. Physical Review E, 2014, 89(2): 023210.

[23] Zhao L C, Liu C, Yang Z Y. The rogue waves with quintic nonlinearity and nonlinear dispersion effects in nonlinear optical fibers[J]. Communications in Nonlinear Science and Numerical Simulation, 2015, 20(1): 9-13.

[24] Zhao L C, Ling L, Yang Z Y. Mechanism of Kuznetsov-Ma breathers[J]. Physical Review E, 2018, 97(2): 022218.

[25] Gao P, Liu C, Zhao L C, et al. Modified linear stability analysis for quantitative dynamics of a perturbed plane wave[J]. Physical Review E, 2020, 102(2): 022207.

[26] Conforti M, Li S, Biondini G, et al. Auto-modulation versus breathers in the nonlinear stage of modulational instability[J]. Optics Letters, 2018, 43(21): 5291-5294.

[27] Gao P, Duan L, Yao X, et al. Controllable generation of several nonlinear waves in optical fibers with third-order dispersion[J]. Physical Review A, 2021, 103(2): 023519.

[28] Droques M, Barviau B, Kudlinski A, et al. Symmetry-breaking dynamics of the modulational instability spectrum[J]. Optics Letters, 2011, 36(8): 1359-1361.

第 6 章　不同种类局域波的相互作用

前面的章节对孤子、怪波和呼吸子等几类经典的局域波及其激发进行了深入研究。相同的非线性局域波之间的相互作用已经被广泛地研究，例如，孤子碰撞过程中的干涉、隧穿性质 [1]，利用呼吸子碰撞激发高阶怪波等。类似地，当不同的非线性局域波发生相互作用时，也将展现出非常丰富且新奇的动力学现象，例如，高阶怪波的激发或抑制等。那么，我们希望能够直接地观察这几种不同类型局域波的相互作用情况。

在第 5 章的对局域波存在激发相图 [2,3] 的研究中，已经发现，并不是所有的局域波都可以共存，在不同的模型下，它们的共存特性也不同。这就意味着，无法仅在一个简单的模型 (如标量的非线性薛定谔方程) 下观察不同种类局域波所有的相互作用情况。而应当根据不同模型所对应的相图，在一些可共存区域内构造出相应的解析解，从而观察它们之间的相互作用。已经在前面的章节中详细地介绍了如何得到孤子、怪波和呼吸子等几类经典的局域波解，也给出了如何获得描述它们相互作用的解析解的方法，但还没有细致地研究、讨论这些不同种类的局域波之间发生相互作用的具体情形。

本章将基于局域波观测相图介绍非线性局域波的共存特性，然后分别在标量、矢量以及含有对粒子转换效应的矢量非线性薛定谔方程等模型下，给出描述孤子、怪波和呼吸子这几类非线性局域波之间的相互作用的解析解，并对不同局域波之间的相互作用图像进行分类、分析。对于不含有高阶效应的标量系统，零背景上孤子与平面波背景上的怪波和呼吸子等无法直接发生相互作用。而怪波与呼吸子的相互作用又根据位置偏移 r 和相对相位 $\Delta\varphi$ 是否非零，将产生不同的相互作用图景：若两者均为零，则相互作用产生更高一阶的怪波；若两者之一不为零，那么原本的高阶怪波的聚合结构将会被呼吸子“冲散”，与之对应的是最大振幅的重新分布。

同时，高阶怪波和 Kuznetsov-Ma 呼吸子之间存在对初始相对相位 $\Delta\varphi$ 不敏感的排斥效应，迥异于过去对孤子–孤子或呼吸子–呼吸子之间相互作用的研究；进一步地，高阶效应极大地丰富了模型中可存在的局域波种类，在这种情况下将可以构造解析解，从而观察研究孤子与呼吸子、怪波之间的相互作用；矢量模型中可以允许非常丰富的局域波结构存在，这也为观察孤子与呼吸子、怪波的相互作用提供了另一个很好的平台，这里将给出描述它们相互作用的解和相互作用图像，并观察到如孤子被呼吸子反弹等非常新奇且极具物理意义的图像；最后，在含有对粒子转换效应的模型下，给出不同局域波线性叠加相互作用的各种情景，观察到对粒子转换效应为相互作用带来的影响，并展示其中几类有趣的新型局域结构。

6.1 怪波与呼吸子相互作用

标量的非线性薛定谔方程作为一个我们所熟知的模型：

$$\mathrm{i}\psi_t + \frac{1}{2}\psi_{xx} + |\psi|^2\psi = 0 \tag{6.1.1}$$

可以用于描述原子间存在吸引相互作用的玻色–爱因斯坦凝聚体 (或自聚焦光纤系统) 中的动力学问题。对于这样的一个模型，已经在第 5 章中对其进行了线性稳定性分析。根据分析的结果，可以表示出其中几种局域波的存在区域，如怪波、Kuznetsov-Ma 呼吸子和 Akhmediev 呼吸子等，这就为寻找不同局域波的共存条件提供了一个很好的基础。从对应的相图 5.6 中可以看出，当平面波背景参数给定时，可以通过适当地调整扰动信息，分别得到怪波、Kuznetsov-Ma 呼吸子或者 Akhmediev 呼吸子。也就是说，在标量的非线性薛定谔方程下，这三类局域波可以共存 (事实上，怪波是这两种呼吸子的极限情况)，可以通过不同的达布变换过程[4,5]，给出描述它们之间相互作用的解，进而观察发生相互作用时的新奇结构。另外，在上述的标量非线性薛定谔方程下无法观察到亮孤子或者暗孤子与这三类局域波的相互作用。其原因是亮孤子存在于零背景上，在这样的背景上不存在怪波或两类呼吸子。而暗孤子虽然在平面波背景上，却仅能存在于原子间排斥 (自散焦) 相互作用的系统中。下面，详细介绍如何通过修改的达布变换来给出它们相互作用的解，并展示不同怪波与呼吸子之间发生相互作用的有趣图样[6]。

一阶、二阶怪波与呼吸子相互作用 由于怪波和呼吸子都是存在于平面波背景上的局域波解，选择如下形式的平面波解作为种子解：

$$\psi^{[0]} = s\exp[\mathrm{i}\theta(x,t)] \tag{6.1.2}$$

其中，$\theta(x,t) = kx + \omega t$，$\omega = s^2 - \frac{1}{2}k^2$，$s$ 和 k 分别表示平面波背景的振幅和波矢。根据前面几章的学习，可以知道通过达布变换可以得到平面波背景上的不同种类非线性局域波。Lax 对的具体形式与 (2.2.77) 式相同，这里不再展示。本节，首先选取谱参量 $\lambda_1 = \mathrm{i}sh - \frac{k}{2}$ $(h = 1 + f^2)$，给出构造怪波解时的本征函数：

$$\boldsymbol{\psi}_1(f)=\begin{pmatrix}\mathrm{i}(C_{11}\mathrm{e}^{A_1}-C_{12}\mathrm{e}^{-A_1})\mathrm{e}^{-\frac{\mathrm{i}\theta}{2}}\\(C_{12}\mathrm{e}^{A_1}-C_{11}\mathrm{e}^{-A_1})\mathrm{e}^{\frac{\mathrm{i}\theta}{2}}\end{pmatrix}\tag{6.1.3}$$

其中，

$$\begin{aligned}&C_{11}=\frac{\sqrt{h-\sqrt{h^2-1}}}{\sqrt{h^2-1}},\quad C_{12}=\frac{\sqrt{h+\sqrt{h^2-1}}}{\sqrt{h^2-1}}\\&A_1=\sqrt{h^2-1}[(a_1+\mathrm{i}b_1)f^2+(a_2+\mathrm{i}b_2)f^4+\mathrm{i}ht+x]\end{aligned}\tag{6.1.4}$$

这里，f 为无穷小量；参数 a_1、b_1、a_2 和 b_2 为实参量，可以用来调节怪波的分布结构。将 $\boldsymbol{\psi}_1(f)$ 级数展开：

$$\begin{aligned}&\boldsymbol{\psi}_1(f)=\boldsymbol{\psi}_1^{[0]}+\boldsymbol{\psi}_1^{[1]}f^2+\boldsymbol{\psi}_1^{[2]}f^4+\cdots+\boldsymbol{\psi}_1^{[j]}f^{2j}+\cdots\\&\boldsymbol{\psi}_1^{[n]}=\frac{1}{n!}\frac{\partial^n}{\partial(f^2)^n}\boldsymbol{\psi}_1(f)|_{f=0}\quad(n=0,1,2,\cdots)\end{aligned}\tag{6.1.5}$$

则一阶怪波解 [4] 可表示为

$$\begin{aligned}\psi_{\mathrm{R}}^{[1]}&=\psi^{[0]}+2\mathrm{i}(\lambda_1^*-\lambda_1)\left(\frac{\boldsymbol{\psi}_1^{[0]}\boldsymbol{\psi}_1^{[0]\dagger}}{\boldsymbol{\psi}_1^{[0]\dagger}\boldsymbol{\psi}_1^{[0]}}\right)_{12}\\&=\frac{3+8\mathrm{i}t-4t^2-4x^2}{1+4t^2+4x^2}s\mathrm{e}^{\mathrm{i}\theta}\end{aligned}\tag{6.1.6}$$

这里以及本章后文中使用的 $(\cdots)_{12}$ 表示矩阵第 1 行第 2 列的元素。

通常，在这个一阶解的基础上再进行一次达布变换，可得到二阶怪波的解析解 [4]。但是，这里希望得到怪波与呼吸子相互作用的解，从而观察它们之间相互作用的情景。这时需要在第二次变换中引入的另一个谱参量 λ_{B} 加入呼吸子的信息，以实现怪波与呼吸子相互作用解的构造 [4-6]，具体过程如下:

选取第二个谱参量 $\lambda_{\mathrm{B}}=a+\mathrm{i}b$, a 和 b 为实数，可以给出构造单个 Kuznetsov-Ma 呼吸子时 Lax 对的本征函数：

$$\boldsymbol{\psi}_2=\begin{pmatrix}\mathrm{i}(C_{21}\mathrm{e}^{A_2}-C_{22}\mathrm{e}^{-A_2})\mathrm{e}^{-\frac{\mathrm{i}\theta}{2}}\\(C_{22}\mathrm{e}^{A_2}-C_{21}\mathrm{e}^{-A_2})\mathrm{e}^{\frac{\mathrm{i}\theta}{2}}\end{pmatrix}\tag{6.1.7}$$

其中，

$$\begin{aligned}&C_{21}=\frac{\sqrt{-\mathrm{i}\lambda_{\mathrm{B}}-\tau}}{\tau},\quad C_{22}=\frac{\sqrt{-\mathrm{i}\lambda_{\mathrm{B}}+\tau}}{\tau}\\&\tau=\sqrt{-1-\lambda_{\mathrm{B}}^2},\quad d=\frac{\Delta\varphi}{2\mathrm{Re}\left(\sqrt{-\lambda_{\mathrm{B}}^2-1}\right)}\end{aligned}\tag{6.1.8}$$

$$A_2 = \tau[x + \lambda_{\mathrm{B}} t - (r + \mathrm{i}d)]$$

这里，参数 r 和 $\Delta\varphi$ 为实参量，可以调节呼吸子的位置和初始常相位。将其代入第二次达布变换，得到一阶怪波与一个 Kuznetsov-Ma 呼吸子相互作用的解析解：

$$\Psi^{[2]} = \Psi_{\mathrm{R}}^{[1]} + 2\mathrm{i}(\lambda_{\mathrm{B}}^* - \lambda_{\mathrm{B}}) \left(\frac{\phi_2^{[1]} \phi_2^{[1]\dagger}}{\phi_2^{[1]\dagger} \phi_2^{[1]}} \right)_{12} \tag{6.1.9}$$

其中，

$$\phi_2^{[1]} = \left(\lambda_{\mathrm{B}} - \lambda_1^* + (\lambda_1^* - \lambda_1) \frac{\psi_1^{[0]} \psi_1^{[0]\dagger}}{\psi_1^{[0]\dagger} \psi_1^{[0]}} \right) \psi_2$$

当平面波背景振幅 $s = 1$，波矢 $k = 0$ 时，一阶怪波与一个 Kuznetsov-Ma 呼吸子相互作用的解化简为

$$\psi_{\mathrm{RK}}^{[2]} = \psi_{\mathrm{R}}^{[1]} + 2\mathrm{i}(\lambda_{\mathrm{B}}^* - \lambda_{\mathrm{B}}) \left(\frac{O_1}{O_2} \right) \mathrm{e}^{\mathrm{i}t} \tag{6.1.10}$$

多项式 O_1 及 O_2 为如下有理、非有理组合形式：

$$\begin{aligned}
O_1 = &\{C_{21}[-4\mathrm{i}x + \mathrm{e}^{2A_2}(4\mathrm{i}x^2 + 4t + 4\mathrm{i}t^2 + -\mathrm{i}) + \lambda_{\mathrm{B}}(4x^2 + 4t^2 + 1)] \\
&- C_{22}[4t + \mathrm{i}(4x^2 - 1) + 4t^2(\mathrm{i} + \lambda_{\mathrm{B}}\mathrm{e}^{2A_2}) + \mathrm{e}^{2A_2}(4\lambda_{\mathrm{B}}x^2 - 4\mathrm{i}x + \lambda_{\mathrm{B}})]\} \\
&\times \{C_{21}[4x^2 - 4\mathrm{i}t + 4t^2(1 + \mathrm{i}\lambda_{\mathrm{B}}\mathrm{e}^{2A_2}) + \mathrm{e}^{2A_2}(4\mathrm{i}\lambda_{\mathrm{B}}x^2 + 4x + \mathrm{i}\lambda_{\mathrm{B}}) - 1] \\
&- C_22[\mathrm{e}^{2A_2}(4x^2 - 4\mathrm{i}t + 4t^2 - 1) + 4x + \mathrm{i}\lambda_{\mathrm{B}}(4x^2 + 4t^2 + 1)]\} \\
O_2 = &[(C_{21}^2 + C_{22}^2)(1 + \mathrm{e}^{4A_2}) - 4C_{21}C_{22}\mathrm{e}^{2A_2}](1 + 4t^2 + 4x^2)^2(1 + \lambda_{\mathrm{B}}^2)
\end{aligned}$$

可以看出，解 $\psi_{\mathrm{RK}}^{[2]}$ 中与怪波相关的信息均包含于有理表达式中，而指数函数仅包含与呼吸子相关的信息。那么，引入的参数 r 和 $\Delta\varphi$ 可以用于控制呼吸子相对于怪波的位置偏移和相对相位。之前对孤子与呼吸子间的相互作用研究表明，相对相位对结果将产生显著的影响 [1,7,8]，因此这里也应该考虑相对相位的影响。下面通过改变这两个物理量来观察怪波与 Kuznetsov-Ma 呼吸子之间相互作用的不同情况。首先，令 $r = 0$，$\Delta\varphi = 0$，即 Kuznetsov-Ma 呼吸子相对于怪波既没有位置偏移又没有相对相位，此时的相互作用结果如图 6.1(a) 所示，在怪波出现前后，Kuznetsov-Ma 呼吸子均保持其自身结构特性。而在怪波出现时两者发生相互作用，在碰撞处激发出一个二阶怪波。接下来，令 $r = 0$，$\Delta\varphi = \pi$，使怪波与呼吸子之间存在相位差，可以在相互作用区观察到如图 6.1(b) 中的双峰分立结构，且它们的峰值都接近于一阶怪波。如果相对相位 $\Delta\varphi = 0$ 而位置偏移较小 ($r = 0.1$)，可以看到 3 个峰呈环形分布且没有中心峰，这样的结构类似于众所周

知的“三胞胎二阶怪波”，如图 6.1(c)。当位置偏移增大时，怪波将逐渐表现出对呼吸子的排斥效应，这一现象我们稍后进行讨论。

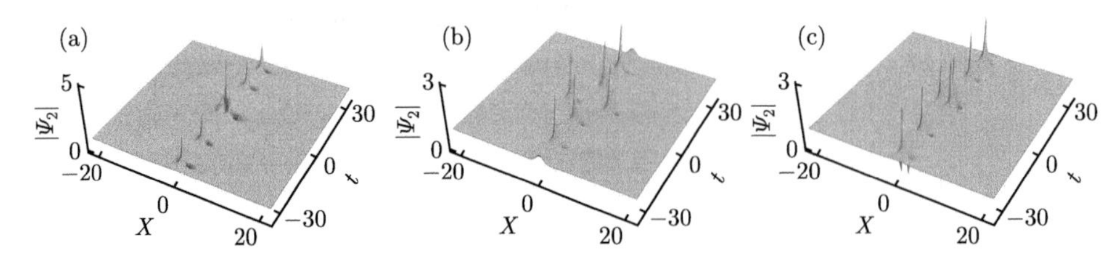

图 6.1　标量非线性薛定谔模型中，不同的 r 和 $\Delta\varphi$ 条件下，一阶怪波与 Kuznetsov-Ma 呼吸子相互作用的演化图。(a) 为 $r=0$, $\Delta\varphi=0$ 时产生二阶怪波；(b) 为 $r=0$, $\Delta\varphi=\pi$ 时产生分立的双峰结构；(c) 为 $r=0.1$, $\Delta\varphi=0$ 时产生的多峰聚合结构。其他参数设置是：$s=1, k=0, \lambda_1=\mathrm{i}, \lambda_{\mathrm{B}}=1.03\mathrm{i}, a_1=0, a_2=0, b_1=0, b_2=0$

类似地，可以先通过两次达布变换给出二阶怪波解 $\psi_{\mathrm{R}}^{[2]}$，再在第三次变换中引入呼吸子的信息，从而给出二阶怪波与呼吸子相互作用的解析解 $\psi_{\mathrm{RK}}^{[3]}$ 。显然，同样可以引入参数 r 和 $\Delta\varphi$ 并用它们来描述呼吸子相对于怪波的位置偏移和相对相位。不同情况下的相互作用图像如图 6.2 所示。可以看到，二阶怪波与 Kuznetsov-Ma 呼吸子相互作用的结果与前面看到的一致。即当 $r=0$，$\Delta\varphi=0$ 没有位置偏移或者相对相位时，产生更高阶的三阶怪波。而当有相对相位时，观察到 5 个峰呈“矩形”分布，其中 4 个峰占据矩形的四个顶点，另外一个峰处于矩形的中心，同时它们的峰值也都与一阶怪波近似。这样新奇的局域波相互作用结构在 2018 年予以报道[6]，它并不常见且完全不同于过去文献中对六阶以下的高阶怪波解进行的系统分类。对比他们的结果，这里呈现的局域波结构与之前的高阶怪波完全不同。这说明在非零相对相位条件下，呼吸子与高阶怪波之间的相互作用可以得到一些全新的局域波结构。这丰富了局域波结构的类型，也为找到新的非线性激发提供了思路。可以发现，位置偏移的存在会导致相互作用区的另一种结构，此时一个中心峰被 5 个峰构成的圆环包围。

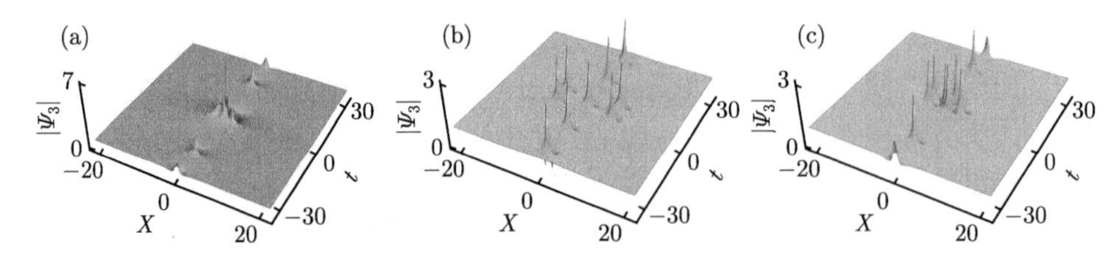

图 6.2　标量非线性薛定谔模型中，不同的 r 和 $\Delta\varphi$ 条件下，二阶怪波与 Kuznetsov-Ma 呼吸子相互作用的演化图。(a) 为 $r=0$，$\Delta\varphi=0$ 时产生二阶怪波；(b) 为 $r=0$，$\Delta\varphi=\pi$ 时产生分立的双峰结构；(c) 为 $r=0.1$，$\Delta\varphi=0$ 时产生的多峰聚合结构。其他参数设置是：$s=1, k=0, \lambda_1=\mathrm{i}, \lambda_{\mathrm{B}}=1.03\mathrm{i}, a_1=0, a_2=0, b_1=0, b_2=0$

随着初始相对位置偏移 r 的增大，二阶怪波和 Kuznetsov-Ma 呼吸子之间的排斥效应将变得明显。以一个二阶怪波和 Kuznetsov-Ma 呼吸子相对相位为零 ($\Delta\varphi=0$)，但位置偏移 r 不同的相互作用结果为例，来展示位置偏移量对排斥效应的影响。如图 6.3(a) 和 (b) 展示的相互作用，其结果分别对应位置偏移为 $r=3$ 及 $r=10$。结果显示，排斥效应随着位置偏移 r 的增大而减小。另外，Kuznetsov-Ma 呼吸子因两者之间的排斥而发生弯曲。并且此时的二阶怪波始终是“三胞胎”而非单峰结构。有趣的是，对于孤子–孤子 (或呼吸子–呼吸子) 之间碰撞的研究结果表明，相对相位的大小会对排斥或者吸引效应产生显著影响。而在怪波与呼吸子相互作用中，对排斥效应起决定作用是位置偏移 r ，而不是相对相位 $\Delta\varphi$，这与孤子–孤子 (或呼吸子–呼吸子) 之间的碰撞形成鲜明的对比。

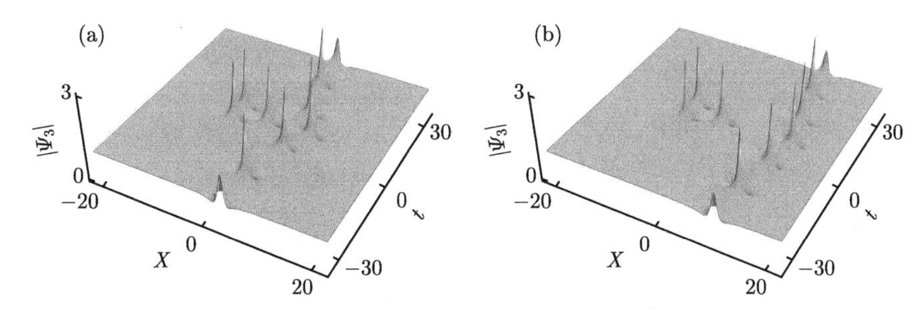

图 6.3 标量非线性薛定谔模型中，初始相对相位 $\Delta\varphi=0$ 条件下，二阶怪波与一个 Kuznetsov-Ma 呼吸子相互作用的排斥效应演化图。初始相对位置偏移为 (a) $r=3$；(b) $r=10$。其他参数设置是：$s=1, k=0, \lambda_1=\mathrm{i}, \lambda_{\mathrm{B}}=1.03\mathrm{i}, a_1=0, a_2=0, b_1=0, b_2=0$

N 阶怪波与呼吸子相互作用 以上的讨论简单说明了如何借助达布变换获得一阶、二阶怪波与呼吸子的相互作用的解析解，并通过观察不同的位置偏移和相对相位对相互作用的影响，得到了一些不同寻常的物理图像。接下来我们首先给出用于描述 N 阶怪波与一个呼吸子相互作用的通解形式，然后基于这一通解，进一步给出 N 阶怪波与一个呼吸子相互作用的几种情景，并对其规律作出简单总结。

根据达布变换 [4–6]，N 阶怪波和一个呼吸子相互作用的通解可以表示为如下形式：

$$\psi_{\mathrm{RK}}^{[N+1]}=\psi_{\mathrm{R}}^{[N]}+2\mathrm{i}(\lambda_{\mathrm{B}}^*-\lambda_{\mathrm{B}})\ (P_2^{[N+1]})_{12} \tag{6.1.11}$$

其中，

$$P_2^{[N+1]}=\frac{\boldsymbol{\phi}_2^{[N]}\boldsymbol{\phi}_2^{[N]\dagger}}{\boldsymbol{\phi}_2^{[N]\dagger}\boldsymbol{\phi}_2^{[N]}}$$

$$\boldsymbol{\phi}_2^{[N]}=T_2^{[N]}T_2^{[N-1]}\cdots T_2^{[1]}\boldsymbol{\psi}_2$$

$$T_2^{[N]} = \lambda_{\rm B} - \lambda_1^* + (\lambda_1^* - \lambda_1)P_1^{[N]}$$

$$\psi_{\rm R}^{[N]} = \psi^{[0]} + 2{\rm i}(\lambda_1^* - \lambda_1)\sum_{j=1}^{N}(P_1^{[N]})_{12}$$

$$P_1^{[N]} = \frac{\boldsymbol{\phi}_1^{[N-1]}\boldsymbol{\phi}_1^{[N-1]\dagger}}{\boldsymbol{\phi}_1^{[N-1]\dagger}\boldsymbol{\phi}_1^{[N-1]}}$$

$$\boldsymbol{\phi}_1^{[0]} = \boldsymbol{\psi}_1^{[0]}$$

$$\boldsymbol{\phi}_1^{[1]} = {\rm i}\boldsymbol{\psi}_1^{[0]} + T_1^{[1]}\boldsymbol{\psi}_1^{[1]}$$

$$\boldsymbol{\phi}_1^{[2]} = -\boldsymbol{\psi}_1^{[0]} + {\rm i}\left[T_1^{[2]} + T_1^{[1]}\right]\boldsymbol{\psi}_1^{[1]} + T_1^{[2]}T_1^{[1]}\ \boldsymbol{\psi}_1^{[2]},$$

$$\begin{aligned}\boldsymbol{\phi}_{\boldsymbol{1}}{}^{[m]}|_{m-l\geqslant 0} = {} & {\rm i}^{(m-l)}|_{l=0}\boldsymbol{\psi}_1^{[0]} \\ & + {\rm i}^{(m-l)}|_{l=1}\ [T_1^{[m]} + \cdots + T_1^{[2]} + T_1^{[1]}]\boldsymbol{\psi}_1^{[1]} \\ & + {\rm i}^{(m-l)}|_{l=2}\sum_{m\geqslant i>j\geqslant 1} T_1^{[i]}T_1^{[j]}\boldsymbol{\psi}_1^{[2]} \\ & + {\rm i}^{(m-l)}|_{l=3}\sum_{m\geqslant i>j>k\geqslant 1} T_1^{[i]}T_1^{[j]}T_1^{[k]}\boldsymbol{\psi}_1^{[3]} \\ & + \cdots + {\rm i}^{(m-l)}|_{l=m}[T_1^{[m]}\cdots T_1^{[2]}T_1^{[1]}]\ \boldsymbol{\psi}_1^{[m]}\end{aligned}$$

$$T_1^{[m]} = \lambda_1 - \lambda_1^* + (\lambda_1^* - \lambda_1)P_1^{[m]} \quad (m = 1, 2, \cdots)$$

应用以上精确解可以用来系统地研究任意 N 阶怪波和一个呼吸子之间的相互作用。

借助这样的解析解，可以很方便地获得、观察高阶怪波与一个呼吸子相互作用的情况。根据系统的分析[6]，这些相互作用主要可以用的方法分为三类。

(1) 当位置偏移 $r=0$ 且相对相位 $\Delta\varphi=0$ 时，N 阶怪波跟一个 Kuznetsov-Ma 呼吸子的碰撞将在相互作用区产生 $N+1$ 阶怪波结构。在光学实验中已经证实，N 阶怪波可以由 N 个呼吸子的弹性碰撞而得到。因此，有理由相信这里的研究结果也可以在将来的实验中被观测到。

(2) 当位置偏移 $r=0$ 但相对相位 $\Delta\varphi\neq 0$ 时，更高阶的怪波激发不再出现，而是产生如双峰结构等新的局域波，并且它们不但在结构上跟之前的高阶怪波不同，而且其峰数也不一样。之前的研究表明，如果高阶 ($N\geqslant 2$) 怪波的峰处于完全散开的状态，那么 $(N+1)$ 阶怪波将拥有 $\dfrac{1}{2}(N+1)(N+2)$ 个峰。也就是说，$(N+1)$ 阶怪波的峰数为：3，6，10 等[9,10]。但这里得到的局域波结构的峰数为 $\dfrac{1}{2}N(N+1)+N$，即为如下一系列数目：2，5，9 等。这说明，怪波跟呼吸子的相互作用在不同的相对相位条件下 ($\Delta\varphi = 0$ 或 $\Delta\varphi \neq 0$)，具有不同的动力学演化过程。研究结果表明，在呼吸子和怪波的相互作用中相对相位是否为零对结果有显著的影响，但非零相对相位的大小对结果的影响并不明显。

(3) 当位置偏移 $r \neq 0$ 而相对相位 $\Delta\varphi = 0$ 时，N 阶怪波解和一个 Kuznetsov-Ma 呼吸子的碰撞可以在相互作用区得到一个单核结构，即在中心形成一个聚合的 $(N-1)$ 阶怪波，在外围形成一个由 $2(N+1)-1$ 个峰组成的圆环结构。这种单核结构很容易联想到原子的内部结构，其包含一个原子核和多个核外电子[11]。值得注意的是，这种结构在之前多个呼吸子碰撞的研究中也有过类似的报道[10,11]，不同的是他们的结果来自于多个 Akhmediev 呼吸子的非线性叠加，而上述结果来源于 N 阶怪波与 Kuznetsov-Ma 呼吸子的位置偏移 r 和相对相位 $\Delta\varphi$ 共同诱导的相互作用。需要指出，如果位置偏移很大，将观察到怪波对呼吸子逐渐减弱的排斥作用，这一作用使 Kuznetsov-Ma 呼吸子发生弯曲，同时怪波始终处于非单峰结构。

总结规律发现，只要位置偏移量和相对相位两者之一非零 ($r \neq 0$ 或者 $\Delta\varphi \neq 0$)，高阶怪波的聚合结构就会被呼吸子“冲散”，与之相对应的是最大振幅的重新分布。这说明通过调节位置偏移 r 和相对相位 $\Delta\varphi$ 两个参数，就可以实现对高阶怪波最大振幅和时空分布的有效控制从而降低怪波的破坏力。另外，还定性研究了 Kuznetsov-Ma 呼吸子和高阶怪波之间的排斥效应，其随着初始相对位置偏移量 r 的增大而减弱。非常有趣的是，这种排斥效应对初始相对相位 $\Delta\varphi$ 的大小并不敏感，这跟之前的报道 (孤子或者呼吸子间的作用) 形成了鲜明的对比。另外，还可以对相互作用进行轨迹分析，演化轨迹可以更好地观察相互作用发生过程及动力学特性。其中的变化与区别在文献 [5] 中进行了细致的讨论。结果表明，怪波和呼吸子的峰、谷轨迹都被相互作用彻底改变，这说明局域波之间的相互作用可以从根本上改变参与其中的局域波的动力学性质。这些研究结果可以为有效地控制高阶怪波提供理论参考。

类似地，可以通过对第二个谱参量 λ_B 进行合理选择，给出一个 N 阶怪波与一个 Akhmediev 呼吸子相互作用的情景，但是观察后我们发现，它们之间的相互作用在相互作用区并没有本质上的区别，只是在初始相对相位 $\Delta\varphi$ 不为零的情况下形成的双峰结构不再是在空间分布方向而是在时间演化方向上分离，这并没有带来新的物理认识，所以不再单独展示它们的相互作用图像。

6.2 高阶效应诱发的孤子与呼吸子或怪波相互作用

在描述一些特殊的物理系统时，需要考虑到高阶效应的影响。例如描述飞秒脉冲在光纤中传输模型中需要考虑三阶色散、自陡峭和延迟非线性效应等三阶效

应 (Sasa-Satsuma 系统和 Hirota 系统)，四阶效应在各向异性海森伯铁磁自旋链系统中起重要作用等。这里考虑一个同时具有三阶和四阶效应非线性薛定谔模型：

$$\mathrm{i}\psi_t + \frac{1}{2}\psi_{xx} + |\psi|^2\psi + \mathrm{i}\beta H[\psi(x,t)] + \gamma P[\psi(x,t)] = 0 \tag{6.2.1}$$

这里，三阶项 $H[\psi(x,t)] = \psi_{xxx} + 6|\psi|^2\psi_x$，四阶项 $P[\psi(x,t)] = \psi_{xxxx} + 8|\psi|^2\psi_{xx} + 6|\psi|^4\psi + 4|\psi_x|^2\psi + 6\psi_x^2\psi^* + 2\psi^2\psi_{xx}^*$。当 $\beta = \gamma = 0$ 时，该方程约化为标准非线性薛定谔方程(6.1.1)式。在第 5 章中的相图 5.19 中看到，在背景参数确定的情况下，可以观察到非常丰富的非线性局域波之间相互作用的情景，如怪波与呼吸子、怪波和反暗孤子、怪波和 W 形孤子等。但是，有理的 W 形孤子、周期波和 W 形孤子链等局域波不能共存，故我们无法看到它们之间的相互作用 [3]。下面同样借助 6.1 节中的达布变换方法给出含高阶效应不同局域波之间相互作用的解析解。模型(6.2.1)式的 Lax 对可以表示为

$$\boldsymbol{\Phi}_t = U\boldsymbol{\Phi}, \quad \boldsymbol{\Phi}_z = V\boldsymbol{\Phi} \tag{6.2.2}$$

其中，$\boldsymbol{\Phi} = (\Phi_1, \Phi_2)^{\mathrm{T}}$ 和

$$U = \begin{pmatrix} -\mathrm{i}\lambda & \psi \\ -\psi^* & \mathrm{i}\lambda \end{pmatrix}, \quad V = \sum_{j=0}^{4} \lambda^j V_j \tag{6.2.3}$$

这里，

$$V_j = \begin{pmatrix} A_j & B_j \\ -B_j^* & -A_j \end{pmatrix} \tag{6.2.4}$$

和

$$\begin{aligned}
&A_4 = 8\mathrm{i}\gamma, \quad B_4 = 0, \quad A_3 = -4\mathrm{i}\beta, \quad B_3 = -8\gamma\psi \\
&A_2 = -\mathrm{i} - 4\mathrm{i}\gamma|\psi|^2, \quad B_2 = 4\beta\psi - 4\mathrm{i}\gamma\psi_t \\
&A_1 = 2\mathrm{i}\beta|\psi|^2 - 2\gamma(\psi\psi_t^* - \psi_t\psi^*) \\
&B_1 = \psi + 4\gamma|\psi|^2\psi + 2\mathrm{i}\beta\psi_t + 2\gamma\psi_{tt} \\
&A_0 = \frac{1}{2}i|\psi|^2 + 3\mathrm{i}\gamma|\psi|^4 + \beta(\psi\psi_t^* - \psi_t\psi^*) + \mathrm{i}\gamma(\psi\psi_{tt}^* - |\psi_t|^2 + \psi_{tt}\psi^*) \\
&B_0 = -2\beta|\psi|^2\psi + \frac{1}{2}\mathrm{i}\psi_t + 6\mathrm{i}\gamma|\psi|^2\psi_t - \beta\psi_{tt} + \mathrm{i}\gamma\psi_{ttt}
\end{aligned} \tag{6.2.5}$$

此时，平面波种子解为

$$\psi^{[0]} = s\exp[\mathrm{i}\theta(x,t)] \tag{6.2.6}$$

其中，$\theta(x,t)=kx+\omega t$，$\omega=s^2-\dfrac{1}{2}k^2+\beta(k^3-6s^2k)+\gamma(6s^4-12s^2k^2+k^4)$，这里 s 和 k 分别表示平面波背景振幅和背景波矢。为了简单而不失一般性，这里取 $s=1$。

怪波与呼吸子相互作用 要得到高阶效应下怪波与呼吸子相互作用的解，首先给出一阶怪波解。应用第 2 章中达布变换构造局域波的方法，选取第一个谱参量 $\lambda_1=\mathrm{i}sh_1-\dfrac{k}{2}$ ($h_1=1+f^2$，f 为无穷小量)，可以给出构造怪波解时 Lax 对的特解为

$$\boldsymbol{\psi}_1(f)=\begin{pmatrix}\dfrac{1}{2}\mathrm{e}^{\frac{\mathrm{i}\theta}{2}}[2\mathrm{e}^{A_1}+\mathrm{i}(2\lambda_1-2\mathrm{i}\tau_1+k)\mathrm{e}^{-A_1}]\\ \\ \dfrac{1}{2}\mathrm{e}^{-\frac{\mathrm{i}\theta}{2}}[2\mathrm{e}^{-A_1}+\mathrm{i}(2\lambda_1-2\mathrm{i}\tau_1+k)\mathrm{e}^{A_1}]\end{pmatrix}\tag{6.2.7}$$

其中，

$$\begin{aligned}\tau_1&=\frac{1}{2}\sqrt{-4-4\lambda_1^2-4\lambda_1k-k^2}\\ A_1&=\tau_1(x+B_1t)\\ B_1&=\lambda_1-\frac{1}{2}k-\beta(2-4\lambda_1^2+2\lambda_1k-k^2)\\ &\quad+\gamma[2(2\lambda_1-3k)-(2\lambda_1-k)(4\lambda_1^2+k^2)]\end{aligned}\tag{6.2.8}$$

将 $\boldsymbol{\psi}_1(f)$ 进行展开：

$$\begin{aligned}\boldsymbol{\psi}_1(f)&=\boldsymbol{\psi}_1^{[0]}+\boldsymbol{\psi}_1^{[1]}f^2+\boldsymbol{\psi}_1^{[2]}f^4+\cdots+\boldsymbol{\psi}_1^{[j]}f^{2j}+\cdots\\ \boldsymbol{\psi}_1^{[n]}&=\frac{1}{n!}\frac{\partial^n}{\partial(f^2)^n}\boldsymbol{\psi}_1(f)|_{f=0}\quad(n=0,1,2,\cdots)\end{aligned}\tag{6.2.9}$$

则一阶怪波解 [4] 可表示为

$$\begin{aligned}\Psi^{[1]}&=\psi^{[0]}+2\mathrm{i}(\lambda_1^*-\lambda_1)\left(\frac{\boldsymbol{\psi}_1^{[0]}\boldsymbol{\psi}_1^{[0]\dagger}}{\boldsymbol{\psi}_1^{[0]\dagger}\boldsymbol{\psi}_1^{[0]}}\right)_{12}\\ &=\left[\frac{4(2\mathrm{i}v_2t+1)}{1+4(x-v_1t)^2+4v_2^2t^2}-1\right]s\mathrm{e}^{\mathrm{i}\theta}\end{aligned}\tag{6.2.10}$$

其中，

$$\begin{aligned}v_1&=k+3\beta(2-k^2)+4\gamma k(6-k^2)\\ v_2&=1-6\beta k+12\gamma(1-k^2)\end{aligned}$$

我们再次使用 6.1 节中的方法[4–6]，引入第二个谱参量 $\lambda_2 = \mathrm{i}sh_2 - \dfrac{k}{2}$，可以给出其他平面波背景上的局域波对应的本征函数：

$$\boldsymbol{\psi}_2 = \begin{pmatrix} \dfrac{1}{2}\mathrm{e}^{\frac{\mathrm{i}\theta}{2}}[2\mathrm{e}^{A_2} + \mathrm{i}(2\lambda_2 - 2\mathrm{i}\tau_2 + k)\mathrm{e}^{-A_2}] \\ \dfrac{1}{2}\mathrm{e}^{-\frac{\mathrm{i}\theta}{2}}[i(2\lambda_2 - 2\mathrm{i}\tau_2 + k)\mathrm{e}^{A_2} + 2\mathrm{e}^{-A_2}] \end{pmatrix} \tag{6.2.11}$$

其中，

$$\tau_2 = \frac{1}{2}\sqrt{-4 - 4\lambda_2^2 - 4\lambda_2 k - k^2},$$

$$A_2 = \tau_2(x + B_2 t + r + \mathrm{i}\Delta\varphi) \tag{6.2.12}$$

$$\begin{aligned} B_2 = {} & \lambda_2 - \frac{1}{2}k - \beta(2 - 4\lambda_2^2 + 2\lambda_2 k - k^2) \\ & + \gamma[2(2\lambda_2 - 3k) - (2\lambda_2 - k)(4\lambda_2^2 + k^2)] \end{aligned} \tag{6.2.13}$$

运用达布变换方法，将获得高阶效应下一阶怪波与其他局域波相互作用的解

$$\Psi^{[2]} = \Psi^{[1]} + 2\mathrm{i}(\lambda_2^* - \lambda_2)\left(\frac{\boldsymbol{\phi}_2^{[1]}\boldsymbol{\phi}_2^{[1]\dagger}}{\boldsymbol{\phi}_2^{[1]\dagger}\boldsymbol{\phi}_2^{[1]}}\right)_{12} \tag{6.2.14}$$

在这里，

$$\boldsymbol{\phi}_2^{[1]} = \left[\lambda_2 - \lambda_1^* + (\lambda_1^* - \lambda_1)\frac{\boldsymbol{\psi}_1^{[0]}\boldsymbol{\psi}_1^{[0]\dagger}}{\boldsymbol{\psi}_1^{[0]\dagger}\boldsymbol{\psi}_1^{[0]}}\right]\boldsymbol{\psi}_2 \tag{6.2.15}$$

显然，这里的相互作用解 $\Psi^{[2]}$ 也能够写为形如 (6.1.10) 式的有理、非有理组合形式。那么可以通过改变 r 和 $\Delta\varphi$ 来调整呼吸子与怪波之间的位置偏移以及相对相位。根据 5.3 节中，关于三阶和四阶效应非线性薛定谔模型中平面波背景上不同局域波的激发机制的相图 5.19、表 5.2 和表 5.3 可知，通过调节相关参数，可以观察怪波、Kuznetsov-Ma 呼吸子、Akhmediev 呼吸子、反暗孤子、W 形孤子等多种局域波之间的相互作用。

我们探究存在高阶效应时位置偏移 r、相对相位 $\Delta\varphi$ 对相互作用的影响。首先我们观察 $r = 0$ 的情况。① 当相对相位 $\Delta\varphi = 0$ 时，怪波及 Kuznetsov-Ma 呼吸子都具有一定的速度，如图 6.4(a) 所示。可以看到，随着时间演化，它们的时空密度分布不再保持关于峰值位置 $(0,0)$ 点对称。在相互作用区，两者的叠加产生了一个二阶怪波，这与标准非线性薛定谔方程的情况一致，见图 6.1(a)。相应地，这个二阶怪波同样发生了偏转，但其峰值大小并没有发生明显改变。② 当相对相位不为零时 $(\Delta\varphi \neq 0)$，在相互作用区会再次形成一个双峰结构，峰值同样接近一阶怪波，只是这两个峰之间的距离相对于标准非线性薛定谔方程中怪波和

Kuznetsov-Ma 呼吸子的相互作用要更大。③ 对于位置偏移 $r \neq 0$ 且相对相位为零 ($\Delta\varphi = 0$) 的情况，发现其相互作用图像仍然与之前的研究相似，即 3 个峰呈环形分布且没有中心峰的“三胞胎二阶怪波”。并且 Kuznetsov-Ma 呼吸子具有速度，所有的峰均发生偏转。在这里，情形②和③中，怪波和 Kuznetsov-Ma 呼吸子的碰撞特性与图 6.1(b) 和 (c) 类似，只是怪波和呼吸子的时空具有一定的速度，故这里不再展示相关图像。

这些结果表明，高阶效应会使静态 Kuznetsov-Ma 呼吸子和怪波具有一定速度，并且，在对比后发现，非线性高阶效应越强，这种速度和偏转作用就越强。但是，引入高阶效应对怪波和呼吸子相互作用所产生的结构类型和碰撞特性没有显著影响。根据之前对呼吸子的介绍，只要选择合适的谱参量 λ_2，就可以给出怪波与 Akhmediev 呼吸子相互作用的解析解。研究发现，对于一阶怪波与 Akhmediev 呼吸子的相互作用，前面得到的结论同样适用。

类似地，运用 (6.1.11) 式可以给出在含有高阶效应的非线性薛定谔方程下，N 阶怪波和一个呼吸子相互作用的通解形式，可以用来系统地研究 N 阶怪波和一个呼吸子之间的相互作用，这里不再一一展示，读者也可参考 6.1 节的分析方法进行相关研究。

孤子与怪波相互作用 正如在相图 5.19 中所看到的，当高阶效应存在时，可存在的局域波种类很多，这与标准非线性薛定谔方程截然不同，特别是孤子的存在可极大地丰富相互作用情景。也就是说，通过让参数满高阶效应下平面波背景上孤子 (W 形孤子和反暗孤子) 的激发条件，将能够得到孤子和怪波，以及孤子和呼吸子等相互作用的解，这在标准非线性薛定谔方程下是无法做到的。通过在之前的研究已经知道，反暗孤子可以看作是 Kuznetsov-Ma 呼吸子的一种极限情况，即我们只需要取适当的参数，就可以得到反暗孤子。应当指出的是，W 形孤子也是 Kuznetsov-Ma 呼吸子的一种极限情况 [3]。其中，W 形孤子和反暗孤子可以通过调节相对相位发生转换。根据第 5 章中表 5.2 中四阶非线性薛定谔模型中几种基本非线性波的激发条件，当参数 λ_2 的设置满足 $\left(k+\dfrac{\beta}{4\gamma}\right)^2 - 2\left(h_2^2 - s^2\right)/3 = \dfrac{\beta^2}{16^2} + \dfrac{1}{12\gamma} + s^2$ 时，通过解(6.2.14)式可以得到一阶怪波与孤子的相互作用，如图 6.4(b) 和 (c) 所示。

对于怪波和反暗孤子发生碰撞时，见图 6.4(b)，两者在碰撞中心形成了一个极大峰值，同时，怪波结构的基本结构发生了显著扭曲，在碰撞中心两侧形成了两个波包结构，它们在演化很短的时间后消失了；而反暗孤子在碰撞后逐渐恢复到了初始状态。更有趣的是，当给该反暗孤子增加 $\pi/2$ 的常相位时，它就变成了一个明显的 W 形孤子。此时，观察到的是 W 形孤子与怪波发生碰撞。由图 6.4(c)

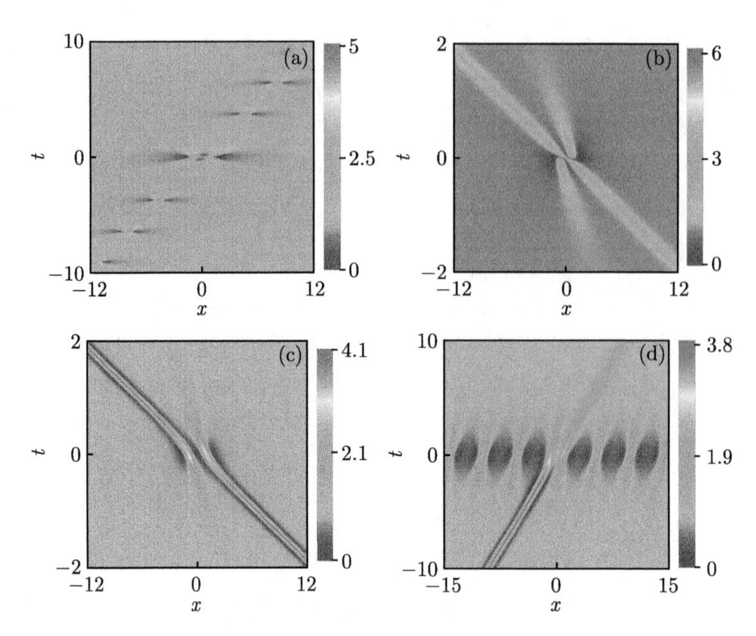

图 6.4 含高阶效应非线性薛定谔模型中，不同局域波之间相互作用的时空密度分布图。(a) 一阶怪波与 Kuznetsov-Ma 呼吸子的碰撞；(b) 一阶怪波与反暗孤子的碰撞；(c) 一阶怪波与 W 形孤子的碰撞；(d) Akhmediev 呼吸子与 W 形孤子的碰撞。具体参数设置：(a) $\beta=0.2,\gamma=0.3,s=1,k=0,h_1=1,h_2=1.03,r=0,\Delta\varphi=0$; (b) $\beta=\dfrac{1}{6},\gamma=-\dfrac{5+\sqrt{5}}{48},k=1.5,s=1,h_1=1,h_2=\dfrac{1}{2}\sqrt{\dfrac{1}{10}(85+6\sqrt{5})},r=0,\Delta\varphi=0$; (c) $\Delta\varphi=\dfrac{\pi}{2}$, 其他参数与图 (b) 相同; (d) $\beta=\dfrac{1}{12},\gamma=-\dfrac{1}{22},k=0,s=1,h_1=\dfrac{5}{7},h_2=\dfrac{3}{2},r=\dfrac{1}{2},\Delta\varphi=\dfrac{\pi}{4}$(彩图见封底二维码)

可见，这两者之间的碰撞现象显著区别于前者。这种情形下，在相互作用过程中，不仅怪波结构不复存在，而且 W 形孤子也被劈裂。待两者的相互作用结束后，W 形孤子才慢慢回到初始状态。这些有趣的现象在标准的非线性薛定谔系统性是不存在的。

孤子与呼吸子相互作用 此外，也可以在这个模型中观察到呼吸子与孤子的相互作用。只需要在达布变换过程中，注意在第一次迭代时也不做展开，即在双局域波解(6.2.14)式中，关于 $\phi_2^{[1]}$ 的表达式(6.2.15)改写为

$$\phi_2^{[1]}=\left[\lambda_2-\lambda_1^*+(\lambda_1^*-\lambda_1)\frac{\psi_1\psi_1^\dagger}{\psi_1^\dagger\psi_1}\right]\psi_2 \tag{6.2.16}$$

这里，ψ_1 的表达式即为(6.2.7)式中 $\lambda_1=\mathrm{i}sh_1-\dfrac{k}{2}$ 的形式。再根据相图 5.19 中基本局域波的激发条件，就可以观察到 Akhmediev 呼吸子、Kuznetsov-Ma 呼吸

子、反暗孤子、W 形孤子等两两之间的相互作用。其中，呼吸子和呼吸子之间的碰撞在标量薛定谔方程中也可以存在，相关的现象是类似的。而孤子和呼吸子之间的碰撞可以表现出一些新奇的动力行为，比如孤子和 Akhmediev 呼吸子的非弹性碰撞。作为一个例子，这里展示了 W 形孤子和 Akhmediev 呼吸子的相互作用，如图 6.4(d) 所示。从图中可以看出，在碰撞后，W 形孤子变成了一个反暗孤子，与图 6.4(c) 中 W 形孤子与怪波的碰撞形成了非常显著的对比。分析发现，这是因为 Akhmediev 呼吸子的初态和末态之间存在着一个相位差，但怪波的始末相位是相同的。这就使得孤子和 Akhmediev 呼吸子的相对相位发生了很大的变化，而孤子的剖面结构依赖于相对相位，这就导致了孤子的非碰撞行为。同理，通过改变初始常相位，也可以得到反暗孤子和 Akhmediev 呼吸子的非弹性碰撞。需要说明的是，这里的 W 形孤子和反暗孤子除了初始常相位 $\Delta\varphi$ 不同外，其他的激发条件是一样的，这导致无法得到反暗孤子和 W 形孤子的碰撞。

本节，根据相图 5.19 中基本局域波的激发条件，找到存在于这一模型中丰富的非线性局域波，并且成功地用达布变换得到了它们的相互作用解析解。高阶效应的存在会改变局域波的演化速度，在这样的情况下，无论是怪波还是 Kuznetsov-Ma 呼吸子或 Akhmediev 呼吸子，都将失去其在空间分布方向上的对称结构，这不同于标准非线性薛定谔方程中的相关情形。对于不含孤子的碰撞过程，高阶效应不会对局域波的碰撞性质产生影响，它们的相互作用规律跟标准非线性薛定谔方程下得到的结果类似，比如呼吸子和怪波的相互作用。有趣的是，在高阶效应下，碰撞可以导致反暗孤子和 W 形孤子之间的态转换。这些结果能够为实验中不同局域波相互作用的激发提供一定的理论参考。

6.3 矢量孤子与呼吸子或怪波相互作用

通常情况下，呼吸子存在于平面波背景上，而亮孤子存在于零背景上、暗孤子存在于原子间排斥相互作用的模型中。亮孤子或者暗孤子都是不能够单独与呼吸子共存的，但是在一些耦合模型中，可以使亮–暗孤子与呼吸子同时存在。这就为观察孤子与呼吸子之间的相互作用提供了很好的平台。这里观察到孤子、怪波及呼吸子直接的有趣作用，并理论上给出了反眼状怪波严格的解析解[12]。这一节将分别从孤子–呼吸子之间的相互作用，孤子–怪波之间的相互作用，以及呼吸子–怪波之间的相互作用三个方面来讲述不同种类的非线性局域波相互作用时所产生的新奇动力学。

对于耦合非线性薛定谔方程：

$$\mathrm{i}\frac{\partial\psi_1}{\partial t}=-\frac{\partial^2\psi_1}{\partial x^2}+2g(|\psi_1|^2+|\psi_2|^2)\psi_1 \tag{6.3.1}$$

$$\mathrm{i}\frac{\partial \psi_2}{\partial t} = -\frac{\partial^2 \psi_2}{\partial x^2} + 2(|\psi_1|^2 + |\psi_2|^2)\psi_2 \tag{6.3.2}$$

已经在第 2 章中详细地介绍了如何通过达布变换给出其中描述不同非线性局域波相互作用的解析解 ψ_1, ψ_2:

$$\psi_1 = \psi_1^{[0]} - \frac{1}{\sqrt{g}} \frac{\mathrm{i}(\lambda - \lambda^*)\Phi_1 \Phi_2^*}{|\Phi_1|^2 + |\Phi_2|^2 + |\Phi_3|^2} \tag{6.3.3}$$

$$\psi_2 = \psi_2^{[0]} - \frac{1}{\sqrt{g}} \frac{\mathrm{i}(\lambda - \lambda^*)\Phi_1 \Phi_3^*}{|\Phi_1|^2 + |\Phi_2|^2 + |\Phi_3|^2} \tag{6.3.4}$$

其中，$\psi_1^{[0]} = s_1 \mathrm{e}^{\mathrm{i}\theta_1}$, $\psi_2^{[0]} = s_2 \mathrm{e}^{\mathrm{i}\theta_2}$。这里

$$\theta_1 = k_1 x + [2g(s_1^2 + s_2^2) - \mathrm{i}k_1^2]t$$
$$\theta_2 = k_2 x + [2g(s_1^2 + s_2^2) - \mathrm{i}k_2^2]t$$

和

$$\Phi_1 = (\phi_1 + \phi_2 + \phi_3) \times \exp\left[\frac{1}{3}(\theta_1 + \theta_2)\right]$$
$$\Phi_2 = \sqrt{g}s_1 \left(-\frac{\phi_1}{\tau_1 - b} - \frac{\phi_2}{\tau_2 - b} - \frac{\phi_3}{\tau_3 - b}\right) \times \exp\left[\frac{1}{3}(\theta_2 - 2\theta_1)\right]$$
$$\Phi_3 = \sqrt{g}s_2 \left(-\frac{\phi_1}{\tau_1 - c} - \frac{\phi_2}{\tau_2 - c} - \frac{\phi_3}{\tau_3 - c}\right) \times \exp\left[\frac{1}{3}(\theta_1 - 2\theta_2)\right]$$

式中，

$$\phi_1 = A_1 \exp[\tau_1 x + \mathrm{i}\tau_1^2 t + 2(\lambda - k_1 - k_2)\tau_1 t/3 + F(t)]$$
$$\phi_2 = A_2 \exp[\tau_2 x + \mathrm{i}\tau_2^2 t + 2(\lambda - k_1 - k_2)\tau_2 t/3 + F(t)]$$
$$\phi_3 = A_3 \exp[\tau_3 x + \mathrm{i}\tau_3^2 t + 2(\lambda - k_1 - k_2)\tau_3 t/3 + F(t)]$$

以及

$$a = \frac{2\mathrm{i}\lambda}{3} + \frac{\mathrm{i}}{3}(k_1 + k_2), \quad b = \frac{\mathrm{i}\lambda}{3} + \frac{\mathrm{i}}{3}(2k_1 - k_2), \quad c = \frac{\mathrm{i}\lambda}{3} + \frac{\mathrm{i}}{3}(2k_2 - k_1)$$

这里，$\lambda = a_0 + \mathrm{i}b_0$，$F(t) = 2\mathrm{i}/9\,[\lambda^2 + (k_1 + k_2)\lambda + k_1^2 + k_2^2 - k_1 k_2 + 3g\,(s_1^2 + s_2^2)]\,t$。参数 s_1、s_2 是非线性局域波的背景振幅，a_0、b_0、$A_j (j = 1, 2, 3)$ 是与非线性波的初始位置、速度、形状等相关的实参数。那么以上是关于孤子、呼吸子的通解形式。它可以在不同的具体条件下，用来描述亮–暗孤子、呼吸子–呼吸子、亮–暗孤子/呼吸子等。

根据本征值的三个根 τ_j $(j=1,2,3)$ 的不同情形，对应着不同的非线性波激发。其中当这三个根都不相同时，可以得到亮–暗孤子与 Akhmediev 呼吸子相互作用的情景；当出现两重根时，可以得到亮–暗孤子与怪波相互作用以及 Akhmediev 呼吸子与怪波相互作用的情景。特别地，只需利用 $\psi_1^{[0]}=\psi_2^{[0]}=0$，就可直接给出亮–亮孤子解。基于这个较一般的通解形式，可以方便地研究在不同的背景上的非线性波动力学。可以发现，在非零背景上的局域波种类远多于之前的零背景上的情况。

孤子与呼吸子相互作用 从其中的第一种情况，即 τ_j $(j=1,2,3)$ 都不相同时，开始介绍亮–暗孤子与呼吸子之间的相互作用。当 $s_1\to 0$ 和 $s_2\neq 0$ 时，表示第一组分中的平面波背景趋于零背景，则其上可以存在一个亮孤子，而另一组分则保持平面波背景，其上可以有呼吸子及暗孤子存在。此时我们的通解可以用来描述亮–暗孤子与 Akhmediev 呼吸子之间的相互作用，如图 6.5 所示，它们的相互作用不再是简单的弹性碰撞。在图 6.5(a) 中，可以看到组分 ψ_1 中由于背景振幅近似为 0，所以只能观察到亮孤子而观察不到 Akhmediev 呼吸子的存在，这个亮孤子被另一组分中的 Akhmediev 呼吸子密度分布给反弹回来。考虑到组分间相互作用的存在，可以认为，组分 ψ_2 中的 Akhmediev 呼吸子的密度分布在组分 ψ_1 中扮演了一个周期性势垒的角色，这样有助于更方便地理解为什么亮孤子被反弹回来。

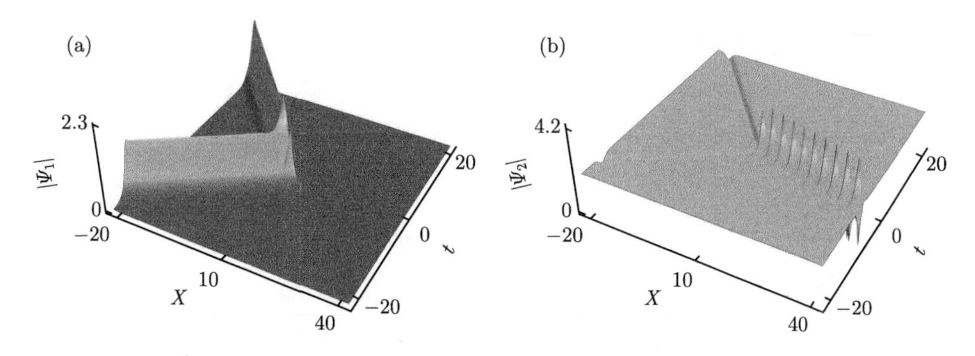

图 6.5 矢量孤子与 Akhmediev 呼吸子相互作用演化图。(a) 是 ψ_1 组分中的亮孤子演化，由于背景振幅几乎为 0，难以观察到 Akhmediev 呼吸子；(b) 是 ψ_2 组分中的暗孤子和 Akhmediev 呼吸子，可以看到 ψ_1 组分中的亮孤子被 ψ_2 组分中的 Akhmediev 呼吸子反射回来，而 Akhmediev 呼吸子在相互作用后被抑制。具体参数设置是：$a_0=0, b_0=1.2, g=0.25, s_1=0.001, s_2=2, A_1=1, A_2=4, A_3=3, k_1=-0.5$, $k_2=0.5$

对应地，在图 6.5(b) 中可以看到在组分 ψ_2 中，平面波背景上有一个暗孤子与 Akhmediev 呼吸子的碰撞，暗孤子同样被反弹。并且可以观察到，Akhmediev 呼吸子在与孤子的碰撞相互作用下被抑制。事实上，这种碰撞不只可以弹性碰撞，也能够存在暗孤子与呼吸子的聚变或裂变效应。我们将在以后的研究中重点研究相关性质及规律。它们可以被用来对孤子和呼吸子进行操控。考虑到暗孤子跟亮–暗孤子的相互作用已经被实验观测到，我们相信这里的非线性波之间的相互作用也可以在相关的实验研究中被观察到。

特别地，当 $s_1 \neq 0$、$s_2 \neq 0$ 时，还可以看到多种呼吸子出现在该耦合系统中。例如，可以分别在两组分中看到，一个呼吸子与另一个呼吸子碰撞后被弹回，并且其形状发生很大的变化。也可以得到呼吸子之间聚变或裂变反应，即两个形状不同的呼吸子通过碰撞可以形成新的性质的呼吸子。反过来，也可以看到一个呼吸子在某个位置，忽然裂变为两个不同的呼吸子。这些情况将在呼吸子之间的作用部分进行讨论。

孤子与怪波相互作用　对于耦合非线性薛定谔方程的非线性局域波相互作用的解析解 ψ_1, ψ_2，当 τ 有一对重根时，即 $\tau_1 = -2\tau_2$ 和 $\tau_2 = \tau_3$，这将对 Lax 对中的谱参量 λ 有了具体的要求。物理上，即对激发信号的形式提出了一定的要求。这一点跟标量怪波的研究类似，因为标量怪波也只是对激发信号提出了要求。这里的要求体现在下面关于 λ 的方程：

$$\begin{aligned}&[3(k_1+k_2)^2+4(C-A)]\lambda^4+[4(k_1+k_2)^3+(k_1+k_2)(8C-6A)-4B]\lambda^3\\&+[4(k_1+k_2)^2C+4C^2/3-A^2-6(k_1+k_2)B]\lambda^2\\&+[4(k_1+k_2)C^2/3-2AB]\lambda+\frac{4C^3}{27}-B^2=0\end{aligned}\tag{6.3.5}$$

其中，

$$\begin{aligned}A&=2(2k_1-k_2)(2k_2-k_1)+(k_1+k_2)^2+9g(s_1^2+s_2^2)\\B&=(k_1+k_2)(2k_1-k_2)(2k_2-k_1)+9g[s_1^2(2k_2-k_1)+s_2^2(2k_1-k_2)]\\C&=(k_1+k_2)^2-(2k_1-k_2)(2k_2-k_1)+9g(s_1^2+s_2^2)\end{aligned}$$

在这些条件下，Lax 对的本征值解为

$$\begin{aligned}\tau_1&=-2\tau_2\\\tau_2&=\tau_3=\frac{H_1(\lambda)}{H_2(\lambda)}\end{aligned}\tag{6.3.6}$$

其中，

$$\begin{aligned}H_1(\lambda)=\mathrm{i}\{&2\lambda^3+3(k_1+k_2)\lambda^2+[2(2k_1-k_2)(2k_2-k_1)+(k_1+k_2)^2+9g(s_1^2+s_2^2)]\lambda\\&+9gs_2^2(2k_1-k_2)+9gs_1^2(2k_2-k_1)+(k_1+k_2)(2k_1-k_2)(2k_2-k_1)\}\end{aligned}$$

$$H_2(\lambda) = 6\lambda^2 + 6(k_1 + k_2)\lambda + 2(k_1 + k_2)^2 - 2(2k_1 - k_2)(2k_2 - k_1) + 18g(s_1^2 + s_2^2)$$

这样可以解得 Lax 对的本征矢，进而利用前面的达布变换(6.3.3)式可以给出相关的非线性波解，

$$\psi_1 = \psi_1^{[0]} - \frac{1}{\sqrt{g_1}} \frac{\mathrm{i}(\lambda - \lambda^*)\varPhi_1 \varPhi_2^*}{|\varPhi_1|^2 + |\varPhi_2|^2 + |\varPhi_3|^2} \tag{6.3.7}$$

$$\psi_2 = \psi_2^{[0]} - \frac{1}{\sqrt{g_2}} \frac{\mathrm{i}(\lambda - \lambda^*)\varPhi_1 \varPhi_3^*}{|\varPhi_1|^2 + |\varPhi_2|^2 + |\varPhi_3|^2} \tag{6.3.8}$$

其中，

$$\varPhi_1 = [\phi_1 + \phi_2 + \phi_3] \times \exp\left[\frac{\mathrm{i}}{3}(\theta_1 + \theta_2)\right] \tag{6.3.9}$$

$$\begin{aligned}\varPhi_2 = & -\sqrt{g}s_1 \left[\frac{1}{\tau_1 - \mathrm{i}\lambda/3 - \mathrm{i}(2k_1 - k_2)/3}\phi_1 + \frac{1}{\tau_2 - \mathrm{i}\lambda/3 - \mathrm{i}(2k_1 - k_2)/3}\phi_2\right. \\ & \left.+ \frac{1 - \frac{1}{\tau_2 - \mathrm{i}\lambda/3 - \mathrm{i}(2k_1 - k_2)/3}}{\tau_2 - \mathrm{i}\lambda/3 - \mathrm{i}(2k_1 - k_2)/3}\phi_3\right] \times \exp\left[\frac{\mathrm{i}}{3}(\theta_2 - 2\theta_1)\right]\end{aligned} \tag{6.3.10}$$

$$\begin{aligned}\varPhi_3 = & -\sqrt{g}s_2 \left[\frac{1}{\tau_1 - \mathrm{i}\lambda/3 - \mathrm{i}(2k_2 - k_1)/3}\phi_1 + \frac{1}{\tau_2 - \mathrm{i}\lambda/3 - \mathrm{i}(2k_2 - k_1)/3}\phi_2\right. \\ & \left.+ \frac{1 - \frac{1}{\tau_2 - \mathrm{i}\lambda/3 - \mathrm{i}(2k_2 - k_1)/3}}{\tau_2 - \mathrm{i}\lambda/3 - \mathrm{i}(2k_2 - k_1)/3}\phi_3\right] \times \exp\left[\frac{\mathrm{i}}{3}(\theta_1 - 2\theta_2)\right]\end{aligned} \tag{6.3.11}$$

以及

$$\begin{aligned}\phi_1 &= A_1 \exp[\tau_1 x + \mathrm{i}\tau_1^2 t + 2(\lambda - k_1 - k_2)\tau_1 t/3] \\ \phi_2 &= [A_3 x + 2\mathrm{i}A_3\tau_2 t + 2/3A_3(\lambda - k_1 - k_2)t + A_2] \\ &\quad \times \exp[\tau_2 x + \mathrm{i}\tau_2^2 t + 2(\lambda - k_1 - k_2)\tau_2 t/3] \\ \phi_3 &= A_3 \exp[\tau_2 x + \mathrm{i}\tau_2^2 t + 2(\lambda - k_1 - k_2)\tau_2 t/3]\end{aligned}$$

可以看到这个解部分含有指数表达式，部分含有有理表达式。它可以被看成半有理形式。对应描述了有怪波出现，且伴随着有其他非线性局域波，诸如孤子、呼吸子之类的情形。回顾前面的标量孤子、呼吸子、怪波研究，通常情况下，暗孤子跟呼吸子、怪波不能同时出现，而在这里可以；再者，呼吸子、怪波跟亮孤子由于不在同一背景上，所以也不能出现，而在耦合系统中，它们也可以共存。这些无疑为研究怪波与它们的相互作用提供了一个很好的平台。

这里以亮–暗孤子和怪波的相互作用进行具体的讨论。当两个组分中的背景振幅 $s_1 \to 0$，$s_2 > 0$ 时，可以得到亮–暗孤子与怪波的相互作用。如图 6.6(a) 所

示，可以看到，当怪波出现时，亮孤子被吸引而向怪波出现的位置靠拢了一下，同时自身形状发生一些改变。随着怪波的消失，它回复到原本的形状并继续传播。类似地，如图 6.6(b) 所示在另一组分中的暗孤子也表现了这一性质。

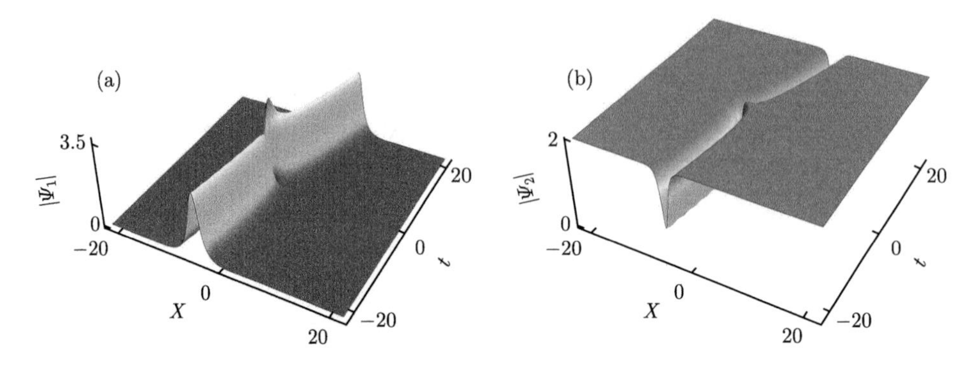

图 6.6 矢量孤子与怪波相互作用演化图。(a) ψ_1 组分中的亮孤子和怪波相互作用，出现一个略高的峰值；(b) ψ_2 组分中的暗孤子和怪波相互作用，可以看到当孤子靠近怪波时，亮孤子跟怪波发生了吸引作用，暗孤子跟怪波发生了弹性碰撞，也被怪波吸引而相互靠近。具体参数为：$a_0 = -0.1, b_0 = -2, g = 0.25, s_1 = 0.01, s_2 = 2, A_1 = 1, A_2 = 4, A_3 = 3, k_1 = -1$, 以及 $k_2 = 0.1$

在任意的非零背景上，只要给定对 λ 的要求，就可以得到包含怪波和其他非线性波的初始信号激发形式。这样，就可以观察怪波跟各种非线性波的相互作用了。对比之前的孤子–呼吸子相互作用情况，呼吸子在此时 τ 有一对重根的条件下成为怪波，即怪波是前面呼吸子的一个极限情况。这与标量模型中，怪波是呼吸子的极限一致。

在这一节中，由于耦合模型中亮–暗孤子的存在，观察到了孤子与呼吸子和怪波的相互作用图像，这是在标量模型中难以做到的。而且这些相互作用是非平庸的，如孤子可以被 Akhmediev 呼吸子反弹，同时它将对 Akhmediev 呼吸子起到抑制作用等新奇的现象，这带来了全新的物理图像。

6.4 对粒子转换效应诱发的局域波相互作用

第 3 章介绍了含有对粒子转换作用的非线性方程，其解析解可以表达为两个标量非线性薛定谔方程解的线性叠加，过去的研究已经对若干常见局域波进行了研究 [13–15]，这一模型为研究不同非线性局域波之间相互作用提供了一个良好的工具。需要指出的是，由于线性叠加，这种相互作用并不受到非线性波共存条件的限制，也就是说，可以在这里直接给出亮孤子与呼吸子进行相互作用。下面详细地介绍如何构造相互作用解。

对于含有对粒子转换作用的矢量非线性薛定谔方程

$$\mathrm{i}\psi_{1,t} + \frac{1}{2}\psi_{1,xx} + (|\psi_1|^2 + 2|\psi_2|^2)\psi_1 + \psi_2^2\psi_1^* = 0 \tag{6.4.1}$$

$$\mathrm{i}\psi_{2,t} + \frac{1}{2}\psi_{2,xx} + (2|\psi_1|^2 + |\psi_2|^2)\psi_2 + \psi_1^2\psi_2^* = 0 \tag{6.4.2}$$

其中，上标 * 表示复共轭；$\psi_1 = (q_1 + q_2)/2$，$\psi_2 = (q_1 - q_2)/2$，这里 q_1 和 q_2 均为标量非线性薛定谔方程 $\mathrm{i}q_t + \frac{1}{2}q_{xx} + |q|^2 q = 0$ 的解。令 q_1 为一个亮孤子解

$$q_1 = w\ \mathrm{sech}[w(x - vt)]\mathrm{e}^{\mathrm{i}[vx - \frac{1}{2}(v^2 - w^2)t]} \tag{6.4.3}$$

其中，v 和 w 分别控制孤子的速度和宽度；再分别令 q_2 为怪波解、Kuznetsov-Ma 呼吸子解和 Akhmediev 呼吸子解，即可得到亮孤子与这三种局域波相互作用的图像。

孤子与怪波相互作用 首先令 q_2 为一个在前文中已经给出的怪波解：

$$q_2 = \frac{s(3 + 8\mathrm{i}t - 4t^2 - 4x^2)}{1 + 4t^2 + 4x^2}\mathrm{e}^{\mathrm{i}\left[kx + \left(s^2 - \frac{k}{2}\right)t\right]} \tag{6.4.4}$$

此时可以画出相互作用图像，如图 6.7 所示。在 ψ_1 组分中可以看到一个类似于有两个谷的暗孤子稳定传输，在怪波的位置有一个类似怪波的峰值出现，然后迅速消失，之后回复原本的形状继续传输。这个峰值小于通常怪波的峰值。而在 ψ_2 组分中则观察到一个反暗孤子的结构在怪波位置突然变为一个双谷的凹陷再回复原状。在这个相互作用过程中，由于对转换作用的存在，ψ_2 组分中的粒子先成对地转换到 ψ_1 组分中形成峰–凹陷结构，再迅速成对地转换回到 ψ_2 组分。

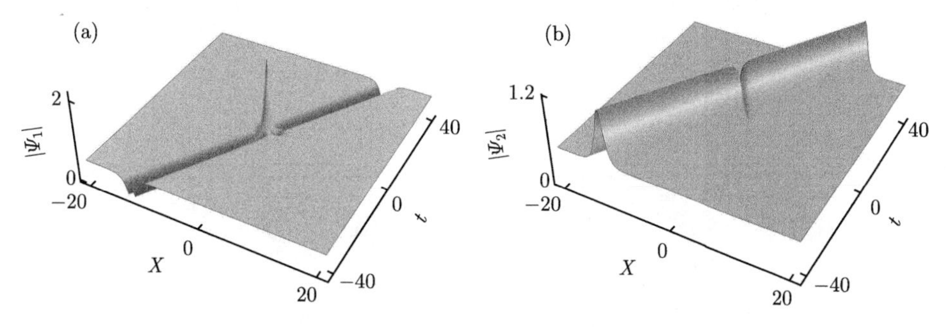

图 6.7 对转换系统中孤子与怪波相互作用演化图。(a) 是 ψ_1 组分中的孤子演化，在相互作用区产生类似怪波的峰；(b) 是 ψ_2 组分中的反暗孤子和怪波作用产生凹陷。具体参数设置是：$v = 0.3, w = \sqrt{2}, s = 1, k = 0.3$

孤子与呼吸子相互作用 接下来令 q_2 为一个呼吸子解：

$$q_2 = q_0 + 2(\lambda^* - \lambda)(P)_{21} \tag{6.4.5}$$

其中，

$$q_0 = s\,\mathrm{e}^{\mathrm{i}\theta}, \quad \theta = kx + \left(s^2 - \frac{1}{2}k^2\right)t, \quad P = \frac{\boldsymbol{\phi}\boldsymbol{\phi}^\dagger}{\boldsymbol{\phi}^\dagger\boldsymbol{\phi}}, \quad \boldsymbol{\phi} = (\phi_1 \quad \phi_2)^\top$$

$$\phi_1 = \mathrm{i}(C_1\mathrm{e}^{A} - C_2\mathrm{e}^{-A})\mathrm{e}^{-\frac{1}{2}\theta}, \quad \phi_2 = (C_2\mathrm{e}^{A} - C_1\mathrm{e}^{-A})\mathrm{e}^{\frac{1}{2}\theta}$$

$$A = \tau(x + \lambda t), \quad C_1 = \frac{\sqrt{-\mathrm{i}\lambda - \tau}}{\tau}, \quad C_2 = \frac{\sqrt{-\mathrm{i}\lambda + \tau}}{\tau}, \quad \tau = \sqrt{-1-\lambda^2}$$

通过对谱参量 λ 的选择，可以使其为一个 Kuznetsov-Ma 呼吸子解或 Akhmediev 呼吸子解。

首先观察亮孤子与 Kuznetsov-Ma 呼吸子的相互作用。如图 6.8(a) 和 (b) 所示，在相互作用区它们的作用图像与孤子和怪波的相互作用完全一样，因为 Kuznetsov-Ma 呼吸子的一个基本单元是怪波。而在不发生相互作用的区域中，孤子和 Kuznetsov-Ma 呼吸子完全不影响对方，都保持其自身的特性传输。特别地，在图 6.8(c) 和 (d) 中我们可以发现，当孤子与 Kuznetsov-Ma 呼吸子完全重合 (速度相同且没有位置偏移) 时，将在 ψ_1 组分中看到类似怪波的结构周期性出现，而

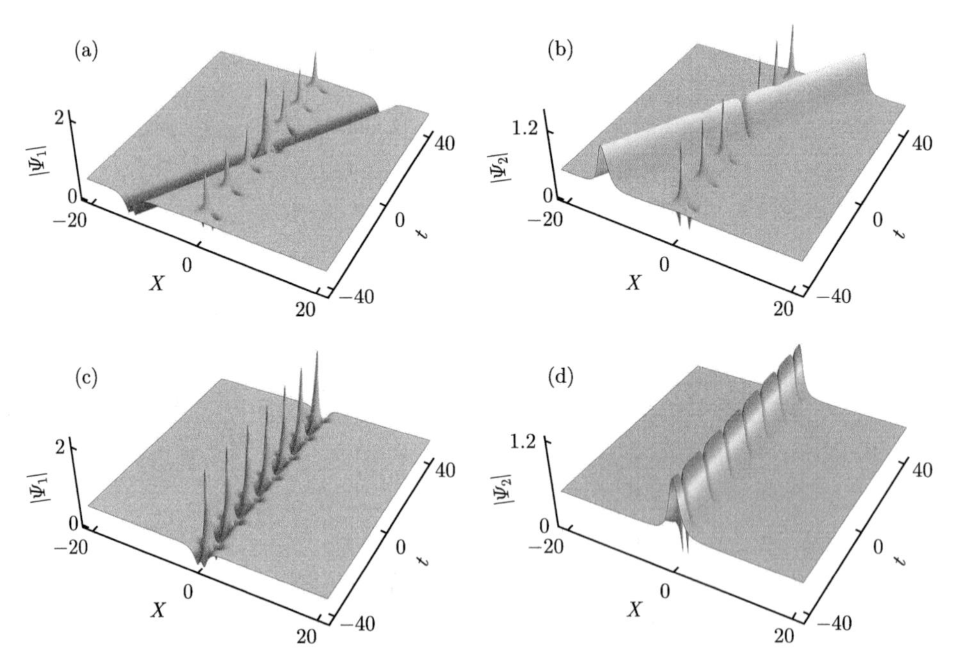

图 6.8 对转换系统中孤子与 Kuznetsov-Ma 呼吸子相互作用演化图。(a) 和 (b) 是孤子与呼吸子不重合的情况，在相互作用区的图像跟孤子与怪波发生相互作用时极为相似，参数 $v = 0.3, k = 0.3$；(c) 和 (d) 是孤子与呼吸子重合的情况，参数 $v = 0, k = 0$。其他参数设置是：$w = \sqrt{2}, s = 1, \lambda = 1.03\mathrm{i}$

ψ_2 组分中反暗孤子则周期性地出现双谷的凹陷。同理，孤子与 Akhmediev 呼吸子的相互作用将呈现出一样的峰–凹陷结构，但不能出现周期性的相互作用，因为 Akhmediev 呼吸子在空间分布而非时间演化上周期。

怪波与呼吸子相互作用 如果让 q_1 为一个怪波解，q_2 为一个呼吸子解，则可以看到对转换模型中怪波–呼吸子之间的相互作用。图 6.9(a) 和 (b) 展示的是怪波与 Kuznetsov-Ma 呼吸子的作用情况，发现 ψ_1 组分中，在相互作用区出现的是一个怪波形结构而不是二阶怪波，其原因是在这里怪波与 Kuznetsov-Ma 呼吸子线性叠加。非相互作用区域中出现周期性排列的双谷结构，这是在过去的研究中没有被观察到的局域结构。相对应地，在 ψ_2 组分中，怪波和 Kuznetsov-Ma 呼吸子在相互作用区“抵消”，$|\psi_2|^2$ 趋于零。而非相互作用区域则呈现出仅有单个峰、没有谷存在的结构，类似于一个周期性出现又消失的亮孤子。类似的行为也可以在怪波与 Akhmediev 呼吸子作用的情景下被观察到，如图 6.9(c) 和 (d) 所示，在相互作用区，ψ_1 和 ψ_2 组分分别呈现出线性叠加和“抵消”现象，非相互

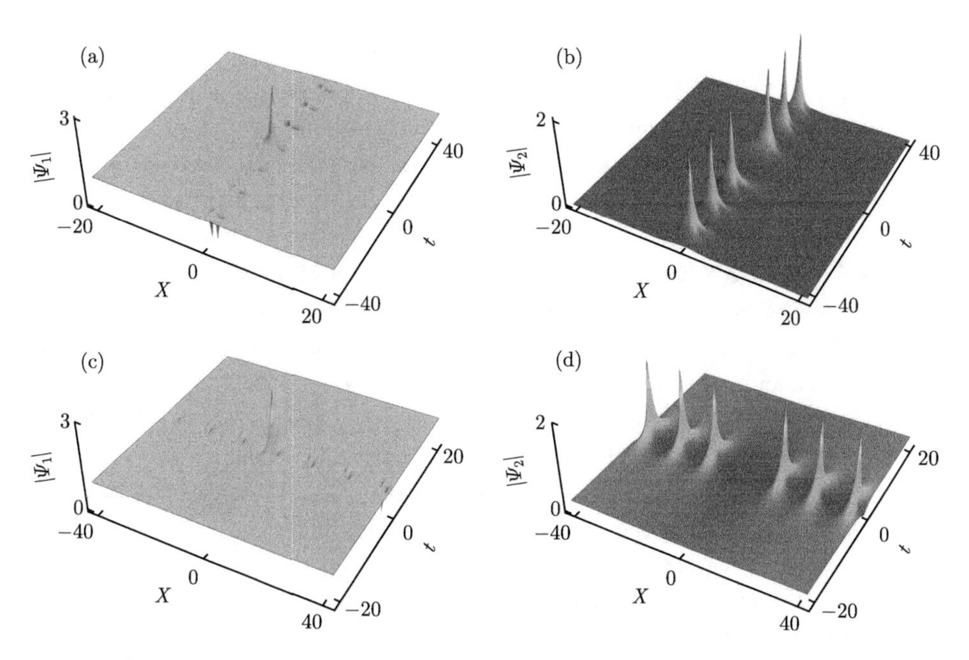

图 6.9 对转换系统中怪波与 Kuznetsov-Ma 及 Akhmediev 呼吸子相互作用演化图。(a) 和 (b) 是怪波与 Kuznetsov-Ma 呼吸子作用，在相互作用区产生一个怪波，在非相互作用区，ψ_1 和 ψ_2 组分中分别有时间演化上周期存在的双谷和零背景上的单峰结构，参数 $b = 1.03$；(c) 和 (d) 是怪波与 Akhmediev 呼吸子作用，同样在相互作用区产生一个怪波，在非相互作用区，ψ_1 和 ψ_2 组分中分别有空间分布上周期存在的双谷和平面波背景上的峰–谷交替结构，参数 $b = 0.97$。其他参数设置是：$s = 1, k = 0, \lambda = \mathrm{i}$

作用区分别存在双谷结构和单峰结构，此时它们周期地排列在空间分布方向。不同的是，此时 ψ_2 组分的背景振幅不为零，单峰结构的形状类似于反暗孤子且与谷交替出现。

本节简介了对转换效应诱发的不同局域波线性作用的情况。首先给出了孤子、怪波和呼吸子叠加的解，然后在此基础上观察了它们之间的相互作用。怪波或者呼吸子与孤子的相互作用会在作用区产生一个振幅低于一般怪波的峰，相应地使孤子出现一个双谷凹陷。在非相互作用区则没有明显的区别；怪波与 Kuznetsov-Ma(Akhmediev) 呼吸子的相互作用则是在相互作用区一个组分呈现标准的怪波，另一个组分相互“抵消”。在非相互作用区，观察到一些过去不曾见到的局域结构，如平面波背景上周期性排列的双谷结构同时在另一组分中对应看到单峰 (峰–谷交替) 结构。需要指出的是，对粒子转换效应打开了粒子在两组分间相互转换的通道，在以上相互作用情景中都存在粒子的转换，即随着相互作用的发生，两个组分的粒子数分别在发生变化，但总粒子数守恒。

参 考 文 献

[1] Zhao L C, Ling L, Yang Z Y, et al. Properties of the temporal-spatial interference pattern during soliton interaction[J]. Nonlinear Dynamics, 2016, 83(1): 659-665.

[2] Zhao L C, Ling L. Quantitative relations between modulational instability and several well-known nonlinear excitations[J]. Journal of the Optical Society of America B, 2016, 33(5): 850-856.

[3] Duan L, Yang Z Y, Gao P, et al. Excitation conditions of several fundamental nonlinear waves on continuous-wave background[J]. Physical Review E, 2019, 99(1): 012216.

[4] Guo B, Ling L, Liu Q P. Nonlinear Schrödinger equation: generalized Darboux transformation and rogue wave solutions[J]. Physical Review E, 2012, 85(2): 026607.

[5] Ling L, Zhao L C. Simple determinant representation for rogue waves of the nonlinear Schrödinger equation[J]. Physical Review E, 2013, 88(4): 043201.

[6] Liu X S, Zhao L C, Duan L, et al. Interaction between breathers and rogue waves in a nonlinear optical fiber[J]. Chinese Physics Letters, 2018, 35(2): 020501.

[7] Akhmediev N, Soto-Crespo J M, Ankiewicz A. How to excite a rogue wave[J]. Physical Review A, 2009, 80(4): 043818.

[8] He J S, Zhang H R, Wang L H, et al. Generating mechanism for higher-order rogue waves[J]. Physical Review E, 2013, 87(5): 052914.

[9] Ankiewicz A, Kedziora D J, Akhmediev N. Rogue wave triplets[J]. Physics Letters A, 2011, 375(28-29): 2782-2785.

[10] Kedziora D J, Ankiewicz A, Akhmediev N. Classifying the hierarchy of nonlinear-Schrödinger-equation rogue-wave solutions[J]. Physical Review E, 2013, 88(1): 013207.

[11] Kedziora D J, Ankiewicz A, Akhmediev N. Circular rogue wave clusters[J]. Physical Review E, 2011, 84(5): 056611.

[12] Zhao L C, Liu J. Localized nonlinear waves in a two-mode nonlinear fiber[J]. Journal of the Optical Society of America B, 2012, 29(11): 3119-3127.

[13] Qin Y H, Zhao L C, Yang Z Y, et al. Several localized waves induced by linear interference between a nonlinear plane wave and bright solitons[J]. Chaos: An Interdisciplinary Journal of Nonlinear Science, 2018, 28(1): 013111.

[14] Xu H X, Yang Z Y, Zhao L C, et al. Breathers and solitons on two different backgrounds in a generalized coupled Hirota system with four wave mixing[J]. Physics Letters A, 2018, 382(26): 1738-1744.

[15] Meng L Z, Qin Y H, Zhao L C, et al. Domain walls and their interactions in a two-component Bose-Einstein condensate[J]. Chinese Physics B, 2019, 28(6): 060502.

第 7 章 玻色–爱因斯坦凝聚中孤子的波动性质及其应用

玻色–爱因斯坦凝聚的实现为利用物质波的相干性开拓了很多新的研究领域，如原子激光、非线性原子光学、高精度孤子干涉仪等。由于玻色凝聚体中原子存在相互作用，在平均场近似下它的动力学可由非线性薛定谔方程描述。非线性效应使得解析描述孤子的波动性质较为困难。本章将基于相关物理模型的解析解，结合渐近分析技术或变分法，从理论上讨论玻色凝聚体中孤子的波动性质，如干涉、隧穿、抖动、内态跃迁和有效质量诱发的反常运动等。这些波动性质为利用孤子实现精密测量提供了一些可能的方案。特别地，在两组分玻色凝聚中报道了常力驱动自旋孤子的交流振荡现象。该现象可由非线性耦合效应诱导的特殊色散关系来理解。这些结果将激发学界更为系统地研究孤子的色散关系和有效质量。

7.1 玻色–爱因斯坦凝聚体中模型的推导

当大量的玻色子都同时占据系统能量最低的量子态时，这些粒子整体上表现为单粒子行为，具有宏观量子效应，他们可以形成一种新现象——玻色–爱因斯坦凝聚体 (BEC)。1924 年，印度物理学家玻色对光子提出玻色统计，而后爱因斯坦将其推广到带有质量的理想气体中，从而理论上预言了 BEC 的存在。1995 年，美国国家标准局和科罗拉多大学联合实验室 (JILA)、莱斯 (Rice) 大学以及麻省理工学院 (MIT) 终于在各自的实验室实现了碱金属气体原子 (^{87}Rb，^{7}Li 和 ^{23}Na) 的 BEC，验证了爱因斯坦对这种新物态的预言 [1–3]。

BEC 作为一种新物态，它的实现具有重要的理论意义和潜在的实用价值。1999 年，人们首次在具有排斥力的 BEC 中实现了暗孤子 [4]，接着又报道了暗孤子以及双分量 BEC 中的暗孤子结构 [5]。2002 年，多位科学家几乎同时在吸引的 ^{7}Li 原子 BEC 中实验观察到亮孤子 [6]。此外，在实验上也多次相继实现了 BEC 中的涡旋结构。随着在实验方面不断地观测到多种系统中的孤子，人们越来越关注孤子及其相关的物理性质 [7]。当仅仅考虑原子间两体接触相互作用的时候，凝聚体的演化便可以被 Gross-Pitaevskii(GP) 方程所描述 [8]，这就为该系统中孤子的解析研究提供了可能 [9]。

众所周知，实现 BEC 的温度是接近 0K 的。在如此低温下，原子的动量非常小，考虑德布罗意关系可以知道，原子的物质波波长会比原子相互作用程大得多。加之原子的密度和能量也很低，这使得原子间彼此靠得很近的可能性极小，因而可认为原子间的相互作用很弱。所以我们在理论模型中只需考虑两体碰撞，而略去三体及以上的多体碰撞。两粒子间的有效相互作用可以近似表示为 $g_0\delta(\boldsymbol{r}-\boldsymbol{r}')$，其中，相互作用常数正比于原子的 s 波散射长度，即 $g_0=4\pi\hbar^2a_{\rm s}/m$。这里，$\boldsymbol{r}$ 和 $\boldsymbol{r}'$ 表示两粒子的位置，$a_{\rm s}$ 表示 s 波的散射长度，$a_{\rm s}<0$ 表示吸引相互作用，$a_{\rm s}>0$ 表示排斥相互作用。在二次量子化表示中，N 个相互作用的玻色原子气体的哈密顿量能够表示为

$$\begin{aligned}\hat{H}=&\int {\rm d}\boldsymbol{r}\hat{\psi}^+(\boldsymbol{r})\left[-\frac{\hbar^2}{2m}\nabla^2+V_{\rm trap}(\boldsymbol{r})\right]\hat{\psi}(\boldsymbol{r})\\&+\frac{1}{2}\int {\rm d}\boldsymbol{r}{\rm d}\boldsymbol{r}'\hat{\psi}^+(\boldsymbol{r})\hat{\psi}^+(\boldsymbol{r}')V(\boldsymbol{r}-\boldsymbol{r}')\hat{\psi}(\boldsymbol{r}')\hat{\psi}(\boldsymbol{r}')\end{aligned}\tag{7.1.1}$$

其中，$\hat{\psi}^+(\boldsymbol{r})$ 和 $\hat{\psi}(\boldsymbol{r})$ 分别为玻色粒子的产生、湮灭算符，满足玻色对易关系

$$[\hat{\psi}^+(\boldsymbol{r}),\hat{\psi}(\boldsymbol{r})]=\delta(\boldsymbol{r}-\boldsymbol{r}')\tag{7.1.2}$$

这里，$V_{\rm trap}(\boldsymbol{r})$ 是外场囚禁势；$V(\boldsymbol{r}-\boldsymbol{r}')$ 是两体相互作用势。1947 年，博戈留波夫 (Bogoliubov) 提出了稀薄玻色气体的平均场理论，其后被 Baliaev 推广，其关键思想是将 $\hat{\psi}(\boldsymbol{r})$ 分为凝聚部分和非凝聚部分：

$$\hat{\psi}(\boldsymbol{r})=\langle\hat{\psi}(\boldsymbol{r})\rangle+\hat{\psi}'(\boldsymbol{r})\tag{7.1.3}$$

其中，

$$\langle\hat{\psi}(\boldsymbol{r})\rangle=\varPsi(\boldsymbol{r})\tag{7.1.4}$$

这里，$\varPsi(\boldsymbol{r})$ 为玻色子宏观波函数。如果系统温度极低，$\hat{\psi}'(\boldsymbol{r})$ 是小量，即非凝聚部分非常少。可以把 $\hat{\psi}'(\boldsymbol{r})$ 看成微扰，将多体哈密顿量代入海森伯方程，得到场算符满足的方程

$$\begin{aligned}{\rm i}\hbar\frac{\partial}{\partial t}\hat{\psi}(\boldsymbol{r},t)=[\hat{\psi}(\boldsymbol{r},t),\hat{H}]=&\left[-\frac{\hbar^2}{2m}\nabla^2+V_{\rm trap}(\boldsymbol{r})\right]\hat{\psi}(\boldsymbol{r},t)\\&+\int {\rm d}\boldsymbol{r}'\hat{\psi}^+(\boldsymbol{r},t)V(\boldsymbol{r}-\boldsymbol{r}')\hat{\psi}(\boldsymbol{r},t)\hat{\psi}(\boldsymbol{r},t)\end{aligned}\tag{7.1.5}$$

在实现 BEC 的条件中，原子间的相互作用起到很重要的作用，虽然原子间的相互作用很复杂，但是通过赝势法，将相互作用转变为有效作用势，可化简到只用低能相移参数来表示。在量子力学中，低能散射相移与势的形状无关，只依赖于

一个参数 a_{s}，称为散射波长，用刚球模型来处理稀薄气体原子，$V(\boldsymbol{r}-\boldsymbol{r}')$ 可以用一个有效相互作用势来表示：

$$V(\boldsymbol{r}-\boldsymbol{r}')=g_0\delta(\boldsymbol{r}-\boldsymbol{r}')+g\left[\frac{1-3\cos^2(\theta)}{|\boldsymbol{r}-\boldsymbol{r}'|^3}\right] \tag{7.1.6}$$

这里，g_0 为耦合常数，与 s 波散射长度 a_{s} 相关；$g=d^2$ 是偶极项系数，可以用来调控偶极–偶极相互作用的强弱；d 是原子的磁偶极矩；θ 表示偶极矩方向和相对位置方向之间的夹角；在不考虑具有大磁偶极矩的原子时，第二项可以忽略不计。理论表明，s 波散射长度与作用于原子的磁场有关，在一定的磁场条件下，a_{s} 可正可负，正表示排斥相互作用，负表示吸引相互作用。a_{s} 的大小和正负可以通过费希巴赫 (Feshbach) 共振技术来调节，g_0 的表达式为

$$g_0=\frac{4\pi\hbar\alpha_{\mathrm{s}}}{m} \tag{7.1.7}$$

这里，m 为玻色原子的质量。在零温极限下，所有原子都处于同一个态，忽略凝聚体的涨落，可以得到宏观波函数 $\Psi(\boldsymbol{r},t)$ 满足的方程 [8]：

$$\mathrm{i}\hbar\frac{\partial}{\partial t}\Psi(\boldsymbol{r},t)=\left[-\frac{\hbar^2}{2m}\nabla^2+V_{\mathrm{ext}}(\boldsymbol{r})+g_{3\mathrm{D}}|\Psi(\boldsymbol{r},t)|^2\right]\Psi(\boldsymbol{r},t) \tag{7.1.8}$$

GP 方程(7.1.8)式也可以写成 $\mathrm{i}\hbar\dfrac{\partial}{\partial t}\Psi=\dfrac{\delta E}{\delta\Psi^*}$，其中动力学能量守恒泛函 E 为

$$E=\int\mathrm{d}\boldsymbol{r}\left[\frac{\hbar^2}{2m}|\nabla\Psi(\boldsymbol{r},t)|^2+V_{\mathrm{ext}}|\Psi(\boldsymbol{r},t)|^2+\frac{1}{2}g_{3\mathrm{D}}|\Psi(\boldsymbol{r},t)|^4\right] \tag{7.1.9}$$

上式中，等号右边的三项分别表示动能、势能和相互作用能。

在 GP 方程(7.1.8)式中，由于散射长度 a_{s} 可以大于 0 (如铷或钠原子 BEC) 也可以小于 0 (如锂原子 BEC)，所以非线性强度 $g_{3\mathrm{D}}$ 可以取负值 (原子间存在吸引相互作用)，也可以取正值 (原子间存在排斥相互作用)。散射长度的值可通过外加磁场 B 进行控制，即费希巴赫共振技术。具体地说，在费希巴赫共振磁场 B_0 附近的散射长度为

$$a(B)=\tilde{a}\left(1-\frac{\Delta}{B-B_0}\right) \tag{7.1.10}$$

其中，$\tilde{a}$ 为远离共振的散射长度；Δ 为共振宽度；B_0 为发生共振的磁场强度。控制原子间相互作用和碰撞特性可以方便地用来激发不同类型的孤子。

在 GP 方程(7.1.8)式中外势 V_{ext} 的形式可以设为很多种，因为囚禁势可以有不同的类型，如磁阱和光阱。1995 年实验物理学家第一次在实验上获得 BEC 时

用磁场囚禁凝聚体，后来也可以将 BEC 束缚在光场中。我们这里考虑常见的谐振子磁阱情形：

$$V_{\text{ext}}(\boldsymbol{r})=\frac{1}{2}m(\omega_x^2x^2+\omega_y^2y^2+\omega_z^2z^2) \tag{7.1.11}$$

一般地，囚禁频率 ω_x，ω_y 和 ω_z 沿着三个不同的方向。因此，囚禁势和 BEC 的结构可以从各向同性变化到各向异性。特别地，当 $\omega_y=\omega_z\equiv\omega_\perp\approx\omega_x$ 时，囚禁势是各向同性的，BEC 呈现球形。当 $\omega_x\ll\omega_\perp$ (或 $\omega_\perp\ll\omega_x$) 时，表示的是各向异性，BEC 为拉长的雪茄形 (或扁平形)，用于描述准一维 BEC (或准二维 BEC)。在接近零度且相位涨落可以忽略的温度下，这种具有弱相互作用的准一维和准二维凝聚体已经在光阱、磁阱、光晶格势中实现。本章主要基于精确孤子做相关的理论分析。因此，考虑准一维的情形，即 $\omega_x\ll\omega_\perp$。下面将 GP 方程(7.1.8)从三维约化到准一维情形。

三维 GP 方程(7.1.8)式中，假设横向谐振子长度 $\ell_\perp=\sqrt{\hbar/(m\omega_\perp)}$ 比轴向谐振子长度 $\ell_x=\sqrt{\hbar/(m\omega_x)}$ 和愈合长度 $\xi=1/\sqrt{8\pi na_{\mathrm{s}}}$ 小，那么可以近似认为横向场被冻结在它们的基态，这里 n 为粒子密度。因此，如果 $\omega_x/\omega_\perp\ll1$ 及 $n\ll\dfrac{m\omega_\perp}{8\pi a_{\mathrm{s}}\hbar}$ 或 $n\ll\dfrac{1}{8\pi a_{\mathrm{s}}\ell_\perp^2}$，近似条件是合理的。可以用如下拟设：

$$\Psi(x,y,z,t)=\Psi'(x,t)\phi(y,t)\phi(z,t) \tag{7.1.12}$$

其中，ϕ 是含时谐振子基态波函数，如 $\phi(y,t)=\left(\dfrac{m\omega_y}{\pi\hbar}\right)^{\frac14}\exp\left(-\dfrac{m\omega_y}{\hbar}y^2/2\right)\exp(-\mathrm{i}\omega_yt/2)$。将这一假设代入 GP 方程(7.1.8)式中，可得

$$\begin{aligned}&\left[\mathrm{i}\hbar\frac{\partial\Psi'(x,t)}{\partial t}+\omega_\perp\Psi'(x,t)\right]\Phi(y,z)\\&=-\frac{\hbar^2}{2m}\left[\frac{\partial^2\Psi'(x,t)}{\partial x^2}\Phi(y,z)+\Psi'(x,t)\left(\frac{\partial^2\Phi(y,z)}{\partial y^2}+\frac{\partial^2\Phi(y,z)}{\partial z^2}\right)\right]\\&\quad+\frac{1}{2}m[\omega_x^2x^2+\omega_\perp^2(y^2+z^2)]\Psi'(x,t)\Phi(y,z)\\&\quad+g_{3\mathrm{D}}|\Psi'(x,t)|^2\Psi'(x,t)|\Phi(y,z)|^2\Phi(y,z)\end{aligned} \tag{7.1.13}$$

这里，$\Phi(y,z)=\phi(y,t)\phi(z,t)/\exp(-\mathrm{i}\omega_\perp t)=\left(\dfrac{m\omega_\perp}{\pi\hbar}\right)^{\frac12}\exp\left[-\dfrac{m\omega_\perp}{\hbar}(y^2+z^2)/2\right]$，那么在(7.1.13)式两边同时乘以 $\Phi^*(y,z)$，然后对 y 和 z 积分，得到以下等效的一维 GP 方程：

$$\mathrm{i}\hbar\frac{\partial\Psi'(x,t)}{\partial t}=-\frac{\hbar^2}{2m}\frac{\partial^2\Psi'(x,t)}{\partial x^2}+2\hbar\omega_\perp a_{\mathrm{s}}|\Psi'(x,t)|^2\Psi'(x,t)+\frac{1}{2}m\omega_x^2x^2\Psi'(x,t) \tag{7.1.14}$$

同时有 $N=\int|\Psi'(x,t)|^2\mathrm{d}x$ 为总粒子数。

上述准一维 GP 方程(7.1.14)式是一个有量纲的形式。为了便于进行深入的研究，在下文中均使用无量纲化的模型，而不需要在计算中出现约化普朗克常量 $\hbar$ 和原子质量 m。无量纲的准一维 GP 方程(7.1.14)式的具体表达式为

$$\mathrm{i}\frac{\partial\Psi'(X,T)}{\partial T}=-\frac{1}{2}\frac{\partial^2\Psi'(X,T)}{\partial X^2}+g_{1\mathrm{D}}|\Psi'(X,T)|^2\Psi'(X,T)+\frac{1}{2}\Omega^2X^2\Psi'(X,T) \tag{7.1.15}$$

其中，

$$X=\sqrt{\frac{m\omega_\perp}{\hbar}}x=\frac{x}{\ell_\perp} \tag{7.1.16}$$

$$T=\omega_\perp t=\frac{t}{1/\omega_\perp} \tag{7.1.17}$$

及

$$g_{1\mathrm{D}}=2a_{\mathrm{s}}\sqrt{\frac{m\omega_\perp}{\hbar}},\quad \Omega=\frac{\omega_x}{\omega_\perp}$$

$$\Psi'(X,T)=\left(\frac{\hbar}{m\omega_\perp}\right)^{\frac{1}{4}}\Psi'(x,t)$$

$$N=\int|\Psi'(X,T)|^2\mathrm{d}X=\int|\Psi'(x,t)|^2\mathrm{d}x$$

至此，所有的量都是无量纲的。$g_{1\mathrm{D}}$ 是约化后无量纲的准一维非线性系数，Ω 是无量纲的轴向束缚频率。如果给(7.1.15)式左右两端同时乘以 $\sqrt{|g_{1\mathrm{D}}|}$，可将准一维 GP 方程表示为

$$\mathrm{i}\frac{\partial\psi(X,T)}{\partial T}=-\frac{1}{2}\frac{\partial^2\psi(X,T)}{\partial X^2}\pm|\psi(X,T)|^2\psi(X,T)+\frac{1}{2}\Omega^2X^2\psi(X,T) \tag{7.1.18}$$

其中，

$$\psi(X,T)=\sqrt{|g_{1\mathrm{D}}|}\Psi'(X,T),\quad N=\frac{1}{|g_{1\mathrm{D}}|}\int|\psi(X,T)|^2\mathrm{d}X$$

当 $g_{1\mathrm{D}}<0(a_{\mathrm{s}}<0)$ 时，(7.1.18)式中等式右边非线性项前面是负号，(7.1.18)式可以描述吸引相互作用的 BEC，能形成亮孤子；当 $g_{1\mathrm{D}}>0(a_{\mathrm{s}}>0)$ 时，(7.1.18)式中等式右边非线性项前面是正号，可以描述排斥非线性作用的 BEC，能激发暗孤子。在单组分 BEC 中激发的孤子为标量孤子，在多组分 BEC 中激发的孤子为矢量孤子。下面我们将基于约化的 1+1 维 GP 方程的解析解，讨论标量亮孤子和多种矢量孤子的波动性质。

7.2 标量亮孤子的干涉和隧穿动力学

孤子具有鲜明的粒子性和波动性。由于原子间的相互作用，孤子波动性还具有鲜明的非线性效应，如非线性干涉、非线性隧穿等。近期的理论和实验表明，非线性干涉仪有望突破传统的干涉仪精度，具有非常高的可见度和稳定性。这就迫切需要定量刻画孤子的波动性质。但是之前的孤子解大部分用来刻画孤子的粒子性，对孤子的干涉和隧穿性质一般是通过数值模拟来观察的。本节将基于平均场动力学方程的严格解分析并刻画孤子干涉、隧穿性质的定量规律，并给出观测孤子粒子性和波动性的相图。提议利用孤子干涉性质可以实现对孤子的相对速度和非线性系数进行测量的方法。对孤子干涉性质的定量研究在非线性光学和玻色凝聚系统的应用方面具有重要的理论价值。

7.2.1 理论模型和双亮孤子解

2009 年，人们研究了含时势阱中准一维 BEC 的动力学，从理论上分析了亮孤子在势阱中相互作用的干涉图样 [10]；此后，Zhao 等报道了孤子时间和空间干涉图样的不同性质和干涉周期的解析表达式 [11]；随后他们报道了孤子的隧穿行为，通过双孤子相互作用的相图理清了共振、隧穿和干涉相互作用情况的分类 [12]；2012 年，Helm 等全面分析了两个快速移动的亮孤子在势垒位置碰撞的情况及其在物质波干涉仪中的应用；这些结果描述了孤子的波动性质。此外，在 2014 年通过实验研究了两个物质波孤子的碰撞过程，发现它明显地依赖于孤子之间相对相位 [13]。考虑准一维单组分 BEC 系统，其动力学行为可以用标量非线性薛定谔方程很好地描述：

$$\mathrm{i}\frac{\partial U(x,t)}{\partial t}+\frac{\partial^2 U(x,t)}{\partial x^2}+2g|U(x,t)|^2U(x,t)=0 \tag{7.2.1}$$

基于该方程的多亮孤子解可以很方便地研究亮孤子之间相互作用过程。这里，为了简便且不失一般性，将基于双亮孤子解讨论两个亮孤子间的相互作用。基于 Bäcklund 变换 [9]，双亮孤子的解可以表示成如下形式：

$$U(x,t)=\frac{4F_1}{\sqrt{g}F_2},\quad |U(x,t)|^2=\frac{[\ln(F_2)]_{xx}}{g} \tag{7.2.2}$$

这里，

$$\begin{aligned}F_1=&\left\{\mathrm{i}a_1\left[(b_1-b_2)^2+a_1^2-a_2^2\right]\cosh(2X_2)+2a_1a_2(b_2-b_1)\sinh(2X_2)\right\}\mathrm{e}^{2\mathrm{i}Y_1}\\&+\left\{\mathrm{i}a_2\left[(b_1-b_2)^2+a_2^2-a_1^2\right]\cosh(2X_1)+2a_1a_2(b_1-b_2)\sinh(2X_1)\right\}\mathrm{e}^{2\mathrm{i}Y_2},\\F_2=&\left[(a_1+a_2)^2+(b_1-b_2)^2\right]\cosh A_1+\left[(a_1-a_2)^2+(b_1-b_2)^2\right]\cosh A_2\end{aligned}$$

$$-4\,a_1a_2\cos A_3$$

其中，

$$\begin{aligned}
X_1 &= a_1\,(x-4\,b_1t)+c_1, \quad Y_1 = b_1x+2\left(a_1^2-b_1^2\right)t+d_1\\
X_2 &= a_2\,(x-4\,b_2t)+c_2, \quad Y_2 = b_2x+2\left(a_2^2-b_2^2\right)t+d_2\\
A_1 &= 2\,(a_1-a_2)\,x+8\,(a_2b_2-a_1b_1)\,t+2(c_1-c_2)\\
A_2 &= 2\,(a_2+a_1)\,x-8\,(a_1b_1+a_2b_2)\,t+2(c_2+c_1)\\
A_3 &= 2\,(b_1-b_2)\,x+4\left(a_1^2-a_2^2+b_2^2-b_1^2\right)t+2(d_1-d_2)
\end{aligned}$$

参数 a_1 和 a_2 分别决定了孤子的峰值，参数 b_1 和 b_2 与孤子的速度有关，参量 c_1 和 c_2 决定了孤子初始的位置，d_1 和 d_2 被用来改变孤子间的相对相位。通过渐近分析可以计算孤子峰值和速度的表达式，以及两个孤子发生弹性碰撞时产生的位移和相移。

根据双孤子解析表达式 (7.2.2) 式知，两个孤子的各自信息分别对应为 X_j 和 Y_j。首先固定第一个孤子，即 $X_1=a_1(x-4b_1t)+c_1$，设 $x-4b_1t=\xi_1$ 代入第二个孤子的信息得 $X_2=a_2\xi_1+\beta_1t+c_2$, $\beta_1=a_2(4b_1-4b_2)$。为了方便起见，我们令 $b_1\neq b_2$ 且 $b_1>b_2$, 因此 $\beta_1>0$。接下来，我们对双孤子解取 $t\to-\infty$ 和 $t\to+\infty$ 分析第一个孤子碰撞前和碰撞后的解析表达式如下：

$$t\to-\infty,\quad U(x_1,t\to-\infty)=A_{11}\,\mathrm{sech}\,[2X_1+d]\mathrm{e}^{2\mathrm{i}Y_1} \tag{7.2.3a}$$

$$t\to+\infty,\quad U(x_1,t\to+\infty)=A_{12}\,\mathrm{sech}\,[2X_1-d]\mathrm{e}^{2\mathrm{i}Y_1} \tag{7.2.3b}$$

其中，参数 $A_{11}=2(M_1+N_1)\mathrm{e}^{-d}/N_3$，$A_{12}=2(M_1-N_1)\mathrm{e}^{-d}/N_3$，以及 $d=\dfrac{1}{2}\ln N_2/N_3$。同理，我们固定第二个孤子 $X_2=a_1(x-4b_1t)+c_1$，设 $x-4b_2t=\xi_2$ 代入第一个孤子的信息得 $X_1=a_1\xi_2-\beta_2t+c_1$, $\beta_2=a_1(4b_1+4b_2)$。由此，对 (7.2.2) 式取 $t\to-\infty$ 和 $t\to+\infty$ 得第二个孤子碰撞前和碰撞后的解析表达式如下：

$$t\to-\infty,\quad U(x_\mathrm{r},t\to-\infty)=A_{21}\,\mathrm{sech}\,[2X_2-d]\mathrm{e}^{2\mathrm{i}Y_2} \tag{7.2.4a}$$

$$t\to+\infty,\quad U(x_\mathrm{r},t\to+\infty)=A_{22}\,\mathrm{sech}\,[2X_2+d]\mathrm{e}^{2\mathrm{i}Y_2} \tag{7.2.4b}$$

参数 $A_{21}=2(M_2+N_1)\mathrm{e}^{-d}/N_3$，$A_{22}=2(M_2-N_1)\mathrm{e}^{-d}/N_3$。这里的 M_1,M_2 和 N_1,N_2,N_3 结合双孤子解析表达式 (7.2.2) 式的系数表示为

$$M_1=\mathrm{i}a_1[(b_1-b_2)^2+a_1^2-a_2^2],\quad M_2=\mathrm{i}a_2[(b_1-b_2)^2+a_2^2-a_1^2]$$

$$N_1=2a_1a_2(b_1-b_2),\quad N_2=(a_1-a_2)^2+(b_1-b_2)^2,\quad N_3=(a_1+a_2)^2+(b_1+b_2)^2$$

综上，得出了双孤子解中独立的单孤子解析表达式 (7.2.3) 式和 (7.2.4) 式，根据求极值的方法 $\dfrac{\partial|U|^2}{\partial x}=0$ 可分别得到两个孤子的峰值运动轨迹如下：碰撞前，由 $\dfrac{\partial|U(x_1,t\to-\infty)|^2}{\partial x}=0$ 可以得到 x_{10}，$\dfrac{\partial|U(x_{\rm r},t\to-\infty)|^2}{\partial x}=0$ 可以得到 $x_{\rm r0}$，

$$x_{10}=-\frac{1}{a_1}\left[\frac{1}{2}\ln\frac{\sqrt{N_2}}{\sqrt{N_3}}+c_1\right]+4b_1t \tag{7.2.5a}$$

$$x_{\rm r0}=-\frac{1}{a_2}\left[\frac{1}{2}\ln\frac{\sqrt{N_3}}{\sqrt{N_2}}+c_2\right]+4b_2t \tag{7.2.5b}$$

碰撞后，$\dfrac{\partial|U(x_1,t\to+\infty)|^2}{\partial x}=0$ 可以得到 x_1，$\dfrac{\partial|U(x_{\rm r},t\to+\infty)|^2}{\partial x}=0$ 可以得到 $x_{\rm r}$，

$$x_1=-\frac{1}{a_1}\left[\frac{1}{2}\ln\frac{\sqrt{N_3}}{\sqrt{N_2}}+c_1\right]+4b_1t \tag{7.2.6a}$$

$$x_{\rm r}=-\frac{1}{a_2}\left[\frac{1}{2}\ln\frac{\sqrt{N_2}}{\sqrt{N_3}}+c_2\right]+4b_2t \tag{7.2.6b}$$

其中，下标 l 和 r 分别表示左右孤子。为方便起见，假设两个孤子经过相同的距离后在 $t=0$ 时发生碰撞并产生位移，左右两个孤子在碰撞过程中产生的位移分别为 $\Delta x_1=|x_1-x_{10}|$ 和 $\Delta x_{\rm r}=|x_{\rm r}-x_{\rm r0}|$，

$$\Delta x_1=\left|\frac{1}{2a_1}\ln\frac{N_2}{N_3}\right| \tag{7.2.7}$$

$$\Delta x_{\rm r}=\left|\frac{1}{2a_2}\ln\frac{N_3}{N_2}\right| \tag{7.2.8}$$

由于无穷远处的解包含实部和虚部，我们采用$\arctan\dfrac{{\rm Im}[U]}{{\rm Re}[U]}$ 可分别得到两个孤子的相位，需要指出的是，相移是碰撞前后孤子相位的差值，因此可以忽略正负无穷远处相同的相位，碰撞前，由$\arctan\dfrac{{\rm Im}[U(x_1,t\to-\infty)]}{{\rm Re}[U(x_1,t\to-\infty)]}$ 可以得到 φ_{10}，$\arctan\dfrac{{\rm Im}[U(x_{\rm r},t\to-\infty)]}{{\rm Re}[U(x_{\rm r},t\to-\infty)]}$ 可以得到 $\varphi_{\rm r0}$，

$$\varphi_{10}=\arctan\frac{(b_1-b_2)^2+a_1^2-a_2^2}{2(b_1-b_2)a_2} \tag{7.2.9}$$

$$\varphi_{\rm r0}=\arctan\frac{(b_1-b_2)^2-a_1^2+a_2^2}{2(b_1-b_2)a_1} \tag{7.2.10}$$

碰撞后，由 $\arctan\dfrac{{\rm Im}[U(x_1,t\to+\infty)]}{{\rm Re}[U(x_1,t\to+\infty)]}$ 可以得到 φ_1，$\arctan\dfrac{{\rm Im}[U(x_{\rm r},t\to+\infty)]}{{\rm Re}[U(x_{\rm r},t\to+\infty)]}$ 可以得到 $\varphi_{\rm r}$，

$$\varphi_{\rm l}=\arctan\frac{(b_1-b_2)^2+a_1^2-a_2^2}{-2(b_1-b_2)a_2} \tag{7.2.11}$$

$$\varphi_{\rm r}=\arctan\frac{(b_1-b_2)^2-a_1^2+a_2^2}{-2(b_1-b_2)a_1} \tag{7.2.12}$$

上式中每一项的正负都会对相位的取值产生影响，经过分类讨论计算，得到左右两个孤子碰撞前后的相位差分别是 $|\varphi_{\rm l0}-\varphi_{\rm l}|$ 和 $|\varphi_{\rm r0}-\varphi_{\rm r}|$:

$$\Delta\phi_{\rm l}=\left|-2\arctan\left[\frac{(b_2-b_1)^2-a_1^2+a_2^2}{2(b_2-b_1)a_1}\right]+\pi\right| \tag{7.2.13}$$

$$\Delta\phi_{\rm r}=\left|-2\arctan\left[\frac{(b_2-b_1)^2+a_1^2-a_2^2}{2(b_2-b_1)a_2}\right]+\pi\right| \tag{7.2.14}$$

以上就是通过渐近分析的方法来处理双孤子解，并计算得到两个亮孤子碰撞后产生位移和相移的整个过程。

7.2.2 标量亮孤子的干涉动力学

干涉现象 基于上文的双孤子解 (7.2.2) 式，可以很容易地观察不同参数下两个孤子的相互作用特征。当孤子间的相对速度较小时，可以看到它们发生了弹性碰撞，并伴随有一定的相移。这种粒子性特点已被广泛地研究[9]，这仅为我们提供了关于孤子在碰撞之前或之后的动力学行为。然而，两个孤子的具体碰撞过程目前仍并不清楚。有趣的是，我们发现当孤子的相对速度较大时，碰撞过程中出现了干涉条纹，这个结果反映出孤子的波动性特征。可以看到，孤子在相互作用过程中呈现出空间分布方向和时间演化方向的两种周期性特征，它们分别称为空间和时间干涉模式。当它们的速度平方或者密度峰值很大，并且相对速度 $V_{\rm r}=|v_1-v_2|$ 很大时，时空结构的干涉图样将会出现，如图 7.1(a) 所示。从图 7.1 中可以看

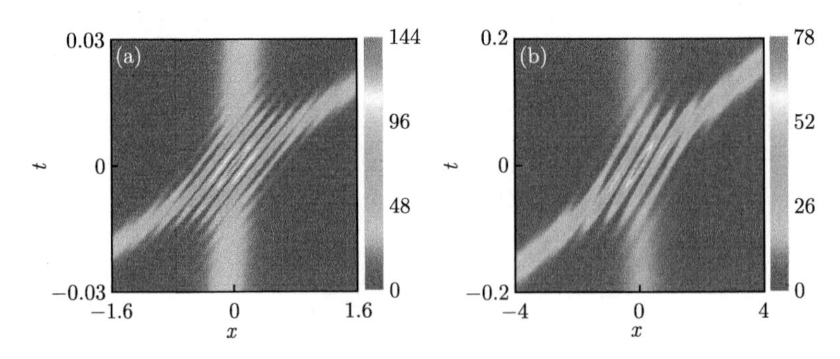

图 7.1 (a) 具有相同形状和较大动能差的两个亮孤子间的时空干涉条纹，相应的参数为: $a_1=1.5, b_1=1, g=0.25, a_2=1.5, b_2=20.5$, $c_1=d_1=0$, 和 $c_2=d_2=0$; (b) 具有不同形状和较大的相对速度的两个孤子在碰撞过程中出现的干涉条纹，相应的参数为: $a_1=0.6, b_1=0, g=0.1, a_2=0.8, b_2=6$, $c_1=d_1=0$, $c_2=d_2=0$ (彩图见封底二维码)

出，当孤子以不同的形状和不同的相对速度碰撞时，在碰撞过程中干涉图样将会被改变。

特别地，当两个孤子的形状相同并且速度大小相等而方向相反时，在孤子碰撞过程中时间干涉条纹消失，只有空间干涉条纹出现，如图 7.2 所示。在图 7.2 中，保持孤子的形状和相对相位不变，我们研究了干涉图样和相对速度之间的关系。研究发现，最高的峰是恒定的并且与相对速度无关。然而，随着相对速度的增加，干涉图样的空间周期将减少。它们的定量关系将在后文中进行讨论。

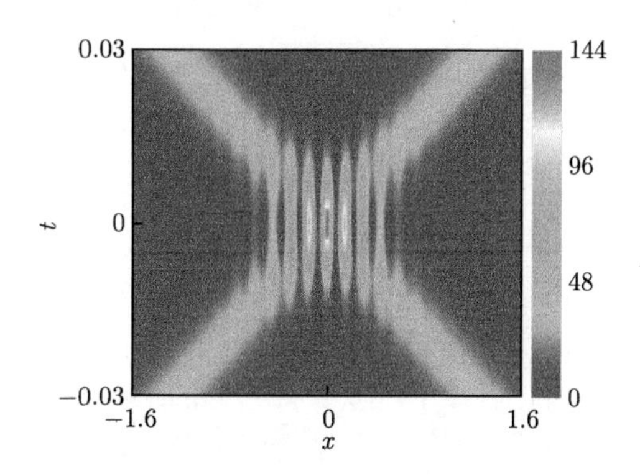

图 7.2 两个孤子碰撞区域的密度图。它显示出当孤子相对速度较大时，在它们的碰撞区域出现了空间干涉条纹。相应的参数为 $a_1 = 1.5, b_1 = -10.5, g = 0.25, a_2 = 1.5, b_2 = 10.5$, $c_1 = d_1 = 0$，$c_2 = d_2 = 0$ (彩图见封底二维码)

定量刻画干涉规律 从上面的分析可以看出，孤子相互作用时的干涉周期与孤子的形状和相对速度有关，在这一部分我们详细分析双孤子干涉的时空周期性，而时空干涉条纹的周期性由双孤子解中的周期函数决定。已知双孤子解 (7.2.2) 式中包含了周期函数 $\cos A_3$ 和 $\sin A_3$，这里 $A_3 = 2(b_2 - b_1)x + 4(a_2^2 - a_1^2 + b_1^2 - b_2^2)t + 2(d_1 - d_2)$。这意味着双孤子干涉的时空周期性完全由 A_3 决定。而 $\cos A_3$ 和 $\sin A_3$ 的空间周期性和时间周期性分别对应孤子干涉条纹的空间周期性和时间周期性。孤子干涉条纹的空间周期和时间周期分别为

$$D = \frac{\pi}{b_2 - b_1} \tag{7.2.15}$$

$$T = \frac{\pi}{2(a_2^2 - a_1^2 + b_1^2 - b_2^2)} \tag{7.2.16}$$

这两个表达式清晰地展示了双孤子干涉的空间周期性和时间周期性，然而表达式中的各个参数所对应的物理意义是不清楚的。为了细致地研究干涉图样的规律，有必要推导出双孤子解中的各个参数的物理意义。下面我们利用渐近分析的方法

推导出两孤子的峰值和速度具体表达式。

根据上节中渐近分析的结果可以得到碰撞后两个孤子的峰值轨迹为 (7.2.6) 式，则双孤子各自的峰值可由 $|U(x_1, t \to +\infty)|^2$ 和 $|U(x_r, t \to +\infty)|^2$ 计算得到

$$P_j = \frac{4a_j^2}{g}, \quad j = 1, 2 \tag{7.2.17}$$

半峰全宽定义为孤子振幅最大值的 1/2 处对应包络的宽度，各自的半峰全宽可以表示为 $W_j = \dfrac{1}{2|a_j|}\ln(3+2\sqrt{2})$，并且在碰撞之后保持不变。各自的速度通过孤子解中 $x - 4b_j t$ 一项定义为

$$v_j = 4b_j, \quad j = 1, 2 \tag{7.2.18}$$

可以看到，a_j 和 b_j 分别决定孤子的形状和速度。可以通过改变 a_j 和 b_j 来研究不同性质的孤子之间的相互作用情况。需要注意的是，渐近分析是在孤子速度不同的条件下进行的。所以，当它们严格平行时，这里的分析结果将失效。通常从渐近分析中可以知道碰撞之后孤子可以保持它们的形状并且出现相移。此外，通过计算波函数的模方化简周期因子，并结合渐近分析技术，明确地给出了孤子相互作用过程中非线性干涉周期的性质。从 (7.2.15) 式可以知道相对速度决定了空间干涉图样的性质，即

$$D = \frac{4\pi}{v_2 - v_1} \tag{7.2.19}$$

从物理的角度来看，孤子可以被看作是准粒子。在双孤子中，一个孤子可以被选为参考，另一个孤子的速度将成为两个孤子之间的相对速度。因此，基于物质波波长理论，第二个孤子的物质波长度将由相对速度来决定。当相对速度增加时，孤子的物质波长就会减少。当相对速度足够大时空间干涉图样能够被观测到，孤子的物质波长小于孤子的大小，如图 7.1(a) 所示。当物质的波长不小于孤子的大小，即孤子的相对速度小时，就无法观察到干涉图样。这就解释了为什么在之前的大部分工作中无法看到干涉图样。

根据 (7.2.17) 式和 (7.2.18) 式可知，时间周期表达式 (7.2.16) 式是由孤子的波峰、速度和非线性系数决定的，即

$$T = \frac{2\pi}{g(P_2 - P_1) + \dfrac{1}{4}(v_1^2 - v_2^2)} \tag{7.2.20}$$

这里，$P_j = 4a_j^2/g\ (j = 1, 2)$ 表示孤子的峰值。根据时空周期的表达式 (7.2.19) 式和 (7.2.20) 式，可以通过改变孤子的峰值和相对速度来精确地控制干涉图样。当孤子的峰值和速度平方相同时，时间干涉图样将会消失。因此，可以在图 7.2 中展

示两个具有空间周期的孤子。当孤子的速度相同时，空间干涉图样将会消失。这些结果为我们提供了观察空间或时间干涉图样的特殊方法。当空间周期小于孤子的大小和时间周期小于碰撞时间时，我们能够在图 7.1 中观察时空干涉图样。需要指出的是，渐近分析是基于 $b_1 \neq b_2$ 进行的，即两个孤子有不同速度的情况。而当两个孤子相对静止时，以上分析将不再适用。

干涉图样的周期性质与原子间的相对相位无关。但是，相对相位会影响密度分布。这里只有一个最大的密度值，虽然当相对相位为零时干涉图样在空间分布方向上是对称的，但是当相对相位为 π 时存在两个相等的最大密度值，而对于其他相对相位值时干涉图样将会变得不对称。这可以用来测试孤子之间的相对相位。最近提出了利用具有可控相对相位和速度的两个亮孤子中分离出相互作用原子 BEC 的基态，可以预想这些属性将在实验中得以测试。

干涉性质的应用 (7.2.1) 式能够用来描述许多物理系统中非线性波的演化，例如非线性光纤、平面波导管和 BEC 系统。对于 BEC 系统，通过相位和密度调制技术很容易激发亮孤子甚至是暗孤子。这使得 BEC 成为一个研究孤子的动力学和相互作用的平台。最近，在 BEC 系统中出现了亮物质波孤子干涉仪 [13]。因此，证明了这里的干涉图样可以用来测量 BEC 系统中的一些系统参数。基于干涉图样周期性质，可以用一个孤子的速度来预测另一个孤子的速度。

如图 7.1(b) 中的干涉条纹，其对应的初始孤子在图 7.3(a) 中展示，这里假设强度值 P_j 已知，并且其中一个孤子的速度固定为零 $v_1 = 0$。显然，从干涉条纹中，可以独立地测量空间和时间方向上的周期，如图 7.3(b) 和 (c) 所示。空间和时间周期分别由“D”和“T”表示。那么，从 (7.2.19) 式和 (7.2.20) 式可得另一个孤子的速度及系统参数 g，

$$v_2 = \frac{4\pi}{D} \tag{7.2.21}$$

$$g = \frac{2\pi}{T(P_2 - P_1)} + \frac{4\pi^2}{D^2(P_2 - P_1)} \tag{7.2.22}$$

这是能够直接控制非线性强度的参数，而非线性参数与超冷原子的散射长度相关。这证明了基于干涉图样的周期性质，可以利用一个孤子的速度来预测另一个孤子的速度。对于这个系统来说，系统参数 g 与原子之间的非线性相互作用是相关的，也就说明了凝聚体中的原子间非线性散射长度可以通过已知孤子的峰值强度的干涉图样中得到。基于方程 (7.2.1) 的双孤子解，讨论两个亮孤子之间的另一动力学行为——隧穿动力学。

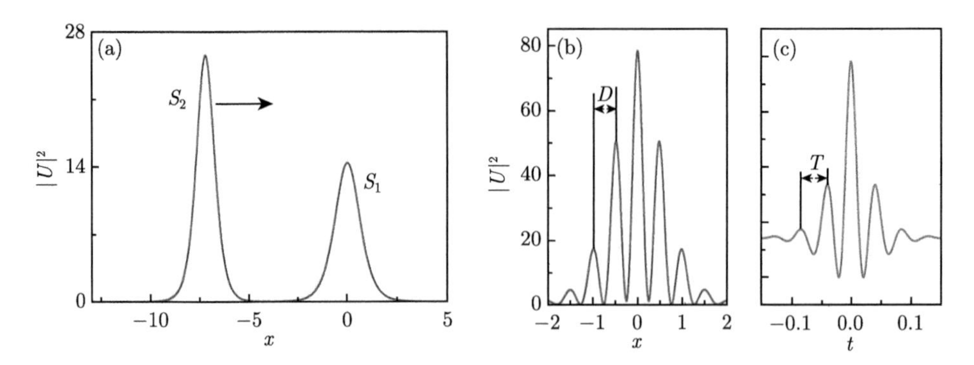

图 7.3 (a) 对应图 7.1(b) 中两个孤子碰撞前的初始形状；(b) 空间方向的周期 D；(c) 时间演化方向的周期 T。它们分别是图 7.1(b) 在 $t=0$ 和 $x=0$ 处干涉图样的剖面图

7.2.3 亮孤子间的隧穿动力学

这里主要分析具有吸引相互作用 BEC 中两个亮孤子之间的隧穿动力学特性。此处的隧穿是类比双势阱中原子的隧穿振荡行为而定义的，由于描述双孤子振荡的非线性薛定谔方程可以类比到含时双势阱的含时线性薛定谔方程。为了方便讨论，令方程中的非线性系数 $g=1$。众所周知，相对速度为零的两个亮孤子可以形成呼吸束缚态，而通过控制其相对相位形成的束缚态孤子已经在实验中得到实现。因此，主要研究基于初始相对速度为零的两个孤子在不同距离下的隧穿行为。

在速度为零 (即 $b_1=b_2=0$) 情况下两个孤子的动力学演化方程根据 (7.2.2) 式可以约化为

$$U(x,t)=\frac{4\mathrm{i}(a_1^2-a_2^2)F_1(x,t)}{F_2(x,t)} \tag{7.2.23}$$

其中，

$$\begin{aligned}F_1(x,t)=&a_1\cosh(2a_2x+2c_2)\mathrm{e}^{4\mathrm{i}a_1^2t+\mathrm{i}d_1}-a_2\cosh(2a_1x+2c_1)\mathrm{e}^{4\mathrm{i}a_2^2t+\mathrm{i}d_2}\\F_2(x,t)=&(a_1+a_2)^2\cosh\{2[a_1-a_2x+2(c_1-c_2)]\}+(a_1-a_2)^2\\&\times\cosh\{2[a_1+a_2x+2(c_1+c_2)]\}-4a_1a_2\cos[4(a_1^2-a_2^2)t+d_1-d_2]\end{aligned}$$

这里，参数 a_1 和 a_2 决定孤子的峰值；c_1 和 c_2 决定孤子的初始位置；d_1 和 d_2 被用来改变孤子的相对相位。图 7.4 所示的是在不同距离下的双孤子初始形状，而图 7.5 中所展示的是不同初始条件下孤子的演化，接下来通过考虑两种情况 ($a_1\neq a_2$ 和 $a_1=a_2$)，具体分析其动力学演化行为的相关特性。

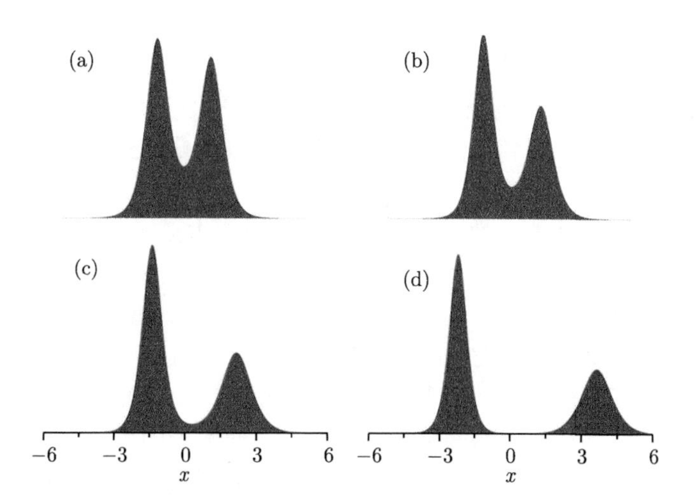

图 7.4 具有不同距离的两个孤子的初始密度分布。(a)~(d)：随着两个孤子初始相对距离的增大，它们剖面的重叠部分变得越来越少。参数取值如下：(a) $-c_1 = c_2 = 0.05$；(b) $-c_1 = c_2 = 0.25$；(c) $-c_1 = c_2 = 0.6$；(d) $-c_1 = c_2 = 1.5$。其他参数取值为：$a_1 = 0.6, a_2 = 1, d_1 = d_2 = 0$

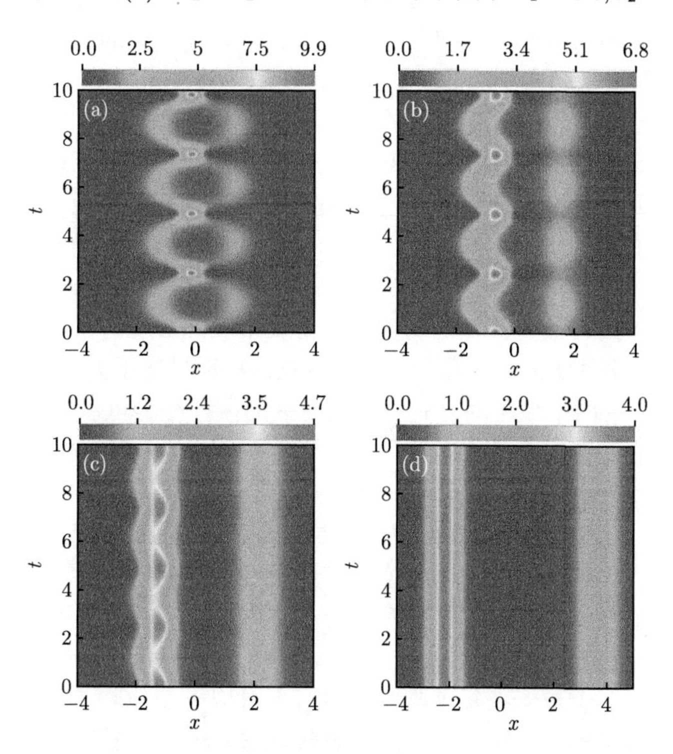

图 7.5 对应图 7.4的初始条件下，具有不同重叠度的两个亮孤子的演化图。结果显示，在两个孤子高度重叠的情况下同时存在位置和峰值的振荡，而且振荡行为随着重叠度的减小而减弱。两个孤子的峰值振荡表明两个孤子之间存在粒子交换 (彩图见封底二维码)

1. 两个孤子具有不同峰值 ($a_1 \neq a_2$)

如图 7.4(a)~(d) 中不同距离下的双孤子初始形状可以看出，对于初始分布重叠较多的孤子展现出位置和峰值的双重振荡。随着重叠部分的减弱，振荡行为也在逐渐减弱。

固定控制孤子形状的参数 a_1, a_2 不变，逐渐增大孤子间的距离 c_1, c_2，使得孤子重叠的部分变得越来越少。结合图 7.5 中的动力学演化，可以看出呼吸行为随着重叠部分的减少而变弱，这就说明重叠的程度对两个孤子的呼吸行为起着至关重要的作用，也就是说，对于初始相对速度为零并且间隔很小的两个孤子，可以形成一个随时间演化周期性呼吸的束缚态 (图 7.5(a))。此外，如果两个孤子初始相对距离较大，那么位置振荡会变得不明显，而孤子的峰值将会发生明显振荡 (图 7.5(b) 和 (c))，这表明了两个亮孤子之间存在粒子的交换。若我们进一步增大孤子之间的距离，那么孤子的呼吸动力学行为包括位置和峰值振荡都将变得不可见，如图 7.5(d) 所示。下面将从物理机制中理解孤子间的呼吸行为。

由于峰值的振荡可以表明这两个孤子之间存在粒子的交换，这联想到在量子理论的双势阱中物质波的隧穿动力学。事实上，(7.2.1) 式中的非线性部分 $-2|U(x, t)|^2$ 能够被视为量子动力学的势函数 $V(x,t)$。在量子力学中，波函数表示一个粒子的空间概率分布函数，而波函数的模方表示概率分布。可以设想，有大量的同类粒子处于同一个状态 (用同一个波函数 $\psi(\boldsymbol{r})$ 描述)，由于发现任何一个粒子处于 $\boldsymbol{r}$ 处的概率正比于 $|\psi(\boldsymbol{r})|^2$，若粒子的数目非常大，在体积元 $\Delta x\Delta y\Delta z$ 中就可以有大量的粒子 (粒子数 $\propto |\psi(\boldsymbol{r})|^2\Delta x\Delta y\Delta z$)。这样，自然地就可以把 $|\psi(\boldsymbol{r})|^2$ 解释为粒子密度。因此，如果有可能使大量同样的粒子处于完全相同的状态，则量子力学中的波函数将具有实在的物理意义而被拓展到宏观的领域。对于 BEC 而言，大量的原子都处于同一个量子态，波函数自然地描述了大量原子的密度分布。因此，在 BEC 中两个孤子间具有粒子数交换的振荡行为可以根据量子力学中粒子在双势阱中的隧穿动力学来理解。振荡行为主要分为两种：峰值振荡与位置的振荡。下面将一一进行介绍。

峰值振荡　正如图 7.5(c) 所示，此时孤子的位置几乎不变，而展示出了明显的峰值振荡行为。在图 7.5(c) 中初始时刻孤子对应的势阱被展示在图 7.6(c) 中，可以看到这两个亮孤子产生了一种有效的双势阱结构。基于量子隧穿理论，很自然地期望这是一种具有周期性的隧穿行为，图 7.5(c) 显示了左边的孤子到右边孤子的隧穿行为。单个粒子在每个阱中的占有率对应于 BEC 中原子在每个阱中的粒子数。基于隧穿机制，随着孤子的重叠部分越来越少，隧穿行为也变得越来越弱，这是因为孤子较少的重叠使得两个势阱间的有效势垒变得更高更宽 (图 7.4(d) 和 7.6(d))，可以用来解释图 7.4(d) 中几乎看不见的隧穿行为。当重叠部分很大时，两个阱之间的有效势垒将变得更低更窄 (图 7.6(a) 和 (b))，这使得隧穿行为变得更加剧烈 (图 7.5(a) 和 (b))。因此，具有相对速度为零的两个亮孤子能够相互作用并形成呼吸束缚态，这就是说，两个平行孤子的呼吸行为来自于隧穿机制。

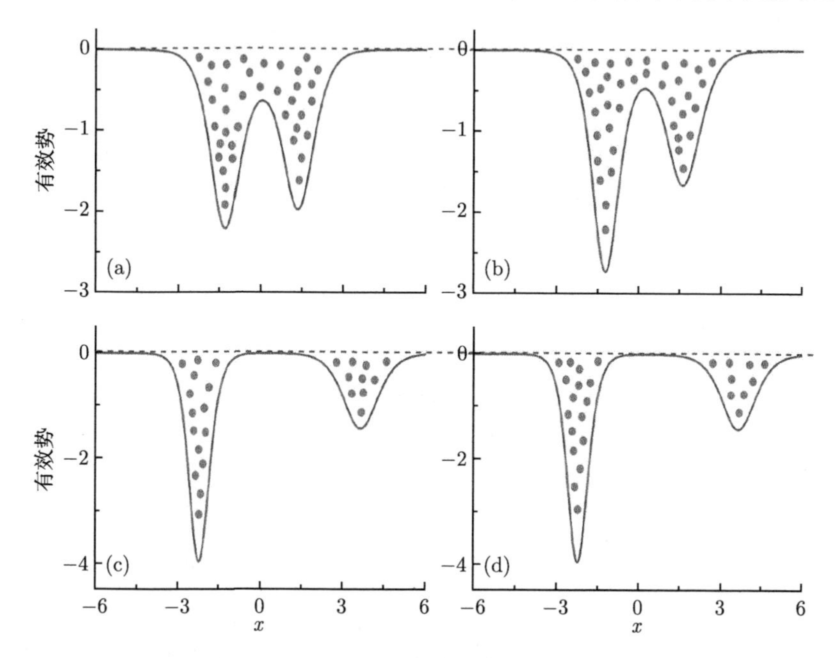

图 7.6 从量子力学的观点来看，初始的两个亮孤子形成的有效双势阱结构。自然可以期待两个有效势阱之间存在隧穿行为，这可以被用来理解孤子的呼吸行为。两个孤子之间较低重叠使得双势阱之间的有效势垒变得更高更宽，这就抑制了隧穿行为

位置振荡 接下来，讨论孤子的位置振荡行为。值得注意的是，双势阱是通过粒子的分布自诱导产生的 (即 $-2|U(x,t)|^2$，这里 $U(x,t)$ 是上文中所给出的双孤子解)。双势阱结构的演化与亮孤子的演化是同步的，因为粒子从一个孤子隧穿到另一个孤子时会同时改变双势阱的结构。因此，与通常量子理论中的外部双势阱相比，这里称其为一种自诱导的双势阱下物质波的隧穿行为。这种非线性的相互作用引起了孤子位置随时间的振荡。同时，它们重叠的部分越大，孤子自诱导的双势阱之间的有效势垒将变得更低且更窄 (图 7.6(a) 和 (b))，这使得隧穿行为发生得更加明显。因此，图 7.5(a) 和 (b) 中同时展现出了明显的位置振荡和峰值振荡，而图 7.5(c) 和 (d) 中的亮孤子有更大的间距和较弱的重叠，这就使得在两个孤子之间的非线性相互作用非常弱。这些特征使得图 7.5(c) 和 (d) 中的孤子具有较弱的位置振荡。

此外，量子隧穿和孤子的波粒二象性已经被很好地讨论，而大多数都是通过研究孤子在势垒或界面上的反射和透射系数来讨论的。已经证明孤子隧穿行为有

一些独特的动力学特征。然而，值得注意的是，这里讨论的是在没有外部势垒或界面时的两个亮孤子之间隧穿动力学，这与之前的研究是不同的。有效的双势阱结构是由两个亮孤子诱导产生的，随着隧穿行为的发生，双势阱的结构也会随之变化。

隧穿性质及定量刻画 以上结果显示，随着两个孤子之间的距离越来越大，隧穿行为逐渐变弱直至不可见。那么，两个孤子间的距离为多少时能够看见隧穿行为呢？希望通过对可见的隧穿行为定义一个标准来讨论这个问题。由于想要找到对于隧穿行为可见的最远距离，所以可以在远距离条件下来渐近地分析速度为零时的双孤子。假设 $a_1 > a_2 > 0$，$c_1 > 0$，$c_2 < 0$，并且 $|c_1 - c_2|$ 足够大，这意味着两个孤子间的距离很远。根据 (7.2.6) 式可得，左边和右边的孤子在初始时刻的位置可以表示为

$$x_{\mathrm{l}} = \frac{1}{a_1}\left[\frac{1}{2}\ln\left(\frac{a_1 - a_2}{a_1 + a_2}\right) - c_1\right] \tag{7.2.24a}$$

$$x_{\mathrm{r}} = -\frac{1}{a_2}\left[\frac{1}{2}\ln\left(\frac{a_1 - a_2}{a_1 + a_2}\right) + c_2\right] \tag{7.2.24b}$$

两个孤子之间的距离为 $d = x_{\mathrm{r}} - x_{\mathrm{l}}$，可以用 d 来刻画可见隧穿行为的适当距离。为了清楚地描述孤子间的隧穿行为，需要计算两个孤子的粒子数。为了方便计算每个孤子的粒子数，我们令

$$c_2 = -\frac{1}{2a_1}\left[2a_2c_1 - a_2\ln\left(\frac{a_1 - a_2}{a_1 + a_2}\right) + a_1\ln\left(\frac{a_1 - a_2}{a_1 + a_2}\right)\right] \tag{7.2.25}$$

这个条件可以确保两个孤子的质心位于 $x = 0$ 处。在这种情况下，两个孤子中心的距离为 $d = x_{\mathrm{r}} - x_{\mathrm{l}} = \dfrac{2c_2}{a_1} - \dfrac{1}{a_1}\ln\left(\dfrac{a_1 - a_2}{a_1 + a_2}\right)$。两个孤子的粒子数 N_1 和 N_2 分别可以通过 $\int_{-\infty}^{0}|U|^2\mathrm{d}x$ 和 $\int_{0}^{\infty}|U|^2\mathrm{d}x$ 计算得到。因此，两个孤子的粒子数分别为

$$N_1 = 2(a_1 + a_2) + W \tag{7.2.26a}$$

$$N_2 = 2(a_1 + a_2) - W \tag{7.2.26b}$$

这里，

$$W = \frac{2(a_1^2 - a_2^2)[(a_1 + a_2)\sinh(2c_1 - 2c_2) + (a_1 - a_2)\sinh(2c_1 + 2c_2)]}{(a_1+a_2)^2\cosh(2c_1-2c_2)+(a_1-a_2)^2\cosh(2c_1 + 2c_2) + 4a_1a_2\cos[4(a_1^2 - a_2^2)t]}$$

基于此，计算出两个孤子间的交换的粒子数 $\Delta N = N_1 - N_2 = 2W$，而 W 是随时间 t 周期性变化的，因此两个孤子间的隧穿也呈现出时间周期性，隧穿行为的时间周期$T_t = \dfrac{\pi}{2(a_1^2 - a_2^2)} \approx \dfrac{2\pi}{P_1 - P_2}$。值得注意的是，隧穿行为并不是标准的余弦形式，因此，隧穿动力学不同于线性约瑟夫森振荡，而是一种典型的非线性约

瑟夫森振荡。从上面的分析中知道，当两个孤子间的距离逐渐增大时，两个孤子之间交换的粒子数会逐渐减少，从而使得隧穿现象逐渐不可见。因此，定义临界距离 $d_{\rm c}$，使得当两个孤子中心的距离 $d = x_{\rm r} - x_{\rm l} \geqslant d_{\rm c}$ 时，它们之间的原子交换律满足 $\dfrac{\Delta N_{\max} - \Delta N_{\min}}{N_1 + N_2} \leqslant 5\%$。这个 $d_{\rm c}$ 便是可见隧穿的临界距离，当孤子间的距离小于 $d_{\rm c}$ 时，可以看到清晰的隧穿行为；当孤子间的距离大于 $d_{\rm c}$ 时，孤子间的隧穿则不可见。通过给定孤子的峰值参数 a_1 和 a_2，临界距离 d_c 可以用数值计算给出。需要注意的是，临界距离值依赖于 a_1 和 a_2 的值，也就是说，隧穿行为的临界距离与孤子的形状有关，例如当 $a_1 = 0.6$，$a_2 = 0.5$ 时，$d_{\rm c} \approx 6.2$ 为数值计算的临界距离。

上述的研究只是证明了对于具有不同形状而初始速度相同的两个孤子 (即 $a_1 \neq a_2, b_1 = b_2$)，它们的隧穿行为是可见的。那么，对于其他情形的两个孤子相互作用是什么情形，这仍然是不清楚的。当两个孤子初始速度不相同 ($b_1 \neq b_2$) 时会相互碰撞，碰撞动力学可以用双孤子解 (7.2.2) 式来描述。显然，a_j 和 b_j 分别决定了孤子的峰值和速度，通过改变参数可以观察任意两个孤子之间的相互作用。下面简单分析两个具有非零相对速度的孤子相互作用情况下的隧穿行为。

如图 7.7(a)~(c) 所示，随着相对速度 $|b_1 - b_2|$ 的增加，孤子间的隧穿行为逐渐减弱直至消失。那么，对于多小的相对速度会有清晰可见的隧穿行为呢？由于两个孤子相对速度不为零，在演化过程中两个孤子间的距离随着时间在不断变化。从 7.2.2 节的分析我们知道，当孤子间的距离小于临界距离 $d_{\rm c}$ 时，才能看到清晰的隧穿行为。因此，同理能够定义一个临界弛豫时间 T_c，它表征的是两个孤子相互靠近在距离刚好达到临界距离 $d_{\rm c}$ 至碰撞后彼此远离达到临界距离 $d_{\rm c}$ 时所经历的时间。当孤子的距离小于临界距离 $d_{\rm c}$ 时 (如图 7.7中 $a_1 = 0.6$，$a_2 = 0.5$ 时临界距离 $d_{\rm c} \approx 6.2$)，则临界弛豫时间 $T_{\rm c}$ 可以通过$T_c = \dfrac{2d_{\rm c}}{v_1 - v_2}$ 来计算。要使速度不相同的两个孤子有清晰的隧穿行为，则相互靠近时孤子间的距离达到 $d_{\rm c}$ 至两个孤子相互作用最强时 (即孤子间的距离 $d = 0$) 所经历的时间 $T_{\rm c}/2$ 至少要大于一个隧穿周期，即要使得 $\dfrac{1}{2}T_{\rm c} \geqslant T_{\rm t}$。对于相对速度较小的两个孤子的隧穿行为，可以使弛豫时间 $\dfrac{1}{2}T_{\rm c}$ 比时间周期 $T_t = \dfrac{2\pi}{P_1 - P_2 + \frac{1}{4}(v_2^2 - v_1^2)}$ 更长。而孤子间的相对速度 $(v_1 - v_2)$ 决定了弛豫时间 $T_{\rm c}$ 的大小，因此可以通过 $\dfrac{1}{2}T_{\rm c} \geqslant T_{\rm t}$ 来判断多大的相对速度 $v_{\rm c1}$ 可以看到清晰可见的隧穿行为。在不同速度且初始形状不相同 $(b_1 \neq b_2, a_1 \neq a_2)$ 情况下，孤子相互作用过程主要有以下三种不同的情形。

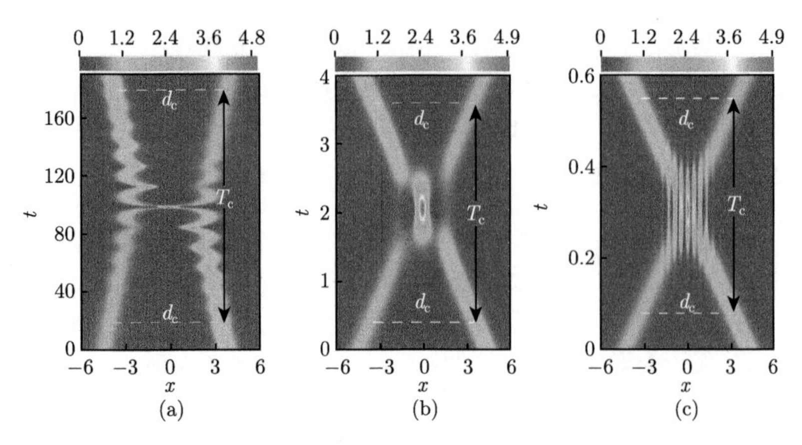

图 7.7　具有不同速度的两个孤子之间的相互作用。(a) 在两个孤子之间的相对速度很小的情况下 ($-b_1 = b_2 = 0.005$)，可以看到明显的隧穿行为；(b) 在两个孤子之间的相对速度大小适中的情况下 ($-b_1 = b_2 = 0.5$)，既看不到明显的隧穿行为也看不到明显的干涉条纹；(c) 在两个孤子之间的相对速度很大的情况下 ($-b_1 = b_2 = 3.5$)，可以看到明显的干涉条纹。其他参数取值为：$a_1 = 0.6, a_2 = 0.5, c_1 = c_2 = 0, d_1 = d_2 = 0$ (彩图见封底二维码)

(1) 当两个孤子的相对速度非常小时，即 $|b_1 - b_2|$ 的值很小，仍然可以观察两个孤子的隧穿行为，如图 7.7(a) 所示，可以看出孤子非常缓慢地彼此靠近，然后相互分离。此时，时间周期和弛豫时间满足条件 $T_t \leqslant \dfrac{1}{2}T_c$，因此隧穿行为是可见的。同时，当两孤子峰值之间的距离 d 小于临界距离 d_c 时看到明显的隧穿行为。

(2) 当两个孤子有较大的相对速度时，这就使得对于两个孤子距离的弛豫时间 T_c 变得很短。当条件 $T_t \leqslant \dfrac{1}{2}T_c$ 不再满足时，孤子将只存在类粒子性而没有可见的隧穿行为，如图 7.7(b) 所示。这就解释了为什么在先前的研究中两个亮孤子速度不相等时不能观察到明显隧穿行为。而至于为什么也没有明显的干涉行为，将在下文被详细讨论。

(3) 当孤子的相对速度进一步增大时，就会出现干涉图样，如图 7.7(c) 所示。此时弛豫时间 T_c 远小于隧穿行为的周期，$T_c \ll T_t$，因此没有可见的隧穿行为。而干涉图样的性质在上文中已经被详细地分析[12]。结果表明，要有可见干涉行为，空间干涉周期 $D = \dfrac{4\pi}{v_2 - v_1}$ ((7.2.19) 式) 应该小于孤子尺寸 $\dfrac{1}{2}S_w$ (S_w 是两个孤子中宽度较大的一个孤子的宽度)。通过条件 $D \leqslant \dfrac{1}{2}S_w$ 可以判断清晰的干涉条纹所要求的相对速度 v_{c2} 的大小。这个条件可以说明为什么图 7.7(a) 和 (b) 中没有明显的干涉条纹。另外在图 (c) 中，由于孤子峰值之间的距离 d 比孤子尺寸 S_w 小，便可以观察到明显的干涉条纹。

2. 两个孤子具有相同峰值 ($a_1 = a_2$)

另一种情况，当考虑参数 $b_1 = b_2$，$a_1 = a_2$ 时两个孤子具有完全相同的形状和能量 (图 7.8(a))。在此条件下，虽然孤子间没有干涉行为，但是隧穿的行为仍然存在，此时隧穿的周期是无限大，这使得隧穿的行为只能发生一次，如图 7.8(b) 和 (c) 所示。当满足此种条件时可以将二阶孤子解 (7.2.2) 式化简为如下形式：

$$U(x,t) = \frac{8\{(16t-b)\cosh(2x) + \mathrm{i}[(4x-a)\sinh(2x) - 2\cosh(2x)]\}\mathrm{e}^{4\mathrm{i}t}}{4\cosh^2(2x) + (4x-a)^2 + (16t-b)^2} \tag{7.2.27}$$

这里，a 和 b 是任意实数。在图 7.8(b) 和 (c) 中，能够看到碰撞行为只能发生一次，并且最大峰值依赖于两个孤子的相对相位。相对相位的差异带来了图 (b) 和

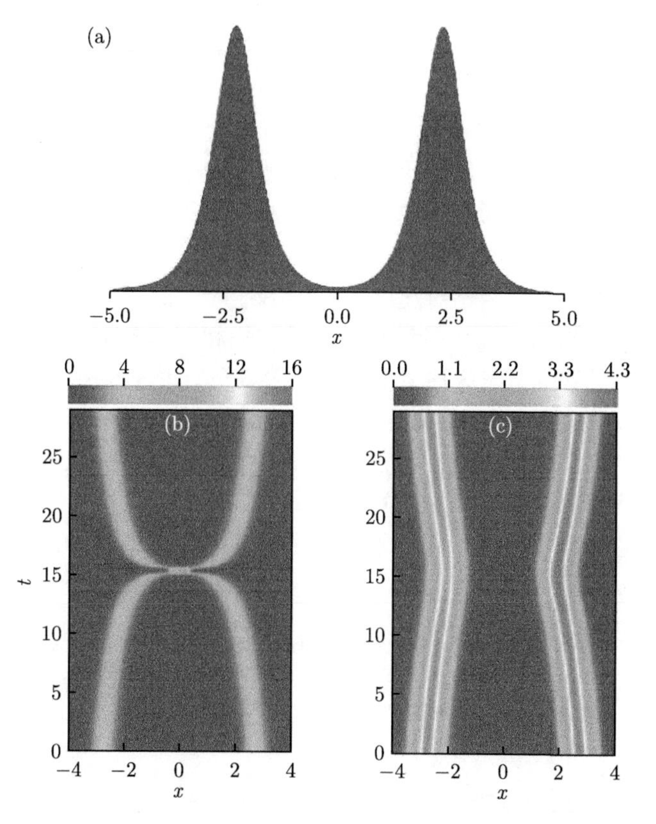

图 7.8 (a) 在 $a_1 = a_2 = a$ 且 $b_1 = b_2 = b$ 的条件下，两个孤子的初始剖面图。可以看到两个孤子有相同的剖面和能量。因此，我们称之为共振相互作用。图 (b) $a = b = 0$ 和 (c) $a = \mathrm{e}^4, b = 0$ 显示两个具有相同能量和剖面的孤子的演化。两个孤子之间表现出共振相互作用，这使得无论它们相距多远总是能够彼此靠近一次 (彩图见封底二维码)

(c) 不同的动力学行为。应该注意的是，当两个孤子完全相同时，即使两个孤子之间的距离大于临界距离 d_c，隧穿行为也总是会发生一次。另外，当 $x \to \pm\infty$，孤子峰值的轨迹利用 $\dfrac{\partial|U(x,t)|^2}{\partial x} = 0$ 可计算得 $x \pm \dfrac{1}{4}\ln[2+(4x-a)^2+(16t-b)^2] = 0$。因此，可以看到孤子的速度随时间变化，这是因为孤子之间的共振非线性相互作用而产生的。值得注意的是，在共振的情况下，孤子速度的演化与具有不同初始速度的两个孤子的情况是不同的，对于具有不同初始速度的两个孤子，它们彼此远离时速度是不变的。

孤子粒子性和波动性的相图　上述讨论表明，孤子既具有粒子性又具有波动性。粒子性可以由弹性碰撞显示，并且在相互作用后保持特定的结构。波动性可以通过隧穿和干涉行为来体现。在两个孤子的相互作用过程中，干涉和隧穿行为总是存在的，但是它们仅在某些特定的情况下是可见的。隧穿行为在 $T_t \leqslant \dfrac{1}{2}T_c$ 的条件下可以清晰地显现出来，这个条件决定了对于某些孤子峰值参数 a_1 和 a_2 的一个临界相对速度 V_{c1}；而干涉行为在 $D \leqslant \dfrac{1}{2}S_w$ 时可以清晰地展现出来，这个条件给出了一个临界的相对速度 V_{c2}。当相对速度不等于零时，孤子在时间的演化方向上至少会相互重叠一次。因此，相对速度对于孤子相互作用来说是更本质的影响因素。图 7.9 展示了仅考虑相对速度对于孤子相互作用影响的情况。当相对速度在 $[0, V_{c1}]$ 范围内时，隧穿行为是可见的；当相对速度在 (V_{c1}, V_{c2}) 时，隧穿和干涉行为均不可见；当相对速度在 $[V_{c2}, \infty)$ 时，仅干涉行为可见的。特别地，当两个孤子具有相同的剖面和能量时，无论它们相距有多远，它们会相互靠近并分离一次。临界距离 d_c 在这种情况下是不存在的，称之为孤子间的共振相互作用。从图 7.5 和图 7.7 中可以看到，只有当孤子间的距离小于临界距离 d_c 或孤子宽度 S_w 时，隧穿的行为或干涉条纹才是可见的。因此，孤子相互作用的性质取决于相对速度 V_r 和孤子峰值之间的距离 d，这两个因素与孤子的隧穿和干涉行为的关系被总结在图 7.10 中。这些特性清楚地显示了在什么条件下，孤子可

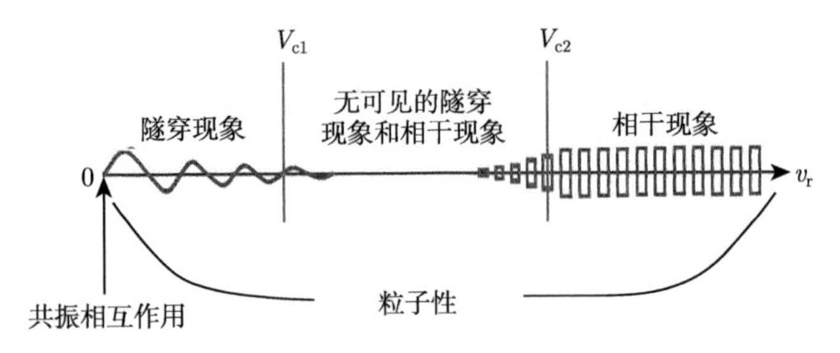

图 7.9　只考虑孤子之间相对速度影响下孤子相互作用的整体图像。主要存在四种情况：共振相互作用、可见的隧穿、非可见的隧穿和干涉行为，以及可见的干涉，V_{c1} 和 V_{c2} 可以通过条件 $T_t = \dfrac{1}{2}T_c$ 和 $D = \dfrac{1}{2}S_w$ 分别计算得到

以展示出波动性或粒子性。在本节中，隧穿周期和隧穿率或干涉条纹的周期被解析地计算，这将有利于加深对亮孤子的认识和理解。

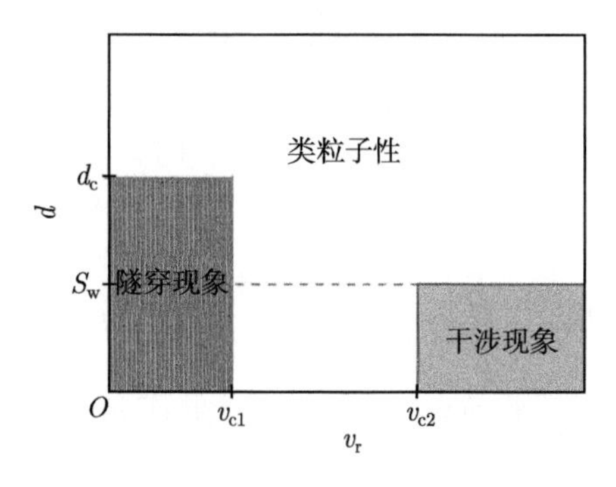

图 7.10 孤子相互作用的相图。孤子之间的相互作用特性依赖于两者之间的相对速度 V_r 和两个孤子峰值之间的距离 d。对于两个不同振幅的孤子主要存在三种情况：可见的隧穿行为 (粉色区域)，粒子特性 (白色区域) 和可见的干涉行为 (蓝色区域)。其中参数 d_c 是可见的隧穿行为的临界距离，根据孤子振幅参数计算出来，S_w 是两个孤子之间较大的一个宽度，V_{c1} 由条件 $T_t \leqslant \frac{1}{2}T_c$ 决定，v_{c2} 则由条件 $D \leqslant \frac{1}{2}S_w$ 得出 (彩图见封底二维码)

小结 本节主要讨论了关于亮孤子干涉和隧穿特性，这里的分析也可以扩展到其他非线性波甚至是矢量孤子系统 [14,15] 的情况。除了亮孤子之外的其他局域波也引起了人们的广泛关注，主要包括暗孤子以及在非零背景下的呼吸子等。暗孤子作为另一种局域孤子常在超冷原子气体中看到，它具有平面波背景上的下沉结构。基于分析具有原子间相互排斥的标量非线性薛定谔方程著名的双暗孤子解，可以证明双暗孤子不具有隧穿和干涉行为。但是对于暗孤子和亮孤子之间波动特性的研究将在 7.3 节中进一步讨论。

7.3 两组分物质波孤子的干涉动力学

7.2 节展示了吸引相互作用的 BEC 中标量亮孤子的波动性质，并定量地刻画了干涉和隧穿特性 [11,12]。矢量亮–亮孤子具有和标量亮孤子类似的波动性质。利用干涉性质能够设计出高精度的亮物质波孤子干涉仪 [13,16–18]。相反地，在排斥相互作用的 BEC 中，暗孤子一般不具有干涉和隧穿性质。有趣的是，当暗孤子与亮孤子非线性耦合时，暗孤子也能表现出这些波动行为。这一节将在两组分 BEC 中分别讨论亮–暗孤子 (吸引相互作用 BEC) 和暗–亮孤子 (排斥相互作用 BEC) 的干涉性质。除了存在条件不同之外，这两种孤子在密度分布上也是不同的。亮–暗孤子的总密度表现为背景之上的凸起，暗–亮孤子的总密度则表现为背景之上的凹陷。

7.3.1 理论模型

矢量孤子的相互作用也呈现了丰富的结果，比如亮孤子的约瑟夫森振荡，矢量孤子的隧穿效应和抖动效应，自旋孤子的交流振荡行为等，但是矢量孤子的干涉还没有被清晰地刻画。选择最简单的两组分情形讨论矢量孤子的干涉性质。

在平均场理论下，两组分准一维 BEC 的动力学可以由无量纲的 Manakov 模型描述：

$$\mathrm{i}q_{1,t}+\frac{1}{2}q_{1,xx}+g(|q_1|^2+|q_2|^2)q_1=0 \tag{7.3.1a}$$

$$\mathrm{i}q_{2,t}+\frac{1}{2}q_{2,xx}+g(|q_2|^2+|q_1|^2)q_2=0 \tag{7.3.1b}$$

其中，$q_1(x,t)$ 和 $q_2(x,t)$ 是两组分 BEC 的平均场波函数。g 表示非线性强度，当取 $g=1$ 时，该模型可以描述原子间吸引相互作用的两组分 BEC；当取 $g=-1$ 时，该模型可以描述原子间排斥相互作用的两组分 BEC。利用不同的求解方法(如 Hirota 双线性法、反散射法、达布变换方法等) 已经得到该方程的多种矢量孤子解，如亮–亮孤子、暗–暗孤子、亮–暗孤子和暗–亮孤子等。通过 2.1 节的研究已经知道，亮–亮孤子的波动性质与标量亮孤子类似。而对于暗–暗孤子，由于暗孤子本身具有负质量的性质，所以在排斥系统中两个组分的暗孤子都不具有波动性质，无法形成干涉或者隧穿行为。考虑到亮孤子的波动性质已经被广泛研究，并可以设计物质波孤子干涉仪，可以预期在矢量系统中暗孤子与亮孤子非线性耦合时，也能表现出类似于亮孤子的波动性质[19]。本章用达布变换方法构造模型(7.3.1)式的双亮–暗孤子和双暗–亮孤子的精确解，系统地研究它们相互作用的波动性质。

模型(7.3.1)的 Lax 方程可表示为

$$\varPhi_x=U\varPhi \tag{7.3.2a}$$

$$\varPhi_t=V\varPhi \tag{7.3.2b}$$

其中，

$$U=\mathrm{i}\lambda_j\sigma_3+\mathrm{i}Q \tag{7.3.3a}$$

$$V=\mathrm{i}\lambda_j^2\sigma_3+\mathrm{i}\lambda_jQ-\frac{1}{2}(\mathrm{i}\sigma_3Q^2-\sigma_3Q_x) \tag{7.3.3b}$$

以及

$$Q=\begin{pmatrix}0 & gq_1^* & gq_2^*\\ q_1 & 0 & 0\\ q_2 & 0 & 0\end{pmatrix},\quad \sigma_3=\begin{pmatrix}1 & 0 & 0\\ 0 & -1 & 0\\ 0 & 0 & -1\end{pmatrix}$$

符号“*”表示求其复共轭 $\lambda_j(j=1,2)$ 为谱参量，是复参数。下面将基于该 Lax 方程分别去求吸引相互作用 BEC($g=1$) 中双亮–暗孤子解和排斥相互作用 BEC($g=-1$) 中双暗–亮孤子解。

7.3.2 吸引相互作用下亮–暗孤子的波动性质

双亮–暗孤子解析解的构造 通常吸引相互作用 BEC 在无外势囚禁的情况下没有暗孤子。在矢量系统中，当其中一个组分中存在亮孤子时，亮孤子可以形成一个 $-f\mathrm{sech}^2(\sqrt{f}x)$ 型的量子阱，使暗孤子可以作为第一激发态存在于该阱内。因此，在这种耦合的吸引 BEC 中就可以讨论暗孤子的动力学行为。构造亮–暗孤子解所用的种子解形式可选为

$$q_1^{[0]}=0 \tag{7.3.4a}$$

$$q_2^{[0]}=\mathrm{e}^{\mathrm{i}t} \tag{7.3.4b}$$

将该种子解代入 Lax 方程(7.3.2)式，并引入变换矩阵 S 将变系数微分方程转换成常系数方程。令 $\varPhi_0=S\varPhi$，则有

$$\varPhi_{0x}=S_x\varPhi+S\varPhi_x=(S_xS^{-1}+SUS^{-1})\varPhi_0=U_0\varPhi_0 \tag{7.3.5}$$

这里，$U_0=S_xS^{-1}+SUS^{-1}$，S^{-1} 表示矩阵 S 的逆矩阵。类似地，

$$\varPhi_{0t}=V_0\varPhi \tag{7.3.6}$$

其中，$V_0=S_{\mathrm{t}}S^{-1}+SVS^{-1}$。由此可得常数化后 Lax 方程为

$$\varPhi_{0x}=U_0\varPhi_0 \tag{7.3.7a}$$

$$\varPhi_{0t}=V_0\varPhi_0 \tag{7.3.7b}$$

这里可取矩阵 S 为

$$S=\mathrm{diag}(1,1,\mathrm{e}^{-\mathrm{i}t})$$

此时，U_0 和 V_0 分别为

$$U_0=\mathrm{i}\begin{pmatrix}\lambda_j & 0 & 1\\ 0 & -\lambda_j & 0\\ 1 & 0 & -\lambda_j\end{pmatrix} \tag{7.3.8a}$$

$$V_0=\mathrm{i}\frac{1}{2}U_0^2+\lambda_jU_0+\mathrm{i}\frac{1}{2}\lambda_j^2 \tag{7.3.8b}$$

显然，U_0 和 V_0 是不含变量 x 和 t 的常数矩阵。上述变换将 Lax 方程(7.3.2)式的求解转换为(7.3.7)式的求解问题。为了求解该方程，进一步引入变换矩阵 D 将矩阵 U_0 和 V_0 对角化。由于矩阵 U_0 和 V_0 是常数矩阵，所以变换矩阵 D 也是不含 x 和 t 的常数矩阵。令 $\widetilde{\varPhi}=D^{-1}\varPhi_0$，则有

$$\widetilde{\varPhi}_x=D^{-1}\varPhi_{0x}=D^{-1}U_0\varPhi_0=D^{-1}U_0DD^{-1}\varPhi_0=\widetilde{U}_0\widetilde{\varPhi} \tag{7.3.9}$$

其中，$\widetilde{U}_0=D^{-1}U_0D$。同理可得

$$\widetilde{\varPhi}_{\rm t}=\widetilde{V}_0\widetilde{\varPhi},\qquad \widetilde{V}_0=D^{-1}V_0D \tag{7.3.10}$$

其中，$\widetilde{U}_0$ 和 $\widetilde{V}_0$ 是对角矩阵。矩阵 U_0 所对应的对角矩阵 $\widetilde{U}_0$ 的矩阵元为矩阵 U_0 的本征值，而将 U_0 对角化的矩阵 D 由 U_0 本征值对应的本征矢组成。此外由(7.3.8a) 式和(7.3.8b) 式，可知矩阵 V_0 也可以通过变换矩阵 D 对角化，并且对角矩阵 $\tilde{V}_0$ 的矩阵元可通过 U_0 的本征值代入(7.3.8b) 式直接得到。因此要求出矩阵 U_0 的本征值及对应的本征函数。考虑 U_0 的本征方程

$$\mathrm{i}\tau\boldsymbol{\phi}=U_0\boldsymbol{\phi} \tag{7.3.11}$$

其中，$\mathrm{i}\tau$ 和 $\boldsymbol{\phi}$ 分别为矩阵 U_0 的本征值和相应的本征函数。由 $\det[U_0-\mathrm{i}\tau I]=0$ (I 为 3×3 的单位矩阵)，可得本征值 τ 在谱参量为 λ_j 时满足方程

$$(\lambda_j+\tau_j)(\lambda_j^2+1-\tau_j^2)=0 \tag{7.3.12}$$

解得 U_1 的本征值 τ 有三个值 τ_{j1}、τ_{j2} 和 τ_{j3}，具体为

$$\tau_{j1}=\sqrt{1+\lambda_j^2},\quad \tau_{j2}=-\lambda_j,\quad \tau_{j3}=-\sqrt{1+\lambda_j^2} \tag{7.3.13}$$

可以看到有两个本征值需要对复数开根号，这非常不利于分析解的性质。这也是以往人们给出的亮–暗孤子解不便于讨论它们之间相互作用性质的部分原因。特别地，为了避免多值问题的出现，以方便分析相关参数的物理意义和解的性质，这里引入复参数 ξ_j (更详细的讨论见 4.1 节)，并将谱参量写成如下形式：

$$\lambda_j=\frac{1}{2}\left(\xi_j-\frac{1}{\xi_j}\right) \tag{7.3.14}$$

由此，本征方程(7.3.12)的三个本征值可表示为

$$\tau_{j1}=\frac{1}{2}\left(\frac{1}{\xi_j}+\xi_j\right),\quad \tau_{j2}=-\frac{1}{2}\left(\xi_j-\frac{1}{\xi_j}\right),\quad \tau_{j3}=-\frac{1}{2}\left(\frac{1}{\xi_j}+\xi_j\right) \tag{7.3.15}$$

将本征值 $\mathrm{i}\tau_{j1}$、$\mathrm{i}\tau_{j2}$ 和 $\mathrm{i}\tau_{j3}$ 分别代入(7.3.11)式中即可求得对应的本征函数，然后就可以得到变换矩阵 D 的具体形式。由于对应于本征值 τ_{j1}，τ_{j2} 和 τ_{j3} 的本征函数可取不同的形式，所以变换矩阵也可选不同形式。为了方便分析解，这里选取变换矩阵 D 为

$$D = \mathrm{i}\begin{pmatrix} 1+\xi_j & 0 & 1-\dfrac{1}{\xi_j} \\ 0 & 1 & 0 \\ 1+\dfrac{1}{\xi_j} & 0 & 1-\xi_j \end{pmatrix} \tag{7.3.16}$$

通过上述的变换，(7.3.7)式变换为如下形式：

$$\widetilde{\Phi}_x = \widetilde{U}\widetilde{\Phi} \tag{7.3.17a}$$

$$\widetilde{\Phi}_t = \widetilde{V}\widetilde{\Phi} \tag{7.3.17b}$$

其中，$\widetilde{\Phi} = D^{-1}\Phi_0$，$\widetilde{U}$ 和 $\widetilde{V}$ 分别为

$$\widetilde{U} = \mathrm{i}\begin{pmatrix} \tau_{j1} & 0 & 0 \\ 0 & \tau_{j2} & 0 \\ 0 & 0 & \tau_{j3} \end{pmatrix} \tag{7.3.18}$$

$$\widetilde{V} = \mathrm{i}\begin{pmatrix} \lambda_j\tau_{j1} - \dfrac{1}{2}\tau_{j1}^2 + \dfrac{1}{2}\lambda_j^2 & 0 & 0 \\ 0 & \lambda_j\tau_{j2} - \dfrac{1}{2}\tau_{j2}^2 + \dfrac{1}{2}\lambda_j^2 & 0 \\ 0 & 0 & \lambda_j\tau_{j3} - \dfrac{1}{2}\tau_{j3}^2 + \dfrac{1}{2}\lambda_j^2 \end{pmatrix} \tag{7.3.19}$$

显然，$\widetilde{U}$ 和 $\widetilde{V}$ 为对角矩阵，因此，通过 (7.3.17)式易得 $\widetilde{\Phi}$ 在 λ_j 处的具体形式为

$$\widetilde{\Phi}_j = \begin{pmatrix} \widetilde{\Phi}_{j1} \\ \widetilde{\Phi}_{j2} \\ \widetilde{\Phi}_{j3} \end{pmatrix} = \begin{pmatrix} c_{j1}\exp[\mathrm{i}\tau_{j1}x + \mathrm{i}(\lambda_j\tau_{j1} - \dfrac{1}{2}\tau_{j1}^2 + \dfrac{1}{2}\lambda_j^2)t] \\ c_{j2}\exp[\mathrm{i}\tau_{j2}x + \mathrm{i}(\lambda_j\tau_{j2} - \dfrac{1}{2}\tau_{j2}^2 + \dfrac{1}{2}\lambda_j^2)t] \\ c_{j3}\exp[\mathrm{i}\tau_{j3}x + \mathrm{i}(\lambda_j\tau_{j3} - \dfrac{1}{2}\tau_{j3}^2 + \dfrac{1}{2}\lambda_j^2)t] \end{pmatrix} \tag{7.3.20}$$

其中，c_{j1}、c_{j2} 和 c_{j3} 是任意复常数。由前面的表达式 $\widetilde{\Phi} = D^{-1}\Phi_0$ 和 $\Phi_0 = S\Phi$，可知 $\Phi = S^{-1}D\widetilde{\Phi}$。从本征值(7.3.13)可知本征值 τ_{j1} 和 τ_{j3} 互为相反数，要得到

亮–暗孤子解需取其中一个，可使 $c_{j1}=0$ 或 $c_{j3}=0$。本节令 $c_{j3}=0$。由此可得到 Lax 方程(7.3.2) 式在种子解(7.3.4)式时的特解 $\varPhi_j$ 为

$$\varPhi_j=\begin{pmatrix}\varPhi_{j1}\\ \varPhi_{j2}\\ \varPhi_{j3}\end{pmatrix}=\begin{pmatrix}(1+\xi_j)\widetilde{\varPhi}_{j1}\\ \widetilde{\varPhi}_{j2}\\ \left(1+\dfrac{1}{\xi_j}\right)\widetilde{\varPhi}_{j1}\mathrm{e}^{it}\end{pmatrix}\tag{7.3.21}$$

将(7.3.20)式代入上式，得

$$\varPhi_{j1}=(1+\xi_j)c_{j1}\exp\left[\mathrm{i}\tau_{j1}x+\mathrm{i}\left(\lambda_j\tau_{j1}-\frac{1}{2}\tau_{j1}^2+\frac{1}{2}\lambda_j^2\right)t\right]\tag{7.3.22a}$$

$$\varPhi_{j2}=c_{j2}\exp\left[\mathrm{i}\tau_{j2}x+\mathrm{i}\left(\lambda_j\tau_{j2}-\frac{1}{2}\tau_{j2}^2+\frac{1}{2}\lambda_j^2\right)t\right]\tag{7.3.22b}$$

$$\varPhi_{j3}=\left(1+\frac{1}{\xi_j}\right)c_{j1}\exp\left[\mathrm{i}\tau_{j1}x+\mathrm{i}\left(\lambda_j\tau_{j1}-\frac{1}{2}\tau_{j1}^2+\frac{1}{2}\lambda_j^2\right)t+\mathrm{i}t\right]\tag{7.3.22c}$$

为了简化解的形式,这里取 $c_{j1}=1, c_{j2}=(1+1/\xi_j)\sqrt{1+|\xi_j|^2}$,将其代入(7.3.22)式,此时特解(7.3.21) 式的三个矩阵元 $\varPhi_{j1}$、$\varPhi_{j2}$ 和 $\varPhi_{j3}$ 表示为

$$\varPhi_{j1}=(1+\xi_j)\exp\left[-\frac{1}{2}\kappa_j-\frac{\mathrm{i}}{2}\theta_j\right]\tag{7.3.23a}$$

$$\varPhi_{j2}=\sqrt{1+|\xi_j|^2}(1+1/\xi_j)\exp\left[\frac{1}{2}\kappa_j+\frac{\mathrm{i}}{2}\theta_j\right]\tag{7.3.23b}$$

$$\varPhi_{j3}=(1+1/\xi_j)\exp\left[-\frac{1}{2}\kappa_j+\frac{\mathrm{i}}{2}(-\theta_j+t)\right]\tag{7.3.23c}$$

其中，$\xi_j=-v_j+\mathrm{i}w_j$，$\kappa_j=w_j(x-v_jt)$，$\theta_j=v_jx+\dfrac{1}{2}(w_j^2-v_j^2+2)t+\phi_j$。通过达布变换构造出耦合模型(7.3.1)式的单亮–暗孤子解：

$$q_1^{[1]}=q_1^{[0]}+\frac{2(\lambda_1^*-\lambda_1)\varPhi_{11}^*\varPhi_{12}}{|\varPhi_{11}|^2+|\varPhi_{12}|^2+|\varPhi_{13}|^2}\tag{7.3.24a}$$

$$q_2^{[1]}=q_2^{[0]}+\frac{2(\lambda_1^*-\lambda_1)\varPhi_{11}^*\varPhi_{13}}{|\varPhi_{11}|^2+|\varPhi_{12}|^2+|\varPhi_{13}|^2}\tag{7.3.24b}$$

为了探究两个亮–暗孤子之间的相互作用特性，要做第二步达布变换。达布矩阵为

$$T_2^{[1]}=I+\frac{\lambda_1^*-\lambda_1}{\lambda_2-\lambda_1^*}P_1,\quad P_1=\frac{\varPhi_1\varPhi_1^\dagger}{\varPhi_1^\dagger\varPhi_1}\tag{7.3.25}$$

通过规范变换

$$\varPhi_2^{[1]}=T_2^{[1]}\varPhi_2\tag{7.3.26}$$

可使得 $\varPhi_2^{[1]}$ 满足和 Lax 方程(7.3.2)式同样的形式，即

$$\varPhi_{2x}^{[1]} = U^{[1]}\varPhi_2^{[1]} \tag{7.3.27a}$$

$$\varPhi_{2t}^{[1]} = V^{[1]}\varPhi_2^{[1]} \tag{7.3.27b}$$

其中，$U^{[1]}$, $V^{[1]}$ 是将 U, V 中的 q_1 和 q_2 分别替换为 $q_1^{[1]}$ ((7.3.24a)式) 和 $q_2^{[1]}$ ((7.3.24b)式)，且谱参量 $\lambda_2 = a_2 + \mathrm{i}b_2$。由此可得 $\varPhi_2^{[1]}$ 的三个矩阵元分别为

$$\varPhi_{21}^{[1]} = \frac{(\lambda_1^* - \lambda_2)m_1\varPhi_{21} + (\lambda_1 - \lambda_1^*)m_2\varPhi_{11}}{m_1(\lambda_1^* - \lambda_2)}$$

$$\varPhi_{22}^{[1]} = \frac{(\lambda_1^* - \lambda_2)m_1\varPhi_{22} + (\lambda_1 - \lambda_1^*)m_2\varPhi_{12}}{m_1(\lambda_1^* - \lambda_2)}$$

$$\varPhi_{23}^{[1]} = \frac{(\lambda_1^* - \lambda_2)m_1\varPhi_{23} + (\lambda_1 - \lambda_1^*)m_2\varPhi_{13}}{m_1(\lambda_1^* - \lambda_2)}$$

其中，$m_1 = |\varPhi_{11}|^2 + |\varPhi_{12}|^2 + |\varPhi_{13}|^2$, $m_2 = \varPhi_{11}^*\varPhi_{21} + \varPhi_{22}^*\varPhi_{12} + \varPhi_{23}^*\varPhi_{13}$。由此可得到双亮–暗孤子解为

$$q_1^{[2]} = q_1^{[1]} + \frac{2(\lambda_2^* - \lambda_2)\varPhi_{21}^{*[1]}\varPhi_{22}^{[1]}}{|\varPhi_{21}^{[1]}|^2 + |\varPhi_{22}^{[1]}|^2 + |\varPhi_{23}^{[1]}|^2} \tag{7.3.28a}$$

$$q_2^{[2]} = q_2^{[1]} + \frac{2(\lambda_2^* - \lambda_2)\varPhi_{21}^{*[1]}\varPhi_{23}^{[1]}}{|\varPhi_{21}^{[1]}|^2 + |\varPhi_{22}^{[1]}|^2 + |\varPhi_{23}^{[1]}|^2} \tag{7.3.28b}$$

经过细致的化简，双亮–暗孤子解的具体表达式为

$$q_1^{[2]} = \frac{z_1}{m} \tag{7.3.29a}$$

$$q_2^{[2]} = \frac{z_2}{m}\mathrm{e}^{\mathrm{i}t} \tag{7.3.29b}$$

上式中 z_1, z_2 和 m 的表达式为

$$\begin{aligned}
z_1 = &- w_1 w_2\Bigg[\mathrm{e}^{\mathrm{i}\theta_1}\sqrt{\varXi_{11}}\varXi_{21}\left(\frac{\varLambda_{12}^*}{\xi_2}\varXi_{22}\mathrm{e}^{\kappa_2} - \frac{\varLambda_{12}}{\xi_1}\varXi_{12}\mathrm{e}^{-\kappa_2}\right) \\
&- \mathrm{e}^{\mathrm{i}\theta_2}\sqrt{\varXi_{22}}\varXi_{12}\left(\frac{\varLambda_{12}}{\xi_1}\varXi_{11}\mathrm{e}^{\kappa_1} - \frac{\varLambda_{12}^*}{\xi_2}\varXi_{21}\mathrm{e}^{-\kappa_1}\right)\Bigg] \\
&- |\varLambda_{12}|^2|\varXi_{12}|^2\left[\frac{\mathrm{i}w_2}{\xi_2}\sqrt{\varXi_{22}}\mathrm{e}^{\mathrm{i}\theta_2}\cosh(\kappa_1) + \frac{\mathrm{i}w_1}{\xi_1}\sqrt{\varXi_{11}}\mathrm{e}^{\mathrm{i}\theta_1}\cosh(\kappa_2)\right] \\
z_2 = &- w_1 w_2\sqrt{\varXi_{11}\varXi_{22}}\left(\frac{\xi_2^*}{\xi_1}\varXi_{12}\mathrm{e}^{\mathrm{i}\theta_2 - \mathrm{i}\theta_1} + \frac{\xi_1^*}{\xi_2}\varXi_{21}\mathrm{e}^{\mathrm{i}\theta_1 - \mathrm{i}\theta_2}\right) \\
&+ \frac{1}{4}|\varDelta|^2\left(\frac{\xi_1^*\xi_2^*}{\xi_1\xi_2}|\varXi_{21}|^2\mathrm{e}^{-\kappa_1-\kappa_2} + |\varGamma|^2\mathrm{e}^{\kappa_1+\kappa_2}\right)
\end{aligned}$$

$$
\begin{aligned}
&+\frac{1}{4}|\Lambda_{12}|^2|\Xi_{12}|^2\left(\frac{\xi_1^*}{\xi_1}\mathrm{e}^{\kappa_2-\kappa_1}+\frac{\xi_2^*}{\xi_2}\mathrm{e}^{\kappa_1-\kappa_2}\right)\\
m=&-w_1w_2\Big[|\Xi_{12}|^2\mathrm{e}^{-\kappa_1-\kappa_2}+\Xi_{11}\Xi_{22}\mathrm{e}^{\kappa_1+\kappa_2}+\big[\mathrm{Re}[\Xi_{12}]\cos(\theta_2-\theta_1)\\
&+\mathrm{Im}[\Xi_{12}]\sin(\theta_2-\theta_1)\big]2\sqrt{\Xi_{11}\Xi_{22}}\Big]+|\Lambda_{12}|^2|\Xi_{12}|^2\cosh(\kappa_1)\cosh(\kappa_2)
\end{aligned}
$$

其中，$\Lambda_{kj}=\xi_{\mathrm{k}}-\xi_j^*$, $\Xi_{kj}=1+\xi_{\mathrm{k}}\xi_j^*$, $\Delta=\xi_1-\xi_2$, $\Gamma=1+\xi_1\xi_2$。参数 v_j 和 w_j 分别与孤子速度和宽度相关，ϕ_j 是引入的一个常相位，可以调节孤子的初始相位。基于双孤子解(7.3.29)式，可以探究两个亮–暗孤子相互作用的性质。通常标量暗孤子和暗–暗孤子因其负质量效应而没有波动性。有趣的是，当存在暗孤子与亮孤子的非线性耦合效应时，暗孤子也可以表现出与亮孤子类似的波动性质，如干涉和隧穿等动力学行为。下面对双亮–暗孤子的相互作用特性进行详细的分析。

亮–暗孤子的干涉现象 在观察双亮–暗孤子相互作用过程中注意到，当相关孤子参数在合适的范围内取值时，可以观察到亮–暗孤子的干涉行为，如图 7.11

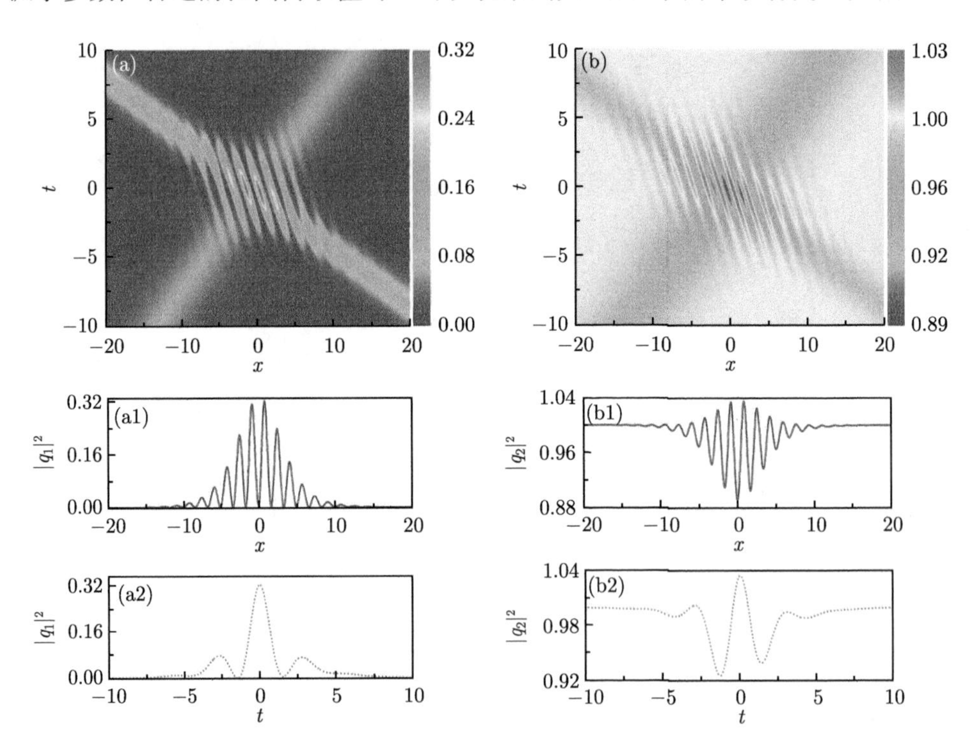

图 7.11 双亮–暗孤子的干涉动力学。(a) 和 (b) 分别对应第一组分和第二组分的时空干涉图样。蓝色实线和红色虚线分别表示它们的空间干涉条纹 ($t=0$) 和时域干涉条纹 ($x=0.7$)。参数设置为：$v_1=-2.4, v_2=1.3, w_1=0.3, w_2=0.2, \phi_1=0, \phi_2=0$ (彩图见封底二维码)

所示，(a) 和 (b) 分别为第一组分和第二组分的时空密度分布图。可以清晰地看到两个组分中都呈现出规则可视的干涉图样。为了更直观地表征这一现象，在图 7.11(a1) 和 (a2) 以及 (b1) 和 (b2) 展示了两个组分各自在空间分布方向的干涉条纹 ($t=0$，蓝色实线) 和时域演化方向的干涉条纹 ($x=0.7$，红色虚线)。这清晰地呈现出，不仅两个亮孤子之间的相互作用能产生时空干涉现象，而且两个暗孤子之间的相互作用也能产生时空干涉行为。暗孤子的干涉行为在之前的研究结果中是没有的。这一现象说明，亮孤子组分的波动性通过两组分间的非线性耦合反馈到暗孤子组分，使得两个暗孤子之间的碰撞产生干涉。这是首次在耦合系统中观察到暗孤子的干涉行为。

亮–暗孤子的干涉周期 在相互作用过程中出现的周期性行为，意味着在双孤子解中包含着一些周期函数。依据化简后的双亮–暗孤子解(7.3.29)式可知，周期函数由 $\mathrm{Re}[\Xi_{12}]\cos(\theta_2-\theta_1)+\mathrm{Im}[\Xi_{12}]\sin(\theta_2-\theta_1)$ 项主导。因此，周期函数因子为

$$\cos(\theta_2-\theta_1)=\cos\left[(v_1-v_2)x+\frac{1}{2}(v_2^2-v_1^2+w_1^2-w_2^2)t+\phi_1-\phi_2\right] \tag{7.3.30}$$

$$\sin(\theta_2-\theta_1)=\sin\left[(v_1-v_2)x+\frac{1}{2}(v_2^2-v_1^2+w_1^2-w_2^2)t+\phi_1-\phi_2\right] \tag{7.3.31}$$

可以看到周期函数中既包含空间分布方向 x，也包含时间演化方向 t。这证实了图 7.11 中双亮–暗孤子相互作用时产生的双周期干涉现象。由此可得到空间周期为

$$D=\frac{2\pi}{|v_1-v_2|} \tag{7.3.32}$$

时间周期为

$$T=\frac{4\pi}{|v_2^2-v_1^2+w_1^2-w_2^2|} \tag{7.3.33}$$

通过比较干涉周期和孤子尺寸的大小，可以调节干涉条纹的数目和可见度。需要强调的是，由于可视干涉条纹的周期要小于孤子的尺度，所以孤子相互作用并非总能形成干涉现象。干涉周期的表达式(7.3.32)式和(7.3.33)式表明，参数 v_j 和 w_j 决定了干涉周期。但是，参数 v_j 与孤子速度以及参数 w_j 与孤子宽度之间具体的关系还不能从解(7.3.29) 式中直接确定，下面通过双孤子解做渐近分析来讨论这些参数的确切物理意义，以定量刻画亮–暗孤子的干涉特性。

渐近分析方法 由两次达布变换过程以及双亮–暗孤子解可知，谱参量 $\lambda_1=\frac{1}{2}\left(\xi_1-\frac{1}{\xi_1}\right)$决定了第一个孤子，谱参量$\lambda_2=\frac{1}{2}\left(\xi_2-\frac{1}{\xi_2}\right)$ 决定了第二个孤子，其中，$\xi_j=-v_j+\mathrm{i}w_j(j=1,2)$。$v_j$ 与孤子的速度相关。做渐近分析时要求两个孤子

的速度不能相等。这里设 w_1 和 w_2 都大于零，及 $v_1 < v_2$。首先求第一个孤子碰撞前后 $(t \to \pm\infty)$ 的渐近表达式。固定第一个孤子的参数 $x - v_1 t = \text{const}$，然后 $x - v_2 t = x - v_1 t + (v_1 - v_2)t$。那么，当 $t \to -\infty$ 时，$(x - v_2 t) \to +\infty$，这意味着 $\mathrm{e}^{-\kappa_2} \to 0$。此时，特解 $\varPhi_2$ 中有 $\varPhi_{21} \to 0$ 和 $\varPhi_{23} \to 0$，那么双孤子解(7.3.29)式的渐近表达式可约化为

$$\mathrm{BS}_1^{\mathrm{i}} = A_1^{\mathrm{i}} \operatorname{sech}[w_1(x - v_1 t) - d_1] \mathrm{e}^{\mathrm{i}(2\theta_1 + t)} \tag{7.3.34a}$$

$$\mathrm{D}S_1^{\mathrm{i}} = \left\{ \frac{v_1}{v_1 - \mathrm{i}w_1} - \frac{\mathrm{i}w_1}{v_1 - \mathrm{i}w_1} \tanh\left[w_1(x - v_1 t) - d_1\right] \right\} \mathrm{e}^{\mathrm{i}t} \tag{7.3.34b}$$

此时 $\mathrm{BS}_1^{\mathrm{i}}$ 和 $\mathrm{DS}_1^{\mathrm{i}}$ 分别为第一个亮孤子和第一个暗孤子碰撞前的渐近表达式。其中，

$$d_1 = \frac{1}{2} \ln \left[\frac{|\xi_1^* - \xi_2|^2 |\xi_1^* \xi_2 + 1|^2}{|\xi_1 - \xi_2|^2 |\xi_1 \xi_2 + 1|^2} \right]$$

$$A_1^{\mathrm{i}} = \frac{\xi_2^* (\xi_1^* - \xi_1)(\xi_1^* - \xi_2)(\xi_1^* \xi_2 + 1)}{2\xi_1 \xi_2 (\xi_1^* - \xi_2^*)(\xi_1^* \xi_2^* + 1)} \sqrt{1 + |\xi_1|^2} \mathrm{e}^{-d_1}$$

d_1 为每个组分中第一个孤子碰撞前的位置，A_1^{i} 决定第一个亮孤子碰撞前的振幅 $P_1^{\mathrm{i}} = |A_1^{\mathrm{i}}|$。类似地，当 $t \to +\infty$，有 $x - v_2 t \to -\infty$，这意味着 $\mathrm{e}^{\kappa_2} \to 0$。此时，特解 $\varPhi_2$ 中 $\varPhi_{22} \to 0$，此时，双孤子解(7.3.29)式的渐近表达式可约化为

$$\mathrm{BS}_1^{\mathrm{f}} = A_1^{\mathrm{f}} \operatorname{sech}[w_1(x - v_1 t) - d_1^{\mathrm{f}}] \mathrm{e}^{\mathrm{i}(2\theta_1 + t)} \tag{7.3.35a}$$

$$\mathrm{DS}_1^{\mathrm{f}} = \frac{\xi_2^*}{\xi_2} \left\{ \frac{v_1}{v_1 - \mathrm{i}w_1} - \frac{\mathrm{i}w_1}{v_1 - \mathrm{i}w_1} \tanh\left[w_1(x - v_1 t) - d_1^{\mathrm{f}}\right] \right\} \mathrm{e}^{\mathrm{i}t} \tag{7.3.35b}$$

此时 $\mathrm{BS}_1^{\mathrm{f}}$ 和 $\mathrm{DS}_1^{\mathrm{f}}$ 分别为第一个亮孤子和第一个暗孤子碰撞后的渐近表达式。其中，

$$d_1^{\mathrm{f}} = \frac{1}{2} \ln \left[\frac{|\xi_1 - \xi_2|^2}{|\xi_1^* - \xi_2|^2} \right]$$

$$A_1^{\mathrm{f}} = \frac{(\xi_1^* - \xi_1)(\xi_1^* - \xi_2^*)}{2\xi_1 (\xi_1^* - \xi_2)} \sqrt{1 + |\xi_1|^2} \mathrm{e}^{-d_2}$$

d_1^{f} 为每个组分中第一个孤子碰撞后的位置，A_1^{f} 决定第一个亮孤子碰撞后的振幅 $P_1^{\mathrm{f}} = |A_1^{\mathrm{f}}|$。通过计算可得

$$P_1^{\mathrm{f}} = P_i^{\mathrm{f}} = w_1 \sqrt{\frac{1 + v_1^2 + w_1^2}{v_1^2 + w_1^2}} \tag{7.3.36}$$

下面可用同样的方式去求第二个孤子碰撞前后 $(t \to \pm\infty)$ 的渐近表达式。对于这种情形，固定第二个孤子的参数 $x - v_2 t = \text{const}$，则有 $x - v_1 t = x - v_2 t +$

$(v_2-v_1)t$。那么，当 $t\to-\infty$，有 $x-v_1t\to-\infty$，这意味着 $\mathrm{e}^{k_1}\to 0$。此时，特解 Φ_1 中 $\Phi_{12}\to 0$，那么双孤子解(7.3.29)式的渐近表达式可约化为

$$\mathrm{BS}_2^{\mathrm{i}}=A_2^{\mathrm{i}}\mathrm{sech}[w_2(x-v_2t)-d_2]\mathrm{e}^{\mathrm{i}(2\theta_2+t)} \tag{7.3.37a}$$

$$\mathrm{DS}_2^{\mathrm{i}}=\frac{\xi_1^*}{\xi_1}\left\{\frac{v_2}{v_2-\mathrm{i}w_2}-\frac{\mathrm{i}w_2}{v_2-\mathrm{i}w_2}\tanh\left[w_2(x-v_2t)-d_2\right]\right\}\mathrm{e}^{\mathrm{i}t} \tag{7.3.37b}$$

这里，$\mathrm{BS}_2^{\mathrm{i}}$ 和 $\mathrm{DS}_2^{\mathrm{i}}$ 分别为第二个亮孤子和第二个暗孤子在碰撞前的渐近表达式；d_2 为两个组分中第二个孤子碰撞前的位置；A_2^{i} 决定了第二个亮孤子的振幅 $P_2^{\mathrm{i}}=|A_2^{\mathrm{i}}|$，其中，

$$A_2^{\mathrm{i}}=\frac{(\xi_2-\xi_2^*)(\xi_1^*-\xi_2^*)\sqrt{1+|\xi_2|^2}}{2\xi_2(\xi_2^*-\xi_1)}\mathrm{e}^{-d_2}$$

相反地，当 $t\to+\infty$ 时，有 $-(x-v_1t)\to-\infty$，这意味着 $\mathrm{e}^{-\kappa_1}\to 0$。此时，特解 Φ_1 中 $\Phi_{11}\to 0$ 和 $\Phi_{13}\to 0$，那么双孤子解(7.3.29) 式的渐近表达式可约化为

$$\mathrm{BS}_2^{\mathrm{f}}=A_2^{\mathrm{f}}\mathrm{sech}[w_2(x-v_2t)-d_2^{\mathrm{f}}]\mathrm{e}^{\mathrm{i}(2\theta_2+t)} \tag{7.3.38a}$$

$$\mathrm{DS}_2^{\mathrm{f}}=\left\{\frac{v_2}{v_2-\mathrm{i}w_2}-\frac{\mathrm{i}w_2}{v_2-\mathrm{i}w_2}\tanh\left[w_2(x-v_2t)-d_2^{\mathrm{f}}\right]\right\}\mathrm{e}^{\mathrm{i}t} \tag{7.3.38b}$$

这里 $\mathrm{BS}_2^{\mathrm{f}}$ 和 $\mathrm{DS}_2^{\mathrm{f}}$ 分别为第二个亮孤子和第二个暗孤子在碰撞后的渐近表达式。d_2^{f} 为每个组分中第二个孤子碰撞后的位置，A_2^{f} 决定第二个亮孤子的振幅 $P_2^{\mathrm{f}}=|A_2^{\mathrm{f}}|$，其中，

$$A_2^{\mathrm{f}}=\frac{\xi_1^*(\xi_2-\xi_2^*)(\xi_2^*-\xi_1)(\xi_2^*\xi_1+1)\sqrt{1+|\xi_2|^2}}{2\xi_1\xi_2(\xi_1^*-\xi_2^*)(\xi_1^*\xi_2^*+1)}\mathrm{e}^{-d_1}$$

由此可得

$$P_2^{\mathrm{i}}=P_2^{\mathrm{f}}=w_2\sqrt{\frac{1+v_2^2+w_2^2}{v_2^2+w_2^2}} \tag{7.3.39}$$

即第二个孤子碰撞前后的振幅是相等的。

干涉性质的定量刻画 由两个组分中双孤子碰撞前后的渐近表达式(7.3.34)式 ~ (7.3.38) 式可知，参数 v_1 和 v_2 分别是第一个孤子和第二个孤子的速度，参数 $1/w_1$ 和 $1/w_2$ 分别为第一个和第二个孤子的宽度。两个孤子在碰撞后位置发生了互换。每个亮孤子在碰撞前后的峰值不变，$P_j^{\mathrm{i}}=P_j^{\mathrm{f}}$，这意味着两个暗孤子在碰撞前后的谷值也不变。但是，上述渐近分析结果表明，对于亮–暗孤子，亮孤子的振幅是由孤子的速度和宽度共同决定的一个物理量，见(7.3.36)式和(7.3.39)式，

不再是一个独立变量，而这里的速度和宽度是独立变量。因此，不能再用振幅刻画时间上的干涉周期，需要用独立变量速度和宽度。这里，孤子的宽度定义为

$$W_j = \frac{1}{w_j} \tag{7.3.40}$$

那么，时间干涉周期(7.3.33)式可以重新表示为

$$T = \frac{4\pi}{\left|v_2^2 - v_1^2 + \dfrac{1}{W_1^2} - \dfrac{1}{W_2^2}\right|} \tag{7.3.41}$$

因此，时域干涉周期(7.3.41)式由两个孤子的宽度和速度共同确定。这些结果表明，亮–暗孤子的空间干涉周期性质与标量亮孤子以及亮–亮孤子具有相同的性质，它们都是由两个孤子的相对速度决定的。通过空间干涉周期的定量表达式(7.3.32)式可测量孤子的速度。但是，亮–暗孤子的干涉周期是由两个孤子的速度和宽度来决定的，而标量亮孤子与矢量亮孤子的时间干涉周期是由两个孤子的峰值和速度决定的。因为在与暗孤子耦合的情形下，亮孤子的振幅是由速度和宽度共同确定的，不是一个独立物理量。对于暗–亮孤子，当已知两个孤子的速度和其中一个孤子的宽度时，可以根据时间干涉周期测量另一个孤子的宽度。当两个孤子的速度绝对值相同时，则空间干涉周期无限大，将无法观察到空间干涉条纹；当两个孤子宽度相同且速度绝对值相等时，则导致时域干涉周期无限大，时域干涉图样将消失。基于物质波波长理论，当空间干涉周期 D 小于孤子的空间尺度以及时域干涉周期 T 小于碰撞的时间尺度的 1/2 时，时空干涉图样才可能是可视的 (图 7.11)。

亮–暗孤子的隧穿动力学　现在已经知道暗孤子与亮孤子耦合的情况下，暗孤子可以表现出波动性质。关于波动性质，孤子的隧穿动力学最近也受到了大家的广泛关注。基于这些研究，可以预期暗孤子也能产生隧穿动力学。

基于量子隧穿理论，可将(7.3.1)式中非线性项 $-(|q_1|^2+|q_2|^2)$ 看作由原子密度分布自诱导产生的等效双势阱。由于原子从一个孤子隧穿到另一个孤子的同时改变了量子阱的结构，所以量子阱的演化与两组分中亮孤子和暗孤子的演化同步进行。这里将这种现象称为自诱导量子阱中孤子的隧穿行为，它不同于通常量子理论中外加双势阱。图 7.12 展示了亮–暗孤子隧穿动力学的密度分布图，(a) 和 (b) 分别对应第一组分和第二组分。这说明两个组分之间的非线性耦合效应使得暗孤子与亮孤子一起随着时间演化进行振荡。相反地，标量暗孤子和暗–暗孤子由于其有效的负质量性质而不具备这些特征。隧穿周期为 $T = 4\pi/|v_2^2 - v_1^2 + 1/W_1^2 - 1/W_2^2|$，由孤子的宽度和速度决定。对于可观测的隧穿行为，其周期应明显小于相互作用时间的一半。可以看到，在第二组分中两个暗孤子的隧穿相互作用也形成了一个明显高于背景密度的峰。

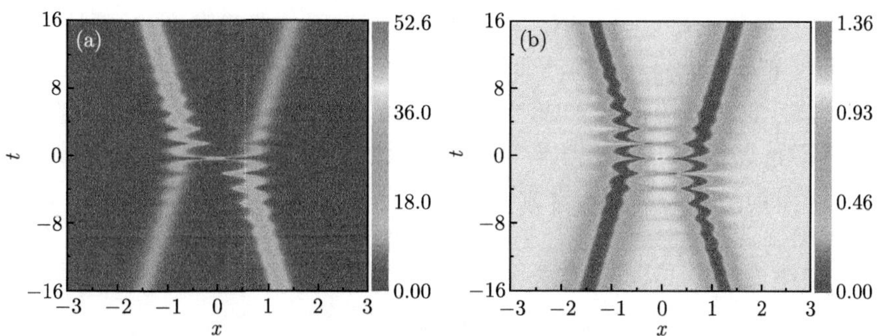

图 7.12　双亮–暗孤子的隧穿动力学。(a) 和 (b) 分别为 q_1 组分和 q_2 组分的时空密度演化。参数设置为：$v_1 = 0.05, w_1 = 3, v_2 = -0.05, w_2 = 4, \phi_1 = 0, \phi_2 = 0$ (彩图见封底二维码)

特别地，注意到两个暗孤子的碰撞可以在相互作用区域诱发一些高于背景的峰，如图 7.11(b) 和图 7.12(b) 所示。而标量暗孤子及矢量暗–暗孤子在相互作用过程中一般只能形成谷。这意味着，亮孤子可以诱导暗孤子产生更加丰富的动力学行为。下面对这一新奇的现象进行详细的讨论。

暗孤子组分最大密度值　在排斥相互作用系统中，暗孤子通常发生弹性碰撞，并在碰撞区域会出现一些密度凹陷。但是，吸引相互作用系统 ($g = 1$) 中，如图 7.11(b)

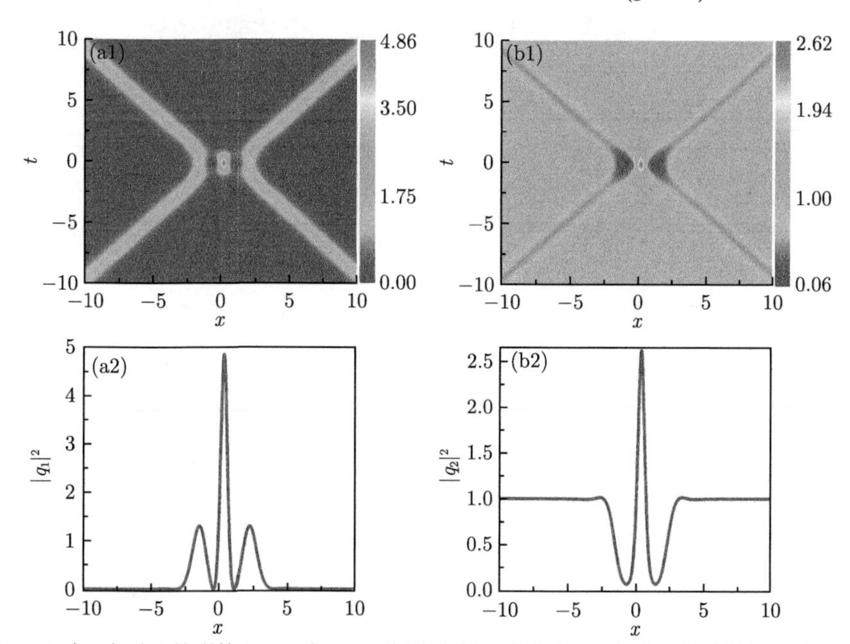

图 7.13　双亮–暗孤子的碰撞。(a1) 和 (b1) 分别对应 q_1 组分和 q_2 组分的时空密度分布；(a2) 和 (b2) 为各自在 $t = 0$ 时所对应的密度剖面。由图可见，双暗孤子的碰撞在相互作用区间形成了显著高于背景密度的峰。参数设置为：$v_1 = -1, v_2 = 1, w_1 = 1, w_2 = 1, \phi_1 = 1.8\pi, \phi_2 = 0.095\pi$ (彩图见封底二维码)

所示，暗孤子之间的碰撞会在相互作用区形成一些高于背景密度的峰。这一现象在以往关于两个暗孤子相互作用的研究中是没有的。作为一个例子，图 7.13中更突出地展示这一特点，(a1) 和 (b1) 分别对应第一组分和第二组分的时空密度分布。一个显著的特点是两个组分中两个孤子在碰撞中心同时产生了一个峰和两个谷。它们在 $t=0$ 时各自对应的密度分布如图 7.13(a2) 和 (b2) 所示。显然，第二组分中最大密度值高于其背景密度，这是标量暗孤子和矢量暗–暗孤子所不具备的碰撞现象。需要强调的是，暗孤子组分中最大密度值并不总是大于背景值。随着物理参数的变化，最大密度值也会发生改变。那么，孤子的物理参数 $\phi_1,\phi_2,v_1,v_2,W_1,W_2$ 的变化会给暗孤子组分中最大密度值带来怎样的影响呢？简单起见，以图 7.13为例，通过控制变量法，分别改变两个孤子的相对常相位、相对速度和相对宽度，去讨论当 $t=0$ 时暗孤子组分中最大密度值 $|q_2|^2_{\max}$ 的变化情况。

孤子参数对暗孤子组分最大密度值的影响　首先，研究第一组分中两个亮孤子之间的相对常相位对暗孤子组分密度最大值的影响。通常在双孤子情形下，可将某一个孤子视作参照物，此时另一个孤子的常相位就是两者之间的相对常相位。这里，固定 $\phi_1=0$，则另一个孤子的常相位 ϕ_2 则可视为两个亮孤子的相对常相位 $\phi_{\rm r}$，即 $\phi_{\rm r}=\phi_2$，其他参数设置与图 7.13 一致，其结果如图 7.14(a) 所示。显然，暗孤子组分中密度最大值对相对常相位 $\phi_{\rm r}$ 的变化非常敏感，变化的周期为 2π。例如，在一个周期 $[0,2\pi]$ 中，当 $\phi_{\rm r}$ 增加时，$|q_2|^2_{\max}$ 先增加，并在 $\phi_{\rm r}\approx0.095\pi$ 时 $|q_2|^2_{\max}$ 达到最大值；当 $\phi_{\rm r}$ 继续增大，$|q_2|^2_{\max}$ 逐渐减小，并在 $\phi_{\rm r}\approx1.095\pi$ 时 $|q_2|^2_{\max}$ 达到最小值；之后 $|q_2|^2_{\max}$ 随着 $\phi_{\rm r}$ 的增加开始增加，并在 $\phi_{\rm r}\approx2.095\pi$ 时再次增加到最大值。这一结果表明，通过分析暗孤子组分的密度最大值可以测量两个亮孤子之间的相对常相位。

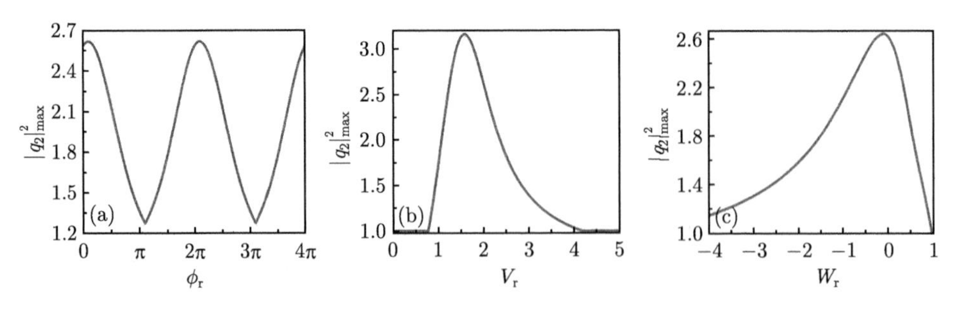

图 7.14　暗孤子组分中最大峰值相对于孤子参数的变化 ($t=0$)。(a) 最大峰值随相对常相位 $\phi_{\rm r}$ 的变化，参数为：$v_1=-1,w_1=1,v_2=1,w_2=1,\phi_1=0,\phi_2=\phi_{\rm r}$；(b) 最大峰值随两个孤子之间的相对速度 $V_{\rm r}$ 的变化，参数为：$v_1=v_2-V_{\rm r},w_1=1,v_2=1,w_2=1,\phi_1=0,\phi_2=0.095\pi$；(c) 最大峰值随两个孤子之间的相对宽度 $W_{\rm r}$ 的变化，参数为：$v_1=-1,w_1=\dfrac{w_2}{2-W_{\rm r}w_2},v_2=1,w_2=1,\phi_1=0,\phi_2=0.095\pi$

第二种情形，讨论两个孤子的相对速度 V_{r} 对暗孤子组分密度最大值的影响。取 $v_1 = v_2 - V_{\mathrm{r}}$，其他参数设置与图 7.13 相同，结果如图 7.14(b) 所示。可以看到，这里存在两个临界的相对速度，即 $V_{\mathrm{r}}\approx 0.77$ 和 $V_{\mathrm{r}}\approx 4.14$。当 $V_{\mathrm{r}}\leqslant 0.77$ 或 $V_{\mathrm{r}}\geqslant 4.14$ 时，随着 V_{r} 的增加，暗孤子组分的密度最大值几乎不变；当 $0.77< V_{\mathrm{r}} < 4.14$ 时，密度最大值先增加后减小，在 $V_{\mathrm{r}}\approx 1.58$ 可达到最大值。需要说明的是，这两个临界相对速度会随着亮孤子之间的相对相位的变化而发生改变，更深层次的原因仍需要进一步研究。最近，提出一种通过控制相对相位和相对速度的方法将吸引相互作用 BEC 中基态分裂为两个亮孤子。结合以上讨论，期望暗孤子的这些独特性质可用来测量与孤子有关的物理量。

第三种情形，讨论两个孤子的相对宽度对暗孤子组分中密度最大值的影响。这里取 $w_1 = 1/(1 - W_{\mathrm{r}}), W_{\mathrm{r}} = 1/w_1 - 1/w_2$，其他参数的取值与图 7.13一致。如图 7.14(c) 所示，① 当第二个孤子的宽度小于第一个孤子的宽度时，随着第一个孤子宽度的减小，暗孤子组分的最大密度值会慢慢增加，并在两个孤子的宽度接近相等时达到最大值。② 当第二个孤子的宽度大于第一个孤子的宽度时，随着第一个孤子宽度的减小，暗孤子组分的最大密度值开始减小，并且在第一个暗孤子的宽度非常小 (接近 W_{r} 趋近 1) 时达到暗孤子背景值。之后，随着两个孤子之间相对宽度的增大，最大密度值先增大后减小。这表明两个孤子的尺度十分显著地影响着暗孤子组分的密度分布。还需要说明的一点是，当两个孤子的相对速度较大时，改变 W_{r} 值将不会对暗孤子组分的密度最大值产生明显影响。

演化稳定性 孤子的演化稳定性对实际研究是非常重要的，这里用齐次诺伊曼 (Neumann) 边界条件下的离散余弦变换方法模拟了耦合系统(7.3.1) 式中亮–暗孤子的演化并测试了它们相互作用的稳定性。图 7.15 展示了亮–暗孤子的数值演

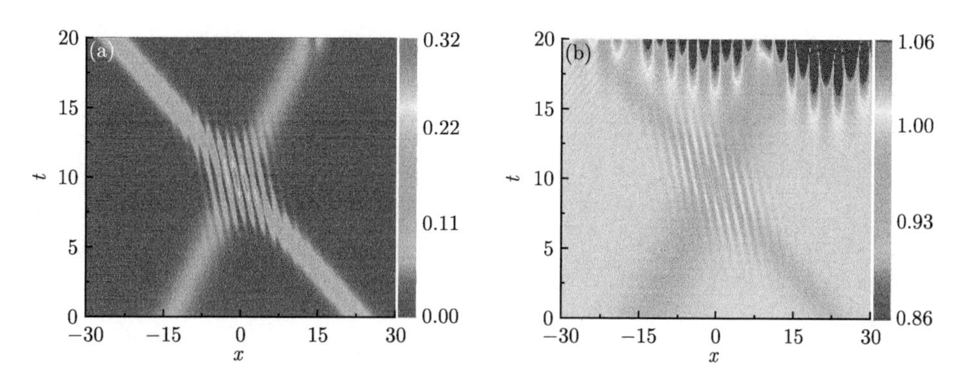

图 7.15 对亮–暗孤子干涉动力学的数值模拟结果，初始条件对应于图 7.11 在 $t = -7$ 的参数设置。(a) 和 (b) 分别为 q_1 组分和 q_2 组分的密度分布。可以看出，在 $t \approx 1.5$ 后，暗孤子组分的背景密度出现了不稳定 (彩图见封底二维码)

化结果，其初始激发条件由图 7.11 中 $t=-10$ 时的参数给出。图 7.15(a) 和 (b) 分别为亮孤子组分和暗孤子组分的密度分布。可以看到，当 $t<15$ 时图 7.15的数值结果高度再现了双孤子碰撞时的干涉图样，这与图 7.11(a) 和 (b) 的解析结果可以较好地吻合。然而，在 $t\geqslant 15$ 时，由于暗孤子背景场调制不稳定性导致演化过程中激发了其他局域波结构，这不利于实验的观测。相反地，在排斥相互作用的 BEC 中，暗孤子的背景场不会产生任何调制不稳定性。基于这一事实，7.3.3 节将研究排斥 BEC 中暗–亮孤子的干涉行为。

7.3.3　排斥相互作用下暗–亮孤子的波动性质

对于排斥作用的两组分 BEC($g=-1$) 中的暗–亮孤子，其中一个组分中的暗孤子可以看作有效势，有助于囚禁亮孤子组分的束缚态。在这种情形下，暗孤子通过与亮孤子耦合也能表现出波动性质。

双暗–亮孤子解析解的构造　当非线性系数 $g=-1$ 时,这里取 Lax 方程(7.3.2)式的种子解为

$$q_1^{[0]}=\mathrm{e}^{-\mathrm{i}t} \tag{7.3.42a}$$

$$q_2^{[0]}=0 \tag{7.3.42b}$$

由前面关于达布变换方法构造孤子解的介绍可知，对于非零种子解的情形，需要将种子解代入所对应的 Lax 方程进行常数化和对角化等运算后方可获得在该种子解下 Lax 方程的特解。这里，首先应用变换矩阵 S 将 Lax 方程(7.3.2)进行常数化：

$$\varPhi_{0x}=U_0\varPhi_0 \tag{7.3.43a}$$

$$\varPhi_{0t}=V_0\varPhi_0 \tag{7.3.43b}$$

上式中，

$$\varPhi_0=S\varPhi \tag{7.3.44}$$

取变换矩阵 S 为

$$S=\begin{pmatrix}1&0&0\\0&\mathrm{e}^{\mathrm{i}t}&0\\0&0&1\end{pmatrix}$$

此时，通过(7.3.5)式可得常数矩阵 U_0 和 V_0 分别表示为

$$U_0=\mathrm{i}\begin{pmatrix}\lambda_j&-1&0\\1&-\lambda_j&0\\0&0&-\lambda_j\end{pmatrix} \tag{7.3.45}$$

$$V_0 = \mathrm{i}\frac{1}{2}U_0^2 + \lambda_j U_0 + \mathrm{i}\frac{1}{2}\lambda_j^2 \tag{7.3.46}$$

接着引入矩阵 D 将常数矩阵 U_0 和 V_0 进行对角化，

$$\widetilde{U} = D^{-1}U_0 D \tag{7.3.47}$$

$$\widetilde{V} = D^{-1}V_0 D \tag{7.3.48}$$

对角矩阵 $\widetilde{U}$ 和 $\widetilde{V}$ 满足如下 Lax 方程：

$$\widetilde{\Phi}_x = \widetilde{U}\widetilde{\Phi} \tag{7.3.49a}$$

$$\widetilde{\Phi}_{\mathrm{t}} = \widetilde{V}\widetilde{\Phi} \tag{7.3.49b}$$

其中，

$$\widetilde{\Phi} = D^{-1}\Phi_0 \tag{7.3.50}$$

因为 U_0 和 V_0 之间满足关系(7.3.46)式，所以各自对角化后相应的矩阵依然满足该条件。只要将矩阵 U_0 进行对角化就可以知道矩阵 U_0 对应的对角化矩阵。下面对矩阵 U_0 进行对角化。通过计算

$$\det[U_0 - \mathrm{i}\tau I] = 0 \tag{7.3.51}$$

解得本征值 τ 有三个根

$$\tau_{j1} = \sqrt{-1+\lambda_j^2}, \quad \tau_{j2} = -\lambda_j, \quad \tau_{j3} = -\sqrt{-1+\lambda_j^2} \tag{7.3.52}$$

可以看到其中两个本征值需要对复数开根号，为了方便我们对解和相关物理参量的分析，这里将谱参量写成

$$\lambda_j = \frac{1}{2}\left(\xi_j + \frac{1}{\xi_j}\right) \tag{7.3.53}$$

其中，ξ_j 是任意的复数，可表示为 $\xi_j = -v_j + \mathrm{i}w_j$。三个本征值(7.3.52)式可重新表示为

$$\tau_{j1} = -\frac{1}{2}\left(\frac{1}{\xi_j} - \xi_j\right), \quad \tau_{j2} = -\frac{1}{2}\left(\xi_j + \frac{1}{\xi_j}\right), \quad \tau_{j3} = \frac{1}{2}\left(\frac{1}{\xi_j} - \xi_j\right) \tag{7.3.54}$$

由此可得，$\widetilde{U}$ 和 $\widetilde{V}$ 的具体形式表示为

$$\widetilde{U} = \mathrm{i}\begin{pmatrix} \tau_{j1} & 0 & 0 \\ 0 & \tau_{j2} & 0 \\ 0 & 0 & \tau_{j3} \end{pmatrix} \tag{7.3.55}$$

$$\widetilde{V}=\mathrm{i}\begin{pmatrix}\lambda_j\tau_{j1}-\dfrac{1}{2}\tau_{j1}^2+\dfrac{1}{2}\lambda_j^2 & 0 & 0\\ 0 & \lambda_j\tau_{j2}-\dfrac{1}{2}\tau_{j2}^2+\dfrac{1}{2}\lambda_j^2 & 0\\ 0 & 0 & \lambda_j\tau_{j3}-\dfrac{1}{2}\tau_{j3}^2+\dfrac{1}{2}\lambda_j^2\end{pmatrix} \tag{7.3.56}$$

然后通过求每个本征值 τ 所对应的本征函数可以得到变换矩阵 D 的具体形式，它的形式不是唯一的。这里取变换矩阵 D 为

$$D=\mathrm{i}\begin{pmatrix}1+\xi_j & 0 & 1+\dfrac{1}{\xi_j}\\ 1+\dfrac{1}{\xi_j} & 0 & 1+\xi_j\\ 0 & 1 & 0\end{pmatrix} \tag{7.3.57}$$

因此，将(7.3.55)式和(7.3.56)式代入方程(7.3.49)可得矩阵 $\widetilde{\Phi}$ 在 $\lambda=\lambda_j$ 处的具体形式为

$$\widetilde{\Phi}_j=\begin{pmatrix}\widetilde{\Phi}_{j1}\\ \widetilde{\Phi}_{j2}\\ \widetilde{\Phi}_{j3}\end{pmatrix}=\begin{pmatrix}c_{j1}\exp\left[\mathrm{i}\tau_{j1}x+\mathrm{i}(\lambda_j\tau_{j1}-\dfrac{1}{2}\tau_{j1}^2+\dfrac{1}{2}\lambda_j^2)t\right]\\ c_{j2}\exp\left[\mathrm{i}\tau_{j2}x+\mathrm{i}(\lambda_j\tau_{j2}-\dfrac{1}{2}\tau_{j2}^2+\dfrac{1}{2}\lambda_j^2)t\right]\\ c_{j3}\exp\left[\mathrm{i}\tau_{j3}x+\mathrm{i}(\lambda_j\tau_{j3}-\dfrac{1}{2}\tau_{j3}^2+\dfrac{1}{2}\lambda_j^2)t\right]\end{pmatrix} \tag{7.3.58}$$

其中，c_{j1}、c_{j2} 和 c_{j3} 是任意复常数。由(7.3.44)式和(7.3.50)式可知排斥 BEC($g=-1$) 的 Lax 方程(7.3.2) 式在谱参量 $\lambda=\lambda_j$ 时的特解可由如下关系得到：

$$\Phi_j=S^{-1}D\widetilde{\Phi}_j \tag{7.3.59}$$

从(7.3.54)式可知本征值 τ_{j1} 和 τ_{j3} 互为相反数，若得到暗–亮孤子就要取其中一个。在下面的计算中需使 $c_{j1}=0$ 或 $c_{j3}=0$。这里令 $c_{j3}=0$。由此可以得到 Lax 方程(7.3.2)式在种子解为(7.3.42)式时的特解 Φ_j 为

$$\Phi_j=\begin{pmatrix}\Phi_{j1}\\ \Phi_{j2}\\ \Phi_{j3}\end{pmatrix}=\begin{pmatrix}(1+\xi_j)\widetilde{\Phi}_{j1}\\ (1+1/\xi_j)\widetilde{\Phi}_{j1}\mathrm{e}^{-\mathrm{i}t}\\ \widetilde{\Phi}_{j2}\end{pmatrix} \tag{7.3.60}$$

将(7.3.58)式代入上式，得

$$\Phi_{j1}=(1+\xi_j)c_{j1}\exp\left[\mathrm{i}\tau_{j1}x+\mathrm{i}\left(\lambda_j\tau_{j1}-\frac{1}{2}\tau_{j1}^2+\frac{1}{2}\lambda_j^2\right)t\right] \tag{7.3.61a}$$

$$\varPhi_{j2}=\left(1+\frac{1}{\xi_j}\right)c_{j1}\exp\left[\mathrm{i}\tau_{j1}x+\mathrm{i}\left(\lambda_j\tau_{j1}-\frac{1}{2}\tau_{j1}^2+\frac{1}{2}\lambda_j^2\right)t-\mathrm{i}t\right] \tag{7.3.61b}$$

$$\varPhi_{j3}=c_{j2}\exp\left[\mathrm{i}\tau_{j2}x+\mathrm{i}\left(\lambda_j\tau_{j2}-\frac{1}{2}\tau_{j2}^2+\frac{1}{2}\lambda_j^2\right)t\right] \tag{7.3.61c}$$

为了让解的形式简化，这里取

$$c_{j1}=1 \tag{7.3.62}$$

$$c_{j2}=(1+1/\xi_j)\sqrt{1-|\xi_j|^2} \tag{7.3.63}$$

将 λ_j,ξ_j,c_{j1} 和 c_{j2} 代入(7.3.61) 式后，Lax 方程(7.3.2)式的特解 $\varPhi_j$ 中三个矩阵元 $\varPhi_{j1},\varPhi_{j2}$ 和 $\varPhi_{j3}$ 可写成如下形式：

$$\varPhi_{j1}=(1+\xi_j)\mathrm{e}^{-\frac{1}{2}\kappa_j-\mathrm{i}\phi_j+\mathrm{i}\frac{1}{2}t} \tag{7.3.64a}$$

$$\varPhi_{j2}=(1+1/\xi_j)\mathrm{e}^{-\frac{1}{2}\kappa_j-\mathrm{i}\phi_j-\mathrm{i}\frac{1}{2}t} \tag{7.3.64b}$$

$$\varPhi_{j3}=\sqrt{1-|\xi_j|^2}(1+1/\xi_j)\mathrm{e}^{\frac{1}{2}\kappa_j+\mathrm{i}\phi_j-\mathrm{i}\frac{1}{2}t} \tag{7.3.64c}$$

其中，$\kappa_j=w_j(x-v_jt),\phi_j=\dfrac{1}{2}[v_jx+\dfrac{1}{2}(w_j^2-v_j^2)t]$。必须需要强调的是，对于排斥 BEC 中暗–亮孤子参数需满足约束条件

$$v_j^2+w_j^2<1 \tag{7.3.65}$$

而 7.3.2 节的亮–暗孤子不存在这一约束。通过达布变换构造出非线性薛定谔方程(7.3.1)中单暗–亮孤子解：

$$q_1^{[1]}=q_1^{[0]}+\frac{2(\lambda_1^*-\lambda_1)\varPhi_{11}^*\varPhi_{12}}{|\varPhi_{11}|^2-|\varPhi_{12}|^2-|\varPhi_{13}|^2} \tag{7.3.66a}$$

$$q_2^{[1]}=q_2^{[0]}+\frac{2(\lambda_1^*-\lambda_1)\varPhi_{11}^*\varPhi_{13}}{|\varPhi_{11}|^2-|\varPhi_{12}|^2-|\varPhi_{13}|^2} \tag{7.3.66b}$$

为了探究两个暗–亮孤子之间的相互作用特性，要在单暗–亮孤子解的基础上做进一步迭代。达布矩阵为

$$T^{[1]}=I+\frac{\lambda_1^*-\lambda_1}{\lambda_2-\lambda_1^*}P_1,\quad P_1=\frac{\varPhi_1\varPhi_1^\dagger\varLambda}{\varPhi_1^\dagger\varLambda\varPhi_1} \tag{7.3.67}$$

这里必须强调的是，构造排斥 BEC 中暗–亮孤子解时必须引入矩阵 $\varLambda$，

$$\varLambda=\mathrm{diag}(1,-1,-1) \tag{7.3.68}$$

通过规范变换使

$$\Phi_2^{[1]} = T^{[1]}\Phi_2 \tag{7.3.69}$$

$\Phi_2^{[1]}$ 满足和 Lax 方程(7.3.2)式同样的形式，即

$$\Phi_{2x}^{[1]} = U^{[1]}\Phi_2^{[1]} \tag{7.3.70a}$$

$$\Phi_{2t}^{[1]} = V^{[1]}\Phi_2^{[1]} \tag{7.3.70b}$$

其中，$U^{[1]}$, $V^{[1]}$ 是将 U, V 中的 q_1 和 q_2 分别替换为(7.3.66a)式和(7.3.66b)式，且谱参量 $\lambda_2 = a_2 + \mathrm{i}b_2$。由此可得 $\Phi_2^{[1]}$ 的三个矩阵元分别为

$$\Phi_{21}^{[1]} = \frac{(\lambda_1^* - \lambda_2)m_1\Phi_{21} + (\lambda_1 - \lambda_1^*)m_2\Phi_{11}}{m_1(\lambda_1^* - \lambda_2)}$$

$$\Phi_{22}^{[1]} = \frac{(\lambda_1^* - \lambda_2)m_1\Phi_{22} + (\lambda_1 - \lambda_1^*)m_2\Phi_{12}}{m_1(\lambda_1^* - \lambda_2)}$$

$$\Phi_{23}^{[1]} = \frac{(\lambda_1^* - \lambda_2)m_1\Phi_{23} + (\lambda_1 - \lambda_1^*)m_2\Phi_{13}}{m_1(\lambda_1^* - \lambda_2)}$$

其中，$m_1 = |\Phi_{11}|^2 - |\Phi_{12}|^2 - |\Phi_{13}|^2$, $m_2 = \Phi_{11}^*\Phi_{21} - \Phi_{12}^*\Phi_{22} - \Phi_{13}^*\Phi_{23}$，那么通过达布变换可以得到双暗–亮孤子解为

$$q_1^{[2]} = q_1^{[1]} + \frac{2(\lambda_2^* - \lambda_2)\Phi_{21}^{[1]*}\Phi_{22}^{[1]}}{|\Phi_{21}^{[1]}|^2 - |\Phi_{22}^{[1]}|^2 - |\Phi_{23}^{[1]}|^2} \tag{7.3.71a}$$

$$q_2^{[2]} = q_2^{[1]} + \frac{2(\lambda_2^* - \lambda_2)\Phi_{21}^{[1]*}\Phi_{23}^{[1]}}{|\Phi_{21}^{[1]}|^2 - |\Phi_{22}^{[1]}|^2 - |\Phi_{23}^{[1]}|^2} \tag{7.3.71b}$$

通过细致的化简，双暗–亮孤子解(7.3.71)式的具体表达式可写成

$$q_1^{[2]} = \frac{k_1}{h}\mathrm{e}^{-\mathrm{i}t} \tag{7.3.72a}$$

$$q_2^{[2]} = \frac{k_2}{h}\mathrm{e}^{-\mathrm{i}t} \tag{7.3.72b}$$

这里，k_1, k_2, h 的具体表达式为

$$\begin{aligned} h =& 2\Lambda_{11}\Lambda_{22}\sqrt{\Xi_{11}\Xi_{22}}\left[\Xi_{12,\mathrm{r}}\cos(\phi_2 - \phi_1) + \Xi_{12,\mathrm{i}}\sin(\phi_2 - \phi_1)\right] \\ &+ 2|\Lambda_{12}|^2|\Xi_{12}|^2\cosh(\kappa_1 - \kappa_2) + |\Delta_{12}|^2\left[\mathrm{e}^{-\kappa_1-\kappa_2}|\Xi_{12}|^2 + \mathrm{e}^{\kappa_1+\kappa_2}|\Gamma|^2\right] \\ k_1 =& \Lambda_{11}\Lambda_{22}\sqrt{\Xi_{11}\Xi_{22}}\left(\mathrm{e}^{\mathrm{i}\phi_2-\mathrm{i}\phi_1}\Xi_{12}\frac{\xi_2^*}{\xi_1} + \mathrm{e}^{\mathrm{i}\phi_1-\mathrm{i}\phi_2}\Xi_{12}^*\frac{\xi_1^*}{\xi_2}\right) \\ &+ |\Delta_{12}|^2\left(\mathrm{e}^{\kappa_1+\kappa_2}|\Gamma|^2 + \mathrm{e}^{-\kappa_1-\kappa_2}|\Xi_{12}^*|^2\frac{\xi_1^*\xi_2^*}{\xi_1\xi_2}\right) \end{aligned}$$

$$
\begin{aligned}
&+|\varXi_{12}^*|^2|\varLambda_{12}|^2\left(\mathrm{e}^{\kappa_1-\kappa_2}\frac{\xi_2^*}{\xi_2}+\mathrm{e}^{\kappa_2-\kappa_1}\frac{\xi_1^*}{\xi_1}\right)\\
k_2=&\varLambda_{11}^*\varXi_{21}\sqrt{\varXi_{11}}\frac{\xi_2^*}{\xi_1}\mathrm{e}^{\mathrm{i}\phi_1}\left(\mathrm{e}^{-\kappa_2}\varXi_{12}\varLambda_{12}\frac{\varDelta_{12}^*}{\xi_2^*}+\mathrm{e}^{\kappa_2}\varGamma\varLambda_{12}^*\frac{\varDelta_{12}}{\xi_2}\right)\\
&+\left(\mathrm{e}^{-\kappa_1}\varXi_{21}\varLambda_{12}^*\frac{\varDelta_{12}^*}{\xi_1^*}+\mathrm{e}^{\kappa_1}\varGamma\varLambda_{12}\frac{\varDelta_{12}}{\xi_1}\right)\\
&\times\varLambda_{22}^*\varXi_{12}\sqrt{\varXi_{22}}\frac{\xi_1^*}{\xi_2}\mathrm{e}^{\mathrm{i}\phi_2}
\end{aligned}
$$

其中，$\varXi_{kj}=1-\xi_\mathrm{k}\xi_j^*$，$\varLambda_{kj}=\xi_\mathrm{k}-\xi_j^*$，$\varDelta_{kj}=\xi_\mathrm{k}-\xi_j$，$\varGamma=1-\xi_1\xi_2$，$\varXi_{12,\mathrm{r}}=\mathrm{Re}[\varXi_{12}]$，$\varXi_{12,\mathrm{i}}=\mathrm{Im}[\varXi_{12}]$。参数 v_j 和 w_j 分别与孤子的速度和宽度相关。基于双孤子解(7.3.72)式可以去探究双暗–亮孤子的动力学行为。

暗–亮孤子的干涉特性 基于双暗–亮孤子解(7.3.72)式观察相关的动力学行为时，发现它们也可以发生干涉行为，如图 7.16 所示，(a) 和 (b) 分别为第一组分和第二组分的时空密度分布。该密度演化图清晰地展示了排斥 BEC 中双暗- 亮孤子的干涉图样，这是标量暗孤子和暗–暗孤子无法形成的动力学过程。需要注意的是，对于暗–亮孤子，两个暗孤子的相互作用不再形成高于背景的峰，其密度的最大值始终等于背景密度。这一点与标量暗孤子和暗–暗孤子是类似的，但完全不同于吸引 BEC 中双亮–暗孤子的干涉 (对比图 7.11)。暗–亮孤子的相互作用出现干涉行为，这意味着双暗–亮解(7.3.72) 式中包含着一些周期函数。从解(7.3.72)式中，可以知道周期函数为 $\varXi_{12,r}\cos(\phi_2-\phi_1)+\varXi_{12,\mathrm{i}}\sin(\phi_2-\phi_1)$。这说明了主导的周期因子为

$$
\cos(\phi_2-\phi_1)=\cos\left[(v_2-v_1)x+\frac{1}{2}(v_1^2-v_2^2+w_2^2-w_1^2)t\right] \tag{7.3.73}
$$

$$
\sin(\phi_2-\phi_1)=\sin\left[(v_2-v_1)x+\frac{1}{2}(v_1^2-v_2^2+w_2^2-w_1^2)t\right] \tag{7.3.74}
$$

这里有两个周期函数，一个在空间方向，一个在时间方向。其空间周期为

$$
D=\frac{2\pi}{|v_1-v_2|} \tag{7.3.75}
$$

时间周期为

$$
T=\frac{4\pi}{|v_2^2-v_1^2+w_1^2-w_2^2|} \tag{7.3.76}
$$

依据这些具体的周期表达式，可以精确计算出不同参数下的周期值，对比周期的大小和孤子尺寸可以预期干涉图样的可视程度。但是，这些参数确切的物理意义尚不清晰，无法定义恰当的特征量去表征干涉规律。为此，要对双暗–亮孤子解做

渐近分析，进一步明确相关参数的物理意义。关于对双孤子解做渐近分析的方法在第 1 章和 7.2 节中已经给出了详细的推导过程。这里，直接应用该方法，不再给出相关的推导过程，只展示最终的渐近表达式。

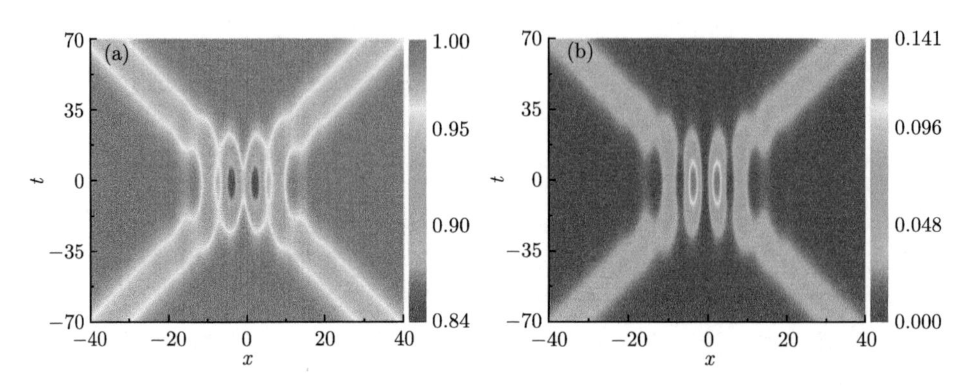

图 7.16　双暗–亮孤子的干涉动力学。(a) 和 (b) 分别为第一组分和第二组分的时空干涉图样。参数设置为：$v_1 = -0.5, w_1 = 0.122, v_2 = 0.5, w_2 = 0.122$ (彩图见封底二维码)

渐近分析　假设 w_1, w_2 都大于零，$v_1 < v_2$，且 $|v_j| < \sqrt{1 - w_j^2}$。由于双暗–亮孤子的相互作用是弹性碰撞，碰撞前后决定孤子物理性质的参数不变，所以这里只推导碰撞前每个孤子的表达式。第一个孤子碰撞前 $(t \to -\infty)$ 的渐近表达式为

$$\mathrm{DS}_1^{\mathrm{i}} = \left\{ \frac{v_1}{v_1 - \mathrm{i}w_1} - \frac{\mathrm{i}w_1}{v_1 - \mathrm{i}w_1} \tanh\left[w_1(x - v_1 t) - d_1\right] \right\} \mathrm{e}^{-\mathrm{i}t} \tag{7.3.77a}$$

$$\mathrm{BS}_1^{\mathrm{i}} = A_1^{\mathrm{i}} \mathrm{sech}[w_1(x - v_1 t) - d_1] \mathrm{e}^{\mathrm{i}[v_1 x + \frac{1}{2}(w_1^2 - v_1^2)t] - \mathrm{i}t} \tag{7.3.77b}$$

此时 $\mathrm{DS}_1^{\mathrm{i}}$ 和 $\mathrm{BS}_1^{\mathrm{i}}$ 分别为第一个暗孤子和第一个亮孤子碰撞前的渐近表达式。d_1 为每个组分中第一个孤子碰撞前的位置，A_1^{i} 决定第一个亮孤子碰撞前的振幅 $P_1^{\mathrm{i}} = |A_1^{\mathrm{i}}|$。其中，

$$d_1 = \frac{1}{2} \ln \left[\frac{|\xi_1^* - \xi_2|^2 |\xi_1^* \xi_2 - 1|^2}{|\xi_1 - \xi_2|^2 |\xi_1 \xi_2 - 1|^2} \right]$$

$$A_1^{\mathrm{i}} = -\frac{\xi_2^*(\xi_1 - \xi_1^*)(\xi_1^* - \xi_2)(\xi_1^* \xi_2 - 1)\sqrt{1 - |\xi_1|^2}}{2\xi_1 \xi_2 (\xi_1^* - \xi_2^*)(\xi_1^* \xi_2^* - 1)} \mathrm{e}^{-d_1}$$

第二个孤子碰撞前 $(t \to -\infty)$ 的渐近表达式为

$$\mathrm{DS}_2^{\mathrm{i}} = \frac{\xi_1^*}{\xi_1} \left\{ \frac{v_2}{v_2 - \mathrm{i}w_2} - \frac{\mathrm{i}w_2}{v_2 - \mathrm{i}w_2} \tanh\left[w_2(x - v_2 t) - d_2\right] \right\} \mathrm{e}^{-\mathrm{i}t} \tag{7.3.78a}$$

$$\mathrm{BS}_2^{\mathrm{i}} = A_2^{\mathrm{i}} \mathrm{sech}[w_2(x - v_2 t) - d_2] \mathrm{e}^{\mathrm{i}[v_2 x + \frac{1}{2}(w_2^2 - v_2^2)t] - \mathrm{i}t} \tag{7.3.78b}$$

这里，DS_2^{i} 和 $\mathrm{BS}_2^{\mathrm{i}}$ 分别为第二个暗孤子和第二个亮孤子在碰撞前的渐近表达；d_2 为两个组分中第二个孤子碰撞前的位置；A_2^{i} 决定了第二个亮孤子的振幅 $P_2^{\mathrm{i}} = |A_2^{\mathrm{i}}|$，其中，

$$\begin{aligned}d_2 &= \frac{1}{2}\ln\left[\frac{(\xi_1-\xi_2)(\xi_1^*-\xi_2^*)}{(\xi_1^*-\xi_2)(\xi_1-\xi_2^*)}\right]\\ A_2^{\mathrm{i}} &= \frac{(\xi_2-\xi_2^*)(\xi_1^*-\xi_2^*)\sqrt{1-|\xi_2|^2}}{2\xi_2(\xi_2^*-\xi_1)}\mathrm{e}^{-d_2}\end{aligned}$$

由渐近分析表达式(7.3.77)式和(7.3.78)式可知，每个孤子的速度为 v_j，参数 w_1 和 w_2 分别为第一个和第二个孤子宽度的倒数，即定义孤子宽度为

$$W_j = \frac{1}{w_j} \tag{7.3.79}$$

此时，暗–亮孤子速度和宽度之间的约束条件(7.3.65)式可表示为

$$v_j^2 + \frac{1}{W_j^2} < 1 \tag{7.3.80}$$

因此，对于一个确定的孤子宽度，孤子的速度范围存在一个上限，即

$$|v_j| < \sqrt{1-\frac{1}{W_j^2}} \tag{7.3.81}$$

这一限制将会给排斥 BEC 中暗–亮孤子的动力学带来不同的性质，而吸引 BEC 中亮–暗孤子的速度和宽度不受任何约束。将 $\xi_1 = -v_1 + \mathrm{i}w_1$ 和 $\xi_2 = -v_2 + \mathrm{i}w_2$ 代入表达式 A_1^{i} 和 A_2^{i} 可得两个亮孤子的振幅分别为

$$P_1 = w_1\sqrt{\frac{1-v_1^2-w_1^2}{v_1^2+w_1^2}} \tag{7.3.82}$$

$$P_2 = w_2\sqrt{\frac{1-v_2^2-w_2^2}{v_2^2+w_2^2}} \tag{7.3.83}$$

所以，第二组分中亮孤子的振幅也是由孤子的速度和宽度共同决定的。

干涉性质的定量刻画 基于上述渐近分析结果，可以确定空间干涉周期就是由相对速度决定的。而时间周期是由速度和宽度确定，时间干涉周期(7.3.76) 式可重新定量表征为

$$T = \frac{4\pi}{|v_2^2 - v_1^2 + 1/W_1^2 - 1/W_2^2|} \tag{7.3.84}$$

从形式看，排斥 BEC 中暗–亮孤子的时空周期表达式与 7.1 节中吸引 BEC 中亮–暗孤子的时空周期表达式一样。但是，由于在排斥 BEC 中，孤子速度和宽度之间是一个不等式关系(7.3.80)式，这使得孤子的最大速度有上限(7.3.81)式。而速度和宽度直接决定两个干涉周期的大小。因此，暗–亮孤子的时空干涉周期存在一个下限，即

$$D > \pi \tag{7.3.85}$$

$$T > 2\pi \tag{7.3.86}$$

而对于吸引 BEC 中的亮–暗孤子的干涉周期值是任意的。图 7.16 中由于参数设置 $v_1 = -v_2$, $w_1 = w_2$ 使其只有可视的空间干涉行为，在时域干涉周期无限大而不可视。

演化稳定性　下面将用数值模拟验证暗–亮孤子的演化稳定性。数值初态与图 7.16 中 $t = -70$ 时参数设置一样，并给初始激发条件施加了 1% 的白噪声扰动，结果如图 7.17 所示。可以看出，在噪声扰动下数值模拟的结果与解析结果 (图 7.16) 完全一致，干涉条纹清晰可见，动力学演化过程非常稳定。这说明暗–亮孤子比亮–暗孤子具有更强的抗干扰性，这为实验上在一个稳定的环境中观测暗–亮孤子的干涉动力学提供了非常有利的条件。

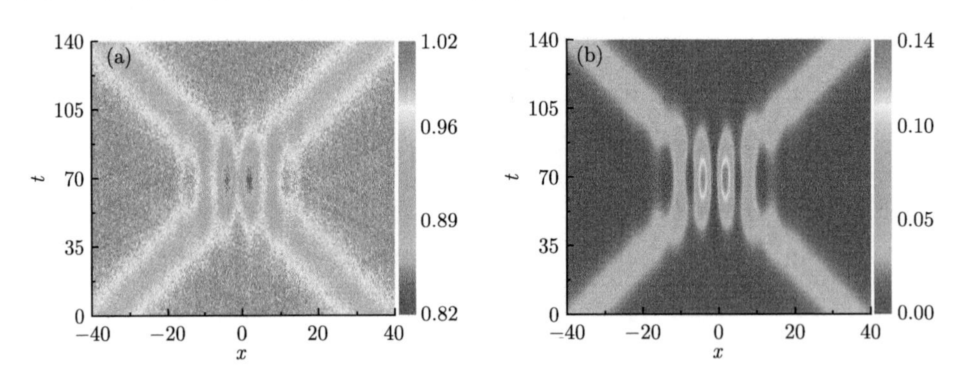

图 7.17　暗–亮孤子干涉动力学数值模拟。(a) 暗孤子组分；(b) 亮孤子组分。初始激发条件与图 7.16 在 $t = -70$ 时的参数相同，并施加 1% 白噪声。可以看出，暗–亮孤子对小噪声具有鲁棒性 (彩图见封底二维码)

小结　本节在两组分 BEC 中研究了双亮–暗孤子和双暗–亮孤子的碰撞行为。结果表明，在这种情形下，由于两个组分之间的非线性耦合效应会诱导暗孤子表现出与亮孤子类似的波动性质，如干涉和隧穿动力学，而不仅仅是标量暗孤子或暗–暗孤子所具有的动力学特征。通过渐近分析方法和化简双孤子解中包含的周期函数，定量地刻画了暗孤子的波动性质。在空间方向的干涉周期与标量亮孤子

和亮–亮孤子类似，都是由相对速度确定的。而在时间方向的干涉周期由孤子的速度和宽度决定。特别地，在吸引相互作用 BEC 中，两个暗孤子的碰撞会形成高于背景密度的峰值，且这一峰值会随孤子的速度、宽度以及相位等显著变化。而在排斥相互作用 BEC 中，孤子的最大速度存在上限，这使得暗–亮孤子干涉的时间周期和空间周期各有一个下限值。另外，通过数值模拟证明了暗–亮孤子比亮–暗孤子对扰动具有更强的抗干扰性。精确的干涉周期表达式可用于测量某些物理量如孤子的速度、宽度以及相关的加速度场。

目前在实验上制备暗–亮孤子以及孤子相互作用的技术已经非常成熟。对于吸引相互作用的 BEC，可以先制备亮孤子以提供一个有效势阱，用以激发该势阱中的第一激发态暗孤子。但由于吸引 BEC 中暗孤子背景具有调制不稳定性，这使得目前亮–暗孤子还没有在实验上被观察到。而在排斥相互作用的 BEC 中，需要先通过相位工程技术制备一个暗孤子，使其产生一个有效势阱来激发亮孤子。根据其干涉行为的强鲁棒性，这里给出的定量干涉周期表达式可能为实验观测高度可视的暗–亮孤子的干涉行为提供了理论思路。在实验上，最近的研究提出了微重力 BEC 干涉仪、自旋轨道耦合干涉仪以及多组分旋量 BEC 干涉仪，这表明干涉性质有可能在实现量子测试和测量信息等方面发挥重要作用。可以预期这里获得的矢量孤子的干涉和隧穿性质可用于测量某些冷原子气体中的相关物理量。

7.4 矢量孤子的抖动效应

本节将研究矢量孤子的另一相互作用特性——抖动效应。这里的抖动效应是指由多组分 BEC 中的不同组分存在不同的孤子模式的叠加而引起的组分内的密度分布振荡现象。这种矢量孤子的抖动效应可以由孤子诱导的有效量子阱中本征态之间的时域干涉来理解。抖动的时间周期由不同孤子模式对应有效量子阱中本征能量的差值所决定。众所周知，之前报道的都是稳定的没有抖动效应的孤子，但事实上其中一些可以用来产生抖动孤子。例如，在两组分耦合 BEC 中，存在着相同的组分间和组分内排斥相互作用的抖动暗孤子，它们是由具有 $SU(2)$ 对称性的暗–亮孤子产生的。基于多分量情况下丰富的矢量孤子模态，可以预期在多分量耦合 BEC 系统中会有更多新型的抖动模式。

7.4.1 两组分 BEC 中矢量孤子的抖动效应

在具有吸引相互作用的两组分 BEC 中存在抖动的反暗孤子。尽管暗孤子和反暗孤子的抖动模式存在于不同的相互作用情况下，但具有许多相似的性质。能否找到一个统一的机制来理解它们的抖动效应？据我们所知，抖动效应尚未被系统地讨论用以揭示其潜在的机制。因此，有必要对这些不同的抖动模式进行详细的讨论，并找出这些不同抖动行为的基本机制。这里主要研究两组分耦合 BEC 中矢量孤子的抖动效应，其动力学方程可以写成如下无量纲耦合模型：

$$\mathrm{i}\frac{\partial\psi_1}{\partial t}+\frac{1}{2}\frac{\partial^2\psi_1}{\partial x^2}+\sigma(|\psi_1|^2+|\psi_2|^2)\psi_1=0 \tag{7.4.1a}$$

$$\mathrm{i}\frac{\partial\psi_2}{\partial t}+\frac{1}{2}\frac{\partial^2\psi_2}{\partial x^2}+\sigma(|\psi_1|^2+|\psi_2|^2)\psi_2=0 \tag{7.4.1b}$$

其中，ψ_1 和 ψ_2 表示两组分耦合 BEC 的复合场。在这种情况下，组分间和组分内的相互作用强度相等，可以通过达布变换、Hirota 双线性法等数学方法精确求解该模型。亮–亮孤子和亮- 暗孤子通常存在于具有吸引相互作用的耦合 BEC 中 (即 $\sigma=1$)，而暗–亮孤子和暗–暗孤子通常存在于具有排斥相互作用的耦合 BEC 中 (即 $\sigma=-1$)。由于亮–亮孤子和暗–暗孤子在两组分中具有相同的分布形态和化学势，所以亮孤子和暗孤子不能用于产生抖动行为。研究表明，暗–亮孤子和亮–暗孤子可以用来产生抖动孤子。为了找到一种统一的理解方法，将用它们分别研究吸引和排斥相互作用系统中矢量孤子的抖动效应[20]。

对于 $\sigma=1$ 的亮–暗孤子解用如下公式表示：

$$\psi_1=-\left[\sqrt{f+a^2}\,\mathrm{sech}(\sqrt{f}x)\ \mathrm{e}^{\mathrm{i}f/(2t)}+a\tanh(\sqrt{f}x)\right]\frac{1}{\sqrt{2}}\mathrm{e}^{\mathrm{i}a^2t} \tag{7.4.2a}$$

$$\psi_2=-\left[\sqrt{f+a^2}\,\mathrm{sech}(\sqrt{f}x)\ \mathrm{e}^{\mathrm{i}f/(2t)}-a\tanh(\sqrt{f}x)\right]\frac{1}{\sqrt{2}}\mathrm{e}^{\mathrm{i}a^2t} \tag{7.4.2b}$$

其中，a 为暗孤子分量的平面波背景振幅。同理 $\sigma=-1$ 暗–亮孤子解的情况可以写成

$$\psi_1(x,t)=-\left[a\,\mathrm{sech}(\sqrt{f}x)\ \mathrm{e}^{\mathrm{i}f/(2t)}+\sqrt{f+a^2}\ \tanh(\sqrt{f}x)\right]\frac{1}{\sqrt{2}}\mathrm{e}^{-\mathrm{i}(a^2+f)t} \tag{7.4.3a}$$

$$\psi_2(x,t)=-\left[a\,\mathrm{sech}(\sqrt{f}x)\ \mathrm{e}^{if/(2t)}-\sqrt{f+a^2}\ \tanh(\sqrt{f}x)\right]\frac{1}{\sqrt{2}}\mathrm{e}^{-\mathrm{i}(a^2+f)t} \tag{7.4.3b}$$

而这里的 $\sqrt{f+a^2}$ 表示暗孤子分量的平面波背景振幅。如图 7.18(a) 所示，亮–暗孤子可以产生抖动孤子形式。其中，每一个分量都出现了抖动行为，但对两个分量的整体密度分布不存在抖动效应，叠加的密度分布是一个反暗孤子，因此称为抖动反暗孤子。如图 7.18(b) 所示，暗–亮孤子也可以产生抖动暗孤子，相应地，其叠加密度分布是一个稳定的暗孤子，称为抖动暗孤子。显然，在吸引和排斥相互

作用的情况下抖动行为不同。接下来，基于量子阱中孤子和本征态之间的关系提出一种理解该抖动特性的可能方法，将证明量子力学中经典本征态的线性叠加可以用来很好地解释孤子在吸引和排斥相互作用情况下的抖动行为。

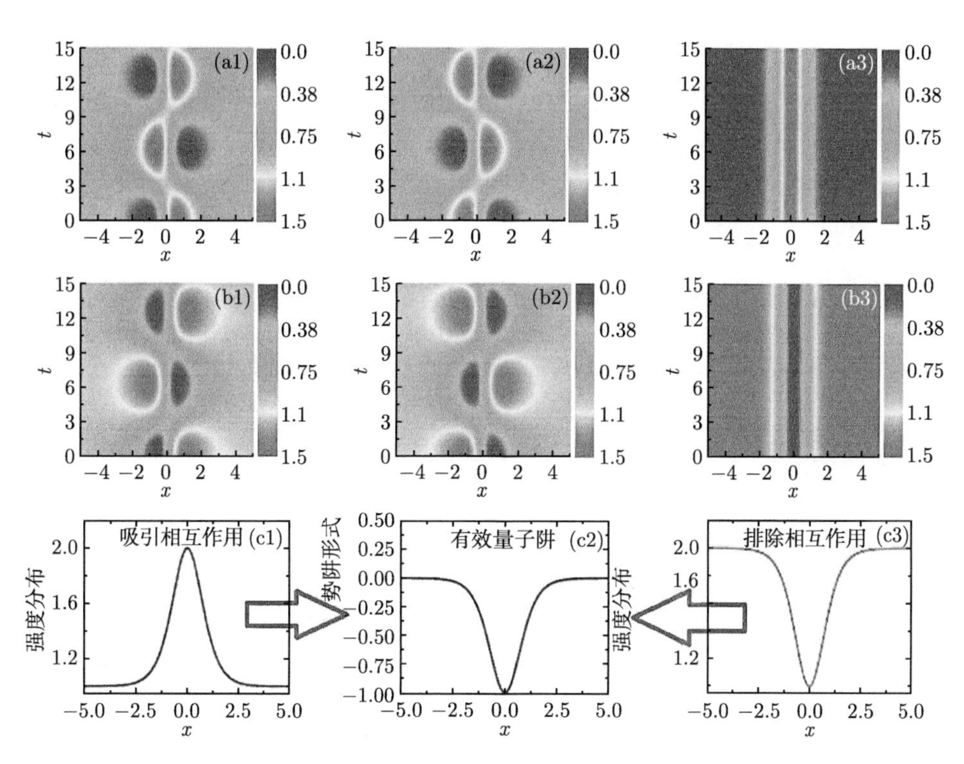

图 7.18　(a1)~(a3) 具有吸引相互作用的两分量耦合 BEC 的抖动反暗孤子，三幅图分别显示了 ψ_1、ψ_2 的密度演化及其叠加；(b1)~(b3) 具有排斥相互作用的两分量耦合 BEC 的抖动暗孤子，三幅图分别显示了 ψ_1、ψ_2 的密度演化及其叠加；(c1)~(c3) 表明在排斥和吸引情况下的抖动孤子对应于量子阱中相同本征态的叠加，其参数为 $a=1$，$f=1$ (彩图见封底二维码)

由两组分吸引相互作用 ($\sigma = 1$) 的亮–暗孤子解 (7.4.2) 式计算得 $|\psi_1|^2+|\psi_2|^2=a^2+f\,\mathrm{sech}^2(\sqrt{f}x)$，将其代入耦合非线性薛定谔方程 (7.4.1)，可以发现抖动孤子解与量子阱中的本征问题有关，对应的本征方程为

$$-\frac{1}{2}\frac{\partial^2\psi_j}{\partial x^2}-f\,\mathrm{sech}^2(\sqrt{f}x)\psi_j=\mu_j\psi_j \tag{7.4.4}$$

可以看出，产生抖动反暗孤子的亮孤子和暗孤子都是量子阱 $-f\,\mathrm{sech}^2(\sqrt{f}x)$ 中的本征态。结果表明，亮孤子在量子阱中对应本征值为 $-f/2$，而暗孤子在量子阱中对应本征值为 0，这与量子阱的结果一致。

对于排斥相互作用 BEC 中的抖动暗孤子，$|\psi_1|^2+|\psi_2|^2=a^2+f\tanh^2(\sqrt{f}x)$ 可用于求解排斥情况下量子阱的相关本征态。借助于 $\tanh^2(x)=1-\mathrm{sech}^2(x)$ 我们可以将势能的形式改写为 $a^2+f\tanh^2(\sqrt{f}x)=a^2+f-f\,\mathrm{sech}^2(\sqrt{f}x)$，将常数项转化为化学势项后，有效量子阱变成了 $-f\,\mathrm{sech}^2(\sqrt{f}x)$ 的形式。有趣的是，排斥情况下的本征问题与吸引情况下的本征问题是相同的，即相同的本征方程(图 7.18(c))。在量子阱中，用于产生抖动暗孤子的亮孤子和暗孤子的本征值也分别为 $-f/2$ 和 0。这些特征总结在表 7.1 中，这样就可以建立量子阱中孤子与本征态之间的对应关系。这为基于量子力学本征态知识解释孤子的抖动效应提供了可能[21,22]。

表 7.1 二分量 BEC 中孤子态与量子阱 $-f\,\mathrm{sech}^2(\sqrt{f}x)$ 中本征态的对应关系。可以看出，在吸引和排斥情况下，孤子对应于量子阱中相同的本征值。抖动周期由本征值差决定的，量子力学知识可以很好地理解这一点。“AI”、“QW” 和 “RI” 分别表示吸引相互作用 BEC、量子阱和排斥相互作用 BEC

AI 中的孤子	QW 中的本征值	RI 中的孤子
暗孤子	0	暗孤子
亮孤子	$-f/2$	亮孤子

因此，抖动孤子基本是量子阱中本征态的线性叠加形式，也就是说，两个本征态的线性叠加必然允许抖动行为，抖动周期由本征值差分决定，即抖动周期可写为

$$T=\frac{2\pi}{\Delta} \tag{7.4.5}$$

其中，Δ 表示包含抖动行为的两个本征态之间能量的本征值之差。例如，抖动周期 T 约为 12.56，能量差 $\Delta=1/2$，这与定量关系非常吻合。因此，对于具有相同本征值的简并孤子的叠加不存在抖动效应。这为理解 BEC 中孤子的抖动效应提供了一个很好的方法。大多数有关 BEC 中已有实验表明，采用不同密度和相位调制技术可以很好地产生双分量孤子。最近，在旋量 BEC 系统中进一步观察到了三分量孤子态。基于这些进展，讨论多分量耦合 BEC 中孤子的抖动效应。

7.4.2 多组分 BEC 中矢量孤子的抖动效应

三组分 BEC 中矢量孤子的抖动效应 三组分耦合 BEC 系统由如下动力学方程描述：

$$\mathrm{i}\frac{\partial\psi_j}{\partial t}+\frac{1}{2}\frac{\partial^2\psi_j}{\partial x^2}+\sigma(|\psi_1|^2+|\psi_2|^2+|\psi_3|^2)\psi_j=0 \tag{7.4.6}$$

其中，$\psi_j\ (j=1,2,3)$ 表示耦合 BEC 系统中的三个分量场。特别地，一个非线性薛定谔方程可以映射到具有确定量子阱的线性薛定谔方程，如(7.4.6)式中的非线

性项 $|\psi_1|^2+|\psi_2|^2+|\psi_3|^2$ 可以被视为一个有效量子阱 $V(x,t)$。当非线性项不依赖时间时，孤子解可以与具有量子阱 $V(x,t)$ 的线性薛定谔方程中本征问题关联起来，即 $[-\partial_x^2+V(x)]\psi_j=\mu_j\psi_j$。此时，孤子解可以被映射到有效量子阱的本征值 μ_j 和本征态 ψ_j。当每个组分中的孤子处于相同的空间模式时，对应的矢量孤子为简并孤子；而当两个及以上组分中的孤子具有不同的空间分布模式时，对应的矢量孤子为非简并孤子。基于此，之前报道的三分量孤子大多是简并孤子或部分简并孤子，比如亮–亮–亮孤子、亮–暗–暗孤子、暗–亮–亮孤子，以及暗–暗–暗孤子等。其中，对于暗–亮–亮孤子来说，暗孤子部分允许一个节点，两个简并的亮孤子部分允许相同的本征态。对于简并孤子的叠加不会产生抖动效应，而非简并孤子的叠加会产生类似于双分量情况下的抖动效应。这是因为三分量中的简并暗孤子和亮孤子在量子阱中的本征态与二分量情况下完全相同。因此，参考 7.3 节二分量孤子，这里我们不作详细说明。

实际上，三分量耦合系统中的矢量孤子可以满足非简并孤子态。单分量的暗孤子可以出现双谷结构，而一个亮孤子分量也可以允许一个节点，使得亮孤子具有双峰。同样，可以从量子阱 $-3f\,\mathrm{sech}^2(\sqrt{f}x)$ 中的本征态产生抖动孤子。结果表明，在吸引和排斥相互作用情况下，三个分量中的孤子在量子阱中具有相同的本征态，即线性薛定谔方程的本征态：

$$-\frac{1}{2}\frac{\partial^2\psi_j}{\partial x^2}-3f\,\mathrm{sech}^2(\sqrt{f}x)\psi_j=\mu_j\psi_j \tag{7.4.7}$$

上式可以用来产生三分量的非简并孤子，同时适用于吸引和排斥相互作用的情况。这使得吸引相互作用情况下的抖动模式与排斥情况下的抖动模式相似。因此，这里主要讨论具有排斥相互作用的三分量耦合 BEC 中的抖动孤子，而在吸引相互作用的情况中也会出现类似的行为。

上式量子阱 $-3f\,\mathrm{sech}^2(\sqrt{f}x)$ 中的本征态 $\mathrm{sech}^2(\sqrt{f}x)$, $\mathrm{sech}(\sqrt{f}x)\tanh(\sqrt{f}x)$, $1-3\tanh^2(\sqrt{f}x)$，相应的本征值为 $-2f$，$-f/2$，0。由本征态的节点可知，本征值 $-2f$，$-f/2$，0 的本征态分别对应于基态、第一激发态和第二激发态，这可用于构造具有吸引或排斥相互作用的三分量耦合非线性薛定谔方程的非简并矢量孤子。由于非线性方程在三个波函数的系数上有一些附加的约束条件，为此引入一些新的系数，即

$$\begin{aligned}
\psi_1(x)&=a_3\,\mathrm{sech}^2(\sqrt{f}x)\\
\psi_2(x)&=b_3\,\mathrm{sech}(\sqrt{f}x)\tanh(\sqrt{f}x)\\
\psi_3(x)&=c_3\left(1-3\tanh^2(\sqrt{f}x)\right)
\end{aligned}$$

可以由约束条件 $|\psi_1|^2+|\psi_2|^2+|\psi_3(x)|^2=a^2+3f\tanh^2(\sqrt{f}x)$ 确定 a_3，b_3 和 c_3 的值。同理，具有排斥相互作用 $(\sigma=-1)$ 的三分量 BEC 系统中静态非简并孤子可以表示为$\psi_{1s}=\dfrac{1}{2}\sqrt{3(a^2-f)}\,\mathrm{sech}^2(\sqrt{f}x)\,\mathrm{e}^{-\mathrm{i}t(a^2+f)}$，$\psi_{2s}=\sqrt{3(a^2+2f)}\tanh(\sqrt{f}x)\cdot\mathrm{sech}(\sqrt{f}x)\mathrm{e}^{-\mathrm{i}t(a^2+\frac{5f}{2})}$，$\psi_{3s}=\dfrac{1}{2}\sqrt{(a^2+3f)}\,(1-3\tanh^2(\sqrt{f}x))\,\mathrm{e}^{-\mathrm{i}t(a^2+3f)}$。从这些本征态的节点可知 ψ_{1s},ψ_{2s} 和 ψ_{3s} 分别对应量子阱中的基态，第一激发态和第二激发态。在三分量耦合非线性方程所允许的 $SU(2)$ 或 $SU(3)$ 对称下，它们的线性叠加可以产生许多不同的抖动孤子。

(1) 对于 $SU(2)$ 对称情况，变换矩阵有许多不同的形式。它们的抖动模式相似，抖动周期相同。例如，我们选择

$$S_{3\times3}=\begin{pmatrix}-\sqrt{\dfrac{1}{2}} & -\sqrt{\dfrac{1}{2}} & 0\\ -\sqrt{\dfrac{1}{2}} & \sqrt{\dfrac{1}{2}} & 0\\ 0 & 0 & 1\end{pmatrix}$$

线性转换 $S_{3\times3}\,(\psi_{1s},\psi_{2s},\psi_{3s})^{\mathsf{T}}$ 可用于构造多种不同的抖动孤子。例如，当$S_{3\times3}(\psi_{1s},\psi_{2s},\psi_{3s})^{\mathsf{T}}$ 描述量子阱中基态和第一激发态的叠加时，抖动暗孤子和抖动反暗孤子在零背景下表现出了抖动特性 (图 7.19(a))，它们的叠加是一个双峰亮孤子，因此这个抖动孤子称为带有双峰的抖动亮孤子 (抖动周期 $T=4.18$，即 $4\pi/3$)，这与抖动暗孤子的命名类似；当 $S_{3\times3}\,(\psi_{1s},\psi_{3s},\psi_{2s})^{\mathsf{T}}$ 描述量子阱中基态和第二激发态的叠加时，抖动孤子的动力学过程在平面波背景下的行为如图 7.19(b) 所示，这与之前讨论的抖动暗孤子相似，但有一个明显的区别，即抖动分量的叠加是一个带有双谷的暗孤子，因此相对于抖动暗孤子来说，这种抖动暗孤子称为双谷抖动暗孤子；另外，当 $S_{3\times3}\,(\psi_{2s},\psi_{3s},\psi_{1s})^{\mathsf{T}}$ 描述量子阱中第一激发态与第二激发态的叠加时，如图 7.19(c) 所示，平面波背景上出现了暗孤子叠加的抖动图样，即暗孤子只有一个谷，因此这个抖动孤子是一个抖动暗孤子。

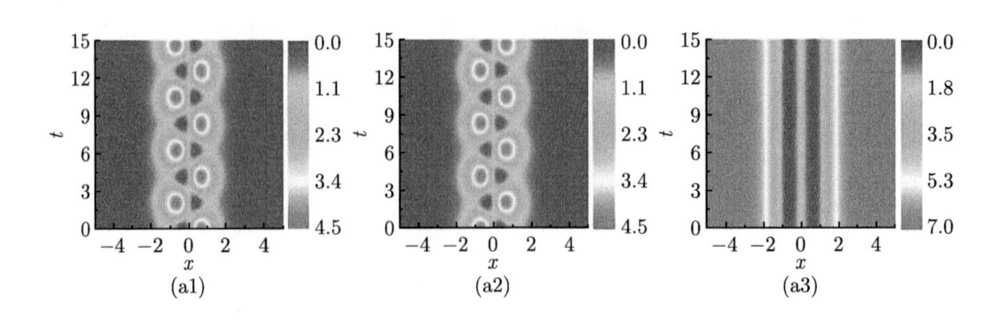

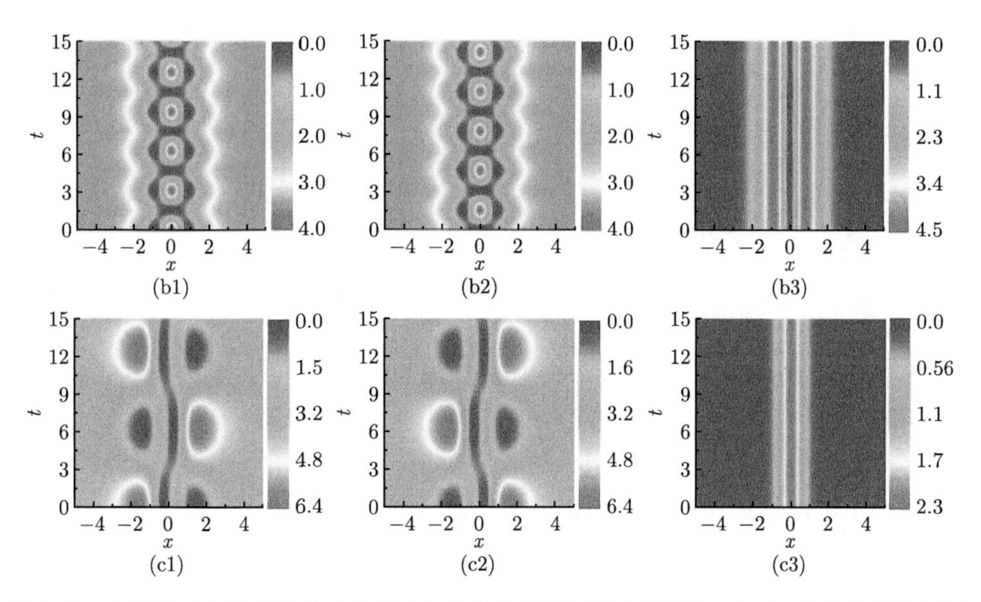

图 7.19 具有排斥相互作用的三分量 BEC 中抖动孤子的分布演化。(a1)~(a3) 分别为量子阱 $-3f\,\mathrm{sech}^2(\sqrt{f}x)$ 中基态和第一激发态的叠加态在三个分量中的双峰抖动亮孤子的演化过程；(b1)~(b3) 分别为量子阱中基态和第二激发态叠加的三个分量中的双谷抖动暗孤子的演化过程；(c1)~(c3) 分别为量子阱中第一激发态和第二激发态叠加的三个分量中抖动暗孤子的演化过程。参数为 $a=2$，$f=1$ (彩图见封底二维码)

(2) 对于 SU(3) 对称的情况，为了不失一般性可以选择变换矩阵为

$$S_{3\times3}=\begin{pmatrix}\sqrt{\dfrac{1}{3}} & \sqrt{\dfrac{1}{3}} & \sqrt{\dfrac{1}{3}}\\ \sqrt{\dfrac{1}{3}} & -\sqrt{\dfrac{1}{3}}\exp\left(\dfrac{\mathrm{i}\pi}{3}\right) & \sqrt{\dfrac{1}{3}}\exp\left(\dfrac{\mathrm{i}2\pi}{3}\right)\\ \sqrt{\dfrac{1}{3}} & \sqrt{\dfrac{1}{3}}\exp\left(\dfrac{\mathrm{i}2\pi}{3}\right) & -\sqrt{\dfrac{1}{3}}\exp\left(\dfrac{\mathrm{i}\pi}{3}\right)\end{pmatrix}$$

该线性变换 $S_{3\times3}\left(\psi_{1s},\psi_{2s},\psi_{3s}\right)^{\mathsf{T}}$ 描述了基态、第一激发态和第二激发态的叠加，抖动孤子的动力学过程如图 7.20 所示。在这种情况下抖动周期涉及更多的周期函数，因此抖动模式变得更加复杂。它们的叠加是一个有谷的暗孤子，则它也是一个抖动暗孤子，但它的抖动模式与上文报道的都不同。这表明，由于耦合 BEC 的分量越多，对应的量子阱越深，量子阱中包含的本征态就越多，所以在涉及更多分量的情况下可以发现更多的抖动模式。

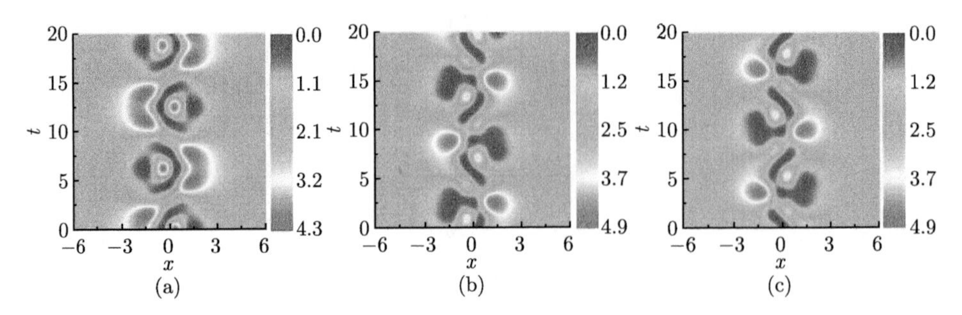

图 7.20　由 $SU(3)$ 对称性产生的具有排斥相互作用的三分量 BEC 中的抖动暗孤子。(a)~(c) 分别显示了三个分量中暗孤子的抖动演化。抖动效应来自于量子阱 $-3f\,\mathrm{sech}^2(\sqrt{f}x)$ 中的基态、第一激发态和第二激发态的叠加。参数 $a=2$，$f=1$ (彩图见封底二维码)

显然，非线性相互作用强度相等的 N 组分耦合 BEC 中具有 $SU(N)$ 对称性，相应量子阱中的本征态和相关的幺正矩阵可以用来构造抖动孤子。特别地，选择单式矩阵的形式满足 $SU(M)$ $(M \leqslant N)$ 对称性，可以获得非常丰富的不同抖动模式。例如，进一步证明了在排斥相互作用下，非简并孤子可以产生许多不同的抖动模态。值得注意的是，多分量情况下的部分简并孤子也可以用来产生许多不同的抖动模态。在此，不做详细讨论。

四组分 BEC 中矢量孤子的抖动效应　具有排斥相互作用的四组分耦合 BEC 的动力学方程 $\mathrm{i}\psi'_{\mathrm{t}}+\dfrac{1}{2}\psi'_{xx}-\psi'^{\dagger}\psi'\psi'=0$，其中 $\psi'=(\psi_1,\psi_2,\psi_3,\psi_4)^{\mathsf{T}}$。用同样的方法，从量子阱中得到了非简并的矢量孤子，即可以推导出基本孤子解为

$$\psi_1(x,t)=\frac{1}{2}\sqrt{\frac{5}{2}(a^2-3f)}\,\mathrm{sech}^3(\sqrt{f}x)\ \mathrm{e}^{-\mathrm{i}(a^2+3f/2)t}$$

$$\psi_2(x,t)=\frac{1}{2}\sqrt{15(a^2+2f)}\tanh(\sqrt{f}x)\,\mathrm{sech}^2(\sqrt{f}x)\mathrm{e}^{-\mathrm{i}(a^2+4f)t}$$

$$\psi_3(x,t)=\frac{1}{2}\sqrt{\frac{3}{2}(a^2+5f)}\left[5\tanh^2(\sqrt{f}x)-1\right]\mathrm{sech}(\sqrt{f}x)\mathrm{e}^{-\mathrm{i}(a^2+11f/2)t}$$

$$\psi_4(x,t)=\frac{1}{2}\sqrt{a^2+6f}\tanh(\sqrt{f}x)\left[5\tanh^2(\sqrt{f}x)-3\right]\mathrm{e}^{-\mathrm{i}(a^2+6f)t}$$

基于动力学方程的对称性，引入矩阵 $S_{4\times4}$ 来研究这些孤子的抖动效应。单式矩阵的形式可以选择 $SU(M)(M \leqslant 4)$ 对称，从而可以获得非常丰富的抖动模式。若满足

$$S_{4\times4}=\begin{pmatrix}\sqrt{\frac{1}{3}} & \sqrt{\frac{1}{3}} & \sqrt{\frac{1}{3}} & 0\\ \sqrt{\frac{1}{3}} & -\sqrt{\frac{1}{3}}\exp\left(\frac{\mathrm{i}\pi}{3}\right) & \sqrt{\frac{1}{3}}\exp\left(\frac{\mathrm{i}2\pi}{3}\right) & 0\\ \sqrt{\frac{1}{3}} & \sqrt{\frac{1}{3}}\exp\left(\frac{\mathrm{i}2\pi}{3}\right) & -\sqrt{\frac{1}{3}}\exp\left(\frac{\mathrm{i}\pi}{3}\right) & 0\\ 0 & 0 & 0 & 1\end{pmatrix}$$

线性变换 $S_{4\times4}\psi'$ 也可以用来构造不同的局域波结构。与上述抖动孤子的情况不同，如图 7.21(a) 所示四个分量中孤子的动力学演化，与图 7.19 和图 7.20 相比，抖动孤子出现在三个分量中。抖动模式可以看作是一个带有三峰的抖动亮孤子结构。同样，可以交换这些组分来产生不同的抖动孤子。图 7.21(b) 中选择孤子解满足的线性变换为 $S_{4\times4}\left(\psi_4,\psi_2,\psi_3,\psi_1\right)^{\mathrm{T}}$，显然抖动模式比图 7.19 更复杂。

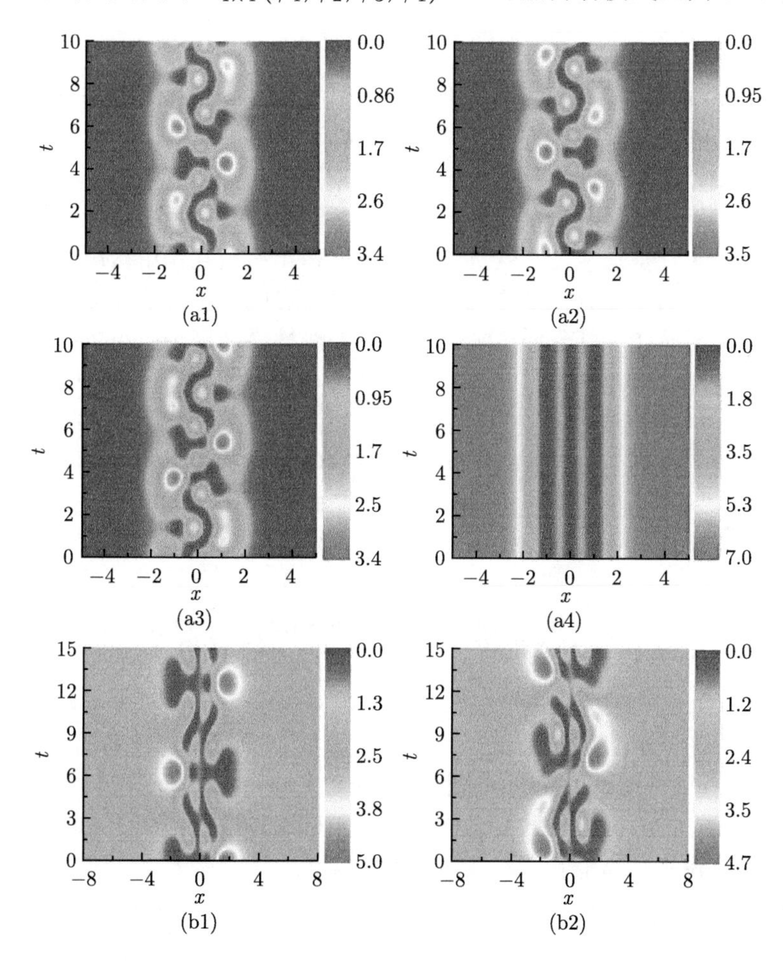

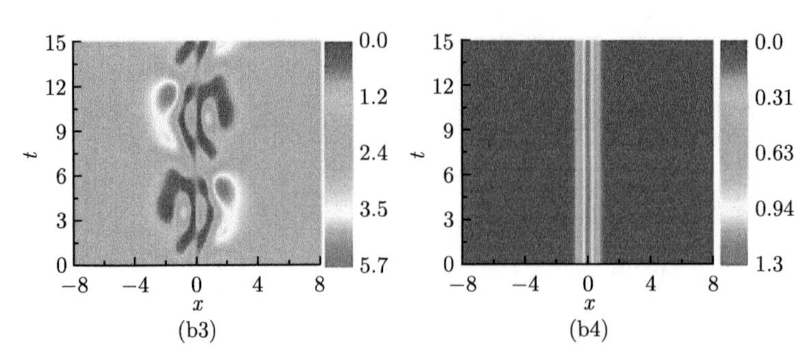

图 7.21　四分量耦合 BEC 中非简并孤子产生的抖动孤子的演化。(a1)～(a4) 分别给出了四个分量中抖动亮孤子的演化过程，结果表明，孤子的抖动效应出现在三个分量中，另一个分量中存在一个稳定的三谷暗孤子；(b1)～(b4) 分别显示了四个分量中暗孤子的抖动演化，结果表明，暗孤子的拍频效应在三个分量中出现，在另一个分量中存在一个稳定的单峰亮孤子。参数分别为 $a=1$，$f=1$ (彩图见封底二维码)

这是因为叠加形式包含了同一量子阱中更多的本征值，并且更多的本征值会产生更多的振荡行为。如果矩阵的元素 $S_{4\times4}$ 都是非零的，可以得到由更多本征态之间干涉引起的更复杂的抖动模式。

小结　本节主要证明了有效量子阱中孤子的抖动模式是由本征值的差值和相应本征态决定的。特别地，有效量子阱在吸引和排斥相互作用情况下具有相同的形式。这样，证明了二分量耦合 BEC 中抖动反暗孤子和抖动暗孤子在量子阱中具有相同的本征问题。基于经典量子本征态的线性叠加理论，可以统一理解它们的抖动周期和模式且这些特征适用于涉及更多组分的情况。另外，对任意 N 分量耦合 BEC 中的抖动孤子也做了简要讨论，证明了在三分量和四分量耦合 BEC 系统中存在着一些新的抖动模式，例如带有双峰的抖动孤子和带有更多峰或谷的抖动暗孤子，与之前报道的抖动暗孤子形成了鲜明的对比。更重要的是，利用抖动周期可以测量多组分 BEC 系统中不同量子阱能量本征值的差异。

7.5　矢量孤子的内态转换动力学

7.3 节和 7.4 节都是在每个组分中粒子数守恒的系统下对矢量孤子波动性质的一些研究。考虑到当多组分耦合系统的组分间存在粒子转换通道 (如单粒子转换、双粒子转换等) 时，每个组分的粒子数可以发生变化，组分之间的粒子发生转换。两组分 BEC 中，在不同粒子转换效应下已经对粒子转换动力学展开了大量的研究。对于单粒子转换形式，在非线性二能级体系中已经有了广泛的研究，例如非线性朗道–齐纳 (Landau-Zener) 隧穿、非线性约瑟夫森振荡和非线性罗森–齐纳 (Rosen-Zener) 隧穿等。对于双粒子转换的情形，可以存在可积的耦合 BEC，其精确解可通过标量非线性薛定谔方程中解的线性叠加构成。在这种具有双粒子转换的耦合系统中，已经得到了多种新奇的局域波结构，如条纹背景上的怪波、拓扑扭结激发和周期背景上的暗孤子等。对于单粒子和双粒子转换同时存在的情形，系统是不可积的。而当只存在其中一种粒子转换效应，并且在非线性系数满足一定的比例时，含粒子转换效应的耦合 BEC 可以利用可积系统的理论予以研究。本节分别研究只存在单粒子转换效应或双粒子转换效应时两组分可积 BEC 中不同组分之间的内态转换行为。一种原子 BEC 的不同超精细态提供不同的组分，即不同的内态。不同组分之间粒子的转换动力学即可理解为内态转换动力学。

7.5.1 含时线性耦合效应诱发的内态转换动力学

物理模型 考虑 ^{87}Rb BEC 中两个本征态 $|F, m_{\rm F}\rangle = |1, 1\rangle$ 和 $|2, 2\rangle$，分别记为态 $|1\rangle$ 和态 $|2\rangle$。通过共振双光子射频微波辐射，可以把这两个态进行线性耦合，并经过原子间的 s 波散射而产生相干的非线性相互作用，如图 7.22(a) 所示。两组分 BEC 的哈密顿量为

$$\hat{H} = \sum_{j=1}^{2}\left(-\frac{\hbar^2}{2m}\partial_x^2\hat{q}_j\hat{q}_j^\dagger + \frac{g_{j,j}}{2}\hat{n}_j\hat{n}_j\right) + \frac{g_{1,2}}{2}\hat{n}_1\hat{n}_2 + \frac{\delta}{2}(\hat{q}_2^\dagger\hat{q}_2 - \hat{q}_1^\dagger\hat{q}_1) + \Omega(t)(\hat{q}_1^\dagger\hat{q}_2 + \hat{q}_2^\dagger\hat{q}_1) \tag{7.5.1}$$

其中，$n_j = \hat{q}_j^\dagger\hat{q}_j$ 是粒子数算符，符号 † 表示厄米共轭；$g_{j,j}$ 和 $g_{3-j,j}(j=1,2)$ 分别表示组分内和组分间的相互作用强度，用 s 波散射强度表征。当存在弱的外磁

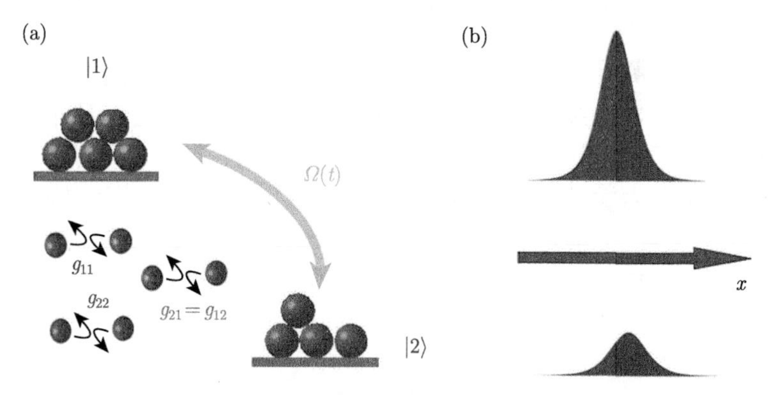

图 7.22 (a) 两组分 BEC 中 ^{87}Rb 原子两个超精细态 $|F, m_{\rm F}\rangle = |1, 1\rangle$ 和 $|2, 2\rangle$，它们通过双光子脉冲线性耦合，耦合强度由双光子拉比频率 $\Omega(t)$ 表示。组分内和组分间原子间的接触相互作用 (g_{11} 和 g_{22}) 可以通过相关的费希巴赫共振技术进行调节。这使我们能够研究线性耦合和非线性相互作用强度对跃迁动力学的影响。(b) 两状态沿 x 方向的初始分布条件: 上面为态 $|1\rangle$，下方状态为态 $|2\rangle$。两组分的分布均为标准 sech 型孤子。通过改变初始相对布居比，可以研究具有多种初始布居的亮孤子的跃迁动力学 (彩图见封底二维码)

场时，这些超精细态可以用频率 ω_0 分离开。该系统用双光子脉冲驱动，其强度由双光子拉比 (Rabi) 频率 $\Omega(t)$ 表征，$\Omega(t)$ 为实值。我们用 ω_{d} 表示双光子的驱动频率，它可以通过一个有效的失谐 $\delta=\omega_{\mathrm{d}}-\omega_0$ 进行改变。为了简便且不失一般性，我们令 $\delta=0$ 去探究转换动力学。$\Omega(t)$ 也就是线性耦合强度，它为两个组分的单粒子转换提供了一个通道。这意味着每个组分的粒子数可以不守恒，但是两个组分整体的粒子数始终守恒。

由海森伯方程 $\mathrm{i}\hbar(\partial\hat{q}_j/\partial t)=[\hat{q}_j,\hat{H}]$ 可以推导出相应的动力学演化过程。通过平均场近似 $\langle\hat{q}_j\rangle=q_j$，可以得到如下无量纲的耦合非线性薛定谔方程 $(2m=\hbar=1)$：

$$\mathrm{i}\begin{pmatrix}\hat{q}_{1t}\\ \hat{q}_{2t}\end{pmatrix}=\begin{pmatrix}\hat{H}_1^0+H_1^{MF} & \Omega(t)\\ \Omega(t) & \hat{H}_2^0+H_2^{MF}\end{pmatrix}\begin{pmatrix}\hat{q}_1\\ \hat{q}_2\end{pmatrix} \tag{7.5.2}$$

其中，$\hat{H}_j^0=-\partial_x^2$，$H_j^{MF}=g_{j,j}|\hat{q}_j|^2+g_{3-j,j}|\hat{q}_{3-j}|^2\ (j=1,2)$ 上角标 MF 表示平均场近似。相关研究已经证明了实验时间上的演化和相应的数值平均场计算之间具有非常好的一致性。上述耦合模型与用双模近似法描述 BEC 在双势阱中隧穿动力学的耦合双模模型类似。在线性耦合非线性系统中发现了许多新奇的动力学，如非线性约瑟夫森振荡 [23]、非线性 Landau-Zener 跃迁 [24,25]、非线性 Rosen-Zener 跃迁动力学 [26] 以及自囚禁现象 [27]。类似地，通过改变 $\Omega(t)$ 和 δ 的形式，可以得到多种隧穿动力学。当 $\Omega(t)=0$ 时，多种矢量孤子已经得到了广泛的研究，如亮–亮孤子、亮–暗孤子、暗–暗孤子，以及矢量怪波 [15]。然而，这些非线性局域波的内态转换动力学还没有被完全描述。

本小节考虑同时具有组分内和组分间相互作用的线性耦合情况，该模型在实际多超精细态超冷原子系统中更普遍且更实用。这种情形包含三种非线性强度系数，在耦合系统里它们都可以被很好地操控。我们期望它们之间的比例不同可以带来不同的隧穿动力学。这里主要研究 $g_{j,j}=g_{3-j,j}=-g$ 的情况，因为在这种情况下，带有隧穿效应的耦合模型可以转化为一个标准的 Manakov 系统 [28]，这使我们能够精确且解析地研究两个精细态之间的粒子跃迁过程。即使非线性强度很大，也能用精确解清楚地观察原子跃迁时空间剖面的变化。

矢量亮孤子解 目前，在实验上已经观察到了多种矢量孤子，如暗–暗孤子、暗–亮孤子等。而且，在两组分 BEC 中，通过费希巴赫共振技术调谐非线性相互作用可以将它们转换为亮–亮孤子。基于这些结果，下面研究矢量亮孤子的转换动力学。基于 1.3 节中介绍的方法可以得到矢量亮孤子解。从初始粒子布居条件出发考虑原子的跃迁动力学 [28]，矢量亮孤子的初态为

$$q_1(x,t=0)=\frac{\cos\theta+\sin\theta}{2}b\,\mathrm{sech}\left(\frac{b\sqrt{g}}{2}x\right) \tag{7.5.3a}$$

$$q_2(x,t=0)=\frac{\cos\theta-\sin\theta}{2}b\,\mathrm{sech}\left(\frac{b\sqrt{g}}{2}x\right) \tag{7.5.3b}$$

这里，参数 b 可以改变两组分中亮孤子的分布形状；θ 决定两组分初始粒子数之差；g 用来讨论非线性相互作用强度对跃迁动力学的影响。图 7.22(b) 显示了两个超精细态中亮孤子的初始条件。有趣的是，跃迁周期和跃迁粒子数不受非线性相互作用强度的影响。转换振荡的振幅由两个组分之间的初始相对布居率决定，振荡周期仅由线性耦合形式决定。这些特征与之前在类似非线性耦合系统中报道的跃迁或隧穿行为完全不同。下面主要在两组分 BEC 中讨论矢量亮孤子的两种转换动力学，分别为约瑟夫森振荡和 Rosen-Zener 跃迁。当 $\Omega(t)$ 是一个实函数时，矢量孤子的转换动力学可以用下面的解析解精确地描述：

$$q_1=\frac{\cos\theta\,\mathrm{e}^{-\mathrm{i}\int_0^t\Omega(t')\mathrm{d}t'}+\sin\theta\,\mathrm{e}^{\mathrm{i}\int_0^t\Omega(t')\mathrm{d}t'}}{2}b\,\mathrm{sech}\left(\frac{b\sqrt{g}}{2}x\right)\mathrm{e}^{\mathrm{i}\frac{gb^2}{4}t} \tag{7.5.4a}$$

$$q_2=\frac{\cos\theta\,\mathrm{e}^{-\mathrm{i}\int_0^t\Omega(t')\mathrm{d}t'}-\sin\theta\,\mathrm{e}^{\mathrm{i}\int_0^t\Omega(t')\mathrm{d}t'}}{2}b\,\mathrm{sech}\left(\frac{b\sqrt{g}}{2}x\right)\mathrm{e}^{\mathrm{i}\frac{gb^2}{4}t} \tag{7.5.4b}$$

当 $\Omega(t)=\Omega=$ 常数时，两组分中亮孤子的跃迁为约瑟夫森振荡。当 $\Omega(t)$ 与时间有关时，两组分中亮孤子的跃迁可以看作 Rosen-Zener 跃迁。对于 $\Omega(t)$ 的选取，实验上已经证实可以有许多不同的形式，本节只考虑周期形式和指数增长形式。接下来对这几种情形分别进行讨论。

1. 原子的约瑟夫森振荡

当 $\Omega(t)=\Omega$ 是常数时，两个组分中的亮孤子可以形成约瑟夫森振荡。以 $g=4,b=2,\theta=\pi/4$ 为例，对于初态条件，让所有 BEC 原子只占据其中一个超精细态。当 $\Omega=2$ 时，两个组分的密度演化如图 7.23(a) 和 (b) 所示。可以看到原子周期性地从一个组分跃迁到另一个组分。而且，该跃迁行为满足标准的约瑟夫森振荡，即随着时间演化振荡形式为标准的余弦形式。为了清楚地理解跃迁过程，定义和计算粒子的相对布居数。粒子的相对布居数定义为

$$R[t]=\frac{P_1-P_2}{P_1+P_2} \tag{7.5.5}$$

其中，$P_j=\int_{-\infty}^{+\infty}|q_j|^2\mathrm{d}x\ (j=1,2)$ 分别表示两组分中的原子数。$R[t]$ 可以直观地反映两个组分之间的原子跃迁，如图 7.23(c) 中红色虚线所示。可以看到这种周期行为是余弦型的，这与相关实验在类似参数设置下所观察到的拉比振荡吻合得

很好，类似的行为也在两组分 BEC 中用数值模拟证明了。改变初始相对布居数，振荡振幅也会变化，如图 7.23(c) 中其他颜色的线所示。另外，需要说明的是，如果两个组分中初始布居数相等，则无法观察到跃迁动力学 (见图 7.23(c) 中黑色实线)。因此，振荡振幅取决于两个组分之间的初始相对布居数。

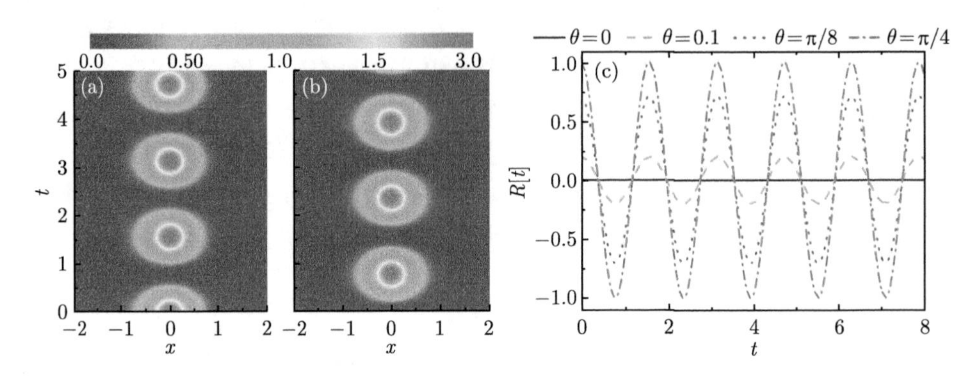

图 7.23　(a) 和 (b) 两组分之间粒子的约瑟夫森振荡。(a) 和 (b) 分别为组分 q_1 和组分 q_2 的密度分布演化，参数设置为 $g=4$，$b=2$，$\theta=\pi/4$，$\Omega=2$；(c) 不同初始布居数下两个组分间的约瑟夫森振荡，在这种情况下振荡周期和振幅与非线性强度无关，参数分别为 $g=4$, $b=2$, $\Omega=2$ (彩图见封底二维码)

因为参数 g,Ω 和 b 可以分别改变非线性强度、线性耦合强度和孤子形状，所以可以根据 (7.5.4) 式观察亮孤子类型的初始条件在许多不同情况下的跃迁动力学。特别地，空间分布函数不随跃迁过程而变化。这表明，在这种情况下，非线性相互作用保持了与色散效应之间的平衡，使得亮孤子分布剖面得到了良好的保持。需要强调的是，这里的孤子是一种非线性模式，而不是之前所报道的线性模式。进一步精确计算相对布居数随时间演化的解析表达式：

$$R[t]=\sin(2\theta)\cos(2\Omega t) \tag{7.5.6}$$

显然，周期行为实际是一个标准的余弦类型，这和标准的约瑟夫森振荡形式一样。振荡振幅取决于两个组分之间初始布居数之差。振荡周期 T 满足如下形式：

$$T=\frac{\pi}{\Omega} \tag{7.5.7}$$

结果表明，隧穿周期与非线性相互作用强度无关，它仅由线性耦合强度 Ω 决定。这种特性与类似耦合系统中的非线性约瑟夫森振荡有很大不同。这是因为原子间和原子内相互作用之间确定的约束条件使非线性和线性耦合效应之间达到了很好的平衡。原子间和原子内的相互作用对孤子的剖面形状有不同的影响，跃迁形式依赖于两者的比值。当偏离约束条件较大时，隧穿振荡形式将发生变化，并偏离标准余弦形式，如图 7.24 所示。此外，还可以在这种情况下精确地计算出两个组分中亮孤子之间的相对相位 ϕ。选择不同的初始条件来明确说明相对相位的演化，如图 7.25 所示。可以看出，相对相位的周期性演化对应于与图 7.23(c) 所示的约瑟夫森振荡的粒子数布居数。

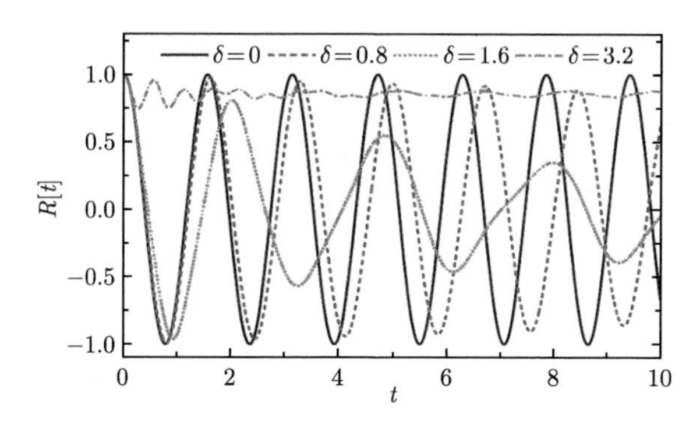

图 7.24 大参数偏离下相对布居数随时间的数值演化结果与精确结果 (实线) 的比较。我们可以看到这种情形下亮孤子的内态转换发生了很大的变化 (与可积情形偏离大于 10%)。数值模拟的初态为图 7.23的初始条件 (彩图见封底二维码)

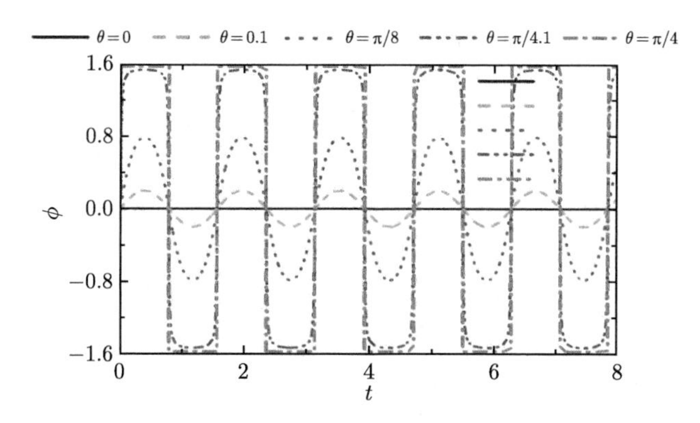

图 7.25 不同初始布居数下两组分间相对相位的演化。结果表明，相对相位的振荡与图 7.23(b) 中相对布居数的振荡一致。参数设置为：$g=4, b=2, \varOmega=2$ (彩图见封底二维码)

当耦合强度不变时，最大相对布居数是初始相对布居数的线性函数，如图 7.26(a) 所示，结果表明，最大相对布居数总是等于初始相对布居数。可以从图 7.23(c) 看到，从一个组分转换到另一个组分的粒子数等于在整个周期 T 内转换回来的粒子数。为了证明粒子转换率，可定义平均转换率为

$$T_{\mathrm{r}}=\frac{\displaystyle\int_0^{\frac{\pi}{\varOmega}}\left|\frac{\partial R[t]}{\partial t}\right|\mathrm{d}t}{\pi/\varOmega} \tag{7.5.8}$$

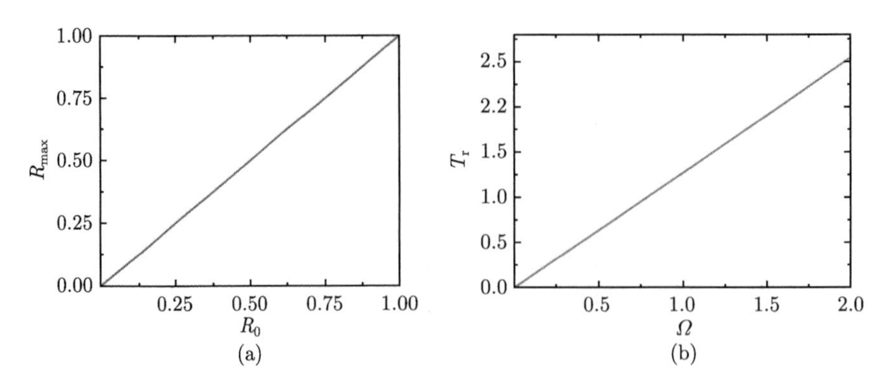

图 7.26　(a) 最大相对布居数与初始相对布居数之间的关系；(b) 平均转换率随线性耦合强度的变化。$\theta = \pi/4$

其计算结果为

$$T_\mathrm{r} = 4\Omega \sin(2\theta)/\pi \tag{7.5.9}$$

由此可以看到，平均隧穿率与线性耦合强度之间是线性关系，如图 7.26(b) 所示。

2. 原子的 Rosen-Zener 跃迁

若 $\Omega(t)$ 与时间相关，转换过程可以看作 Rosen-Zener 转换。对于 $\Omega(t)$ 函数多种不同的选取，已经在实验上证实能够很好地操控。这里，只考虑周期形式和指数增长形式，即 $\Omega(t) = l\cos^2(\omega t)$ 和 $\Omega(t) = \lambda_0 \mathrm{e}^{\beta t}$。

周期型操控耦合强度　从方程(7.5.3)给出的初始布居数条件出发，在线性耦合强度 $\Omega(t) = l\cos^2(\omega t)$ 条件下考虑了亮孤子的跃迁动力学，即观察了亮孤子在初始条件 $b = 2, g = 4, \theta = \pi/30$ 时的演化动力学。在这种情况下，每个组分中都有一个亮孤子，并且孤子的振幅是不同的。它们的转换动力学如图 7.27 所示。由图可见，该过程不是标准的余弦或正弦形式，不同于标准的约瑟夫森振荡。显然这是由对线性耦合强度的含时操控产生的，而与非线性相互作用无关。

图 7.28(a) 展示了不同操纵频率 ω 下相对布居数随时间的演化，保持初始条件 θ、操控振幅 l 和非线性相互作用强度不变。相对布居数在 $\omega = 2$ (图 7.28(a) 中的绿色虚线) 下的演化与图 7.27 中的跃迁动力学相对应。可以看到，跃迁振荡形式随着操控频率的变化而变化。而且，如果在一个周期内对线性耦合强度进行周期性操控，然后再关闭线性耦合强度，则可以很好地控制两个组分最终的相对布居数，即在 $t \in [0, T = \pi/\Omega]$ 时 $\Omega(t) = l\cos^2(\Omega t)$，在 $t > T$ 时，$\Omega(t) = 0$。这样就可以观察在存在随时间变化的线性耦合强度一个周期后，两个组分中亮孤子

的跃迁率。因此，经过一个周期内的相对布居数的精确解析表达式可以计算如下：

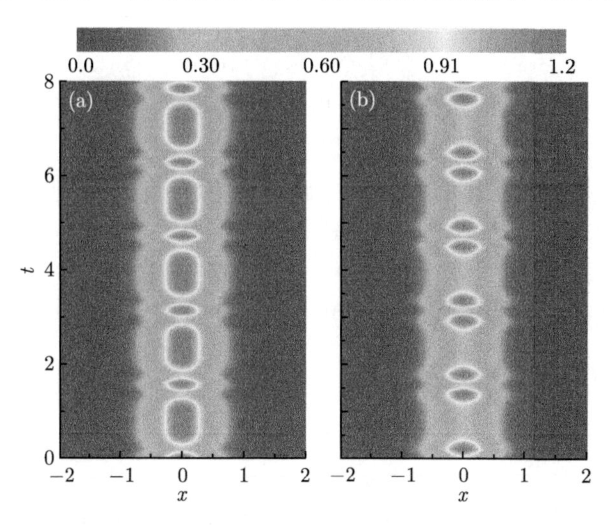

图 7.27 线性耦合强度的周期操控下两组分中亮孤子的 Rosen-Zener 隧穿。(a) 和 (b) 分别为组分 q_1 和组分 q_2 的密度分布演化。可以看出，隧穿振荡不是标准的余弦或正弦形式 (对比图 7.23)。参数为 $\Omega(t) = 8\cos^2(2t)$, $b = 2$, $\theta = \pi/30$ (彩图见封底二维码)

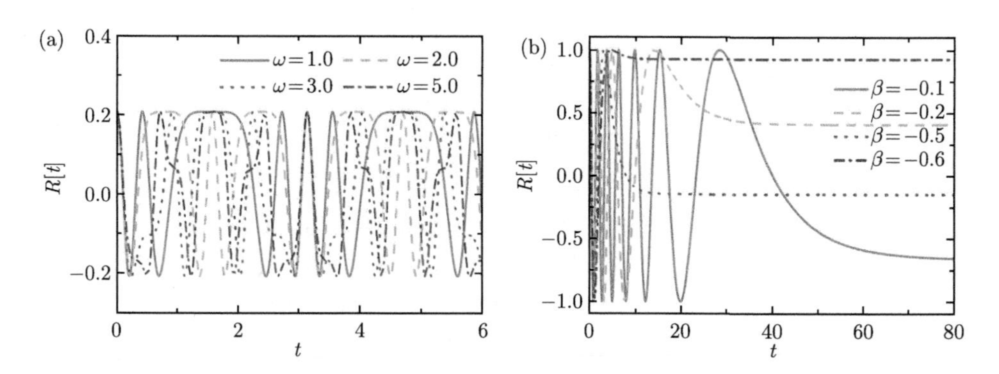

图 7.28 (a) 不同操控频率 ω 下两组分中亮孤子的 Rosen-Zener 转换，在这种情况下，振荡周期和振幅与非线性相互作用强度无关，参数分别为 $\theta = \pi/30$, $l = 8$, $b = 2$, $g = 4$；(b) 不同指数衰减率 β 下的两组分中亮孤子的 Rosen-Zener 隧穿，在这种情况下，振荡周期和振幅与非线性相互作用强度无关，参数设置为 $\theta = \pi/4$，$\lambda_0 = 2$，$b = 2$，$g = 4$ (彩图见封底二维码)

$$R[t] = \sin(2\theta)\cos\left(\frac{l\pi}{\omega}\right) \tag{7.5.10}$$

可以看到，一定初始条件的 $(l\pi/\omega)$ 决定了最终的布居数，这意味着通过改变操控频率可以很好地控制转换率。在这种情况下，非线性相互作用强度仍然不影响跃迁率。这就为通过改变操控耦合强度的周期性形式控制隧穿结果提供了可能的途径。

指数型操控耦合强度 指数形式的耦合强度可以描述为 $\Omega(t) = \lambda_0 e^{\beta t}$。通过改变参数 λ_0 和 β，可以从初始条件(7.5.3)式观察到亮孤子的跃迁动力学，其演化过程可以用上述定义的相对布居数 $R[t]$ 描述。图 7.28(b) 展示了在其他参数不变的情况下，不同指数衰减率 β 下亮孤子跃迁动力学。结果表明，利用衰减率可以有效地控制两组分中两个孤子之间跃迁速率。此外，参数 λ_0 也会影响相同参数下的最终布居数。

为了定量地研究指数操控耦合强度下的隧穿规律，这里推导了相应转换率的精确解析表达式：

$$R[t] = \sin(2\theta)\cos\left(\frac{-2\lambda_0 + 2\lambda_0 e^{\beta t}}{\beta}\right) \tag{7.5.11}$$

当 $\beta < 0$ 时，相对布居数在 $t \to \infty$ 时为 $R[t] = \sin(2\theta)\cos\left(\frac{-2\lambda_0}{\beta}\right)$。这些精确表达式对于指数型操控下矢量亮孤子的跃迁管理具有重要意义。可以通过线性耦合强度或强度衰减率来精确控制隧穿结果。也就是说，通过控制线性耦合形式，可以很好地控制两个超精细态之间的布居数转移。每个分量的最终分布对应于一个特定的量子态 $|1,2\rangle$。因此，Rosen-Zener 跃迁的结果为制备量子亮孤子态提供了一些明确的方法，对量子纠缠、介观贝尔 (Bell) 态的研究以及亮孤子的量子叠加都有重要意义。进一步证明了对线性耦合强度的操控可以转化为对两个分量组成量子态的操控，其操作精度和对参数变化的鲁棒性，使其适用于高保真量子信息处理。下面主要讨论在实验中实现观测这些跃迁动力学的可能性。

实验观察原子跃迁动力学的可能性 基于密度和相位调制技术，在多组分 BEC 相关实验中已经得到了多种矢量孤子，包括暗–暗孤子、亮–暗孤子、亮–亮孤子等。实验表明，采用密度调制和相位调制技术可以近似精确地得到这些非线性激发的初始条件。结果表明，耦合模型可以用于描述双组分 BEC 系统中原子的跃迁动力学。在组分内和组分间相互作用强度相等 $(g_{1,1} = g_{2,2} = g_{1,2})$ 的情况下，得到了能够精确描述孤子跃迁动力学的解析解。然而，非线性系数的初始条件和约束条件不能在无偏差的情况下实现。因此，测试这些结果的稳定性是非常必要的。在实际物理系统中有许多不同的扰动，主要关注非线性强度与可积情况的偏差，即模拟了在相同初始状态下改变非线性相互作用强度比的演化动力学。

首先研究近可积比值的情况，结果表明，标准余弦形式可以很好地保持在 5% 偏差以内。以图 7.23为初始条件，在弱随机噪声条件并且给非线性系数一个小的偏差 ($g_{1,1} = g_{2,2} = 4 + 0.04$，$g_{1,2} = g_{2,1} = 4 - 0.04$) 下探究相应的转换过程，相应的相对布居数随时间演化的数值模拟如图 7.29 中红色三角形所示，与图 7.29 中蓝色实线所描述的精确结果仍有较好的一致性。因此，亮孤子的跃迁过程对小噪声或微扰具有较强的鲁棒性。证明了对非线性参数的小扰动不会改变其他类型解的稳定性。这意味着，通过费希巴赫共振技术操控组分间与组分内相互作用强度且两者比值与 1:1 的偏差小于 4%，在这种情况下，能够在实验中观察到明显的内态转换动力学行为。

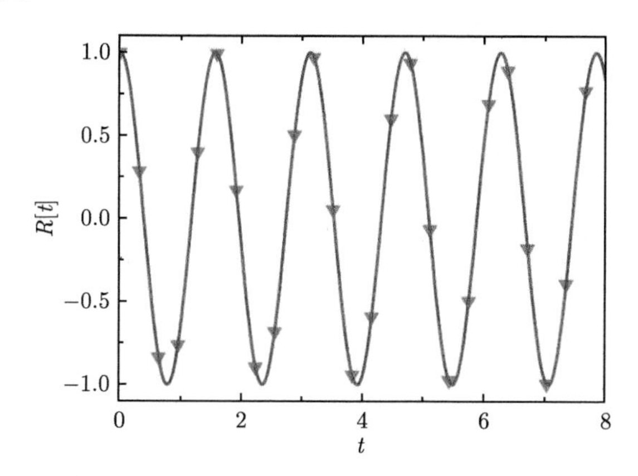

图 7.29 相对布居数的数值演化结果 (红色三角形) 与精确结果的比较 (蓝色实线)。在数值模拟过程中给初始孤子条件加入了弱噪声并对非线性系数增加了扰动。结果表明，亮孤子的隧穿过程对小扰动具有很强的鲁棒性，这与图 7.23 中孤子的隧穿动力学符合得很好 (彩图见封底二维码)

但在与可积情况偏差超过 10% 的情况下，存在一些不规则振荡行为，其中可积情形的偏差用 $g_{1,1}=g_{2,2}=4+\delta$ 和 $g_{1,2}=g_{2,1}=4-\delta$ 来描述。例如，图 7.24 展示了以图 7.23 为初始条件时不同 δ 下的不规则振荡。对于 $\delta=0.8$ 的情况 (对应的 20% 偏差)，振荡周期随时间演化发生了明显变化，振荡振幅变化缓慢；对于 $\delta=1.6$ (偏差为 40%)，不规则振荡更加明显，与标准约瑟夫森振荡形成鲜明对比；特别是在 $\delta=3.2$ (偏差为 80%) 的情况下，粒子跃迁受到很大的限制。

应该注意的是，对于其他类型的局域波而言，标准的约瑟夫森振荡并不一定存在。不规则的振荡与密度分布剖面的变化有关。例如，研究了一个带有线性耦合效应的呼吸子–呼吸子模式：

$$\begin{aligned}q_1&=\mathrm{i}\sqrt{2}\mathrm{e}^{\mathrm{i}6t}\,\mathrm{sech}(\sqrt{2}x)\sin(\Omega t)-\mathrm{e}^{4\mathrm{i}t}\tanh(\sqrt{2}x)\cos(\Omega t)\\q_2&=\mathrm{i}\mathrm{e}^{4\mathrm{i}t}\tanh\left(\sqrt{2}x\right)\sin(\Omega t)-\sqrt{2}\mathrm{e}^{\mathrm{i}6t}\,\mathrm{sech}\left(\sqrt{2}x\right)\cos(\Omega t)\end{aligned}\tag{7.5.12}$$

转换过程如图 7.30 所示。可以看到振荡形式与空间密度分布有关。即使耦合强度是一个常数，标准的约瑟夫森振荡在 $x=1$ 处也不再成立。

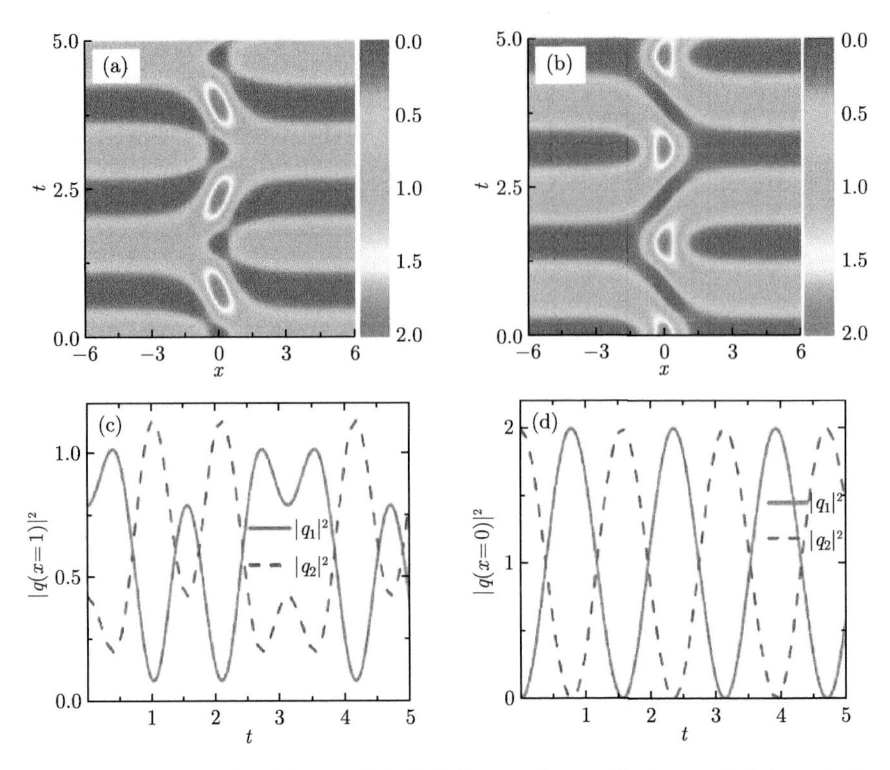

图 7.30　呼吸子–呼吸子模式转换过程的密度演化，(a) 和 (b) 分别为 q_1 组分和 q_2 组分；(c) 和 (d) 分别表示在 $x=1$ 和 $x=0$ 处的密度振荡。可以看到，在 $x=1$ 处转换振荡不是正弦或余弦形式，而在 $x=0$ 处接近正弦或余弦形式。这表明该内态转换过程依赖于空间密度分布。参数 $\Omega=2$ (彩图见封底二维码)

进一步讨论在具有两个超精细态 (q_1、q_2) 的雪茄形 BEC 中观察到矢量亮孤子的约瑟夫森振荡动力学 (图 7.23)。简单起见，假设凝聚体的初态都囚禁在态 q_2，而 q_1 则调谐的射频或微波场与 q_2 耦合产生 $q_2\to q_1$ 跃迁。凝聚体中 ^{87}Rb 总原子数为 $N=5\times10^4$，其中 $a_{i,j}(i,j=1,2)$ 是通过费希巴赫共振技术调节的 s 波散射长度。调控参数 $a_{1,2}=a_{2,1}=0.8\,\text{nm}$ 以及 $a_{2,2}=a_{1,1}=0.8\,\text{nm}$，在平均场近似下，同一超精细态原子间的 s 波散射有效相互作用强度为 $U_{j,j}=4\pi\hbar^2a_{j,j}/m$ (m 是原子质量)，而不同超精细态下原子间的散射有效相互作用强度为 $U_{j,3-j}=4\pi\hbar^2a_{j,3-j}/m$。当轴向和时间的单位分别被缩放为 $2.0\,\mu\text{m}$ 和 $0.5\,\text{ms}$ 时，线性耦合效应的凝聚体动力学可以用(7.5.2)式很好地描述。上述的初态表达式可以用来清晰地表示两个分量的初始密度和相位调制。结果表明，玻色凝聚体的密度和相位可以被精确地控制。三个振荡周期的跃迁过程时间约为 2.5 ms，它的持续时间比玻色凝聚体的寿命短得多。在空间分布上，亮孤子在空间的局域化尺寸约为 $8.0\,\mu\text{m}$，这在实验中很容易实现。另外，连续吸收成像 ($780\,\mu\text{s}$ 延迟) 具有高空间分辨率

(1.1 μm)，这允许在每次实验中观察两种超精细状态下的原子密度。

小结 在线性耦合强度不变的两个超精细态中，无论非线性相互作用强度有多强，原子间都可以存在标准余弦型约瑟夫森振荡。这一特性与之前报道的非线性约瑟夫森振荡形成鲜明对比。通过射频场控制线性耦合强度，可以很好地处理指数型和周期型的 Rosen-Zener 跃迁粒子。这对许多不同自旋量子态的制备具有重要意义。

7.5.2 干涉效应诱发的内态转换动力学

7.5.1 节讨论了具有单粒子转换 (线性耦合) 效应的两组分 BEC 中丰富的内态跃迁动力学行为，如约瑟夫森周期振荡和 Rosen-Zener 隧穿。科学家们在实验室中观察到了 BEC 系统中存在双粒子隧穿行为 [29,30]。基于相关隧穿行为和两组分 BEC 内态转换动力学的相似性，本节考虑含双粒子转换效应的两组分耦合 BEC 中相关局域波激发动力学。相关结果表明，双粒子转换效应主导的情形下，组分间粒子转换的发生需要一定的条件，如时域干涉、碰撞相移、调制不稳定性等。这里展示了其中一种可能的机制——干涉机制。下面以非线性平面波与亮孤子之间的线性干涉效应为例，展示干涉效应诱发的转换动力学。

物理模型与解的构造 本节考虑一个具有粒子转换效应的两组分准一维 BEC，描述该系统的无量纲形式的平均场能量可以写成

$$
\begin{aligned}
H = \int_{-\infty}^{+\infty} \Bigg[& \psi_1^* \left(-\frac{1}{2}\partial_x^2\right)\psi_1 + \psi_2^* \left(-\frac{1}{2}\partial_x^2\right)\psi_2 - 2g_{12}|\psi_1|^2|\psi_2|^2 - \frac{1}{2}g_{11}|\psi_1|^4 \\
& - \frac{1}{2}g_{22}|\psi_2|^4 - J_1(\psi_1^*\psi_2 + \psi_1\psi_2^*) - \frac{1}{2}J_2(\psi_1^{*2}\psi_2^2 + \psi_1^2\psi_2^{*2}) \Bigg] \mathrm{d}x
\end{aligned} \tag{7.5.13}
$$

这里，x 是轴向坐标，$\boldsymbol{\psi} = (\psi_1, \psi_2)^\top$ 提供 BEC 宏观波函数的两个组分。$g_{11} = g_{22}$ 为组分内原子间相互作用强度，g_{12} 为组分间原子的相互作用强度，用相应的 s 波散射长度来表征。J_1 和 J_2 分别为单粒子和双粒子转换强度，这意味着每个组分的粒子数可以是非保守的，但整个系统的粒子数始终守恒。在大多数研究中由于粒子转换存在会使系统变得不可积，所以 J_1 和 J_2 通常被设为 0。2008 年，Fölling 等 [29] 和 Zöllner[30] 等对两个超冷原子的转换进行了实验观察，发现单个原子的转换现象被高度抑制，双粒子转换行为占主导地位。基于此，本节只考虑存在双粒子转换的情形，即 $J_1 = 0$ 和 $J_2 \neq 0$。并且，在 $g_{j,3-j} = 2g_{j,j} = 2J_2$ 时，由(7.5.13)式描述的是一个可积的具有双粒子转换效应的耦合非线性薛定谔方程，这一点已经被 Painlevé 分析证明 [31]。为了简单且不失一般性，可以令 $g_{j,j} = -\sigma$ ($\sigma = \pm 1$ 对应原子之间的吸引或排斥相互作用)。在本节考虑 $\sigma = 1$ 的情形。根

据平均场能量 H，则可以推导出可积的具有对转换效应的耦合非线性薛定谔方程 $(\mathrm{i}\partial\boldsymbol{\psi}/\partial t=\delta H/\delta\boldsymbol{\psi}^*)$：

$$\mathrm{i}\psi_{1,t}+\frac{1}{2}\psi_{1,xx}+(|\psi_1|^2+2|\psi_2|^2)\psi_1+\psi_2^2\psi_1^*=0 \tag{7.5.14a}$$

$$\mathrm{i}\psi_{2,t}+\frac{1}{2}\psi_{2,xx}+(2|\psi_1|^2+|\psi_2|^2)\psi_2+\psi_1^2\psi_2^*=0 \tag{7.5.14b}$$

已经有大量研究结果表明，通过线性变换可以将带有双粒子转换效应的耦合方程(7.5.14)转换为两个解耦的标量非线性薛定谔方程[32–35]。耦合方程(7.5.14)对应下面的矩阵非线性薛定谔模型：

$$\mathrm{i}\varPsi_{\mathrm{t}}+\frac{1}{2}\varPsi_{xx}+\varPsi\varPsi^{\dagger}\varPsi=0 \tag{7.5.15}$$

其中，

$$\varPsi=\begin{pmatrix}\psi_1 & \psi_2\\ \psi_2 & \psi_1\end{pmatrix} \tag{7.5.16}$$

通过一个相似变换矩阵 P 可将 $\varPsi$ 变换成一个对角矩阵 $Q=P^{-1}\varPsi P$，易得矩阵 P 表示为

$$P=\begin{pmatrix}-1 & 1\\ 1 & 1\end{pmatrix} \tag{7.5.17}$$

因此有

$$Q=P^{-1}\varPsi P=\begin{pmatrix}\psi_1-\psi_2 & 0\\ 0 & \psi_1+\psi_2\end{pmatrix} \tag{7.5.18}$$

令 $q_1=\psi_1-\psi_2$ 和 $q_2=\psi_1+\psi_2$，然后将 Q 代入(7.5.15)式即得

$$\mathrm{i}q_{1,t}+\frac{1}{2}q_{1,xx}+|q_1|^2q_1=0 \tag{7.5.19}$$

$$\mathrm{i}q_{2,t}+\frac{1}{2}q_{2,xx}+|q_2|^2q_2=0 \tag{7.5.20}$$

显然，(7.5.19)式和(7.5.20)式是两个标量的非线性薛定谔方程，这说明通过变换(7.5.17)式已将带有双粒子转换项的耦合非线性薛定谔方程(7.5.14) 式实现了解耦。因此，(7.5.14)式的精确解可以通过(7.5.19)式和(7.5.20)式去构造，即得

$$\psi_1 = \frac{q_2 + q_1}{2} \tag{7.5.21a}$$

$$\psi_2 = \frac{q_2 - q_1}{2} \tag{7.5.21b}$$

因此，含双粒子转换项的耦合非线性薛定谔方程的精确解可以直接用标量非线性薛定谔方程的任意两个解 q_1 和 q_2 的线性叠加得到。显然这种构造解的方式与达布变换方法不同，相对更简便。通过线性变换实现解耦去构造精确解的方法提供了一种新的方式去讨论局域波的动力学性质，例如可通过(7.5.21)式去讨论两个非线性局域波的线性叠加在含双粒子转换效应的耦合 BEC 中的动力学现象，如新奇局域波结构的激发和线性干涉效应等。

标量非线性薛定谔方程有多种不同的非线性局域波，例如孤子、呼吸子、怪波和非线性平面波等。那么，(7.5.21)式中 q_1 和 q_2 可以是标量系统中任意两个非线性局域波解。此时，精确解(7.5.21)式提供了一种研究不同非线性波间线性干涉的方法 [36]。本节，讨论了亮孤子和非线性平面波线性叠加的简单情形，即 q_1 是非线性平面波的一般形式，q_2 是标量非线性薛定谔方程的亮孤子解。亮孤子解可以是单孤子解，也可以是多孤子解。这使得能够系统地研究亮孤子和非线性平面波之间的线性干涉。下面，首先讨论一个非线性平面波和一个亮孤子的线性干涉相互作用。

干涉效应诱导的非线性局域波 一个亮孤子和一个非线性平面波的一般线性叠加形式如下：

$$\psi_{11} = \frac{1}{2}c\mathrm{e}^{\mathrm{i}\theta_{\mathrm{PW}}} - b_1 \mathrm{sech}[2b_1(x + 2a_1 t)]\mathrm{e}^{\mathrm{i}\theta_{\mathrm{BS}}} \tag{7.5.22a}$$

$$\psi_{12} = \frac{1}{2}c\mathrm{e}^{\mathrm{i}\theta_{\mathrm{PW}}} + b_1 \mathrm{sech}[2b_1(x + 2a_1 t)]\mathrm{e}^{\mathrm{i}\theta_{\mathrm{BS}}} \tag{7.5.22b}$$

等式右边的第一项和第二项可以看作是两个激发元。其中，$\theta_{\mathrm{PW}} = kx + \left(c^2 - \dfrac{k^2}{2}\right)t$ 和 $\theta_{\mathrm{BS}} = -2\left[a_1 x + (a_1^2 - b_1^2)t\right] + \phi$ 分别为平面波与亮孤子的相位演化，演化特征主要由它们之间的相位差决定，而参数 ϕ 是它们之间的常相位差。$c/2$ 和 b_1 分别代表平面波振幅和孤子振幅。接下来，将根据两者的相位函数 θ_{PW} 和 θ_{BS} 讨论非线性平面波和亮孤子之间的线性干涉特性。分析表明，依据平面波和亮孤子这两个激发元是否在时间和空间方向发生干涉，可以产生四种局域波，图 7.31 给出了对应的激发相图 (固定 $a_1 = 0, b_1 = 0.21$)。该相图是通过改变非线性平面波的波矢 k 和振幅 c 并固定孤子的振幅和速度得到的，对于其他情况也可以获得类似的相图。下面对这四种情形一一讨论。

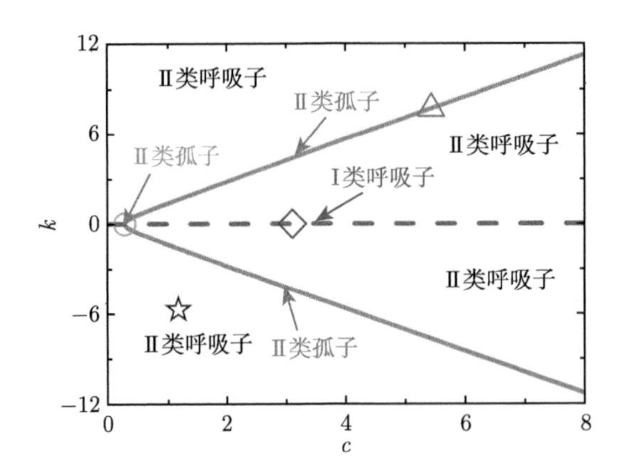

图 7.31　一个亮孤子与非线性平面波之间的线性干涉诱发的局域波相图。可以看出，有两种类型的孤子和呼吸子激发，精确的激发条件由空间和时间干涉周期函数确定。蓝色虚线对应于空间干涉周期无穷大，红色实线对应于时间干涉周期无穷大。绿色圆圈和红色三角形分别对应于图 7.32 中第 I 类孤子和第 Ⅱ 类孤子。蓝色菱形和黑色五角星分别对应于图 7.34 中第 I 类呼吸子和第 Ⅱ 类呼吸子。其他参数为：$a_1 = 0, b_1 = 0.21$(彩图见封底二维码)

(1) 当平面波和亮孤子的相位满足 $-2a_1 = k$ 且 $-2(a_1^2 - b_1^2) = c^2 - k^2/2$ 时，由解(7.5.22)式激发的局域波在空间和时间方向上都没有周期性，称之为第 I 类孤子，对应于相图 7.31中绿色圆圈。作为一个例子，在图 7.32(a) 和 (b) 中展示了

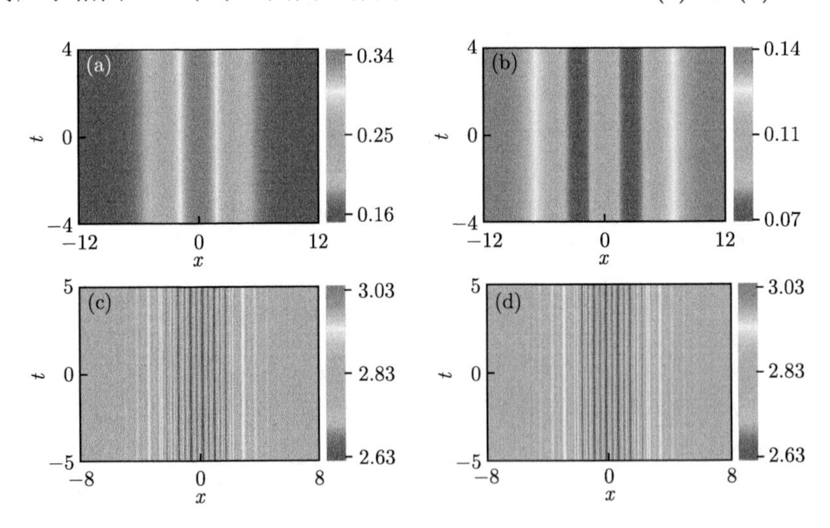

图 7.32　两类孤子激发的密度演化。(a) 和 (b) 为第 I 类孤子 (图 7.31中绿色圆圈)，分别对应于第一组分和第二组分。(c) 和 (d) 为第 Ⅱ 类孤子 (图 7.31 中红色三角形)，分别对应于第一组分和第二组分。(a) 和 (b) 的参数为：$a_1 = 0, b_1 = 0.21, k = 0, c = \sqrt{2}b_1, \phi = \dfrac{5\pi}{6}$。(c) 和 (d) 的参数为：$a_1 = 0, b_1 = 0.21, k = 8, c = \sqrt{32 + 2b_1^2}, \phi = \dfrac{\pi}{2}$ (彩图见封底二维码)

相关的时空密度分布。由图可见，q_1 组分的密度分布呈现反暗孤子，而 q_2 组分的密度分布为 W 形孤子。有趣的是，第 I 类孤子的剖面结构会依赖相对常相位 ϕ 的选择。为了展示这一特征，定义相对密度 $|q_j(x=0)|^2/|q_{j\,\max}(x=0)|^2$，其中 $|q_{j\,\max}(x=0)|^2$ 表示 $x=0$ 处密度最大值，如图 7.33(a) 所示。可以从图中清晰地看到相对密度随相对常相位发生周期性变化。需要说明的是，第二组分的孤子并不总是呈现 W 形孤子的结构。随着相对相位的变化，其结构类型也会改变。比如，当 $\phi=\pi/2$ 时，W 形孤子就会变为反暗孤子。这里得到的 W 形孤子显著区别有理 W 形孤子，后者的密度剖面结构与背景场的频率密切相关。除此之外，两者的形成机制和谱分布也不一样。

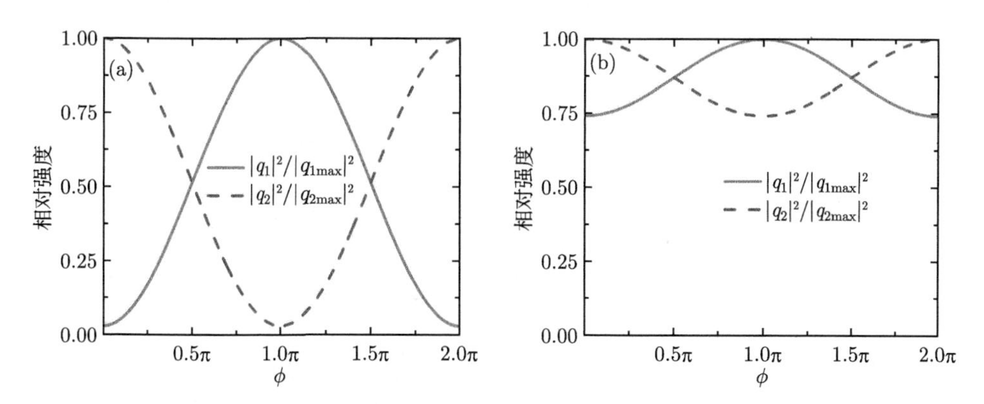

图 7.33 第 I 类孤子和第 Ⅱ 类孤子在 $x=0$ 处相对密度值随相对常相位 ϕ 变化。结果表明，相对常相位对这两类孤子的剖面结构有显著的影响，但是第 Ⅱ 类孤子对相对相位的敏感度明显弱于第 I 类孤子。图 (a) 的其他参数与图 7.32(a) 和 (b) 相同；图 (b) 的其他参数与图 7.32(c) 和 (d) 相同 (彩图见封底二维码)

(2) 当平面波和亮孤子的相位满足 $-2a_1\neq k$ 且 $-2(a_1^2-b_1^2)=c^2-\dfrac{k^2}{2}$ 时，由解(7.5.22)式激发的局域波在空间上具有周期性，称之为第 Ⅱ 类孤子，对应于相图 7.31 中两条红色实线。这类孤子的密度剖面具有多峰结构，如图 7.32(c) 和 (d) 所示，参数设置对应于图 7.31 中红色三角形。研究表明多峰孤子的剖面结构也与相对常相位 ϕ 相关。但是，这种情况下相对密度随 ϕ 的变化要明显弱于第 I 类孤子，如图 7.33(b) 所示。而且，可视峰的数目越多，其相对密度对相对常相位的依赖性越弱，反之亦然。特别地，孤子的可视尺寸和非线性平面波的波矢决定多峰孤子峰的数目。峰之间的距离为 $D=\dfrac{2\pi}{|2a_1+k|}$。当这个值远小于孤子尺寸时，才能显示出多峰结构。因此，当 b_1 较小而 k 相对较大时，可以清晰地观察到多峰孤子结构。

(3) 当平面波和亮孤子的相位满足 $-2a_1=k$ 且 $-2(a_1^2-b_1^2)\neq c^2-\dfrac{k^2}{2}$ 时，由

解(7.5.22) 式激发的局域波在时间方向上呈周期性振荡，称之为第 I 类呼吸子，对应于相图 7.31中蓝色虚线。取图 7.31 中蓝色菱形所对应的参数条件，展示了相关的密度演化，如图 7.34(a) 和 (b) 所示。可以看到这种周期振荡行为类似于标量非线性薛定谔方程中 Kuznetsov-Ma 呼吸子。但是，增益率远小于 Kuznetsov-Ma 呼吸子，因为这种情况下没有调制不稳定性。可以看到每个组分中峰和谷交替出现，且 q_1 组分中峰的位置恰好对应于 q_2 组分中谷的位置。振荡周期为 $T=\dfrac{2\pi}{\left|-2(a_1^2-b_1^2)-c^2+\dfrac{k^2}{2}\right|}$。这表明在周期性振荡过程中两组分之间存在周期的粒子数转换，这种转换过程为标准的约瑟夫森振荡形式。时空密度分布不再依赖于亮孤子和平面波之间的相对常相位。

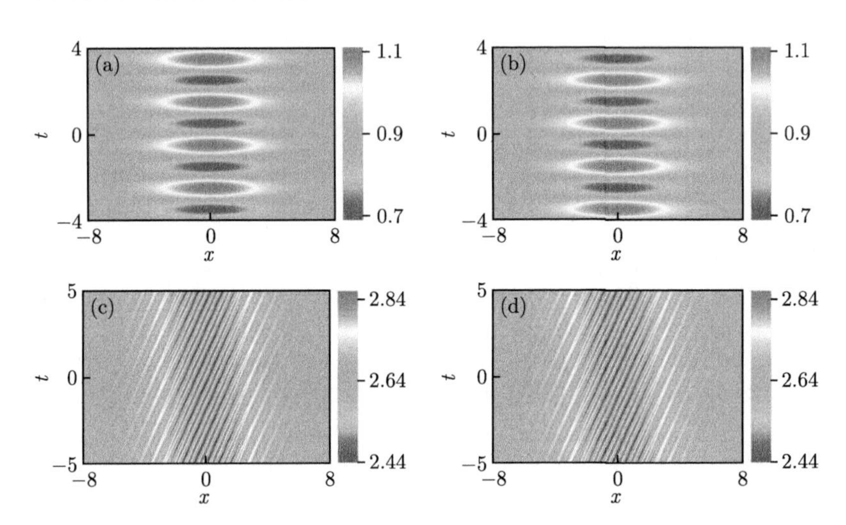

图 7.34　两类呼吸子激发的密度演化。(a) 和 (b) 为第 I 类呼吸子，分别对应于第一组分和第二组分，对应图 7.31中蓝色菱形。(c) 和 (d) 为第 Ⅱ 类呼吸子，分别对应于第一组分和第二组分，它们对应图 7.31 中黑色五角星。(a) 和 (b) 中参数为：$a_1=0, b_1=0.21, k=0, c=3.1, \phi=\dfrac{\pi}{2}$；(c) 和 (d) 中参数为：$a_1=0, b_1=0.21, k=-5.86, c=1.18, \phi=\dfrac{\pi}{2}$ (彩图见封底二维码)

(4) 当平面波和亮孤子的相位满足$-2a_1\neq k$ 且 $-2(a_1^2-b_1^2)\neq c^2-\dfrac{k^2}{2}$ 时，由解(7.5.22)式激发的非线性局域波在时间和空间方向上都呈现周期性振荡，称之为第 Ⅱ 类呼吸子，对应于相图 7.31中除了红线和蓝线之外区域。图 7.34(c) 和 (d) 展示了相关的时空密度演化，参数取图 7.31中黑色五角星。对于这种情形，$-2a_1\neq k$ 使局域波具有多峰结构，同时 $-2(a_1^2-b_1^2)\neq c^2-\dfrac{k^2}{2}$ 使局域波随时间演化而构成呼吸行为，这类局域波也可称为多峰呼吸子。与多峰孤子类似，可视峰的数目也由孤子可视尺寸和平面波的波矢确定。在这种情况下，时空分布特性也不再取决于亮孤子和平面波之间的相对常相位。

以上是关于亮孤子和平面波干涉激发的局域波结构类型的讨论。基于精确解的构造方式(7.5.21)式可知，利用标量非线性薛定谔方程的多孤子解和平面波的线性叠加可以精确地研究以上这几类局域波之间的相互作用。简单起见，下面基于双亮孤子解与平面波的线性叠加去讨论两种非线性局域波之间的相互作用。

几种非线性局域波之间的相互作用 要观察以上几种局域波之间的相互作用就要构造双局域波解，相应的解可以通过双亮孤子解与平面波的线性叠加得到，具体形式可以表示为

$$\psi_{21}=\frac{c}{2}\mathrm{e}^{\mathrm{i}\theta_{\mathrm{PL}}}-b_1\operatorname{sech}(A_1)\mathrm{e}^{\mathrm{i}Y_1}-P_2 \tag{7.5.23a}$$

$$\psi_{22}=\frac{c}{2}\mathrm{e}^{\mathrm{i}\theta_{\mathrm{PL}}}+b_1\operatorname{sech}(A_1)\mathrm{e}^{\mathrm{i}Y_1}+P_2 \tag{7.5.23b}$$

其中，$P_2=2b_2(X_1\mathrm{e}^{\mathrm{i}Y_1}+X_2\mathrm{e}^{\mathrm{i}Y_2})/X_3$ 表示双亮孤子的非线性叠加，其他参量为

$$\begin{aligned}
X_1=&-2b_1(b_1+b_2)\cosh(A_2)+2b_1^2[\cos(Y_2-Y_1)+\cosh(A_1+A_2)]\sinh(A_1)\\
&+2i(a_2-a_1)b_1\sinh(A_2)\\
X_2=&[(a_1-a_2)^2+(b_2^2-b_1^2)]\cosh(A_1)-2\mathrm{i}(a_2-a_1)b_1\sinh(A_1),\\
X_3=&2[(a_1-a_2)^2+(b_1^2+b_2^2)]\cosh(A_2)\cosh(A_1)-4b_1b_2\cos(Y_1-Y_2)\\
&-4b_1b_2\sinh(A_2)\sinh(A_1)
\end{aligned}$$

这里，$Y_j=f_j-2\alpha_j$，$\alpha_j=a_jx+(a_j^2-b_j^2)t$，$\beta_j=b_jx+2a_jb_jt$，$A_j=2\beta_j$，$j=1,2$。参数 a_1 和 a_2 是两个孤子的速度；b_1 和 b_2 决定两个孤子的峰值；f_1 和 f_2 可用于改变孤子之间的相对相位。该解(7.5.23)式是平面波和双孤子解的线性叠加，而双孤子解是两个亮孤子的非线性叠加。可以根据局域波相图 7.31 选择合适的亮孤子和非线性平面波参数，通过解(7.5.23)式探究上述任意两个局域波之间的相互作用。研究发现，当孤子与其他局域波碰撞后，剖面结构会发生形变，而呼吸子的剖面结构保持不变。下面将详细讨论它们之间的碰撞。

通过让双亮孤子的参数满足相图 7.31中的不同条件，可以研究孤子与孤子或孤子与呼吸子之间的碰撞。例如，取参数 $a_1=0.6, a_2=0, b_2=1$，$b_1=\sqrt{b_2^2+a_1^2}$，$k=-2a_1, c=\sqrt{2b_2^2+2a_1^2}$，$f_1=f_2=\pi/2$，可以观察到第 I 类孤子和第 Ⅱ 类孤子的相互作用，如图 7.35 所示。对于第 Ⅱ 类孤子 $(v=0)$，由于参数设置使得它的空间周期大于亮孤子的尺寸，使其多峰结构不明显。可以看到，两类孤子的结构在碰撞后都发生明显的变化。类似地，可以研究孤子与呼吸子之间的碰撞。需要说明的是，由于第 I 类孤子和第 I 类呼吸子的存在条件使它们具有相同的

速度，所以无法观察两者之间的碰撞动力学。依据相图，也可以观察第 I 类孤子与第 II 类呼吸子之间的碰撞，如图 7.35(c) 和 (d) 所示，取参数 $a_1=1,a_2=0$, $b_1=0.2$,$b_2=\sqrt{2}$,$c=2$,$k=0$。可以看到，碰撞后孤子的剖面结构发生了明显变化，而呼吸子没有形变。

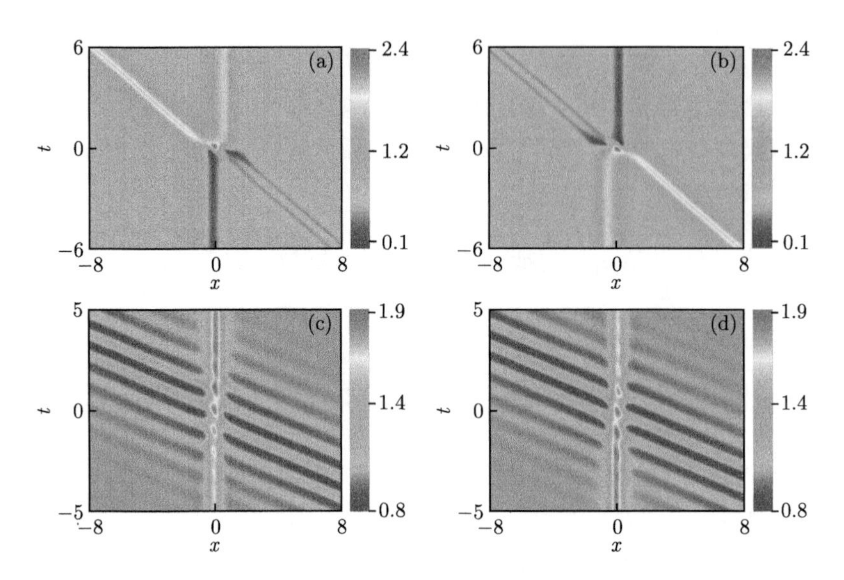

图 7.35　(a) 和 (b) 为第 I 类孤子与第 II 类孤子之间的碰撞，分别对应第一组分和第二组分。可以看出，碰撞后两个孤子形状都发生明显改变。(c) 和 (d) 为第 I 类孤子与第 II 类呼吸子之间的碰撞，分别对应第一组分和第二组分。可以看出，碰撞后孤子的形状发生改变而呼吸子的形状保持完好。(a) 和 (b) 的参数设置为：$a_1=0.6,a_2=0,b_2=1,b_1=\sqrt{b_2^2+a_1^2},k=-2a_1,c=\sqrt{2b_2^2+2a_1^2},f_1=f_2=\dfrac{\pi}{2}$。(c) 和 (d) 的参数设置为：$a_1=1,a_2=0,b_1=0.2,b_2=\sqrt{2},k=0,c=2,f_1=f_2=\dfrac{\pi}{2}$ (彩图见封底二维码)

另外，根据相图也可以选择合适的参数研究呼吸子与呼吸子之间的碰撞。图 7.36(a) 和 (b) 展示了第 I 类呼吸子和第 II 类呼吸子的碰撞，参数设置为 $a_1=-3,a_2=0,b_1=2,b_2=0.4,c=1.2,k=6$。但是，因为第 I 类呼吸子的存在条件使任意两个第 I 类呼吸子之间的速度总是相同的，所以无法观察它们之间的碰撞。另一方面，通过使两个亮孤子的参数条件满足第 II 类呼吸子的激发条件，可以观察到两个多峰呼吸子 (第 II 类) 之间的相互作用，如图 7.36(c) 和 (d) 所示，参数为 $a_1=2,a_2=-2,b_1=0.15,b_2=0.2,c=2,k=8$。结果表明，呼吸子之间的碰撞都是弹性的。需要说明的是，这里所说的弹性 (非弹性) 碰撞是指两个局域波在相互作用前后它的剖面结构不发生 (发生) 变化。

那么，为什么在图 7.35 中孤子类型的激发结构在碰撞后会发生明显变化，而呼吸子类型的激发结构在所有的相互作用后仍能很好地保持其密度剖面呢？通常，亮孤子与另一个孤子碰撞之后会产生一定的相移，而该相移会导致亮孤子和平面波之间的相对相位发生变化。在图 7.33 中已经展示了孤子类型的局域波结构与亮孤子和平面波之间的相对相位密切相关。因此，涉及孤子类型的碰撞产生的相移会使得孤子与平面波之间的相对相位发生改变，诱导了孤子碰撞后密度剖面的改变，这是两类孤子碰撞后发生形变的根本原因。但是，呼吸子类型的局域波密度分布并不依赖于相对相位，因此相移对碰撞后呼吸子的结构不会产生影响。

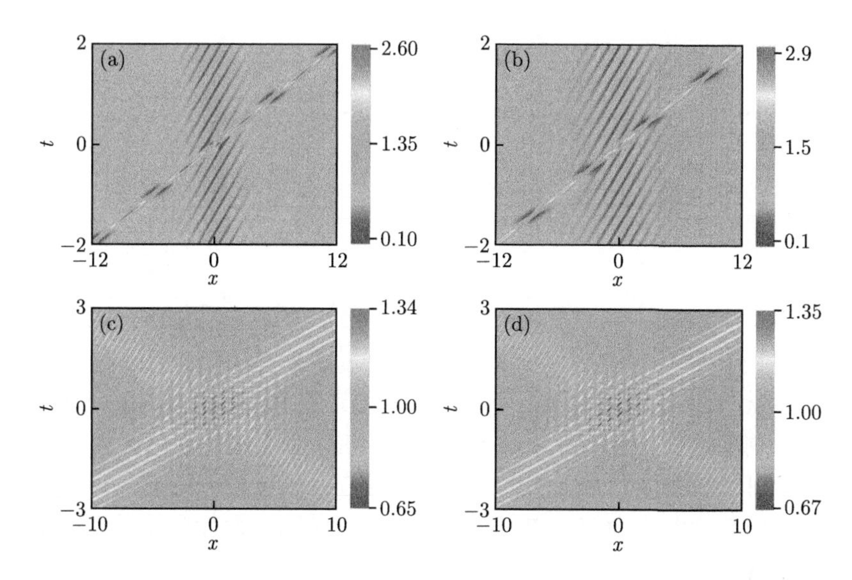

图 7.36 呼吸子之间的碰撞。(a) 和 (b) 为 I 类呼吸子与 II 类呼吸子之间的碰撞，分别对应第一组分和第二组分。(c) 和 (d) 为 II 类孤子与 II 类呼吸子之间的碰撞，分别对应第一组分和第二组分。可以看出，碰撞后呼吸子的形状保持完好。(a) 和 (b) 中的参数为：$a_1 = -3, a_2 = 0, b_1 = 2, b_2 = 0.4, k = 6, c = 1.2, f_1 = f_2 = 0, k_1 = k_2 = 0$。(c) 和 (d) 中的参数为：$a_1 = 2, a_2 = -2, b_1 = 0.15, b_2 = 0.2, k = 8, c = 1.2, f_1 = f_2 = 0, k_1 = k_2 = 0$ (彩图见封底二维码)

关于调制不稳定性 (MI) 分支的讨论 值得注意的是平面波背景上孤子类型扰动的强度可强可弱。需要强调上述两类呼吸子的激发与 MI 无关。这一点可从上文中局域波的动力学看出，即使孤子类型的扰动非常弱，其扰动振幅也不会产生增益。而 MI 已经被广泛证明能在平面波背景上诱发怪波或呼吸子。实际上，耦合模型(7.5.14)式中，相同的平面波背景上也可以存在怪波或呼吸子。这一点可以通过耦合模型和标量非线性薛定谔方程之间的变换来证明。也就是说，可以通过一个具有相同平面波背景的怪波解和一个标量非线性薛定谔方程的零解来构造耦合模型(7.5.14)式的怪波解，这意味着在平面波背景上至少存在两个 MI 分支[36]。

根据以上分析，下面将基于耦合模型(7.5.14)对平面波背景上的微扰做 MI 分析。平面波背景加入扰动项后，可写为如下形式：

$$q_1 = \frac{1}{2}c\mathrm{e}^{\mathrm{i}\left[kx+\left(c^2-\frac{k^2}{2}\right)t\right]}\left[1+f_+\mathrm{e}^{\mathrm{i}\kappa(x-\Omega t)}+f_-^*\mathrm{e}^{-\mathrm{i}\kappa(x-\Omega^* t)}\right] \tag{7.5.24a}$$

$$q_2 = \frac{1}{2}c\mathrm{e}^{\mathrm{i}\left[kx+\left(c^2-\frac{k^2}{2}\right)t\right]}\left[1+g_+\mathrm{e}^{\mathrm{i}\kappa(x-\Omega t)}+g_-^*\mathrm{e}^{-\mathrm{i}\kappa(x-\Omega^* t)}\right] \tag{7.5.24b}$$

其中，f_+, f_-, g_+, g_- 是傅里叶模式小振幅。通过线性化处理得到了两支色散关系。其中，一支色散关系为

$$\Omega_{1,2} = k \pm \frac{1}{2}\sqrt{-4c^2+\kappa^2} \tag{7.5.25}$$

因为扰动能量 $\Omega_{1,2}$ 在 $\kappa < 2c$ 时有虚部，会产生不稳定增益，称之为 MI 分支；另一支色散关系为

$$\Omega_{3,4} = k \pm \left(\frac{c^2}{\kappa}+\frac{\kappa}{2}\right) \tag{7.5.26}$$

由于扰动能量 $\Omega_{1,2}$ 始终为实数，不会产生不稳定增益，为了与 MI 分支区别，可将其称为调制稳定性 (modulation stability，MS) 分支。由于 MI 分析适用于弱扰动，因此对于平面波背景上的弱扰动调制存在两种可能的选择。那么，如何理解孤子类型的微扰演化为相图中展示的四类局域波呢？为什么孤子类型的微扰选择 MI 分支演化呢？

这里试图通过计算线性化方程(7.5.24)的本征矢量 $(f_+, f_-, g_+, g_-)^\top$ 找到决定弱扰动选择不同 MI 分支的关键因素。对于 MI 分支 $\Omega_{1,2}$，本征矢量为

$$\begin{pmatrix} f_+ \\ f_- \\ g_+ \\ g_- \end{pmatrix} = \epsilon \begin{pmatrix} -2c^2+\kappa^2 \pm \kappa\sqrt{-4c^2+\kappa^2} \\ 2c^2 \\ -2c^2+\kappa^2 \pm \kappa\sqrt{-4c^2+\kappa^2} \\ 2c^2 \end{pmatrix} \tag{7.5.27}$$

其中，$\epsilon \ll 1$。可以看到对于 MI 分支，两个组分的扰动振幅总是满足 $f_+ = g_+, f_- = g_-$，即在两个组分的背景上施加的弱扰动具有相同的结构。例如，图 7.37(a) 展示了扰动振幅相对于扰动波矢 κ 变化的情况。考虑到前面提到的怪波解是由一个具有相同平面波背景的怪波解和标量非线性薛定谔方程的一个零解的叠加构成，可以理解怪波存在于平面波背景上，并且具有 MI 特征。因为这两个分量中怪波解在背景上具有相同的扰动剖面，这使得弱扰动选择 MI 分支进行演化。而 MS 分

支 $\Omega_3 = k + \dfrac{c^2}{\kappa} + \dfrac{\kappa}{2}$，相应的本征矢量可以表示为

$$\begin{pmatrix} f_+ \\ f_- \\ g_+ \\ g_- \end{pmatrix} = \epsilon \begin{pmatrix} -2(8c^2+\kappa^2) \\ 0 \\ 2(8c^2+\kappa^2) \\ 0 \end{pmatrix} \tag{7.5.28}$$

当 $\Omega_4 = k - \dfrac{c^2}{\kappa} + \dfrac{\kappa}{2}$ 时，本征矢量为

$$\begin{pmatrix} f_+ \\ f_- \\ g_+ \\ g_- \end{pmatrix} = \epsilon \begin{pmatrix} 0 \\ -2(8c^2+\kappa^2) \\ 0 \\ 2(8c^2+\kappa^2) \end{pmatrix} \tag{7.5.29}$$

可以看到，对于 MS 分支，两个组分的扰动振幅总是相反的。图 7.37(b) 中给出了其中一个 MS 分支的扰动振幅与扰动波矢 κ 的关系。因此，由精确解(7.5.22)式可知，两个组分中孤子类型的扰动振幅都满足 $f_+ = -g_+$。也就是说，这里所获得的两类孤子和呼吸子都是由孤子类型的弱扰动选择 MS 分支演化得到的。两类呼吸子的激发只与干涉机制相关，与 MI 分支无关，因此它们不可能约化得到怪波解。

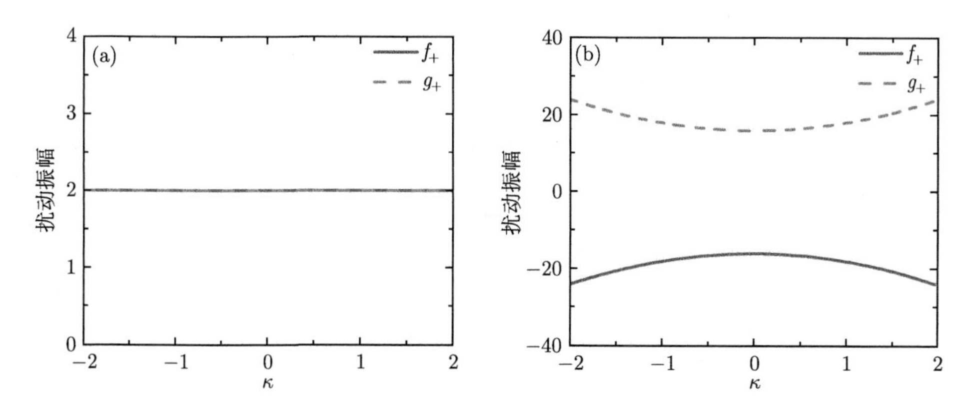

图 7.37 扰动振幅 f_+ 和 g_+ 随扰动波矢 κ 的变化。(a) 和 (b) 分别对应调制不稳定分支 $\Omega = k + \dfrac{1}{2}\sqrt{-4c^2+\kappa^2}$ 和调制稳定区分支 $\Omega = k + \left(\dfrac{c^2}{\kappa} + \dfrac{\kappa}{2}\right)$。在 MI 分支，$f_+ = g_+$；在 MS 分支 $f_+ = -g_+$。参数 $c = 1$(彩图见封底二维码)

这些结果提供了一个判断弱扰动选择调制不稳定分支的判断方法，即根据扰动振幅形式和 MI 谱所具有的扰动本征解的对应关系判断扰动的演化趋势[36]。比

如耦合系统常常存在多支 MI 谱，而不同的 MI 谱对应不同的呼吸子、怪波时空结构。在相关背景上施加弱扰动，可以看到怪波或呼吸子的激发。但扰动振幅的正负或相位有望用来控制不同怪波激发结构，具体的控制方案可以借助这里提出的 MI 分支选择判断方法予以系统讨论。

7.6 正负有效质量转换的自旋孤子

在两组分 BEC 中通过解耦技术求解了破坏传统 Manakov 模型可积条件情形下的严格自旋孤子解。由于自旋孤子对应一个组分中存在亮孤子和另一组分存在暗孤子，这就为驱动暗孤子提供了可能。施加弱外力在亮孤子组分，可以通过非线性耦合驱动暗孤子，从而得到了恒外力驱动下自旋孤子的交流振荡现象。揭示了该现象的产生机制：非线性耦合诱发自旋孤子的正负惯性质量转换。该机制显著区别于交流约瑟夫森振荡机制和布洛赫 (Bloch) 振荡的机制。结合严格解和变分法提出了准粒子模型，从而解析描述了这种独特的振荡。

7.6.1 两组分 BEC 中的自旋孤子

考虑一个径向紧束缚的两组分 BEC，其径向特征长度远小于愈合长度，该系统可以描述一维动力学。令原子质量和普朗克常量为 1，准一维 BEC 的平均场能量可以写为

$$
\begin{aligned}
H = \int_{-\infty}^{+\infty} \bigg[& \psi_+^* \left(-\frac{1}{2}\partial_x^2\right)\psi_+ + \psi_-^* \left(-\frac{1}{2}\partial_x^2\right)\psi_- \\
& + \frac{g_1}{2}|\psi_+|^4 + \frac{g_3}{2}|\psi_-|^4 + g_2|\psi_+|^2|\psi_-|^2 \bigg] \mathrm{d}x
\end{aligned}
$$

其中，x 是轴向坐标；$\psi = (\psi_+, \psi_-)^\top$ 表示凝聚体波函数；符号 $\pm$ 是指两个组分。无量纲动力学方程可以写成如下耦合模型：

$$
\mathrm{i}\frac{\partial \psi_+}{\partial t} = -\frac{1}{2}\frac{\partial^2 \psi_+}{\partial x^2} + (g_1|\psi_+|^2 + g_2|\psi_-|^2)\psi_+ \tag{7.6.1a}
$$

$$
\mathrm{i}\frac{\partial \psi_-}{\partial t} = -\frac{1}{2}\frac{\partial^2 \psi_-}{\partial x^2} + (g_2|\psi_+|^2 + g_3|\psi_-|^2)\psi_- \tag{7.6.1b}
$$

这里，参数 g_1 和 g_3 分别表示组分 ψ_+ 和 ψ_- 中原子之间的种内相互作用；g_2 表示原子之间的种间相互作用。

自旋孤子解和密度分布 当 $g_1 = g_2 = g_3$ 时，该系统是标准可积的 Manakov 模型。在该模型中已经利用传统的反散射法、Bäcklund 变换法、Hirota 双线性法得到了各种类型的孤子解[15]，如亮–亮孤子、亮–暗孤子、暗–暗孤子。但是，这些

精确的孤子解无法延拓到非 Manakov 的情况 $g_1 = g_2 = g_3$[37,38]。当 $2g_2 = g_1 + g_3$，$g_1 \neq g_3$ 时，通过约束条件 $|\psi_+|^2 + |\psi_-|^2 = C$ (简单起见，令 $C = 1$)，可以推导出精确的孤子解。利用 $|\psi_+|^2 + |\psi_-|^2 = 1$，可以将上面的动力学方程简化为

$$\mathrm{i}\frac{\partial \psi_+}{\partial t} + \frac{1}{2}\frac{\partial^2 \psi_+}{\partial x^2} + (g_2 - g_1)|\psi_+|^2\psi_+ - g_2\psi_+ = 0 \tag{7.6.2}$$

$$\mathrm{i}\frac{\partial \psi_-}{\partial t} + \frac{1}{2}\frac{\partial^2 \psi_-}{\partial x^2} + (g_2 - g_3)|\psi_-|^2\psi_- - g_2\psi_- = 0 \tag{7.6.3}$$

选择合适的上述方程的亮、暗孤子解并结合 $|\psi_+|^2 + |\psi_-|^2 = 1$ 条件可以进一步给出对非线性系数的限制条件 $g_1 + g_3 = 2g_2$ (具体解耦技术见文献 [38] 和 [39])。例如，$g_2 > g_1$ 时精确的孤子解可以写成如下形式：

$$\psi_+(x,t) = \sqrt{1 - \frac{v^2}{c_\mathrm{s}^2}}\,\mathrm{sech}[\sqrt{c_\mathrm{s}^2 - v^2}(x - vt)] \times \mathrm{e}^{\frac{\mathrm{i}}{2}[-g_1 t - g_2 t + 2v(x - vt)]} \tag{7.6.4a}$$

$$\psi_-(x,t) = \left(\sqrt{1 - \frac{v^2}{c_\mathrm{s}^2}}\tanh[\sqrt{c_\mathrm{s}^2 - v^2}(x - vt)] + \frac{\mathrm{i}v}{c_\mathrm{s}}\right) \times \mathrm{e}^{-\mathrm{i}(-g_1 + 2g_2)t} \tag{7.6.4b}$$

其中，$c_\mathrm{s} = \sqrt{g_2 - g_1}$ 表示孤子的最大速度。另外，孤子的运动速度 v 应小于 c_s，当 v 等于声速时，上述解就退化为平面波。当 $v = 0$ 时，可以得到一个静态孤子，如图 7.38 所示，ψ_1 (ψ_2) 组分中的粒子密度为一个亮孤子 (或暗孤子)。一个组分中的亮孤子是由另一个组分中暗孤子产生的有效势激发的。

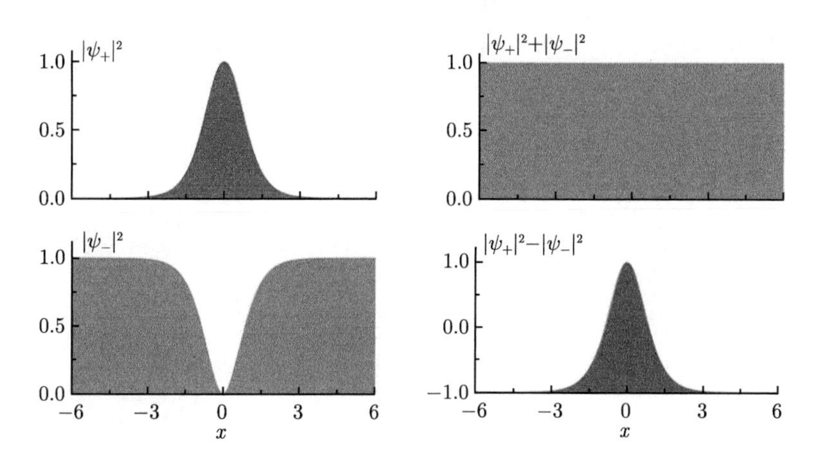

图 7.38 自旋孤子的密度分布。在 ψ_+ 分量中有一个亮孤子，ψ_- 分量中有一个暗孤子。整体粒子密度是均匀的，赝自旋密度分布 ($|\psi_+|^2 - |\psi_-|^2$) 存在一个孤子。参数为 $g_1 = 1$，$g_2 = 2$，$g_3 = 3$，$v = 0$

孤子解的总密度分布是均匀的，即 $|\psi_+|^2+|\psi_-|^2=1$，而密度之差 $|\psi_+|^2-|\psi_-|^2$ 的分布上具有明显的孤子包络。这与之前报道的暗–亮孤子不同，其总密度分布一般具有暗孤子或反暗孤子包络。这种密度之差的分布上可以定义赝自旋，把这种只在自旋分布上存在的孤子包络称为自旋孤子。

布洛赫球表示　在数学上，可以通过以下方法计算三个不同方向的自旋密度值：$S_{x,y,z}=\begin{pmatrix}\psi_+^* & \psi_-^*\end{pmatrix}\sigma_{x,y,z}\begin{pmatrix}\psi_+\\ \psi_-\end{pmatrix}$，其中 $\sigma_{x,y,z}$ 表示半自旋粒子的泡利矩阵。因此，可以在布洛赫球上表示自旋孤子。图 7.39 (红色实线) 展示了三个不同速度的自旋孤子在布洛赫球上的结构。由图可见，自旋孤子对应于球体上的闭合曲线：静态自旋孤子穿过南极和北极形成一个闭合的圆，而有运动速度的自旋孤子则会形成带有一些小节点结构的复杂曲线。为了进行对比，在布洛赫球绘制了“磁孤子”，如图 7.39 所示 (蓝色虚线)。可以看到速度为零的磁孤子在布洛赫球上形成四分之一圆；而对于非零速度的情况，在布洛赫球的上半球上四分之一圆分成两条不闭合的曲线。我们发现，自旋孤子出现在 $g_2^2>g_1g_3$ 的区域，此处基态应该是相分离的。它的两个组分的背景密度是不一样，分别等于 0 和 1。因为自旋孤子具有非线性诱导的局域最小能量特性，所以自旋孤子解是稳定的。以静态自旋孤子为例，进行线性稳定性分析。给自旋孤子引入弱扰动 $\psi_{+p}=\psi_+\left[1+P_+(x)\mathrm{e}^{\mathrm{i}\lambda t}+Q_+(x)\mathrm{e}^{-\mathrm{i}\lambda^* t}\right]$，$\psi_{-p}=\psi_-\left[1+P_-(x)\mathrm{e}^{\mathrm{i}\lambda t}+Q_-(x)\mathrm{e}^{-\mathrm{i}\lambda^* t}\right]$，其中 ψ_+ 和 ψ_- 是自旋孤子解，可以得到关于 λ 的线性化方程。通过计算，得到了自旋孤子的激发谱。如图 7.40 所示，$\mathrm{Im}[\lambda]=0$ 意味着自旋孤子是稳定的。用数值模拟同样也证实了自旋孤子在一维情形下对噪声具有很好的鲁棒性。相反地，磁孤子出现在 $g_2^2<g_1g_3$ 的区域，此处基态应该是相混合的，两个组分的背景密度都是 0.5，总密度分布保持均匀。

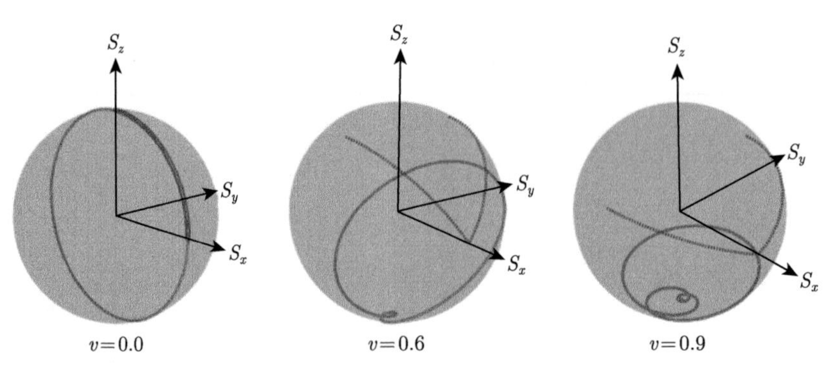

图 7.39　布洛赫球面上的自旋孤子，其中参数为 $g_1=1,g_2=2,g_3=3$。作为比较，我们令速度各自相等，分别为 0，0.6，0.9。蓝色虚线对应于磁孤子，模型参数为 $\delta g=\sqrt{g_1g_3}-g_2=2$，$m=1$，$\hbar=1$，$n=1$，这样在两种情况下声速都归一化 (彩图见封底二维码)

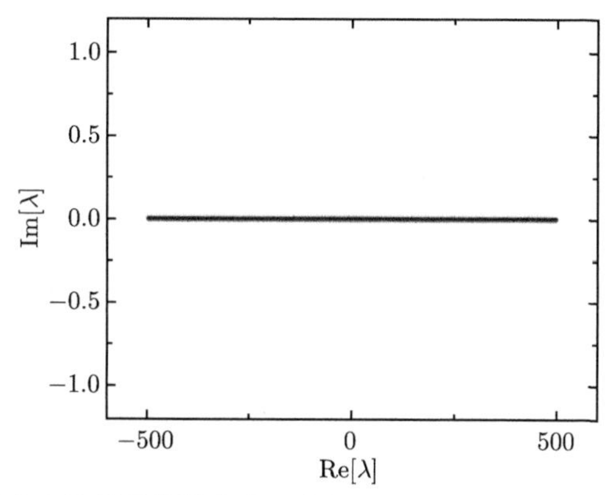

图 7.40 静态自旋孤子的激发谱。我们可以看到自旋孤子具有谱稳定性

7.6.2 恒力驱动的自旋孤子的交流振荡

接下来主要探究恒力驱动下自旋孤子的动力学行为。初始时，将自旋孤子设置为静态 (图 7.38)。为了避免加速整个粒子密度背景，我们仅给亮孤子组分 ψ_+ 施加一个弱的单向力或等效的线性势 $-Fx$。在数值模拟中，将 $\int_{-\infty}^{+\infty} -Fx|\psi|^2\mathrm{d}x$ 项加入平均场能量中。这里，“弱”表示外势在孤子的尺寸范围内缓慢变化，因此不能破坏孤子结构。我们在均匀 Neumann 边界条件下用离散余弦变换的方法，在 [−600，600] 空间窗口内数值地求解非线性薛定谔方程(7.6.1)式。

选择 $F = -0.01$ 来展示我们的结果。引人注目的是，自旋孤子先朝着与力相反的方向运动一段时间，随后改变方向，表现出长时间的振荡，如图 7.41(a)

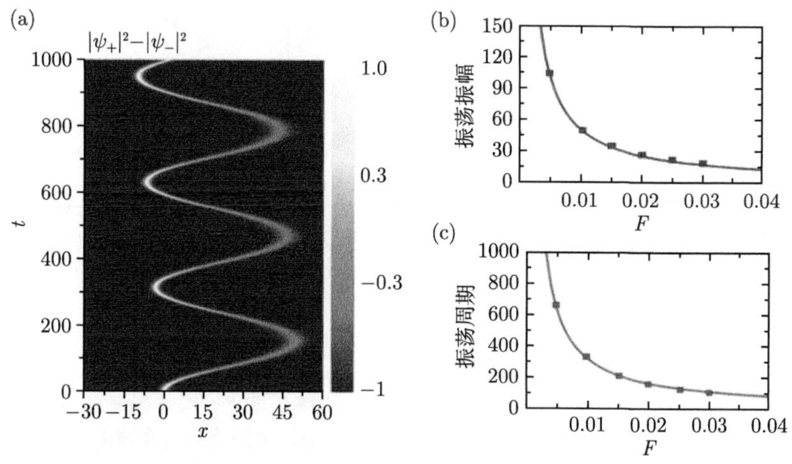

图 7.41 (a) 对亮孤子组分施加 $F = -0.01$ 的外力时自旋密度的数值演化 (初始状态由图 7.38 给出)；(b) 振荡振幅与外部恒力强度的关系；(c) 振荡周期与受力强度的关系。实线由解析结果 $A = c_\mathrm{s}^2/(2|F|)$ 与 $T = c_\mathrm{s}\pi/|F|$ 给出，方形点表示数值结果 (彩图见封底二维码)

中自旋密度演化所示。在演化期间，总粒子密度几乎保持均匀，只有大约 5% 的质量密度涨落。进一步通过数值计算研究振荡振幅 A 和周期 T 对外力强度 F 的依赖关系，分别如图 7.41(b) 和图 7.41(c) 所示。模拟结果表明，振荡频率与力成正比，而振动振幅与振荡频率成反比。

大量的模拟表明，当外力强度小于 0.05 时，即使我们把亮孤子的振幅稍微调大或者调小，也都能出现振荡行为。而且，在耦合强度 $g_1 = 1$，$g_2 = 2$，$g_3 = 3$ 偏离 ±0.1 时，仍然可以清楚地观察到交流振荡。这些结果表明，这一有趣的交流振荡现象具有非常好的鲁棒性。

7.6.3 正负质量转换机制

为了理解这种有趣的振荡行为，首先探究自旋孤子的动能。自旋孤子解的精确表达式(7.6.4)式不能描述加速过程，这是因为存在外力的情况下，自旋孤子的演化过程会伴随着宽度的增加或缩小而改变形状。因此，必须通过

$$E_{\mathrm{k}} = \int_{-L_1}^{+L_2} \psi_+^* \left(-\frac{1}{2}\partial_x^2\right)\psi_+ + \psi_-^* \left(-\frac{1}{2}\partial_x^2\right)\psi_- \mathrm{d}x$$

求解非线性薛定谔方程，以计算自旋孤子的动能 (自旋孤子的相互作用能几乎保持零)。参数 L_j 的选择应使其略大于孤子尺寸，即 $L_1 = 30, L_2 = 80$。大量的数值计算表明，动能和运动速度之间存在简单的近似关系 $(E_{\mathrm{k}} - c_{\mathrm{s}}/2)^2 + v^2 = (c_{\mathrm{s}}/2)^2$，它给出了两个分支 $E_{\mathrm{k}} = c_{\mathrm{s}}/2 \pm \sqrt{c_{\mathrm{s}}^2/4 - v^2}$，如图 7.42(a) 所示。进一步通过拉格

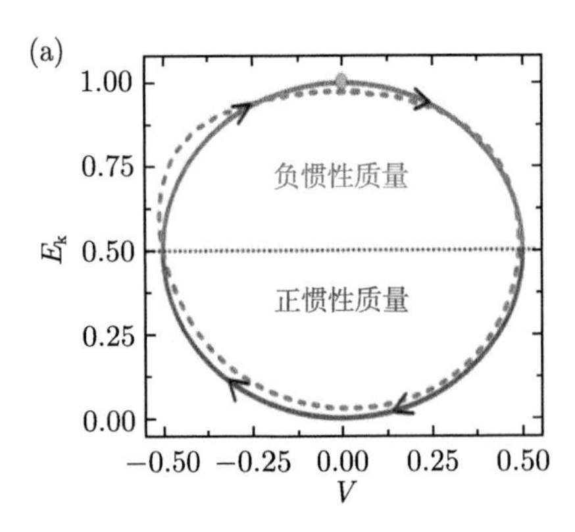

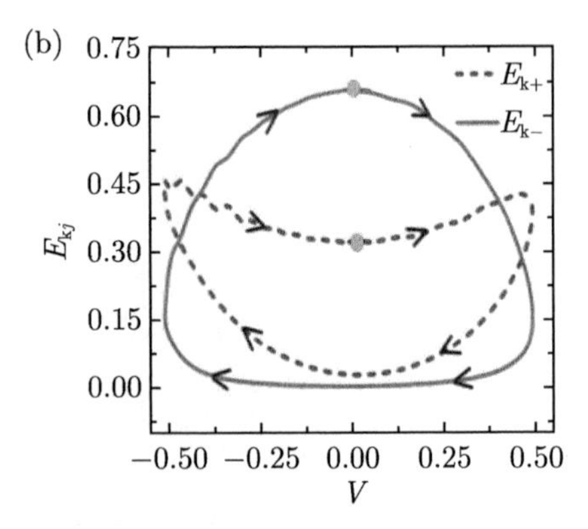

图 7.42 (a) 自旋孤子的动能与运动速度之间的关系，紫色虚线表示数值结果，实线由拉格朗日变分法得到 $(E_{\mathrm{k}} - c_{\mathrm{s}}/2)^2 + v^2 = (c_{\mathrm{s}}/2)^2$，在一个振荡周期里，自旋孤子兼备了负质量 (上半圆) 和正质量 (下半圆) 的性质；(b) 每个 BEC 组分中孤子的动能与其速度之间的数值关系，亮孤子为正质量 (蓝色虚线)，暗孤子主要为负质量 (红色实线)，除了最大速度附近外，两者之间的竞争使自旋孤子兼备正质量和负质量的特性，绿点表示交流振荡的初始状态 (图 7.41(a))。黑色箭头指演化方向。参数设置为：$g_1 = 1$，$g_2 = 2$，$g_3 = 3$，$F = -0.01$ (彩图见封底二维码)

朗日变分的方法解析地证明了这一精确的表达式，详细过程参见文献 [38]。这种关系与初始位置及外力无关，只随自旋孤子的初始速度而变化。

在整个演化过程中，自旋孤子的密度分布在空间上是局域的 (图 7.41(a))。自旋孤子的惯性质量可依据孤子能量 $E_{\rm s}$ 和速度之间的关系 $M^* = 2\dfrac{\partial E_{\rm s}}{\partial v^2} = 2\dfrac{\partial E_{\rm k}}{\partial v^2}$ 推导得出，即

$$M^* = \mp\frac{2/c_{\rm s}}{\sqrt{1-v^2/(c_{\rm s}/2)^2}} \tag{7.6.5}$$

自旋孤子的惯性质量如图 7.42(a) 所示。可以看出，在每个振荡周期中，自旋孤子同时具有负质量 (上半圆) 和正质量 (下半圆)。

数值计算了暗孤子和亮孤子的动能与其孤子中心运动速度的关系，结果展示在如图 7.42(b)。这种关系与拉格朗日变分法计算的结果也符合得很好。类似于标量孤子系统，亮孤子具有正惯性质量，暗孤子则主要具有负惯性质量。然而，与标量孤子不同的是，这里的亮孤子密度剖面依赖运动速度，其惯性质量也随速度而变化 (见图 7.42(b) 中的蓝色虚线)。但是，暗孤子 (见图 7.42(b) 中的红色实线) 则可以具有正质量特性。当施加外力时，亮孤子最初倾向于沿力的方向移动。同时，它会拉动暗孤子沿力的方向移动，这是由于两个组分之间的排斥相互作用，使暗孤子和亮孤子之间实际上具有吸引相互作用。但是，暗孤子具有相对较大的负质量，这意味着它倾向于逆着拉力的方向运动，并且主导自旋孤子初始的运动方向。在之后时间演化中，由于亮孤子和暗孤子之间的相互作用，自旋孤子的总惯性质量会周期性地从负变为正。与由轴向谐振子势诱导的磁孤子的振荡行为相比，自旋孤子所具有独特的振荡是在没有轴向势阱的情况下出现的，而这正是由正负质量转变的本质机制引起的。

7.6.4 准粒子模型

自旋孤子可以看作是准粒子。可以发展准粒子图像推导上面的数值结果。带有外力驱动的动力学方程可写为

$$\mathrm{i}\frac{\partial\psi_+}{\partial t} = -\frac{1}{2}\frac{\partial^2\psi_+}{\partial x^2} + (g_1|\psi_+|^2 + g_2|\psi_-|^2)\psi_+ - Fx\psi_+ \tag{7.6.6}$$

$$\mathrm{i}\frac{\partial\psi_-}{\partial t} = -\frac{1}{2}\frac{\partial^2\psi_-}{\partial x^2} + (g_2|\psi_+|^2 + g_3|\psi_-|^2)\psi_- \tag{7.6.7}$$

利用 $|\psi_+|^2 + |\psi_-|^2 = 1$ 可以进一步简化为

$$\mathrm{i}\frac{\partial\psi_+}{\partial t} + \frac{1}{2}\frac{\partial^2\psi_+}{\partial x^2} + c_{\rm s}^2|\psi_+|^2\psi_+ - g_2\psi_+ + Fx\psi_+ = 0 \tag{7.6.8}$$

$$\mathrm{i}\frac{\partial\psi_-}{\partial t} + \frac{1}{2}\frac{\partial^2\psi_-}{\partial x^2} - c_{\rm s}^2|\psi_-|^2\psi_- - g_2\psi_- = 0 \tag{7.6.9}$$

其中，$c_{\rm s}^2 = g_2 - g_1 = g_3 - g_2$。方程可改写为

$$\mathrm{i}\frac{\partial \psi_+}{\partial T} + \frac{1}{2}\frac{\partial^2 \psi_+}{\partial X^2} + |\psi_+|^2\psi_+ - g_2/c_{\rm s}^2\psi_+ + \frac{FX}{c_{\rm s}^3}\psi_+ = 0 \tag{7.6.10}$$

$$\mathrm{i}\frac{\partial \psi_-}{\partial T} + \frac{1}{2}\frac{\partial^2 \psi_-}{\partial X^2} - |\psi_-|^2\psi_- - g_2/c_{\rm s}^2\psi_- = 0 \tag{7.6.11}$$

其中，$X = c_{\rm s}x$，$T = c_{\rm s}^2 t$ 被引入以进一步简化方程形式。存在势场 FX 时，系统将变得不可严格求解。利用拉格朗日变分法进行求解分析，试探波函数可以设为

$$\psi_+ = f(T)\,\mathrm{sech}[(X - b(T))/w(T)]\mathrm{e}^{\mathrm{i}\phi_0(T)+\mathrm{i}\phi_1(T)(X-b(T))} \tag{7.6.12}$$

$$\psi_- = \{\mathrm{i}\sqrt{1-f(T)^2} + f(T)\tanh[(X-b(T))/w(T)]\}\mathrm{e}^{\mathrm{i}\theta_0(T)} \tag{7.6.13}$$

注意到整个密度分布在演化过程中是均匀的。孤子的位置，宽度和振幅是含时的，可利用欧拉–拉格朗日方程去推导它们的表达式。上述动力学方程对应的拉格朗日量为

$$\begin{aligned}
L(t) = &\int_{-\infty}^{+\infty}\left[\frac{\mathrm{i}}{2}(\psi_+^*\partial_t\psi_+ - \psi_+\partial_t\psi_+^*) + \frac{\mathrm{i}}{2}(\psi_-^*\partial_t\psi_- - \psi_-\partial_t\psi_-^*)\left(1 - \frac{1}{|\psi_-|^2}\right)\right.\\
&-\frac{1}{2}|\partial_x\psi_+|^2 - \frac{1}{2}|\partial_x\psi_-|^2 - \frac{g_1}{2}|\psi_+|^4 - \frac{g_3}{2}(|\psi_-|^2-1)^2\\
&\left.-g_2|\psi_+|^2(|\psi_-|^2-1) + Fx|\psi_+|^2\right]\mathrm{d}x\\
= &\int_{-\infty}^{+\infty}\left\{c_{\rm s}\left[\frac{\mathrm{i}}{2}(\psi_+^*\partial_T\psi_+ - \psi_+\partial_T\psi_+^*) + \frac{\mathrm{i}}{2}(\psi_-^*\partial_T\psi_- - \psi_-\partial_T\psi_-^*)\left(1 - \frac{1}{|\psi_-|^2}\right)\right.\right.\\
&\left.-\frac{1}{2}|\partial_X\psi_+|^2 - \frac{1}{2}|\partial_X\psi_-|^2\right] - \frac{1}{c_{\rm s}}\left[\frac{g_1}{2}|\psi_+|^4 + \frac{g_3}{2}(|\psi_-|^2-1)^2\right.\\
&\left.\left.+g_2|\psi_+|^2(|\psi_-|^2-1)\right] + \frac{1}{c_{\rm s}^2}FX|\psi_+|^2\right\}\mathrm{d}X\\
= &L(T)
\end{aligned} \tag{7.6.14}$$

因子 $\left(1 - \dfrac{1}{|\psi_-|^2}\right)$ 被用来解决 $+\dfrac{\mathrm{i}}{2}(\psi_-^*\partial_t\psi_- - \psi_-\partial_t\psi_-^*)$ 积分发散的问题。代入试探波函数积分可得

$$L(T) = c_{\rm s}\left\{2f(T)^2w(T)(\phi_1(T)b'(T) - \phi_0'(T)) - \frac{f(T)^2}{w(T)}(1+\phi_1(T)^2w(T)^2)\right.$$

$$+2f(T)^2w(T)\theta_0'+2\left[\arcsin(f(T))-f(T)\sqrt{1-f(T)^2}\right]b'(T)\Bigg\}$$
$$+\frac{1}{c_s^2}2Ff(T)^2w(T)b(T) \tag{7.6.15}$$

其中，$b'(T)=\frac{\mathrm{d}}{\mathrm{d}T}b(T)$。初始条件为 $f(0)=w(0)=1$，$b(0)=b'(0)=0$。亮孤子组分的粒子数守恒给出 $w(T)=1/f(T)^2$。利用欧拉–拉格朗日方程 $\frac{\mathrm{d}}{\mathrm{d}T}\left(\frac{\partial L(T)}{\partial\alpha'}\right)=\frac{\partial L(T)}{\partial\alpha}$，让 α 分别等于 $b(T), f(T), \phi_1(T), \phi_0(T), \theta_0(T)$，可以得到 $(\arcsin f)'=\frac{F}{c_s^3}$，$b'=f\sqrt{1-f^2}$，$\phi_1=b'$。利用初始条件可得

$$f(T)=\cos(FT/c_s^3) \tag{7.6.16}$$

$$b(T)=\pm\frac{c_s^3}{2F}\sin^2(FT/c_s^3) \tag{7.6.17}$$

$$\phi_1(T)=b'(T)=\pm\cos(FT/c_s^3)\sin(FT/c_s^3) \tag{7.6.18}$$

将这些解代入孤子动能表达式 $E_k=\int_{-\infty}^{+\infty}\left[\psi_+^*\left(-\frac{1}{2}\partial_x^2\right)\psi_++\psi_-^*\left(-\frac{1}{2}\partial_x^2\right)\psi_-\right]\mathrm{d}x$，可得

$$E_k=\frac{c_s}{2}\pm\sqrt{\left(\frac{c_s}{2}\right)^2-v^2} \tag{7.6.19}$$

孤子组分的相互作用能 $E_{\text{inter}}=\int_{-\infty}^{+\infty}\left[\frac{g_1}{2}|\psi_+|^4+\frac{g_3}{2}(|\psi_-|^2-1)^2+g_2|\psi_+|^2(|\psi_-|^2-1)\right]\mathrm{d}x=0$，因此孤子能量 $E_s=E_k+E_{\text{inter}}$ 就等于其动能。还可以得到孤子中心位置为 $x_c=X_c/c_s=b(T)/c_s=\pm\frac{c_s^2}{2F}\sin^2(Ft/c_s)$，速度为 $v=\frac{\mathrm{d}x_c}{\mathrm{d}t}=\pm\frac{c_s}{2}\sin(2Ft/c_s)$。进一步推导得到上面数值模拟得到的能量–速度关系式 $(E_k-c_s/2)^2+v^2=(c_s/2)^2$。对于任意初速度自旋孤子的色散关系推导见文献 [40]。

惯性质量的概念反映了自旋孤子对外力的响应，包含着准粒子动力学的牛顿方程。孤子的外势能为：$E_p=\int_{-\infty}^{+\infty}-Fx|\psi|^2\mathrm{d}x=-2Fx_c/c_s$，其中 c_s 表示孤子的中心位置。作用在自旋孤子上的力为：$-\frac{\mathrm{d}E_p}{\mathrm{d}x_c}=2F/c_s$。因此，自旋孤子的动力学轨迹由 $2F/c_s=M^*\frac{\mathrm{d}^2x_c}{\mathrm{d}t^2}$ 决定。考虑惯性质量 M^* 的精确表达式(7.6.5)式，设

定初始条件为 $t=0$，$x_c=v=0$。易得上述牛顿方程的解析解为

$$x_{\mathrm{c}}=-\frac{c_{\mathrm{s}}^2}{2F}\sin^2(Ft/c_{\mathrm{s}}) \tag{7.6.20}$$

由此可得，振荡振幅 $A=\dfrac{c_{\mathrm{s}}^2}{2|F|}$，振荡周期为 $T=\dfrac{c_{\mathrm{s}}}{|F|}$，这与数值模拟的结果十分吻合 (图 7.41(c) 和 (d))。将理论预测与图 7.41(a) 中交流振荡的数值模拟进行比较。如图 7.43(a) 所示，除了孤子的轨迹向下略微偏移外，这个简单的模型(7.6.20)可以很好地预测振荡振幅和周期。为了理解这种偏移，对局部的孤子分布进行积分(区间 $[-30,80]$ 内) 并绘制了孤子间的相互作用能 E_{inter}，动能 E_{k}，外部势能 E_{p}，以及这些能量总和，如图 7.43(b) 所示。与其他两种能量相比，相互作用能 E_{inter} 中三项之和保持在零附近，但其中的每一项都不为零。

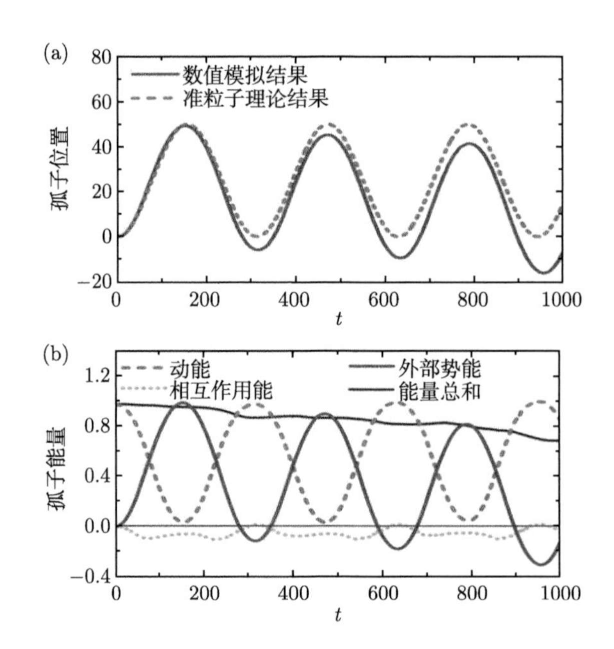

图 7.43　(a) 自旋孤子的轨迹：准粒子理论与图 7.41(a) 中交流振荡的数值模拟对比。结果说明准粒子理论可以很好地预测周期振荡。(b) 动能、外部势能、相互作用能以及这些能量总和随时间的演化。与其他两种能量相比，相互作用能一直保持很小。总能量的微小耗散和外势能的下移是由于一部分孤子能量通过色散波或其他非线性波的激发而扩散到其他区域。参数设置为：$g_1=1$，$g_2=2$，$g_3=3$，$F=-0.01$

应当注意的是，相互作用扮演着重要角色，它明确地表明，色散关系或惯性质量取决于相互作用参数。动能 E_{k} 周期性地振荡，并且动能与外势能之间存在周期性的转换。但是，外部势能随时间演化向下偏移，并且能量总和显示出“非

物理的”衰减。这些效应是由于孤子能量通过色散波或其他非线性波的激发扩散到其他区域。数值模拟表明，色散波主要出现在暗孤子组分中，而亮孤子组分几乎没有出现。在数值模拟中，整个空间 $[-600, 600]$ 中总能量是守恒的。由于总能量守恒，随着色散波能量的增加，孤子的外势能将减小，从而导致自旋孤子轨迹偏离准粒子模型的预测。

7.6.5 三维情形的交流振荡

将上面研究的交流振荡扩展到三维环境中，即将 BEC 囚禁在谐振子势 $\frac{1}{2}\omega_\perp^2(y^2+z^2)+\frac{1}{2}\omega_x^2x^2$ 里。三维情形下，在谐振子势中自旋孤子的动力学演化由如下方程描述：

$$\mathrm{i}\frac{\partial\psi_+}{\partial t}+\frac{1}{2}\nabla^2\psi_+-(g_1^{3\mathrm{D}}|\psi_+|^2+g_2^{3D}|\psi_-|^2)\psi_+-[\omega_\perp^2(y^2+z^2)/2+\omega_x^2x^2/2-Fx]\psi_+=0 \tag{7.6.21a}$$

$$\mathrm{i}\frac{\partial\psi_-}{\partial t}+\frac{1}{2}\nabla^2\psi_--(g_2^{3\mathrm{D}}|\psi_+|^2+g_3^{3D}|\psi_-|^2)\psi_+-[\omega_\perp^2(y^2+z^2)/2+\omega_x^2x^2/2-Fx]\psi_-=0 \tag{7.6.21b}$$

这里，$g_j^{3D}=\dfrac{2\pi}{\omega\perp}g_j$，其他参数与均匀情况相同。为了保留自旋孤子的特征，在托马斯–费米 (Thomas-Fermi) 体系里进行研究，即使用弱频率 ω_x 的谐振子势。在这种情况下，暗孤子受 Thomas-Fermi 基态 $\sqrt{\max(1-\omega_x^2x^2/2,0)}$ 的调制。这里使用一个横向强约束频率 $\omega_\perp=20$ 来确保径向特征长度小于准一维近似的愈合长度 (在这种情况下，径向特征长度为 0.22，愈合长度约为 0.71)。下面在真正的三维环境里展示自旋孤子独特的交流振荡行为及其非常强的鲁棒性。初始状态为

$$\begin{aligned}\psi_+&=\operatorname{sech}(c_\mathrm{s}x)\sqrt{\frac{\omega_\perp}{\pi}}\mathrm{e}^{-\frac{1}{2}\omega_\perp(y^2+z^2)}\\ \psi_-&=\sqrt{\max(1-\omega_x^2x^2/2,0)}\tanh(c_\mathrm{s}x)\sqrt{\frac{\omega_\perp}{\pi}}\mathrm{e}^{-\frac{1}{2}\omega_\perp(y^2+z^2)}\end{aligned}$$

首先令式 $\omega_x=0$，对应于前面的准一维 BEC，然后使用有限元方法和四阶龙格–库塔法对(7.6.21)式进行数值积分。在亮孤子组分中应用周期边界条件，在暗孤子组分中应用齐次 Neumann 边界条件。如图 7.44所示，模拟结果展示了一个非常完美的单周期振荡。振荡周期 (≈ 320) 与一维情况以及我们的理论分析一致。当 $\omega_x=0.05$ 时，即沿 x 轴方向有谐振子势，同样使用有限元方法和四阶龙格–库塔法数值求解(7.6.21)式，并且当 BEC 被囚禁时，对亮和暗组分都应用了周期性边界条件。

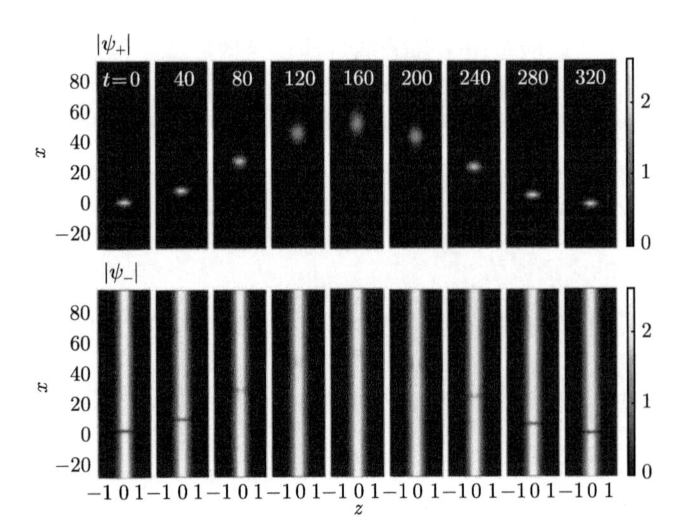

图 7.44　三维系统中没有沿 x 轴的谐振子势时自旋孤子的振荡动力学。动力学行为与有效的一维对应物非常吻合，参见图 7.41(a)。因为凝聚体沿 x 轴具有旋转对称性，所以仅展示 x-z 截面。参数设置为：$\omega_x=0$，$\omega_\perp=20$，$g_1=1$，$g_2=2$，$g_3=3$，$F=-0.01$ (彩图见封底二维码)

可以观察到如图 7.45 所示的一种周期性振荡。它的周期约为 200，但是明显小于图 7.44 中振荡的周期。在这种情况下，外势对固有的交流振荡产生了明

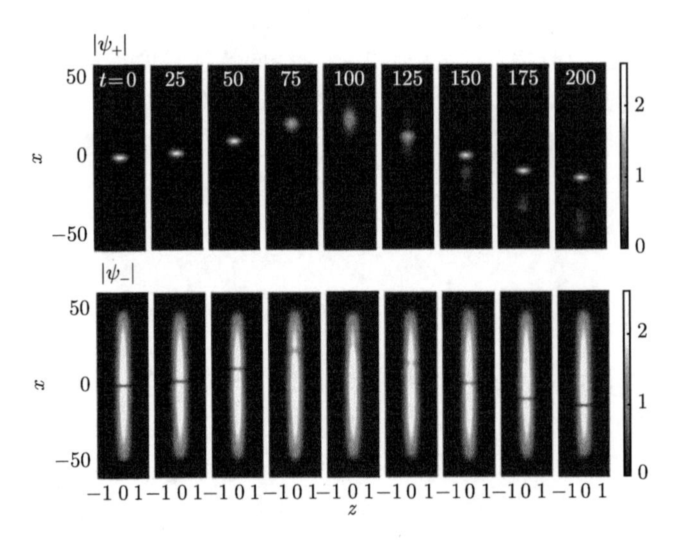

图 7.45　三维系统中有沿 x 轴的谐振子势时自旋孤子的振荡动力学 (仅显示 x-z 截面)。这种情形下的振荡周期 (振幅) 比图 7.44 中要更短 (更小)。参数设置为：$\omega_x=0.05$，$\omega_\perp=20$，$g_1=1$，$g_2=2$，$g_3=3$，$F=-0.01$ (彩图见封底二维码)

显的影响。从图 7.45 可以看到，随着时间演化，在亮孤子组分中出现了一些杂质，这是由于外部谐振子势产生的其他非线性激发。因此，为了观察本质的交流振荡，外势应该足够弱以满足极限 $\omega \ll \frac{2|F|}{c_s}$。

小结 在不可积情形下构造了两组分 BEC 的自旋孤子解，并展示了常力驱动的自旋孤子会出现交流振荡行为，并揭示了产生这种独特的振荡现象的机制为负–正质量转换。数值模拟证明了自旋孤子的交流振荡具有很强的鲁棒性。基于这些性质，期望这种独特的现象能够在实验中观测到。可以考虑 ^{87}Rb 超冷原子，将其制备在内态 $|F=1,m_F=-1\rangle$ 和 $|F=2,m_F=0\rangle$ (分别表示态 ψ_+ 和 ψ_-)。对于超精细态，通过外磁场可以调节散射长度，以确保非线性强度近似满足自旋孤子的条件 $2g_2=g_1+g_3$。最近的实验表明，BEC 系统中可以很好地制备矢量孤子。数值模拟结果也表明，自旋孤子的交流振荡对低噪声和偏离某些理想参数环境下都具有很强的鲁棒性。在实验中，可以将弱磁场施加到在一个沿 x 轴的雪茄形 BEC 上去驱动 $|F=1,m_F=-1\rangle$ 组分的亮孤子并且不会对 $|F=2,m_F=0\rangle$ 组分产生影响。原则上，通过直接测量超冷原子的运动周期，自旋孤子的交流振荡现象可用于测量弱力或相关的物理量。例如，具有自旋孤子的雪茄形 BEC 可以作为在微重力环境下工作的气泡水平仪。

参 考 文 献

[1] Anderson M H, Ensher J R, Matthews M R, et al. Observation of Bose-Einstein condensation in a dilute atomic vapor[J]. Science, 1995, 269(5221): 198-201.

[2] Bradley C C, Sackett C A, Tollett J J, et al. Evidence of Bose-Einstein condensation in an atomic gas with attractive interactions[J]. Physical Review Letters, 1995, 75(9): 1687.

[3] Davis K B, Mewes M O, Andrews M R, et al. Bose-Einstein condensation in a gas of sodium atoms[J]. Physical Review Letters, 1995, 75(22): 3969.

[4] Burger S, Bongs K, Dettmer S, et al. Dark solitons in Bose-Einstein condensates[J]. Physical Review Letters, 1999, 83(25): 5198.

[5] Becker C, Stellmer S, Soltan-Panahi P, et al. Oscillations and interactions of dark and dark-bright solitons in Bose-Einstein condensates[J]. Nature Physics, 2008, 4(6): 496-501.

[6] Khaykovich L, Schreck F, et al. Formation of a Matter-Wave Bright Soliton[J]. Science, 2002, 296(5571): 1290-1293.

[7] Snyder A W, Mitchell D J. Accessible solitons[J]. Science, 1997, 276(5318): 1538-1541.

[8] Pitaevskii L P, Stringari S. Bose-Einstein Condensation[M]. Oxford: Oxford University Press, 2003.

[9] Matveev V B, Salli M A. Darboux Transformation and Solitons[M]. Berlin: Springer Press, 1991.

[10] Kumar V R, Radha R, Panigrahi P K. Matter wave interference pattern in the collision of bright solitons[J]. Physics Letters A, 2009, 373(47): 4381-4385.

[11] Zhao L C, Ling L, Yang Z Y, et al. Tunneling dynamics between atomic bright solitons[J]. Nonlinear Dynamics, 2017, 88(4): 2957-2967.

[12] Zhao L C, Ling L, Yang Z Y, et al. Properties of the temporal-spatial interference pattern during soliton interaction[J]. Nonlinear Dynamics, 2016, 83(1): 659-665.

[13] McDonald G D, Kuhn C C N, Hardman K S, et al. Bright solitonic matter-wave interferometer[J]. Physical Review Letters, 2014, 113(1): 013002.

[14] Zhao L C, He S L. Matter wave solitons in coupled system with external potentials[J]. Physics Letters A, 2011, 375(33): 3017-3020.

[15] Zhao L C, Liu J. Localized nonlinear waves in a two-mode nonlinear fiber[J]. Journal of the Optical Society of America B, 2012, 29(11): 3119-3127.

[16] Zhao L C, Xin G G, Yang Z Y, et al. Atomic bright soliton interferometry[J]. arXiv preprint arXiv:1804.01951, 2018.

[17] Polo J, Ahufinger V. Soliton-based matter-wave interferometer[J]. Physical Review A, 2013, 88(5): 053628.

[18] Helm J L, Cornish S L, Gardiner S A. Sagnac interferometry using bright matter-wave solitons[J]. Physical Review Letters, 2015, 114(13): 134101.

[19] Qin Y H, Wu Y, Zhao L C, et al. Interference properties of two-component matter wave solitons[J]. Chinese Physics B, 2020, 29(2): 020303.

[20] Zhao L C. Beating effects of vector solitons in Bose-Einstein condensates[J]. Physical Review E, 2018, 97: 062201.

[21] Zhao L C, Yang Z Y, Yang W L. Solitons in nonlinear systems and eigen-states in quantum wells[J]. Chinese Physics B, 2019, 28(1): 010501.

[22] Akhmediev N, Ankiewicz A. Partially coherent solitons on a finite background[J]. Physical Review Letters, 1999, 82(13): 2661.

[23] Liu B, Fu L B, Yang S P, et al. Josephson oscillation and transition to self-trapping for Bose-Einstein condensates in a triple-well trap[J]. Physical Review A, 2007, 75(3): 033601.

[24] Wu B, Niu Q. Nonlinear Landau-Zener tunneling[J]. Physical Review A, 2000, 61(2): 023402.

[25] Liu J, Fu L, Ou B Y, et al. Theory of nonlinear Landau-Zener tunneling[J]. Physical Review A, 2002, 66(2): 023404.

[26] Ye D F, Fu L B, Liu J. Rosen-Zener transition in a nonlinear two-level system[J]. Physical Review A, 2008, 77(1): 013402.

[27] Fu L, Liu J. Quantum entanglement manifestation of transition to nonlinear self-trapping for Bose-Einstein condensates in a symmetric double well[J]. Physical Review A, 2006, 74(6): 063614.

[28] Zhao L C, Xin G G, Yang Z Y. Transition dynamics of a bright soliton in a binary Bose-Einstein condensate[J]. Journal of the Optical Society of America B, 2017, 34(12): 2569-2577.

[29] Fölling S, Trotzky S, Cheinet P, et al. Direct observation of second-order atom tunnelling[J]. Nature, 2007, 448(7157): 1029-1032.

[30] Zöllner S, Meyer H D, Schmelcher P. Few-Boson dynamics in double wells: From single-atom to correlated pair tunneling[J]. Physical Review Letters, 2008, 100(4): 040401.

[31] Park Q H, Shin H J. Painlevé analysis of the coupled nonlinear Schrödinger equation for polarized optical waves in an isotropic medium[J]. Physical Review E, 1999, 59(2): 2373.

[32] Ling L, Zhao L C. Integrable pair-transition-coupled nonlinear Schrödinger equations[J]. Physical Review E, 2015, 92(2): 022924.

[33] Zhao L C, Ling L, Yang Z Y, et al. Pair-tunneling induced localized waves in a vector nonlinear Schrödinger equation[J]. Communications in Nonlinear Science and Numerical Simulation, 2015, 23(1-3): 21-27.

[34] Xiang R, Ling L, Lü X. Some novel solutions for the two-coupled nonlinear Schrödinger equations[J]. Applied Mathematics Letters, 2017, 68: 163-170.

[35] Meng L Z, Qin Y H, Zhao L C, et al. Domain walls and their interactions in a two-component Bose-Einstein condensate[J]. Chinese Physics B, 2019, 28(6): 060502.

[36] Qin Y H, Zhao L C, et al. Several localized waves induced by linear interference between a nonlinear plane wave and bright solitons [J]. Chaos, 2018, 28 : 013111.

[37] Qu C, Pitaevskii L P, Stringari S. Magnetic solitons in a binary Bose-Einstein condensate[J]. Physical Review Letters, 2016, 116(16): 160402.

[38] Zhao L C, Wang W, Tang Q, et al. Spin soliton with a negative-positive mass transition[J]. Physical Review A, 2020, 101(4): 043621.

[39] Meng L Z, Qin Y H, Zhao L C. Spin solitons in spin-1 Bose-Einstein condensates [J]. Communications in Nonlinear Science and Numerical Simulation, 2022, 109: 106286.

[40] Meng L Z, Guan S W, Zhao L C. Negative mass effects of a spin soliton in Bose-Einstein condensates[J]. Physical Review A, 2022, 105: 013303.

第 8 章　非线性光学局域波的操控

8.1　光学非自治模型和局域波精确解

光脉冲/光束在非线性介质中传输时会形成多种多样的非线性结构。探究这些光学结构的激发条件、传输性质和形成机制对光与物质相互作用基础理论和应用具有重要意义。下文，我们以光纤系统为例，简述光脉冲的传输模型以及光学局域波的操控和控制。

同所有电磁现象一样，光纤中光脉冲的传输也服从麦克斯韦方程组，有

$$\begin{aligned}\nabla\times\boldsymbol{E}&=-\frac{\partial\boldsymbol{B}}{\partial t}\\ \nabla\times\boldsymbol{H}&=\boldsymbol{J}+\frac{\partial\boldsymbol{D}}{\partial t}\\ \nabla\cdot\boldsymbol{D}&=\rho_{\mathrm{f}}\\ \nabla\cdot\boldsymbol{B}&=0\end{aligned}\tag{8.1.1}$$

式中，$\boldsymbol{E}$，$\boldsymbol{H}$ 分别为电场强度矢量和磁场强度矢量；$\boldsymbol{D}$，$\boldsymbol{B}$ 分别为电位移矢量和磁感应强度矢量；$\boldsymbol{J}$ 和 ρ_{f} 分别表示电流密度矢量和电荷密度。因为在光纤中无自由电荷，所以有 $\boldsymbol{J}=\boldsymbol{0}$，$\rho_{\mathrm{f}}=0$。

由电磁学知识，可知

$$\boldsymbol{D}=\varepsilon_0\boldsymbol{E}+\boldsymbol{P},\qquad \boldsymbol{B}=\mu_0\boldsymbol{H}+\boldsymbol{M}\tag{8.1.2}$$

其中，ε_0 为真空中的介电常数；μ_0 为真空中的磁导率；$\boldsymbol{P}$，$\boldsymbol{M}$ 分别为感应电极化强度和磁极化强度，在光纤这样的非磁性介质中 $\boldsymbol{M}=0$。对 (8.1.1) 式中的第一式两边取旋度，并利用 (8.1.1) 式中第二式和 (8.1.2) 式，用 $\boldsymbol{E}$，$\boldsymbol{P}$ 消去 $\boldsymbol{B}$，$\boldsymbol{D}$，可得

$$\nabla\times\nabla\times\boldsymbol{E}=-\frac{1}{c^2}\frac{\partial^2\boldsymbol{E}}{\partial t^2}-\mu_0\frac{\partial^2\boldsymbol{P}}{\partial t^2}\tag{8.1.3}$$

式中，c 为真空中的光速，并用到了关系 $\varepsilon_0\mu_0=1/c^2$。为了完整地描述光纤中光波的传输，还需要找到电极化强度 $\boldsymbol{P}$ 和电场强度 $\boldsymbol{E}$ 的关系。在高强度电磁场中，任何电介质对光的响应都会变成非线性的。当光频率与介质共振频率接近时，$\boldsymbol{P}$

的计算必须依赖量子力学方法。但在远离介质的共振频率处，$\boldsymbol{P}$ 和 $\boldsymbol{E}$ 的关系可唯象地写成

$$\boldsymbol{P}=\varepsilon_0\left(\chi^{(1)}\cdot\boldsymbol{E}+\chi^{(2)}:\boldsymbol{E}\boldsymbol{E}+\chi^{(3)}\vdots\boldsymbol{E}\boldsymbol{E}\boldsymbol{E}\right) \tag{8.1.4}$$

其中，$\chi^{(j)}$ 为 j 阶电极化率，考虑到光的偏振效应，它是 $j+1$ 阶张量；线性极化率 $\chi^{(1)}$ 表示对 $\boldsymbol{P}$ 的主要贡献，其影响可通过折射率和衰减系数包括在内；二阶极化率 $\chi^{(2)}$ 对应于二次谐波产生及和频等非线性效应，它只在某些分子结构呈非反演对称的介质中才不为零。因为 SiO_2 是对称分子，所以由石英玻璃构成的光纤中 $\chi^{(2)}$ 等于零，不表现出二阶非线性效应。如果只考虑与 $\chi^{(3)}$ 有关的三阶非线性效应，则感应电极化强度可由两部分组成：

$$\boldsymbol{P}(\boldsymbol{r},t)=\boldsymbol{P}_{\mathrm{L}}(\boldsymbol{r},t)+\boldsymbol{P}_{\mathrm{NL}}(\boldsymbol{r},t) \tag{8.1.5}$$

式中，线性部分 $\boldsymbol{P}_{\mathrm{L}}$ 和非线性部分 $\boldsymbol{P}_{\mathrm{NL}}$ 与场强的普适关系为

$$\begin{aligned}\boldsymbol{P}_{\mathrm{L}}(\boldsymbol{r},t)&=\varepsilon_0\int_{-\infty}^{+\infty}\chi^{(1)}(t-t')\cdot\boldsymbol{E}(\boldsymbol{r},t')\mathrm{d}t'\\ \boldsymbol{P}_{\mathrm{NL}}(\boldsymbol{r},t)&=\varepsilon_0\iiint_{-\infty}^{+\infty}\chi^{(3)}(t-t_1,t-t_2,t-t_3)\vdots\boldsymbol{E}\\ &\quad\times(\boldsymbol{r},t_1)\boldsymbol{E}(\boldsymbol{r},t_2)\boldsymbol{E}(\boldsymbol{r},t_3)\mathrm{d}t_1\mathrm{d}t_2\mathrm{d}t_3\end{aligned} \tag{8.1.6}$$

在电偶极子近似下，这些关系式是有效的并假设介质的响应是局域的。考虑到 $\nabla\times\nabla\times\boldsymbol{E}=-\nabla^2\boldsymbol{E}$，可得

$$\nabla^2\boldsymbol{E}-\frac{1}{c^2}\frac{\partial^2\boldsymbol{E}}{\partial t^2}=\mu_0\frac{\partial^2\boldsymbol{P}_{\mathrm{L}}}{\partial t^2}+\mu_0\frac{\partial^2\boldsymbol{P}_{\mathrm{NL}}}{\partial t^2} \tag{8.1.7}$$

为了解 (8.1.7) 式，我们需要做几个假设来化简它。首先，考虑到折射率的非线性变化较小，可以把 $\boldsymbol{P}_{\mathrm{NL}}$ 处理成 $\boldsymbol{P}_{\mathrm{L}}$ 的微扰；其次，假设光场沿光纤传播其偏振态不变，故其标量近似有效；最后，假定光场是准单色的，即中心频率为 ω_0 的频谱，其谱宽为 $\Delta\omega$，且 $\Delta\omega/\omega_0\ll 1$。在慢变包络近似下，把电场的快变化部分分开，写成

$$\boldsymbol{E}(\boldsymbol{r},t)=\frac{1}{2}\hat{x}[E(\boldsymbol{r},t)\exp(-\mathrm{i}\omega_0 t)+\mathrm{c.c}] \tag{8.1.8}$$

式中，$\hat{x}$ 为单位偏振矢量；$\boldsymbol{E}(\boldsymbol{r},t)$ 相对于光周期为慢变函数。类似地，可以把 $\boldsymbol{P}_{\mathrm{L}}$ 和 $\boldsymbol{P}_{\mathrm{NL}}$ 表示成

$$\boldsymbol{P}_{\mathrm{L}}(\boldsymbol{r},t)=\frac{1}{2}\hat{x}[P_{\mathrm{L}}(\boldsymbol{r},t)\exp(-\mathrm{i}\omega_0 t)+\mathrm{c.c}]$$

$$\boldsymbol{P}_{\mathrm{NL}}(\boldsymbol{r},t)=\frac{1}{2}\hat{x}[P_{\mathrm{NL}}(\boldsymbol{r},t)\exp(-\mathrm{i}\omega_0 t)+\mathrm{c.c}] \tag{8.1.9}$$

把它们代入 (8.1.6) 式可得

$$P_{\mathrm{L}}(\boldsymbol{r},t)=\varepsilon_0\int_{-\infty}^{+\infty}\chi_{\chi\chi}^{(1)}(t-t')\cdot\boldsymbol{E}(\boldsymbol{r},t')\exp[\mathrm{i}\omega_0(t-t')]\mathrm{d}t'$$

$$\boldsymbol{P}_{\mathrm{NL}}(\boldsymbol{r},t)=\varepsilon_0\chi^{(3)}\vdots\boldsymbol{E}(\boldsymbol{r},t_1)\boldsymbol{E}(\boldsymbol{r},t_2)\boldsymbol{E}(\boldsymbol{r},t_3) \tag{8.1.10}$$

第二式假定非线性响应是瞬时的。再把 (8.1.8) 式代入 (8.1.10) 式的第二式，可以发现 $\boldsymbol{P}_{\mathrm{NL}}(\boldsymbol{r},t)$ 有一项在 ω_0 处振荡，另一项在三次谐波 $3\omega_0$ 处振荡，后一项由于需要相位匹配，在光纤中通常被忽略。可有

$$P_{\mathrm{NL}}(r,t)\approx\varepsilon_0\varepsilon_{\mathrm{NL}}\boldsymbol{E}(\boldsymbol{r},t) \tag{8.1.11}$$

式中，$\varepsilon_{\mathrm{NL}}$ 为介电常数的非线性部分，由下式决定：

$$\varepsilon_{\mathrm{NL}}=\frac{3}{4}\chi_{\chi\chi\chi\chi}^{(3)}|\boldsymbol{E}(\boldsymbol{r},t)|^2 \tag{8.1.12}$$

把 (8.1.8) 式 ~(8.1.9) 式代入 (8.1.7) 式，并引入傅里叶变换 $\widetilde{E}(\boldsymbol{r},\omega-\omega_0)$，则有

$$\widetilde{E}(\boldsymbol{r},\omega-\omega_0)=\int_{-\infty}^{+\infty}\boldsymbol{E}(\boldsymbol{r},t)\mathrm{e}^{\mathrm{i}(\omega-\omega_0)t}\mathrm{d}t \tag{8.1.13}$$

可得

$$\nabla^2\widetilde{E}+\varepsilon(\omega)k_0^2\widetilde{E}=0 \tag{8.1.14}$$

式中，$k_0=\omega/c$，并且

$$\varepsilon(\omega)=1+\widetilde{\chi}_{\chi\chi}^{(1)}(\omega)+\varepsilon_{\mathrm{NL}} \tag{8.1.15}$$

为介电常数。我们可以用介电常数定义折射率 $\widetilde{n}$ 和吸收系数 $\widetilde{\alpha}$，由于非线性的存在，习惯上定义

$$\widetilde{n}=n+n_2|E|^2,\quad \widetilde{\alpha}=\alpha+\alpha_2|E|^2 \tag{8.1.16}$$

利用 $\varepsilon=[\widetilde{n}+\mathrm{i}\widetilde{\alpha}/(2k_0)]^2$，以及 (8.1.12) 式和 (8.1.15) 式可得到非线性折射率系数 n_2 和双光子吸收系数 α_2 为

$$n_2=\frac{3}{8n}\mathrm{Re}(\chi_{\chi\chi\chi\chi}^{(3)}),\quad \alpha_2=\frac{3\omega_0}{4nc}\mathrm{Im}(\chi_{\chi\chi\chi\chi}^{(3)}) \tag{8.1.17}$$

用分离变量法求解 (8.1.14) 式。假定其解的形式为

$$\widetilde{E}(\boldsymbol{r},\omega-\omega_0)=F(x,y)\widetilde{A}(z,\omega-\omega_0)\exp(\mathrm{i}\beta_0 z) \tag{8.1.18}$$

其中，$\widetilde{A}(z,\omega)$ 为 z 的慢变函数；β_0 是波数，它将在后面被确定。则 (8.1.14) 式可分离为

$$\frac{\partial^2 F}{\partial x^2}+\frac{\partial^2 F}{\partial y^2}+[\varepsilon(\omega)k_0^2-\widetilde{\beta}^2]=0$$

$$2\mathrm{i}\beta_0\frac{\partial\widetilde{A}}{\partial z}+(\widetilde{\beta}^2-\widetilde{\beta}_0^2)\widetilde{A}=0 \tag{8.1.19}$$

在推导过程中，忽略了 $\partial^2\widetilde{A}/\partial z^2$ 项 (源于 $\widetilde{A}(z,\omega)$ 为慢变函数)。其中的波数 $\widetilde{\beta}$ 是由光纤模式的本征方程确定的。(8.1.19) 式第一式中的介电常数 $\varepsilon(\omega)$ 可以近似为

$$\varepsilon(\omega)=(n+\Delta n)^2\approx n^2+2n\cdot\Delta n \tag{8.1.20}$$

其中，Δn 为微扰，其表达式为

$$\Delta n=n_2|E|^2+\frac{\mathrm{i}\alpha}{2k_0} \tag{8.1.21}$$

(8.1.19) 式可通过一阶微扰理论求解。先用 n^2 代替 $\varepsilon(\omega)$ 求解方程，得到模分布函数 $F(x,y)$ 和对应的波数 $\beta(\omega)$。然后对 (8.1.19) 式考虑 Δn 的影响，根据一阶微扰理论，Δn 不会影响到分布 $F(x,y)$。然而，本征值 $\widetilde{\beta}$ 将变为

$$\widetilde{\beta}=\beta(\omega)+\Delta\beta \tag{8.1.22}$$

其中，$\Delta\beta$ 为

$$\Delta\beta=\frac{k_0^2 n(\omega)\displaystyle\iint_{-\infty}^{+\infty}\Delta n(\omega)|F(x,y)|^2\mathrm{d}x\mathrm{d}y}{\beta(\omega)\displaystyle\iint_{-\infty}^{+\infty}|F(x,y)|^2\mathrm{d}x\mathrm{d}y} \tag{8.1.23}$$

由 (8.1.18) 式，(8.1.8) 式可改写为

$$\boldsymbol{E}(\boldsymbol{r},t)=\frac{1}{2}\hat{x}\{F(x,y)A(z,t)\exp[\mathrm{i}(\beta_0 z-\omega_0 t)]+\mathrm{c.c}\} \tag{8.1.24}$$

这里，$A(z,t)$ 是慢变脉冲包络。另一方面，利用 (8.1.22) 式和近似 $\widetilde{\beta}^2-\beta_0^2\approx 2\beta_0(\widetilde{\beta}-\beta_0)$，我们可以变形 (8.1.19) 式的第二式，得

$$\frac{\partial\widetilde{A}}{\partial z}=\mathrm{i}[\beta(\omega)+\Delta\beta-\beta_0]\widetilde{A} \tag{8.1.25}$$

该方程做逆傅里叶变换就可以给出 $A(z,t)$ 的传输方程，但 $\beta(\omega)$ 很少能有准确的函数形式，为了能方便求解，我们在频率 ω_0 处把 $\beta(\omega)$ 展成泰勒级数形式:

$$\beta(\omega)=\beta_0+(\omega-\omega_0)\beta_1+\frac{1}{2}(\omega-\omega_0)^2\beta_2+\frac{1}{6}(\omega-\omega_0)^3\beta_3+\cdots \tag{8.1.26}$$

这里，

$$\beta_0=\beta(\omega_0),\quad \beta_n=\left(\frac{\mathrm{d}^n\beta}{\mathrm{d}\omega^n}\right)_{\omega=\omega_0}\quad (n=1,2,3,\cdots) \tag{8.1.27}$$

当 $\Delta\omega\ll\omega_0$ 时，可以忽略展开式中的高次项。把 (8.1.26) 式代入 (8.1.25) 式，并利用

$$A(z,t)=\frac{1}{2\pi}\int_{-\infty}^{+\infty}\widetilde{A}(z,\omega-\omega_0)\exp[-\mathrm{i}(\omega-\omega_0)t]\mathrm{d}\omega \tag{8.1.28}$$

在傅里叶变换中，用微分算子 $\mathrm{i}\partial/\partial t$ 代替 $\omega-\omega_0$ 得到

$$\frac{\partial A}{\partial z}+\beta_1\frac{\partial A}{\partial t}+\frac{\mathrm{i}}{2}\beta_2\frac{\partial^2 A}{\partial t^2}=\mathrm{i}\Delta\beta A \tag{8.1.29}$$

其中，$\Delta\beta$ 可由 (8.1.21) 式和 (8.1.23) 式解得，并把它代入上式可得

$$\frac{\partial A}{\partial z}+\beta_1\frac{\partial A}{\partial t}+\frac{\mathrm{i}}{2}\beta_2\frac{\partial^2 A}{\partial t^2}+\frac{\alpha}{2}A=\mathrm{i}\gamma|A|^2A \tag{8.1.30}$$

式中，γ 为非线性系数，其定义为

$$\gamma=\frac{n_2\omega_0}{cA_{\mathrm{eff}}},\quad A_{\mathrm{eff}}=\frac{\left(\displaystyle\iint_{-\infty}^{+\infty}|F(x,y)|^2\mathrm{d}x\mathrm{d}y\right)^2}{\displaystyle\iint_{-\infty}^{+\infty}|F(x,y)|^4\mathrm{d}x\mathrm{d}y} \tag{8.1.31}$$

这里，A_{eff} 称为有效模场面积，依赖于光纤参数，如纤芯半径、纤芯包层折射率差等。

通过做变换 $T=t-\beta_1 z=t-z/v_{\mathrm{g}}$ 和 $Z=z$，(8.1.30) 式可变为标准非线性薛定谔方程

$$\mathrm{i}\frac{\partial A}{\partial Z}-\frac{\beta_2}{2}\frac{\partial^2 A}{\partial T^2}+\frac{\mathrm{i}\alpha}{2}A+\gamma|A|^2A=0 \tag{8.1.32}$$

当此方程中的变量 T 理解为空间坐标时，它就可以描述连续波在平面波导管中的传输问题 (对应的 β_2 为空间衍射因子)。关于光纤中的光孤子传输方程的详细推导可参见 G.P. Agrawal 的著作。

光孤子和光怪波是非线性光学局域波的重要研究内容，它们的激发和传输在实际应用中有重要的意义。光孤子能在光纤传输中保持不变，实现超长距离、超大容量的通信，它完全摆脱了光纤对传输速率和通信容量的限制。最初对怪波现象的研究主要集中在流体系统，直到 2007 年，“光怪波”的实验证实将怪波现象研究带入非线性光学领域，并真正意义上开启了一个新的非线性科学研究方向——“光怪波物理”。本章中对光孤子和光怪波的研究都是基于解析方法进行的，解析解可以通过第 2 章介绍的相似变换方法得到。

非等谱达布变换

自从 Zabusky 和 Kruskal 在 1965 年首次介绍了孤子的概念，很多领域已经对孤子作了深入的研究，包括流体力学、量子场论、等离子物理、非线性光学[1] 和玻色–爱因斯坦凝聚体[2,3]。在非线性色散系统中提出了经典孤子概念，时间只起了自变量的作用。此外，在非线性演化方程中，时间并没有明确地出现，这被看作是自治的。然而，在实际的实验中，孤子不可能是自治的，这与传统的孤子概念有很大的不同。例如，① 对密度梯度随时间变化的非均匀介质中的孤子进行了测试；② 对不均匀光纤芯介质的真实测试，光纤损耗是不可避免的，并且损耗会减弱非线性效应；③ 玻色–爱因斯坦凝聚体中孤子的形成是调整了费希巴赫共振附近的相互作用，也为非自治系统提供了一个很好的例子。

对于非自治系统，需要考虑三个物理问题: 在依赖时间的外势中，通过非线性相互作用孤子是否仍然存在并保持其特性？在什么条件下孤子能存在？如何控制非自治孤子的动力学行为？在大多数情况，非自治孤子的动力学受非线性薛定谔方程的控制。因此，广义非线性薛定谔方程的求解更有实际意义，它可以方便地用于研究多种非自治系统。

下面将利用达布变换方法，解析求解一个广义非自治非线性薛定谔方程。并研究非自治孤子的动力学行为，得到孤子的宽度、峰值和波心轨迹的精确表达式。这些表达式可以方便、有效地应用于许多领域的孤子管理中。本节通过达布变换方法从一个平凡的种子解给出一类广义非自治非线性薛定谔方程的解析非自治孤子解，对孤子的宽度、峰值及其中心运动的精确表达式进行分析研究。一般来说，我们选择色散、非线性、增益 (或损失) 和外部势作为任意的时间相关函数，从它们的解析表达式可以看出这些因素是如何影响孤子的动力学性质的。这将为我们提供明确的方法来控制孤子的演化。我们也将提出管理色散、非线性和增益项以保持非自治孤子振幅不变的条件，可用于提高光通信中孤子的传输质量。

对于一维广义非自治系统，非线性薛定谔方程可以控制非自治孤子的动力学，色散、非线性、增益 (或损失) 和外部势的参数都依赖于时间。相关的无量纲非自治非线性薛定谔方程可以写成

$$\mathrm{i}\frac{\partial\psi(x,t)}{\partial t}+\Omega(t)\frac{\partial^2\psi(x,t)}{\partial x^2}+2R(t)|\psi(x,t)|^2\psi(x,t)+V(x,t)\psi(x,t)+\mathrm{i}\frac{G(t)}{2}\psi(x,t)=0 \tag{8.1.33}$$

其中，$\Omega(t)$ 和 $R(t)$ 是色散和非线性管理参数；$V(x,t)$ 为外加电势；$G(t)$ 是损耗 $(G(t)>0)$ 或增益 $(G(t)<0)$。(8.1.33) 式的一般形式包含了文献中讨论过的许多特殊情况，并且它的解析类孤子解最近被称为非自治孤子。基于 Painlevé 分析，最广义形式是可以解析求解的。$V(x,t)=M(t)x^2+f(t)x$, 其中 $M(t)x^2$ 表示一个随时间变化的谐波势阱，$f(t)x$ 表示任意随时间变化的线性势。根据 Painlevé 分析，$\Omega(t)$，$R(t)$ 和 $G(t)$ 不依赖空间。近期的研究已经找到了从一些非自治到标准非线性薛定谔方程的转换[4]。然而，利用达布变换方法求解广义非线性薛定谔方程仍然缺乏。

为了解非线性薛定谔方程，假设 (8.1.33) 式的解是

$$\psi(x,t)=Q(x,t)\exp\left\{\mathrm{i}C(t)x^2+\int\left[2\Omega(t)C(t)-\frac{G(t)}{2}\right]\mathrm{d}t\right\} \tag{8.1.34}$$

其中，$C(t)$ 是为了帮助人们找到一些简化非线性薛定谔方程的方法。把 (8.1.34) 式代入 (8.1.33) 式中，可以推导出

$$\begin{aligned}&\mathrm{i}\frac{\partial Q}{\partial t}+2R(t)\exp\left\{\int[4\Omega(t)C(t)-G(t)]\mathrm{d}t\right\}|Q|^2Q\\&+f(t)xQ+\Omega(t)\frac{\partial^2 Q}{\partial x^2}+4\mathrm{i}\Omega(t)C(t)x\frac{\partial Q}{\partial x}+4\mathrm{i}\Omega(t)C(t)Q\\&+\left[-\frac{\mathrm{d}C(t)}{\mathrm{d}t}x^2-4\Omega(t)C^2(t)x^2+M(t)x^2\right]Q=0\end{aligned} \tag{8.1.35}$$

其中，Q 表示 $Q(x,t)$。为了简化上述方程，我们选择非线性关系与色散、外势和增益之间关系为 $R(t)=g\Omega(t)\exp\int[G(t)-4\Omega(t)C(t)]\mathrm{d}t$ (g 是实数并且 $g\neq 0$)，其中 $C(t)$ 满足条件 $4\Omega(t)C^2(t)+\dfrac{\mathrm{d}C(t)}{\mathrm{d}t}=M(t)$。因此 (8.1.35) 式变为

$$\begin{aligned}&\mathrm{i}\frac{\partial Q}{\partial t}+\Omega(t)\frac{\partial^2 Q}{\partial^2 x}+4\mathrm{i}\Omega(t)C(t)x\frac{\partial Q}{\partial x}+f(t)xQ\\&+4\mathrm{i}\Omega(t)C(t)Q+2g\Omega(t)|Q|^2Q=0\end{aligned} \tag{8.1.36}$$

$Q(x,t)$ 满足方程相应的 Lax 对可以假设为

$$\begin{aligned}\partial x\begin{pmatrix}\Phi_1\\\Phi_2\end{pmatrix}&=M\begin{pmatrix}\Phi_1\\\Phi_2\end{pmatrix}=\begin{pmatrix}\zeta(x,t)&p(x,t)\\q(x,t)&-\zeta(x,t)\end{pmatrix}\begin{pmatrix}\Phi_1\\\Phi_2\end{pmatrix}\\\partial t\begin{pmatrix}\Phi_1\\\Phi_2\end{pmatrix}&=N\begin{pmatrix}\Phi_1\\\Phi_2\end{pmatrix}=\begin{pmatrix}A&B\\C&-A\end{pmatrix}\begin{pmatrix}\Phi_1\\\Phi_2\end{pmatrix}\end{aligned} \tag{8.1.37}$$

其中，$\zeta(x,t)$ 是一个谱参数并且

$$A=\sum_{j=0}^{2}a_j(x,t)\zeta(x,t)^{2-j}$$

$$B=\sum_{j=0}^{2}b_j(x,t)\zeta(x,t)^{2-j}$$

$$C=\sum_{j=0}^{2}c_j(x,t)\zeta(x,t)^{2-j}$$

如果假设参数 $\zeta(x,t)$ 仅与时间有关 $\zeta(t)$，并且 $\zeta_t=\lambda(t)\zeta(t)+k(t)$ (下标 t 或 x 表示 t 或 x 的偏导)，然后从兼容性条件 $M_t-N_x+[M,N]=0$, 可以给出下列关系：

$$\begin{aligned}
&a_0(x,t)=\alpha_0(t),\quad b_0(x,t)=0,\quad c_0(x,t)=0\\
&a_1(x,t)=\lambda(t)x,\quad b_1(x,t)=p(x,t)\alpha_0(t)\\
&c_1(x,t)=q(x,t)\alpha_0(t)\\
&b_2(x,t)=\frac{\alpha_0(t)}{2}p_x+p(x,t)a_1(x,t)\\
&c_2(x,t)=-\frac{\alpha_0(t)}{2}q_x+q(x,t)a_1(x,t)\\
&a_2(x,t)=-\frac{\alpha_0(t)}{2}p(x,t)q(x,t)+k(t)x
\end{aligned}$$

并且

$$\begin{aligned}
p_t&=\frac{\partial b_2(x,t)}{\partial x}+2p(x,t)a_2(x,t)\\
q_t&=\frac{\partial c_2(x,t)}{\partial x}+2q(x,t)a_2(x,t)
\end{aligned}$$

最后，假设 $p=\sqrt{g}Q$ 和 $q=-\sqrt{g}\overline{Q}$ (上杠表示复共轭)，可以推导出 Q 的演化方程如下：

$$\mathrm{i}Q_t-\mathrm{i}\frac{a_0(t)}{2}Q_{xx}-\mathrm{i}\lambda(t)xQ_x-\mathrm{i}[\lambda(t)+2k(t)x]Q-\mathrm{i}ga_0(t)|Q|^2Q=0 \tag{8.1.38}$$

比较 (8.1.38) 式和 (8.1.36) 式,大家可以知道 $\alpha_0(t)=\mathrm{i}2\Omega(t)$, $\lambda(t)=-4\Omega(t)C(t)$, $k(t)=\mathrm{i}f(t)/2$。由相容条件导出的上述关系可推导出以下表达式:

$$A=2\mathrm{i}\Omega(t)\zeta(t)^2-4\Omega(t)C(t)x\zeta(t)+\mathrm{i}g\Omega(t)|Q|^2+\mathrm{i}f(t)x/2$$

$$B = 2\mathrm{i}\sqrt{g}\Omega(t)\zeta(t)Q + \mathrm{i}\sqrt{g}\Omega(t)C(t)xQ$$
$$C = -2\mathrm{i}\sqrt{g}\Omega(t)\zeta(t)\overline{Q} + \mathrm{i}\sqrt{g}\Omega(t)\overline{Q}_x + 4\sqrt{g}\Omega(t)C(t)x\overline{Q}$$
$$\zeta_t = -4\Omega(t)C(t)\zeta(t) + \mathrm{i}f(t)/2$$

这样 Lax 对最后被给出来。对应于 Lax 对，达布变换可以表示为

$$p'(x,t) = p_0(x,t) + \frac{2[\zeta(t)+\zeta(t)^*]\sigma(x,t)^*}{1+|\sigma(x,t)|^2} \tag{8.1.39}$$

其中，$\sigma(x,t) = \dfrac{\Phi_2}{\Phi_1}$，并且 Φ_1 和 Φ_2 是 $p = p_0$ 时 Lax 对的解。$Q = 0$ 显然是 (8.1.36) 式的解；选择 $p_0 = \sqrt{g}Q = 0$ 作为推导孤子解的种子解。使用种子解 p_0，求解 Lax 对得到 Φ_1 和 Φ_2：

$$\Phi_1(x,t) = \exp\left[\zeta(t)x + \int 2\mathrm{i}\Omega(t)\zeta(t)^2\mathrm{d}t\right]$$
$$\Phi_2(x,t) = A_c\exp\left[-\zeta(t)x - \int 2\mathrm{i}\Omega(t)\zeta(t)^2\mathrm{d}t\right]$$

其中，$\zeta(t) = b(t) + \mathrm{i}d(t)$，并且

$$b(t) = \alpha\exp\left[\int -4\Omega(t)C(t)\mathrm{d}t\right]$$
$$d(t) = \left[\int \frac{f(t)}{2}\mathrm{e}^{\int 4\Omega(t)C(t)\mathrm{d}t}\mathrm{d}t + \beta\right]\exp\left[\int -4\Omega(t)C(t)\mathrm{d}t\right]$$

式中，A_c，α 和 β 是任意实数。然后，$\sigma(x,t)$ 可以表示为

$$\sigma(x,t) = A_c\exp\left[-2\zeta(t)x - \int 4\mathrm{i}\Omega(t)\zeta(t)^2\mathrm{d}t\right]$$

由达布变换表达式 (8.1.39) 式，人们可以得到 (8.1.36) 式的一个新解 $Q(x,t)$。从 (8.1.34) 式，(8.1.33) 式的解析解可以表示为

$$\psi(x,t) = \frac{2[\zeta(t)+\zeta(t)^*]\sigma(x,t)^*}{\sqrt{g}(1+|\sigma(x,t)|^2)}\exp\theta(x,t) \tag{8.1.40}$$

其中，

$$\theta(x,t) = \mathrm{i}C(t)x^2 + \int[-G(t)/2 + 2\Omega(t)C(t)]\mathrm{d}t$$

因此，得到了广义非自治系统中 (8.1.33) 式的一族孤子解。如果达布变换是从某个非平凡的种子解进行的，相似的结果能被获得。当 $C(t) = 0$，$\Omega(t) = 1$ 和

$G(t)=0$ 时，可以研究任意随时间变化的线性势中的相似孤子解。此外，可以由孤子解 (8.1.40) 式计算非自治孤子的峰值、宽度和波包中心的运动。定义密度的最大值为孤子的波包中心，密度的一半值对应的位置间隔为孤子的宽度 (半峰全宽)；因此，其演化可以如下所示 ($C(t)$ 是一个实函数): 非自治孤子的宽度是

$$W(t)=\frac{1}{2b(t)}\ln(3+2\sqrt{2}) \tag{8.1.41}$$

它的峰值演化是

$$|\psi|_{\max}^2=\frac{4b(t)^2}{g}\exp\left[\int[4\Omega(t)C(t)-G(t)]\mathrm{d}t\right] \tag{8.1.42}$$

它的波包中心轨迹是

$$x_{\mathrm{c}}(t)=\frac{\ln A_{\mathrm{c}}}{2b(t)}+\frac{\displaystyle\int 4\Omega(t)b(t)d(t)\mathrm{d}t}{b(t)} \tag{8.1.43}$$

基于这些表达可以实现孤子管理，为了证明这一点，将研究非线性光纤中的孤子的演化。

随着现代技术的发展，光孤子已成为人们研究的热点。在理想情况下，光孤子在单模光纤中的传播是由标准的非线性薛定谔方程控制的。然而，在真正的光纤中，一般来说，芯介质是不均匀的。由于多种因素的影响，总会出现一些不均匀性，比如，光纤介质晶格参数的变化和光纤几何形状 (径向) 变化。这些不均匀性影响各种效应，包括损耗 (或增益)、色散和相位调制。考虑到光纤的不均匀性，光脉冲传播的动力学可以由以下的非均匀非线性薛定谔方程来控制:

$$\mathrm{i}\frac{\partial\Psi}{\partial Z}+\Omega(Z)\frac{\partial^2\Psi}{\partial T^2}+2R(Z)|\Psi|^2\Psi+M(Z)T^2\Psi+\mathrm{i}\frac{G(Z)}{2}\Psi=0 \tag{8.1.44}$$

其中，Z 是归一化距离；T 是光场参考系下的延迟时间；$\Omega(Z)$ 是群速度色散参数；$R(Z)$ 表示克尔非线性项；$M(Z)$ 和 $G(Z)$ 是与相位调制和损耗 (或增益) 有关的非均匀参数。在这种情况下，Ψ (表示 $\Psi(T,Z)$) 是运动参考系内电场的复包络。考虑特殊情形 $M(Z)=\beta^2$ 和 $G(Z)=2\beta$ (β 是一个实常数)，近期的工作研究了连续波背景下孤子的动力学问题。

从广义孤子解 (8.1.40) 式和它的相容性条件，可以知道

$$R(Z)=g\Omega(Z)\exp\left[\int G(Z)-4\Omega(Z)C(Z)\mathrm{d}Z\right]$$

和 $C(Z)$ 应该满足条件 $4\Omega(Z)C^2(Z)+\dfrac{\mathrm{d}C(Z)}{\mathrm{d}Z}=M(Z)$；因此，非均匀光纤的孤子解可以表示为

$$\Psi(T,Z)=\frac{4\alpha A_{\mathrm{c}}\exp\theta'(T,Z)}{\sqrt{g}[1+A_{\mathrm{c}}^2\exp\varphi(T,Z)]} \tag{8.1.45}$$

其中，

$$\theta'(T,Z) = \mathrm{i}C(Z)T^2 + \int[-G(Z)/2 - 2\Omega(Z)C(Z)]\mathrm{d}Z$$
$$- 2(\alpha - \mathrm{i}\beta)T\exp[\int -4\Omega(Z)C(Z)\mathrm{d}Z]$$
$$+ \int 4\mathrm{i}\Omega(Z)(\alpha - \mathrm{i}\beta)^2\exp[-8\Omega(Z)C(Z)\mathrm{d}Z]\mathrm{d}Z$$

并且

$$\varphi(T,Z) = -4\alpha T\exp\left[\int -4\Omega(Z)C(Z)\mathrm{d}Z\right]$$
$$+ \int 16\alpha\beta\Omega(Z)\exp\left[\int -8\Omega(Z)C(Z)\mathrm{d}Z\right]\mathrm{d}Z$$

从广义解可以得到孤子在多种非自治方式下的演化。文献 [5] 中讲到，在非线性光纤中，色散管理已经得到了广泛的应用。像往常一样进行周期色散管理，也就是 $\Omega(Z) = l\cos(\omega Z)$，并设增益项为 $G(Z) = h\cos(\omega_2 Z)$，啁啾参数为 $C(Z) = C_0$。图 8.1 展示了从通解中得到的孤子动力学。为了得到如图 8.1 的孤子演化，可以把非线性管理设置为 $R(Z) = 2gl\cos(\omega Z)\exp[h\sin(\omega_2 Z)/\omega_2 - 4lC_0\sin(\omega Z)/\omega]$，并且不均匀参数被设置为 $M(Z) = 4C_0^2\cos(\omega Z)$。从密度图 8.1(b)，可以看到一个“呼吸”孤子。众所周知，经典孤子来自于色散和非线性效应的平衡。这种“呼吸”特征是由于这个平衡被周期性地破坏。通过对色散和增益项的操纵，可以得到许多不同的孤子形状。对于孤子的应用，有必要了解如何针对孤子的某些特性设计相关的管理参数。

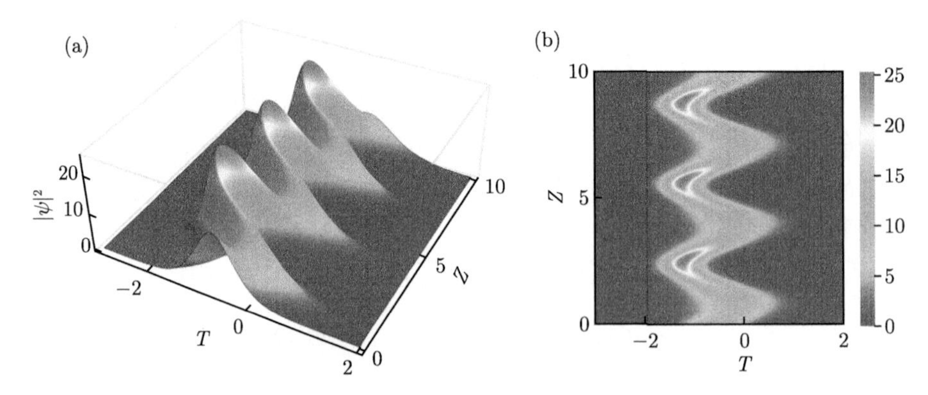

图 8.1　(a) 带增益的周期性色散管理下啁啾明亮非自治孤子的动力学；(b) 相同参数下 (a) 的强度演化图。由于孤子的宽度和峰值随传播距离的变化而振荡，可见孤子是“呼吸”的。参数是 $\alpha=1, \beta=0.2, C_0=0.1, \Omega(Z)=2\cos(2Z), g=0.25, A_c=2, G(Z)=0.5\cos(4Z)$ (彩图见封底二维码)

从显式的宽度、峰、波包中心位置 (8.1.41) 式、(8.1.42) 式和 (8.1.43) 式，可以推导出时间光孤子的相应表达式。它的宽度是

$$W(Z)=\frac{\exp\left[\int 4\Omega(Z)C(Z)\mathrm{d}Z\right]}{2\alpha}\ln(3+2\sqrt{2}) \tag{8.1.46}$$

它的峰值是

$$|\Psi|^2_{\max}=\frac{4\alpha^2}{g}\exp\left[\int -4\Omega(Z)C(Z)-G(Z)\mathrm{d}Z\right] \tag{8.1.47}$$

并且它的波包中心位置是

$$\begin{aligned}T_{\mathrm{c}}(Z)=&\frac{\ln A_c}{2\alpha}\exp\left[\int 4\Omega(Z)C(Z)\mathrm{d}Z\right]\\&+\frac{\int 4\beta\Omega(Z)\exp\left[\int -8\Omega(Z)C(Z)\mathrm{d}Z\right]\mathrm{d}Z}{\exp\left[\int -4\Omega(Z)C(Z)\mathrm{d}Z\right]}\end{aligned} \tag{8.1.48}$$

由上述表达式可以从理论上实现孤子管理。在研究表达式 (8.1.46) 式 ~(8.1.48) 式的基础上，通过设计相关的实验参数，可以控制孤子形状 (轨迹) 的变化。通过观察方程可知，增益项只影响孤子的峰值。当需要孤子的某些性质时，显式函数可以给一些设计调制的提示。这在孤子的应用中具有重要的潜力。例如，要实现具有稳定峰的孤子，从 (8.1.47) 式进行相关运算 $G(Z)=-4\Omega(Z)C(Z)$，这可以看作是色散、非线性和增益项之间的平衡条件。在这种情况下，孤子的峰值是一个常数 $4\alpha^2/g$。为了对比，图 8.2 展示了在相同周期色散管理的平衡条件下孤

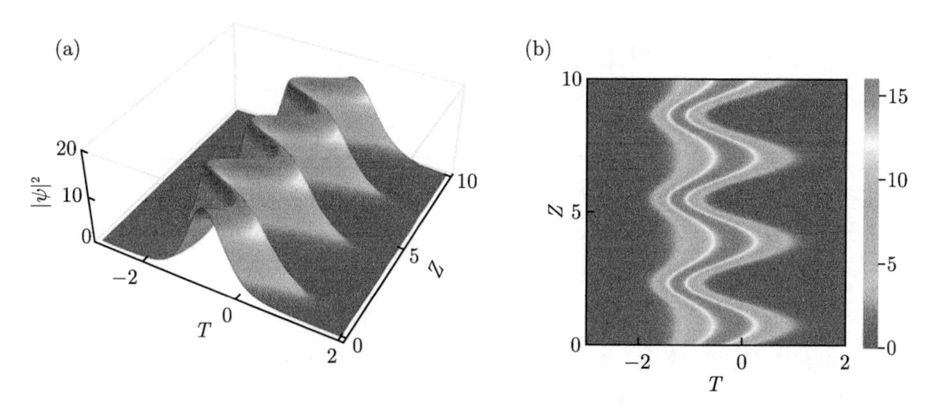

图 8.2 (a) 非自治啁啾亮孤子在周期色散管理、非线性和增益平衡条件下的动力学；(b) 相同参数下 (a) 的强度演化图。孤子的峰值是一个常数 $4\alpha^2/g$。参数是 $\alpha=1,\beta=0.2,C_0=0.1,\Omega(Z)=2\cos(2Z),g=0.25,A_{\mathrm{c}}=2,G(Z)=0.8\cos(2Z)$ (彩图见封底二维码)

子的演化情况。此外，基于可积条件可以精确地选择相关参数。为了获得图 8.2 的孤子，非线性参数是 $R(Z) = 0.5\cos(2Z)\exp[-0.8\sin(2Z)]$，增益项是 $G(Z) = -0.8\cos(2Z)$，并且当色散项是 $\Omega(Z) = 2\cos(2Z)$ 和啁啾参数是 $C(Z) = C_0(0.1)$ 时，参数 $M(Z)$ 被设置为 $M(Z) = 0.08\cos(2Z)$。因此，这为提高光孤子的传输质量提供了一条合适的途径。

8.2 波导管中孤子的操控

由于光孤子的稳定性好，抗干扰能力强等，光孤子通信被称为非常有潜力产业之一。但是光孤子真正投入通信应用之前，人们必须对它的传输性质有很成熟的研究。本节主要讨论光孤子传输问题，给出孤子的解析解，计算描述孤子形状演化函数以及孤子中心的运动学方程，它们在一定程度上可以提供一些很好的方法来控制孤子的动力学行为。特别地，在梯度折射率波导管中，可以任意添加某种附加形结构来控制孤子中心的运动或轨迹。作为例子，研究了在一种长周期光栅波导管中的光孤子传输问题。光孤子可以被长周期光栅控制其运动，且可以不影响孤子的形状，这将为孤子走向技术应用提供一个有力的工具。

8.2.1 梯度折射率波导管中空间光孤子

考虑一连续光束在平面波导管中的传输，该波导管的折射率分布为

$$n = n_0 + n_1(\zeta,\chi) + R(\zeta,\chi)I(\zeta,\chi)$$

其中，$I(\zeta,\chi)$ 为光强；ζ 和 χ 分别为纵向传播距离和横向分布坐标。这里，第一项 $n_0 + n_1(\zeta,\chi)$ 表示折射率的线性部分，而第二项 $R(\zeta,\chi)I(\zeta,\chi)$ 为克尔非线性项。克尔系数 $R(\zeta,\chi)$ 可取正亦可取负，分别对应着非线性自聚焦和自散焦介质。非线性光束在这样一个波导中传输的动力学可由如下非线性方程来描述：

$$\begin{aligned}&\mathrm{i}\frac{\partial u}{\partial \zeta} + \frac{1}{2k_0}D(\zeta,\chi)\frac{\partial^2 u}{\partial \chi^2} + \frac{k_0}{n_0}n_1(\zeta,\chi)u \\ &+ \frac{k_0}{n_0}R(\zeta,\chi)|u|^2u + \mathrm{i}\frac{k_0}{n_0}G(\zeta,\chi)u = 0\end{aligned} \tag{8.2.1}$$

这里，$u(\zeta,\chi)$ 为电场复包络；$k_0 = 2\pi n_0/\lambda_0$ 为波数 (λ_0 表示入射波的波长)；$D(\zeta,\chi)$ 表示波导中的衍射效应；$G(\zeta,\chi)$ 为能量的增益或者损耗。

考虑 (8.2.1) 式的空间光孤子的特征和性质，对上式进行如下变换：$D(\zeta,\chi) = 1$，$n_1(\zeta,\chi) = n_{10}f(\zeta)\chi^2$，$R(\zeta,\chi) = n_{20}r(\zeta)$，$r(\zeta)$ 代表着克尔非线性在传播方向上的不均匀性；$k_0G(\zeta,\chi)/n_0 = g(\zeta)/2$，$U = \sqrt{(k_0|n_2|L_{\mathrm{D}}/n_0)}u$，$X = \sqrt{2}\chi/\omega_0$，$Z = \zeta/L_{\mathrm{D}}$，$G(Z) = g(\zeta)L_D$，其中 $\omega_0 = (2k_0^2n_{10}/n_0)^{-1/4}$ 和 $L_{\mathrm{D}} = k_0\omega_0^2$ 分别代表横向

特征标度和衍射长度。此时，(8.2.1) 式可以写成无量纲形式：

$$\mathrm{i}\frac{\partial U}{\partial Z}+\frac{\partial^2 U}{\partial X^2}+\frac{1}{4}FX^2U+\sigma R|U|^2U+\frac{\mathrm{i}G}{2}U=0 \tag{8.2.2}$$

这里，$\sigma=n_2/|n_2|=\pm 1$ 分别对应着波导管的自聚焦 (+) 和自散焦 (−) 非线性作用，以及 $F(Z)$，$R(Z)$ 和 $G(Z)$ 都是无量纲距离 Z 的函数。假定 $F(Z)=\lambda^2$，$G(Z)$ 是 Z 的任意函数。则 (8.2.2) 式变为

$$\mathrm{i}\frac{\partial U}{\partial Z}+\frac{\partial^2 U}{\partial X^2}+\frac{1}{4}\lambda^2X^2U+R(Z)|U|^2U+\frac{\mathrm{i}G(Z)}{2}U=0 \tag{8.2.3}$$

利用下面的可积条件

$$R(Z)=2g_0\exp\left[\int G(Z)\mathrm{d}Z+\lambda Z\right] \tag{8.2.4}$$

则 (8.2.2) 式的解为

$$U(X,Z)=A(X,Z)\mathrm{e}^{\mathrm{i}\phi(X,Z)} \tag{8.2.5}$$

其中，$A(X,Z)$ 和 $\phi(X,Z)$ 是 X，Z 的是函数，分别对应着波函数的振幅和相位。同时有

$$\begin{aligned}&\phi(X,Z)=2(\alpha^2-\beta^2)\mathrm{e}^{2\lambda Z}/\lambda+2\beta X\mathrm{e}^{\lambda Z}-\lambda X^2/4\\&A(X,Z)=\frac{4\alpha}{\sqrt{g_0}}\frac{A_{\mathrm{c}}\exp\left[4\alpha\beta\mathrm{e}^{2\lambda Z}/\lambda-2\alpha X\mathrm{e}^{\lambda Z}-\int G(Z)/2\mathrm{d}Z+\lambda Z/2\right]}{1+A_{\mathrm{c}}^2\exp(-4\alpha X\mathrm{e}^{\lambda Z}+8\alpha\beta\mathrm{e}^{2\lambda Z}/\lambda)}\end{aligned} \tag{8.2.6}$$

以 $G(Z)=2l\cos(\omega Z)+2b\mathrm{e}^{-\gamma Z}$ 为例，来讨论增益函数对孤子的影响。首先，当没有增益 ($l=0$，$b=0$) 时，先观察一下此时孤子的演化情况 (图 8.3(a))，在取图中的参数时可以看到孤子的峰值将随传播距离的增加而增加。这是在无增益的情况下的结果，因此应该是非线性项的自聚焦作用增强使得孤子峰值增加，且可以预言其孤子宽度将被压缩。在同样取值下，给出了非线性项的演化，如图 8.3(b) 所示。可以看到，孤子的峰值与非线性系数的演化是一致的。

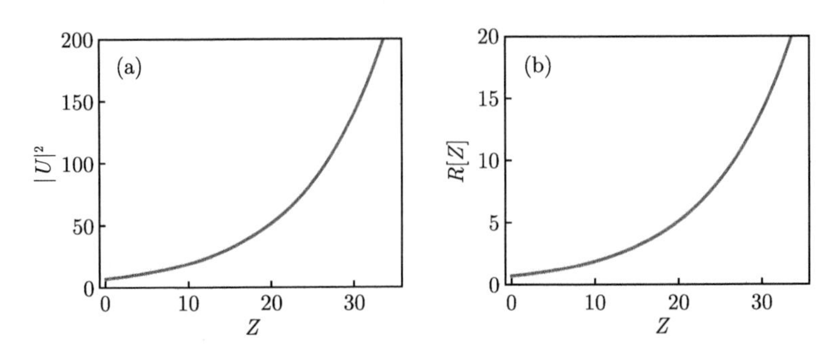

图 8.3　(a) 孤子峰值演化情况；(b) 非线性参数的演化情况。对应的参数取值为 $\alpha = 1$, $g_0 = 0.35$, $\lambda = 0.1, l = 0, \omega = 2, b = 0, \gamma = 0.2$

(1) 当 $b = 0$ 时，即只有余弦式增益，考察此时的孤子演化。如图 8.4(a) 所示，可以看到孤子的峰值将周期性地起伏，且空间性周期为 $2\pi/\omega$。这说明周期性的增益可以直接导致孤子峰值做相应的变化。可以通过观察增益随传播距离的演化情况来说明这一点，如图 8.4(b) 所示。

(2) 当 $l = 0$ 时，即只在指数型增益情况下，观察两种不同的情况，如图 8.5(a) 和 (b) 所示。此时增益将总是保持正或负，当 $\gamma > 0$ 时，孤子峰值将被逐渐地增加 (为负时) 或被减弱 (为正时)。这说明了增益可以直接影响孤子的峰值。

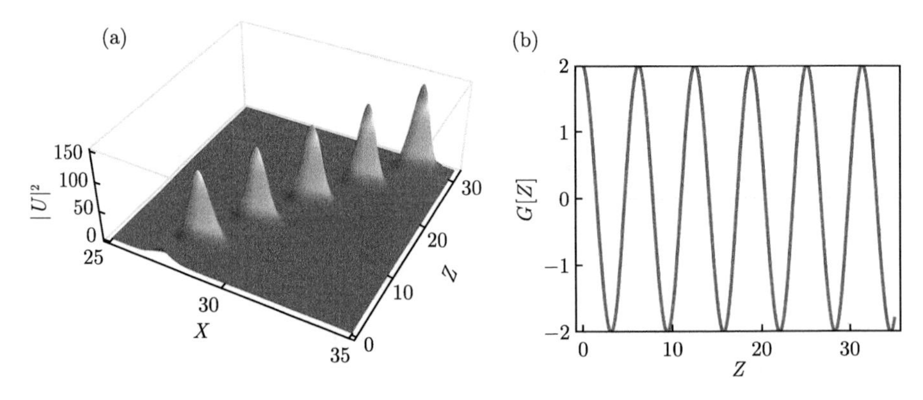

图 8.4　(a) 孤子在周期性增益下的演化情况；(b) 对应图 8.4(a) 的增益函数的演化。对应的参数取值为 $\alpha = 1; \beta = 0.1; g_0 = 0.25; \lambda = 0.008; l = 1; \omega = 1; b = 0; \gamma = 1; A_c = 100$

假设孤子峰值对应的位置为孤子的中心，可以通过极值条件计算孤子中心的轨迹方程为

$$X_{\mathrm{c}} = \frac{2\beta}{\lambda}\mathrm{e}^{\lambda Z} + \frac{\ln|A_{\mathrm{c}}|}{2\alpha}\mathrm{e}^{-\lambda Z} \tag{8.2.7}$$

利用孤子中心轨迹表达式，可以方便研究影响孤子轨迹的因素。把在不同的条件下孤子中心轨迹曲线画出来，如图 8.6 所示，可以清晰地看到其轨迹不是直线。对

于 $\lambda>0$ 的情况, 当 $\beta\neq0$ 时，孤子中心将远离中心位置 (图 8.6(a))。这时波导管的作用类似于凹透镜，这一点可以借助于观察此时的折射率分布情况 (图 8.7 (a)) 来理解。当 $\beta=0, A_c\neq1$ 时，波包中心将越来越接近中心轴。此时，波导管的作用类似于凸透镜 (图 8.6 (b))。特别地，当 $\beta=0, A_{\rm c}=1$ 时，我们可以看到孤子沿着中心轴运动。这就像透镜的主光轴一样。对于 $\lambda<0$ 的情况，当 $A_{\rm c}\neq1$ 时，孤子中心将远离中心位置, 波导管的作用类似于凹透镜。当 $\beta\neq0, A_{\rm c}=1$ 时，波包中心将越来越接近中心轴。此时，波导管的作用类似于凸透镜。当 $\beta=0, A_{\rm c}=1$ 时, 孤子仍将沿主光轴运动。观察图 8.6 与图 8.7，可知孤子中心轨迹的性质都源自折射率的贡献。

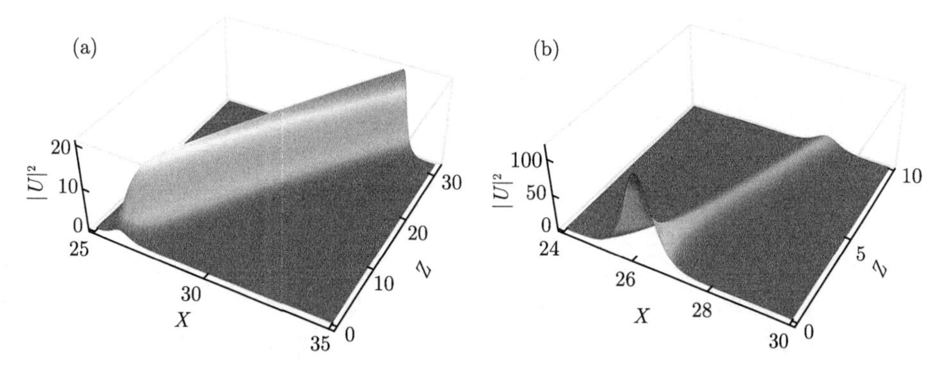

图 8.5 孤子在指数型增益下随传播距离的演化。(a) 当 $b<0$, 孤子峰值被增加，此时的参数取值为 $b=-1, \alpha=1, \beta=0.1, \lambda=0.008, g_0=0.25, A_{\rm c}=10, l=0, \omega=1, \gamma=1$; (b) 当 $b>0$，孤子峰值被减弱，此时所取参数除了 $b=1$ 外与 (a) 相同

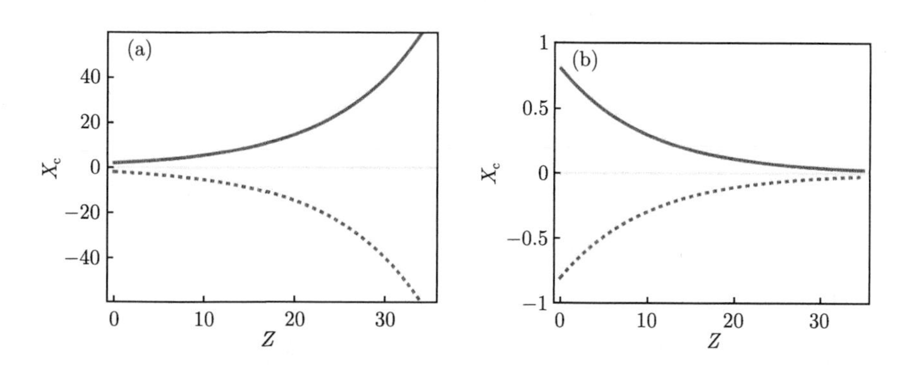

图 8.6 在不同条件下的孤子中心轨迹。(a) 当 $\lambda>0, \beta\neq0$ 时，孤子中心远离中心轴，实线对应的参数取值为 $\alpha=1, \beta=0.1, \lambda=0.1, A_{\rm c}=1$，虚线对应的参数取值为 $\alpha=-1, \beta=-0.1, \lambda=0.1, A_{\rm c}=1$；(b) 当 $\lambda>0, \beta=0$ 时，孤子中心越来越接近中心轴。实线对应的参数取值为 $\alpha=1, \beta=0, \lambda=0.1, A_{\rm c}=5$，虚线对应的参数取值为 $\alpha=-1, \beta=0, \lambda=0.1, A_{\rm c}=5$

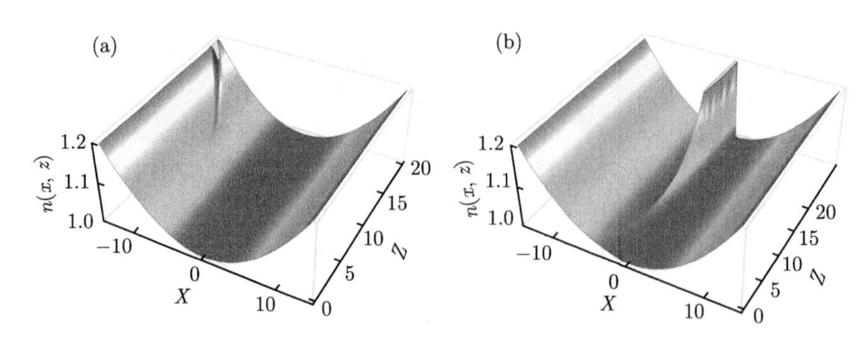

图 8.7　折射率分布情况，分别对应图 8.6中的 (a) 和 (b) 的虚线孤子中心轨迹。(a) 对应参数的取值为 $\alpha=-0.2,\beta=-0.1,\lambda=0.1,A_{\mathrm{c}}=5,g_0=0.25,b=0.2,l=0,\omega=0.5,\gamma=1,n_0=1,n_2=0.01$；(b) 所取参数除了 $\beta=0$ 外与 (a) 相同

假定孤子半值宽度对应孤子的宽度 (半峰全宽),此时可以解得宽度演化函数为

$$W(Z)=\frac{\mathrm{e}^{-\lambda Z}}{4\alpha}\ln\frac{3+2\sqrt{2}}{3-2\sqrt{2}} \tag{8.2.8}$$

从此表达式，可以看到只是参数 k 影响其演化。它所对应的物理意义是：当 $k>0$ 时，非线性参数将随传播距离而指数地增加，这意味着非线性自聚焦效应增强，则孤子的宽度将减小，即孤子被压缩。当 $k<0$ 时，非线性参数将随距离减小，自聚焦效应将逐渐减弱，则孤子宽度将被拓宽。

特别地，当去掉梯度折射率设计，考察平面波导管的光孤子传输时，可以用同样的方法求解相关的非线性薛定谔方程，获得孤子解为

$$U(X,Z)=A(X,Z)\mathrm{e}^{\mathrm{i}\phi(X,Z)} \tag{8.2.9}$$

其中，

$$\begin{aligned}
&\phi(X,Z)=2\beta X+4\left(\alpha^2-\beta^2\right)Z\\
&A(X,Z)=\frac{4\alpha A_{\mathrm{c}}}{\sqrt{g_0}\left(1+A_{\mathrm{c}}^2e^{\varphi}\right)}\exp\left(\frac{\varphi}{2}-\frac{l\sin\omega Z}{\omega}+\frac{b}{\gamma}\mathrm{e}^{-\gamma Z}\right)\\
&\varphi=-4\alpha X+16\alpha\beta Z
\end{aligned} \tag{8.2.10}$$

从此解出发，可以研究在此背景下的光孤子传输问题。关于增益的影响不变，主要是孤子中心轨迹此时将变为直线。结合前面的运动情况，可以得到：孤子整体性的轨迹只跟波导管宏观背景上的折射率分布有关。特别地，计算了轨迹表达式为

$$X_{\mathrm{c}}=4\beta Z+\frac{\ln|A_{\mathrm{c}}|}{2\alpha} \tag{8.2.11}$$

可以看到，此为直线方程。此时 β 代表着孤子轨迹的斜率，$\dfrac{\ln|A_{\mathrm{c}}|}{2\alpha}$ 是孤子入射到波导管的初始位置。这里，我们可以看到，原来数学上引入的参数 $\alpha, \beta, A_{\mathrm{c}}$ 现在有了相对明确的物理意义。另外，在这种情况下，孤子的宽度将为常数

$$W(Z)=\frac{1}{4\alpha}\ln\frac{3+\sqrt{2}}{3-\sqrt{2}}$$

这也再次说明了增益函数对孤子的宽度是没有任何影响的。当没有增益时，此解可以退化为经典孤子解。

8.2.2 一种长周期光栅波导管中蛇形光孤子

8.2.1 节已经研究了在梯度折射率波导管中的光孤子传输。考虑到光学系统中光栅的重要性和普遍性，如果在原来的折射率背景上叠加一长周期光栅结构，此时孤子的动力学行为会发生什么样的变化呢？(注意，此处讨论的是长周期光栅，对于短周期光栅结构，需要考虑放射波与原波的耦合效应，此时需要解耦合非线性薛定谔方程。) 当在原来梯度折射率波导管上添加一长周期光栅后，描述光孤子传输方程将变为

$$\mathrm{i}\frac{\partial U}{\partial Z}+\frac{\partial^2 U}{\partial X^2}+\frac{1}{4}\lambda^2X^2U+lX\cos(\omega Z)U+R(Z)|U|^2U+\frac{\mathrm{i}G(z)}{2}U=0 \tag{8.2.12}$$

这里，附加项 $lX\cos(\omega Z)$ 即为长周期光栅项。利用前面的达布变换理论，可以得光孤子解为

$$U[X,Z]=\frac{4\alpha A_c\exp[\theta]}{\sqrt{g}[1+A_{\mathrm{c}}^2\exp(\varphi)]} \tag{8.2.13}$$

其中，

$$\theta=A+B+C+D+E$$

$$\varphi=\frac{8\alpha\beta}{\lambda}\mathrm{e}^{2\lambda Z}-4\alpha X\mathrm{e}^{\lambda Z}-8l\alpha\mathrm{e}^{\lambda Z}\cos(\omega Z)/(\lambda^2+\omega^2)$$

$$A=\frac{\lambda lX}{2\omega}\left(\frac{\mathrm{e}^{-\mathrm{i}\omega Z}}{\mathrm{i}\omega+\lambda}+\frac{\mathrm{e}^{\mathrm{i}\omega Z}}{\mathrm{i}\omega-\lambda}\right)-2(\alpha-\mathrm{i}\beta)X\mathrm{e}^{\lambda Z}-\frac{\lambda^2l^2}{8\omega^3}\left[\frac{\mathrm{e}^{-\mathrm{i}2\omega Z}}{(\mathrm{i}\omega+\lambda)^2}-\frac{\mathrm{e}^{\mathrm{i}2\omega Z}}{(-\mathrm{i}\omega+\lambda)^2}\right]$$

$$B=\frac{-\mathrm{i}\lambda^2l^2Z}{2\omega^2(\omega^2+\lambda^2)}+\frac{\mathrm{i}2\lambda l(\alpha-\mathrm{i}\beta)}{\omega(\lambda^2+\omega^2)}(\mathrm{e}^{\lambda Z+\mathrm{i}\omega Z}-\mathrm{e}^{\lambda Z-\mathrm{i}\omega Z})+\mathrm{i}2(\alpha-\mathrm{i}\beta)^2\mathrm{e}^{2\lambda Z}/\lambda$$

$$C=\frac{\lambda l^2}{4\omega^3}\left(\frac{\mathrm{e}^{-\mathrm{i}2\omega Z}}{\mathrm{i}\omega+\lambda}+\frac{\mathrm{e}^{\mathrm{i}\omega Z}}{\mathrm{i}\omega Z}\right)+\frac{\mathrm{i}\lambda l^2}{2\omega^2}\left(\frac{Z}{-\mathrm{i}\omega+\lambda}+\frac{Z}{\mathrm{i}\omega+\lambda}\right)$$

$$D=\frac{\mathrm{i}2l(\alpha-\mathrm{i}\beta)}{\omega}\left(\frac{\mathrm{e}^{\lambda Z-\mathrm{i}\omega Z}}{-\mathrm{i}\omega+\lambda}-\frac{\mathrm{e}^{\lambda Z-\mathrm{i}\omega Z}}{\mathrm{i}\omega+\lambda}\right)-\frac{\mathrm{i}l^2Z}{2\omega^2}+\frac{\mathrm{i}l^2\sin(2\omega Z)}{4\omega^3}$$

$$E=-\mathrm{i}\lambda X^2/4+\lambda Z/2-\int G(Z)/2\mathrm{d}Z+\mathrm{i}lX\sin(\omega Z)/\omega$$

这里，α, β 和 A_c 都是实参数。在这种情况下，计算孤子波包的宽度演化，同样采用半峰全宽定义孤子宽度，可以得到

$$W(Z)=\frac{\mathrm{e}^{-\lambda Z}}{4\alpha}\ln\frac{3+2\sqrt{2}}{3-2\sqrt{2}} \tag{8.2.14}$$

从 (8.2.14) 式可以看到，光栅结构和增益项对孤子宽度没任何影响。只有参数 λ 可以直接控制孤子宽度的演化。可见，当 $\lambda>0$ 时，孤子的宽度将随着传播距离的增大而减小。当 $\lambda<0$ 时，孤子宽度将随着传播距离的增大而增大。这个结论，可以通过非线性项的演化来理解。因为当 $\lambda<0$ 时，非线性参数将随着传播距离的增大而增强，以致自聚焦效应增强，从而孤子的宽度被压缩。显然，当 $\lambda\to 0$ 时，孤子的宽度将会相对稳定地演化。孤子的最大值对应孤子的中心，此时可以利用极值条件 $1-A_c^2\exp(\varphi)=0$，得到孤子的中心轨迹方程为

$$X_c=\frac{\ln A_c}{2\alpha}\mathrm{e}^{-\lambda Z}+\frac{2\beta}{\lambda}\mathrm{e}^{\lambda Z}-\frac{2l\cos(\omega Z)}{\lambda^2+\omega^2} \tag{8.2.15}$$

利用此函数，可以得到各种初始条件下的孤子轨迹，比如当 $\beta=0$、$\lambda>0$ 时，孤子的轨迹将如图 8.8 那样演化。有意思的是，此时孤子将越来越靠近中心位置 $(X=0)$，到后来孤子将在此中心轴附近振荡。从 (8.2.15) 式可以看到，该式中的振荡项是最后一项，即影响振荡性质的量有 λ, ω, l。其沿着 X 方向振荡的周期是 $2\pi/\omega$，ω 是振荡频率。振幅是 $2l/(\lambda^2+\omega^2)$。由于 λ 跟非线性参数有关，而非线性参数直接影响孤子的形状演化，所以要改变其振荡振幅且不影响孤子的形状演化时，只能通过调节 l 和 ω。

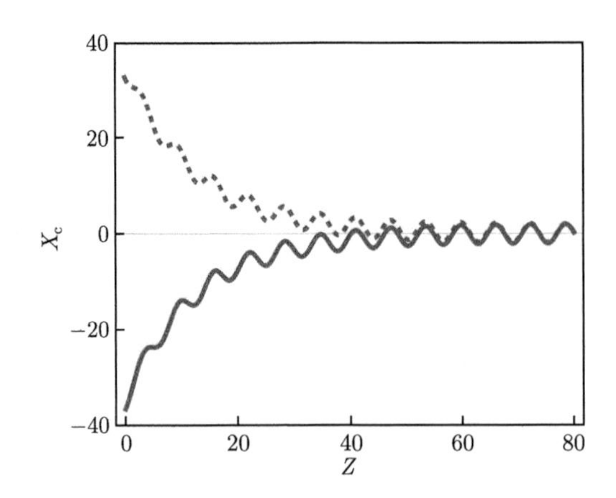

图 8.8　孤子中心轨迹形状图。图中实线对应的参数取值为 $\alpha=-0.01$，虚线对应的参数取值为 $\alpha=0.01$。其他参数是：$A_c=2, \lambda=0.08, \beta=0, l=1, \omega=1$

从上面的讨论,可以看到增益对孤子的宽度和中心轨迹没有任何影响。但它对孤子的峰值演化有很直接的作用。比如当 $G(Z)=2\gamma$ 时，孤子的峰值演化将变为

$$|U|^2_{\max}=4\alpha^2\exp(\lambda Z-2\gamma Z)/|g| \tag{8.2.16}$$

特别地，当 $\lambda=2\gamma$ 时，孤子峰值将变为一常量。如图 8.9 所示，孤子的峰值的确稳定地演化，由于光栅的存在使得孤子左右振荡地传播，使得其轨迹看起来就像一条蜿蜒行走的蛇一样，所以我们称它为“蛇形孤子”。

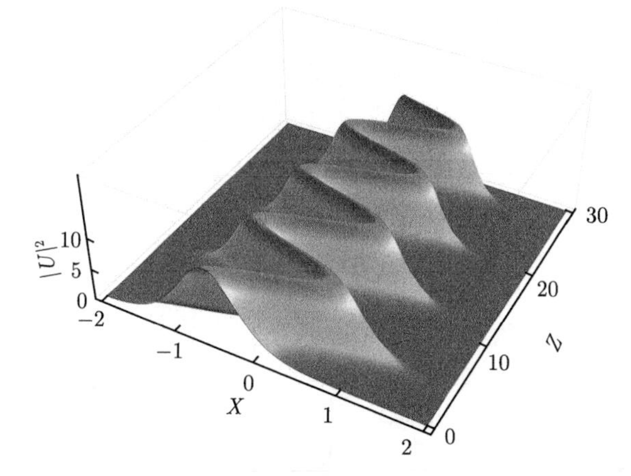

图 8.9 稳定峰值孤子的演化图。对应的参数取值为：$\alpha=1,\beta=0,\lambda=0.02,l=0.2,\omega=0.8,g=0.35,A_{\rm c}=1,\gamma=0.01$

由于孤子解中的增益是任意可积函数的形式，可以方便地讨论在各种增益情形下的孤子演化。比如当 $G(Z)=l'\cos(\omega' Z)$ 时，可以得到如图 8.10 和图 8.11 那样的孤子演化特点。当 $\omega=\pm\omega'$ 时，孤子将类似于图 8.10 那样演化；当 $\omega\neq|\omega'|$ 时，孤子将类似于图 8.11 那样演化。因此可以通过调控光栅结构和增益得到各种不同形状的孤子。

从前面的结论来看，可以知道光栅结构对孤子的形状没有任何的影响，只影响孤子的轨迹演化，这将为孤子的操控提供了一个有力的工具。进一步推广，即将光栅结构 $l\cos(\omega Z)$ 替代为任意可积函数 $H(Z)$，通过计算其宽度和峰值的演化函数可以发现，附加结构不影响孤子的形状演化，只决定了孤子的中心轨迹。此时轨迹为

$$X_{\rm c}=\frac{\ln A_{\rm c}}{2\alpha}{\rm e}^{-\lambda Z}+\frac{2\beta}{\lambda}{\rm e}^{\lambda Z}+2\frac{\displaystyle\int\left[\int {\rm e}^{\lambda Z}H(Z){\rm d}Z\right]{\rm d}Z}{{\rm e}^{\lambda Z}} \tag{8.2.17}$$

这个附加结构在实验上可以通过在原来梯度折射率波导管的背景上添加一个任意的折射率分布，从而可以引导孤子的传播。

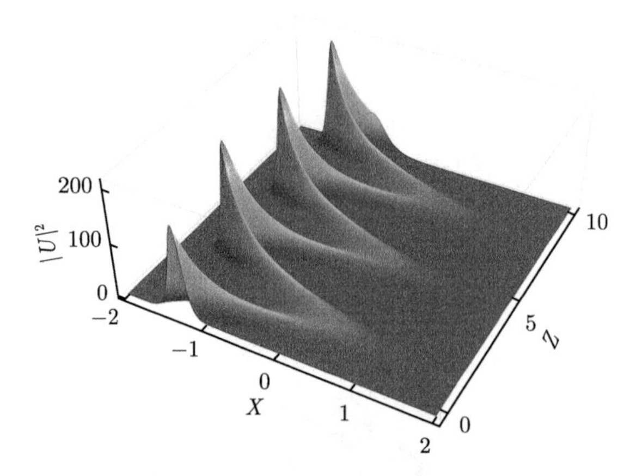

图 8.10　光栅波导管中在周期增益下的孤子演化图。参数取值为：$\alpha = 2, \beta = 0, \lambda = 0.02, g = 0.35, A_c = 1, l = 2, \omega = 2; l' = 1.2, \omega' = -2$

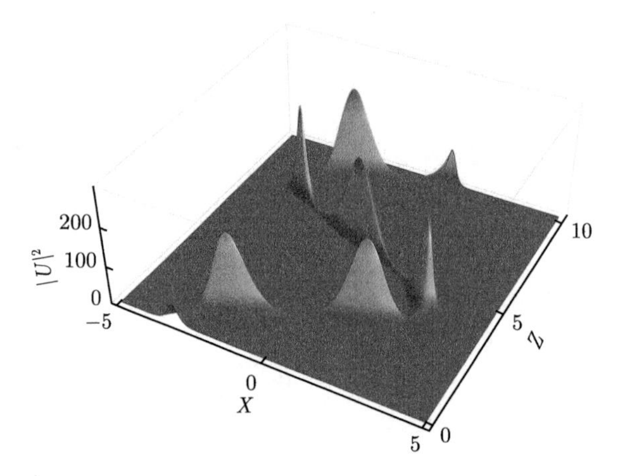

图 8.11　光栅波导管中周期增益下的孤子演化图。参数取值为：$\alpha = 2, \beta = 0, \lambda = 0.02, g = 0.35, A_c = 1, l = 1, \omega = 0.8, l' = 3, \omega' = 4$

8.3　波导管中怪波的操控

描述怪波的局域波解一般为局域在平面波背景上具有不稳定性质的非线性结构。然而，在实际中无法制备无限宽的平面波背景。目前实验上激发怪波或呼吸子是利用超宽包络背景逼近理想的平面波背景，运用相应的密度调制和相位调制获得初始激发，从而实现怪波和呼吸子的实验观测。本节将从实际物理情况出发，探究有限宽背景上怪波的激发及其性质。

目前，理论上对怪波的描述主要基于平面波背景上局域波的动力学特征。这种局域波首先得有高于两倍背景波振幅以上的高幅值；其次这种局域波需要具备鲜明的时空局域性 (演化和分布方向的双重局域性)。然而，理论上看似完美的描述在实际物理系统中却很难找到对应，这是因为理想的平面波是无限宽的，对应着无穷大的背景能量。特别是在光学系统中，理想的平面波是无法制备的。最近，Solli 等利用准平面波来替代理想的平面波，在非线性光纤实验平台上实现了光学怪波的激发和观测。这里，准平面波背景可以理解为宽度相当大，可以逼近平面波的包络背景。也就意味着背景波的宽度比光学怪波的局域尺度要大得多。所以，从怪波的应用角度来看，怪波在有限宽背景上的研究是具有极大的实际意义的。这里需要指出的，光学实验中，鉴于高斯背景光束/脉冲的易制备性，高斯背景光束/脉冲已经作为暗孤子的激发背景被广泛使用。然而，作为一类重要的有限宽局域背景，高斯背景上光学怪波的激发却一直鲜有人研究和关注。这里，我们将从理论上设计一种光怪波在局域的高斯背景上激发的理论方案。利用相似变换的方法，我们给出了一组精确描述光怪波在高斯背景上激发的怪波解解析表达式。我们发现，怪波的典型特征 (高峰值和双重局域性) 在高斯背景上 (甚至是宽度较窄的高斯背景上) 都得到很好的保持。这些结果有可能对今后光怪波在局域背景上的实现提供相应的理论支持。

如上文所述，有限宽局域背景上的怪波性质研究目前仍处于起始阶段。不过，怪波在不同结构背景波上激发的研究已经得到了人们越来越多的重视。最近的研究主要包括了多孤子背景上怪波的激发，周期波背景上怪波的激发和管理，孤子背景上怪波的操控 [6]。上文已经介绍了光束在平面波导管中传输的模型，并介绍了其光孤子结构和性质，本节主要研究平面波导中光怪波在高斯背景光束上的激发以及相应的动力学性质。

引入变量代换 $z=\dfrac{k_0}{n_0}\zeta$ 和 $x=\dfrac{\sqrt{2}k_0}{\sqrt{n_0}}\chi$，(8.2.1) 式可化简为

$$
\mathrm{i}\frac{\partial u}{\partial z}+D(x,z)\frac{\partial^2 u}{\partial x^2}+R(x,z)|u|^2u+n_1(x,z)u+\mathrm{i}G(x,z)u=0 \tag{8.3.1}
$$

首先，这里不考虑增益损耗项，即 $G(x,z)=0$。原因是增益损耗一般只影响波峰强度的大小，即只会造成局域波峰值的衰减或者放大，而对局域波的性质没有本质影响。再次，忽略关于传输方向 z 的函数调制，这是因为调制函数对 z 方向的操控实质上改变了怪波的演化性质，而无法使怪波在局域的背景上激发。因此这

些实际可调控物理参量都是关于空间分布变量 x 的函数，上式变化为

$$\mathrm{i}\frac{\partial u}{\partial z}+D(x)\frac{\partial^2 u}{\partial x^2}+R(x)|u|^2u+n_1(x)u=0 \tag{8.3.2}$$

为了得到模型 (8.3.2) 式中高斯背景光束上的怪波解的解析表达式，首先引入具有如下形式的高斯波包作为激发怪波的有限宽的局域背景，

$$u_0(z,x)=\exp\left[-\frac{x^2}{2b^2}+\mathrm{i}z\right] \tag{8.3.3}$$

其中，b 为非零实参数，可用来调节高斯背景光束的宽度。b 值越大，高斯背景光束就越宽；b 值越小，高斯背景光束就越窄。

接下来，利用 8.1 节中相似变换的基本步骤，将 (8.3.3) 式代入 (8.3.2) 式得到标准非线性薛定谔方程，再结合上述达布变换方法求得标准非线性薛定谔方程的平面波背景上的局域波解，最终得到了高斯背景光束上多种局域波精确解。简单起见，这里只给出高斯背景 (8.3.3) 式上的一阶和二阶怪波精确解 ($u_{1,2}$)，其表达式如下：

$$u_j(z,x)=[1+\kappa_j(z,x)]\exp\left(-\frac{x^2}{2b^2}+\mathrm{i}z\right)\quad (j=1,2) \tag{8.3.4}$$

其中，$j=1,2$ 分别表示一阶和二阶怪波解；$\kappa_j(z,x)$ 为变换后的有理函数，其对于不同阶数的怪波解相应的表达式也不相同，这里对于一阶怪波有如下表达式：

$$\kappa_1(z,x)=-\frac{4+8\mathrm{i}}{1+4X^2+4z^2} \tag{8.3.5}$$

对于二阶怪波有如下表达式：

$$\kappa_2(z,x)=\frac{4\eta_1(z,x)\eta_2^*(z,x)}{|\eta_1(z,x)|^2+|\eta_2(z,x)|^2} \tag{8.3.6}$$

其中，

$$\begin{aligned}\eta_1=&6(1+2X+2\mathrm{i}z)-A(1+2X+2\mathrm{i}z)\times(1-2X+2\mathrm{i}z)\{-6(4b_1+4\mathrm{i}b_2+X+5\mathrm{i}z)\\&-8(X+\mathrm{i}z)^3+3[-1+4(X+iz)^2]\}+[1-A(1+2X+2\mathrm{i}z)(1+2X-2\mathrm{i}z)]\\&\times\{6(4b_1+4\mathrm{i}b_2+X+5\mathrm{i}z)+8(X+\mathrm{i}z)^3+3[-1+4(X+\mathrm{i}z)^2]\}\end{aligned} \tag{8.3.7}$$

和

$$\begin{aligned}\eta_2=&6(1-2X-2\mathrm{i}z)+[1-A(1-2X-2\mathrm{i}z)\\&\times(1-2X+2\mathrm{i}z)]\{-6(4b_1+4\mathrm{i}b_2+X+5\mathrm{i}z)\end{aligned}$$

$$-8(X+\mathrm{i}z)^3+3[-1+4(X+\mathrm{i}z)^2]\}-A(1-2X-2\mathrm{i}z)(1+2X-2\mathrm{i}z)$$
$$\times\{6(4b_1+4\mathrm{i}b_2+X+5\mathrm{i}z)+8(X+\mathrm{i}z)^3+3[-1+4(X+\mathrm{i}z)^2]\} \tag{8.3.8}$$

这里，$A(x,z)=1/(2+8X^2+8z^2)$，$X=\dfrac{\sqrt{\pi}b}{2}\mathrm{Erfi}\left(\dfrac{x}{b}\right)\left(\mathrm{Erfi}(s)=\dfrac{2}{\sqrt{\pi}}\displaystyle\int_0^s \mathrm{e}^{\tau^2}\mathrm{d}\tau\right)$；$b_1$ 和 b_2 为实常数，决定了二阶怪波的不同构型。需要指出的是，怪波解的阶数越高，引入的实常数就越多，对应的高阶怪波结构就越丰富。当 $|x|\to\infty$ 时，相应的光学振幅衰减为零，即 $|u(z,x)|=0$，上述解就表示局域的高斯型波包。另一方面，通过下文中对光怪波振幅分布特征的分析 (详见图 8.12～ 图 8.16)，我们可以将 (8.3.4) 式看作表述怪波在高斯背景上激发的一组精确解。有趣的是，与之前研究报道的有理形式的怪波解比较 [7,8]，这组解包含了变换了的多项式以及高斯函数。同时需要指出的是，由上述相似变换方法的推导可知，这里的系统可调节参数 $D(x)$，$R(x)$ 和 $V(x)$ 非任意选取的，其相应的具体表达式如下：

$$D(x)=\frac{1}{2}\exp\left(-2\frac{x^2}{b^2}\right) \tag{8.3.9}$$

$$R(x)=\exp\left(\frac{x^2}{b^2}\right) \tag{8.3.10}$$

$$n_1(x)=\left(\frac{1}{2b^2}-\frac{x^2}{2b^4}\right)\exp\left(-2\frac{x^2}{b^2}\right) \tag{8.3.11}$$

通过上述怪波解的解析表达式，我们易得光学振幅 $I=|\boldsymbol{u}_j(z,x)|$ 的分布特征。接下来我们将研究 Peregrine 怪波以及高阶怪波在高斯背景上的激发性质以及相应的激发条件。

图 8.12 呈现了一阶 (基本的 Peregrine) 光怪波在宽度参数 $b=6$ 的高斯背景上的振幅分布特征。可以清楚地看到，这个非线性波是双重 (分布和演化方向) 局域在一个有限宽背景上，并且它的最大光学振幅是最大背景值的三倍。也就是说，经典的 Peregrine 怪波的特征在有限宽的高斯背景上很好地保持了。最近的研究表明，标准非线性薛定谔方程的有理分式解能够较好地描述怪波的本性。并且重要的是，这些数学上的精确解的有效性已经在众多实际物理系统中被观测证实。这表明，标准非线性薛定谔方程的有理分式解可以被认为是一类由调制不稳定性诱导的基本的怪波激发元。更有趣的是，Kibler 等发现，当怪波的初态不满足理想的数学表达式时，也可以在光纤实验平台上实现光怪波的激发 [9]。这个观点在文献 [10] 中得到了很好的证实。其中，杨光晔和李禄等 [10] 运用数值模拟的方法在平面波背景上以多种不同的初始单峰扰动诱发了怪波现象。因此，通过以上分析我们给出的高斯背景上的怪波解不仅是非线性偏微分方程的一个特解也代表着一类在局域的非零背景上的怪波激发元。

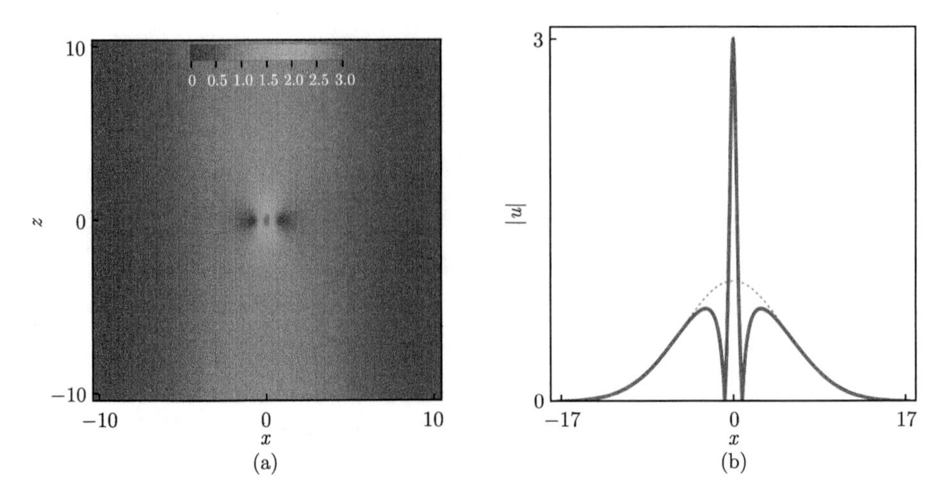

图 8.12 (a) 高斯背景上一阶怪波 (精确解 (8.3.4) 式) 的光学振幅 $|u_1|$ 分布特征；(b) $|u_1|$ 在中心位置 $z=0$ 的剖面图 (实线) 以及高斯背景振幅 (虚线)。由图可见怪波依然双重局域于高斯背景上，且相应的一阶怪波的最大振幅是高斯背景最大振幅的三倍。这表明怪波的基本性质 (双重局域性以及高峰值性) 在高斯背景上得到很好的保持。参数选取为：$b=6$ (彩图见封底二维码)

众所周知的是，平面波背景上合适的小的幅值调制会诱发怪波现象。因此，通过对高斯背景的适当的调制也很有可能激发怪波。人们可以通过不同的方法对这类激发怪波的方式进行细致的研究。例如，人们可以通过数值模拟的方法，类比平面波上激发怪波的初态，对高斯背景上激发怪波的初始激励进行分析研究。接下来，通过精确的方法对这一问题进行研究。通过对精确解 (8.3.4) 式的分析，怪波激发的初始激励可以通过如下表达式给出：

$$u_1=\frac{\sqrt{(1+4X^2+396)^2+6400}}{1+4X^2+400}\exp\left[-\frac{x^2}{2b^2}+\mathrm{i}\Theta-\mathrm{i}10\right] \tag{8.3.12}$$

其中，相对相位 Θ 表示为

$$\Theta=\arccos\left\{\frac{1+4X^2+396}{\sqrt{(1+4X^2+396)^2+6400}}\right\} \tag{8.3.13}$$

图 8.13 展示了初始激发相应的相位调制和振幅调制的曲线特征。这里需要指出的是，这些初态调制参量可以通过文献 [9] 中的相关密度和相位调制装置在实际光学实验中实现。在图 8.13 (a) 中，实线表示调制的密度信号，而虚线代表未被调制的高斯背景。与高斯背景的振幅分布比较，初始激励的振幅调制是非常小的 (只有在高斯背景较大幅值附近有小的调制)。在图 8.13(b) 中，与 π 相位比较起来，对于相对相位的调制也是比较弱的。这样，通过上述密度和相位的调制就得到了在高斯背景上激发怪波的初始激发元。

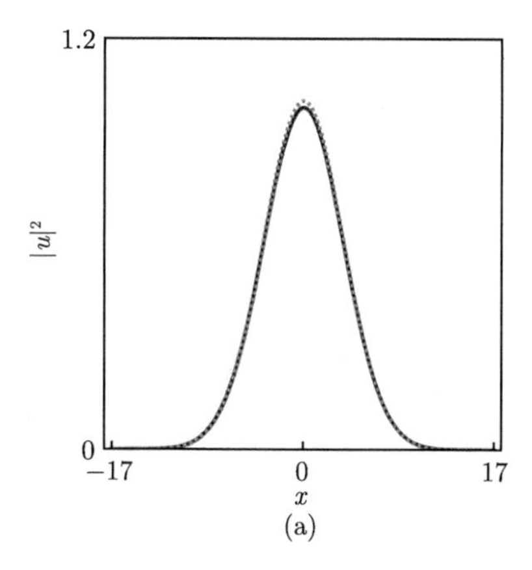

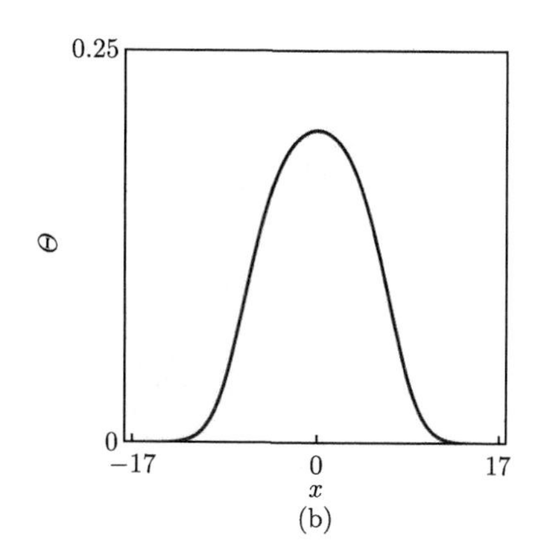

图 8.13 (a) 宽度参数 $b=6$ 的高斯背景上激发光怪波的密度调制曲线 (由 (8.3.12) 式描述)，其中实线表示高斯背景的密度分布，虚线代表弱调制的高斯背景的密度分布；(b) 相应的相位调制形式 (由 (8.3.13) 式描述)

接下来，考虑高阶怪波在高斯背景上的激发。高阶怪波的激发已在不同非线性物理系统中被广泛研究。特别地，高阶怪波的实验验证工作取得重要突破。Frisquet 等在单模光纤系统中证实了二阶怪波的存在。Chabchoub 等已在水箱中成功激发了二阶到五阶的怪波。此类高阶怪波可称为“超级怪波”，意味着具有更高的振幅以及更为复杂的时空分布结构。这类解在实际非线性物理系统中的实现表明：非线性波动方程中的一系列具有特殊性质的非线性激发元本质上表征了实际存在的非线性自然现象。理论上，相应的求解高阶怪波解的解析手段主要包括上述达布变换和 Hirota 双线性方法。目前，研究表明高阶怪波为多个基本 Peregrine 怪波的非线性叠加。根据相位参数的不同选取，高阶怪波往往表现出极其丰富的结构。

以二阶怪波解 $u_2(z,x)$ 为例给出相应的光学振幅分布 $I=|u_2(z,x)|$。如图 8.14 所示，可以清楚地看到二阶的单峰怪波的具有更高的光学振幅，并且它的最大光学振幅可以达到高斯背景振幅最大值的五倍。这个结果和平面波背景上的二阶怪波相一致。不同的是，此处的结果提供了另一种激发高阶怪波的方式，即在实际物理系统中通过合适的激发条件将有可能实现怪波在高斯背景上的激发。

图 8.15(a) 展示了二阶的“三胞胎”怪波 (三个一阶怪波) 在高斯背景上的激发。由图可见，“三胞胎”怪波仍然可以很好地存在于高斯背景上。其中位于高斯背景最大振幅位置 $x=0$ 的一阶怪波的幅值可以达到最大背景振幅的三倍，这与标准的一阶怪波情形是完全一致的。其余两个一阶怪波处于 $x\neq 0$，相应的最大振幅要小一些。不过，有趣的是，怪波的最大幅值等于所在位置高斯背景最大振幅的三倍。因此，该结果表明，“三胞胎”二阶怪波能够在高斯背景上激发，且相应的幅值和局域性保持得很好。

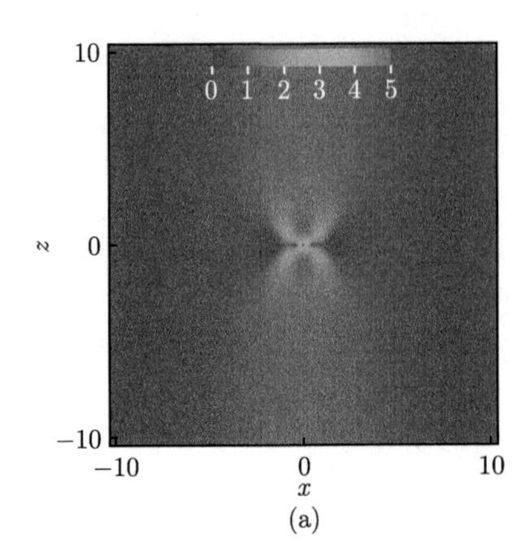

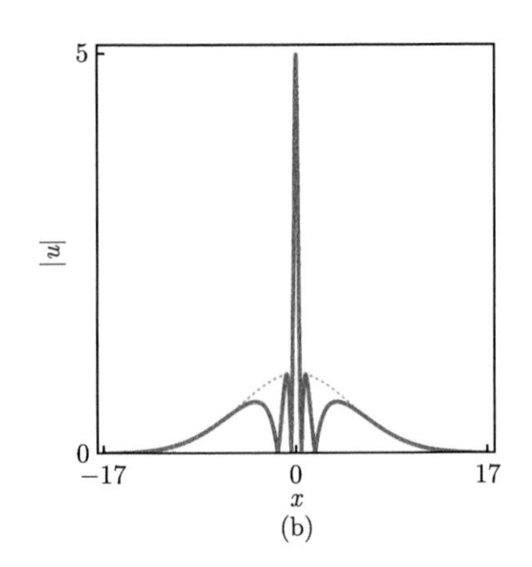

图 8.14　(a) 高斯背景上二阶单峰怪波 (精确解 (8.3.4) 式) 的光学振幅 $|u_2|$ 分布特征；(b) $|u_2|$ 在中心位置 $z=0$ 的剖面图 (实线) 以及高斯背景振幅 (虚线)。由图可见怪波依然双重局域于高斯背景上，且相应的二阶怪波的最大振幅是高斯背景最大振幅的五倍。这表明高阶怪波的基本性质 (双重局域性以及高峰值性) 在高斯背景上得到很好的保持。参数选取为：$b=6$，$b_1=0$，$b_2=0$ (彩图见封底二维码)

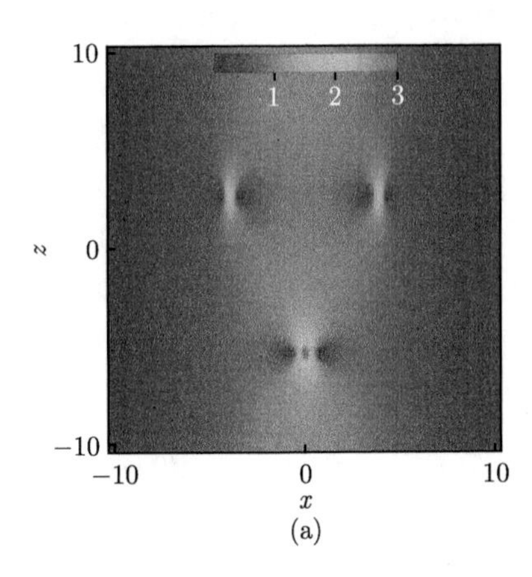

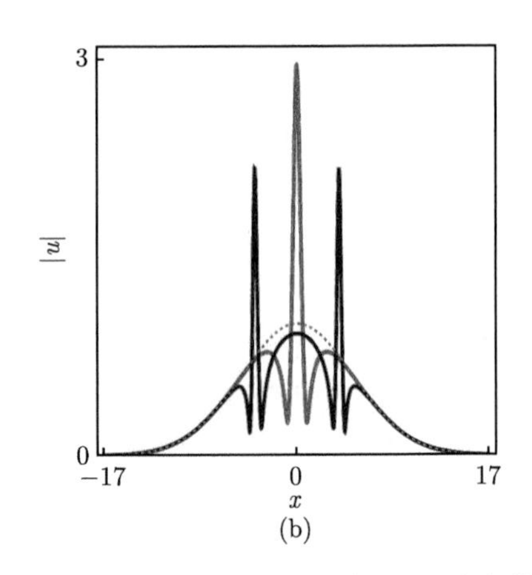

图 8.15　(a) 高斯背景上二阶“三胞胎”怪波 (精确解 (8.3.4) 式) 的光学振幅 $|u_2|$ 分布特征；(b) $|u_2|$ 在 $z=-5$ 的剖面图 (实线)，$z=2.5$ 的剖面图 (实线) 以及高斯背景振幅 (虚线)。由图可见二阶“三胞子”怪波依然存在于高斯背景上，其中每个怪波的振幅仍然是所在高斯背景位置振幅的三倍。参数选取为：$b=6$，$b_1=0$，$b_2=100$ (彩图见封底二维码)

接下来考察在高斯背景的局域性质变化的情况下怪波的激发会有怎样的性质。有趣的是，窄宽高斯背景上怪波仍然能够激发且保持双重局域，且其峰值依然是高斯背景最大峰值的三倍 (对于一阶怪波) 或五倍 (对于二阶怪波)。以一阶怪波为例，通过减小参数 b 得到有限宽高斯背景，从此过程中观察一阶怪波的最大峰值变化。如图 8.16 所示，高斯背景的半峰全宽是略小于怪波的局域尺寸，但一阶怪波的最大峰值仍然是背景最大值的三倍。怪波在局域的高斯背景上的这种特性为从有限宽背景上获取高强度脉冲或光束提供了一种方式。

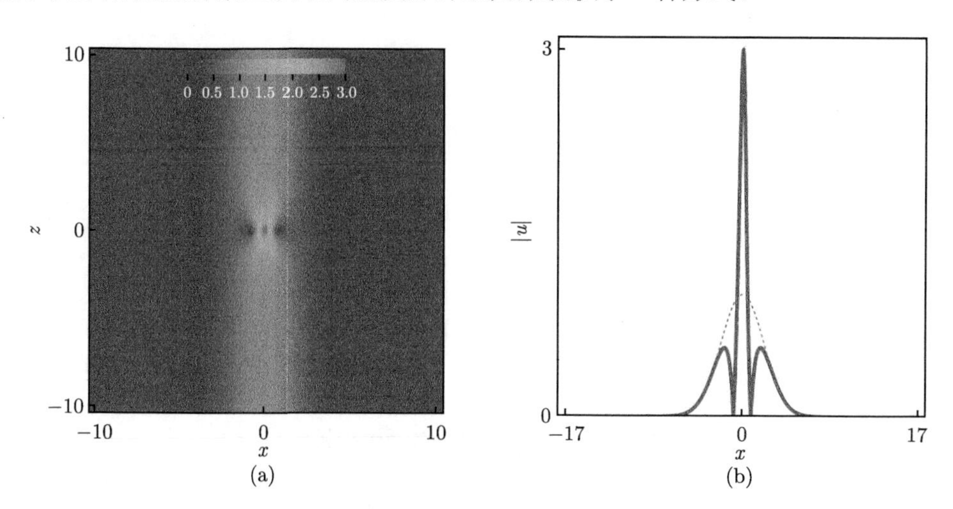

图 8.16 (a) 窄宽高斯背景上一阶怪波 (精确解 (8.3.4) 式) 的光学振幅 $|u_1|$ 分布特征; (b) $|u_1|$ 在中心位置 $z=0$ 的剖面图 (实线) 以及高斯背景振幅 (虚线)。由图可见怪波在窄宽高斯背景上依然保持其基本性质。参数选取为: $b=2$ (彩图见封底二维码)

8.4 单模光纤系统中孤子的操控

光纤中的理想光孤子是基于群速度色散和自相位调制的精确平衡。这已经被 Hasegawa 和 Tappert 理论报道过，并且已经由 Molenauer 等实验验证。然而，由于光纤损耗，实现理想的光孤子通信是非常困难的。耗散也会使非线性减弱，使光孤子扩大或失去信号。有两种方法来克服这些影响因素。一个是通过拉曼放大光增益补偿光纤损耗, 另一方面，根据近几年人们的研究成果，利用色散管理和非线性管理的方法。当实行这两种方法时，用非齐次非线性薛定谔方程来描述光脉冲的传播:

$$\mathrm{i}\frac{\partial U}{\partial Z}+\Omega(Z)\frac{\partial^2 U}{\partial T^2}+R(Z)|U|^2U+\frac{\mathrm{i}G(Z)}{2}U=0 \tag{8.4.1}$$

其中, $U(Z,T)$ 表示是一个共动参考系中电场的复包络; Z 表示归一化距离; T 表示延迟时间; 耦合参数 $\Omega(Z)$, $R(Z)$ 和 $G(Z)$ 是自由函数，分别表示群速度色散参数、克尔非线性参量和线性增益参数。很显然，这些参数都会对孤子解有影响。随着现代技术的发展，基于这些理论，人们提出了孤子管理的概念，它本质上是通过调整相关参数来控制孤子的动力学。其后，通过色散精确控制孤子的动力学。在管理光孤子动力学的框架下，通过非自治孤子的峰值、宽度和包络的中心轨迹的明确的表达式，可以使我们的研究更准确、方便。这些表达式可以应用到光纤放大器、光脉冲压缩机和以孤立波为基础的通信系统的设计中。

8.4.1 无啁啾孤子

要得到一个非齐次非线性薛定谔方程解析解，耦合参数有一些约束 (可积条件)。在色散项、增益 (损耗) 和非线性之间有一个微妙的平衡，选择

$$R(Z)=2g\Omega(Z)\exp\left[\int G(Z)\mathrm{d}Z\right] \tag{8.4.2}$$

$$U(\tau,Z)=Q(T,Z)\exp\left[-\int G(Z)/2\mathrm{d}Z\right] \tag{8.4.3}$$

然后 (8.4.1) 式变为

$$\mathrm{i}Q_z+\Omega Q_{TT}+f(Z)TQ+2g\Omega(Z)|Q|^2Q=0 \tag{8.4.4}$$

Lax 对为

$$\partial_T\phi=F\phi(T,Z),\qquad \partial_Z\phi=W\phi(T,Z) \tag{8.4.5}$$

其中，

$$F=\begin{pmatrix}\zeta & \sqrt{g}Q\\ \sqrt{g}\bar{Q} & -\zeta\end{pmatrix},\qquad W=\begin{pmatrix}A & B\\ C & -A\end{pmatrix} \tag{8.4.6}$$

这里，

$$\begin{aligned}A&=2\mathrm{i}\Omega(Z)\zeta^2+\mathrm{i}g\Omega(Z)|Q|^2\\ B&=2\mathrm{i}\Omega(Z)Q\zeta+\mathrm{i}\sqrt{g}\Omega(Z)Q_T\\ C&=-2\mathrm{i}\Omega(Z)\bar{Q}\zeta+\mathrm{i}\sqrt{g}\Omega(Z)\bar{Q}_T\end{aligned}$$

式中，$\zeta=\alpha+\mathrm{i}\beta$ 是任意的，则运用达布变换由零种子解可以构造 (8.4.1) 式的解析解为

$$U(T,Z)=\frac{4\alpha A_{\mathrm{c}}\exp\theta}{\sqrt{g}(1+A_{\mathrm{c}}^2\exp\varphi)} \tag{8.4.7}$$

其中，

$$\begin{aligned}\theta&=-2T(\alpha-\mathrm{i}\beta)-\int\mathrm{d}ZG(Z)/2+\mathrm{i}4(\alpha-\mathrm{i}\beta)^2\int\mathrm{d}Z\Omega(Z)\\ \varphi&=16\alpha\beta\int\mathrm{d}Z\Omega(Z)-4\alpha T\end{aligned}$$

A_{c} 是任意实数。

在上述过程中，假设耦合参数 $\varOmega(Z)$ 和 $G(Z)$ 是与 Z 有关的任意函数，这将方便我们研究各不同条件下非自治孤子特性，在下面会证明这个解是无啁啾非自治孤子。

在 $1-A_{\mathrm{c}}^2\mathrm{e}^{\varphi}=0$ 时，最大值的位置被定义为包络的中心。因此，非自治孤子波包的中心为

$$T_{\mathrm{c}}=\frac{\ln A_{\mathrm{c}}}{2\alpha}+4\beta\int\varOmega(Z)\mathrm{d}Z \tag{8.4.8}$$

很明显，色散管理有效控制了波包的中心运动轨迹，而增益参数对非自治孤子的轨迹毫无影响。非自治亮孤子的宽度按半峰全宽计算可得

$$W(Z)=\frac{1}{4\alpha}\ln\frac{3+2\sqrt{2}}{3-2\sqrt{2}} \tag{8.4.9}$$

孤子的峰值为

$$|U|_{\max}^2=4\alpha^2\exp\left[-\int G(Z)\mathrm{d}Z\right]\Big/|g| \tag{8.4.10}$$

(8.4.9) 式反映了孤子是无啁啾的，(8.4.8) 式的耦合参数不影响非自治孤子的宽度。对于这一孤子，当增益参数影响孤子的宽度和峰值时，色散管理只影响孤子中心的轨迹。因此，人们可以通过一般解来研究具有多种色散的孤子的性质。此外，如果没有增益，在 $R(Z)=2g\varOmega(Z)(g=0)$ 的条件下经典的孤子将被恢复。

指数色散管理在实验上已经实现了，选择色散管理为 $\varOmega(Z)=\mathrm{e}^Z$。描述波导中非自治孤子演化的解为

$$|U|^2=\frac{16\alpha^2A_{\mathrm{c}}^2\exp\left[\varphi-\int G(Z)\mathrm{d}Z\right]}{g(1+A_{\mathrm{c}}^2\exp\varphi)^2} \tag{8.4.11}$$

其中，$\varphi=16\alpha\beta\mathrm{e}^Z-4\alpha T$。由 (8.4.8) 式可知，在 $\varOmega(Z)=\mathrm{e}^Z$ 时非自治孤子将偏离传播方向；当 $\varOmega(Z)=-\mathrm{e}^Z$ 时，非自治孤子将接近传播方向。当 $G(Z)=0$ 时，孤子的宽度和峰值都不改变，这是一个经典的光孤子，在光纤通信系统中有很大的应用。

观察非自治孤子色散管理项 $\varOmega(Z)=l\cos(\omega Z)$ 的演化, 在这种情况下，孤子的中心随传播距离振荡。因此通过周期色散管理可以在延迟框架下得到振荡孤子，如图 8.17 所示。色散管理的非自治孤子的演化都是在延迟框架下观察到的。值得注意的是，这种振荡孤子和所谓的色散管理孤子不同，色散管理孤子总是啁啾的，形状也总是变化的。在本节中，通过色散和非线性效应的平衡，色散管理孤子是无啁啾的，其形状是不变的。

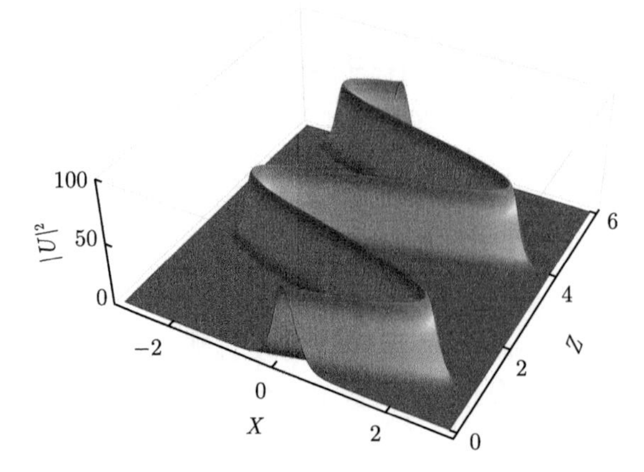

图 8.17　周期色散管理下的无啁啾非自治时间亮孤子动力学行为。参数选取为：$\alpha=2, l=1, \omega=2, g=0.25, A_{\mathrm{c}}=2, \beta=1$

8.4.2　啁啾孤子

这一小节研究啁啾孤子管理。设非线性项参量为

$$R(Z)=2g\Omega(Z)\exp\left\{\int[G(Z)-4\Omega(Z)C_2(Z)]\mathrm{d}Z\right\}$$

其中，$C_2(Z)=1\Big/\left[\int 4\Omega(Z)\mathrm{d}Z+h\right]$ (h 是常数)，通过达布变换可得非自治孤子解如下：

$$U(T,Z)=\frac{4b(Z)A_{\mathrm{c}}\exp[\theta(T,Z)]}{\sqrt{g}\{1+A_{\mathrm{c}}^2\exp[\varphi(T,Z)]\}} \tag{8.4.12}$$

式中，α, β, A_{c} 为任意实数；

$$\begin{aligned}\theta(T,Z)=&-2[b(Z)-\mathrm{i}d(Z)]T+\mathrm{i}C_2(Z)T^2+\int[-G(Z)/2+2\Omega(Z)C_2(Z)]\mathrm{d}Z\\&+\int 4\mathrm{i}\Omega(Z)[b(Z)-\mathrm{i}d(Z)]^2\mathrm{d}Z\end{aligned}$$

$$\varphi(T,Z)=-4b(Z)T+\int 16\Omega(Z)b(Z)d(Z)\mathrm{d}Z$$

$$b(Z)=\alpha\exp[-\int 4\Omega(Z)C_2(Z)\mathrm{d}Z],\quad d(Z)=\beta\exp\left[\int -4\Omega(Z)C_2(Z)\mathrm{d}Z\right]$$

根据啁啾参数的定义，一方面可以得到啁啾参数为 $2C_2(Z)$，从而实现了啁啾类孤子解；另一方面，象征着孤子的形状和轨迹的其他参量可以计算。

宽度的演变为

$$W(Z)=\frac{1}{4b(Z)}\ln\frac{3+2\sqrt{2}}{3-2\sqrt{2}} \tag{8.4.13}$$

其峰值的演变是

$$|U|_{\max}^2 = \frac{4b(Z)^2}{g} \exp\left[\int [4\Omega(Z)C_2(Z) - G(Z)]\mathrm{d}Z\right] \tag{8.4.14}$$

中心的轨迹为

$$T_{\mathrm{c}}(Z) = \frac{\ln A_{\mathrm{c}}}{2b(Z)} \frac{\displaystyle\int 4\Omega(Z)b(Z)d(Z)\mathrm{d}Z}{b(Z)} \tag{8.4.15}$$

很明显，系数 A_{c} 是一个关键的物理影响，当 $A_{\mathrm{c}} = 1$ 时，孤子的中心的轨迹为 $T_{\mathrm{c}}(Z) = -\beta$，这意味着，光孤子的中心不再振荡，波包中心的轨迹是一条直线。此外，从 (8.4.13) 式和 (8.4.14) 式，可以发现孤子的宽度为

$$W(Z) = \frac{4l\sin(\omega Z) + \omega h}{4\alpha\omega} \ln\frac{3+2\sqrt{2}}{3-2\sqrt{2}} \tag{8.4.16}$$

孤子的峰值为

$$|U|_{\max}^2 = \frac{4\alpha^2\omega}{g[4l\sin(\omega Z) + \omega h]} \tag{8.4.17}$$

从这些表达式可以看出孤子具有明显的“呼吸”，其形状呈周期性变化，如图 8.18 所示。

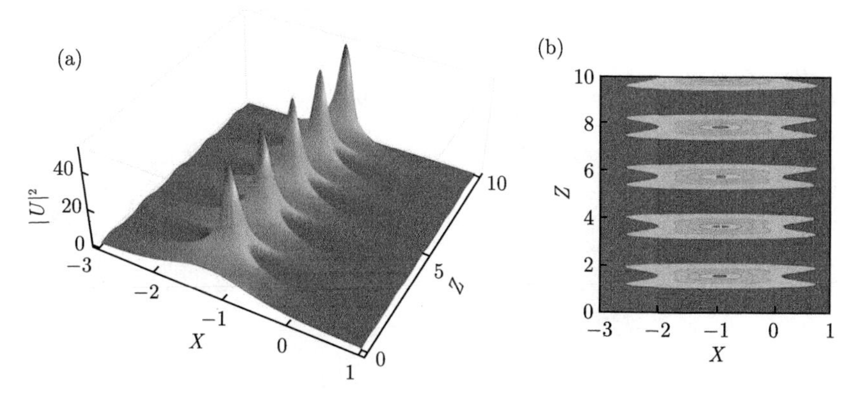

图 8.18　(a) 周期色散管理下的无啁啾非自治时间亮孤子动力学行为。参数选取为：$\alpha = 2, l = 3, \omega = 3, g = 0.25, A_{\mathrm{c}} = 2, \beta = 1, h = 5$。(b) 为 (a) 的等高线图，具有相同参数，很明显孤子是“呼吸”的，宽度和峰值都随时间振荡

非自治孤子的宽度和峰值是振荡的，在相同色散管理下完全不同于无啁啾的非自治孤子，改变无啁啾的非自治孤子的群速度，但保持形状不变。这也可以通过比较图 8.17 和图 8.18 看出来。

当 $A_c = 1$ 时，它的呼吸和群速度变化如图 8.19 所示。有趣的是，当 $A_c \neq 1$ 时啁啾非自治孤子既包括了无啁啾非自治孤子的特点，又包括了 $A_c = 1$ 时的啁啾非自治孤子的特点。因此，周期色散管理中的孤子在不同的条件下可以演变为振荡孤子、呼吸孤子或者振荡呼吸孤子。

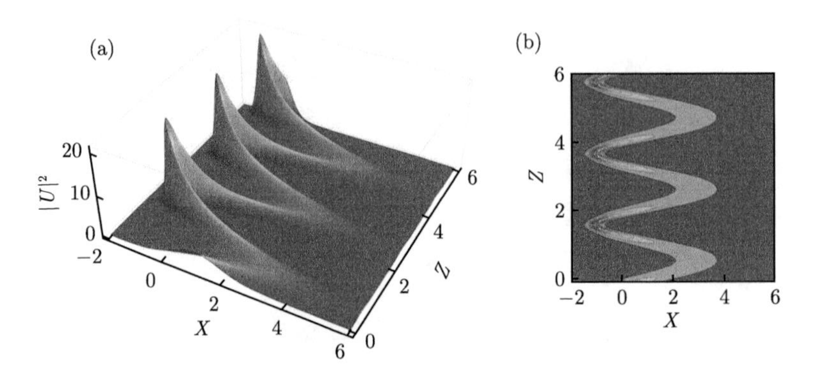

图 8.19　(a) 周期色散管理下的非自治啁啾亮孤子动力学行为。参数选取为：$\alpha = 2, l = 3, \omega = 3, g = 0.25, A_c = 8, \beta = 1, h = 5$。(b) 为 (a) 的等高线图，具有相同参数，很明显孤子是“呼吸”的，宽度、峰值和中心都随时间振荡

如果色散管理为 $l\cos(\omega Z) + l_0$，可以从 (8.4.12) 式得到非自治孤子的演化。当 $l_0 > 0$ 时，随着传播距离的增加，孤子的强度越来越弱，如图 8.20(a) 所示。

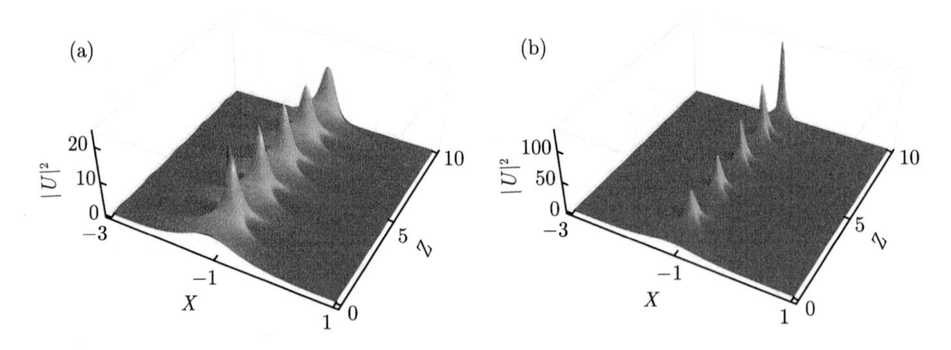

图 8.20　色散管理为 $\Omega(Z) = l\cos(\omega Z) + l_0$ 时，亮孤子动力学行为。(a) $l_0 = 0.03$，非自治孤子呼吸越来越弱；(b) $l_0 = 0.03$, 强度越来越大。其他系数是：$\alpha = 2; l = 3; \omega = 3; A_c = 1; g = 0.25; \beta = 1; h = 5$

当 $l_0 < 0$ 时，孤子的强度越来越强，如图 8.20(b) 所示。这是本节中孤子的一个有趣的特征。以上的讨论都基于增益项为零。同样，在增益项不为零时，增益项不影响孤子的宽度和运动，但是可以改变孤子的峰值。从 (8.4.14) 式可以发现，当

增益项成为 $G(Z) = 4\Omega(Z)C_2(Z)$ 时，孤子的峰值是恒定的。

8.5 双模光纤系统中怪波转换为孤子的操控

本节基于两组分耦合的非线性薛定谔方程，在拥有两个正交偏振态的指数衰减光纤系统中，研究平面波背景上孤子的非线性激发。我们提出了一种激发孤子的新模式，并得到了一种非对称结构的孤子，这为丰富孤子的非线性激发模式提供了理论参考。

光学局域波一直是非线性科学研究中的热点问题，这些局域波包括亮孤子、暗孤子、呼吸子以及怪波。考虑到实际物理系统的组分数往往大于 1，一些研究者尝试在耦合系统中寻找新的非线性激发。研究结果显示，耦合系统中包含更丰富的局域波类型，其中包括矢量孤子、矢量怪波 [11] 以及矢量呼吸子 [12]，它们与标量系统中的局域波相比拥有很多新奇的特性。然而，大多数矢量局域波的时空分布截面为对称结构，那么是否存在非对称结构的孤子呢？

另一方面，孤子大多来源于局域脉冲。有研究表明，在平面波背景上通过弱调制可以得到怪波。如果我们可以找到某种方式使得怪波信号转换为稳定传输的孤子信号，就可以实现在平面波背景上通过弱调制得到孤子脉冲。另外，研究发现，调制不稳定性在局域波动力学中扮演了十分重要的角色，而且在一定的条件下调制不稳定机制与调制稳定机制之间可以相互转换。以上特性已经被用于在单模光纤中产生孤子脉冲 [13]。考虑到耦合系统的调制不稳定性特性与标量系统的不同，我们期待在拥有两个正交偏振态的指数衰减光纤中能够看到一些不同的非线性激发。

我们研究正交偏振态指数衰减光纤中的非线性激发。研究结果显示，在平面波背景上通过一个弱调制可以得到非对称的 W 形和 M 形孤子脉冲。为了验证其传输稳定性，我们对该脉冲进行了数值测试。结果显示，即使在增加噪声的情况下非对称孤子脉冲仍然具有很强的鲁棒性。通过调制不稳定性分析，我们定性地解释了产生非对称孤子的动力学过程，其是一个从调制不稳定机制过渡到调制稳定机制的过程。特别地，非对称孤子脉冲的对称度可以通过改变两组分的相对频率而得到有效控制。通过控制孤子的对称度可以得到丰富的局域波结构，其中包括非对称的 W 形、非对称的 M 形、“暗–反暗”、“反暗–暗”、对称的 W 形以及对称的 M 形孤子脉冲。我们对非对称孤子脉冲进行了谱分析，发现非对称孤子脉冲拥有“非对称间断谱”。以上研究结果提供了一种新的孤子激发模式，并得到了一些新颖的孤子结构，这大大地丰富了孤子激发动力学。

8.5.1 平面波上半有理解

单模光纤中的非线性局域波因其在通信系统中的重要应用而备受关注。大多单模光纤并非真正的单一模式，它往往包含两个正交模式的偏振态。对于实际的光纤系统，两个正交偏振态并不简并，而且两个非简并态往往以随机混合的方式存在，因此被称为随机双折射光纤。但在相对较低偏振模色散情况下讨论孤子动力学时，两者之间的群速度差可以通过群速度变换而消除，因此该系统中脉冲的传输可以用 Manakov 系统来描述。早期的研究表明光纤系统中的色散系数可以得到很好的操控和管理，这已经在理论和实验中得到了证实，而且非线性强度在光学系统中可以通过使用多层克尔介质而得到很好的操控。另外，光学实验表明，通过拉锥等技术可以有效地调节光纤的非线性强度。这些实验和新的技术为有效地实现色散管理和非线性操控提供了便利。色散衰减光纤 (DDF) 因其良好的传输特性而被广泛用于光纤通信。这里取色散管理系数

$$\beta(z)=a\mathrm{e}^{b(z-z_0)}$$

其中，$b<0$，a 和 z_0 为任意实常数，即色散强度沿演化方向呈指数衰减趋势。实验研究表明色散系数和非线性系数都可以被有效操控，因此我们假设非线性系数 $g(z)$ 和色散系数 $\beta(z)$ 满足可积条件 $g(z)=\gamma^2\beta(z)$，其中 γ 为任意实常数。此时，两个正交偏振模式的光脉冲在色散衰减光纤中的传输遵循如下方程：

$$\mathrm{i}\frac{\partial\varphi_1}{\partial z}+\beta(z)\frac{\partial^2\varphi_1}{\partial t^2}+2g(z)[|\varphi_1|^2+|\varphi_2|^2]\varphi_1=0 \tag{8.5.1}$$

$$\mathrm{i}\frac{\partial\varphi_2}{\partial z}+\beta(z)\frac{\partial^2\varphi_2}{\partial t^2}+2g(z)[|\varphi_1|^2+|\varphi_2|^2]\varphi_2=0 \tag{8.5.2}$$

其中，φ_1 和 φ_2 表示两个正交偏振光脉冲的慢变包络振幅。对于实际的光纤介质，材料分布往往是不均匀的，这时色散系数和非线性系数在传播方向是变化的，而以上模型刚好可以用于描述这种物理情景。该模型在很早以前就引起了极大的关注，它还广泛应用于其他的非线性介质 (例如冷原子阱中的玻色–爱因斯坦凝聚体) 中研究自相似孤子等局域波。当模型中 $\beta(z)$ 和 $g(z)$ 为常数，该模型退化为如下的常系数方程：

$$\mathrm{i}\frac{\partial\psi_1}{\partial Z}+\frac{\partial^2\psi_1}{\partial T^2}+2[|\psi_1|^2+|\psi_2|^2]\psi_1=0 \tag{8.5.3}$$

$$\mathrm{i}\frac{\partial\psi_2}{\partial Z}+\frac{\partial^2\psi_2}{\partial T^2}+2[|\psi_1|^2+|\psi_2|^2]\psi_2=0 \tag{8.5.4}$$

该模型为最简单的耦合模型，可以用来解释文献 [14] 中的实验结果以及随机双折射光纤中的暗怪波，还可以用来描述准一维两组分玻色–爱因斯坦凝聚体中的物

质波动力学、光纤系统中的光脉冲演化以及矢量金融系统中的怪波。另外，该模型在多种物理系统中被用来研究不同类局域波间的相互作用，例如孤子和怪波间的相互作用、呼吸子和怪波之间的相互作用、呼吸子之间的相互作用等[12,15]。

我们可以通过两个步骤得到以上模型的精确解：首先通过达布变换[16]得到其对应常系数方程的解，然后通过相似变换得到方程组 (8.5.1) 式和 (8.5.2) 式的解。下面我们按照达布变换的具体步骤来求解方程组 (8.5.3) 式和 (8.5.4) 式。之后利用相似变换得到方程组 (8.5.1) 式、(8.5.2) 式与方程组 (8.5.3) 式、(8.5.4) 式之间的对应关系，从而得到描述色散光纤中非对称孤子的精确解[17]。首先我们引入该模型的种子解，即平面波解，

$$\psi_{10} = s_1 \mathrm{e}^{\mathrm{i}\theta_1} \tag{8.5.5}$$

$$\psi_{20} = s_2 \mathrm{e}^{\mathrm{i}\theta_2} \tag{8.5.6}$$

其中，s_1 和 s_2 表示两组分的背景振幅，

$$\theta_1 = \omega_1 T + k_1 Z \tag{8.5.7}$$

$$\theta_2 = \omega_2 T + k_2 Z \tag{8.5.8}$$

ω_1 和 ω_2 表示背景频率，而 k_1 和 k_2 表示背景波矢，

$$k_1 = 2s_1^2 + 2s_2^2 - \omega_1^2 \tag{8.5.9}$$

$$k_2 = 2s_1^2 + 2s_2^2 - \omega_2^2 \tag{8.5.10}$$

不失一般性，我们将两组分的背景振幅设定为相同的值，即 $s_1 = s_2 = s$。此外，最近的研究表明两组分的相对背景频率会对局域波结构产生影响。在此，我们令 $\omega_1 = 0$ 而 $\omega_2 = \omega$ 。

方程组 (8.5.3) 式和 (8.5.4) 式对应的 Lax 对为

$$\begin{cases} \boldsymbol{\Phi}_T = U\boldsymbol{\Phi} \\ \boldsymbol{\Phi}_Z = V\boldsymbol{\Phi} \end{cases} \tag{8.5.11}$$

其中，$\boldsymbol{\Phi}$ 为一个三行一列的矩阵，$\boldsymbol{\Phi} = (\Phi_1, \Phi_2, \Phi_3)^{\mathsf{T}}$ ，这里 T 为矩阵的转置，而矩阵 U 和 V 的表达式为

$$U = \begin{pmatrix} -\dfrac{2\mathrm{i}}{3}\lambda & \psi_1 & \psi_2 \\ -\psi_1^* & \dfrac{\mathrm{i}}{3}\lambda & 0 \\ -\psi_2^* & 0 & \dfrac{\mathrm{i}}{3}\lambda \end{pmatrix} \tag{8.5.12}$$

$$V = U\lambda + \begin{pmatrix} \mathrm{i}(|\psi_1|^2 + |\psi_2|^2) & \psi_{1t} & \psi_{2t} \\ \mathrm{i}\psi_{1t}^* & -\mathrm{i}|\psi_1|^2 & -\mathrm{i}\psi_2\psi_1^* \\ \mathrm{i}\psi_{2t}^* & -\mathrm{i}\psi_1\psi_2^* & -\mathrm{i}|\psi_2|^2\lambda \end{pmatrix} \tag{8.5.13}$$

$\boldsymbol{\Phi}$ 表示耦合非线性薛定谔方程对应的 Lax 对 (8.5.11) 式在 $\psi_1 = \psi_{10}$ 和 $\psi_2 = \psi_{20}$ 时的解，其中 ψ_{10} 和 ψ_{20} 分别为两组分对应的平面波解。由零曲率方程 $U_Z - V_T + [U,\ V] = 0$，可以导出方程组 (8.5.3) 式和 (8.5.4) 式。我们采用前面介绍的达布变换的办法，用一个矩阵 S 作用在 $\boldsymbol{\Phi}$ 上，将 U 和 V 矩阵变为常数矩阵，分别记作 $\tilde{U}$ 和 $\tilde{V}$。Lax 对变成了如下的形式：

$$\begin{cases} (S\boldsymbol{\Phi})_T = \tilde{U}(S\boldsymbol{\Phi}) \\ (S\boldsymbol{\Phi})_Z = \tilde{V}(S\boldsymbol{\Phi}) \end{cases} \tag{8.5.14}$$

其中，常数矩阵 $\tilde{U}$ 和 $\tilde{V}$ 为

$$\tilde{U} = SUS^{-1} + S_t S^{-1} \tag{8.5.15}$$

$$\tilde{V} = SVS^{-1} + S_x S^{-1} \tag{8.5.16}$$

S 选取如下的形式：

$$S = \begin{pmatrix} \mathrm{e}^{-\frac{\mathrm{i}}{3}(\theta_1+\theta_2)} & 0 & 0 \\ 0 & \mathrm{e}^{\frac{\mathrm{i}}{3}(2\theta_1-\theta_2)} & 0 \\ 0 & 0 & \mathrm{e}^{\frac{\mathrm{i}}{3}(2\theta_2-\theta_1)} \end{pmatrix} \tag{8.5.17}$$

$\tilde{U}$ 和 $\tilde{V}$ 矩阵的具体表达形式为

$$\tilde{U} = \begin{pmatrix} -\frac{\mathrm{i}}{3}(2\lambda+\omega) & s & s \\ -s & \frac{\mathrm{i}}{3}(\lambda-\omega) & 0 \\ -s & 0 & \frac{\mathrm{i}}{3}(\lambda+2\omega) \end{pmatrix} \tag{8.5.18}$$

$$\tilde{V} = \begin{pmatrix} -\frac{\mathrm{i}}{3}(2s^2+2\lambda^2-\omega^2) & s\lambda & s(\lambda-\omega) \\ -s\lambda & \frac{\mathrm{i}}{3}(s^2+\lambda^2+\omega^2) & -\mathrm{i}s^2 \\ -s(\lambda-\omega) & -\mathrm{i}s^2 & \frac{\mathrm{i}}{3}(s^2+\lambda^2-2\omega^2) \end{pmatrix} \tag{8.5.19}$$

$\tilde{U}$ 和 $\tilde{V}$ 之间满足如下的关系：

$$\tilde{V} = \mathrm{i}\tilde{U}\tilde{U} + \frac{2}{3}(\lambda - \omega)\,\tilde{U} + F\begin{pmatrix} 1 & 0 & 0 \\ 0 & 1 & 0 \\ 0 & 0 & 1 \end{pmatrix} \tag{8.5.20}$$

其中，

$$F = \frac{2}{9}\mathrm{i}(6s^2 + \lambda^2 + \lambda\omega + \omega^2) \tag{8.5.21}$$

验证发现，$\tilde{U}$ 和 $\tilde{V}$ 仍然满足零曲率方程。常数矩阵 $\tilde{U}$ 对应的本征方程为

$$\tau^3 + T_1\tau + T_0 = 0 \tag{8.5.22}$$

可以解出

$$\tau_1 = \frac{-2\times 3^{1/3}\,T_1 + 2^{1/3}\,{T_3}^2}{6^{2/3}\,T_3} \tag{8.5.23}$$

$$\tau_2 = \frac{2(\sqrt{3}+3\mathrm{i})T_1 + 2^{1/3}\,3^{1/6}(-1+\mathrm{i}\sqrt{3})\,{T_3}^2}{2^{5/3}\,3^{5/6}\,T_3} \tag{8.5.24}$$

$$\tau_3 = \frac{2(\sqrt{3}-3\mathrm{i})T_1 + 2^{1/3}3^{1/6}(-1-\mathrm{i}\sqrt{3})\,{T_3}^2}{2^{5/3}\,3^{5/6}\,T_3} \tag{8.5.25}$$

其中，

$$T_3 = \left(\sqrt{12{T_1}^3 + 81{T_0}^2} - 9T_0\right)^{1/3} \tag{8.5.26}$$

T_1 和 T_0 的具体表达式为

$$T_1 = h_1h_2 + h_1h_3 + h_2h_3 + 2s^2 \tag{8.5.27}$$

$$T_0 = -h_1h_2h_3 - h_3s^2 - h_2s^2 \tag{8.5.28}$$

其中，

$$h_1 = -\frac{\mathrm{i}}{3}(2\lambda + \omega) \tag{8.5.29}$$

$$h_2 = \frac{\mathrm{i}}{3}(\lambda - \omega) \tag{8.5.30}$$

$$h_3 = \frac{\mathrm{i}}{3}(\lambda + 2\omega) \tag{8.5.31}$$

本征方程 (8.5.22) 式最多拥有三个根，重根数的不同对应不同的局域波种类及相互作用性质。大致包括如下几种情况：① 本征方程没有重根，即 $\tau_1 \neq \tau_2 \neq \tau_3$，激发

“单一呼吸子”或者呼吸子相互作用的结构；② 本征方程有二重根，即 $\tau_1=-2\tau_2$，$\tau_2=\tau_3$，该系统可以激发亮暗怪波以及怪波跟其他局域波 (例如孤子、呼吸子) 之间的相互作用结构；③ 本征方程有三重根，即 $\tau_1=\tau_2=\tau_3$，该系统可以激发单怪波、双怪波以及不同怪波的非线性叠加态等有趣结构。需要说明的是，对于上述三种情况构造解析解的方式有所不同。非简并情况下，引入相似矩阵将 $\tilde{U}$ 和 $\tilde{V}$ 矩阵化为对角阵，然后求解本征函数。简并情况下，将 $\tilde{U}$ 和 $\tilde{V}$ 矩阵化为若尔当矩阵，然后求解本征函数。

本节主要考虑二重简并的情况，即 $\tau_1=-2\tau_2$，$\tau_2=\tau_3$。在这种情况下，我们根据盛金公式可以求出

$$\tau_1=\frac{3T_0}{T_1} \tag{8.5.32}$$

$$\tau_2=-\frac{3T_0}{2T_1} \tag{8.5.33}$$

另外根据盛金公式，本征方程具有二重根对 λ 有一个约束，λ 满足如下的四次方程：

$$E_4\lambda^4+E_3\lambda^3+E_2\lambda^2+E_1\lambda+E_0=0 \tag{8.5.34}$$

其中，

$$E_4=3\omega^2,\quad E_3=6\omega^2 \tag{8.5.35}$$

$$E_2=3(4s^4+10s^2\omega^2+\omega^4) \tag{8.5.36}$$

$$E_1=6(2s^4\omega+5s^2\omega^3) \tag{8.5.37}$$

$$E_0=96s^6+39s^4\omega^2+12s^2\omega^4 \tag{8.5.38}$$

需要说明的是，满足约束条件的 λ 形式并不唯一，其包含四种形式：

$$\lambda_1=-\frac{\omega}{2}-\frac{\sqrt{f_1-f_2}}{2\,\omega} \tag{8.5.39}$$

$$\lambda_2=-\frac{\omega}{2}+\frac{\sqrt{f_1-f_2}}{2\,\omega} \tag{8.5.40}$$

$$\lambda_3=-\frac{\omega}{2}-\frac{\sqrt{f_1+f_2}}{2\,\omega} \tag{8.5.41}$$

$$\lambda_4=-\frac{\omega}{2}+\frac{\sqrt{f_1+f_2}}{2\,\omega} \tag{8.5.42}$$

其中，

$$f_1=-8s^4-20s^2\omega^2+\omega^4 \tag{8.5.43}$$

$$f_2 = 8\sqrt{s^2(s^2-\omega^2)^3} \tag{8.5.44}$$

λ 选取不同的形式，对应局域波的结构特征是一样的，在此我们任意选取一种形式。假设 $\tilde{U}$ 对应若尔当矩阵的形式如下：

$$\tilde{U}_\mathrm{J} = \begin{pmatrix} \tau_1 & 0 & 0 \\ 0 & \tau_2 & 1 \\ 0 & 0 & \tau_2 \end{pmatrix} \tag{8.5.45}$$

根据 $\tilde{U}$ 和 $\tilde{V}$ 之间的关系 (8.5.20) 式可以求出 $\tilde{V}$ 对应的若尔当矩阵

$$\tilde{V}_\mathrm{J} = \begin{pmatrix} V_a & 0 & 0 \\ 0 & V_b & V_c \\ 0 & 0 & V_b \end{pmatrix} \tag{8.5.46}$$

其中，

$$V_a = \mathrm{i}\tau_1^2 + \frac{2}{3}\tau_1(\lambda-\omega) + \frac{2}{9}\mathrm{i}(6s^2+\lambda^2+\lambda\omega+\omega^2) \tag{8.5.47}$$

$$V_b = \mathrm{i}\tau_2^2 + \frac{2}{3}\tau_2(\lambda-\omega) + \frac{2}{9}\mathrm{i}(6s^2+\lambda^2+\lambda\omega+\omega^2) \tag{8.5.48}$$

$$V_c = \frac{2}{3}(\lambda+3\mathrm{i}\tau_2-\omega) \tag{8.5.49}$$

求出若尔当矩阵的变换矩阵 D

$$D = \begin{pmatrix} d_{11} & d_{12} & d_{13} \\ d_{21} & d_{22} & d_{23} \\ d_{31} & d_{32} & d_{33} \end{pmatrix} \tag{8.5.50}$$

其中，

$$d_{11} = d_{12} = d_{13} = 1 \tag{8.5.51}$$

$$d_{21} = \frac{s}{h_2-\tau_1}, \quad d_{22} = \frac{s}{h_2-\tau_2}, \quad d_{23} = \frac{s(1+h_2-\tau_2)}{(h_2-\tau_2)^2} \tag{8.5.52}$$

$$d_{31} = \frac{s}{h_3-\tau_1}, \quad d_{32} = \frac{s}{h_3-\tau_2}, \quad d_{33} = \frac{s(1+h_3-\tau_2)}{(h_3-\tau_2)^2} \tag{8.5.53}$$

将 $\tilde{U}_\mathrm{J}$ 和 $\tilde{V}_\mathrm{J}$ 代入

$$\begin{cases} \boldsymbol{\Phi}_{0T} = \tilde{U}_\mathrm{J}\boldsymbol{\Phi}_0 \\ \boldsymbol{\Phi}_{0Z} = \tilde{V}_\mathrm{J}\boldsymbol{\Phi}_0 \end{cases} \tag{8.5.54}$$

可以求得

$$\Phi_{01}=A_1\mathrm{e}^{(\tau_1 t+V_a z)} \tag{8.5.55}$$

$$\Phi_{02}=[A_2+A_3(t+V_c z)]\mathrm{e}^{(\tau_2 t+V_b z)} \tag{8.5.56}$$

$$\Phi_{03}=A_3\mathrm{e}^{(\tau_2 t+V_b z)} \tag{8.5.57}$$

由 $\boldsymbol{\Phi}_0=D^{-1}S\,\boldsymbol{\Phi}$，可以解出 Lax 对(8.5.11)式的本征函数

$$\Phi_1=(d_{11}\Phi_{01}+d_{12}\Phi_{02}+d_{13}\Phi_{03})\ \mathrm{e}^{\frac{\mathrm{i}}{3}(\theta_1+\theta_2)} \tag{8.5.58}$$

$$\Phi_2=(d_{21}\Phi_{01}+d_{22}\Phi_{02}+d_{23}\Phi_{03})\ \mathrm{e}^{-\frac{\mathrm{i}}{3}(2\theta_1-\theta_2)} \tag{8.5.59}$$

$$\Phi_3=(d_{31}\Phi_{01}+d_{32}\Phi_{02}+d_{33}\Phi_{03})\ \mathrm{e}^{\frac{\mathrm{i}}{3}(\theta_1-2\theta_2)} \tag{8.5.60}$$

然后将本征函数代入达布变换迭代公式

$$\psi_1(T,Z)=\psi_{10}(T,Z)-\frac{\mathrm{i}(\lambda-\lambda^*)\Phi_1\Phi_2^*}{|\Phi_1|^2+|\Phi_2|^2+|\Phi_3|^2} \tag{8.5.61}$$

$$\psi_2(T,Z)=\psi_{20}(T,Z)-\frac{\mathrm{i}(\lambda-\lambda^*)\Phi_1\Phi_3^*}{|\Phi_1|^2+|\Phi_2|^2+|\Phi_3|^2} \tag{8.5.62}$$

可以得到耦合非线性薛定谔方程 (8.5.3) 式和 (8.5.4) 式的解，$\psi_1(T,Z)$ 和 $\psi_2(T,Z)$ 分别表示第一组分和第二组分。

接下来，基于常系数方程的解，通过相似变换得到变系数方程 (8.5.1) 和 (8.5.2) 的解。对解进行化简，可以得到两组分精确解的表达式（φ_1 和 φ_2）表示如下：

$$\varphi_1=s\mathrm{e}^{\phi_1}\left[1-\frac{\mathrm{i}6bb_1|B_2|^2B_3M_1M_3^*}{B_1(9s^2b^2|B_2|^2|M_1|^2+9s^2b^2B_3|M_2|^2+|B_2|^2B_3|M_3|^2)}\right] \tag{8.5.63}$$

$$\varphi_2=s\mathrm{e}^{\phi_2}\left[1-\frac{\mathrm{i}6bb_1|B_2|^2B_3M_2M_3^*}{B_2(9s^2b^2|B_2|^2|M_1|^2+9s^2b^2B_3|M_2|^2+|B_2|^2A_3|M_3|^2)}\right] \tag{8.5.64}$$

其中，

$$M_1(t,z)=-\frac{9\mathrm{i}}{B_1}-\frac{2\gamma^2aB_1}{b}[\mathrm{e}^{b(z-z_0)}-1]-3\gamma t-3 \tag{8.5.65}$$

$$M_2(t,z)=-\frac{9i}{B_2}-\frac{2\gamma^2aB_1}{b}[\mathrm{e}^{b(z-z_0)}-1]-3\gamma t-3 \tag{8.5.66}$$

$$M_3(t,z)=2\gamma^2aB_1[\mathrm{e}^{b(z-z_0)}-1]+3b(1+\gamma t) \tag{8.5.67}$$

和

$$a_1=\mathrm{Re}[\lambda],\quad b_1=\mathrm{Im}[\lambda],\quad a_2=\mathrm{Re}[\eta],\quad b_2=\mathrm{Im}[\eta] \tag{8.5.68}$$

$$\eta = \frac{\mathrm{i}[2\lambda^3 + 3\omega\lambda^2 + (18s^2 - 3\omega^2)\lambda] - \mathrm{i}(2\omega^3 - 9\omega s^2)}{2(3\omega^2 + 3\lambda^2 + 3\omega\lambda + 18s^2)} \tag{8.5.69}$$

$$B_1 = a_1 - 3\mathrm{i}a_2 - \mathrm{i}b_1 - 3b_2 - \omega, \quad B_2 = a_1 - 3\mathrm{i}a_2 - \mathrm{i}b_1 - 3b_2 + 2\omega \tag{8.5.70}$$

$$B_3 = a_1^2 + b_1^2 + 9a_2^2 + 9b_2^2 + 6a_2b_1 + 6b_2\omega + \omega^2 - 2a_1(3b_2 + \omega) \tag{8.5.71}$$

$$\phi_1 = \frac{\mathrm{i}4s^2\gamma^2 a}{b}[\mathrm{e}^{b(z-z_0)} - 1], \quad \phi_2 = -\frac{\mathrm{i}\gamma^2 a(\omega^2 - 4s^2)}{b}[\mathrm{e}^{b(z-z_0)} - 1] + \mathrm{i}\gamma\omega t \tag{8.5.72}$$

基于以上精确解，在色散衰减光纤中呈现了一些新的非线性激发，包括非对称的“W 形”和“M 形”孤子脉冲、“暗–反暗”和“反暗–暗”孤子脉冲对以及对称的“W 形”和“M 形”孤子脉冲，这些孤子解可以由怪波信号演化形成，即这些解先具有怪波的演化特征，而后演化为具有孤子特征的局域波激发。

为了给实验研究提供参考，对模型中的无量纲参数执行标度变化，将其变换为带物理单位的实验参数。以实验上常用的一种光纤 (OFS) 作为标准，其色散系数 $\beta = -8.85\times10^{-28}\ \mathrm{s}^2\cdot\mathrm{m}^{-1}$，非线性系数 $g = 0.01\ \mathrm{W}^{-1}\cdot\mathrm{m}^{-1}$ [9]。假定输入功率为 $P_0 = 0.4$ W，然后通过标度变换可以求出物理参数跟标准化参数的关系式：距离 $\xi = z\, L_{\mathrm{NL}}$ (m)，$\xi_0 = z_0\, L_{\mathrm{NL}}$ (m)，时间 $\tau = t\, t_0$ (ps) 以及频率 $\omega_{\mathrm{r}} = \omega\, \omega_0$ (THz)，其中特征长度 $L_{\mathrm{NL}} = (g\ P_0)^{-1} = 250$ m, 时间标度 $t_0 = (|\beta\ |L_{\mathrm{NL}})^{1/2} = 0.47$ ps 以及频率标度 $\omega_0 = (|\beta|\ L_{\mathrm{NL}})^{-1/2} = 2.13$ THz。在接下来的讨论中，都使用如上的参数设置。

8.5.2 非对称孤子及其频谱

首先分析 8.5.1 节中介绍的方程组 (8.5.1) 式和 (8.5.2) 式的精确解，研究其动力学行为。以“W 形”和“M 形”孤子脉冲为例，按照图 8.21 所设置的参数，两个组分的演化过程展示了平面波背景上的一个弱调制信号在指数色散衰减光纤系统中，演化成一个稳定孤子脉冲的动力学过程。在第一组分中产生一个亮脉冲，而在第二组分中产生一个暗脉冲。沿演化方向，亮脉冲的峰值先递增而后慢慢衰减，暗脉冲谷值的变化趋势刚好与亮脉冲相反。然而在经过一定传播距离后，亮暗脉冲的峰值变化率都逐渐趋于零。也就是说脉冲信号截面逐渐趋于稳定最后保持不变，这刚好符合了孤子脉冲的特征。可以看到两组分中的孤子脉冲是不一样的，为了看清两者之间的区别，呈现了孤子脉冲在不同位置的截面，如图 8.21(c) 和 (d) 所示。图中虚线、蓝色圆点和红色方形点分别表示孤子脉冲在 $\xi = 2000$m，$\xi = 3000$m 和 $\xi \to \infty$ 处的截面。从截面图来看，两组分中的脉冲皆具有“非对称”的特征。在第一组分 φ_1 中，孤子脉冲拥有“W 形”的截面，这与在 Sasa-Satsuma [18] 和耦合散焦 Hirota 系统中得到的孤子结构类似。但是，这里的孤子脉冲具有两个非对称的波谷 (图 8.21(c))，因此称之为“非对称的 W 形孤子脉冲”。同理，第二组分 φ_2 中的孤子脉冲可称为“非对称的 M 形孤子脉冲”(图 8.21(d))。

观察截面图 (图 8.21(c) 和 (d))，可见孤子脉冲传输相当稳定，孤子截面在一定传播距离之后几乎保持不变。

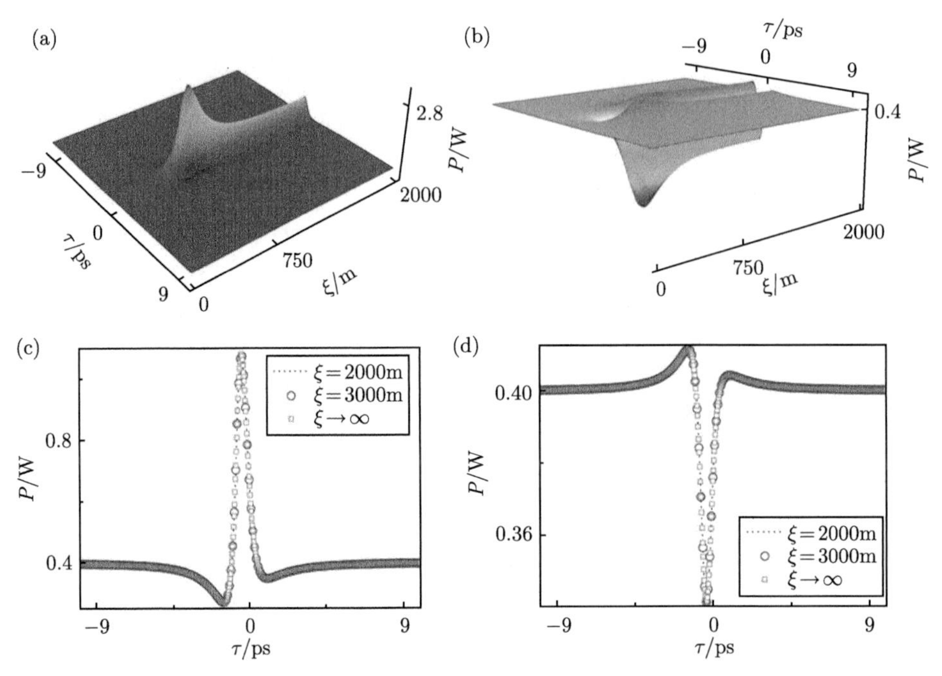

图 8.21 弱调制信号在两个组分中分别演化成了非对称的“W 形”和“M 形”孤子脉冲。(a) 第一组分 $|\varphi_1|^2$ 的演化过程，相对频率 $\omega_{\mathrm{r}} = 0.85$ THz；(b) 第二组分 $|\varphi_2|^2$ 的演化过程，相对频率 $\omega_{\mathrm{r}} = 10.65$ THz；图 (c) 和 (d) 分别为图 (a) 和 (b) 在 $\xi = 2000$ m、$\xi = 3000$ m 以及 $\xi \longrightarrow \infty$ 处的信号截面。其他的参数设置为：$A_1 = 0$，$A_2 = 0$，$A_3 = 3$，$a = 1$，$b = -1$，$s = 1$，$\gamma = 0.5$，$\xi_0 = 750$ m

为了证明以上产生非对称孤子脉冲动力学过程的可行性，采用分步傅里叶方法对该动力学过程进行数值测试。选取信号微弱处的解析截面作为初态，第一组分 $|\varphi_1|^2$ 和第二组分 $|\varphi_2|^2$ 的数值模拟结果分别如图 8.22(a) 和 (b) 所示。结果显示，在数值偏离情况下，数值与解析结果几乎一致。考虑到在实际的实验当中，初始条件很难跟理想的解析解完全吻合，往往会存在不可避免的外界干扰。所以给初态增加了百分之一的白噪声 0.01 Random $(\chi)(\chi \in [-1, 1])$ ，然后测试非对称孤子脉冲的传输稳定性。结果表明，孤子脉冲对小的白噪声或者随机扰动具有很强的鲁棒性 (图 8.22(c) 对应第一组分 $|\varphi_1|^2$ ，图 8.22(d) 对应第二组分 $|\varphi_2|^2$)。以上数值测试的结果表明，图 8.21 中所呈现的动力学过程是有可能在实验中被实现的，即有可能在实验中获得非对称的孤子脉冲。接下来，进一步研究“通过一个弱调制得到非对称孤子脉冲”的动力学机制。众所周知，调制不稳定性可以被

用来解释局域波动力学，部分局域波与调制不稳定性之间的对应关系已经被建立[19]。调制不稳定性用于描述平面波背景上小扰动的增长过程，通常采用傅里叶模式的线性稳定性分析方法来实现。基于平面波背景

$$\varphi_{10} = s\mathrm{e}^{\mathrm{i}[4s^2(1-\beta)]}$$
$$\varphi_{20} = s\mathrm{e}^{\mathrm{i}[(4s^2-\omega^2)(1-\beta)+\omega t]} \tag{8.5.73}$$

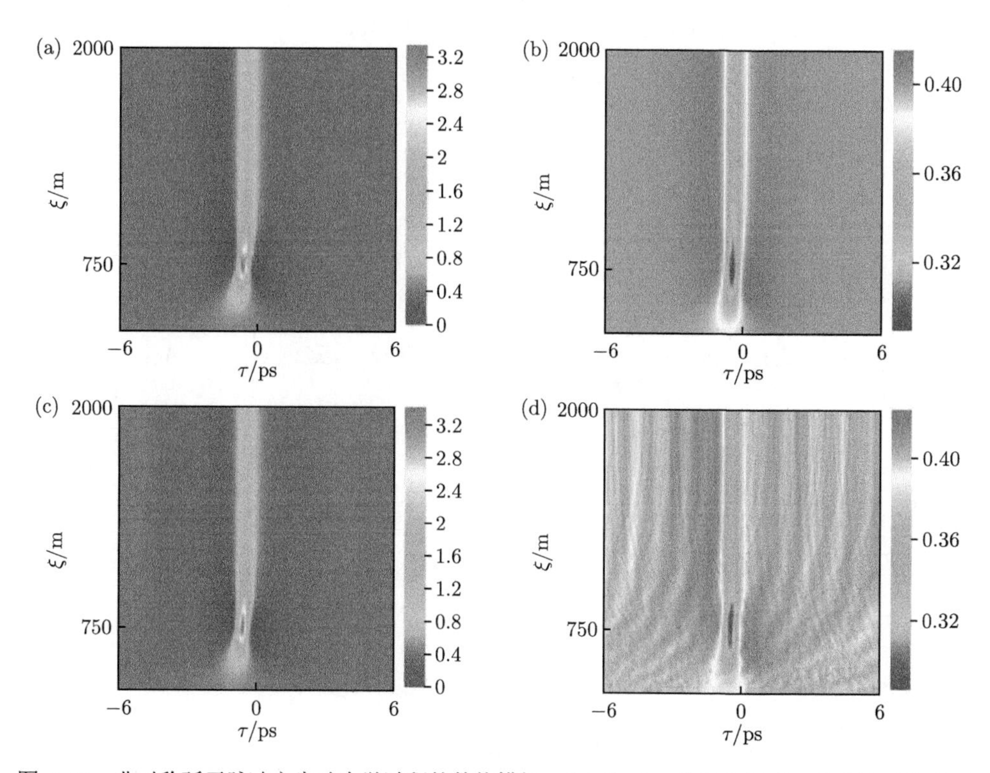

图 8.22 非对称孤子脉冲产生动力学过程的数值模拟。(a) 和 (b) 为理想初态下的数值演化 ((a) 对应第一组分 $|\varphi_1|^2$，(b) 对应第二组分 $|\varphi_2|^2$)；(c) 和 (d) 为考虑白噪声情况下的数值演化 ((c) 对应第一组分 $|\varphi_1|^2$，(d) 对应第二组分 $|\varphi_2|^2$)。参数设置与图 8.21 一致 (彩图见封底二维码)

对系统进行线性稳定性分析，在连续波背景上加一个傅里叶模式的微扰，

$$\varphi_1 = \varphi_{10}[1 + q_1(t,z)]$$
$$\varphi_2 = \varphi_{20}[1 + q_2(t,z)] \tag{8.5.74}$$

其中，$q_1(t,z)$ 和 $q_2(t,z)$ 表示微扰项，

$$q_1(t,z) = f_+\mathrm{e}^{\mathrm{i}\Omega(t-Kz)} + f_-\mathrm{e}^{-\mathrm{i}\Omega(t-K^*z)}$$

$$q_2(t,z) = g_+ \mathrm{e}^{\mathrm{i}\Omega(t-Kz)} + g_- \mathrm{e}^{-\mathrm{i}\Omega(t-K^*z)}$$

这里，f_+、f_-、g_+ 及 g_- 表示扰动振幅；Ω 表示扰动频率，扰动波矢由 Ω 和 K 共同决定。将 φ_1 和 φ_2 代入模型并进行线性化处理，即忽略高次项，并对 $\mathrm{e}^{\mathrm{i}\Omega(t-Kz)}$ 和 $\mathrm{e}^{-\mathrm{i}\Omega(t-K^*z)}$ 进行分离可得

$$\begin{cases} A_{11}f_+ + A_{12}f_- + A_{13}g_+ + A_{14}g_- = 0 \\ A_{21}f_+ + A_{22}f_- + A_{23}g_+ + A_{24}g_- = 0 \\ A_{31}f_+ + A_{32}f_- + A_{33}g_+ + A_{34}g_- = 0 \\ A_{41}f_+ + A_{42}f_- + A_{43}g_+ + A_{44}g_- = 0 \end{cases} \tag{8.5.75}$$

其中，

$$\begin{aligned} &A_{11} = 2 + \mathrm{e}^z K\Omega - \Omega^2, \quad A_{12} = 2, \quad A_{13} = 2, \quad A_{14} = 2 \\ &A_{21} = 2, \quad A_{22} = 2 - \mathrm{e}^z K\Omega - \Omega^2, \quad A_{23} = 2, \quad A_{24} = 2 \\ &A_{31} = 1, \quad A_{32} = 1, \quad A_{33} = 1 + \frac{1}{2}\mathrm{e}^z K\Omega - \omega\Omega - \frac{\Omega^2}{2}, \quad A_{34} = 1 \\ &A_{41} = 1, \quad A_{42} = 1, \quad A_{43} = 1, \quad A_{44} = 1 - \frac{1}{2}\mathrm{e}^z K\Omega + \omega\Omega - \frac{\Omega^2}{2} \end{aligned}$$

要使得 (8.5.75) 式有非零解，就得满足系数行列式等于 0，

$$\begin{vmatrix} A_{11} & A_{12} & A_{13} & A_{14} \\ A_{21} & A_{22} & A_{23} & A_{24} \\ A_{31} & A_{32} & A_{33} & A_{34} \\ A_{41} & A_{42} & A_{43} & A_{44} \end{vmatrix} = 0 \tag{8.5.76}$$

解以上行列式，我们可以得到如下的色散关系：

$$\begin{aligned} &\mathrm{e}^{4(z-3)}K^4 - 4\mathrm{e}^{3(z-3)}K^3\omega + 2\mathrm{e}^{2(z-3)}K^2(4 + 2\omega^2 - \Omega^2) \\ &+\Omega^2(\Omega^2 - 8) + 4\mathrm{e}^{(z-3)}K\omega(\Omega^2 - 4) - 4\omega^2(\Omega^2 - 4) = 0 \end{aligned} \tag{8.5.77}$$

对扰动频率 Ω 和传播距离 z 依照 8.2 节的量纲化标度变换公式进行标度变换，$\omega' = \Omega\omega_0$，$\xi = zL_{\mathrm{NL}}$。调制不稳定性增长率 $\mathrm{Im}(K)$ 关于扰动频率 ω' 和传播距离 ξ 的增益分布如图 8.23 所示，其中相对频率 $\omega_{\mathrm{r}} = 2.56(\mathrm{THz})$。可以看出，当传播距离超过 750 m 以后，$\mathrm{Im}(K)$ 的增益值逐渐趋于零。这意味着系统从调制不稳定机制过渡到调制稳定机制，相应的光脉冲信号从不稳定增长逐渐演化成一个稳定的非对称孤子脉冲，这意味着调制不稳定性分析的结果与图 8.21 中所呈现的动力学过程是一致的。进一步研究发现，非对称孤子脉冲截面的构型可以随某些物理

参数的改变而改变。接下来，讨论如何有效控制孤子脉冲的截面构型，从而得到丰富的孤子脉冲结构。

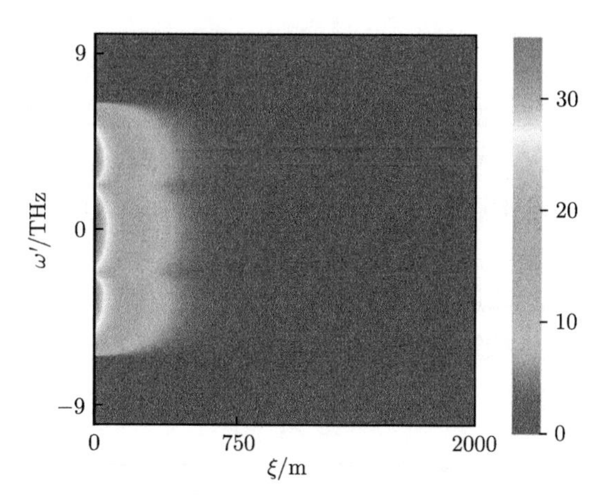

图 8.23 调制不稳定性增益关于传播距离 ξ 和扰动频率 ω' 的分布。参数设置为：$A_1=0$，$A_2=0$，$A_3=3$，$a=1$，$b=-1$，$s=1$，$\gamma=1$ ，$\xi_0=750$ m (彩图见封底二维码)

定义一个参量“对称度”来描述孤子脉冲的对称特性。根据孤子脉冲结构的差异性，采用两种方式来定义对称度。对于 W 形孤子脉冲，对称度定义为

$$\Theta(\omega_{\mathrm{r}})=(1-|\varphi_{1,2}|^2_{\min 1})/(1-|\varphi_{1,2}|^2_{\min 2}) \tag{8.5.78}$$

其表示两个谷相对于背景的深度之比。对于 M 形的孤子脉冲，对称度定义为

$$\Theta(\omega_{\mathrm{r}})=(|\varphi_{1,2}|^2_{\max 1}-1)/(|\varphi_{1,2}|^2_{\max 2}-1) \tag{8.5.79}$$

其表示两个峰相对于背景的高度之比。为了方便叙述，选取高度 (或者深度) 较小者作为分子，即让对称度的值处于 0~1 ($0\leqslant\Theta(\Omega_{\mathrm{r}})\leqslant 1$)。

孤子脉冲的对称度随相对频率 ω_{r} 的变换规律如图 8.24 所示，其中图 8.24(a) 和 (b) 分别对应第二组分和第一组分中的孤子脉冲。以第二组分 φ_2 中的孤子脉冲为例，对称度随相对频率 ω_{r} 的增大先减小后增大，最小值出现在 $\omega_{\mathrm{r}}=2.13$ THz 附近。基于三个分界点 ($\omega_{\mathrm{r}}=0$ THz，$\omega_{\mathrm{r}}=2.13$ THz 以及 $\omega_{\mathrm{r}}\to\infty$)，孤子脉冲态被分为 5 种情况 (图 8.24(a))。

(1) $\omega_{\mathrm{r}}=0$ THz，孤子脉冲的对称度为 1 ($\Theta(\omega_{\mathrm{r}})=1$)，对应孤子脉冲态为对称的 W 形孤子脉冲。相似的孤子态在带高阶效应 (色散和非线性) 的模型、Sasa-Satsuma 方程 [18] 和散焦的 Hirota 方程中被报道过。

(2) 0 THz $< \omega_r <$ 2.13 THz，对称度 $\Theta(\omega_r)$ 迅速降低，这个阶段对应的孤子态为非对称的 W 形孤子。这种孤子脉冲有两个深度不同的谷，其跟之前报道的孤子态是截然不同的[18]。

(3) ω_r = 2.13 THz，对称度 $\Theta(\omega_r)$ 达到最小值，相应的孤子脉冲态为“反暗–暗孤子脉冲对”。这种孤子脉冲态跟文献 [20] 中的结果类似，但产生方式不同。

(4) $\omega_r >$ 2.13 THz，对称度 $\Theta(\omega_r)$ 随着相对频率 ω_r 的增大而增大。有趣的是孤子脉冲态出现反转现象，变成了一个谷两个峰的结构，称之为“非对称的 M 形孤子脉冲”。

(5) 相对频率 ω_r 继续增大，非对称的 M 形孤子脉冲的对称度不断升高。我们可以预见，当相对频率趋于无穷，$\omega_r \to \infty$ 时，对称度 $\Theta(\omega_r)$ 将逐渐趋于 1 而变成完全对称的态，称之为“对称的 M 形孤子脉冲”。

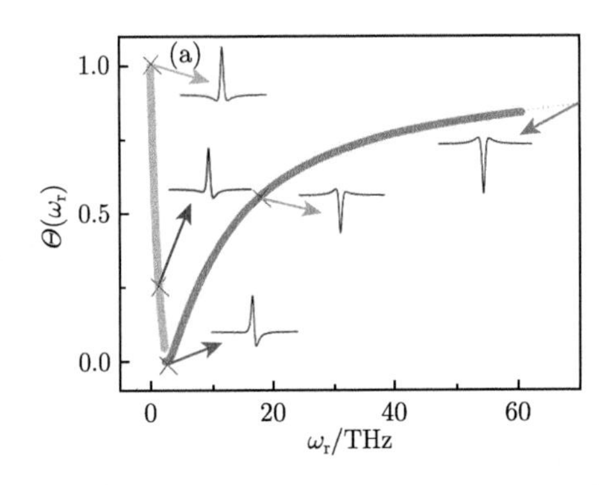

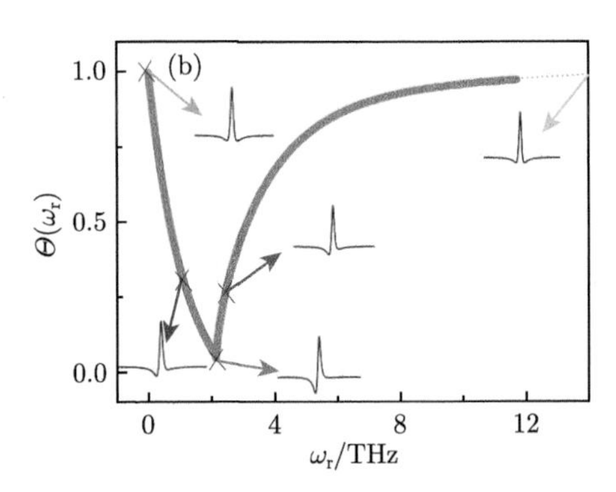

图 8.24 孤子脉冲对称度 $\Theta(\omega_r)$ 随相对频率 ω_r 的变化曲线。(a) 对应第二组分 φ_2；(b) 对应第一组分 φ_1。参数设置为：$A_1 = 0$，$A_2 = 0$，$A_3 = 3$，$a = 1$，$b = -1$，$s = 1$，$\gamma = 0.5$，$\xi_0 = 750$ m

第一组分 φ_1 中脉冲的态转换如图 8.24(b)。当 $\omega_r <$ 2.13 THz，情况跟第二组分 φ_2 类似，孤子脉冲实现从对称的 W 形孤子脉冲到非对称的 W 型孤子脉冲的态转换。但对于 ω_r = 2.13 THz，孤子脉冲态跟第二组分的明显不同，其为“暗–反暗孤子脉冲对”。当 $\omega_r >$ 2.13 THz 时，第一组分中的孤子脉冲先后转换成非对称的 W 形孤子脉冲以及对称的 W 形孤子脉冲。观察整个过程，第一组分中的孤子脉冲在三个态之间经历了一个循环过程：对称的 W 形孤子脉冲 $\rightleftarrows$ 非对称的 W 形孤子脉冲 $\rightleftarrows$ 暗–反暗孤子脉冲对。可以看到，两组分的态转换过程是不一样的。

这一部分展示了一个有趣的动力学过程，在色散衰减光纤中通过弱调制激发出了非对称和对称的孤子脉冲。非常有趣的是，这种激发过程可以通过调节两组分的频率差实现有效控制，从而得到丰富的孤子结构。以上研究结果都是在时域上呈现的，我们知道，在时域上精确测量局域波的截面是很难的。但是基于成熟的光学实验平台以及先进的仪器设备，频谱测量技术已经变得很成熟了。接下来探讨非对称孤子脉冲的频谱特征。对孤子脉冲进行谱分析，对波函数做如下的变换：

$$F_{1,2}(\omega,\xi)=\frac{1}{\sqrt{2\pi}}\int_{-\infty}^{+\infty}\varphi_{1,2}(t,\xi)\exp{(\mathrm{i}\omega t)}\mathrm{d}t \tag{8.5.80}$$

被积函数可以写成一个常数背景加一个信号的形式。背景部分经过傅里叶变换会得到一个 δ 函数 $\delta(\Omega-\Omega_0)$，因此只对信号部分做变换从而分析出孤子脉冲的谱。为了跟实际的物理单位对应，对谱强度做对数变换将其变换为分贝单位，并在 −40 dB 处截断。两组分中孤子脉冲的谱强度分别为

$$10\log_{10}\frac{|F_1(\omega,\xi)|^2}{|F_1(\omega,\xi)|^2_{\max}}\ (\mathrm{dB}) \tag{8.5.81}$$

以及

$$10\log_{10}\frac{|F_2(\omega'',\xi)|^2}{|F_2(\omega'',\xi)|^2_{\max}}\ (\mathrm{dB}) \tag{8.5.82}$$

其分别如图 8.25(a) 和 (b) 所示。

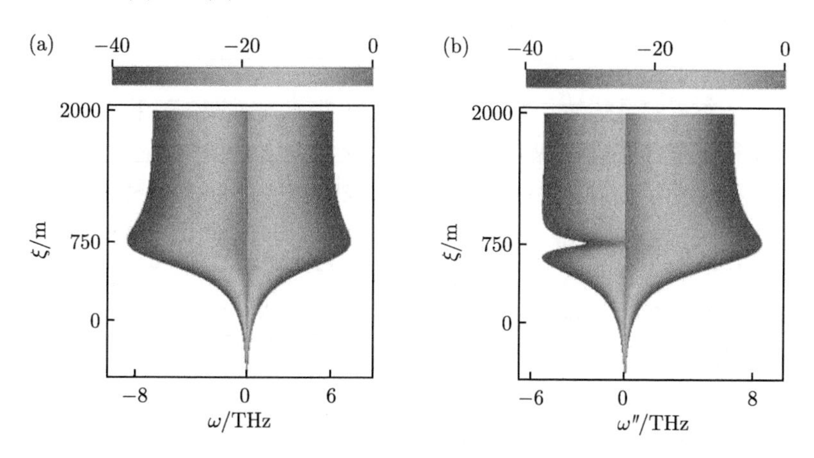

图 8.25 孤子脉冲的频谱强度演化图。(a) 表示第一组分 φ_1；(b) 表示第二组分 φ_2 (其中 $\omega''=\omega+\omega_{\mathrm{r}}$)。参数设置为：$\omega_{\mathrm{r}}=2.34$ THz，$A_1=0$，$A_2=0$，$A_3=3$，$a=1$，$b=-1$，$s=1$，$\gamma=0.5$，$\xi_0=750$ m (彩图见封底二维码)

在第一组分中孤子脉冲的谱强度成非对称分布，低频区的频谱强度明显大于高频区，这来源于孤子脉冲的非对称结构，其与之前报道的孤子的谱特征有显著的不同[13]。第二组分中孤子脉冲的谱强度分布也是非对称的，但不同的是高强度

频谱出现在高频区。我们可以看到，第二组分孤子脉冲的频谱分布在演化方向有明显的间断，因此被称为“非对称–间断谱”。间断程度在 $\xi = 750$ m 处达到最大，随后慢慢降低，最后趋于一个常数。

在色散衰减光纤中通过一个弱调制得到了一系列非对称以及对称的孤子脉冲。孤子脉冲的对称度随相对频率的变化以及不同孤子脉冲之间的态转换展示在表 8.1 中。数值模拟结果显示，孤子脉冲对白噪声以及随机扰动具有较强的鲁棒性。另外，谱分析的结果显示非对称孤子脉冲拥有非对称–间断谱。这些研究结果提供了一种通过弱调制激发孤子脉冲的方式，这与传统的孤子激发模式是不一样的。

表 8.1 孤子脉冲的对称度随相对频率 (ω_{r}) 的变化关系以及对应不同孤子脉冲之间的态转换

ω_{r}/THz	第一组分 φ_1 的孤子态	第二组分 φ_2 的孤子态	$\Theta(\omega_{\mathrm{r}})$
$\omega_{\mathrm{r}} = 0$	对称 W 形孤子	对称 W 形孤子	$\Theta(\omega_{\mathrm{r}}) = 1$
$0 < \omega_{\mathrm{r}} < 2.13$	非对称 W 形孤子	非对称 W 形孤子	$0 < \Theta(\omega_{\mathrm{r}}) < 1$
$\omega_{\mathrm{r}} = 2.13$	暗–反暗孤子脉冲对	反暗–暗孤子脉冲对	$\Theta(\omega_{\mathrm{r}}) \to 0$
$\omega_{\mathrm{r}} > 2.13$	非对称 W 形孤子	非对称 M 形孤子	$0 < \Theta(\omega_{\mathrm{r}}) < 1$
$\omega_{\mathrm{r}} \to \infty$	对称 W 形孤子	对称 M 形孤子	$\Theta(\omega_{\mathrm{r}}) \to 1$

基于孤子脉冲的动力学形成过程讨论可行的实验方案。产生孤子脉冲的完整动力学过程大体分为三个阶段：① 平面波背景上一个弱扰动在调制不稳定机制下迅速增长为一个高能量脉冲；② 因色散和非线性管理对调制不稳定的抑制而慢慢衰减；③ 在系统过渡到调制稳定性机制后演化成一个稳定的孤子脉冲。第一阶段与文献 [21] 基于 Manakov 系统在实验中激发暗怪波的动力学过程是一致的。按照文献 [21] 的方式，输入两个弱的正交偏振光脉冲到随机双折射光纤中并将光脉冲的主频率设定为与平面波背景的频率一致。然后，两个正交偏振光脉冲在传播一段距离以后将演化成非对称的孤子脉冲，孤子脉冲的非对称性是由两组分的背景频率差引起的。以上分析表明，产生非对称孤子脉冲的动力学过程是有可能在实验中被实现的。鉴于快速发展的相位和密度操控以及色散管理技术，相信这些结果会给未来的实验提供有效的理论指导。

参 考 文 献

[1] Yang Z Y, Zhao L C, Zhang T, et al. Snakelike nonautonomous solitons in a graded-index grating waveguide[J]. Physical Review A, 2010, 81(4): 043826.

[2] Zhao L C, Yang Z Y, Zhang T, et al. Dynamics of bright solitons in Bose-Einstein condensates with complicated potential[J]. Chinese Physics Letters, 2009, 26(12): 120301.

[3] Huang G, Szeftel J, Zhu S. Dynamics of dark solitons in quasi-one-dimensional Bose-Einstein condensates[J]. Physical Review A, 2002, 65(5): 053605.

[4] Zhao D, He X G, Luo H G. Transformation from the nonautonomous to standard NLS equations[J]. The European Physical Journal D, 2009, 53(2): 213-216.

[5] Yang Z Y, Zhao L C, Zhang T, et al. Bright chirp-free and chirped nonautonomous solitons under dispersion and nonlinearity management[J]. Journal of the Optical Society of America B, 2011, 28(2): 236-240.

[6] Duan L, Yang Z Y, Liu C, et al. Optical rogue wave excitation and modulation on a bright soliton background[J]. Chinese Physics Letters, 2016, 33(1): 010501.

[7] Akhmediev N, Soto-Crespo J M, Ankiewicz A. Extreme waves that appear from nowhere: on the nature of rogue waves[J]. Physics Letters A, 2009, 373(25): 2137-2145.

[8] Akhmediev N, Ankiewicz A, Soto-Crespo J M. Rogue waves and rational solutions of the nonlinear Schrödinger equation[J]. Physical Review E, 2009, 80(2): 026601.

[9] Kibler B, Fatome J, Finot C, et al. The Peregrine soliton in nonlinear fibre optics[J]. Nature Physics, 2010, 6(10): 790-795.

[10] Yang G, Li L, Jia S. Peregrine rogue waves induced by the interaction between a continuous wave and a soliton[J]. Physical Review E, 2012, 85(4): 046608.

[11] Zhao L C, Liu J. Rogue-wave solutions of a three-component coupled nonlinear Schrödinger equation[J]. Physical Review E, 2013, 87(1): 013201.

[12] Liu C, Yang Z Y, Zhao L C, et al. Vector breathers and the inelastic interaction in a three-mode nonlinear optical fiber[J]. Physical Review A, 2014, 89(5): 055803.

[13] Duan L, Yang Z Y, Zhao L C, et al. Stable supercontinuum pulse generated by modulation instability in a dispersion-managed fiber[J]. Journal of Modern Optics, 2016, 63(14): 1397-1402.

[14] Frisquet B, Kibler B, Fatome J, et al. Polarization modulation instability in a Manakov fiber system[J]. Physical Review A, 2015, 92(5): 053854.

[15] Zhao L C, Liu J. Localized nonlinear waves in a two-mode nonlinear fiber[J]. Journal of the Optical Society of America B, 2012, 29(11): 3119-3127.

[16] Yang Z Y, Zhao L C, Zhang T, et al. Dynamics of a nonautonomous soliton in a generalized nonlinear Schrödinger equation[J]. Physical Review E, 2011, 83(6): 066602.

[17] Liu X S, Zhao L C, Duan L, et al. Asymmetric W-shaped and M-shaped soliton pulse generated from a weak modulation in an exponential dispersion decreasing fiber[J]. Chinese Physics B, 2017, 26(12): 120503.

[18] Zhao L C, Li S C, Ling L. Rational W-shaped solitons on a continuous-wave background in the Sasa-Satsuma equation[J]. Physical Review E, 2014, 89(2): 023210.

[19] Zhao L C, Ling L. Quantitative relations between modulational instability and several well-known nonlinear excitations[J]. Journal of the Optical Society of America B, 2016, 33(5): 850-856.

[20] Zhao L C, Yang Z Y, Ling L. Localized waves on continuous wave background in a two-mode nonlinear fiber with high-order effects[J]. Journal of the Physical Society of Japan, 2014, 83(10): 104401.

[21] Frisquet B, Kibler B, Morin P, et al. Optical dark rogue wave[J]. Scientific Reports, 2016, 6(1): 1-9.

第 9 章　铁磁链系统局域波与超流涡丝的非线性激发动力学

铁磁系统由于自旋间相互作用而具有丰富的混沌结构和多种非线性局域波激发。这些特征使得铁磁系统成为非线性科学研究领域的重要内容之一。特别地，铁磁系统中关于自旋波、磁亮孤子、磁畴壁等非线性激发以及磁亮孤子和畴壁所对应的磁矩分布已经被研究[1]。随着人们对于非线性科学中非线性局域波的不断认识，研究者们逐渐开始关注铁磁系统中非零背景上的孤子、呼吸子和怪波等非线性自旋激发[2-4]。另外，由于海森伯铁磁自旋链模型可以描述许多不同自旋间的相互作用而使得磁性材料展现出丰富的磁特性，因此研究由自旋间不同相互作用引起的非线性自旋激发显得很有意义。另一方面，量子化超流涡丝作为超低温状态下量子流体的主要自由度是目前多体物理和光物理研究的热点课题，发现新的涡丝结构并阐明其机制则是其中的重要问题之一。由于涡丝的瞬时结构所产生的自诱导速度，沿涡丝的形变或激发态将以非平庸的方式产生。随着研究的深入，非线性激发的种类越来越丰富，然而这些非线性激发对量子化超流体涡丝的影响还是未知的。

9.1　具有扭转相互作用的铁磁自旋链理论模型和解析解构造

随着自旋电子学、磁存储以及磁性逻辑器件的不断发展，磁性材料的研究吸引着很多人关注。在磁性材料中，存在着例如巨磁阻、自旋转矩和自旋霍尔效应等许多有意义的物理性质。更有意思的是，由于体系自身结构复杂性，在晶格中自旋排列方式会有所不同。因而，它们之间会存在许多不同的相互作用模式，例如双线性、四次幂交换、各向异性、八偶极子和 Dzyaloshinsky-Moriya 等相互作用。特别地，人们研究发现了一种与 DNA 分子双螺旋链和 cholesteric 液晶中分子取向相同的自旋结构，这种自旋排列方式使得自旋间形成了扭转相互作用。这种扭转相互作用在自旋链中出现时，自旋排列将会以螺旋的方式呈现。当具有扭转相互作用的自旋链出现在磁性材料中时，我们称这种材料为螺旋磁体。

人们在准一维磁性材料螺旋磁体 $LiCu_2O_2$ 的实际研究中，发现了具有扭转相互作用的螺旋结构自旋链[5,6]。由于同时存在许多自由度的关联和耦合，螺旋磁体展现了丰富的磁特性。在这样的自旋链中，相邻磁矩的自旋以一个螺旋或者在

$0° \sim 180°$ 以一个特定旋转角模式排列，它们的外形结构，看上去犹如 DNA 分子双链结构一样。对于这样的螺旋结构自旋链而言，由于自旋之间存在着扭转相互作用，其本质上是非线性的，它们当中存在着很多有趣的非线性自旋激发，例如史科子 (Skyrmion) 和磁亮孤子。图 9.1 展示了磁性材料螺旋磁体 $LiCu_2O_2$ 中具有扭转相互作用的海森伯自旋链。

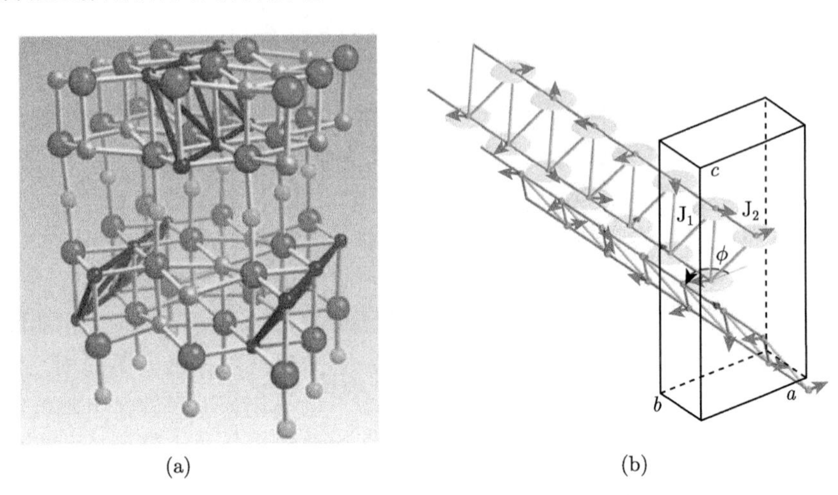

图 9.1　螺旋磁体 $LiCu_2O_2$ 中具有扭转相互作用的海森伯自旋链。(a) $LiCu_2O_2$ 晶体结构，磁性 Cu^{2+} (深色小球) 构成螺旋磁体自旋结构；(b) 由 $LiCu_2O_2$ 晶体中磁性 Cu^{2+} (深色球) 构成的平面螺旋磁体自旋结构 (箭头) [5,6]

螺旋磁体自旋链与 DNA 分子链相似，具有较为稳定的结构，它的磁化强度随空间呈周期性螺旋分布。此外，螺旋磁体的自旋螺旋也可在空间以二维或者三维方式排列。因此，在有序的铁磁体中，即使没有任何外磁场的情况下，螺旋磁体因其特殊的自旋排列方式而引起的非线性问题成为了一个有趣的研究课题。至今几十年的时间里，研究者们从理论和实验的角度出发对非线性激发进行了广泛研究。特别地，在一维磁性系统中，扭结激发和自旋波激发已经通过海森伯铁磁、反铁磁哈密顿量推导出的运动方程在经典连续近似的条件下被证实。早在 20 世纪 30 年代初，布洛赫为了合理阐释低温下自发磁化的行为，从体系整体激发的概念出发提出著名的自旋波理论。根据自旋波理论的描述，低温条件下体系处在一个特定激发态，此激发态对应的能量较低为 $E_{\min}$，而且自旋波的数目也不是很多。这种情况下，几乎可以不计自旋间的相互作用，因此系统的总能量 $E = \sum E_j$ (其中 E_j 为单个格点上自旋波的能量)。然而，当温度有所增加时，格点上的某一自旋会发生翻转，从而引起相邻格点上自旋的变化。如此一来，自旋翻转会在格点间依次向前传递，这就被称作自旋波 (或者磁振子)。自旋波作为一系列磁振子的相干集合而被广为人知。当磁振子集群趋于局域时，自旋波将变得不稳定，这种不稳定性最终将引起局域磁化并产生拓扑孤子 (磁畴壁) 和动力学孤子。自旋波或磁振子作为磁性材料中磁有序的一个共同准粒子激发，有望成为新型节能技术信息载体。

我们知道，海森伯自旋链模型实际上是一种描述不同交换作用类型的模型。在海森伯自旋链模型中，不同相互作用类型使得磁性系统表现出各种有趣的非线性现象。特别地，在海森伯自旋链中具有例如双线性、四次幂交换、各向异性、弱相互作用、八偶极子相互作用以及 Dzyaloshinsky-Moriya 相互作用等各种磁性相互作用，已经在不同背景下通过经典、半经典极限在连续近似的条件下被广泛研究[7–9]。此外，描述磁性系统中自旋矢量运动的方程，除了上述的海森伯模型还有很著名的 Landau-Lifshitz 方程，该方程同样可以用来描述铁磁链中磁化动力学特征。文献 [10] 研究了反散射框架下 Landau-Lifshitz 方程解的唯一性，并给出了此方程孤子的长时间演化行为；李再东和贺鹏斌等借助该方程在不同物理情形下研究了畴壁运动、自旋波、磁孤子、呼吸子以及磁怪波等非线性激发[11–14]。

基于上述的介绍，对磁性系统的非线性自旋激发有了进一步的了解。自旋波和磁孤子这类非线性激发作为铁磁性材料中的普遍现象而广为人知。另外，磁矩分布作为磁性材料的一种特征物理量，它可以用来分析不同材料的物理性质，并有利于一些技术的开发应用。接下来，我们将着重介绍磁孤子的非线性激发及其磁矩分布特征。早在 1990 年，A. M. Kosevich 等基于孤子理论讨论了铁磁和反铁磁中的非线性磁化动力学。文献 [1] 中谈到了两种不同形态的孤子，分别是动力学孤子和拓扑孤子。当受到很小的扰动时，动力学孤子往往可以通过连续变形逐渐退化到一个均匀磁化态，即原本激发的铁磁体向基态过渡。因而，某些情况下动力学孤子拓扑等价于基态，如图 9.2 中 (a) 曲线所示。根据磁化场的整体对称性，在动力学方程中还可能存在另外相对特殊的解。特别地，在单轴各向异性的铁磁体中，这种对称性被认为是一种基态的简并：$\theta = 0$ 和 $\theta = \pi$。一维 Landau-Lifshitz 方程的解就是将这两种基态 (图 9.2 中 (b) 曲线所示的畴壁) 联系起来描述了一个不均匀的磁化态，并且这种不均匀的磁化态不能通过任何有限的变形将其还原到基态。这种具有拓扑性质的特殊解被称为拓扑孤子。为了清晰而又更加形象地描述这些拓扑现象，可以引入单位矢量 $\boldsymbol{m} = M/M_0$，其中 M、M_0 分别是局域磁矩和饱和磁矩。这一单位矢量将铁磁体的空间分布映射到一个单位球面上，如图 9.3 所示。对于一个各向异性的铁磁体来说，$\theta = 0$ 和 $\theta = \pi$ 分别表示了布洛赫球的两个极点，赤道将其划分成两个等效的物理半球，并以此来表示磁化的平衡位置。

在一维铁磁体中，单位矢量 $\boldsymbol{m}(x)$ 依赖于单个坐标，因此对于任意的解都将与单位球上的一条线相互匹配。图 9.2 中 (a) 曲线所示的动力学孤子对应到图 9.3 是一个起点和终点在同一极点上的封闭环。这个环实际上通过连续变形可以收缩

到极点 $\theta=0$，也就是说它能够最终退变到基态。图 9.2 中 (b) 所示的曲线对应了畴壁，$\theta=0$ 对应 $x=-\infty$ 和 $\theta=\pi$ 对应 $x=+\infty$。与动力学孤子对应的磁矩曲线不同，如图 9.3 所示这条曲线穿过两极是无法回到同一极点形成一个封闭环的。既然在磁性系统中能够存在上述的磁孤子和畴壁的激发，并且它们的磁矩分布和激发能够一一对应，那么，是否还存在其他非线性激发呢？这需要我们更进一步的研究。

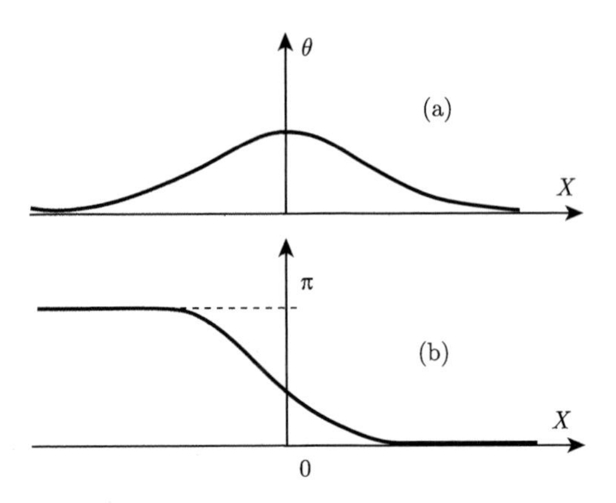

图 9.2 一维铁磁体中与磁孤子对应的 θ 的分布。(a) 动力学孤子 (磁亮孤子、非拓扑孤子)；(b) 拓扑孤子 (畴壁) [1]

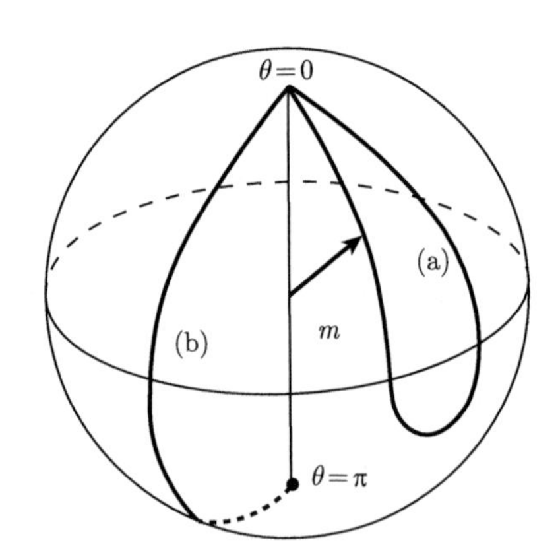

图 9.3 一维铁磁体中与磁孤子对应的磁矩运动轨迹曲线。(a) 动力学孤子 (磁亮孤子、非拓扑孤子)；(b) 拓扑孤子 (畴壁) [1]

磁性系统中，对于铁磁自旋链相关性质的研究已经成为理论和实验研究的重要课题。一直以来，研究者们通过构建不同的理论模型描述自旋链中的非线性行为。其中，大家最为熟知的模型是 Landau-Lifshitz 和海森伯模型，这两种经典的模型很好地描述了铁磁链中的磁化动力学和孤子的非线性激发。对于简单的

Landau-Lifshitz 方程我们能够通过反散射和达布变换等方法对方程进行求解，然而，由于海森伯模型和描述具有复杂相互作用的 Landau-Lifshitz 方程是不可积的模型，我们无法直接对其进行求解。为了能够继续研究其非线性激发动力学特征，我们通过经典和半经典结合的办法，在具体的研究过程中将这两种模型转变为类非线性薛定谔方程，从而将研究非线性激发的问题简单地转变为求解类非线性薛定谔方程解析解的问题。

如绪论中所述，螺旋磁体能够展现出丰富的磁特性，并且在螺旋磁体材料中，人们发现了这种具有扭转相互作用的自旋链。之前的研究表明，在这样一个本质上具有非线性的自旋链中，确实存在着例如自旋波 [15]、亮孤子 [1] 以及斯格明子 [16,17] 等非线性激发。那么，既然非线性局域波的激发还有其他不同的种类，我们考虑在具有扭转相互作用的海森伯自旋链中是否也会存在这些不同种类局域波的非线性激发呢？

9.1.1 具有扭转相互作用的铁磁自旋链理论模型

通过霍尔斯坦–普里马科夫 (Holstein-Primakoff, H-P) 变换，对最近邻格点之间的交换作用的海森伯自旋链进行了研究。在低温和连续近似下，将运动方程约化为非线性薛定谔方程。假设相邻格点自旋间的交换积分均相同，用 A 表示 $(A > 0)$，则体系的交换作用哈密顿量为

$$H = -A\sum_{j} \boldsymbol{S}_j \cdot \boldsymbol{S}_{j+1} \tag{9.1.1}$$

其中，$\sum_j$ 表示求和遍及所有的最近邻对。在 $T = 0$ K 下，热力学第三定律要求自旋体系呈现完全的有序。对所假设的自旋体系，所有的自旋应平行排列，每个格点自旋量子数均取最大值 S，体系的总磁矩为 $M_0 = NSg\mu_{\mathrm{B}}$，这时总能量为最低，体系处于基态，此处 g 和 μ_{B} 分别为朗德 (Landé) 因子和玻尔 (Bohr) 磁子。

考虑一个具有扭转相互作用的海森伯铁磁自旋链模型，其哈密顿量可表述为

$$\tilde{H} = -\sum_{j}(\tilde{J}(\boldsymbol{S}_j \cdot \boldsymbol{S}_{j+1}) + \tilde{\tau}\{[\hat{k} \cdot (\boldsymbol{S}_j \times \boldsymbol{S}_{j+1})]^2 - q_1^2\} - \tilde{A}(S_j^z)^2 - \tilde{A}'(S_j^z)^4) \tag{9.1.2}$$

这里，$j = 1, 2, \cdots, N$，下标 $j+1$ 表示与第 j 个格点相近邻的格点。其中，自旋算符 $\boldsymbol{S}_j \equiv (S_j^x, S_j^y, S_j^z)$，且 $\boldsymbol{S}_j \cdot \boldsymbol{S}_j = S(S+1)$。上式各项中的系数 $\tilde{J}$、$\tilde{\tau}$、$\tilde{A}$ 和 $\tilde{A}'$，分别代表了双线性交换常系数、扭转相互作用、晶场单粒子单轴低阶和高阶各向异性。(9.1.2) 式第二项中，q_1 是螺旋磁体的倾斜波矢。

通过引入无量纲的自旋 $\hat{\boldsymbol{S}}_j = \boldsymbol{S}_j/\hbar$ 并定义 $\hat{S}_j^{\pm} = \hat{S}_j^x \pm i\hat{S}_j^y$，(9.1.2) 式可以重

新表示为

$$
\begin{aligned}
H = -\sum_j \bigg\{ & \frac{J}{2S^2}(\hat{S}_j^+\hat{S}_{j+1}^- + \hat{S}_j^-\hat{S}_{j+1}^+ + 2\hat{S}_j^z\hat{S}_{j+1}^z) \\
& - \frac{\tau}{4S^4}\left[(\hat{S}_j^-\hat{S}_{j+1}^+\hat{S}_j^-\hat{S}_{j+1}^+ - 2\hat{S}_j^-\hat{S}_{j+1}^+\hat{S}_j^+\hat{S}_{j+1}^- + \hat{S}_j^+\hat{S}_{j+1}^-\hat{S}_j^+\hat{S}_{j+1}^-) + q^2\right] \\
& - \frac{A}{S^2}(\hat{S}_j^z)^2 - \frac{A'}{S^4}(\hat{S}_j^z)^4 \bigg\}
\end{aligned} \tag{9.1.3}
$$

其中，$H = \tilde{H}/(\hbar^2 S^2)$，$J = \tilde{J}$，$\tau = \hbar^2 S^2 \tilde{\tau}$，$A = \tilde{A}$，$A' = \hbar^2 S^2 \tilde{A}'$ 和 $q = q_1/(\hbar^2 S^2)$。

为了在半经典极限下理解一维螺旋自旋系统的自旋动力学，接下来我们引入自旋算符的 Holstein-Primakoff 变换[18]。在由 i 个格点组成的自旋体系中，每个格点的自旋均为 S，自旋算符 $\hat{S}^2$ 和自旋投影算符 $\hat{S}^z$ 的共同本征态可以表示为 $|S, m\rangle$。由于每个格点的自旋均相同，其共同本征态也可以表述为 $|m\rangle$。根据自旋算符 $\hat{S}_j^\pm = \hat{S}_j^x \pm \mathrm{i}\hat{S}_j^y$ 的对易关系可以得到

$$
\begin{aligned}
\hat{S}^+|m\rangle &= \sqrt{(S-m)(S+m+1)}|m+1\rangle \\
\hat{S}^-|m\rangle &= \sqrt{(S+m)(S-m+1)}|m-1\rangle \\
\hat{S}^z|m\rangle &= m|m\rangle
\end{aligned} \tag{9.1.4}
$$

其中，共同本征态 $|m\rangle$ 的本征值 m 取值为

$$
m = -S, (-S+1), \cdots, (S-1), S
$$

当引入一个自旋偏差算符 $\hat{n} = \hat{S} - \hat{S}^z$ 时，我们发现态 $|m\rangle$ 也是算符 $\hat{n}$ 的本征态。这时我们就可以用符号 $|n\rangle$ 表示态 $|m\rangle$，即算符 $\hat{n}$ 的本征值为 $n = S - m$，则有 $|n\rangle = |S - m\rangle$。因此，自旋偏差算符 $\hat{n}$ 可以被认为是自旋最大可能值 S 与其 z 分量 $\hat{S}^z$ 之差。其中，

$$
n = 0, 1, \cdots, 2S-1, 2S
$$

根据上述关系可以将 (9.1.4) 式改写为

$$
\begin{aligned}
\hat{S}^+|n\rangle &= \sqrt{n(2S-n+1)}|n-1\rangle \\
&= \sqrt{2S}\sqrt{1-\frac{n-1}{2S}}\sqrt{n}|n-1\rangle \\
\hat{S}^-|n\rangle &= \sqrt{(2S-n)(n+1)}|n+1\rangle \\
&= \sqrt{2S}\sqrt{1-\frac{n}{2S}}\sqrt{n+1}|n+1\rangle
\end{aligned} \tag{9.1.5}
$$

$$\hat{S}^z|n\rangle = (S-n)|n\rangle$$

借助自旋偏差算符，自旋偏差产生算符 a_n^+ 和湮灭算符 a_n 可以相应地定义为

$$\begin{aligned} a_n^+|n\rangle &= \sqrt{n+1}|n+1\rangle \\ a_n|n\rangle &= \sqrt{n}|n-1\rangle \end{aligned} \tag{9.1.6}$$

这说明，自旋偏差产生算符 a_n^+ 作用在态 $|n\rangle$ 上时会使自旋偏差数多出一个，也就是说，S^z 的量子数为 $m-1$。自旋偏差湮灭算符 a_n 的作用相反。这里需要指出的是，若使得这个定义成立，自旋偏差算符必须同样满足玻色子的对易关系：

$$\begin{aligned} a_n^+ a_n|n\rangle &= n|n\rangle \\ \left[a_m, a_n^\dagger\right] &= \delta_{mn} \\ \left[a_m, a_n\right] &= \left[a_m^\dagger, a_n^\dagger\right] = 0 \end{aligned} \tag{9.1.7}$$

接下来，把 (9.1.6) 式和 (9.1.7) 式代入 (9.1.5) 式中就可以得到

$$\begin{aligned} \hat{S}^+ &= \sqrt{2S}\left(1-\frac{a_n^\dagger a_n}{2S}\right)^{\frac{1}{2}} a_n \\ &= \sqrt{2S}\left(1-\frac{a_n^\dagger a_n}{4S}-\frac{a_n^\dagger a_n a_n^\dagger a_n}{32S^2}-\frac{a_n^\dagger a_n a_n^\dagger a_n a_n^\dagger a_n}{128S^3}-\cdots\right) a_n \\ &= \sqrt{2S}\left(1-\frac{n}{4S}-\frac{n^2}{32S^2}-\frac{n^3}{128S^3}\right) a_n \\ \hat{S}^- &= \sqrt{2S}a_n^\dagger\left(1-\frac{a_n^\dagger a_n}{2S}\right)^{\frac{1}{2}} \\ &= \sqrt{2S}a_n^\dagger\left(1-\frac{a_n^\dagger a_n}{4S}-\frac{a_n^\dagger a_n a_n^\dagger a_n}{32S^2}-\frac{a_n^\dagger a_n a_n^\dagger a_n a_n^\dagger a_n}{128S^3}-\cdots\right) \\ &= \sqrt{2S}a_n^\dagger\left(1-\frac{n}{4S}-\frac{n^2}{32S^2}-\frac{n^3}{128S^3}\right) \\ \hat{S}^z &= S-a_n^\dagger a_n. \end{aligned} \tag{9.1.8}$$

对于较大的自旋而言，在低温极限条件下，$a_n^\dagger a_n$ 的基态期望值远小于 $2S$。因此，我们可以将 (9.1.8) 式中的自旋算符进一步按照关系式 $\epsilon = 1/\sqrt{S}$ 做级数展开，展开后的形式为

$$\begin{aligned} \frac{\hat{S}^+}{S} &= \sqrt{2}\left(1-\frac{\epsilon^2}{4}a_n^\dagger a_n-\frac{\epsilon^4}{32}a_n^\dagger a_n a_n^\dagger a_n-\frac{\epsilon^6}{128}a_n^\dagger a_n a_n^\dagger a_n a_n^\dagger a_n-\cdots\right)\epsilon a_n \\ \frac{\hat{S}^-}{S} &= \sqrt{2}\epsilon a_n^\dagger\left(1-\frac{\epsilon^2}{4}a_n^\dagger a_n-\frac{\epsilon^4}{32}a_n^\dagger a_n a_n^\dagger a_n-\frac{\epsilon^6}{128}a_n^\dagger a_n a_n^\dagger a_n a_n^\dagger a_n-\cdots\right) \end{aligned} \tag{9.1.9}$$

$$\hat{S}^z = S - a_n^\dagger a_n.$$

借助 (9.1.7) 式和 (9.1.9) 式，将哈密顿量 (9.1.3) 式对 ϵ 做展开并保留到 ϵ^6 项可以得到

$$\begin{aligned}
H =& -\sum_j \Big\{(J - \tau q^2 - A - A') + \epsilon^2[J(a_j a_{j+1}^\dagger + a_j^\dagger a_{j+1} - a_{j+1}^\dagger a_{j+1}) \\
&- (J - 2A - 4A')a_j^\dagger a_j] - \frac{\epsilon^4}{4}[J(a_j a_{j+1}^\dagger a_{j+1}^\dagger a_{j+1} + a_j^\dagger a_j a_j a_{j+1}^\dagger \\
&+ a_j^\dagger a_{j+1}^\dagger a_{j+1} a_{j+1} + a_j^\dagger a_j^\dagger a_j a_{j+1}) - 4(J + 2\tau)a_j^\dagger a_j a_{j+1}^\dagger a_{j+1} \\
&- \tau(a_j^\dagger a_{j+1} a_j^\dagger a_{j+1} + a_j a_{j+1}^\dagger a_j a_{j+1}^\dagger) + 4(A + 6A')a_j a_j^\dagger a_j a_j^\dagger] \\
&+ \frac{\epsilon^6}{32}[J(2a_j^\dagger a_j a_j a_{j+1}^\dagger a_{j+1}^\dagger a_{j+1} - a_j a_{j+1}^\dagger a_{j+1}^\dagger a_{j+1} a_{j+1}^\dagger a_{j+1} - a_j^\dagger a_j a_j^\dagger a_j a_j a_{j+1}^\dagger \\
&+ 2a_j^\dagger a_j^\dagger a_j a_{j+1}^\dagger a_{j+1} a_{j+1} - a_j^\dagger a_{j+1}^\dagger a_{j+1} a_{j+1}^\dagger a_{j+1} a_{j+1} - a_j^\dagger a_j^\dagger a_j a_j^\dagger a_j a_{j+1}) \\
&- 16\tau(a_j^\dagger a_{j+1} a_j^\dagger a_{j+1}^\dagger a_{j+1} a_{j+1} + a_j^\dagger a_{j+1} a_j^\dagger a_j^\dagger a_j a_{j+1} - 2a_j a_{j+1}^\dagger a_j^\dagger a_{j+1}^\dagger a_{j+1} a_{j+1}) \\
&- 2a_j a_{j+1}^\dagger a_j^\dagger a_j^\dagger a_j a_{j+1} + a_j a_{j+1}^\dagger a_j a_{j+1}^\dagger a_{j+1}^\dagger a_{j+1} + a_j a_{j+1}^\dagger a_j^\dagger a_j a_j a_{j+1}^\dagger \\
&+ 128A' a_j^\dagger a_j a_j^\dagger a_j a_j^\dagger a_j] + O(\epsilon^8)\Big\}
\end{aligned} \tag{9.1.10}$$

根据自旋动力学的海森伯运动方程

$$\mathrm{i}\hbar \frac{\partial a_n}{\partial t} = [a_n, H] = F(a_n^\dagger, a_n, a_{n+1}^\dagger, a_{n+1}) \tag{9.1.11}$$

可以将 (9.1.10) 式写成相应的形式。特别地，与其余自旋相比，磁振子系统中由非线性引起的自旋非线性激发可能会发生较大的偏移。物理上，这种大振幅集体激发模式的量子态可由相干态表示，$\langle u|a_n^\dagger = \langle u|u_n^*$，$a_n|u\rangle = u_n|u\rangle$，$|u\rangle = \prod_n |u(n)\rangle$ 和 $\langle u|u\rangle = 1$。这里 u_n 是算子 a_n 在相干态 $|u\rangle$ 表象下的振幅。最终，(9.1.10) 式写成运动方程的形式为

$$\begin{aligned}
\mathrm{i}\frac{\mathrm{d}u_j}{\mathrm{d}t} =& \epsilon^2\{(J - A - 2A')u_j - J(u_{j-1} + u_{j+1})\} + \frac{\epsilon^4}{4}\{J[2|u_j|^2(u_{j+1} + u_{j-1}) \\
&+ u_j^2(u_{j+1}^* + u_{j-1}^*) + |u_{j+1}|^2 u_{j+1} + |u_{j-1}|^2 u_{j-1}] - 4(J + \tau)[|u_{j+1}|^2 \\
&+ |u_{j-1}|^2]u_j + 8\tau[u_{j+1}^2 + u_{j-1}^2]u_j^* + 8(A + 6A')|u_j|^2 u_j\} \\
&- \frac{\epsilon^6}{32}\{J[2u_j^2(|u_{j+1}|^2 u_{j+1}^* + |u_{j-1}|^2 u_{j-1}^*) + 4|u_j|^2(|u_{j+1}|^2 u_{j+1} \\
&+ |u_{j-1}|^2 u_{j-1}) - 3|u_j|^4(u_{j+1} + u_{j-1}) - 2|u_j|^2 u_j^2(u_{j+1}^* + u_{j-1}^*) \\
&- |u_{j+1}|^4 u_{j+1} - |u_{j-1}|^4 u_{j-1}] + 16\tau[2u_j^*(|u_{j+1}|^2 u_{j+1}^2
\end{aligned}$$

$$+|u_{j-1}|^2u_{j-1}^2)+3|u_j|^2u_j^*(u_{j+1}^2+u_{j-1}^2)-2(|u_{j+1}|^4+|u_{j-1}|^4)u_j$$
$$-4|u_j|^2(|u_{j+1}|^2+|u_{j-1}|^2)u_j+u_j^3(u_{j+1}^{*^2}+u_{j-1}^{*^2})]+384A'|u_j|^4u_j\} \tag{9.1.12}$$

上式描述了一个各向异性螺旋磁体的非线性自旋动力学。由于高阶非线性以及不连续性，方程 (9.1.12) 式很难进行下一步的精确求解。然而，当自旋链中格点和格点的空间距离 x 远大于晶格常数 γ 并且 $u_j(t)$ 发生变化时，该方程可以进行连续化处理。定义连续变化的函数 $u(x,t)$

$$u(x,t)|_{x=j\gamma}=u_j(t) \tag{9.1.13}$$

来描述概率幅的时空变化，γ 为晶格常数。在连续模型近似下，

$$u_{j\pm1}-u_j(x,t)=\pm\gamma u_x+\left(\frac{\gamma^2}{2!}\right)u_{xx}\pm\left(\frac{\gamma^3}{3!}\right)u_{xxx}+\left(\frac{\gamma^4}{4!}\right)u_{xxxx}\pm\mathcal{O}(\gamma^5) \tag{9.1.14}$$

将上式代入 (9.1.12) 式并保留运动方程中 $\gamma^m\epsilon^n$ 项到 $\mathcal{O}(m+n=6)$ 阶，当 $\epsilon=1$ 时，(9.1.12) 式可化简为如下的非线性方程：

$$\begin{aligned}&\mathrm{i}u_t+2\gamma^2(A+2A')u+\gamma^4[Ju_{xx}-2(A+6A')|u|^2u]\\&+\gamma^6\left[\left(\frac{J}{12}\right)u_{xxxx}+\frac{1}{2}(J+4\tau)u^2u_{xx}^*-\frac{1}{2}(J+8\tau)u^*u_x^2\right.\\&\left.+(J+4\tau)|u_x|^2u-2\tau|u|^2u_{xx}+12A'|u|^4u\right]=0\end{aligned} \tag{9.1.15}$$

这里，下标 t 和 x 分别表示了对时间 t 和空间 x 的偏导。通过坐标变换可将 (9.1.15) 式改写为

$$\begin{aligned}&\mathrm{i}u_t+u_{xx}+2|u|^2u+\beta[u_{xxxx}+k_1(u^2u_{xx}^*+2|u_x|^2u)\\&+k_2u^*u_x^2+k_3|u|^2u_{xx}+k_4|u|^4u]=0\end{aligned} \tag{9.1.16}$$

其中，$\beta=\dfrac{\gamma^2}{12},k_1=-6\dfrac{J+4\tau}{A+6A'},k_2=6\dfrac{J+8\tau}{A+6A'},k_3=\dfrac{24\tau}{A+6A'},k_4=\dfrac{144JA'}{(A+6A')^2}$。

然而进一步的研究发现，(9.1.16) 式作为一个广义的四阶非线性薛定谔方程是不可积的。而通过 Painlevé 奇点结构分析发现，在特定参数 $\tau=-\dfrac{1}{5}J,A=-\dfrac{69}{100}J$ 和 $A'=\dfrac{3}{200}J$ 下，(9.1.16) 式可变成一个完全可积的四阶非线性薛定谔方程：

$$\begin{aligned}&\mathrm{i}u_t+u_{xx}+2|u|^2u+\beta(u_{xxxx}+8|u|^2u_{xx}+2u^2u_{xx}^*\\&+4|u_x|^2u+6u^*u_x^2+6|u|^4u)=0\end{aligned} \tag{9.1.17}$$

这个完全可积的四阶非线性薛定谔方程正是著名的 Lakshmanan-Porsezian-Daniel (LPD) 方程。这个可积的模型不仅能够用来描述具有扭转相互作用的海森伯螺旋磁体和八偶极子相互作用的海森伯铁磁体，还能够用来描述没有 Dzyaloshinskii-Moriya 相互作用的各向异性海森伯铁磁自旋链。在非线性光纤系统中，它可以用来描述具有四阶色散、立方–五次非线性、自陡峭和自频率转换的超短光脉冲传播。文献 [19] 已经研究了 Painlevé 性，推导了 Lax 对，讨论了无穷守恒律并得到了一些孤子解。此外，Akhmediev、王雷、郭睿等借助 LPD 方程分别研究了各种非线性局域波的激发、呼吸子和孤子之间的态转化以及非线性波之间的相互作用[20–22]。

以 LPD 方程作为研究具有扭转相互作用的海森伯铁磁自旋链中非线性局域波演化规律的理论模型。在该方程中，$u(x,t)$ 代表了系统在相干态表象中自旋偏差算子的相干振幅，$|u|^2$ 描述了系统自旋和它在 z 轴方向上投影的自旋偏差值，参量 β 表示了高阶线性和非线性效应的强度。但对于研究的模型本身而言，这个参量 β 和晶格常数 γ 有关并呈比例关系。

9.1.2　自旋波背景上局域波解析解的构造

为了更为清晰地理解自旋链中非线性局域波的激发，需要构造出 (9.1.17) 式描述的具有扭转相互作用自旋链模型非零背景上的局域波解。下面，通过达布变换方法来构造这个四阶可积的非线性薛定谔方程局域波的精确解析解。(9.1.17) 式的 Lax 对为[23]

$$\begin{aligned}\Phi_x &= U\Phi\\ \Phi_t &= V\Phi\end{aligned} \tag{9.1.18}$$

这里，$\Phi=(\Phi_1,\Phi_2)^{\mathrm{T}}$，$U$，$V$ 矩阵可以表示为

$$\begin{aligned}U &= Q-\mathrm{i}\lambda\sigma_1\\ V &= 8\mathrm{i}\beta R-2\mathrm{i}N\end{aligned} \tag{9.1.19}$$

上式中的 Q，σ_1，N 和 R 矩阵分别为

$$\begin{aligned}&Q=\begin{pmatrix}0 & u\\ -u^* & 0\end{pmatrix},\quad \sigma_1=\begin{pmatrix}1 & 0\\ 0 & -1\end{pmatrix}\\ &N=\begin{pmatrix}\lambda^2-\dfrac{1}{2}uu^* & \mathrm{i}u\lambda-\dfrac{1}{2}u_x\\ -\mathrm{i}u^*\lambda-\dfrac{1}{2}u_x^* & -\lambda^2+\dfrac{1}{2}uu^*\end{pmatrix}\\ &R=\begin{pmatrix}r_1 & r_2\\ r_3 & -r_1\end{pmatrix}\end{aligned} \tag{9.1.20}$$

R 矩阵的矩阵元为

$$\begin{aligned} r_1 &= \lambda^4 - \frac{1}{2}uu^*\lambda^2 + \frac{\mathrm{i}}{4}(uu_x^* - u^*u_x)\lambda + \frac{1}{8}(3u^2u^{*2} + u^*u_{xx} + uu_{xx}^* - u_xu_x^*) \\ r_2 &= \mathrm{i}u\lambda^3 - \frac{1}{2}u_x\lambda^2 - \frac{\mathrm{i}}{4}(u_{xx} + 2u^2u^*)\lambda + \frac{1}{8}(u_{xxx} + 6uu^*u_x) \\ r_3 &= -\mathrm{i}u^*\lambda^3 - \frac{1}{2}u_x^*\lambda^2 + \frac{\mathrm{i}}{4}(u_{xx}^* + 2u^{*2}u)\lambda + \frac{1}{8}(u_{xxx}^* + 6uu^*u_x^*) \end{aligned} \tag{9.1.21}$$

其中，$\lambda = a + \mathrm{i}b$ 为谱参量；a 和 b 均为实参数，并且参数 $a \neq 0$，参数 b 作为谱参量的虚部决定着局域波的形状，一般情况下取 $b > 0$。上述的 Lax 对 (9.1.18) 式将非线性方程求解问题直接转化成了线性方程组的求解问题。需要指出的是，通过可积条件 $U_t - V_x + [U,V] = 0$，可以直接得到四阶非线性薛定谔方程 (9.1.17) 式。

选取合适的“种子解”，其具体形式表示为

$$u_0(t,x) = c\mathrm{e}^{\mathrm{i}\theta(t,x)} \tag{9.1.22}$$

其中，

$$\begin{aligned} \theta &= k_{\mathrm{s}}x + \omega_{\mathrm{s}}t \\ \omega_{\mathrm{s}} &= 2c^2 - k_{\mathrm{s}}^2 + \beta(6c^4 - 12c^2k_{\mathrm{s}}^2 + k_{\mathrm{s}}^4) \end{aligned} \tag{9.1.23}$$

上式中，c、k_{s} 和 β 分别表示平面波背景振幅、波数和高阶线性及非线性效应强度。当 (9.1.22) 式中 $c = 0$ 时，这个“种子解”将退化为零解。

将 Lax 对中的 U，V 矩阵转化为常数矩阵 $\tilde{U}$，$\tilde{V}$，其中，常数矩阵 $\tilde{U}$ 和 $\tilde{V}$ 分别为

$$\begin{aligned} \tilde{U} &= S_xS^{-1} + SUS^{-1} \\ \tilde{V} &= S_tS^{-1} + SVS^{-1} \end{aligned} \tag{9.1.24}$$

选取矩阵 S 为

$$S = \begin{pmatrix} \mathrm{e}^{-\frac{\mathrm{i}}{2}\theta} & 0 \\ 0 & \mathrm{e}^{\frac{\mathrm{i}}{2}\theta} \end{pmatrix} \tag{9.1.25}$$

那么，常数矩阵 $\tilde{U}$ 和 $\tilde{V}$ 的具体形式可以写成

$$\begin{aligned} \tilde{U} &= \begin{pmatrix} -\mathrm{i}\lambda - \dfrac{\mathrm{i}k_{\mathrm{s}}}{2} & c \\ -c & \mathrm{i}\lambda + \dfrac{\mathrm{i}k_{\mathrm{s}}}{2} \end{pmatrix} \\ \tilde{V} &= \begin{pmatrix} v & cv' \\ -cv' & -v \end{pmatrix} \end{aligned} \tag{9.1.26}$$

其中，常数矩阵 $\tilde{V}$ 的矩阵元

$$v = \frac{\mathrm{i}}{2}[-k_{\mathrm{s}}^4\beta + k_{\mathrm{s}}^2(1+6c^2\beta) + 8c^2k_{\mathrm{s}}\beta\lambda + 4\lambda^2(-1-2c^2\beta+4\beta\lambda^2)]$$
$$v' = -k_{\mathrm{s}} - 6c^2k_{\mathrm{s}}\beta + k_{\mathrm{s}}^3\beta + 2\lambda + 4c^2\beta\lambda - 2k_{\mathrm{s}}^2\beta\lambda + 4k_{\mathrm{s}}\beta\lambda^2 - 8\beta\lambda^3 \tag{9.1.27}$$

此时 $\tilde{U}$ 和 $\tilde{V}$ 同样满足可积条件 $[\tilde{U},\tilde{V}]=0$。

通过对常数矩阵 $\tilde{U}$ 和 $\tilde{V}$ 进行对角化，得到对角矩阵后继而可以对常系数偏微分方程组进行求解。需要强调的是，在求解之前还应首先考虑常数矩阵 $\tilde{U}$ 的本征值方程是否有重根，这决定了将常数矩阵 $\tilde{U}$ 转化为对角矩阵还是若尔当矩阵。这里，我们考虑本征值方程的两个根不相等的情况，通过引入变换矩阵 D 可以将常数矩阵 $\tilde{U}$ 和 $\tilde{V}$ 分别对角化，对角化矩阵为

$$\tilde{U}_{\mathrm{d}} = D^{-1}\tilde{U}D \tag{9.1.28}$$

$$\tilde{V}_{\mathrm{d}} = D^{-1}\tilde{V}D \tag{9.1.29}$$

相应的，变换后的 Lax 对为

$$\Phi_{0x} = \tilde{U}_{\mathrm{d}}\Phi_0$$
$$\Phi_{0t} = \tilde{V}_{\mathrm{d}}\Phi_0 \tag{9.1.30}$$

对角矩阵 $\tilde{U}_{\mathrm{d}}$ 和 $\tilde{V}_{\mathrm{d}}$ 分别为

$$\tilde{U}_{\mathrm{d}} = \begin{pmatrix} \tau_1 & 0 \\ 0 & \tau_2 \end{pmatrix}, \quad \tilde{V}_{\mathrm{d}} = \begin{pmatrix} \tau_1 v' & 0 \\ 0 & \tau_2 v' \end{pmatrix} \tag{9.1.31}$$

通过对偏微分方程组 (9.1.30) 式进行求解，可以得到矩阵 Φ_0 的矩阵元 Φ_{01} 和 Φ_{02} 的表达式分别为

$$\Phi_{01}(x,t) = c\mathrm{e}^{\tau_1[x+v'\cdot t]} \tag{9.1.32}$$

$$\Phi_{02}(x,t) = c'\mathrm{e}^{\tau_2[x+v'\cdot t]} \tag{9.1.33}$$

根据 $\Phi_0 = D^{-1}S\Phi$，在等号两边依次同乘 D 矩阵和 S^{-1} 矩阵，即

$$D\Phi_0 = DD^{-1}S\Phi = S\Phi$$
$$S^{-1}D\Phi_0 = S^{-1}S\Phi = \Phi \tag{9.1.34}$$

这样，可以得到 $\Phi = S^{-1}D\Phi_0$。

有意思的是，由于变换矩阵 D 的选取是不唯一的，所以局域波的中心位置随变换矩阵 D 的形式会发生变化。对于呼吸子解而言，不同形式的变换矩阵 D 对

呼吸子与其他种类非线性局域波的态转换具有显著影响。选取如下两种不同形式的变换矩阵 D：

$$D_1 = \begin{pmatrix} \mathrm{i}c & -\left(\lambda + \dfrac{k_\mathrm{s}}{2} + \xi\right) \\ -\left(\lambda + \dfrac{k_\mathrm{s}}{2} + \xi\right) & \mathrm{i}c \end{pmatrix}$$

$$D_2 = \begin{pmatrix} 1 & 1 \\ \dfrac{\mathrm{i}\lambda + \dfrac{\mathrm{i}k_\mathrm{s}}{2} + \xi_1}{c} & \dfrac{\mathrm{i}\lambda + \dfrac{\mathrm{i}k_\mathrm{s}}{2} + \xi_2}{c} \end{pmatrix} \tag{9.1.35}$$

其中，$\xi_1 = -\xi_2 = -\mathrm{i}\xi$，$\xi = \sqrt{c^2 + \left(\lambda + \dfrac{k_\mathrm{s}}{2}\right)^2}$。变换矩阵 D_1 是一种对称形式的矩阵，表示局域波的中心在 $(t,x) = (0,0)$ 位置处；而变换矩阵 D_2 是一种不对称形式的矩阵，它表示局域波的中心不在 $(t,x) = (0,0)$ 位置处。这两种变换矩阵 D 具体的对称和不对称的形式有什么区别或者有趣的现象呢？

根据以上选取的两种不同形式的变换矩阵 D，通过相应的计算能够得到两组原始 Lax 对 (9.1.18) 式的解

$$\varPhi_{11} = \mathrm{e}^{\frac{\mathrm{i}\theta}{2}}\left[\mathrm{i}c\varPhi_{01} - \left(\lambda + \frac{k_\mathrm{s}}{2} + \xi\right)\varPhi_{02}\right]$$

$$\varPhi_{21} = \mathrm{e}^{\frac{-\mathrm{i}\theta}{2}}\left[-\left(\lambda + \frac{k_\mathrm{s}}{2} + \xi\right)\varPhi_{01} + \mathrm{i}c\varPhi_{02}\right] \tag{9.1.36}$$

或

$$\varPhi_{12} = \mathrm{e}^{\frac{\mathrm{i}\theta}{2}}(\varPhi_{01} + \varPhi_{02})$$

$$\varPhi_{22} = \mathrm{e}^{\frac{-\mathrm{i}\theta}{2}}\left(\frac{\mathrm{i}\lambda + \dfrac{\mathrm{i}k_\mathrm{s}}{2} + \xi_1}{c}\varPhi_{01} + \frac{\mathrm{i}\lambda + \dfrac{\mathrm{i}k_\mathrm{s}}{2} + \xi_2}{c}\varPhi_{02}\right) \tag{9.1.37}$$

然后根据达布变换具体的形式

$$u(t,x) = u_0(t,x) - \frac{2\mathrm{i}(\lambda - \lambda^*)\varPhi_{1j}(t,x)\varPhi_{2j}^*(t,x)}{|\varPhi_{1j}(t,x)|^2 + |\varPhi_{2j}(t,x)|^2} \quad (j = 1,2) \tag{9.1.38}$$

对其进行细致的化简。这里的 $\varPhi_{1j}(t,x)$ 和 $\varPhi_{2j}(t,x)$ 为相应的 Lax 对在 $u(t,x) = u_0(t,x)$ 时的解，其中 $u_0(t,x)$ 为初始的“种子解”。最后就得到了如下的自旋波

背景上具有一般形式的一阶局域波精确解的解析表达式：

$$u_{\rm s}=\left\{c+\frac{2b[\varDelta_1\cos(2G)-\varDelta_2\cosh(2F)-{\rm i}(\varDelta_1-2a_{\rm c}^2)\sin(2G)-{\rm i}\varDelta_3\sinh(2F)]}{\varDelta_1\cosh(2F)-\varDelta_2\cos(2G)}\right\}{\rm e}^{{\rm i}\theta}$$

$$u_{\rm as}=\left\{1+\frac{2b[\varXi\cos(2G)+\varXi\cosh(2F)-2\varOmega\sin(2G)+2{\rm i}\varOmega\sinh(2F)]}{\varDelta_4\cos(2G)+\varDelta_5\cosh(2F)-\varDelta_6\sin(2G)+\Delta_7\sinh(2F)}\right\}c{\rm e}^{{\rm i}\theta} \tag{9.1.39}$$

这里，$u_{\rm s}$ 和 $u_{\rm as}$ 分别表示对称形式的局域波解和不对称形式的局域波解，也就是说变换矩阵 D_1 和 D_2 分别对应的局域波解。其中

$$\begin{aligned}
&F=\eta_{\rm I}x+(A_1\eta_{\rm I}+A_2\eta_{\rm R})t\\
&G=\eta_{\rm R}x+(A_1\eta_{\rm R}-A_2\eta_{\rm I})t\\
&\eta_{\rm R}+{\rm i}\eta_{\rm I}=\sqrt{c^2+\left(\frac{k_{\rm s}}{2}+\lambda\right)^2}\\
&A_1=2a-k_{\rm s}-\beta(8a^3-24ab^2-4ac^2-4a^2k_{\rm s}\\
&\qquad+4b^2k_{\rm s}+6c^2k_{\rm s}+2ak_{\rm s}^2-k_{\rm s}^3)\\
&A_2=2b-2b\beta(12a^2-4b^2-2c^2-4ak_{\rm s}+k_{\rm s}^2)
\end{aligned} \tag{9.1.40}$$

此外，(9.1.39) 式中其他参量为

$$\begin{aligned}
&\varDelta_1=c^2+(b+\eta_{\rm I})^2+\left(a+\frac{k_{\rm s}}{2}+\eta_{\rm R}\right)^2\\
&\varDelta_2=2c(b+\eta_{\rm I}),\quad \varDelta_3=2c\left(a+\frac{k_{\rm s}}{2}+\eta_{\rm R}\right)\\
&\varXi=-(2{\rm i}a+2b+{\rm i}k_{\rm s}),\quad \varOmega=\eta_{\rm R}-{\rm i}\eta_{\rm I}\\
&\varDelta_4=\alpha-\delta,\quad \varDelta_5=\alpha+\delta,\quad \delta=\eta_{\rm R}^2+\eta_{\rm I}^2\\
&\alpha=c^2+\frac{k_{\rm s}^2}{4}+ak_{\rm s}+a^2+b^2\\
&\varDelta_6=2a\eta_{\rm I}+k_{\rm s}\eta_{\rm I}-2b\eta_{\rm R}\\
&\varDelta_7=-(2a\eta_{\rm R}+k_{\rm s}\eta_{\rm R}+2b\eta_{\rm I})
\end{aligned} \tag{9.1.41}$$

通过达布变换方法，构造了四阶非线性薛定谔方程 (9.1.17) 式的一般呼吸子解。

关于对称和不对称局域波解的区别，具体可以通过一般呼吸子来直接地观察分析。在图 9.4 中，通过对比直观地发现，这两种呼吸子在结构上是以不同形式分布的，并且不同分布形式使得局域波的中心分布也是不一样的。换句话说，图

9.4(a) 中局域波的中心在 $(t,x)=(0,0)$ 处，而图 9.4(b) 中局域波的中心不在 $(t,x)=(0,0)$ 处。

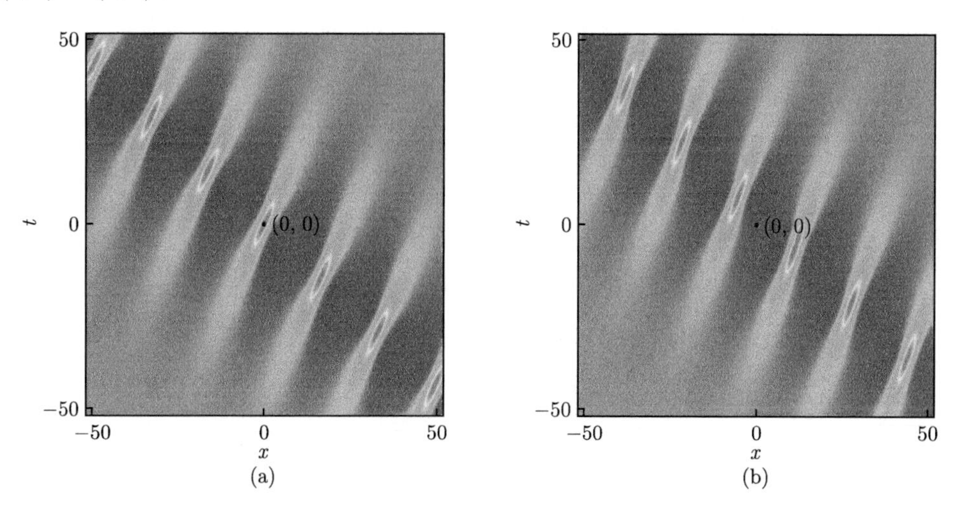

图 9.4 两种不同形式的一般呼吸子。(a) 对称形式的一般呼吸子 (选取变换矩阵 D_1)；(b) 不对称形式的一般呼吸子 (选取变换矩阵 D_2)。除了所选取的变换矩阵的形式不同，其他参量均相同，它们分别为 $a=-0.08$，$b=0.15$，$k=0.21$，$c=0.2$，$\beta=0.1$。其中参量 a 和 b 为谱参量 $(\lambda=a+\mathrm{i}b)$ 的实部与虚部

9.2 孤子的激发及其对应的磁矩分布特征

描述具有扭转相互作用自旋链中非线性局域波演化规律的四阶可积非线性薛定谔方程为

$$\begin{aligned}&\mathrm{i}u_t+u_{xx}+2|u|^2u+\beta(u_{xxxx}+8|u|^2u_{xx}\\&+2u^2u_{xx}^*+4|u_x|^2u+6u^*u_x^2+6|u|^4u)=0\end{aligned}\tag{9.2.1}$$

上式中参量 β 是一个与晶格常数 γ 有关并呈比例关系的参量，它表示了高阶的线性和非线性效应强度。$u(x,t)$ 代表了系统在相干态表象中自旋偏差算子的相干振幅，$|u|^2$ 描述了系统自旋和它在 z 轴方向上投影的自旋偏差值。通过第 2 章中解的构造，(9.2.1) 式的一般呼吸子解的表达式为

$$\begin{aligned}u_{\mathrm{s}}&=\left\{c+\frac{2b[\varDelta_1\cos(2G)-\varDelta_2\cosh(2F)-\mathrm{i}(\varDelta_1-2a_{\mathrm{c}}^2)\sin(2G)-\mathrm{i}\varDelta_3\sinh(2F)]}{\varDelta_1\cosh(2F)-\varDelta_2\cos(2G)}\right\}\mathrm{e}^{\mathrm{i}\theta}\\u_{\mathrm{as}}&=\left\{1+\frac{2b[\varXi\cos(2G)+\varXi\cosh(2F)-2\varOmega\sin(2G)+2\mathrm{i}\varOmega\sinh(2F)]}{\varDelta_4\cos(2G)+\varDelta_5\cosh(2F)-\varDelta_6\sin(2G)+\varDelta_7\sinh(2F)}\right\}c\mathrm{e}^{\mathrm{i}\theta}\end{aligned}\tag{9.2.2}$$

这里，u_{s} 和 u_{as} 分别表示对称形式的局域波解和不对称形式的局域波解。其中

$$
\begin{aligned}
&F=\eta_{\mathrm{I}}x+(A_1\eta_{\mathrm{I}}+A_2\eta_{\mathrm{R}})t\\
&G=\eta_{\mathrm{R}}x+(A_1\eta_{\mathrm{R}}-A_2\eta_{\mathrm{I}})t\\
&\eta_{\mathrm{R}}+\mathrm{i}\eta_{\mathrm{I}}=\sqrt{c^2+\left(\frac{k_{\mathrm{s}}}{2}+\lambda\right)^2},\quad \lambda=a+\mathrm{i}b\\
&A_1=2a-k_{\mathrm{s}}-\beta(8a^3-24ab^2-4ac^2-4a^2k_{\mathrm{s}}\\
&\qquad+4b^2k_{\mathrm{s}}+6c^2k_{\mathrm{s}}+2ak_{\mathrm{s}}^2-k_{\mathrm{s}}^3)\\
&A_2=2b-2b\beta(12a^2-4b^2-2c^2-4ak_{\mathrm{s}}+k_{\mathrm{s}}^2)
\end{aligned}
\tag{9.2.3}
$$

此外，

$$
\begin{aligned}
&\varDelta_1=c^2+(b+\eta_{\mathrm{I}})^2+\left(a+\frac{k_{\mathrm{s}}}{2}+\eta_{\mathrm{R}}\right)^2\\
&\varDelta_2=2c(b+\eta_{\mathrm{I}}),\quad \varDelta_3=2c\left(a+\frac{k_{\mathrm{s}}}{2}+\eta_{\mathrm{R}}\right)\\
&\varXi=-(2\mathrm{i}a+2b+\mathrm{i}k_{\mathrm{s}}),\quad \varOmega=\eta_{\mathrm{R}}-\mathrm{i}\eta_{\mathrm{I}}\\
&\varDelta_4=\alpha-\delta,\quad \varDelta_5=\alpha+\delta,\quad \delta=\eta_{\mathrm{R}}^2+\eta_{\mathrm{I}}^2\\
&\alpha=c^2+\frac{k_{\mathrm{s}}^2}{4}+ak_{\mathrm{s}}+a^2+b^2\\
&\varDelta_6=2a\eta_{\mathrm{I}}+k_{\mathrm{s}}\eta_{\mathrm{I}}-2b\eta_{\mathrm{R}}\\
&\varDelta_7=-(2a\eta_{\mathrm{R}}+k_{\mathrm{s}}\eta_{\mathrm{R}}+2b\eta_{\mathrm{I}})
\end{aligned}
\tag{9.2.4}
$$

下面通过上述解来讨论孤子类非线性局域波的激发与其对应的磁矩分布特征。开始讨论之前，先来介绍非线性局域波和磁矩之间的联系。在原子物理学中，自旋和磁矩是呈一定比例关系的，它们相互之间一一对应。在平衡方向上自旋偏差算子按照这种存在关系通过合理的近似后，表示自旋的磁矩 $\boldsymbol{m}=(m_1,m_2,m_3)$ 能够用四阶方程中代表自旋偏差算子的振幅函数 $u(x,t)$ 来描述，具体关系表示为[1]

$$
\begin{aligned}
&m_1=\mathrm{Re}[u]\\
&m_2=\mathrm{Im}[u]\\
&m_3=\sqrt{1-|u|^2}
\end{aligned}
\tag{9.2.5}
$$

这里，函数 $u(x,t)$ 描述了四阶可积的非线性薛定谔方程 (9.2.1) 式的一种精确的局域波解析解。在研究各类局域波对应的磁矩分布特征之前，有必要将磁矩分布的作图方法进行简要的介绍。这里以软件 Mathematica 10.2 为例，主要分为以下三个步骤。

(1) 首先定义各种非线性局域波解析解 $u(x,t)$ 的表达式。

(2) 然后根据 (9.2.5) 式定义 m_1，m_2，m_3。

(3) 再利用三维参量绘图命令，画出磁矩对应的曲线 W；再通过三维球面图形命令，画出球 Q；最后将两者展示在一张图中。具体命令示例如下 (取 $t=0$ 或某一个定值)：

```
W=ParametricPlot3D[{m1,m2,m3}, {x,−30,30}, BoxRatios→{1,1,1}, PlotRange → All, PlotStyle →{Red}];
Q=SphericalPlot3D[1, {θ,0,Pi}, {ϕ,0,2×Pi}, Boxed→False, PlotStyle→Opacity [0.5], Mesh→None]; Show[W,Q]
```

下文中的磁矩分布图像均由上述命令画出。

9.2.1 反暗孤子及其对应的磁矩分布特征

当 (9.2.2) 式中不对称的解析解 u_{as} 满足条件 $a=-k_{\mathrm{s}}/2$，$c^2<b^2$，$\beta(-4b^2-2c^2+6k_{\mathrm{s}}^2)=1$ 时，能够得到一个稳定传输的非线性局域波，即反暗孤子。它的精确表达式可以写成

$$u_{\text{a-s}}=-u_0\left(1+\frac{2s_1}{\varDelta}\right) \tag{9.2.6}$$

这里的 u_0 为前文中提到的“种子解”((9.1.22) 式和 (9.1.23) 式)，并且有

$$\begin{aligned} s_1 &= b^2-c^2 \\ \varphi &= 2\sqrt{s_1}(x+Vt) \\ \varDelta &= c^2+c\cdot b\cosh(\varphi-\delta) \end{aligned} \tag{9.2.7}$$

上式中参量 $V=-2k_{\mathrm{s}}-4\beta k_{\mathrm{s}}\left(2c^2+4b^2-k_{\mathrm{s}}^2\right)$，$\cosh\delta=b/c$，$\sinh\delta=\sqrt{s_1}/c$。其中 a 和 b 分别是谱参量 $(\lambda=a+\mathrm{i}b)$ 的实部和虚部，它们分别决定局域波的速度和形状。

从反暗孤子的解 (9.2.6) 式中，能够看出，反暗孤子是在自旋波背景上具有一个峰且最大峰值为 $|u|_{\max}^2=(2b-c)^2$ 的非线性局域波包，具体如图 9.5(a) 所示。通过分析 (9.2.7) 式，反暗孤子的速度为 $-V$，即 $-4a+8a\beta(2c^2+4b^2-4a^2)$，宽度为 $1/(2\sqrt{b^2-c^2})$，这些都与四阶非线性强度 β、自旋波背景振幅 c、谱参量的实部 a 和虚部 b 等参量紧密关联[24]。

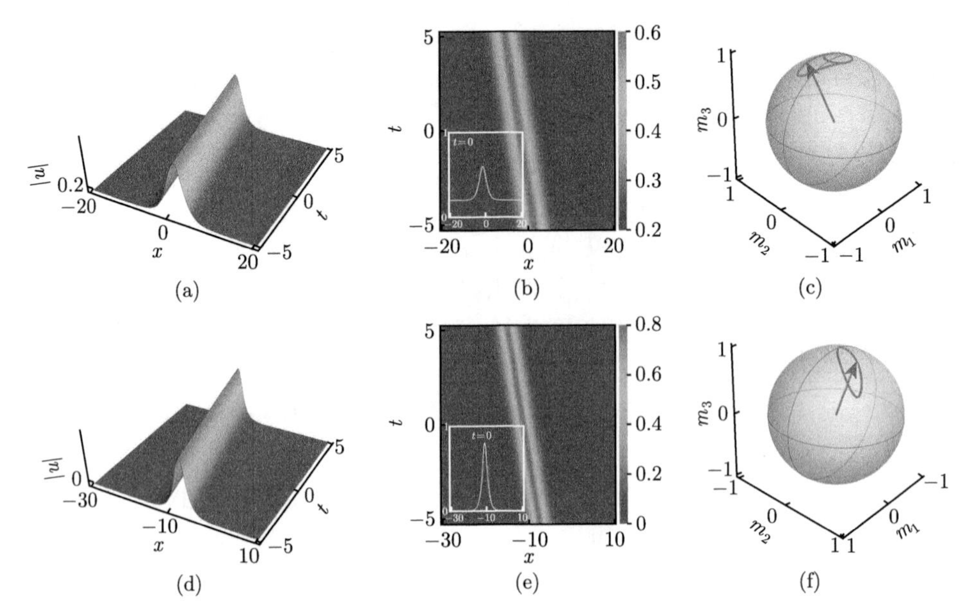

图 9.5　孤子自旋激发的演化图和强度分布 ($|u|$)：(a) 和 (b) 为反暗孤子 $u_{\text{a-s}}$，$c=0.2$；(d) 和 (e) 为亮孤子。在强度分布 (b) 和 (e) 中插入的子图为 $t=0$ 时所对应的孤子截面图形。与孤子自旋激发相对应的磁矩分布情况：(c) 反暗孤子；(f) 亮孤子 (磁孤子)。其他参量为 $k_{\text{s}}=0.19$，$b=0.4$，$\beta=-1.986$ [24]

反暗孤子和亮孤子 (磁孤子) 的结构很是相似，但实质上有着较大的差别。当反暗孤子的自旋波背景逐渐趋于零背景时，反暗孤子也在逐渐向零背景上的亮孤子过渡，亮孤子的解可以表述为

$$u_{\text{b-s}}=-2b\operatorname{sech}(\varphi+\delta')\mathrm{e}^{\mathrm{i}\theta} \tag{9.2.8}$$

这里，δ' 是任意的常数相位；其他参量同反暗孤子。亮孤子解反映了零背景上磁孤子的动力学，它的动力学演化如图 9.5(d) 所示。

对于磁存储而言，在磁性材料中磁矩分布的特性发挥了很重要的作用。亮孤子的磁矩分布早在 1990 年由 A. M. Kosevich 等报道 [1]，它的分布看起来像一个封闭的环，在布洛赫球上起止于同一点，如图 9.5(f) 所示。反暗孤子的结构和亮孤子的结构很像，然而反暗孤子的非线性激发是在自旋波背景上，故其对应的磁矩分布本质上就不同于亮孤子的磁矩分布。在图 9.5(c) 中，我们清晰地展示了磁反暗孤子对应的磁矩分布结构特征。尽管它和亮孤子的磁矩分布有着相同的特征，都是封闭的环型，但仔细对比图 9.5(c) 和 (f)，在反暗孤子的磁矩分布中靠近球的北极处，有一个很小的圆环状分布的自旋磁矩，它代表着自旋波背景。因此，反暗孤子可以看成是自旋波与磁孤子的非线性叠加。

磁振子密度反映了局域激发的程度。为了更清楚地了解磁反暗孤子的形成机制，对其磁振子密度的分布进行分析。定义磁振子密度函数

$$\rho(x,t) = |u|^2 - |u(x=\pm\infty,t)|^2 \tag{9.2.9}$$

将 (9.2.6) 式代入上式中，经过化简得到

$$\rho = 4c^2 s_1 \frac{s_1 + \Delta}{\Delta^2} \tag{9.2.10}$$

图 9.6 表示在不同背景振幅下反暗孤子的磁振子密度分布图。图中蓝色线表示自旋波背景振幅为零时，亮孤子的磁振子密度分布情况。当背景振幅 c 从零靠近临界点时，磁振子的密度分布逐渐从开始的又高又瘦转变为又矮又胖。这可以理解为磁振子与背景之间存在某种不均匀的交换。这里需要强调的是，因为反暗孤子的解中有一个相位因子 δ 与振幅 c 有关，所以磁振子的密度分布中心位置随着振幅在发生移动。

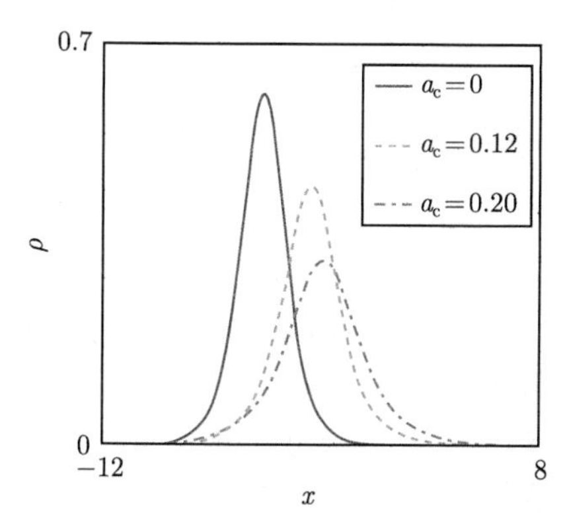

图 9.6 反暗孤子在不同背景振幅下的磁振子密度分布图 (其中背景振幅为 0 的磁振子密度分布是反暗孤子取极限情况下的亮孤子)。其余参数为 $k_s = 0.19, b = 0.4, \beta = -1.986$ [24]

9.2.2 W 形孤子及其对应的磁矩分布特征

当 (9.2.2) 式精确解析解 u_s 满足和反暗孤子一样的激发条件 $a = -\dfrac{k_s}{2}$，$c^2 < b^2$，$\beta(-4b^2 - 2c^2 + 6k_s^2) = 1$ 时，得到了一种不同于反暗孤子的稳定结构 (即 W 形孤子)，W 形孤子精确解表达式可以写成

$$u_{\text{w-s}} = -u_0\left(1 + \frac{2s_1}{\Delta'}\right) \tag{9.2.11}$$

这里

$$
\begin{aligned}
&s_1 = b^2 - c^2 \\
&V = 4a - 8a\beta\left(2c^2 + 4b^2 - 4a^2\right) \\
&\varphi = 2\sqrt{s_1}(x + Vt) \\
&\Delta' = c^2 - bc\cosh\varphi
\end{aligned}
\tag{9.2.12}
$$

W 形孤子具有空间上局域时间上稳定传输的特性。同样地，W 形孤子的传播速度为 $-V$，宽度为 $1/(2\sqrt{b^2-c^2})$，并且它的最大峰值为 $|u|^2_{\max} = (2b+c)^2$。如图 9.7(a) 所示，从侧面看它的横向截图像一个大写的英文字母“W”，包含了一个波峰两个波谷 [25–28]。

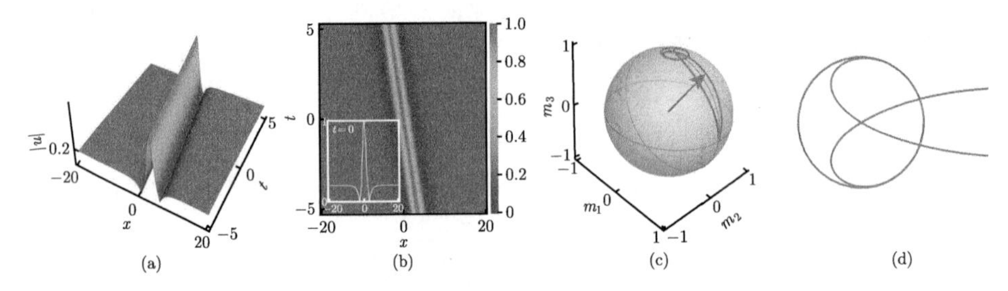

图 9.7　(a) W 形孤子自旋激发的演化图和 (b) 强度分布 ($|u|$)，$a_{\mathrm{c}} = 0.2$；在强度分布 (b) 图中插入的子图为 $t = 0$ 时所对应的孤子截面图形；(c) W 形孤子自旋激发的磁矩分布；(d) W 形孤子磁矩分布局部放大图。其他参量为 $k_{\mathrm{s}} = 0.19, b = 0.4, \beta = -1.986$ [24] (彩图见封底二维码)

图 9.7(c) 展示了 W 形孤子的磁矩分布特征，它的磁矩分布同样是起止于相同的点。对于图 9.7(c) 和 9.5(c) 的磁矩分布，W 形孤子的磁矩分布与反暗孤子的磁矩分布有很大的差异。在 W 形孤子的磁矩分布中，布洛赫球上北极附近圆环状分布的自旋磁矩中多了一个类似领结状的结构。通过与反暗孤子进行对比分析，这个类似领结状的结构是由 W 形孤子的两个波谷导致的。特别地，W 形孤子的磁矩分布会随着自旋波背景振幅的逐渐消失而最终成为亮孤子所对应的磁矩分布。

对 W 形孤子的形成机制和磁振子密度分布情况进行讨论。W 形孤子的磁振子密度为

$$
\rho = 4c^2 s_1 \frac{s_1 + \Delta'}{\Delta'^2} \tag{9.2.13}
$$

根据 (9.2.13) 式，描绘了 W 形孤子的磁振子密度分布情况。不同于磁反暗孤子的磁振子密度分布，在图 9.8 中，磁 W 形孤子的磁振子密度分布有小于零的部分，这是由于其与自旋波背景之间发生了不均匀的交换。从图中，能够看到随着自旋波背景振幅的增大，磁振子密度分布的宽度逐渐变窄，高度逐渐增加。

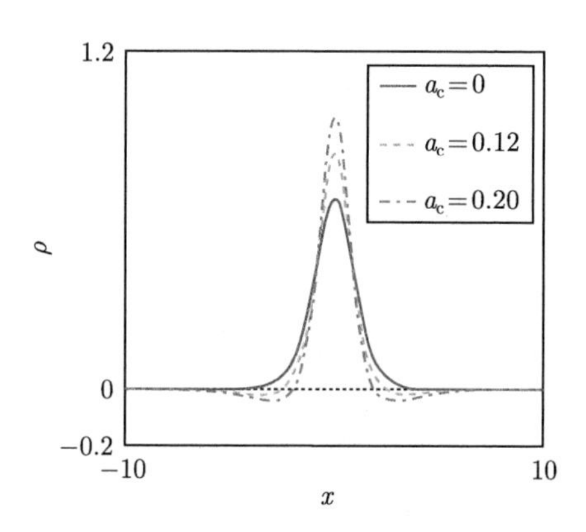

图 9.8　W 形孤子在不同背景下的磁振子密度分布图 (其中背景振幅为 0 的磁振子密度分布是 W 形孤子取极限情况下的亮孤子)。参量选取为 $k_s = 0.19, b = 0.4, \beta = -1.986$ [24]

9.2.3　多峰孤子及其对应的磁矩分布特征

当 (9.2.2) 式中的两个精确解满足条件 $a \neq -k_{\mathrm{s}}/2$ 和 $\beta(12a^2 - 4b^2 - 2c^2 - 4ak_{\mathrm{s}} + k_{\mathrm{s}}^2) = 1$ 时，可以得到两种不同形式的多峰孤子。图 9.9(a) 和 (e) 展示了自旋波背景上激发的两类多峰孤子。根据这两类多峰孤子的振幅在横向分布的对称性情况将其区分为对称的多峰孤子和不对称的多峰孤子。当高阶效应存在时，对称和不对称的多峰孤子才可能出现[29,30]，即在标准的非线性薛定谔方程中它们并不存在。因此，这类局域波的存在某种意义上反映了高阶效应对非线性局域波性质的巨大影响。他们还在研究中发现，初始参数相同的条件下两类多峰孤子扣除背景后的强度大小是相等的。从这两种多峰孤子的解析解中，计算出孤子的宽度为 $1/2\eta_{\mathrm{I}}$。

根据前面研究的反暗孤子、亮孤子和 W 形孤子，每一种非线性激发将对应于一种磁矩分布特征。一般情况下，非线性局域波的包络结构对应布洛赫球上的一个起止于同一点的循环。自旋波背景形成了布洛赫球北极附近圆环状分布的自旋磁矩，其他细小的结构主要由非线性局域波的波谷和小的次峰形成。对称和不对称的多峰孤子的具体磁矩分布情况见图 9.9(a) 和 (g)，其同样包含着一个循环和圆环状分布的自旋磁矩以及其他细小结构。

同样地，分析了这两类多峰孤子的磁振子密度分布情况，如图 9.10 所示。从图中可以看到它们的磁振子密度分布也具有对称和不对称的性质。另外对称的磁振子密度分布无论自旋波背景取何值它们的中心位置没有发生变化，而不对称的磁振子密度分布的中心位置随着自旋波背景的变化而变化。分析其原因，在不对称的多峰孤子解中两个双曲函数 $\sinh(2F)$ 和 $\cosh(2F)$ 在数学上组合成 $\cosh(2F+\sigma)$ 的形式时，σ 的值影响了其峰值的中心位置，且因子 σ 是与自旋波背景振幅有关

的 ($\sinh\sigma=\dfrac{\Delta_7}{\sqrt{\Delta_5^2-\Delta_7^2}}$，$\cosh\sigma=\dfrac{\Delta_5}{\sqrt{\Delta_5^2-\Delta_7^2}}$)。在图 9.10 中，也分别看到了当多峰孤子的背景振幅趋于零时，它们的磁振子密度分布也变成之前研究反暗孤子和 W 形孤子时的情况。这说明当多峰孤子的自旋波背景减小时，它可以逐渐向亮孤子过渡。

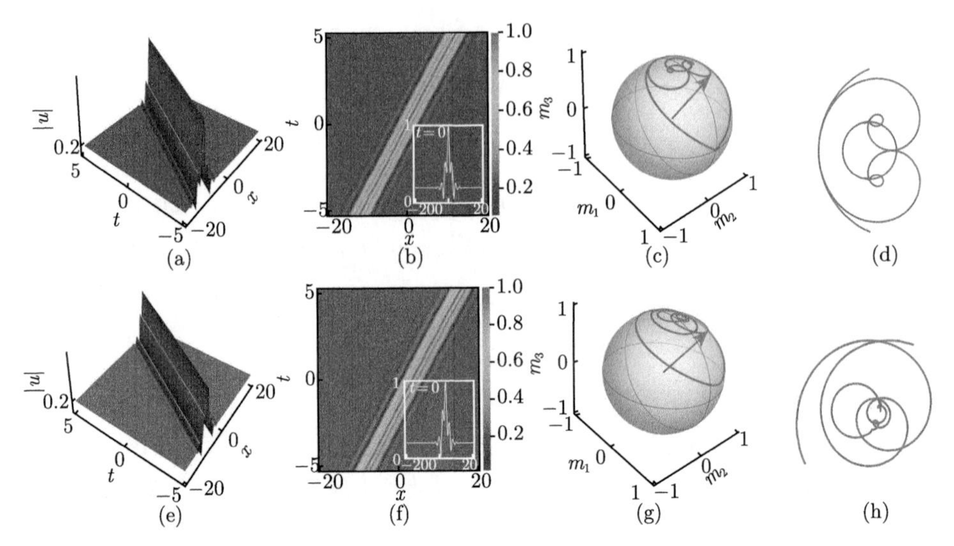

图 9.9　多峰孤子自旋激发的演化图和强度分布 ($|u|$): (a) 对称结构的多峰孤子 u_{s}; (e) 不对称结构的多峰孤子 u_{as}。在强度分布 (b) 和 (f) 图中插入的子图为 $t=0$ 时所对应的孤子截面图形。孤子自旋激发对应的磁矩分布情况: (c) 对称结构; (g) 不对称结构; (d) 和 (h) 分别为 (c) 和 (g) 磁矩分布的局部放大图。其他参量为 $a=-1.5, k_{\mathrm{s}}=0.16, b=0.4, a_{\mathrm{c}}=0.2, \beta=0.037$ [24] (彩图见封底二维码)

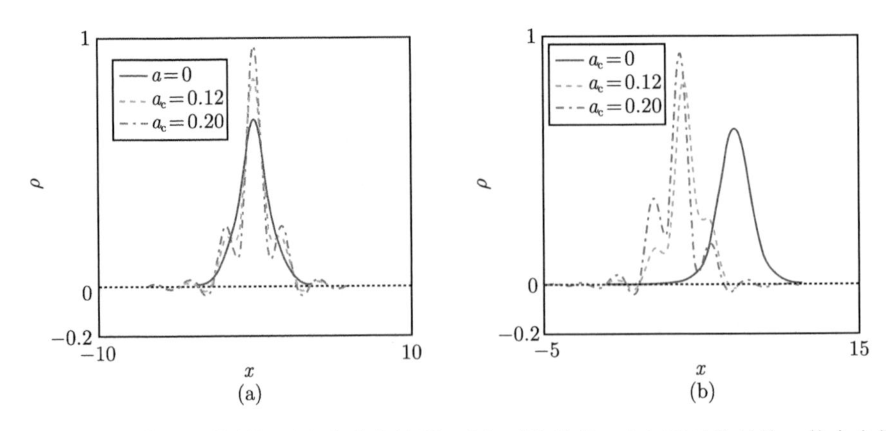

图 9.10　形成多峰孤子的磁振子密度分布情况。(a) 对称结构；(b) 不对称结构。其余参量为 $k_{\mathrm{s}}=0.16, b=0.4, a=-1.5, \beta=0.037$ [24]

以上主要介绍了描述螺旋磁体自旋链的四阶非线性薛定谔方程中，存在的三类稳定结构的非线性孤子激发及其他们磁矩分布情况。在探讨磁矩分布情况时，结合这几种孤子各自的结构特征和对比之前报道的亮孤子磁矩分布，分别对其进行对比分析得到了上文中描述的三类孤子对应的磁矩分布特征情况。那么，既然有稳定的孤子结构存在于螺旋磁体自旋链，是否有不稳定的非线性激发也同样存在？接下来研究不稳定的非线性激发。

9.3 呼吸子和怪波的激发及其对应的磁矩分布特征

选取 (9.2.2) 式中对称形式的一般呼吸子解：

$$u_{\mathrm{s}}=\left\{c+\frac{2b[\varDelta_1\cos(2G)-\varDelta_2\cosh(2F)-\mathrm{i}(\varDelta_1-2a_{\mathrm{c}}^2)\sin(2G)-\mathrm{i}\varDelta_3\sinh(2F)]}{\varDelta_1\cosh(2F)-\varDelta_2\cos(2G)}\right\}\mathrm{e}^{\mathrm{i}\theta} \tag{9.3.1}$$

来研究呼吸子和怪波的激发，其中，

$$\begin{aligned}
F&=\eta_{\mathrm{I}}x+(A_1\eta_{\mathrm{I}}+A_2\eta_{\mathrm{R}})t\\
G&=\eta_{\mathrm{R}}x+(A_1\eta_{\mathrm{R}}-A_2\eta_{\mathrm{I}})t\\
\varDelta_1&=c^2+(b+\eta_{\mathrm{I}})^2+\eta_{\mathrm{R}}^2\\
\varDelta_2&=2c(b+\eta_{\mathrm{I}}),\quad \varDelta_3=2c\eta_{\mathrm{R}}
\end{aligned} \tag{9.3.2}$$

并且

$$\begin{aligned}
&\eta_{\mathrm{R}}=\pm\left(\frac{|\chi|+\chi}{2}\right)^{\frac{1}{2}},\quad \eta_{\mathrm{I}}=\left(\frac{|\chi|-\chi}{2}\right)^{\frac{1}{2}},\quad \chi=c^2-b^2\\
&A_1=2a-k_s-\beta(8a^3-24ab^2-4ac^2-4a^2k_{\mathrm{s}}+4b^2k_{\mathrm{s}}+6c^2k_{\mathrm{s}}+2ak_{\mathrm{s}}^2-k_{\mathrm{s}}^3)\\
&A_2=2b-2b\beta(12a^2-4b^2-2c^2-4ak_{\mathrm{s}}+k_{\mathrm{s}}^2)
\end{aligned} \tag{9.3.3}$$

通过 (9.3.1) 式和 (9.3.2) 式，可以清楚地看到非线性局域波结构的性质紧紧依赖于双曲函数 ($\cosh F$ 和 $\sinh F$) 和三角函数 ($\cos G$ 和 $\sin G$) 的性质，这里的 F 和 G 是关于 x 和 t 的实函数。双曲函数和三角函数分别描述了非线性局域波的局域性和周期性 [29–32]，并且它们的性质依赖于谱参量虚部 b 以及自旋波背景波数 k_s、背景振幅 c 等参量值。

9.3.1 Akhmediev 呼吸子及其对应的磁矩分布特征

当自旋波背景波数 $k_{\mathrm{s}}=-2a$，并且 $c^2>b^2$，$c\neq0$ 时，(9.3.1) 式就可以约化为 Akhmediev 呼吸子解。Akhmediev 呼吸子解的精确表达式为

$$u_{\mathrm{AB}}=\left\{c+\frac{2b\left(c\cos(2G)-b\cosh(2F)-\mathrm{i}\sqrt{c^2-b^2}\sinh(2F)\right)}{c\cosh(F)-b\cos(G)}\right\}\mathrm{e}^{\mathrm{i}\theta} \tag{9.3.4}$$

此时，上式中的参量分别为

$$\begin{aligned}
G&=\sqrt{c^2-b^2}(x+A_1t)\\
F&=A_2\sqrt{c^2-b^2}t\\
A_1&=-2k_{\mathrm{s}}+4k_{\mathrm{s}}\beta\left(k_{\mathrm{s}}^2-4b^2-2c^2\right)\\
A_2&=2b-2b\beta\left(6k_{\mathrm{s}}^2-4b^2-2c^2\right)
\end{aligned} \tag{9.3.5}$$

图 9.11(a) 和 (b) 分别展示了 Akhmediev 呼吸子的演化规律和强度分布，

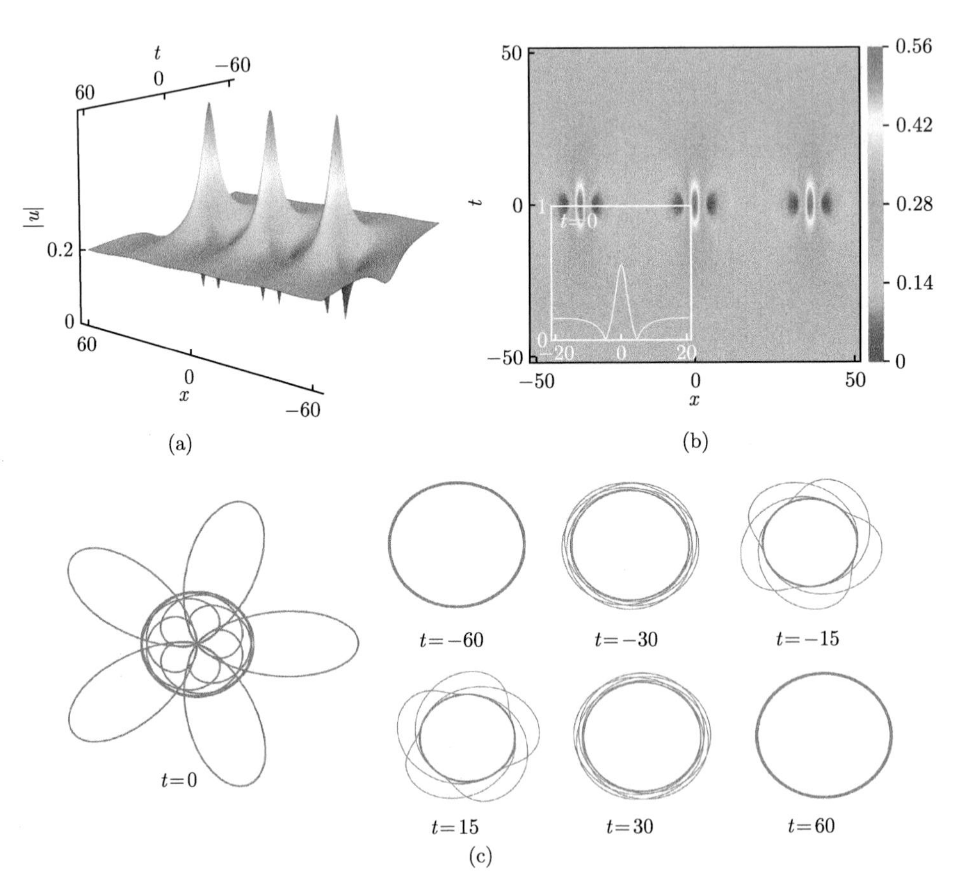

图 9.11　(a) Akhmediev 呼吸子的演化图；(b)Akhmediev 呼吸子的强度分布和 $t=0$ 时的截面图；(c) 随时间变化的 Akhmediev 呼吸子的磁矩分布顶视图。参数选取为 $c=0.2$，$k_{\mathrm{s}}=0.2$，$b=0.18$，$\beta=-2.71$ [33] (彩图见封底二维码)

Akhmediev 呼吸子是一个在时间 t 上局域而空间 x 上呈周期性分布的非线性局域波。通过计算，我们得到 Akhmediev 呼吸子的最大峰值为 $|u_{\mathrm{AB}}|_{\max}=c+2b$，沿空间 x 方向的周期为 $T_x=\pi/\sqrt{c^2-b^2}$。

Akhmediev 呼吸子磁矩分布特征的动态变化情况，如图 9.11(c) 所示。显然，它的磁矩分布会随时间发生变化[33]。当时间 $t=0$ 时，Akhmediev 呼吸子磁矩分布的结构看起来像一个花并且具有五个花瓣。随着时间 $t\to\pm\infty$，Akhmediev 呼吸子的振幅将会逐渐趋于自旋波背景振幅。此时的磁矩分布结构逐渐变成一个圆环，这个圆环代表了自旋波背景振幅，例如在图 9.11(c) 中 $t=-60$ 和 $t=60$ 时的磁矩分布结构图。

9.3.2 Kuznetsov-Ma 呼吸子及其对应的磁矩分布特征

当自旋波背景波数 $k_{\mathrm{s}}=-2a$，并且 $c^2<b^2$，$c\neq 0$ 时，(9.3.1) 式就可以约化为 Kuznetsov-Ma 呼吸子解。Kuznetsov-Ma 呼吸子解的精确表达式为

$$u_{\mathrm{KM}}=\left\{c+\frac{2b\left[b\cos(2G)-c\cosh(2F)-\mathrm{i}\Gamma\sin(2G)\right]}{b\cosh(F)-c\cos(G)}\right\}\mathrm{e}^{\mathrm{i}\theta} \tag{9.3.6}$$

此时，上式中的参量为

$$\begin{aligned}
F&=\sqrt{b^2-c^2}(x+A_1t)\\
G&=-A_2\sqrt{b^2-c^2}t\\
A_1&=-2k_{\mathrm{s}}+4k_{\mathrm{s}}\beta\left(k_{\mathrm{s}}^2-4b^2-2c^2\right)\\
A_2&=2b-2b\beta\left(6k_{\mathrm{s}}^2-4b^2-2c^2\right)\\
\Gamma&=b-c^2/(b+\sqrt{b^2-c^2})
\end{aligned} \tag{9.3.7}$$

众所周知，Kuznetsov-Ma 呼吸子是一个在空间 x 上局域而在时间 t 上呈周期性分布的非线性局域波结构。在图 9.12(a) 和 (b) 中，分别展示了 Kuznetsov-Ma 呼吸子的演化规律和强度分布结构。通过计算，我们发现 Kuznetsov-Ma 呼吸子以速度 $V_{\mathrm{g}}=-A_1$ 向前传播，并且在时间 t 上的周期为 $T=\pi/(A_2\sqrt{b^2-c^2})$。

一个有意思的研究表明，当 Kuznetsov-Ma 呼吸子解中的自旋波背景振幅 $c=0$ 而参量 $b\neq 0$ 时，就能得到一个零背景上的非线性激发 (亮孤子)，具体的形式为：$u_{\mathrm{bs}}=0+2b\,\mathrm{sech}[2b(x+A_1t)]\exp[2\mathrm{i}A_2bt]$。前文中我们已经介绍了它的磁矩分布特征。

Kuznetsov-Ma 呼吸子的磁矩分布与 Akhmediev 呼吸子的磁矩分布不相同。在图 9.12(c) 中，展示了一个周期内 Kuznetsov-Ma 呼吸子磁矩分布的情况。从 $t=0$ 到 $t=T$ 的一个周期内，它展示出磁矩分布的动态变化过程。尽管磁矩分布的结构没有发生变化，但是它们在不同时刻的分布方向却发生了变化。通过更

进一步的分析，Kuznetsov-Ma 呼吸子在出现最大峰值时所对应的磁矩分布主要拥有四个方向，如图 9.12(d) 所示。相同方向上的磁矩分布会重复性周期重现，从右边开始按逆时针方向它们分别出现在 $t=4nT$、$t=T+4nT$、$t=2T+4nT$、$t=3T+4nT$ 时刻 (其中 n 是整数)。需要特别指出的是，在图 9.12(c) 中，磁矩分布特征会随着 Kuznetsov-Ma 呼吸子周期的增大在一个周期内的某个时刻出现一个圆环，此时它代表着自旋波背景 [33]。

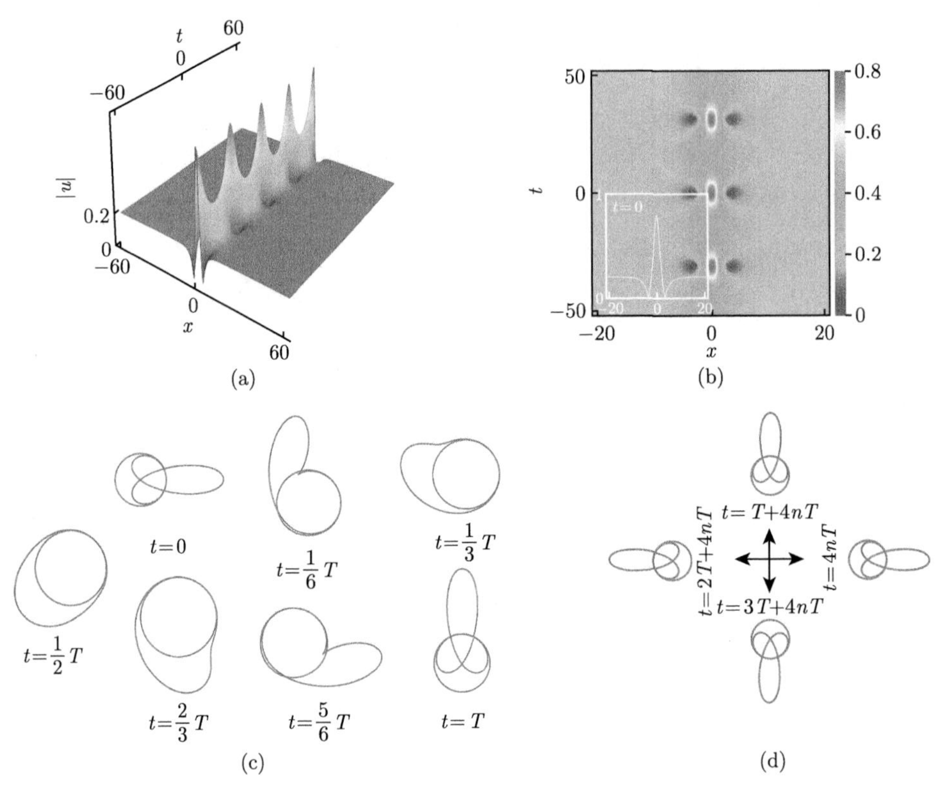

图 9.12 (a) Kuznetsov-Ma 呼吸子的演化图;(b)Kuznetsov-Ma 呼吸子的强度分布 ($|u|$) 和 $t=0$ 时的截面图; (c) Kuznetsov-Ma 呼吸子在一个周期内磁矩分布特征的顶视图; (d) Kuznetsov-Ma 呼吸子最大峰值处磁矩分布的四个方向，每个方向上磁矩分布出现的时刻分别为：$t=4nT$，$T+4nT$，$2T+4nT$ 和 $3T+4nT$。各参量选取为：$c=0.2$，$k_{\rm s}=0.2$，$b=0.3$，$\beta=-1.25$ [33] (彩图见封底二维码)

9.3.3 怪波及其对应的磁矩分布特征

在极限情况下，当空间周期的 Akhmediev 呼吸子和时间周期的 Kuznetsov-Ma 呼吸子的周期逐渐接近无穷时，可以得到怪波解。对于怪波而言，自旋波背景波数 $k_{\rm s}$、背景振幅 c 和高阶效应强度 β 满足条件 $k_{\rm s}^2-\varUpsilon\neq 0$ $\left(\varUpsilon=\dfrac{1}{6\beta}+c^2, |b|=c\right)$。

怪波的精确解表达式为

$$u_{\rm RW}=\left[\frac{4(1+{\rm i}T)}{1+T^2+X^2}-1\right]c{\rm e}^{{\rm i}\theta} \tag{9.3.8}$$

这里，

$$\begin{aligned}&X=2c(x+v_1t),\quad T=2c^2v_2t\\&v_1=-2k_{\rm s}-24c^2k_{\rm s}\beta+4k_{\rm s}^3\beta\\&v_2=2(1+6c^2\beta-6k_{\rm s}^2\beta)\end{aligned} \tag{9.3.9}$$

从怪波解 (9.3.8) 式，发现表示怪波高度的最大峰值为 $|u_{\rm RW}|^2_{\max}(0,0)=9c^2$，怪波的传播速度为 $V=2k_{\rm s}+24c^2k_{\rm s}\beta-4k_{\rm s}^3\beta$。图 9.13(a) 和 (b) 分别展示了怪波的演化规律和密度分布结构，从图中看到怪波在自旋波背景上具有一个很高的波峰和两个较低的波谷。由于怪波的不稳定性，其磁矩分布也是一个动态变化的过程，图 9.13(c) 描述了不同时刻怪波的磁矩分布状态。特别地，从磁矩分布 $t=\pm50$ 的子图中，看到怪波是从小信号逐渐增长起来的。随着时间的变化，怪波很快形成然后又很快消失。当 $t=0$ 时，怪波整体的形状形成，此时的磁矩分布也展现在图 9.13(c) 中。本质上，具有较高磁振子密度的磁怪波是由磁振子在时间和空间上的交换引起的 [33]。

研究了具有扭转相互作用的海森伯铁磁自旋链中非线性局域波激发的性质、演化规律及其对应的磁矩分布特征，包括反暗孤子、W 形孤子、多峰孤子、Akhmediev 呼吸子、Kuznetsov-Ma 呼吸子和怪波。首先，为了研究具有扭转相互作用自旋链中非线性局域波的演化规律，构建了一个四阶可积的非线性薛定谔方程。其次，通过使用达布变换方法构造了具有一般形式的通解，并且这个通解包含多种不同类型的非线性局域波。根据这个一般形式的解，我们依次证实孤子、呼吸子和怪波的非线性激发，研究了它们各自对应的磁矩分布特征。研究结果表明，在磁矩分布的结构中靠近布洛赫球体极点处的圆环状分布的自旋磁矩代表了自旋波背景。此外，结合调制不稳定性分析给出不同类型非线性局域波所对应的相图，并通过磁振子数 N、扰动波数 K、自旋波背景波数 k_s 和背景振幅 c 等物理量具体给出了它们的激发条件。这些结果不仅丰富了对铁磁自旋链系统中非线性激发的认识和理解，而且为实验上的可控激发提供了理论依据。

基于以上工作，还可以考虑以下几个问题：① 虽然我们基于可积的四阶非线性薛定谔方程研究了具有扭转相互作用的海森伯自旋链中非零自旋波背景上的非线性激发，但该四阶可积方程只是为了可积求解，让描述自旋链的原物理参量在选取特定关系情况下得到的。在实际的研究中，这种严格意义上的定量关系不一定满足。那么，当这种特殊关系的约束改变后，是否还会存在上述研究的非线性激

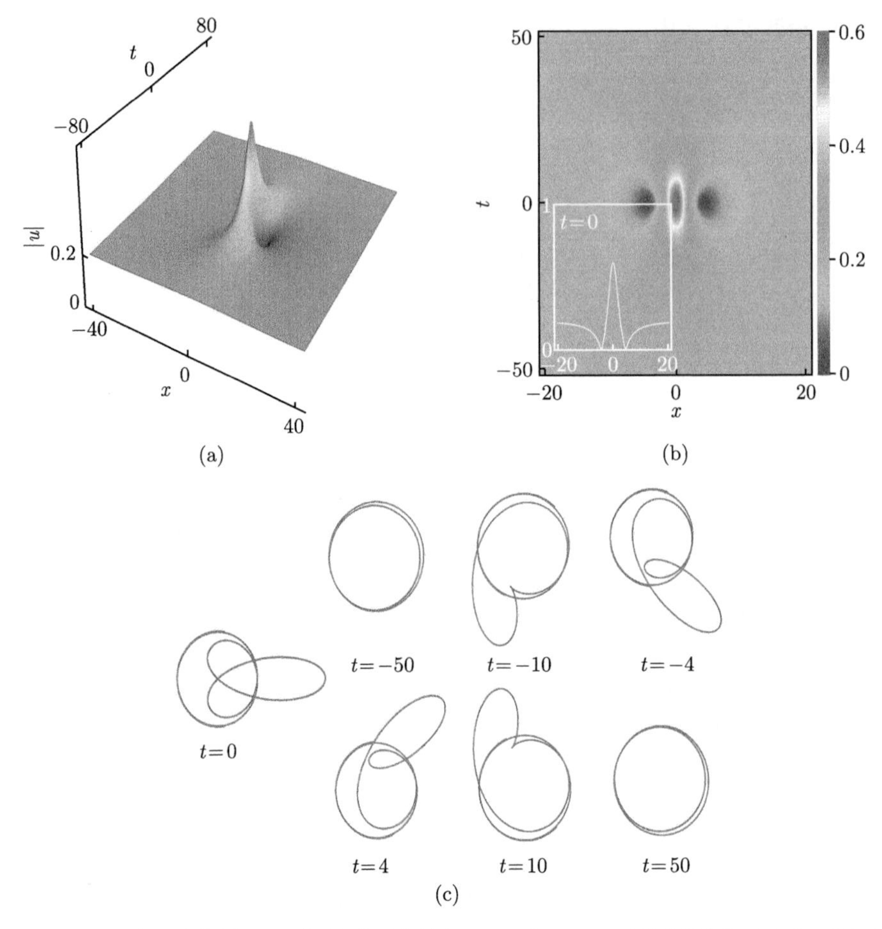

图 9.13 (a) 怪波的演化图；(b) 怪波的强度分布 ($|u|$) 和 $t=0$ 时的截面图；(c) 在不同时刻怪波磁矩分布的顶视图。各参量的选取为：$c=0.2$，$k_{\mathrm{s}}=0.16$，$\beta=-2.33$[33] (彩图见封底二维码)

发，以及这些激发在实验上如何实现，它们在实验上的可行性如何？这仍需要我们进一步考虑研究。② 可以考虑二维自旋链系统中非零背景上的非线性激发问题及其他们对应的磁矩分布特征。③ 对于具有扭转相互作用自旋链的海森伯模型，将 H-P 变换的方法用 Dyson-Maleev 变换代替 (或者其他变换)，能得到什么类型的非线性方程？④ 除了各向异性、八偶极子、交换等主要的磁性相互作用外，近年来，关于 Dzyaloshinsky-Moriya 相互作用的研究又重新回到了人们的研究视野中。Dzyaloshinsky-Moriya 相互作用本质上是一个反对称自旋耦合，它主要是由电子的自旋轨道耦合和自旋与自旋之间的相互作用共同引起的。因此，无论对于海森伯模型还是 L-L 模型，还可以研究 Dzyaloshinsky-Moriya 相互作用对体系中非线性局域波自旋激发的可能影响。

9.4 量子化超流涡丝的理论模型和研究进展

9.4.1 超流体现象及描述涡丝运动的基本方程

超流体是一种理想流体，其在超低温下的黏度和内摩擦系数均为零，因此流动时并不会造成动能损失。超流体最初是在 1937 年由卡皮查 (P. KaPitza) 在液态 ^{4}He 中发现的。1908 年，荷兰科学家昂内斯 (H. K. Onnes) 首次在一个大气压下将 ^{4}He 液化，由此开启了低温物理研究的新领域。^{4}He 的沸点是 4.2 K，在 2.172～4.2 K，^{4}He 保持着正常流体的特性。然而当其温度继续冷却至 2.172 K 以下时，W. Keesom 和 M. Wolfke 发现 ^{4}He 会经历相变。此时 ^{4}He 流体依然为液相，但相变过程中并不会发生体积变化或相变潜热。^{4}He 的 (热力学温度–压强) 相图与希腊字母“λ”相似，因此这一相变称为 λ 相变，相变温度点 2.172 K 也称为 λ 点。这两类液相也分别称为 He-I 相和 He-II 相。

然而这一结果一开始并没有引起足够的重视，直到 1937 年卡皮查在测量 ^{4}He 的黏滞性时发现，当 ^{4}He 流体流经两块抛光的圆盘之间的缝隙 (约为 10^{-4} cm 量级) 时，在 λ 点之上液态氦几乎无法流通；但温度在 λ 点之下时，^{4}He 流动很顺畅，黏滞系数明显降低为一个很小的值 (最大为 10^{-9} 泊，1 泊 $= 10^{-1}$ Pa·s)，因此卡皮查将 He-II 相称为超流体。凭借这一发现，卡皮查获得 1978 年诺贝尔物理学奖。1938 年，F. Allen 和 D. Misener 用毛细管 ($10^{-5} \sim 10^{-2}$ cm) 测量 λ 点以下 ^{4}He 的流动时也发现了极小的黏滞性。然而 W. Keesom 等通过振动盘实验证明 He-II 相中黏滞阻力不仅存在，其黏滞系数大小也与 He-I 相差不多。几个实验系数相差上万倍，这三个实验结果似乎产生了冲突。

为解释这一现象，L. Tisza (1938) 和 L. D. Landau (1941) 分别独立提出了二流体模型。该模型假设 He-II 相是正常流体和超流体的混合物，其流体总密度是这两种组分密度之和。其中正常流体组分的行为类似于经典流体，具有有限的黏滞阻力和熵；而超流体组分无黏滞性，且不携带熵。这两种流体组分可以相互转化。当温度低于 λ 点时，随着温度降低，越来越多的正常流体会转变成超流体。如果温度可以达到 0 K，He-II 中将会仅存在超流体组分。在二流体模型下，正常流体组分是超流体背景下的元激发。如果给 He-II 一个形象的物理图像，那么可以将超流体类比为基态，将正常流体类比为准粒子。按照朗道的二流体理论，声子和旋子是超流体中两种常见的热激发。只要不超过朗道临界速度 v_{c} (即激发这些准粒子的临界速度)，就不会产生正常流体，流体就表现为完全无阻。这一理论也有效地解释了上述实验结果的矛盾：流过缝隙和毛细管时，速度低于临界速度，因此不会产生正常流体组分，流过小细管的是超流体组分；而圆盘的外边缘速度足以激发正常流体组分，从而导致实验观测到的黏滞系数较大。

然而实际上，从超流体到正常流体的转变所需要的速度要比激发这些准粒子的临界速度要小，因此超流体内一定存在着其他形式的运动，这一运动导致了能量的耗散，如涡旋。涡旋是流体绕着涡心旋转的现象。对于正常流体，比如水，我们如果对其进行搅动就会形成涡旋，而当搅动停止时涡旋会逐渐消失。然而对于超流体，只有达到了二流体理论定义的临界速度，才会出现规则排列量子化涡旋线 (由于在极低温下其排列遵循能量最低原理)。也就是说，超流体的涡旋强度必须是量子化的。

超流体中的湍流也称为量子湍流，因为它的一些物理性质不能被经典物理所描述，而是依赖于量子物理。量子湍流最近已成为广受欢迎的研究主题[34,35]，其研究涉及多个领域，包括涡旋的产生、相互作用和涡旋线的重新连接。在量子湍流中，具有某些特殊性质的细量化涡旋线无规则缠结在一起，这种现象称为“涡旋缠结”[36–38]，“涡旋缠结”现象使得超流体的表征更加复杂。

为掌握涡旋线的运动状态，我们可以用涡丝的方法对其进行建模。为方便理解涡丝，可以将其粗略地类比为通电细导线。根据电流的磁效应，一根通电细导线会在周围空间激发出环形磁场，其磁场强弱取决于电流强度。类似地，涡丝则会在周围的空间激发速度场，诱导周围的流体进行旋转运动，其诱导能力的强弱取决于涡丝强度 Γ。在 ^{4}He 超流体中，涡丝是真实存在的空间曲线，是用来模拟量子化涡旋线的理想数学模型。

定义涡丝在超流体中诱导的速度场为 $\boldsymbol{v}$，$\boldsymbol{v}$ 是关于位置矢量 $\boldsymbol{r}$ 和时刻 t 的函数。为了方便研究，我们引入矢势 $\boldsymbol{A}$，并将速度场 $\boldsymbol{v}$ 表示为矢势 $\boldsymbol{A}$ 的旋度

$$\boldsymbol{v} = \nabla \times \boldsymbol{A} \tag{9.4.1}$$

涡度 ω 是描述流体中某一点局部旋转运动的矢量，其可定义为描述流体运动的速度场的旋度

$$\omega = \nabla \times \boldsymbol{v} \tag{9.4.2}$$

假设 $\boldsymbol{A}$ 散度为零，即 $\nabla \cdot \boldsymbol{A} = 0$，那么在 t 时刻流体中涡度分布 $\omega(\boldsymbol{r}, t)$ 与 $\boldsymbol{A}(\boldsymbol{r}, t)$ 的关系可以用泊松方程来表示：

$$\nabla^2 \boldsymbol{A} = -\omega \tag{9.4.3}$$

(9.4.3) 式在点 $\boldsymbol{s}$ 处具有如下形式的解：

$$\boldsymbol{v}(s, t) = \frac{1}{4\pi} \int_V \frac{\omega(\boldsymbol{r}, t) \times (\boldsymbol{s} - \boldsymbol{r})}{|\boldsymbol{s} - \boldsymbol{r}|^3} \mathrm{d}^3 \boldsymbol{r} \tag{9.4.4}$$

(9.4.4) 式也称为毕奥–萨伐尔 (Biot-Savart) 方程。在量子化涡旋中，Biot-Savart 方程将速度表示成了涡度分布的函数。假设涡度分布在无限薄的环量为 Γ 的涡丝上，可以用 $\Gamma \mathrm{d}\boldsymbol{r}$ 来替换 $\omega(\boldsymbol{r},t)\,\mathrm{d}^3\boldsymbol{r}$。此时 Biot-Savart 方程会转变成如下形式：

$$\boldsymbol{v}(s,t) = -\frac{\Gamma}{4\pi}\oint_L \frac{\boldsymbol{s}-\boldsymbol{r}}{|\boldsymbol{s}-\boldsymbol{r}|^3} \times \mathrm{d}\boldsymbol{r} \tag{9.4.5}$$

(9.4.5) 式包含了理想的无黏性情况下量子化超流涡丝的全部动力学作用，提供了涡丝自诱导速度场的有效信息，是描述涡丝的基础方程。

9.4.2 局域诱导近似理论

9.4.1 节提到，Biot-Savart 方程提供了关于涡旋缠结的有效信息，是描述超流体中涡丝运动的基础方程。为了实施涡丝方法，将涡旋线离散化为一系列的点 $\boldsymbol{s}_j\,(j=1,2,3,\cdots)$，每个点均满足自诱导速度 (9.4.5) 式。然而当 $\boldsymbol{r}\to\boldsymbol{s}$ 时积分 (9.4.5) 式是发散的，这会导致数值上的不稳定。这一问题至今仍无法有效解决，因此对 (9.4.5) 式进行近似处理是十分有必要的。

首先介绍局域诱导近似 (LIA) 方法，该方法以 (9.4.5) 式为基础，在考虑无限小的涡心尺寸和忽略长程作用对涡丝自诱导速度的影响下，有效地解决了涡丝速度场的发散问题。为方便理解 LIA 模型，涡丝上任意两点间的相对位置矢量写为

$$\boldsymbol{r}_{i,j}(\xi,t) = \boldsymbol{r}_i(s_i+\xi,t) - \boldsymbol{r}_j(s_i,t) \tag{9.4.6}$$

其中，s 表示弧长；ξ 是沿着涡丝方向的一个小量，那么第 i 个点处的涡丝自诱导速度可以表示成如下形式：

$$\boldsymbol{v}_i(s,t) = -\frac{\Gamma}{4\pi}\oint_L |\boldsymbol{r}_{i,j}|^{-3}\frac{\partial \boldsymbol{r}_{i,j}}{\partial s_i} \times \boldsymbol{r}_{i,j}\mathrm{d}s \tag{9.4.7}$$

(9.4.6) 式可以在 ξ 附近进行泰勒展开，结果如下：

$$\boldsymbol{r}_{i,j} = \boldsymbol{a}_1\xi + \boldsymbol{a}_2\xi^2 + \cdots \tag{9.4.8}$$

其中，

$$\boldsymbol{a}_1 = \frac{\partial \boldsymbol{r}_{i,j}}{\partial \xi},\quad \boldsymbol{a}_2 = \frac{1}{2}\frac{\partial^2 \boldsymbol{r}_{i,j}}{\partial \xi^2}$$

上述 $\boldsymbol{a}_1$，$\boldsymbol{a}_2$ 存在的前提是涡丝是一条光滑的曲线。由 (9.4.8) 式可以推导出以下两式：

$$\begin{aligned} -\frac{\partial \boldsymbol{r}_{i,j}}{\partial s_i} \times \boldsymbol{r}_{i,j} &= -\frac{\partial \boldsymbol{r}_{i,j}}{\partial \xi} \times \boldsymbol{r}_{i,j} \\ &= (\boldsymbol{a}_1 \times \boldsymbol{a}_2)\,|\xi|^2 + O\left(\xi^3\right) \end{aligned}$$

和

$$|\boldsymbol{r}_{i,j}|^{-3} = |\boldsymbol{a}_1|^{-3}|\xi|^{-3}\left(1 - 3\frac{\boldsymbol{a}_1 \cdot \boldsymbol{a}_2}{|\boldsymbol{a}_1|^2}\xi + \cdots\right)$$

把上述两式代入 Biot-Savart 方程 (9.4.7) 式中，在 $\epsilon \leqslant |\xi| < 1$ 的情况下，我们可以得到

$$\boldsymbol{v}_i = \frac{\Gamma}{4\pi}\ln\left(\frac{1}{\epsilon}\right)\frac{(\partial\boldsymbol{r}/\partial s)_i \times (\partial^2\boldsymbol{r}/\partial s^2)_i}{|(\partial\boldsymbol{r}/\partial s)_i|^3} + O(1) \tag{9.4.9}$$

当 $\epsilon \ll 1$ 时，$O(1)$ 项 (也就是长程相互作用项) 可以忽略不计，因此由涡丝自身诱导的速度场方程可以写为

$$\boldsymbol{v} = \beta\frac{(\partial\boldsymbol{r}/\partial s) \times (\partial^2\boldsymbol{r}/\partial s^2)}{|(\partial\boldsymbol{r}/\partial s)|^3} \tag{9.4.10}$$

其中，$\beta = \dfrac{\Gamma}{4\pi}\ln\left(\dfrac{1}{\epsilon}\right)$。事实上，上述 β 中的 $1/\epsilon$ 可以用截断参数 R/a_0 来代替，其中 a_0 表示涡心半径，对于 ^{4}He 超流体，$a_0 \approx 1.3 \times 10^{-10}$ m 且随温度变化很小。$R = 1/|\partial^2\boldsymbol{r}/\partial s^2|$ 表示局部曲率半径。由于 a_0 是一个微观尺度上的小量，R 的变化对 (9.4.10) 式影响不大。因此，为方便后面计算，我们可以用 R 的特征值 $\langle R\rangle$ 来代替 R，这样 β 就成为一个仅仅与涡丝自身属性有关的常数。上述 (9.4.10) 式也叫作 Da Rios-Betchov 方程。

在三维坐标空间中，涡丝的运动可以通过曲率和挠率来作出等效描述。根据 Frenet-Serret 公式

$$\frac{\partial\boldsymbol{r}}{\partial s} = \boldsymbol{t},\quad \frac{\partial\boldsymbol{t}}{\partial s} = \kappa\boldsymbol{n},\quad \frac{\partial\boldsymbol{n}}{\partial s} = \tau\boldsymbol{b} - \kappa\boldsymbol{t},\quad \frac{\partial\boldsymbol{b}}{\partial s} = -\tau\boldsymbol{n} \tag{9.4.11}$$

其中，这三个矢量分别表示曲线上该点的单位切向矢量、单位法向矢量和单位副法向矢量，且满足右手坐标系统，空间曲线 $\boldsymbol{r}(s)$ 上某一固定点处的任意一个矢量均可表示为这三个线性无关的矢量 $\boldsymbol{t}$，$\boldsymbol{n}$ 和 $\boldsymbol{b}$ 的线性叠加；κ 和 τ 是弧长 s 和时刻 t 的函数，分别表示涡丝的曲率和挠率。若曲线的挠率 τ 恒等于 0，则该涡丝是一条平面曲线。根据 (9.4.11) 式，Da Rios-Betchov 方程也可表示为

$$\boldsymbol{v} = \beta\kappa\boldsymbol{t} \times \boldsymbol{n} = \beta\kappa \times \boldsymbol{b} \tag{9.4.12}$$

对该方程的物理解释也很简单：在某一固定点 P 处，涡丝的自诱导速度沿着该点副法线方向，且正比于该点的局部曲率。

9.4.3 量子化超流体涡丝研究进展

由于涡丝的瞬时结构所产生的自诱导速度，沿涡丝的形变或激发态将以非平庸的方式产生。这样的激发态在物理上很重要，因为它们被证明是超低温状态下超流体中剩余的主要自由度。因此，研究超流体中不同基本激发态的涡丝结构既相关又必要。通过局域诱导模型可以推导出超流体中的开尔文波。开尔文波是涡旋中的小振幅线性激发态，其可以用来解释极低温下超流体的能量衰减过程。相比之下，同样有很多大振幅的激发态沿着涡丝演化。这些激发态也可以在 Da Rios-Betchov 方程的框架下进行研究。

迄今为止，已经有很多科研工作者在 Da Rios-Betchov 方程的框架下对量子化涡丝进行了理论和实验上的研究。1972 年，Hasimoto 证明 Da Rios-Betchov 方程在 Hasimoto 变换下与标准的非线性薛定谔方程等价，且得到了沿着涡丝运动的单孤子激发态的精确结构，并根据挠率和曲率的相对关系将该激发态分为三类：驼峰孤子、尖端孤子和环孤子[39]。1982 年，E. J. Hopfinger 和 F. K. Browand 对旋转容器中的超流体进行了研究，并在实验上观测到了这三种涡丝结构[40]，这进一步说明尽管局域诱导近似理论忽略了 Biot-Savart 方程的部分动力学效应，但依然可以推断真实涡旋中产生的激发态。同样是在 1982 年，A. Sym 首次提出“孤子表面法”[41,42]，该方法可将非线性薛定谔方程中的孤子解逆映射到坐标空间中，在这一基础上，D. Levi, A. Sym 和 S. Wojciechowski 于 1983 年研究了双孤子解的涡丝结构及其复杂的涡旋运动过程[43]。1986 年，Y. Fukomoto 和 T. Miyazaki 采用 Hirota 双线性方法[44] 从理论上得到了精确的涡丝 N 孤子解[45]，并发现两个具有较大横向偏移的孤子在相互碰撞时会发生明显的相移。1991 年，K. Konno 和他的合作者对 Wadati-Konno-Ichikawa Schimizu (WKIS)[46,47] 层级中的第二个方程进行修正，使其完全等价于 Da Rios-Betchov 方程[48]，通过逆散射方法给出了 Da Rios-Betchov 方程的涡丝 N 孤子解，并着重研究了涡丝双孤子的碰撞过程。2003 年，Maksimović 和他的合作者通过对纳秒尺度的激光——物质相互作用中二维涡丝缠结进行实验和理论研究[49]，结果表明，各种具有不同极性的基本类型的孤子 (如环孤子、扭结孤子) 组合会引起不同拓扑复杂程度的涡丝轴向缠结。2016 年，R. Shah 和 R. A. van Gorder 探究了正常流体速度和相互摩擦系数对涡丝上局域化结构的影响[50]。同年，R. A. van Gorder 利用二维局域诱导近似与可积 WKIS 模型之间的对应关系，直接在坐标空间中得到了螺旋涡丝结构、平面涡丝结构和自相似涡丝结构，并通过逆散射方法直接得到了二维局域诱导近似下的涡旋孤子结构[51]。

除了孤子解，非线性薛定谔方程还存在丰富的呼吸子激发态。这些呼吸子与调制不稳定性密切相关，其非线性阶段可用于解释海洋中的畸形波行为。然而在局域诱导近似的框架下，极少有呼吸子涡丝结构的研究工作。直到 2010 年，M. Umeki 利用 Hirota 双线性方法直接精确地求解出 Da Rios-Betchov 方程的同宿解 [52]。之后在 2013 年，H. Salman 将非线性薛定谔方程中 Akhmediev 呼吸子解映射到三维坐标空间中，并研究了沿弧长方向具有周期性结构的量子化超流体涡丝的运动 [53]。H. Salman 的研究发现了环状结构另一种关键的激发机制：在曲率弯曲作用和挠率扭转作用的双重影响下，涡丝结构上会产生周期性分布的环状结构。此外他还通过数值模拟证明，这一涡丝结构即使在 Biot-Savart 方程全部的动力学条件下也能够持续存在。随后在 2014 年，H. Salman 用相同的方法研究了 Peregrine 怪波和多呼吸子对应的涡丝结构，所得结果进一步印证了环状结构的这一激发机制 [54]。

到目前为止，尽管对量子化涡丝的研究取得了很大的进步，但与非线性薛定谔方程相比，专注于描述 Da Rios-Betchov 方程可积性的工作少之又少。在非线性薛定谔方程中，局域波种类并不是只有这几种，那么其他呼吸子 (如 Kuznetsov-Ma 呼吸子和 super-regular 呼吸子) 对应的什么样的涡丝结构呢？有什么方法可以对这些涡丝结构进行合理的区分呢？这些都需要我们更进一步的研究。

9.5 呼吸子对应的量子化超流涡丝及其表征

9.4 节提到，除了孤子解，非线性薛定谔方程在非零背景上还存在丰富的呼吸子激发态。这些呼吸子与调制不稳定性密切相关，其非线性阶段可用于解释海洋中的畸形波行为。然而，尽管这些呼吸子已经成为众多非线性系统中的重点研究对象，但是在量子化超流体涡丝对应于呼吸子的非线性激发动力学的研究寥寥无几。其中，H. Salman [53,54] 研究了 Akhmediev 呼吸子和 Peregrine 怪波对应的量子化超流体涡丝，并在涡丝上发现了明显的环状结构，其相关结果将在本节有所展示。

以 Da Rios-Betchov 方程为基础，通过 Hasimoto 变换和逆变换方法，重点研究了 Kuznetsov-Ma 呼吸子和 super-regular 呼吸子对应的量子化涡丝结构，并对这些涡丝结构及演化特征进行了细致的分析 [55]。

9.5.1 Hasimoto 变换和逆变换

Hasimoto 变换是求解涡丝运动的一个有效手段，其本质是将描述涡丝结构的曲率分布和挠率分布信息映射到波函数 $\psi(s,t)$ 中 [39]，

$$\psi(s,t) = \kappa(s,t)\,\mathrm{e}^{\mathrm{i}\int_0^s \tau(\sigma,t)\mathrm{d}\sigma} \tag{9.5.1}$$

在 Da Rios-Betchov 方程的框架下，该波函数满足标量非线性薛定谔方程。Hasimoto 变换的具体推导过程如下：在 Frenet-Serret 公式 (9.4.11) 式的基础上引入

新变量

$$\boldsymbol{m} = (\boldsymbol{n} + \mathrm{i}\boldsymbol{b})\,\mathrm{e}^{\mathrm{i}\int_0^s \tau(\sigma,t)\mathrm{d}\sigma} \tag{9.5.2}$$

该变量对弧长 s 的一阶微分可以表示成如下形式：

$$\frac{\partial \boldsymbol{m}}{\partial s} = -\psi \boldsymbol{t} \tag{9.5.3}$$

另一方面，通过 (9.4.11) 式、(9.4.12) 式、(9.5.1) 式和 (9.5.2) 式我们可以得到单位切向矢量 $\boldsymbol{t}$ 对弧长 s 和时间 t 的一阶微分形式：

$$\frac{\partial \boldsymbol{t}}{\partial s} = \frac{\beta}{2}\left(\psi^* \boldsymbol{m} + \psi \boldsymbol{m}^*\right) \tag{9.5.4}$$

和

$$\frac{\partial \boldsymbol{t}}{\partial t} = \frac{\partial}{\partial t}\left(\frac{\partial \boldsymbol{r}}{\partial s}\right) = \frac{\partial}{\partial s}\left(\frac{\partial \boldsymbol{r}}{\partial t}\right) = \frac{\mathrm{i}\beta}{2}\left(\frac{\partial \psi}{\partial s}\boldsymbol{m}^* - \frac{\partial \psi^*}{\partial s}\boldsymbol{m}\right) \tag{9.5.5}$$

其中，* 代表复共轭。根据 (9.5.5) 式我们可以得到 (9.5.3) 式对时间变量 t 的一阶微分：

$$\frac{\partial}{\partial t}\left(\frac{\partial \boldsymbol{m}}{\partial s}\right) = -\frac{\partial \psi}{\partial t}\boldsymbol{t} - \psi\frac{\partial \boldsymbol{t}}{\partial t} = -\frac{\partial \psi}{\partial t}\boldsymbol{t} - \frac{\mathrm{i}\beta\psi}{2}\left(\frac{\partial \psi}{\partial s}\boldsymbol{m}^* - \frac{\partial \psi^*}{\partial s}\boldsymbol{m}\right) \tag{9.5.6}$$

我们发现，$\dfrac{\partial}{\partial t}\left(\dfrac{\partial \boldsymbol{m}}{\partial s}\right)$ 可以表示成单位切向矢量 $\boldsymbol{t}$、新变量 $\boldsymbol{m}$ 及其复共轭 $\boldsymbol{m}^*$ 的函数。

通过将 $\dfrac{\partial \boldsymbol{m}}{\partial t}$ 表示成如下形式：

$$\frac{\partial \boldsymbol{m}}{\partial t} = \alpha_0 \boldsymbol{m} + \alpha_1 \boldsymbol{m}^* + \alpha_2 \boldsymbol{t} \tag{9.5.7}$$

我们可以得到 $\dfrac{\partial}{\partial t}\left(\dfrac{\partial \boldsymbol{m}}{\partial s}\right)$ 的一个等价表示形式，其中 α_0、α_1 和 α_2 均为与 s 和 t 有关的复函数。通过 $\boldsymbol{t}$，$\boldsymbol{m}$ 与 $\boldsymbol{m}^*$ 之间的正交关系

$$\boldsymbol{t}\cdot\boldsymbol{t} = 1,\quad \boldsymbol{m}\cdot\boldsymbol{m}^* = 2,\quad \boldsymbol{m}\cdot\boldsymbol{m} = 0,\quad \boldsymbol{m}\cdot\boldsymbol{t} = 0 \tag{9.5.8}$$

我们可以确定这三个系数的具体形式：

$$\begin{aligned}
\alpha_0 + \alpha_0^* &= \frac{1}{2}\frac{\partial\left(\boldsymbol{m}\cdot\boldsymbol{m}^*\right)}{\partial t} = 0 \\
\alpha_1 &= \frac{1}{4}\frac{\partial\left(\boldsymbol{m}\cdot\boldsymbol{m}\right)}{\partial t} = 0 \\
\alpha_2 &= -\boldsymbol{m}\cdot\frac{\partial \boldsymbol{t}}{\partial t} = -\mathrm{i}\frac{\partial \psi}{\partial s}
\end{aligned}$$

其中，$\alpha_0 = \mathrm{i}R$ (R 可以是任意实函数)。将上述三个系数代入 (9.5.7) 式，我们可以得到

$$\frac{\partial \boldsymbol{m}}{\partial t} = \mathrm{i}\left(R\boldsymbol{m} - \frac{\partial \psi}{\partial s}\boldsymbol{t}\right) \tag{9.5.9}$$

根据 (9.5.3) 式和 (9.5.4) 式, 可以得到 (9.5.9) 式对弧长 s 的一阶微分形式，写为

$$\frac{\partial}{\partial s}\left(\frac{\partial \boldsymbol{m}}{\partial t}\right) = \mathrm{i}\left[\frac{\partial R}{\partial s}\boldsymbol{m} - R\psi\boldsymbol{t} - \frac{\partial^2 \psi}{\partial s^2}\boldsymbol{t} - \frac{\beta}{2}\frac{\partial \psi}{\partial s}\left(\psi^*\boldsymbol{m} + \psi\boldsymbol{m}^*\right)\right] \tag{9.5.10}$$

与 $\dfrac{\partial}{\partial t}\left(\dfrac{\partial \boldsymbol{m}}{\partial s}\right)$ 相同，$\dfrac{\partial}{\partial s}\left(\dfrac{\partial \boldsymbol{m}}{\partial t}\right)$ 也可以表示成 $\boldsymbol{t}$，$\boldsymbol{m}$ 及其复共轭 $\boldsymbol{m}^*$ 的函数。

很明显，(9.5.10) 式是 (9.5.6) 式的一种等价表示形式，因此这两个方程的对应项相等，即

$$\frac{\partial \psi}{\partial t} = \mathrm{i}\left(R\psi + \frac{\partial^2 \psi}{\partial s^2}\right) \tag{9.5.11}$$

$$\frac{\beta\psi}{2}\frac{\partial \psi^*}{\partial s} = \frac{\partial R}{\partial s} - \frac{\beta\psi^*}{2}\frac{\partial \psi}{\partial s} \tag{9.5.12}$$

通过求解 (9.5.12) 式，可以得到 $R(s,t)$ 的具体表达形式

$$R = \frac{\beta}{2}\left(|\psi|^2 + A\right) \tag{9.5.13}$$

其中，A 是一个仅与时间变量 t 有关的实函数。将上述 R 代入 (9.5.11) 式中，可以得到一个关于 ψ 的偏微分方程，当 $A = 0$ 时，该方程会简化为自聚焦型的标量非线性薛定谔方程：

$$\beta^{-1}\left(\mathrm{i}\psi_t\right) = -\psi_{ss} - \frac{1}{2}|\psi|^2\psi \tag{9.5.14}$$

这一研究的意义是深远的。Hasimoto 变换将描述量子化涡丝运动的 Da Rios-Betchov 方程映射到标准的非线性薛定谔方程上，使得通过求解非线性薛定谔方程就可以准确获知量子化涡丝的结构信息。因此 Hasimoto 变换提供了一种描述涡丝上非线性激发动力学的有效手段。

用标准非线性薛定谔方程的解来描述量子化超流涡丝的运动是一个新奇而又合理的想法。实现这一想法的关键在于如何将非线性局域波解转换为三维坐标空间中的涡丝曲线。为此，R. Shah 提出了逆变换方法[56]，该方法结合 Frenet-Serret 公式和涡丝曲率、挠率的具体表达形式来在解析或数值上得到涡丝的单位切向矢量，然后对单位切向矢量进行积分即可得到笛卡儿坐标空间中涡丝的精确结构。

逆变换方法以 Frenet-Serret 公式 (9.4.11) 式为基础，该公式可以写成一个一阶的偏微分方程形式：

$$\frac{\mathrm{d}\boldsymbol{W}}{\mathrm{d}s} = A(s,t)\,\boldsymbol{W} \tag{9.5.15}$$

其中，

$$\boldsymbol{W} = (\boldsymbol{t},\quad \boldsymbol{n},\quad \boldsymbol{b})^{\top}$$

$$A(s,t) = \begin{pmatrix} 0 & \kappa(s,t) & 0 \\ -\kappa(s,t) & 0 & \tau(s,t) \\ 0 & -\tau(s,t) & 0 \end{pmatrix}$$

通过求解 (9.5.15) 式可以得到

$$\boldsymbol{W}(s,t) = \exp[M(s,t)]\,C(t) \tag{9.5.16}$$

其中，$C(t)$ 是一个仅与时刻 t 有关的矩阵，

$$M(s,t) = \begin{pmatrix} 0 & \displaystyle\int_0^{\sigma} \kappa(\sigma,t)\,\mathrm{d}\sigma & 0 \\ -\displaystyle\int_0^{\sigma} \kappa(\sigma,t)\,\mathrm{d}\sigma & 0 & \displaystyle\int_0^{\sigma} \tau(\sigma,t)\,\mathrm{d}\sigma \\ 0 & -\displaystyle\int_0^{\sigma} \tau(\sigma,t)\,\mathrm{d}\sigma & 0 \end{pmatrix}$$

单位切向矢量 $\boldsymbol{t}$ 可以表示成位置矢量 $\boldsymbol{r}=[x,y,z]$ 对弧长 s 的微分形式：

$$\boldsymbol{t} = \begin{pmatrix} t_x \\ t_y \\ t_z \end{pmatrix} = \begin{pmatrix} \dfrac{\mathrm{d}x}{\mathrm{d}s} \\ \dfrac{\mathrm{d}y}{\mathrm{d}s} \\ \dfrac{\mathrm{d}z}{\mathrm{d}s} \end{pmatrix}$$

结合上式与 (9.5.16) 式，通过一定的矩阵运算即可得到量子化涡丝在笛卡儿坐标空间中的位置矢量表示形式：

$$\boldsymbol{r}(s,t) = \begin{pmatrix} x(s,t) \\ y(s,t) \\ z(s,t) \end{pmatrix}$$

$$
= \begin{pmatrix} x_0(t) + \sum_{k=1}^{3} c_{k1}(t) \int_0^s M_k(\sigma, t)\,\mathrm{d}\sigma \\ y_0(t) + \sum_{k=1}^{3} c_{k2}(t) \int_0^s M_k(\sigma, t)\,\mathrm{d}\sigma \\ z_0(t) + \sum_{k=1}^{3} c_{k3}(t) \int_0^s M_k(\sigma, t)\,\mathrm{d}\sigma \end{pmatrix} \tag{9.5.17}
$$

在这里，$x_0(t)$、$y_0(t)$ 和 $z_0(t)$ 均为常数，而 $M_k\,(k=1,2,3)$ 可以写为

$$
M_1 = \frac{\gamma^2 + \alpha^2 \cos\lambda}{\lambda^2}, \quad M_2 = \frac{\alpha \sin\lambda}{\lambda}, \quad M_3 = \frac{\alpha\gamma(1-\cos\lambda)}{\lambda^2}
$$

其中，

$$
\alpha = \int_0^s \kappa(\sigma, t)\,\mathrm{d}\sigma, \gamma = \int_0^s \tau(\sigma, t)\,\mathrm{d}\sigma, \lambda = \sqrt{\left[\int_0^s \kappa(\sigma, t)\,\mathrm{d}\sigma\right]^2 + \left[\int_0^s \tau(\sigma, t)\,\mathrm{d}\sigma\right]^2}
$$

从上式可以看出，我们只要通过 $\psi(s,t) = \kappa(s,t)\,\mathrm{e}^{\mathrm{i}\int_0^s \tau(\sigma,t)\mathrm{d}\sigma}$ 求解出曲率和挠率的分布，就能在三维坐标空间中得到相应的涡丝结构。

9.5.2 Akhmediev 呼吸子对应的量子化涡丝结构及其特征

Akhmediev 呼吸子是一种基本的非线性波，它描述了平面波背景上周期性弱扰动增长的调制不稳定过程。该呼吸子在分布方向上具有周期性，在演化方向上具有局域性。

前面提到，Akhmediev 呼吸子对应的涡丝结构是由 H. Salman 得到的。假设曲率的最大值点出现在 $t=0$ 时刻，H. Salman 发现在曲率的最大值点处时，挠率会产生奇点。当 $t \to 0$ 时，由于挠率的值很大，涡丝会发生严重的扭曲。在曲率弯曲和挠率扭转的双重作用下，Akhmediev 呼吸子对应的涡丝会存在周期性分布的环状激发态，如图 9.14 所示。

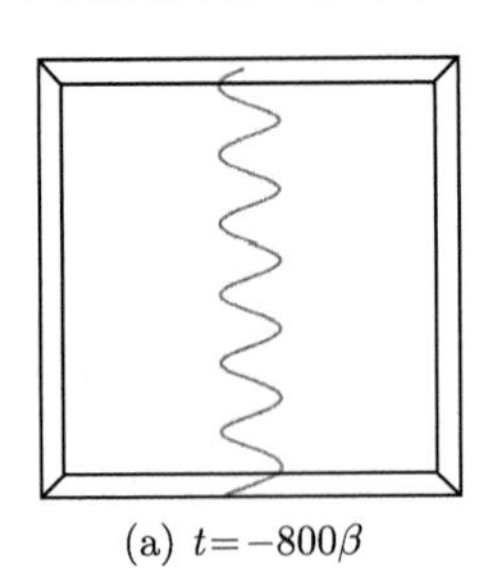
(a) $t=-800\beta$

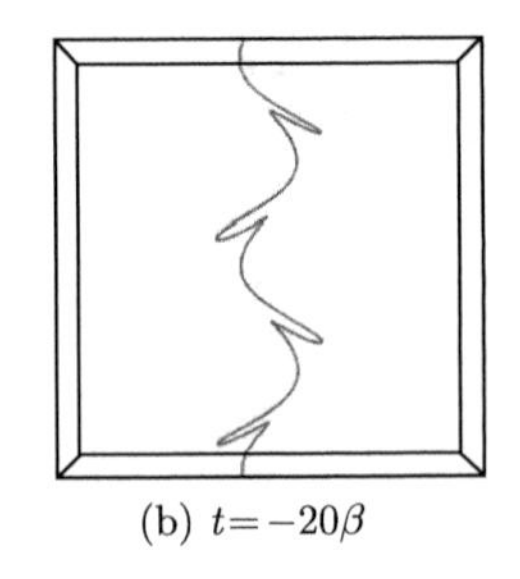
(b) $t=-20\beta$

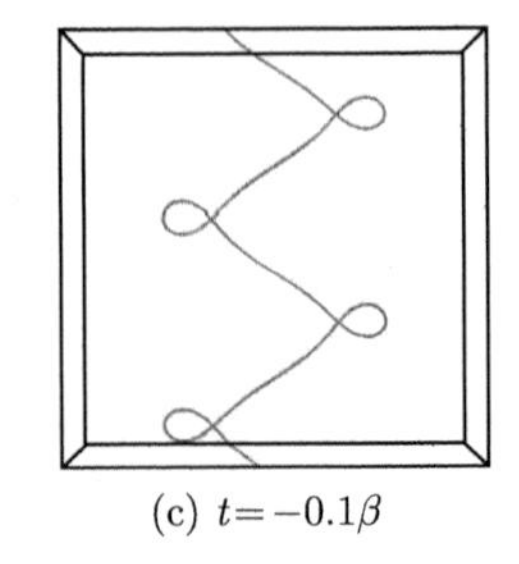
(c) $t=-0.1\beta$

图 9.14　不同时刻 Akhmediev 呼吸子对应的涡丝结构。(a) $t=-800\beta$；(b) $t=-20\beta$；(c) $t=-0.1\beta$。其余参数为：$\beta=4\pi$。图片来源于文献 [53]

Peregrine 怪波是平面波背景上的一种具有双重局域性的非线性波。它是 Akhmediev 呼吸子在分布方向周期趋于无穷时的极限。通过对 Peregrine 怪波对应涡丝的曲率和挠率进行分析，H. Salman 发现其涡丝结构允许单环状激发态的存在，如图 9.15 所示。H. Salman 的研究表明，Akhmediev 呼吸子和 Peregrine 怪波分别为我们提供了涡旋中的周期性的多环状结构和单环状结构的激发机制，为我们研究量子化超流涡丝的非线性激发及其演化过程提供了思路。

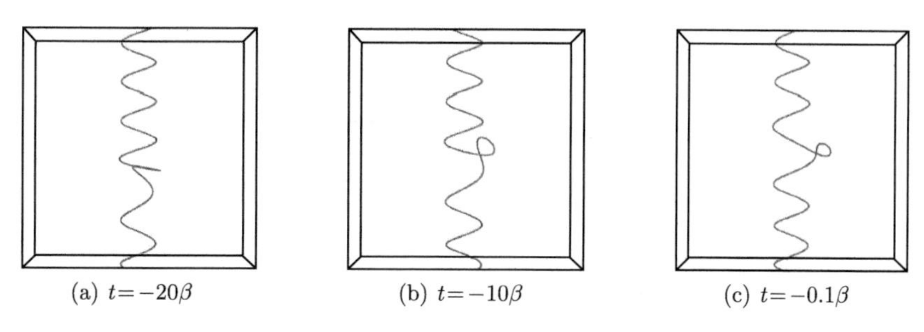

图 9.15 不同时刻怪波对应的涡丝结构。(a) $t=-20\beta$；(b) $t=-10\beta$；(c) $t=-0.1\beta$。其余参数为：$\beta=4\pi$ [54]

9.5.3 Kuznetsov-Ma 呼吸子对应的量子化涡丝结构及其特征

众所周知，Kuznetsov-Ma 呼吸子是一类基本的非线性局域波，其描述了非零背景上局域单峰扰动演化过程 [57]。Kuznetsov-Ma 呼吸子在分布方向上具有局域性，在演化方向上具有周期性。在标量非线性薛定谔方程中，Kuznetsov-Ma 呼吸子的精确表达式写为

$$\psi_{\mathrm{k}}(s,t)=\left[1-2\frac{\chi^2\cos(\eta\beta t)+\mathrm{i}\eta\sin(\eta\beta t)}{\kappa_0 b\ \cosh(\chi\xi)-\kappa_0^2\ \cos(\eta\beta t)}\right]\psi_0 \tag{9.5.18}$$

其中，$\chi=\sqrt{b^2-\kappa_0^2}$，$\eta=b\chi$；$s$ 表示弧长；t 表示演化时刻；$\xi=s-2\tau_0\beta t$ 是一个依赖群速度的移动标架；b 是一个常数，理论上，b 与 Kuznetsov-Ma 呼吸子的振幅及振荡周期有关。由上式可知，当且仅当 $b>\kappa_0$ 时 Kuznetsov-Ma 呼吸子解才会存在。

ψ_0 描述了平面波背景，其具有如下形式：

$$\psi_0=\kappa_0\exp\mathrm{i}(\tau_0 s+\omega t),\quad \omega=\beta\kappa_0^2/2-\beta\tau_0^2 \tag{9.5.19}$$

其中，κ_0 和 τ_0 均为非零常数，且分别表示平面波背景 ψ_0 的振幅和相位。

通过 Hasimoto 变换及逆变换方法我们知道，上述平面波方程 (9.5.19) 式在超流体中对应于均匀的螺旋涡丝结构，该涡丝曲率为 κ_0，挠率为 τ_0。与之相比，

Kuznetsov-Ma 呼吸子则描述了受到局域非周期扰动的均匀螺旋涡丝的演化过程。根据 (9.5.18) 式，计算出 Kuznetsov-Ma 呼吸子对应的量子化超流体涡丝的曲率分布和挠率分布，其精确表达式如下：

$$\kappa=\left[\left(\kappa_0+\frac{2\chi^2\cos(\eta\beta t)}{n_1}\right)^2+\frac{4\eta^2\sin^2(\eta\beta t)}{(n_1)^2}\right]^{1/2} \tag{9.5.20}$$

和

$$\tau=\tau_0\left[1+\frac{4\kappa_0\eta^2\sin(\eta\beta t)\sinh(\chi\xi)}{m_1+m_2+m_3+m_4}\right] \tag{9.5.21}$$

其中，

$$\begin{aligned}
&n_1=\kappa_0\cos(\eta\beta t)-b\cosh(\chi\xi)\\
&m_1=\kappa_0^4-7\kappa_0^2b^2+8b^4,\quad m_2=\kappa_0^4\cos(2\eta\beta t)\\
&m_3=4\kappa_0 b\left(\kappa_0^2-2b^2\right)\cos(\eta\beta t)\cosh(\chi\xi)\\
&m_4=\kappa_0^2b^2\cosh(2\chi\xi)
\end{aligned}$$

图 9.16(a) 和 (c) 描述了当 $\beta=4\pi$，$b=1.2$，$\kappa_0=1$，$\tau_0=0.05$ 时，Kuznetsov-Ma 呼吸子对应的量子化涡丝曲率和挠率在 $(\xi,\ t)$ 平面上的变化。其中，在初始时刻 $t=-0.314$ 时，曲率是一个局域化的非周期扰动，且在 $t=0$ 时刻曲率会产生最大值 (图 9.16(b))。从解析的角度来看，由于 Kuznetsov-Ma 呼吸子的“呼吸特性”，Kuznetsov-Ma 呼吸子对应涡丝的曲率和挠率在演化方向上会存在周期性振荡行为 (图 9.16(a) 和 (c))，其振荡周期为 $2\pi/(\eta\beta)$。

在整个演化过程中，真正值得注意的是挠率。图 9.16(c) 清楚地展示了当 $t=2\pi/(\eta\beta)$ 时在曲率的极值点处，挠率会因产生奇点而不具有物理意义。而当 $t\to 2\pi/(\eta\beta)$ 时，由于挠率的值很大，涡丝会发生严重的扭转。这个结果是很合理的，因为 Kuznetsov-Ma 呼吸子在波谷位置存在 π 相移。

图 9.17 展示了 Kuznetsov-Ma 呼吸子在一个振荡周期内对应的量子化涡丝结构。通过分析得知，该涡丝结构源于受局域扰动的均匀螺旋涡丝 ($t=-0.314$)，其在演化过程中会由于曲率的弯曲作用和挠率的扭转作用而产生明显的环状结构 ($t=-0.01$)。随着时间增加，该环状结构会逐渐消失，并在 $t=0.314$ 时刻涡丝会恢复到初始状态。如果没有外界因素的影响，这一过程会一直周期性地进行下去。

9.4 节提到，怪波对应的量子化超流体涡丝也存在明显的产生环状结构。通过对比，我们发现 Kuznetsov-Ma 呼吸子和怪波对应的涡丝结构极为相似。为了防止混淆，有必要对这两种环状结构进行精确分析。为此，我们引入一个物理量——相对二次曲率的积分，其形式如下：

$$\Delta K = \int_{-\infty}^{\infty} \left[\kappa^2(s,t) - \kappa_0^2(s,t)\right] \mathrm{d}s \tag{9.5.22}$$

在非线性光学中，(9.5.22) 式对应于呼吸子的有效能量，也就是呼吸子在平面波背景之外引入的能量；而在 BEC 中，(9.5.22) 式表示系统中的有效粒子数。无论是在非线性光学还是在 BEC 中，ΔK 都是一个非常基础且重要的物理量，其在实验上可以有效地监测非线性局域波。因此在本书中，将该物理量用于描述呼吸子对应的量子化涡丝。

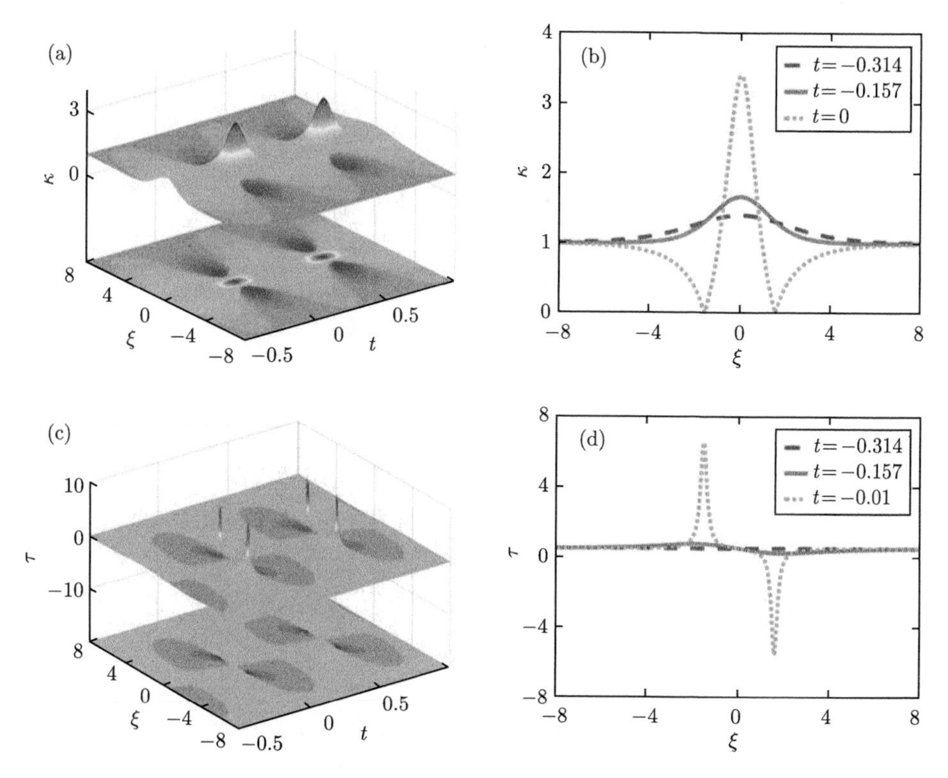

图 9.16 Kuznetsov-Ma 呼吸子对应的 (a) 涡丝曲率 $\kappa(\xi,t)$ 和 (c) 挠率 $\tau(\xi,t)$ 的时域演化；(b) 和 (d) 是不同演化时刻曲率和挠率的分布截面；其余参数分别为：$\kappa_0=1$, $\tau_0=0.05$, $b=1.2$ 和 $\beta=4\pi$

非线性薛定谔方程描述的量子化超流体涡丝是一个保守系统，不会与外界发生相互作用，因此 ΔK 是一个守恒量。通过计算我们很容易得到，对于 Kuznetsov-Ma 呼吸子，$\Delta K = 8\sqrt{b^2-\kappa_0^2}$，即 $\Delta K>0$；而对于怪波和 Akhmediev 呼吸子，$\Delta K=0$。一方面，怪波和 Akhmediev 呼吸子的 $\Delta K=0$，这意味着其对应的量子化涡丝理论上应该严格地始于均匀螺旋结构，并终于均匀螺旋结构；另一方面，Kuznetsov-Ma 呼吸子对应涡丝的 $\Delta K > 0$，这是环状结构能够随时间增加而周期性出现的内在原因，同时也意味着其涡丝永远不会出现真正的均匀螺旋结构。

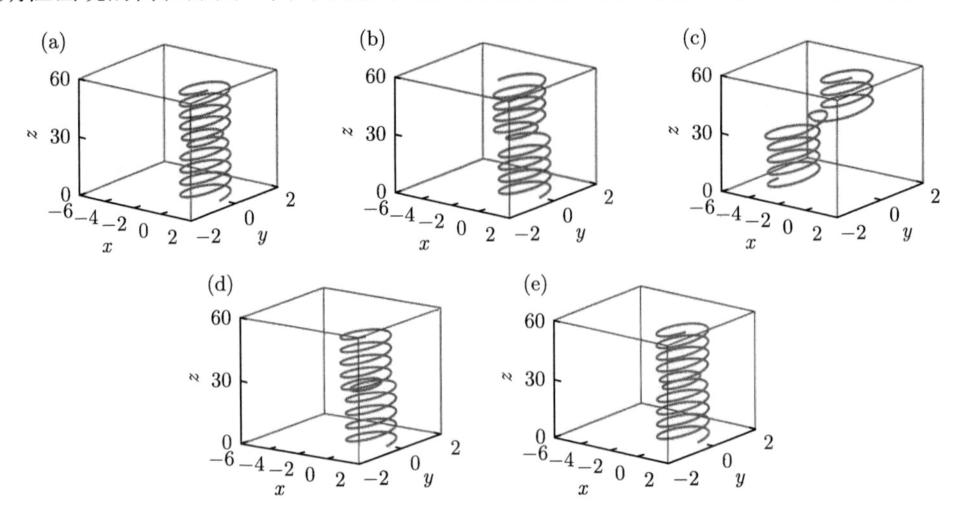

图 9.17　Kuznetsov-Ma 呼吸子在一个振荡周期内对应的涡丝结构。(a) $t = -0.314$；(b) $t = -0.157$；(c) $t = -0.01$；(d) $t = 0.157$；(e) $t = 0.314$。其余参数分别为：$\kappa_0 = 1$, $\tau_0 = 0.05$, $b = 1.2$ 和 $\beta = 4\pi$

接下来进一步探索 ΔK 与 Kuznetsov-Ma 呼吸子对应涡丝的环状结构之间的关系。将环的最小半径 r_k 定义为环状结构的特征尺寸。图 9.18 展示了在对数坐标中，当 b 取 $[2\kappa_0, \infty]$ 中任意值时 $\Delta K(\kappa_0, t)$ 和 $r(\kappa_0, t)$ 之间的关系。图 9.18(a) 展示了当时刻 t 固定时 ($t = -0.01$)，在不同背景曲率 κ_0 下 $\ln(\Delta K)$ 与 $\ln(r_k)$ 之间的关系。该图表明，$\ln(\Delta K)$ 与 $\ln(r_k)$ 之间呈现出明显的线性关系，且无论 κ_0 取值是多少，线性曲线的斜率 α 均保持一致 ($\alpha = -1$)。当固定 κ_0 时，结论与上相同，如图 9.18(b) 所示。

接下来将对这一线性关系进行理论解释。对于 Kuznetsov-Ma 呼吸子对应的环状结构，其特征尺寸反比于最大曲率 (最大曲率出现在 $\xi = 0$ 处)，即

$$r_k = \left[\left(\kappa_0 + \frac{2\chi^2\cos(\eta\beta t)}{n_2}\right)^2 + \frac{4\eta^2\sin^2(\eta\beta t)}{(n_2)^2}\right]^{-1/2} \tag{9.5.23}$$

其中，$n_2 = \kappa_0\cos(\eta\beta t) - b$。因此 $\Delta K \cdot r_k$ 的精确形式可以写为

$$\Delta K \cdot r_k = \frac{8\sqrt{b^2 - \kappa_0^2}}{\left[\left(\kappa_0 + \dfrac{2\chi^2\cos(\eta\beta t)}{n_2}\right)^2 + \dfrac{4\eta^2\sin^2(\eta\beta t)}{(n_2)^2}\right]^{1/2}} \tag{9.5.24}$$

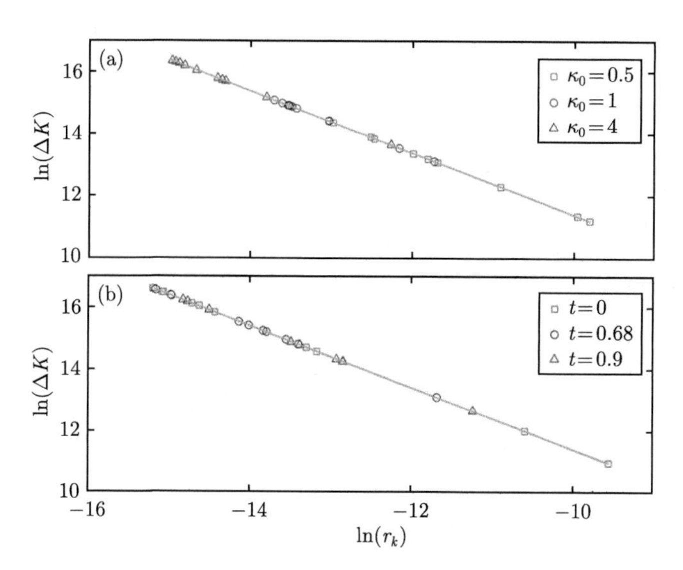

图 9.18 $\Delta K(\kappa_0,t)$ 和 $r_k(\kappa_0,t)$ 在对数坐标系 $(\ln\Delta K,\ \ln r_k)$ 中的对应关系。(a)κ_0 变化，$t=-0.01$ 为固定值；(b)t 变化，$\kappa_0=1$ 为固定值。实线精准描述了当 $b\to\infty$ 时 $\ln\Delta K$ 与 $\ln r_k$ 之间的关系。b 的取值范围是 $[2\kappa_0,\infty]$ (彩图见封底二维码)

很明显，对于 Kuznetsov-Ma 呼吸子，$\Delta K\cdot r_k\neq 0$。图 9.19 中展示了 $\Delta K\cdot r_k$ 与 b 之间的精确关系。非常明显的是，当 $b\to\infty$ 时，$\Delta K\cdot r_k\to 4$，转换到对数坐标中即为

$$\ln\Delta K=-\ln r_k+\ln 4 \tag{9.5.25}$$

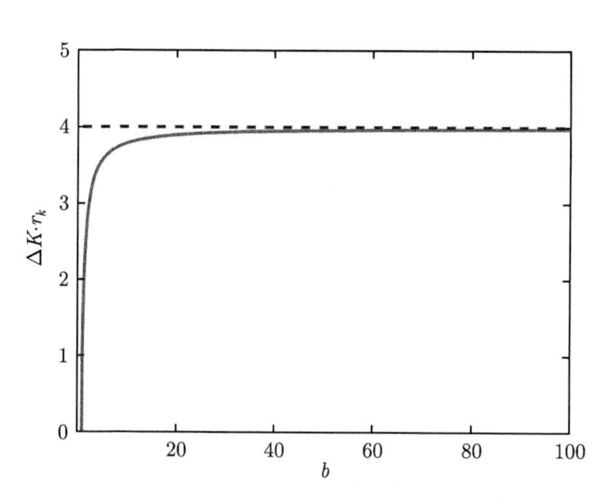

图 9.19 $\Delta K\cdot r_k$ 与 b 之间的关系。其余参数分别为：$\kappa_0=1$，$t=2n\pi/(\eta\beta)$ (n 是整数) 和 $\beta=4\pi$

图 9.18 中的绿色实线表示上述 (9.5.25) 式。理论上，在区间 $b \in [2\kappa_0, \infty]$ 内，Kuznetsov-Ma 呼吸子可被近似认为是标准亮孤子和平面波的线性干涉的结果[57]。而当 $b \to \infty$ $(b \gg \kappa_0)$ 时，标准亮孤子振幅远大于平面波的振幅，因此平面波可以忽略不计。非线性薛定谔方程中标准亮孤子的有效能量 ΔK 四倍于最大振幅，由此可得到 (9.5.25) 式。

9.5.4 super-regular 呼吸子对应的量子化涡丝结构及其特征

super-regular 呼吸子是由平面波背景上的两个准 Akhmediev 呼吸子非线性叠加而成。其精确描述了非零背景上局域多峰扰动演化的调制不稳定过程。super-regular 呼吸子的精确表达式可以由达布变换得到，但是其谱参量 λ 应该通过茹科夫斯基变换表示成如下形式[58]：

$$\lambda = \mathrm{i}\frac{\kappa_0}{2}\left(\varDelta + \frac{1}{\varDelta}\right) - \frac{\tau_0}{2}, \quad \varDelta = R\mathrm{e}^{\mathrm{i}\phi} \tag{9.5.26}$$

其中，$R(>1)$ 和 $\phi\,(\in(-\pi/2, \pi/2))$ 均为实参量，其分别描述了极坐标系中谱参量的极径和极角。当 R 和 ϕ 取不同值时，得到的精确解可以用来描述不同的呼吸子动力学行为，其相应的相图在文献 [59] 中有所展示。在本书中，我们考虑组成 super-regular 呼吸子的两个准 Akhmediev 组分的谱参量满足关系 $R_1 = R_2 = R = 1 + \epsilon(\epsilon \ll 1)$ 和 $\phi_1 = -\phi_2 = \phi$。在这种情况下，super-regular 呼吸子的精确表达式如下：

$$\psi\,(s,t) = \psi_0\left[1 - 4\rho\varrho\frac{(\mathrm{i}\varrho - \rho)\,\varXi_1 + (\mathrm{i}\varrho + \rho)\,\varXi_2}{\kappa_0\left(\rho^2\varXi_3 + \varrho^2\varXi_4\right)}\right] \tag{9.5.27}$$

在这里，

$$\begin{aligned}
&\varrho = \frac{\kappa_0}{2}\left(R - \frac{1}{R}\right)\sin\phi, \quad \rho = \frac{\kappa_0}{2}\left(R + \frac{1}{R}\right)\cos\phi \\
&\varXi_1 = \varphi_{21}\phi_{11} + \varphi_{22}\phi_{21}, \quad \varXi_2 = \varphi_{11}\phi_{21} + \varphi_{21}\phi_{22} \\
&\varXi_3 = \varphi_{11}\phi_{22} - \varphi_{21}\phi_{12} - \varphi_{12}\phi_{21} + \varphi_{22}\phi_{11} \\
&\varXi_4 = (\varphi_{11} + \varphi_{22})\,(\phi_{11} + \phi_{22})
\end{aligned}$$

其中，

$$\begin{aligned}
&\phi_{jj} = \cosh\left(\varTheta_2 \mp \mathrm{i}\psi\right) - \cos\left(\varPhi_2 \mp \phi\right) \\
&\varphi_{jj} = \cosh\left(\varTheta_1 \mp \mathrm{i}\psi\right) - \cos\left(\varPhi_1 \mp \phi\right) \\
&\phi_{j3-j} = \pm\mathrm{i}\cosh\left(\varTheta_2 \mp \mathrm{i}\phi\right) - \cos\left(\varPhi_2 \mp \theta\right) \\
&\varphi_{j3-j} = \pm\mathrm{i}\cosh\left(\varTheta_1 \mp \mathrm{i}\phi\right) - \cos\left(\varPhi_1 \mp \theta\right)
\end{aligned}$$

上式中的参量为 $\theta = \arctan\left[\left(1 - \mathrm{i}R^2\right)/\left(1 + R^2\right)\right]$。$\Theta_j$ 和 $\phi_j (j = 1, 2)$ 分别与准 Akhmediev 呼吸子的群速度 $V_{\mathrm{g}j}$ 和相速度 $V_{\mathrm{p}j}$ 有关，其形式如下：

$$\Theta_j = 2\eta_{\mathrm{r}}\left(s - V_{\mathrm{g}j}t\right), \quad \phi_j = 2\eta_{\mathrm{i}j}\left(s - V_{\mathrm{p}j}t\right)$$

其中，

$$\eta_{\mathrm{i}1} = -\eta_{\mathrm{i}2} = \frac{\kappa}{2}\left(R + \frac{1}{R}\right)\sin\phi$$

$$\eta_{\mathrm{r}} = \frac{\kappa}{2}\left(R - \frac{1}{R}\right)\cos\phi$$

$$V_{\mathrm{p}1} = 2\beta\tau_0 - d_1, \quad V_{\mathrm{p}2} = 2\beta\tau_0 + d_2$$

$$V_{\mathrm{g}1} = 2\beta\tau_0 + d, \quad V_{\mathrm{g}2} = 2\beta\tau_0 - d$$

上式中的参量为：$d_1 = \beta\kappa_0\left(R - \frac{1}{R}\right)\frac{\cos(2\phi)}{\sin\phi}$，$d_2 = \beta\kappa_0\frac{\left(R - \frac{1}{R}\right)}{\sin\phi}$ 和 $d = \beta\kappa_0\frac{\left(R^4 + 1\right)}{R^3 - R}\sin\phi$。

根据 super-regular 呼吸子解及 Hasimoto 变换，很容易就可得出该呼吸子对应的量子化涡丝的曲率和挠率分布。由于方程过于冗长，我们在这里不对曲率和挠率的精确表达式作过多描述。图 9.20 展示了当 $\kappa_0 = 1$，$\tau_0 = 0.05$，$R = 1.1$ 和 $\phi = \pi/8$ 时 super-regular 呼吸子对应的涡丝结构的曲率和挠率分布。我们发现，其曲率和挠率演化可以分为两个阶段。从图 9.20(a) 中可以看出，在 $t = 0$ 时刻，super-regular 呼吸子对应的涡丝结构是由局域化的周期性多峰小扰动触发的，该小扰动的曲率具体形式如图 9.20(b) 所示。随着时间增加，由于线性阶段调制不稳定性的指数放大作用，其曲率会逐渐增加。在 $t = 0.43$ 时，其曲率达到最大值并会分裂成两个沿不同方向传播的准 Akhmediev 呼吸子。与 Kuznetsov-Ma 呼吸子相同，super-regular 呼吸子的挠率也会在曲率最大值点处产生奇点 (图 9.20(c))，该奇点会使涡丝产生严重的扭转行为。图 9.21 分别展示了 $t = 0$，$t = 0.43$ 和 $t = 1.2$ 时刻 super-regular 呼吸子对应的涡丝。这三个时刻分别对应于涡丝演化的初始时刻、线性放大阶段的最大值时刻以及非线性阶段。在初始时刻 super-regular 呼吸子对应的涡丝表现为受扰动的均匀螺旋涡丝结构，而在调制不稳定性的线性放大阶段会出现一个明显的环状结构。有趣的是，一旦涡丝演化到非线性阶段，该单环结构就会分裂成两个演化速度不同的环状结构，即“环对”。而这两个环状结构对应于两个具有不同群速度的准 Akhmediev 呼吸子。

super-regular 呼吸子在非线性阶段对应的“环对”结构存在着对称性破缺行为。“环对”的对称性破缺现象可以归因于 super-regular 呼吸子的两个准 Akhmediev 组分的群速度大小不相等。根据 (9.5.27) 式，两个准 Akhmediev 呼吸子的群速度可以写为

$$V_{\mathrm{g1}} = 2\beta\tau_0 + d, \quad V_{\mathrm{g2}} = 2\beta\tau_0 - d \tag{9.5.28}$$

其中，$d = \beta\kappa_0 \dfrac{(R^4+1)}{R^3-R}\sin\phi$。很明显，由于 $\tau_0 \neq 0$，这两个群速度的绝对值总是不相等的，因此环对结构的对称性破缺行为总是存在的。而一旦固定了 κ_0、ϵ 和 ϕ 的值，对称性破缺的程度就仅仅正比于 $|\tau_0|$。

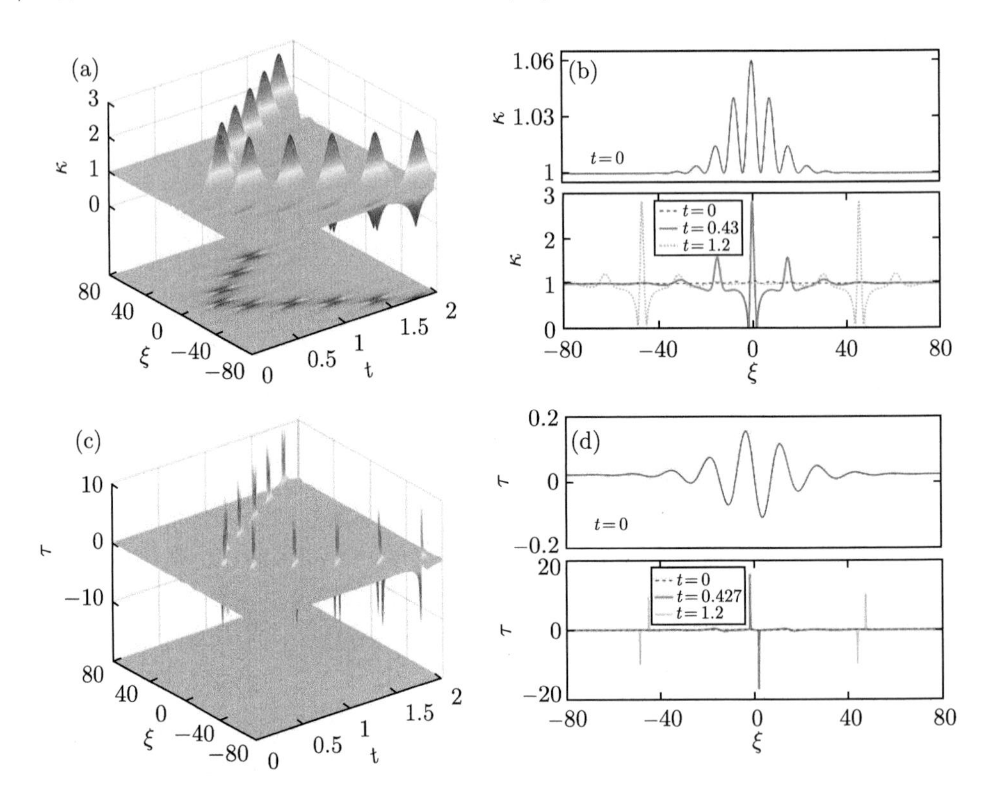

图 9.20　super-regular 呼吸子对应的 (a) 涡丝曲率 $\kappa(\xi,t)$ 和 (c) 挠率 $\tau(\xi,t)$ 的时域演化；(b) 和 (d) 是不同演化时刻曲率和挠率的分布截面。其余参数分别为：$\kappa_0=1$，$\tau_0=0.05$，$R=1.1$ 和 $\phi=\pi/8$

图 9.22 展示了不同的背景挠率下 super-regular 呼吸子对应的“环对”结构。我们发现，当 $\tau_0 \to 0$ 时，“环对”结构是近乎完全对称的 (图 9.22(a))；而当 τ_0 逐渐增大时，“环对”结构的对称性完全被破坏 (图 9.22(b) 和 (c))。

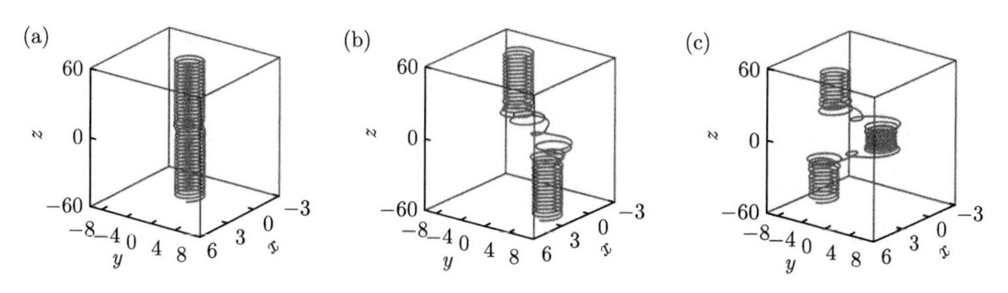

图 9.21 super-regular 呼吸子在不同时刻对应的涡丝结构。(a) $t=0$; (b) $t=0.43$; (c) $t=1.2$。其余参数与图 9.20 相同

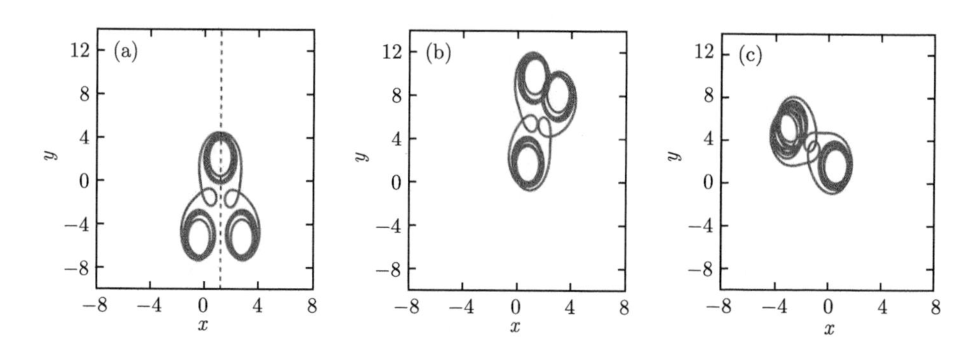

图 9.22 不同背景挠率下 super-regular 呼吸子对应的涡丝结构顶视图。(a) $\tau_0=0.01$; (b) $\tau_0=0.17$; (c) $\tau_0=0.24$。可以看到 τ_0 越大，“环对”的对称性破缺越明显。其余参数分别为：$\kappa_0=1$，$R=1.1$，$\phi=\pi/8$ 和 $t=1.2$

9.6 轴向流动效应诱导的量子化涡旋孤子特征

前面提到，可以通过 Hasimoto 变换把 Da Rios-Betchov 方程转化为可积的非线性薛定谔方程，然后根据其解得到了量子湍流中的涡旋单孤子解、双孤子解以及 N 孤子解。然而，通过对比理论结果与 Maxworthy 等的实验数据 [60]，当涡旋孤子之间发生正面碰撞时，实验上并不存在明显的相位超前，这与理论结果是不同的。这种差异可以归因于纯粹的 Da Rios-Betchov 方程可能忽略了某些影响因素。这促使人们去探索潜在的动力学效应。

9.5 节将非线性薛定谔方程作为描述超流体中涡丝运动的方程，并根据其呼吸子解研究了受扰动的均匀螺旋涡丝的演化过程，发现了涡丝在弯曲和扭转的双重作用下会存在环状结构。这一节，通过在 Da Rios-Betchov 方程的基础上引入轴向流动效应 [61]，期待在超流体中发现不同的涡旋孤子结构并探究其存在条件 [62]。

涡旋的一个明显特征是在涡心中有强烈的轴向流动，典型的例子是飞机机翼

尾涡以及龙卷风。在 Maxworthy 等的实验中，涡心附近的轴向速度是很显著的。然而前面的局域诱导近似理论并没有考虑轴向流动对涡丝自诱导速度的影响。为探究轴向流动效应对量子化涡丝运动的影响，我们重新考虑 Biot-Savart 方程。在超流体中，描述涡丝在某一点 $\boldsymbol{r}$ 处自诱导速度的 Biot-Savart 方程可以表示为关于涡度分布 $\omega(\boldsymbol{r})$ 的函数[61]：

$$\boldsymbol{v}\left(\boldsymbol{s},t\right)=\frac{1}{4\pi}\int_{V}\frac{\omega\left(\boldsymbol{r},t\right)\times\left(\boldsymbol{s}-\boldsymbol{r}\right)}{\left|\boldsymbol{s}-\boldsymbol{r}\right|^{3}}\mathrm{d}^{3}\boldsymbol{r} \tag{9.6.1}$$

考虑涡心中存在强烈的轴向流动，其涡度分布可以映射到轴向和横向两个方向。假设涡心半径 a_0 远远小于局域曲率半径，可以用匹配渐近展开法处理 (9.6.1) 式。S.E. Widnall，D. Bliss 和 A. Zalay 在其文章中将上述方程展开到 $O\left(\Gamma/R\right)$，所得结果允许存在轴向速度场和任意轴对称分布的横向涡状速度场。Moore 和 Saffman 将该结果进一步修正到二阶 $O\left(\Gamma a_0/R^2\right)$，所得方程也称为 Moore-Saffman 方程[63]。由于未经近似处理的 Moore-Saffman 方程过于复杂，在这里我们不作过多描述。

通过忽略非局域项的贡献，Moore-Saffman 方程可以写为如下形式[61]：

$$\boldsymbol{r}_{\mathrm{t}}=\alpha_0\boldsymbol{r}_{\mathrm{s}}\times\boldsymbol{r}_{\mathrm{ss}}+\alpha_1\left(\boldsymbol{r}_{\mathrm{sss}}+\frac{3}{2}\boldsymbol{r}_{\mathrm{ss}}\times\left(\boldsymbol{r}_{\mathrm{s}}\times\boldsymbol{r}_{\mathrm{ss}}\right)\right) \tag{9.6.2}$$

其中，下标表示对特定参量的偏微分形式；α_0 是关于涡丝上截断参数 R/a_0 的函数，可近似为一个常数；α_1 则表示轴向流动效应的强度。很明显，Moore-Saffman 方程是 Da Rios-Betchov 方程的推广形式，当 $\alpha_1=0$ 时，该 Moore-Saffman 方程会转变成 Da Rios-Betchov 方程。

这一推广过程保留了 Da Rios-Betchov 方程最重要的属性，即可积性。通过 Hasimoto 变换可以发现，上述方程 (9.6.2) 式在映射关系

$$\psi\left(s,t\right)=\kappa\left(s,t\right)\mathrm{e}^{\mathrm{i}\int_0^s\tau(\sigma,t)\mathrm{d}s}$$

下与 Hirota 方程等价。Hirota 方程是一个可积方程，其可以写为

$$\mathrm{i}\psi_{\mathrm{t}}-\alpha_0\left(\psi_{\mathrm{ss}}+\frac{1}{2}|\psi|^2\psi\right)+\mathrm{i}\alpha_1\left(\frac{3}{2}|\psi|^2\psi_{\mathrm{s}}+\psi_{\mathrm{sss}}\right)=0 \tag{9.6.3}$$

已有的研究通过“孤子表面法”得到了量子湍流中涡旋的双孤子解[64]式，该理论结果证明轴向流动效应并不会改变涡丝形状，但是会改变涡丝的平移速度和旋转速度。因此将轴向流动效应引入到量子湍流中是十分有必要的。

不仅如此，轴向流动效应为量子化超流体涡丝引入了一系列新的稳定的涡旋孤子结构，例如多峰孤子、W 形孤子和反暗孤子[65,66]。这些涡旋孤子的存在反映

了轴向流动效应对超流体的巨大影响，在轴向流动效应缺失时，这些涡旋孤子没有对应的激发态，因此对其进行理论上的研究是十分有必要的。

9.6.1 多峰孤子对应的量子化涡丝结构及其特征

首先考虑多峰孤子对应的量子化涡丝。多峰孤子是一个平面波背景上局域化的周期性结构，其精确表达式为[66]：

$$\psi_m(s,t)=\left\{1+\frac{\Delta\cosh(\varphi+\delta)+\Theta\cos(\phi+\theta)}{\kappa_0\left[\Omega\cosh(\varphi+\omega)+\Gamma\cos(\phi+\gamma)\right]}\right\}\psi_0 \tag{9.6.4}$$

上式中，$\psi_0=\kappa_0\mathrm{e}^{\mathrm{i}(\tau_0 s+\omega t)}$ 表示以 κ_0 为振幅、扭转角 $\tau_0 s$ 为相位的背景平面波函数，其中 $\omega=\alpha_0\left(\tau_0^2-\kappa_0^2/2\right)+\alpha_1\tau_0\left(\tau_0^2-3/2\kappa_0^2\right)$. 其余参数形式如下：

$$\begin{aligned}
&\varphi=\eta_{\mathrm{i}}\xi,\quad \phi=\eta_{\mathrm{r}}\xi,\quad \xi=s+vt\\
&v=2\alpha_1\left(\kappa_0^2+2b^2-2\tau_1^2\right)-(\tau_1+\tau_0)(4\tau_0\alpha_1+\alpha_0)\\
&\eta_{\mathrm{r}}+\mathrm{i}\eta_{\mathrm{i}}=\sqrt{\epsilon+\mathrm{i}\epsilon'},\quad \tau_1=-\alpha_0/(2\alpha_1)-\tau_0/2\\
&\epsilon=\kappa_0^2-b^2+\left(\tau_0^2-\tau_1^2\right),\quad \epsilon'=2b(\tau_0-\tau_1)\\
&\Delta=-4b\kappa_0\sqrt{\rho+\rho'},\quad \Theta=2b\sqrt{\chi^2-\left(2\kappa_0^2-\chi\right)^2}\\
&\Omega=\rho+\rho',\quad \Gamma=-2\kappa_0(\eta_{\mathrm{i}}+b)
\end{aligned}$$

$$\begin{aligned}
&\delta=\operatorname{artanh}(-\mathrm{i}\chi_1/\chi_2)\\
&\theta=-\arctan\left[\mathrm{i}\left(2\kappa_0^2-\chi\right)/\chi\right]\\
&\omega=\gamma=0.
\end{aligned} \tag{9.6.5}$$

其中，

$$\begin{aligned}
&\rho=\epsilon+2b^2+\eta_{\mathrm{i}}^2+\eta_{\mathrm{r}}^2\\
&\rho'=\eta_{\mathrm{r}}(2\tau_0-\tau_1)+2\eta_{\mathrm{i}}b\\
&\chi_1=\eta_{\mathrm{r}}+(\tau_0-\tau_1/2)\\
&\chi_2=b+\eta_{\mathrm{i}},\quad \chi=\chi_1^2+\chi_2^2+\kappa_0^2
\end{aligned}$$

注意多峰孤子的存在条件是 $\tau_1=-\alpha_0/(2\alpha_1)-\tau_0/2$，这意味着多峰孤子对应的涡丝结构是由轴向流动效应导致的。

9.5 节中讲到平面波背景 ψ_0 对应于一个曲率和挠率均为常数的均匀螺旋涡丝。相比之下，多峰孤子则描述了受局域化的周期性扰动影响的非均匀螺旋涡丝的运动，其运动状态更为复杂。图 9.23(a) 和 (c) 展示了在 (ξ,t) 平面上多峰孤子对应的涡丝在参数条件 $\alpha_0=1$，$\alpha_1=3$，$\kappa_0=1$，$\tau_0=-\alpha_0/(8\alpha_1)$ 和 $b=0.4$ 下曲率和挠率的时域演化结果。随着时间 t 的增加，曲率和挠率保持包络形状稳定不变。在图 9.23(b) 和 (d) 中，我们展示了 $t=0$ 时刻曲率和挠率的分布状况。可以看出，曲率和挠率均呈现出多峰的局域周期性结构，且两者周期相同。

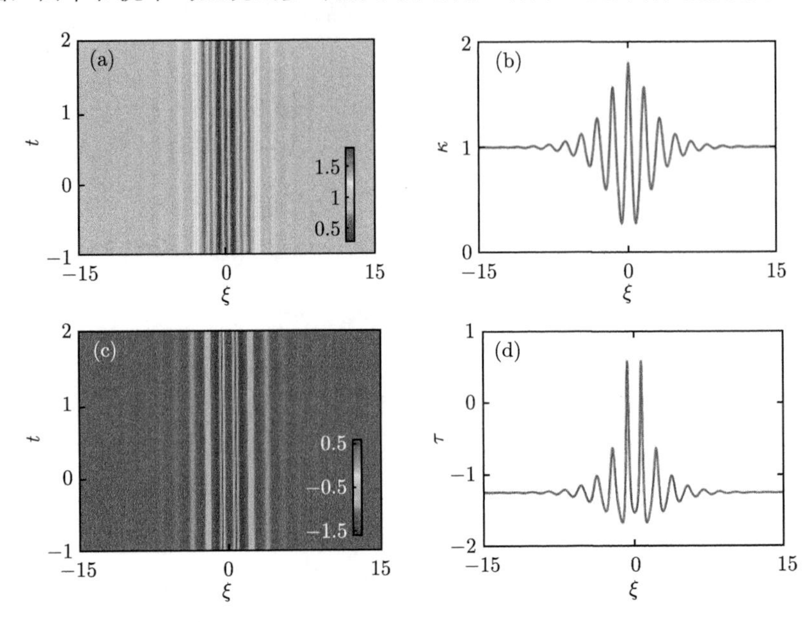

图 9.23　多峰孤子 (9.6.4) 式 (a) 曲率 $\kappa(\xi,t)$ 和 (c) 挠率 $\tau(\xi,t)$ 的时域演化图；$t=0$ 时刻的 (b) 曲率分布和 (d) 挠率分布。其余参量分别为：$\alpha_0=1$，$\alpha_1=3$，$\kappa_0=1$，$\tau_0=-\alpha_0/(8\alpha_1)$ 和 $b=0.4$ (彩图见封底二维码)

同样地，分析了多峰孤子对应的涡丝结构特征，如图 9.24 所示。从图中我们可以看出，多峰孤子对应的涡丝结构表现为在均匀螺旋涡丝背景上产生聚集的多环状结构激发态，且这些环状结构具有不同的尺寸。在 Moore-Saffman 方程下，这一涡丝结构继承了孤子的属性，不会随时间增加而发生变化。

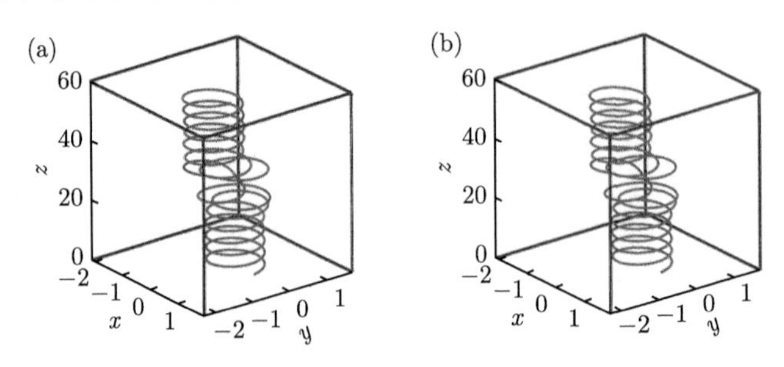

图 9.24　不同时刻多峰孤子诱导的涡丝结构，(a) $t=0$；(b) $t=1$。其余参数与图 9.23 相同

9.6.2 W 形孤子对应的量子化涡丝结构及其特征

W 形孤子对应的涡丝是轴向流动效应在超流体中引入的另一种新型涡旋孤子结构。与多峰孤子对应的涡丝不同，W 形孤子对应的涡丝是由受到局域非周期性扰动的均匀螺旋涡丝演化而来，其精确表达式可以由多峰孤子解在 $\eta_\mathrm{r}=0$ 的情况下得到。根据 (9.6.4) 式，当 $\eta_\mathrm{r}=0$ 时，多峰孤子分布方向上的周期性消失，此时有 $\tau_1=\tau_0$ 和 $b>\kappa_0$，这是 W 形孤子的存在条件。W 形孤子的精确解写为[65]

$$\psi_\mathrm{w}=\left[\frac{2\eta_\mathrm{i}^2}{\kappa_0 b\cosh(\eta_\mathrm{i}\xi)-\kappa_0^2}-1\right]\psi_0 \tag{9.6.6}$$

其中，$\eta_\mathrm{i}=\sqrt{b^2-\kappa_0^2}$，$\xi=s-v_1 t$，$v_1=-2\tau_0\alpha_0+\alpha_1\left(\kappa_0^2+2b^2-6\tau_0^2\right)/2$ 和 $\tau_0=-\alpha_0/(3\alpha_1)$。在本节中，我们设置如下参数：$\alpha_0=1$，$\alpha_1=3$，$\kappa_0=1$ 和 $b=1.3$。

从图 9.25(a) 和 (c) 中可以看出，W 形孤子对应的涡丝曲率和挠率并不随时间增加而发生任何变化。图 9.25(b) 和 (d) 分别展示了 $t=-0.1$ 时刻曲率和挠率的具体包络形式。W 形孤子对应涡丝的曲率截面包含一峰两谷，形似字母“W”；在曲率的两个极小值点处，挠率值远大于背景挠率 τ_0，这导致了涡丝的严重扭曲。

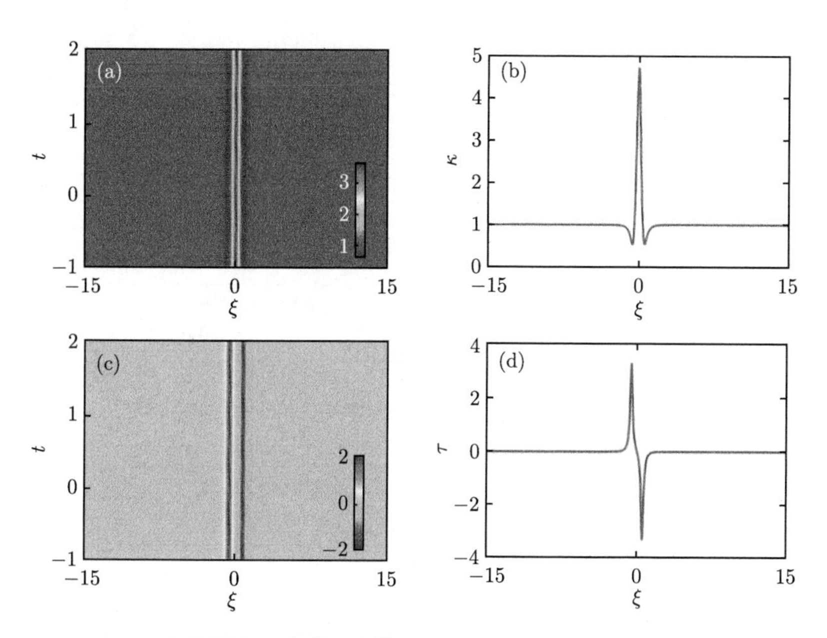

图 9.25 W 形孤子 (9.6.6) 式 (a) 曲率 $\kappa(\xi,t)$ 和 (c) 挠率 $\tau(\xi,t)$ 的时域演化图；(b) 和 (d) 分别表示 $t=-0.1$ 时刻的曲率分布和挠率分布。其余参量分别为：$\alpha_0=1$，$\alpha_1=3$，$\kappa_0=1$，$b=1.3$ 和 $\tau_0=-\alpha_0/(3\alpha_1)$ (彩图见封底二维码)

图 9.25(a) 展示了 $t=-0.1$，$t=-0.06$ 和 $t=-0.01$ 时刻 W 形孤子对应的量子化涡丝结构。该图显示在曲率的弯曲和挠率的扭转双重作用的影响下，均匀的螺旋涡丝背景上会产生一个明显的环状结构。

W 形孤子对应的涡丝其曲率和挠率分布与 Kuznetsov-Ma 呼吸子的非常相似。实际上，W 形孤子是 Kuznetsov-Ma 呼吸子在演化周期趋于 0 时的特殊情况。为方便比较这两种结构，图 9.26(b) 展示了相同时间点处 Kuznetsov-Ma 呼吸子对应的量子化涡丝。这两种涡丝在初始时刻 $t=-0.1$ 时的唯一区别是背景挠率。对于 W 形孤子，其背景挠率是个固定常数 $\tau_0=-\alpha_0/(3\alpha_1)$；对于 Kuznetsov-Ma 呼吸子，在考虑轴向流动效应时，理论上其背景挠率可以为除 $-\alpha_0/(3\alpha_1)$ 外的任意值，在这里为了方便比较，取一个与其相近的值 $\tau_0=-0.1$。值得注意的是，Kuznetsov-Ma 呼吸子诱导的环状结构与第 2 章相同，其尺寸随着时间演化会周期性变化，而 W 形孤子诱导的环状结构尺寸则不会发生改变。这一结果表明，在背景挠率的影响下，即使初态都是受到相同的局域非周期扰动的均匀螺旋涡丝，涡丝演化过程也可能完全不同。

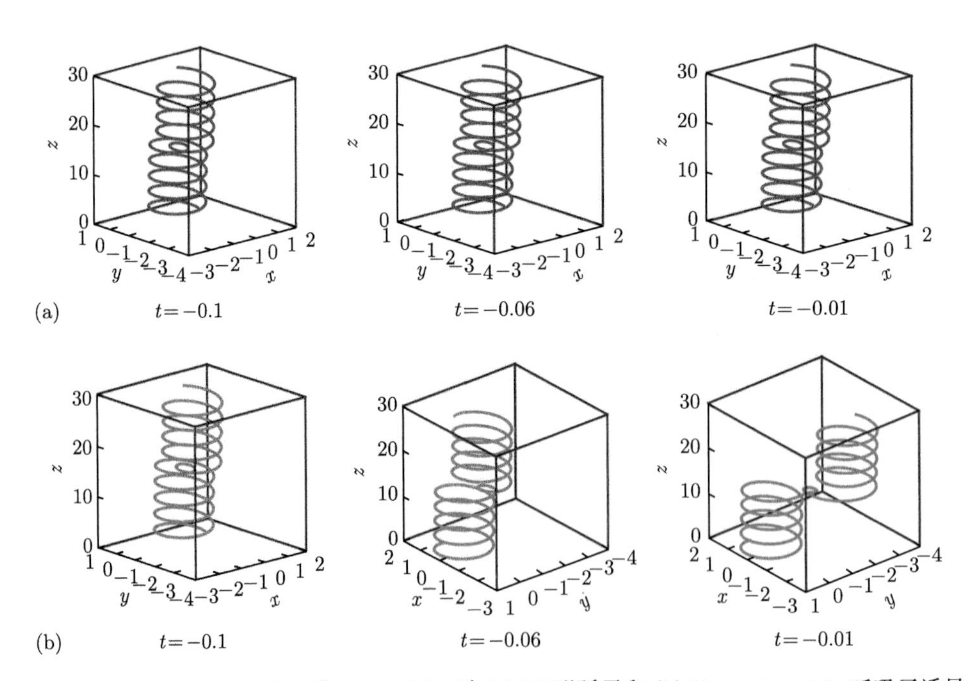

图 9.26 $t=-0.1, t=-0.06$ 和 $t=-0.01$ 时 (a) W 形孤子和 (b) Kuznetsov-Ma 呼吸子诱导的涡旋孤子结构。对于 W 形孤子，$\tau_0=-\alpha_0/(3\alpha_1)$；对于 Kuznetsov-Ma 呼吸子，$\tau_0=-0.1$。其余参数与图 9.25 相同

9.6.3 反暗孤子对应的量子化涡丝结构及其特征

反暗孤子对应的涡丝也是轴向流动效应在超流体中引入的一种新型涡旋孤子结构。当考虑轴向流动效应时，反暗孤子对应的涡丝也可以用来描述受局域非周期扰动的均匀螺旋涡丝的演化过程。反暗孤子的存在条件与 W 形孤子相同，即 $b > \kappa_0$ 和 $\tau_0 = -\alpha/(3\beta)$。反暗孤子的精确解表达式为[66]

$$\psi_{\mathrm{a}} = \left[1 + \frac{2\eta_{\mathrm{i}}^2}{\kappa_0 b \cosh(2\eta_{\mathrm{i}}\xi + \mu) + \kappa_0^2}\right]\psi_0 \tag{9.6.7}$$

其中，$\mu = \arctan(-\eta_{\mathrm{i}}/b)$，$\eta_{\mathrm{i}} = \sqrt{b^2 - \kappa_0^2}$，$\xi = s - v_2 t$，$v_2 = \alpha_0^2/3\alpha_1 + \alpha_1(\kappa_0^2 + 2b^2)/2$。反暗孤子与亮孤子的结构很相似，但在物理本质上其差别还是很大的。在背景曲率 $\kappa_0 \to 0$ 的极限下，反暗孤子解可以过渡为零背景上的标准亮孤子解：

$$\psi_{\mathrm{b}} = 2b\,\mathrm{sech}\,(2b\xi + \mu_0)\exp[\mathrm{i}(\tau_0 s + \omega t)] \tag{9.6.8}$$

在这里，μ_0 是任意常数。

图 9.27 展示了 $t = -0.1$ 时刻 W 形孤子、反暗孤子和亮孤子对应的涡丝的曲率和挠率的变化。很明显，反暗孤子和亮孤子对应的涡丝挠率 τ 均为常数且 $\tau = \tau_0$，所以理论上其对应的涡丝结构不会存在突出的扭转作用。图 9.28 将 W 形孤子、反暗孤子和亮孤子对应的涡丝结构进行比较，发现由于后两者挠率为常数，其扭转方向不会发生改变，所以环状结构的形成仅仅受曲率的弯曲作用影响。图 9.28 还进一步比较了反暗孤子与亮孤子对应的涡丝结构，其主要区别在于环状结构的激发背景不同：反暗孤子对应的量子化涡丝是在均匀螺旋涡丝背景上激发出一个环状结构，而亮孤子对应的环状结构则是产生在曲率为零的涡丝上。

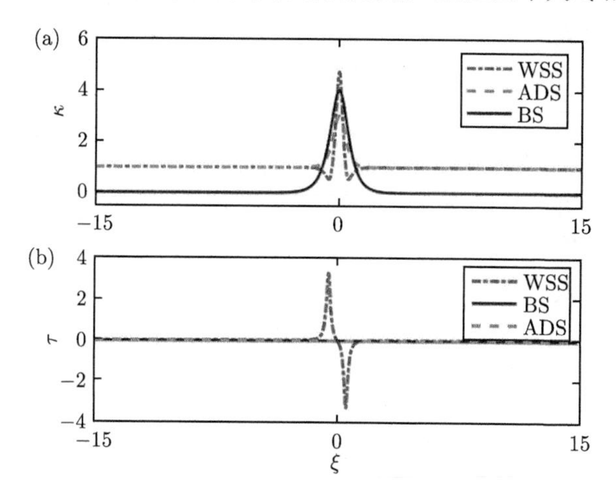

图 9.27 W 形孤子 (WSS)、反暗孤子 (ADS) 和亮孤子 (BS) 在固定时刻 $t = -0.1$ 处 (a) 曲率和 (b) 挠率分布。其余参量分别为：$\alpha_0 = 1$，$\alpha_1 = 3$，$\kappa_0 = 1$，$\tau_0 = -\alpha_0/(3\alpha_1)$ 和 $b = 2$

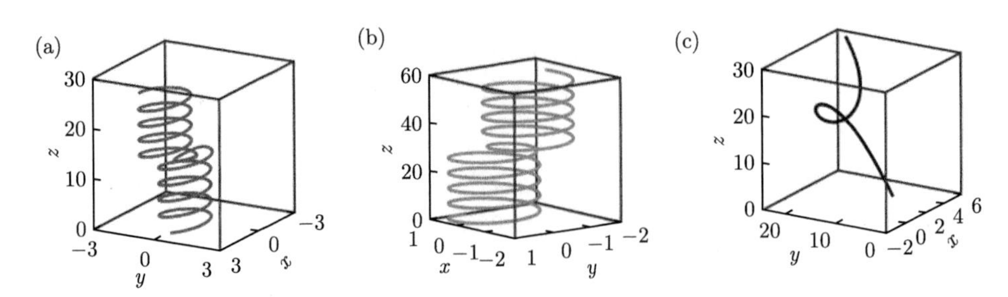

图 9.28　$t=-0.1$ 时 (a)W 形孤子 (WSS)，(b) 反暗孤子 (ADS) 和 (c) 亮孤子 (BS) 诱导的涡旋孤子结构。其余参数与图 9.27 相同

本节以 Biot-Savart 方程为基础，通过 Hasimoto 变换及逆变换方法，重点研究了量子化超流涡丝中几种基本的非线性激发动力学过程及环状结构的产生机制。对这些涡丝的曲率和挠率分析表明，量子化超流涡丝中的环状结构有两种激发机制，其中一种以 Kuznetsov-Ma 呼吸子和 super-regular 呼吸子对应的量子化涡丝为代表，其环状结构源于曲率的弯曲和挠率的扭转双重作用。进一步研究发现，Kuznetsov-Ma 呼吸子对应的涡丝其相对二次曲率的积分与环状结构的特征尺寸呈线性关系；而 super-regular 呼吸子对应的环状结构呈现为存在对称性破缺的“环对”，其对称性破缺程度与背景挠率 $|\tau_0|$ 成正比关系。轴向流动效应普遍存在于量子流体中，为实现不同涡丝激发态提供了可能。本书理论预言了超流体中轴向流动效应诱导的三种新型孤子状涡旋丝，并通过对涡旋丝曲率和挠率的分析展示了量子化超流体涡丝中环状结构的另一种激发机制：当挠率恒为常数时，环状结构仅仅源于曲率的弯曲作用。这些研究结果不仅加深了我们对量子化超流体涡丝的非线性激发动力学的认知，还有助于在涡旋中实现环状结构的可控激发。尽管如此，在超流体领域仍然有许多问题亟待研究：① He-Ⅱ 相中不仅存在超流体组分，还存在正常流体组分。如果考虑正常流体组分中的黏滞阻力的影响，是否会在量子化超流体涡丝中引发其他的非线性激发动力学过程？本节所研究的几种量子化涡丝的非线性激发动力学过程是否依然存在？如果存在，其演化特征会发生怎样的变化？② 可以考虑不同类型的量子化涡丝的相互作用，研究其是否会产生其他新奇的性质。

参 考 文 献

[1] Kosevich A M, Ivanov B A, Kovalev A S. Magnetic solitons[J]. Physics Reports, 1990, 194(3-4): 117-238.

[2] Sun W R, Tian B, Zhen H L, et al. Breathers and rogue waves of the fifth-order nonlinear Schrödinger equation in the Heisenberg ferromagnetic spin chain[J]. Nonlinear

Dynamics, 2015, 81(1): 725-732.

[3] Wang L H, Porsezian K, He J S. Breather and rogue wave solutions of a generalized nonlinear Schrödinger equation[J]. Physical Review E, 2013, 87(5): 053202.

[4] Ustinov A B, Demidov V E, Kondrashov A V, et al. Observation of the chaotic spin-wave soliton trains in magnetic films[J]. Physical Review Letters, 2011, 106(1): 017201.

[5] Mihály L, Dóra B, Ványolos A, et al. Spin-lattice interaction in the quasi-one-dimensional helimagnet $LiCu_2O_2$[J]. Physical Review Letters, 2006, 97(6): 067206.

[6] Masuda T, Zheludev A, Bush A, et al. Competition between helimagnetism and commensurate quantum spin correlations in $LiCu_2O_2$[J]. Physical Review Letters, 2004, 92(17): 177201.

[7] Shi Z P, Huang G, Tao R. Solitonlike excitations in a spin chain with a biquadratic anisotropic exchange interaction[J]. Physical Review B, 1990, 42(1): 747.

[8] Zhao W Z, Bai Y Q, Wu K. Generalized inhomogeneous Heisenberg ferromagnet model and generalized nonlinear Schrödinger equation[J]. Physics Letters A, 2006, 352(1-2): 64-68.

[9] Liu B Q, Shao B, Li J G, et al. Quantum and classical correlations in the one-dimensional XY model with Dzyaloshinskii-Moriya interaction[J]. Physical Review A, 2011, 83(5): 052112.

[10] 凌黎明. Landau-Lifshitz 方程的反散射方法 [D]. 北京: 中国工程物理研究院, 2013.

[11] He P B, Xie X C, Liu W M. Domain-wall resonance induced by spin-polarized current in metal thin films with stripe structures[J]. Physical Review B, 2005, 72(17): 172411.

[12] He P B, Liu W M. Nonlinear magnetization dynamics in a ferromagnetic nanowire with spin current[J]. Physical Review B, 2005, 72(6): 064410.

[13] Li Z D, Li Q Y, He P B, et al. Domain-wall solutions of spinor Bose-Einstein condensates in an optical lattice[J]. Physical Review A, 2010, 81(1): 015602.

[14] Li Z D, Li Q Y, Xu T F, et al. Breathers and rogue waves excited by all-magnonic spin-transfer torque[J]. Physical Review E, 2016, 94(4): 042220.

[15] Masuda T, Zheludev A, Roessli B, et al. Spin waves and magnetic interactions in $LiCu_2O_2$[J]. Physical Review B, 2005, 72(1): 014405.

[16] Mühlbauer S, Binz B, Jonietz F, et al. Skyrmion lattice in a chiral magnet[J]. Science, 2009, 323(5916): 915-919.

[17] Yu X Z, Kanazawa N, Onose Y, et al. Near room-temperature formation of a skyrmion crystal in thin-films of the helimagnet FeGe[J]. Nature Materials, 2011, 10(2): 106-109.

[18] Holstein T, Primakoff H. Field dependence of the intrinsic domain magnetization of a ferromagnet[J]. Physical Review, 1940, 58(12): 1098.

[19] Zhang H Q, Tian B, Meng X H, et al. Conservation laws, soliton solutions and modulational instability for the higher-order dispersive nonlinear Schrödinger equation[J]. The European Physical Journal B, 2009, 72(2): 233-239.

[20] Wang L, Zhang J H, Wang Z Q, et al. Breather-to-soliton transitions, nonlinear wave interactions, and modulational instability in a higher-order generalized nonlinear Schrödinger equation[J]. Physical Review E, 2016, 93(1): 012214.

[21] Chowdury A, Kedziora D J, Ankiewicz A, et al. Breather-to-soliton conversions described by the quintic equation of the nonlinear Schrödinger hierarchy[J]. Physical Review E, 2015, 91(3): 032928.

[22] Guo R, Hao H Q. Breathers and multi-soliton solutions for the higher-order generalized nonlinear Schrödinger equation[J]. Communications in Nonlinear Science and Numerical Simulation, 2013, 18(9): 2426-2435.

[23] Kumar N, Kumar J, Gerstenkorn C, et al. Third harmonic generation in graphene and few-layer graphite films[J]. Physical Review B, 2013, 87(12): 121406.

[24] Qi J W, Li Z D, Yang Z Y, et al. Three types magnetic moment distribution of nonlinear excitations in a Heisenberg helimagnet[J]. Physics Letters A, 2017, 381(22): 1874-1878.

[25] Zhao L C, Li S C, Ling L. Rational W-shaped solitons on a continuous-wave background in the Sasa-Satsuma equation[J]. Physical Review E, 2014, 89(2): 023210.

[26] Zhao L C, Li S C, Ling L. W-shaped solitons generated from a weak modulation in the Sasa-Satsuma equation[J]. Physical Review E, 2016, 93(3): 032215.

[27] Liu C, Yang Z Y, Zhao L C, et al. State transition induced by higher-order effects and background frequency[J]. Physical Review E, 2015, 91(2): 022904.

[28] Li Z, Li L, Tian H, et al. New types of solitary wave solutions for the higher order nonlinear Schrödinger equation[J]. Physical Review Letters, 2000, 84(18): 4096.

[29] Liu C, Yang Z Y, Zhao L C, et al. Symmetric and asymmetric optical multipeak solitons on a continuous wave background in the femtosecond regime[J]. Physical Review E, 2016, 94(4): 042221.

[30] Ren Y, Yang Z Y, Liu C, et al. Characteristics of optical multi-peak solitons induced by higher-order effects in an erbium-doped fiber system[J]. The European Physical Journal D, 2016, 70(9): 1-7.

[31] Ren Y, Yang Z Y, Liu C, et al. Different types of nonlinear localized and periodic waves in an erbium-doped fiber system[J]. Physics Letters A, 2015, 379(45-46): 2991-2994.

[32] Liu C, Ren Y, Yang Z Y, et al. Superregular breathers in a complex modified Korteweg-de Vries system[J]. Chaos: An Interdisciplinary Journal of Nonlinear Science, 2017, 27(8): 083120.

[33] Qi J W, Duan L, Yang Z Y, et al. Excitations of breathers and rogue wave in the Heisenberg spin chain[J]. Annals of Physics, 2018, 388: 315-322.

[34] Barenghi C F, Parker N G. A Primer on Quantum Fluids[M]. Berlin: Springer, 2016.

[35] Carusotto I, Ciuti C. Quantum fluids of light[J]. Reviews of Modern Physics, 2013, 85(1): 299.

[36] Nemirovskii S K, Fiszdon W. Chaotic quantized vortices and hydrodynamic processes in superfluid helium[J]. Reviews of Modern Physics, 1995, 67(1): 37.

[37] Saffman P G. Vortex Dynamics[M]. Cambridge: Cambridge University Press, 1992.

[38] Gilpin W, Prakash V N, Prakash M. Vortex arrays and ciliary tangles underlie the feeding-swimming trade-off in starfish larvae[J]. Nature Physics, 2017, 13(4): 380-386.

[39] Hasimoto H. A Soliton on a Vortex filament[J]. Journal of Fluid Mechanics, 1972, 51(3): 477-485.

[40] Hopfinger E J, Browand F K. Vortex solitary waves in a rotating, turbulent flow[J]. Nature, 1982, 295(5848): 393-395.

[41] Sym A, et al. Soliton surfaces[J]. Lettere al Nuovo Cimento, 1982, 33(12): 394-400.

[42] Sym A. Soliton surfaces: Pt. 6[J]. Lettere al Nuovo Cimento, 1984, 41(11): 353-360.

[43] Levi D, Sym A, Wojciechowski S. N-Solitons on a vortex filament[J]. Physics Letters A, 1983, 94 (9): 408-411.

[44] Hirota R. Bilinearization of soliton equations[J]. Journal of the Physical Society of Japan, 1982, 51(1): 323-331.

[45] Fukumoto Y, Miyazaki T. N-Solitons on a curved vortex filament[J]. Journal of the Physical Society of Japan, 1986, 55(12): 4152-4155.

[46] Wadati M, Konno K, Ichikawa Y H. A Generalization of inverse scattering method[J]. Journal of the Physical Society of Japan, 1979, 46(6): 1965-1966.

[47] Wadati M, Konno K, Ichikawa Y H. New integrable nonlinear evolution equations[J]. Journal of the Physical Society of Japan, 1979, 47(5): 1698-1700.

[48] Konno K, Mituhashi M, Ichikawa Y H. Soliton on thin vortex filament[J]. Chaos, Solitons & Fractals, 1991, 1(1): 55-65.

[49] Maksimović A, Lugomer S, Michieli I. Multisolitons on vortex filaments: the origin of axial tangling[J]. Journal of Fluids and Structures, 2003, 17(2): 317-330.

[50] Shah R, Van Gorder R A. Localized nonlinear waves on quantized superfluid vortex filaments in the presence of mutual friction and a driving normal fluid flow[J]. Physical Review E, 2016, 93 (3): 032218.

[51] Van Gorder R A. Solitons and nonlinear waves along quantum vortex filaments under the low-temperature two-dimensional local induction approximation[J]. Physical Review E, 2016, 93 (5): 052208.

[52] Umeki M. A locally induced homoclinic motion of a vortex filament[J]. Theoretical and Computational Fluid Dynamics, 2010, 24(1-4): 383-387.

[53] Salman H. Breathers on quantized superfluid vortices[J]. Physical Review Letters, 2013, 111(16): 165301.

[54] Salman H. Multiple breathers on a vortex filament[C]//Journal of Physics: Conference Series. IOP Publishing, 2014, 544(1): 012005.

[55] Li H, Liu C, Zhao W, et al. Breather-induced quantised superfluid vortex filaments and their characterisation[J]. Communications in Theoretical Physics, 2020, 72(7): 075802.

[56] Shah R. Rogue Waves on a vortex filament[D]. Oxford: University of Oxford, 2015.

[57] Zhao L C, Ling L, Yang Z Y. Mechanism of Kuznetsov-Ma breathers[J]. Physical Review E, 2018, 97(2):022218.

[58] Liu C, Yang Z Y, Yang W L. Growth rate of modulation instability driven by super-regular breathers[J]. Chaos: An Interdisciplinary Journal of Nonlinear Science, 2018, 28(8):083110.

[59] Liu C, Yang Z Y, Yang W L, et al. Chessboard-like spatio-temporal interference patterns and their excitation[J]. Journal of the Optical Society of America B, 2019, 36(5):1294-1299.

[60] Maxworthy T, Mory M, Hopfinger E J. Waves on vortex cores and their relation to vortex breakdown[C]//Young A D, ed. Aerodynamics of Vortical Type Flows in Three Dimensions. AGARD Conf. Proc. 342 (NATO), Paper, 1983: 29.

[61] Fukumoto Y, Miyazaki T. Three-dimensional distortions of a vortex filament with axial velocity[J]. Journal of Fluid Mechanics, 1991, 222: 369-416.

[62] Li H, Liu C, Yang Z Y, et al. Quantized superfluid vortex filaments induced by the axial flow effect[J]. Chinese Physics Letters, 2020, 37(3): 030302.

[63] Moore D W, Saffman P G. The motion of a vortex filament with axial flow[J]. Philosophical Transactions of the Royal Society of London. Series A, Mathematical and Physical Sciences, 1972, 272(1226): 403-429.

[64] Demontis F, Ortenzi G, Van Der Mee C. Exact solutions of the hirota equation and vortex filaments motion[J]. Physica D: Nonlinear Phenomena, 2015, 313: 61-80.

[65] Liu C, Yang Z Y, Zhao L C, et al. State transition induced by higher-order effects and background frequency[J]. Physical Review E, 2015, 91(2): 022904.

[66] Liu C, Yang Z Y, Zhao L C, et al. Symmetric and asymmetric optical multipeak solitons on a continuous wave background in the femtosecond regime[J]. Physical Review E, 2016, 94(4): 042221.

主要参考书目

曹策问. 孤立子与反散射 [M]. 郑州: 郑州大学出版社, 1983.

戴朝卿, 张解放. 非线性演化方程分离变量的直接构造法及其应用 [M]. 北京: 科学出版社, 2015.

谷超豪, 胡和生, 周子翔. 孤立子理论中的达布变换及其几何应用 [M]. 上海: 上海科学技术出版社, 2005.

郭柏灵, 庞小峰. 孤立子 [M]. 北京: 科学出版社, 1987.

郭柏灵, 田立新, 闫振亚, 等. 怪波及其数学理论 (英文版)[M]. 杭州：浙江科学技术出版社, 2017.

李翊神. 孤子与可积系统 [M]. 上海: 上海科技教育出版社, 1999.

楼森岳, 唐晓艳. 非线性数学物理方法 [M]. 北京: 科学出版社, 2018.

苗长兴. 非线性波动方程的现代方法 [M]. 北京: 科学出版社, 2017.

王红艳, 胡星标. 带自相容源的孤立子方程 [M]. 北京: 清华大学出版社, 2008.

王明亮. 非线性发展方程与孤立子 [M]. 兰州：兰州大学出版社，1990.

闫振亚. 复杂非线性波的构造性理论及其应用 [M]. 北京: 科学出版社, 2007.

闫振亚. 微分方程的对称与积分方法 [M]. 北京: 科学出版社, 2017.

杨文力, 杨战营, 杨涛, 等. 可积模型方法及其应用 [M]. 北京: 科学出版社, 2019.

Ablowitz M J, Segur H. Solitons and the Inverse Scattering Transform[M]. USA Philadelphia: SIAM 1981.

Agrawal G P. Nonlinear Fiber Optics[M]. San Diego: Academic Press, 2007.

Akhmediev N, Ankiewicz A. Solitons: Nonlinear Pulses and Beams[M]. London: Chapman & Hall, 1997.

Kevrekidis P G, Frantzeskakis D, Carretero-Gonzalez R. Emergent Nonlinear Phenomena in Bose-Einstein Condensates: Theory and Experiment[M]. Berlin: Springer Science & Business Media, 2007.

Kivshar Y S, Agrawal G P. Optical Solitons: From Fibers to Photonic Crystals[M]. New York: Academic Press, 2003.

Liu W M, Kengne E. Schrödinger Equations in Nonlinear Systems[M]. New York: Springer Nature Singapore Pte Ltd, 2019.

Matveev V B, Salli M A. Darboux Transformations and Solitons[M]. Berlin: Springer Press, 1991.

Yang J. Nonlinear Waves in Integrable and Nonintegrable Systems[M]. Philadelphia: SIAM, 2010.

索 引

A

暗 super-regular 呼吸子描述的调制不稳定性, 200

B

标准的 Hirota 项, 16
波导管中怪波的操控, 458
不同怪波模式之间的转变, 106

D

单粒子转换效应下二分量耦合方程的解耦变换, 70
抖动暗孤子, 394
对–转换效应下耦合非线性薛定谔方程的解耦变换, 71
多分量耦合非线性薛定谔方程的多重怪波, 118
多分量耦合非线性薛定谔系统线性, 84
多峰孤子对应的量子化涡丝结构, 537
多峰孤子及其对应的磁矩分布特征, 510
多种基本非线性模式的密度分布, 180

E

二元达布变换, 36

F

反暗孤子对应的量子化涡丝结构, 541
反暗孤子及其对应的磁矩分布特征, 505
反暗和非有理 W 形孤子的激发条件, 271
反散射方法, 34
非等谱达布变换, 443
非对称孤子及其频谱, 479
非局部对称群分析法, 33
非零背景上局域波解, 52
非线性薛定谔方程, 15, 40, 49, 160, 234
非线性薛定谔方程的求解, 49
非线性薛定谔方程四阶项, 16
非线性薛定谔方程五阶项, 16
非线性薛定谔方程中 super-regular 呼吸子, 167
非线性薛定谔–麦克斯韦–布洛赫模型, 18
非线性薛定谔系统的调制不稳定增益分布, 236
非自治多分量非线性薛定谔系统的相似变换, 78
非自治非线性薛定谔方程, 18, 73
复数 mKdV 模型, 16
复数 mKdV 模型, 174

G

干涉效应诱导的非线性局域波, 415
干涉性质的定量刻画, 380
高阶非线性薛定谔模型, 15
高阶怪波的激发方式, 146
高阶怪波解, 57
高阶效应诱发 super-regular 呼吸子特性, 174
孤立波解, 2
孤子, 1
孤子与怪波相互作用, 335
孤子与呼吸子相互作用, 336
怪波, 7
怪波的产生机制, 112
怪波的基本结构分类, 11
怪波的实验观测, 7
怪波及其对应的磁矩分布特征, 514
怪波结构的相图, 108
怪波精确解, 460
怪波与孤子的态转换, 245
怪波与呼吸子的态转换, 244
怪波与呼吸子相互作用, 325
广义 KdV 方程, 41
广义达布变换, 35
规范变换, 41

H

耗散孤子, 5
呼吸子, 12
呼吸子碰撞激发高阶怪波, 146

呼吸子相干条件, 227
呼吸子与其他波的态转换, 252

J

基本非线性波的存在条件, 265
基本非线性波的观测相图与转换关系, 298
基本非线性波解, 235
基本局域波对应的参数空间总结, 241
渐近分析方法, 377
经典达布变换, 35
晶格孤子, 4
局域扰动激发高阶怪波, 148
局域诱导近似理论, 519
具有扭转相互作用的海森伯铁磁自旋链模型, 493
具有任意相对波矢的单怪波解, 105

K

空间光孤子, 4

L

类棋盘呼吸子干涉斑图, 225
类棋盘式时空干涉图样, 232
离散呼吸子, 13
两分量耦合非线性薛定谔模型, 17
亮–暗孤子的干涉现象, 376
亮–暗孤子的干涉周期, 377
亮–暗孤子的隧穿动力学, 380
亮孤子对应的参数空间, 237
亮孤子间的隧穿动力学, 360
零背景上呼吸子, 158
零曲率方程, 38

O

耦合非线性薛定谔系统的两支调制不稳定增益分布, 86
耦合效应诱发 Super-regular 呼吸子特性, 188

P

平面波种子解, 53

Q

齐次平衡法, 34

S

三种基本怪波的频谱演化, 103
三种基本怪波的相位演化, 105
三种基本怪波的演化轨迹, 103
时间光孤子, 3
时间腔孤子, 6
矢量孤子的抖动效应, 393
双暗–亮孤子解析解, 384
双暗–亮孤子解析解的构造, 384
双呼吸子解, 227
双亮–暗孤子解析解的构造, 371
双线性方法, 36
四阶非线性薛定谔方程, 497
四阶非线性薛定谔模型的线性稳定性分析, 261

T

梯度折射率波导管中空间光孤子, 450
调制不稳定性, 80
椭圆函数解背景上怪波与双怪波, 144

W

无穷阶非线性薛定谔方程中 super-regular 呼吸子, 201
无啁啾孤子, 466
物质波孤子, 353

X

线性稳定性分析方法, 82
相对相位对反暗和非有理 W 形孤子的影响, 278
相对相位对有理 W 形孤子的影响, 285
相对相位对周期波和 W 形孤子链的影响, 283
相似变换, 73

Y

眼状怪波峰运动轨迹, 98
眼状怪波频谱, 103
一般呼吸子与多峰孤子的态转换, 256
一阶、二阶怪波与呼吸子相互作用, 325
一种长周期光栅波导管中蛇形光孤子, 455

Z

啁啾孤子, 468
自旋孤子, 426
自旋偏差算符, 494

其他

Akhmediev 呼吸子, 14
Akhmediev 呼吸子对应的参数空间, 238

Akhmediev 呼吸子精确解, 160
Akhmediev 呼吸子与周期波的态转换, 254
AKNS 系统, 38
Biot-Savart 方程, 519
cn 解背景上怪波与双怪波, 143
Da Rios-Betchov 方程, 520
dn 解背景上怪波与双怪波, 141
Frenet-Serret 公式, 520
Hasimoto 变换, 522
Hirota 方程, 41
Hirota 模型中的增益值分布, 245
Holstein-Primakoff 变换, 494
Kaup-Newell 方程, 216
KdV 方程, 41
Kuznetsov-Ma 呼吸子, 14
Kuznetsov-Ma 呼吸子的激发条件, 273
Kuznetsov-Ma 呼吸子对应的参数空间, 237
Kuznetsov-Ma 呼吸子精确解, 56, 164, 513
Kuznetsov-Ma 呼吸子与单峰孤子的态转换, 255
Lax 表示, 37
Lax 可积, 37
Manakov 模型, 17
Manakov 模型的对称变换, 68
Moore-Saffman 方程, 536
N 组分非线性薛定谔系统中基本怪波通解, 110
Peregrine 怪波对应的参数空间, 239
Peregrine 怪波梳, 11
Sturm-Liouville 本征问题, 36
super-regular 呼吸子精确解, 209
Tajiri-Watanabe 呼吸子, 14
WKI 系统中 super-regular 呼吸子, 215
W 形孤子精确解, 507

《21 世纪理论物理及其交叉学科前沿丛书》

已出版书目

（按出版时间排序）

1. 真空结构、引力起源与暗能量问题	王顺金	2016 年 4 月
2. 宇宙学基本原理（第二版）	龚云贵	2016 年 8 月
3. 相对论与引力理论导论	赵　柳	2016 年 12 月
4. 纳米材料热传导	段文晖，张　刚	2017 年 1 月
5. 有机固体物理（第二版）	解士杰	2017 年 6 月
6. 黑洞系统的吸积与喷流	汪定雄	2018 年 1 月
7. 固体等离子体理论及应用	夏建白，宗易昕	2018 年 6 月
8. 量子色动力学专题	黄　涛，王　伟 等	2018 年 6 月
9. 可积模型方法及其应用	杨文力　等	2019 年 4 月
10. 椭圆函数相关凝聚态物理模型与图表示	石康杰，杨文力，李广良	2019 年 5 月
11. 等离子体物理学基础	陈　耀	2019 年 6 月
12. 量子轨迹的功和热	柳　飞	2019 年 10 月
13. 微纳磁电子学	夏建白，文宏玉	2020 年 3 月
14. 广义相对论与引力规范理论	段一士	2020 年 6 月
15. 二维半导体物理	夏建白 等	2022 年 9 月
16. 中子星物理导论	俞云伟	2022 年 11 月
17. 宇宙大尺度结构简明讲义	胡　彬	2022 年 12 月
18. 宇宙学的物理基础	维亚切斯拉夫·穆哈诺夫，皮　石	2023 年 9 月
19. 非线性局域波及其应用	杨战营，赵立臣，刘　冲，杨文力	2024 年 1 月